中国科学院科学出版基金资助出版

卢嘉锡　总主编

中国科学技术史

辞典卷

郭书春　李家明　主编

科学出版社
北京

内 容 简 介

本辞典立足于中国古代科学技术的原始文献和出土文物，参考20世纪几代学者关于中国科学技术史的大量学科史和通史的专著、论文所体现的研究成果，通过约1200条辞条的释文力图全面、完整、准确而又简明地展现中国古代科学技术的主要成就、术语、重要事件、器物、原理、典章制度及科学机构等内容。辞条释文根据不同情况含有别称或简称、界定、最早出处（包括时间、地点、人物或典籍）、基本内容、原理、作用及演变等项，力图体现全面性、系统性、科学性和稳定性，同时做到通俗易懂，雅俗共赏。

本书既是科学史专业工作者的参考读物，也适合于从事科学技术、历史、文化、教育工作的各界人士和爱好者阅读。

图书在版编目(CIP)数据

中国科学技术史·辞典卷／郭书春，李家明主编.—北京：科学出版社，2011

ISBN 978-7-03-029624-5

Ⅰ.①中… Ⅱ.①郭…②李… Ⅲ.①自然科学史－中国②辞书学－历史－中国 Ⅳ①.N092

中国版本图书馆CIP数据核字（2010）第225088号

责任编辑：孔国平 付 艳 王昌凤／责任校对：张凤琴
责任印制：李 彤／封面设计：陈 敬

科学出版社 出版
北京东黄城根北街16号
邮政编码：100717
http://www.sciencep.com
北京厚诚则铭印刷科技有限公司 印刷
科学出版社发行 各地新华书店经销
*
2011年3月第 一 版 开本：787×1092 1/16
2022年1月第三次印刷 印张：32
字数：753 000
定价：245.00元
（如有印装质量问题，我社负责调换）

《中国科学技术史》的组织机构和人员

《辞典卷》编委会

主　编　郭书春　李家明

编　委　（以姓氏汉语拼音为序）

艾素珍　戴念祖　郭书春　韩　琦　李家明
沈玉枝　苏荣誉　孙小淳　王扬宗　王允红
王兆春　汪子春　曾雄生　张志斌　赵翰生
朱　冰　邹大海

总　　序

中国有悠久的历史和灿烂的文化，是世界文明不可或缺的组成部分，为世界文明做出了重要的贡献，这已是世所公认的事实。

科学技术是人类文明的重要组成部分，是支撑文明大厦的主要基干，是推动文明发展的重要动力，古今中外莫不如此。如果说中国古代文明是一棵根深叶茂的参天大树，中国古代的科学技术便是缀满枝头的奇花异果，为中国古代文明增添斑斓的色彩和浓郁的芳香，又为世界科学技术园地增添了盎然生机。这是自上世纪末、本世纪初以来，中外许多学者用现代科学方法进行认真的研究之后，为我们描绘的一幅真切可信的景象。

中国古代科学技术蕴藏在汗牛充栋的典籍之中，凝聚于物化了的、丰富多姿的文物之中，融化在至今仍具有生命力的诸多科学技术活动之中，需要下一番发掘、整理、研究的功夫，才能揭示它的博大精深的真实面貌。为此，中国学者已经发表了数百种专著和万篇以上的论文，从不同学科领域和审视角度，对中国科学技术史作了大量的、精到的阐述。国外学者亦有佳作问世，其中英国李约瑟(J. Needham)博士穷毕生精力编著的《中国科学技术史》(拟出7卷34册)，日本薮内清教授主编的一套中国科学技术史著作，均为宏篇巨著。关于中国科学技术史的研究，已是硕果累累，成为世界瞩目的研究领域。

中国科学技术史的研究，包涵一系列层面：科学技术的辉煌成就及其弱点；科学家、发明家的聪明才智、优秀品德及其局限性；科学技术的内部结构与体系特征；科学思想、科学方法以及科学技术政策、教育与管理的优劣成败；中外科学技术的接触、交流与融合；中外科学技术的比较；科学技术发生、发展的历史过程；科学技术与社会政治、经济、思想、文化之间的有机联系和相互作用；科学技术发展的规律性以及经验与教训，等等。总之，要回答下列一些问题：中国古代有过什么样的科学技术？其价值、作用与影响如何？又走过怎样的发展道路？在世界科学技术史中占有怎样的地位？为什么会这样，以及给我们什么样的启示？还要论述中国科学技术的来龙去脉，前因后果，展示一幅真实可靠、有血有肉、发人深思的历史画卷。

据我所知，编著一部系统、完整的中国科学技术史的大型著作，从本世纪50年代开始，就是中国科学技术史工作者的愿望与努力目标，但由于各种原因，未能如愿，以致在这一方面显然落后于国外同行。不过，中国学者对祖国科学技术史的研究不仅具有极大的热情与兴趣，而且是作为一项事业与无可推卸的社会责任，代代相承地进行着不懈的工作。他们从业余到专业，从少数人发展到数百人，从分散研究到有组织的活动，从个别学科到科学技术的各领域，逐次发展，日臻成熟，在资料积累、研究准备、人才培养和队伍建设等方面，奠定了深厚而又广大的基础。

本世纪80年代末，中国科学院自然科学史研究所审时度势，正式提出了由中国学者编著《中国科学技术史》的宏大计划，随即得到众多中国著名科学家的热情支持和大力推动，得到中国科学院领导的高度重视。经过充分的论证和筹划，1991年这项计划被正式列为中国科学院“八五”计划的重点课题，遂使中国学者的宿愿变为现实，指日可待。作为一名科技工作者，我对此感到由衷的高兴，并能为此尽绵薄之力，感到十分荣幸。

《中国科学技术史》计分30卷，每卷60至100万字不等，包括以下三类：

通史类(5卷)：

《通史卷》、《科学思想史卷》、《中外科学技术交流史卷》、《人物卷》、《科学技术教育、机构与管理卷》。

分科专史类(19卷)：

《数学卷》、《物理学卷》、《化学卷》、《天文学卷》、《地学卷》、《生物学卷》、《农学卷》、《医学卷》、《水利卷》、《机械卷》、《建筑卷》、《桥梁技术卷》、《矿冶卷》、《纺织卷》、《陶瓷卷》、《造纸与印刷卷》、《交通卷》、《军事科学技术卷》、《计量科学卷》。

工具书类(6卷)：

《科学技术史词典卷》、《科学技术史典籍概要卷》(一)、(二)、《科学技术史图录卷》、《科学技术年表卷》、《科学技术史论著索引卷》。

这是一项全面系统的、结构合理的重大学术工程。各卷分可独立成书，合可成为一个有机的整体。其中有综合概括的整体论述，有分门别类的纵深描写，有可供检索的基本素材，经纬交错，斐然成章。这是一项基础性的文化建设工程，可以弥补中国文化史研究的不足，具有重要的现实意义。

诚如李约瑟博士在1988年所说："关于中国和中国文化在古代和中世纪科学、技术和医学史上的作用，在过去30年间，经历过一场名副其实的新知识和新理解的爆炸"(中译本李约瑟《中国科学技术史》作者序)，而1988年至今的情形更是如此。在20世纪行将结束的时候，对所有这些知识和理解作一次新的归纳、总结与提高，理应是中国科学技术史工作者义不容辞的责任。应该说，我们在启动这项重大学术工程时，是处在很高的起点上，这既是十分有利的基础条件，同时也自然面对更高的社会期望，所以这是一项充满了机遇与挑战的工作。这是中国科学界的一大盛事，有著名科学家组成的顾问团为之出谋献策，有中国科学院自然科学史研究所和全国相关单位的专家通力合作，共襄盛举，同构华章，当不会辜负社会的期望。

中国古代科学技术是祖先留给我们的一份丰厚的科学遗产，它已经表明中国人在研究自然并用于造福人类方面，很早而且在相当长的时间内就已雄居于世界先进民族之林，这当然是值得我们自豪的巨大源泉，而近三百年来，中国科学技术落后于世界科学技术发展的潮流，这也是不可否认的事实，自然是值得我们深省的重大问题。理性地认识这部兴盛与衰落、成功与失败、精华与糟粕共存的中国科学技术发展史，引以为鉴，温故知新，既不陶醉于古代的辉煌，又不沉沦于近代的落伍，克服民族沙文主义和虚无主义，清醒地、满怀热情地弘扬我国优秀的科学技术传统，自觉地和主动地缩短同国际先进科学技术的差距，攀登世界科学技术的高峰，这些就是我们从中国科学技术史全面深入的回顾与反思中引出的正确结论。

许多人曾经预言说，即将来临的21世纪是太平洋的世纪。中国是太平洋区域的一个国家，为迎接未来世纪的挑战，中国人应该也有能力再创辉煌，包括在科学技术领域做出更大的贡献。我们真诚地希望这一预言成真，并为此贡献我们的力量。圆满地完成这部《中国科学技术史》的编著任务，正是我们为之尽心尽力的具体工作。

卢嘉锡

1996年10月20日

前　言

华夏大地是人类文明的最早发源地之一，创造了灿烂的古代文明，科学技术是其重要组成部分。自公元前2~3世纪至14世纪初，中国的数学、天文历法等学科长期在世界上居于领先地位，中医药、农学及许多技术领域则一直领先到16~17世纪。16世纪末之后，中国科学技术开始与西方科学技术交流汇通，逐步迈入近代化、现代化的进程。此时，中国科学技术虽然落后于世界先进水平，但许多仁人志士仍作出了可贵的努力，取得了一些成绩。

20世纪初，除了中医药、农学、建筑等少数学科之外，中国传统科学技术基本中断。此后不久，随着以“科学”和“民主”为旗帜的“新文化运动”的蓬勃开展，国内外几代学者对中国古代的数学、天文历法、农学、中医药学、物理、化学化工、地学、生物、建筑、冶铸、纺织、交通、造纸印刷、兵工等学科以及中国科学技术通史进行了不同程度的研究，取得了一系列成果，发表出版了大量学术论文和专著。中国科学技术史研究也成为一门专门的学问。它实际上是站在现代科学技术的高度，以历史学的方法，整理中国古代的科学技术遗产。因古今汉语的变易和科学技术的发展，也由于中国传统科学技术中断已约百年，许多古代的科学技术术语无法与现代科学技术一一对应，甚至根本就无法对应。而今之读书人，接受的基本上是西学教育，中国古代的科学技术典籍和术语不仅对一般读书人来说如天书，即使是研究中国科学技术史的不同学科的人亦难以互相了解，况且中国科学技术史研究本身还形成了一些特有的术语。

20世纪中国科学技术史研究成果累累，然而相对说来，对科学技术史辞典的编纂、研究比较薄弱。某些综合性辞书虽有一些科学技术史辞条，但是辞条数量很少，同时，某些辞书，特别是文史工具书，大多不是由科学技术史专家撰写的，有许多偏颇之处。有的辞典列有科学技术史类，但多是词语解释，尚没有一部百科式的中国科学技术史的专门辞典。因此，编纂一部百科式的中国科学技术史辞典是广大读者的迫切需要，也是中国科学技术史学科发展的需要。本辞典力图规范性地总结20世纪中国科学技术史的研究成果，也是中国科学技术史辞书的编纂与研究的初步尝试。

本辞典通过约1200条辞条的释文力图全面、完整、准确而又简明地展现中国古代科学技术的主要成就、术语、重要事件、器物、原理、典章制度及科学机构等内容。至于科技人物和科技著作，因为《中国科学技术史》另有人物卷和典籍卷（未编纂），本辞典则一律不收。本辞典立足于中国古代科学技术的原始文献和出土文物，参考20世纪几代学者关于中国科学技术史的大量学科史和通史的专著、论文所体现的研究成果进行撰写。辞条释文根据不同情况含有别称或简称、界定、最早出处（包括时间、地点、人物或典籍）、基本内容、原理、作用及演变等项；一辞多义者分别叙述；凡引用的古文均使用原始文献，不转自第二手资料。

本辞典聘请对中国科学技术史的各个学科术有专攻的学者担任作者。参加本辞典撰写的学者及分工如下。

科学史概论：李家明

数学：郭书春、邹大海、韩琦、严敦杰

天文历法：孙小淳

物理：戴念祖、李家明、王允红

化学化工：王扬宗

地学地质气象水利：艾素珍

中医药：张志斌

农学：曾雄生

生物：汪子春

建筑：沈玉枝

冶铸：苏荣誉

纺织：朱冰、赵翰生

交通桥梁：沈玉枝、李家明、郭书春、金秋鹏等

造纸印刷：苏荣誉、韩琦

军事技术：王兆春

辞条结尾处标以作者姓名，以示文责自负之意。

本辞典的编纂力求体现全面性、系统性、科学性和稳定性。所谓全面性，就是辞目的设置全面涵盖中国古代科学技术的各个学科重要和比较重要的成就、遗迹、术语、器物、原理、典章制度及科学机构。所谓系统性，就是通过辞条释文系统介绍中国古代科学技术的各个学科的发展史，由此可系统了解中国科学技术的发展史。所谓科学性，就是释文力求科学准确地表述各辞条的内容，并汲取最新的中国科学技术史研究成果。所谓稳定性，就是释文所述内容，包括采纳的最新研究成果，必须是学术界公认的，经得起时间考验的。对学术界尚有争论的内容，或者以一家为主，兼及别家，或者并列诸家之说。

本辞典力求使用规范的辞书语言，同时做到通俗易懂，雅俗共赏。

当然，以上只是我们的初衷。由于是初创，加之我们的水平所限，不足、偏颇之处在所难免。恳请各位同行不吝指正。

本辞典以辞条首字的汉语拼音为序，首字拼音相同者则以第二字的拼音为序，以此类推。

郭书春　李家明

2007 年 12 月

凡　例

一、本辞典是阐释清末以前中国科学技术发展史上的重要和比较重要的成就、遗迹、术语、器物、原理、典章制度及科学技术机构等方面的综合性、学术性工具书，包括科学史概论、数学、天文历法、物理、化学化工、地学地质、气象、水利、中医药、农学、生物、建筑、冶铸、纺织、交通桥梁、造纸印刷、军事技术等各个学科的辞条约1200条。

二、本辞典按辞条汉语拼音字母以电脑排序。

三、辞目标题多是一个词，如“算学”、“律”；有时是词组，如“刘徽原理”、“对引力的认识”。

四、本辞典不设著作、人物条目。

五、本辞典不设参见条目。

六、释文

（1）释文力求使用规范的现代汉语。释文开始一般不重复辞条标题。

（2）释文中除必须使用的繁体字外，一律以1986年国家语言文字工作委员会重新发布的《简化字总表》、1955年文化部和中国文字改革委员会联合发布的《第一批异体字整理表》为准。

（3）释文不设层次标题。

（4）释文中的外国人名、地名的译文按照《辞海》2009年版。外国地名不附原文。外国人名在该条第一次出现时附本民族文字原文。

（5）一辞多义者，不同的学科的释文以（1）、（2）、（3）区分，同一学科的不同释义以①、②、③区分。

（6）释文中配以必要的插图。

目　录

D

G

J

K

L

M

N

P

Q

R

S

T

X

A

阿尔热巴拉 algebra（代数）的音译。康熙五十一年（1712）前后，耶稣会士傅圣泽（Jean-François Foucquet，1665～1741）首次将符号代数传入中国，为康熙皇帝撰写了《阿尔热巴拉新法》。但此书只有稿本传世。康熙之后，阿尔热巴拉被曲解为“东来法”，广为流传，为“西学中源”说张本。（韩琦）

阿拉吉酒 又称“阿剌吉”，或“哈剌吉”、“哈剌基”、“阿里乞”、“法酒”等，是阿拉伯语或波斯语 araq 的音译，意为“烧酒”。现知最早的记载见于元忽思慧《饮膳正要》（成书于1330年）：“阿剌吉酒：味甘辣，大热大毒，主消冷，坚积，去寒气。用好酒蒸熬取露成阿剌吉酒。”在元代多以葡萄酒、枣酒以及“一切味不正之酒”为原料，约在明代大量用小米、高粱、大麦和稻米等粮食制酒，从此，“烧酒”、“白酒”等名称取代了“阿剌吉”、“法酒”等旧称。关于烧酒在中国的起源时代，学术界有东汉、唐代、宋代等种种说法，但大都证据不足。唐宋文献中虽然偶有“烧酒”、“白酒”等名称，但均非指蒸馏酒。明末李时珍在《本草纲目》中曾说：“烧酒非古法也，自元时始创。其法用浓酒和糟，蒸令汽上，用器承取滴露。凡酸坏之酒，皆可蒸烧。”清人檀萃《滇海虞衡志》说：“盖烧酒名酒露，元初传入中国，中国人无处不饮乎烧酒。”清中叶章穆《饮食辨》也说：“烧酒又名火酒，《饮膳正要》曰‘阿剌吉’，番语也。盖此酒本非古法，元末暹罗及荷兰等处人始传其法于中土。”中国蒸馏器起源虽比蒸馏酒早，但现在还无法断定其较早就用于制酒。目前学术界多认为烧酒是元代从西域传来中国的。（王扬宗）

阿姆斯特朗后装线膛钢炮 上海江南制造总局炮厂仿制的一种系列火炮。清后期的兵工厂在半个世纪中仿制了许多西方钢炮，如同治九年（1870）上海江南制造总局造成的开花轻铜炮，采用了欧洲整体铸炮新技术，其炮的质量可与进口的轻型前装滑膛炮比美；金陵机器局于光绪九年（1883）仿制的格林炮，10 支炮管环绕固定轴轮回转动，依次填装，发射炮弹，每分钟可发射 350 发；等等。阿姆斯特朗后装线膛钢炮原为英国火炮专家阿姆斯特朗于 1854 年所创制，具有装弹方便、射速快、闭锁性能好、命中精度高、发射安全等优越性，于 19 世纪 70 年代开始传入中国。光绪十九年至三十年（1893～1904），上海江南制造总局炮厂已仿制成 400 多门。其中大型的，分别发射 800、380、250、180、140、120、100 磅炮弹；中型的，分别发射 40、12 磅炮弹；小型的，分别发射 7、6、3、2 磅炮弹。它们的管长为 4.7～11.8 米，口径 14.9～30.4 厘米，重 4.5～50 公斤，射程 7000～10 000 米。这些火炮制成后，除安于上海吴淞口各炮台外，还安于沿江的江阴、镇江、南京、安徽、江西、湖北各炮台，改善了沿江各要塞的防御态势。（王兆春）

阿姆斯特朗后装炮（安于上海吴淞炮台）

阿斯塔那墓纺织品 新疆阿斯塔那东晋至南北朝墓葬出土织成、绞缬等多件精美纺织品。阿斯塔那北区39号墓出土一件铭文织成履，地组织为麻线编织，以褐、红、白、黑、蓝、黄、土黄、金黄、绿等九种色彩丝线，采用“通经断纬”方法织出10个隶体汉字铭文“富且昌宜侯王天延命长”，反向各织两遍，对称排列。该墓出土东晋升平十一年（367）文献，可知此件织成作品年代当不晚于东晋，这是目前已知最早的织成作品。其“通经断纬”织造技术在中国织造技术史上是一进步，它是后世中国纬起花技术的先声。阿斯塔那北区85号墓出土的“方胜”纹绞缬也为纺织史上首见。绞缬即扎染，方法为先在织物上点好花位，以针将花位挑起，用线扎捆结实，入染液浸染。染后晾干，拆除扎捆线，花纹即现。北区88号有高昌延昌七年纪年文献墓出土的云气动物纹锦和北凉敦煌太守且渠封戴墓出土的动物几何纹锦，与汉晋织锦风格已经明显不同，纹样骨架之云气纹宽度加大，起伏较小，动物纹几何感较强。从该地区北魏至北朝墓出土的敦煌供养人刺绣作品可明显看出佛教文化的影响。此外，延昌二十九年唐绍伯墓出土一件“胡王”铭文锦，显然是专为西域国家首脑织造的，该件作品在米黄色地上以墨绿和由绛红、橘红交换排列的彩条经线显花，每一花纹循环单位内有一胡人执鞭牵驼，人驼之间缀以“胡王”二字，外环联珠纹。该作品可能采用花本倒置循环提花，形成上下对称倒影式花纹，十分生动。（朱冰）

安济桥 又称赵州桥、大石桥。位于河北省赵县南五里，跨洨水。隋大业间李春所造，单孔敞肩石拱桥。桥主孔净垮为37.02米，净矢高为7.23米，桥总长50.83米，宽9.6米，主拱券并列28道，拱厚1.03米，在主拱券之上，两侧各伏有两个小拱，靠近拱脚处的小拱，净跨为3.8米，另一小拱，净跨为2.85米。敞肩圆弧拱桥是石拱桥的一大发展。其一，可减轻石拱桥的自重，从而减小拱券厚度和墩台的尺寸；其二，可增大桥梁的泄洪能力。是世界上现存最古老、跨度最大的敞肩圆弧石拱桥。唐贞元八年（792）大水，桥坏左址，次年修，刘超然作记。宋治平三年（1066）因乡人盗腰铁，桥欹倒，僧怀丙以术正之。明末桥西侧五道坍塌，清乾隆间修复，其后东侧三道又崩坠，1955年重修。（沈玉枝）

安澜桥 古名珠浦桥。位于四川省都江堰市西岷江上。为竹索桥。宋淳化元年（990）重建，改名“平事桥”。淳熙四年（1177）范成大有渡绳桥记云：“桥长二十丈，分为五架，广十二绳排联之，上布竹笆，攒立大木数十于江沙中，辇石固其根。”明末毁于战火。清嘉庆年间，塾师何光德夫妻相继重修，名“安澜桥”。桥长340米，8孔，最大跨径61米，宽3米余，高近13米。先用细篾编成粗5寸的竹索24根，其中10根作为底索，上铺木板当桥面，木板两端再压上二索，与底索一起夹牢桥面板，余下12根分列桥的两旁，作为扶栏。1975年仿旧式改为钢绳索桥。（李家明）

安平桥 又名西桥。俗称五里桥。位于福建晋江安海镇与南安水头镇之间，跨安海湾。建于宋绍兴八年（1138），绍兴二十一年完工。石梁石墩桥，桥长811丈（约5里），宽1.6丈，酾水362道，桥面用巨大石梁拼成，每根梁重12～13吨。下部桥墩以条石纵横叠砌而成，有长方形、尖端船形、半船形。桥上有5亭，可供行人休息。现海湾淤积，已成陆桥。以其长度（2070米）而闻名，被誉为“天下无桥长此桥”，在18世纪以前一直是中国桥梁长度之最。（沈玉枝）

按摩 中医学术语。①医生通过在病人身体一定的部位施行一定的手法或进行特定的肢体活动来治疗疾病的一门防病治病的学科。又称推拿、乔（矫）摩、按跷。《灵枢·九针》云：“形数惊恐，筋脉不通，病生于不仁，治之以按摩醪药。”按摩有疏通经络、滑利关节、促进气血运行、调整脏腑功能、增强人体抗病能力等多方面的作用，常用于内、外、骨伤、妇、儿、眼、五官等多科疾病的治疗，也是一种防病强身的保健疗法。按摩有着悠久的历史，早在唐代医学四科中已设有按摩科，其在长期的发展过程中，逐渐形成保健按摩、整骨推拿、小儿推拿等专科按摩。②正骨八法之一，指具体的正骨手法。出自《灵枢·九针》卷一，包括按法与摩法，有舒筋活络、散瘀消肿的作用。《医宗金鉴》卷八十七：“按者，谓以手往下抑之也；摩者，谓徐徐揉摩之也。此法盖为皮肤筋肉受伤，但肿硬麻木，而骨未断折者设。”（张志斌）

暗虚 中国古代用以解释月食的概念。其产生和应用有一个演变的过程。《周礼·眡祲》中提到“十煇之法”，其中五曰暗。东汉郑众将“暗”释为日月食。西汉时，京房将“暗”和“虚”合为一词，用以解释月食：“月与日相冲，分天下之半，循于黄道。乌兔相冲，光盛威重，数盈理极，危亡之灾，一时顿尽，遂使太阳夺其光华，暗虚亏其体质。”张衡《灵宪》中则曰：“夫日譬犹火，月譬犹水。火则外光，水则含景。故月光生于日之所照，魄生于日之所蔽，当日则光盈，就日则光尽也。众星被耀，因水转光。当日之冲，光常不合者，蔽于地也，是谓暗虚。在星星微，月过则食。”此用日光蔽于地而产生的暗虚来解释月食的成因，基本上是符合事实的，但说暗虚也会使星看不见，则未允。后代的天文学家大都采用暗虚的概念来解释月食。（孙小淳）

B

八法 中医学主要的八类治疗方法，包括汗、吐、下、和、温、清、消、补八种。八法的提出见于清代程国彭《医学心悟·医门八法》："论病之原，以内伤外感四字括之；论病之情，则以寒热虚实表里阴阳八字统之；而论治病之方，则又以汗、和、下、消、吐、清、温、补八法尽之。"可见，八法是针对病证之寒热、虚实、表里、阴阳而设的。汗法指发汗之法，程氏云："汗者，散也。经云：邪在表者，汗而发之。"可见，汗法用于病位浅表者。和法指调和之法，程氏云：病"在半表半里者，唯有和之一法焉"。下法也称攻法，指具有泻下效应的治法，程氏云："病在里，则下之而已。"用于身体壮实而病结在里者、里热便结等。消法指消除病理产物的意思，程氏云："消者，去其壅也。脏腑筋络肌肉之间，本无此物而忽有之，必为消散。"消法具体的方法比较多，有行气、散结、化湿、化瘀、化痰等。吐法指具有呕吐效应的治法，用于身体壮实而病结在上者，如"胸膈停痰"、"胃脘积食"，或误食毒物等。清法指具有清热作用的治法，程氏云："清者，清其热也。脏腑有热，则清之。"用于各种热证。温法指具有温中作用的治法，程氏云："温者，温其中也。脏受寒侵，必须温剂。"用于各种寒证。补法指具有补益作用的治法，程氏云："补者，补其虚也。"用于各种虚弱病证。每一类治法，又各有多种不同的具体治法，如补法有补气、补血、补阴、补阳等。正如程氏所言："一法之中，八法备焉；八法之中，百法备焉。"八法的理论概括虽见于清代，但实际上是古代医家从长期临床实践中总结出来的，汉代张仲景的《伤寒杂病论》中就有关于八法的具体应用。八法至今在临床上仍有旺盛的生命力。（张志斌）

八风 即来自东、南、西、北、东南、东北、西南、西北八个方位的风。中国古代占卜中的风占就是根据风的大小与方位来进行占卜。殷代的卜辞中就有风占，其中有风向的记录，而且对东、南、西、北四方之风各有专名。其后，《尔雅》、《吕氏春秋》、《淮南子》、《史记》等均有各方风名。《史记·律书》中记载的"八风"是：西北不周风、北方广莫风、东北条风、东方明庶风、东南清明风、南方景风、西南凉风、西方阊阖风。八风与二十八宿、十二月、天干、地支相配，构成一幅宇宙论图式，描述一年四季的阴阳消长与万物变化。对风的占卜后来发展为专门的占卜之学，叫做"风角"。（孙小淳）

八纲 中医临床分类、诊断、治疗疾病的基本方法之一。即以阴阳、表里、虚实、寒热作为八大纲领，对临床上的各种病证进行分析、归纳，为治疗提供依据。清代程国彭《医学心悟》云："病有总要，寒，热，虚，实，表，里，阴，阳八字而已。病情既不外此，则辨症之法，亦不出此。"表里是用以辨病位浅深及病情轻重的二纲。一般，外感初起，邪在肌表，属表证，病较轻浅；若病在脏腑，则属里证，病较深重。程氏云："假如发热恶寒，头痛鼻塞，舌上无胎，脉息浮，此表也；假如潮热恶热，腹痛口燥，舌苔黄黑，脉息沉，此里也。"但是伤寒与温病的证候分类，对表里证的辨别有明确的区分。伤寒以三阳证为表，以三阴证为里。三阳证中，又以太阳为表，以阳明为里，少阳为半表半里。温病初感在上焦，病属于表，一入中焦与下焦即属于里。其表证、里证各有其证候，但必须结合寒热虚实，才能准确分析疾病的性质与邪正消长的情况。由于体质强弱、邪正盛衰、病情的发展演变过程，也可能出现表证入里、里证出表、表里同病、表实里虚、表虚里实、表寒里热、表热里寒、表里俱虚等不同的复杂情况。虚实是用以辨病邪与人体正气双方力量对比的二纲。实证是指病邪盛，而人体正气也不衰的情况；虚证是指人体正气不足，而病邪也不盛的情况。如正气虚，病邪又盛，那就是虚中夹实之比较复杂的病证。《素问·通评虚实论》云："邪气盛则实，精气夺则虚。"虚实的辨别，往往要根据病情的新久、病人身体状况，并要注意观察出汗、胀痛、喜按不喜按等各种情况。程氏《医学心悟》云："一病之虚实，全在有汗与无汗，胸腹痛胀与否，胀之减与不减，痛之拒按与喜按，症之新久，禀之厚薄，脉之虚实以分之。""假如病中无汗，腹胀不减，痛而拒按，病新得，人禀厚，脉实有力，此实也；假如病中多汗，腹胀时减复如故，痛而喜按，按之则痛止，病久，禀弱，脉虚无力，此虚也。"在病程中，也可能由实转虚，或由虚转实，或虚实并见。临床上，也常与其他六纲错杂出现。寒热是辨病证性质的二纲，不仅用以区别病邪之属寒属热，而且还用以概括机体阴阳偏盛偏衰的不同性质。《素问·阴阳应象大论》云："阳胜则热，阴胜则寒。"辨寒热往往要注意观察有无口渴、烦躁，喜不喜饮，喜冷还是喜热，以及大小便与脉象的情况。《医学心悟》云："一病之寒热，全在口渴与不渴，渴而消水与不消水，饮食喜热与喜冷，烦躁与厥逆，溺之长短赤白，便之溏结，脉之迟数以分之。""假如口渴而能消水，喜冷饮食，烦躁，溺短赤，便结，脉数，此热也；假如口不渴而不能消水，喜饮热汤，手足厥冷，溺清长，便溏，脉迟，此寒也。"阴阳是统摄其他三纲的总纲。程氏云："至于病之阴阳统上六字而言，所包者广。热者为阳，实者为阳，在表者为阳；寒者为阴，虚者为阴，在里者为阴。"八纲的理论概括虽见于清代，但实际上是古代医家在长期临床实践中总结出来的。早在汉代张仲景的《伤寒杂病论》中就有表里寒热虚实阴阳辨证的具体应用，至今在临床上仍有旺盛的生命力。（张志斌）

八音　古代乐器的分类名称。见《国语·周语》伶州鸠论乐。《周礼·春官·大师》："播之以八音。"这八音分别为金（如钟、镈）、石（如磬、编磬）、丝（如琴、瑟）、竹（如箫、笛）、匏（如笙、竽）、土（如埙、缶）、革（如鼓）、木（如柷、敔）。它是以制造乐器的物质材料作为乐器分类的标准的。从音色角度看，它又是最早的声音分类。（戴念祖）

坝　又称堰、埝、碣、遏、埭、石碰等，是用于拦水、逼水、抬高水位，或建于堤岸的一侧，用以挑溜、护岸、溢流等的水工建筑，与堤同为中国古代两大挡水建筑形式。"坝"作为水工专用名词，首见于元沙克什（即赡思）《河防通议》(1321)。中国关于坝工的明确记载始于春秋时期，芍陂水库的草土坝大约建于公元前598～前591年。战国以后，这一建筑形式发展很快，出现了山西晋水上的智伯渠挡河坝（公元前453）、河北漳河上的引水十二级拦河坝（公元前446～前357）等大型坝。秦汉时期，坝工的兴建达到了高潮，其中著名的有广西灵渠的天平坝、河南信阳的鸿隙陂堤坝、河南南阳的六门堰堤坝、浙江绍兴的鉴湖水库堤坝等。此后，挡水建筑不断普及，几乎遍及全国主要水系的主要干支流。中国古代最大的拦河坝是南朝梁天监十五年（516）在淮河上修建的浮山堰，长9里，下宽140丈（约336米），上宽45丈（约108米），高20丈（约48米）。坝的种类较多，按其功能分，主要有溢流坝和挑流坝等；按建筑材料分，主要有土坝、土石坝、堆石坝、砌石坝、草土坝、木笼装石坝、柴坝、埽坝、木坝和砖坝等，其中砌石坝是古代大型永久性坝的主要形式；按形状分，主要有鸡嘴坝、扇面坝、鱼鳞坝和对坝等。中国古代挡水建筑有如下基本特点：坝型多为重力坝；断面设计注意坝体稳定性；建筑材料多为就地取材；考虑大坝安全的基本条件；基础工程注意地基承载能力。（艾素珍）

灞陵桥　又名卧桥。位于甘肃渭源。建于明洪武年间。1919年重建。单跨，全长44.5米，桥跨30米左右，宽6.2米。桥中间部分是木叠梁拱，由两组拱骨交替排比构成，一组拱骨为二长一短，另一组拱骨为二短一长，以四根横木相贯联，拱的两端点，承托在由四叠挑出的伸臂梁端的横木上，而拱肋的推力，由夹在伸臂梁木之间的斜撑木，经木拱脚直接传到桥台。此结构是由发源于中原的穿插梁木为拱的技术与甘肃的伸臂梁技术结合的产物。桥上建有桥屋13间，两端有桥头屋。（沈玉枝）

灞桥纸　西安灞桥西汉墓发现的纸状物质。1957年灞桥砖瓦厂施工时发现一处墓葬，出土有铜剑、铜镜和半两钱等物。铜镜正面有布纹，并有残布片存留，布下有纸状物质。从出土遗物看，墓葬年代不会晚于西汉武帝时期（公元前140～前87）。一说出土的纸状物是世界上最早的植物纤维纸，该纸主要由大麻纤维和少量苎麻纤维杂乱交结而成，纤维帚化程度较低，没有规则的经纬纹。另一种观点依据纸状物边缘的绳头认为此不是人工植物纤维纸，而是麻绳散开经两千多年陈腐紧压而成的麻纤维片。还有人以此墓非科学发掘、年代难以确定而不承认该纸是世界上最早的人工植物纤维纸。（苏荣誉）

白瓷　瓷器品名之一。白瓷与青瓷的差别就在于釉料中含铁量较低，其他工序与青瓷烧造完全一样。考古发现表明，湖南长沙东汉墓已出现早期白瓷。但白瓷是从北方发展起来的，其真正烧制成功是在隋代。陕西西安郊区隋大业四年（608）李静训墓出土的白瓷，胎质洁白，釉面光润，胎釉不见白中闪黄或泛青的现象，是真正的白瓷。白瓷在隋代北方迅速发展，到唐代达到极盛。考古发现表明北方地区生产白瓷的窑址有河北内丘邢窑、曲阳窑，河南巩县窑、鹤壁窑、密县窑、登封窑、郏县窑、荥阳窑、安阳窑，山西浑源窑、平定窑，陕西耀州窑，安徽萧窑等。其中以邢窑白瓷为代表，与南方地区越窑青瓷相匹敌，故世称“南青北白”。五代时期，白瓷生产仍以北方为主，景德镇五代窑址是南方地区已发现的最早白瓷产地。宋代白瓷以河北曲阳的定窑为代表。元代纯白瓷的制作趋于低潮，明代永乐年间的甜白釉是白瓷史上的最高成就。福建德化的白瓷在世界上也享有很高声誉，其色泽光润明亮，乳白如凝脂，在光照之下，釉中隐现粉红或乳白，因此有“猪油色”、“象牙白”之称。（王扬宗）

白道 月球运行轨道在天球上的投影叫做白道。出于西汉关于月亮运动的九道术。《汉书·天文志》：“日有中道，月有九行……月有九行者：黑道二，出黄道北；赤道二，出黄道南；白道二，出黄道西；青道二，出黄道东。”《续汉书·律历志》“贾逵论历”引东汉元和二年时姚崇、井毕等说：“星图有规法，日月实从黄道。”这说明东汉初天文学家还认为白道与黄道是一回事。但是，不久天文家就明白日月并没有共同的轨道，《续汉书·律历志》载四分历说：“日有光道，月有九行，九行出入而交生焉。朔会望衡，邻于所交，亏薄生焉。”此“九行”实际上就是现代意义上的白道。《晋书·律历志》记载：刘洪创《乾象历》，“兼考月行，阴阳交于黄道表里”。刘洪还说“月经四表，出入三道”，给出了月亮极黄纬的表格。黄道与白道的交角，《乾象历》取6.08°，以后历法取值在5.99°～6.08°。唐代李淳风在黄道浑仪上增设了白道环，叫做“白道月环”。（孙小淳）

白道交周 中国古代历法概念，由元《授时历》首先提出。齐履谦在《知太史院事郭公行状》中谈到《授时历》的五种创新时说：“五曰白道交周。旧法，黄道推白道，以斜求斜。今用立浑，比量得月与赤道正交距春秋二正黄赤道正交一十四度六十六分。”白道交周14°66′所代表的天文量，就是当黄道、白道交点正处在冬至或夏至点上时，白道、赤道交点与黄道、赤道交点之间的距离，《授时历》中也称之为“白赤道交点距黄赤道正交极数”。以现代精确的三角公式计算，白道交周为14°75′，可见《授时历》的数值相当精确。《授时历》求白道交周是为了确定白道与赤道之间的相对位置关系。白道和黄道的交角可认为是固定的（平均约为5°9′），但黄白道的交点却是在不断地沿着黄道由东向西移动的，亦即白道在空间的位置是在不断变化的。为了把月亮在白道上的位置化成赤道坐标中的位置，或从观测到的月亮的赤道坐标来推求月亮在其轨道上的运动，都必定要先确定当时白道在赤道坐标系中的位置。白道交周这个“极数”是白赤道交点离黄赤道交点所能达到的最大距离，这时的黄白道交点就在冬至点或夏至点。当黄白交点不在冬至或夏至点时，《授时历》也给出了根据白道交周这个极数和黄白交点离冬（或夏）至点的距离这两个量求白赤道交点离黄赤道交点的距离的计算公式。因此在任何情况下，白道在赤道坐标系中的位置都可以确定。（孙小淳）

白蜡虫 昆虫名。虫白蜡是雄性白蜡虫的分泌物，是中国自古以来的农家副产品。南宋周密《癸辛杂识》就有关于饲养白蜡虫的记载，说江浙本不产白蜡，后有人从淮北带来白蜡虫出售，其种形状如小茨果实，“每年芒种，前以黄布作小囊贮虫10余枚，遍挂桎树间（叶类似茱萸叶），至五月每一子出虫数百，遗白粪于枝梗，八月中剥取用沸汤煎之就成白蜡。又遗子于树枝间，初甚细，来春渐大，收其子如前法散育之”。书中还记述了放养白蜡虫、收取白蜡的时间和方法。此后，汪机《本草会编》、李时珍《本草纲目》和徐光启《农政全书》对白蜡虫寄生的植物种类、产地、习性和采蜡方法亦有记载。17世纪初，耶稣会士把有关中国饲养白蜡虫的消息传到欧洲。1853年，由罗刻合特从上海将白蜡样品和白蜡虫标本送到英国以供研究。（汪子春）

白铜 铜合金的一类，因色白而得名。中国古代有两种白铜：一种是铜镍合金，即镍白铜；另一种是铜砷合金，为砷白铜。前者自古产于中国西南，最早记载它的是东晋常璩《华阳国志》卷四："螳螂县因山名也。出银、铅、白铜、杂药。"古螳螂县在今云南西北会泽、巧家和东川一带，富产铜矿，距盛产镍矿的四川会理不远，因此，所言白铜当是镍白铜。镍白铜的镍含量在10%~30%，亦称"云白铜"或"云南白铜"。《旧唐书·舆服志》记载的"自余一品乘白铜饰犊车"也是镍白铜。清嵇璜《续文献通考·征榷六》载："自成化五年（1469）定：四川军民偷采白铜者，为首枷示，以律治罪。"可见白铜已为政府专营。清代的白铜生产颇为兴盛，并远销欧洲。《会理县志》载："黎溪厂产白铜，于乾隆十九年（1754）额设每双炉一座，抽小课白铜五斤，每煎获白铜一百一十斤，内抽大课十斤。每年额报双炉二百一十六座，各商共报煎获白铜六万三千二、三百斤。"光绪二十七年（1901）《续云南通志》卷四十三载："茂密白铜子厂，大姚县属，发红铜到厂，卖给硐民，点出白铜。每一百一十斤抽收十斤，照定价每斤三钱，变价以充正课。"可知白铜是红铜点化而成，即是将红铜和镍矿、木炭合炼而得。根据早期实地调查，白铜的冶炼分为四步：首先把镍铁矿（主要是（Fe，Ni）$_9$S$_8$）和黑铜矿（主要是CuO）按1∶1混合，在冶铜炉内焙烧和初步冶炼成黑色的"块状物"与炉渣的混合物。块状物大概是镍冰铜（Ni_3S_2，Cu_2S，FeS）。其次把块状物投入煅铜炉中，经九次煅烧，氧化去除硫分，得到"煅矿"。再次将煅矿与镍铁矿按7∶3混合，再入冶铜炉冶炼，得到含杂质较多的镍铜合金，谓之"青铜"。最后将"青铜"与纯铜按3∶7混合，再次入炉冶炼得到白铜和炼渣。唐宋时镍白铜已远销阿拉伯一带，被当地人称为"中国石"。17世纪以后，镍白铜由东印度公司贩往欧洲销售，云南白铜的生产达到极盛。英文白铜"paktong"一词是"白铜"的音译，即指云南生产的铜镍合金。砷白铜是方士和丹家在人造金银的过程中发现的。砷铜合金中，当砷含量小于10%时呈金黄色，大于10%时呈银白色。早在西汉初年，淮南王刘安（公元前179~前122）在《淮南子》中，就载"饵丹阳之伪金"。晋葛洪在《抱朴子·内篇·黄白》中，明确记载用雄黄（As_2S_2）点铜为黄金。而最早论及砷白铜的文献出现于东晋，在《神仙养生密术》（327~351）中有记载："点白：卤砂四两，雄黄四两，雌黄四两，硝石四两，枯矾四两，山泽四两，青盐四两。"大约在南北朝以后，方士已知道用砒霜较三黄更易点化出白铜。唐肃宗乾元年间（758~760）金陵子的《龙虎还丹诀》载记颇详，做法是先将雌黄和下后雄黄等加工制成升华的束丝状砒霜（可能含有$AsCl_3$），称为"卧炉霜"，再用它点化得白铜。宋元以后，记载砷白铜冶炼工艺的文献甚多。（苏荣誉　王扬宗）

白雁 动物名，即现今之雪雁，学名

Anserhyperbereus pallas，今在我国绝见。有关它的最早记载，当推《左传·哀公七年》：“曹伯阳好曰弋，曹鄙人公孙疆获白雁献之。”汉代刘向《新序》云：“梁君出猎，见白雁群。”《晋书·石季龙传》、《唐书》也都记载了白雁的情况。宋代沈括《梦溪笔谈》载：“北方有白雁，似雁而小。色白，秋深则来。白雁至则降霜，河北人谓之‘霜信’。杜甫诗云：‘故国霜前白雁来’即此也。”可见，历史上白雁作为一种候鸟，于每年深秋霜降前南来我国北方地区活动。元代徐舫《应教题白雁》写白雁云“楚泽云昏无片影，湘江月黑见孤飞”，可见当时白雁还向南迁，飞至湖北、湖南。明清之后其已罕见。（汪子春）

百工　魏晋南北朝时期被严格控制在官府手工业作坊中劳动的专业匠户。他们具有专门技能，主要从事金、石、竹、漆、土、木和纺织等行业。西汉官府手工业作坊中的劳动者有相当多的奴婢和刑徒。汉末战乱，城市手工业遭破坏，手工业者流徙。政府为了满足统治者对手工业品的需求和官府工程的完成，积极恢复官府作坊（场），加强对工匠的控制，使他们固着在其专业上。魏晋南朝时期的官府作坊中，除继续保留部分奴婢和刑徒等劳动者外，更多的是强迫征发或俘虏来的匠户，被称为“百工”。他们有自己的家庭，有独立的户籍，但是身份低于一般平民而与士卒相等，不能自由被人雇用，不能自由出售自己的产品，而且这种卑贱身份和所承担的义务是世袭的。他们是由政府直接控制的农奴化的手工业者。北朝时，百工以伎作户的名称继续为官府作坊所控制。其来源除部分是原百工家庭的后代外，部分是由农民中搜寻漏户充当的。一经派作伎作户后，便被强迫固着在所服役的专业上，不准转业。从南北朝中期开始，百工长期服役的制度逐步为番役制度所代替。工匠除每年上番时在官府作坊劳动外，还保留了为自己劳动的部分时间。按照北周工匠六番的规定，每年上番的时间是两个月。隋末唐初，又逐渐允许工匠纳资代役。随着工匠服役制度的改变，魏晋和南北朝中期以前的百工、伎作户，也逐渐成为“番役工匠”以及以后的“和雇匠”。（苏荣誉）

百鸡术　世界上著名的不定问题，首见于北魏《张丘建算经》卷下（公元6世纪），13世纪意大利菲波那契、15世纪阿拉伯阿尔·卡西的著作中也出现了同类问题。《张丘建算经》的题目是：“今有鸡翁一直钱五，鸡母一直钱三，鸡雏三直钱一，凡百钱买鸡百只。问鸡翁、母、雏各几何?”设鸡翁、母、雏分别为 x、y、z，依题列出方程：

$$x + y + z = 100$$

$$5x + 3y + \frac{1}{3}z = 100$$

张丘建认识到这是一个不定方程，给出了（4，18，78）、（8，11，81）、（12，4，84）三组解，是其全部正整数解。他提示了解法：“术曰：鸡翁每增四，鸡母每减七，鸡雏每益三，即得。”这个提示太简括，后人对其具体解法的推测颇多。近人钱宝琮的理解是：以3乘第2行，减第1行，化成 $7x + 4y = 100$。由于 $4y$ 和100都是4的倍数，x 必是4的倍数：$x = 4t$，那么 $y = 25 - 7t, z = 75 + 3t$。令 $t = 1,2,3$，便得到上述三组解。清代宋元数学复兴，人们用大衍求一术得出了这类问题的一般解法。（郭书春）

斑铜　中国云南出产的铜工艺品，因其表面有离奇、闪耀的结晶斑纹而得名。斑铜工艺大约始创于明末清初。早期民间艺人用云南东川、会泽等出产的自然铜打制成日用器皿。斑铜按制作工艺分生斑和熟斑两类。生斑是将伴生矿中含有其他金属杂质结晶的自然铜熔化后，经手工锻打成片、烧斑（金相再结晶）、组合、焊接等工艺制作而成。制品薄而轻，有焊口，斑纹花型较小，多呈黄色。熟斑是在熔化的纯铜中加入适当比例的其他金属，掌握火候，及时浇铸成型，再经打磨、着色而成。制品较厚重，无焊口，斑纹花型较大，多呈红色，其中樱桃红为最佳。斑铜主要用于制作那些将玩赏与实用相结合的烟具、瓶、罐、香炉以及部分仿古器皿等。（苏荣誉）

瘢疹　病证名。指热病过程中，发于肌表的两种皮疹，二者有所不同。点大成片，斑斑如锦纹，不高出皮肤，因而抚之不碍手者，谓之瘢；形如粟米，或小豆，或更大，高出于皮肤之上，抚之碍手者，谓之疹。瘢消退时没有皮屑脱落，疹消退时有皮屑脱落。《丹溪心法·斑疹》：“斑，有色点而无头粒者是也；疹，浮小有头粒者，随出即收，收则又出是也。”《温热经纬·叶香岩外感温热篇》：“点大而在皮肤之上者为斑；或云头隐隐，或琐碎小粒者为疹。”瘢疹形态虽有不同，但二者的临床意义有相似之处，临床上，也常有瘢疹齐见者。中医学认为，瘢疹发出是邪气外出的表现，体内热毒也随着瘢疹的透发而减退，说明人体正气强盛，能够驱邪外出。但其形色以松浮、稀疏、红活为佳，说明邪浅病轻，正气能够抗邪；紧束稠密，颜色深黯（或紫或黑）为凶，说明邪毒深重，正气不足，难以抗邪。瘢疹发出以后，以神清者为佳。《温热经纬·叶香岩外感温热篇》云：“斑疹皆是邪气外露之象，发出宜神情清爽，为外解里和之意。如斑疹出而昏者，正不胜邪，内陷为患，或胃津内涸之故。”《寿世保元》云：“大抵鲜红起发稀朗者吉，棕黑者难治。”（张志斌）

包背装　古书装帧形式之一，于宋、元两代开始流行。因较早的雕版书籍采用蝴蝶装，不便阅读，于是发明了包背装。因包裹书背，故名。其具体工艺是将书叶正折，版心向外，书叶左右两边的余幅齐向书脊。这就使得正面文字向读者。然后集数叶为一叠，排好顺序。再以版口一边为准戳齐，在右边栏外余幅的适当位置打眼，用纸捻穿订，砸平固定。而后将纸钉以外余幅裁齐，形成书背。再用一张比书叶略宽略厚略硬的整纸，比试书册厚度对折，用浆糊粘连，包裹书背。再将天头地脚裁齐，将包背纸在左边版口处的余幅剪齐即告完成。包背装书籍大约出现在南宋后期，迅即流行开来，特别是政府官书多采此法，如明《永乐大典》、清《四库全书》等。但包背装的书背是纸捻装订，浆糊粘背，经不起经常翻阅，极易散落，最终为线装所代替。（苏荣誉）

包金　古代金属装饰工艺的一种。自金箔出现以后，金箔便被用于装饰漆木器。河北藁城台西商代中期墓葬和安阳殷墟商代晚期墓葬出土的金箔，用途大抵如此。将金箔用于包裹金属器件的实物，最早者见于河南浚县辛村西周墓葬出土的一件青铜矛和两件兽头形器。直到春秋晚期，包金才较多用于装饰青铜器，如安徽寿县蔡侯墓出土的軎饰、山东临淄郎家庄和河南辉县琉璃阁出土的包金铜贝，以及河北怀来北辛堡与河南陕县后川出土的包金铜泡等。包金工艺比较简单，即将金箔涂以黏合剂，直接包覆在器物上。所用黏合剂不可考，推测可能是生漆或桐油之类。（苏荣誉）

宝船 明朝永乐时期专为郑和下西洋而建造的大型军用船。其中第四次下西洋的舰队拥有宝船63艘。宝船有大有小，最大的宝船长44丈，宽18丈；第二号宝船长37丈，宽15丈，为明初南京宝船厂即龙江船厂所造。1957年5月，在南京宝船厂遗址出土了一件长11.07米的大舵杆，学者们认为这是当时大型宝船所用的大舵杆。宝船之大，在当时的世界上处于领先地位。（王兆春）

宝船

宝带桥 位于江苏吴县。唐元和初年（806）刺史王仲舒捐宝带助费创建，故名。石拱桥。宋绍定五年（1232）和明正统十一年（1446）重修。长132丈，其下凡53孔，其中有3孔其矢较高，以通巨船。清康熙九年（1670）大水冲圮，康熙十二年重修，咸丰十年（1860）桥坏，同治十一年（1872）重建。（李家明）

报警信号 古代边防部队利用烽火台点燃烽燧发布和传递军事信息。烽火台是沿边防线建筑的高土台，每隔一定距离建筑一座，亦称狼烟台或墩堠。守台士兵发现敌情后，即在台上点燃柴草或狼粪，以产生的黑色烟雾或火焰报警，左右邻台守军见后亦立即点燃烽火，依次逐一将警报向远处的烽火台传递。昼发烟曰烽，夜举火曰燧，两者合称为“烽燧”。汉代以后还规定以燃烧积薪的堆数通报来犯之敌的规模和作战行动。《史记·司马相如列传》云：“夫边郡之士，闻烽举燧燔，皆摄弓而驰，荷兵而走。”司马贞索隐引韦昭曰：“烽，束草置之长木之端，如挈皋，见敌则烧举之。燧者，积薪，有难则焚之。烽主昼，燧主夜。”亦有说“昼则燔燧，夜乃举烽”者（《后汉书·光武帝纪》李贤注）。这种方法自商周开始一直沿用到元明。明代后期还利用火药燃烧的基本特性，加配多种物料，制成散发浓烟的“神烟剂”。其成分为火硝1斤、硫4两、碳3两、樟脑1两、轻粉1钱、石黄1斤、阳起石1两、砒霜4两。将它们碾成粉末、拌和，放入竹筒中压实，使用时将其点燃，浓烈烟焰便从筒中发出，并能在较长时间内凝聚不散，是上好的发烟信号，用以取代燃烧柴草和狼粪。当时还研制了五色烟剂，使用不同的配剂，能发出红、紫、青、白、黑5种颜色的烟雾，需要传递军情时，便根据事先的约定，点燃相应的色彩发烟剂。（王兆春）

北斗 中国古代星官之一，位于北极圈内大熊星座（Ursa Major），由七颗恒星组成，因其形状像一个带柄的斗勺，故名。它是我国最古老的星官之一，在距今6000多年的濮阳西水坡新石器时代墓葬中就发现了表示北斗的图像。早期文献如《夏小正》、《诗经》中都提到了北斗。《诗经·小雅·大东》："维北有斗，不可以挹酒浆。"北斗七星每颗星都有名称，依次为天枢、天璇、天玑、天权、玉衡、开阳、摇光。前四星组成的勺形被称做"魁"，后三星组成的柄被称做"杓"。先民很早就根据黄昏时斗杓所指方位确定月份和季节。《夏小正》说："正月，鞠则见，初昏参中，斗柄悬在下"；"六月，初昏斗柄正在上。"《鹖冠子·环流》载："斗柄东指，天下皆春；斗柄南指，天下皆夏；斗柄西指，天下皆秋；斗柄北指，天下皆冬。"在历法上，把斗柄所指方位再细分为 12 个方向，用十二支表示，于是有"斗建"之说。"斗建"以斗柄所指表示月份：正月斗柄指子，斗建为子；二月斗柄指丑，斗建为丑；依次类推。由于北斗这种能用来指示时节的特点，及北斗围绕北极运转，总枢全天星官的形势，在我国古代帝王一统、君王敬天命而授人时的封建统治思想指导的占星术中，北斗的地位尤其重要。《史记·天官书》云："斗为帝车，运于中央，临制四乡。分阴阳，建四时，均五行，移节度，定诸纪，皆系于斗。"古代还有北斗九星之说，是把斗柄延长线上的玄戈、招摇二星也归入北斗。《黄帝内经·天元纪大论》中称："九星悬朗，七曜周旋。"九星可能就是指北斗九星。近来云梦秦简《日书》中记斗柄指向时称"招摇击某（即子、丑、寅、卯等方位）"，说明招摇星确实包括在这里所说的北斗之内。（孙小淳）

北京古观象台　明、清两朝观象台遗址，位于今北京建国门附近泡子河旁，台上现陈列有清代的天文仪器。明、清观象台的前身是元大都司天台。元至元十六年（1279），王恂、郭守敬向元世祖忽必烈建议"建司天台于大都"，是年春开始兴建，台址据明人萧洵《元故宫遗录》，在厚载门附近。元司天台可能有宋、金两代的仪器。郭守敬在大都造仪器 12 件置台上，其规模之大，在当时世界堪称魁首。明初建都南京，曾将元大都司天台的天文仪器搬到南京鸡鸣山观星台。明成祖朱棣于永乐十九年（1421）迁都北京，英宗朱祁镇于正统二年（1437）命钦天监铸铜天文仪器，式样一如郭守敬的仪器。明末西方天文学知识随传教士传入中国。崇祯年间，由徐光启等倡议并领导改历，采用西洋历法的观测和推步方法。当时曾造象限仪、纪限仪、天体仪等，置于台上观测。清康熙年间，耶稣会传教士比利时人南怀仁在任钦天监监副期间，以元、明两代遗留的天文仪器有差错为由，另制新仪，于康熙十二年（1673）制成。这些仪器是：黄道经纬仪、赤道经纬仪、地平经仪、地平纬仪、纪限仪和天体仪。康熙五十四年，制造地平经纬仪。乾隆九年（1744），制造玑衡抚辰仪，是一件与中国传统浑仪类似的仪器。现在北京古观象台上陈列的天文仪器，就是上述 8 件清朝制造的仪器。清代北京观象台还收藏有甚多元、明旧器。清朝康熙时代来华的传教士对于元代天文仪器毫无识见，钦天监监正纪利安曾销毁一些旧器以铸新仪。1900 年八国联军侵占北京，法军曾把赤道经纬仪、地平经纬仪、黄道经纬仪、象限仪和简仪等器搬到法国驻华使馆，光绪二十八年（1902）归还中国。德军劫走的仪器有纪限仪、地平经仪、天体仪、玑衡抚辰仪、浑仪等，被搬到德国波茨坦宫，于 1927 年归还中国，重新安放在北京古观象台上。（孙小淳）

倍半相生　乐律学用词。指一律音的振动体长度作加一倍或减一半而产生八度的方法。先定“正律”，使其振动体长度加一倍，产生“倍律”，即低八度音；使其振动体长度减少一半，产生“半律”，即高八度音。如倍黄钟是黄钟低八度音，半黄钟是黄钟高八度音。倍半相生就是八度转换，它被普遍用于各种律制（三分损益律、新法密率）上。朱载堉在《律学新说》、《律吕精义》中所言“倍律”、“半律”、“正律”就是这种八度转换关系。（戴念祖）

被中香炉 又称“万向支架”、“卧褥香炉”、“木火通”、“香球”、“灯球”。今名“陀螺仪”、“回转仪”，工程技术中称之为“常平支架”。西汉末年长安街工丁缓所制。《西京杂记》卷一载：长安巧工缓者“作卧褥香炉，一名被中香炉。本出房风，其法后绝。至缓始更为之。为机环转运四周，而炉体常平，可置之被褥，故以为名”。把香炉放在一个镂空的球内，用两个机架架起来，由于相互垂直的各环转轴彼此制约以及香炉本身的重心影响，无论外边如何转动，内部香炉始终保持平衡，容器内所置放的任意形态的物质都不会倾倒而出。多用于焚香除臭、熏烟灭虫，在中国古籍中有诸多文字记载，汉代司马相如（公元前179～前117）的《美人赋》诗云：“金鉔熏香，黼帐低垂。”明代屠龙（1542～1605）的《考试余事》中记为“卧褥炉”；田艺蘅的《留青日札》记有由三层金属环构成的“香球”。考古也多有发掘，有些早已流至国外，日本奈良正仓院收藏有唐代香炉。此外，中国少数民族地区也发现了类似器物。（王允红）

本草 古代中药学著作的通称，故又指古代中药学。现存最早的中药学著作即称《神农本草经》，历代因之，如唐代苏敬等编《新修本草》、孟诜著《食疗本草》、陈藏器的《本草拾遗》，宋代李昉等的《证类本草》、掌禹锡及苏颂等所编《嘉祐补注本草》、唐慎微著《经史证类备急本草》等。明代李时珍《本草纲目·水银》云：“阴毒之物，无似之者。而《大明》言其无毒，《本经》言其久服神仙……方士固不足道，本草其可妄言哉?”（张志斌）

本末 中国古代经济思想，本业与末业的合称。本业指农业，末业亦作“末作”、“末事”、“末产”或“末生”，指工商业。《史记·商君列传》：“僇力本业，耕织致粟帛多者，复其身。事末利及怠而贫者，举以为收孥。”《盐铁论·本议》：“古之立国家者，开本末之途，通有无之用。”管仲、荀况都以农业为本，以商业和奢侈品生产为末。也有持不同观点者，汉末王符主张：“夫富民者，以农桑为本，以游业为末；百工者，以致用为本，以巧饰为末；商贾者，以通货为本，以鬻奇为末。”（《潜夫论·务本》）明清之际，黄宗羲（1610～1695）主张农、工、商皆为本，唯不切于民用的迷信、倡优、奇巧淫技为末。（李家明）

本业 古代对农业的尊称，又称“本务”、“本事”，与称工商之为“末业”相对。战国的商鞅、管子、荀子等最早把包括家庭纺织业在内的农业称为“本”，把奢侈品生产流通称为“末”，主张以农为本。《史记·商君列传》：“僇力本业，耕织致粟帛多者，复其身。”《史记》：“本富为上，末富次之，奸富最下。”（李家明）

崩漏 妇产科病证名，即妇女不在行经期间，以阴道突然大量下血或淋漓下血不断为主要表现的月经病。见于《济生方》，而《诸病源候论》称之为崩中漏下：“崩中之状，是伤损冲任之脉。冲任之脉皆起于胞内，为经脉之海，劳伤过度，冲任气虚，不能约制经血，故忽然崩下，谓之崩中。崩而内有瘀血，故时崩时止，淋沥不断，名曰崩中漏下。”一般来说，崩与漏有所不同。阴道突然大量出血，谓之崩，治疗以止血为先，待血少则审因论治。阴道少量出血而淋漓不净，日久不止，谓之漏，治疗应审因立法，或兼以益气止血。（张志斌）

痹 病名。指因风、寒、湿邪侵袭经络、痹阻气血，而引起的以关节肌肉酸痛、麻痹、拘急为主症的一类病证。最常见的是风、寒、湿三邪为病之行、着、痛三痹。例如，风邪为主，则以关节肌肉的酸楚、疼痛、游走不定为特点，称为行痹；寒邪为主，则疼痛比较固定而剧烈，称为痛痹；湿邪为主，则以沉重麻痹、行走不利为特点，称为着痹。痹证的治疗以祛风胜湿、散寒温经、通络止痛为主。《素问·痹论》说：“风寒湿三气杂至，合而为痹也。其风气胜者为行痹，寒气胜者为痛痹，湿气胜者为着痹也。”《类证治裁·痹证》云：“风寒湿三气杂至，合而为痹。痹，非偏受一气，其风胜者为行痹，风行而不定，如走注之类。寒胜者为痛痹，寒凝则阳气不行，痛有定处，即痛见。湿胜者为着痹，重着不移，或肿痛，或不仁，湿从土化，痛发肌肉，即麻木也。……风胜脉必浮，寒胜脉必涩，湿胜脉必缓。三痹各有所胜，甩药以胜者为主，而兼者佐之。治行痹散风为主，兼去寒利湿，参以补血，血行风自灭也，防风汤。治痛痹温寒为主，兼疏风渗湿，参以益火，辛温解凝寒也，加减五积散。治着痹利湿为主，兼去风逐寒，参以补脾补气，土强可胜湿也，川芎茯苓汤加芪术。”后世又根据痹证所感邪气及临床表现的不同，将其分为风痹、寒痹、湿痹、热痹、周痹、痛风、走注、顽痹等。另外，也泛指病邪闭阻肢体、经络、脏腑所致的各种疾病，包括前意所指病证。《中脏经·论痹》云：“痹者，闭也。五脏六腑，感于邪气，乱于真气，闭而不仁，故曰痹。”以此论痹，则痹不仅有以上所言者，还有脉痹、皮痹、筋痹、骨痹、心痹、肝痹、脾痹、肺痹、肾痹等。治疗方法则应根据所感邪气、所中脏腑而定。（张志斌）

砭石 中国现在所能见到的最古老的医疗工具。据出土的砭石看来，这是一种被打磨成楔形的石块，亦称为针石、镵石、石针、砭针。约起源于新石器时代，用以砭刺患部，治疗各种疼痛，或排脓放血等。《素问·异法方宜论》云：“东方之域……其民皆黑色疏理，其病皆为痈疡，其治宜砭石，故砭石者，亦从东方来。” 《素问·宝命全形论》云：“四曰制砭石小大。”隋全元起注：“砭石者，是古外治之法，有三名，一针石，二砭石，镵石，其实一也。”唐王冰注：“古者以砭石为针，故不举九针，但言砭石尔。”（张志斌）

编磬 打击乐器之一种，由石板磨制而成。将几件、十几件甚至几十件磬按一定音阶关系编挂在一起，包括磬锤或敲击装置，统称为编磬。编磬是一种板振动发声的乐器。磬的各部分名称如图所示。在山西襄汾县陶寺遗址、山西闻喜县南宋村、河南禹县阎砦等地都曾发掘出属龙山文化晚期的磬。传说帝尧令乐官夔击磬起舞，《吕氏春秋 · 仲夏纪 · 古乐》载：“予击石拊石，百兽率舞。”商代磬遗物甚多，精彩者如河南安阳武官村晚商墓出土大理石虎纹磬。晚商，常为三件或五件一组而成编磬。从西周到春秋战国，编磬制作技术大发展，并成歌舞必备之乐器，其数量从三件发展到八件、十几件、几十件一组，曾侯乙编磬多达 32 件，总音域达五个八度，其中间三个八度包括了所有半音。春秋战国之际，《考工记 · 磬氏》记述了磬的制作、调音技术及音响等内容，充分证明古人在实践经验中掌握了磬板的振动原理。宋沈括还发现了磬板泛音与弦线泛音的共振现象（《梦溪笔谈 · 补笔谈 · 乐律》）。（戴念祖）

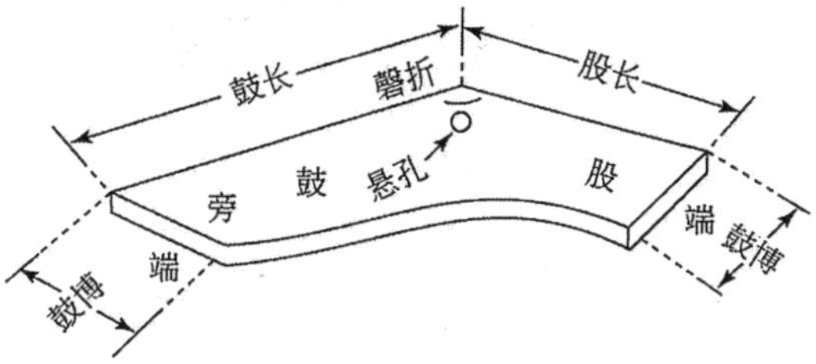

磬的各部分名称及其比例

编钟 打击乐器之一种。将构成一定音阶关系的几个、十几个甚至几十个青铜钟挂在一起，包括敲钟装置，称为编钟。在物理学上，编钟属于壳振动。中国的钟起源于约公元前 30 世纪的新石器时代，在河南汤阴白营遗址、山西襄汾陶寺遗址等多处发掘出新石器时代的陶钟，其横截面近似椭圆或菱形，钟肩平齐，外表有饰纹，为后来发展的传统青铜编钟的形体之肇始。商代有大量的各种用途的铜铃，编钟是在铜铃基础上发展而成。殷商时期，编钟多为三件一组，在安阳小屯妇好墓出土五件组编钟，为武丁（约公元前 1238 ~ 前 1180）前后的遗物，它们的钟体、钟柄结构，钟口微曲（称为“曲于”），外表有花纹，钲部与鼓部分开。这些基本特征成为传统编钟特点。西周时期，铸钟技术大发展。陕西宝鸡竹园沟出土三件组编钟，为西周康王、昭王之际遗物，是周初编钟完备形式的代表作。此后，陕西扶风齐家村出土 39 件“柞钟”，该县庄白村出土 21 件“㾓钟”，为周穆王、恭王时期遗物。河南淅川下寺一号楚墓出土 9 件组编钟，山西侯马上马村 9 件组晋国编钟，在乐律学上尤有意义。它们的音律与《管子 · 地员》记载的三分损益律完全相同。最令人惊讶的是曾侯乙编钟，共 56 件，是古代编钟发展的高峰。古人按照钟口形状、悬挂方式和用途等将青铜钟分为钟、镈、錞、钲、铙、铎，以及甬钟、钮钟。但从物理学振动分类看，它们以及作为乐器演奏的缶、碗碟式陶瓷器皿等，都可以笼统地称为钟，因为它们都属于壳振动。秦汉始，铸钟技术时起时落，时兴时衰，甚至曾多次失传。这主要是乐器与音乐本身发展的结果。编钟形状、结构如图（a）所示。除外表各种特征外，其横截面近似椭圆，内壁为条形声弓是其最大特点，这些特点决定中国编钟高次谐波的分音容易衰减，从而适宜音乐演奏。内壁不平齐划一，显出道道条形声弓，是钟铸成后磨锉调音的结果。由于磨锉调音，中国编钟多具双音，即一个钟壳能发出两个基音。一个在钟的正鼓部，称为正鼓音；一个在侧鼓部，称为侧鼓音或旁鼓音。一个钟壳就有两个正鼓音、四个侧鼓音。但两个正鼓音高相同，四个侧鼓音高也相同。这样的钟称为双音钟。双音钟铸造起源公元前 10 世纪。从那时起，凡双音钟均在侧鼓部铸刻纹饰（或鸟纹、或夔纹等）或音级铭文，如湖北江陵江北农场出土西周穆王时期甬钟两件，其一件正鼓部饰云纹，右侧鼓部饰一单线鹿纹；山西曲沃出土的晋侯钟，右侧鼓饰小鸟纹式夔纹等，如图(b)。而曾侯乙编钟的正鼓与侧鼓分别铸刻音级名称，如图（c)。所有双音钟的两个音几乎都呈大三度或小三度的谐和关系。据实验研究，双音钟的产生是由于不同的两个敲击点所产生的振动节线恰好彼此错开的缘故：正鼓音基频振动节线在侧鼓音位，侧鼓音基频振动节线在正鼓音位。敲击某音的节线区不能激起该音。《周礼·春官宗伯·典同》和《考工记·凫氏》详细记载了编钟设计铸造和调音等技术。曾侯乙钟铭也提供了丰富的乐律学知识。通过编钟及有关文字记载，可以了解古代中国有关青铜冶铸、音乐与乐律、声学等多方面的知识。(戴念祖)

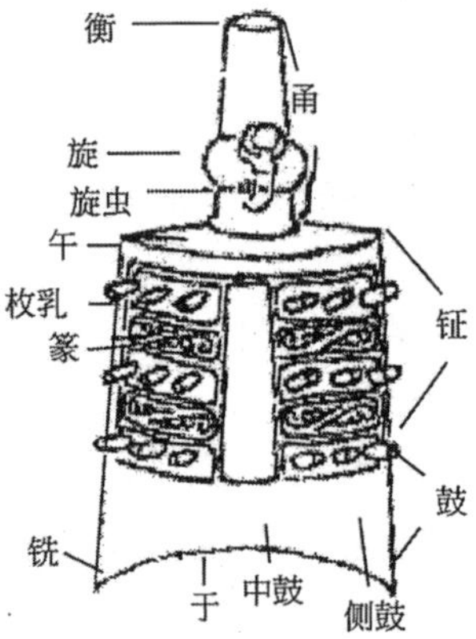

（a）编钟各部分名称示意图

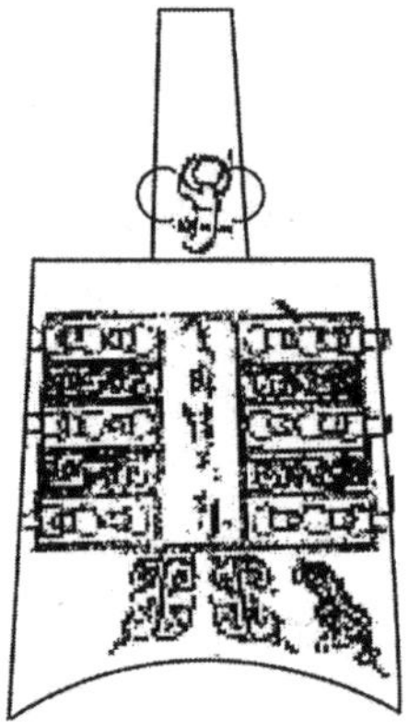
（b）山西曲沃晋侯钟，右鼓饰小鸟纹

（c）曾侯乙编钟之一的右鼓铭文“徵”

辨证论治 又称辨证施治，中医临床诊断治疗疾病的思维方法和过程。通过四诊收集患者的症状、体征等临床资料，根据中医理论进行综合分析，分辨出证候，并拟定治疗方法，因此也就是医生将理、方、法、药运用于临床而对疾病拿出治疗方案的过程，也包括将中医理论贯穿在预防与养生实践中的过程。为中医学术的基本特点之一。所谓辨证，是通过四诊、八纲、脏腑、病因、病机等中医学的基础理论对患者表现的症状、体征进行综合分析，辨别为何种证候；所谓论治（施治)，就是在辨证的基础上，拟定治疗方案，进行处方用药。“辨证论治”这一术语出现很晚，为中华人民共和国成立以后现代医家所总结而出，但中医临床使用辨证论治这一方法，却是源远流长。早在汉代的《伤寒论》一书中大多以“辨××病脉证并治法”来命篇名，而在每一病中均有不同之脉证表现，治疗用方是以脉证为依据的，例如，“太阳病”名下，有“太阳中风”、“太阳伤寒”等及更多无命名的证候。选方用药的依据是各种具体的证候。后世各医家所言之病证关系与《伤寒论》一致，即“病”是一个比较笼统的概念，因病程阶段不同、得病之个体不同、治疗用药的经过不同等，可表现出多种不同证候。因此，中医治病在辨病的基础上，认为还必须辨证，才能更为准确无误地选方用药。明代吴又可提出“有是证，则用是药”及“随证施治”。清代徐大椿提出：“病之总者为之病，而一病总有数证。”至清代后期，许多以“辨证”或“辨症”为名的著作出现了，如《辨证录》（又名《辨证奇闻》、《辨证冰鉴》）、《辨证治瘟速效》、《辨证求是》、《辨症引方》、《辨症良方》等。古代中医学中有多种辨证的方法，例如，八纲辨证，即以表、里、寒、热、虚、实、阴、阳作为八个纲领，进行辨证，是临床最为常用的辨证方法；六经辨证，即以太阳、阳明、少阳、太阴、厥阴、少阴六者作为纲领进行辨证，多用于伤寒病；卫气营血辨证及三焦辨证，前者用卫分、气分、营分、血分四者作为纲领，后者用上焦、中焦、下焦三者作为纲领进行辨证，多用于温病；脏腑辨证及气血津液辨证，多用于内科杂病。（张志斌）

辩者二十一事　先秦辩者的 21 个命题。据《庄子·天下篇》记载，惠施曾以自己的“历物十事”与天下的好辩之士相互辩难，辩士也提出 21 个命题“与惠施相应，终身无穷”。关于二十一事历来有各种诠释。“卵有毛”：鸡蛋能孵出小鸡来，而小鸡是有毛的，因此也可以说卵有毛。“鸡三足”：鸡本有两足，再加上人们所说的鸡足概念，就成为三只足。“郢有天下”：郢是楚国的都城，只是天下的一部分，反过来说郢拥有天下。“犬可以为羊”：犬与羊的概念是人们约定俗成的命名，如果当初人们把犬叫做羊也未尝不可。“马有卵”：马是胎生而非卵生，但是胎、卵皆有生殖之功，故也可说是马有卵。“丁子有尾”：丁子即蛤蟆，蛤蟆是由带尾巴的蝌蚪变来的，所以说蛤蟆也有尾。“火不热”：火是热的，而火的概念本身并不热，或者说，热只是人的感觉，火本身未必热。“山出口”：人在山中呼喊则可以听到回声，似乎山有口而呼。“轮不碾地”：车轮前进时每次只有一点接触地面，整个车轮并没有碾地。“目不见”：眼睛本身不能完成视觉作用，还必须有身体别的功能配合及一定的光线才能有所见。“指不至，至不绝”：人们指示一物，很难深入一物的本质，即使揭示了事物的深层本质，也还有无穷无尽的更深层的内容有待揭示。“龟长于蛇”：与短的东西相比，乌龟可谓长；与长的东西相比，蛇也可谓短，所以说龟长于蛇，或曰大龟长于小蛇。“矩不方，规不可以为圆”：矩尺不可能画出理想的方形，圆规也不可能画出理想的圆。“凿不围枘”：凿即是卯眼，枘是指榫子，卯眼与榫子不可能绝对契合。“飞鸟之影未尝动也”：如果把飞鸟之影的轨迹分割成无限小的点，那么仅就某一点来说，飞鸟之影是静止的。这是把运动的间断性绝对化。“镞矢之疾而有不行不止之时”：飞速的箭头也有不进不停的时刻。“狗非犬”：古代称幼犬为狗，故狗与犬有所不同，把这种不同极度夸大，则得出了“狗非犬”的结论。“黄马骊牛三”：骊牛即黑色的牛。黄马、黑牛为二，加上牛马的概念则为三。“白狗黑”：白狗的眼睛是黑的，所以说白狗黑。“孤驹未尝有母”：孤驹必然是无母之驹，由此夸大而说孤驹未曾有母，显然是错误的。“一尺之捶，日取其半，万世不竭”：一尺长的木杖，每天取一半，永远也取不完，这揭示了事物无限可分的道理。总的来看，这些命题是对自然现象、思维方法提出的，对人们发现问题和解决问题有启迪作用。尽管有的是诡辩论题，但这种论辩可以激励思维的深化；有些论题包含着辩证观念，对科学发展是有益的。（李家明）

标本 中医理论中关于事物主次关系的相对概念，“本”指主要方面，“标”指次要方面。《管子·霸言》云：“大本而小标。”标本是一对十分重要的概念。《素问·标本病传论》云：“知标本者，万举万当；不知标本，是谓妄行。”《素问·阴阳应象大论》云：“治病必求于本。”就邪正关系而言，人体正气为本，致病的邪气为标，故中医学认为在疾病的发生与发展中，保护人体正气以抵御外邪、恢复健康是治疗的主要方面。就病因与症状而言，病因是本，而症状是标，治病不能就单一症状进行治疗，不能头痛治头、脚痛治脚，而必须寻求病因、去除病因才是根本的治疗。就先病（原发病）与后病（继发病）而言，先病为本，后病为标，一般情况下，原发病往往是继发病的病因，因此应该先从治疗原发病入手，有时继发病可不治而愈。临床上，用标本关系来分析主次、轻重缓急，确定治疗的步骤。一般情况下以治本为先；也有一些例外的情况，必须先治标，往往是标证十分急切的情况，例如，各种病因引起的出血症，必须先止血，不然可能危及生命，这就叫“急则治标”。就经络而言，在四肢者为本部，在头面、躯干者为标部，此说出自《灵枢·卫气》。就医患关系而言，病人为本，医生为标。中医学认为医患二者，病人才是治疗的主要方面，医生必须尊重病人的客观情况，调动病人的积极性，才能取得良好的治疗效果。《素问·汤液醪醴论》云：“病为本，工为标，标本不得，邪气不服。”《素问·移精变气论》云：“标本已得，邪气乃服。”（张志斌）

表 又称为髀、周髀、竿。中国古代用于天文观测和勾股测望的表竿。最初是直立于平地上的一根木杆或石柱，用以定方向、定时刻和定节气。《周髀算经》载陈子云夏至南万六千里“日中立竿无影”，又云“周髀长八尺”，“日益表南，晷日益长”，“今立表高八尺以望极”。定节气因为要测量中午表影的长度，所以在表下水平方向向北要有一带有刻度的横尺，叫做“土圭”或“圭”。“表”与“圭”合起来叫做“圭表”，成为中国古代天文观测中的主要仪器之一。《周礼》中记载：“以土圭之法，测土深，正日影，以求地中。日南则景短多暑，日北则景长多寒，日东则景朝多阴。日至之景，尺有五寸，谓之地中。”据研究，立表测影在殷代就有，甲骨文中虽然未见“表”字，但已有与测景有关的“臬”字。“臬”就是表。西汉《九章算术》中有“立四表望远”之法。三国赵爽《周髀算经注》、刘徽《海岛算经》中都有重表法，是为测望日高、海岛等可望而不可即之目的物的重差术的主要方法之一。在古代天文测量用的土表的表高一般是8尺，古代天文历法著作中一般有八尺之表在二十四节气时的景长，是古代天文观测基本数据之一。元代郭守敬为提高表景的测量精度，把表高加到40尺，称为“高表”。另外他还为圭表做了几种附件，如窥几、景符等，都是为了精确测量表景长度以精确确定节气，改进历法数据。（孙小淳）

鳖臑 一作鳖臑，中国传统数学的重要多面体，为四面体。西汉编纂的《九章算术》提出有下广、无袤，有上袤、无广，有高即四面皆为勾股形的鳖臑（如本书“锥亭之类”条图 h），并提出其体积公式为“广袤相乘，以高乘之，六而一”。此即 $V_b = \frac{1}{6}abh$，其中，V_b、a、b、h 分别是它的体积与广、袤、高。刘徽《九章算术注》云："鳖腝之物，不同器用。""或曰半阳马其形有似鳖肘，故以名云。"可见它与其他立体模型不同，不是现实存在的实体，而是《九章算术》成书时代多面体分割的产物。刘徽在阳马术注中提出"刘徽原理"，并用无穷小分割和极限思想证明之，从而一并完成了对其与阳马体积公式的证明。刘徽在羡除术注中又讨论了广、袤、高垂直于一点的四面体，以及有下广、下袤而其高的垂足在广上的或在底面之外的四面体，也称为鳖腝。他创造了从一个方锥中将其分离出来的方法，证明了其体积公式与《九章算术》的形式一致，从而接近于得出所有四面体都可以用同一公式求其积的结论。刘徽在阳马术注中指出："不有鳖腝，无以审阳马之数。不有阳马，无以知锥亭之类，功实之主也。"这个结论与现代数学的体积理论完全一致。刘徽将多面体分割成有限个长方体、堑堵、阳马和鳖腝，求其体积之和，以解决多面体问题。（郭书春）

镔铁 又称宾铁，系古代钢的一种。磨光镔铁件后，用腐蚀剂加以处理，可以看到花纹。常用的腐蚀剂为金丝矾，又名黄矾，即硫酸铁。镔铁原产波斯（今伊朗）、罽宾（今克什米尔）和印度等地，大约在南北朝时期传入中国，并为中国工匠所掌握。元代设有镔铁局，明代新疆、山西等地都生产镔铁。镔铁主要用于锻造刀剑。是用含碳量不同的钢片层层相叠，反复锻打，因含碳高低不匀，组织不同，抗蚀性能的差异使得镔铁件磨光腐蚀后可以看到花纹。（苏荣誉）

冰燧 光学器具之一。即冰透镜。西汉《淮南万毕术》记载："削冰令圆，举以向日，以艾承其影，则火生。"这是关于冰燧的最早记载。晋张华《博物志》中也有同样的记载，并亲自试验。冰透镜的制造方法，清郑复光《镜镜诊痴·取火第四十一条》云："《博物志》有削冰取火之说，或谓阴极生阳。不必然也。冰之明澈不减水晶，令治之中度，与火镜何异？予曾亲试而验。法择厚冰明洁无疵者（冰若缸边者佳，若结缸面者多有纹，似萝卜花，气敛所致也），取大锡壶底，须径五寸以上，按其中心使微凹（凹宜浅，视之不觉，审之微凹即可用）。贮沸汤，旋冰，使两面皆凸，其顺收限约一尺七八寸方可用。仍须择佳日，使一人凭几奉冰靠稳，别一人持纸煤承光，乃可得火，但稍缓耳。盖取火因乎收光，不关镜质，惟冰有寒气，火自暖出，限短则暖，逼于寒杀其势。又冰在日中，久则熔化，必取材大而安置稳，日佳光足，令其速速。得火，不致久晒熔残也。""影"即今之"焦点"。以上说明如何制作冰燧、如何操作取火。用冰制的透镜是不能长时间保存的。在玻璃发明之后，人们遂用玻璃替代冰，出现了玻璃透镜。冰燧（冰透镜）的历史任务已经完成。（李家明）

兵家 春秋战国时期研究军事的学派。其主要代表人物有孙武、吴起、孙膑、尉缭等。他们总结春秋战国战争经验，提出一系列战略战术原则，包含有丰富的军事辩证法思想。此时战事频仍，诸多军事家总结战争经验，写了许多军事著作，现存春秋战国时期兵家的重要著作有《孙子兵法》、《吴起》、《孙膑兵法》、《尉缭子》等。《汉书·艺文志·兵书略》将其著作分为四类：权谋类，总述军事思想，主张"以正守国，以奇用兵，先计而后战"；形势类，专论用兵之形势，强调"雷动风举，后发而先至。离合背乡，变化无常，以轻疾制敌者也”；阴阳类，以阴阳五行论兵，多杂以鬼神助战之说；技巧类，则以“习手足，便器械，积机关”为主要内容。（李家明）

兵器制造机构 西周至清代管理和制造兵器的机构。西周设冬官，由司空职掌，下监百工，主城郭营建和兵器制造之事。战国时各诸侯国由府库所附作坊制造兵器。自秦至唐，曾设立少府监、武库、军器监等机构制造兵器。宋元明及清朝前期，在京城和各地都设立兵器制造作坊和院局，组成庞大系统，制造冷兵器与火器。自 19 世纪 60 年代起，清廷在全国兴办 50 多个兵工厂，利用机器设备进行制造，传统的手工业兵器作坊开始向机械化军事工业过渡，其规模不断扩大。（王兆春）

病机 指疾病的发生及其发展变化的机理。包括病因、病位、证候、脏腑气血虚实的变化及其机理，即病因如何作用于人体、病变发生于何处、脏腑气血将如何受到损害及发生什么变化、将出现什么症状与体征及其为何会出现等。中医学认为，各种病因引起的病变，其病机的变化有一定的规律性，但又因地域、气候、个体等的不同而存在一定的差异性。医生必须明确病机变化的规律性，又要灵活掌握这种差异性。《素问·至真要大论》云：“谨守病机，各司其属。”“审察病机，无失气宜。”同文中还列举了 19 条具体的病机论述，把某些类同的证候、症状进行归纳，寻求其病因，或为某种邪气，或为某脏功能失调，以此作为辨证求因的依据，后世称之为“病机十九条”。《素问·至真要大论》云：“愿闻病机如何？……诸风掉眩，皆属于肝；诸寒收引，皆属于肾；诸气膹郁，皆属于肺；诸湿肿满，皆属于脾；诸热瞀瘛，皆属于火；诸痛痒疮，皆属于心；诸厥固泄，皆属于下；诸痿喘呕，皆属于上；诸禁鼓慄，如丧神守，皆属于火；诸痉项强，皆属于湿；诸逆冲上，皆属于火；诸胀腹大，皆属于热；诸躁狂越，皆属于火；诸暴强直，皆属于风；诸病有声，鼓之如鼓，皆属于热；诸病胕肿，疼酸惊骇，皆属于火；诸转反戾，水液混浊，皆属于热；诸病水液，澄澈清冷，皆属于寒；诸呕吐酸，暴注下迫，皆属于热。”（张志斌）

玻璃 又称琉璃，是一种透明、强度颇高、表面平滑且不透气的材料。与西方钠钙玻璃有别，中国古代玻璃是铅钡玻璃。我国古墓中出土的大量战国、西汉时的玻璃器，在质料上大都属于铅钡玻璃。这种玻璃很可能是中国人独创并自行发展起来的。铅基玻璃的基本助熔剂是氧化铅（PbO），PbO 与石英一起熔炼，在 900℃左右便可以生成玻璃。PbO 可以通过焙烧铅矿石得到。我国的铅矿石主要是方铅矿（PbS），这种方铅矿常与重晶石共生。重晶石的主要成分是硫酸钡（$BaSO_4$）。由此，将这种共生矿进行氧化焙烧，所得到的煅矿灰中除 PbO 外，自然也含有 BaO（氧化钡），以它们为原料与石英一起熔炼，得到的就是铅钡玻璃。铅钡玻璃的起源与古人冶铅密切相关。先秦时是用陶质的坩埚、土釜或平敞的黏土炉子来氧化焙烧方铅矿以制取铅的，当器壁温度达到 900℃左右时，就会在埚、釜壁上生成一层铅釉。由于这种釉润滑光亮，脱落后很像玉石，后来人们有意识地用石英砂炼制，得到的成品质地润泽，光洁晶亮。但这样制得的玻璃由于烧制温度低，有大量气泡，且含有钡，因而透明度是比较差的。波斯和欧洲的玻璃透明，传入我国后，被视为奇物异宝。南北朝时期，玻璃制作技术也传了进来。《北史·大月氏传》记载：“太武时，其国人商贩京师，自云能铸石为五色琉璃。于是采矿山中，于京师铸之，既成，光泽乃美于西方来者。乃诏为行殿，容百余人，光色映彻。观者见之，莫不惊骇，以为神明所作。自此，国中琉璃遂贱，人不复珍之。”两宋时的大食诸国、清代早中期的西欧传教士都曾将玻璃制作技术传入我国，对我国的玻璃制造产生了一定影响。（王扬宗）

播种方法 古来播种方法大致有三：点播、撒播和条播。原始农业时期，在刀耕火种的条件下，一般采用点播和撒播，即在砍倒树木烧光林地的土地上，直接撒上种子，或用木棒打穴，在穴中点上种子。汉代以后，随着耧车的运用和普及，条播得到发展。但原来的点播和撒播并没有消失。实际生产中是多种播种方式并存。北魏贾思勰《齐民要术·小豆》：“熟耕，耧下以为良。泽多者：耧耩、漫掷而劳之。如种麻法。漫掷、犁畤，次之，稿种为下。”其中，耧下，即耧车条播；漫掷，即撒播；稿种，即点播。（曾雄生）

C

擦生 中国古代钢铁热处理工艺。将熔化的生铁淋到钢铁农具或工具刃部，用生铁作为增碳剂，以提高锄、镈等农具的刃口硬度。也称为“生铁淋口”或“淋钢”、“擦渗”。至迟在明代已经出现，并被沿用到20世纪。（苏荣誉）

材分制 宋《营造法式》记载的一种模数制，普遍用于唐、宋、辽之际的木结构建筑中，是一个两维的尺度。包括四种模数：材、分、栔、足材。“材”是高宽比为15∶10的木结构构件横断面；“分”是一维模数——长度的模数，取材高的1/15，即是分；高6分、宽4分的断面是“栔”；材高15分上加6分，形成高21分、宽10分的断面是“足材”。木结构的梁、柱、枋、檩、椽、斗栱等构件的横断面尺寸均按照几材、几分、几栔来制造。材分8等，《营造法式》记载了8种材的具体尺寸，一等材高9寸，宽6寸；二等材高8.25寸，宽5.5寸……当选定几等材之后，即可算出分的绝对尺寸，以及栔、足材的实际尺寸。按照材分制确定的构件尺寸是非常科学的。如梁三材，即高45分，宽30分；栱一材即高15分、宽10分；它们的断面高宽比为1.5∶1。英国科学家汤姆士·杨（1773～1829）指出，刚性最好的梁是其断面高度与宽度为1.73∶1的比例，而强度最大的梁断面高度与宽度的比为1.41∶1，材分制把梁的断面高宽比定为1.5∶1，非常符合梁断面的力学原理。又如华栱、丁子栱等起悬臂梁作用的构件，均使足材，其意义在于只将构件断面的高度增大，宽度保持原样，根据材料力学的原理，梁的承载力与它的宽度成正比，而与它的高度按平方关系增强，也就是梁的高度的增大能数倍增加梁的承载力。材分制为构件标准化生产和组装提供了保证。中国木结构建筑的各个构件都是分专业制造的，如制造梁的工匠承担着整个建筑群所有这类构件的加工，制造斗栱的工匠承担着建筑群大小不同的房屋斗栱的加工，主持工程的都料匠交代给工匠有关建筑进深、开间、斗栱数量及材的等级，工匠就根据材分制去加工每个构件，按材分制生产出来的这些构件具有标准化的节点，从而保障了施工现场准确无误的拼装。材分制的使用保证了建筑群中各个建筑尺度的大小有序。《营造法式》云：“凡构屋之制，皆以材为祖，材有八等，度屋之大小而用之。”八等材中一等材比二等材略大，二等材比三等材略大，以此类推。《营造法式》同时规定了各种材的适用范围，一至三等材用于殿阁一类的大型房屋，四至六等材用于厅堂类的次等房屋，七至九等材用于建筑群中附属建筑，如亭、榭、藻井之类，如此，一组建筑群中的主体建筑用一、二或三等材，周围的廊屋和配殿用四、五或六等材，点缀的建筑用七、八或九等材，这三类建筑不但在开间、进深、高矮上按照大小顺序排列，各类建筑上的构件大小也与其相呼应，使整组建筑主次分明、排列有序。总之，材分制既保障了建筑构件的强度，又

保障了建筑构件的拼装和建筑尺度的有序排列。（沈玉枝）

蚕具　即养蚕的工具。主要有蚕座、蚕匾、蚕蔟和给桑除沙分箔的用具和修整桑树及采收桑叶的桑斧、桑剪等。春秋战国时代北方出现主要由蚕槌、蚕椽和蚕箔等组成的蚕座。养蚕时，在室内竖立四根称做蚕槌的柱子，槌上架几层称做蚕椽的横木条，每层蚕椽铺上用芦苇编成如帘状的蚕箔。箔上养蚕。宋代南方农家使用蚕架、蚕筐（又称蚕匾）或蚕盘构成的蚕座。蚕架由 4 根木柱构成，柱上装有 10 层横档，蚕匾搁在横档上。明清时代杭嘉湖一带蚕农又把蚕架改成三足折叠架。采桑给桑工具主要包括砍取桑条用的劖刀、桑剪和砍斧，盛桑和运桑用的工具有筐、笼、网、凳，切桑叶用的桑刀和桑砧等。明代杭嘉湖地区还出现了一种剪取桑条用的桑剪。桑凳用于运桑，剪下桑条架在凳上，连凳挑运，避免折损桑叶和着地拖泥。除沙分箔工具最主要的是蚕网。蚕网“结绳为之，如渔网之制”，当蚕匾中桑叶被吃尽时，将蚕网蒙于匾上，网上铺新鲜桑叶，蚕即穿过网眼，爬到网上的桑叶上来，乃将网移到另一蚕匾中。经过 20 多天饲养，蚕便老熟，须上蔟结茧。北魏贾思勰《齐民要术》记述了两种蚕蔟：一种是用柴草架空地撒在蚕箔上，使蚕在架空的柴草间营茧；另一种是用大棵蓬蒿秸挂在室内栋梁椽柱上，上下数层，作为蚕蔟，供蚕在秸上结茧。明清时代杭嘉湖一带蚕农则用稻草扎为蚕蔟，其形式分为伞蔟、墩蔟两种。清末民初，有些地方则使用棉花、油菜、竹梢等秸秆为蚕蔟。珠江三角洲农家用的蚕蔟（花蔟）以竹篾编成，坚牢耐用。（曾雄生）

仓城铸铁遗址　1964 年发现于河南新郑仓城的战国时期铸铁遗址，面积达 40 000平方米。初步考古发掘表明，此处是以铸造铁农具为主的作坊。出土有内径达1.7 米的熔炉，长2.75 米、宽1.75 米、残高 0.3 米的烘范窑。发现最多的是铸范，以泥范为主，兼有少量石范。从泥范可以辨别出所铸造的铁器有镢、锄、镰、锛、铲、凿、削等。（苏荣誉）

沧海桑田　表示古代海陆变迁地质思想的术语，源于东晋葛洪的《神仙传》。中国古代很早就有关于地壳变化的思想，《周易·系辞》云“地道变盈则流谦”，认识到地形的高低是在不断变化着的。《诗经·小雅·十月之交》云“高岸为谷，深谷为陵”，则生动地描述了陆地的升降变化。葛洪《神仙传》中卷二《王远传》和卷七《麻姑传》：“接侍以来，已见东海三为桑田；向到蓬莱水又浅，浅于往昔略半也；岂将复为陵陆乎?”以“东海三变桑田”表示海陆变迁。至唐代，这一术语的使用已较为普遍。唐大历六年(771)，颜真卿在《抚州南城县麻姑山仙坛记》中已用“沧海桑田”解释山上岩层中为什么有螺蚌壳（《颜鲁公论文集》卷十三）。北宋沈括《梦溪笔谈》卷二十四和南宋朱熹《朱子全书》卷四十九都根据所见卵石形成的环境的岩层中保存的螺蚌壳化石，推断这是昔日的海滨，对沧海桑田的成因做出了科学的解释。“沧海桑田”作为中国古代海陆变迁的代名词，使用时间较久且影响很大。（艾素珍）

沧州铁狮　五代周广顺三年（953）铸造的大型铁铸件，保存在河北沧州的沧州故城。铁狮背负巨盆，身披障泥，前后挂有串珠等装饰，旧陈于开元寺前，当是开元寺文殊的佛座。铁狮长5.3米、高5.4米、宽3米，重约40吨。右项铸有年号，左肋署“山东李云造”。腹内有许多字迹，模糊难辨。该铁狮是用泥范铸造而成的，周身的泥范结合痕迹十分清晰，大约采用了600余块长方形的泥范。泥芯曾采用铁条和铁丝等加固。铁狮体内在颈部和背部均设计有加强筋。经采样分析，铁狮背部的成分是碳4.1%、硅0.04%、锰0.03%、硫0.019%、磷0.235%。铁狮腿部的表面金相为灰口铁，头部和莲花座的表面组织是白口铁，间有麻口。（苏荣誉）

草染 以含有色素的植物提取染料施染织物。染料植物古称染草，《周礼·地官》云：“掌染草。掌以春秋敛染草之物”，则植物染称草染。染料植物的栽培利用之记载最早见于《夏小正》：“五月，启灌蓼蓝。”周代官方设职官专掌染料植物事，将植物染料的栽培和采摘加工作为“礼”的内容加以规定。《礼记·月令》：“仲夏月令民毋刈蓝。以染。”秦以前，使用的主要植物染料有茜草、蓝草、黄蘗、栀子、紫草、皂斗、橡实、荩草等，采用沤泡、发酵、捣碎等方法提取新鲜的染料汁液染色，以白矾、明矾、涅矾、绿矾等金属盐及乌梅、胰酶等媒染，它是中国古代草染的重要特色，并取得了较高成就。秦汉时，见于记载的色名已有几十种，如以茜草染色，由不同工艺和媒染剂所染得的色谱已分别冠以专用色名，如“一染谓之縓，再染谓之赪，三染谓之纁”，说明当时已有固定的染色工艺标准。随着植物染料品种的增加、拼色配色方法和染色工艺的进步，至清代，色名增加到700余种。同时，染料制备工艺也不断进步，如《齐民要术》和《天工开物》所载造靛和制红花饼方法，使染色工艺不再受到季节限制。（朱冰）

测量 推测量度。南朝宋刘义庆《世说新语·德行》中说：“林宗曰：‘叔度汪汪如万顷之陂，澄之不清，扰之不浊，其器深广，难测量也。’”传说在夏禹治水时，已使用了准、绳（均为测定物体平直的器具）、规（画正圆的器具）和矩（画方形的曲尺）4种测量工具（《史记·夏本纪》）。《周髀算经》载，周公向商高请教“用矩之道”，商高曰：“平矩以正绳，偃矩以望高，覆矩以测深，卧矩以知远。”说明了用矩确定水平、竖直方位和望高、测深、知远的方法。公元前5世纪陈子阐述了用勾股定理和比率方法测望太阳的远近和直径的方法。《诗经·大雅·公刘》中已明确记载“维南有箕”、“维北有斗”，即立表定向。至迟在战国时期已有司南指向，此后记里鼓车、指南车相继发明。《淮南子·天文训》已记载24个方位。西汉时，已用“重差术”测量太阳的高和远。三国赵爽、刘徽在测望中都使用重差术，魏景元四年（263）刘徽撰《九章算术注》第十卷“重差”（后单行，称《海岛算经》）详细记载了重表法、连索法、累矩法，即测量高、深、远的三种基本方法，设计了利用三次、四次测望的问题，将重差术发展到十分完备的程度。西晋时，裴秀利用数学方法首创测绘地图的基本原则“制图六体”（268～271）。唐代僧一行制作了测定地理纬度的复矩，并于开元十二年（724）主持完成了世界上最早的子午线长度测量（《新唐书·天文志》）。唐肃宗乾元二年（759），李筌在《太白阴经》卷四详记水平（即水准仪）的形制和使用方法。宋朝时，沈括发现了地磁偏角，还于熙宁五年（1072）创用分层筑堰水准法测量汴京上善门至泗州淮口间的地势差（《梦溪笔谈》卷二十五）。元初始建立朴素的经度概念，耶律楚材首先在天象预报中作地理经度的改正（《庚午元历》）。元代郭守敬提出“海拔”的概念，并于至元十二年（1275）首先以海平面为基准测量京师至汴梁的地形高差（《元文类·郭守敬传》）。明万历年间，意大利传教士利玛窦，首先将西方的经纬度、地图投影等知识介绍到中国。崇祯二年（1629），徐光启首次采用西方技术，测定北京、南京等地的地理纬度。清康熙年间，在康熙帝的主持下，中西学者进行了世界上最早的大规模三角测量，发现地球为椭球体的实证，首次以地球经线制定长度标准，发现并标绘了世界最高峰珠穆朗玛峰。至清末，中国已设立专门的测绘机构练兵处测绘科（1903）和学校京师陆军测绘学堂（1904）。（艾素珍）

茶 中国历史上最重要的饮料作物。饮茶、艺茶始于中国西南地区。战国以前，饮茶和茶业主要在巴蜀和汉中。秦汉以后，饮茶和种茶由巴蜀东传到荆楚地区，湘赣毗邻的茶陵一带便以茶而得名。三国和两晋时，饮茶不但流行于中原官宦人家，在长江下游和江浙沿海一带饮茶之风也非常盛行，并出现了一些“弥谷被岗”的茶园。唐代，茶进一步发展为全国性的一种饮料，产茶区域遍及长江流域和河南、陕西等地，并出现了世界上第一部茶叶专著——陆羽的《茶经》。《茶经》分源、具、造、器、煮、饮、事、出、略、图等 10 篇，讲述茶的起源、种类、特性、制法、烹煎、茶具、水的品第、饮茶风俗、名茶产地以及有关茶叶的典故和用茶的药方等。书中对于茶树形态、茶园的择地和采摘进行了描述和总结，如“其地，上者生烂石，中者生砾壤，下者生黄土”；对不同生态环境所产茶叶的质量，也作了评述：“野者上，园者次；阳崖阴林，紫者上、绿者次，笋者上、牙者次，叶卷上，叶舒次；阴山坡谷者，不堪采掇。”又明确提出：“凡采茶，在二月、三月、四月之间”，对于“茶之笋者”要“凌露”采之；“茶之芽者”，要选“中枝颖拔者”采之；天气则“其日有雨”或“晴有云不采，晴采之”。陆羽总结的这些采摘经验，直至在明清的有些茶书中仍被奉为经典。但《茶经》中对茶树的栽培方法却只说“法如种瓜，三岁可采”。唐王旻《山居要录》中才有详细的记载：“种茶，二月中于树下或北阴之地，开坎圆三尺深一尺，熟劚着粪和土，每坑种六七十颗子，盖土厚一寸强，任生草不得耘。相去二尺种一方，旱即以米泔浇。此物畏日，桑下竹阴地种之皆可，二年外方可耘治，以小便、稀粪、蚕沙浇壅之，又不可太多，恐根嫩故也。大概宜山中带坡峻，若于平地，即须于两畔深开沟垄泄水，水浸根必死。……茶未成，开四面不妨种雄麻、黍穄等。”又载：“熟时收取子，和湿土沙拌，筐笼盛之，盖穰草，不尔即乃冻不生，至二月出种之。”这是中国有关茶树栽培技术的最早记载，也是清以前关于茶栽培的最完整记述。北宋茶区北限的南移，也促使茶叶生产技术中心南移。继唐朝顾渚（江苏宜兴和浙江长兴相界处）之后，福建建瓯的北苑成为中国的茶叶生产技术中心。建瓯贡茶代表了当时茶树栽培和茶叶制造的技术水平。宋代许多茶书都以建瓯或北苑贡茶为主要描述对象。宋代茶树栽培技术的发展，突出表现在茶树品种分类和茶园管理方面。宋子安《东溪试茶录》根据茶树的外形、叶形、叶色、芽头大小和发芽早晚等不同情况，将北苑一带的茶树品种归纳为七类：白叶茶“芽叶如纸，民间以为茶端”；柑叶茶叶厚芽肥、状类柑叶，是乔木型的良种茶树；早茶发芽较早，一般都用其作“试焙”；细叶茶生沙溪一带山中，“叶比柑叶细薄”；稽茶芽叶细小厚密，呈青黄色，发芽也迟；晚茶近似于稽茶，但较诸茶更晚；丛茶也称蘖茶，是灌木型茶树，一岁“发者数回”。这是古代对地方茶树最早的分类记载。关于茶园中耕除草，据《北苑别录》所引的《建安府志》载：“茶园恶草，每遇夏日最烈时，用众锄治，杀去草根，以粪茶根。名曰开畬。若私家开畬，即夏半初秋各用功一次。”再如茶园冬管和茶树越冬保护方面，提出“挚稻糠入茶园培壅根株”等措施。明清时期认识到施肥灌溉、中耕除草等与茶叶质量和产量的关系。明程用宾《茶录》指出：“肥园沃土，锄溉以时，萌蘖丰腴，香味充足。”罗廪《茶解》也指出：“茶根土实，草木杂生则不茂，春时薙草，秋夏间锄掘三四遍，则次年抽茶更盛。茶地觉力薄，当培以焦土。”“每茶根旁掘一小坑，培以升许，须记方所，以便次年培壅。”明中期以前，种茶大都采用种子直播。清代建瓯一带的农民发明压条繁殖。明末清初还出现了伐、烧和刈等茶树台刈技术。晚清时还出现了“种理茶树之法”，据《时务通考》记载：“其茶树生长有五六年，每树既高尺余，清明后则必用镰刈其半枝，须用草遮其余枝，每日用水淋之，四十日后方去其草，此时全树必具发嫩叶，不惟所采之茶甚多，所造之茶犹好。”（曾雄生）

茶器　对采茶、制茶和贮藏茶叶器具的通称，有时也包括烹煮、饮用茶叶的器具。晋杜育（一作毓）的《荈赋》：“器择陶简，出自东隅；酌之以瓠，取式公刘。”这里讲的茶器，是指烹、饮茶叶的器具。唐陆羽《茶经》将茶具和茶器分开。“二之具”讲的是采、制茶叶的用具，“四之器”皆为烹煮、饮用茶叶的器具，正好与后世茶具与茶器的概念相反。至宋朝，茶器的名物始有变化，北宋蔡襄《茶录》“论茶器”中，有“茶焙”、“茶笼”和“茶盏”等，把制茶、藏茶和烹饮茶叶的用具，统称为“茶器”。但南宋末年审安老人《茶具图赞》中共绘和诗赞 12 种茶具，其中茶笼、茶碾、茶碗、茶壶等全是烹饮茶叶的器具。元朝和明朝前期，茶具、茶器的概念和划分不甚严密，有的把采、制茶叶用具称为“茶具”，有的称为“茶器”。明朝后期特别至清朝时，人们便越来越习惯于把烹饮茶叶的器具称为茶具，把采制和贮藏的用具称为茶器，其中又以制茶器物为主。茶器随着茶生产的变化、发展而演变。唐宋时期，生产饼茶或团茶的用具，据《茶经》所述主要包括籯（采茶用的篮筐或篓子）、灶（蒸茶的茶灶）、釜（蒸锅）、甑（蒸茶的筒）、杵臼（捣茶工具）、规（拍茶的模子）、承（拍制茶叶的砧台）、檐（垫在承上的衬布）、芘莉（存放或晾晒茶叶的器具）、棨（穿茶工具）、扑（穿茶工具）、焙（烘茶设备）、贯（穿茶的串）、棚（放置贯的木架）、穿（穿茶的绳子）；宋元以后散茶开始流行，其主要茶器据明万历年间罗廪撰刊的《茶解》的介绍，主要包括箪（用以采茶）、灶（用以炒茶）、箕（用以出茶）、扇（用于冷却）、笼（用于盛茶总焙）、幔（用以擦手）、瓮（用以藏茶）。绿茶、红茶和乌龙茶因制法和性质不同，其茶器也互有不同。（曾雄生）

长城　中国古代巨型军事工程体系。又称边墙，通称万里长城。由城墙、关堡、各种配套的军事和生活设施，以及道路等组成，是以城墙为带，以关堡为支撑点，作多层纵深梯次配置的综合性防御工程，在冷兵器与古代火器为主要作战手段的时代，发挥过重大的军事效应，是天然险阻与人工设防的巧妙结合，被誉为中古世界七大奇迹之一，1987 年联合国将其列入世界文化遗产名录。自公元前 7 世纪齐鲁两国将所设界墙称为长城后，又有五六个诸侯国构筑类似的长城。秦始皇统一六国伊始，为防御匈奴袭扰，便“因地形，用制险塞”，利用各诸侯国原有的小型长城，加以连接、改建和扩建，形成了“起临洮，至辽东，延袤万余里”，横贯辽、冀、京、晋、内蒙古、陕、甘、宁等 8 省（自治区、直辖市），穿崇山、越峻岭、跨草原、过沙漠、经绝壁，起伏盘旋，奔腾飞舞的长城。由汉及明，又有十多个王朝进行持续不断的修缮和扩建，经 2000 多年的累积，至明末，绵延伸展的长城不是只有一道城墙，在不少地段已增至二道、三道、四道、五道城墙，叠加后的实有城墙里程已超过 5 万里。国家文物局和国家测绘局公布的长城实测总长度为 8851. 8 公里（见 2009 年 4 月 18 日《北京晚报》）。其砌筑形式有夯土墙、束柴墙、苇柳黏土墙、木栅墙、砖砌墙、垒石墙、条石砖墙、壕沟墙、劈山削壁墙等，分段与山海关、居庸关、张家口、大同城、怀远堡、嘉峪关等 70 多座关、口、城、堡连接。这不但在总体上形成以数万里壁垒与数百座坚固防御阵地相结合、具有大纵深的带形防御系统，而且也可以划区域、分地段、厚置兵力及兵器进行守备。明廷设置的“九镇”便是这种守备部署。除城墙、关城等主体建筑外，还有许多配套设施：有骑墙而筑于墙顶的敌台和空心敌台，又称敌楼，其上建有瞭望设施，楼墙是守备长城的基层作战单位所赖以屯驻的设施；有供士兵屯戍的障、亭障、城障等，平面多为正方形，大者为每边不超过 450 米的小型城堡；有供报警传讯的烽火台、烽堠、亭堠、烟墩等设施；有设于关口两侧的挡马墙和陷马坑，以及离城门和城墙较远处设置的木桩等。长城是历史上修筑年代持续最久、工程量最大的军事工程，若用修筑长城的砖石土方修筑一道高 5 米、厚 1 米的大墙，可环绕地球十几圈，堪称世界筑城史上的一座丰碑。（王兆春）

长城之一段

长竹杆火枪 南宋火器研制家陈规在守城战中创制的一种竹制管形火器。绍兴二年（1132），知德安府（今湖北安陆）事的陈规在坚守德安时，用火炮（即火球）药制成了长竹杆火枪 20 支。此枪由三人操持：一人持枪，一人装填火药，一人点放，喷射火焰烧灼敌人。当年八月，敌军攻城正猛，陈规组织一支长竹杆火枪队“六十人，持火枪自西门出”（《宋史·陈规传》），焚烧了敌军的大型攻城器械“天桥”，取得了德安保卫战的胜利。陈规因而被各国火器史研究者公认为创制和最早使用管形火器的军事技术家。（王兆春）

场圃 用于打晒谷物和种植蔬菜之地。《诗经·豳风·七月》：“九月筑场圃，十月纳禾稼。”郑玄笺：“场圃同地耳。物生之时，耕治之以种菜茹；至物尽

熟，筑坚以为场。”（曾雄生）

朝宗桥 位于北京昌平沙河乡。跨沙河，为明代谒陵必经之路，故名。始建于明正统十三年（1448），嘉靖十七年（1538）诏修，万历四年（1576）工竣。为七孔厚墩连拱石桥，长130米，宽13.3米，石拱为椭圆形，七孔大小一样，桥面平铺，两侧立栏杆，是七孔厚墩连拱桥之典范。（沈玉枝）

潮汐 又称海涛、海运、象水和潮信，指在海岸地带海水的周期性涨落现象。有关“潮汐”一词的词义，中国古代有三种说法：①汉代许慎《说文解字》中提出海水上涨，朝至曰潮，夕到曰汐。南宋马子严《潮汐说》等沿用其说。②五代丘光庭《海潮论》中提出海水涨为潮，落为汐。宋明清均有人沿用此说。③清代毛先舒在《答潮问》中提出潮汐分为日潮和夜潮，持此说者不多。“海运”和“象水”两词见于北魏《水经注·温水》，“潮信”一词出于唐刘长卿《刘随州集·江州留别薛六柳八二员外》。中国海岸线漫长，“自古论潮汐者多矣”（乾隆《掖县志》卷八引明代毕拱辰《潮汐辩》）。远古时代，人们认为潮汐是海酋出入和神龙变化所致。此后潮汐成因理论主要有两类：①认为与月球运动有关，始见于《周易》。东汉王充在《论衡·书虚篇》中首次明确把潮汐成因与月球运动联系起来，“涛之起也，随月盛衰”。唐代窦叔蒙、封演，北宋张君房、余靖、沈括等都进一步发展了这一学说。②认为与天地结构有关，由东晋葛洪首创，他说：“三水（天河水、地下水和海水）相荡，而天转排之，故激涌而成潮汐。”（《抱朴子·外佚文》）宋代卢肇。五代丘光庭、张载、徐兢等都坚持和发展了这一学说。清乾隆四十六年（1781），俞思谦收集中国古代著名的潮汐理论，撰成中国第一部潮汐史专著《海潮辑说》上下卷。清道光年间，魏源在《海国图志》卷九十八《潮论》中首先将西方近代潮汐理论介绍到中国。中国古代很早就开始计算潮候和制作潮汐表，并达到较为精确的水平。理论潮汐表的制作以唐代窦叔蒙为代表。他在中国第一部潮汐专著——《海涛志》（又称《海峤志》，公元8世纪末成书）中给出的潮汐周期与现代计算值十分接近，并首创了一种可以推算一朔望月中各日各次潮汐时刻的涛时图。至北宋出现了一些正规的实测潮汐表，其中较早的是10世纪时赞宁的五言绝句的潮候口诀（元陶宗仪《南村辍耕录》卷十二《浙江潮候》引）。其后比较著名的有北宋吕昌明编的《浙江四时潮候图》（1056）。中国古代对潮汐进行着广泛的利用，其中最重要的用途是航海，所谓潮涨行船、潮落抛泊。此外，还利用潮汐进行海战、以潮汐对河水的顶托灌溉的潮田以及纳潮制盐等。（艾素珍）

炒钢 中国古代钢材生产工艺。其特点是向熔化的生铁鼓风，同时进行搅拌促使生铁中的碳氧化。用这种方法可将生铁制成熟铁，再经过渗碳锻打成钢。也可有控制地把生铁含碳量炒到需要的程度，再锻制成钢制品。这种钢中含有的硅酸铁夹杂物成分比较一致而数量较少。有学者指出我国炒钢技术始于西汉末年，到东汉已相当普及。但认证炒钢制品的技术还没有解决。（苏荣誉）

车 陆上借助轮子转动前进的交通工具。中国是世界上最早使用车的国家之一，大约发明于新石器时代晚期。相传黄帝时已经创造了车。《世本》曰："奚仲作车。"相传奚仲为夏禹时人。《释名》曰："古者车，声如居，言所以居人也。今曰车，车舍也。行者所处若居舍也。"可见车的本义是人们出行中的居舍。甲骨文中有几个"车"字，说明当时能制造两轮车，车轮皆木制。除车轮外，已有轭、衡、辕、舆等部件。河南安阳发掘有商代车的遗址。有辐车轮是造车技术的重大进步。早期的辐数多为18~30个。汉代又出现了四轮车，东汉创造了独轮车。许多学者认为诸葛亮改进的木牛流马就是两种独轮车。车用于出行、运输，亦用于作战等。用于作战的称为战车。古代还出现了其他用处的车，如东汉张衡发明的记里鼓车，三国魏马钧发明的指南车，南北朝的磨车等。磨车是在车上装有石磨，车行磨转，以磨米面。古代的车以人、马、牛等为动力，亦有以帆为动力者。近代改为轴承胶轮，更为轻便。欧洲产业革命后创造了蒸汽机，随后创造了内燃机和电机，遂出现了火车、汽车和电车，在20世纪先后传入中国，逐步成为主要的交通工具。但马车、牛车等亦未完全退出交通领域。（郭书春）

车船　古代创造的用人力驱动车轮击水推进的一种战船，亦称为桨轮船、轮船、车轮舸、车轮舟等。其推进的动力由间歇往复运动变为连续旋转运动，提高了功效和航速，是一种半机械化船舶，多用于战事。5世纪初晋军王镇恶始使用车轮舟，5世纪末南朝齐祖冲之、6世纪中叶梁徐世谱继续研究、应用，唐代有所发展，8世纪唐代李皋创建了一种车船。《旧唐书·李皋传》载，唐德宗时，洪州刺史李皋，"运用巧思为战舰，挟二轮蹈之，翔风鼓轮，疾若挂帆席"。古代称一轮为一车，所以把这种战船称做车船。北宋末年，名将李纲仿李皋车船的遗制，创建了上下三层的车船。南宋造船专家高宣改进车船，建炎四年（1130）二月为杨幺起义军建造了29艘大小不同的车船。南宋《中兴小记》引李龟年的记述："车船者，置人于前后踏车，进退皆可……皆两重或三重，载千余人，又设拍竿，其制如大桅，长十余丈，上置巨石，下作辘轳，贯其巅。"《宋史·岳飞传》描绘车船浮于洞庭湖中，"以轮击水，其行如飞"。其中杨幺乘坐的"州载"号车船，长30余丈，建楼5层，安24对车轮。此外还有安4车、6车、8车、10车、20车、32车，甚至多达90车的各型车船。此后的车船大有发展，至明代又改进为安有火器的车轮舸，被认为是现代轮船之始祖。（王兆春）

车船

车轮舸　明朝创建的以轮击水推船航进的一种火器战船。为世界首创。船长42尺，宽13尺，外加虚框各1尺，内安四轮，轮头入水约1尺，令人转动，航速快于人力划桨船。船前平头长8尺，中舱长2.7尺，后部长7尺，为舵楼舱。船面上设有板钉棚屋，通前彻后，上有大梁，覆盖顶板，两边伏下，每城板长5尺，宽2尺，下安转轴，如吊窗一般。作战时，先从船内放出神沙、神箭、神火等喷烟火器，以遮障敌军眼目，之后，即掀开船板，船上士兵立于两舷侧，向敌船抛掷火球，发射火箭，投掷标枪，使用钩拒，毁杀敌船和士兵。（王兆春）

车轮舸

车轮炮 明朝后期制造的一种轮转式多管铳。铳身成车轮型，每轮有辐条 18 根，每根长 1.4 尺，每根辐条左右各附一铁铳，全轮共 36 铳，单铳每个铳身长 1 尺，重 1.5 斤，铳口向轮边，各铳口间用铁链固连，铳尾勾连于铁轮轴上，铳内装填火药与铅弹 1 枚。每两个车轮炮共重 200 余斤，行军时用一匹骡子驮运，两轮炮间用铁轮轴相连。作战时，将轮架置于地上，先取一轮安于架上进行发射，每射一发转动一格，连续旋转发射 36 发，射毕一轮，再射另一轮，直至全部射毕。是当时世界上最先进的一种多管铳。茅元仪的《武备志·车轮炮》中记载了车轮炮的图绘和文字说明。（王兆春）

辰 中国古代观象授时作为分辨一年四季的标志。《春秋公羊传》昭公十七年："大火为大辰，伐为大辰，北辰亦为大辰。"大火即为心宿二，殷周时代就以大火星象确定时节，故大火为"辰"；伐即参宿，是夏朝时观象授时的星象，后来的晋国继承了这个传统，因此参也是"辰"；北辰即北斗，古人在黄昏时观测斗柄指向以确定季节，所以北斗自然也是"辰"。不同的观测对象，就有不同的"辰"。随着天文学的发展，人们对朔即日月之会有了认识，因此有人干脆称"日月之会"即为辰。如《左传》昭公七年："日月之会是谓辰，故以配日。"（孙小淳）

陈子答荣方问 中国上古数学的重要事件。陈子（约活动在公元前 5 世纪）是著名数学家、天文学家，生平不详。《周髀算经》载，荣方问于陈子曰："日之高大，光之所照，一日所行，远近之数，人所望见，四极之穷，列星之宿，天地之广袤，夫子之道皆能知之。其信有之乎?"陈子答曰:"然。此皆算术之所及。"他提出"夫道术（数学方法）言约而用博"，做到"问一类而以万事达者"，才能"谓之知道"；学习数学要"同术相学，同事相观"，能"通类"，做到"类以合类"。这是对当时存在的数学的总结，也规范了后来中国传统数学著作的特点与风格。他还提出了用比例与勾股定理测望日之远近、大小的方法，用到开方术，是开方术在世界数学著作中最早的记载。至于陈子答荣方问的范围，学术界对此尚有争论，一说陈子的话仅到卷上之末，一说一直到卷下之末，全是陈子的话。（郭书春）

城 （1）古代都邑周围用土夯筑或砖石砌筑的防御性工程。新石器时代晚期已经出现原始的墙垣。随着社会生产力的发展和战争的推动，经过几千年的演进，便逐渐形成以都邑为中心，以城墙为主体，以城门和敌楼为重点的点线接合、综合配置的军事筑城体系。大型的城郭如长安城、开封城、南京城、北京城，除城墙、城门和敌楼外，还有瓮城、羊马墙、城濠、濠桥等外部部分构成。由于城墙圈围的城郭有正方、长方、圆形和其他不规则几何图形，它们的建筑要受地形、地质、地理位置的制约，因此有平陆筑城、依山筑城、沿海临江筑城等，千姿百态，各有千秋。万里长城在总体上虽不是封闭型的都邑筑城，但它却是由众多段的城墙和众多关城交替连接的带形军事防御工程，在建造上独具特色。城墙是围圈都邑的墙垣，周长有长有短，小者数里，大者数十里。按唐代的规制，平陆筑城的城高、城底厚、城顶厚三者之比为4∶2∶1（《卫公兵法辑本·攻守战具》），如城高为6丈，则城底厚3丈，城顶厚1.5丈。按照这一比例构筑的城墙，既坚固耐久，又节省工料。但是在实地筑城时，要根据城址所在地的地质、地形、地貌的不同而加以修正。城门是内外的通道和城防的重点，建筑必须坚固，设防尤要厚足。一般的方形城每面开设一至数门，门用坚厚的大木制作，有的还增设暗道机关。城门上建有单重或多重檐的城楼，便于守将登城瞭望和指挥作战。城门外筑有屏蔽城门的瓮城，因形似瓮而得名，又称马面城，墙垣与正城等高同厚，偏开一至二门，既便于内外交通，又防止敌军直窥城内。城外三五十步处凿有面阔底窄的护城河，宽数丈至数十丈不等，上架通行的吊桥。护城河内岸筑有一道护墙，又称羊马墙，高8~10尺。城墙顶部筑有女墙，高约5尺，大致与士兵身高相等，中有射孔，既可掩护士兵向外发射箭镞、弹丸，抛掷石块，刺杀和击砸攻城之敌，又可避免攻城者射来的矢石。女墙上的城垛与两城垛之间的垛口，连绵相续，远远望去，形同方形锯齿，兵家称其为雉堞。一般城墙上都以城门为中心向左右延伸，每隔一定距离构筑一座敌楼，城墙拐角处的敌楼称团楼，有的建有战棚和弩台，这些建筑物都是在环城全线防御的基础上构筑的重点防御设施，每处可容士兵一二十人，并设置床子弩、抛石机、滚木櫑石等摧毁兵器和器械，构成重点防御，并与女墙上的士兵一起，形成点线结合、互相策应的防御体系。这一防御体系，又与护城河、羊马墙、各城门和瓮城一起，构成完整的城郭防御体系，以保障全城的安全。（王兆春）

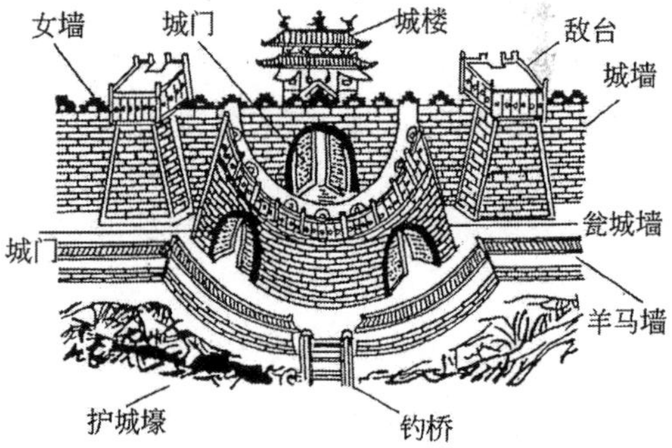

城

（2）中国传统数学将城及与之形状相同的垣、堤、沟、堑、渠等作为一种需要求其体积的一种重要多面体。《九章算术》商功章云："城、垣、堤、沟、堑、渠皆同术。术曰：并上下广而半之，以高若深乘之，又以袤乘之，即积尺。"城、垣、堤是地面上的土石工程，沟、堑、渠是地面下的水土工程，而在数学上是同一形状：上下两底是互相平行的其袤（长）相等而广（宽）不等的长方形，两侧为全等的长方形，两端为垂直于底面的全等的等腰梯形。设其上广、下广、袤、高（或深）分别是a_1、a_2、b、h，《九章算术》的求积公式就是$V=\frac{1}{2}(a_1+a_2)bh$。（郭书春）

城市　以非农业人口为主要居民，手工业、商业发达的聚居地。中国古代按性质分为都城、王城、郡县城、帝陵邑、商城、关城6种类型。都城是国家的政治中心，王城是血缘政治的诸侯驻地，郡县城是地缘政治体系的区域政治中心，帝陵邑是专为保卫、供奉、管理帝王陵园而建的城邑，商城是区域经济贸易中心，关城是由边疆守护发展起来的城市。（沈玉枝）

乘除捷算法　唐中叶起由民间创造，在宋元时代日趋完善的简化筹算乘除运算的方法。筹算乘除法原作三行布算。唐中叶以后，适应商业发展的需要，人们在两个方向上着手简化筹算乘除法：一是通过化多位乘法为一位乘法的重因法等方法，化三行布算为一行布算；二是通过身外加减法等方法化乘除为加减。唐中叶的赝本《夏侯阳算经》开其先河，经过唐末、两宋许多人的努力，创造了若干捷算法。杨辉在《乘除通变本末》中总结了这些方法，提出加法代乘五术，减法代除四术。伴随着唐诗宋词的发达，人们将这些方法编成歌诀。杨辉、朱世杰总结了一位除法的九归歌诀，朱世杰的九归歌诀与现今的珠算口诀基本一致。人们还在九归和减法的基础上提出了归除歌诀，又创造了撞归歌诀，以解决大除数如何确定商的问题。乘除捷算法及其歌诀的发展，带来了新的矛盾：口念歌诀很快，手摆算筹很慢，“得心无法应手”。筹算最终无法与由之发展起来的捷算法相容，珠算盘与珠算术便应运而生。筹算歌诀变成了珠算口诀。中国古代的度、量制大都采用十进，但衡制则不然，最常用的斤、两采用十六进制，用于计算颇不方便，人们便创造了化十六进制为十进的“斤两化零歌”。（郭书春）

程君房墨　中国古代名墨，由明万历年间（1573～1620）程君房墨坊所制作。程氏是安徽歙县人，与当时的制墨家方于鲁齐名，时称“方程”。程氏制墨不计工本，他和方于鲁相互竞争，希望自己的制品能创造独占的局面。他的墨模设计极为考究，型制别开生面，定名也尽可能古雅，品质亦上乘，对后来制墨起了很大的影响，到清代还有很多制墨家沿袭他制定的模式和名称。程氏的墨肆名“还朴斋”，墨以“玄元灵气”为第一名品。其形制不一，通体漆衣，晶莹如玉。由于墨模雕镂精细，所以墨面精湛无与伦比。其次是“寥天一墨”，通体镂秋葵，花叶相互纠结，环绕凸起，棱角处破觚为圆，独具风格。程氏墨中以此二者最受推重。程氏墨上或有署款“君房士芳制”，印章题“仲德”字样者，也有署款“君房聘衮监制”的。程氏也编印刊刻有《程氏墨苑》一书，分为《玄工》、《舆图》、《人官》、《物华》、《儒藏》、《缁黄》6编，著录了他的制墨精品。北京故宫博物院收藏有程氏墨的精品。（苏荣誉）

驰道　即驰马走车之道路，常专指秦代驰道，实际上是皇帝及其特许官吏驰行的具有隔离设施的多车快速道。秦始皇二十七年（公元前220）起在战国各国干道基础上，“决通川防，夷去险阻”，进行大规模的整修改造，在全国修建驰道。《汉书·贾山传》云：“秦为驰道于天下，东穷燕齐，南极吴楚，江湖之上，滨海之观毕至。道广五十步，三丈而树，厚筑其外，隐以金椎，树以青松，为驰道之丽至于此。”这是说在50步（合今69米）宽的大道中央有一条宽3丈（合今6.9米）的路面，两侧树有隔离标志。驰道两旁还要种植松树，进行绿化。这中央的路“唯皇帝得行”，诸侯等高级官员“得行驰道中者行旁道”。驰道宽广、平整、坚实，甚至夜间亦可行车。同时，从关中到陕北又修建了直道。今陕西省富县、旬邑县境子午岭上还有直道遗址，路面宽多在三四十米以上。驰道连同直道、复道形成了以首都咸阳为中心的东至海滨，南到长江流域，西达临洮、羌中（今甘肃、青海），北至黄河，并沿阴山到辽东（今辽宁辽阳），连接全国各主要城市的干线交通网。（郭书春）

赤道 天文坐标系术语，在中国古代指“天赤道”，亦即现代天球上的赤道。中国古代早就认识到北极在星空固定不动，其他星都绕其运转的天体视运动现象，因此天文坐标系都以北极作为基本参照点。有人称中国古代的天文坐标系为“天极”体系。在天球上以北极为极的大圆就是赤道。我国古代最早测量的天文坐标是二十八宿的距度，就是以赤道为基准度量的。盖在盖天家的“盖图”上赤道是以红色标示的，故名。在盖天说中，赤道是在圆形平面天空上以北极为中心，离北极相当于直角距离的大圆，这虽然与浑天说天球上的赤道在几何上有所不同，但其在天文坐标系中实质是一样的。也就是说，盖天说和浑天说都有赤道概念，而且在天文坐标系所起的作用也相同。浑天家的赤道则完全等同于现代天球上的赤道。浑天家的天文仪器浑象、浑仪上都有赤道。张衡在《浑天仪注》中说：“赤道横带天体之腹。”（孙小淳）

重差术 使用两次差进行测望的方法。郑玄（127～200）《周礼注》引郑重（？～83）释“九数”曰“今有重差、勾股也”，视重差为两汉发展起来的数学的新分支。公元3世纪，刘徽《九章算术注序》云：“凡望极高，测绝深而兼知其远者必用重差、勾股，则必以重差为率。”又云：“度高者重表，测深者累矩，孤离者三望，离而又旁求者四望。触类而长之，则虽幽遐诡伏，靡所不入”，总结出重表、连索、累矩三种测望技术，设计了应用二次、三次、四次测望的测望海岛、山涧、深谷、城邑等的各种问题。刘徽的图与证明方法已佚，估计是采用出入相补原理与率的理论两种方式。重表法是其最重要的方法，两次用表测望可望而不可即之目的物之高、远，由测日高发展起来，西汉刘安《淮南子》中有其雏形，赵爽《周髀算经注》、刘徽《九章算术注序》与《海岛算经》均有记载。刘徽《九章算术注序》云：“立两表于洛阳之城，令高八尺，南北各尽平地。同日度其正中之时。以景差为法，表高乘表间为实，实如法而一。所得加表高，即日去地也。以南表之景乘表间为实，实如法而一，即为从南表至南戴日下也。”因用到影差和两表去南戴日下之差（即表间），$\frac{D}{d}$是两者之比，故称为重差。又此术用到两表，故称为重表法。如重表法图，设日高为H，表高为h，表间为D，南表影a_1，北表影a_2，影差$d = a_2 - a_1$，南表至太阳直射处为L，赵爽、刘徽给出的公式为$H = \frac{hD}{d} + h$，$L = \frac{a_1 D}{d}$。刘徽《海岛算经》设计了

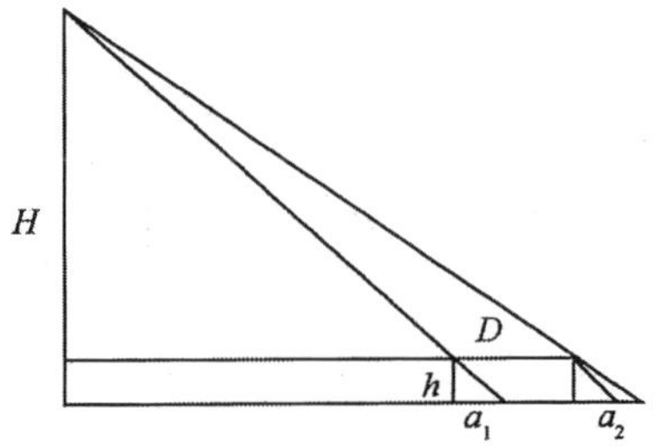

重表法

用重表法解决的望海岛（二望）、望松（三望）问，其第一问望海岛当以泰山为原型。累矩法是两次用矩测望可望而不可即之目的物之深的方法。赵爽《周髀算经注》、刘徽《九章算术注序》中都提到此法。刘徽《海岛算经》设计了用累矩法解决的望深谷问："今有望深谷，偃矩岸上，令勾高六尺。从勾端望谷底，入下股九尺一寸。又设重矩于上，其矩间相去三丈。更从勾端望谷底，入上股八尺五寸。问：谷深几何？术曰：置矩间，以上股乘之，为实。上、下股相减，余为法。除之，所得，以勾高减之，即得谷深。"如累矩法图，设勾高、下股、上股、矩间相去、谷深分别为 a、b_1、b_2、d、h，刘徽给出的公式为 $h=\dfrac{db_2}{b_2-b_1}-a$。这是一个二望问题。刘徽还设计了用累矩法解决登山望楼、登山望津两个三望和望清渊、登山临邑两个四望等更复杂的测望问题。连索法用于测望可望而不可即之目的物的广、远。刘徽《海岛算经》设计了使用连索法的南望方邑问："今有南望方邑，不知大小。立两表，东西去六丈。齐人目，以索连之。令东表与邑东南隅及东北隅参相直。当东表之北却行五步，遥望邑西北隅，入索东端二丈二尺六寸半。又却北行去表一十三步二尺，遥望邑西北隅，适与西表相参合。

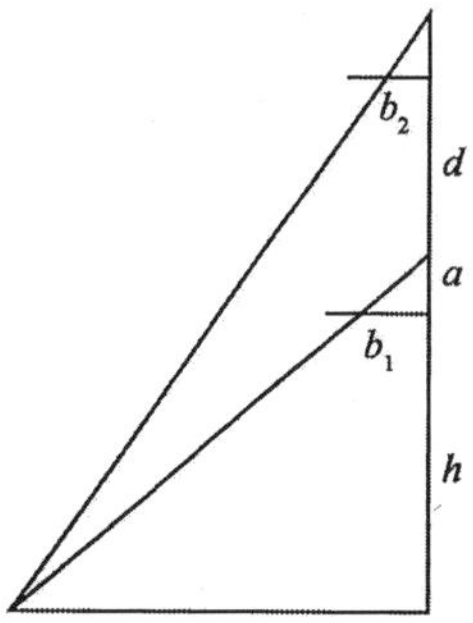

累矩法

问：邑方及邑去表各几何？术曰：以入索乘后去表，以两表相去除之，所得为景长。以前去表减之，不尽，以为法。置后去表，以前去表减之。余，以乘入索，为实。实如法而一，得邑方。求去表远近者，置后去表，以景长减之。余，以乘前去表，为实。实如法而一，得邑去表。"如连索法图，设前去表、后去表、入索、两表相去、邑方、邑去表分别为 a_1、a_2、b_1、b_2、p、q，此即 $p=\dfrac{(a_2-a_1)b_1}{\dfrac{a_1b_1}{b_2}-a_1}$，$q=\dfrac{\left(a_2-\dfrac{a_1b_1}{b_2}\right)a_1}{\dfrac{a_1b_1}{b_2}-a_1}$。刘徽还设计了用连索法来解决的使用三望的东南望波口问题。重差术的完善与当时地图理论的发展特别是裴秀"制图六体"的提出密切相关。到刘徽时，中国的重差术可谓大备，此后，直到明末西方数学传入之前，测望数学在理论上没有大的突破。（郭书春）

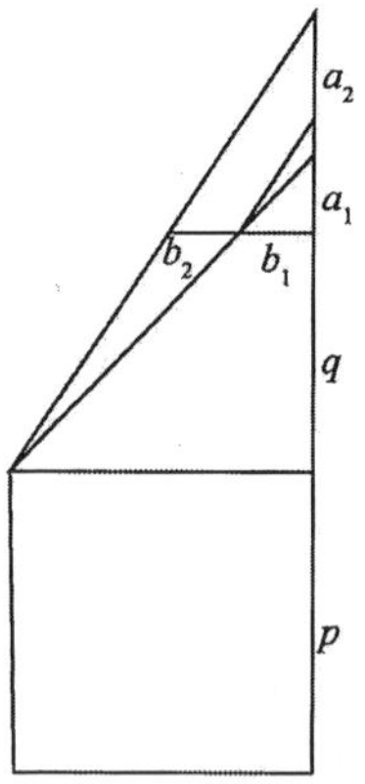

连索法

抽砂炼汞　炼制水银的一种方法。汞一名水银，是炼丹中的重要物质之一。人工升炼丹砂是制取汞的主要方法。早在先秦时，丹砂已有开采。丹砂的主要成分是硫化汞（HgS），从丹砂中炼制水银技术的发展，大致经历了四个阶段。首先是低温焙烧法，即把丹砂直接在空气中低温焙烧。《黄帝九鼎神丹经诀》卷十一记载："丹砂、水银二物等分作之，任入多少。（置）铁器中或甘埚中，于炭上煎之。候日光长一尺五寸许，水银即出，投著冷水盆中，然后以纸收取之。"汉晋以后，这种效率较低、容易中毒的方法被密闭高温分解丹砂的抽汞法所取代。其次是下火上凝法，是在密闭的铁质或土质的上下釜中加热丹砂。下釜中放置丹砂，上釜倒覆在上面，再以盐泥固济上下釜的合缝。当用炭火加热下釜时，丹砂分解，释出水银，水银升华后冷凝在上釜较冷的内壁上，开釜扫取，即可得到。此法最早见于东汉晚期狐刚子的《五金粉图诀》。此法的主要缺点是凝结在上釜内壁的水银聚集多了以后就会坠落，需不断开釜扫取。唐代中叶以后，此法被上火下凝方式所取代，即将丹砂放置在容器上部，而使生成的水银溜下。在被冷却的抽炼装置下部承接水银。最后是蒸馏法，是把水银蒸汽引出到加热炉之外冷凝、收集。《丹房须知》绘有一种专为蒸馏水银而设计制造的极为精美的"抽汞器"。蒸馏法生产率高、规模较大，很快得到推广和发展，取代了以前诸法。明末宋应星的《天工开物》就只记录了蒸馏升炼水银的方法。（王扬宗）

抽线琢针　古代拔丝钢制针工艺，见于明末宋应星《天工开物》"锤锻"篇"抽线琢针"条，反映了中国古代拉丝和渗碳热处理技术。其工序是先将熟铁锻成细条，经穿孔模具拉拔成丝，再将铁丝剪断并"镂"削加工，穿眼成为针形。然后将其放在铁锅中慢慢翻炒使之退火，再用松木、木炭和豆豉做渗碳剂，拌以细泥，将针覆盖加热。为了掌握火候，在泥外插几枚针，当这些针被加热氧化，手捻即碎时，就可启封，将针在水中淬硬，得到成品。据调查，赫哲人用类似方法制作鱼钩。他们将铁丝弯成鱼钩形后，与木炭、火硝一同装入泥罐中加热，到一定温度时将泥罐打碎，入水淬硬。所制成的鱼钩可钓得百斤大鱼。（苏荣誉）

醜　生物分类学术语，与类同义。《尔雅·释草》说："蘩之醜，秋为蒿。"郭璞注曰："醜，类也。"又说："苇醜，芀。"郭璞注说："其类皆有芀秀。"《尔雅·释木》云："桑、柳醜，条。"指这类植物都有下垂的枝条；又云"椒、榝，醜莍"，指这类植物都具有"聚生成房貌"的莍果。醜也用于动物分类。《尔雅·释鸟》云："鹰隼醜，其飞也，翚"，又说"凫雁醜，其足蹼"。当然，古代用于生物分类上的"醜"，只是泛指某种形态或生活习性相同的一类植物或动物，并非特指某一分类阶元。（汪子春）

出入相补原理　又称为"以盈补虚"，或"损广补狭"。中国传统数学解决面积、体积和勾股、测望问题所依据的重要原理之一。将平面或立体图形分割成若干部分，再将它们重新拼合成其面积或体积为已知的图形，从而推导和证明各种面积、体积的公式或解决可以化成面积、体积问题的勾股、测望以及开方问题。它起源于《数》、《算数书》、《九章算术》编纂的时代，现传最早的记载在赵爽《周髀算经注》与刘徽《九章算术注》中。《九章算术》商功章"城垣堤沟堑渠术"中"并上下广而半之"，刘徽注曰"损广补狭"，见城垣堤沟堑渠术之损广补狭图。方田章圭田术"半广以乘正从"，刘徽注曰："半广知，以盈补虚为直田也。"在方田章邪田术刘徽注中也有类似的话。勾股章勾股术刘徽注曰："勾自乘为朱方，股自乘为青方。令出入相补，各从其类，因就其余不移动也，合成弦方之幂。"刘徽《九章算术注》曾"采其所见"者，这三种表达方式的差异应当反映了所采资料及其时代的不同。刘徽继承、发展、完善了这种方法，成为其数学体系的支柱之一。该原理基于这样两个基本的前提：将一个图形分割成若干部分，则它们全体的面积或体积之和等于原图形的面积或体积；将一个图形平移或旋转不改变其面积或体积。这两个前提在中国传统数学著作中没有表述过，是被当成不言自明的真理使用的。（郭书春）

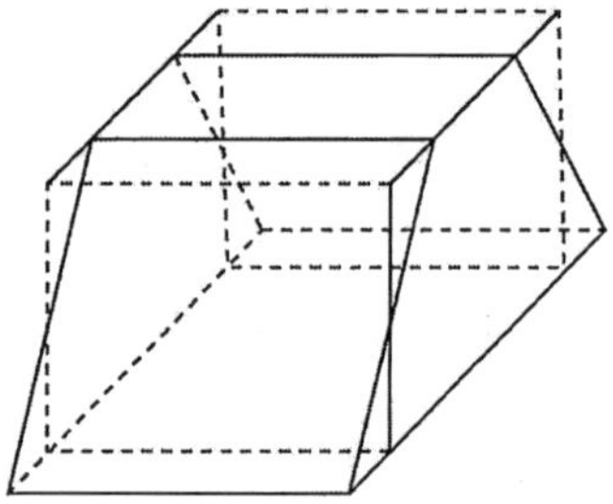

城垣堤沟堑渠术之损广补狭

船　水上运输工具的总称。《物原》云："燧人氏以匏济水，伏羲氏始乘桴。"匏是葫芦，桴是筏，都是原始的渡水工具。《世本》云："古者观落叶，因以为舟。"又云："共鼓、货狄作舟。"《易经·系辞》云："刳木为舟，剡木为楫，以济不通。"刳木是剖木使其中空，楫就是桨，可见最早出现的是独木舟，当在新石器时代早期。最晚在殷商时代，独木舟演变为木板船，并且创造了风帆。使用风帆利用风力行驶的船称为帆船，是在轮船出现以前最主要的船舶。春秋战国时期铁制工具的出现、发展与普及，促进了造船技术的发展，出现了各类适应不同地区、不同用途的船舶。专供国君乘坐的余皇的建造，说明春秋时期已有较高的造船技术水平。汉代船舶已普遍设有甲板，使用连续高效又能控制航向的推进工具橹、操纵航向的舵与梢等。唐宋时期创造了许多新的船形，其浮性、水密性、抗沉性、稳定性、耐波性等适航技能有长足进步，造船技术臻于成熟。而在元明时期造船技术达到鼎盛，郑和宝船是其重要标志。中国古代船舶类型很多，著名的有沙船、广船、福船等，而其功用除客运外主要是货运（包括漕运和海外贸易）与军事。（郭书春）

船坞　修造船舶的场所。北宋沈括《梦溪笔谈》记载，熙宁间（1068～1077）一艘20余丈长的龙船，因船腹败坏，欲行修治，但水中无法施工。宦官黄怀信发明一新方法：在京城汴梁（今河南开封）金明池北挖一个能容纳龙船的大澳，澳下方竖立木柱，柱上架大木梁。然后引水入澳，将船驶至木梁上，再用水车把水车出，龙船便悬空架于木梁上，便于修造。修毕，又引水入澳，让龙船浮起，驶出。这是世界上见诸记载的最早船坞，是造船史上的一大发明。（金秋鹏）

船样　船舶术语。①船舶设计图纸。《宋会要·食货》记载："温州言，制置司降下船样二本，仰差官买木，于本州有管官钱内做海船二十五只。"船样中绘有船图，并注明船体和各部件尺寸、用工、用料、造价等。船样的使用，是船舶设计中的重大发展。明清官方造船厂一直使用船样。现存清代手抄本《闽省水师各标镇协营战哨船只图说》即为此设计方法之范例。②样船或样船模型。（金秋鹏）

船闸　用以保证船舶通过有水位落差

的航道的厢式建筑物。先时，人们筑堰、埭蓄水以利航行。但堰、埭蓄水人们无法控制。秦始皇三十三年（公元前214）开凿灵渠，设置若干陡门（亦称斗门），以调节水位落差，便于通航。这是单门船闸，也是世界上最早的船闸。唐宋时期达到36座陡门。南朝刘宋景平年间（423～424）在扬子津（今江苏扬州扬子桥）河段建造了两座陡门。先后启闭两陡门，便可控制两陡门间河段的水位。这是复式船闸。南北大运河挖掘后，修建了若干船闸。北宋熙宁元年（1068）二月在运河西河（今江苏淮安至淮阴间）上建造两陡门，并有输水设备，史称西河闸，是为现代船闸的雏形。复式船闸代替堰、埭和单门船闸，不仅能调节水位，减少水耗，而且无船毁人亡之危险，背纤牵挽之劬劳，并大大提高了漕运能力。沈括《梦溪笔谈》描绘真州（今江苏仪征）闸修建后的情形云："旧法舟载米不过三百石，闸成始为四百石船。其后所载浸多，官船至七百石，私船至八百余囊，囊二石。"一年可省冗卒500人，杂费125万。复式闸在北宋推广到全国。（郭书春）

疮 ①皮肤病名。一是疮疡之简称。《外科启玄》云："夫疮疡者，乃疮之总名也。"二是泛指皮肉外伤，也称金疮、刀疮等。《外科启玄》云："疮者，伤也。肌肉腐坏痛痒，苦楚伤烂而成，故名疮也。"三是痈、疽、痘、疹等各种皮肤病的通称。《外科启玄》云："疮之一字，所包括者广矣。虽有痈、疽、疔、疖、瘰疬、疥、癣、疳、毒、痘、疹等分，其名一，止大概而言也。"②疮家，指久患疮疡或创伤失血者。《伤寒论·辨太阳病脉证并治》云："疮家身虽疼痛，不可发汗，汗出则痓。"（张志斌）

垂虹桥 位于江苏吴江东，跨太湖支流塘河。始建于北宋庆历八年（1048），名"利往桥"，为木梁桥，长130丈。元泰定二年（1325）易木梁以石，改为石拱桥，后又增建。全长500余米，由72个拱券形桥孔组成，环若半月，中有3孔突起，以通巨舟。明清时多次重修，近年逐孔坍塌，仅余残洞11孔。（李家明）

纯律 律学名词。又称自然律。它和三分损益律一样，都是不平均律。纯律生律法是在三分损益（或五度相生）基础上再增纯律大三度（5/4）和纯律小三度（6/5）作为生律要素，从而得到的大小三度、大六度（5/3）、小六度（8/5）、小七度（9/5）都比三分损益法得到的大三度（81/64）、小三度（32/27）、大六度（27/16）、小六度（128/81）、小七度（16/9）简单，音感悦耳。从纯律大三度生律，产生纯律大音阶，C－F－G三个音构成正三和弦，其频率比为1∶4/3∶3/2；以纯律小三度生律，产生纯律小音阶，它的各个音与主音频率比都是简单分数比，故又称为自然小音阶。中国古代虽没有"纯律"一词，但在实践中，钟律、琴律都含有纯律大小三度音程，它们是纯律与三分损益律的复合律制。尤其是，古琴作为中国古代乃至世界上应用纯律的唯一的乐器，它的各个徽位泛音正是纯律音阶的音级，而且在古琴上很容易构成纯律大小音阶。确定古琴徽位的折叠法以及明代朱载堉的琴徽计算法，是最简便而绝顶聪明的纯律计算法。纯律在中国具有悠久历史，而在西方，虽在公元前3～4世纪已发现纯律大小三度，但在13～14世纪之前，从理论到实践均未有所进展。此后，虽有许多纯律理论，但少有纯律的实践。（戴念祖）

磁偏角 即磁子午线与地理子午线之间的夹角。北宋沈括《梦溪笔谈》曰："方家以磁石磨针锋，则能指南，然常微偏东，不全南地。"这是沈括通过观察、实验之发现。此后20年，寇宗奭在《本草衍义·磁石》中作了转述，并指出"常偏丙位"，即经常南偏东15°。磁针的北极（N）向东偏其偏角为正，向西偏其角为负。除在同一经度线上外，不同地点的磁偏角一般均不相同；同一地点的磁偏角也随时间而变动。（李家明）

磁石 汉以前作"慈石"，意为"慈爱之石"，可见已知磁石吸铁的性质。明李时珍《本草纲目》又称之为"玄名"、"处石"、"熁铁石"、"吸针石"。慈石是有磁性的物体，有天然和人造两种。四氧化三铁（Fe_3O_4）就是天然磁体。它具有明显的磁性，易被人们发现。《吕氏春秋·季秋纪·精通篇》云："磁石召铁，或引之也。"《鬼谷子》云："磁石之取针。"东汉高诱注释《吕氏春秋》曰："石，铁之母也。以有慈石，故能引其子。石之不慈者，亦不能引也。"磁石只能对铁族物质（铁、镍、钴）有磁力作用。这种作用可以"隔阂相通"，"磁石吸铁，间隔潜应"。只有铁族物质能阻隔磁力的作用。这种现象称为"磁屏"作用。清初刘献廷《广阳杂记》云："磁石吸铁，隔碍潜通。或问余曰：磁石吸铁，何物可以隔之？"犹子阿孺曰："惟铁可以隔耳。"其人去复来曰："试之果然。"即是磁的作用可被铁断。磁体有极性，当磁体支挂后静止时，必有一端指向北方，称为北极；另一端指向南方，称为南极。磁体的两极分别接近地球南极和北极。指南针则是利用磁体的指极性制成的。（李家明）

刺绣 又名"针绣"，俗称"绣花"，是用针引彩线，按事先设计好的图案和色彩，在织物表面刺缀运针，以缝迹构成花纹的装饰织物。刺绣为中国古代妇女主要的手工艺之一，故又名"女红"。中国刺绣的起源可追溯到商周时代，《尚书·禹贡》有"宗彝藻火粉米黼黻絺绣"的记载，但其针法成熟是在春秋以后。从出土的战国、两汉的刺绣品看，这一时期的绣品，虽皆用锁绣法绣成，但已具有很高的水平，如江陵马山一号楚墓出土凤鸟图案刺绣品，艺术造型浪漫夸张，针法谙练。隋唐时期，刺绣在针法上，突破了仅限于上下结纳、积叠成章的短针联结的传统锁绣针法，出现了往复经纬的直线纹绣，即平线绣法。在功用上，除了作为日常生活中的服饰外，还旁及宗教法器饰物等。宋代是刺绣发展的一个高峰时期，出现了滚针、旋针、反戗、平金、钉线、网绣、补绒、锁边、刻鳞等多种表现不同对象的特种针法，这些针法在宋绣中交互运用，而且运用得十分娴熟。绣品也分化为观赏与实用两类。当时许多刺绣艺人以追求绣品以纯观赏之用为能事，把名家书画作为摹本，用针绣表现在绢绸上，有的绣品模仿得惟妙惟肖，可与原作一争长短，有些绣品的艺术价值甚至超过了原作。明清是刺绣发展的鼎盛时期，其时宫廷绣作、民间绣坊规模和数量均有所增加，众多的城乡妇女也把刺绣作为必学的技能之一，而且商品绣形成了各自的地方体系，先后出现了各具特色、现被称为四大名绣的苏绣、粤绣、蜀绣、湘绣。（赵翰生）

衰分术与返衰术 中国古代求解比例分配问题之方法。衰分在先秦"九数"中称为"差（音 cī）分"，秦简《数》、汉简《算数书》和公元前3~公元1世纪成书的《九章算术》都有衰分术，衰分后成为《九章算术》的第三章。刘徽注云："以御贵贱禀税。"《九章算术》衰分术曰："各置列衰，副并为法。以所分乘未并者各自为实。实如法而一。"设 A 为所分物之量（即"所分"），各部分按 m_1，$m_2,\cdots,m_n$（即列衰）的比例进行分配，那么对应份额 m_i 的分配量为 $A_i = \frac{A \cdot m_i}{\sum_{j=1}^{n} m_j}$（$i=1, 2, \cdots, n$）。若各部分按所分份额分别为 $\frac{1}{m_1},\frac{1}{m_2},\cdots,\frac{1}{m_n}$ 的比例进行分配，则变成了返衰问题。《九章算术》给出返衰术曰："列置衰而令相乘，动者为不动者衰。"即对应 m_i 的分配份额为 $A_i = \frac{A\prod_{r=1}^{i-1} m_r \prod_{r=i+1}^{n} m_r}{\sum_{j=1}^{n} m_1 m_2 \cdots m_{j-1} m_{j+1} \cdots m_n}$（$i=1, 2, \cdots, n$）。（邹大海）

淬火　金属热处理工艺的一种，多用于处理钢制品。它是把钢件加热到一定温度后，将其投入水或其他液体中，使之快速冷却。目的是使得钢件获得综合机械强度更好的组织，如马氏体组织，同时，细化组织，使钢件具有更好的性能。至迟在战国时期，工匠已经掌握了淬火技术。河北易县燕下都出土的钢剑，经分析具有针状马氏体组织，是经淬火处理的最早的实例。《史记·苏秦列传》的司马贞《索引》引《晋太康地理记》云"汝南平西有龙泉水，可以淬刀剑，特坚利，故有龙泉水之剑"，说明对所用淬火的水有了更进一步的认识。魏曹丕《典论·剑铭》也有"淬以清漳"之说。三国时名匠蒲元，在汉中为诸葛亮造 3000 口刀，派人到四川取水，也反映了古人淬火对水质的讲究。南北朝綦母怀文造的宿铁刀，曾"浴以五牲之溺，淬以五牲之脂"，也许是双液淬火的尝试。（苏荣誉）

寸白　寄生虫名，即绦虫，也称"白虫"，始见于南朝陶弘景《名医别录》。隋巢元方《诸病源候论·九虫病诸候》曰："寸白者，长一寸，形小扁。"对其形态作了初步描述。至宋代，则对其生活史有了初步了解，苏东坡等编著的《苏沈良方》中说："予少时病白虫，始逾粳米，岁数之逐长寸余……以药攻之，下虫数合，或如带长丈余，蟠如猪脏，熠熠而动，其末寸断，辄为一虫，虫去病少已，数月后复如初，如是者数回。"苏东坡所述可能是一种猪带绦虫。（汪子春）

寸口　又名气口、脉口。中医诊脉的最常用部位，位于两手桡骨头内侧桡动脉搏动处，长度约一寸左右，故名，属手太阴肺经。《素问·经脉别论》云："气口成寸，以决死生。"《难经·一难》云："寸口者，脉之大会，手太阴之脉动也。……五脏六腑之所终始，故法取于寸口也。"《难经·二难》云："从关副鱼际是寸口。"晋代王叔和《脉经》云："从鱼际至高骨，却行一寸，其中名曰寸口，从寸至尺，名曰尺泽，故曰尺寸，寸后尺前名曰关。阳出阴入，以关以界。"寸口脉分三部，桡骨茎突处为关，关之前（远端）为寸，关之后（近端）为尺。《难经》提出："上部法天，主胸以上至头之有疾也。中部法人，主膈以下到齐之有疾也。下部法地，主齐以下到足之有疾也。"即寸脉主胸以上至头部有病，关脉主胸至脐部有病，尺脉主脐部以下有病。《脉经》则进一步提出左右寸关尺与脏腑分配原则："肝、心出左，脾、肺出右，肾与命门，俱出尺部。”“心部在左手关前寸口是也。”“肝部在左手关上是也。”“肾部在左手关后尺中是也。”“肺部在右手关前寸口是也。”“脾部在右手关上是也。”“肾部在左手关后尺中是也。”即右寸主肺，左寸主心，右关主脾，左关主肝，尺脉主肾。（张志斌）

错　金属装饰工艺的一种，即把金丝、银丝或铜丝错嵌入金属器物表面而形成图案或文字的工艺，相应地称之为错金、错银或错铜，它和金属镶嵌工艺一脉相承。最早的金属错是错铜，可能出现于商代，据说商代青铜兵器有错红铜的。这一工艺是在春秋晚期才开始繁荣的。河北唐山贾各庄出土的狩猎纹青铜壶、安徽寿县蔡侯墓出土的青铜敦和豆等，都是有代表性的实物。战国时期错铜作品更多，以河南汲县山彪镇出土的水陆攻战纹鉴、四川成都百花坛出土的水陆攻战纹壶为精品。错金是错铜的承转，最早出现于春秋晚期，其时多是在青铜兵器上错简短铭文，如楚王孙鱼戈、吴王子于戈等。战国时期错金工艺相当普遍，山西长治分水岭出土的青铜豆，河北平山三汲中山王墓出土的虎噬鹿屏风座和神兽，可谓巧夺天工。错银的出现相对较晚，最早的实物是河南洛阳中州路战国车马坑出土的器物，河南辉县固围村战国墓出土的错银器物较多，多见于车马器和装饰品。平山中山王墓出土的器物往往将错金和错银并施于同一器物，将之装饰得美轮美奂。秦汉以后，金属错仍然用于装饰器物和艺术品，但技艺仍承自战国。错金工艺一般首先要在器物上铸造出沟槽，而那些细如毫发的错品，则是要斩出沟槽；其次是加工沟槽，最好使之成为燕尾状；然后将金银丝加热，嵌入槽中，并用捶敲打或用玉石挤压使之结合牢固；最后一道工序是抛光打磨。（苏荣誉）

D

搭车 古代军队在攻城战中用于耙毁城墙的工程作业车。车上安有木架，木架上有利用杠杆原理安置的长柄耙钩，攻城时，士兵将其推至城墙附近，操作长柄耙钩，将城墙挖成缺口，让攻城士兵从缺口处攻入城内。古代还使用钩撞车进行掘凿和撞击城墙的工程作业。（王兆春）

搭车

大豆 古称“菽”或“荏菽”，是中国古代重要的粮食和油料作物。中国是大豆的原产地，也是最早驯化、种植大豆的国家，栽培历史至少已有4000年。据《诗》和《史记·周本纪》等记载大豆是周时重要的粮食作物。吉林永吉乌拉街出土的炭化大豆，经鉴定距今已有2600年左右，是目前出土最早的大豆。春秋战国时菽、粟并称，居五谷、九谷之首。当时豆叶也供蔬食，称为“藿羹”。秦汉之后旱作技术有所提高，大豆退为次要的角色。清初大批移民迁入东北地区，使东北成为大豆的主产区，供应国内外。汉代以前，大豆主要是作为食粮。自汉代起用大豆制成副食的记载逐渐增多。豆制品主要有豆豉、酱、醋。《史记·货殖列传》指出当时通都大邑中有经营豆豉千石以上的商人，其富可“比千乘之家”，说明以大豆制成的盐豉已是普遍的食品。北魏贾思勰《齐民要术》还引述《食经》中的“作大豆千岁苦酒法”。苦酒即醋，说明至迟6世纪时已用大豆作制醋原料。汉代出现黄豆芽，称为“黄卷”，可供药用，后来用鲜豆芽作蔬菜。相传西汉淮南王刘安发明了豆腐，但无确凿证据。关于豆腐的明确记载见于五代末北宋初陶谷的《清异录》，时“邑人呼豆腐为小宰羊”。用大豆榨油的记载见于北宋《物类相感志》。做豆腐和榨油的副产品豆饼和豆渣是重要的肥料和饲料，清初豆饼成为重要商品，清末并有相当数量的豆饼出口。大豆还是重要的绿肥作物。中国古代对大豆的根瘤早有觉察，并在“菽”的象形字中反映出来。《说文解字》上说：“尗，豆也，象豆之形也。”清代文字学家王筠在《说文释例》中进一步指出“尗”字中间的“一”是代表地面，通于上下的“丨”代表大豆植株，在“一”之上是代表茎，在“一”之下是代表根。根左右“八”形是“当作圆点”，象征“细根之上生豆累累”的“土豆”，也即根瘤。《氾胜之书》提出：“豆生布叶，豆有膏。”可知大豆幼苗本身就有肥美的养料，故“不可尽治”，即不宜过多中耕。因此很早就有将大豆与其他作物轮作、间作、混种和套种的做法。据《战国策》和《僮约》，战国的韩国和汉初的四川很可能有大豆和冬麦的轮作。后汉时黄河流域有麦收后即种大豆的习惯。《齐民要术》载，至迟在6世纪黄河中下游地区普遍实行大豆和粟、麦、黍稷等的轮作制，陈旉《农书》指出南方稻后种豆有“熟土壤而肥沃之”的作用。大豆与其他作物的间、混、套种也很早，是古代用地和养地结合、保持和提高地力的宝贵经验。关于大豆栽培，古人主要注意到了两点：一是种植密度。《四民月令》指出“种大小豆，美田欲稀，薄田欲稠”，因为肥地稀些，可争取多分枝而增产，瘦地密些，可依靠较多植株保丰收。这是直到现在一般仍遵循这一“肥稀瘦密”的原则。二是整枝。大豆有无限结荚和有限结荚的两种生态型。北方宜于无限结荚的大豆，南方适于有限结荚的大豆。清代张宗法《三农纪》提到，若秋季多雨，枝叶过于茂盛，容易徒长倒伏，就要“急刈其豆之嫩颠，掐其繁叶”，以保持通风透光，间接反映了当地（四川什邡）种植的是无限结荚型的大豆。（曾雄生）

大纺车　出现于北宋或更早一些的大型纺车，其形制最早见于元代王祯《农书》。它的特点是锭子数多达几十枚，加捻、卷绕同时进行，生产效率大大高于手摇纺车或脚踏纺车，特别适于大规模的专业化生产。以纺麻为例，原来手摇纺车或脚踏纺车每天最多纺纱1～3斤，而大纺车一昼夜可纺100多斤，纺织时需集中足够数量的麻原料才能满足它的生产能力。大纺车主要由加捻卷绕、传动和原动三大部分组成。加捻卷绕机构系由车架、锭子、导纱铁叉、纱框等部分构成。车架长二丈余，阔约五尺；锭子装在车架落地木框上的一个木板中。在这块木板上，有32个间隔距离相等的木臼，各木臼内嵌有木轴承，用来承托铁锭杆，32个锭子竖立插在这些木轴承中，旁边有楔入木板中的铁环使之稳定；导纱铁叉的作用是在加捻卷绕过程中分开抽紧纱缕，避免它们相互纠缠；纱框为四角形或六角形中间有长轴和幅撑的木框。传动机构系由位于车架左右的两轮、带动纱框运转的皮弦、木轮旋鼓及变向轮构成。皮弦贯通左右两轮，下皮弦通过固装于车架下部的变向轮贴紧锭杆一侧，靠皮弦对锭杆的摩擦，使锭子旋转；木轮旋鼓有两个，其中的一个固装在纱框的长铁轴上，另一个则是装在左侧下边的框架上，其轮轴被下皮弦缠绕一圈，这两个木轮旋鼓位置相交，与绳弦相连，下皮弦运动时与所缠绕的旋鼓轴产生摩擦，旋鼓因摩擦被带动，纱框亦跟着开始旋转。驱动大纺车运转的原动力最初是人力，由于人力摇动大纺车是一种非常繁重的体力劳动，所以，在人力大纺车出现后不久，水力资源丰富的地区便借鉴水排、水碾等机构的原动力实例，将水力作为原动力用于大纺车了。人力大纺车的原动机构很简单，只要在车架一侧竹轮轴端装置一曲柄即可，此轮作为主动轮，利用人力加以摇转。水力大纺车的原动机构，系一直径很大的水轮，此轮轴与车架一侧竹轮同轴，当河流之水连续不断地冲击水轮上的辐板时，水轮旋转，进而带动竹轮跟着旋转，使大纺车运转。用水力作为原动力是我国将自然力运用于纺织机械的一项重要发明。王祯《农书》云，水转大纺车在“中原麻苎之乡，凡临流处多置之”，可见中国在13世纪即已普遍应用以水力驱动的纺纱机械了。西方水力纺织机械的使用是18世纪后期的事情，单就以水力作原动力从事并捻合线的纺纱机具而论，我国比西方早4个多世纪。（赵翰生）

大火 中国古代星名，即心宿三颗星之中间一颗（西名天蝎座 α 星）。因其颜色为红色，故名。大火星在黄昏时出现在东方天空标志着春耕季节的来临，因此是古代观象授时的重要星象。殷人重视对大火星的观测，继承其传统的周朝宋人因此对大火星崇拜祭祀，有“心（即大火）为宋星”之说。有研究者认为有所谓的“火历”，实际上就是根据大火位置确定时节。《诗经·豳风·七月》云“七月流火，九月授衣”，是人们使用“火历”的反映。它在占星术中也有重要地位。占星术上称“心为明堂”、“心为天廷”等，如果有什么异常天象发生在那里，那和它相应的人间天廷也会有某种事变发生。例如，火星进入心宿的天象，占星术上称之为“营惑守心”，对于帝王及其朝廷来说是极为不祥征兆，必有兵变、死丧等。（孙小淳）

大井矿冶遗址 1976 年发现于辽宁林西西拉木伦河以北 30 余公里的大兴安岭余脉的西周采铜、冶铜遗址。在 2 平方公里的范围内，发现露天开采的采坑和平巷 40 余处，巷道最长 500 米、深 10 米，窄者仅有 0.6 米。考古试掘采集石质开采工具 1500 余件，有镐、锤等多种形式，最重者达 7 公斤。五号采坑附近发现了一排 8 座炼炉遗迹，炼炉旁发现有鼓风管、炉渣和泥范等。据研究，这一遗址曾开采硫化铜矿并予以冶炼。（苏荣誉）

大麻 原称为麻，最早见于金文中，作剥麻纤维状；又作枲，原指雄麻。三国以后“麻”成为麻类作物的总称，大约在唐代改称为大麻，以示区别。以后又有汉麻、火麻、黄麻、疏麻、浅麻等别称。它属于桑科雌雄异株的一年生草本植物，在我国绝大部分地区都有分布。大麻的茎皮纤维可作纺织原料，但雌、雄株的质量差异较大。雌株花序呈球状或短穗状，麻茎粗壮，成熟较晚，韧皮纤维质劣且产量低；雄株花序呈复总状，麻茎细长，成熟较早，韧皮纤维质佳且产量高；大麻单纤维长度 150～255 毫米，强力约 42 克，呈淡灰黄色，质虽坚韧，但粗硬、弹性差、不易上色，只能纺粗布。大麻是明代以前国人最主要的衣着来源，明代以后才为棉花所取代。河南郑州大河村公元前 3000 多年遗址出土的大麻种籽以及甘肃东乡林家公元前 3000 年左右马家窑文化遗址 8 号房址出土的雌麻种籽，说明当时已有种植。出土的新石器时代某些陶器上有麻织物的印纹和印痕。

最早记载大麻栽培技术的是《氾胜之书》：“种枲太早，则刚坚、厚皮、多节；晚则皮不坚。宁失于早，不失于晚。获麻之法，穗勃勃如灰，拔之。夏至后二十日沤枲，枲和如丝。”书中还首次提到：“种麻，树高一尺，以蚕矢粪之，树三升。无蚕矢，以溷中熟粪粪之亦善，树一升。”这是中国有关施用追肥的最早记载。关于大麻的灌溉，提出“天旱以流水浇之，树五升。无流水，曝井水，杀其寒气以浇之”。对大麻栽培技术记载最全面的是北魏贾思勰《齐民要术》，其中写道“凡种麻，用白麻子”，“取雨水浸之，生芽疾，用井水则生迟。浸法：着水中如炊二石米顷，漉出。着席上，布令厚三四寸，数搅之，令均得地气，一宿则芽出。水若滂沛，十日亦不生”，总结了以雨水浸种比用井水出芽快、水量过多不易出芽的经验。这是大田作物浸种催芽方法的最早记载，并指出，如土壤含水量多时可浸种催芽后播种；如土壤水分少时则只浸种不催芽即行播种。书中指出“麻欲得良田，不用故墟”和“田欲岁易”，否则会引起“点叶、夭折之患”而“不任作布”，即大麻不宜连作而宜轮作，如连作会发生病害而影响纤维质量。当时有大麻和谷子、小麦、豆类等轮作的习惯，其中大麻又是谷子的较好前茬。《齐民要术》记载了不少间、套、混种的经验。一在大麻田内套种芜青，一谷楮与大麻混播，“秋冬仍留麻勿刈。为楮作暖”，起防寒作用。一在种槐时“和麻子撒之，当年之中，即与麻齐，麻熟刈去，独留槐”，至“明年劚地令熟，还于槐下种麻，三年正月移而植之，亭亭条直，千百若一”，还说这是根据“蓬生麻中，不扶自直”的原理。该书反对在大豆地内间种大麻，以免导致“两损”。书中还提出了大麻去雄的做法。《氾胜之书》指出要在雄麻散发花粉后才能收割，《齐民要术》进一步指出“既放勃，拔去雄”，如“若未放勃，去雄者，则不成子实”。所谓“放勃”，就是指雄株大麻开花时散发的花粉。《齐民要术》还指出“未勃者收，皮不成。放勃不收，即骊”。这种对植物雌雄异株的认识及其在生产上的应用，是世界生物学史上的一项突出贡献。

《齐民要术》指出，沤麻“生则难剥，大烂则不任”。清代《三农纪》介绍了当时老农沤麻的经验：将麻排放入沤池后，“至次日对时，必池水起泡一两颗，须不时点检。待水泡花叠，当于中抽一茎，从头至尾摺之，皮与稿离，则是时矣。若是不离，又少待其时，缓久必泡散花收而麻腐烂，不可剥用。得其时，急起岸所，束竖场垣。逢暴雨则麻莹，晒干，移人，安收停，剥其麻片”；还强调“老农云：吃了一杯茶，误了一池麻”。这种视水泡多少来判断发酵程度的方法相当可靠。（曾雄生　赵瀚生）

大麦　中国古老的粮食兼饲料作物。有人认为中国的小麦外来，而大麦则可能是起源于本土。自20世纪70年代以来，中国学者多次对青藏高原的野生大麦进行考察，发现几乎存在包括野生二棱大麦在内的世界上已发现的各种近缘野生大麦及其一些变种，表明青藏高原是世界大麦的起源中心之一，特别是青稞大麦，中国可能是主要发源地。1985～1986年甘肃民乐县六坝乡东灰山距今约5000年的新石器时代遗址发现了碳化的大麦粒，与现在西北地区栽培的青稞大麦形状十分相似，是迄今在中国境内发现的最早的大麦遗存。大麦和小麦的栽培技术基本相同。商代甲骨文中有麦字，可能包括小麦和大麦。《诗经》中常常“来”“牟”并称，“来”指小麦，“牟”为大麦。在北魏贾思勰《齐民要术》以前的古籍，如《吕氏春秋》、《氾胜之书》等都把它们放在一起叙述。《齐民要术》及以后的农书，对大麦和小麦的植物形态、地域分布、生育期、耐贮性等方面的差异，已有明确的认识，如说大麦的生育期为250天，小麦的生育期为270天。由于大麦生育期较短，有利于调节茬口矛盾，所以在南方的稻麦两熟制中占有一定的比重。明清之际，在岭南地区更成为稻—稻—麦三熟制中的冬作谷物。（曾雄生）

大兽小虫　动物分类学名词。《冬官考工祀》云：“天下之大兽五，脂者，膏者，羸者，羽者，鳞者。”郑玄注曰：“脂，牛羊属。膏，豕属。羸者，谓虎、豹、貔、螭，为兽浅毛者之属。羽，鸟属。鳞，龙蛇之属。”可见，大兽包含鱼类（鳞者）、鸟类（羽者）和哺乳类（脂者、膏者、裸者）等脊椎动物。《考工记》又说：“以脰鸣者，以注鸣者，以旁鸣者，以翼鸣者，以股鸣者，以胷鸣者，谓之小虫之属。”小虫所包含的则都是一些无脊椎动物。这说明，中国早在两千年前便知道有脊椎动物与无脊椎动物的区分。（汪子春）

大数进法　中国古代万以上之数字进位法。公元 2 世纪末东汉徐岳《数术记遗》云：“黄帝为法，数有十等。及其用也，乃有三焉。十等者，谓亿、兆、京、垓、秭、壤、沟、涧、正、载。三等者，谓上、中、下也。其下数者，十十变之，若言十万曰亿，十亿曰兆，十兆曰京也。中数者，万万变之。若言万万曰亿，万万亿曰兆，万万兆曰京也。上数者，数穷则变。若言万万曰亿，亿亿曰兆，兆兆曰京也。下数浅短，计事则不尽。上数宏廓，世不可用。故其传业，唯以中数耳。”董泉《三等数》当论此，已佚。北周甄鸾《五经算术》所记与此同，《孙子算经》的“大数之法”与此“中数”相同。元朱世杰《算学启蒙》之大数自“一”起，实际上是将整数称为“大数”，“万”以下从十进，“万”以上亦从“中数”进法，“载”以上又补充：“万万载曰极，万万极曰恒河沙，万万恒河沙曰阿僧祇、万万阿僧祇曰那由他，万万那由他曰不可思议，万万不可思议曰无量数。”是无量数为 10^{128} 。这样大的数只是理论的推衍，没有实际意义。明吴敬《九章算法比类大全》（1450）、王文素《算学宝鉴》（1524）、程大位《算法统宗》（1592）等之大数名与朱世杰相同，唯《算学宝鉴》不记“恒河沙”以上的进位制度。古代京又作经，垓又作陔、姟或晐，壤又作穰。阿僧祇又作俱胝，那由他又作阿由多。恒河沙、阿僧祇、那由他、不可思议、无量数显系受印度传入的佛经影响。先秦即有大数名号，《诗经 · 伐檀》云：“不稼不穑，胡取禾三百亿兮。”《国语 · 郑语》云:“出千品，具万方，计亿事，材兆物，收经入，行姟极。”然先秦典籍均未载其进位制度。汉人之注释则不同，毛注“亿”曰：“万万曰亿。”又曰：“数万至万曰亿。”郑笺则云：“十万曰亿。”故甄鸾《五经算术》曰：“郑用下数，毛用中数矣。”然郑注先秦典籍甚多，注家多从郑说。汉以后的大数进法以万万进为主，亦有十进或数穷而进者。还有万进者，《资治通鉴》卷二二四“费逾万亿”，胡三省注引孔颖达语云：“亿之数有大小二法，其小数以十为等……其大数者以万为等，数万至万，是万万为亿；又从亿而数至万，是万亿为兆。”（郭书春　邹大海）

大司乐　官名。《周礼》所载周朝廷音乐机构的乐官之长称为大司乐。大司乐之下各级官员有 130 人之多，分工极细。“大师”掌管乐律调音等事；“典同”掌管乐器；还有“磬师”、“钟师”、“笙师”、“镈师”、“龠师”、“韎师”（掌管东夷之乐）等。他们下属还有人数众多、层次复杂的各级乐工。大司乐职掌乐律、乐教和大合乐。中国古代乐律与声学的发展和这种庞大的机构能够集中大量的、多种音乐人才不无关系。（戴念祖）

大尾羊　一种优良品种羊，魏晋南北朝时传入中国西北地区。《太平御览》卷 902 引《广志》：“大尾羊细毛薄皮，尾上旁广，重且十斤，出康居。”又引《凉州异物志》：“有羊大尾，车推乃行，用累其身。”《宋史 · 高昌传》：“有羊，尾大而不能走，尾重者三斤，小者一斤，肉如熊白而甚美”。明叶盛《水东日记》和清杨屾《豳风广义》说哈密与甘肃武威一带养

大尾羊。这对中国现代羊品种的形成有较大的影响。（曾雄生）

大衍总数术 秦九韶创造的解决一次同余方程组的完整程序，清中叶之后称为大衍求一术。约公元400年成书的《孙子算经》卷下的物不知数问是世界数学史上第一个同余方程组问题，它的解法表明作者已经初步掌握了剩余定理。1247年南宋秦九韶在《数书九章》大衍类中明确、系统地阐述了剩余定理，即大衍总数术。一次同余方程组的问题是：若 A_i 是两两互素的正整数，R_i 也是正整数，$R_i < A_i$，求满足同余方程组 $N \equiv R_i(\bmod A_i)$，$i = 1,2,\cdots,n$ 的正整数 N。大衍总数术的主体部分是：如果能找到一组正整数 k_i，使 $k_i \dfrac{\prod_{j=1}^{n} A_j}{A_i} \equiv 1(\bmod A_i)$，$i = 1,2,\cdots,n$，则 $N \equiv \sum_{i=1}^{n} R_i k_i \dfrac{\prod_{j=1}^{n} A_j}{A_i}(\bmod \prod_{j=1}^{n} A_j)$。现代数学大师高斯（Gauss，1777～1855）在《算术探究》（1801）中也提出了这个定理。秦九韶将诸 A_i 叫做定数，$\prod_{j=1}^{n} A_j$ 叫做衍母，$\dfrac{\prod_{j=1}^{n} A_j}{A_i}$ 叫做衍数，诸 k_i 叫做乘率。求乘率的方法叫做大衍求一术，是大衍总数术的核心。秦九韶系统阐述了大衍求一术，并对实际问题中诸 A_i 不是两两互素的情况，提出了化约为两两互素的定数的方法。有人将同余方程组解法分解为10个元素，秦九韶解决了7个，现代数学大师欧拉、高斯也解决了7个，后二人完成了两两互素模的一般算法的证明，而秦九韶没有；亦有秦九韶解决了而欧拉、高斯未涉及的元素。清中叶之后，研究秦九韶的大衍总数术是数学家们的重要课题，取得了显著成就，然而，将大衍总数术称为大衍求一术是不妥的。（郭书春）

大冶铜绿山采铜冶铜遗址 1973年发现于湖北省大冶县西北的周代至汉代采铜和冶铜遗址。遗址南北长2公里，东西宽1公里，可分为前后两期，前期属春秋时期，或可上溯到西周时期，后期年代为战国以至汉代。此地至今仍是我国重要的铜产地。铜绿山的古代采铜矿井主要集中在大理岩和火成岩的接触带上，有竖井、平巷、盲井、斜巷等设施。其主要开采对象是孔雀石、赤铜矿、自然铜等，并在矿井中用木质的框架作支护进行地压管理。竖井口径为110～130厘米，其主体支护是用4根木料以榫卯法互相穿接制成的方形框架，有的在凿有榫眼的两根木料的两端还削出尖端，以便楔入井壁围岩而使框架固定下来。上下两副框架的间距在40厘米左右，有的框架之间用竹篾挂住。框架的四周还衬以席子并用细木棍别住。早期的框架规格较小，长宽多在60厘米左右；晚期的框架则较大，有的还用“密集法搭口式框架”，即用4根两端砍出台阶状搭口榫圆木搭连成的方框，整个竖井都用这样的方形框架层层叠架而成。在含铜品位较高的采矿面，先民便在竖井下沿矿脉开拓平巷。早期平巷的支架也是用榫卯法穿接成方形框架并排立于巷道之中，框架由2根立柱连接顶梁和地袱而成；晚期平巷中的框架用料变粗，并改变原来的榫卯法结构，立柱的上端变为枝杈形，顶梁放在枝杈中，为不使立柱内倾，横梁下贴有“内撑木”，地袱的两端则用搭口式接头与立柱相接。早晚期平巷框架的外侧都用木棍或木板做背板，有的还加衬席子。顶梁之上，一般都用排列整齐的木棍或木板作顶板。在掘进开拓中，还往往从平巷向下开拓盲井。掘进深度多达 50 米。井巷内一般铺设木槽作为排水设施，将矿下渗水引入储水井，再由竖井提至地面。从矿井出土的遗物看，掘进采用斧、凿、锄、钻等金属工具，早期所用为青铜工具，晚期则用铸铁工具；装载采用的木铲、竹筐、藤篓，提升使用辘轳、绳索、木钩，排水用木槽、木桶、木勺以及船形木斗等。铜绿山遗址内地表面覆盖有厚厚的炼渣。据估算，炉渣总量超过 40 万吨。在 11 号矿体遗址中，曾清理出了春秋时代的炼炉 8 座。其炉型均为炼铜竖炉，由炉基、炉缸、炉身三部分组成。炉基位于当时的地面之下，中间设有一字形或 T 字形风沟，模拟实验证明，风沟的设置对冶炼时确保炉缸的温度有一定作用。炉缸设在炉基之上，截面为长方形，长约 70 厘米，宽约 40 厘米。炉缸一侧设有金门，形状为内宽外窄，内低外高，顶呈拱形。炉内壁与金门内口一段衬有耐火材料。炉身设有鼓风口，炉壁厚 40 厘米。炉周围发现工棚遗迹及碎矿用的石砧、石球、加工过的矿石、铜块，还有鬲、罐、豆等陶器。模拟实验证明，当时竖炉极可能是还原冶炼氧化铜矿，竖炉具有冶炼性能良好、炉龄较长、操作简单等特点。它可以连续加料、连续排渣、间断放铜，持续进行冶铜生产。在确保炉温的情况下，不论是高品位的还是低品位的矿石，也不论块矿还是粉矿，都能进行熔炼。炉渣大多冷凝成薄片状，表明冶炼时炉渣的流动性能良好，炉渣酸度适宜，含铜量仅占 0.7%，反映了东周时期的冶铜工艺水平。（苏荣誉）

大予乐官　东汉明帝永平三年（60）立“大予乐”，其主管机构太乐署，亦名大予乐官。三国吴韦昭注《国语 · 周语》：“均钟木……汉大予乐官有之。”（戴念祖）

大禹治水　相传在远古时禹领导的一次大规模治理黄河洪水的活动。传说在尧、舜、禹的时候（大约在公元前 21 世纪），洪水为患，浩荡横流，泛滥于黄河流域一带。共工治理未果。共工氏的后代四岳举鲧。鲧以奄堵为主，九年而不成。舜继尧位之后，复命鲧之子禹主持治水工作。禹在伯益、后稷以及四岳等部落首领的协助下，展开了规模空前的疏导河水的活动。他们摒弃共工氏和鲧“壅防百川，堕高堙庳”（《国语 · 周语下》）的消极防洪方法，“因水为师”（《淮南子 · 原道训》），采取“浚畎浍距”（《尚书 · 益稷》）即疏通主干河道、导引漫溢出河床的洪水和渍水入海的治河方法。历 13 年，禹数过家门而不入，终于制服了汹涌的洪水。这是反映中华民族征服自然灾害的著名传说，对其后数千年间的治水活动有极大的影响。传说中禹的功绩是古代人民长期治水的综合成果。（艾素珍）

大运河　又称南北大运河、京杭大运河，简称运河，是我国古代的宏大水利工程和水运交通干线，自唐代以来更成为国家的经济大动脉。它经过历代逐步开凿，不断演变，最后形成了北起北京、南至杭州、纵贯南北的运河。运河工程起源于春秋末期的邗沟（又名渠水、韩江、中渎水）。公元前 486 吴王夫差为了与齐国争霸中原，于邗（今江苏扬州东南）筑城、凿沟引江水北流，经今高邮西，折东北至射阳湖，再往西北至末口（今淮安北 5 里）入淮，邗沟长约 380 里。以后有战国时期魏惠王十年至三十一年（公元前 360 ~ 前 340）开挖的沟通黄淮水系的鸿沟，西汉元兴六年（公元前129）郑当时规划、水工徐伯督率开挖的自长安直通黄河的漕渠，东汉建安九年至十一年（204～206）曹操开挖的沟通黄、淮、滦河水系的白沟。隋开皇四年至大业六年（584～610）对运河进行了大规模的扩展，先后修建了通济渠、山阳渎、江南河、永济渠等，形成了从今河南武陟东北到今京津，东南到杭州，贯通南北的大运河。唐、宋两代运河虽有局部变迁，但仍基本利用隋代的运河体系。元代至元二十六年至二十九年（1289～1292）进行修建大运河的浩大工程。在北段开挖了大都（今北京）至通州的通惠河，通州至直沽（今天津）的通州运粮河（隋白河），直沽至临清的御河（隋永济渠的一段），临清至安山的会通河，安山至济州（今山东济宁）的济州河，从而形成一条从大都出发，经通惠河、运粮河、御河、会通河、济州河、泗水、黄河、淮扬运河、江南河，直达杭州的大运河。明清两代，因黄河屡次北决冲溃运河，遂开南阳新河改经昭阳湖东，以后为避开黄河河道，又开泇河。至此，黄河与运河完全分离，形成今天的运河路线。大运河工程的特点有：运道长、穿越水系多，是世界上最长的运河；运道组成复杂；解决水源问题的难度大；闸坝多、工程量大、管理复杂，是世界古代船闸最多的运河；解决运河与天然河道尤其是与多沙黄河交汇工程的技术复杂。京杭大运河沟通了海河、黄河、淮河、长江、钱塘江五大水系，向为历代南粮北运、公私商旅往来的水运要道，对各历史时期各区域间的经济、文化交流和发展起过重大作用。（艾素珍）

代耕架　一种人力牵引的耕地机械，又称为“人力耕架”、“耕架代牛”等。唐永淳（682）夏城都督王方翼“造人耕之法，施关键，使人推之”，是为最早的代耕架。明成化二十一年（1485）陕西总督李衍对传统耕犁进行改进，“量为增减，易其机发”，制成坐犁、推犁、抬犁、抗活、肩犁五种木牛，以适应在畜力不足的情况下的耕作，并取得了良好效果。嘉靖二十三年（1544）欧阳必进在郧阳府（今湖北郧县一带）又“仿唐王方翼遗制，造人耕之法”。天启七年（1627）王征撰《代耕图说》，亦称《代耕架图说》，对代耕架的形制和构造细节作了详细的说明（见图），从中得知代耕架是由分别设立在田地两头的人字形木架，每架各装有一个辘轳，在辘轳中段缠以绳索，索中间结一小铁环，环与犁上曳钩，自如连脱。辘轳两头安上十字交叉的橛木，犁自行动。使用时三人合作，两头各一人交递相挽，中间一人扶犁，“一人一手之力，足抵两牛”，被清人屈大均誉为“耕具之最善者”。（曾雄生）

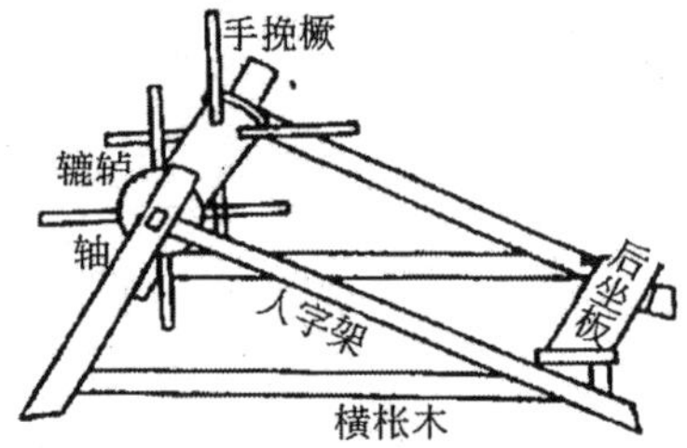

代耕架

代田法　西汉中期出现的一种耕作法。汉武帝征和四年（公元前89），任命赵过为搜粟都尉。“过能为代田，一亩三甽，岁代处，故曰代田。”据《汉书·食货志》记载，代田法由甽亩法发展而来。其基本结构由亩和甽组成：一是沟垄相间。种子播种在沟中，待出苗后，结合中耕除草将垄土壅苗，其作用是防风抗倒伏和保墒抗旱，实际上体现了甽亩法中“上田弃亩”的原则。二是沟垄互换。垄和沟的位置逐年轮换，故名代田法。由于代田总是在沟里播种，垄沟互换就使得土地轮番利用与休闲，体现了“劳者欲息，息者欲劳”的原则。三是耕耨结合。代田法每年都要整地开沟起垄，等到出苗以后，又要通过中耕除草来平垄，将垄上之土填回到垄沟，取到抗旱保墒抗倒伏的作用。这些特点，加之一系列与之相配套的农器和有计划、有步骤的推广措施，使得代田法取得了好的效果，单位面积总产量得以提高，“用力少而得谷多”，“一岁之收，常过缦田（即平作田）一斛以上，善者倍之”。(《汉书·食货志》)（曾雄生）

带下 病名。①泛指妇科疾病。《素问·骨空论》云：“任脉为病，男子内结七疝，女子带下瘕聚。”《金匮要略》云：“妇人之病，因虚积冷结气，为诸经水断绝，至有历年，血寒积结胞门……在下未多，经候不匀，令阴掣痛，少腹恶寒，或引腰脊，下根气街，气冲急痛，膝胫疼烦，奄忽眩冒，状如厥癫，或有忧惨，悲伤多嗔，此皆带下。”《脉经》云：“带下有三门：一曰胞门，二曰龙门，三曰玉门。已产属胞门，未产属龙门，未嫁女属玉门。”②专指妇女阴道排出物异常的一种疾病。妇女除经期所排出的经血之外，平日阴道排出的黏性分泌物称为“带”。所谓异常，一般是指其量增加，其质由白色半透明黏性改变为脓性、豆渣状、稀薄如水状，或带有血性等，故又有白带、黄带、赤带等之分。隋代《诸病源候论》云：“胞络之间秽浊与血相兼连带而下，冷则多白，热则多赤，故名带下。”宋代《仁斋直指方》云：“下部出血不止，谓之崩中；秽液常流，谓之带下。”清代《傅青主女科》云：“妇人有终年累月下流白物，如涕如唾，不能禁止，甚则臭秽者，所谓白带也。”“妇人有带下而色黄者，宛如黄茶浓汁，其气腥秽，所谓黄带是也。”“妇人有带下而色红者，似血非血，淋漓不断，所谓赤带也。”（张志斌）

丹房 亦称“丹室”，是炼丹家修坛建灶、炼制大丹的房舍。需觅清净雅洁、风水吉祥之地而建，以避污秽、烦嚣和俗人窥视。宋代吴悮《丹房须知》引唐道士司马承祯的话说：“炼丹之室，岁旺之方，择地为静室。不可太大，不可益高，高而不有疏，明而不漏。处高顺卑，不闻鸡犬之声、哭泣之音、濑水之响、车驰马走及刑罚决狱之地。唯是山林、宫观、净室皆可。”丹房的建造颇有讲究，有所谓“飞丹作屋法”等种种规制，室内也有不少禁戒。与丹室相关的还有丹井，所谓“虽得丹地，便寻丹井，井是炼丹之要也”，“若得石脚清泉清白味甘者，是阳脉之水，运丹最灵”（《丹房须知》）。丹房实际上是炼丹家的实验场所，其营建禁忌虽多迷信成分，但也有合理的成分。（王扬宗）

单层塔 印度埋葬佛舍利的窣堵婆与中国的亭结合形成的塔式，故又称亭式塔。有墓塔、门塔。下部是一个圆形或方形、六角形的亭子，顶上加有带相轮的刹，一般为单层，有的在顶部加建一个小阁。单层塔始于南北朝而盛于唐，多为僧尼墓塔，后世渐少。在敦煌、云冈等石窟的北魏壁画石刻中已可见到，塔平面有正方形、六角形、八角形、圆形。塔座较高，塔身砌筑装饰精美。塔刹为多重毗卢帽式，以宝珠收顶。隋大业七年（611）建造的山东历城神通寺四门塔，是最早的实物遗存，石砌方形。河南登封净藏禅师墓塔为唐建（746），砖砌八角，是最早的八角塔。唐代著名的还有平顺海会院明惠

大师塔（877）和北京云居寺塔群中的唐塔等。（沈玉枝）

山东历城神通寺四门塔

胆铜 古代以湿法所炼得的铜。自然界的硫化铜矿经氧化、风化，逐渐生成硫化铜，古代称之为胆矾或石胆。经淋失、溶解，形成胆水。在胆水中投入铁片，发生置换反应，铜沉积于铁片上，可供冶炼。这种冶铜方法又称“浸铜法”，是现代湿法冶金的先声。早在西汉初年，淮南王刘安在《淮南万毕术》中就提到“白青得铁，即化为铜”。白青即孔雀石类矿物，主要成分为碱式碳酸铜。东汉《神农本草经》中也有石胆能化铁为铜一说。魏晋南北朝的丹家，如葛洪、陶弘景都记载了胆铜现象。葛洪《抱朴子·内篇》中云：“以曾青涂铁，铁赤色如铜”唐代的炼丹术中有浸铜法，刘知古的《日月玄枢论》、金陵子《龙虎还丹法》都有记载，而以后者最为详尽。自五代以后，特别是宋代，胆铜法已经用于生产铜。应用胆铜法生产金属铜有两种情况：胆水浸铜和胆土煎铜。胆水浸铜的原理是胆矾中的铜离子被金属铁置换成单质铜沉积出来，可表示为 $CuSO_4 + Fe = Cu + FeSO_4$。宋代李心传《建炎以来朝野杂记甲集·财赋三·铜铁铅锡坑冶》云：“坑皆有胆铜者，盖以铁为片，浸之胆水中，后数十日即成铜。”《宋史·食货志下二》云：“浸铜之法：以生铁锻成薄片，排置胆水槽中浸渍数日，铁片为胆水所薄，上生赤煤，取刮铁煤入炉，三炼成铜。大率用铁二斤四两得铜一斤。”据明危素《浸铜要略序》记载：饶州兴利场共有胆水泉 32 处，其中浸铜需时 5 天的有 1 处，需时 7 天的 14 处，需时 10 天的 17 处。这是因为各泉所出胆水含铜浓度不同的缘故。后者仅见于信州铅山场，是先开采胆土，再引水淋土，从而获得胆水。由于淋出的胆水浓度很低，必须烹煎浓缩后才能用来浸铜。北宋徽宗建中靖国元年（1101）提举江淮荆浙福建广南诸路铜事游经统计，当时胆水浸铜的产地有 11 处，即韶州岑水（今广东翁源)、潭州浏阳（今湖南浏阳)、信州铅山（今江西铅山)、饶州德兴（今江西德兴)、建州蔡池（今福建建阳)、婺州铜山（今浙江永康)、汀州赤水（今福建长汀)、韶武军黄齐（今福建韶武)、池州铜山（今安徽铜陵)。规模大、生产持久的是信州铅山、饶州德兴和韶州岑水3处。信州铅山崇宁元年（1102）定其岁额为38万斤。到南宋时期，胆铜开始衰落，元明也没能复兴，以至明末宋应星在《天工开物》中不载。(苏荣誉　王扬宗)

弹力　系弹簧形变时所产生的力。唐段成式《酉阳杂俎》曰："张芬曾为韦南康亲随行军，曲艺过人，人举七尺碑，定双轮水硙。常于福感寺趯鞠，高及半塔，弹力五斗。"这里，弹力的大小是以"斗"为单位来衡量的。明末宋应星《天工开物》中叙述了测试弓弦弹力的方法："凡试弓力，以足踏弦就地，秤钩搭挂弓腰，弦满之时，推移称锤所压，则知多少。"这种测试弓弦弹力的方法，是中国古代传统的方法。由于没有将弓弦的形变与测得的弹力联系起来，从而没有得出类似胡克（R. Hooke，1635～1703）定律一类的知识。(戴念祖)

刀　古代军队在作战中使用的单面侧刃劈斩兵器。由刀头和刀柄构成。刀身狭长，厚脊薄刃，有长柄刀和短柄刀之分。长柄刀臂较长，用双手握柄格斗。短柄刀用单手握柄，与盾牌配合使用。刀由新石器时代的石刀、骨刀演变而来。商代开始用青铜刀做兵器。西汉时开始使用钢制环首刀，因刀柄首端制成扁圆状的环而得名。洛阳汉墓中出土的环首刀长85～114厘米，适宜于骑兵在驰突中劈斩，是西汉至南北朝时期的主要格斗兵器。钢刀都要经过千锤百炼，东汉时有所谓卅炼刀和百炼钢刀。隋唐时期的军队，使用长柄两刃陌刀和短柄横刀。陌刀系长柄两刃劈斩兵器。自宋至清，长柄刀和短柄刀的种类很多，如夹钢刀、手刀、斩马刀、麻扎刀、腰刀等，成为军中装备的主要格斗和卫体兵器。(王兆春)

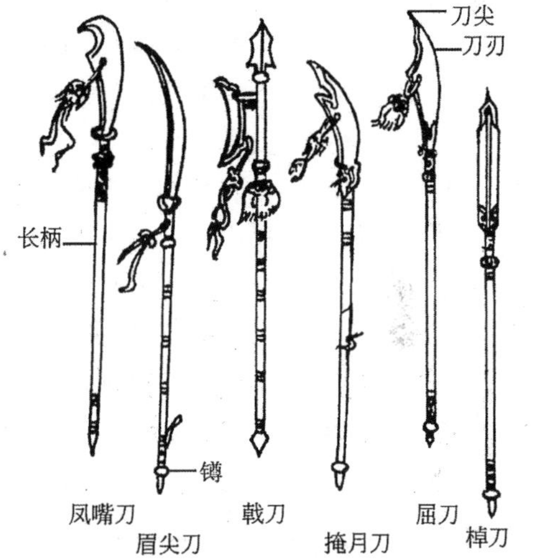

宋军使用的长柄刀

刀耕火种　又称为畲田或畲耕，原始农业早期阶段的一种生产形态。先用石斧砍倒树木，晒干后和草木一同燃烧，然后在火烧地上用尖头木棒依种子之大小进行点种或撒播种子。依靠焚烧后的灰烬作肥料，不必施肥，在禾苗生长期间不经过任何诸如中耕除草、灌溉等管理作业，到成熟时收割。由于没有人工施肥，一般种植一二年之后，便要抛荒，另找新的地方砍烧。刀耕火种也是后来山地土地利用的一种形式。南宋范成大《劳畲耕·并序》云："畲田，峡中刀耕火种之地也。春初斫山。众木尽蹶。至当种时，伺有雨候，则前一夕火之。藉其以灰以粪。日雨作。乘热土下种。即苗盛倍收。无雨反是。山多硗确。地力薄则一再斫烧。始可艺。春种麦、豆，作饼饵以度夏。秋则粟熟矣。"

至唐宋时期，上起三峡，经武陵，包括湘赣五岭以下，至于东南诸山地仍有畲地分布。（曾雄生）

导引 又称道引，古代一种锻炼身体、防病治病的运动方法。以主动的肢体运动为主，并配合呼吸或自我推拿，是古代的养生方法，后为道家承袭。《庄子·刻意》云：“吹呴呼吸，吐故纳新，熊经鸟伸，为寿而已矣，此道引之士，养形之人，彭祖寿考者之所好也。”可见“道引”是指一种模仿动物动作而配合调整呼吸所进行的运动。晋代李頤注：“导气令和，引体令柔。”意指通过调整呼吸，使脏腑经络之气和顺；通过肢体运动，使肢体关节柔韧性增强。唐代成玄英注：“导引神气，以养形魄，延年之道，驻形之术。”慧琳《一切经音义》云：“凡人自摩自捏，伸缩手足，除劳去烦，名为导引。”说明导引的目的是既炼形，又炼神，以达到外形健美而健康长寿的目的。长沙马王堆三号汉墓出土的医书中有《导引图》，绘有各种导引姿势的人形图像40余幅。《素问·异法方宜论》云：“其病多痿厥寒热，其治宜导引按跻。”唐代王冰注：“导引，谓摇筋骨，动支节。”隋代《诸病源候论》中载有导引法260余条。宋代《圣济总录》云：“人之五脏六腑，百骸九窍，皆一气之所通，气流则形和，气戾则病。导引之法，所以行血气，利关节，辟除外邪，使不能入也。”（张志斌）

道 其本义是人走的道路，后引申为规律、原理、准则。老子说“道，可道也，非常道”（《老子·一章》），指道是宇宙的本原和实质，非常道，是不可用语言来表达的。又说“道法自然”，它对万物“莫之命而常然”（同上），有客观自然规律的含义。《庄子·知北游》云：“道不可闻，闻而非也；道不可见，见而非也；道不可言，言而非也。”《易·说卦》：“是以立天之道曰阴与阳，立地之道曰柔与刚，立人之道曰仁与义。”子产提出“天道远，人道迩”（《左传·昭公十八年》）。《易传·系辞上》曰：“一阴一阳之谓道”，又说：“形而上者谓之道，形而下者谓之器。”把道看成是区别于具体事物的规律。《管子·心术上》认为道普遍地存在于天地之间，“道在天地之间也，其大无外，其小无内”。荀子承认“天有常道矣，地有常数矣”（《荀子·天论》）。所谓天道指天体运行的规律，人道指做人的最高准则。韩非在《解老》中改造了老子的“道”，把道说成是自然界自身的规律，“道者，万物之所然也，万理之所稽也”。道是万物所以然的总规律，又是万物之理的总依据。程颐、程颢和南宋朱熹以理为道。朱熹说：“理也者，形而上之道也，生物之本也。”（《答黄道夫》）明清之际，王夫之亦以理为道：“道者，天地人物之通理，即所谓太极也。”（《张子正蒙注·太和篇》）他说的“理”是气之理，与程朱不同。清代颜元以理气的统一为道，“理气俱是天道”（《四书正误》）。道进而引申为宇宙本原。老子云：“有物混成，先天地生，寂兮寥兮，独立而不改，周行而不殆，可以为天下母，吾不知其名，字之曰道。”（《老子·二十五章》）他把道说成是先天地而生的宇宙本原。庄子发挥老子的思想，亦主张道是宇宙之根本，他说：“夫道有情有信，无为无形，可传而不可受，可得而不可见，自本自根，未有天地，自古以固存，神鬼神帝，生天生地。”（《庄子·大宗师》）老庄认为道是虚玄微妙、超乎感觉经验的宇宙本体。三国魏王弼祖述老庄，以道为无，“道者，无之称也”（邢昺《论语正义·述而》引）。西晋裴頠著《崇有论》，说道是“有”，是混然的总体，“总混群本，宗极之道也”。张载以气为道，道即气化的过程，“由气化，有道之名”（《正蒙·太和》）。戴震发挥张载气化的观点，“道，犹行也；气化流行，生生不息，是故谓之道”（《孟子字义疏证》），认为道不是理，而是气的变化过程。“道”后来也演变成指数学、天文学的方法。（李家明）

道法自然 即遵循客观自然规律。“道”是遵循自然法则静悄悄地起作用的，它不以人的主观意志为转移；圣人的行动也必须像“道”那样遵守自然的规律，才能使人们安居乐业，收到好的效果，即“人法地，地法天，天法道，道法自然”（《老子·二十五章》）。道以自然为法则，“辅万物之自然而不敢为”（《老子·六十章》），人只能顺应自然，在自然面前无所作为。道家“道法自然”的主张，对中国古代的政治、思想、科技、文化、艺术等方面均有深刻影响，是中国传统文化中的一个重要组成部分。（李家明）

道家 中国古代学派之一，老子创立。“道”是道家的中心思想。《汉书·艺文志》将“道家”列为“九流”之一。道家用“道”来说明宇宙万物的本质、构成、变化和本原。《老子·一章》：“道，可道也，非常道也。名，可名也，非常名也。”主张“道法自然”，从天道无为、万物自然化生的观念出发，提倡“无为自化”，“清静自正”。庄子发展了原始道家的思想。他认为：“昭昭生于冥冥，有伦生于无形，精神生于道。”“道不可闻，闻而非也；道不可见，见而非也；道不可言，言而非也。”（《庄子·知北游》）汉代以后道家学派很多，道家各派之间、道家与儒家之间不断辩驳融合。宋明理学提倡儒家道统，但汲取了道家的若干思想。道家的一些著作如《老子》、《庄子》、《列子》等是中国文化的瑰宝。（李家明）

道器 中国古代思辨方法之一，旨在说明道与事物的关系。《老子·二十八章》说“朴（道）散则为器”，认为道在器先。《易·系辞上》：“形而上者谓之道，形而下者谓之器。”道与器的关系即抽象道理（法则）与具体事物之间的关系，道在有形的器物之前。北宋程颐认为：“形而上者为之道，形而下者为之器，须著如此说。器亦道，道亦暑器。”（《遗书》卷一）南宋朱熹以理气概念解说道器，认为“道”是“理”、是“本”，“器”是“气”、是“具”，即“理者也，形而上之道也，生物之本也；气者也，形而下之器也，生物之具也”（《答黄道夫》）。“凡有形有象者皆气也，其所以为是器之理者则道也。”（《与陆子尊书》）道是物之本，但生物须有气，气为生物之具。南宋理学家黄震认为“道不离器”，道就是“日用常行之理”，主张经世致用（《黄氏日钞》）。明清之际王夫之主张唯器论，“天下唯器而已矣，道者器之道，器者不可谓之道之器也”，“无其器则无其道”。他还认为，形而上的道和形而下的器“统之乎一形”（《周易外传》卷五），均由阴阳一气所派生，道即在器之中。清代戴震关于道与器又提出一种新的解释：“形，谓已成形质，形而上犹曰形以前，形而下犹曰形以后。阴阳之未成形质，是谓形而上者也，非形而下明矣。”（《孟子字义疏证·天道》）这是把未成形质的阴阳看作是形而上的“道”，把已成形质的阴阳看作“形而下”的“器”。近代亦有“道本器末”的主张，中国社会封建伦理纲常谓之“道”、谓之“体”，把西方科学技术谓之“器”。谭嗣同以“体”、“用”论述道器，“故道，用也；器，体也。体立而用行，器存而道不亡”（《短书》）。器变道亦变，以此作为变法的理论。中国古代还讨论“道”和“艺”、“技”及各种学问的关系。孔子把各种技艺、学问与人的道德理想的“道”联系在一起。《论语·述而》：“志于道，据于德，依于仁，游于艺。”庄子借庖丁之口说：“臣之所好者道也，进乎技矣。”（《庄子·养生主》）意谓庖丁解牛已经超乎“技”而人于“道”的境界。南宋数学家秦九韶主张“数与道非二本”，愿将自己的数学知识“进之于道”（《数书九章·序》）。金元数学家李冶也说：“由技兼于事者言之，夷之礼，夔之乐，亦不免为一技。由技进乎道者言之，石之斤，扁之轮，非圣人之所与乎？”（《测圆海镜自序》）（李家明　郭书春）

道术　（1）方法。《庄子·天下》：“古之所谓道术者，果恶乎在？曰：‘无乎不在。’”是说方法无处不在。《周髀算经》载，陈子答荣方曰：“夫道术，言约而用博者，智类之明。”是说如果用简约的语言表述出应用广泛的数学历算方法是非常高明的。（李家明　郭书春）

（2）道教法术的概称，包括占卜、符箓、祈禳、禁咒、炼丹等。《云笈七籤》卷四十五谓：“道者，虚无之至真也；术者，变化之玄伎也。道无形，因术以济人；人有灵，因修而会道。”其中占卜有一些天文知识，炼丹有一些化学知识。（李家明）

登封观星台　中国古代的天文观测台，位于河南省登封县城东南15公里。中国历代许多天文学家曾在此进行天文观测，传说周公曾在此测景，唐代天文学家南宫说在此立石表一座，上刻“周公测景台”五字。现存观星台始建于1279年前后，是中国现存最早的古天文台建筑。观星台的用途相当于测量日影的圭表。其高耸的城楼式建筑相当于一根直立于地面上的表竿，台下正北方的“长堤”则是一把用来度量日影长度的“量天尺”。台上有两间小屋，一间放着漏壶，一间放着浑仪；两室之间有一横梁。每天正午，太阳光将台顶中间横梁的影子投在“量天尺”上。冬至这天正午的投影最长，夏至这天正午的投影最短；从一个冬至或夏至到下一个冬至或夏至，就是一个回归年的长度。以此法测定一年的长度，为制定历法奠定了基础。元朝天文学家郭守敬曾经在此主持过测量工作。他以观星台作为高表，是要提高测景精度。（孙小淳）

等差数列　即具有固定公差的数列。中国古代对等差数列的认识很早。《周髀算经》卷上“七衡”的直径就是一个等差数列。《九章算术·均输》“九节竹”问假定竹子上细下粗，从上至下各节容量成等差数列。而《九章算术·盈不足》“良驽二马”问的“术”要用到其前 n 项求和公式：$S_n=\left[\pm\frac{(n-1)d}{2}+a_1\right]\times n$，和第 n 项通项公式：$a_n=a_1\pm(n-1)d$，这里，a_1、a_n、d、S_n 分别表示数列的首项、第 n 项、公差、前 n 项之和。刘徽在给此题作注时又给出了前 n 项和的另一表达式：$S_n=a_1n\pm\frac{[1+(n-1)](n-1)}{2}\times d$。这可以看成刘徽对《九章》公式的一个推导。《张丘建算经》卷上又给出了已知 a_1，a_n，n 求 S_n 的公式：$S_n=\frac{a_1+a_n}{2}\times n$，

已知 a_1，n，S_n 求 d 的公式：$d = \left(\frac{S_n}{n}\cdot 2 - a_1\cdot 2\right)\div(n-1)$；卷中第 1 问给出了已知 a_1、d、$m\left(=\frac{S_n}{n}\right)$ 求 n 的公式：$n=[(m-a_1)\cdot 2+d]\div d$，卷上第 32 问为其以 d 为 1 的特例。（邹大海）

堤防 沿河两岸修筑的规范河流经行的土工建筑，为中国古代防洪工程中最主要的手段。中国古代在黄河流域、长江中下游、永定河流域和珠江流域均有堤防工程。其中以黄河流域的堤防工程发展较早、规模最大、系统最完善，长江荆江段的堤防最早兴建于东晋永和年间（345～356），珠江流域的防洪堤迟至唐代方始记载。黄河流域的堤防工程的发展大体经历了 5 个阶段：从鲧障洪水起至西周是堤防发展的萌芽时期，此时均为局部堤防，至迟在公元前 9 世纪水工意义的堤防已见于记载（《国语·周语下》）；战国时期是堤防发展的第一个高潮，为黄河下游形成系统堤防奠定了基础；秦汉时期是堤防建设的第二个高潮，修筑了黄河的系统堤防；北宋是堤防建设的第三个高潮，堤防建设的重点由大规模兴筑转向加固修守，埽工和堵口技术在这一时期发展并成熟；明代后期至清前期是堤防建设的第四个高潮，形成历史上最完善坚固的堤防系统。这一时期堤防和各种堤工建筑成龙配套，形成体系。除黄河外，至明清时长江干支流下游和永定河下游已有系统堤防，其他各主要河流一般都有部分堤防。中国古代堤防种类很多，按建筑材料分，有土堤、石堤、土石混合堤、柴土混合等类；按修守责任，有官堤和民埝两类。按位置及用途分，中国古代堤坊大致有 8 种：①遥堤，距离主槽较远，堤防断面较大，是防御洪水、稳定河道的主堤。后唐同光三年（925）出现“遥堤”一词（《册府元龟·邦计部·河渠二》）。②缕堤，有时也称大堤，名称最早见于元代《至正河防记》，依河势修筑，离河道主槽较近，堤距较窄，断面较遥堤小，用以约束水流，防御一般大水。③格堤，又称隔堤、横堤。修筑于遥缕二堤之间，作用是阻止漫过缕堤的洪水冲刷遥堤和使洪水挟带泥沙在滩地上落淤。与格堤类似的还有撑堤。《河防一览》中对格堤有专门的论述。④月堤，又称越堤，是在遥堤或缕堤的薄弱堤段所修的月牙形堤防，两端弯接大堤，对大堤起保护作用，并可放淤。最早见于北宋天禧四年（1020），当年在著名险工段天台口堤段“傍筑月堤”（《宋史·河渠志一》）。与月堤类似的还有围堤、套堤等。⑤子堤，又称子埝，是在大堤顶上加筑的小堤，是防洪的非常措施。⑥戗堤，绑贴在险工地段的大堤背后，低于正堤，是保护大堤的辅助堤防。⑦刺水堤，名称最早见于《至正河防志》，用于挑水、逼溜、保护堤岸等。⑧截流堤，名称最早见于《至正河防记》，作用是截断河流，壅水旁出。（艾素珍）

笛律 管律之一。《晋书·律历志》：“泰始十年（274），中书监荀勖、中书令张华出御府铜、竹律二十五具。……其二十二具，视其铭题尺寸，是笛律也。”“至于飨宴殿堂之上，无厢悬钟磬，以笛有一定调，故清弦歌皆从笛为正。”这是汉魏间有笛律，并以笛律定调高的记载。历史上有严格律数的笛律是晋代荀勖所制的笛，亦称“晋泰始笛律”或“荀勖笛律”。该笛由中书监荀勖设计，太乐郎刘秀等与笛工共同制作，形如今日之洞箫，全套十二支，应十二律，分别名为“黄钟之笛”、“大吕之笛”等。每只笛可吹奏荀勖所称的“三宫二十一变”。所谓“三宫”指三种调式，即“正声调”（古音阶宫调式）、“下徵调”（古音阶徵调式）和“清角调”（古音阶角调式）。“二十一变”即上三种七声调式的各音。《晋书·律历志》对此作了详细记载。

荀勖笛所以成为笛律，是因其采用了巧妙的管口校正方法和校正数。如在他的十二支笛中，设以 K 为校正数，则有：

$K_{\text{黄钟笛}}$ = 黄钟律长 − 比黄钟高四律的律长；

$K_{\text{大吕笛}}$ = 大吕律长 − 比大吕高四律的律长；

如此等等，则任一笛的校正数为

K = 该笛命名律的律长 − 比命名律高四律的律长

经实验复原和今日的数学计算，这一校正数是正确的。虽然这种计算方法带有经验性质，但在3世纪时解决如荀勖笛这种复杂管乐器的管口校正问题，在律学史和物理学史上都是极为重要的发现。（戴念祖）

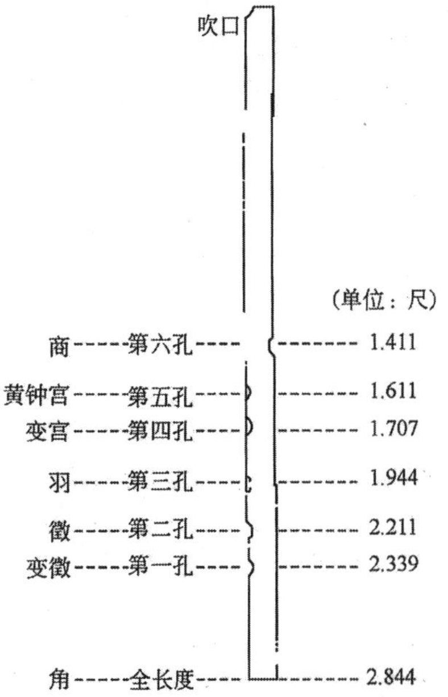

荀勖黄钟笛

地道支架 古代军队在攻城战中用于挖掘地道的器材。又称地栿。支架用粗大方木制成，高7.5尺、宽8尺。在挖掘地道的作业开始后，每掘进1尺多，便安置一个支架，以防城基下塌，掘进越深，支架越多。在地道深度超过城基宽度时，即可将柴草放入地道架内纵火焚烧，结果架折城塌，士兵借此攻入城内。（王兆春）

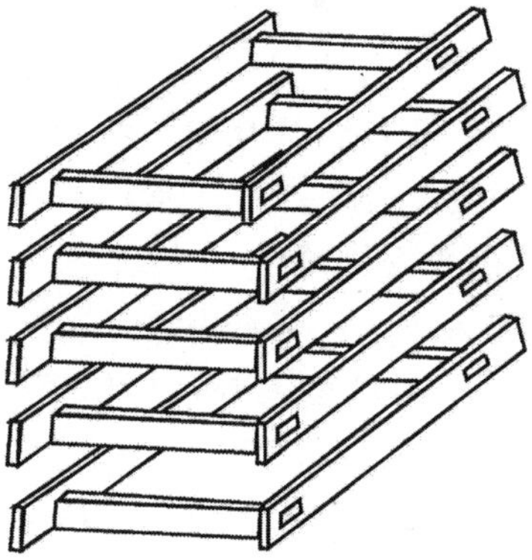

地道支架

地动 中国古代天地宇宙观之一，认为大地在宇宙空间是运动的。《庄子·天运篇》设问：“天其运乎？地其处乎？”提出天是否运动、地是否静止的问题。《尸子》说：“天左舒而起牵牛，地右辟而起昴毕。”汉代纬书《春秋纬·元命苞》说：“天左转，地右旋。”这是说，天的左转（即日月星辰的东升西落），可以用地的右转来解释，从运动的相对性角度论证地球自转。汉代纬书又提出“地有四游”。《尚书纬·考灵曜》说：“地有四游，冬至地上行北而西三万里，夏至地下行南而东三万里，春、秋二分其中矣。地常动不止，譬如人在舟中而坐，舟行而人不觉。”这种四游尚不是对地球绕日公转的认识，而是相对于盖天说中北极有四游的观点提出来的，目的是解释四季太阳高度的变化。所以，张华（232～300）《博物志》中有由于地有四游引起的“春星西游，夏星北游，秋星东游，冬星南游”之说。这种四游不过是相对于极下中心点3万里范围内的平移绕转，不是绕太阳的公转。上述地动说都是在盖天说的天地宇宙观下提出的。盖天说认为天是覆盖在地上的圆盖，自东向西转动，即左转。相对地讲，地自然是右转，而且是指平面大地的自转，不是球形大地的自转。两汉以后，地动思想陆续得到传播，但直到宋代才有进一步的认识。张载、朱熹认为，地是阴阳之气的凝结物，不是在天的下面，而是在宇宙的中央，而且比天小得多。这是浑天说下的地球观。张载指出，恒星天空的周日运动，是“地气乘机右旋于中”所致；他还给出自转运动的一个普遍解释：认为“凡圆转之物，动必有机，既所谓机，则动非自外也”，更接近于对地球自转的认识。中国古代没有明确的地球绕日公转的说法，但秦朝李斯（？～208）在《仓颉篇》中提到：“地日行一度，风轮扶之。”如果说地日行一度，只能是指绕日公转。但此说在古代并没有得到发挥。对于地动说，历史上不断有反对意见。浑天说认为地在宇宙中央静止不动，其天球模型能很好地解释四季变化，不必假设“地有四游”。唐以后，浑天说地位确立，所以地游说就站不住脚了。北宋仁宗朝，太史局著《景祐新书》，论天体削去四游之说。至于地右转的说法，由于可以用相对运动解释，所以与浑天说并无矛盾。明王廷相从另一角度反对“地有四游”说。他在其《浑玄考》中认为，如果承认大地有相对于恒星天空的移动，则必然会引起恒星视位置的明显变化。然而“北极、北斗、天汉之位次，其高下东西未尝有一度之爽”，“所谓四游三万里之说岂不谬乎？”这种否定地动的论点和西方起初反对哥白尼的日心地动说的论点雷同，然而中国古代的地游说和日心地动说是不同的。（孙小淳）

地动而人不知　系相对运动的一种记述。战国末期《吕氏春秋》中记述了“刻舟取剑”的故事：“楚人有涉江者，其自舟中坠衔水，遽契其舟，曰：‘是剑之所从坠。’舟止，从其所契者人水求之。舟已行矣，而剑不行。求剑若此，不亦惑乎？”船与河岸的关系是人们最易发现，也最为熟悉的相对运动事例。当人们把视线移向夜空时，又发现了相对运动的现象。晋束皙写道：“仰游云以观，日月常动而云不移。”葛洪写道：“见游云西行，而谓月之东驰。”急速飘动着的是云，而非月球；但从视运动角度看，得到的结论正相反。这恰是相对运动的例证。汉代成书的《尚书纬·考灵曜》写道：“地恒动不止，而人不知。譬如人在大舟中，闭牖而坐，舟行而人不觉也。”此是有关“相对性原理”最早的记载。在1500年后，意大利伽利略（Galileo，Galilei，1564～1642）在《两大世界体系的对话》中以封闭船舱内发生的现象为例所表述的相对性原理与此一致。（王允红）

地光　地震电光的简称。中国是多地震国家，古代关于地光的记载也比较多，以地方志记载为最多。《成都志》记载西晋元寿三年（293）二月四日，成都发生地震之前，“有火光人地”。《万历实录》记载明正德三年（1509）五月二十六日，“武昌府见碧光闪烁如电六七次，稳稳有声雷鼓，已而地震”。《溧阳县》记载清道光二十五年（1845）秋江苏溧阳地震前，“有赤光自北而南”。这里“火光”、“碧光”、“赤光”均为前人形容地光的名词。地光反映岩层活动，和地震有密切的内在联系。它的成因尚无定论。一般认为：是在强烈的地震前后，震源及附近岩层的电磁强度往往增强，大气的电磁场强度跟着增强。同时，地震活动使地下大量气体沿着裂缝进入大气。这些气体在地壳中上升时，被地壳的电磁场所电离，进入大气更增强了大气的电磁场。当大气电磁场达到一定强度，就能使空气放电而发出亮光，即所谓地光。（李家明）

地雷 明朝创制的一类埋设在地下爆炸的火器。由雷壳、装药和引爆装置构成。由南宋时期的铁壳爆炸弹发展演变而来，明兵部侍郎曾铣创制于嘉靖二十五年至二十八年（1546～1549）。其后不久，又有人制成自犯炮、炸炮、伏地冲天雷、无敌地雷、万弹地雷炮等十多种新式地雷。其壳有石壳、木壳、铁壳、泥壳和陶瓷壳，其引爆方式有火绳点火，以及触发、绊发、定时爆炸、钢轮发火等。通常作为障碍器材使用，埋设于通道、要衢、守备地域或敌军必经之地，用以迟滞、阻碍敌军的行动，保障守备地区的安全。（王兆春）

自犯炮

地理 又称地舆、舆地，有几种不同的含义。①指山川、陵陆、水泽等自然环境。始见于春秋战国时期，《周易·系辞》中有“仰以观于天文，俯以察于地理”的说法，唐代孔颖达注解为“天有悬象而成文章，故称文也；地有山川原隰，各有条理，故称理也”。《汉书·郊祀志》也云：“山川，地理也。”②主要指疆域政区的建置沿革。汉班固（32～92）在中国第一部以地理为篇章名的著作《汉书·地理志》中，首次赋予“地理”以记述疆域政区的建置沿革为主，山川记述退居极为次要的地位。③风水。宋王辟之《渑水燕录·高逸》中云：“（僧）文幼薄能为诗，猜阴阳地理。”④研究地球表面现象、行政区划等情况的科学，即地理学。《旧唐书·孔述睿传》：“述睿精于地理，在馆乃修地理志，时致详究。”西汉《淮南子·泰族训》明确阐述了中国古代研究地理的目的：“俯视地理，以制度量。察陵陆、水泽、肥墩、高下之宜、立事生财，以除饥寒之患。”即根据不同的地理环境，因地制宜，发展生产，以解决最根本的衣食问题。

中国是世界上地理学发展最早的国家之一。中国古代地理学的发展大致可以分成5个阶段：①远古至夏代（公元前21世纪以前）是地理知识的萌芽时期；②夏商至春秋战国（公元前21～前3世纪）是地理知识的积累时期；③秦汉至南北朝（公元前3世纪～6世纪）是传统地理学的形成时期，其标志是汉司马迁《史记·货殖列传》（中国最早的经济地理学专篇）、《史记·大宛列传》（中国最早的边疆和域外地理学专篇）、汉班固的《汉书·地理志》（开创了中国疆域地理和沿革地理的著述体例），以及北魏郦道元《水经注》所总结的公元6世纪以前的中国地理学的成就；④隋唐至清初（6～17世纪）是传统地理学的发展时期；⑤清初至清中叶是西方地理学的传入时期。（艾素珍）

地力常新壮说　中国传统农学思想之一。战国末《吕氏春秋》“任地”篇提出“地可使肥，又可使瘠”的观点。以后历代农民在长期的生产实践中通过施肥与精耕细作，不断培肥地力，使地力永不衰退。在此基础上，宋代出现了地力常新壮说。陈旉《农书》“粪田之宜”篇说：“若能时加新沃之壤，以粪治之，则益精熟肥美，其力常新壮矣。”他认为能经常在耕地上增添肥沃的客土，并多施用肥料，就可以培肥地力，使土壤变得肥美，地力保持新壮。元代王祯《农书·粪壤》进一步指出，各种不同的土壤，只要处理得法，都能栽培作物，“粪壤者，所以变薄地为良田，化硗土为肥土也”。清代《知本提纲》中指出：“若夫勤农，多积粪壤，不惮叠施补助，一载之间，即可数收，而地力新壮，究不少减。”提出只要“粪沃肥滋，大地之力常新”。地力常新壮说不仅指导人们用发展的观点正确看待土壤肥力，而且指导人们采取积极主动的措施改良和培肥地力，使肥土更肥，瘠土变肥土，为人工培肥地力乃至精耕细作奠定了理论基础。（曾雄生）

地名　各种地理实体的指代符号，通常以语言文字表述。中国古代地名研究以地名渊源与地名沿革为主。术语“地名”始见于春秋战国之际成书的《左传》：“瓜州，地名也。”殷墟记载卜辞的甲骨文中保留下来的今天所理解的地名达500余处。春秋战国时期已萌发地名命名规律的研究，如《谷梁传》中有“水北为阳，山南为阳”，“名从主人”等。《公羊传》：“京师者何，天子之居也。京者何，大也。师者何，众也。天子之居，必以众大之辞言之。”更开“京师”地名渊源解释之先河。战国时期成书的地理名著《山海经》地名多达1000余个。同时期的《禹贡》中有关自然地理实体的许多地名一直沿用至今，如地理区划的通名“州”，其中“冀”、“豫”至今仍为河北、河南两省的简称。秦汉时期，不仅出现一批重要的郡县地名，而且形成了全国性的地名网络。郡县的置废、地名的更易取舍，导致对地名渊源与沿革研究的重视与加强。《汉书·地理志》记载的地名达4500多个，如“霸水……古曰兹水，秦穆公更名以章霸功”。至晋代，出现一部地名辞典——京相璠撰《春秋土地名》。北魏郦道元著《水经注》中记载地名已达2万余个，并且总结出地名的命名规律：“凡郡，或以列国，陈、鲁、齐、吴是也；或以旧邑，长沙、丹阳是也；或以山陵，太山、山阳是也；或以川原，西河、河东是也；或以所出，金城下得金，酒泉泉味如酒，豫章樟树生庭，雁门雁之所育是也；或以号令，禹合诸侯，大计东冶之山，因名会稽是也。”至唐代，大量涌现的地志等书籍中都有丰富的地名学内容，其中李吉甫《元和郡县志》（624）和李泰主编的《括地志》（813）中还强调了地名读音和书写规范化等问题。唐朝政府还于天宝元年（742）“改天下县名不稳及重名一百一十处”（《旧唐书·玄宗纪》）。中国古代地名学研究，一直侧重于地名的记录、地名渊源的解释、地名沿革的研究以及某些地名命名原则的总结等方面，缺乏系统性和综合性的研究。（艾素珍）

地听　古代军队在守城战中使用的一种侦听器械。又称瓮听。其法是先在城内要道处挖2丈左右的井状地穴，而后用无缝的陶瓮覆于井口，命耳聪之兵以耳贴近陶瓮，如有敌军挖掘地道，便有声音传来，守城士兵听到后，即采取防御和反击

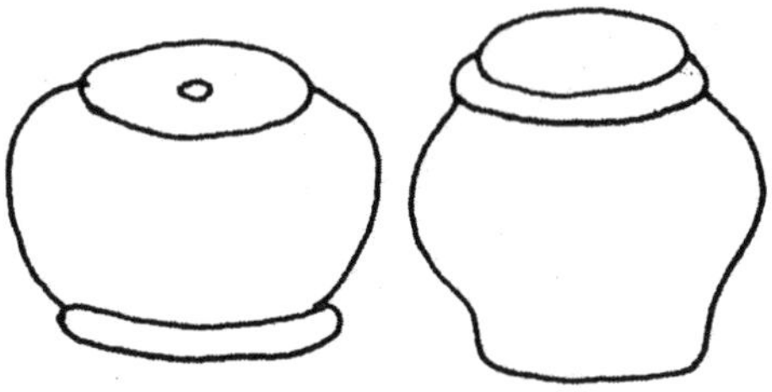
地听

措施。这是利用固体传声快和瓮内产生混响的特点，可听闻远处声音。这种陶瓮或其他空腔体，就称为地听器。作战时，用此监听敌方动静。《墨子·备穴》对此作了最早记载：在城内墙附近挖地室，在地下埋陶罂，“令聪耳者伏罂而听之，审之穴之所在”。历代军事著作中对此都有记载。宋代曾公亮《武经总要·前集》专有“地听”、“瓮听”两条，并绘有图。唐李筌在《太白阴经》卷五中记述了皮革制胡鹿，宋沈括《梦溪笔谈·器用》中记述有牛皮套箭，张耒在其《夏日》诗中描述的空心枕均属地听器。凡由各种材料制成的空腔物体均可用做地听器。沈括对此作出理论解释：“盖虚能纳声。”张耒《夏日》诗中言及“虚能纳溪声”。他们指出了空腔产生混响的物理特性。（王兆春　戴念祖）

地图　又称舆图、舆地图，以特定的符号将地面上的自然和人文现象缩小表示在平面上的图形。《周礼·地官·土训》云：“掌道地图，以诏地事。”汉郑玄注云：“说地图九州形势山川所宜。”中国地图出现的极早，大约在文字产生以前，地图的一些简单的符号已出现，相传在夏代或更早已有表示山川等内容的原始地图，如《九鼎图》和《山海图》。西周至春秋时期，地图被广泛应用于生产、军事、城市建设以及墓葬规划等方面，《周礼》记有掌管各种地图的职官、专用地图名称以及某些地图的内容，同时出现了以“地图”作为著作的篇名——《管子·地图》。战国至西晋是中国地图学理论的建树时期，绘制的地图已达至较高的精度，其中重要的有出自河北省平山县中山王墓的《兆域图》（约公元前310）、甘肃省天水放马滩秦墓出土的绘在木板上的战国末期地图和长沙马王堆汉墓的《地形图》（公元前168年前）和《驻军图》。西晋，裴秀提出的中国最早的制图理论——“制图六体”（268～271），直至清初仍为制图学者所遵循。唐宋时期，中国地图学进一步发展，唐代贾耽在《海内华夷图》（801）中开创以朱、墨两色分注古今地名的先例，一直为后代所沿用。南宋绍兴六年（1136）上石的《禹迹图》上有画方，并注“每方折地百里”，此后画方成为中国传统地图的特色。明万历年间，西方的地图学知识开始传入中国。意大利传教士利玛窦将地图投影、经纬度等知识传入中国，编绘了中国最早的世界地图《山海舆地图》（1584）和《坤舆万国全图》（1602）等。1623年，意大利传教士龙华民和葡萄牙传教士阳玛诺合制中国的第一个地球仪。1717～1718年，由康熙皇帝主持，聘请西洋传教士和国人共同完成了中国第一幅绘有经纬网的全国地图。

中国古代制作的地图种类繁多，主要有以下几种：第一，行政区域地图。历代均极重视政区图，尤其是全国政区图的绘制，比较著名的有唐贾耽的《海内华夷图》（801）、宋代的《华夷图》（1117～1125）、元朱思本的《舆地图》（1320年绘成）、明代《扬子器跋舆地图》（1512～1513，彩绘）和清代《乾隆内府舆图》（1760～1762年绘制）等。第二，城市地图。西周初已有洛邑城规划图（《尚书·洛浩》）。宋代是城市地图制作的鼎盛时期，中国古代传世下来最好的早期城市地图《平江图》

（1229 年刻石）和迄今所见最大的城市地图《桂林城图》（1271～1272 年绘制，图高 3.4 米、宽 3 米）都在这一时期问世。第三，军事地图。先秦的《管子·地图》专论军事地图的内容及用途。至汉代已达到较高的水平，如长沙马王堆汉墓出土的《驻军图》是目前所知最早的彩色军事地图。明代绘制北方军事地图较多，并且因北方有九镇故图名多冠以“九边”，如许论的《九边图论》（1538 年刊）和霍冀的《九边图说》（1569 年刊）等。第四，海图。在民间使用记录海洋地貌等情况的《水路簿》的基础上发展起来，正规海图至宋代，始见于记载（宋代王应麟《玉海》卷十五《绍兴海道图》）。元代无名氏所绘载于《海道经》中的 6 幅海道图是中国目前所见到的最早海图。明代是中国海图发展的高峰，其代表作是 15 世纪中叶问世的中国古代内容最丰富的航海图《郑和航海图》。第五，地图集。西晋裴秀的《禹贡地域图》18 篇（268～271）是现知最早的地图集，明代罗洪先的《广舆图》（约 1541）是中国现存最早的一部较为完整的全国性综合地图集，邹代钧等编的《中外舆地全图》（1902）是中国学校用的最早的地图集。第六，地理模型，即表示地理分布的模型。中国古代制作地形模型的历史悠久。公元前 2 世纪秦始皇墓中已有以水银表示水体的大地模型，东汉马援（公元前 14～49）曾以米粒制作简易的模型（32），南朝宋谢庄（421～466）制成可分合的木质大地模型。至宋代，地形模型的制作更加普遍，沈括（1031～1095）用面糊木屑、蜡、木材三种材料制作地形模型（1075），黄裳（1147～1195）也制作有木质浮雕立体地形模型。中国古代制作地球表面的地理状况的模型——地球仪则较晚，元至元四年（1276）西域人扎马鲁丁制作了一个彩绘水系的木质地球仪（《元史·天文志》），明天启三年（1623）意大利传教士龙华民和葡萄牙传教士阳玛诺合制了一个大型的彩绘地球仪（现存伦敦大英图书馆）。汉以后，地图主要绘制在纸张上，南宋杨甲在南宋绍兴二十五年（1155）左右所撰《六经图》中的《十五国风地理之图》是中国现存最早的印刷地图。南宋淳熙八年（1181）泉州州学刻印程大昌（1123～1195）完成于淳熙四年（1177）的《禹贡山川地理图》被认为是世界现存有确切年代的第一部印刷地图册。宋代流行石刻地图，《九域守令图》（1121 年绘制并上石）是现知最早的石刻地图，现存苏州碑刻博物馆的黄裳所绘、1247 年王致远立石的《地理图》亦较著名。中国自周代始设司徒、夏官、蒙宰、职方氏等职官管理地图（《周礼·天官》），唐代始设立地图的严格造送制度（《唐六典·兵部》），均为后世沿用。地图也指地理位置和形势。《管子·七法》中有“故兵者也，审于地图，谋十官”。尹知章注：“地图者，谓敌国险易之行，军之部署。”（艾素珍）

地形 ①指地面山岳、河海、丘陵、平原的形状，又称“地文”。“地形”一词见于战国时代的《商君书·农战》：“人君不能服强敌破大国也，则修备，便地形。”“地文”一词始见于《庄子·应帝王》：“乡吾示之以地文。”北齐刘昼《新论·慎言》云：“山川者，地之文也。”地形知识在中国萌芽很早。《诗经》中有山、阜、丘、陵、穴等十余种陆地地貌类型名称，洲、渚、浒、浦等十余种流水地貌类型名称。战国时期的《管子·地员篇》已区分出渎田（平原）、墳延（坡地）、丘陵、山林、川泽，在丘陵中又按地势高低等条件，细分为 14 种类型。因军事需要发展起来的地形知识以《孙子兵法·地形篇》为代表。北魏郦道元在《水经注》中叙述了黄河、长江、西江的河岸地形。北宋沈括在《梦溪笔谈》中明确提出河流的侵蚀、搬运与堆积作用，并认为华北平原是河流堆积作用形成的。明代徐霞客在《徐霞客游记》中对中国西南喀斯特地貌的分类、分布与成因，都有精辟的论述。清初孙兰已提出比较完整的流水地形发育理论——“变盈流谦”说。②指疆域政区的建置沿革，如《魏书·地形志》。③清末民初时“地文”一词变为近代自然地理的代名词。光绪三十四年（1908）张相文编纂的《地文学》由上海文明书局出版，全书分星界、陆界、水界、气界、生物界 5 编，是中国学者撰写的最早的自然地理学教科书。（艾素珍）

地震 又称地动，指地球内部某些部分在力的作用下突然急剧运动而破裂产生地震波，从而引起一定范围内地面振动的现象。“地震”一词至迟在战国初成书的《国语》卷一中已出现。“地动”语出《尸子》卷下。中国古代有丰富而系统的地震记录。晋代出土的《竹书纪年》记载的“帝发七年（公元前 1831）陟，泰山震”，是目前所知世界最早的地震记录。《吕氏春秋·制乐篇》明确提出地震发生的时间和范围：“周文王立国八年（公元前 1177）岁六月，文王寝疾五日，而地动东南西北，不出国郊。”中国正史中记载的最早地震记录见于《国语》卷一：“幽王二年（公元前 780），西周三川皆震。”自《汉书》开始，地震作为灾异被记入正史的五行志中，后来的地方志也多把地震作为灾异记录下来。从远古至清末，中国可查地震记录约 1 万余次，其中破坏性地震 600 余次。中国古代地震成因说主要有三种：一是阴阳失衡说，首见于《国语》卷一：“阳伏而不能出，阴迫而不能蒸，于是有地震。”二是认为与某些天体的运行有关，始见于战国时代成书的《晏子春秋·外篇第七》：“昔吾见钩星（指水星）在四（指房宿）、心（心宿）之间，地其动乎？”三是战国时代庄子（约公元前 380 ~ 约前 295）提出的“海水三岁一周，流波相薄，故地动”（《艺文类聚》卷八）。东汉张衡制造了测定地震方向的地震仪——候风地动仪。明代嘉靖进士秦大可，撰写了中国第一篇有关地震的论文——《地震记》（康熙《咸宁县志》），文中全面描述了嘉靖三十五年（1556）关中大地震的全过程，分析了房屋抗震结构以及人们如何躲震才能减少伤亡等措施。清乾隆二十年（1755），南京人汪绎辰在《银川小志》中首次对中国古代所记载的地震前兆现象，如地声、地光、前震、地下水异常、天气异常、动物异常等进行全面总结，并提出据以采取的防震抗震措施。（艾素珍）

地质 始见于三国魏国王弼（226 ~ 249）《周易注》：“六二居中得正，极于地质。”唐孔颖达注释为“地之形质”或“地之体质”。宋张载在《正蒙》一书中进一步提出地质是土：“土者，物之所以成始而成终也，地之质也。”清咸丰三年（1852）由英国人慕维廉（William Muirhead，1822 ~ 1900）所著、上海墨海书馆出版的中文专著《地理全志》下编中出现与近代科学相近意义上的“地质”一词。该书较早地系统介绍了西方地质学和自然地理学的知识，其中的“地质”一词指地层、古生物、海陆变迁和地貌、气候、植被和土壤等知识。1871 年，华蘅芳（1831 ~ 1902）据英国莱伊尔（Charles Lyell，1797～1875）所著《地质学纲要》翻译成《地学浅释》38卷出版。虽然科学的“地质”一词在中国出现很晚，但是有关地质学的知识很早就已出现。在岩石矿物方面，早在旧石器时代，蓝田人、北京人已能利用岩石矿物的物理性质，如硬度、解理等制造石器。至新石器时代，能利用天然宝石类矿物，如玛瑙、叶蜡石等做饰品。陶器的烧制，说明在几千年前对黏土的性质已有一定的了解。商周时期大量利用自然铜和孔雀石制造青铜器。商代已能用铁。战国时期成书的《山海经》将矿物岩石分成金、玉、石、土4类，并记述其色泽、特征、产地等。《禹贡》记载了多种金属矿物和非金属矿物。《管子·地数》：“山上有赭者其下有铁；上有铅者其下有银。”论述了金属矿产的共生关系。秦汉以来，人们开始开发和利用石油、天然气、煤和盐。在对地质作用的认识方面，先民在同自然灾害的斗争中获得了地质作用的知识。如中国古代有丰富的地震记录，早在晋代人们已用“东海三为桑田”形象描述海陆变迁的现象。（艾素珍）

垫底接力 使用基肥和追肥的方法。古称基肥为垫底，追肥为接力。明代袁黄《宝坻劝农书·粪壤第七》云：“用粪时候亦有不同，用之于未种之先，谓之垫底。用之于既种之后，谓之接力。”该书对基肥和追肥的作用及相应措施已有较为深刻的认识：“垫底之粪在土下，根得之而愈深，接力之粪在土上，根见之而反上，故善稼者，皆于耕时下粪，种后不复下也。大都用粪者，要使化土，不徒滋苗。化土则用粪于先，而使瘠者以肥，滋苗则用粪于后，徒使苗枝畅茂而实不繁，故粪田最宜斟酌得宜为善。”（曾雄生）

雕版 又作雕板、刻版，即刻书。印刷术是中国古代四大发明之一，雕版印刷是其最早的形式。其创始时间，一说始于唐，一说始于隋而兴于唐，关于唐代民间刻书卖书记载甚多。五代冯道令国子监雕印“九经”是官府刻书之始。宋代雕版印书风行，有官府刻书、家塾刻书、书商刻书。宋、元、明迄清，虽出现了泥活字、木活字、铜活字等多种活字印刷，但雕版始终居于优势，并发展了彩色雕版套印技术。雕版以梨木、枣木、红桦木等做材。板材准备是先将木板锯成书面大小，水浸月余，刨光阴干，搽上豆油备用；然后刮平木板并磨光，反贴写样，待干透，用木贼草磨去写纸，使反写黑字紧贴板面上，即可开刻。雕刻的第一步称“发刀”，系用平口刀刻直栏线，随即刻字，次序是先将每字的横笔都刻一刀，再按撇、捺、点、竖，自左而右各刻一刀，横笔宜平宜细，竖宜直，粗于横笔；次为“挑刀”，据发刀所刻刀痕，逐字细刻，字面各笔略有坡度，呈梯形；挑刀完毕，用铲凿逐字剔净字内余木，名曰“剔脏”；再用月牙形弯口凿，以木槌仔细敲凿，除净无字处余木；最后，锯去版框栏线外多余的木板，刨修整齐，叫“锯边”。至此雕版完工，可供刷印。（苏荣誉）

吊桥 古代军队在守城战中使用的活动式城门桥。桥身一般用榆木制造，设有铁环，用两根铁索及麻绳系于城楼上。桥后距城门约1.5丈处立两根高2.5丈的大柱，上开凹口，置有铁制传输槽以架设铁索和麻绳，便于拉动桥身。每当夜晚或敌军来攻时，便将桥身拉起，阻绝通行。城上备有弓弩、炮石等守城器械，以射击企图过桥之敌。（王兆春）

叠铸 中国古代的一种金属铸造技术。是将许多相同的范片层层叠合起来，通过一个共同的浇口和直浇道进行浇铸，可以一次铸出多个相同铸件的铸造工艺，可以高效、大批量生产形状简单的同一铸件。其发明也许和青铜货币的铸造有关，滥觞于春秋战国时期，齐国铸造刀币的“齐法化”就使用叠铸法。在汉代，叠铸法不仅用于铸币，还用来铸造车马器和装饰品。在工艺上，发展出多套组合的叠铸范，生产效率更高。在陕西西安、河南温县、山东临淄等地曾多次出土叠铸范片。直至20世纪70年代，传统叠铸工艺仍在使用。（苏荣誉）

疔疮 疮疡的一种，因其形小，根深，坚硬如钉而得名，又称疔毒、疔疮、疔肿、疵疮等。《外科精义》卷上云：“夫疔疮者，以其疮形如丁盖之状是也。”病因常与过食火炙煎炸及辛热之品而火毒内蕴、外感风邪火毒，或外伤感毒等有关。多发于头面部，其次为四肢、躯干。发病急，变化快，初起如粟，坚硬根深，继则焮红发热，肿势渐增，疼痛剧烈，待脓溃疔根出，则肿消痛止而治。若处理不当，或热毒太盛，则容易走黄。内治宜清热解毒，外治宜提脓拔毒。若疔毒迅速走散入于血分，会出现高热神昏等全身严重症状，称为疔疮走黄，又称癀走。多因患疔疮时热毒炽盛，或正气内虚，或调治不当，或挤压面部疔疮，使疔毒散入血分，内攻脏腑所致。内治宜加重解毒凉血，外治同一般疔疮。（张志斌）

鼎 炼丹的主要器具之一。约当东汉时，炼丹反应器皿开始称为“鼎”。葛洪《抱朴子·内篇·金丹》中有“取九转之丹，内神鼎中”语，唐代苏元明、孙思邈所用上瓦下铁的药釜即所谓“神鼎”。唐代陈少微《大洞炼真宝经修伏灵砂妙诀·灵砂七返篇》中说：“鼎者有五，一曰金鼎，二曰银鼎，三曰铜鼎，四曰铁鼎，五曰土鼎。”形如“鸡子”的“混沌”也称为鼎或内鼎。唐代以后发展起来的各式柜状炼丹设备，都被称为“鼎”，分为“内鼎”（内柜）和“外鼎”（外柜）。唐人《鼎器诀》对某一鼎的描述是：“造鼎通长一尺二寸，周围一尺五寸，中虚五寸，厚一寸一分，上下通直，口偃如锅釜，卧唇仰折，周围约三尺二寸，心横有一尺，唇环匝，高二寸。上水入鼎八寸。”宋代鼎的形制更加复杂，出现了各种水火鼎。这种鼎由两部分组成，一部分是火鼎，是加热部分；另一部分为水鼎，为冷却部分。若上水下火，则与“既济”卦相对应，故称为“既济式”；若上火下水，则与“未济”卦对应，称为“未济式”。上下鼎的制作有严格的工序和规格。宋代以后，这种上下鼎的应用最为普遍。（王扬宗）

碇 又作矴、椗。船舶停泊工具。早期用绳索将未加工的石块绑缚或将石块装入网兜内，投入水底，用石块的重量拖住船身。浙江余姚河姆渡遗址出土了新石器时代晚期的石碇，是装在网兜内的一块直径50厘米的圆石块，可见其起源相当早。《三国志·吴书·董袭传》曰：“以栟闾大绁系石为矴。”《广韵》云矴为“硾舟石”。汉代出现了木石结合的碇。广州出土的东汉陶船模型，其船首挂有碇，它有两个爪，是木石结构，且具有后世多齿锚或有杆锚的特点。最迟在6世纪，人们发明了铁制停泊工具锚。在明代，锚完全取代了碇，成为船舶通用的停泊工具。（郭书春）

东江桥 位于浙江义乌东3里，旧为浮桥。宋庆元三年（1197）建石墩木梁桥。元泰定二年（1325）重建，长42丈，中为7墩，并建桥屋。明成化九年（1473）改为石拱桥。后屡坏屡修达10余次。清康熙年间相继修葺4次。嘉庆十五年（1810）筑墩增高10数尺，墩上叠木又高7尺余。光绪十五年（1889）改筑墩身，更易木梁，悉如旧制。（李家明）

东渭桥 位于陕西西安东北50里，木梁桥。据《史记》记载，汉景帝前五年（前152）三月作阳陵（在今高陵县境）渭桥。司马贞索隐云：渭桥有三，通咸阳路者曰西渭桥，通东陵路者曰东渭桥，在长安城北者曰中渭桥。灞水合渭之地有东渭桥。（李家明）

冬月种冬谷法 明末发明的一种利用早播来抗旱、促早熟的方法。相传是王子房在河南时遇异人传授，试之而验，后蔡忠襄在山西试之亦验。方法是冬至前一日拣谷种入瓮，麻布扎口，掘土穴，深四五尺，瓮倒置穴中，土封固，满40日（自冬至前一是算起）取出，大寒日种入熟地，春透苗生，较常谷早熟一月，约五月底，六月初即熟。古人在解释谷种在严寒中也能存活的原因时说："盖受冬至子半元阳之气，虽种冰雪中亦生。"（曾雄生）

动物 春秋战国时期出现了"动物"和"植物"两词。《周礼·地官司徒》云："以士会之法，辨五地之物生。一曰：山林，其动物宜毛物，其植物皁物……二曰川泽，其动物宜鳞物，其植物宜膏物……三曰丘陵，其动物宜羽物，其植物宜核物……四曰坟衍，其动物宜介物，其植物宜荚物……五曰原隰，其动物宜赢物，其植物宜丛物。"这说明当时人们已将常见的生物分为动物和植物两大类，并根据不同形态特点将动物区分为毛物（指兽类如貂、虎、狐等具有细毛的动物）、鳞物（指身具鳞片的鱼类动物）、羽物（指身具羽毛的鸟类动物）、介物（指身披硬甲的龟鳖类动物）和赢物（指身体裸露的软体动物，也有人认为赢物是指人类）等五大类。术语"动物"后来不仅为中国学界而且为日本学界沿用至今。（汪子春）

都江堰 又称金堤（西晋·左思《蜀都赋》）、湔堰（东晋·常璩《华阳国志·蜀志》）、都安堰（北魏·郦道元《水经注·江水》）、犍尾堰（唐·李吉甫《元和郡县志》）、侍郎堰（《宋史·河渠志》）。秦昭王末年（公元前256～前251），蜀守李冰主持兴建的引岷江水灌溉成都平原广大地区并利用渠道通航、漂木等的水利工程，是现有世界上历史最长的无坝引水工程。位于岷江自峡谷进入冲积平原的交结点，在四川省都江堰市（原灌县）境内。都江堰之名始见于《大元敕赐修蜀堰碑》（1315）。早期的都江堰有堤、堰、水则等工程设施，经后代不断完善，成为由鱼嘴（分水工程）、飞沙堰（溢流排沙工程）和宝瓶口（引水工程）三大主体工程组成的无坝引水枢纽。此外，还有人字堤、金刚堤及控制水量和泥沙的建筑物。早期的都江堰以竹笼、木桩和卵石为主要建筑材料，以竹笼内填卵石，用来建造鱼嘴、飞沙堰、内外金刚堤和人字堤等工程。因岁修工程量较大，元、清改用砌石鱼嘴，明代在修砌鱼嘴前置铁牛分水。都江堰由于工程规划布局合理和设计施工精心，发挥了有效的引水、防沙和排洪等综合作用。它严格执行岁修制度。在

1400多年前，即有“深淘滩，低作堰”的岁修六字诀。嗣后又相继总结出治水“三字经”及治河“八字格言”等。历代都设置管理机构和堰官负责工程维修。工程维修分为每年的岁修、5年一次的大修、特大洪水后的特修和洪水期的抢修等4类。（艾素珍）

斗栱 中国古代建筑独有的一种构件，它的起源、演变、发展经历了近2000年的历程。其间造型、规模及构造方式都发生了较大的变化，它在结构中所起的力学作用亦随着变化。其发展大体可以分为两个主要阶段。第一阶段是单朵斗栱的起源和发展，此时斗栱作为悬挑梁，被用于檐部、平座及天花藻井等部位，以承挑伸出墙身的屋檐、平座及藻井。第二阶段是斗栱层的起源和发展，此时斗栱层作为空间网架结构，被用于檐部、平座部位，以承挑伸出墙身的屋檐、平座。

关于斗栱的起源有两种观点：一种认为斗栱是由加强梁柱结合的简单板状物进化而来的，斗栱的产生是基于梁端构造；另一种观点认为斗栱是由擎檐柱演变而来的。梁端构造起源说认为斗栱是由柱与梁之间的垫块经一斗二升、一斗三升慢慢演变成的。擎檐柱起源说认为在早商时期，为保护土阶土墙，建筑的屋顶出檐很大，为支撑深远的檐部，用擎檐柱来支撑屋檐，擎檐柱脚部容易腐朽，至殷晚期，擎檐柱下垫铜“质”置于台基上或散水上，到西周晚期，擎檐柱又向内缩进，直至擎檐柱的柱脚直接接在檐柱上而转化为斜撑，擎檐柱成为柱身上挑出的丁头栱或曰插栱。丁头栱的前端安置与之垂直的横栱，构成了最简单的一斗二升式斗栱。横栱的主要作用是增大檩木与斗栱相接处的支撑面积，以减少檐檩的跨度，同时加强了檩木的整体性，前后挑出的栱则起悬挑作用。战国时，建筑已经开始使用有一斗二升不出跳的柱头斗栱，家具上使用斜撑与横栱组合的形式是抹角栱。东汉时，楼阁建筑屋檐和平座的支撑普遍用斗栱，斗栱前后出跳前置横栱，建筑转角部位用抹角栱。南北朝至隋代，斜撑和插栱被层层相叠出跳的栱臂所取代，构造方法是短栱臂上托长栱臂，像小型悬臂梁的组合体，在最上层栱臂前端安置横栱，这种方法利用较小的木料挑檐，一层不够再加一层，层层外挑直至达到要求。从唐宋开始，各层栱臂上逐层设置横栱，名曰计心造，只在最上层栱臂上设置横栱者曰偷心造。单朵斗栱此时已完全演变成熟。斗栱层的形成是单朵斗栱完全成熟后再发展的，开始于宋辽，成熟于明清。在宋辽之际，建筑立柱与斗栱之间增加了一个水平构件——普拍枋，普拍枋与阑额一起构成柱子水平之间坚固的梁，承托安装在其上部的斗栱，使补间斗栱从装饰性的斗栱转变为与柱头斗栱在形式上、规模上、受力上完全一样的构件成为可能。阑额与立柱的连接方式是将阑额两端削成隼插入立柱的卯内，当阑额上有较大的负荷时，其两端的隼根部在剪力的作用下就成为整个构件的最薄弱点，非常容易损坏，因此阑额上面不能放置承重的构建，普拍枋的构造方法是水平放置在立柱和阑额上的，弥补了阑额受力的薄弱点，其上不但可以放置与柱头斗栱一样大小的斗栱，还可以放置比柱头斗栱更大的斜栱和多朵斗栱，采用普拍枋之后，补间斗栱逐渐演变成与柱头斗栱一样的承重斗栱，补间斗栱与柱头斗栱完全相同后，檐下所有斗栱的每一跳栱臂前段均设横栱，各个横栱之间用木枋连接，如此，檐下所有斗栱由普拍枋、撩檐枋、罗汉枋、柱头枋连接成整体性较好的空间网架。檐下斗栱的职能是承托屋檐，使屋檐的重量渐次集中下来传递于柱，斗栱与斗栱层在力的传递方式上是不同的，单朵斗栱以悬臂梁的方式传递，既屋檐负荷由撩檐枋、柱头枋传至柱头斗栱上，柱头斗栱以伸臂梁的方式承接并下传于立柱；斗栱层是以空间网架的方式传递，屋檐重量由斗栱层承接，再传递给立柱。（沈玉枝）

斗建　即《史记·历书》集解所说的“随斗杓所指建十二月”。公元前4000～前1000年，北斗七星比现在更接近北天极，处于恒星圈内，每天晚上都可见到。人们发现不同季节的黄昏时，北斗斗柄的指向是不同的。因此，把斗柄的指向作为定季节的标准。《鹖冠子》说：“斗柄东指，天下皆春；斗柄南指，天下皆夏；斗柄西指，天下皆秋；斗柄北指，天下皆冬。”就是指不同季节黄昏时看到的天象。春秋战国时期，天文学有了进一步的发展，为使月份与斗柄指示的方向更密切地配合，人们将地面分为12个方位，分别以十二地支表示：正北为子，东北为丑、寅，正东为卯，等等。夏正十一月黄昏时斗柄指北方子，十二月、正月指东北方丑、寅，二月指东方卯……十月指西北方亥，下一个十一月又回到北方子。这就是古代天文历法中经常提到的“十一月建子、十二月建丑、正月建寅”等十二月建方式。（孙小淳）

饾版　木版水印中的一种，出现于明代末年，是在木刻画彩色套印基础上发展出来的一种套印技术。根据彩色画稿的设色要求，分别勾摹，雕刻成几十块甚至上百块的小木版，然后胶着于指定位置，用水墨、颜料逐色由浅入深依次套印或叠印。印品画面的色彩、层次和韵味，几与原作无异。因印版琐碎堆砌，有如五色小饼的饾饤（亦作“门钉”）累积盆中，故称。（苏荣誉）

痘　病名。为急性发疹性传染病。由于发病有强烈的传染性，故名“天行痘”，或天行痘、天疮。因其形似豌豆，故又称豌豆疮。其疮先见点，起胀，灌浆，如花发蕾，七日后收靥，脱痂，如花之萎谢，故又名天花。最早见于晋葛洪《肘后备急方》：“比岁有病时行，仍发疮，头面及身，须臾周匝，状如火疮，皆戴白浆，随决随生，不即治，剧者多死。治得差后，疮瘢紫黑，弥岁方灭。此恶毒之气。世人云：永徽四年，此疮从西东流，遍于海内。”从葛氏的叙述中可以看出，天花是从国外传入的。天花病程中有六个阶段，即发热、见形、起胀、灌浆、收靥与脱痂。在各个阶段中，都可能出现各种变证，预后较为严重。对天花的预防与治疗有较大突破是在明代，此期出现大量论述痘疹的专著，如魏直《痘疹全书博爱心鉴》、汪机《痘治理辨》、翁仲仁《痘疹金镜录》等20多种。（张志斌）

独轮车　又名辇、鹿车、手推车、手车、土车、羊头车、羊角车、小车等，一种用硬木制造的手推单轮小车。一说即木牛流马。车架安放在车轮的两侧，用以坐人或载货，因只有一轮着地，故能通过狭窄隘道，适用于田间和丘陵地区。西汉时已使用，北宋沈括《梦溪笔谈·人事》说柳开“应举时，以文章投主司于帘前，凡几千轴，载以独轮车”，已出现独轮车之名。前后二人驾把，左右二人扶拐。后来一人推行，方便实用，长期是城乡短途运输的主要工具。至今仍在许多地区使用，

只是木轮已被胶轮所取代。(郭书春)

堵口工程 河、湖、海堤被洪水冲决时对口门进行堵复的工程。分堵旱口和堵水口两种，一般说堵口，多指堵水口。堵口方法有立堵、平堵、混合堵3种。堵口所用料物各地不同，一般就地取材。堵口时间一般在枯水季节进行，至迟于次年汛前完成。中国堵口工程起源甚早。先秦时期有堵口工程的记载，但无具体地点。文献记载的大规模的堵口工程始于西汉时期的瓠子堵口。元光三年（公元前132），黄河在瓠子（今河南濮阳西南）决口，16郡遭受洪水危害。元封二年（公元前109），汉武帝派遣汲仁、郭昌发率民众万人“下淇园之竹以为楗”，“负薪填决口”(《史记·河渠书》)，堵塞了决口。80年后建始四年（公元前29）黄河又在馆陶一带决口，河堤使者王延世在东郡“以竹落长四丈，大九围，盛以小石，两船夹载而下之。三十六日，河堤成”(《汉书·沟洫志》)。西汉时期的堵口技术开创了后代堵口方法之先河。至北宋时期，堵口技术达到古代传统堵口技术之高峰。庆历年间（1041～1048）在商胡埽（今河南濮阳境内）合龙时，高超又创造三节压埽法的堵口技术措施（宋·沈括《梦溪笔谈》卷十一)。元丰元年（1078)，河北转运使王居卿又使用“制为横埽，以遏南流”和“重埽九缉而夹下之”（宋·李焘《续资治通鉴长编》卷二九五）的方法成功地堵塞了曹村（今河南濮阳西南）决口，标志着中国河工堵口技术已经成熟，此后各代黄河堵口大多采用这一套办法。《河防通议》中对于堵口技术有专门记载，称为闭河。凡塞河决，垂合，中间一埽，谓之合龙门，简称合龙。元至正四年（1344)，贾鲁在今山东曹县境内主持了规模浩大的白茆堵口工程。他采取“疏、浚、塞并举”(《至正河防记》)，又创用石船堤障水，完成了堵口工程。清代堵口工程十分频繁，堵口技术十分娴熟。清中期以后，堵口工程均由传统的卷埽法改为顺进堵。根据口门的大小、水势的缓急，分别形成了单坝进堵、双坝进堵、三坝进堵等几种方法。清代亦出现多部堵口技术专著，如《大工进占全龙图》、徐端撰《回澜纪要》(1810年前)、李世禄撰《修防琐志》（咸丰年间前）等，较为全面地总结了堵口技术。(艾素珍)

杜氏九术 清数学家关于三角函数的幂级数展开式的研究成果。法国传教士杜德美（Pierre Jartoux，1668～1720）传入了牛顿（I. Newton，1642～1727）关于圆周率的求周径密率捷法与格雷高里（J. Gregory，1638～1675）关于弧背求正弦、弧背求正矢的求弦矢捷法二式等三个幂级数展开式，但没有证明。此后关于幂级数展开式的研究成为中国数学研究的重要分支。明安图（？～约1765）约从1736年起，穷30余年的研究，获得证明，还得到并证明了弧背求通弦法公式：$c=2a-\frac{(2a)^3}{4\cdot 3!r^2}+\frac{(2a)^5}{4^2\cdot 5!r^4}-\frac{(2a)^7}{4^3\cdot 7!r^6}+\cdots$，通弦求弧背公式：$2a=c+\frac{(c)^3}{4\cdot 3!r^2}+\frac{3^2\cdot c^5}{4^2\cdot 5!r^4}+\frac{3^2\cdot 5^2c^7}{4^3\cdot 7!r^6}+\cdots$，正弦求弧背公式：$a=r\sin\alpha+\frac{(r\sin\alpha)^3}{3!r^2}+\frac{1^2\cdot 3^2(r\sin\alpha)^5}{5!r^4}+\frac{1^2\cdot 3^2\cdot 5^2(r\sin\alpha)^7}{7!r^6}+\cdots$，正矢求弧背公式：$a^2=r\frac{2r\mathrm{vers}\alpha}{2!}+\frac{1^2(2r\mathrm{vers}\alpha)^2}{4!}+\frac{1^2\cdot 2^2(2r\mathrm{vers}\alpha)^3}{6!r}+\frac{1^2\cdot 2^2\cdot 3^2(2r\mathrm{vers}\alpha)^4}{8!r^2}+\cdots$，$r\mathrm{vers}\alpha$为$2a$弧的中矢，又有弧背求

中矢公式：$r\text{vers}\alpha = \frac{(2a)^2}{4 \cdot 2!r} - \frac{(2a)^4}{4^2 \cdot 4!r^3} + \frac{(2a)^6}{4^3 \cdot 6!r^5} + \cdots$，及中矢求弧背公式 $(2a)^2 = r \cdot 8r\text{vers}\alpha + \frac{1^2(8r\text{vers}\alpha)^2}{4 \cdot 4!} + \frac{1^2 \cdot 2^2(8r\text{vers}\alpha)^3}{4^2 \cdot 6!r} + \frac{1^2 \cdot 2^2 \cdot 3^2(8r\text{vers}\alpha)^4}{4^3 \cdot 8!r^2} + \cdots$，凡6个公式，因而著《割圜密率捷法》。后来这6个公式与杜德美传入的3个公式被误称为“杜氏九术”。董祐诚（1791～1823）撰《割圜连比例图解》，从成连比例的线段入手研究三角函数的幂级数展开式，创造全弧通弦与分弧通弦的关系、全弧中矢与分弧中矢的关系等四术。杜氏九术可以由他的四术推演出来。项名达（1789～1850）亦研究三角函数的幂级数展开式，求得椭圆周长的正确公式，并撰《象数一原》。徐有壬（1800～1860）撰《割圆八线缀术》，给出八线互求十二式、大小八线互求十八式，使三角函数展开式的研究大体完备，是清代幂级数展开式研究的系统总结。戴煦（1805～1860）、李善兰（1811～1882）对三角函数的幂级数展开式和椭圆求周等问题亦有重大贡献，李善兰由此还得到了几个相当于定积分的公式，踏进了微积分的门槛。清代数学家研究幂级数展开式用力甚勤，精神可嘉，然而在西方学者在变量数学的大道上急速前进的时候，他们用初等方法穷数十年于几个公式，则不可取。事实上，中国数学与世界数学的先进水平的差距越来越大。（郭书春）

度量衡 长度、容量、重量的统称。源于《虞书》：“协时月正日，同律度量衡。”度量衡分开各为一个单一量，见于汉代刘歆条奏中的“审度”、“嘉量”、“衡权”。“审”就是定，“审度”是指用度来确定物体的长短。“嘉”原意是善，“嘉量”是指用量器量物时须以水平为准。“权”是秤锤。衡的作用是用权来平衡物体的轻重，衡权指权和物应成平衡。中国古代曾用不变的天文学或测地学的常数来定义地球上的长度单位，用圭表、漏刻等来计量时间。汉代张衡发明的浑天仪，唐代僧一行、梁令瓒创制的水运浑天仪，宋苏颂等创制的水运仪象台。

度量衡起源有三说。一是和人类交换行为相关连的。人类刚开始物物交换时还没有度量衡，随着交换行为的发达，须做到公平交易，凭借直观的长短、大小、轻重等观念，采用人身或身边之自然物为标准，制成简单的度量衡器具。据《史记》卷二记载：禹“声为律，身为度，称以出”。《孔子家语》曰：“布指知寸，布手知尺，舒肘知寻，斯不远之则也。”即中指从指端到头一纹之长为一寸；大拇指和中指一拃的距离为一尺；两臂伸开长为八尺。《说文解字》：“尺，十寸也，……周制寸、尺、咫、寻、常、仞诸量度，皆以人体为法。”还记载有“寸，十分也，人手却十分动脉寸口，十寸为尺”。“周制八寸为尺，十尺为丈。人长八尺，故曰丈夫。”可见，古时量物，寸与指、尺与手、丈与身、寻与肘有着对应的关系。同样，在容量方面亦用人体的某些部分来计量。一手能盛的称“溢”，二手合盛的称“掬”。“掬”即升。“掬四谓之豆”。掬（升）是最初的基本的容量单位。后按这个单位四进制，四升为豆；再为区、釜。按十进制有斗、斛。二是乐律累黍说，视为中国历代制定度量衡之本。据东汉《孔丛子》记载：“律者候气之管，度量衡三者，法制皆出于律。”黄钟为六律之首，故曰：中国度量衡始于黄钟。《汉书·律历志》：“度本起黄钟之长，以子、谷、秬、黍中者，一黍之广度之。九十分黄钟之长，一为一分，十分为寸，十寸为尺，十尺为丈，十丈为引。……量本起黄钟之龠，用度量审计其容，以子、谷、矩、黍中者，千有二百实其龠，以井水准其概，合龠为合，十合为升，十升为斗，十斗为斛。……权本起黄钟之重，一龠容千二百黍，重十二铢。两之为两，十六两为斤，三十斤为钧，四钧为石。”三是以丝发为准。中国蚕丝发展很早，在交换中有时用丝毫之类作为更精确的计量标准：“十发为程，十程为分。”以度量衡之数定其法制，又以其法制验度量衡之制。度量衡的制定和统一为国家之事，皆由黄帝颁布，故认为黄帝造度量衡。

历代度、量、衡的单位量是不尽相同的，一般趋于增长，其增长率也不相同。春秋战国时期，诸侯割据，各国度量衡制度极为混乱。公元前350年，商鞅变法时对度量衡统一作了一些规定。据《史记》卷六十八载：商鞅“平斗桶、权衡、丈尺”。公元前221年，秦始皇统一全国，颁发秦斤权、秦均权、秦石权等度量衡标准器，并规定对度量衡的定期检查制度，每年检查一次。度量衡的统一推动了当时科学技术的发展。汉承秦制，沿用秦的度量衡制度。秦的度量衡制的量较大，王莽恢复周时的小量。王莽的新制对以后度量衡制有一定影响。度量衡的统一是商品生产的需要，是国家统一的象征，国家权力的象征。(李家明)

端　《墨经》宇宙观中关于点的概念。《经上》云：“端，体之无序（厚）而最前者也。”《经说上》云：“端，是无同（间）也。”《经下》云：“非半弗斱则不动，说在端。”《经说下》相应的解说文字认为端可以在两头也可在中间。《墨经》把作为边缘的点的“端”概念推广到用以表示事物中基本成分的概念，认为“端”是没有大小，量度为零，不能分割的实体，指出无限分割最后会得到“端”，“端”又具有可积性。它有时类似原子，有时类似几何点，有时又用来表示光点，在《墨经》中这不是泾渭分明的，反映了古代思维发展尚不够成熟的一面。《墨经》的思想对公元3世纪刘徽用无穷小分割解决数学问题产生了重大的影响。(邹大海)

缎　一种采用缎纹组织为基础组织的丝织物。缎纹组织出现在唐代，但宋元以前没有“缎”字，而是用“段”字。《吴县志》卷五一《物产》中说：“纻丝俗名缎，因造缎字。”缎纹组织是在斜纹组织的基础上发展出来的，分经缎和纬缎两种，经浮长布满表面的称经缎，纬浮长布满表面的称纬缎。它的组织特点是相临两根经纱或纬纱上的单独组织点均匀分布且不相连续，被相邻经纱或纬纱的浮长线遮盖。这种特点使缎纹织物质地柔软，表面光亮平滑，富有光泽，具有较强的立体感，特别适宜织造颜色复杂的花纹。宋代缎织物发展很快，已运用织金、闪色、彩条等工艺。明清时期，缎织物发展成为和纱、绫、罗、锦等织物并列的丝织物大类。此时不仅五枚缎纹组织和各种五枚变则缎纹组织普遍应用，八枚缎纹组织也开始被大量应用，涌现出一些具有不同特点和风格的地方名产，如以光泽好、缎身重、经看耐用著名的南京宁缎，以花色新颖、色泽艳丽、质地轻薄著称的杭州杭缎，织工精湛、华丽夺目令人称奇的苏州摹本缎，手感柔软、外观光滑、花色多变见长的广东粤缎，以花色古朴典雅饮誉于世的四川巴缎等。存世的明清缎织物较多，各地博物馆均有收藏，北京明定陵出土的纻丝，就是做工、质地均极为讲究的

五枚缎织物。(赵翰生)

对数 拉丁文 logarithm 的中文译名。最早见之于波兰耶稣会士穆尼阁与薛凤祚合译的《比例对数表》中，此书有1~20 000的常用对数表。其中用“比例算”代表等比级数，用“同余算”代表等差级数，两者对应排列，故名“对数”。梅文鼎称之为“比例数”，《数理精蕴》称之为“假数”，下编卷38“对数比例”首次介绍了英国数学家巴理知斯（H. Briggs，1556 ~ 1630）《对数术》的对数造表法，对清末对数级数展开式的研究有很大影响。清末戴煦首次使用“假设对数”（自然对数）、“定准对数”（常用对数）之名称。(韩琦)

对数函数展开式 即对数函数的幂级数展开式，是清中叶之后数学研究的重要内容。戴煦首先在《对数简法》（1845）中创立了二项式平方根的幂级数展开式，次年又得到了二项式 n 次根的幂级数展开式，并得出：当 $|a|<1, m$ 为任何有理数时，则 $(1+a)^m = 1 + ma + \frac{m(m-1)}{1 \cdot 2}\alpha^2 + \frac{m(m-1)(m-2)}{1 \cdot 2 \cdot 3}\alpha^3 + \cdots$ 总是正确的，与牛顿的结果暗合。戴煦进而指出：10 的自然对数与任何整数的常用对数皆可用幂级数计算。他在《续对数简法》（1846）中给出了对数函数的幂级数展开式：$\log(1+\alpha) = \mu(\alpha - \frac{1}{2}\alpha^2 + \frac{1}{3}\alpha^3 - \frac{1}{4}\alpha^4 + \cdots), 0 < \alpha < 1$。与麦卡托（N. Mercator，1667）的结果暗合。李善兰在《对数探源》（1845）中认为对数可以用诸尖锥的合积表示，对数函数可以表示成幂级数展开式，他求出了一尖锥合积 $L(y) = by + \frac{by^2}{2h} + \frac{by^3}{3h^2} + \cdots$，证明了当 $y_1, y_2, \cdots$ 成等比级数时，与其相应的 $L(y_1), L(y_2), \cdots$，成等差级数，故 $L(y)$ 具有对数的性质。若 $by = 1, y = \frac{n-1}{n}h$，则上式相当于定积分 $\int_0^{\frac{n-1}{n}h} \frac{1}{h-y}dy = \ln h - \ln(h - \frac{n-1}{n}h) = \ln n$。他还指出任何自然数 n 的对数可以由 $\log n = \log(n-1) + 0.43429451(\frac{1}{n} + \frac{1}{2} \cdot \frac{1}{n^2} + \frac{1}{3} \cdot \frac{1}{n^3} + \cdots)$ 计算。(郭书春)

盾 古代军队在作战中使用的一种手持式板状防护装具。亦称干，后来又有牌、彭排、旁牌等名称。有长方、圆、椭圆、梯形等形式。背面有把手，都由原始的木、皮、藤所制的盾演变而来。商朝的盾面微凸，绘有虎纹图案，多为狭长梯形，高约1米，宽60~80厘米。西周使用嵌有青铜饰物的皮面梯形盾，步兵使用狭而长的步盾；车兵使用狭而小的梯形盾，又名马盾。战国时的骑兵使用圆形旁牌。秦汉时期出现了铁盾，盾脊上部外凸下部内凹，使盾体形成了上下两个不同的曲面，可以遮挡从任何方向射来的箭。唐代已经按规定的形制构造，制造标准的制式盾，称旁排，《唐六典》记有膝排、团排、木排、联木排、皮排、漆排等6种。宋代军队的制式盾有长而大的步兵旁牌，小而圆的骑兵旁牌，守城用的木立牌和竹立牌，攻城用的多种屏、幔。西夏军使用毡盾。元世祖时创制了“张则为盾，敛则易持”的折叠盾。明代除步骑使用的藤牌、挨牌、手牌、燕尾牌外，还有火器与盾结合并用的保生牌、虎头木牌、虎头火牌、无敌神牌等。清军虽也使用多种盾牌，但自17世纪以后，火器普遍使用，盾牌的防护作用已日趋丧失，最后终于退出了战场。(王兆春)

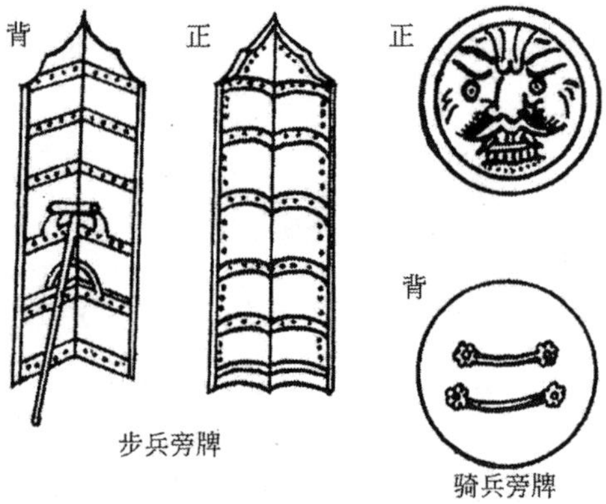

宋军使用的盾牌

砘车 宋元时期发明的在播种后覆土、压实的辅助工具。原来是使用挞来覆土压实，以使种子和土壤紧密结合，容易吸收水分和养料。挞用树枝编制成扫帚状，上压一重物，用畜力牵引，在播种后的田里拖动。《齐民要术·种谷》、王祯《农书·耒耜门》等对此都有描述。宋元时期发明了砘车。王祯《农书·耒耜门》：

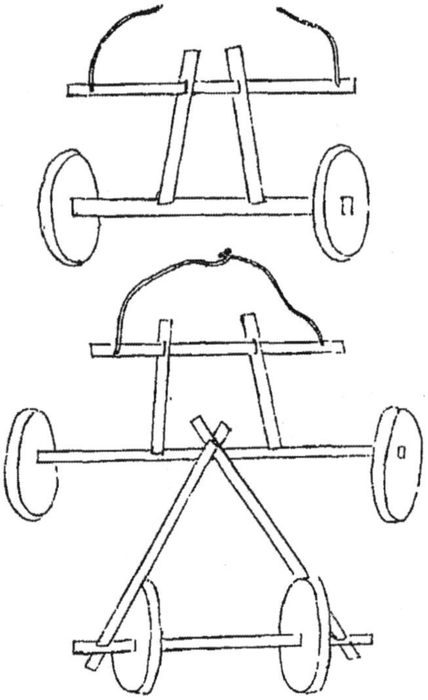

砘车

“砘，石碣也，以木轴架碣为轮，故名砘车。两碣用一牛，四碣两牛力也。凿石为圆，径可尺许，窍其中以受机栝，畜力挽之，随耧种所过沟垄碾之，使种土相着，易为生发。然亦看土脉干湿何如，用有迟速也。古农法云，耩种后用挞，则垄满土实。又有种人足躧垄底，各是一法。今砘车转碾沟垄特速，此后人所创，尤简当也。”砘车一直在北方农村流传。华北各省称之为砘子，并有单行、双行、三行三种。（曾雄生）

顿牟掇芥 今之静电现象，始见于西汉《春秋纬·考异邮》：“慈石取针，玳瑁吸诺。”此将静电现象和磁吸引现象并列在一起。东汉王充《论衡·乱龙》：“顿牟掇芥，磁石引针，皆以其真是，不假他类。他类亦似，不能掇取者，何也？气性异殊，不能相感动也。”东晋郭璞《山海经·图赞》载：“磁石吸铁，玳瑁取芥，气有潜通，数有冥会。”系是静电现象，是由静止电荷产生的。中国对静电吸引现象发现较早，且是和磁吸引现象并列出现的。意为芥子与玳瑁、钢针与磁石有相同的气性，故能相互感动；别的物体与玳瑁、磁石的气性不同，不能相互感动。西晋张烨《博物志》曰：“今人梳头、脱着衣时，有随梳、解结有光者，也有咤声。”为摩擦起电。南朝陶弘景《名医别录》云：“琥珀惟以手心摩热拾芥为真。”并以此鉴别真假琥珀的标准。这说明对摩擦起电和静电具有吸引力的认识。（李家明）

多边形面积 中国传统数学关于多边形面积的知识。西汉成书的《九章算术》提出了长方形的面积公式：“方田术曰：广从步数相乘得积步。”三角形（称为圭田）的面积公式：“术曰：半广以乘正从。”梯形（称为邪田或箕田）的面积公式：“术曰：并两邪而半之，以乘正从若广。又可半正从若广，以乘并。”广即其底，正从即其高。三国魏刘徽在割圆术中给出了计算正 $6\cdot2^n$ 边形面积的方法，$n=0,1,2,\cdots$，北周甄鸾《五曹算经》给出了四不等田（即一般的四边形）面积的求法，然而是错误的。南宋秦九韶《数书九章》解决了某些四边形的求积问题，又给出了与古希腊海伦公式等价的由三角形的三边求其面积的“三斜求积”公式。南宋杨辉《田亩比类乘除捷法》批评了《五曹算经》四不等田面积的计算错误，给出了正确的解法。刘徽对长方形的面积公式没有证明，只给出了面积的定义：“凡广从相乘谓之幂。”显然，幂是面积，与今天指乘方是不同的。对其他多边形的面积公式，都是用出入相补原理证明的，例如，刘徽《九章算术注》记载用出入相补原理证明三角形面积公式的方法是：如图，将三角形的Ⅰ、Ⅱ移至Ⅱ′、Ⅱ′处，便构成一个长方形，其底为三角形的底的一半，高为三角形的高，三角形的面积与其相等，完成了证明。（郭书春）

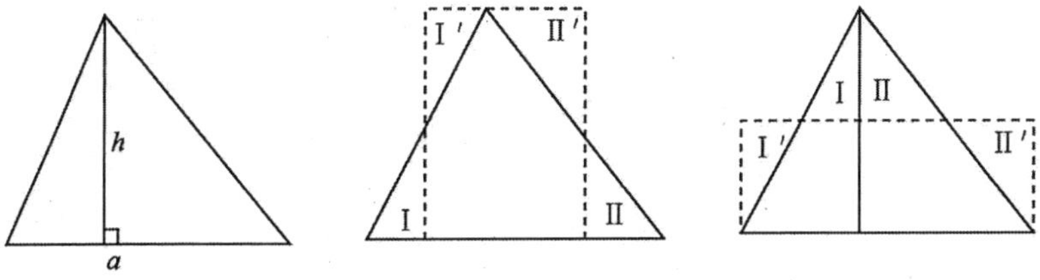

(1) (2) (3)

圭田术之以盈补虚

多熟种植 在同一块田地上通过连作复种或间作套种而使一年有两次或两次以上的种植和收获的种植方法，始于春秋战国。《荀子·富国》：“一岁而再获之。”《吕氏春秋·任地》：“今兹美禾，来兹美麦。”南北朝时期桂阳郡等地利用温泉种稻实现一年三熟。南朝宋人盛宏之《荆州记》：“常十二月一日种，至明年三月新谷便登，重种，一年三熟。”不过唐宋以后，最为普及的还是稻麦二熟制。明清时期，在多施肥的基础上，利用间套复种等技术，实现了“一岁数收”与“二年十三料”。前者先种染料作物大蓝、小蓝，再套种粮食作物粟、麦等，可以“一岁三收”。后者是以蒜、菠菜、白萝卜、小蓝、粟、麦等间作套种，“周而复始，二年可收十三料”。这是在人多地少的情况下，为了提高单位面积产量而采取的一种有效办法。（曾雄生）

多综多蹑纹织机 用以制织比较复杂的几何花纹织物的织机。其结构和原理与一般脚踏织机相似，但因所加装的综片和脚踏杆数量高达几十片或几十根（综片数和踏杆数可视需要随意添减），织机整体比一般脚踏织机大得多，能制织出比一般脚踏开口织机复杂得多的花纹织物。多综多蹑纹织机的出现年代尚难确定，有人根据春秋战国至秦汉的出土实物推断，认为大约是从战国至秦汉逐渐形成的。此机加装综蹑数量之最早记载见于《西京杂记》：汉宣帝时，“霍光妻遗淳于衍蒲桃锦二十四匹，散花绫二十五匹，绫出巨鹿陈宝光家。宝光妻传其法，霍显召入其第，使作之。机用一百二十镊，六十日成一匹，匹值万钱”。其次是《三国志·方技传》裴松之注云：“旧绫机，五十综者五十蹑，六十综者六十蹑。”按：“镊”字又写作

“躧”，一般当脚踏杆讲。对于“机用一百二十镊”和“五十综者五十躧，六十综者六十躧”，现有两种不同看法：一种认为古代没有出现过120躧或50、60躧织机，推断脚踏杆达到50或60根后，织工无法工作，脚踏杆提综不可能多到如此地步；另一种则相反，同意“镊”为脚踏杆，并根据近代四川农村使用30综、30根脚踏杆的“丁桥织机”制织花边织物的情况，推断古代不但出现过50、60躧织机，而且出现过120躧织机，认为即使是120躧织机，脚踏杆部位的宽度亦不过140～150厘米，不妨碍织工操作。解析该类型织机的开口机构、机上经纱的拉伸变形，综躧数量达到120时，织机仍能正常开口，而且据《西京杂记》所载，来源有据，非不实之谈，故历史上应出现过120躧织机。不过120躧织机需两人联手操作，工效甚低，是多综多躧纹织机发展到极限的一种特殊机型或实验机型，不具有推广普及价值。120躧织机的应用可能与当时追求大循环花纹绫织物有关，它的出现为提花机的发展普及创造了条件。提花机可能在战国期间即已出现，但在现存东汉以前的文献中尚未见记载，说明西汉时的提花机，其结构可能仍较粗简，不如多综多躧织机那样成熟和习见。所以，为加大织物纵向花回数，人们只考虑在习用的多臂织机上尝试增加综躧数量。大概在120躧织机出现后不久的时间，织机的制造者便吸取了120躧织机的教训，不再局限于单纯增加综躧数量这种方式，而是转变观念，针对多综多躧提综开口不便这一缺陷，大胆尝试去掉综躧，将综片改为线综，并把升降运动相同的线综束结在一起。可以说120躧织机的出现，客观上促进了提花机在东汉的大发展。（赵翰生）

垛积术 即今之高阶等差级数求和问题，是为宋元数学的重要分支。11世纪沈括创造隙积术，开其先河。沈括研究了坛、罐等堆垛起来的刍童形垛，因为积之有隙，称为隙积。沈括指出它不能用《九章算术》的刍童公式求其数目，遂提出隙积术。设隙积的上底宽 a，长 b，下底宽 c，长 d，共 n 层，如图，沈括的隙积术是 $S_n=\frac{n}{6}[(2a+c)b+(2c+a)d+(c-a)]$，比刍童体积多 $\frac{n}{6}(c-a)$。这是二阶等差级数求和问题。13世纪杨辉《详解九章算法》以各种果子垛比类《九章算术》的多面体，实际上，在沈括的公式中令 $a=b=1,c=d=n$，便是杨辉的四隅垛公式；令 $a=b,c=d$，便是杨辉的方垛公式；令 $a=1,b=2,c=n,d=n+1$，除以2，便是三角垛公式：$S_n=\frac{1}{6}n(n+1)(n+2)$。元朱世杰解决了大量的更高阶的等差级数求和问题。他提出了一系列三角垛公式，还解决了以四角垛为一般项的高阶等差级数求和问题，以及岚峰形垛等更复杂的级数求和问题。（郭书春）

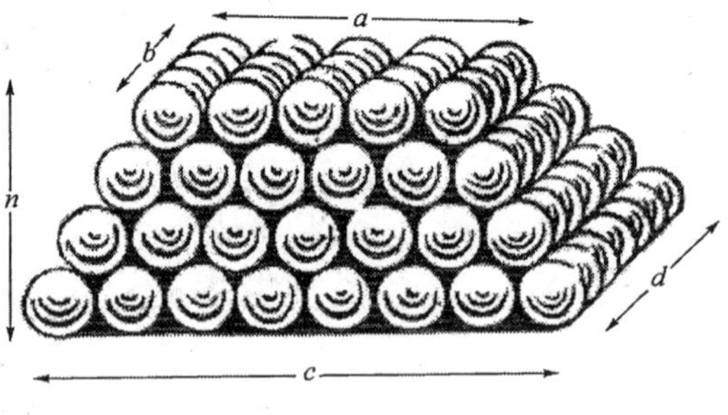

隙积图

舵 又作柁、杝、柂等，为控制船只航行方向的设备。深水航行，本来用位于尾部的操纵桨控制方向。操纵桨不断演进，增加其桨柄长度，逐渐形成了梢（或招），增扩桨叶的面积，就产生了舵。舵大约发明于汉代。1955 年广州出土一艘东汉陶船模，其尾部正中已有舵，其面积比桨叶宽展得多，舵面积系数（即舵面积与船长和吃水乘积之比）约为 9%。然而此舵还不是沿着竖直的舵杆轴线转动的，尚有以桨代舵的痕迹。《释名》：“其尾曰柂。柂，拖也。在后见拖曳也，且言弼正船使顺流不他戾也。”《玉篇》：“舵，正船木也。”后来船尾舵演变为沿垂直轴线转动。公元 8 世纪上叶唐郑虔的画中已出现具有垂直轴线的舵。舵由舵柄（又叫关门棒）、舵杆、舵面构成。其作用原理为，当船只航行时，船尾产生的水流在舵面形成一定的水压，称为舵压。因舵压的作用，船只会改变航向。《岭外代答》称，舵“如一丝引千钧于山岳震颓之地，真凌波之至宝也”。舵是中国在船舶技术上的一项重大发明，大约早于西方 1000 年，后来传播到阿拉伯及欧洲，对世界航海事业的发展发挥了重大作用。（金秋鹏　郭书春）

E

鳄和鼍　“鼍”即现在还生存于中国安徽等地的鳄形目鼍科动物扬子鳄（*Alligator sinensis*），而“鳄鱼”，现在科学家认为就是鳄形目湾鳄科动物湾鳄（*Crocodilus porosus*）。湾鳄是鳄类中身体最大的一种，现在在中国已绝迹。中国古籍中有关“鼍”和“鳄鱼”的记载较多，而且一直把它们作为两种不同的动物。早在三四千年前的甲骨文中即有象形字“鼍”。《诗经·大雅·灵台》云：“鼍鼓逢逢。”鼍皮较厚，所以在两三千年前，人们就已经用鼍皮来蒙鼓。《夏小正·二月》中有“剥鱓”的记载。鱓，同鼍。剥鱓，就是剥取鼍皮。《吕氏春秋·谕大》云：“水大则有蛟、龙、鼋、鼍、鳣、鲔。”可见在先秦时，鼍是被列为重要的自然动物资源之一的。东汉许慎《说文》同时提到“鼍”和“鳄”：“鼍，水虫，似蜥蜴，长大。”又“蝉”，“似蜥蜴，长一丈，水潜，吞人即浮。出日南，从虫，屰声”。《说文》段注：蝉，俗作鳄、鳄、鳄。”可见《说文》所说的“蝉”，就是鳄，即湾鳄。这是现存古籍中有关湾鳄的首次记载。自东汉至唐、宋，人们对这两种鳄类动物有了更多的了解。三国陆机《毛诗草木鸟兽虫鱼疏》道：“鼍，形似蜥蜴，四足，长丈余，生卵大如鹅卵，甲如铠，今合药鼍鱼甲是也。其坚厚，可以冒鼓。”唐代陈藏器曰：“鼍性嗜睡，恒闭目，力至猛，能攻江岸。”但未说它有残食鹿、豕和人类的行为。西晋左思《吴都赋》有“鼍、鼊、鲭、鳄”之语。晋代刘渊林注曰：“鳄鱼，长二丈余，四足，似鼍。喙长三尺，甚利齿。虎及大鹿渡水，鳄击之，皆中断。”北宋沈括《梦溪笔谈》说鳄“其大如船”，“其形如鼍，但喙长等其身，牙如锯齿。有黄、苍二色，或时有白者，尾有三钩，极铦利，遇鹿、豕，即以尾戟之以食”，指出了鳄、鼍的差别。广东沿海历来盛产鳄鱼，所以留下了不少有关鳄鱼的故事传说。唐代韩愈《祭鳄鱼文》驱赶鳄鱼的故事就发生在这里。宋成平年间（998～1003），潮州还发生过鳄鱼吃人事件，当时在当地任职的陈尧佐便命令追捕鳄鱼，并当街鸣鼓“僇之”。王举直在潮州任职时曾钓得一条鳄鱼。沈括《梦溪笔谈》把它作为一件奇事记载，可见当时潮州鳄鱼已是稀见。（汪子春）

《尔雅》动物分类　《尔雅》中《释虫》、《释鱼》、《释鸟》、《释兽》、《释畜》等篇所列动物，基本上反映出早期人们将动物分为虫、鱼、鸟、兽四大类的情况。虫类相当于现在的无脊椎动物；鱼类则为鱼纲、两栖纲和爬行纲等动物的总称；鸟类则为鸟纲动物；兽类则相当于现在的哺乳纲动物。其分类界线分明，含义古今也基本一致。《尔雅》有关各篇常将亲缘关系相近的动物排列在一起。例如，在《释虫》中，将同属蝉科的蜩、螗蜩、蜻蜻、茅蜩、马蜩、寒蜩等排列在一起，又将同属蚁科的蚍蜉、螘、朾螘、飞螘等列在一起；在《释鸟》中，将同属鸠鸽科的鳺鴀、鶌鸠、鹞鸠等列在一起，又将同属鸭科的舒雁、鹅、鵞、乌鸊等列在一起；在《释兽》中将鹿、麇、麔等鹿科动物列在一起。这反映出《尔雅》在虫、鱼、鸟、兽之下，又有更细的分类的认识。（汪子春）

《尔雅》植物分类　《尔雅》将植物分为草、木两大类，著录草本植物190余种，木本植物70余种。这两类基本都是种子植物，但前者还包括菌藻类、羊齿类；后者包括所谓“寓木”（寄生植物）。在“释木”中，其提到木本植物有三型：一是“小枝上缭”的“乔木”；二是“族（丛）生”的“灌木”；三是“无枝”的“檄木”。这是植物学上首先较全面而系统地介绍的名词，其中，乔、權两词一直沿用至今，“檄木”一词虽然很少沿用，但用以概括棕榈科植物也颇恰当。《尔雅》还将形态和亲缘相近的植物连排在一起，例如，同属葱蒜属的有韭、山葱、山薤、山蒜等；同属菊科的有蘩、蒿、蔚；同是禾本科的有虋、芑、秬、秠；同是竹属的有莽、桃枝、鄰、簢、仲、笞、篠；同是枣属（或果形似枣）的有壶枣、要枣、白枣、酸枣、齐枣、羊枣、大枣、填枣、苦枣、无实枣、棯枣等。这初步做到了“同则同之”、“以类相聚”。此外，《尔雅》还以一种植物的某一部分形态特点类比其他相类似的植物，如“苇醜芀、葭华”，是以苇标识或代表芀、葭等属；又如“槐棘醜乔，桑柳醜条，椒樧醜莍，桃李醜核”，是株形上以“乔”（高耸的枝）标识槐棘等植物；以“条”（低垂的枝）标识桑、柳等植物；从果形上以“莍”（圆形聚合成球的球果）标识椒、樧等植物；以“核”（核果）标识桃、李等植物。（汪子春）

二简法　正弦、余弦变换的两个公式：$\sin A = \sin(60° + A) - \sin(60° - A)$ 和 $\sin(A \pm B) = \sin A\cos B \pm \cos A\sin B$。邓玉函（Jean Terrenz，1576～1630）在《大测》中所述三角函数造表法有此名。利用此二式可以计算一些用三要法不能计算的正弦数值。（郭书春）

二里头遗址　位于河南偃师二里头村，面积300万平方米，年代为公元前21世纪至前17世纪，一般分为四期。学术界对该遗址的认识存在不同看法：有人认为它是夏代都邑故址；有人认为遗址第三、四期属于早商文化，当时这里可能是汤都西亳，而第一、二期可能是夏代晚期遗存。遗址沿古伊洛河北岸呈西北－东南向分布，东西最长约2400米，南北最宽约1900米，北部为今洛河冲毁，现存面积约3平方公里。其宫城位于遗址东南部的微高地，同时分布着铸铜、制陶、制骨、制玉等手工作坊遗迹和中型墓葬，西部地势略低，为一般性居住活动区。遗址的东部边缘地带发现有断续延伸的沟状堆积，已探明长度逾500米，可能是建筑用土或制陶用土的取土沟，同时也具有区划作用，形成遗址的东界。二里头宫城城垣外围有3条垂直相交的大道，宫殿区面积达12万平方米左右，东侧的南北向大道长度近700米，北侧大道和南侧大道长度均超过300米，两路间距约400米。在宫城内发掘了6座庭院。1号平面为方形，占地1万平方米，主体建筑为面阔8间、进深3间、四阿重屋式坐北朝南的殿堂，四周有廊庑，前面是大门，中间是广庭。2号由廊庑、大门、中心殿堂、大墓组成，有北墙、东墙、东廊、西墙，西廊，南面为复廊和大门建筑，而北墙和三面廊庑围成一个庭院，庭院中心偏北是中心殿堂。

中心殿堂与北墙之间有一大墓，标志着这组宫殿建筑是夏都宗庙性质的建筑。在1号、2号宫殿基址之间，有大面积的路土遗迹和数百平方米的卵石活动面。4号建筑基址台基长近40米、宽12米，位于2号宫殿基址的正前方。二者有共同的建筑中轴线，建造时间大体相当，应属同一建筑组群。3号和5号建筑基址建于二里头二期。二者东西并列，其中3号建筑基址部分被2、4号基址所覆压，其年代比1号大型宫殿基址早100年左右。6号大型建筑基址在2号宫殿基址的北墙外，建于二里头文化四期。二里头宫城在二里头遗址之初即为宫殿区，前后延续约300年之久。宫殿建筑经多次翻建、扩建，功能分区基本保持如初，如重叠于具有宗庙性质的2号庭院下的3号基址，在中院和南院院内也有墓葬，成排排列，并出土了铜器、玉器、漆器、白陶器、印纹釉陶器、嵌绿松石工艺品、蚌制工艺品、海贝等大量精美随葬品。虽然经过更新，此区域一直是宫城中祭祀祖先的地方。2号院落是现发现最早的宗庙，表明早期祭祖建筑庭院内是要安置祖宗墓葬的。（沈玉枝）

二十八宿　又名二十八舍或二十八星。《周礼·春官》记冯相氏“掌十有二岁，十有二月，十有二辰。二十有八星之位辨其叙事以会位”。这二十八星当是指二十八宿。最初是古人为比较日、月、五星的运动而选择的二十八个星官，作为观测时的标志。“宿”或“舍”，有“停留”的意思。《史记·律书》说：“舍者，日、月所舍。”后来二十八宿也成为天区划分的主体。整个天球以北极为中心，以二十八宿为赤道附近的标志，分成橘子瓣状的二十八个天区，以二十八宿名之。也就是说，作为天区，二十八宿主要是区划星官的所属。在天象记录中说某天象“入某宿”，是指天象发生在某宿所指的天区，不是指作为星官的某宿的小范围天区。在《步天歌》中，就是以二十八宿代表二十八个天区，和三垣一起为天区划分的主体，有“三垣、二十八宿”之称。二十八宿的名称，自西向东，即沿日、月沿黄道的视运动方向，依次是：东方七宿，角、亢、氐、房、心、尾、箕；北方七宿，斗、牛（牵牛）、女（须女或婺女）、虚、危、室（营室）、壁（东壁）；西方七宿，奎、娄、胃、昴、毕、觜、参；南方七宿，井（东井）、鬼（舆鬼）、柳、星（七星）、张、翼、轸。二十八宿中，各宿所包含的恒星不止一颗，古人从每宿中选定一颗星作为精细测量天体坐标的标准星，叫做距星。距星大多选择在各宿中位于最西边的恒星，这是因为古代度量天的赤道坐标即“入宿度”是由西向东度量的。湖北随县出土的公元前5世纪的漆箱盖上已经有全部二十八宿的名称，可见二十八宿的创立当更早。其中部分星宿，出现非常早。《尚书·尧典》有“四仲中星”的记载，即“日中星鸟，以殷仲春”，“日永星火，以正仲夏”，“宵中星虚，以殷仲秋”，“日短星昴，以正仲冬”。按天文推算，这些天象都在公元前十二三世纪以前，说明鸟（七星）、火（心宿）、虚、昴等星宿作为星官在殷末周初以前已经存在。二十八宿体系可能是在此基础上不断扩充而建立起来的。古代的印度、阿拉伯、伊朗、埃及等国，也有类似于中国的二十八宿。阿拉伯、伊朗、埃及等国出现的较晚，一般都认为是从印度传播过去的。而中国和印度二十八宿的关系，历来观点不一。研究者们往往从中、印二十八宿的分布特征出发进行分析对比，但最终并没有公认的结论。关于中国的二十八宿，有以为是沿赤道分布，有以为是沿黄道分布，也有以为是与拱极星相关联的。印度二十八宿叫做“月站”（nakshatra），表明是月亮运动的标志点，而中国二十八宿实际上主要是用来标志太阳所在，如《月令》所称“孟春之月，日在营室”等等。这说明中国、印度虽然都有二十八宿，但印度是基于月亮观测，中国是基于太阳位置的观测。从天文观测的常理看，月亮位置观测比太阳位置更直观，印度的二十八宿也许比中国更早。（孙小淳）

二十四气 又称二十四节气。简单地说是把一回归年分成二十四等分，叫做二十四气，每一气都和一回归年中固定的时间相对应，和一定的物候、气候相对应。中国古代历法多为阴阳合历，二十四气反映太阳历性质的历法要素。之所以称之为“气”，可能同中国古代常用“气”来解释自然现象的认识有关，认为一年中物候等变化，是宇宙之气变化所致。某某“气”到了，相应的物候就要出现，所以有“气候”之称。论二十四气时，往往是指一年中 24 个时刻，它们是 24 个时间段的标志点。现行二十四节气的全部名称，首见于《淮南子·天文训》和《周髀算经》。全部名称依次如下：冬至、小寒、大寒、立春、雨水、惊蛰、春分、清明、谷雨、立夏、小满、芒种、夏至、小暑、大暑、立秋、处暑、白露、秋分、寒露、霜降、立冬、小雪、大雪。古代常把从冬至起奇数次的气，如冬至、大寒、雨水等等，称为中气；偶数次的气，如小寒、立春、惊蛰等等，称为节气。现今一般总称为二十四节气。

有许多节气的产生是很早的。二分（春分、秋分）和二至（冬至、夏至）这四个节气，在《尚书·尧典》中就有所记述，不过《尧典》中称这四气为日中、日永、宵中、日短，表明春分时白天长度适中（即和夜晚长度相同），夏至时白天最长，秋分时夜晚长度适中，冬至时白天最短。古六历中有以立春为历元的，说明在古六历产生的春秋战国时代，立春、立夏、立秋、立冬这四个节气早就有，《左传》僖公五年条下说：“凡分至启闭必书云物，为备故也。”分至启闭就是指二分、二至、四立这 8 个节气。其他 16 个节气，在先秦文献中也可以见到部分名称。例如，《夏小正》里有“启蛰”；《管子·幼官图》里有“清明”、“大暑”、“白露”、“始寒”、“大寒”；《楚辞》里有“霜降”、“白露”；《吕氏春秋·十二纪》里有“蛰虫始振”、“始雨水”、“小暑”、“溽暑”、“霜始降”等等。这些名称和现今流传的有所差别，但都反映了一年中不同时节的气候特征。所以，二十四气的产生是和人们对气候的观察和认识分不开的。

二十四节气和人们的生活密切相关，成为古代“观象授时”的重要内容。古代历法大多要给出确定二十四气的方法。基于人们对太阳视运动的认识水平不同，确定二十四节气的方法有所谓“平气”、“定气”之分。二十四节气的计算方法，最初是把一个回归年均匀地分成 24 等分。这是基于人们认为太阳周年视运动是均匀的认识基础上的。例如，颛顼历的回归年是 365.14 日，每一个节气的长度是 15.732日。从立春开始，每过 15.732 日就交一个新节气。这样定的节气叫“平气”。但是，北齐张子信发现太阳的周年视运动是不均匀的。这样，各个平气之间太阳所走的度数是不相等的。于是隋代刘焯在《皇极历》中提出以太阳黄道位置分节气，把黄道一周天从冬至开始，均匀地分成24份。太阳每走到一个分点就是交一个节气。这样定的节气叫做“定气”。每个定气的时间长度是不等的。例如，冬至前后太阳移动快，一气只有14日多；夏至前后太阳移动慢，一气可将近16日。从民用的角度说，平气、定气没有多大关系，因为都可以做到把生物、气候现象等在一年中的日期固定下来。因此，定气在民用历本上直到清朝的《时宪历》才被采用注历。但是在历法上涉及日、月交食的计算时，必须考虑到太阳运动的不均匀性以计算太阳的真实位置，所以定气在历法推算上用得较早。僧一行《大衍历》所给出的太阳运动计算表就是以定气为根据的。（孙小淳）

F

法显西行天竺　东晋高僧法显赴天竺（今印度）取经求法的旅行活动。法显因有感于国内佛教藏律残缺，于东晋隆安三年（399）偕慧景等10人由长安（今西安）出发，经河西走廊、焉夷（今新疆焉耆附近），从西南穿越塔克拉玛干大沙漠到于阗（今新疆和田），越葱岭（今帕米尔高原），由印度河流域、巴基斯坦进入阿富汗，再返巴基斯坦，东入恒河流域，抵天竺。周游北、西、中天竺后，在东天竺的摩竭提国都巴弗邑（今巴特那）学习、生活3年。义熙五年（409），法显只身从多摩梨帝国（今加尔各答西南）乘商船南航师子国（今斯里兰卡），居留2年，续得经本。义熙七年再乘船东归，经耶婆提（今苏门答腊）换船北航，绕行南海、东海，于义熙八年（412）七月在青州牢山（今青岛崂山）登陆。翌年，转归建康（今南京）翻译佛经。法显西行历时14年，游历约30个国家和地区，成为中国最早翻越西域边境高山而深入印度的少数旅行家之一，也是中国首位由陆路去印度、由海路回国而留下旅行记录的旅行家。义熙十二年（416），完成西行天竺的旅行记《法显传》（又称《佛国记》等）。这是中国古代关于中亚、印度、南洋的首部完整的旅行记，也是中国与印度之间海、陆交通的最早记录。（艾素珍）

帆　又称蓬，用帆布或其他纺织品制成，挂于桅上，承受风力推动船只前进的工具。学术界比较流行的看法是殷商时代就出现了帆，甲骨文的“凡”很像船的帆，卜辞“戊戌卜，方其凡”就是说“戊戌日占卜，船上必须挂帆”。也有的学者不同意这种看法。湖南出土的战国铜镦于其顶盘上刻有船纹，其中有一个的中部立有一扇状图形，应是风帆。战国时期沿海交通繁盛，吴、越、楚、齐等地使用风帆是没有问题的。东汉马融（79～166）写于永初二年（115）的《广成颂》云：“方余皇，连舼舟，张云帆。”是为现存文献中关于使用风帆的最早描绘。东汉刘熙《释名》云：“随风张幔曰帆。帆，汎也，使舟疾汎汎然也。”帆最初可能是正方形，后来逐步变成梯形；开始是正装，后来逐步变成斜装。《太平御览》引汉《南州异物志》记载了风帆的构造和驶风技术：“随舟大小，或作四帆，前后沓载之。有卢头木，叶如牖形，长丈余，织以为帆。其四帆不正前向，皆使邪移相聚，以取风吹。风后者激而相射，亦并得风力，若急则随意增减之。邪张相取风气，而无高危之虑，故行不避迅风激波，所以能疾。”这里描绘了帆的构造，说明汉代已使用多桅多帆，并利用侧向风力，还注意到多帆的相互影响，随时调节帆的位置和帆角，更要根据风力大小调节帆的面积。海船一般2～3张帆，郑和宝船达到12张帆。中国风帆的使用尽管比国外晚，然而有尾舵与之配合，加之先进的使帆技术，从而使中国帆船的航海能力长期领先于世界。古代陆地上驾驶的车也有使用帆的，以风推动帆作为前进的动力。帆车在明末清初传

到欧洲，反响巨大。此外，帆还用在风车上，以碾米、抽水等。（郭书春　王允红）

凡重则下直　物体运动形式之一，现称自由落体。凡重物受地心引力的作用而不受其他力的作用皆垂直地自由下落。古代建筑工匠以绳悬重物来判定建筑物是否垂直。古代对此运动有认识。《墨子·宫法仪》道："百工为方以矩，为圆以规，直以绳，正以县。"《考工记》也提到"立者中县"。《墨经》将这些经验首先上升为理论，它将斜面运动与垂直下落运动作了比较，《经说下》写道："凡重，上弗挈，下弗收，旁弗劫，则下直。扡，或害之也。汖梯者下得直也。今也废石（尺）于平地，重不下，无踦也。"即凡重物，在其上、下、左、右都不受到人为作用时，必垂直下落；如果它是沿斜线下落的，那是有某种人为作用在妨碍它，如果将石块置于平地，虽然石块有重量，但并不下落，因为石块和地面之间其力量无强弱相跨可言。在这段文字中，墨家首先正确地描述了自由落体的运动状态，指出了自由落体运动所必备的条件："上弗挈，下弗收，旁弗劫。"同时，又将自由落体运动与沿斜面的下落运动作比较。以隐含着的作用力与反作用力相等的概念（"无踦"），进一步指出平地上的石块不再下落的原因。这是墨家对力学的重大贡献之一。（王允红）

范　古代铸型的称谓，用于铸造金属器物，往往含有芯，范与芯组合成铸型。将熔化的金属浇注入铸型，可铸造器物。所要求铸造的器物的复杂程度，决定了铸型的复杂程度。早期的器物形状简单，多为平板式小型铸件，常常由两块对开的范组成铸型。此后出现了带孔的板式小型铸件，便采用了一块芯与两块对开的范组成铸型。根据制作材料的不同，可分为泥范、石范、铜范和铁范。中国与其他文明不同，泥范可能早于石范。但泥范具体出现的年代无考，应当在新石器时代晚期。至迟在铜石并用时代，已经用泥范铸造铜器。内蒙古赤峰四分地夏家店下层文化曾出土了一块长 34 毫米、宽 24 毫米、厚 7 毫米的灰色泥范，是目前所知年代最早的实物。由于其具有优良的可塑性并易于雕刻，可以铸造出极其复杂的器形、细腻的纹饰和清晰的文字，所以泥范铸造在中国古代铸造业中占据着统治地位。商周时期的青铜器几乎都是泥范铸造成形的，一些复杂的青铜器使用了数十块泥范和泥芯。中国古代失蜡法铸造的铸型是泥质，亦属泥范铸造的范畴。直到清末，铸造铁锅仍然使用的是泥范。石范在中国多发现于周边地区，年代最早的山西夏县东下冯二里头文化遗址出土的石范，共计 10 块，是历次发现最多者，当属夏代（公元前 21～前 16 世纪）。因石范不易雕刻，难以铸造复杂器物和形体较大的器物，只用于铸造一些小型而简单的农具和工具，一直处于从属地位。但石范可重复使用，成本较低，因此在一些偏远地区沿用的时间相当长。铜范大概出现于战国时期，有考证说钱容便是用于铸造青铜钱币的铜范。这一时期用铁范大量铸造铁器是毫无疑问的，河北兴隆寿王坟出土的燕国铁范具有代表性。铁范具有传热迅速的特点，可使铸件快速凝固，使铸件组织致密，使铸铁件易于形成白口，便于进行柔化处理。历史上颇负盛名的山西阳城犁镜，便是铁范铸造的，目的是便于获得白口组织，使犁镜极其坚硬，非常利土。（苏荣誉）

方　（1）医方，是根据一定的配伍原则，针对不同的病证，以若干药物配合组成的药方，是治法的体现。《隋书·经籍志》云："医方者，所以除疾炙，保性命之术者也。"根据组方的药味、药性等不同，有七方之分。《素问·至真要大论》首先提出大、小、缓、急、奇、偶、重七种方。至金代成无己首次提出"七方"之说："制方之用，大、小、缓、急、奇、偶、复，七方是也。"大方指药味多或药味不多但药量大的方子，治疗邪盛之病或病在下者。小方指药味少或药味不少但药量小的方子，治疗轻浅之病或病在上者。缓方指药性平缓，治疗慢性疾患，长期服用者。急方指药性峻猛，治疗危重病证，急于取效之方。奇方指单味药的方子或组成药物为奇数的方子，如独参汤由单味人参组成。偶方指组成药物为偶数的方子，例如，补气之四君子汤，由人参、白术、茯苓、甘草四味药组成；补血之四物汤由地黄、当归、川芎、芍药四味药组成。复方在《素问》中也称为"重方"，指两个以上方剂合用而治复杂病证的方子。例如，八珍汤由四君子汤与四物汤合并组成，用于气血两虚的病证。此外还有禁方、验方之说。禁方也称秘方，指只限于个人或一个家族内部，或师徒之间知晓，保存不外传的方子，一般是具有某种特殊疗效的经验方。例如，《史记·扁鹊仓公列传》云："我有禁方，年老，欲传于公，公勿泄。"可惜一些有奇效之方因此而失传。验方指经过医生在临床实践中使用，已被证实是有效验的方药。如清代有《验方新编》，所收均为名医或民间的验方。（张志斌）

（2）数学术语。①指正方形。刘徽《九章算术注》云："凡物类形象，不圆则方。"②开方术中一次项系数。原称为"法"，在开立方术的立体模型解释中，它是正方形，刘徽称之为"方法"，二次项的系数是一线段，称为"廉法"，三次项系数称为"隅法"，后来演变成"方"、"廉"、"隅"。（郭书春）

方程和方程术　方程相当于今之线性方程组，先秦"九数"之一，后来发展成为《九章算术》的第八章，包括方程术、正负术和列方程的损益术及 18 个题目，也是清以前许多中国传统数学著作的重要卷章。"方"的本义是并；"程"是求其标准，通过并而程之，解决今之线性方程组问题。公元 3 世纪刘徽注给出了"方程"的定义："群物总杂，各列有数，总言其实。令每行为率，二物者再程，三物者三程，皆如物数程之。并列为行，故谓之方程。"方程按分离系数法和位值制表示，每行自上而下，各行自右向左排列，相当于现今之矩阵。清末李善兰与伟烈亚力（Alexander Wylie，1815～1887）、华蘅芳与傅兰雅（John Fryer，1839～1928）译西方数学著作，将 equation 分别译作"方程"与"方程式"。1934 年数学名词委员会确定用"方程（式）"表示 equation，用"线性方程组"表示中国古代的方程，最终改变了"方程"的本义。《九章算术》方程章第 1 问分别给出了上、中、下三种禾不同秉数之共实的三个数量关系，以求上、中、下禾之实，然后提出方程术，相当于今之线性方程组解法。"术曰：置上禾三秉，中禾二秉，下禾一秉，实三十九斗于右方。中、左禾列如右方。以右行上禾遍乘中行，而以直除。又乘其次，亦以直除。然以中行中禾不尽者遍乘左行，而以直除。左方下禾不尽者，上为法，下为实。实即下禾之实。求中禾，以法乘中行下实，而除下禾之实。余，如中禾秉数而一，即中禾之实。求上禾，亦以法乘右行下实，而除下禾、中禾之实。余，如上禾秉数而一，即上禾之实。实皆如法，各得一斗。”可见这里以中、左行消去右行之上、中禾，以求下禾之实，是采用直除法，而求中禾、下禾的方法类似于今之代入法。其消元运算与现今之矩阵变换一致。刘徽以齐同原理证明了直除法的正确性，实际上将直除法进行到底，并提出“举率以相减，不害余数之课”作为其理论基础。刘徽还创造了互乘相消法和方程新术。（郭书春　邹大海）

方程新术　公元3世纪三国魏刘徽创造的解线性方程组的一种方法。首先见之于《九章算术》方程章“五雀六燕”术注。五雀六燕问是：“今有五雀六燕，集称之衡，雀俱重，燕俱轻。一雀一燕交而处，衡适平。并雀燕重一斤。问：雀、燕一枚各重几何?”《九章算术》用方程术求解。刘徽注曰：“此四雀一燕与一雀五燕其重等，是三雀四燕重相当，雀率重四，燕率重三也。诸再程之率皆可异术求也，即其数也。”此“异术”即方程新术。刘徽在麻麦问术注中详细阐述了此术：“以正负术入之。令左右相减，先去下实，又转去物位，则其求一行二物正、负相借者，是其相当之率。又令二物与他行互相去取，转其二物相借之数，即皆相当之率也。各据二物相当之率，对易其数，即各当之率也。更置成行及其下实，各以其物本率今有之，求其所同，并以为法。其当相并而行中正负杂者，同名相从，异名相消，余以为法。以下置为实。实如法，即合所问也。一物各以本率今有之，即皆合所问也。率不通者，齐之。”它是援引正负术，通过诸行相减，先废去一行，再消去常数项及部分未知数，使每行只剩两个未知数的系数，成为两两相当之率，对易两相当之率，遂成为两两相与之率。运用齐同术，化成诸物之通率，然后使用今有术或衰分术求解。刘徽比较了用方程术与方程新术解麻麦问的细草，发现新术不如旧术简省。刘徽创造新术的目的在于说明解法的多样性，主张如庖丁解牛那样，灵活运用数学方法，反对“胶柱鼓瑟”。（郭书春）

方家　（1）道家术语，指道术修养深湛之人。《庄子·秋水》：“吾长见笑于大方之家。”成玄英疏：“方，犹道也。”后称饱学或有一艺之专精者为方家。

（2）指医家、医生。医以方剂治病，故称。《唐六典·尚药局》：“凡合药宜用一君，三臣，九佐，此方家之大经也。”（李家明）

方士　①古代方术之士，指求仙、炼丹，自言能长生不死之人。源于周，兴于战国，盛于秦汉。《史记·封禅书》记述，方士宋毋、正伯侨、羡门子高等皆修仙道，入海求仙，寻不死之药。战国末，方士驺衍以阴阳五行相生相克说，推论朝代兴衰、更替，得以“显于诸侯”。秦始皇信方士，因求不死药未成，以“为妖言以乱黔首”罪名逮方士，将460余人坑之咸阳。汉武帝也甚宠信方士，致使“海上燕齐之间，莫不扼捥而言有禁方，能神仙矣”（《史记·孝武本纪》）。《汉书·艺文志》收神仙十家205卷。其所行之人主微行方、祠灶、谷道、却老方、求仙术、候神、望气、导引、按摩方、芝菌方、重道延命方、烧炼等方术，都为后来道教所信行。其炼丹术及长生术等含有许多化学和医学养生知识。②泛称医、卜、星、相之士为方士。《素问·至真要大论》：“余锡以方士，方士用之尚未能十全。”（李家明）

方术　指数术、方技。数术（亦称术数）以研究“大宇宙”，即“天道”或民地之道为主，内容包括天文、神仙术、占卜、算术、气象、堪舆等学科。方技是以研究“小宇宙”，即“生命”或“性命”和“人道”为主，包括医学、药剂学、性学、营养学及与药剂学有关的植物学、动物学、矿物学和化学等学科，以及求仙之道。事其业者称为“方士”。《淮南子·修务训》：“无本业所修，方术所务。”《史记·扁鹊仓公列传》：“方伎所长，及所能治病者?”《汉书·艺文志》：“方技者，皆生生之具，五官之一守也。太古有岐伯、俞柎，中世有扁鹊、秦和……汉兴有仓公……故论其书，以序方技为四种。”“四种”即医经、经方、房中、神仙。《后汉书》有《方术传》，载华佗、费长房等方士之事迹。自《后汉书》至《明史》均有记载从事这类活动的人物传记，如《方术列传》。《文心雕龙·书记》：“方者隅也，医药攻病，各有所立，专精一隅，故药术称方。术者路也，算历极数，见路乃明，九章积征，故以为术。”数术古代多由祝宗卜史执掌，方技亦有宫廷内官典守。（李家明）

方田　①中国古代数学科目之一，研究面积问题，亦涉及分数四则运算。为先秦九数之首目，《九章算术》以之为第一章，后世算经亦或有之。②指矩形，后来常称为直田。西汉成书的《九章算术》方田章有其体积公式：“广从相乘得积步。”即 $S=ab$，其中 S、a、b 分别是其面积、广、从。其源当在远古。刘徽以为其面积理论体系之出发点而不予证明，犹今之视为公理。（邹大海）

方于鲁墨　中国古代名墨，为明代方于鲁所制。方氏本籍安徽歙县，本名大激，是明代著名制墨家，与程君房齐名，世称“方程”。因明万历帝常称“方于鲁墨”，方氏遂废原名，更字建元，号太玄。据《方氏墨谱》所载“嘉禾重颖”墨有“万历丙子（1576）”款，则方氏墨肆应开设于万历初年前。方于鲁注重制造大墨，不仅墨模雕刻极细，而且在墨上题以佳名，作为礼品之用，如生子用“百子骏”、“百子榴”、“天孙云锦”墨，生女用“载弄之璋”、“掌珠”墨，结婚用“文彩双鸳鸯”、“同心比翼”墨，投考有“玉堂柱石”、“玉堂花瑞”墨，生日有“以介景福”、“千岁苓”墨，得官有“麦秀雨歧”、“嘉禾重颖”墨，赠武官有“玄衮玄钺”、“凌烟阁”墨，上贡有“天保九如”、“云行雨施”墨，名色繁多。甚至还有和尚用的“达摩真性颂”、“炽盛光轮”墨和道士用的“青牛紫气”、“碧枣玄梨”墨，等等。方氏之墨之所以有名，当然还在于其质地坚实，精莹如黑玉。墨模雕镂皆出高手，绘图题识多是名家，尤注重墨的装饰，往往用漆皮作为墨的外衣。此外，还有加敷五彩墨，如传世的“文犀照水”、“文彩双鸳鸯”、“皇图九锡”、“鱼在右藻”、“天禄永昌”和“妙杏宝轮”等。方氏曾花费 5 年时间，请名工把他的墨肆精品摹绘刻板，于明万历十七年（1589），编成《方氏墨谱》6 卷刊行。其内容按式样分为 5 种，每种又分为 6 类，反映出方氏早期作品的概貌。方氏墨肆大约歇闭于明天启年间（1621～1627）。清初，方于鲁墨已成为珍品。方氏墨对后来的制墨业影响很大，有清一代制墨家，几乎全都沿袭其定名和形式。方氏墨传世精品大多藏在故宫博物院，约有 80 枚，其他博物馆亦有零星收藏。（苏荣誉）

方圆与圆方　古代关于正方形与圆相切、相接关系的知识。《周髀算经》卷上载公元前 11 世纪商高答周公问（一说为陈子答荣方问）曰：“万物周事而圆方用焉，大匠造制而规矩设焉。或毁方而为圆，或破圆而为方。方中为圆者谓之圆方，圆中为方者谓之方圆也。”即正方形内切一圆，称为圆方；圆内接一正方形，称为方圆，见图。公元 3 世纪魏刘徽《九章算术注》以他求出的圆周率徽率 $\pi=\frac{157}{50}$ 或 $\pi=\frac{3927}{1250}$ 求出了正方形（称为外方）与其内切圆，该圆与其内接正方形（称为内方）的面积的关系：设它们的面积分别为 $S_{外方}, S_{圆}, S_{内方}$，则 $S_{外方}:S_{圆}:S_{内方}=200:157:100$；或 $S_{外方}:S_{圆}:S_{内方}=5000:3927:2500$。（郭书春）

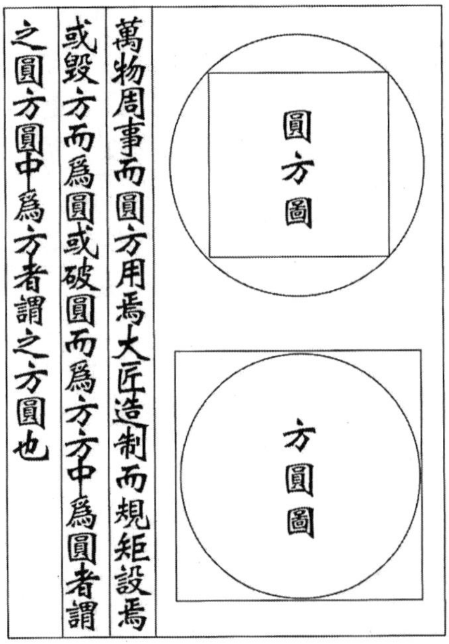

《周髀算经》中的圆方、方圆图

方志　又称地方志，是综合记载地方自然和人文情况的著作。其名称最早见于《周礼·地官》：“诵训，掌道方志，以诏观事。”方志内容十分广泛，包括某一地方的建置、沿革、疆域、物产、天文、气候、山川、名胜、天灾、人祸、文化、艺术、医药、政绩、教育、风俗、民族、人物、宗教、科学、技术、交通、经济等。它的体裁有史、书、志、记、录、传、图、经、表、乘、略等多种，代代相传，是中国的文化传统。关于志书的起始时间和代表作，历来有不同的说法，但都缺乏有力的证据。目前已知修志的最早记载为东汉光武帝刘秀为表彰乡里之盛，“始诏南阳，撰作风俗”。中国志书的发展大致经历了三个阶段。第一，东汉至南北朝时期，志书的内容单一、文字简单、多未附图，其主要形式为地记。现知最早的地记是东汉初年的《南阳风俗传》，现存最早的地记是三国谯周的《三巴志》。地记大致分两类：一类“记人”，如《高士传》等；另一类“述地”，多突出一方山水、特产，如《衡山记》。第二，隋至北宋时期，志书的主要形式是图经或图记。以图为主或图文并重是其特点。它的内容较地记完备得多。现知最早的图经是东汉的《巴郡图经》，现存最早但图已佚的是唐代《沙州都督府图经》（残卷）和《西州图经》（残卷）。现存最早的完整的图经是南宋董棻修撰，后由陈公亮和刘文富重修的《严州图经》（后又名《新定志》）。至隋朝中国开始大规模官修志书，北宋大观元年（1107）置九域图志局，开创国家设局修志的先例。第三，南宋至明清时期是正规方志的发展阶段，这一时期的志书几乎都称志。现存最早以“志”命名的志书是晋代常璩所撰《华阳国志》（347）。经过近 1000 年的发展，至南宋，志书的体裁逐渐充实，体例日趋完备，质量和数量都大大超过以前。明清是中国方志发展的繁盛时期，普修省志、县志，数量骤增，县志类目增多，增修边关志和卫、所志是其主要特点。方志类型多样，如按行政区域或地区分，有省志、府志、州志、厅志、县志、都邑志、乡镇志、岛屿志、卫志、关志、盐志等；按内容分，有通志（以行政区域或地区为记述单位的地方志）、专志（专记某项或以某项为主的地方志，依其对象又可分为山志、湖志、河志、塘志、书院志、古迹志、寺观志、游览志等）、杂志（记述一方琐闻、轶事，兼及政治、文化、经济等内容的地方志）三类。方志具有地域性、连续性、综合性、资料性等特征。（艾素珍）

防汛抢险　在汛期水势湍急汕刷或大溜顶冲时，对河道堤防薄弱处的险情进行及时的抢修以排除险情，是保证防洪安全的关键环节之一。险情分首险和次险。一般堤坡滑坍和埽工平蛰称做明险，也称次险，较易处理；而埽下有透水洞穴等，则形势危急，称做暗险或首险。中国古代对于暗险的抢护积累有丰富的经验。漏洞抢险根据不同情况通常分别采用外堵法、内堵法、挖堵法和堤防塌落抢险法，其中外堵法至今仍普遍应用于漏洞抢险。对于埽工走漏和大溜顶冲亦根据险情采取相应的技术措施。此外，设置逼凌桩以防止冰凌水流对堤防的破坏。獾鼠洞穴是堤防的大害。早在战国时期白圭即以善捕捉獾鼠和堵塞其洞穴而闻名。中国古代还有一些堤防修守技术规定以利于防汛抢险，主要包括：堤防背水水坡上建马道；堤顶和背水坡除草；漫滩水到堤根，必须日夜巡查，以便及时发现漏水；防浪措施，如在堤根填碎石，或放缓边坡，或多备抢险料物应急；制定奖励制度；加强防守堤段官兵的通信联络。（艾素珍）

纺车　古代将丝、麻、棉等纺绩成线的工具。又称为軖车、纬车或维车，因不同用途而有异，如有的用于并线，有的用于加捻、牵伸，也有的用于络纬。纺车最早出现于何时，无考。长沙出土有战国时期经密每厘米 28 根、纬密每厘米 24 根的麻布，可知战国时已使用纺车，因为如此紧密的麻布用纺坠是无法纺绩出的。出土的汉画像石等就保留有汉代纺车形制。1976 年山东临沂铜雀山西汉墓出土一块帛画，绘有一妇女操纵手摇纺车的情形，1952 年山东滕县龙阳店出土的一块汉画像石，刻有几个正在纺车、织机和络车旁忙碌的形态生动的人物，可知在汉代纺车的应用已相当普及。西汉以后在手摇纺车的基础上又演变出脚踏纺车。有关脚踏纺车的最早图像资料是公元 4 ~ 5 世纪东晋名画家顾恺之为刘向《烈女传·鲁寡陶婴》画的配图。古代通用的手摇纺车和脚踏纺车，除绳轮直径和锭子数有差异外，形状结构大同小异。通用手摇纺车，均系由车架、锭子、绳轮和手柄等部件组成。车架由以横木相连在一起的右大左小呈“凵”形的两个木框构成。大木框架放绳轮，小木框置放锭子。锭子古籍写做“梃”或“筳”，多用木或竹制成，它的一端穿插在车架左侧小木框两柱之间，另一端伸出木柱之外。柱内一端外套从绳轮引过来的绳弦，柱外一端外套竹管或纡管，纱线绕上后即为纡子。锭子数多为 1 ~ 2 枚，最多不超过 3 枚。绳轮是由竹片或木片圈成的两个圆环，两圆环相距 20 ~ 25 厘米，分别用竹或木为辐撑于轴上，再用绳索在两环之间交叉攀成鼓状。它架放在车架右边的木框上，外面套着和锭子相连的绳弦，配以和轮轴相连的手柄。脚踏纺车的结构可分为纺纱和脚踏两部分。其纺纱机构与手摇纺车相同，由绳轮、锭子和绳弦等机件组成。脚踏机构由脚踏杆、曲柄、凸钉三部分组成。曲柄置于轮轴上，末端由一短连杆与踏杆相连，凸钉置于机架上，顶端支撑踏杆。为避免操作中踏杆从凸钉上滑落，踏杆在与凸钉衔接处有一凹槽。这种结构运用了杠杆原理。纺纱时，纺工的两脚分别踩在凸钉支撑点两侧的踏板上。当双足交替踏动踏板后，以凸钉支撑点为分界的踏杆两边便沿相反方向做圆锥形轨迹转动，并通过曲柄带动绳轮和锭子做逆时针转动，完成加捻和牵伸工作。据现有资料看，将往复运动转变成圆周运动的机械结构，始于脚踏纺车，它是古代机械史上一个颇为重要的发明。（赵翰生）

纺坠 最早的纺纱工具，结构简单，仅由一轮杆和一纺轮组成，形式有单面插杆和串心插杆两种。约出现于旧石器时代晚期，商周以来称瓦、纺缚、线垛、旋锥、绵坠，在近代各地农村也称捻坠、绳拨子、羊骨头棒。纺坠的轮杆形式为一直杆，一般由木、竹或骨制成。战国以后，出现了铁制轮杆和顶端增置屈钩的轮杆。纺轮大多是用黏土烧制，也有由石片或陶片经简单打磨而成者，形制多样，以圆形为主，侧面多呈扁平状或梭子状。纺坠的工作原理是利用其自身重量和旋转时产生的力偶作功，因而其作功能力与纺轮的外径和重量密切相关。外径和重量大的，纺坠旋转速度快，转动惯量大，可纺绩粗硬或刚度大的纤维；轮径较小则重量较轻，可纺较柔软或刚度小的纤维。其作功性质也使之加工纤维时兼具加捻和牵伸作用，故适用于纺丝、麻、毛、棉等各种纤维。纺坠作为一种简便的纺纱工具，一直沿用了几千年，至今西藏及其他一些游牧地区少数民族纺绩毛纱等纤维时仍有使用。（赵翰生）

飞归 亦称“飞除”或“穿除”。宋元时期创造的一种除数是二位的简捷除法，起于筹算，后施用于珠算。初见于南宋杨辉《乘除通变本末》（1274），其卷上云：“穿除又名飞归，不过就本位商数除而已。”它将归、除合并，编成口诀，归后不用商除，以简化运算程序，从一十一归到九十九归，凡 88 句。例如，100 ÷ 12，就用“一归二除”的口诀“见一加七隔加四”，即以 1 加 7，商数为 8；商数 8 之下隔一位加 4。因以 12 除 100，商 8，以 8 乘 12 得 96，减 100 余 4。用法是将被除数打在算盘上，从左起逐位呼诀运算。除数的位数不受限制，均可编成飞归口诀。运算程序简便，但口诀烦琐，不易记诵，反觉不便，后被淘汰。（郭书春）

飞火枪 南宋时期金军在作战中创制的一种纸制火枪。枪筒用质地优良的敕黄纸卷成，厚 16 层，长 2 尺余，内装火药与铁渣，用绳缚附枪头附近。作战时，士兵各带小铁罐，内藏火源，接近敌军时，即点燃火药，喷射火焰烧灼敌人。火药燃尽后，再以枪锋刺敌，是中国最早装备单兵的两用兵器。南宋绍定六年（金天兴二年，1233）正月，金军在同蒙古军作战时使用了这种枪。是时，金军被蒙古军战败后退至归德（今河南商丘县南），蒙古军尾追而至。金忠孝军首领蒲察官奴率忠孝军 450 人，编成飞火枪队，各持飞火枪 1 支，携内藏火源的铁罐 1 个，夜袭蒙古军兵营，450 支飞火枪火焰齐喷，蒙古军猝不及防，仓皇溃逃，溺水而死者甚众，金军取得了夜袭的胜利。（王兆春）

飞火枪

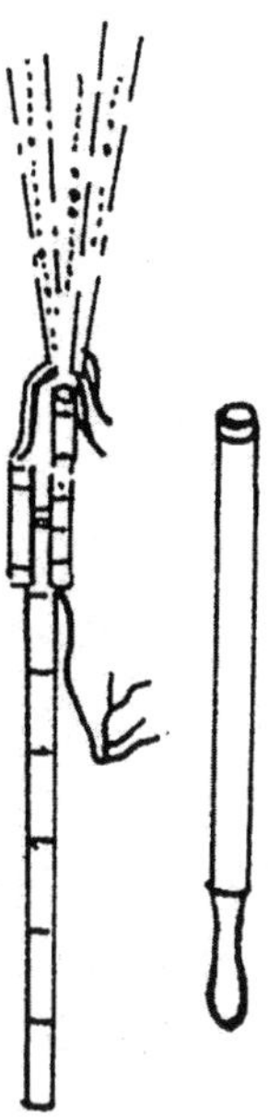
飞空沙筒

飞空沙筒 明朝后期创制的一种可返回式二级火箭，又称飞空神沙火。箭身用薄竹片制成，连火药筒共长7尺。供起飞和返回用的两个火药筒，颠倒绑附于箭身前端的两侧。起飞用的火药筒喷口向后，其上面连接另一个长7寸、径7分的火药筒，内装燃烧性火药与特制的毒沙，筒顶上安几根薄型倒须钩，构成战斗部。返回用的火药筒喷口向前。三个火药筒的火线依次相连，放在“火箭溜”上进行发射。作战时，先点燃起飞火箭的火线，对准敌船发射，用倒须钩刺在篷帆上。接着，作为战斗部的火药筒喷射火焰与毒沙，焚烧敌船船具。当敌人救火时，因毒沙迷目，难以人手。在火焰与毒沙喷完时，返回火箭的火线被点燃，引着筒内火药，借助产生的火药燃气反冲力，将飞空沙筒反向推进，使火箭返回。它是中国古代火箭技术进入高级阶段的制品。（王兆春）

飞石索

飞石索 史前先民创制的一种索系抛射兵器。有单股、双股和带柄三种形式。单股飞石索是在麻制或皮制绳索的一端，拴系一个陶制或石制的球形弹丸；抛射时，由抛射者紧握绳索的另一端绕头顶急速甩动，然后突然松手释索，使绳索在惯性离心力作用下，将弹丸向远距离的目标抛掷，将其杀伤。双股飞石索是用两股绳索，拴扣于一个盛放弹丸筐兜的两侧，其中一根绳索的端头有一个环；抛射时，由抛射者将有环的绳索套在一只手上，同时由另一只手抓住另一股绳索，在急速甩动中将无环的绳索突然松开，筐兜外甩，其中的石弹便借助惯性离心力的作用，飞向目标，产生击杀作用。带柄石索是用一根短棒代替一条带环的绳索和筐兜，按照双股飞石索的方法和原理，将石弹抛出，击杀远距离的目标。（王兆春）

分数四则运算法则 中国古代关于分数的加、减、乘、除运算法则。分数的产生最初来自于用度、量、衡单位度量某物所产生的奇零。《考工记》、《管子》等先秦典籍中已使用大量分数。《考工记·轮人为盖》说“十分寸之一谓之枚”。刘徽说：“物之数量，不可悉全，必以分言之。”于是产生了分数。分数还产生于整数除法。西汉成书的《九章算术》合分术在“实如法而一”之后说“不满法者，以法命之”，便是使用法命名一个分数。刘徽将分子与分母看成率关系，与现代数学中关于分数的定义完全一致。分数的表示采用分子在上，分母在下，不过中间没有现在的横线，如 $\frac{49}{91}$ 表示成 𝍬𝍨/𝍱𝍠。中国是世界上使用一般分数最早的国家。《周髀算经》中有大量复杂的分数四则运算。《算数书》、《九章算术》等在世界上首先提出了分数四则运算法则，而以后者最为抽象、完整。分数的约简称为“约分术”，其方法是分子、分母以小减大，辗转相减，到二者相等时，称为“等数”，便是最大公约数。“以等数约之”，便求得最简分数。分数的加法称为“合分术”，减法称为“减分术”，其法则是：分子互乘分母，相加（减）作为实（被除数），分母相乘作为法（除数），实除以法。也就是：$\frac{a}{b}\pm\frac{c}{d}=\frac{ad}{bd}\pm\frac{cb}{db}=\frac{ad\pm bc}{bd}$，$\frac{a}{b}\geqslant\frac{c}{d}$。分数乘法称为“乘分术”，其法则是：分母相乘为分母，分子相乘为分子，即 $\frac{a}{b}\times\frac{c}{d}=\frac{ac}{bd}$，与今无异。分数除法称为“经分术”。《算数书》采取颠倒相乘法：$\frac{a}{b}\div\frac{c}{d}=\frac{a}{b}\times\frac{d}{c}=\frac{ad}{bc}$。《九章算术》先将两个分数通分，使分子相除，即 $\frac{a}{b}\div\frac{c}{d}=\frac{ad}{bd}\div\frac{cb}{db}=\frac{ad}{bc}$。刘徽又使用了颠倒相乘法。这些法则对正负数也都适用。分数运算大约 15 世纪才在欧洲流行，一般认为它来自于印度。实际上印度在 7 世纪婆罗门笈多（Brahmagupta，598 ~ 665）才通晓分数运算法则，且都与中国《九章算术》的相同。（郭书春）

分野　中国古代把星空和地上州国对应的一种模式，主要在占星术中使用。其基本的做法是建立星空与地域的对应，从而以发生在某星空区域的天象解释或预测其对应地域发生的事件。《周礼 · 春官》中说，保章氏“以星土辨九州之地，所封封域皆有分星，以观妖祥”。这就是分野理论的核心“星土说”。“星土说”最早的依据是古代不同的民族以观测不同的星官为主确定时节，并因此祭祀所观测的星官。例如，晋的祖先以观测参为主，宋（商）的祖先以观测火为主，因而后来就逐渐以参为晋星，火为商（宋）星。分野有多种天地对应模式，大体有八种：单星分野、北斗分野、五星分野、十干分野、十二支分野、十二月分野、九宫分野、十二次及二十八宿分野等。其中，十二次及二十八宿分野是以天部划分为基础、从星土说逐步完善发展而来的分野模式，是分野说的核心模式。单星分野、北斗分野和五星分野比较简单，不成体系，在古代占星术中应用并不普遍；十干分野、十二支分野、十二月分野和九宫分野实际上是用历法参数（即干支、月）作为对应模式，在形式上以时间来划分，但由于时间本来就是以观测星象来确定的，所以其本质还是十二次及二十八宿分野模式；九宫分野是九宫式盘占发展的结果，先将二十八宿与九宫对应，然后再与地域对应。分野理论一般认为在春秋战国时代产生，在汉代有较大的发展，都是把二十八宿与以春秋列国表示的地域的对应。司马迁在《天官书》中把二十八宿和十二州相配，同时又和郑宋、燕、吴、越、齐、卫、鲁、赵、魏、秦、周、楚十二国相配。《淮南子 · 天文训》记载着两种十二区域分野说。一种和《天官书》所载的大同小异，另一种和《汉书 · 地理志》、《汉书 · 五行志》中刘歆确定的十二区域分野说基本相同。所以，可以说《天官书》所记是汉代较早的分野说，《汉书 · 地理志》所记是后汉时代的分野说。刘歆的分野说在十二天区的划分上更为细致，都给出了在二十八宿中的起始度数，这在后世基本上成为定式。刘歆分野二十八宿和地域的对应关系如下表。

历代对分野理论有多种解释，主要有：①封国世祀说。其根据即上述“星土说”，因在《左传》中有零星封国分星记载，所以又叫“左氏封国世祀说”。唐代李淳风推崇此说。②受封之日岁星所在之辰说。这是从《周礼》“所封封域皆有分星”而来，但进一步明确分星与分域如何

二十八宿	地域
角、亢、氐	韩
房、心	宋
尾、箕	燕
斗	吴
牛、女	粤
虚、危	齐
室、壁	卫
奎、娄	鲁
昴、毕	赵
觜、参	魏
东井、舆鬼	秦
柳、七星、张	周
翼、轸	楚

从天文观测角度来对应。③僧一行的山河两戒说和云汉升降说。其认为“观两河之象，与云汉之所终始，则分野可知矣”，看来是从山河地貌和银河在星空的走向分布的类比来解释分野的。④徐发的方位说。他在《天元历理全书》中以州国地域和二十宿的方位对应关系来解释。⑤近人郭沫若的外来说。他在《释干支》中认为分野创制于古巴比伦，以十二宫配十二国土。中国的分野说，大抵同十二辰同时传来。关于分野理论的起源目前尚无定论。分野说除了在占星术上有特别重要的应用以外，在地理学上也很有意义。分野理论可以被认为是用天部划分的方法对地域进行划分。这是标定地域的有效方法。后来在地方志中，对每个地方都标明分野所在宿度，这有利于天文大地测量思想的发展。（孙小淳）

辒辒车 古代军队在攻城战中使用的屋顶式活动掩体车。又称木驴。《孙子·谋攻》云：“修橹辒辒。”杜牧注曰：“辒辒，四轮车，排大木为之，上蒙以生牛皮，下可容十人，往来运土填堑，木石所不能伤。今所谓木驴是也。”其主体部分形如一间小屋，安在一个用巨型方木制的大长方框上，下安四轮，屋顶以独木为脊，顶盖和两侧蒙以生牛皮，底无搁板，掩在其中的10名士兵可用两脚着地，将车推至城下，进行掘城作业或进行攻城战。后来，人们又创造了尖头木驴，其与辒辒车的区别在于有屋脊。此外，宋元明军队在攻城时曾使用过狗脊洞子、牛皮洞子、半截船、后竹圈篷，以及用桔槔调整木屏的木幔车等掩护、防御器械。（王兆春）

辒辒车

粪药说 中国古代关于施肥的一种学说。最早见于南宋《陈旉农书》，书中“粪田之宜篇”提出：“土壤气脉，其类不一，肥沃硗埆，美恶不同，治之各有宜也。……虽土壤异宜，顾治之得宜，皆可成就。”而治的关键在于用粪，用粪时“相视其土之性类，以所宜粪而粪之，斯得其理矣。俚谚谓之‘粪药’，以言用粪犹用药也”。其思想在宋以前即出现。《周礼》云：“骍刚用牛，赤缇用羊，坟壤用麋，渴泽用鹿，咸舄用貆，勃壤用狐，埴垆用豕，强檃用蕡，轻爂用犬。”明末宋应星《天工开物》“稻宜”中提到“土性带冷浆者，宜骨灰蘸秧根，石灰淹苗足”，就是一个典型的因土施肥的事例。“土性带冷浆者”，指的是冷浸田或冷浆田，属酸性土壤，骨灰含磷较高，属于磷肥，用以蘸秧根，符合酸性土的要求。石灰属于碱性，用来淹苗根，可以中和土壤中的酸性以改良土壤。清代杨屾《知本提纲》更提出施肥"三宜"原则，土宜之外，复有时宜和物宜。土宜要求"随土用粪，如因病下药"，时宜讲究"寒热不同，各应其候"，而物宜强调"物性不齐，当随其情"，是对粪药学说的发展。粪药说还包括对药性和药量，以及用药时机的掌握。药有生熟之分，粪亦如此。有些肥料在未经腐熟之前使用，不仅无益，反而有害。宋代陈旉发现，大粪如果未经腐熟，不仅损庄稼，还"损人脚手，成疮痍难疗"。因此，"必先以火粪久窖掩乃可用"。麻枯（芝麻榨油之后所留下的渣饼）亦如此。元代王祯《农书》"粪壤篇"提出："粪田之法，得其中则可，若骤用生粪，及布粪过多，粪力峻热，即烧杀物，反为害矣。"到现在也还流传有冷性肥、热性肥的说法。此外，用药时，对药量的多少、剂量的大小也很有讲究。明清之际人们发现，"粪多之家，每患过肥谷秕"，有些作物品种"肥壅不易调停"，"少壅不长，多壅又损苗"。又次，用药讲究时候。用之于播种之前的基肥，古人称为"垫底"，用之于播种之后的追肥，古人称为"接力"。古人多主张多用垫底少用接力。明末《沈氏农书》更提出，用接力时"须相其时候，察其颜色"，此"为农家最要紧机关"，进而提出看苗施肥的追肥原则，指出水稻追肥必须在处暑之后，水稻孕穗、苗色发黄时进行，切不可未黄先下。他的这一主张，在20世纪50年代被陈永康发展为"三黄三黑"论。（曾雄生）

风 中医学术语。①中医病因学中的六淫外邪之一，亦称风气，或风邪。属阳邪，常为外感各种疾病的先导，故外感病中风证很多见，并常与其他病邪结合而致病，如风寒、风热、风湿、风燥等。《素问·风论篇》云："风者百病之长也，至其变化，乃为他病也，无常方，然致有风气也。"风邪为病，具有游走性、多变性的特点，症状往往有恶风寒、发热等。《素问·风论篇》云："风者善行而数变，腠理开则洒然寒，闭则热而闷。"②病证之一。指一类具有肢体动摇、震颤或挛急，或眩晕旋转，甚至昏迷、抽搐等症状的病证。其证候符合《内经素问》中"风胜则动"，"诸暴强直，皆属于风"的病机，但由于其致病因素并非感受六淫之风邪，而是由体内脏腑功能失调，使风气内动所致，故又称为内风。治疗应根据不同的病因，调整脏腑功能，兼以平肝熄风。（张志斌）

风角 中国古代一种以候风、候气为主的占卜术。候风以定风向，有"四方风"、"八方风"之说；候气以定音律，有角风、徵风、宫风、商风、羽风。"风角"之名就是从风向和音律（以"角"代表）相配而来。古人候风、候气以定季节风的风向变换和冷暖强弱，然后配合阴阳五行学说来占卜。《周礼》"保章氏"职责之一是掌"以十有二风，察天地之和，命乖别之妖祥"。候风与农业有关，起源很古老。殷墟卜辞已有以"四方风"占卜年岁收成的记录，就是风角之占。"四方风"即来自四个方向的风，据《尔雅·释天》，东方：谷风；南方：凯风；西方：泰风；北方：凉风。后来细分为"八方风"，据《史记·律书》，东北：条风；东：明庶风；东南：清明风；南：景风；西南：凉风；西：阊阖风；西北：不周风；北：广漠风。后世风角术以占八方风为主要内容。在风角中，把一年四季或八节和“四方风”或“八方风”对应起来，以为一定的季节刮相应的风，否则就是不正常，可以入占。专门的风角家在汉代就有，《史记·天官书》载：“汉魏鲜集腊明正月旦决八风。”魏鲜所占大都和农业生产有关。汉代的翼奉和京房是有名的风角家。有关风角的专门著作，据《隋书·艺文志》有翼奉的《风角杂占五音》、《风角要候》和《风角鸟情》，京房的《风角五音占》、《风角杂占五音图》和《风角要占》等。（孙小淳）

风土论　关于作物与气候、土壤等自然环境间的关系的理论。先秦《尚书·禹贡》和《周礼·职方氏》就对九州的土壤及所宜作物做过叙述。元代《农桑辑要》和《王祯农书》则有完整表述：“谷之为品不一，风土各有所宜。”“远近彼此之间风土各有别也。”然“一州之内，风土又各有所不同……苟涂泥所在，厥田中下，稻即可种，不必拘以荆、扬。土壤黄白，厥田上中，黍、稷、粱、菽即可种，不必限于雍、冀。坟、垆、黏、埴，田杂三品，麦即可种，又不必以并、青、兖、豫为定也”。明代徐光启《农政全书》又对此作了发展，强调各地之间的相互引种是可行的，不宜引种的只是少数。这种风土论思想，为元明时期苎麻、棉花、乌桕、甘薯、芜菁、女贞、水稻等作物的引种推广奠定了思想基础。（曾雄生）

风筝　亦称纸鸢纸鹞或风鸢，似鸟形。大抵是纸鸢中有了带声响的构件，其声似筝，故名风筝。至明清时已有多种形式，如蝴蝶形、鱼形、螃蟹、蜈蚣形等。系用几根细竹条作为框架，糊上纸即成。其在空气中受到重力、空气动力和拉线张力三种力的作用。有气流作用，风筝就上升；当风力微弱或无风时，风筝因重力下降。宋代高承《事物纪原》云：风筝为汉初韩信（？～前196）所创制，《新五代史·李业传》认为是五代汉隐帝（948～950）时李业所造。从史实看，风筝的制造在五代之先。敦煌壁画中已有唐代的风筝画，唐李冗《独异志》记述了南朝梁时的风筝，可见风筝的发明迄今至少已有1500年历史。风筝最初作为战争用的通信手段，后成宫中娱品，又演变为百姓尤其是老人和儿童的嬉玩之物。第一次世界大战前，有的飞行先驱称自己的试验飞机为“动力风筝”或“巢形风筝”，可见风筝对现代空气动力学思想的发展起了重要作用。（王允红）

葑田　又名架田，是一种浮在水面上的田坵。葑田之名在唐人诗中已有提及，秦系云“路细葑田移”，鲍防云“青袍似葑田”。北宋苏颂《图经本草》（1061）对葑田之形成和利用作了记载，其曰：“今江湖陂泽中皆有之，即江南人呼为茭草者。……两浙下泽处，菰草最多，其根相结而生，久则并浮于水上，彼人谓之菰葑。割去其叶，便可耕治，俗名葑田。”唐以前就开始了对葑田的利用。晋郭璞《江都赋》中有“标之以翠翳，泛之以浮菰，播匪艺之芒种，挺自然之嘉蔬”之句，其中“浮菰”就是葑泥所铺的木筏，芒种和嘉蔬都是稻，说明早在晋代江都（今江苏仪征）一带即开始利用葑田种植水稻。人造架田就是在对天然葑田的利用基础上发展起来的。元代王祯说：“架田，架犹筏也，亦名葑田。”南宋《陈旉农书》说：“若深水薮泽，则有葑田，以木缚为田坵，浮系水面，以葑泥附木架上而种艺之。其木架田坵，随水高下浮泛，自不淹溺。”宋元时期，江浙、淮东、两广

一带都有使用，其分布的范围也相当广泛。（曾雄生）

佛郎机 明军在作战中使用的佛郎机式枪炮。原是葡萄牙舰船上装备的舰炮。其优越性有五：一是采用了母铳衔扣子铳的结构，母铳为炮筒，子铳实为枪炮弹，可轮流发射9发；二是装弹室较大，便于安放子铳，闭气性好；三是管壁较厚，能承受较大的膛压；四是安装了瞄准具，提高了命中精度；五是两侧有炮耳，便于安在架上发射，可以调整射角，扩大小射界。嘉靖年间传入后即被仿制和改制成各型佛郎机。其有各种式样：①大样佛郎机。日本藏有一门明万历十年（1582）的制品，母炮长131厘米，口径3.2厘米，安于架上发射，做城防和舰母使用。②中样佛郎机。从出土的兵仗局制于1533年、1541年、1574年的3门实物测得子炮长295毫米，口径26毫米，重4.65公斤，误差甚小。其中制于1533年的炮身有铭文“胜字贰千肆佰伍拾壹号铜佛郎机中样铜铳，嘉靖癸巳年兵仗局造重玖斤肆两”，用途与大样佛郎机同。③小样佛郎机。从出土的兵仗局制于1545年、1570年的实物中测得母炮长63厘米，口径2.2厘米，重4公斤；子炮长15.5厘米，口径1.6厘米，重0.8公斤，炮身铭文有类似内容，多用做城防。用途与大样佛郎机相同。④马上佛郎机，骑兵所用，从几门出土实物可知其规格、铭文内容与小样佛郎机相近或相似。⑤佛郎机流星炮。从几门出土实物可知其属于大样佛郎机，多用于城防。此外还有百出佛郎机、万胜佛郎机、连珠佛郎机，都属明军使用的枪。佛郎机在嘉靖年间传入后即被大量制造使用，约有四五万门之多，尤以戚继光的部队使用最多。（王兆春）

小样佛郎机

佛山铁冶 广州府南海县佛山镇（今广东佛山）为明代铁器冶铸、集散地之一。15世纪初，佛山铁冶已见于史籍记载。至成化（1465～1487）、弘治（1488～1505）之际，佛山居民大都以铁冶为业。佛山镇地处西江和北江汇流处。环堡皆水，水上运输便利。广东各地采炼之生铁，多顺江而下，贩运至该镇，炒铸成熟铁锭或加工成其他铁制品。佛山镇冶铁业均属民营，冶铁户称炉户，受炉户雇募者为工匠。各炉户因炒铸铁器制品种类的不同而形成若干行业。据崇祯八年（1635）有关佛山打造铁器行业的官府告示所记，其炒铸行业有：铸锅、铸铁灶、炒炼熟铁打造军器、打拔铁线、打造铁锁、打造农具杂器和铁钉等。佛山铁器远销海内外。明朝定制，宫廷和官府所需用物品，都通过岁办或采办形式，取之于各行业的商民。商民上供物品“答应上务”或“答应公务”。佛山炉户“答应”的铁器包括铁锅、铁灶、各种军器、铁钉、铁线、煎盆镬等。清代，佛山仍是较重要的铁冶生产地。（苏荣誉）

佛塔 埋藏佛舍利等圣物的建筑，起源于印度，随着佛教传入中国。在中国有四种塔系：一是印度埋葬佛舍利的窣堵婆与中国楼阁结合形成的楼阁式塔；二是与亭结合形成的单层塔，其中单层塔中一个分支用于高僧墓；三是由印度密宗的金刚宝座塔融入中国建筑元素形成的金刚宝座塔；四是由尼泊尔传入西藏，再经西藏传入内地的喇嘛塔。（沈玉枝）

伏硫黄法　原本是炼丹家企图使硫黄等物质的本性发生改变，使之降伏的炼丹方，现代史学家认为黑火药就是由此发展而来的。此法载唐代炼丹著作《诸家神品丹法》卷五第十，可能原载于《孙真人丹经》（约成书于758～760年），该法是："硫黄、硝石各二两，令研。右用销银锅或砂罐子入上件药内。掘一地坑，放锅子在坑内与地平，四面却以土填实。将皂角子不蛀者三个，烧令存性，以钤（钳）逐个入之。候出尽焰，即就口上着生熟炭三斤，簇煅之。候炭消三分之一，即去余火不用，冷却之，即伏火矣。"唐宪宗元和三年（808），清虚子《太上圣祖金丹秘诀》中的"伏火矾法"第一步与此几乎相同，所用药物是硝石、硫黄各二两，马兜铃（含碳）三钱半。这两个配方与后来的黑火药配方相同，从炼丹家所采取的防爆炸措施来看，他们已发现硫黄、硝石和含碳物质混合是会发生爆炸的。史学界一般认为约在晚唐，黑火药已经出现。北宋时宋敏求《东京记》中记载，宋神宗熙宁年间（1068～1077）"火药"已是重要的兵器且"禁其传"，是由政府专营包办的。12～13世纪，又发明了"霹雳炮"、"火枪"、"突火枪"和"震天雷"等多种火药武器。（王扬宗）

伏龙桥　位于四川天全，跨荥经河。建于清光绪二十九年（1903）。为铁索桥，跨长115米。铁索用铁眼杆连成，每根铁眼杆两端的眼扣直径42毫米，杆长2米左右。1949年后因桥上游修公路石拱桥，移至下游，取名安乐桥，跨度增加为125米，是中国最大跨度的铁索桥。（沈玉枝）

伏气　病名，又称伏气温病。是指感受外邪之后，没有当即发病，病邪藏伏于人体之内，过时而发，故称为伏气，称伏邪。《素问·生气通天论》中有"冬伤于寒，春必病温"之说。晋代王叔和《伤寒例》提出："中而即病者，名曰伤寒，不即病者，寒毒藏于肌肤，至春发为温病，至夏发为暑病。"金代成无己则认为："冬时感寒，伏藏于经中，不即发者，谓之伏气。"清代名医王孟英著的《温病经纬》，对伏气温病有专述，认为温病可以分为两大类：一类为外感温病，一类伏气温病。二者的传变特点不一样，外感温病自表入里，而"若伏气温病，自里出表，乃先从血分而后达于气分"。（张志斌）

服食　古代道家通过吞食药物以求健康长寿的一种养生方法。《抱朴子·内篇·仙药》记有丹砂、黄金、白银、诸芝、五玉、云母、明珠、雄黄、太乙余粮、石中黄子、石桂、石脑、石硫黄、石粭、曾青、松柏脂、茯苓、地黄、麦门冬、术巨胜、重楼、黄连、石韦、楮实等20多种。因吞服的药物常以矿物药为主，故服食又称"服石"。在魏晋南北朝时期，此风一度十分盛行。《隋书·经籍志》列神仙服食书计28种。对此，古代就有医家提出不同的观点，例如，皇甫谧曾以自身体会说明服石的害处，唐代孙思邈也反对服石。明代李时珍在《本草纲目》中批评服食之说"误世之罪，通乎天下"，认为这些药物"治病可也，服食不可也"。（张志斌）

浮力　凡浸沉在液体中的物体受到被

液体浮举的力，被称为浮力。这种力在古代得到广泛的应用，《诗经 · 小雅 · 菁菁者莪》曰：“泛泛杨舟，载沉载浮。”浮桥是浮力的应用又一佐证。浮力还被用于工艺技术中。例如，用水浮法检验竹、木器物部件结构是否均匀；借浮力起重；宋英宗时（1064～1067）怀丙创造的浮力起重法，以浮力起重法打捞牛等。浮力在其他方面也被广泛应用，如用于莲花漏计时器、水浮法选种去稗、船坞修船、松烟造墨以浮沉分精悫、浮水取枣仁等。（王允红）

浮桥 连接可浮体于江河之上的一种桥梁形式。有船、皮筏、木排、竹筏数种浮体，用缆索加以维系，锚固在岸上或水中，再在上面铺筑桥面。有低浮桥、通航浮桥、开合浮桥等。特点是施工快速、造价低廉、移动方便、开合随意，主要存在于一些水激浪涌、造墩困难的江河之上。最早记载见于《诗经 · 大明》：“亲迎于渭，造舟为梁。”时为公元前12世纪。历史上利用浮力造浮桥甚多。《诗经》曰：“造舟为梁。”《说文》：“舟梁谓浮桥。”《初学记》引《说文》与《诗》后注云：浮桥即“从舟至舟，相编为桥”。唐李吉甫说：“造浮桥，架黄河为之。以船为脚，竹蔑亘之。”历史上，黄河与长江上曾多次建浮桥。长江上的浮桥多用于军事。（李家明）

福船 原在福建制造使用而后浙江、广东一带沿海亦仿制使用的尖底海船。古代优秀木船船型之一。春秋吴王夫差、三国吴都曾在福州设置造船厂。两宋时福州、泉州等地成为造船中心，所造之船“上平如衡，下侧如刃”，吃水深，稳定性好，且易于转舵改变航向，既适宜于远洋航行，又可行驶于狭窄或多礁石的航道，奠定了福船的技术基础。宋元时期，是航行于东南亚、南亚以至于西亚和非洲的主要客货用船。明清时期是水师的主力舰船。明天启元年（1621）茅元仪撰《武备志》，总结了福船的船形系列，有福船一号、福船二号、哨船（草撇船）、冬船（海沧船）、鸟船（又分开浪船、苍山船）、快船，后三种又称为艟船。船体高大如楼，底尖上阔，首昂扬，尾高翘，上建楼三重，如水上城垣，有双桅。中舱分四层，底层装土石压载，二层为官兵寝息之所，三层作操舟行驶和炊食之用，四层呈露天平台。旁设护板如栏，士兵在其遮挡下向敌船发射枪炮弹、火箭，抛射火球、火桶、火砖，并乘顺风之时，以高大船身冲撞、犁沉倭寇之小船，是当时海战中战斗力最强的战船。戚继光在东南沿海抗倭时所编制的水军营中，每营装备2艘福船，与中型海沧船、小型苍山船混合编队。福船装备大型舰首炮1门、舷侧炮6门，碗口铳3个、喷筒60个、鸟铳10支、烟罐100个、弩箭500支、药弩10

福船

张、火箭300支、火砖100块、火炮（火球）20个，以及众多的冷兵器和全套船具。全船有乘员64人，其中战斗兵员55人，分编为炮甲、鸟铳甲、2个标枪杂艺甲、火弩甲等5个甲，每甲11人。另有杂役9人。总计使用枪炮等火器的士兵，占全船乘员的一半左右，是我国最早以大中型火炮为主要毁杀火器的大型攻击式战船。（王兆春）

福州船政局　又名马尾船政局。清后期在福州马尾山下创办的战舰建造厂。于同治五年（1866）开始建设，由闽浙总督左宗棠创办。初由前江西巡抚沈葆桢总理局务，聘请法人日意格和德人德克碑为正副监督，并开办前后学堂。1867年底，建成长30丈、阔15丈的大船槽，以及铁肋厂、水缸厂、打铁厂、铸铁厂、合拢机器厂等厂房，成为当时远东最大的和世界上规模较大的一座近代战船建造厂。1869年6月，第一艘蒸汽轮船“万年青”号建成下水。船长76.2米，宽8.9米，吃水4.54米，载重量450吨，排水量1370吨，为兵商两用船。其吨位、功率、排水量都大大超过日本同期造的船。不过该船的主机购自英国。为了改变这一状况，沈葆桢决心自造蒸汽机，1870年10月起，经过10个月的努力，在法国技术人员指导下，造出了一台580马力的双汽缸竖式蒸汽机，这是中国机械制造史上的重要事件，该蒸汽机安装在福建船政局建造的第五号兵轮“安澜”号上。后来，又建造了特大号兵轮“扬武”号，主机1130马力（购自法国）。船上装备了10尊新型前膛炮，其中最大的一尊是6吨旋转炮，可发射68公斤重的炮弹。1873年，局内外国工匠均被解聘，由华人自行造舰，船政大臣均由历届闽浙总督和福州将军兼任。

1888年初建造“平远”号，是中国第一艘钢甲巡洋舰，长138尺，排水量2150吨，马力2400匹。至1895年，该局已建舰船二三十艘，排水量近2万吨，以钢甲巡洋舰“平远”号与穹甲舰“广乙”号为最佳。船政学堂也为近代中国培养了第一批舰船建造和驾驶人才。造就了严复、魏源等人才。中日甲午战争后，该局造舰事业多挫。

福建船政局是晚清时期船舶和舰艇工业的基地，也是中国近代船舶工业的基地。辛亥革命后改称“海军造船所”。（王兆春）

福建船政局

斧　古代一种弧形阔刃劈砍兵器。由新石器时代晚期的生产工具石斧演变而来。《六韬·军用篇》提到了一种青铜大柯斧，刃阔8寸，柄长5尺，重8斤。汉代出现了横贯于斧头上部的銎，可插斧柄。三国时蜀相诸葛亮十分注重战斧，曾亲自督造100柄供蜀军使用。唐代有的将领以使用战斧见长，《新唐书·李嗣业传》称，天宝十五年（756），李嗣业在香积寺同安禄山部作战时，曾以三千步卒持长柯斧和陌刀，大败安禄山骑兵。宋军使用开山、静燕、日华、无敌、长柯、劈阵等战斧。宋将杨存中部在柘皋（今安徽巢湖西北）同金军作战时，“使万人操斧，如墙而进”，大败金军。宋军还使用柄长2.5～3尺的短柄斧，如蛾眉镬、凤头斧、剉子斧等。元军使用斧头两端弯曲如钩的锚斧和斧头形如镰刀的镰斧。明军主要使用开山斧和月斧。清军八旗前锋左右营使用圆形刃和平行刃战斧；绿营兵使用长斧和双斧，前者柄长 4.4 尺、阔 7 寸，后者柄长 1.6 尺、刃阔 4.6 寸，可左右劈砍。（王兆春）

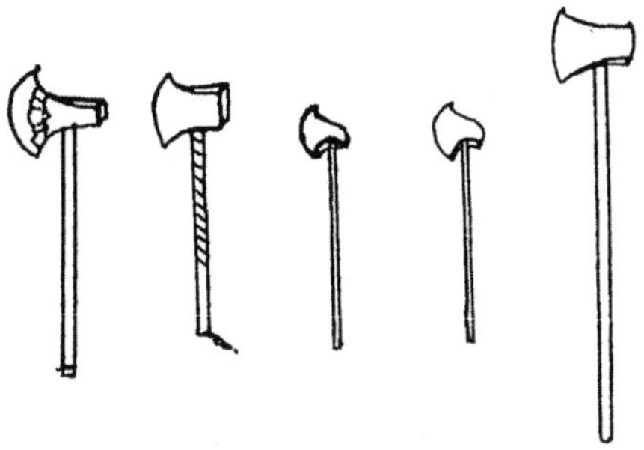

清军使用的战斧

复道 上下两层的楼阁式的高架桥式的道路或长廊，也称为阁道。《史记·留侯世家》载高祖六年（公元前 201）高祖“在雒阳南宫，从复道望见诸将往往相与坐沙中语”，南朝宋裴骃《集解》引如淳曰：“上下有道，故谓之复道。”多建于宫殿中或宫殿之间。若上下两层的方向不同，便是立体交叉桥道。汉惠帝时在未央宫和长乐宫之间建造东西方向的复道，跨越长安城安门和厨门间的南北大道，汉武帝时在未央宫和建章宫之间建造东西方向的阁道，跨越南北走向的长安城西城墙、护城河和有关道路。（郭书春）

G

改历 中国古代修改历法、制造新历并经官方颁布新历的过程。中国古代传统以为造历为帝王统治首务之一，并认为是“天命”的象征，所以改历不仅是一个历法专业问题，而且是政治、宗教问题。围绕改历而进行的学术与政治论争在中国历史上屡见不鲜。传说夏、商、周三代的历法使用不同的“三正”，使用多种置闰方法，说明有改历。春秋战国时期各国使用黄帝、颛顼、夏、殷、周、鲁等各种历法，其间改历的情况亦不能详知。《史记·历书》称：“王者易姓受命，必慎始初，改正朔、易服色、推本天元，顺承厥意。”“改正朔”就是“改历”，这说出了需要改历的政治与宗教理由。再者，由于古代历法推算不够精确，任何一部历法使用久了，必然会出现历象与天象不符的情况，而且日、月食、五星运动的推算对古人来说相当复杂，很难准确预测。这是改历的技术理由。中国古代的改历之议，大多是针对这两个方面的。中国历史上最早的有详细记录的改历活动是汉武帝时的太初改历。武帝元封七年（公元前104），公孙卿、壶遂、司马迁等人提议改历并获得武帝同意，开始了规模宏大的改历、造历活动。当时组织了全国的力量，包括从民间调用方士唐都、巴人落下闳等，进行了大量的天文观测，造成《太初历》。有张寿王等对新历提出异议，皇帝组织观测验历，确定《太初历》为优。可见，改历包括仪器、观测、推算等多个方面，可以说是中国古代天文学中最重要的研究活动。太初改历为后世确立了历法改革的模式。改历建议往往以天象不符合昭示天命两方面的理由提出。历法的确定则要求历法与天象相符，所谓“历本之验在于天”（《汉书·律历志》）。这一原则有利于天文观测与推算的不断进步。汉以来历代提出的改历之议不下数百次，实际进行改历并正式颁布新历的也有80多次。（孙小淳）

改元 中国古代帝王纪年中改年号的活动。盖每个帝王在位期间都有一个或若干个年号，每个年号以第一年为元年，如汉武帝太初元年。只要改年号，就意味着有新的元年。秦汉始有改元的做法。《史记·秦本纪》记秦惠文王十四年（公元前324），更为后元元年。汉文帝以十七年（公元前163）为后元元年。汉景帝又有中元年、后元年之改。到汉武帝改元，开始有年号，如改元封七年为太初元年（公元前104），“元封”、“太初”均为年号。从此以后，改元成为一种传统的做法。历代新帝即位时都要改元。在某一帝王统始期间，改元往往是因为出现了某种祥瑞。如汉武帝六年，有星孛于东方，长竟天，于是次年改元，称元光元年（公元前134）；又改元朔七年为元狩元年（公元前122），说是因为武帝行幸雍祠五畤获白麟。可见，改元无非是为了标榜统治得当，国家祥和。历代重要的改元，经常伴随新制历法的颁布。太初元年颁布新历，历法就叫做“太初历”。在政治动荡的年代，统治者争权夺利，得势之后就改元以示独得天意，虽不敢说是改换朝代，却有重开气象之意。如东汉末献帝即位，宦官专权，朝廷不安，一年之中竟有四次改元。明清时期，行一帝一元制，中途皆不改元。（孙小淳）

盖天说 中国古代宇宙结构学说，与浑天说、宣夜说并称为中国古代关于宇宙结构三种主要学说之一。其基本思想是“天圆如张盖，地方如棋局”，这种直观的天地结构几何形象起源很早，《晋书·天文志》认为盖天说就是“周髀”，是周公受之于殷商，而最初来源是庖牺氏立周天历度的方法。此说虽不可信，据此可推测盖天说约起源于周初。春秋时期，孔子的弟子曾参就对天圆地方说提出了质疑，说明在此以前，以天圆地方说为核心的原始盖天说必有流传。盖天说理论的发挥和完善是在西汉，以《周髀算经》的成书为标志（成书年代约公元前100年）。《周髀算经》是用定量的、几何模型的方式对盖天说宇宙图式的阐述。据《周髀算经》，关于天地关系，盖天说认为“天似盖笠，地法覆盘，天地各中高外下。北极为天地之中，其地最高，而滂沲四聩”。关于太阳运动，盖天说设计了一个七衡六间图，图中有7个等距的同心圆。冬至时太阳处在最外一个同心圆，即外衡，因此随着天盖绕极的转动，太阳出于东南而没于西南，日中时地平高度最低；夏至时，太阳处在最内的圆，即内衡，太阳出于东北而没于西北，日中时地平高度最高；春、秋分时，太阳处在当中的圆，即中衡，太阳出于正东而没于最西，日中时地平高度适中。各个不同的节气在不同的衡上运动，这实际上同时说明了一年四季的变化。关于昼夜变化，盖天说认为太阳光能照射的范围是有限的，其照射半径只有16 700里，人目所见范围也是如此。因此，白昼就是太阳运行到可见范围之内，黑夜就是太阳运行到可见范围之外。所以《周髀算经》说：“故日运处极北，北方日中，南方夜半；日在极东，东方日中，西方夜半……昼夜易处，加时相反。”唐代李淳风在《晋书·天文志》中称《周髀算经》中的盖天说为“周髀说”，但同时还介绍了盖天说的另一说，叫做“周髀家说”。其说认为“天圆如张盖，地方如棋局，天极南高而北下，极在天之中，而在人之北”。关于四季和昼夜变化，“周髀家说”用朴素的阴阳理论来说明，似比不上“周髀说”的七衡六间图式，但关于日、月运动，却有很直观、精辟的解释，主张“天旁转如推磨而左行；日、月右行，随天而转”，犹如“蚁行磨石之上，磨左转而蚁右去，磨疾而蚁迟，故不得不随磨以左回”。总的来说，“周髀家说”较“周髀说”更为原始直观，没有定量化几何模型的描述。有人称“周髀家说”为第一次盖天说，“周髀说”为第二次盖天说。关于盖天说的天地形状结构，一般根据《周髀算经》解释为天是一个穹形，地也是一个穹形，就如同心球穹，两者相距8万里，穹形中间极下高出四周外围2万里。但是近来有人提出新说，认为天、地都是平直的圆形，只是在北极所在中央半径为2300里的范围（即《周髀算经》所说北极四游的范围）高高耸起2万里，其宇宙图式很像古印度须弥山的宇宙图式。（孙小淳）

盖图 中国早期星图的一种，其起源和盖天说有关，是演示盖天说的一种仪器，类似于现代所用的活动星图。盖图是用两幅方缯重叠起来的。下面一幅涂成黄色，以中心为北极，画上二十八宿等星官；上面一幅也画一个圆，代表人目所见的天空范围。圆内涂成青色。把黄图的中心和青图的中心按北极和观测地的关系安排好，青图画透视下的黄图画部分就是在该地人目所见的星空。整个黄图画上所画的实际上就是一幅星图。后来，人们把这种星图叫做盖图。据《隋书·天文志》记载，西汉末扬雄在“难盖天八事”中提到盖图。他说：“以盖图视天河，起斗而入狼、弧间，曲如轮。今视天河直如绳，何也?”又说：“周天二十八宿。以盖图视天，星见者当少，不见者当多。今见与不见等……何也?”这说明盖天说确有这样一种盖图，上面至少有二十八宿。因为星图源于盖图，而且星图又是平面的，所以一直到隋代还有人把这种以北极为中心的星图叫做盖图。（孙小淳）

干栏式建筑　以木桩打入地下，在木桩上营建房屋的一种木结构建筑。其立柱、地板、墙体、屋顶都用竹、木构成，架空的建筑脱离地面，既能防水防潮，又能防虫防兽。干栏式房屋与巢居是一脉相传的，中国建筑与考古界已经确认，这种全木结构的建筑是沿着单木巢居—多木巢居—干栏式建筑这样一个过程演变的。

巢居是人类建造的最早的建筑之一，是人类模仿鸟巢用树干、树枝、树叶及杂草搭在树冠上的一种居住建筑。新石器时期，人类或居住在天然岩洞中，或在森林茂密处搭建巢居。巢居一般存在于热带、亚热带的森林内陆，这些地方瘴气、猛兽横行，且潮湿多虫，人类为了避免各类伤害，采取高架而居的方式。长江流域及其以南地区是巢居的主要分布地带，而大约50 000年以前的黄河流域，气候温和，有着丰美的草原与繁茂的森林，也可能有巢居。《礼记·礼运篇》云：“昔者先王未有宫殿，冬则居营窟，夏则居增巢。”明费信《星槎胜揽》前集昆仑山条记载：“人无居屋而食山果鱼虾树巢。”可见巢居形式确为古代人类居住的一种方式。古籍有描述巢居式样的记载。《韩非子·五蠹篇》说：“上古之世，人民少而禽兽众，人民不胜禽兽蛇虫，有圣人作，构木而巢，以避众害，而民悦之，使王天下，号曰‘有巢氏’。”这段记载将巢居的形式、功能及产生的原因阐述得比较清晰，即巢居建于悬空的树冠上，以木为骨架，搭扎成棚子，棚上遮以植物类诸如树叶、藤草。在英属几内亚东南部的Koiari存有一个单木巢居，矩形平面，位于树冠之上，巢居为两坡顶略有悬山，上遮茅草，一侧立一斜梯供上下使用。虽然这个巢居是近代之作，但其形式估计与古代巢居相比，除增建斜梯外相差不远，我们可以据此推测古代巢居的情况。多木巢居是将巢居搭在相邻的数棵树上，这种方法增加了巢居面积与巢居的整体稳定性，同单木巢居一样，多木巢居也未能遗留至今，河南洛阳郊区现存近代的一座“看青棚子”，在相邻的四棵树上搭建一个平面矩形的三角棚子，用树枝、木条作骨架，上覆茅草，从这个看青棚子可以窥见多木巢居的形象。

大约六七千年前，中国出现了干栏式房屋。巢居是一种因地制宜的住所，简单粗陋，必须依赖树木方能存在，随着人类从森林地带向平原湖泊的迁移，巢居失去了构筑条件而逐渐消失。但人类受巢居的启发，以木桩代替树干作为建筑的台基，干栏式房屋与巢居基本相似，两者都是架空于地面、上部搭建全木结构的棚子，只是前者架空部分以多根木桩代替后者的树身。由于干栏式建筑既可建于森林地带，又可临水而建，所以在森林内陆与水滨湖泊地带都能见到。干栏式房屋分布很广，亚洲、非洲、欧洲、南美洲、大洋洲都有，南亚及其附近海洋岛屿最为密集，亚洲西部与西伯利亚也有。在中国它主要分布在长江流域及南方地区，如7000年前的河姆渡干栏式建筑遗址（遗址总面积5000平方米）及5000年前广西邕宁顶蛳山干栏式建筑遗址。单木巢居—多木巢居—干栏式房屋的发展演变是缓慢的，有时重叠交错，同时并存两种或三种形式，有时在某些地区因地理环境的改变和民族的迁徙，没有延续发展，但从纵向的发展趋势来看，是沿着这个规律演变的。巢居到新石器后期基本被干栏式建筑取代，但在一些偏僻的少数民族地区直到南北朝时仍然存在，《魏书·僚传》、《周书异域传·僚传》、《通典·边防典》中都有类似的记载，说僚人的住宅“依树积木以居其上，名曰‘干栏’，干栏大小，随其家口而定”。虽然记载将其称为干栏，但从其结构形式来看，“依树积木”并非立桩悬空构筑，确实是巢居无疑。从“干栏大小、随其家口”一语判断，这类巢居是多木巢居，因在一棵树上建巢，其面积无法自由选择，只有多木巢居方能相对自由地决定面积的大小。

干栏式建筑按其地理环境主要分为两大类。一类仍然在森林地带，如云南、贵州、广东、广西一带，据《太平寰宇记》卷163载窦州（今广东信宜县）风俗：“悉以高栏为舍，号曰‘干栏’。”同卷称昭州（今广西平乐县）风俗同窦州。昭州住宅也叫干栏，时至今日，云南西双版纳森林地区仍然存在着干栏式房屋。另一类在平洼靠近湖泊、河流的地区。这类房屋多将木桩打入水浸的岸边，甚至就打入浅水中，其特点是居民能临水而居，汲水方便，房屋底面远离地面以防潮防湿。河姆渡遗址中的干栏式房屋背靠山坡，面临湖泊，柱桩密布于地下，上铺木板，是这类干栏房屋的典型例证。干栏式住宅至今仍是一些少数民族的主要居住方式之一。（沈玉枝）

干支 中国古代计数或记号系统，由10个“天干”和12个“地支”构成。10个天干为甲、乙、丙、丁、戊、己、庚、辛、壬、癸；12地支为子、丑、寅、卯、辰、巳、午、未、申、酉、戌、亥。天干与地支依次循环配合，如甲子、乙丑、丙寅，等等，直至癸亥，完成一个周期，共有60个序数，叫做“60干支”，又称“六十甲子”。作为计数、记号系统，干支在中国古代有多种应用，但在天文历法上最为常用，可以表示方位、纪时、纪日、纪月、纪年等。关于干支的由来，《史记》司马贞索隐引汉《律历志》称是黄帝的大臣“大挠作甲子”，这说明干支的起源是在远古。殷商时期天干常被用作帝王的名字。甲骨文中已经出现六十干支表，干支被用于纪日。干支纪日始于何时，不得而知，大约在夏殷之际。不过史学界都假定干支纪日从开始至今，一直没有间断，这就使得干支纪日成为中国上古年代学的重要依据。古代还有十二支纪月，只是不同的朝代，一年的首月对应的地支有所不同，即“建正”不同，如夏正建寅，殷正建丑，周正建子，春秋时代历法有建亥的情况，秦及汉初使用建亥。干支用于纪年较晚，到东汉时才出现。（孙小淳）

甘薯 又名番薯、山芋、朱薯、红山药、番薯蓣、金薯、番茹、红薯、白薯、土瓜、红苕、地瓜等。明末之后中国的主要杂粮作物之一，16世纪经东南亚国家引入闽粤后，迅速推广，相继传到内地，栽培技术水平也得到很大提高。17世纪以后，人们逐步认识到甘薯在瘠卤沙冈皆可生长，唯土地高燥、土质疏松方利于块根生长，获得较高收成，因此，深耕厚壅成为最基本的栽培技术措施。南方地势低洼、土质黏重、雨量充足的地区栽薯需起垄作畦，方可排水通气、加深土层以利结薯，因此对于垄作的重要性已有一定认识。北方雨量较少的沙土虽可平作，但具有灌溉条件能够实行垄作栽培的一般总比平作高产。甘薯向北推广，因冬天寒冷，留种藏种成为引种成功的关键。《农政全书》总结介绍了留薯块及薯蔓作种的方法："其一传卵。于九、十月间，掘薯卵，拣近根先生者，勿令伤损，用软草苞之，挂通风处阴干。至春分后，依前法种。一传藤。八月中，拣近根老藤，剪取长七八寸，每七八条作一小束。耕地作埒。将藤束栽种如畦韭法。过一月余，即每条下生小卵如蒜头状。冬月畏寒，稍用草器盖，至来春分种。"书中还介绍了利用苫盖和窖藏等保存种薯、种蔓安全越冬的方法，指出其关键在于防湿和防冻。窖藏法的提出，是种薯越冬方面的突破，从而使甘薯的栽培区域不断向北扩展。明清时期，人们在总结提高甘薯的栽培技术水平的同时，对于甘薯的利用也作了进一步的开发。甘薯传入中国之初，主要用于防灾救饥。随着时间的推移，人们逐步认识和发现了甘薯的许多优点，徐光启将其归纳为"十三胜"，指出它具有高产益人、色白味甘、繁殖快速、防灾救饥、可充笾实、可以酿酒、可以久藏、可作饼饵、生熟可食、不妨农功、可避蝗虫等优点，指出"农人之家，不可一岁不种。此实杂植中第一品，亦救荒第一义也"。这一总结对于甘薯的推广也起了一定作用。（曾雄生）

甘蔗 又作柘、蔗、甘庶、诸柘、藷蔗、都蔗、竿蔗等。中国的主要糖料作物之一。中国是甘蔗的原产地之一，最早见于《楚辞·招魂》和汉司马相如的《子虚赋》。中国南方还有甘蔗野生种的发现。早期的甘蔗以生食为主，并用于祭祀。晋代著名画家顾恺之"每食甘蔗，恒自尾至本，人或怪之，云：渐入佳境"。甘蔗榨汁也可以酿酒、制糖。特别是唐宋以后，随着制糖技术，主要是沙糖和冰糖（糖霜）技术从印度摩揭陀等地的引进和发展，更导致甘蔗栽培技术的发展。早期的甘蔗栽培以春种为主。宋元明清时期，甘蔗栽培技术已比较成熟。选种方面强调节密，这是因为节密则芽多。整地要求深耕多耕，下种要求平放。用地方面则采用与谷物的轮种和与棉花的套种等方法。（曾雄生）

柑橘 芸香科的柑橘属，是中国的原产植物。《尚书·禹贡》云，扬州"厥包橘柚，锡贡"。《吕氏春秋》亦曰："果之美者江浦之橘，云梦之柚。"秦汉以来，柑橘栽培受到重视，并得到很大发展，种类也越来越多。晋代张华《博物志》曰："橘柚类甚多，柑、橙、枳皆是。"南宋韩彦直所著《橘录》是中国第一部总结柑橘类专著。韩彦直说："桔出温郡，最多种。柑乃别其种，柑自别为八种，橘又自别为十四种；橙子之属类橘者，又自别为五种；合二十有七种。"首次明确地将柑橘树分为柑、橘、橙三大类。所谓"柑八种"，即真柑、生枝柑、海红柑、洞庭柑、朱柑、金柑、木柑和甜柑等八种；"橘十四种"即橙子、黄橘、塌橘、包橘、绵橘、沙橘、荔枝橘、软条穿橘、油橘、绿橘、乳橘、金橘、自然橘、早黄橘等十四种；"橙之属类橘者五种"即冻橘、朱栾、香圆、枸桔和香栾等。这样的分类是相当科学的，与今天的方法基本上一致。（汪子春）

疳 病证名，为疳证、疳积、疳病的简称，是一种由脾胃运化失常引起的慢性营养障碍性病证，多见于5岁以内小儿。常常与喂养不当、饮食失调而损伤脾胃，或寄生虫感染及各种热病久病之后而致脾胃虚弱有关。病因虽然很多，但病变的关键在于脾胃损伤，运化失常。宋代钱乙《小儿药证直诀》云："疳皆脾胃病，亡津液之所作也。"因脾胃为运化水谷、化生气血之源，若长期功能失调，则水谷停滞、精微不化、气血俱虚，可引起形体及五脏的其他病变。临床上，以面黄肌瘦、毛发稀黄、食欲反常、肚腹膨胀、大便失调等为主症，长期得不到纠正，则可能影响到生长发育，或导致其他并发症。（张志斌）

钢轮发火装置 明朝后期创制的一种机械式自动引爆地雷的装置。由戚继光所部创制于万历八年（1580）。原名"自犯钢轮火"，是世界上最早的机械式引爆地雷的装置。其布设和引爆方法是：在长城沿线的通路上挖掘深坑，将地雷埋在坑中，并在雷旁放置一个木匣，将地雷的药信通入匣中，匣底放有火药与一个钢轮发火装置，轮旁安有火石。从匣中经过竹筒通出一根引线，线的一端控制钢轮转动，另一端由守雷士兵控制，或横过通路拴扣于地物上。当敌军人马经过通路踩绊引线时（或由守雷士兵拉动），使钢轮转动，磨击火石，点着匣底火药，引燃地雷的药信，使雷中的火药爆炸，将敌军人马杀伤。采用这种发火装置的地雷有炸炮、石炸炮、自犯炮、万弹地雷炮等。（王兆春）

杠杆 系一种简单机械，其使用可追溯至原始社会。考古发掘出许多利用杠杆的工具，如浙江余姚河姆渡文化遗址中的石铲、骨，有凿柄孔并装上了木柄的石刃、骨刃等。明末宋应星《天工开物》中描绘了安装盐井架的场面，其中一个拿着杠杆在撬移和调整架基。杠杆在先秦时期利用最广的是衡器（天平、秤）、滑车（定滑车）、桔槔、踏舂等。考古发掘出的最早衡器是长沙楚墓中的等臂天平。不等臂的天平即秤，它可能与天平同时出现。《墨经》最早对秤的杠杆原理作了理论探讨，其论述包括阿基米德原理的全部内容。《淮南子·主术训》记述了杠杆支点的重要性。杠杆的另一重要应用是滑轮或称"滑车"。定滑轮可以改变力的方向，配合适当的滑轮则可以省力。从战国始，作战器械、井中提水和盐井中已经广泛运用了滑轮，传说公输般为季康子葬母创造了转动机关，为帮助楚国攻宋创制了云梯，其中都使用了滑轮。汉代画像砖和明器陶井模上都有滑轮装置。《天工开物·作碱》有许多插图描绘了滑轮，在转绳汲井、放桶下井、汲卤高架中都使用了多个滑轮。（王允红）

高粱 中国最主要的杂粮作物之一。原产于非洲，后传入中国。早期称为蜀黍或蜀秫，以后又有木稷、荻粱、稻黍、芦穄、芦粟等别称。高粱之名始见于明代。除供食用、作饲料外，秸秆还可以作多种杂用。此外，高粱还以其"茎高丈余"的优势，广泛种植用以保护其他农业生物。农书中记载高粱栽培始见于宋元之间的《务本新书》，后《农桑辑要》、王祯《农书》和《农桑衣食撮要》中都有记载。明清时期的一些农书，如《农政全书》、《农桑经》、《马首农言》及《救荒简易书》等都有高粱栽培技术方面的文字。高粱耐旱耐涝，故常种于高地或低地，同时也宜于碱地、瘠地种植，栽培技术也较为简单。古人认识到，高粱的落粒性强，不宜连作，一般常以高粱和豆类轮作换茬。但豆类中却不包括花生，因为“落花生茬种高粱，高粱皆不茂盛”。古人还发现高粱密植可增产，还发明了高粱冬播和一年可收两次的再生高粱。（曾雄生）

高台建筑　在高台上建造的建筑，或利用天然或人工夯筑土台，在土台四周和台上建造的建筑。前者仅在高台顶上构筑单层建筑物，而后者同时在土台的四周构建单层建筑，土台作为该建筑的后墙壁，土台呈多层逐层向内缩进状，每层都贴壁建屋，这样，由数层的单层建筑构成外观为多层的楼，再在台上建筑单层房屋，整体效果如同楼阁一样。原始社会晚期发明填土分层夯筑室内居住面，为高台建筑的萌芽，即所谓《墨子·辞过》所说：“室高足以辟润湿。”夏商周三代开始建造高台，据《竹书纪年》记载，夏帝桀作“琼宫瑶台，高千尺”，《诗经·大雅·灵台》记载，西周文王作灵台。春秋时一改以往单在台顶建造建筑的做法，改为在高台四壁亦筑建筑，如《淮南子》说“高台层榭，接屋连阁”，形成建筑核心是土台、四周是建筑的楼阁式高台建筑。战国宫室建筑普遍采用高台建筑，并以高台建筑数量多少、大小、高低作为拥有者权威的标志。秦咸阳、汉长安的宫殿建筑和礼制建筑均是以简单的单体木构建筑与高台相结合，构成体积庞大、外观多层的建筑。东汉时，高台建筑被层层相叠的木结构楼阁所取代，唯高台作为建筑的台基而保留。（沈玉枝）

膏肓　①人体解剖术语，指人体心之下、膈之上的部位。病位深隐难治、病情严重的患者，常喻为“病入膏肓”。《左传·成公十年》云：“疾不可为也，在肓之上，膏之下，攻之不可，达之不及，药不至焉，不可为也。”②经穴名。即膏肓俞，属足太阳膀胱经，位于背部，当第四胸椎棘突下旁开三寸处。出唐代孙思邈的《备急千金要方》。又指十二经原穴之二。《灵枢·九针十二原》云：“膏之原，出于鸠尾，鸠尾一。肓之原，出于脖胦，脖胦一。”（张志斌）

篙　舟船最早出现的也是最简单的原始推进工具，由一双长竹竿或木杆构成。为了延长篙的使用寿命，后来常在其下端安装铁箍和铁制尖头，在其上端安装铁钩，以钩住其他物体。东汉许慎《说文》说篙，“所以进船也”。将篙撑水底或岸边物体，利用力的作用和反作用原理，使船舶航向与用力相反的方向，适用于在浅水河道和近岸航行的船舶。东汉刘熙《释名》云：“所用斥旁岸曰交。一人前，一人还，相交错也。”“斥”即撑，“交”即篙。这是说一艘船通常由二人持两支篙交错作业，分别由船头到船尾，后由船尾到船头，反复撑之，保证船舶持续前进。因此，船的两侧一般都设有撑篙走廊。使用篙的双数，根据船体大小而定。由于其方便且适于浅水的特点，在其他推进工具出现之后，篙仍被广泛应用，甚至在远距离航行的大河船或海船上也有准备，以便通过浅滩或靠岸。（郭书春）

藁城铁刃铜钺　商代中晚期青铜－陨铁复合礼器，1973～1974 年发现于河北藁城台西商代墓地 112 号墓。经鉴定，铁刃部分是以陨铁加热锻成的，表明中国早在公元前 14 世纪时就已经认识了铁。（苏荣誉）

戈 古代军队在作战中使用的钩、啄兵器。由新石器时代晚期的石镰演化而来，初为石戈。商代和西周的军队装备青铜戈，由戈头和长柄（又称柲）组成。戈头先是曲内式、銎内式，商代以后被直内式取代。戈头用青铜铸造，分前后两部分。前部称“援”，上下有刃，前端有尖锋；后部称“内”，用以安柲，其上有穿绳缚柄用的“穿”。为了避免在钩、啄时戈头脱落，通常要在援和内之间纵置凸起的“阑”，并在援下近阑处下延成“胡”，胡上也有穿。戈头横安于柄上。《考工记》中对戈头各部分的尺寸比有明确的规定。戈的柄多用竹和木制造，长短视用途而异，步兵单手所持的柄在1米左右，战车兵使用的柄最长的超过3米。柄的剖面呈前阔后尖的卵圆形，以便定向握持。柄的下端常套装金属“镦”。戈在秦以后逐渐被淘汰。戈是中国古代特有的长柄格斗兵器，具有鲜明的民族特色。戈字除本身含有战争和兵器（如“大动干戈”等）之意外，还和其他字组合成与军事、战争和兵器有关的字，如战、伐、戟等。更有深刻含义的是繁体字“國”字的构成：其中大口形边框表示国家是具有封闭性边界的，边界内有人口生活在土地上，有象征武装力量军队和兵器的戈在保卫着国家的安全。（王兆春）

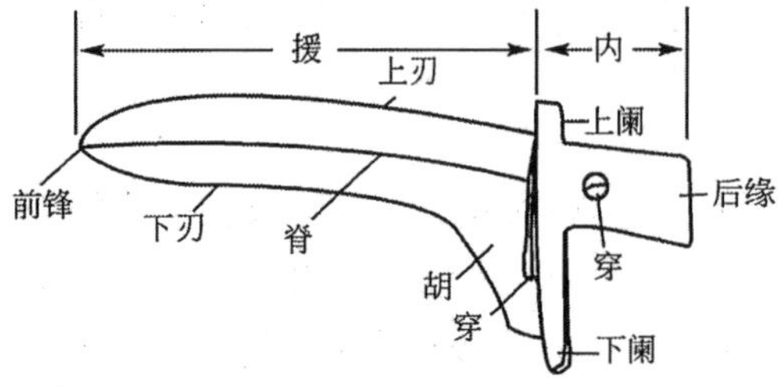

戈的构造图

割圆八线 一个角的8个三角函数，因其可用单位圆第一象限中的8条线段表示而得名，如图：

$$\sin\alpha = NP,\quad \cos\alpha = OP,$$
$$\mathrm{tg}\alpha = AS,\quad \mathrm{ctg}\alpha = BR,$$
$$\sec\alpha = OA,\quad \csc\alpha = OB,$$
$$\mathrm{vers}\alpha = 1 - \cos\alpha = SP,$$
$$\mathrm{covers}\alpha = 1 - \sin\alpha = RQ$$

明末瑞士耶稣会传教士邓玉函编译的《大测》介绍了正弦、余弦关系式，倍角公式、半角公式，和差化积公式，正弦定理、正切定理，是为西方三角函数知识传入中国之始。后来他又撰《割圆八线表》，是八线的5位小数的函数值表。意大利传教士罗雅谷（Jacques Rho，1590～1638）撰《测量全义》，介绍了更多的三角函数知识，包括同角的三角函数关系、余弦定理、积化和差公式，以及若干球面三角学知识。（郭书春）

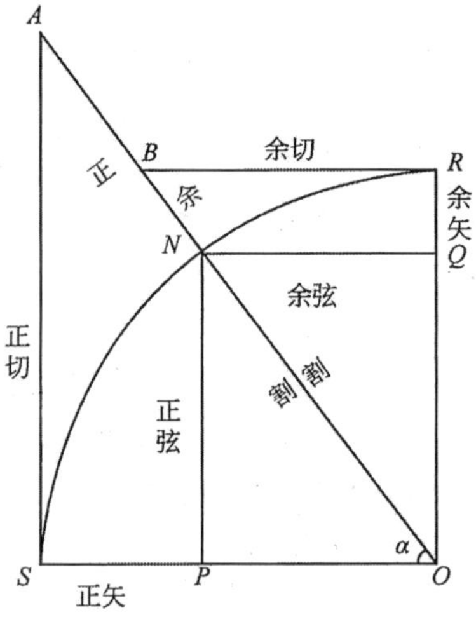

割圆八线图

割圆术 公元3世纪刘徽创造的证明《九章算术》的圆面积公式及求圆周率精确近似值的方法。西汉成书的《九章算术》方田章提出了圆面积公式：“术曰：半周半径相乘得积步。”此即 $S = \frac{1}{2}Lr$，其中 S、L、r 分别是圆面积、周长、半径。

在刘徽之前，人们以圆内接正六边形周长代替圆周长，以正十二边形面积代替圆面积，用出入相补原理近似验证上述公式。刘徽指出，此“合径率一而弧周率三也”，而圆的周长与直径“非周三径一之率”，从而创造了用无穷小分割和极限思想证明圆面积公式的方法。如图，他从圆内接正六边形开始割圆，割成圆内接正 $6 \cdot 2$，$6 \cdot 2^2$，…边形，它们与圆比较，其面积都有缺失。“割之弥细，所失弥少。割之又割，以至于不可割，则与圆周合体而无所失矣。觚面之外，犹有余径。以面乘余径，则幂出弧表。若夫觚之细者，与圆合体，则表无余径。表无余径，则幂不外出矣。以一面乘半径，觚而裁之，每辄自倍。故以半周乘半径而为圆幂。”这是一个完整、严谨的证明。设圆内接正 $6 \cdot 2^n$ 边形的面积为 S_n，余径 r_n，每边长 l_n。刘徽首先指出 $\lim\limits_{n\to\infty} S_n = S$，接着证明了 $S_n + n \cdot l_n \cdot r_n = S_n + 2(S_{n+1} - S_n) > S$，并且 $\lim\limits_{n\to\infty}[S_n + 2(S_{n+1} - S_n)] = S$。最后，刘徽将与圆合体的正多边形分割成无穷多个以圆心为顶点、以每边为底的小等腰三角形。设与圆周合体的正多边形的每边长为 l，每个小等腰三角形的面积为 A，则 $lr = 2A$，$\sum_{1}^{\infty} l = L$，$\sum_{1}^{\infty} A = S$，$\sum_{1}^{\infty} lr = Lr = \sum_{1}^{\infty} 2A = 2S$，因此，$S = \frac{1}{2}Lr$，最后完成了证明。刘徽接着指出，该公式中的周、径“谓至然之数，非周三径一之率也”，因此需要求这个至然之数，即圆周率的精确近似值，从而在中国首创了求圆周率的精确近似值的正确程序，并利用同样的割圆方法，借助于《九章算术》的圆面积公式，求出了 $\pi = \frac{L}{d} = \frac{157}{50}$ 和 $\pi = \frac{L}{d} = \frac{3927}{1250}$ 两个圆周率近似值，奠定了中国的圆周率计算领先世界约千年的数学理论和方法的基础。（郭书春）

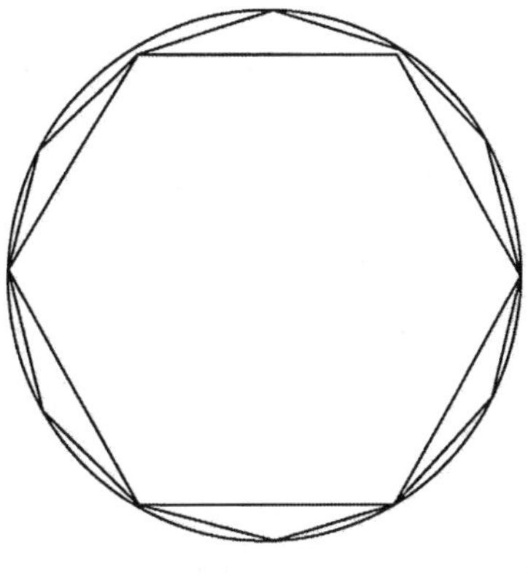

刘徽割圆图

格物致知　出自《礼记·大学》：“致知在格物，物格而后知至。”汉郑玄注：“格，来也；物，犹事也。其知于善深，则来善物；其知于恶深，则来恶物；……此致或为至。”宋明理学家把“格物”和“致知”作为重要的学习方法和修养方法，但其诠释各不相同。程颐说：“格犹穷也，物犹理也，犹曰穷其理而已矣。”（《遗书》十八）朱熹发挥程颐思想，云：“言欲致吾之知，在即物而穷其理。”（《大学·补传》）把“格物”解释为即物穷理，即在事物之上考察其理，但他又认为“格物”穷理的终极目的不是求得某一具体事物的知识，而是通过“今日格一物，明日格一物”的积久认识，达到“一旦豁然贯通”，即对天理的全面认识。朱熹的“致知”是指扩充知识，因而“致知”是“格物”的结果。明代王守仁认为，“天下之物本无格，格物之功只在身心上做”（《传习录》），“致知”为“致吾心之良知”（《大学问》），“格物”就是认识内心，无须外求。明末清初王夫之认为，“格物”就是接触客观事物，“致知”即思维总结，“格物致知”就是通过接触外界事物去获得正确的认识。明末西方自然哲学传入中国，徐光启和耶稣会士利玛窦称之为“格物致知之学”，或称“格物穷理之学”，简称“格致学”。清末近代科学传入，则以“格致学”代指“自然科学”（natural science）或“科学”（science）。清末亦将“物理学”（natural philosophy）译称“格物学”，主要指物理和化学知识。science 的日本译名“科学”在 20 世纪之初逐步取代了“格致学”。（李家明）

葛 属豆科藤本植物，藤长可达 8 米，其茎皮中含有约 40% 的纤维，纤维长 5～12 毫米。我国很多地区都有葛藤生长，它的茎皮纤维是古代最早采用的大宗纺织原材料之一，其利用史可追溯到新石器时代晚期。《韩非子·五蠹》中有关于传说中远古时代部落联盟首领尧“冬日麑裘，夏日葛衣”的记载，《史记·夏本纪》中有青州“厥贡盐、絺”的记载，说明葛织物在当时是一种比较高级的衣料（“絺”是细葛布）。1972 年江苏吴县草鞋山遗址出土的葛织物残片，印证了这时期确已使用葛纤维织布这一事实。（赵翰生）

隔声 指隔声建筑。其首创者是明初僧人姚广孝（1335～1418），他为协助燕王朱棣夺取建文帝的皇位，在北京旧元宫内造枪械，“密甃瓴甋瓶缶”建成隔声建筑，以防声出而泄露天机。“隔声”一词首见于明方以智《物理小识·天类》。该书中列“隔声”条，并写道：“私铸者匿于湖中，人犹闻其锯锉之声。乃以瓮为甃，累而墙之，其口向内，则外过者不闻其声。何也？声为瓮所收也。”清代郑光祖《一斑录》中也有隔声建筑的记载。近代隔声建筑的出现是 20 世纪初期的事。（李家明）

根缆固土说 中国古代关于森林植被防止水土流失的认识。《孟子·告子篇》曰：“牛山之木尝美矣，以其郊于大国也。斧斤伐之，可以为美乎。是其日夜之所息，雨露之所润，非无萌蘖之生焉，牛羊又从而牧之，是以若彼濯濯也。”以位于临淄南的牛山林木茂盛变成“若彼濯濯”的秃山的事例说明滥伐森林所带来的严重后果。汉代学者一再提醒人们：破坏森林，会给生物资源带来严重灾难，危害极大。《淮南子》不仅指出“构木为台，焚林而田，竭泽而渔”是使“万物不繁”的重要原因，而且把“焚林而猎”、“烧燎大木”等与亡国联系到一起。西晋咸宁二年（276），杜预上疏晋武帝，详述毁林之恶果。他指出，东南地区，由于火田，不少地方的植被被破坏，水土流失非常严重，人工水利设施陂塘亦遭泥沙淤积而损坏，“故每有雨水，辄复横流，延及陆田”，给那里的农业生产带来“特剧”的损失，非但“五谷不收”，而且“居业并损”。宋代魏岘《四明它山水利便览》说：四明（今宁波）它山原来“巨木高森，沿溪平地竹木蔚然茂密”，“虽遇暴水湍激”，但“沙土为根盘固”，因此“流下不多”；后来由于木材价高，竞相砍伐，结果“无山不童，而平地竹木亦为之一空”，一旦下起大雨来，“既无林木以抑奔湍之势，又无根缆以固沙土之留，致使浮沙随流而下，淤塞溪流，至高三四丈，绵亘二三里”。可见，它已指出山林植被“根缆固沙土”对防止水土流失有重要作用。（汪子春）

根与系数判别法则的创立 清中叶汪莱、李锐等提出的由方程系数的符号及其变化判断根的情况的法则。宋元数学著作中多次出现同一个方程有多个根的情形，数学家们却不予讨论。清中叶，汪莱在研究西算的基础上，在中国首次考虑了二次、三次方程的正根的个数与其系数的正负号的关系，1801 年在安徽六安写成《第五册算书》，寄给扬州焦循。次年焦循携书到杭州与李锐共同研究。李锐将其推广到任意高次方程，提出了根与系数关系的三条判别法则，写成《第五册算书跋》。汪莱将其刻入《第六册算书》。1803 年他又发现李锐的第二条有语病，并举了一个反例。汪莱、李锐继续研究，1805 年汪莱撰成《第七册算书》，得出方程 $x^n - px^m + q = 0$ 有正根的条件是 $q \leqslant \left(\frac{mp}{n}\right)^{\frac{m}{n-m}}\frac{(n-m)p}{n}$，其中 $n > m$。1814 年李锐撰成《开方说》，提出：“凡上负、下正，可开一数”，即方程系数符号变化一次的常有一个正根。“上负、中正、下负，可开二数”，即符号变化两次的有两个正根。“上负、次正、次负、次正、下负”，即符号变化三次的有三个正根或一个正根。“上负、次正、次负、次正、下负，可开四数或二数”，即符号变化四次的有四个正根或两个正根。李锐还指出，正根个数少于符号变化次数时，所缺少的根就是汪莱所说的“无数”，它们必定成对出现，没有缺一根的情形。李锐的这一判别法则与 17 世纪欧洲笛卡儿的符号法则是等价的，虽然比后者晚，却是独立发现的。（郭书春）

耕具　即整地农具。中国最早的耕具为耒和耜，是手推足蹴的直插间歇式的翻土农具。春秋战国之交（公元前5～前4 世纪）随着铁器的广泛使用发展为犁，由人力或畜力等作为牵引，将间歇翻土改为连续式的翻土，极大地提高了翻土的效率。但早期的犁铧一般呈“V”字形，只能破土划沟，不能翻土作垄。汉代的铁犁出现了犁壁，能翻土作垄，并且具备了框形犁的雏形。赵过在推广代田法时使用了“耦犁”，这是中国古代耕犁结构和牛耕技术上的一次重大革新。魏晋时期齐鲁出现一种适合于山涧之间使用的“蔚犁”，是由长辕直辕犁到短辕曲辕犁的一个过渡。唐代出现在江东（长江下游地区）的江东犁是真正的曲辕犁。此后的耕犁基本上采用江东犁的形制。唐代还创造人力犁“代耕架”，用以弥补畜力之不足。在小块土地以及开垦荒地时或牛力缺乏的地区，镢（䦆）和铁搭曾广为使用。商周时期出现了一种碎土农具——耰。秦汉以后，碎土农具主要是耙（杷），有人力和畜力两类，依材料有竹木和铁齿之分。畜力耙的出现标志着北方旱地抗旱保墒耕作技术体系的形成，同时也为南方水田耕作技术体系的形成奠定了基础。它和耙具有相同之功效，且形制上与方形耙相似，不过是将耙齿改为用石或木制成的圆辊的礰礋和碌碡也属于整地农具，和耙具有相同之功效。其中有齿的叫礰礋，无齿的名碌碡。平整土地的工具北方用耱，而南方用耖。耱从耰发展而来，是用畜力拖动的磨碎土块的农具，最迟在汉代已经出现。耖为水田整地农具，用于耙后平整田面，耖细泥土、拌匀肥料等，大约在魏晋南北朝时期就已出现。耕具的进步是农业技术进步的主要标志。（曾雄生）

耕—耙—耖　唐宋以后南方水田整地技术的几个主要环节。它和魏晋南北朝时期北方形成的以耕、耙、耱为核心的旱地耕作技术体系的显著不同在于使用耖。耖的作用在于平整地面，因为南方水田耕作技术所要考虑的因素主要是水稻作物，水稻要求稻田中的水位必须均匀一致，这就要求耕起的土壤，除了疏松以外，还要平坦。耖的出现标志着南方水田整地技术体系的形成。宋元时期南方整地技术体系的形成还不仅是体现在耖的出现上，而且在于对每道工序，特别是对于耕的讲究。对此，宋元时期的农学家陈旉和王祯等都有过许多的论述。（曾雄生）

耕—耙—耱 北方旱地传统整地技术的几个主要环节，在秦汉时期耕摩的基础上发展起来的。其中耕是指翻耕，在翻耕的基础上还要进行碎土，主要方法就是磨（摩）。但磨只能破碎表层的土块，于是魏晋南北朝时期发明了铁齿耙（时称“铁齿䥽楱”），用于耕后整地，于是出现耕后有耙，耙后有耱（又称为劳、耮）三位一体的整地技术体系。耕求深，以便蓄墒，耙、耱求细，旨在保墒。嘉峪关魏晋墓室画像砖上可以清晰地看到当时耕耙耱的形象。而北魏农学家贾思勰《齐民要术》中则对耕耙耱技术首先作了总结，以后在金元时期又有所发展。耕、耙、耱是北方旱地耕作技术的精华。（曾雄生）

弓 古代军队在作战中使用的弹射兵器。由弹性的弓臂和韧性的弓弦构成。使用时，用臂力拉弓张弦，将能量蓄积于弓弦之中，而后突然松开，使蓄积的能量于刹那间释放，产生强劲的弹射力，将搭在弦上的箭或弹丸射向目标，达到杀伤目的。原始社会和夏代使用单根竹或木弯曲而成弓臂的单体弓。商代使用的弓，中部的“柎”已经向射手一侧显著凹入，这样在解弦弛弓时，弓身向反方向拘屈，以便在拉弦张弓时产生较强的弹力，被称为反屈弓。到春秋时，工匠已在竹、木制造的弓臂上，缚角被筋，缠丝涂漆，增加其弹力，比单体弓具有较大的射程和杀伤作用，被称为复合弓。春秋战国时，军队装备的弓已经按规定的形制构造，制成标准化的制式弓。据《周礼·夏官·司弓矢》记载，当时有用于车战和守城的王弓、弧弓，用于狩猎的夹弓、庾弓，用于习射的唐弓、大弓。此后各代的军队也都装备各具特色的制式弓。汉代有虎贲弓、雕弓、角端弓、路弓、强弓。唐代的步兵使用长弓，骑兵使用角弓，狩猎和禁卫军使用梢弓和角弓。宋代有黄桦弓、白桦弓、黑漆弓、麻背弓。金军使用射贴弓和射鹿弓。元军使用马克打大弓和卡蛮大弓。明代有开元弓、小梢弓、西番木弓、槽梢弓、槽坝弓、大梢弓、陈州弓。清军以 9.25 斤为一“力”，将弓分为 6 等，从大到小依次为 18～16，15～13，12～10，9～7，6～4，3～1，士兵按所张弓“力”的大小，配备相应的弓。制式弓除弦以外，弓背各部的名称是：中央的弓把称弓弣，两端末梢称箫，箫端装弭，弭上挂弦的凹缺称驱，把和箫之间的两个弧形部分称渊和肩，各部构成相对稳定。作为兵器，弓在中国使用到 19 世纪中叶。（王兆春）

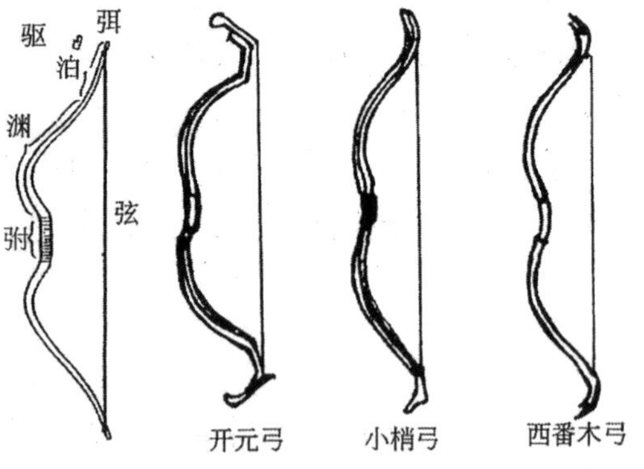

弓的构造和明军使用的弓

攻城器械 古代军队在攻城战中使用的器械。按用途可分为六大类。①遮挡掩蔽类：轒辒车、尖头木驴车、牛皮洞子、半截船、厚竹圈篷。②接通类：壕桥车。

③攀登类：云梯、行女墙、搭天车。④侦察瞭望类：巢车、望楼、望杆车。⑤毁凿类：地道支架、鹅鹘车、搭车、钩撞车。⑥攻击类：木鹅梯冲、吕公车、扬尘车、盛油引火车、攻城枪。这些攻城器械从先秦到明代都在使用，到清代，大型火炮大量用于攻城，其作用相对下降，并逐渐被淘汰。（王兆春）

鹅鹘车

宫　（1）中国古代声学名词。音阶内的音级名称。在中国传统乐律学理论中，宫声被认为是音阶中最重要的一个音级。《国语·周语下》伶州鸠论乐：“夫宫，音之主也。”宫的另一含义，在音乐学上同“均”。定均之后，以宫音所在的律名称其均名，如黄钟宫，太簇宫等。

（2）古时房屋的通称，《尔雅·释宫》：“宫谓之室，室谓之宫。”《诗经·豳风·七月》：“上入执宫功。”后来专指帝王的住所，如皇宫、宫殿。

（3）中国古代历法名词。古历历法以周天 30° 为一宫，即周天 360° 的 1/12。（戴念祖　李家明）

宫殿建筑、宫城、皇城　中国古代统治者施政、祭祀、居住和游憩的场所。宫殿建筑形态经历了单栋建筑、数组庭院建筑组成的宫城及宫城外加皇城的皇宫三个发展阶段。“宫”字最初的意义泛指所有的房屋，如《易·系辞下》所示：“上古穴居而野处，后世圣人易之以宫室。”“⺆”字出现得较早，殷墟甲骨文“⺆”是一个象形字，表现的是一座最简单的穴居小屋：顶上象形穴居小屋的屋顶，它下面的一个“口”字表示屋顶上的天窗，再下又一个“口”字为屋门，战国开始“宫”字始专属于帝王，成为周王及其诸侯居住场地的称谓。“殿”字最早出现于春秋战国，指最高、最大的建筑。“宫”、“殿”二字连用，即为帝王宫室。从秦始皇开始，宫殿专指皇帝处理朝政的地方，汉代以后“宫殿”遂成为帝王办理政务、举行朝会与居住地方的专称。宫殿建筑的起源可上溯到母系氏族社会原始聚落的男子居所及父系氏族社会原始聚落中兼氏族聚会、祭祀等多种功能于一体的公共建筑，建筑形态为一栋大房子。据文献记载夏王朝的宫殿建筑是集议政、祭祀、祭祖功能为一体的夏世室，仍为一栋建筑。

宫城至迟出现在夏王朝晚期。二里头遗址考古发现展示的夏王朝宫殿建筑始以宫城的形式存在，宫殿建筑扩展为几个庭院式建筑群，周围以高墙环绕，朝政、祭祀的功能分布于不同庭院；商初宫殿建筑继承二里头夏王朝的宫城做法，但在宫城中增加了池苑，使宫城具有了游憩功能，如偃师商城的宫城以祭祀广场为中心，其南部是统治者居住、朝政祭祖的建筑区，其北部是池苑区，池苑的主体是石块垒砌的长方形水池，东西长 130 米，南北宽 20 米，并与护城河相连。至此，宫城具备了涵盖统治者全部活动的功能，即朝政、祭祀、居住和游憩四大功能。

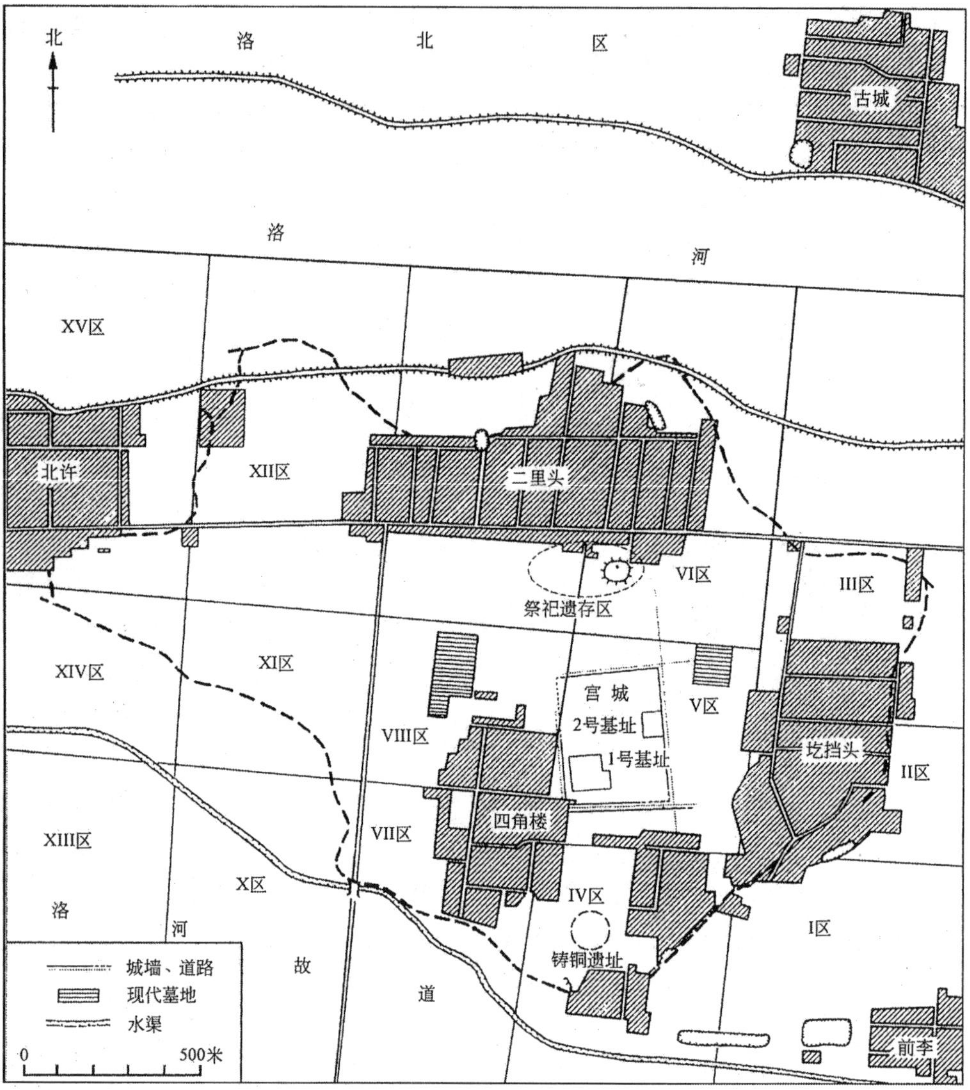

二里头遗址平面图（《考古》2004 年第 11 期）

宫殿建筑的第三种形态是皇宫，皇宫是宫城外加皇城的总称，皇城的出现实质是祭祀建筑从宫城内向皇城的迁移和地缘政治制度下中央政府机构逐渐集中的产物。首先是祭祀建筑逐渐从宫城内迁移到宫城外，即祭祀功能从宫城的四大功能中剥离出去。祭祀建筑从宫城内向外迁移始于两周之际，《吕氏春秋 · 慎执篇》曰："古之帝王择天下而立国，择国中之中而立宫，择宫中之中而立庙。"而考古发现的夏商两朝宫城遗址也予以佐证，二里头夏王朝的祭祖建筑（2 号建筑）位于宫城内之东部，规模类似于朝政建筑（1 号建筑），洹北商城的祭祀区位于宫城内正中，可见夏商两代的祭祀活动在宫城内举行。两周之际，专门用于统治者祭祀活动的建筑已经分别营造，《考工记》："匠人营国……左祖右社。"佐证宗庙和社稷分别列于城之左右，但从该记载不能判断这些祭祀建筑是在城内还是城外，历代学者对此有宫城内和宫城外两种解释，明代王圻《三才图绘》所示的祖庙与社稷分别位于宫城外左右两侧，清朝戴震《考工记图》中的宗庙和社稷则位于宫城内东西两侧。春秋中晚期的秦雍城（位于今陕西凤翔马家庄）的宗庙建筑（1 号建筑群）位于宫室建筑（3 号建筑群）的东侧，各为一组高墙环绕的多重院落，与夏王朝晚期的二里头宫城内的宫室与祭祖建筑布局颇为一致，祭祀建筑仍在宫城内。秦朝祭祀建筑建于城外，秦咸阳宫城位于渭北，而“极庙”、秦昭王庙等在渭南，秦社也筑于渭南，似乎可以证明祭祀建筑已不再宫城内设立，然而，秦始皇曾计划将宫室扩建到渭南，其前朝大殿阿房宫也在渭南营建。考古发现可以确认，两汉开始皇家的祭祀建筑已经不再布置在宫城内而迁移到城外。西汉初营建的高庙尚在长安城内，西汉末营建的“九庙”已经在汉长安城南近郊营建，与“九庙”东西相对者为“社稷”。自此，祭祀功能从宫城剥离，迁移到宫城前，按照左祖右社分布于宫城外前方，魏晋洛阳宫城南门外御道两侧布置太庙和太社，北魏洛阳城宫城南部铜骆街两侧分别布置着太庙和社稷，隋唐长安因之而与其不同之处，则是将左祖右社布置着的祭祀建筑以高墙环绕形成独立的皇城，至此，经过从西周到隋唐大约600余年的演变，终于完成了从祭祀建筑的外迁至皇城的诞生。中央官署从汉代散布于宫城内外到隋唐集中布置在皇城内，呈现逐步集中的趋势。中央官署最早出现于秦朝，考古发现最早见于汉长安城址，位于未央宫北阙外及未央宫内西北部，东汉雒阳中央官署位于南宫以东一带，曹魏洛阳的尚书省布置在宫城内，曹魏邺城中央官署布置在宫城南门外及宫城东墙外，东晋、南朝建康城的中央官署布置在宫城三重城墙的第一、第二及第二和第三之间，北魏洛阳中央官署布置在宫城南门外御街两侧，隋唐沿用其制，与太庙太社一起布置，并以高墙围绕，形成皇宫。早期皇城与宫城纵向并列布置，后期皇城环绕宫城布置，形成皇宫，除了中央官署和太祖太社外，供皇帝游憩的宫苑也布置在此。隋唐长安的皇城外接在宫城的南端，两者南北纵向排列布局，元朝开始皇城环绕在宫城周围，并一直沿用到清朝，而皇城内部的设施从其诞生到清朝结束则不断变化。隋唐皇城内的建筑主要是太庙、社稷和中央官署。宋代开始在此区域内营建宫苑，中央官署仍居此地，而祭祀建筑进一步向外迁移到郭城外，唯太庙在郭城内。辽南京皇城内以宫苑为主，少量建有皇亲国戚的宅第。金中都皇城内主要以皇室宫苑为主，中央官署和太庙集中布置在宫城南门外、皇城内的御街东西两侧，如太庙在御街千步廊之东，尚书省、六部机关布置在西侧，其余地方均为宫苑。元大都皇城仍以宫苑为主，兼有太子、太后居所，而太庙太社则移建于皇城外。明北京在皇城内恢复太庙太社的设置，按照左祖右社的方式布置在宫城外，中央官署设置到皇城外，皇宫内主要是为皇室专用的离宫、宫苑和为皇室服务的内府各种机构。清北京皇城继承明代皇城，但撤除了明朝内府各种机构，增建了一部分寺院和民居。（沈玉枝）

拱花　一种不着墨的印刷方法，以凸出或凹下的线条来表现花纹，类似现代的凹凸印、浮雕印。五代时已用拱花法制砑光纸，托衬山水花鸟鱼虫形状。饾版印刷发明后，人们常将其与饾版结合，印刷图画。其代表作是明代末期徽州人胡正言在

刻工汪楷协作下于南京印成的《十竹斋笺谱》和《十竹斋书画谱》。(苏荣誉)

勾股 数学术语。①古代数学的一个门类，由先秦“九数”的“旁要”发展而来，并成为西汉成书的《九章算术》的第九章，包括勾股术、勾股容方、勾股容圆、解勾股形、测邑方以及若干简单测望问题。刘徽注云：“以御高深广远。”勾股是清以前许多数学著作的重要篇章。②勾股形，今之直角三角形。刘徽说：在勾股形中，“短面曰勾，长面曰股，相与结角曰弦”。③勾股术，即今之勾股定理。《周髀算经》卷上的商高答周公问云：“勾广三，股修四，径隅五。”是为勾股定理的一个特例。现所见最早给出勾股定理一般表述的是陈子，《周髀算经》记载他在计算太阳高度时说：“若求邪至日者，以日下为勾，日高为股。勾、股各自乘，并而开方除之，得邪至日。”如“勾股定理”图，设太阳 S 到 A 点的距离为弦 c，S 到地面的垂直距离 SB（B 为太阳到地面的垂直投影）为股 b，AB 为勾 a，那么 $c=\sqrt{a^2+b^2}$。据推测，陈子的活动年代约在公元前五六世纪。《九章算术 · 勾股》给出了勾股定理的三种表达形式，比陈子更抽象，且冠以“勾股术”之名，云：“勾股术曰：勾股各自乘，并，开方除之，即弦。又：股自乘，以减弦自乘，其余，开方除之，即勾。又：勾自乘，以减弦自乘，其余，开方除之，即股。”即 $c=\sqrt{a^2+b^2}, a=\sqrt{c^2-b^2}, b=\sqrt{c^2-a^2}$。对勾股定理之证明的记载以公元3世纪的赵爽、刘徽为最早。刘徽说：“勾自乘为朱方，股自乘为青方。令出入相补，各从其类，因就其余不移动也，合成弦方之幂。”因文字简括，原图失传，对其证明中出入相补的方法，清中叶以来有若干推测。“勾股术之出入相补图”是清李潢的解释：分别作以 a、b、c 为边长的正方形，进行分割，将勾方中的Ⅰ移到弦方中Ⅰ′处，股方中的Ⅱ、Ⅲ分别移到弦方中Ⅱ′、Ⅲ′处，便得勾方与股方之和等于弦方。(邹大海)

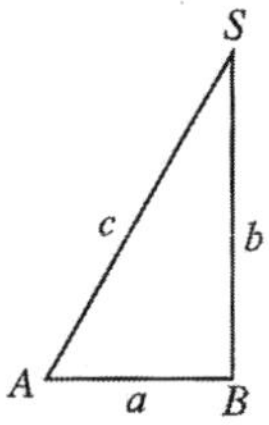

勾股定理

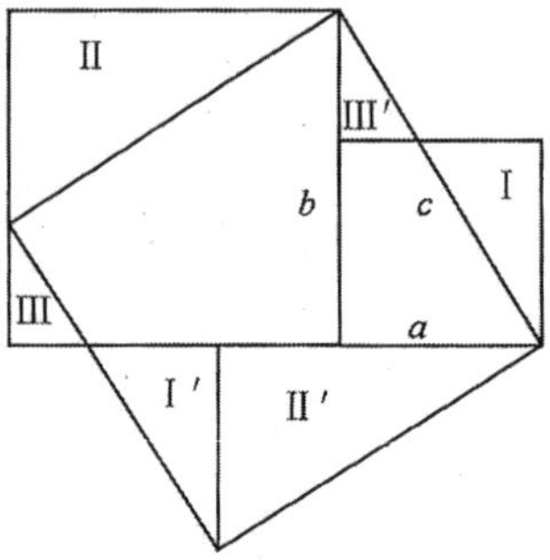

勾股术之出入相补图

勾股容方 中国古代研究勾股形与其内接正方形关系的问题。西汉成书的《九章算术》勾股章的勾股容方问是求勾股形中其两边在勾股上，一顶点在弦上的正方形的边长，如图。其术文是：“并勾股为法，勾、股相乘为实。实如法而一，得方一步。”此即公式 $d=\dfrac{ab}{a+b}$。刘徽分别用出入相补原理和率的理论给予了证明。广义而言，勾股形中容矩形亦可归入勾股容方。(邹大海)

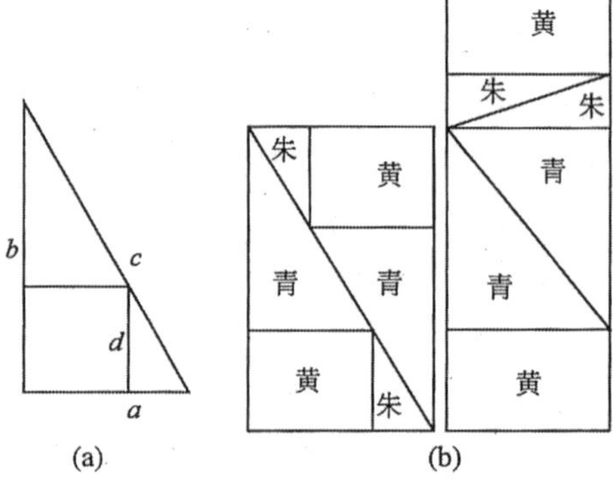

勾股容方图

勾股容圆和九容 中国传统数学中讨论勾股形与圆的关系的知识。西汉《九章算术》勾股章提出已知勾股形的勾、股求其内切圆的直径的问题，开创了勾股容圆的研究，其给出的公式是“三位（即勾、股、弦）并之为法，以勾乘股，倍之为实。实如法得径一步”。此即圆径 $d = \frac{2ab}{a+b+c}$。刘徽用出入相补原理和率的理论（借助衰分术）两种方法证明了这个公式，如图。刘徽还提出了几个新的勾股容圆公式：$d = b-(c-a) = (a+b)-c = \sqrt{2(c-a)(c-b)}$。

后来，特别是宋元时代，勾股容圆成为重要的研究专题，考虑了圆与勾股形的9种相切关系，当时称为“洞渊九容”。洞渊是道教的一个派别，通“九数”，活跃于唐宋。李冶由洞渊九容演绎成《测圆海镜》（1248），讨论了勾股形与圆的10种相切关系，并绘出圆城图式，如图。除上述者外还有：圆心在勾上而圆切于股、弦，称为勾上容圆，圆径 $d = \frac{2ab}{b+c}$；同样，股上容圆 $d = \frac{2ab}{a+c}$，弦上容圆 $d = \frac{2ab}{a+b}$；圆心在勾股交点（垂足）而圆切于弦，称为勾股上容圆，$d = \frac{2ab}{c}$；圆切于勾及股、弦的延长线，称为勾外容圆，$d = \frac{2ab}{b+c-a}$；同样，股外容圆 $d = \frac{2ab}{a+c-b}$，弦外容圆 $d = \frac{2ab}{a+b-c}$；圆心在股的延长线上而圆切于勾、弦的延长线，称为勾外容圆半，$d = \frac{2ab}{c-a}$；同样，股外容圆半 $d = \frac{2ab}{c-a}$。这10种关系中哪9种是洞渊九容的内容，尚无足够资料论定，有人认为是勾股容圆以外的9种，也有人认为是弦上容圆以外的9种；自然，圆城图式也应是洞渊九容的附图而李冶作了补充的。清李善兰又补充了3种容圆关系：勾弦上容圆 $d = \frac{2ab}{b}$，股弦上容圆 $d = \frac{2ab}{a}$，弦外容圆半 $d = \frac{2ab}{b-a}$。上述13种容圆径的分子都是 $2ab$，分母是勾、股、弦的所

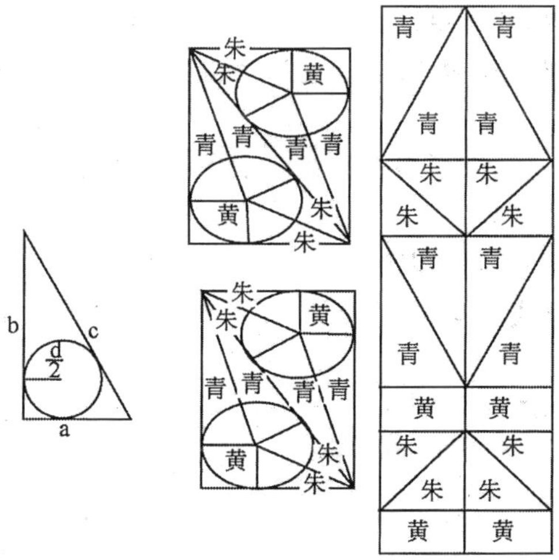

(a) (b)

勾股容圆图

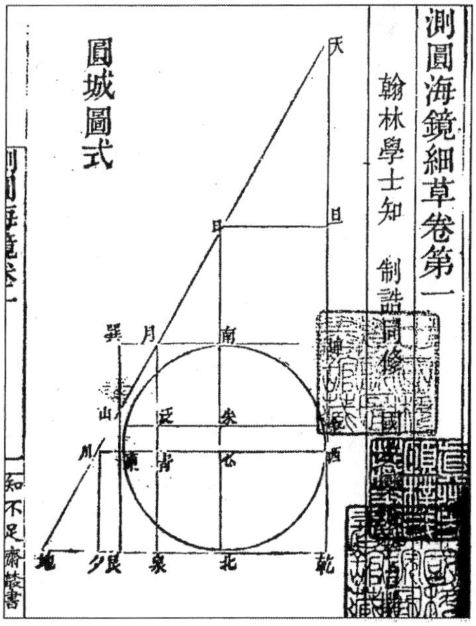

圆城图式（《测圆海镜》知不足斋本）

有可能的13种关系，亦即南宋杨辉《详解九章算法》中“勾股生变十三名图”所给出者。(郭书春　邹大海)

勾股生变十三名图　中国传统数学中关于勾股形中勾、股、弦的13种和差关系。南宋杨辉《详解九章算法》(1261)勾股章中提出了勾股形中勾 a、股 b、弦 c，勾股较 $b-a$，勾弦较 $c-a$，股弦较 $c-b$，勾股和 $a+b$，勾弦和 $a+c$，股弦和 $c+b$，弦较和 $c+(b-a)$，弦和和 $c+(a+b)$，弦和较 $(a+b)-c$，弦较较 $c-(b-a)$ 凡13种元素的变换关系表。此13种元素包括了勾股形中勾、股、弦的所有可能的和差关系，并注明“有用而取，无用不取，立图而验之”，是为中国传统数学的勾股理论的纲纪。(郭书春)

勾股数组　又称整数勾股形，是指满足勾股定理 $a^2+b^2=c^2$ 的正整数组 (a, b, c)。《周髀算经》载公元前11世纪时商高答周公问中给出了中国古代最早的勾股数组(3，4，5)，《九章算术》提出了更多的勾股数组。值得注意的是该书卷九勾股章“今有二人同所立”问:“今有二人同所立。甲行率七，乙行率三。乙东行，甲南行十步而邪东北与乙会。问:甲、乙行各几何?”其术文先求出南行率、东行率和邪行率分别为勾、股、弦三率:“令七自乘，三亦自乘，并而半之，以为甲邪行率。邪行率减于七自乘，余为南行率。以三乘七为乙东行率。”以 m 表示勾弦并率，n 表示股率，则弦率为 $\frac{1}{2}(m^2+n^2)$，勾率为 $m^2-\frac{1}{2}(m^2+n^2)=\frac{1}{2}(m^2-n^2)$，股率为 mn，此即 $a:b:c=\frac{1}{2}(m^2-n^2):mn:\frac{1}{2}(m^2+n^2)$，这就得到了勾股数组的通解公式。当然，这里只要 m、n 互素就可以得到全部的勾股数组了。《九章算术》中的例子皆满足 m、n 互素的条件，说明其编纂者对勾股数组通解公式已有相当深刻的认识。(邹大海)

古代都城　中国古代的统治中心，产生于夏商，终结于清末。其基本配置主要有三大部分，主体是国家最高统治机构皇宫，皇宫由皇帝居住和执政的宫城、以血缘政治为特征的统治体系所特有的太庙及其借助超自然力量加强统治的社稷坛组成，再配以民居和集市。夏商之际的都城与史前原始方国和部落酋长国的城堡式国都相比，最大特点是国家统治者在都城内设立了宫城，同时在宫城内设立了祭祀祖先的宗庙，以借助血缘关系加强统治的力度。河南安阳夏王朝二里头遗址以宫城为中心，宫城北面是祭祀区，南面是手工作坊区，宫城内设置宗庙。商代都城在夏都城的基础上增建外城垣，商初的郑州商城设立两重城垣，偃师商城亦有宫城、外城两重城垣组成，均以宫城为中心。从春秋战国开始，都城的特点是在都城的构成元素中增加了“市”。据《周礼·考工记》的记述，都城的规划布局是“左祖右社，面朝后市”，是为“周制”，但现尚未发现典型的例证。秦都咸阳采用自由布局的方式，被称为“秦法”，秦咸阳首先将“苑”列入都城的营建内容。汉长安城以南面的几个宫为主，北部为市和闾里，总体布局承袭“秦制”，学术界认为其布局是“法象于天”，仿照大熊星座和小熊星座分布而布置的，建章宫、未央宫、长乐宫分布按大熊星座7个星分布，取其相吻合处建墙折别角，北宫、桂宫、明光宫与小熊星座群星分布相吻合，整座都城城墙的折角曲直均与大小熊星座群星相吻合。北城垣随着渭水折线布置，仿照北斗七星的分布，被称为北斗墙。西汉末在城南近郊营建大量礼制建筑，成为中国古代都市建设的又一个构成元素。汉洛阳城以南北二宫形成轴线，城郭周正，始呈中轴线对称布局，是采用周制规划的实例。此前宫城均布置在城内的南部，东汉末年曹魏邺城将宫城移至城的北部，以东西向大街为横轴分城为南北二部，北为宫殿苑囿，南为居民闾里和衙署，从南墙正中向北的大街正对朝会宫殿，与横轴丁字相交，是城市纵轴。南朝建康、北魏洛阳、隋唐长安和洛阳基本沿用这种模式。隋唐长安宫城、皇城、郭城层层相套，皇城北部是宫城，南部由衙署、太庙和社稷组成，东西二市在皇城之南分列左右。北宋京城汴梁郭城、内城和宫城三城相套，全城纵横两轴对称。里坊制被直接向街道开门的店肆居宅所取代。内城也不像唐代的皇城只列衙署祖社，同时也杂处居宅，这是由于改建前内城中已有居民的原因。汴梁在宫城正门与内城正门之间规划的丁字形宫前广场是北宋的重要创造，为辽金元明清历代都城所继承。金中都几乎全部模仿汴梁，而其规整又过之，在位居全城中心的宫城前接建皇城，皇城内没有居宅；在宫城正门与皇城正门之间也有丁字形宫前广场。元大都是完全依据《考工记》记述的王城规矩进行建设的，前朝后市，左祖右社，将市建设在宫城的北面，其宫前广场从宫城正门穿过皇城正门抵达都城正门。明清北京城继承了元大都的规划并更加紧凑，在内城之南接建外城。（沈玉枝）

古代音差　依三分损益法，仲吕不能复生黄钟。倘若仲吕再生黄钟，该音与原黄钟有音差，其差值约为 23.46 音分。这称为古代音差或最大音差。这就是说，三分损益不能返宫。企求反宫的愿望促使古代乐律家作了种种尝试和努力。如汉京房依三分损益算到 60 律，其第 53 律“色育”与黄钟只有 3.61 音分之差，这个数值称为“京房音差”。南朝刘宋钱乐之、萧梁沈重又计算到 360 律，其第 131 律“亿兆”与黄钟音分差仅为 1.78 音分。这个数值称为钱氏音差或沈氏音差。刘宋何承天、唐代祖孝孙等人又从另一角度返宫，从而实现了从三分损益律到雏形平均律的律制。（戴念祖）

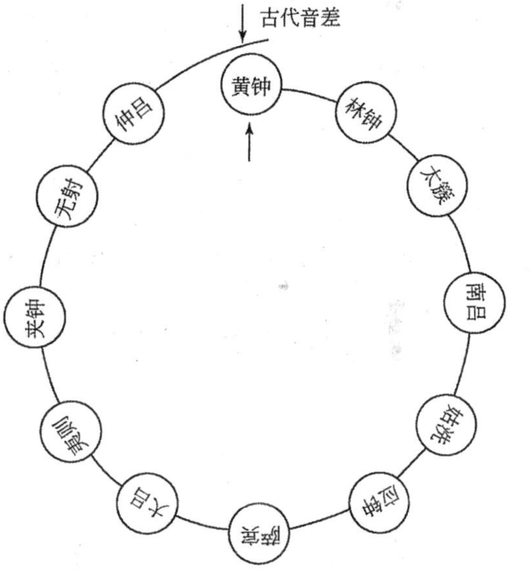

三分损益五度圈与古代音差

古代战车　古代军队在战争中驾乘的木质车辆。其形制构造通常为独辕、两轮、长毂式，车舆（即车厢）为横宽竖短的长方形，门开在后方。车辕压在车厢与车轴之间，其尾稍露在厢后。车辕前端横置车衡，衡上缚有两轭，用以驾马。商朝战车轮径 130 ~ 140 厘米，春秋战车的轮径约 164 厘米，车厢宽 130 ~

160 厘米，进深 80 ~ 100 厘米。车体都为木质结构，通常在重要部位都安有各种青铜车器，用以加固车身和作为装饰之用。轮轴是关键部位，制作特别坚固。当时的战车由两马或四马驾挽，以四马为多。车上编左、中、右 3 名甲士。左方甲士持弓主远射，称车左，为车首；右方甲士执戈、矛，主击刺，称车右；居中者为御者，佩剑一把。在一般情况下，装备 5 件兵器，称“车之五兵”。大约在公元前 16 世纪初商汤灭夏的鸣条（今河南封丘东）之战中，已出动 70 辆战车，开车战之先河。从商代到春秋时期，战车是军队的主要装备，在周灭商的牧野（今河南洪县以南）之战中，就动用了 300 乘战车。到春秋时期，战车发展到鼎盛阶段，千乘之国已不为稀罕，晋楚两国在城濮（今山东鄄城西南）之战中，双方拥有战车达 4000 乘以上。按作战用途，可分为指挥车戎路、兵车、革车、武车、轻车和长毂等，其形制构造也因用途的不同而有所差别。春秋战国之交，由于铁兵器的采用和弩的改进，

古代战车

以及拥有大量步兵的新型军队的组成，能在宽大的正面上有效地遏止密集整齐的车阵进攻。同时，由于战车车体笨重，不便于机动，于是，战车兵逐渐被步骑兵所取代，战车的地位逐渐下降。汉以后的战车，已非原来意义的战车，而是指装备各种兵器的战斗车辆或辎重车。（王兆春）

古琴 中国传统弹拨弦乐器，今称七弦琴，古称琴，又称瑶琴、玉琴。古琴全身为长方形音箱，长为 130 厘米，厚约 5 厘米，宽约 20 厘米。一般琴面为桐木，琴底为梓木。琴身宽端为头，窄端为尾，头有“岳山”，尾为“龙龈”，以承弦的两端。琴身外侧有 13 个徽，镶以贝壳、玉石等物，相邻两徽间分 10 等份。每份为“一分”，“徽”与“分”二名合称“徽分”。上承七弦，由外侧第一弦至内侧第七弦，弦线由粗而细。琴弦多为丝线或肠线。琴头部有“琴轸”，以调节弦张力。琴背有两个大小不等的音箱孔，大者名“龙池”，小者名“凤沼”。古琴定弦主要有三种，从外弦到内弦分别为 C、D、F、G、A、c、d；C、D、F、G、^{b}B、c、d，或 C、D、E、G、A、c、d。琴的音域为 c—d^3，4 个八度。演奏时置琴于桌几，演奏者坐于琴内侧，正对四、五徽之间，右手指在岳山与一徽之间拨弦，左手指“按弦”。不同按弦法可得到散音、按音和泛音三种音；泛音是左手虚触徽位所发出的音。宋陈旸《琴声经纬》说：“左手微按弦，右手击弦，冷冷然轻清是泛声也。”在先秦时，琴已是常用乐器。《诗经·鹿鸣》：“我有嘉宾，鼓瑟鼓琴。”不过，历代琴的形制和弦数当有变化发展。今七弦琴的形状大约起于汉代。（戴念祖）

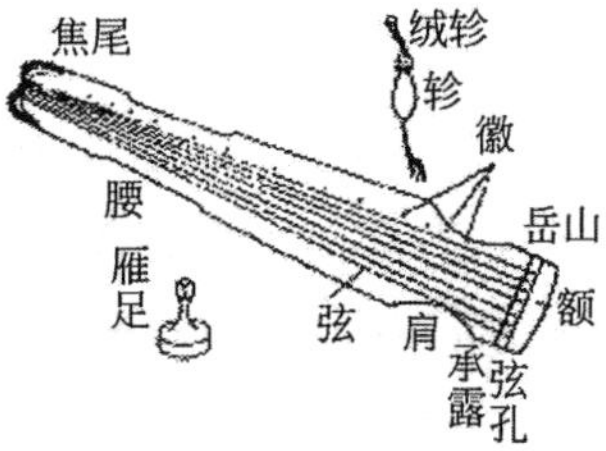

正面

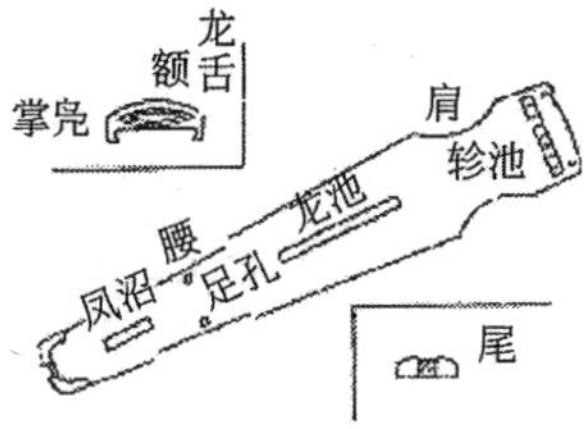

背面

古音阶 七声音阶之一种。晋荀勖称其为“正声调”，今称“旧音阶”。近年有不恰当的“雅乐音阶”之称，亦即此。其来源为《吕氏春秋·季夏纪·音律》中的生律次序。中国古代还有新音阶与俗乐音阶。这三种音阶形式比较如表所示。

由表可见，古音阶的最大特点是第四、五音级（变徵一徵）的音程为半音；新音阶的最大特点是第四、五音级（和一徵）的音程为全音；俗乐音阶的特点是第四、五音级之音程为全音外，第六、七音级之间的音程为一个半音。古音阶从汉代起在音乐典籍中占有特殊地位，常被奉为准则，并据此指责其他音阶形式为“乖相生之道”（如《隋书·音乐志》中郑泽、苏夔论乐）。古音阶或旧音阶之名称，是20世纪30年代被某些音乐著作作为新音阶的对立物而提出的。从乐律史看，古音阶不“古”，新音阶不“新”。它们基本上同时出现，同时存在。近年音乐考古文物及其测音实验证明了这一点。（戴念祖）

律名 / 音名 / 音阶形式	黄钟	大吕	太簇	大钟	姑洗	仲吕	蕤宾	林钟	夷则	南吕	无射	应钟	清黄
	C		D		E	F	#F	G		A	bB	B	C
古音阶	宫		商		角		变徵	徵		羽		变宫	清宫
新音阶	宫		商		角	和		徵		羽		变宫	清宫
俗乐音阶	宫		商		角	和		徵		羽	闰		清宫

古荥冶铁遗址 汉代重要冶铁遗址，地处郑州古荥镇阳城西墙外，面积12万平方米。经1965年、1975～1976年两次考古发掘，在1700平方米范围内，发现炼铁炉炉基2座，出土铁器318件和大量炼铁渣、陶器、石器以及与冶铁有关的窑、井、耐火砖、泥范、风管等遗物，炼炉的使用期限大约从西汉晚期到东汉。发现的炼铁炉截面呈椭圆形，系由含二氧化硅较高的黄土夯筑而成。椭圆形炉缸较易满足鼓风要求。该遗址1号炼炉炉缸长轴约4米、短轴近3米，推测炼炉原高达5～6米，有效容积达50立方米。该遗址炼铁以木炭为燃料和还原剂，以石灰石为助熔剂。遗址铸铁规模颇大，以铸造铁农具为主，亦可对铸铁板进行退火脱碳处理。出土的一些泥范和铁器上有“河一”铭文，可知此遗址为汉代河南郡铁官所属的第一冶铸作坊。（苏荣誉）

骨度 即现在的人体表面解剖。《灵枢 · 经水》中说：“夫八尺之士，皮肉在此，外可度量切循而得之，其死可解剖而视之。”即在古代人们除了进行尸体解剖观察之外，还进行了活体外部（体表）的度量（测量）工作。这种活体测量，古代也称为“骨度”。《灵枢》中专门有《骨度》篇，保存着古代常人之身高及各部位的长短、大小尺度情况。这是一份古代罕见的人体测量的珍贵记录，其测量项目达38项之多，有长度、宽度和围度；其项目排列的先后顺序反映出当时人们作人体测量时的先后操作程序。近年有人以现代人体测量结果与《骨度》篇的记载进行对照，发现两者数字基本相似。《骨度》篇还根据人体各部位的表面解剖特点，确定内脏器官与体表各部位的关系，并根据体表测量结果推断内脏器官的体积大小。例如，它指出，从缺盆中（胸骨上切迹）到髑骬（剑突）之间的距离一般为9寸，约合17.7厘米。如果超过这个长度，就表明肺体积大，相反即表明肺小；从剑突至天枢（脐眼）距离通常为8寸，约合15.8厘米，过长则表明胃体积大，太短则表明胃体积小。这都同现代解剖学知识相一致。（汪子春）

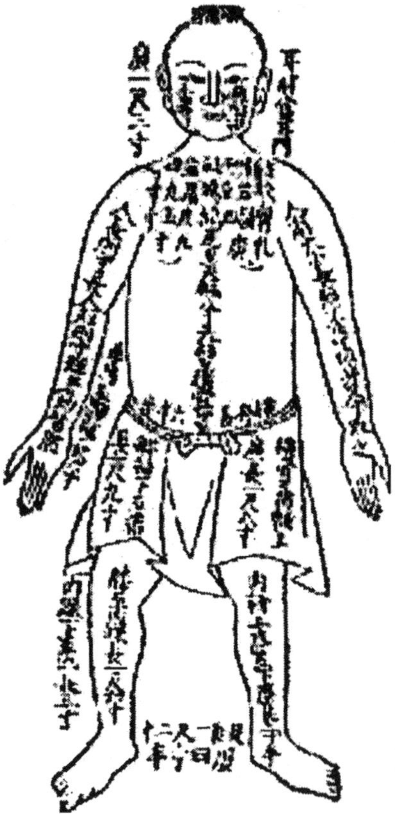

仰人尺寸图

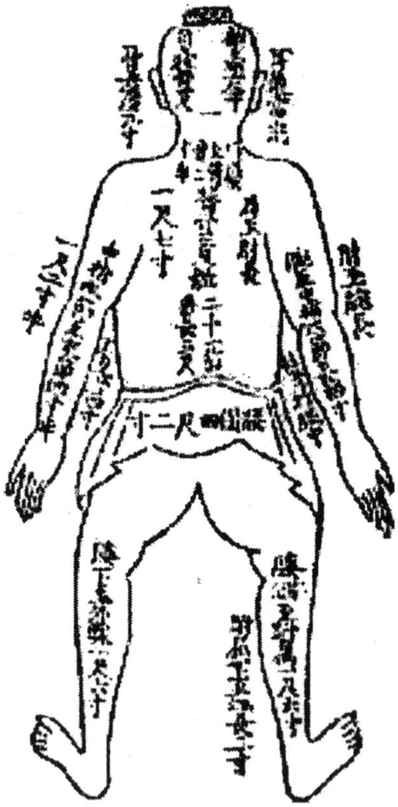

伏人尺寸图

明代徐春甫《古今医统大全》中的人体尺寸图

《灵枢经·骨度》中的人体测量项目表

部　位	部位起止点	尺度(周尺)
全身	人长	七尺五寸
头面部	发所复颅至项(前发际至后发际) 耳后当完骨者(耳后两侧乳突之间)广 头之大骨围(头盖周围) 发以下至长颐 两颧之间相去 耳前当耳门者(耳前两侧外孔前缘之间距离) 角以下至柱骨长	一尺二寸 九寸 二尺六寸 一尺 七寸 一尺三寸 一尺
颈项部	项发以下至背骨(即颈后发际至大椎) 结喉以下至缺盆中长	二寸五分 四寸
胸腹部	缺盆以下至髑骭(胸骨上切迹至剑突)长 [髑][骭]以下至天枢(剑突至脐)长 天枢以下至横骨长 横滑长 两乳之间广 胸围	九寸 八寸 六寸五分 六寸五分 九寸五分 四尺五寸
背腰部	膂骨以下至尾骶二十一节长 腰围	三尺 四尺二寸
侧胸腹部	腋以下至季肋长 季肋以下至髀枢长	一尺二寸 六寸
上肢部	肩至肘长	一尺七寸
	行腋中不见者(柱骨至腋横纹头)	四寸
	肘至腕长	一尺二寸五分
	腕至中指本节长	四寸
	本节至其末长	四寸五分
	两髀之间广(在下格内)	六寸五分
下肢部	横骨上廉以下至内辅骨之上廉	一尺八分
	内辅骨上廉以下至下廉	三寸五分
	内辅下廉至内踝长	一尺三寸
	膝腘以下至跗属长	一尺六寸
	跗属以下至地长	三寸
	髀枢以下至膝中长	一尺九寸
	膝以下至外踝长	一尺六寸
	外踝以下至京骨长	三寸
	京骨以下至地长	一寸
	足长(足跖侧长)	一尺二寸
	足长(足跖侧宽)	四寸五分

蛊 （1）病名。①指房事过度而成疾。《左传·昭公元年》云："赵孟曰：'何为蛊？'（医和）对曰：'淫溺惑乱之所生也。'"②指少腹热痛、小便白浊的病证。《素问·玉机真藏论》云："少腹冤热而痛，出白，一名曰蛊。"③泛指由虫毒结聚、络脉瘀塞而引起的胀满、积块的疾患。《赤水玄珠·虫蛊》云："蛊以三虫为首。……彼蛊证者，中实有物，积聚已久，湿热生虫。"《证治汇补》云："胀满即久，气血结聚不能释散，俗名曰蛊。"

（2）毒药。古代特指用毒虫所制的一种毒药。《诸病源候论·蛊毒候》云："多取虫蛇之类，以器皿盛贮，任其自相啖食，唯有一物独在者，即谓之蛊，便能变惑，随逐酒食，为人患祸。"（张志斌）

瞽 周代有专业知识的盲人乐师称为"瞽"。《国语·周语上》："瞽献曲，史献书。"孙吴韦昭注："无目曰瞽。瞽，乐师。"《周礼·春官》郑玄注："凡乐之歌，必使瞽矇为焉。命其贤知者以为大师、小师。"普通的"瞽"或"瞽矇"只是歌奴而已。（戴念祖）

故宫计算工具 明末及清初皇宫所藏的用于计算的工具。其中有根据传统数学和度量衡制度制造的，例如，分厘尺，用黄铜、象牙、玉、木等不同原料制造的，都精确到 $\frac{1}{1000}$ 尺。更多的是由传教士传入的西方制造或清宫仿制的计算工具。其仿制者大都有"康熙御制"字样。其重要者有：①耐普尔算筹。自明末传入中国后，方中通、梅文鼎等先后对其进行了改进。清宫所存者有，横排的，也有竖排的，有斜格的，也有半圆格或直格的，有用阿拉伯数字的，也有用汉字数字的。②手摇计算机。有盘式 6 台，筹式 4 台，应当是 1685 ~ 1722 年仿制法国帕斯卡（1642）、德国莱布尼茨（1671）的加法器而制成的。它们不仅能做加、减、乘、除四则运算，还能借助平方表和立方表进行乘方、开方运算。③假数尺，即对数尺。有西方传入的，也有仿制的。一般两尺为一组，一支的正、反面都是假数尺，一支的正、反面分别是正弦尺、正切尺。也有的两尺正面都是假数尺，反面分别是正弦尺、正切尺。④比例规。原为意大利科学家伽利略所创制，由能开合的刻有刻度的两脚尺构成，利用相似三角形的性质进行计算。明末传入中国。故宫中有各种类型的比例规几十具。此外还有角尺、矩尺等。（郭书春）

顾绣 明嘉靖年间进士顾名士家族的刺绣技术。其特点是：针法丰富，丝理与画理融合，能以最恰当的针法来表现物象的肌理。常用针法有擞和针、滚针、施毛针、网绣等，其他针法则因物象所需，灵活运用。绣稿多选择古人名迹，摹绣出的古人书画、花卉羽毛意巧工妙，山水人物逼肖活现。这种模仿绘画的刺绣闻名江浙，苏绣受其影响颇大。（赵翰生）

刮痧 推拿的方法之一，又称刮沙。用边缘光滑的瓷质器具、硬币、牛角器具等，蘸取植物油或温水刮颈项，肩胛、背部、胁间等身体各部位。一般自上而下，由内向外反复多次，直至皮肤出现紫红色为止。常用于感冒、中暑、恶心、呕吐、头昏头胀、胸闷、腹痛、腹泻、食积、晕车晕船、水土不服等病证。《景岳全书·杂证谟》云："盖以五脏之系，咸附于背，故向下刮之，则邪气亦随而降。凡毒气上行则逆，下行则顺。改逆为顺，所以得

愈。虽近有两臂刮沙之法，亦能治病，然毒深病急者，非治背不可也。”（张志斌）

卦 《周易》中象征自然现象和人事变化的一套符号，有阳爻“—”和阴爻“--”两种基本符号。用阳爻和阴爻按三个一组、不同次序排列，共有八种排法，是为八卦，其名称是：乾（☰）、坤（☷）、震（☳）、巽（☴）、坎（☵）、离（☲）、艮（☶）、兑（☱），分别象征天、地、雷、风、水、火、山、泽八种自然现象，每卦又象征多种事物，并认为“乾”和“坤”两卦在八卦中占有特别重要的地位。而“乾”与“坤”、“震”与“巽”、“坎”与“离”、“艮”与“兑”又是相对立的。相传伏羲“始作八卦，以通神明之德，以类万物之情”（《周易·系辞下》）。八卦起源于原始宗教的占卜。八卦两两相重，便成为六十四卦。西汉孟喜、京房将《易》卦与四时气候相配，称为卦气。汉儒用以占验吉凶。（李家明）

管律 以不同长度的管表现律音的概念，是以空气柱振动原理为基础的定律法。《吕氏春秋·古乐》言及“昔黄帝令伶伦作律”，其黄钟之宫的管长为3.9寸。经现代计算，这是经过管口校正后的一组律管，属于管律。《史记·律书》中“律数”一节内有“黄钟长八寸七分一，宫”的一组数据，也是管律。管律的音高标准器或定律器称为律管。《礼记·礼运》云：“五声六律十二管。”蔡邕《月令章句》云：“黄钟之管长九寸，孔径三分，围九分。”这些记载均指律管。鉴于空气柱振动在管内会产生末端效应，所有的管和管乐器都必须经过管口校正，管的音高才能与律音一致。蔡邕《月令章句》云：“乃截竹为管谓之律。”明代朱载堉说：“管即律，律即管，一物而二名也。”这些说法必须经过管口校正才是正确的。汉代鉴于律管未有管口校正，乐律家京房提出“竹声不可以度调”，即律管不能作律音而定调高。律管按制作材料分有竹管、铜管、玉管，按形制和用途分有竽律、笛律、叉手笛等。据《宋史·乐志》载，宋代叉手笛原为宫廷乐器，因它“与雅音相应”、“可通八十调”，而被用做正律器，且更名为“拱宸管”。晋代荀勖制笛，已运用管口校正方法，故称笛律；明代朱载堉制律管，以缩小管径方法使其律管发出准确的十二平均律律音，又称为“异径管律”。清康熙十四律是未加管口校正的错误的管律。（戴念祖）

灌溉工程 在辽宁阜新发现的3600年前的灌溉系统，根据其断面尺寸可分为干渠、支渠、毛渠三级。中国古代灌溉工程大体经历了五个阶段：春秋以前是沟洫时期，主要利用天然降雨和地面自然径流进行灌溉；战国至西汉是引水工程发展的时期；东汉至唐初是蓄水工程发展时期；唐至宋朝是湖区水利发展时期，其工程以塘、浦、圩田著称；元至明清是边疆和偏远地区灌溉工程发展时期。

灌溉工程的类型主要有七种：①渠系灌溉，开挖渠道引用河水灌溉。引水口多建有闸门或其他控制设施，引进之水，经引、输、配、灌等一系列渠道，送至田间。多建于中国北半部平川地区，早期的著名工程有引漳十二渠（公元前422年左右）和都江堰（公元前256～前251年始建）。②陂塘灌溉，用人工堤堰形成的蓄水灌溉。其上有引水、溢洪等设施。多建于中国南方山区及丘陵区，早期的著名工程有春秋时期的芍陂。③渠塘结合灌溉，是陂塘和渠系联合在一起的灌溉工程。多建于中国淮河及汉水中上游的丘陵地区，白起渠（公元前 286）是其中较早的一个。④御咸蓄淡灌溉，在海潮较小的河流河口建拦河坝或闸，外防咸潮，内蓄淡水。起源较前三者晚，主要分布于浙、闽等滨海地区，早期的著名工程有它山堰（827～835）和木兰陂（北宋）。⑤圩垸灌溉，湖沼水网区兼有灌溉之利的工程。分布于中国南方湖沼地区，如唐广德元年（763）所筑的嘉禾大圩。⑥井渠灌溉，主要为坎儿井。⑦井泉灌溉，利用地下水进行灌溉，主要有自流灌溉、提灌和陂渠蓄引工程三种形式。山西临汾的古堆泉水和山陕之间的瀵水是古代著名的自流泉灌溉工程。地下水位较低时，需借助提水工具进行提灌。明代徐光启（1562～1633）的《农政全书》全面总结井泉灌溉技术，并针对泉水与耕地之间的不同自然特点，提出引泉灌溉的五种方法。

中国古代还制定了一些有关灌溉的法规，以确保灌溉的顺利进行。最早见于记载的灌溉法规始于西汉。元鼎六年（公元前 111），左内史儿宽建议开凿六辅渠以灌溉郑国渠旁地势较高的农田时，特“定水令，以广溉田”（《汉书·儿宽传》）。“水令”即该灌区的灌溉用水制度。现存具体的灌溉管理制度最早见于甘肃敦煌的甘泉水灌区——唐永徽六年至开元十六年间（655～728）制定的《敦煌县用水细则》。（艾素珍）

灌钢 又称为团钢、宿铁。古代制钢技术的一种，即把生铁或熟铁熔化，按一定比例将一种灌注入另一种之中，再行锻炼的制钢工艺。大约发明于魏晋时期。晋张协《七命》提到楚阳之剑“万辟千灌”，可能是指灌钢。北魏、北齐间，綦母怀文曾炼制过一种“宿铁刀”。所谓宿铁，即后世灌钢。《北史·艺术列传》记载的方法是：“烧生铁精，以重柔铤，数宿则成刚（钢）”，与《北齐书·方伎列传》所载相类，即是将生铁熔化入熟铁中，如同雌雄宿在一起，经几宿交配，可以得到钢。南朝陶弘景（约 452～536）在《本草经集注》中说“钢铁是杂炼生柔作刀镰者”，可见，南朝时已经用灌钢做农具了。灌钢技术经唐得到提高后，到宋代已非常流行。北宋苏颂《图经本草》、沈括《梦溪笔谈》都有记载。《梦溪笔谈》的记述较全面：“世间锻铁所谓钢铁者，用柔铁屈盘之，乃以生铁陷其间，泥封炼之，锻令相入，谓之团钢，亦谓之灌钢。”明代灌钢技术进一步提高，是最重要的炼钢工艺。方以智《物理小识》、宋应星《天工开物》、李时珍《本草纲目》对此均有记述。其与宋代不同点有二：一是改泥封为涂泥草履覆盖，使生铁在还原气氛下逐渐熔化；二是将熟铁制成薄片，渗淋生铁时可增加接触面积，使熟铁加快增碳成钢。明朝时苏州、芜湖是其生产的中心，用灌钢法生产优质钢，被称为“苏钢”和“芜钢”。（苏荣誉）

鹳 鸟名，中国名鸟。《诗经·东山》云“鹳鸣于垤”，表明两千多年前，人们已熟悉鹳的生活习性。鹳常在浅水沼泽坡地生活。陶弘景在《本草经集注》中说：“鹳有两种：似鹄而巢树者为白鹳，黑色曲颈者为乌鹳。”三国陆机《毛诗草木鸟兽虫鱼疏》详细描述了白鹳的形态及生活习性：“鹳，鹳雀也。似鸿而大，长颈，赤喙、白身、黑尾翅。树上作巢，大如车轮，卵如三升桮。……一名负釜，一名黑尻，一名背灶，一名皁裙。又泥其巢一傍为池，含水满之，取鱼置池中，稍稍以食其雏。”明李时珍《本草纲目》对白鹳作了进一步描述："鹳身如鹤，而顶不丹，长颈赤喙，色灰白，翅尾俱黑。多巢于高木。其飞也，奋于层霄，旋绕如阵，仰天号鸣。"李时珍和宋代医生寇宗奭都通过自己的日夜观察，否定了关于鹳"作地养鱼"的传说。（汪子春）

广船 广东建造的尖头形船，古代优秀木船船型之一。广州自战国之后就是造船重镇，至唐宋时期，广州、高州（今广东茂名）、琼州（今海南海口）、惠州、潮州等地造船业已相当发达。其船头尖体长，吃水深，梁拱小，甲板脊弧不高。船体用坚硬的铁栗木制成，横向结构用紧密的肋骨与隔仓板构筑，纵向强度依靠龙骨和大橇维持，非常坚固。整体比福船高大坚实。本系民船，主要航行于南洋航线。明代为抗倭战争的需要，将东莞的五艚、新会的横江两种大船改装成战船，统称广船，为肃清倭患作出了贡献。茅元仪《武备志》谓："其制下窄上宽，状若两翼，在里海则稳，在外海则动摇，此船之利弊也。"明军在抗倭作战中，常以其撞沉倭

广船

船。船上安有舰首炮与舷侧炮两种舰炮，用以轰毁敌船，同时还可用火球之类的火器，抛向敌船，使之焚毁。广船虽然造价很高，在外海遇有风浪时也容易颠簸，但是由于其战斗力较强，所以仍然是使用较多的一种大型战船。（王兆春）

广东水陆师学堂 清末海军学校，分别为水师学堂和陆师学堂，是洋务派"求强"措施之一。光绪十三年（1887）六月由两广总督张之洞仿福州水师学堂规制奏办，设在广州黄埔博学馆旧址。初名"广东水师讲堂"，光绪十九年改名"广东水师学堂"，后又改名为鱼雷学堂。分管轮、驾驶两科，聘用英国军官教练，管轮科学习机轮制造原理及运用技术；驾驶科学习天文、海道、驾驶、攻战之法。两科均习英语，兼读四书五经。初收学生 70 名，分为由博学馆旧学生中选拔的内学生、由军营武弁中挑选的营学生和由 16～30 岁以下文士中挑选的外学生三种。学制三年，学成后拨入练船，在沿海实习一年，再挑选才艺优秀者分赴外国学堂、兵船学习。陆师学堂由两广总督张之洞于光绪十三年六月仿照天津武备学堂规制奏办，设在广州，分马步、枪炮、营造三科。聘用德国军官教练，习德文，兼读四书五经。初收学生 70 名，亦分为内学生、营学生和外学生。学制三年，学成后，择优出洋，分赴外国学堂、陆军实习。光绪十年（1893）谭钟麟任两广总督，将陆师学堂与水师学堂合并，改为水陆师学堂。经费由海防经费中拨给。民国成立后改为海军学校。（李家明）

广济桥 位于广东潮州东韩江上。始建于南宋乾道六年（1170），历时 56 年而成。为石梁桥与浮桥结合的开启式桥。石

梁桥分东西两段，共 18 墩，桥墩巨大，中间因韩江中流惊湍尤深，不可为墩，遂用 18 只木船搭成浮桥相连。全长约 517 米，桥面宽约 5 米，名济川桥。后屡圮屡修。明宣德年间重修后，改名广济桥，西岸为 10 墩 9 洞，东岸为 13 墩 12 洞，造舟 24 为浮桥，并在梁桥上兴建亭台楼阁。正德年间又增建 1 墩，共 24 墩。各墩大小不一，形状各异，各孔跨径亦不相同。1958 年改建，中间浮桥拆除，增建 3 孔钢桁架及两个高桩承台式桥梁，遂成直通大桥。（李家明）

广学会 清末由在中国的传教士、外国领事和商人等组成的团体。光绪十三年（1887）英、美基督教新教传教士将 1884 年成立的“同文书会”（The Society for the Diffusion of Christian and General Knowledge Among the Chinese）改组而成，1892 年改名为“广学会”（The Christian Literature for Society），“以西国之学广中国之学，以西国之新学广中国之旧学”为“宗旨”。中国海关总税务司英人赫德（Robert Hart，1835 ~ 1911）为第一任董事长，传教士韦廉臣（Alexander Williamson，1829 ~ 1890）、李提摩太（Timothy Richard，1845 ~ 1919）先后任总干事。主要成员有艾约瑟（Joseph Edkins，1823 ~ 1905）、林乐知（Young John Allen，1836 ~ 1907）、丁韪良（William Alaxander Parsons Martin，1827 ~ 1916）等，在北京、奉天（今沈阳）、西安、南京及烟台等地设专门机构，编译出版《大英治理印度新政考》、《列国交通兴盛记》等，发行《万国公报》，宣传西学和宗教，鼓吹改良，在戊戌维新前后期出版物发行量很大，影响很广。《万国公报》是近代中国影响最大的介绍西学的刊物之一。李提摩太的《七国新学备要》、《时事新论》等在传播近代科学知识方面，也颇有影响。（李家明）

归除 元明时期创造的除数在两位以上时的除法口诀，起于筹算，后来用于珠算。除数是一位的除法称为“归”，除数是两位或两位以上的除法就称为“归除”。它是在九归与减法基础上发展起来的，如除数是 36，就称为三归六除；除数是 385，就称为三归八五除。其法以除数首位对齐被除数首位，通过九归口诀，得出商数。随即将商数与除数首位以后各数的乘积，从被除数中减去，如是逐位进行，直到被除数减尽或商数满足要求的位数为止。明代吴敬《九章算法比类大全》、柯尚迁《数学通轨》等的九归歌与现今通用的归除歌诀类似。运用归除可不经估计而直接求得商数。（郭书春）

归经 一种说明药物在人体内作用定位的理论，总结了药物作用与脏腑经络之间相对固定的关系，说明某药对某些脏腑经络的病变有着某种特殊的治疗作用。“归”指药物作用的归趋特性；“经”指经络及与经络相配的脏腑、肢体等部位。在历代本草文献中，有归某经、入某经、走某经、行某经、通行某经等不同的说法，也有的迳称为某经药、某经本药、某经行经药等。例如，《素问·至真要大论》曰：“五味入胃，各归所喜。”《灵枢·五味论》云：“五味各有所走，各有所病。”《神农本草经》言大黄“荡涤肠胃”，沙参“补中益肺”，地肤子“主膀胱热”。宋代《梦溪笔谈》称：“所谓某物入肝，某物入肾之类，但气味到彼耳。”至金元时期已将归经内容与气味、毒性等联系在一起，作为药性来记载，如元《汤液本草》中说桂枝“入足太阳经”，桔梗“入足少阴、手太阳经”，柴胡“入手少阳”等。但“归经”作为一个药性名词术语被正式提出比较晚，当是在清代沈金鳌的《要药分剂》中。通过配合某种引经药，可将不归该经的药物的作用接引到该经病所，称为“引经报使”，又称“引经”、“报使”、“各经引用”、“主治引使”等。《神农本草经》提出“药有君臣佐使”和“相使”等概念，含有引经报使的意义。宋代《本草衍义》称泽泻在肾气丸中的作用为“不过引接桂、附等归就肾经”，桑白皮“接螵蛸就肾经”，把引导接引等与经络脏腑结合起来。元代《汤液本草》则更明确地提出：“看何部位，以引经导使之行则可。”“如头痛须用川芎，如不愈，各加引经药：太阳川芎；阳明白芷；少阳柴胡；太阴苍术；少阴细辛；厥阴吴茱萸。”明代李时珍《本草纲目》中明确提出“引经报使”。（张志斌）

规矩　中国古代的作图工具，规是画圆的工具，矩是画方的工具。规、矩创造于什么时候，已不可考。汉武梁祠壁画有两幅伏羲手执矩，女娲手执规之图。伏羲、女娲是神话中的人类始祖。神话中说他们使用规、矩，说明规、矩的起源非常早。又有说倕为规、矩的。《尸子》卷下云：“古者倕为规、矩、准绳，使天下仿焉。”至于倕的时代，《广韵》说是“黄帝时巧人”，《吕氏春秋》高诱注说是“尧之巧工”。《史记·夏本纪》云大禹治水时，“左准绳，右规矩”。从出土的新石器时代，如仰韶、裴李岗、半坡、河姆渡等文化的大量陶、骨器具上有许多规则的圆形、方形图案，可见当时已有画方、画圆的工具，说明黄帝、尧、舜、禹时代有规、矩是可信的。《墨子·经说上》云：“圜，规写支也。”“方，矩写支也。”支，小击，形象地表明用规和矩画出的圆和方是不考虑厚薄宽度的线。先秦典籍提及规、矩者甚多，说明当时已普遍使用。没有规矩，不成方圆。“规矩”在先秦已转化成中华文明中道德规范的术语。（邹大海）

武梁祠画像砖
伏羲女娲执规矩图

新疆阿斯塔那唐墓出土的
伏羲女娲执规矩图

癸卯学制　光绪二十八年（1902）八月，管学大臣张百熙制定《京师大学堂章程》、《考选入学章程》、《高等学堂、中学堂、小学堂章程》和《蒙学堂章程》，经清政府批准为《钦定学堂章程》。又称为壬寅学制，但未实行。光绪二十九年一月，张百熙、荣庆、张之洞重订学堂章程，清政府批准颁布推行，是为《奏定学堂章程》，因该年是癸卯年，史称癸卯学制。章程规定：蒙养院4年，7岁入小学，初等小学5年，高等小学4年；中等教育，中学堂5年；高等教育，高等学堂或大学预科3年，分科大学3~4年，通儒院5年。与此并行的有中等师范教育。此一学制仿照日本和西方各国的课程内容，设置了不少新的课程，主要是自然科学方面的课程，在中国科学教育史上产生了巨大影响。（李家明）

滚动 物体运动形式之一。系指球形物体在平面上的运动，与其平面的接触只有一点。战国时期桓团、公孙龙提出："轮不碾地。"（《庄子·杂篇·天下》）轮子滚动是其中一例。《考工记》对轮子滚动问题作了最早记述，"欲其朴实而微至"，察看车子的要领是"朴实"和"微至"，即轮子的结构是否精密坚固；轮子是否圆（轮子圆，着地面积微少）。如果轮子不坚固，就不耐用；接地不微小，就不会转得快。轮子太高，人不容易登上车；轮子太低，拉车的马就会经常感到像在走斜坡一样吃力。（王允红）

郭守敬四海测量 元代由郭守敬领导的一次大规模的全国性大地测量活动。元至元十六年（1279），在南北长11 000里、东西6000里的广大地区设置27个观测点，进行对北极出地高度、冬夏至和春秋分晷影长度，以及冬夏至昼夜漏刻长度等的实测工作。其中南海（今西沙群岛中的一个岛屿）、衡岳（今衡山）、岳台（今河南开封）、和林（今内蒙古鄂尔浑河上游东岸哈尔和林）、铁勒（今俄罗斯贝加尔湖附近）、北海（今俄罗斯下通古斯卡河下游）和大都（今北京）7点为重点观测点。这次测量的范围和精度都大大超过唐代僧一行组织的测量，尤其是精度较前人有较大的提高，如北极出地高度值的平均误差为0.35°，郭守敬负责的3处仅为0.23°。（艾素珍）

果树 中国是世界果树起源中心之一，种类众多，主要有枣、桃、李、杏、樱桃、梨、苹果、葡萄、柿、板栗、核桃、银杏、柑橘、枇杷、杨梅、荔枝、龙眼、香蕉、芒果、菠萝等。《诗经》中已有"园有桃"、"园有棘"、"无逾我园"等诗句。北魏贾思勰《齐民要术》有专篇讨论果园绿篱的培植，当时作绿篱的树种有酸枣、柳、榆等，到了明代用做绿篱的植物更多。明代时人们还认识到在果园的西、北两侧营造竹林可以挡住北风，有利于减轻果树的冻害。果树一般实行移栽，栽植距离因树种而异，同一树种在不同的时代栽植距离也不尽相同。清代文献提出果树的栽植距离以"枝不相碍"为准。其操作方法在北魏贾思勰《齐民要术》中有较全面的论述，其后历代典籍中也时有论述，并总结出"移树无时，莫教树知，多留宿土，记取南枝"的经验。

为了提高果树的产量和品质，除采用土壤管理、施肥灌溉等农业上常用的方法外，还采用嫁接、整枝修剪、骟树嫁树和疏花疏果等项措施。嫁接称为"接树"或"插"，汉代即已出现。《说文》："椄，续木也。"《齐民要术》有"插梨"一篇，专门介绍梨树的嫁接技术，并用之于"种柿"。唐末五代韩鄂《四时纂要》始称为接树，指出同类的树都可以嫁接。元代嫁接的方法已有六种之多，王祯《农书》分别称之为身接、根接、皮接、枝接、靥接和搭接。明代徐光启总结出提高嫁接成活率的树青、就节、对缝的“接树三诀”。嫁接技术被广泛地运用于改造花木和果品的形状、颜色和品质。古时还有“嫁树”，也称开甲，用斧斑驳椎枣、李、杏等果树，以提高其产量。后来还创造了斫、敲等方法。元代发展为“敲打”，还加上了防虫的内容，《农桑衣食撮要·正月·嫁树》：“点火把照桑枣果木等树，则无虫。”嫁树的方法一直沿用至今。元代还创造了“骗树”法，以提高果树产量。《农桑衣食撮要》说，农历正月果树发芽前，在树根旁宽深掘土，切断主根（即直根），勿伤须根，再覆土筑实，则结果肥大，称为“骗树”。明代《农政全书》中说，果树宜在距离地面六七尺处截去主干，令其发生侧枝，使树型低矮，以便于采收。至于修剪，宋代《橘录》指出，应剪去过于繁盛而又不能开花结实的枝条，以通风日，以长新枝。《农桑衣食撮要》有“修诸色果木树”一项，提出剪去低小乱枝，以免耗费养分。明代《便民图纂》提出葡萄要在夏季结果时修剪，使其子肥大。明清文献中则把要修剪的枝条概括为，向下生长的“沥水条”、向内生长的“刺身条”、并列生长的“骈枝条”、杂乱生长的“冗杂条”、细长的“风枝”，以及枯朽的枝条。《齐民要术》提到枣树开花时用木棒敲击树枝，以振落“狂花”提高产量的做法，一直沿用至今。

对于果树的防冻防霜主要方法有包裹、掩埋、熏烟、覆盖。《齐民要术》载，每年十月起，用草缠裹石榴、板栗等树干，到次年二月除去，葡萄则要埋蔓来防寒。熏烟法最早也见于《齐民要术》，其后历代典籍中也多有记载。在防虫方面，《南方草木状》和《酉阳杂俎》等文献记载的华南一带的柑橘园中放养黄猄蚁以防治虫害的方法，是世界上生物防治虫害的最早记载。

古代出现了一些果树专著。其中有关荔枝的专谱至少有 13 种。宋蔡襄撰写的《荔枝谱》记述福建荔枝的故实、荔枝名品陈紫的特点，以及荔枝产销、用途、栽培、贮藏加工和荔枝品种等内容，是现存最早的一部荔枝专著。韩彦直《橘录》分述柑橘类果树各品种的形、性、味和栽培技术，是世界上最早的一部柑橘专著。元朝人柳贯撰写的《打枣谱》，汇录了 72 个枣名。王逢辰撰写《槜李谱》，专门介绍槜李的栽培历史、品种特征、栽培管理等。1813 年上海人褚华撰写《水蜜桃谱》，专门记述上海水蜜桃的栽培历史、产区变迁、品种特性、繁殖方法以及栽培管理等。（曾雄生）

过洋牵星　天文导航术语。航海者最初利用观察日月星辰以判断方向。《淮南子》：“夫乘舟而惑者不知东西，见斗、极则悟矣。”说明当时利用北斗星和北极星来辨别方位。东晋法显《历游天竺记传》云：“大海弥漫无边，不识东西，唯望日、月、星宿而进。”又发展到利用日、月和其他星宿导航。约在元末明初，引进阿拉伯天文航海术，利用牵星板观测方位星的出地高度，以判定航线，并绘制过洋牵星图。《郑和航海图》中即有 4 幅。（金秋鹏）

H

海 ①又称天池（《说文》）、大壑、百谷王、无底谷（《列子·汤问》）、朝夕池、晦等，指大型的水域，与近代“洋”的概念有些类似。由于海水朝夕都有涨落变化，故海又称“朝夕池”；又因河流夹带的泥沙和秽浊物亦将流入大海，故海也称“晦”（汉刘熙《释名》）。中国在很早的时候就将海视为大江大河的归宿，《诗经》云“沔彼流水，朝宗于海”，以示海之大，为陆地水所莫及。至汉代，已明确认识到众多的河流都将注入大海，“百川归海”的成语已广泛使用。唐宋时期，已有比较明确的海洋地貌分类，唐徐坚《初学记》卷六“海”篇云：“海中山曰岛，海中洲曰屿。”北宋徐兢在《宣和奉使高丽图经》卷三十四“海道篇”将海洋地貌从大到小分为洲、岛、屿、苫和礁5种。南宋吴自牧《梦粱录》卷十二“江海船舰篇”中提出海水的颜色与深度有关：“大洋之水碧黑如淀；有山之水，碧而绿；傍山之水，浑而白矣。”中国古代还使用铅锤测量海洋的深度并了解其底质（《梦粱录》卷十二，明张燮《东西洋考》卷九）。②古代也将一些大湖称做海，如《汉书·苏武传》中的“北海”，实际上指贝加尔湖。（艾素珍）

海上丝绸之路 西汉起开辟的经南洋到今印度洋的航路。《汉书·地理志》云：“自日南障塞、徐闻、合浦船行可五月，有都元国；又船行可四月，有邑卢没国；又船行可二十余日，有谌离国；步行可十余日，有夫甘都卢国。自夫甘都卢国船行可二月余，有黄支国，民俗略与珠崖相类。其州广大，户口多，多异物，自武帝以来皆献见。……自黄支船行可八月，到皮宗；船行可二月，到日南象林界云。黄支之南，有已程不国，汉之译使自此还矣。”这里出发地日南为今之越南广治省，徐闻、合浦今仍为广东、广西之县名。所经之都元国为越南南部的迪石，邑卢没国即泰国之佛统，谌离国即泰国之巴蜀，夫甘都卢国即缅甸之丹那沙林。终点黄支国为今之印度南部东海岸之泰米尔纳德邦，已程不国又称狮子国，即今之斯里兰卡。返航的皮宗大约为马六甲海峡东端，象林为今之越南岘港。汉船所运之丝绸与西方的珍珠、奇石异物在斯里兰卡等地交易。到唐宋时期，又从狮子国延伸到南天竺南境的没来（今印度之奎隆），绕过印度半岛，到达天竺西境若干国家、印度河流域、波斯湾、两河流域的若干国家。（郭书春）

海市蜃楼 又称海市、蜃气、蜃楼、鲛室、城郭气、卤城影、地镜水影、山市、湖市等，是光线经不同密度的空气层，发生显著折射时，把远处景物显示在空中或地面的奇异幻景。中国古代对这一奇特的光学现象早就十分注意。“蜃气”一词始见于汉司马迁《史记·天官书》：“海旁蜃气象楼台，广野气成宫阙然。”“海市蜃楼”一词见于《隋唐遗事》。唐宋时期，对其发生过程有较为详细的描述，并有专文如北宋苏东坡的《登州海市》和南宋林景熙的《霁山文集·蜃说》等问世。元末杨禹在《观海市记》(《古今游记丛抄》卷五)中详细、生动地记载了登州海市出现的气象条件、变化过程。明清之际，开始对海市出现的原因、气象条件等问题进行深入的探讨，提出了多种学说。鸦片战争之后，西方对海市的研究和见解开始传入中国。根据海市蜃楼发生的地域的不同，可将其分成以下几种。①出现在沿海地区的称海市。“海市”一词见于晋伏琛《三齐略记》：“海上蜃气，时结楼台，名曰海市。”中国古代所记载的海市蜃楼主要是这一类，其中又以登州(今山东蓬莱、龙口、栖霞、海阳以东地区)海市最为著名。②出现在江河湖泊地区的称湖市(清钱泳《履园丛话》卷三)。③出现在山地、平原、沙漠及乡间山野的分别称山市(明末清初方以智《物理小识》卷二)、地市(清王士祯《池北偶谈》卷二十六和徐珂《清稗类钞·气候类》)和漠市(唐慧立《大慈恩寺三藏法师传》)。中国古籍记载发生海市蜃楼现象的地点十分广泛，仅据明谈迁《枣林杂俎·义集·名胜》(1626)记载，就有山东的登州、济南、汶上、东阿、景川、恩县，安徽的盱眙、灵璧、霍立，山西的繁峙，河北的巨鹿，河南的荥泽，浙江的海盐等地。

中国古代对海市蜃楼的成因主要有5种说法：①蛟蜃吐气说。认为是蛟(传说水中的一种龙)、蜃(蚌蛤)之类吐气而成。此说起源最早，晋张华《博物志》中所说“海中有蜃，能吐气成楼台”影响最大，海市蜃楼之名即由此而来。②风气凝旋说。明徐应秋《玉芝堂谈荟》卷二十三云“海市，海气所结，非蜃气”。③沉物再现说。明郎瑛《七修类稿》卷四十一提出海市是沉积于地下或海中物体原形的影像。④光气映射说，较为科学的一种学说。明陆容《菽园杂记》卷九首创“所谓海市皆山川之气，掩映日光而成”之说，清初揭暄、游艺《天经或问后集》进一步发展这一学说，并绘制了《山城海市蜃气楼台图》。⑤折射说。清咸丰三年(1853)，英国传教士艾约瑟(Joseph Edkins，1823～1905)与中国张福僖(？～1862)所合译的《光论》一书，首次以折射原理科学地解释了海市蜃楼的成因。(艾素珍)

海塘 又称海堤、海堰和海堆，抗御海潮涌浪的破坏侵袭，防止海岸坍塌，保护城镇、农田、盐场和沿海其他设施的特殊堤防工程。《新唐书·地理志》中有“海塘”一词。海塘起源于何时目前尚无定论，在迎水面种植植物如芦苇、灌木等，依靠植物的根系和枝条消浪护滩，应是起源最早、最为经济实用的措施。海塘后来从土塘、柴塘、竹笼塘、石囤塘发展到鱼鳞大石塘。距今约4000年的位于苏南及上海地区的古冈身是目前所知最早的海塘遗迹。文献所记载最早的海塘是东汉华信在钱唐县明圣湖(今杭州西湖)与海相通处用土石修筑的一条“防海大塘”(南朝宋·刘道真《钱塘记》)。在唐代之前，海塘多筑于海滨上，一般是以土堆筑成的高阜，只防高潮时海水漫溢。唐宋时期，江浙海塘工程获得初步发展。唐代盐官(今浙江海宁)一带海塘工程总长200余里，松江县境内又兴筑了华亭海塘，苏北的捍海塘长140余里。吴越天宝三年(910)武肃王钱镠(852～932)在杭州钱塘江口候潮门到通江门一带大筑海塘，创造了竹笼装石法和石囤木桩法(宋沈括《梦溪笔谈》卷十一)。北宋天禧五年

(1021)，杭州郡守戚纶与两浙转运使陈尧佐在杭州一带地基特别软弱而潮流又很强劲的地段创建了柴薪和土层相间而筑的“柴塘”。北宋景祐元年至四年（1034～1037）张夏在杭州六和塔至庆春门一带修筑最早的直立式石塘。北宋庆历七年至皇祐三年（1047～1051），王安石（1021～1086）在做鄞县县令时首创坡陀塘，即斜坡式石塘，有效地消杀潮浪的冲击。南宋，浙江海塘有木桩护塘的记载（宋《石海塘记》）。乾道七年（1171），秀州华亭（今上海）海塘完工，“令所筑华亭捍海塘堰，趁时栽种芦苇，不许樵采”（《宋史·河渠志》），为生态型的护塘工程。元至正七年（1347），王永创建了纵横错置桩基的石塘工程。明清时期，海塘工程备受重视，得到大规模的发展。明嘉靖二十一年（1542），浙江水利佥事黄光升在海盐主持修塘时，首创一种重型直立式石塘——五纵五横鱼鳞石塘，集中国古代海塘工程技术之大成，为明清及近代所效仿和发展。清代在海塘基础和断面型式上进一步改进，海塘工程更加坚固耐用。海塘的维修管理历代多由地方高级官吏负责，下设专职人员，有大工亦派中央大员督工。北宋设“捍江兵五指挥部”（《宋史·河渠志》）专管采石修塘。明嘉靖二十一年（1542）黄光升首创石塘按《千字文》分段编号制度，并设塘长。清康熙五十九年（1720），绍兴、杭州、嘉兴三府规定了海塘的岁修制度。明清时期已出现海塘工程技术的专著，如明仇俊卿的《海塘录》（1587）和清方观承的《两浙海塘通志》（1751）。我国海岸线漫长，但是我国古代海塘工程，主要分布在潮势汹涌的江浙沿海一带，其中以江南海塘和浙西海塘最为著名。福建、广东等地也有海塘分布。（艾素珍）

海啸　又称海溢、风潮、海沸、海涨、潮变、海立、海决、海翻和漫天等，指海面异常升高的现象。最早且一直沿用的名称是“海水溢”（《后汉书·五行志》），简称“海溢”（《新唐书·太宗纪》）。“海啸”一词主要在民间使用，至迟出现于明代文献中（嘉靖《宁波府志》卷十四）。中国古代海啸灾害十分严重，正史以及沿海地方志等中都有很多记载，仅《中国历代灾害性海潮史料》（海洋出版社，1984）就收集清末前海啸共154次。目前所知古籍记载最早的海啸为西汉：“初元元年（公元前48）……五月，勃海水大溢。”（《汉书·天文志六》）最大的一次海啸发生在康熙三十五年（1696）六月初一的长江三角洲地区（清董含《三冈识略·续》）。中国海啸的成因有两类：一是海洋风暴尤其是台风引起的风暴潮，古代称风潮、沓潮等，中国古代记载的极大部分海啸属此类。南朝谢灵运所作《入彭蠡湖口作》诗中有“客游倦水宿，风潮难具论”（《昭明文选》卷二十六）。大约到元代风潮才成为风暴潮的专有名词（抄本《璜泾志略·灾祥》），此后的明、清两代方广泛使用。在南海地区，风暴潮又称“沓潮”，意即老潮、新潮汇合在一起。唐代刘禹锡（772～843）写有《沓潮歌》（《乐府诗集》卷九十四）。唐刘恂的《岭表录异》卷上较早且全面地介绍了沓潮。清屈大均的《广东新语》卷一全面论述了沓潮的性质及其与正常潮信的关系。二为海底地震引起的海啸，地震海啸在中国很少，据李振邦（1902～1980）统计共约10次。其中最早的一次是西汉初元二年（公元前47）：“一年中，地再动，北海水溢，流杀人民。”（《汉书·元帝纪九》）文献记载的海啸灾害主要有溺人、毁房、决海塘、沉舟船、没盐场、淹农田以及大疫等次生灾害。明代徐贞明（？～1590）在《潞水客谈》中对中国海啸的地理分布作了总结，指出东南沿海的风暴潮大大多于北方沿海。清丁虞在《甲寅海溢记》（民国《台州府志》卷一三六）中提出4种风暴预报方法。在与海啸的持续斗争中，修筑滨海长城——海塘的技术不断提高，取得了较高的成就。（艾素珍）

邗沟 又名淮扬运河、里运河、山阳渎。系沟通淮河与长江水系的运河。春秋晚期，吴王夫差于公元前486年在今扬州筑邗城，并开凿江淮之间的运河，沟通许多湖泊以航行，时称邗沟。三国时开挖一些水道以避免湖中绕行。魏晋时期运河河床淤高，江水难以引入，始在上游仪征开口引水并修建一些堰、埭实行节水航运。隋开皇七年（587）重加整修，称为山阳渎。大业元年（605）又进行大规模整治。新河由山阳（今江苏淮安）至扬州，宽达40步（约60米），旁筑御路，植杨柳。隋、唐、北宋每年通过此河运粮数百万担。北宋雍熙元年（984）在淮安附近修建了历史记载中的最早船闸，各类航运设施不断完善。元代，它成为京杭大运河的一段。由于南宋时黄河夺淮入海，明清时期在邗沟的入淮（黄）口修建了大量工程，以保证运河通畅。（程鹏举）

旱滩坡纸 东汉古纸。1974年出土于甘肃武威旱滩坡汉墓（非科学发掘）。出土时粘附在木牛车模型的车厢两侧，同时出土的有木佣、木盒、陶器和剪边五铢钱等。据同出器物推断，该墓年代为东汉晚期，约当公元2世纪。旱滩坡纸出土时呈褐色，已残破成碎片，尺寸最大的约5厘米×5厘米，三层粘附在一起，写有较大的隶书汉字，明显可辨认的有“青贝”等。经分析，该纸系麻纸，厚约0.07毫米，帚化程度相当高，全外纤维束较少，交结匀细，纸质紧密，透眼少，反映出东汉时期比较成熟的造纸技术水平。（苏荣誉）

翰林医官院 宋代掌管医药事务的官方机构。主要负责宫廷统治阶级的医疗管理，同时兼管民间疾病医疗问题，包括对军旅、官衙、学校等派出医官的管理，灾年灾区的医药救济等。翰林医官院初设无定员，宝元元年（1038）规定总额为102人。院内设翰林医官院使、副使、尚药御奉、医官、医学、祗候等职，并设有“大夫”、“郎”及冠以“翰林”的多种不同官职。人员最多时，在职者979人，额外者117人，共达1096人之多。（张志斌）

航海图 古代海运大都有航路指南，其附图称为航海图，也有专门的航海图，如《郑和航海图》。元以前有若干海上航路的记载，比如，北宋宣和六年（1124）徐兢撰《宣和奉使高丽图经·海道》记述了航行所经之处的时间、山形、天气及海况等，已有航路指南的雏形。元及明初，京杭大运河淤塞，江南财赋、漕粮靠海运运至北京及北方地区，从而形成了《大元海运记》及明初的《海道经》等沿海航路指南性质的书籍。前者的“漕运水程”记述了航行的路线、所需日数、借助的风信及浅沙等海况；其“记标指浅”记述了为保证航行安全在航道浅处设置的标记，类似于现今的航标；在“潮候潮汛应验”中最早记载了“针路”这一术语。明代的《渡海方程》则更述“海中诸国道里之数”，“每至一国，则云此与中国某地方相对”，且云“至某国回视北斗离地止有几指”，并记述航行中下针、定向、计程所用的方法以及有关天文、气象、潮汐等的观测方法，还记述了往返针路及其表达方式，包括东洋针路和西洋针路。《郑和航海图》原名《自宝船厂开船从龙江关出水直抵外国诸番图》，共44幅。《顺风相送》说，郑和航海“累次校正针路、牵星图样、海屿水势山形，图画一本”，可见郑和船队起航时已有航海图的蓝本。经过郑和远洋航行实践的修正补充，内容更加丰富、详细、准确。这些图突出了与航海有关的要素，记录了岸线、岛屿、浅滩、礁石、港口、河口、城镇、山峰，以及可做航行参照物的宝塔、寺庙、桥梁、旗杆等，绘有航线、注记针位（航向、方位）和更数（航程、距离）等；关于针路的注记包括开船地点、针位、航程和目的地，如“满剌加（今马六甲）开船，用辰巽针五更，船平射箭山”；配有天文导航的过洋牵星图。明代关于航路指南的著作中的航海图，有的是山屿岛礁图，如嘉靖三十年（1551）成书的《日本图纂》中的《使倭针经图说》，记述“太仓使往日本针路”和“福建使往日本针路”，上方是山屿岛礁图形，下方是针路的文字叙述；有的是针路图，如肖崇业于万历年间所撰《使琉球录》中的附图《琉球过海图》，描绘了从福建梅花所（今梅花镇）到琉球那霸之针路，注有具体针位。(郭书春)

航迹推算 指航行中根据风力、风向和海（潮）流的大小、方向随时修正针路，核定船位，调整船行方向，使航迹方向与计划航线保持一致。《指南正法》云：“须知船身高低、风汛大小、流水顺逆，随时增减更数、针位，或山屿远近高低形势，探水深浅、牵星为准，的实无差，保得无虞矣。”《郑和航海图》表明，当时已经掌握了航迹推算方法。(郭书春)

壕桥车 古代军队在攻城战中用于通过护城河两岸的预制桥式器械。由车轮和桥面构成，桥面下安四轮。使用时，士兵推车入壕，轮在壕中，桥面架在两壕岸上，攻城士兵和器械便从桥上通过。如果城壕过阔，便采用折叠式壕桥。这种桥是用转轴将两个单面壕桥连接而成的，形如现代机场登机用的舷梯，平时将折叠桥面折放于车上；使用时，由士兵将壕桥车推入壕中，并转动转轴，将桥面张开，使城壕两岸接通。(王兆春)

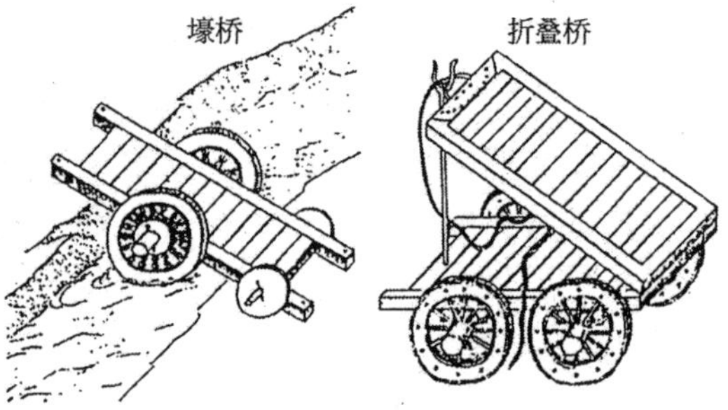

壕桥车

喝鸟 古代虹吸管名，又称渴鸟。以大气压推动真空管中的水流的现象，现称虹吸现象。约西汉时期，中国人就应用了虹吸管。安徽阜阳出土的西汉竹简记载的由井中自汲之管，极可能是一种虹吸管。《后汉书·张让传》有喝鸟的记述。唐徐坚《初学记》载：“以器贮水，以铜为渴鸟，状如钩曲，以引器中水于银龙口中，吐入权器。”其“渴鸟”即是一个铜制的湾钩形虹吸管，杜佑（735～812）《通典》、宋曾公亮《武经总要》都记载有用烟火使竹筒内空气膨胀，造成局部真空的虹吸管。元王祯《农书》中描述了与渴鸟类似的连筒、瓦窦函管。明宋应星《天工开物》中画出了制造竹制虹吸管的方法。历史上还有用虹吸管饮酒的风俗，如西南少数民族的“鼻饮”。虹吸管原理还被应用于漏壶中做导水之用，及园林中的喷泉等。徐霞客、方以智、徐光启等在其著作中对虹吸现象提出了早期的正确认识。（王允红）

和剂局 宋代经营药品贸易的官方机构。北宋熙宁九年（1076），按照王安石变法中“市易法”的规定，药品贸易由政府控制，国家专卖，禁止商人以假乱真，以次充好，投机营利，在开封设立了太医局卖药所，又称“熟药所”。后来又在各地增设，至崇宁二年（1103），已有五所。另外，还设立修合药所两处，专门负责药物之炮炙与加工。药物先由修合药所加工炮炙，再由卖药所出卖。后来，卖药所改称“医药惠民局”，修合药所改称“医药和剂惠民局”。1130 年，南宋政府也设“和剂局”，12 年后，改称“太平惠民局”，后来在全国各州都郡设有惠民药局。宋代官方药局的设立，促进了宋代医药事业的发展，药局所卖的熟药比生药更便于医生和病人使用。应该说这是中国药学史上的一次进步。药局方书《和剂局方》的编纂与刊行，对推广成药、普及医药知识，也发挥了一定的作用。（张志斌）

河防令 金代颁布的关于黄河和海河水系诸河的河防修守法令。金泰和二年（1202）颁布，是目前所能见到的最早河防修守法令。它是在宋以前防河法令的基础上编定的，是金代《泰和律令》中的一种，共 11 条（《金史·刑志》）。现存于元代沙克什所著《河防通议》一书中为 10 条，已经删节。主要内容包括河防机构、河防工程、河防管理等方面的规定。例如，每年要选派一名政府官员沿河视察，督促地方政府和水利主管机关落实防洪措施；水利部门可以使用最快的交通工具传递防汛情况；州县主管防洪的官员每年六月初一到八月底要上堤防汛，平时，分管官员也要轮流上堤检查；沿河州县官吏防汛的功过都要上报；河防军夫有规定的假期以及医疗保障；堤防险工情况要每月向中央政府上报；情况紧急要增派夫役上堤，等等。（艾素珍）

河流制导 为控制河槽的相对稳定而采取的工程措施，是保护下游堤防和险工安全的重要河工建设，主要采用三种技术措施。①挑水坝。从堤防向河中大溜修建的用以将大溜挑离此岸的建筑物，多用埽工修筑。宋代称“签堤”（《宋史·河渠志》），即插入河身的堤。北宋绍圣元年（1094），签堤在保护位于黄河南岸的广武埽时发挥了重要作用（《宋会要·方域十五》）。由于挑水坝长度难以精确计算，且水溜缓急和走向又常变化，为保证挑溜的效果，可连续修筑两三道坝。在堵口时，为将主流从决口处挑回原来的河道，亦经常采用挑水坝以减轻堵口施工的压力。此外，被保护的挑水坝下游将形成回流，有助于淤滩固堤。②引河。以人工开挖引河，将主流引导至安全的地带，在黄河的游荡性河段时常被采用。西汉宣帝地节年间（公元前 69 ~ 前 66）光禄大夫郭昌主持治河时，已采用滩地引河工程，以改善黄河在贝丘县（今山东临清南）被顶冲的不利形势（《汉书·沟洫志》）。唐宋以降，各代均有开挖引河之举。引河必须顺应河势，但黄河主槽摆动频繁，因此有较高的技术要求，清嘉庆年间河道总督徐端所著《安澜纪要》对此有较详细的记载。长江上也曾开挖引河，但因其水量远大于黄河，引河难以取得改变主流的作用。③裁弯取直。在严重弯曲如 Ω 形河道的狭颈处开一条顺直的新河道，代替原河道，以增加河道泄量，降低水位。东汉王景治河时，在黄河干流上“直截沟涧”（《后汉书·王景传》）的技术措施被认为是中国古代最早的裁弯取直工程。唐开成五年(840)，在长江支流涪江，开新江长1500步、宽300步、深30步，裁弯成功（《全唐文》卷七九四）。北宋年间，吴淞江的三次裁弯都取得了成功。(艾素珍)

河上荡杯　中国民间长期流传的一个趣味题，见之于《孙子算经》卷下和《张丘建算经》卷下。题目是：“今有妇人河上荡杯。津吏问曰：‘杯何以多?’妇人曰：‘家有客。’津吏曰：‘客几何?’妇人曰：‘二人共饭，三人共羹，四人共肉，凡用杯六十五。不知客几何?’”《孙子算经》的解法是：人数 $=65\times12\div13=60$ 。没有提示算式的缘由。《张丘建算经》的方法是：“列置共杯人数于右方，又置共杯数于左方。以人数互乘杯数，并，以为法。令人数相乘，以乘杯数，为实。实如法得一。”算法是：

$$65\times24\div26=60$$

实际上，它来源于 $65\div(\frac{1}{2}+\frac{1}{3}+\frac{1}{4})$

$$=65\div\frac{1\times3\times4+1\times2\times4+1\times2\times3}{2\times3\times4}$$

$$=65\div\frac{26}{24}=65\times\frac{24}{26}$$ 。(郭书春)

河图洛书　中国古代有关文化起源的一种神话传说。河图初见于《尚书·顾命》：“大玉、夷玉、天球、河图在东序。”《周易·系辞上》：“河出图，洛出书，圣人则之。”相传伏羲据此以画八卦。东汉郑玄注曰：“春秋纬云：河以通乾出天苞，洛以流坤吐地符。河龙图发，洛龟书感。《河图》有九篇，《洛书》有六篇也。”蔡邕注班固《典引》“御东序之秘宝，以流其占”句时说：“东序，墙也。《尚书》曰：‘颛顼河图洛书在东序。’流，演也。洛书皆存亡之事。尚览之，以演祸福之验也。”这里把洛书说成一部记载存亡之事的史书。

《周易·系辞》云：“天数五，地数五，五位相得而各有合。”郑玄注以为：“天数”五是1、3、5、7、9五个奇数，“地数”五是2、4、6、8、10五个偶数。“五位”是五行的方位。1、2、3、4、5谓之“生数”；各加五，得6、7、8、9、10，谓之“成数”。以1、6配水，位于北方；以2、7配火，位于南方；以3、8配木，位于东方；以4、9配金，位于西方；以5、10配火，位于中央（中国古代常以上南下北左东右西定方位）。这就是“天地生成之数”。如天地生成之数图。《尚书·洪范》云：“天乃锡禹洪范九畴。”孔安国传曰：“洛出书，神龟负文而出，列于背，有数至于九。”提出洛书有1~9这九个数。《大戴礼记·明堂》云：“二九四，七五三，六一八。”《易纬·乾凿度》云：“太乙取其数以行九宫，四正四维皆合于十五。”郑玄注中所说的太乙巡行的次第就是一个三阶纵横图，如九宫图，其三行、三列及两条对角线上三个数之和都是15。

	2，7	
3，8	5，10	4，9
	1，6	

天地生成之数图

4	9	2
3	5	7
8	1	6

九宫图

天地生成数与九宫图本来与河图、洛书毫无关系，宋儒开始用它们解释河图、洛书，但意见未能一致。陈抟、刘牧以九宫图为河图，以天地生成数为洛书（刘牧《易数钩隐图》）。南宋朱震、张行成、程大昌等传其说。北宋阮逸假托后魏关朗伪撰《易传》，始以天地生成数为河图，九宫图为洛书。南宋蔡元定、朱熹均依此说。南宋数学家秦九韶在谈到数学的起源时说“爰自河图、洛书，闿发秘奥”。明朝数学著作如王文素《算学宝鉴》、程大位《算法统宗》等均将河图、洛书置于卷首，并从朱熹之说。清人江永著《河洛精蕴》一书，集古代象数学家研究河图、洛书之大成。（郭书春）

河源 黄河的发源地。《禹贡》最早记载河源：“导河积石”，即在青海省的积石山，此说沿袭达1000年。西汉始有对河源的考察，主要根据张骞见闻所撰的《史记·大宛列传》云：“汉使穷河源，河源出于阗（今和田）。”“于阗之西，则水皆西流，注西海，其东，水东流注盐泽（即罗布泊）。盐泽潜行地下，其南则河源出焉。”基本上形成了“黄河重源说”，其影响直到清末。《汉书·西域传》在确立“黄河重源说”的同时，指出河有两源：一出葱岭，一出于阗。汉代对河源还有了初步的里距概念：“至河首积石山，出塞二千余里。”（《后汉书·段颖传》）至隋代始置河源郡（治所在今青海兴海县东南）。唐贞观九年（635），侯君集（？～643）和李道宗（600～653）“行空荒之地二千里”（《新唐书·吐谷浑传》），将河源上溯至柏海（今扎陵湖），这是有人到达河源地区并进行观览的最早的明确记载。贞观十五年（641）文成公主入藏时，又经河源地区。唐长庆二年（822），刘元鼎奉使入蕃时，道经河源地区。他指出河源出紫山（今巴颜喀拉山），并叙述了河源区的水文特征（《新唐书·吐蕃传》）。元至元十七年（1280），都实奉命率中国第一个由政府组织、专门探查河源的考察队，沿黄河上溯，三至吐蕃，达星宿海地区考察，探知黄河源在积石山之上的吐蕃朵甘思西鄙，同年冬返大都（今北京），呈黄河河源图。这一考察首次准确地描述了黄河源地星宿海的实际情况，否定了流传久远的“导河积石”说和“伏流重源”说。元延祐二年（1315），潘昂霄据都实弟弟阔阔出所述，撰写中国最早的河源专著《河源志》（《元史·地理志·河源附录》）详细记载此次考察过程以及主要成果。元代陶宗仪所撰《南村辍耕录》（1366）收录了《河源志》和一张《黄河源图》，后者是目前所存最早的一幅河源地区地图。明洪武十一年（1378），僧宗泐在从西域取经后，取道河源区回国。他在《望河源》诗序中提出：“河源出自沫必力赤巴山（今巴颜喀拉山）……东北所出之水是为河源。”清康熙四十三年（1704），清政府派遣拉锡和舒兰等人探查河源，证实河源区存在卡日曲等三条河流，归后著书绘图。康熙五十六年（1717），又遣楚儿沁藏布兰木占巴和胜住赴河源测量绘图，“一山一水，悉人图志”（《嘉庆重修一统志·西藏·风俗》），次年编绘的《皇舆全览图》吸取了这一成果。乾隆四十七年（1782），阿弥达奉命往河源告祭河神，归后组织撰写《河源纪略》，再次肯定卡日曲为黄河正源。（艾素珍）

鹤 中国名鸟。《诗经》云：“鹤鸣于九皋，声闻于天。”《庄子》说：“凫胫虽短，续之则忧，鹤胫虽长，断之则悲。”鹤之长脚、长嘴、长颈适应于鹤群在沼泽、海滨、原野泾地上寻食。三国陆机《毛诗草木鸟兽虫鱼疏》说，中国常见的鹤类约有五六种，最重要的是白鹤，亦称丹顶鹤。中国古籍所言大多是丹顶鹤。三国陆机《毛诗草木鸟兽虫鱼疏》说："鹤形状大如鹅，长三尺，脚青，翼高三尺余，赤头赤目，喙长四寸余；多纯白，亦有苍色。苍色者人谓之赤颊，常夜半鸣。"宋代掌禹锡在《嘉祐本草》中说："鹤有玄、有黄、有白、有苍"等多种。玄鹤，也叫元鹤。明代王圻《三才图会》中说："雷山（今贵州东南部）有元鹤者，粹黑如漆。"中国古籍中还提到一种蓑羽鹤。《宋书·五行志》载："雍熙四年（987）十月，知润州（今江苏镇江）程文庆献鹤，颈毛如垂缨。"可见蓑羽鹤当时还活动在江南地区。鹤不仅形体优美高雅，而且能歌善舞，被视为仙禽，常被饲养玩赏。《毛诗草木鸟兽虫鱼疏》云："今吴人园中及士人大夫家皆养之。"鹤有高人隐士之风，常为诗人与画家写诗作画、咏物写情的对象。晚唐杜牧《鹤》诗云："清音迎晚月，秋思立寒蒲。丹顶西施颊，霜毛四皓须。碧云行止躁，白鹭性灵粗，终日无群伴，溪边吊影孤。"突出显示了丹顶鹤之美丽高洁。（汪子春）

红夷炮 明末仿制的一种欧洲早期加农炮，清称为红衣炮。原制品问世于16世纪末，英军与荷兰军队使用较多。万历四十八年（1620），有一艘装备30多门早期加农炮（明军称为红夷炮）的英国舰船在澳门海域搁浅，舰船及舰炮均被葡萄牙当局收留。明军事技术家徐光启、李之藻、张焘等人，捐资向葡萄牙当局购买了30门。兵部主事孙元化记称，这30门火炮中有11门调往宁远守城，有1门被炸损，京城留用18门。这种火炮设计先进，结构合理，炮身各部都以口径的尺寸为基数，按一定的比例倍数设计，具有身管长、管壁厚、弹道低伸、射程远、命中率高、威力大、安全可靠等优越性。明廷于崇祯三年（1630）三月开始命徐光启主持仿制，至八月便制成400余门。此后，明朝与后金（及清）双方都大力仿制红夷炮，其著名的有明神威大将军炮（1631）、南明永历乙未年火炮（1655）、神威无敌大将军炮（1676）、武成永固大将军炮（1688）。此外，康熙年间还制造了龙炮、九节十成炮等特种火炮，与红夷炮相辅而用。（王兆春）

明末清初红夷炮

侯马东周铸铜遗址 东周时期晋国青铜器铸造遗址，1959年发现于山西侯马市牛村古城之南。遗址面积约20万平方米，已发掘5000余平方米。遗址内遗迹密集，不仅有铸铜作坊，还有居住遗址、窖穴、水井、道路、陶窑和墓葬等。铸铜遗物和遗迹有熔炉、金属材料（铜锭、铅锭）、铸范以及工匠的生活遗物等。发现的熔铜炉均已残破，截面为圆形，直径约70厘米。遗址中出土有不少与铸铜手工业有关的遗物，如雕刻花纹用的骨质雕刀、青铜小刀。

铸造青铜器的泥范出土最多，总数达3万余块，其中1万多块的表面刻有各种装饰纹样，有1000余块范尚可辨认器形，成组配套又能复原器形的有100余套，包括鼎、豆、壶、匜、鉴、舟、敦、匕、匙、铲、镢、斧、锛、刀、剑、镞、钟、镜、带钩、货币和车马饰等类别，可见该遗址当时铸造的青铜器有礼器、乐器、工具、兵器、车马器、装饰品和货币等。从泥范出土的情况推知，当时在铸铜手工业内部也有了较细的分工，使人们对东周时期的铸造工艺有了较全面的认识。泥范上雕刻的装饰纹样有绹索、夔龙、夔凤、饕餮、人物、禽鸟、鱼兽等20余种，内容相当丰富，其中以绹索、夔龙纹最为盛行。这里所见的夔龙噬螭纹为别处少见，尤具特色。几件人物形象的泥范尚能看出男女性别的不同。他们都身着短褐、右衽无领、中腰束带。男性或免冠赤足，或披发着鞋，右腰佩剑。女性或头戴月牙形帽，或束发高髻，发上蒙以帕幞，束以发箍，前额突出一个小髻。这些人物多双手上举，推测原是铸造铜器器足的铸范。

从出土泥范可以推知，东周铸造青铜器要经过塑模、翻范、烘烤、合范、浇铸这样一个完整的过程。当时用于制作模、范、芯等的材料主要是黏土和砂，且都是取自当地。泥模有的手制，有的模制。装饰纹样或在模上雕刻，或在范上加工，大多数则是采用范盒翻制纹饰片（单元），组合到单个主体范中后，再和泥芯组成铸型。从遗址发现的烘范窑可以知道，泥范制成以后不仅要阴干，还要入窑烘烤，以排除范中的水分并使之定形，防止浇铸时爆裂。从出土的泥范可知，铸造斧、䦆、戈、镞及货币等形制简单的铜器，采用的是双合范。而礼器、乐器等比较复杂的器形，则采用分铸法：或先铸器身，在铸附件时与器身铸接一起；或先铸附件，再在浇铸器身时将附件按设计位置嵌于主范之上而铸接一起。铸型组合时，范与范之间和范与芯之间，在接合处设有数量不等的楔形榫卯，以保证组合位置的准确。对于浇注系流，则精巧地设置浇口、冒口。（苏荣誉）

候风地动仪　东汉阳嘉元年（132）张衡制造的世界上第一架测定地震方向的地震仪。东汉永元至延光（89～125）年间，地震发生频繁。为了减轻人们的疾苦和损失，及时预报各地的地震动态，张衡经多年的研制，终于创制了候风地动仪。据《后汉书·张衡传》记载：地动仪“以精铜铸成，圆径八尺，合盖隆起，形似酒尊，饰以篆文山龟鸟兽之形。中有都柱，傍行八道，施关发机。外有八龙，首衔铜丸，下有蟾蜍，张口承之。其牙机巧制，皆隐在尊中，覆盖周密无际。如有地动，尊则振龙机发吐丸，而蟾蜍衔之，振声激扬，伺者因此觉知。虽一龙发机，而七首不动。寻其方面，乃知震之所在”。该仪器安装在京城洛阳，并在东汉永和三年二月初三（公元138年3月1日）观测到千里之外的陇西（今甘肃东南部）发生的一次地震，“于是皆服其妙。从此以后，乃令史官记地动所从方起”。遗憾的是，这一地动仪不仅没有得到应有的推广和发展，而且这一成果本身亦未得到保护，大致在东晋末（418）就已失传。近现代有不少中外学者如王振铎、李善邦、今村明恒等都对地动仪进行了研究和复原。中国历史博物馆展出的是王振铎1959年复原的地动仪模型，但在准确测定地震方向等问题上与《后汉书》所载有出入。（艾素珍）

候风器　又称伣、綄、五两、相风旗、相风乌，测定风向的仪器，至迟在公元前2世纪已使用。殷墟卜辞中已有“伣”字。伣和綄是一种简易的示风器，它们通过观察系在长杆上的帛条或动物羽毛的飘动以知风方。因所系羽毛一般重五两，故又称这种候风器为五两（东汉·许慎《说文解字》）。唐李善注《淮南子·

齐俗训》较为详细地记载了这种候风器："以鸡羽重八两，建五丈旗，取羽系其巅，立军营中。"这种仪器的灵敏度较好，"无须臾之间定矣"（《淮南子·齐俗训》）。与此类似的还有相风旗："于庭中竖长竿，挂五色旗于竿头，旗之四方垂缀以小金铃。即使侍从者，视其所向，可以知四方之风。"（五代·王仁裕《开元天宝遗事·相风旗》）明代还曾有用纸鸢测风的记载（王逵《蠡海集》）。流传最远、使用最广的候风器是相风乌，它一般是用木或铜制成乌或凤凰的形状，置于竿头，以其头指向示风。汉武帝太初元年（公元前104）所建建章宫阙上，装高五尺、下有转枢的铜凤凰，它"能向风若翔"（《三辅黄图·台榭》）。东汉时，长安（今西安）灵台上安装了铜制相风乌。到晋代，太史令制木质相风乌，其后逐渐普及。唐李淳风《乙巳占·候风法》记载了木质相风乌的构造及安制方法："凡候风者，必于高迥平原，立五丈长竿……于竿首作盘，盘上作木乌三足，两足连上而外立，一足系羽下而转，风来乌转回首向之，乌口衔花，花旋则占之。"中国现知最早的相风器图形是1971年在河北安平县逯家庄发掘自东汉墓的一幅大型建筑群鸟瞰图中的相风乌和测风旗。晋代的张华、潘岳、孙楚、陶侃等都写过描述风向器的赋——《相风赋》。（艾素珍）

候气 又称"候气说"或"埋管飞灰"。其基本内容是，埋藏于地下的律管可以预测节气的变化。候气说是无科学根据的。它的首创者是东汉乐律学家、灾变家京房。其《后汉书·律历志》云："候气之法，为室三重，户闭，涂衅必周，密布缇缦。室中以木为案，每律各一，内庳外高，从其方位，加律其上，以葭莩灰柳其内端，案历而候之。气至灰动，其为气所动者其灰散，人及风所动者其灰聚。殿中候，用玉律十二。惟二至乃候灵台，用竹律六十。候曰知其历。"后来的发展是，律管埋于地下，候气室也越加严密；除了灾变家外，甚至历史上一些科学家也参与其中，北齐天文学家信都芳为此"成功"制造气轮扇，宋沈括从元气角度解释候气成因。但是，从汉迄明的千余年间，除带有欺骗的文字描写外，没有一个实验是成功的。明后期兴起实学思朝，候气说受到王廷相、何塘、朱载堉、邢云路，直至清江永等一大批学者的怀疑和批判，候气说因之衰落。清康熙帝曾按《后汉书》记载尝试候气实验，结果是"依古法遍试之，皆不验"（《律吕正义后编》卷一二〇）。此后，候气说才销声匿迹。（戴念祖）

呼吸与脉动 中国古代关于呼吸与脉搏频率之关系的论述。《素问·平人气象论》载，岐伯云："人一呼脉再动，一吸脉亦再动，呼吸定息脉五动，闰以太息，命曰平人。平人者，不病也。"明代张介宾《类经·脉色类》曰："出气曰呼，入气曰吸，一呼一吸，总名一息。动，至也。再动，两至也。常人之脉，一呼两至，一吸亦两至。呼吸定息，谓一息既尽而换息未起之际也，脉又一至，故曰五动。闰，余也，犹闰月之谓。言平人常息之外，间有一息甚长者，是为闰以太息，而又不止五至也。此即平人不病之常度。"他认为，正常人呼吸与脉搏频率应为1:4，这与现代生理学知识是一致的。（汪子春）

忽变 中国古代对生物变异和新品种选育的认识。宋代刘蒙《菊谱》描述了35个菊花品种。面对如此多怪异多姿的菊花，他悟出一个深刻的道理：无论是菊花或是牡丹，古代的品种都不如现在多，它们都时常产生变异。只要人们年年选取并保存其变异，就可以得到新的菊花品种。现在有这么多新的菊花品种，都是“岁取其变而为新”所形成的，并且将来还会继续发生变异，产生新的品种。这种把变异和对变异的不断选择看成生物品种由少变多的原因，反映了我国古代关于生物变化发展的观念，对后人有深刻影响。明代夏之臣认识到“忽变”与花卉品种繁多的关系。他在《亳州牡丹述》中说：“牡丹其种类异者，其种子之忽变者也。”夏之臣就此解释牡丹种类的差异，是难能可贵的。“忽变”相当于20世纪初年荷兰植物学家德弗里斯所创用的“突变”，只是由于时代的局限，当时中国的学者还不可能提出一套完整的突变学说。达尔文从中国古代人工选择的经验中吸取了丰富的养料，并给以高度的评价。他在《动物和植物在家养下的变异·人工选择》中写道：关于绵羊，据说中国人“改良它们的品种在于特细心地选择那些预定作为繁殖之羊羔，给予它们丰富的营养，保持羊群的隔离。中国人对于各种植物和果树也应用了同样的原理。皇帝上谕劝告人们选择显著大型的种子，甚至皇帝还亲自进行选择。……关于花卉植物，按照中国传统来说，牡丹的栽培已经有1400年了，并且育成了200到300个变种”。他认为，实际上中国古代人民就已经发现了人工选择的原理。所以他在《物种起源·家养状态下的变异》中说：“如果以为选择原理是近代的发现，那就未免与事实相差太远……在一部古代的中国百科全书中，已经有关于选择原理的明确记述。”（汪子春）

弧田术　中国古代求弓形面积之方法。弧田即今之弓形。如图。已知弧田的弦与矢，《九章算术》方田章给出其面积公式：“术曰：以弦乘矢，矢又自乘，并之，二而一。”即 $S=\frac{1}{2}(cv+v^2)$，其中 S、c、v 分别是弧田的面积、弦、矢。刘徽注指出并证明了此术“失之于少”，乃以《九章算术》勾股章之勾股锯圆材法，求出弧田所在圆的直径。“既知圆径，则弧可割分也。”刘徽将弧一分为二，二分为四……反复运用勾股定理，求出所割得的小弧的弦、矢。“割之又割，使至极细。但举弦、矢相乘之数，则必近密率矣。”也就是以若干分割得来的小三角形的面积之和作为弧田面积的近似值。此为其无穷小分割思想在近似计算中之应用，理论上可以求到任意要求之精度。（邹大海）

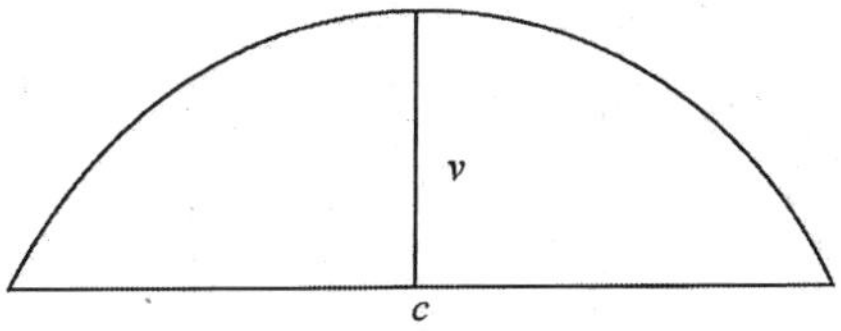

弧田图

湖南澧县城头山城址　始建年代大约在公元前4000年的大溪文化时期，至屈家岭文化时城墙又经修筑，城垣轮廓基本相重合略有扩大，石家河文化中期废弃。城址平面为圆形，屈家岭文化城垣大部仍存，城垣外圆直径325米，周长约1000米，城内面积7.6万平方米。城垣外侧围壕沟。城内大体分为中心区、生活区、制陶作坊区和墓葬区，生活居址主要在城内中部和西南部，除大量小型房子外，有在较高夯土台基上营造的中心建筑。居住区内发现多座矮台基式编竹夹泥墙的房址、红烧土块路面、水井等，制陶作坊区由数座陶窑、泥料坑、蓄水坑、小型房子和工棚等配套构成。城中偏北是墓葬密布的墓地。（沈玉枝）

湖羊 或称胡羊。蒙古羊通过舍饲，以青草和桑叶为主要饲料，在江南自然环境培育下，改变了性喜干燥、适宜放牧的特点而形成的变种，有早熟、肉好、皮优、繁殖力强等优点。南宋嘉泰《吴兴志》载："今乡土间有无角斑黑而高大者，曰胡羊。"（曾雄生）

蝴蝶装 中国古书装帧形式之一。雕版印刷的书籍出现以后，尤其是宋代雕印书籍盛行以后，每版只能雕印一定的行款字数，且通常都有边栏界行，书籍装帧方法和形式发生了变化，从过去手写书或抄书的卷轴装或经折装，发展成为装订将以版为单位的若干单叶的蝴蝶装。蝴蝶装的具体工艺是将印好的书叶，以版心中缝线为轴心，字对字地折叠，然后集数叶为一叠，排好顺序，以版口一方为准，戳齐，逐叶用浆糊粘连；再选用一张比书叶略宽略厚略硬的纸对折，粘于版口集中的一边，以为书脊；最后将上、下、左三边余幅剪齐，即告完成。打开蝴蝶装的书籍，版口（也称为版心）居中，书叶朝左、右两边展开，有如蝴蝶展翅，故名。由于版心藏于书脊，上、下、左三边都是栏外余幅，有利于保护栏内文字。但是，蝴蝶装的书叶都是单叶，打开后总是无字的背面向读者，有字的正面朝里；且两个单叶极易相连，逐渐为包背装所代替。（苏荣誉）

虎门要塞 以虎门为中心由各种永备工事构成的广东珠江口要塞。主要在于控扼珠江入海口，保障附近地域的安全。虎门位于广东省南部，距广州水路约30公里，是珠江流入伶仃洋的入海口，形势险要，是广州的前卫阵地。第一次鸦片战争前（道光二十年至二十二年，1840～1842），在广东水师提督关天培主持下，进行大规模的改建和扩建，有三道门户控制珠江口：一是从伶仃洋入口向北，东有沙角山，西有大角山夹岸对峙，各建1座炮台监视江面；二是由沙角沿江上溯3.5公里，有上下横档岛耸于江中，分水道为二，西航道多暗沙还便通航，东航道可通大船，两侧各有3座炮台扼控航道；三是由横档岛上溯2.5公里，有大虎山岛矗立江中，西为小虎山，两山各建1座炮台，扼控战船通航。这三道门户依次渐窄，两岸对应之处都建有炮台，东航道东侧：官涌、尖沙咀、沙角、威远、靖远、镇远等6处；东航道西侧：大角、巩固、横档、永安、新涌、大虎山、小虎山等7处，如同几对大钳钳制航道，实为当时沿海要塞之冠。除炮台外，关天培在第二道门户布设了拦江铁索，埋设了木桩，并有其他障碍设施配套，以障碍设施的拦阻作用与火炮的轰击威力相结合，敌舰则难以通过，即使通过此处，还会遇到关天培在第三道门户大虎山江滩浅水之处，设置的由木桩和大石块堆砌成的障碍设施的拦阻。关天培改建和扩建的虎门要塞，继承和发展了古代的军事工程技术之长，既有难能可贵之处，又有因不知世情、敌情而使所建要塞缺乏针对性和局限性，再加上清廷的腐败和一些统兵将领的畏敌怯战，没有在鸦片战争中充分发挥虎门要塞各项设施的抗敌作用，最终被敌攻破。（王兆春）

互乘相消法 公元3世纪三国魏刘徽创造的解方程的方法。首先见于《九章算术》方程章牛羊直金问刘徽注。其问是："今有牛五、羊二，直金十两；牛二、羊五，直金八两。问：牛、羊各直金几何?"《九章算术》以方程术求解。刘徽注曰：

“假令为同齐，头位为牛，当相乘。右行定，更置牛十、羊四，直金二十两；左行牛十、羊二十五，直金四十两。牛数等同，金多二十两者，羊差二十一使之然也。以少行减多行，则牛数尽，惟羊与直金之数见，可得而知也。”这是以两行中同一未知数的系数互乘，再对减，以取代直除法中的一次次对减，更加简便。刘徽又说：“以小推大，虽四五行不异也。”这种方法可以推广到任意多行的方程，与现今线性方程组解法的消元法相同。刘徽之后700多年间，刘徽的创造未引起人们的重视，仍沿袭《九章算术》的直除法。11世纪30年代北宋贾宪《黄帝九章算经细草》，因题制宜，既使用直除法，也使用互乘相消法。1247年南宋秦九韶《数书九章》才废止了直除法，完全使用互乘相消法，并创造了在互乘前先行约简等更加简便的方法。（郭书春）

护岸　保护堤岸是中国古代防洪工程的基本内容和主要措施之一。至迟在战国时期已经出现，此后在黄河防洪中使用尤为普遍和成功，至明清时期永定河、长江等水系也逐步推广运用了黄河的护岸措施。中国古代的护岸工程有多种形制，所用材料也根据用途不同而有所区别，主要有5种：①束埽护岸，在河岸险要地段或堤防薄弱地段做埽岸，埽岸的长短与规模视险要程度而定。这是中国古代最基本的护岸方法，至迟战国已出现，宋代、金初和清代前期使用较为普遍。它制作简单而有效，缺点是不能持久。②木龙护岸，在局部河段以木御冲，北宋天禧五年（1021）陈尧佐知滑州时首创（《宋史·河渠志一》），元代贾鲁堵白茆决口时也曾使用（元欧阳玄《至正河防记》）。至清代木龙使用已较普遍，乾隆初年在清口附近始建木龙挑溜护岸（清·彭廷梅《大龙歌》）。清麟庆撰道光年间成书的《河工器具图说》对木龙的形制和构造有详细说明。③石工护岸，有砌石、竹笼工和险工段抛石护岸等。西汉末黄河上已有石堤（《汉书·沟洫志》），至北宋年间砌石护岸已有规范。宋代都江堰主要输水干渠上大多用竹笼块石护岸。明清年间，长江干流险工段多用砌石构件挑水石矶护岸。抛石护岸主要用于配合埽工或石工的护岸工，用以保护堤脚避免顶溜淘刷。抛石并形成斜坡，也有消浪作用。④植树护岸，在河堤上种植树木以根固结泥土，或种垂柳以枝御浪落淤。这种措施起源久远，战国年间有“树以荆棘，以固其地。杂之以柏杨，以备决水”（《管子·度地》）。隋开皇七年（587）开挖山阳渎时大规模使用。历代对堤防种树都很重视，明代刘天和（1479～1545）总结出护堤植柳六法，即卧柳、低柳、编柳、深柳、漫柳和高柳（《问水集》）。⑤堵塞滩地串沟，为护岸的重要工程内容。清康熙年间陈潢对其技术有系统总结（清靳辅《治河方略》卷十《堵塞支河法》）。如果串沟有河头、河尾，堵截串沟的大坝应修筑在河头；如果串沟只有河尾无河头，则大坝应放在河尾一端。两者都需在串沟上每隔一二里再筑束水小坝若干，且中间留有口门。（艾素珍）

护滩　因黄河是复式河床，故保护滩地是黄河下游防洪的重要整治工程。古人针对黄河特点，采取了相应的保护滩地的措施。护滩工程至迟在明代已普遍施用。潘季驯在治河后期多使用护滩工，且缕堤整治河道的作用逐步被护滩工程所取代（《河防一览·全河图说》）。当时的护滩工有鸡嘴、大埽、挑水坝等多种形制。埽坝护滩工在清代仍有兴作。乾隆年间有“包滩下埽”（清黎世序《续行水金鉴》卷十二）的做法。同治十一年（1872），在汛期，黄河水面“往往滩高于水五六七尺”，据此清刘成忠的《河防刍议》中特别强调守滩在修防中的重要作用。嘉庆年间，包世臣（1775～1855）在《中衢一勺》卷1《筹河刍言》中提出在边滩筑坝挑溜以控制河势、稳定险工之说。（艾素珍）

戽斗 最早的灌溉农具。浙江吴兴钱山漾新石器时代遗址曾出土过一件类似戽斗器形的木质器皿，有人认为就是所谓的“罱泥戽斗”。魏初张揖《广雅·释诂》中记有戽斗。元王祯《农书·灌溉门》：“戽斗，挹水器也。……凡水岸稍下，不容置车，当旱之际乃用戽斗。控以双绠，两人掣之，抒水上岸，以溉田稼，其斗或柳筲，或木罂，从所便也。”后世还有一种用竹篾编斗，斗上装柄，单人使用的戽斗。戽斗因其小巧便利，弥补水车之不足，至今仍在使用。（曾雄生）

戽斗

瓠种 一种点播农具和播种方式。出现于6世纪以前。北魏贾思勰《齐民要术》称为“窍瓠”，用瓠子硬壳制成，中间穿一空木棍，壳内装种子，手扶入地用以点播，比单纯手播要均匀、轻便，功效也较高。王祯《农书·耒耜门》载：“瓠种，窍瓠贮种，量可斗许，用穿瓠两头，以木箄贯之，后用手执为柄，前用作觜，泻种于耕过垄畔。随耕随泻，务使均匀……燕赵及辽以东多用之。”近世东北地区还常见使用，称为“点葫芦”。（曾雄生）

瓠种

花 又称华、荂、荣、葩、英、蓠、菁、蕊等，植物生殖器官名称。《尔雅·释草》云：“木谓之花，草谓之荣。”花的外轮借以“承华者”而呈绿色的部分称萼；萼的基部称柎，或作跗。《玉篇》云：“花萼足也，凡草木房谓之柎。”房即大蕊下部的子房，着生在子房上部，花的中心部称惢或蕊，或作“縈”，从糸，其意是丝状的“花须”（小蕊）。《广韵》释为“华外曰萼，华内曰蕊”，指明蕊在花冠之内，蕊包括大、小蕊。小蕊顶端的药囊有花粉，北魏贾思勰《齐民要术·种麻》称花粉为“勃”，称散播花粉为“放勃”，并认识到“放勃”和结子的关系。对花的描述的记载，一般多着重其色，晋代郭璞

《尔雅注》中记载有白色（萑、萺、营、茵、苕［茇］、长楚［梫］）、黄色（蘿、苕［蕈］）、紫色（蔡、菽柱夫）、赤色（曲頄、蔓）、紫缥色（蕢）、紫黄色（蒸葵）、小而白、中心黄（藏）等。（汪子春）

花卉 花卉泛指一切可供观赏的植物，包括它的花、果、叶、茎、根等，而通常以花朵为主。花在古代作“蕐”，约自北朝起，逐渐流行以花代蕐。卉的本意为草，是草的简写，故花卉常称花草。古代称草本开花为“荣”，木本开花为“华”。“荣华”连称泛指草木开花，所以花卉也就是代表一切草木之花。花卉栽培系从混合的园圃中分化出来的。殷商甲骨文中已有园、圃、囿等字。园圃是栽培果蔬的场所，所栽果木如梅、桃等兼有很好的观赏价值。许多花卉原先本是食用、药用的植物，人们欣赏喜爱其花朵，遂逐渐转变成专供观赏的花卉，或者食用、药用兼顾，如白菊花、芍药、荷花等。但是，更多的是发展成为专门的观赏花卉，如牡丹、兰花、蜡梅、月季、茶花等，是花卉的主流。另一类植物如松柏、梧桐、竹、芭蕉等在中国园林和家庭宅院中占有特殊的观赏地位，可说是广义的花卉，即观赏植物。

中国历史上主要的花卉品种有梅花、牡丹、芍药、月季、菊花、兰花等。①梅，原产于中国，早期是重要的调味品，后发展为以观花为主。汉刘歆《西京杂记》载，汉上林苑中就有朱梅、紫叶梅、紫花梅、同心梅、丽枝梅、燕梅和猴梅7个品种。北魏贾思勰《齐民要术》中提到了春秋两季适于种植梅树。宋人范成大著有《梅谱》，介绍了10个品种的性状和栽培管理方法。②牡丹，原产于中国的西北部，最初被当做野生药材。大约唐武则天时期，牡丹才作为观赏植物开始人工栽培，初盛于王宫，后传入寻常百姓家。宋代盛于洛阳、陈州（河南淮阳）、天彭（四川成都西北）。明盛于亳州（今属安徽），清盛于曹州（山东菏泽）。著名的牡丹著作有宋欧阳修的《洛阳牡丹谱》、周师厚的《洛阳牡丹记》、明薛凤翔的《亳州牡丹史》等，记载牡丹品种及其栽培护理方法。③芍药，原产中国。三国两晋南北朝时宫苑、园囿中已有栽培。宋时扬州栽培最盛，有“维扬芍药甲天下”的美称，并出现了《芍药谱》（刘攽撰）和《扬州芍药谱》（王观撰）等专著，仅《芍药谱》就记载扬州芍药品种31个。当时洛阳所产芍药也很盛。明清时期，北京丰台、山东曹县和安徽亳县等皆为芍药名产地。④月季，是中国古代从蔷薇属植物中驯化培育所得的长期开花常不结实的变异型，北宋宋祁《益都方物略记》中最早提到月季，明代月季栽培已很普及，王象晋《群芳谱》提到月季有红、粉、白三种，清代徐寿基《品芳录》记载品种100多个。⑤菊花，其栽培的记载最早见于陶渊明的诗句“采菊东篱下”，然而六朝到隋唐期间，菊花栽培并不普遍，宋代方始兴盛，明清已较普及。江南地区为菊花栽培的中心。菊的专著始见于宋，明清时剧增，总数达40多种，多于任何一种花卉著作。这些菊著在记载品种的同时，也记载了很多养花技法。⑥兰花，系兰科兰属部分陆生兰的总称，为多年生草本著名花卉，又名侍女花、燕尾春。《越绝书》有越王勾践种兰于渚山的记载。古代文献中时常兰蕙连称，宋人依枝上所开花数区别兰蕙。宋人庄绰（季裕）《鸡肋编》卷上载：“茎短，每枝一花者，为兰。茎长，一枝数花者，为蕙。”明清为兰花栽培的昌盛时期，福兴四郡盛种建兰，而自清乾隆时起，江浙一带渐成为兰花的栽种中心。兰谱著作以宋代赵时庚《金漳兰谱》为第一本，描述兰花品种40个，主要为建兰。该书对艺兰的地理位置选择、土壤制备、分兰技术等作了全面论述，并指出善于养花者，必须爱护其叶，叶盛则不愁其花不发，强调不同品种应采用不同的施肥、灌溉方法。《兰谱奥法》提到种兰须用山土，并提出删花、转盆的措施。明高濂撰《遵生八笺》提到养兰有四戒：“春不出，夏不日，秋不干，冬不湿。”清代艺兰著作最为繁多，所记兰花栽培技术更臻完备。⑦莲，又名荷花、芙蓉、蕖等，栽培记载最早见于北魏贾思勰的《齐民要术》。明代《群芳谱》和《农政全书》都有栽培技术的记载。

传统农学排斥花卉栽培，一般综合性农书中都没有花卉栽培的内容。但唐宋以后，随着花卉栽培的兴盛，出现了众多花卉专门著作。这类著作以赏花为宗旨，所以花的品种和品第成为这类著作的主要内容，同时也叙述了花卉的栽培方法，如清陈淏子《花镜》卷二的“课花十八法”可说是集花卉栽培之大成。“十八法”分别为辨花性情、种植位置、接换神奇、分栽有时、扦插易生、移花转垛、过贴巧合、下种及期、收种贮子、浇灌得宜、培壅可否、治诸虫蠹、枯树活树、变花催花、种盆取景、养花插瓶、整顿删科及花香耐久等法。（曾雄生）

花楼提花机　制织具有复杂组织和大循环花纹数织物的织机。提花为二层或多层组织织花技术，以别于单层平纹或花纹织物。制织时需将部分经线按预定顺序提起，穿过纬线，由每次经线的起沉不同与纬线交织成花纹。最早的提花织物即锦。锦字出现很早，《尔雅·释采帛》：“锦，金也。作之用功重，其价如金，故惟尊者得服之。”后人解锦为“织采为文曰锦”，即织采和织纹，二者缺一不可。后世又逐渐出现纬起花或挖花等织花技术。提花机的最早记载见于东汉，王逸在《机妇赋》中对这种织机的形制和操作作过生动形象的描述。汉以后，花楼提花机经六朝和隋唐几代的改进和提高，到宋元时已完全定型，并被普遍应用。其最大特点是提花经线不用综片控制，改用线综控制，也就是说有多少根提花经线，就要有多少根线综与之对应，而且升降运动相同的线综是束结一起吊挂在花楼之上的。通用的花楼提花机一般由机架、花楼、装造系统、经轴、叠助木、（打纬摆杆）、竹筘、提花线综、老鸦翅（提升地综的杠杆）、脚踏杆、花本等几部分组成。机架分成两段，前一段机身水平安放，自花楼朝织工的一段机身则向下倾斜一尺左右。花楼是张悬装造系统、花本以及织花工操作的地方。装造系统由一套以竹木杆和股线为基干的部件组成，它自上而下包括通丝、衢盘、衢丝、综眼、衢脚。通丝又叫大纤，作用是使经丝产生单独的升降运动，其数量视花纹循环数而定，每根通丝可以分吊2～7根衢丝。综眼位于衢丝上，准备提动的经丝均须从综眼穿过。衢盘位于衢丝上部，有控制通丝导向，防止其相互绞缠的作用。衢脚用加水磨滑的竹棍制成，有一定的长度和重量，垂吊在衢丝下面，有使通丝垂直悬吊和控制其稳定的作用。花本是把纸面上的纹样，过渡到织物上去，再现设计纹稿的“摹本”，是提花线综起沉的依据，它分为花样花本和花楼花本两种。花样花本适用于经密较低、纹样变化较简单的纹织物；花楼花本适用于经密较高、纹样变化复杂的纹织物。它们的制作方法基本相同，都是根据纹样设计图的规律性，把经丝编成很多组，并结集成一股股综绳，挑结而成。挑制花本是提花技术中最难掌握的技术，必须准确地计算纹样大小和各个部位的长度，以及每个纹样范围内的经纬密度和交结情况，不得稍有疏忽；否则，便不能织造出精美逼真的花纹图案。故《天工开物》有“凡工匠结花本者，心计最精巧。……天孙机杼，人巧备矣”的赞叹。花楼提花机和提花方法是我国古代纺织技术上的一项极为重要的发明，这一发明随着丝绸之路的畅通，陆续传至西亚和欧洲，对传到国纺织技术的进步影响极为深远。18 世纪末，法国人贾卡（Jacquard）便是参照花楼提花机的原理，制造出了用穿孔纹板代替花本的纹板提花机，使提花实现了自动化。（赵翰生）

花生　一种后起的油料作物，又名长生果、万寿果、落地参、落花生、番豆、地豆等。一般认为它原产于南美洲，大约在 16 世纪初，经东南亚国家引入闽粤后相继传到内地各处。但浙江吴兴钱山漾和江西修水山背等新石器时代遗址中也曾有出土 4000 多年前的炭化花生种子的报道，故亦有人认为中国是花生的原产地之一。无论如何，中国花生的种植和推广确在明清时期。清末以前，中国栽培的是小粒花生。大粒花生自 19 世纪后才由传教士、华侨、商人等陆续从海外传到中国东南沿海栽培，并很快推广到南北各地。花生性喜高燥的旱原松土，或“宜栽背阴处”，尤宜种于沙地；“且耐水淹，数日不死”。由于花生属豆科作物，根系有固氮作用，故有“其田不粪而自肥饶”之称。管理上须“锄土极松”，要沙压横枝，或以晒谷簸棰滚压、粪箕足践等法压花覆地，以利于花生土成实。花生为长日照作物，一般年收一季，但在纬度较低而温度较高的岭南地区创造了两熟制花生，“一种于春分前后，大暑前后收，一种于大暑前后，白露前后收”。花生最初是作为一种食品，直接食用。作为油料的记载始见于《三农纪》：“炒食可果，可榨油，油色黄浊，饼可肥田。”说明大约在 18 世纪时花生已成为重要的油料作物。（曾雄生）

华池　炼丹家对醋的别称。据《黄帝九鼎丹经诀》记载，醋“过百日者谓之淳醯；三年以上谓之苦酒；投之以药即曰华池。古人秘之，号之左味”。《石药尔雅》说：“醋，一名华池。”华池的品种繁多，据《黄帝九鼎丹经诀》载，有天师太清华池、三转黄白华池、太乙金液华池、黄白八石华池，大都以醋为主，配合其他物质，经过多道手续炼制，可以溶解金属和矿石等，以提取五金八石的精华，制成药精。（王扬宗）

化石　保存在沉积的沙土和岩石中的古代生物的遗体、遗迹和遗物，中国古代无“化石”之名，常以“石 ×”称之。先秦以前对化石已有所认识，《山海经》记载了龙骨和鱼化石。唐代已知螺蚌壳化石是“桑田所变”（《颜鲁公论文集》卷十三《抚州南城县麻姑山仙坛记》）。北宋元丰三年（1080），沈括在延州永宁关（今陕西延川县延水关）附近河岸崩塌处考察数百株根干相连的“竹笋”（实为“新芦木”）时，发现“悉化为石”，首次提出了“化石”的概念（《梦溪笔谈》卷二一），并以植物化石群推断古今气候的变化。中国古代对许多种脊椎动物、无脊椎动物和植物化石都已有所认识，古籍记载的化石主要有 11 种。①龙骨，除鱼类之外的脊椎动物化石，主要指哺乳类动物的化石。其名首见于《山海经·中山经》："又东二十里曰金星之山，多天婴，其状如龙骨。"汉武帝时在重泉（今陕西大荔县西北）以东开凿河渠中掘到龙骨，故将此渠称龙首渠（《史记·河渠书》）。梁以前成书的《名医别录》已提出龙骨是动物的遗迹。龙骨作为一种中药，在中国古代受到重视，并得到广泛地采集，古籍所记产地范围极广。②石鱼，又称龙鱼、鱼石等，即鱼化石。《山海经·海外西经》最早记载，称为龙鱼。南朝沈怀远在《南越志》中首次提出鉴别鱼化石的方法——火烧石，并对其产地和形状等作了较为准确的描述。宋代杜绾《云林石谱》已经认识到鱼石是古代鱼类的遗体经过埋藏后石化而成。衡阳郡湘乡县（今属湖南）的石鱼山是中国古代最著名的鱼化石产地。③石燕，腕足类动物门石燕类化石。公元4世纪，东晋罗含在《湘中记》中最早记载了零云县（今湖南零陵地区）的石燕及其用途。古籍所载石燕的产地主要有零陵县（今湖南零陵县北）、永州祁阳（故治在今湖南祁阳县东北）和广西象州等地。④蝙蝠石，三叶虫化石。东晋郭璞（276～324）在《尔雅注·释鸟》中最早记载了齐地（今山东泰山以北黄河流域及胶东地区）的蝙蝠石。清王士祯《池北偶谈》卷二十详载明末张华东在大汶口发现蝙蝠石之事。⑤石蟹，节肢类化石，为中国古代的一味中药。北宋唐慎微《政和经史证类备急本草》卷四首次将其收入官修本草书中。⑥石蛇，羊角螺化石，为中国古代的一味中药。北宋苏颂《图经本草》已记载。⑦宝塔石，又称直角石、太极石，鹦鹉螺化石。清吴熊光等修的《湖北通志·物产下》中已有较详细的记载。⑧琥珀，又作虎珀、虎魄、顿牟、江珠、遗玉和育沛等，是松柏树脂的化石。《山海经》最早记载琥珀，后汉章帝（76～88）时杨孚《异物志》首先记述琥珀由树脂石化而成。古籍所载产地主要在云南和新疆。⑨水上石，又名含水石、草结，藻类化石。清嘉庆进士姚元之在《竹叶亭杂记》卷八准确地描述了今山西风陵的水上石的形态和成因等。⑩外模化石，印模化石的一种。明末徐霞客在《徐霞客游记·游滇日记》（1639年8月7日）中云："崖间有悬干虬枝，为水所淋漓者，其外皆结肤为石。"首次生动、形象地描述了云南永昌府（治所在今云南保山）水帘洞的外模化石的组成成分、特征及成因。⑪木化石，即硅化木。我国古籍所载木化石以松柏木化石为多，至迟在唐代对其成因已有正确的认识。近代古生物学在19世纪末20世纪初传入我国。1905年，张謇（1853～1926）在江苏通州（今南通）创办的南通博物苑中有化石馆。（艾素珍）

化学 学科名，译自英文 chemistry。目前所知，该词最早出现于王韬咸丰五年二月十四日（1855年3月31日）日记中："……诣各园游玩，戴君特出奇器，盛水于杯，交相注，曷顿复变色，名曰'化学'，想系磺强水所制。"戴君即英国传教士戴德生（J. H. Taylor），1854年来华，在上海传教。"化学"义即变化之学。1857年，英国传教士伟烈亚力所编刊物《六合丛谈》上多次使用该译名，将"化学"与"察地之学"（地质学）、"鸟兽草木之学"（动植物学）、"电气之学"、"重学"（力学）、"听学"（声学）和"视学"（光学）等并列，一起介绍给中国人。此后，近代化学这一学科逐渐为中国人所了解。丁韪良所编《格物入门》（1868）中有《化学入门》一册。1871年，嘉约翰（J. Kerr）与何瞭然翻译的《化学初阶》

以及傅兰雅与徐寿翻译的《化学鉴原》出版之后，该词得到广泛使用，并被日语借用。（王扬宗）

还丹　炼丹术术语。还丹在炼丹史上地位极其重要，服食还丹是达到长生目的的主要途径。葛洪《抱朴子·内篇·金丹》称“凡草木烧之即烬，而丹砂烧之成水银，积变又还成丹砂，其去草木亦远矣，故能令人长生”，即烧炼丹砂，可以得到水银；加热水银，就又回复为丹砂，因此叫还丹。此为其理论依据。较早提及还丹的文献有汉代《神农本草经》：“水银，镕化还复为丹，久服神仙不死。”但以上所记载的操作实际上得到的并不是丹砂。因为烧炼丹砂得到水银，再对水银反复加热，得到的则是红色的氧化汞，由于两者都是红色的，古代炼丹家不能将二者区别开来，才误以为得到了“还丹”。此外，又加铅入水银中密封升炼，得到紫红色的汞铅氧化混合物，也被称为“还丹”或“龙虎还丹”。隋唐以后发展出以硫黄点化水银的方法，得到的则是硫化汞，即丹砂。隋代道士苏元明所著《太清石壁记》中记载的“小还丹方”，就是以水银和硫黄升炼而得到硫化汞的。唐天宝年间，陈少微辑注的《大洞炼真宝经九还金丹妙诀》中记载的“销汞法”，硫黄和汞的配比十分精细，能达到“化为紫砂（即丹砂），分毫无欠”的地步，同时，该书还记载以金属铅从紫砂中还原出水银，也能做到“分毫无欠”的水平。其做法与近代化学家十分相似。为了增强服食效果，炼丹家在制取还丹时还常常反复加热分解、化合和升华，以获取所谓七转还丹、九转还丹等。（王扬宗）

还魂纸　中国古代对再生纸的称谓。其抄造工艺是将故纸回槽，掺和到新纸浆中抄造。还魂纸大约创始于宋代。北宋乾德五年（967）写本《救诸众生苦难经》，其纸浆中发现有未完全捣碎的古纸残片，说明纸质为还魂纸，是迄今所知最早的还魂纸实物。元马端临《文献通考》卷六有南宋湖广等地用还魂纸做纸币“会子”的记载。明末宋应星《天工开物》也有关于抄造还魂纸的记载。（苏荣誉）

还原染　利用靛蓝染料的还原性染色的工艺。靛蓝染料是中国应用最早，也最广泛的植物染料，含靛素，化学成分为吲哚酚，在碱性条件下还原为隐色靛白，在空气中可氧化发色成靛蓝色。古代人很早就掌握并利用其这一特点加工靛蓝染料并染色。《礼记·月令》：“仲夏月令民毋刈蓝，以染。”秦以前，可能仍采摘新鲜蓝叶取汁染色，因此染色要受到季节限制。北魏《齐民要术·种蓝》已经记载了还原法造靛。明末宋应星《天工开物·彰施》载：“凡造淀，叶与茎多者入窖，少者入桶与缸。水浸七日，其汁自来。每水浆一石下石灰五升，搅冲数十下，淀信即结。水性定时，淀澄于底。……凡靛入缸，必用稻灰水先和，每日手执竹棍搅动，不可计数。其组佳者曰标缸。”著名的传统染织工艺产品如蓝色蜡染布、蓝印花布等均为靛蓝染料所染。唐时中国还原法造靛传入日本，称为“蓝建”。明时传入俄罗斯，其色被称为“中国蓝”。以新鲜蓝叶取汁染色的方法目前在中国西南少数民族地区仍有使用，称“生染”。（朱冰）

环田术　中国古代计算圆环或由二半径所截圆环部分面积之方法。《九章算术》方田章提出其面积公式：“并中、外周而半之，以径乘之，为积步。”$S=\left(\frac{l_1+l_2}{2}\right)v$，

其中 S、l_1、l_2、v 分别是环田的面积、外周、内周、环径，如图。公元 3 世纪，刘徽进一步指出其理论依据："此可令中、外周各自为圆田，此中圆减外圆，余则环实也。"（邹大海）

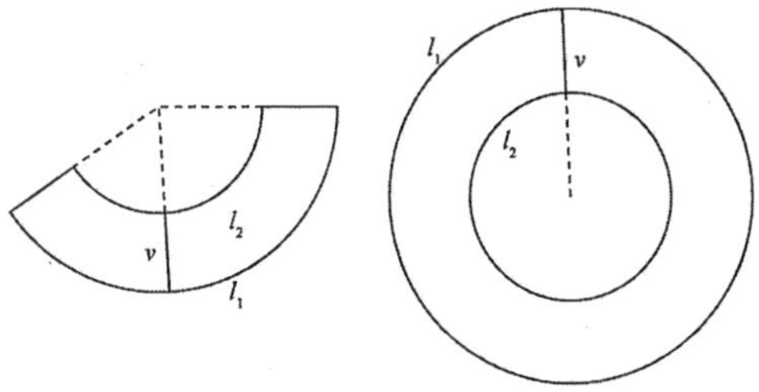

环田图

洹北商城 位于安阳市北郊，与殷墟遗址相邻。城址略呈方形，南北长 2200 米，东西宽 2150 米，总面积约 4.7 平方公里，方向北偏东 13°。其主体遗存的年代略晚于郑州商城的晚期，早于殷墟大司空村一期。宫殿区位于城址南北中轴线南段，南北不少于 500 米，东西宽远在 200 米以上，未发现将宫殿区与其他居民区相隔开的围墙或沟槽一类遗存。已发现大型夯土基址 30 余处，宫殿区首先发现的是一处面积近 1.6 万平方米的巨型"回"字型基址，即 1 号基址。位于一号基址北部仅 25 米处的二号基址平面结构与一号基址相似，平面也呈"回"字形，总面积近 6300 平方米。其他基址与一号基址一样均系南北向，相互间没有打破或叠压关系。南北成排，方向几乎完全一致，显示出严整有序的格局。大部分基址不仅规模较大、规格也比较高。至少有 2 处基址宽度超过 19 米，1 处近 14 米，7 处为 8 ~ 12 米，10 处为 5 米左右。仅 2 处较窄，宽度在 3 米以下。大部分基址的柱础直径都在 0.35 米以上。有的直径达 0.5 米。其中 F5 的一枚柱础石下还发现有以小孩奠基的现象。所有基址都以上好夯土夯筑。这与洹北商城内西北部和北部普通居民点内建筑遗存的建筑用土有明显区别。基址周围都倒塌有大量红烧土堆积。其中保存有完好室内活动面的 13 号基址，可观察到大量烧土直接堆压在地面上。不少基址的柱洞中，也可看到木柱烧毁后，红烧土塌入柱洞中。1 号基址以北约 160 米大型灰坑 H2，坑南北长近 12 米，坑内发现成堆牛骨，出土于坑内的陶器极为丰富，包括鬲、深腹盆、浅腹圆底盆、圆底罐、大口尊、大口缸等几乎所有常见的中商陶器。洹北商城宫殿区大部分基址应是在中商二期阶段被使用的。相当数量的基址沿用到了中商三期。中商二期是洹北商城宫殿区的繁荣期，至少可以说宫殿区的繁荣期包括了中商二期阶段。至中商三期早段时，宫殿区由繁荣迅速走向衰落。洹北商城的西北部、北部以及东部是当时最主要的居民区。城址北部（宫殿区以北）近 200 万平方米的范围内，分布有密集的居民点。房址、墓葬、灰坑、水井密布其间。西北部分布着密集的中商居民点，包括大小不等的房基（最大面积近 300 平方米）、大量水井、灰坑等。出土文物包括陶器、铜器、玉器、只钻不凿的卜骨等。东部是居民区，房址相对聚集在一起。各居民点之间有道路相连接。一些居民点之间的"空地"可见单独存在的大型夯土基址，可能是居民点共享的公共建筑，偶然也发现有墓葬分布在居民点周围。洹北商城南部有中商时期的遗迹和遗物分布，但似不如北部密集。尤其东南部遗存甚少。（沈玉枝）

幻出嘉种 指家蚕杂交优势。明末宋应星《天工开物》云："凡茧色唯黄白两种。川、陕、晋、豫有黄无白，嘉湖有白无黄。若将白雄配黄雌，则其嗣变成褐茧。”又说：“今寒家有将早雄配晚雌者，幻出嘉种，此一异也。”“幻”是变化的意思。这两则记载说明，当时蚕农进行了两组家蚕的杂交工作。其一是将吐黄丝的雌蚕与吐白丝的雄蚕杂交；其二是雄性的“早种蚕”与雌性的“晚种蚕”杂交。历代蚕农在长期的养蚕生产实践中选育出了许多家蚕品种。就化性而言，有一化性蚕、二化性蚕和多化性蚕。一化性蚕和二化性蚕是明代嘉湖地区最常饲养的蚕。《天工开物》所说的“早雄配晚雌”就是将一化性的雄蚕蛾与二化性的第一代雌蚕蛾杂交。现代养蚕学家对家蚕化性遗传研究证明，一化性蚕与二化性蚕杂交，其第一代杂交种的化性与亲代雌性的化性一致。如果亲代雌性是一化的，那么第一代杂交种也是一化的；如果亲代雌性是二化的，那么杂交品种就是二化的。根据家蚕杂交的这个遗传规律，可知“早雄配晚雌”所产生的“嘉种”乃是二化性的，它可以作为夏蚕种应用于生产。在通常情况下，饲养夏蚕用“晚蚕”传种。《天工开物》说：“凡蚕有早、晚二种，晚种每年先早种五、六日出，结茧亦在先，其茧较轻三分之一。若早蚕结茧时，彼（指晚种第一化蚕）已出蛾生卵，以备再养。”二化性的晚种蚕常常显示出体质强健、耐高温、适于夏季高温环境下饲养等优良性状。但这种蚕的茧丝量确实较轻，而早种蚕无论茧量或丝质都比晚种蚕好，但体质弱，抗高温能力低，且在自然条件下不能在夏季传种。而它们的杂交品种往往综合了双亲优良的性状，故称之为“嘉种”。明代嘉湖地区蚕农开创了家蚕人工杂交育种的先例。（汪子春）

黄白 外丹术语。指黄金与白银，也指炼制金银的法术。汉代应劭《风俗通·淮南王安神仙》：“招募方伎怪迂之人，述神仙黄白之事，财殚力屈，无能成获。”道教徒炼制的黄金，多是一种黄色合金，但他们将此视同真黄金。唐代以后，为区别于真金，则称之为药金，白银则为药银。金丹派认为金丹是延年益寿、羽化登仙最上乘的药物。葛洪《抱朴子·内篇·金丹》云：“黄金入火，百炼不消，埋之，毕天不朽。服此二物，炼人身体，故能令人不老不死。此盖假求于外物以自坚固。”这是金丹派假借外物以成仙的观念。黄白术由来甚早，汉武帝时方士李少君献却老之方，言丹砂可化为黄金，用黄金制作成器皿来饮食有益年寿。道教徒将黄白术发扬光大，制造出多种“药金”和“药银”，实际上就是伪黄金和伪白银。锌黄铜、砷黄铜就是两种著名的伪黄金，砷白铜则为伪白银。葛洪《抱朴子·内篇·黄白》还记载了用锡和赤盐制作一种彩色金的实验：“先锻锡，方广六寸，厚一寸二分，以赤盐和灰汁，令如泥。以涂锡上，令通厚一分，累置于赤土釜中。率锡十斤，用赤盐四斤，合封固其际，以马通火温之，三十日，发火视之，锡中悉如灰状，中有累累如豆者，即黄金也。”该方中的赤盐是用寒盐（NaCl）、寒水石（芒硝）或石膏等复盐、明矾、二硫化铁等物和合而成的。据研究，明矾和锡反应可能生成彩色金（SnS_2）。而唐初孙思邈《太清丹经要诀》中的“伏雌雄二黄法”和北宋方士所撰《灵砂大丹秘诀》中的“灵砂第五转”中的一段文字，则分别是以雄黄与锡反应、以丹砂与锡反应而得到彩色金的。此外，还有锡汞合金、铅汞合金等伪白银的炼制方法。（王扬宗）

黄道　太阳周年视运动轨道在天球上的投影。盖古代天文学家在星图上用黄色描绘太阳轨道，故名。我国至迟在汉代已经对黄道有明确的认识，《汉书 · 艺文志》说：“日有中道，月有九行。中道者，黄道。一曰光道。”东汉时贾逵在讨论历法时引《石氏星经》提到“黄道规”，即是黄道。公元前 1 世纪时刘向著《五纪论》称：“日、月循黄道，南至牵牛，北至东井。”《周髀算经》记录了二分、二至的去极度，说明西汉时对黄道在天球上的位置已经测得十分准确。东汉初年，傅安曾经沿黄道测量日、月的位置，比当时史官沿赤道来计量更准确。东汉永元十五年（103），史官造了黄道铜仪，专门用来测量二十八宿的黄道距度。张衡在《浑仪注》中这样描述天球上的黄道：“黄道斜带其（指天球）腹，出赤道表里各二十四度。”这同现代的黄道概念别无二致。我国古代天文测量，基本上是采用赤道坐标，然而由于对“日、月循黄道”运行的正确认识，又多沿黄道测量日、月位置，所以历史上曾铸有黄道铜仪、黄道游仪等。历法推算中，也有一些量采用黄道度数，如二十四气之定气就要以太阳的黄道位置来推算，恒星位置也曾有黄道内外度数据，类似于通常意义的黄纬。元、明以来与阿拉伯和西方的天文学交流增多，黄道十二宫、天体的黄道坐标均被我国采用。（孙小淳）

黄道浑仪　唐代李淳风等制造的，装有黄道环和白道环的浑仪。黄道仪的制作至迟是在东汉。《后汉书 · 律历志》“贾逵论历”提到“傅安等用黄道度日月弦望多近”，而此时典星待诏姚崇等都说“星图有规法，日月实从黄道”，于是建议造黄道仪。永元十五年（103）诏书造太史黄道铜仪，这可能是最早的黄道仪。史官还用该仪测定了二十八宿的黄道距度。唐李淳风主持造天文仪器，其中有黄道浑仪。黄道浑仪由三组环圈组成。外面是固定六合仪，由子午双环、地平环和赤道环构成；中间是三辰仪，由赤道环、黄道环和白道环构成；里面是一夹有窥管的四游环，李淳风称其为四游仪。李淳风等制作的黄道浑仪有许多创新之处：一是增设了白道环；二是把赤道环与黄道环结合在一起，两者相交成 24°角，而在赤道上刻有二十八宿距度。这样，只要把赤道环与天赤道上的二十八宿对好，黄道环的位置也就调好了；三是将白道与黄道交叉安装，两者交成 6°角。白道与黄道的安置不固定，而在黄道环上打 249 个孔，每经过一个交点月，将白道环移过一孔，以适应黄白交点每过一个交点月退行 1°的事实。（孙小淳）

黄道十二宫　起源于古代巴比伦的西方星座划分体系，把黄道带等分为 12 部分，每一部分以一星象表示，分别是白羊、金牛、双子、巨蟹、狮子、室女、天秤、天蝎、人马、摩羯、宝瓶、双鱼。黄道十二宫可能是经印度随佛教传入中国的。现在所知最早载有黄道十二宫的佛经是隋朝初年（6 世纪 80 年代）耶连提舍所译的《大乘大方等日藏经》。唐开元年间（713 ~ 741），瞿昙悉达编译《九执历》，已明确使用黄道十二宫的概念，把春分点所在的白羊宫称为“羖羖”（黑公羊），而把秋分点所在的天秤宫称为秤首。后来所译佛经中多有黄道十二宫，虽然译名有差异，但可以明显地与西方黄道十二宫对应，如唐末五代时杜光庭的《玉函经》中采用的译名为白羊、金牛、阴阳、巨蟹、狮子、双女、天秤、天蝎、人马、

磨羯、宝瓶、双鱼。（孙小淳）

黄道游仪 唐开元十二年（724）僧一行和梁令瓒制成的黄道浑仪。僧一行认为，欲使历法精密，就要测量日月五星沿黄道的运行。此前有李淳风等制造过黄道浑仪，但由于圈环设置过于复杂，运转不便，蔽天太多。僧一行和梁令瓒参考李淳风的设计，对圈环加以简化和合理设置，制造了新的黄道浑仪。该仪在赤道单环上均匀凿有366个孔，令黄道单环每经约83年（按僧一行创制的《大衍历》数值），移置下一对孔中，以适应岁差的现象。这就是该黄道浑仪被称为黄道游仪的原因。（孙小淳）

黄河浮桥 历代黄河上建浮桥众多。有记录的第一座浮桥系春秋鲁昭公元年（公元前541）公子铖所造。《初学记》云："公子铖造舟处在蒲阪夏阳津，今蒲津浮桥也。"此为临时性浮桥。第一座正式浮桥是秦昭襄王五十年（公元前257）"初作河桥"。第二座浮桥是东汉永元五年（93）于逢留河（黄河在青海贵德一带之别名）河峡处作船浮桥。第三座浮桥系晋泰始十年（274）所建孟津浮桥。北魏、唐在黄河上所建浮桥甚多，著名的有蒲津、大阳、孟津三桥，大阳桥建于茅津（今山西平陆西南），余二者均在原址。五代后唐庄宗在杨留口做浮桥。宋在黄河上造浮桥更多，有兰州附近浮桥、永和关（今陕西延和附近）浮桥、河南浚县大伾的天成桥和圣功桥。明朝在黄河上修建的浮桥最著名的是捏镇远桥（1372），清光绪三十四年（1908）在兰州附近黄河上修建第一座铁桥后，除军用浮桥外不再建永久性浮桥。（沈玉枝）

黄铜 铜锌合金名。因其色黄而得名。西汉东方朔《申异经·中荒经》提及"黄铜为墙"，其意何指不可考。《新唐书·食货志》也提及"黄铜"，但并非指铜锌合金。"黄铜"一词专指铜锌合金始于明代，如《明会典》："嘉靖中则例，通宝钱六百万文，合用二火黄铜四万七千二百七十二斤。"近年研究者通过对明代铜钱成分的分析发现，黄铜铸钱较其他铜合金晚出很多。因直至明代万历年间，中国人才掌握炼锌技术，此前偶有黄铜，均非有意冶炼而得。明嘉靖时始有大量黄铜铸钱。其先前多用炉甘石点化红铜而得黄铜，稍后改为铜锌合铸，如《天工开物·五金》载："后人因炉甘石烟洪飞损，改用倭铅。每红铜六斤，入倭铅四斤，先后入罐熔化。冷定取出，即成黄铜，唯人打造。"（王扬宗）

黄芽 亦作"黄牙"。东汉《黄帝九鼎丹经》中载有制得黄芽的最早配方："取水银十斤，铅二十斤，纳铁器中，猛其下火，铅与水银吐其精华，华紫色或如黄色。……名曰玄黄，一名黄精，一名黄芽，一名黄轻。"东汉魏伯阳《周易参同契》："河上姹女，灵而最神，得火则飞，不见埃尘，鬼隐龙匿，莫知所存。将欲制之，黄芽为根。"又称："玄含黄芽，五金之主。"宋末俞琰《周易参同契发挥》解释说："玄含黄芽者，水中产铅也。铅为五金之主，在北方玄冥之内，得土而生黄芽。黄芽，即金华也。"据当代赵匡华实验研究，黄芽的主要成分是铅丹（Pb_3O_4）和铅黄（PbO）。唐代以后，硫黄亦被称为黄芽。《丹房镜源》中记载："石硫黄，可乾汞，语曰：此硫见五金而黑，得水银而赤，又曰黄芽。"唐代以后，黄金也偶被称做黄芽。（王扬宗）

蝗生原本 中国古代对蝗虫滋生地的认识。蝗虫是农业害虫，明代徐光启在《除蝗疏》中概括蝗虫之生活史：“子生曰蝗蝻”，蝻“数日即群飞，是名为蝗”，蝗“又数日孕子（卵）于地矣，地下之子，十八日复为蝻，蝻复为蝗”。夏天蝗卵容易孵化，但卵产后八日内遇雨会“烂坏”。秋天产的卵来春才能孵化。他根据历史资料和自己的观察，认为蝗虫最容易发生在那些“湖巢广衍、暵益无常”的“涸泽”地区，标出了中国蝗虫发生地的大概范围：“幽涿以南，长淮以北，青兖以西，梁宋以东。”这与中国现在的蝗虫多发区域相吻合。（汪子春）

灰吹法 古代炼银法，即将银矿与金属铅掺和，与木炭一起置于炼炉中加热，由于银和铅可以完全互溶，且熔点甚低，易于还原。还原的铅银块沉于炉底，待冷却后，再将铅银块置于煎炉的草木灰上，鼓风焙烧，使铅氧化，形成黄丹（即密陀僧）并熔化，渗入灰中，而银粒存留在灰上。东汉方士狐刚子在《出金矿图录》中详细描述了灰吹法。同时代张道陵所传的《太清经天师口诀》中也有相近的记载，说明汉代灰吹法炼银已经十分成熟，其渊源也许更早。西安何家村唐邠王府遗址曾出土了一块重 8 公斤的炼银渣，经研究，系含银方铅矿的炼渣，渣中银含量极低，说明唐代的灰吹法炼银水平很高。宋苏颂《本草图经》、明陆容《菽园杂记》、明宋应星《天工开物》中都有关于灰吹法的记载，而以陆容所记最详。（苏荣誉）

回回科 元朝设立的专门研究伊斯兰天文学、颁布伊斯兰历法、为穆斯林服务的天文机构。回回是当时对穆斯林的总称。元朝在上都时就设有回回司天监，西域天文学家札马鲁丁曾在此编撰《万年历》，并制造 7 件西域仪器。至元八年（1271）元朝定国号后，迁都燕京，称为“大都”，上都的回回司天台也迁至大都，所以在大都汉儿司天台与回回台并存。明朝回回天文学的研究继续进行，政府组织天文学家翻译伊斯兰天文学著作，为此专门设有回回科。（孙小淳）

回回司天台 又称回回司天监。元朝建立的以阿拉伯天文学传统的方法从事天文研究和观测的司天台，颁布回回历书，为当时的穆斯林服务，故名。蒙古帝国在征服中原，建立元朝之前，就在上都设有西域星历司，并由西域人爱薛等主持工作，天文工作在上都承应阙台上进行。至元八年（1271），以承应阙为基础，增设行司天监。该行司天监就是回回司天台，和设在元大都的“汉儿司天台”并存。札马鲁丁是回回司天台的第一任提点（即台长）。（孙小淳）

回音壁 北京天坛内明代建筑“皇穹宇”的圆形围墙。围墙高约 6 米，半径约 32.5 米，以砖石砌成，墙面整齐、光滑，具有极好的声波反射特性。在围墙中心点拍掌，能听到几次回声。圆形墙面与声波在凹面反射密切相关。贴近墙面小声说话，在距声源极远处的墙面可以听见。近年又发现回音壁有一处称为“对话石”，它是源于凹面反射波有焦散现象，在焦散面上的声场可以得到加强的缘故。天坛内另一建筑“圜丘”，也有声波反射特性，圜丘为汉白玉石砌成的“平台”，平台周围有青石栏杆。“平台”实际上并不平，而是从中央到边缘栏杆稍微倾斜。因此，台中心的声波经栏杆和台面两次反射后回到台中心处，站在台中心的人会听到似从地下来的回声。回音壁和圜丘建于明嘉靖九年（1530）。类似具有声学特性的古建筑，还有山西永济县普救寺内舍利塔，又称莺莺塔。它的半穹窿状塔檐的反射声有蛙鸣之感，塔内腔还能聚焦、放大远处的声波。莺莺塔为明嘉靖四十三年（1564）重建。（戴念祖）

会圆术 古代由弧田（弓形）的弦和矢求弧长的近似值的方法。北宋沈括在《梦溪笔谈》卷十八提出：“以所割之数自乘，倍之，又以圆径除所得，加入直径，为割田之弧。”设弧田所在圆之直径为 d，弧田的弦为 c，矢为 v，弧长为 l，则沈括给出的是由弧田的弦长、矢和所在圆的直径求弧长的近似公式：

$$c = 2\sqrt{r^2 - (r-v)^2}, l = c + \frac{2v^2}{d}$$

这就是会圆术。其中，前者已见于《九章算术》，后者可以从《九章算术》方田章弧田术中推得。王恂、郭守敬在《授时历》中反复运用会圆术，并借助于相似三角形，在推算“赤道积度”、“赤道内外度”时创立了一种新方法，相当于开辟了通往球面三角法的途径。（郭书春　邹大海）

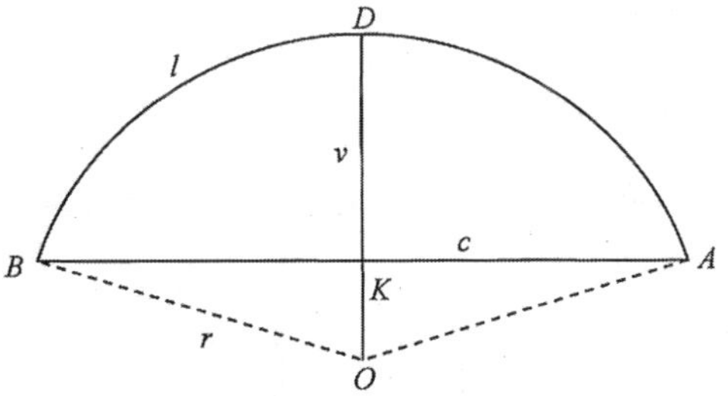

会圆术

彗星 又称扫星或扫帚星。中国古代把带尾巴的星叫做“彗”，不带尾巴但光芒四出的星叫做“孛”。“彗”、“孛”都是彗星。《晋书·天文志》把彗星列在妖星之列：“一曰彗星，所谓扫星。本类星，末类彗，小者数寸，长或竟天。”“二曰孛星，彗之属也。偏指曰彗，芒气四出曰孛。”另外还列有数十种妖星的名称，据其描述可以认为绝大部分是各种形态的彗星。在古代占星术上，彗星“主扫除，除旧布新”，历来为占星家所注意，所以中国历史上对彗星的观测特别详细，记录也特别多。有人认为，在殷商甲骨文中就已经有彗星的记录。最早的可靠记录是《春秋》记载鲁文公十四年（公元前613）“秋七月，有星孛入北斗”。这也是世界上关于哈雷彗星的第一次确切记载。我国古代对彗星的性质很早就有比较正确的认识。《晋书·天文志》说：“彗体无光，傅日而为光，故夕见则东指，晨见则西指。在日南北皆随日光而指，顿挫其芒，或长或短。”这是关于彗尾指向的实际观察的结论。对于彗星的各种形态，中国古代观察得特别细致。在长沙马王堆汉墓出土的西汉初年的帛书中，有一幅关于彗星的图画，给出了29幅各种形态的彗星的图像。其中一些图像比较真实地反映了彗尾的不同形状和特征，还有的似乎画出了彗头中的彗核结构。这些彗星图像都有名称，有些名称可以和天文、星占书中的妖星的名称对上，说明妖星中肯定有不少是特殊形态的彗星。在古代占星术上，还认为彗星同五大行星有关，认为五星之精，散为彗星。这虽然是五行家的猜测，但可能有观测依据。现代天文学证明，木星对彗星有较大的摄动，一些彗星经过摄动后看起来就像从木星那里生发出来的。（孙小淳）

昏旦中星 中国古代观象授时的一种方法，即在黄昏或平旦观测在南方天空中天恒星以确定季节。《尚书·尧典》所记“四仲中星”就是以在黄昏观测到某某星在南方中天以确定季节的，据推算其星象年代在公元前两千多年。《夏小正》有正月“初昏参中”和八月“参中则旦”的记录，这也是昏旦中星观测。《礼记·月令》每月的条文，必先载太阳所在和昏旦中星。《夏小正》还记录有恒星的“则见”、“则伏”等，说明恒星偕日出、偕日没观测在中国古代早期同样受到重视。但在《礼记·月令》中，却只有昏旦中星的记录。这说明昏旦中星观测到了汉代已经成为最重要的观测方法。《续汉书·律历志》开始记有二十四节气时昏旦中星，并记录了中天恒星的宿度。以后历法大多有这项内容。(孙小淳)

浑天说 中国古代宇宙结构学说，与盖天说、宣夜说并称为中国古代关于宇宙结构的三种主要学说之一。其基本思想是，球形的天包着宇宙中间的大地。张衡的《浑天仪注》说：“浑天如鸡子。天体圆如弹丸，地如鸡子中黄，孤居于内，天大而地小。天表里有水，天之包地，犹壳之裹黄。天地各乘气而立，载水而浮。周天三百六十五度又四分度之一，又中分之，则一百八十二度八分度之五覆地上，一百八十二度八分度之五绕地下，故二十八宿半见不隐。其两端谓之南北极。北极乃天之中也，在正北，出地三十六度。然则北极上规径七十二度，常见不隐。南极天地之中也，在正南，入地三十六度。南规七十二度，常伏不见。两极相去一百八十度强半。天转如车毂之运也，周旋无端，其形浑浑。故曰浑天。”由此可知，浑天说对天的认识相当于现代天文学对天球的描述，比盖天说对天的形状的描述更符合实际情况。浑天说对天体视运动有比较正确的认识，故在古代天文学上比盖天说更有生命力。和浑天说对应的天文观测仪器浑仪在汉以后成为最重要的观测天体坐标仪器。浑天说关于天地关系，用鸡子和鸡子中黄作形象的比喻，表明浑天说可能有了地球的概念。但浑天说同时以为“天地各乘气而立，载水而浮”，却把球形大地的概念弄模糊了。浑天说中的地，似乎仅指陆地，和水分开，这样就不能说有正确的地球概念。但是，天包着大地，天可以转到地下去，这是浑天说和盖天说的本质区别，也是浑天说超越盖天说的地方。浑天说采用球面坐标系，如赤道坐标系，来度量天体的位置，计量天体的运动。在古代，对于恒星的昏旦中天、日月五星的顺逆去留等，都是采用浑天说体系来描述，所以，浑天说不只是一种宇宙学说，而且是一种观测天体视运动的计算体系，类似于现代的球面天文学。浑天说大约始于战国时期。屈原《天问》：“圜则九重，孰营度之?”其中可能有天球概念，而且是多重天球概念。但最早提到浑天概念的是西汉末年的扬雄。其《法言·重黎》说：“或问浑天。曰：落下闳营之，鲜于妄人度之，耿寿昌象之。”这里是说浑天仪和浑象，和浑天说相关的天文观测仪器和演示仪器。由此可见，在西汉天文学家落下闳（公元前100年前后）时已有浑天说及其观测仪器。(孙小淳)

浑象 中国古代的圆球形表演性的天文仪器，在一个大球上刻画或镶嵌有星宿、赤道、黄道、恒隐圈、恒显圈等，和现代的天球仪相似。“浑”字在古代有圆球的意思。汉代张衡说过：“立圆为浑。”浑仪和浑象都是反映浑天说的仪器，统称为浑天仪。浑象可能是由西汉耿寿昌发明的。东汉张衡的浑象是他设计的漏水转浑天仪的核心部分。张衡以后，中国天文学家多次制造过浑象，而且多数和水力机械联系在一起（古代也称为水运浑天，今通称水运浑象），以取得和天球周日转动同步的效果，其中有名的制造者有三国时的陆绩、王蕃，南北朝时的钱乐之等。钱乐之于南朝宋文帝元嘉十七年（440）制造的小浑象周六尺六寸，有二十八宿、中外星官，以白青黄三色珠为星，以区别甘氏、石氏、巫咸氏星官，黄道上还有日、月、五星。唐朝时僧一行、梁令瓒把日、月缀于二轮上，可绕浑象运行，又和自动报时装置结合起来，开创了中国独特的天文钟传统。郭守敬把报时装置和水运浑象分离开来。现存最古的浑象为清初南怀仁所造，称为天体仪，置于北京古观象台。三国吴天文学家葛衡曾经改造浑象。他把围在浑象天球之外代表地的机构移入天球中，天球转动时地仍不动。为了能看到天球中的地，必须把天球挖去多块，这种仪器古代称之为浑天象，后来就发展成为假天仪。假天仪是人们进入天球里面抬头向上看的，犹如现今天文馆的天象厅。中国第一架假天仪是由北宋苏颂、韩公廉等制造的。他们在竹架纸糊的天球上“因星凿窍”，外面点上灯，人在里面看窍眼如同星星一样。元代郭守敬所造玲珑仪，也是一架假天仪。可惜这些仪器都已散失。（孙小淳）

浑仪　中国古代由许多同心圆环组成的一种天文仪器，总起来看好像包在一个圆球里。浑仪中有窥管，是一种观测仪器，其主要用途是测定昏、旦和夜半中星以及天体的赤道坐标，有时也能测黄道经度和地平坐标。唐李淳风设计制造的浑仪，增加了黄道和白道，由“六合仪”、“三辰仪”和“四游仪”三部分组成（见“黄道浑仪”条）。唐以后所制造的浑仪，原理和基本结构都与李淳风浑仪相似，只是把规环或其他零件、部件增减一些罢了。浑仪何时发明，尚难断定。西汉天文学家落下闳曾造过圆仪。耿寿昌用圆仪测定日、月的视运动。东汉贾逵在圆仪上加黄道环，改称黄道铜仪，用以测定二十八宿的黄道经度等。一直到南北朝的张子信还在使用圆仪来观测日、月、五星的视运动。而后来史书往往说落下闳造浑仪，张子信用浑仪，可见圆仪和浑仪两种仪器名称虽异而功用实同。早期的浑仪构造如何，史无记载。有确切记载的是东晋孔挺所造的浑仪。这架浑仪就是六合仪和四游仪合起来的两重铜浑仪，因为这是测量天体赤道坐标所需的最简单的结构，可以推断早期各家的浑仪相去也不会太远。后来因为要直接测量太阳在黄道上的运动，必须增加黄道环；要直接测量月亮在白道上的运动，又必须增加白道环。又因为天球的周日转动，二十八宿和黄道、白道等在天穹上的位置不断变化，为了适应这种变化就必须使黄道环、白道环和赤道环都能随天球转动方向转动，就有了三辰仪的产生。这些都在李淳风的浑仪中得到实现。可是，随着浑仪环数的增加，所遮蔽的天区也越来越多。由于唐、宋以来数学的发展，人们已能比较精确地掌握赤道、黄道和白道三种坐标系统的互换，北宋沈括首先去掉三辰仪中的白道环，开始了浑仪的简化过程。郭守敬创造出历史上有名的简仪。明清时代还曾仿制或新制一些浑仪，但创新之处不多。中国古代还注意到浑仪的安装位置的校正问题。北魏明元帝永兴四年（412）造的太史候部铁仪（或称灵台铁仪）有个十字底座。底座上开有水沟，以校正底座平准。北宋皇祐三年（1051）于渊、周琮等造的皇新浑仪中，在六合仪的地平环上也开了水沟。大约在唐代以前人们就知道从浑仪极轴两端的圆孔观测拱极星的周日运动来校正仪器极轴

的方向。北宋沈括把这个方法发展到很成熟的地步。因此，后来郭守敬在简仪中创造了专门的候极仪装置。（孙小淳）

活字 用于印刷的单个字，因材质不同有木活字、泥活字、瓷活字、铜活字和锡活字等名色。泥活字为北宋庆历年间（1041～1048）平民毕昇所发明，他用胶泥刻字的反文，每字一印，经火烧硬而成泥活字，并用它们在两块铁板上交替排版和印刷。宋代还用木头刻成木活字。早期的木活字当是单个刻就。发展到元代，刻字技术有了改进。元初农学家王祯于大德二年（1298）创制木活字3万多个，并成功试印自己纂修的《大德旌德县志》。其方法是用纸写字样贴在木板上，照样刻好字后，锯成单字，再用刀修齐，统一大小高低，然后排版印刷。元至治二年（1322），浙江奉化知州马称德镂刻活书版10万字，印成《大学衍义》等书。敦煌千佛洞曾发现元代回鹘文木活字，由硬木制成。至明代万历年间木活字较流行，有的藩王府、书院和私人多用其印书。崇祯十一年（1638）起用木活字印“邸报”，并沿用至清末。乾隆三十九年（1774）起由金简主持，刻成大小枣木活字253 500个，印成《武英殿聚珍版丛书》。乾隆帝以“活字”之名不雅，改称“聚珍版”。木活字印刷术在中国古代盛行，仅次于雕版印刷。宋元时期，还发明了金属活字，以使活字坚久。王祯《农书》就提及“铸锡作字”，但迄今未能发现锡活字印本。明代出现了铜活字。（苏荣誉）

活字印刷 由独立的字组合成印版的印刷方法。雕版印刷必须雕刻大量的印版，极耗资材，效率较低。文字刻坏或错漏只能挖去才能修补，甚者要重刻整版。于是，北宋庆历年间，毕昇发明了活字印刷。根据宋沈括《梦溪笔谈》，毕昇用胶泥制成活字后，制版时，在一铁盒内先铺上松脂、蜡和纸灰粉末，然后在盒内安排铁条，铁条之间植字，植满后，在铁盒下加热，使松脂和蜡熔化，并用平板按压使活字高度一致。冷凝后即制成了印版，可供刷印。印毕，加热铁盒，使胶黏剂熔化，即可将活字取出，再做新版或放置在字盒中待用。1965年浙江温州白象塔出土的《佛说观无量寿佛经》印本残页，高10.5厘米、宽13厘米，据考证，该经可能是泥活字印本。同出的《写经缘起》有“崇宁二年”（1103）字样，二者时代应相去不远。该经可能是迄今所知年代最早的泥活字印刷物。宋周必大于韶熙四年（1193）写给程元成的信中，说他用“胶泥铜板”自印其《玉堂杂记》。清代仍然有人用泥活字刊印书籍。1979年湖南邵阳发现《校补金石例四种》，刊于道光十二年（1832），其序文有“自制胶泥板”，知为泥活字印本。安徽泾县翟金生（1775～1860?）于道光二十四年刊印的《泥版试印初编》，其中有“自造泥字”等字，此外，翟氏还用泥活字印行其他著作。宋代的木活字印本似乎已无实物存世，据藏书家缪荃孙称，南宋嘉定十四年（1221）范择能所刻《帝学》系木活字本。1991年宁夏贺兰山拜寺沟方塔出土的西夏文佛经《吉祥遍至口和本续》，刻印于1150～1180年，经鉴定系木活字刊本，为现存最早木活字刊印实物。清代木活字有了一个大发展，乾隆三十八年（1773），用大小枣木活字25万余刊印了《武英殿聚珍版丛书》134种，2300余卷。后由四库馆副总裁金简总结出《武英殿聚珍版程式》一书，对木活字印刷的每一工序都作了详细规定。据考，江南华燧（1439～

1527）用活字刊印的书籍达15种之多，其中11种现有传本。较早的如《宋诸臣奏议》150卷，刊于明弘治三年（1490），署“会通馆印正”；《锦绣万花谷》160卷，刊于弘治七年（1494），署“会通馆活字铜板印”，是为最早的铜活字印本实物。江南华氏、安氏以铜活字刊印闻名。有清一代，也是铜活字印刷的高潮期。康熙朝编的大型类书《古今图书集成》万余卷，5020册，1.6亿字，于雍正六年（1728）由武英殿修书处用铜活字印成66部。（苏荣誉）

火　五行之一。指一类阳性、热性的事物，或活动，甚至亢进的状态。①生理性的火，指生命活动的动力，由阳气所化，具有温养肌体、促进脏腑气化功能的作用。一是少火，即正常的、具有生气的火，是维持生命活动的动力。《素问·阴阳应象大论》云：“少火生气。”二是命门之火，即肾阳，是生命活动元本之火，寓于肾阴之中，是保持正常性机能和生殖能力的根本，与人身的生长、发育、衰老有密切关系，并能温养五脏六腑，以维持脏腑的正常功能。《难经·三十六难》云：“命门者，诸神精之所舍，原气之所系也，故男子以藏精，女子以系胞。”②病理性的火，指各种机能亢进的病理反应。一是壮火，指过亢的、能耗损人体正气的病理之阳气，如上亢之肝阳、热邪等。《素问·阴阳应象大论》曰：“壮火食气”、“壮火散气”。二是虚火，指真阴亏损引起的发热，可见到两颧潮红、低热缠绵、心烦或手足心热、失眠盗汗、口干咽燥、舌红少苔或光红无苔等症，常发生于热病后期，或阴虚劳损者。唐代王冰注《素问》时提出“壮水之主，以制阳光”。阳光，指的就是虚火而言。③病因之一，即六淫之火，与暑同性而无明显的季节性，非时之热大多属火。《素问·至真要大论》云：“少阳司天，其化以火。”《素问·气交变大论》：“岁火太过，炎暑乃行。”“岁金不及，炎火乃行。”（张志斌）

火铳　元明时期对金属管形射击火器的通称。又称“火筒”。由南宋时期的竹制火枪发展而来，铳身用铜铁制造，以铜为多。与火枪相比，具有使用寿命长、射速快、威力大、便于批量制造等特点，是元朝前期创制，明朝大量使用的重要火器。由前膛、药室和尾銎三部分构成。前膛用于装填弹丸，药室用于装填火药，尾銎可安木柄。可分为单兵手持火铳、较大的碗口铳和多管铳之别，是中国第一代金属管形射击火器。

传世和出土的手铳与碗口铳甚多。以手铳为例，1970年黑龙江阿城出土了一件元手铳，称为阿城铳；中国人民军事博物馆收藏有至正辛卯铳（1351），1983年浙江余杭收藏有天佑丙申铳（1356），还有明洪武手铳、永乐手铳等。永乐十二年（1414）制造的手铳有不少改进，如铳壁厚度自药室至铳口逐渐递减，以适应发射后膛内压力从药室至铳口递减分布的需要；火门外安有活动盖，以保持药室内火药干燥清洁；增加了装填定量火药的小铜匙。明后期又创制了能发射毒箭的神威烈火夜叉铳，可两发弹丸齐射或连射的双管枪，三管或多管平行排列的三眼铳、四眼铳、五排枪、七星铳、十眼铳等。十眼铳每铳可装10枚弹丸，还有装填更多弹丸的连珠铳、子母百弹铳，以及便携式多发枪铅弹一窝蜂。火铳的创制，使中国古代火器的发展进入一个新的阶段，一直使用到明朝嘉靖年间。（王兆春）

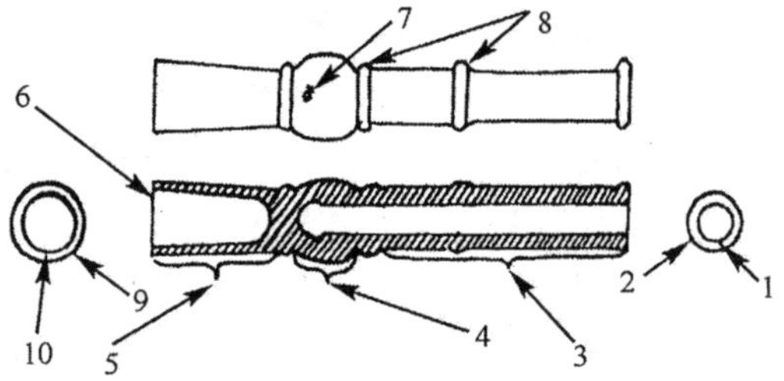

1.口内径 2.口外径 3.前膛 4.药室 5.尾銎
6.尾腔 7.火门 8.箍 9.尾端外径 10.尾端内径

手铳构造图

火法炼丹 炼丹方法之一。东汉魏伯阳在《周易参同契》中提到有《火记》600篇，但此书已失传。火法包括煅、炼、炙、熔、抽、飞、伏等手段。炼丹术中重要的药物丹砂就是以火法制得的。《抱朴子·内篇·金丹》称："丹砂烧之成水银，积变又还成丹砂"，反映的是丹砂经过反复升炼得到红色的氧化汞，但由于氧化汞外观上很像丹砂，故术士往往以为就是丹砂，即所谓"还丹"的过程。后来又发展出用硫黄与汞升炼而得到硫化汞的技术。金汞合金的制备、单质砷的制取、火药的发明等炼丹术上的重要发现，都与火法有密切关系。（王扬宗）

火耕水耨 隋唐以前楚越荆扬地区的一种水稻栽培方式。汉代史籍，如《史记》、《汉书》和《盐铁论》等文献中都有记载。《汉书·武帝纪》应劭注："烧草下水种稻，草与稻并生。高七八寸，因悉芟去，复下水灌之，草死，苗独长。所谓火耕水耨。"据此，可以看出火耕水耨具有以下三个特点：一是以火烧草，不用牛耕；二是直播种稻，不用移栽；三是用水淹草，不用中耕。这是一种粗放的水稻栽培法，却巧妙地运用了稻和草在淹水条件下的不同反应这一生物特性。（曾雄生）

火攻器具 古代军队在战争中用于火攻的器械，有五种：一是火人。将草人缚骑于马上，草人怀系引火之物。作战时，鞭打马匹，使之直奔敌营，引起焚烧，乘乱攻之。二是火兽。将艾草与火种等纵火物放入空瓢中，瓢壳开有四孔。使用时，将其系于野猪、獐鹿等野兽之项下，并用针刺其尾，野兽负痛，狂奔至敌营，瓢剖火发，焚烧敌军营寨。三是火牛。其法是在牛角和牛体两侧，绑缚刀枪，使其锋刃向前伸出，并在牛尾绑桦皮与细草等纵火之物。使用时，用火将其点着，牛负剧痛而狂奔至敌军营寨，冲乱敌阵并引起燃烧。四是火禽。将胡桃壳剖开掏空，装填艾草及火种后复合，绑系于捕自敌境众多的野鸡项下。使用时，用针刺野鸡尾并放纵至敌阵，胡桃壳开火发，敌军粮草营寨化为灰烬。五是雀杏。将杏核掏空内放艾草、火种及纵火之物。使用时，将杏核绑于雀足上，并把群雀放飞城中，降落在粮草积聚和房舍屋顶上，引燃大火，将其焚毁。在火器用于战争前，火攻器具曾在战争中发挥过重要作用。如周赧王三十六年（公元前284），坚守即墨（今山东平度东南）城的齐将田单，利用火牛冲击燕军，乘胜将燕军赶出齐境，收复失地，便是成功运用火牛实施火攻取胜的著名反击战的战例。（王兆春）

火牛图

火箭 明代中后期创造的利用火药燃烧所生反冲力推进的飞箭。嘉靖年间，戚继光创制成飞刀箭、飞枪箭、飞剑箭。明代后期又创制了神火飞鸦、飞空击贼震天雷和各种多发火箭。神火飞鸦，是一种多火药筒并联的鸦形有翼式火箭。其鸦身形似竹篓，内装火药，从背上孔中引出4根火线，分别与腹下4支起飞火箭的火线相连，使鸦头、鸦尾和两翼保持飞行姿势。使用时，点燃4支起飞火箭，借助火药燃烧的反冲力驱动鸦身飞行，可达百余丈。到达目标时，起飞火箭的火线点燃鸦腹中的火药，将目的物焚毁。飞空击贼震天雷是运载爆炸性火器震天雷的有翼式火箭，它标志着单级单发喷气火箭运载冷兵器进行个体杀伤，已发展为运载装药火器进行群体杀伤与破阵攻城的火箭。多发火箭是利用火药燃气反冲力推动多支火箭齐飞的火箭，其制法是将多支带有火药筒的火箭集中装入一个特制的箭筒，再将其药信集束一处。点燃药信，众箭齐飞，提高了射出箭镞的密度和杀伤力，说明中国古代火箭技术已发展到高级阶段，其制品有二虎追羊箭、三只虎钺箭、五虎出穴和小五虎箭、七筒箭、火弩流星和小竹筒箭、大龙箭、长蛇箭、一窝蜂箭、群豹横奔箭、四十九矢飞廉箭、群鹰逐兔箭、百矢弧箭和百虎齐奔箭等，一次分别发射2、3、5、7、10、20、30、32、40、49、60、100支火箭。（王兆春）

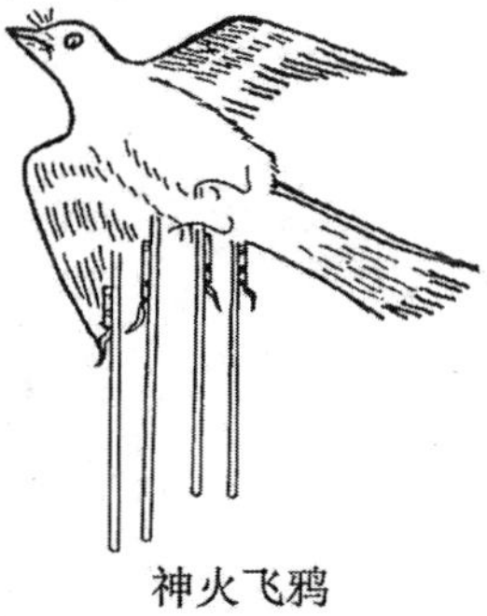

神火飞鸦

火箭溜 明朝火器研制家赵士桢于万历年间创制的一种火箭发射装置。形似鸟铳铳床的滑槽，便于单兵携带。发射时，将火箭安于槽中，点着火捻后便循槽射出，并按预定的方向和目标飞去，具有现代火箭导轨的作用，提高了火箭发射的命中精度，是古代火箭发射装置的一大改进。（王兆春）

火井 又称火泉、盐井，即天然气井。西汉扬雄（公元前53～公元18）《蜀都赋》和《汉书·郊祀志》中已载“火井”，因火自地下出，故名。中国是世界上最早凿井开采和利用天然气的国家，战国末年，蜀守李冰在四川成都、华阳、双流一带开凿井盐时发现天然气。四川是我国最早凿井开采天然气的地区，火井众多，其中的临邛井（在今邛崃县境）最为著名，自汉以来史书屡有记载。汉代火井画像砖描述了开采、利用天然气的生动情景。晋代张华《博物志》称火井为“火泉”。我国陕西、云南、新疆、广东、河北、台湾等地在古代也都发现过天然气井。古代多用天然气煮盐，故又称其为“盐井”（晋·左思《蜀都赋》唐·刘良注）。（艾素珍）

火龙出水 明朝后期创制的一种二级火箭。由运载火箭加战斗火箭构成。箭身用5尺长的毛竹制成龙腹式箭筒，去节刮薄，两头安上木雕的龙头龙尾，内装多支火箭，龙口昂张，利于喷射腹内火箭。头尾下部两侧各安一半斤重的起火飞火箭1支，箭镞后部绑一火药筒，箭尾有平衡翎。装配时，先将4支起飞火箭火药筒的火线并联，而后再同龙腹内火箭所附火药筒的火线串联。这种火箭多用于水战。作战时，在离水面3～4尺高处，点燃4支起飞火箭的药线，利用火药燃气反冲力推进火龙出水飞行，可远至 2 ~ 3 里，当 4 支起飞火箭的火药燃尽时，恰好点着龙腹内火箭的火线，火箭借助火药燃气的反冲力脱口而出，飞向目标，射杀敌船官兵。它的创制，标志着明代后期的火箭技术已进入一个新的发展阶段。（王兆春）

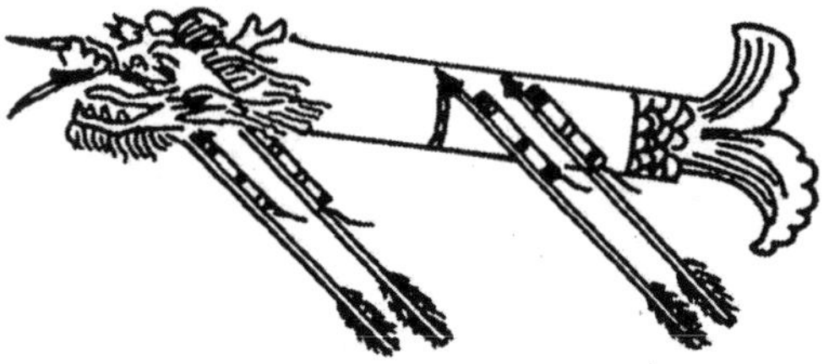

火龙出水

火炮　元明清军队在作战中使用的大中型金属管形射击火器，由口径和重量较大的火铳发展而来。现存于世的最早火炮，是元朝于大德二年（1298）制造的盏口铜铳。元末时期则有大碗口铜铳问世。明朝前期又制成了用做海岸守备的莱州卫大炮筒、洪武十年（1377）大型城防铁炮和神机炮、正德六年（1511）大铳炮等。明朝后期还创制了中型车载式灭虏炮、千子雷炮、攻城炮等。戚继光所部在抗倭时创制了虎蹲炮，是一种轻型火炮，因形似猛虎蹲坐而得名。戚继光在《虎蹲炮铭》中云："听号而发，纷如流萤。"炮身长 2 尺，重 36 斤，它较佛朗机轻巧灵便，一发可射出上百枚较小弹丸或 50 枚较大弹丸，有效地杀伤密集之敌。口部下安大铁爪和铁绊，可以固定于地，以削减后坐力。在佛郎机炮与红夷炮传入后，中国古代火炮的形制构造，便在逐渐吸收外来火炮之优长后，发展到了一个新的阶段。与此同时，火炮在战争中的作用也日益明显。南明永历十五年（清顺治十八年，1661）三月，郑成功所部战船装备"连环炮二百门"即大中型舰炮 200 门，成功地进行渡海作战，收复了被荷兰殖民者强占的宝岛台湾。（王兆春）

郑成功收复台湾之战

火器　利用火药燃烧后所生化学能杀伤和破坏敌方有生力量和设施的兵器。由北宋初的军事技术人员和统兵将领，利用炼丹家于公元 808 年发明的火药，经改进后，于 10 世纪创制成火毬类与火箭类等初级火器，用于战争，开创了人类战争史上火器与冷兵器并用的时代。这个时代的火器，在中国又可分为 960 ~ 1279 年初级火器的创制、1280 ~ 1521 年火铳的发明与发展、1522 ~ 1840 年传统火器与火绳枪炮并相发展等三个发展阶段。中国古代火器在前两个发展阶段中，处于世界的领先地位，并于 13 世纪末至 14 世纪初西传至阿拉伯与欧洲。在第三个发展阶段中出现了曲折，1841 ~ 1911 年，西方火器技术传入中国，中国近代军事工业兴起，中国军队的武器装备开始进入火器时代。（王兆春）

球式铁火砲

元军用铁火砲同日军作战

火器战车 明朝后期创制的装备各种火器的战斗车辆，是火器与战斗车辆相结合的攻击型战车。有独轮火器战车、火器偏厢车、火器正厢车、独轮全胜车、鹰杨车、火龙卷地飞车、火柜攻敌车、冲虏藏轮车、万全车、屏风车等十多种，车中都备有火铳、火箭等火器。作战时，由士兵推车攻击敌阵，充分利用战车的快速机动性与火器的杀伤力，达到克敌制胜的目的。(王兆春)

小戎车

火毬 北宋初创制的毬形和鹞形火器。自宋至明，因其常用抛石机抛射而被称为火砲。其制品有火毬、引火毬、蒺藜火毬、霹雳火毬、烟毬、毒毬烟毬、铁嘴火鹞、竹火鹞等。前 6 种制法大致相似，一般是先将火毬同铁片一类的杀伤物或致毒物拌和，而后用多层纸裹上封好，糊成球形硬壳，壳外涂敷沥青，松脂、黄蜡等可燃性防潮剂，待其干固后使用。作战时，先将火毬类火器放在抛石机的甩兜中，再用烧红的烙锥，将毬壳烙透，而后将它们抛射至敌军阵地上，毬内火药由烙烧的毬壳引燃发火，产生烧夷、遮障、障碍、毒杀等作用。引火毬还用以测定抛射距离，为抛射其他火毬作准备。铁嘴火鹞与竹火鹞先制成笼形外壳，尾部装火药与引火物，用抛石机抛射至敌方后，产生燃烧作用。是最早用于战争的一类初级火器。明代水军使用了新创制的火毬“群蜂炮”，在毬内装火药三斤，铁蒺藜半斤，飞燕、毒火、纸爆各数十个，有飞击、燃烧、毒杀等功能。(王兆春)

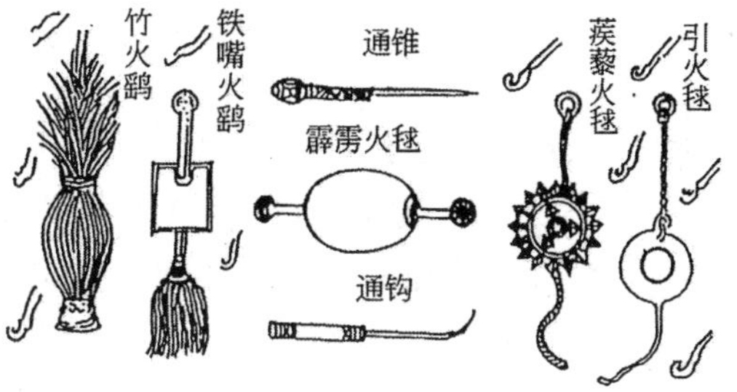

火毬

火山 由地下岩浆和伴生的气、水沿地壳薄弱处喷出地表的地质作用所形成的地形。早在《山海经》中的《西山经》和《大荒西经》已记载昆仑山的“火山”活动。晋代郭璞在《山海经注》中使用“火山”一词：“今去扶南东万里，有耆薄国，东复五千里许有火山国，其上虽霖雨，火常然。”西汉东方朔《神异经》、晋王嘉《拾遗记》卷十、北齐魏收《魏书·西域传》、北魏郦道元《水经注》、南朝宋鲍照《苦热行》、宋陆游《老学庵笔记》中分别记载了南荒外、岱舆山、悦般国（今伊犁）、屈茨北和武周川东南、南威、火山军（位于今山西河曲县内）等地的火山活动。但是，中国由于特定的地质条件，有史以来绝少火山活动的征象。现已查清上述记载中多是将地下煤层自燃引起烟焰四出的景象当成火山活动。南宋赵汝适在《诸蕃志》卷上“斯加里野国”条中描述了今西西里岛火山喷发的情形和活动周期，是有关域外火山活动的最早明确记述。明徐霞客首先对国内即云南腾冲打鹰山的火山口地形及其浮岩进行考察，并在《徐霞客游记》卷八中以生动文笔进行了形态描述。至清代，对火山活动和地形的记述较多。西清的《黑龙江外记》和吴振臣的《宁古塔记略》记述了黑龙江德都县五大连池火山的成山过程。长白钓叟（刘建封）在《长白山江岗志略》中详述了长白山的白头山火山在光绪二十五年（1899）喷发的情形。清初的《噶玛兰厅志》卷八记载了台湾龟山岛的火山活动。俄国人华西力耶夫（W. P. Wasillieff）于1855年首先在俄国地理杂志上报道中国东北的五大连池火山。国人首次明确提出中国有火山活动的是章鸿钊，他于1910年在《浙江杭属一带地质》一文中指出钱塘、富阳、新城等处有不少流纹岩、粗面岩等新火山岩。（艾素珍）

火绳枪 利用火绳枪机点火发射的手射火器。15世纪初出现于欧洲，由火门枪（手持枪）发展而来。枪身由枪管、枪托与火绳枪机构成。火绳枪在构造上有下列特点：①枪管上安有由准星、照门组成的瞄准装置，运用了“三点一线”的射击原理，提高了命中精度；②安装了弯形枪托，使发射者可将脸部一侧贴近枪托，以一目瞄视准星，用左手托枪，右手扣动枪机进行发射；③枪管细长，弹道低伸，能射中较远距离的目标；④安有用火绳点火的发射装置，其主要构体是枪机。发射时，先将枪机夹钳的慢燃烧火绳点着，然后扣动扳机，火绳头落入药室，将火药点燃，射出弹丸。由于使用了枪机和慢燃烧火绳，可连续使用而不至熄灭，因而火绳枪提高了射速，增强了杀伤威力。嘉靖三十七年（1558）传入中国后即被大量仿制和使用，因其能射中在天之鸟和安有鸟嘴形枪托而被称为鸟铳或鸟嘴铳。明嘉靖至万历年间，军事技术家赵士桢等还按佛郎机样式制造了子母铳、掣电铳，仿制了噜密铳，创制了单兵手持的剑枪、快枪、迅雷铳、震叠铳、五雷神机（五管）等火绳枪，大多有射击、烧灼、枪刺或击打等功用。清代前期还制造了直槽式线膛枪，枪膛内刻有直槽，可以减少弹丸在膛内的摩擦。（王兆春）

火绳枪射击姿势

火信 南宋时期创造的一种引起火药燃烧、爆炸和引燃发射火药的快速引燃物。南宋火信的成分有硝1两（用火酒泡制）、葫灰3钱、斑猫3钱、硫火3分等。将它们配制成引燃物后，涂蘸于用纱或布条特制的绳和线上，晒干后即可作为引燃火药用的火信，大大简化火药的引燃、引爆和发射的手续，提高了速度。明朝后期创造了引爆地雷和水雷的特种火信“火种”，采用慢燃烧物料制成。配制一份所用的物料是：木灰1斤，铁衣3两，炭末3两，红枣肉6两。略拌米泔为饼。1两火种可熳1个月。（王兆春）

火药 唐代发明的用硝石、硫黄、木炭等物料拌和而成，点火后迅速爆炸的混合物。因其在燃烧时能生成黑色烟焰而又被称为有烟火药或黑色火药。与借助氧气才能燃烧的物料不同，火药是自供氧的内燃烧体系。在中国多少代人努力的基础上，唐代炼丹家在采用“伏火矾法”炼丹试验中，至迟于唐宪宗元和三年（808）发明了雏形火药。10 世纪，北宋初的火器研制家与统兵将领以其制成火器，用于战争，开了人类战争史上利用火药燃烧所生化学能为杀伤和破坏能源的先河。北宋庆历四年（1044）问世的《武经总要》刊载了世界上最早的火球火药方、蒺藜火球火药方、毒药烟球火药方等三个火药配方。13 世纪末至 14 世纪初，中国发明的火药西传至阿拉伯与欧洲，为阿拉伯与欧洲对火药的使用和发展奠定了基础。中国古代火药系在研究各种中医药特性的基础上，采用中药剂的配制方法制成的，具有明显的民族特色。（王兆春）

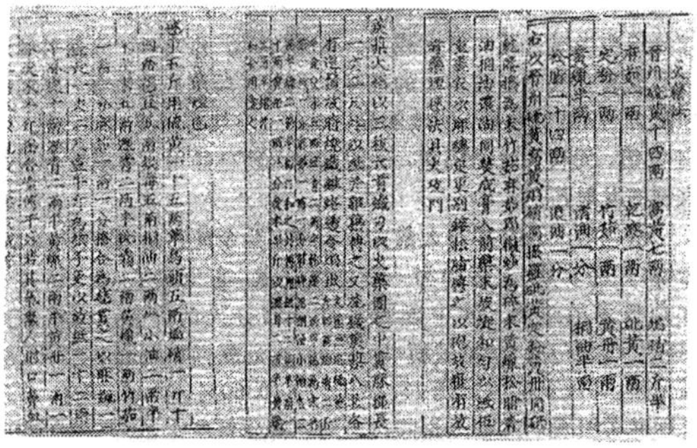

《武经总要》刊载的三个火药配方

火药方　配制火药的方剂。因火药系在研究中药性质基础上发明的，并采用中药剂的配制方法，故名。北宋初期，一些统兵将领和工匠创制了火毬、蒺藜火毬、毒药烟毬等 3 种火器的火药方，均属初级燃烧性火药方。火毬火药方有 14 味药，重 79.2 两（古制 16 两为 1 斤），其中焰硝 40 两，硫黄成分 21 两，含碳物 18.2 两，三者的组配比率为 50.5%、26.6%、22.8%。蒺藜火球火药方有 10 味药，重 79.52 两，其中焰硝 40 两，硫黄 20 两，含碳物 19.52 两，三者的组配比率为 50%、25%、25%。毒药烟球火药方有 13 味药，重 60.52 两，其中焰硝 30 两，硫黄 15 两，含碳物 15.52 两，三者的组配比率为 49.6%、24.8%、25.6%，此外还有 17 两致毒物。明代后期又创制了烟火药方、毒火药方等含有多种毒性成分的药方。其制法是将火药装入球形壳中，引出火线，作战时抛入敌阵爆裂，毒杀敌方人马。此外还创制了快速燃烧的飞火药方，逆风中进行火攻的逆风药方。明代后期还创制了用于鸟铳发射弹丸的火药配方，其硝、硫、碳的组配比率是 75.75%、10.6%、13.65%，以及与其配套使用的火门药方即用于鸟铳火门点火与浸泡火绳用的火药配方，其硝、硫、碳的组配比率是 63.5%、14.3%、22%；又创制了利用火药燃烧散发浓烟的信号发烟剂和能发出红、紫、青、白、黑 5 种颜色的信号发烟剂。（王兆春）

火药箭　北宋初创制的用弓弩或弹射装置发射附有火药包的火箭。有弓火药箭、弩火药箭、火药鞭箭、钉篷火箭等。它们都是在箭头的后部，环绕箭杆绑缚一个球形火药包，用弓弩发射。

发射时先点燃火药包外壳，发射到敌阵时，燃烧的外壳引燃包内的火药，引发猛烈的燃烧。火药包内的药量视弓弩力之大小而定。当时使用的一种制式弓火药箭桦皮羽箭，其火药重 5 两。它既不同于用草艾、油脂、松脂等为燃烧物，点火后借助空气中氧气进行燃烧，并用弓弩射出的纵火箭，也有别于利用火药燃气反冲力推进的火箭，而是发射以火药为燃烧物的火箭。是中国火器研制者创制并最早用于战争的第一批初级火器的一部分，成为兵家制胜的利器。南宋绍兴三十一年（1161），南宋将领李宝在胶州湾陈家岛水域的水战中，用火药箭环射金军战船，夺取了水战的胜利。钉篷火箭是明代后期创制的用于水战的火药箭，除在箭镞后部环绕箭杆绑缚火药筒外，还绑缚一个倒须铁刺。火药箭射中敌船篷帆后，倒须铁刺张开，将火药箭钉在篷帆上，火药筒则喷射火焰，烧毁敌帆及船。此外还有用于水战的弓射火石榴箭等。（王兆春）

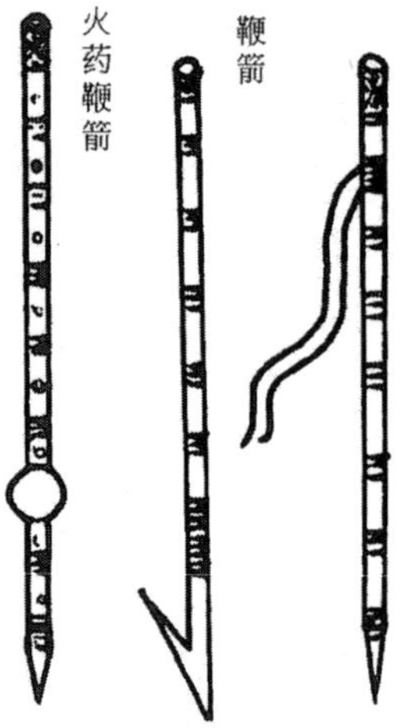

火药箭

J

机制火药　清朝后期在军事自强运动中兵工厂采用机器与化工设备配制的火药。自19世纪70年代开始，先后制造了新型黑色火药、栗色火药与无烟火药。新型黑色火药是利用近代75%、10%、15%的枪用发射火药，以及组配比率为78%、8%、14%的炮用发射火药制成的。19世纪80年代，兵工厂开始制造栗色火药，供大口径火炮发射。1894年6月，上海江南制造总局龙华无烟火药厂建成，次年开始制造无烟火药。它与用硝、硫、碳3种原料拌和的混合火药不同，是将植物纤维素浸沉在硝酸溶液中，经过化学反应后生成的化合火药，又分为硝化棉和硝化甘油无烟火药两大类。前者又称为棉花火药，法国于1884年研制成功；后者又称为双基无烟火药，由诺贝尔于1888年研制成功。19世纪末至20世纪初，清军装备的枪炮开始配用无烟火药制成的枪炮弹。（王兆春）

鸡鸣山观象台　明朝洪武年间在南京鸡鸣山建立的天文观象台。鸡鸣山北临玄武湖，东对紫金山，明代朱元璋建都南京，于洪武十八年（1385）在山上建观象台，故鸡鸣山又有钦天山之称。观象台上设有浑天仪、简仪、圭表、玲珑仪等天文仪器，大都是朱元璋命令从元大都搬来的宋、元时期的天文仪器，另外也重新铸造了浑天仪等进行天文观测。明朝迁都北京后，于正统二年（1437）在北京建立观象台，并按鸡鸣山观象台上的古仪式样复制了元代遗留下来的浑仪、简仪置于台上。鸡鸣山观象台的天文观测与研究并没有因为迁都而完全终止。有相当一段时间两个观象台同时使用。即使到了清朝，南京鸡鸣山观象台上仍有一些天文观测活动。康熙二十四年（1685），清圣祖康熙南巡时就曾带着大臣登上鸡鸣山观象台，观看星象并讨论天文历法问题。（孙小淳）

鸡兔同笼　中国古代著名的趣味算题。见之于约公元400年成书的《孙子算经》卷下。题目是："今有雉、兔同笼，上有三十五头，下九十四足。问：雉、兔各几何？"雉即野鸡。其解法思路是：鸡1头2足，兔1头4足。半其总足数，头数不变，则1鸡为1头1足，1兔为1头2足。1兔比1鸡多1足，故总足数之半比头数所多之数即兔数。总头数减兔数即鸡数。此题流传日本等国，闻名于世。（郭书春）

积分　数学术语。①中国传统数学中指由其各个部分积累而成的面积、体积。西汉成书的《九章算术》"少广章少广术"云"置所求步数，以全步积分乘之为实"，此"全步积分"即将一步根据将田广的诸分数全都化成整数后的公分母得到的分割的数值，如分数部分为 $\frac{1}{2}$，全步积分就是2，分数部分为 $\frac{1}{2}+\frac{1}{3}$，全步积分就是 6。《九章算术》圆田术中还有“积步”、里田术中有“积里”等，与“积分”概念相类似。公元 3 世纪刘徽《九章算术注》发展了《九章算术》的“积分”概念，开方术注云：“凡开积为方，方之自乘，当还复其积分。”委粟术注云：“假令以三除周得径，若不尽，通分内子，即为径之积分。令自乘，以高乘之，为三方锥之积分。”圆亭术注云：“令上下径相乘，又各自乘，并以高乘之，为三方亭之积分。”都是将面积、体积看成微分的积累，与现代数学的积分概念本质上是一致的。②清末李善兰与伟烈亚力翻译《代微积拾级》时，汲取传统数学的“积分”思想，创造的翻译微积分学的基本概念 integral 的术语。以“积”之偏旁“禾”作为其符号，以“天”（源于天元术）为自变量，“函”表示自变量天的函数，则“禾函天㐲”即 $S=\int f(x)\mathrm{d}x$ 。20 世纪后改成与西方一致的符号，然而术语“积分”被中、日等国数学界沿用至今。（郭书春）

积力 相当于“合力”概念，包含将许多力相加的意思。汉代刘安（公元前 179～前 122）《淮南子·主术训》云：“积力所举，则无不胜也”，“力胜其任，则举之者不重也”，即力大于重物之重时，可以举起重物；当力小于物重时，可以将几个力合在一起，即“积力”。当“积力”大于物重时，必定可以举起重物。明茅元仪在《武备志》描述了与《淮南子》几乎相同的“合力”概念。积力或合力的思想可能源于春秋战国时期。《墨经·经下》云：“合与一，或复否，说在拒。”而《墨经·经说》中又云：“举之则轻，废之则重，非有力也。”“复”为“反”之意，“拒”是抵抗、平衡之意，“废”即置。《经》文讨论一个作用力和其他几个作用力的合力之间的关系；《说》文讨论一个放在地上的重物，由许多小力组合起来的合力可把它举起。战国时期兵家的思想中多涉及类似茅元仪的合力思想。但历史上，中国还未曾有关于合力的方向性的明确论述。（王允红）

畿服制 先秦时代理想中的一种行政区划，是春秋战国时代的儒家以诸侯向天子的服事纳贡为基础而设计的一种行政区划，并未实现。古代王都所在处的千里地面称畿，近畿者为各诸侯的领地，远畿者为藩属和外族所居之地，有三服说、五服说、六服说和九服说等。三服说见于《逸周书·王会》，称比服、要服和荒服。《皋陶谟》始载“弼成五服”，《国语·周语》始载五服之名为甸服、侯服、宾服、要服和荒服，《禹贡》始记以王畿为中心，自内及外，每 500 里为一畿，成五服，并将宾服改为绥服。六服说见于《周礼·大行人》和《尚书·周官》，依次为侯、甸、男、采、卫、要（蛮）。九服之名始见于《周礼·夏官·职方》，依次为侯、甸、男、采、卫、蛮、夷、镇、藩九服，九服又称九畿。其中五服说出现最早，而且最为流行。（艾素珍）

极光 自然界中的一种物理现象。中国古代关于极光的记载最早见于《竹书纪年》，它记录了大约在公元前 950 年发生的一次极光：“周昭王末年，夜清，五色先贯紫微，其年，王南巡不返。”记述了极光发生的时间、方位和颜色。《汉书》也有较早而且精确的极光记载：“孝成建始元年九月戊子，有流星出文昌，色白，光烛地，长可四丈，大一围，动摇如龙蛇形。有顷，长可五六丈，大四围所，诎折委曲，贯紫宫两，在斗西北子亥间。后诎如环，北方不合，留一刻所。”记载了极光出现的时间、地点、色彩、亮度、运动状态、大小、范围、方位与停留时间等。中国古代关于极光的记载据统计有108次之多，资料很丰富。当时没有极光的名称，而是根据各种极光现象的形状、大小、动静、变化、颜色等分别加以称谓。这种分类命名法，最早见于《史记·天官书》。清黄鼎《管窥辑要》卷十六“祥异”（1652）绘有极光图，其中有些图很精致。极光是太阳发射出的无数高速带电粒子流受到地球磁场的作用向南北两极运动，与高层空气分子碰撞，使之激发而发的光。各种原子发出不同颜色的光，所以极光呈现五彩缤纷的颜色：一般为黄绿色，也有白色、红色、蓝色、灰紫色，或者兼而有之。极光有南极光和北极光之分。地处纬度高地区见到极光的机会较多。中国地处北半球，只能见到北极光，中纬度见到的机会较少，而且亮度也较弱。极光与天体物理学和地球物理学有着密切的关系，它可以帮助人们了解过去的太阳活动、地磁、电离层等变动的规律，还可以探讨古地磁位置的变迁过程。（李家明）

几何 数学术语。①中国传统数学著作中发问的用语。《算数书》“狐出关”条：“狐、狸、犬出关，租百一十一钱。犬谓狸、狸谓狐：而皮倍我，出租当倍我。问：出各几何?”以“几何”发问者约占《算数书》题目的2/3，《九章算术》则全部用“几何”发问。②拉丁文 mathematica 在明末的中文译名。利玛窦与徐光启根据克拉维斯注本合译欧几里得（Euclid，公元前330～前275）Elements 的前六卷，译作《几何原本》，其卷一云：“凡历法、地理、乐律、算章、技艺、工巧诸事，有变有数，皆依赖十府中几何府属。”十府即傅凡际（Franciscus Futado，1587～1653）与李之藻合译之《名理探》中的十伦。十伦之二论几何，即上述之“几何府属”。耶稣会传教士艾儒略（Giulio Aleni，1582～1649）的《西学凡》云：“十宗伦即天地间万物十宗府，一谓自立者……一谓依赖者。”“依赖则分而为九，一为几何。”“几何之学，名曰马特马第加，译言‘察几何之道’。”马特马第加即 mathematica 的音译。又，《名理探》曰：“测量并合之几何，是为量法。西云‘日阿默第亚’。”日阿默第亚即 geometria。可见，利、徐是将 mathematica 而不是将 geometria 译为几何的。几何指整个数学，而不是仅指今天之几何学。③拉丁文 geometria 的中文译名，指关于空间形式的科学。清末本译作形学。美国长老会传教士狄考文与邹立文合作编译了美人罗密士著的几何教科书《形学备旨》，序云：“其所以不名‘几何’而名‘形学’者，诚以几何之名所概过广，而今所作之书乃专论各形之理，归诸形于一类，取名‘形学’。”其后日本将 geometria 译为几何学，传到中国，遂改译为几何学。（严敦杰 郭书春）

戟 古代军队在作战中使用的一种将矛的直刺与戈的钩、啄作用合一的长柄格斗兵器。由戟头和戟柄（又称柲）构成。戟头“矛”之锋可刺，“援”之锋可钩、可啄，“援”之刃可割，是一身兼四用的兵器。最早的青铜戟制于商代，装备战车兵，称车戟。西周时使用“十”字形青铜戟。据《考工记·车有六等之数》规定，车戟全长为16尺（约3.15米），比殳长4

尺，比酋矛短4尺，与一些地方出土的车戟大致相近。战国时期出现卜字形铁戟和多戈铁戟。河北满城西汉中山靖王刘胜墓出土了2件卜字形钢戟，长分别为1.93米和2.26米。卜字戟侧出的小枝渐次向上弯曲，东汉以后变为硬折90°向上，增强了前刺作用。多戈戟又称为多果戟，是在柄上增安一两个无“内”戈头，成为二戈或三戈戟。湖北随县曾侯乙墓出土了多果戟，戟体长达3.4米。（王兆春）

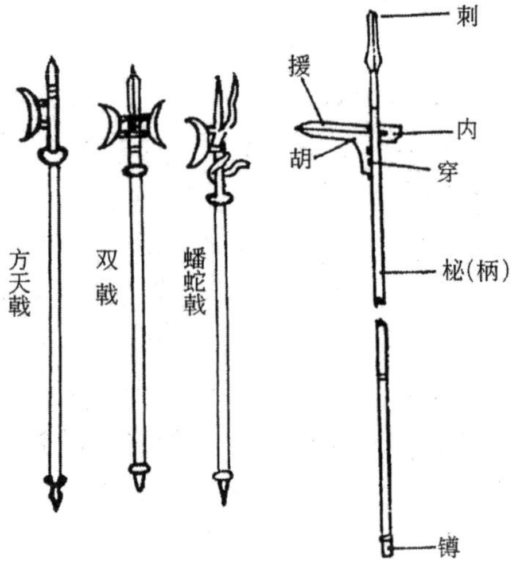

戟的构造和明军使用的戟

记里鼓车　亦名大章车、记里车、司里车，一种计量行程的机械装置。利用车轮转动，齿轮系将车行里数自动表示出来，与现代汽车上的里程表作用相同。发明于西汉初年。唐、宋以前，记里鼓车每行1里击鼓1次。后改进为行1里击鼓，行10里击镯。《宋史·舆服志》较为详细地记载了仁宗天圣五年（1027）内侍卢道隆及大观年间吴德仁所制的两种记里鼓车。前者为单辕，双轮，轮径6尺，凤首，驾四马，箱上为两重，各刻木为人执木槌，车每行1里，上层木人击鼓，每行10里，下层木人击镯。近人张荫麟又根据《宋史》记载推测出了两种车的内部齿轮系传动结构法。它由足轮即车轮、附于足轮的立轮，以及与之垂直的下平轮、旋风轮、中平轮组成。除足轮外都有齿，分别为18齿、54齿、3齿、100齿。足轮直径6尺，转1周18尺，转100周即车行180丈，恰为1里。经上述齿轮传动，中平轮只转1周。中平轮轴上装有一相当于凸轮作用的拨子，便拨动上层木人击鼓一次。同理，若再加10齿的小平轮和100齿的上平轮，则车行10里，使下层木人击镯1次。王振铎根据上述推断和计算复原制作模型，现陈列于北京中国历史博物馆。（易颖琦）

纪限仪　又称距度仪，用来测量两星之间的角距离的天文仪器。明末清初由西方传教士传入中国。明末徐光启在领导崇祯朝改历时，在西方传教士的指导下制造过木结构的纪限仪。现存于北京古观象台的纪限仪是清政府于康熙八年至十二年（1669～1673）命来华比利时传教士南怀仁督造的。其主要结构是一个弧和一个干。弧等于1/6圆周。中国古代称“天有六纪”，由此引申出一圆周有6纪，一纪为1/6圆周，这可能是“纪限仪”名称的来历。弧弦长6尺，从中央向左右两端各刻30°，每度分为60′。干是圆的半径，长6尺，末端有柄，离弧背约2尺。干的上端，即圆心处突出一个横轴，挂有窥衡，长和弧的半径齐。弧背左右都有一个游表。仪器有滑车、齿轮等装置，可以转动和左右升降仪器。纪限仪的主要用途是测量两星的角距离。测量的时候，先把全仪旋转，使中干向着两星的中间，然后用滑车高低移动中干，又摇柄轮上下移动仪面，使仪器平面与两星及观测者所在平面重合。这样就可以测出两星的角距了。（孙小淳）

剂型　药物的制剂。常用的剂型有九种。①汤液。把药物加水煎煮一定时间后，滤去药渣，取汁而成，一般用于内服。汤剂具有吸收快、作用强的优点，至今仍是中医临床最常用的剂型。《素问·移精变气论》云："上古之治病，至而治之，汤液十日以去八风五痹之病。"②酒醴。把药物浸入酒中，经过一定时间，或隔汤煎煮，滤去渣，取酒服用。酒醴吸收快，且借酒力有温阳通经活血的作用。《素问·玉版论要篇》云："其见大深者，醴酒主治，百日已。"书中所载鸡矢醴，即为酒醴之一种。③丸。将药物研成细末，用蜜、水、糊、枣泥、蜂蜡、药汁等拌和，制成圆球形的大小不等的药丸，分别称为蜜丸、水丸、药汁丸、蜡丸等。丸药服用方便，吸收比较缓慢，药力比较持久。凡药物不耐高热，难溶于水，容易挥发，具有一定的毒性或烈性的药物，多适合做成丸药服用，如《金匮要略》十枣丸。慢性病需长期服药，也可制成丸药。如《太平惠民和剂局方》十全大补丸。④散。将药物研成粉末，既可内服，又可外敷。内服时用水、米汤、茶、酒或童便调服，或吞服，如《金匮要略》中的五苓散、四逆散等。如取药物粗末，用时以水煎服，在《金匮要略》中称为汤。如半夏散，吞服为散，煎散取汤服，则称为半夏汤。但后世也将之称为散，又称煮散，药成去渣，实际是汤液的一种。如《太平惠民和剂局方》逍遥散，外敷时研成极细末，撒于患处，或用酒、醋、蜜等调敷患处。⑤膏。分两种。一种是内服膏剂，又叫膏滋，把药物加水充分煎熬，滤渣，加糖、蜂蜜等，熬成稠厚的膏，可长期服用，常用于慢性疾病，或身体虚弱者，如《摄生秘剖》治疗阴虚燥咳之二冬膏。另一种是外用膏剂，又叫油膏，一般作为药膏。把蜂蜡加入棉籽油、花生油或动物油脂中，加热溶化，趁热加入应用的药物细粉，不断搅拌，待冷却凝成膏状备用。一般用于外涂皮肤、疮疡、疥癣等外科疾患，如《疡科证治准绳》白药膏。⑥膏药，又称薄贴。将药物研细，浸于植物油中，浸泡一定时间，入锅煎熬，待药物枯黑后去渣，再熬，至滴水成珠，再按油的比例加入适量铅丹，拌匀，将锅离火。候药凝厚如膏，切成大块，投放于冷水中去火毒。应用时加热熔化，摊于布片或皮革，或厚纸，或薄油纸上，贴于患部皮表，也有预先摊膏备帮，用时再加热软贴患处，既可治里，亦可治外。用以治里，如风寒湿痺痛，或骨折损筋等，具有活血化瘀、祛风除湿、消肿止痛等作用，如《外科方书》接骨膏；用以治外，如体表瘸疖疽疔，具有解毒消肿、去腐排脓、生肌收口等作用，如《太平惠民和剂局方》万应膏。⑦丹。依方精制的成药。内服者常以药物细末加水或蜜等制成颗粒状，如《太平惠民和剂局方》至宝丹及《温病条辨》紫雪丹，均为急救药。外用者多含有汞硫等矿物药，药经过加工升华或熔化提炼而成的制剂，为粉末状，如《医宗金鉴·外科心法要诀》白降丹等。⑧锭。把药物研成细末，加适当黏合剂制成纺锤状、圆锥状或长方状等不同形态的固体制剂。内服者将锭捣碎，温开水、米汤等送服，如《百一选方》紫金锭；外用者，一用作坐药或导药，即塞进肛门或妇女阴道待其逐渐融化。二是在用时以醋或麻油等调匀涂患处，或捣成粉状均匀撒于患处，如《妇人大全良方》，载《通真论》坐药法。⑨露。将药物加水蒸馏，收集所得的澄清液体。一般具有芳香味的药物多制作成露，有芳化清透的作用，如金银花露。（张志斌）

济渡器材　古代军队在战争中使用的

运渡士兵和军用物资的简易器材。有五种。①浮囊，用浑脱羊皮吹气而成，使其具有较大的浮力。使用时，将其附于需要泅渡士兵的腋下，士兵借助浮囊的浮力泅渡过岸，完成作战使命。②皮船，又作皮舡。用牛马之皮制成，船口用竹、木围成框，将牛马皮缘框口缚成箱形。使用时，先将皮筏浮于水上，再让1～3名士兵登船，飘浮过岸。③木罂，用木制成口大腹小的容器，缚在用竹、木制成的筏上。木罂能装盛两石重物。筏上用木框制成框架，缚附长枪，前有挡板，后有梢，左右设桨，可乘士兵划行。汉高祖二年（前205），韩信在破魏之战中使用了这种器材。《汉书·韩信传》："信进兵击魏，魏盛兵于蒲坂，塞临晋。信乃益为疑兵。陈船欲渡临晋，而伏兵从夏阳以木罂渡军，袭取安邑。"④械筏，先将10支长枪缚成一束，枪去锋头，每筏用四五百束枪纵横缚捆而成，其上可乘众多士兵，两旁各系20个浮囊，甚至更多，以增加浮力。同时，由善于泅渡的士兵先行过岸，竖立大柱，扣上绳索，并将械筏牵拉过岸。上岸后，长枪安上枪头，继续用做兵器。⑤飞絙，是一种在河川上临时架设的粗索桥。系用高质量的麻丝编搓成粗长结实的绳索架设而成。架设时，先由善于游泳的士兵，将粗索系于腰间或盘绕于肩腋下，泅渡至对岸，将大絙扣于对岸所立的大柱上，成为临时索桥，其余士兵便可挟住索桥，浮水而过。简易运渡器材可就地取材，制作简单，造价低廉，携带方便，能应急就用。（王兆春）

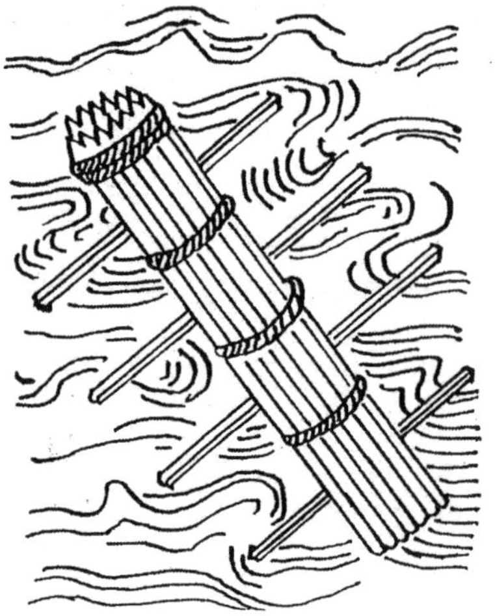

蒲筏

夹缬　镂空版双面防染印花工艺。缬是传统的印染工艺。唐玄应《一切经音义》卷十说："缬，谓以丝缚缯染之。解丝成文曰缬也。"宋代高承《事物纪原》云："夹缬秦汉间始有，陈梁间贵贱通服之。"其法以镂刻的两块花纹相同的型版将织物夹于中间固定，入染液或于镂空处刷印色浆，上染后取下型版，花纹即现，或为白地色花，或为色地白花。新疆于阗屋于来克南北朝时期古墓出土蓝白印花布。隋大业年间，炀帝曾令工匠印制"五彩夹缬花罗裙，以赐宫人及百官母妻"，可知隋时夹缬技术已从单色发展为多色。唐中叶时甚为流行，亦用于帐幔屏风等的制作。（朱冰）

甲骨文数字　商与西周的数字。夏、商、西周三代时期，数字符号逐渐规范。公元前14～前11世纪的殷墟甲骨文卜辞中有许多数字。其中有13个记数单字，它们是：

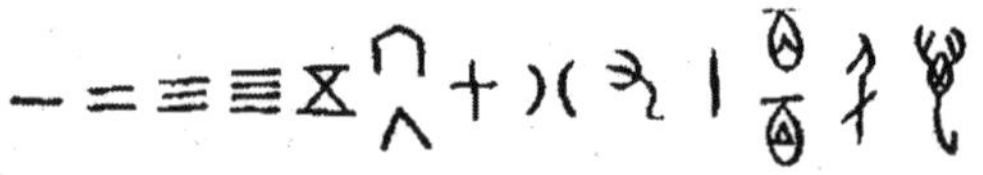

1　2　3　4　5　6　7　8　9　10　100　1000　10000

其中前4个是象形文字，其他几个多数人认为是假借字，如是午，或是人，是切，是分，是肘（一说像蛇形），是虿，像蝎子。是"一

白”，是“一人”。10，100，1000，10000 的倍数用合文，如：

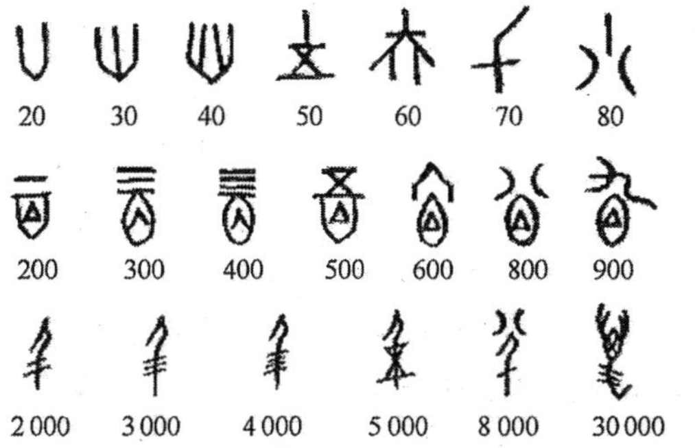

甲骨文用 9 个数字与 4 个位置值符号，可以表示大到成万的任何自然数。甲骨文数字是十进制，已有位置值制萌芽。（郭书春）

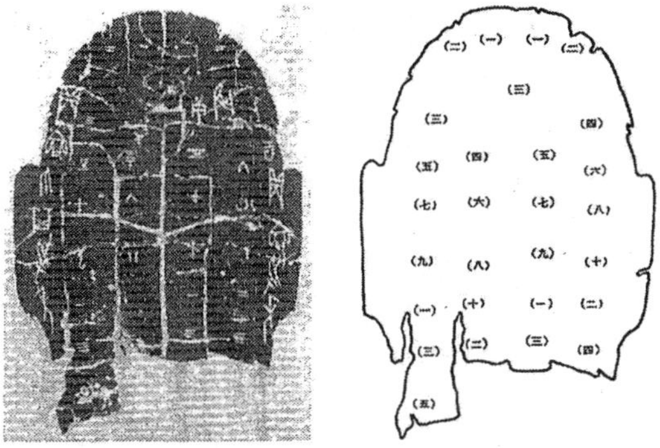

刻有数字的甲骨及其释文

甲骑具装 古代军队在战争中用于保护战马的装具。又称马铠，商周时期的皮马甲用于保护驾车的辕马，由保护马头和躯干两部分构成。秦汉以后的马甲用于保护骑兵的战马。三国时期已出现了全副马铠。南北朝又普遍使用了保护战马的具装铠，用铁或皮制成，由面帘、鸡颈、当胸、马身甲、搭后、寄生 6 部分组成，它们分别保护马的头、颈、胸、躯、臀、尾 6 处，宋朝的具装铠只有前 5 部分，没有保护尾部的寄生部分。至明清时期，马甲已停止使用。日本和朝鲜古代军队装备的具装铠，受中国的影响较为明显。（王兆春）

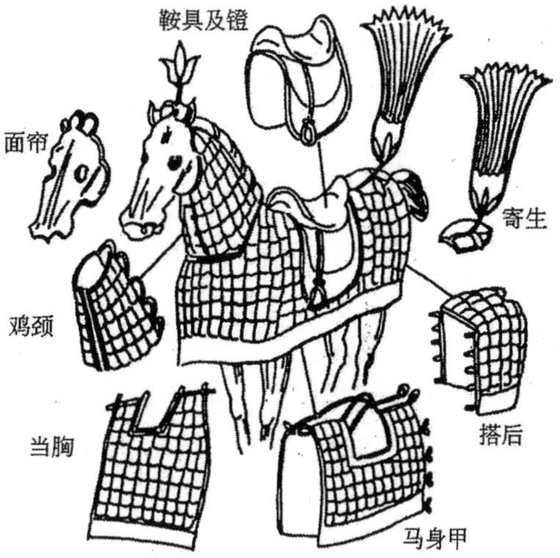

甲骑装具

贾鲁治河 元至正年间由贾鲁（1297～1353）组织和筹划的一次以堵白茅决口为中心的治黄活动。至正四年（1344）黄河决口，数年未治。至正八年，行都水监贾鲁沿河勘察，提出两个治理方案。丞相脱脱采纳其第二方案——堵决口，挽河仍回东流。至正十一年（1351 年）四月，贾鲁以工部尚书为总治河防使总领治理黄河。其治河的主要指导思想：一是挽河南流，以复故道和避开河患对会通河的威胁；二是疏、浚、塞并举；三是必须先疏后塞；四是必须一举成功。贾鲁动用军民 20 万人，该年四月二十二日开工，七月疏工成，八月逼水入故道，十一月十一日合龙，又进行修堤、筑埽等收尾工作，共 190 日，用工 3800 万人日，疏浚河道 280 多里，堵塞决口 107 处，修筑堤防 770 里。这一工程动用料物颇多，共耗费中统钞 184.5 千万多锭。贾鲁治河最重要的技术措施是首次采用石船堤障水和合龙。跟随贾鲁治河的欧阳玄撰写《至正河防记》详记其过程。贾鲁治河兴师动众、急于求成，招致了不少民怨，但他临危不惧，一举堵合了泛滥 7 年的决口，故

后人云：“贾鲁治河，恩多怨亦多，百年千载后，恩在怨消磨。”（《行水金鉴》引蒋仲舒《尧山堂外记》）（艾素珍）

贾让治河三策　西汉末贾让提出的一种除害兴利的治河防洪规划方案，是中国最早一篇系统论述黄河治理规划的文献。西汉末，黄河水灾十分严重，屡次决溢。据《汉书·沟洫志》，汉哀帝绥和二年（公元前7），诏令地方官“博求能浚川疏河者”，侍诏贾让上书应征，提出治理黄河的见解，因为有上、中、下三策，后世遂称为“贾让治河三策”，或“贾让治河策”。上策主张不与水争地，放弃原有下游河道，在遮害亭（今滑县西南）一带掘堤，使河水北去入海，迁移冀州居民，以避黄河。这样黄河“宽缓而不迫”，“河定民安，千年无患”。中策主张在黄河下游多开支渠引水，“使民得以溉田，分杀水怒”。下策则是继续加高旧堤，束河于两堤之间，这样只会“劳费无已”，灾害不断。贾让治河三策是在治河必使河道“宽缓而不迫”的思想基础上产生的治河方略，具有以下特点：首次全面对治黄进行论证，并概括西汉治黄的基本主张和措施；首次明确提出在黄河下游设置滞洪区的思想；论证规划方案时首创经济补偿的概念；提出综合利用黄河水利资源；分析了黄河堤防的形成、发展及其弊端。贾让治河三策既提出了防御黄河洪水的对策，又提出了放淤、改土、通漕等多方面的措施，对后世治河产生了重要的影响。历代对贾让治河三策评论颇多，意见不一。（艾素珍）

贾宪三角　原称“开方作法本源”。11世纪贾宪创造的将整次幂二项式 $(a+b)^n$ $(n=0,1,2,3,\cdots)$ 的展开式的系数自上而下摆成的等腰三角形，如图。目前，中学课本与若干小册子将其称为杨辉三角，是以讹传讹。事实上，杨辉的《详解九章算法》（1261）抄录了此图（见《永乐大典》卷16344），并声明“出释锁算书，贾宪用此术”。原来，在贾宪时代，人们已将传统开方法推广到开高次方，贾宪把这种开方法称为“立成释锁法”，其“立成”就是一种算表。这个算表就是贾宪三角，这就是为什么贾宪将其称为“开方作法本源”的原因。此图下面有五句话：“左斜乃积数，右斜乃隅算，中藏者皆廉。以廉乘商方，命实而除之。”前三句说明了贾宪三角的结构：最外左右斜线上的数字，分别是 $(a+b)^n$ 展开式中积 b^n 和隅算 a^n $(n=0,1,2,3\cdots)$ 的系数；中间的2；3，3；4，6，4；…分别是展开式的各廉（廉源于刘徽对开立方术的几何解释，指未知数的二次方系数，后推广到开高次方中的非常数项与非一次、非最高次方的系数）；后两句说明了各系数在立成释锁法中的应用。贾宪三角之后有各廉的方法，即“增乘方求廉法”，并给出了求六次方各廉的细草。这是确定某次方的位数后，自下而上，随乘随加，求得各廉的方法。显然，用这种方法可以写出任意层数的贾宪三角。元朱世杰用两组平行线将贾宪三角的各数联结起来，说明它还是解决高阶等差级数求和问题的主要工具。15世纪阿拉伯数学家阿尔·卡西，16世纪、17世纪欧洲许多数学家都得到同样的三角形，被称做帕斯卡（B. Pascal，1623～1662）三角。（郭书春）

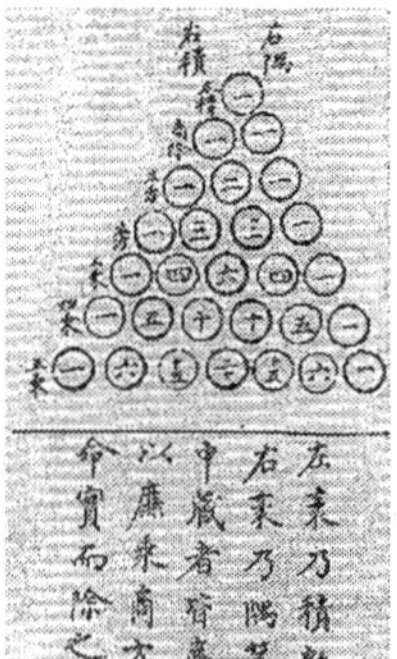

贾宪三角图
（《永乐大典》卷16344）

嫁树 也称开甲，是提高果树坐果率的一种技术。其原理在于破坏果树韧皮部，阻止地上部养分向下输送，以促进开花和果实生长，提高产量。《四时纂要·正月》云：“嫁树法：元日日未出时，以斧斑驳椎斫果木等树，则子繁而不落，谓之嫁树。晦日同。嫁李树则以石安树丫间。”可见古代嫁树不是现今的嫁接。北魏贾思勰《齐民要术》中有“嫁枣”、“嫁李”之说，如“正月一日日出时，反复斑驳椎之，名曰嫁枣。不椎则花而无实；斫则子萎而落也。”又云：“正月一日或十五日，以砖石着李树歧中，令实繁，称为嫁李。”隋唐宋元时期，人们认识到植物性别的广泛性，嫁树的运用也日益普遍，方法也多样化，除椎之外，还创造了斫、敲打等方法，使用的对象则增加到银杏、桑、茄子、竹木等。（曾雄生）

尖锥术 清李善兰创造的求定积分的方法。刘徽和祖冲之父子之后1000余年，中国的无穷小分割和极限思想没有明显进步，甚至未曾达到刘徽的水平。清中叶后人们研究幂级数展开式，在这方面开始超过刘徽，成绩最著者当推李善兰。在接触西方微积分思想之前，他在《方圆阐幽》(1845)中提出：“当知诸乘方皆可变为面，并皆可变为线。”即若 x 为任意正数，n 为正整数，则 x^n 的数值可以表示成一个平面积，也可以表示成一条直线段。他进而指出，“当知诸乘方皆有尖锥”，“当知诸尖锥有积迭之理”，即当 x 在区间 $[0, h]$ 内时，表示 x^n 的平面积叠成一个尖锥体。他提出了诸尖锥的算法：由平面积 ax^n 积叠起来的尖锥体，高为 h，底面积为 ah^n，其体积为 $\frac{ah^n \times h}{n+1}$，这个命题相当于定积分 $\int_0^h ax^n \mathrm{d}x = \frac{ah^{n+1}}{n+1}$。他还提出了

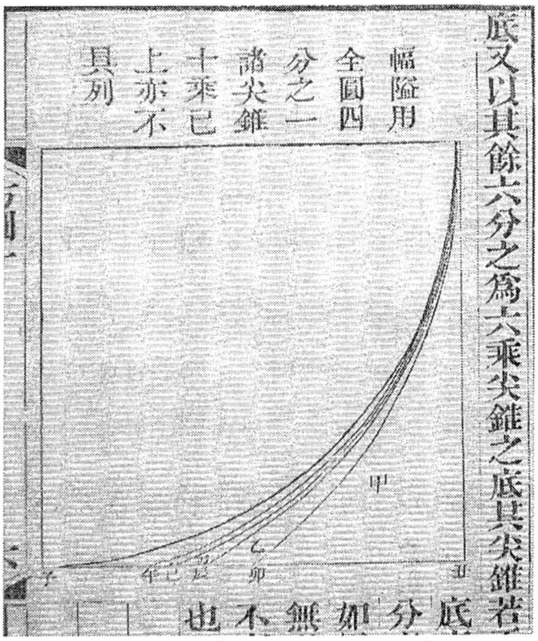

尖锥术

相当于 $\int_0^h a_1 x \mathrm{d}x + \int_0^h a_2 x^2 \mathrm{d}x + \cdots + \int_0^h a_n x^n \mathrm{d}x = \int_0^h (a_1 x + a_2 x^2 + \cdots + a_n x^n) \mathrm{d}x$ 的命题。李善兰还将尖锥术用于圆面积的计算。在《对数探源》中，李善兰用尖锥术解决了对数函数的幂级数展开式，也求出了相当于定积分的公式等。李善兰的工作大体相当于牛顿、莱布尼茨之前欧洲数学家关于微积分的工作，尽管完成这些工作的预备知识中有西方初等数学，并且比西方同类成就晚得多，但总的说来，是在中国传统数学基础上独立完成的创造性工作。（郭书春）

简平仪 即星盘。古希腊天文学家喜帕恰斯（公元前2世纪人）发明的测量天体高度的仪器。中世纪传入阿拉伯世界。元至元四年（1267）由西域天文学家札马鲁丁从阿拉伯传入中国。明末徐光启等接受西方天文知识，译著有《简平仪说》

(1611)，介绍西方传教士传入的星盘。我国清初所制的简平仪，主体是一个圆形铜盘，盘的背面安装有一可绕中心旋转的窥管。观测时，将铜盘垂直悬挂，人目用窥管对准天体，就可以从盘边的刻度上读得天体的高度。在盘的正面，有用球极平面投影法绘制的星图和地平坐标网。星图上只有主要的亮星和黄道、赤道。地平坐标网有以天顶为中心的等高圈和方位角。用这种仪器还可以测时间、测地理纬度等。(孙小淳)

简仪 元初郭守敬创造的一种天文仪器。因为是将结构繁复的唐宋浑仪加以革新简化而成的，故名。郭守敬摒弃了把测量三种不同坐标的圆环集中在一起的做法，废除黄道坐标环组，把地平和赤道两个坐标环组分解成独立的装置，即今所谓的地平经纬仪和赤道经纬仪。同时废弃了浑仪中的一些圆环，赤道装置中只保留四游、百刻、赤道三个环；地平装置中除了地平环外，还增加了一个立运环。其中百刻、地平两个环是固定的，四游、赤道两环可以绕极轴旋转，立运环则绕垂直轴旋转。简仪中的赤道经纬仪与现代望远镜中广泛应用的天图式赤道装置的基本结构相同，有北高南低两个支架，支撑可以旋转的极轴。极轴的南端重叠放置固定的百刻环（唐、宋称之为天常环）和游旋的赤道环。因此，除北天极附近外，可对整个天空一览无余，不像浑仪那样有许多妨碍观测的圆环。为了减少百刻环与赤道环的摩擦，郭守敬在两环之间安装四个小圆柱体，这种结构与近代“滚柱轴承”减少摩擦阻力的原理完全相同。四游双环中的方柱形窥管被撤去三个柱面，称为窥衡。窥衡的两端各有侧立“横耳”，耳中有直径六分的圆孔，孔中央各装一根细线。观测时使两条细线与星重合，以防止人目位置不正所产生的误差。为了观测两个天体的赤经差，在简仪赤道面上安装两条界衡，可容两人同时观测。简仪中的地平经纬仪称为立运仪，与近代的地平经纬仪基本上相似。它包括一个固定的地平环和一个直立的、可以绕铅垂线旋转的立运环，并有窥衡与界衡各一，用以测定天体的高度和方位角。简仪的另一成就是提高了刻度分划的精细程度，元以前的仪器只能精确到一度的1/12。简仪的百刻环上每刻等分为三十六分，四游环上每度等分为十分，比唐宋时代的浑仪大大前进一步。简仪底座架中装有正方案，用来校正仪器的南北方向。座架上开有水沟，用以平准仪器。简仪的极轴两端附有候极仪，用以校正极轴方位。明英宗正统二年（1437）按郭守敬所制仪器仿制的仪器中有简仪一架，明清两代钦天监用于观测，以后就留在北京古观象台，抗日战争前迁往南京，现陈列于紫金山天文台。(孙小淳)

建除 中国古代历注项目之一。《星历考原》引《历书》说：“历家以建、除、满、平、定、执、破、危、收、成、开、闭凡十二日周而复始，视所值定吉凶。每月交节则叠两值日。其法从月建上起建，与斗杓所指相应。故又称月建十二神。如正月建寅则寅日起建，二月建卯则卯日起建，顺行十二辰，即是。”十二神的吉凶，据《星历考原》，除、定、执、危、成、开为吉，建、满、平、破、收、闭为凶。其吉凶似乎是以这十二直的字面意义来定的，并无什么科学的根据。建除起源很早，近年在云梦睡虎地出土的《日书》竹简上，就记有战国晚期的建除资料，只是十二神的名称有所不同。如《日书》甲篇题为“秦除”的建除十二直为建、除、盈、平、定、挚、彼、危、成、收、开、闭。甲篇题为“除”的建除十二直则为濡、赢、建、陷、彼、平、宁、空、坐、盖、成、甬。《淮南子·天文训》也有完整的建除法记述。《史记·日者列传》将五行、堪舆、建除、丛辰、历、天人、太乙七家并列。自汉直到清末一直将建除作为重要的类目注历。建除十二神要做到每月都从月建上起“建”，就必须要有“叠两值日”的安排。据有人研究，我国古代的建除安排方法经历了按历法月序逐月安排（战国至西汉）、交节之次日重复交节之值日（东汉至唐以前）、交节之日重前一天之值日（唐至明清）三个发展阶段。（孙小淳）

剑 古代军队在近战中用于劈刺的直身尖锋两刃兵器，由剑身和柄组成。剑身修长，两侧出刃，至顶端收聚成锋，后装短柄，常配有剑鞘。商代北方少数民族地区已开始用青铜剑。西周时期，中原地区开始用青铜剑。春秋晚期至战国中期，青铜剑的制作和使用达到高潮。能够制造其脊和刃含锡量不同的青铜剑，是制剑技术的一大进步。铸剑时，先铸剑柄和剑脊，后铸剑刃。剑脊含锡量约10%，质韧而不易折断；剑刃含锡量约20%，质坚而利于磨锐，被称为复合剑。吴越等国步兵使用尤多，其剑身增长，脊部柔韧，锋刃尖利，已经出土的剑有吴王光剑、吴王夫差剑、越王勾践剑、越王州句剑等名剑。越王勾践剑1965年出土于湖北江陵望山一号墓，因剑身有鸟篆刻铭“越王鸠浅（勾践）自作用鐱（剑）”，知其为越王勾践所有。该剑通长55.7厘米，剑格两面有纹饰，分别嵌蓝色玻璃和绿松石，剑身满饰菱形花纹，最细微处纹饰宽仅0.1毫米。剑柄末端铸出凸起的间隔不足1毫米的同心圆。经分析，其成分为铜80.3%、锡18.8%、铅0.4%。秦始皇兵马俑坑出土的青铜剑，长94厘米，表面作了防蚀处理，制作水平甚高。西周晚期已出现铁剑。春秋战国之际已用钢剑。战国晚期，钢制的利剑已广为使用。西汉时期的铁剑，均已锻冶成钢剑。如1978年江苏铜山县出土的东汉建初二年（77）蜀郡制造的50炼剑，系用含碳量较高的炒钢为原料，经过反复锻打而成的钢剑。西汉中期以后，骑兵多以钢刀代替钢剑。晋以后，剑已很少用于战阵，仅做仪仗、佩饰、武术之用。（王兆春）

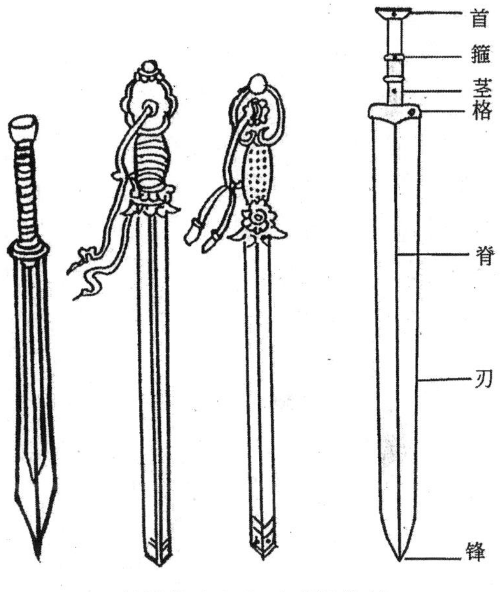

剑的构造和宋元时期的剑

鉴湖 又称镜湖、长湖，是长江以南最早的大型塘堰工程，位于浙江省绍兴市城南。东汉永和五年（140），会稽太守马臻主持，修筑长堤拦蓄绍兴山南诸水湖水成水库，灌田9000顷。堤长130里（一说101里），东起曹娥江，西至西小江。湖周长约385里（一说310里），东西狭长，中有南北各隔堤一道，分为东、西两湖，具有防洪、灌溉、航运和城市供水等综合效益。北魏《水经注》记载沿湖有放水水门69座，历代增减。至北宋时，沿湖堤设斗门、堰闸、涵洞 80 多座，溢洪道 3 处，位于东、西、北三路的用以控制蓄泄的水则碑 3 处。湖水高于农田，农田又高于江海。旱则开斗门涵洞，放湖水灌田；涝则排田水入海，并关闭斗门涵洞，拦蓄山溪洪水；山洪过大，则开溢洪道泄洪。北宋中期以后，鉴湖逐渐被围垦。至元代，仅少数特别低洼处还保留潴水，鉴湖已名存实亡。（艾素珍）

鉴团 即凸面镜。《墨经》第二十三条《经》：“鉴团，景一。”《说》：“鉴。鉴者近，则所鉴大，景亦大；其远，所鉴小，景亦小：而必正。景过正，故招。”《经》和《说》是记述凸面镜成像规律。“景一”是说无论物或近或远，远远则渐渐缩小的正立一个景。对“景过正，故招”的解释很多。其一是：当物（人）在较远处，像的弯曲较小，似正直；当近至某距离时，显出弯曲。（李家明）

箭 古代军队在战争中用弓和弩发射的具有锋刃的射远兵器，又称矢。由射击目标的箭镞、撑弦承力的箭杆、保持箭身飞行平衡的箭羽构成。《管子·形势》道：“射者，引弦发矢也”，利用弓弦弹力将箭射击，并观察总结箭矢运动，改进弓箭的制作，企求达到射远和射中的目的。这正是空气动力学的工艺技术和理论方面的论述。《考工记·矢人》是古代一篇最早、最详尽地述及箭的制造及其经验法则的文献。它先阐明箭干的重心位置，并以其长度比例数表示它；然后说明用箭置水中以辨其物质分布的方法。确定箭干浮水线后，在该线两端设“比”，即箭尾端的“括”，用以扣在弓弦上的尖叉。又在“比”的两侧、与经垂直的位置上设羽。当时的箭只在比的垂直两端有羽毛，并非十字垂直的四排羽毛，括叉尖刃长度为羽毛长度的 1/3。这样的箭镞，离弦后即使遇到强风也不会受影响。此外，这保证了箭飞行有稳定的轨道，《矢人》还分别对箭干的强度、挠度和选材等提出了各种技术工艺要求。此后，对弓箭的记载和论述的还有唐杜牧（803～852）的《考工记注》、明宋应星（1587～1665）的《天工开物》、吕坤（1536～1618）的《救命书》、郭宗昌的《二记》等。箭起源于石器时代的石镞，山西省朔县峙峪村旧石器时代晚期遗址出土的一件用薄燧石磨制的石镞，长 2.8 厘米，经放射性碳素测量，大约是制于 28 945 年前的石镞。河南省偃师二里头遗址出土了商代早期的青铜镞。战国时期的军队已使用铁镞。从秦到清，军中使用的都是钢箭，其形制构造多种多样，纷繁复杂，质量也不断提高，是战争中消耗最多的兵器。从战国开始，军队在战争中使用的箭，已经基本上为按统一的形制构造，制作标准化的制式箭。战国有 8 种：枉矢、杀矢、镨矢、恒矢、絜矢、镞矢、茀矢、痹矢。前 4 种为弓射矢，后 4 种为弩射矢；枉矢和絜矢用于作战，称兵矢；杀矢和镞矢供狩猎所用；镨矢和茀矢为弋射飞鸟所用；恒矢和痹矢供习射所用。唐代有 4 种：射鸟和狩猎用的竹箭和木箭，战斗用的兵箭和弩箭。宋代有 16 种：用于作战的点钢箭、铁骨的锥箭、乌龙铁脊箭、火药箭、狼牙箭、鸭嘴箭、出尖四楞箭、插刃凿子箭、石头莲箭、凿子头箭、荞麦棱箭、寸金凿子箭、破甲锥箭；用于教习的木朴头箭，用于信号的鸣鹘箭、鸣铃飞号箭。辽代有 4 种：并非文献所记，而是 1982 年于辽宁康平县后刘东屯二号辽墓遗址出土的矛式箭、平头箭、铲形箭、燕尾箭，箭镞长10厘米左右，并有鸣镝伴随出土。金代有5种：出土的扁镞箭、镞尾分叉箭、凿头箭、镞头分叉箭、手箭。元代有3种：响箭、鲍骨箭、铋针箭。明代有34种：透甲锥箭、柳叶箭、凿子头箭、眉针箭、菠菜头箭、菱叶箭、两开肩箭、兔叉箭、狼舌箭、铁杆三须短命箭、月牙箭、铲子箭、艾叶箭、铁朴头箭、三叉箭、木朴头箭、皮顶角顶小朴头箭、荞麦棱箭、四扣马箭、无扣箭、半边扣箭、鞭箭、袖箭、筒子箭、流星箭、旋风羽箭、疎羽箭、没羽箭、一枪三剑箭、踏蹶箭、寒鸦箭、㪷子箭、刻竹箭、攒竹箭。清代有三类：用于战斗的透甲锥箭、柳叶箭、梅针箭；用于田猎的凿子头箭、铋针箭、菠菜箭、菱菜箭、艾叶箭、月牙箭、兔叉箭、狼舌箭、燕尾箭、鸡心箭等；用于教阅的有骲箭。以上各代还有不少杂式箭，品类极为繁多。（王兆春 王允红）

峙峪石镞

江东犁 唐代创造的在江东（长江下游地区）一带使用的一种耕田农具。根据唐陆龟蒙《耒耜经》的记载，江东犁主要由11个部件组成，其中，犁铲（犁铧）、犁壁为铁制，其他9个部件，即犁底、压铲、策额、犁箭、犁辕、犁梢、犁枰、犁键、犁盘等都是木制的。江东犁和前代的犁相比，有以下几个特点：一是变长辕为短辕，由直辕改曲辕，并增加了犁盘，使犁辕通过犁盘两端系以绳索与牛轭相联结，克服了直辕犁“回转相妨”的缺点，操作起来更为灵活自如，尤便于转弯，所以江东犁又称江东曲辕犁。二是增加了犁箭、犁枰和犁建几个部件，可以自由升降，调节耕地的深浅。三是犁梢与犁底分开，可以通过犁梢的摆动幅度调节垡的窄宽。四是犁辕前有改转动的犁，便于耕畜牵引时犁身自由摆动，或改变方向。由此可见，江东犁的灵活性比前代有了很大的改进。这种灵活性不仅仅在于操作上的简

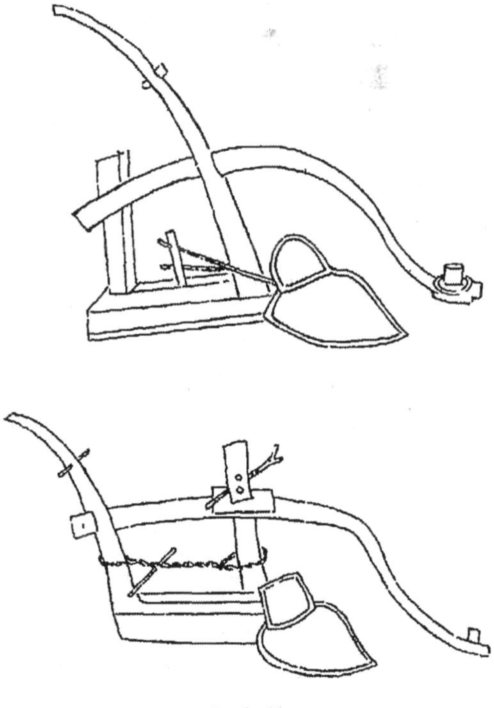

江东犁

便，而且在于它能够灵活调节，能适应不同耕地深浅和土垡宽窄的要求，因而特别适合于土质黏重、田块较小的江南水田中使用。同时，其基本结构和原理同样也适用于北方旱地耕作。明清时期的耕犁基本上仍采用了江东犁的形制。因此说，唐代江东犁的出现，标志着中国犁的结构已基本定型。（曾雄生）

江陵马山一号楚墓丝织品　1982 年发掘的湖北江陵马山一号战国楚墓出土织锦及绣绢等丝织品，其中织锦是目前发现最早的织锦实物，且织造精美，代表了战国时期纺织技术的最高水平。据文献记载，中国商代已有织锦。《禹贡》："厥篚织文。"《说文》："织采为文曰锦。"宋高承《事物纪原》记，商纣时，宫中衣锦绣纨绔者常 300 人。马山一号楚墓锦的组织均为二重经锦，即经线提花，而织造工艺又各具特色。据现代学者研究，对龙对凤锦每一花纹循环达 80 根，再用提花综蹑将纹样倒置提花，织成同样一组对称的龙凤图案，是为一个完整的花纹单位。地色用深棕色，龙凤纹用浅棕色，彩条经用朱红色。此件经锦表明，战国时已经运用经线分区换色法形成彩条。十字变形纹锦的织造采用了夹织纬，经纬线均采用两色丝线拼色。它的经线为土黄深棕两色，纬线为朱红及棕色。在织造大十字形纹样的中心部位时，以朱红色纬线做夹纬，棕色纬线做交织纬，表里经线均为三上一下组织点，与棕色纬线交织，朱红色纬线浮在 25 根经线之上，成为朱红色的大十字形中心花，十分醒目。舞人动物纹锦在织造工艺和纹样设计上，堪称战国织锦的杰作。它是三色经锦，以粗壮的矩形组成三角形骨架，主题纹样内容包括龙、凤、麒麟、螭虎、孔雀、雉鸡、舞蹈人物等 7 个单元，每单元内纹样两两对称地分布于几何框架的空隙处，矩形框架内填充三角状云雷纹及变形螭虎。一个完整的花纹循环经线达 7760 根，纬线达 286 根，包括长袖善舞的人物在内，主题纹样造型均呈几何化。这样大的花纹循环在织造工艺上的复杂程度超过以往的任何发现。凤鸟花卉纹绣绢的纹样在造型效果上达到很高的美学境界。它的地绢为棕黄色，以土黄、深红、深棕、深蓝、黄绿等色绣出一只正面直立昂首展翅的异鸟，异鸟头戴花冠，花穗下垂，双目有神，两翼张开，展现出色彩斑斓的羽毛。鸟翅两端又各有一鸟头，颈项伸长，口含卷羽。鸟身一侧有一弯曲而大幅张开的卷草纹，下挂三枝盛开的垂钟样花朵。整件作品体现了楚文化特有的浪漫夸张风格。（朱冰）

江南机器制造总局　清末创建的军工企业，又称"江南制造总局"、"江南制造局"、"上海机器局"、"上海制造局"。同治四年（1865）由曾国藩、李鸿章创办。起初是购买美国在上海虹口的两个洋炮局，合并建成"江南制造总局"，由江海关道丁日昌督察筹划，包括生产工厂，如机器厂、铸铜铁厂、轮船厂、枪厂、炮厂、火药厂、炼钢厂等机构，至光绪十七年（1891）已有 13 个分厂以及 1 个工程处，公务厅等管理部门以及广方言馆、翻译馆等教育、翻译机构。同治六年，由虹口迁至高昌庙，不断扩充，装备有 662 台机床和 361 台蒸汽机，达 3500 余人，成为清政府规模最大的新式军事企业，也是当时中国规模最大的工厂。总局所属各厂其生产和技术主要由外国人主持，机器设备和原材料主要靠进口，生产枪、炮、弹药、水雷、兵船，以及少部分机器等。同治七年制成轮船“恬吉”（后称“惠吉”）号；光绪二年制造成“金瓯号”铁甲兵船，但不能出海，炮位布置不合理；同治六年至光绪二年制造出中国最早的车床、刨床、钻床、锯床、汽锤等机器；光绪十六年，15 吨平炉投产，炼出第一炉钢。除少数机器装备自身，其余产品大都调拨给各军械所、衙门、军营、炮台、炮舰。1905 年造船部分独立，称“江南船坞”。兵工部分仍称制造局。1912 年江南船坞改称江南造船所。兵工部分于 1917 年改称“上海兵工厂”。（李家明）

江南制造局翻译馆 清末最大的科技著作翻译机构。为了掌握各种科技知识和培养人才，徐寿建议在江南制造局设立翻译馆，翻译西方科学技术著作，得到该局总办和曾国藩的支持。1868 年 6 月翻译馆成立。徐寿等先后物色了英国人傅兰雅、美国人金楷理（Carl T. Kreyer）担任专职口译，并聘请富有译书经验的英国传教士伟烈亚力和美国人玛高温（Daniel Jerome MacGowan，1814～1893）、广方言馆英文教习林乐知、留美学医归国的舒高第等人担任兼职口译。傅兰雅主要承担科学和工艺类著作，金楷理承担军工类书籍，林乐知承担各国史地、时政类著作。担任笔述的中国学者有徐寿、华蘅芳、王德均、李凤苞、贾步纬和徐建寅等人，都是当时中国有影响的各有所长的科技专家。初创十余年间译书最多，以科学、机械、工艺制造、军工和时政类为主。科学类译著如《代数术》、《微积溯源》、《决疑数学》、《金石识别》、《地学浅解》、《光学》、《声学》、《电学》、《化学鉴原》及其续补编、《化学分原》等书，其底本大都是英美流行的教科书或专著，水平较高，并且大都是第一次将西方有关学科的知识系统地介绍到中国来。《汽机发轫》、《汽机新制》、《造船全法》、《开煤要法》、《西艺知新》、《制火药法》等机械、矿冶、军工技术类译书，则与当时制造局的实际生产和新兴的自强事业有直接的关系。由于译书对江南制造局的生产制造的直接帮助有限，所以译书事业渐形冷落。1875～1894 年，译刊书籍较前一时期大为减少。甲午战争之后，出现了追求西学新知的热潮，翻译馆有所振兴。此期内翻译了《化学工艺》、《法律医学》、《无线电报》、《通物电光》等比较重要的科技类著作，还翻译了几种经济、教育和农学类书籍。从开馆到 1912 年结束，翻译馆共刊行译书 183 种，地图 2 种，译名表 4 种，连续出版物 4 种，还有 8 种译书由他处刊行，另有 40 种已译未刊译书。总计已刊、未刊各种译书共 240 余种。中国近代先进的知识分子，从洋务时期的先者，到维新运动中的康有为、梁启超等辈，乃至 20 世纪初追求西学新知的人们，在他们追求新知识和开眼看世界的过程中，都曾受惠于江南制造局的译书。（李家明）

江源 长江的发源地。《禹贡》最早记载的江源为岷山：“岷山导江，东别为沱。”此后《汉书·地理志》、北魏《水经注》、《宋史·河渠志》、《元史·河渠志》、清初黄宗羲的《今水经》、清光绪黄锡龄的《水经要览》等书均持此说。明嘉靖年间，罗洪先绘制的《广舆图》首次在地图上标注“岷江为江源”。魏征等编《隋书·经籍志》中载有《寻江源记》一卷，可见隋以前，已有“寻江源”的考察活动。唐代汉藏民族交往增加，人们对金沙江的认识上溯至上源，但是仍不敢违背传统之言。直到明崇祯十三年（1640），徐霞客撰写专著《江源考》，首次纠正传统记载的错误，明确地提出“故推江源者，必当以金沙（江）为首”，并作了较为科学的论证，认为以岷江为江源，是“舍远而宗近”和“弃大源而取支水”。清康熙年间，较为详细地勘察测绘了江源水系图。乾隆二十六年（1761），齐召南在《水道提纲》卷八记载木鲁乌苏河为江源之后，又描述了它的上源托克托乃乌兰木伦河（即今沱沱河）等水。但是，直到清末，仍无人明确提出沱沱河是长江的正源。（艾素珍）

桨 又称为棹、札、楫、桡，最原始的船舶推进工具之一。东汉刘熙《释名·释船》云：“在旁拨水曰棹。棹，濯也，濯于水中也，且言使舟棹进也。又谓之札，形似札也。又谓之楫。楫，捷也，拨水使舟捷疾也。”桨由桨叶和桨柄两部分构成，桨叶为扁板，桨柄多为圆杆。桨柄伸进舷板上的圆孔，圆孔就是船桨的支点。桨叶拨水向后，通过反作用力将船推向前进。其发明甚早。7000年前的浙江余姚河姆渡遗址出土有木桨。（郭书春）

蕉麻 我国南方生长的芭蕉科多年生的蕉类植物纤维。一些蕉类植物的茎皮纤维有纺织价值，如芭蕉和苷蕉，中国古代曾用它们绩纺成布，统称蕉布。文献记载表明，广东、广西一带利用蕉皮纤维纺织的历史，至迟从汉代即已开始。从唐代起，各蕉布产区每年都要以蕉布作为土贡，献给朝廷，这种做法一直延续到元代才因棉花的普及而停止。蕉布的传统产区有广东、广西、福建等地，其中以广西所产最为有名。（赵翰生）

礁 焦炭的古称，又称礁炭、熟炭、燋子、焦子炭。明方以智《物理小识》载：“煤则各处产之，臭者烧熔而闭之成石，再凿而入炉曰礁。可五日不绝火，煎矿煮石，殊为省力。”清孙廷铨《颜山杂记》概述了炼焦煤和焦炭性能：“块者谓之，或谓之砟，散无力也。炼而坚之谓之礁，顽于石，重于金铁……故礁出于炭而烈于炭。”炼焦煤的重要特性是一定的黏结度和挥发分。据《山西通志》所载，炼焦要选“多烟、内含油，燃之熔结为一”的煤，故这种煤又被称为油煤、黏煤或黏炭。明代的炼焦炉呈长方形或圆形，一般是就地掘坑，下开火道，上面堆煤，炉壁用黄土夯筑，上面开一排风眼，风眼待被熔融后封闭，当煤结为块、烟尽时，焦就炼成了。一般需要4～10天。（苏荣誉）

角法 即后世所言之拔罐法，用排除罐、筒或杯中的空气产生负压，使其吸附于体表，以治疗疾病的方法。因古代用兽角做拔罐疗法的器具，故名。角法最早见于马王堆汉墓出土医书《五十二病方》：“以小角角之，如熟二斗米顷而张角，系以小绳，剖以刀。”但从文中看不出具体的方法。唐宋时期较多使用水角法，如《刘涓子鬼遗方》及《太平圣惠方》中都有类似的记载，即将病人患处卧在事先挖好且灌有水或水银的地坑中，利用水渗入地脉造成的吸力使脓血被吸入角中。唐代《外台秘要》载有较早的竹筒角法：“患殗殜等病……即以墨点上记之，取三指大青竹筒，长寸半，一头留节，无节头削令薄似剑，煮此筒数沸，及热出筒，笼黑点处，按之良，数数如此角之，令恶物出尽。”而火罐的出现更晚一些。清代《本草纲目拾遗》云：“火罐，江右及闽中皆有之，系窑户烧售。小如人大指，腹大两微狭，使促口以受火气，凡患一切风寒，皆用此罐。以小纸烧见焰，投入罐中，即将罐合于患处，或头痛则合太阳、脑户或巅顶；腹痛，合在脐上。罐中有气水出，风寒尽出，不必服药。治风寒头痛及眩晕，风痹，腹痛等症。”可见，此时不仅拔罐的方法由水罐向火罐发展，而且，治疗的病种也由外科病向内科病发展。（张志斌）

绞车　古代军队在守城战中使用的一种钩毁器械。长方形车座用大形方木制成，下安四轮，车座上用4根阔厚的大木建成一个叉手形柱架，架端用可转横轴相连，横轴两端安绞木，中央缠两根粗大绳索，索端系一个大铁钩。当敌军拥飞梯、木幔、尖头木驴等攻城器械逼近城墙时，守城士兵即抛下横轴上的索钩，钩住上述攻城器械，而后转动绞木，将其绞入城中，既得其器，又俘其人。（王兆春）

绞车

绞缬　又名扎缬或撮晕染，防染染花工艺。唐释玄应《一切经音义》卷十：“缬，谓以丝缚缯染之。解丝成文曰缬也。”元胡三省《资治通鉴音注》：“缬，撮以彩线结之，而后染色。既染，则解其结，凡结处皆原色，余则入染矣。其色斑斓，谓之缬。”染色时，由于织物纤维的毛细管效应，有时可得到无级色晕，后成为绞缬作品特殊的风格之一。其法东晋时传自西域，南北朝时盛行中原。纹样以“鱼子缬”和蜀锦红色的“醉眼缬”为代表。新疆阿斯塔那东晋墓出土了建元二年（344）绛地绞缬织物。（朱冰）

接树　即嫁接，古代又称为插。是从自然连理枝得到启发，而发明的一种改变植物自然性状的技术。《说文》有“椄”字，意思是“续木”，指的是木本植物的嫁接。据汉代农书《氾胜之书》的记载，汉代时期，已经将嫁接技术运用于蔬菜生产。但中国古代运用嫁接技术最多的是果树，果树中又以梨的运用为最早也最为普遍。汉代上林苑中有棠梨宫，是专门栽种棠梨的地方，当时可能就已将梨树与棠树嫁接，用以改良梨的品质。北魏贾思勰《齐民要术》中专门有一篇讲梨树的嫁接方法，指出“插者弥疾”，意思是嫁接的梨树结果比实生苗要早、要快。隋唐宋元以后，嫁接技术被广泛地用来改造花木和果品的形状、颜色和品质。元代嫁接方法已增加到了6种，有身接、根接、皮接、枝接、靥接和搭接。明代徐光启又进一步总结了提高嫁接成活率的技术，提出了“接树三诀”。（曾雄生）

结绳记数与书契　远古时期的记事记数方法。人们对数的认识经历了漫长的过程，最先只能数一个人、两个人，一只羊、两只羊。有的原始部落不久前还只能数到5，5以上就称为多。当人们用一个数字，比如5，既可以表示5个人，又可以表示5只羊或别的什么的时候，才初步完成了数的概念的抽象。与此相辅相成，数字符号产生了。《周易·系辞》云：“上古结绳而治，后世圣人易之以书契。”

用绳结的多寡和大小表示事物的多少，甲骨文的“数”被认为是结绳的象形字；书契就是在木条上刻痕。云南有的少数民族在 20 世纪 50 年代还用结绳、书契记数。

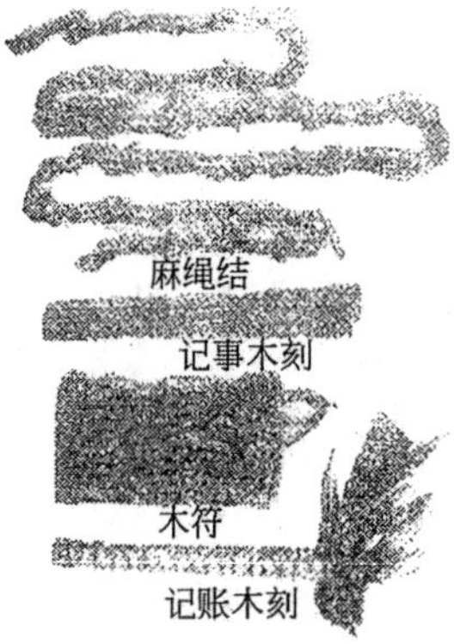

傈僳族的结绳及木刻

后来，人们创造了记数的文字。《世本》说：“隶首作数。”相传隶首是黄帝的臣子，是时大约在新石器时代晚期，产生抽象的数的概念、记数文字是可以理解的。公元前三四千年的西安半坡遗址，与此后的姜寨、柳湾、城子崖等遗址的陶器上有若干数字，下图是青海柳湾遗址陶器上能辨认的数字。（郭书春）

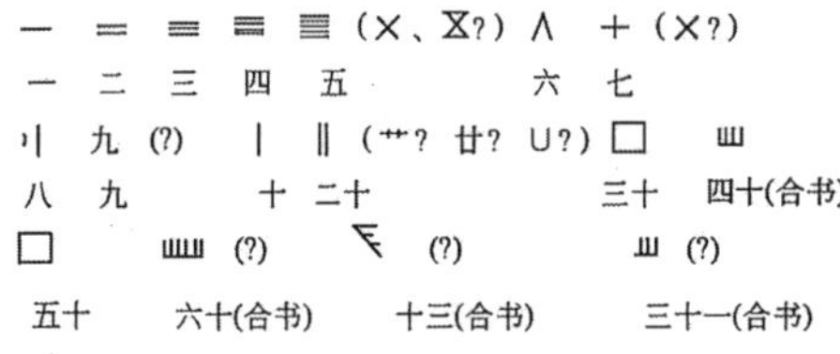

青海柳湾遗址陶器上能辨认的数字

解勾股形 中国古代通过将勾股定理进行恒等变换，用于解勾股形的方法，是中国传统数学的重要组成部分。西汉成书的《九章算术》提出了以下几种类型：在引葭赴岸、立木系索、倚木于垣、勾股锯圆材、开门去阃等问及竹高折地问中分别应用了已知勾与股弦差（和）求股、弦的公式：

$$b = \frac{a^2 - (c-b)^2}{2(c-b)}$$

$$c = b + (c-b) = \frac{a^2 + (c-b)^2}{2(c-b)}$$

$$b = \frac{(c+b)^2 - a^2}{2(c+b)} \quad c = \frac{(c+b)^2 + a^2}{2(c+b)}$$

在户高多于广问中应用了已知弦与勾股差求勾、股的公式：

$$a = \sqrt{\frac{c^2 - 2\left(\frac{b-a}{2}\right)^2}{2}} - \frac{b-a}{2} = \frac{1}{2}\left[\sqrt{2c^2 - (b-a)^2} - (b-a)\right]$$

$$b = \sqrt{\frac{c^2 - 2\left(\frac{b-a}{2}\right)^2}{2}} + \frac{b-a}{2} = \frac{1}{2}\left[\sqrt{2c^2 - (b-a)^2} + (b-a)\right]$$

第二个等号后是赵爽、刘徽的简化。刘徽还提出了与之对称的已知弦与勾股和求勾、股的公式，以及与勾股差有关的其他公式。《九章算术》在持竿出户问中应用

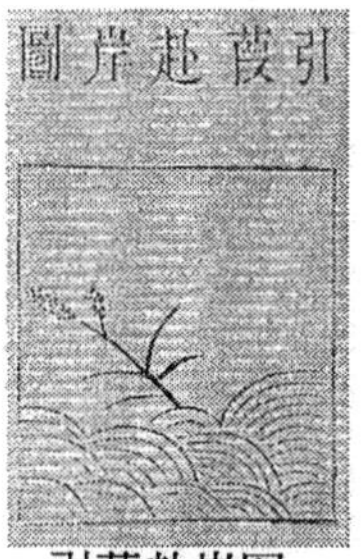

引葭赴岸图

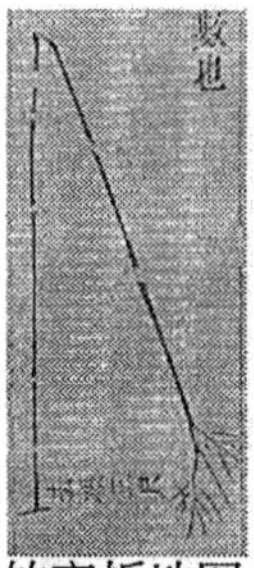

竹高折地图

户高多于广图

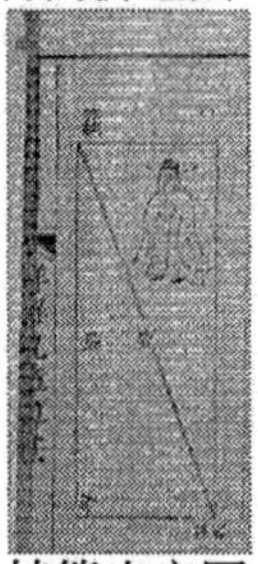

持竿出户图

了已知勾弦差、股弦差求勾、股、弦的公式：

$$a = \sqrt{2(c-a)(c-b)} + (c-b)$$

$$b = \sqrt{2(c-a)(c-b)} + (c-a)$$

$$c = \sqrt{2(c-a)(c-b)} + (c-b) + (c-a)$$

三国赵爽、刘徽分别使用出入相补原理证明了上述各个公式。后来唐王孝通《缉古算经》、元朱世杰《四元玉鉴》等著作解勾股形时又引入了勾、股、弦的积与商等元素。（邹大海）

解舒 又称缫，化治，治丝，即缫丝工艺。以热水煮茧并索出丝绪，以初步去除丝胶以便调丝及络丝。由钱山漾新石器遗址出土的索绪帚可知，当时已用热水缫丝。《礼记·祭义》：“及良日，夫人缫，三盆手。遂布于三宫夫人世妇之吉者使缫。遂朱绿之。玄黄之。以为黻黼文章。”东汉郑玄注：“置茧于盆中，而以手三次淹之。每淹则以手振出其绪，故云三盆手也。”即茧经热水浸煮，表面丝胶溶化，呈松散状，方能索出丝绪。宋代秦观《蚕书》记煮茧水温的掌握应以“水泡微滚，汤如象眼”为宜，并记载了缫车的形制。元代王祯《农书》记，缫丝法有热釜、冷盆之分。明宋应星《天工开物·乃服·治丝》：“凡茧滚沸时，以竹签拨动水面，丝绪自见……丝美之法有六字。一曰出口干，即结茧时用炭火烘；一曰出水干，则治丝登车时，用炭火四五两盆盛，去车关五寸许。运转如风时，转转火意照干，是曰出水干也。”（朱冰）

疥虫 人体寄生虫名，即现在医学上的“疥螨”，亦称“疥癣虫”。始见于东汉王充《论衡》，隋巢元方《诸病源候论·疥候》中首先描述了疥虫的形态及其在人体寄生和传染的情况：“疥疮多生足间，染渐生至于身体。”又说：“疥疮里有虫，甚难见，小儿多因乳养之人病疥，而染着小儿也。”对于疥虫，巢元方接着指出：“疥者有数种，有大疥、有马疥、有水疥、有湿疥，多生手足，乃至遍体……并皆有虫，人往往以针头挑得状如水内瘑虫。”（汪子春）

借根方 清初康熙年间传入的西方设未知数列方程的方法，然而没有代数符号。《数理精蕴》下编卷31～36有“借根方比例”，介绍多项式的加减乘除法则，引入加号、减号、等号、移项等概念，及用代数方法求高次方程的解。其卷31云：“借根方者，假借根数、方数以求实数之法也。”“根数”就是未知数，“方数”就是根数的正指数幂。中国13世纪发展起来的天元术、四元术，明及清初无人通晓。梅瑴成学得借根方法后，“窃疑天元一之术颇与相似。复取《授时历草》观之，乃涣如冰释”，从而理解了天元术与四元术。借根方方法对清代数学影响很大，尤其对无穷级数的研究提供了方法指导。（郭书春）

今有术 中国古代数学中的正比例算法。《九章算术·粟米》云：“今有术曰：以所有数乘所求率为实，以所有率为法。实如法而一。”这是说如果 $a:b=c:x$，那么 $x=\frac{bc}{a}$。今有术是各种比例算法的核心，《九章算术》用它来解决各种换算问题。其他各章的大量计算最后都要归结到用今有术，故刘徽称之为“都术”，是其数学体系根本算法之一。后世又有异乘同除法，为今有术之变种。（邹大海）

斤两法 俗称“流法歌”。筹算和珠算中中国旧制斤与两（1 斤等于 16 两）的换算方法，有“斤求两”和“两求斤”两种。前者用 16 的倍数编成口诀：“斤如求两身加六。”例如，2 斤化为两，则以 6 的 2 倍加上 20，得 32 两；后者的口诀是“减六留身两见斤”，如 32 两化为斤，就从 32 两中减去 6 的 2 倍，即得 2 斤。还有将两化为斤的小数的口诀，例如，“五，三一二五”就是 5 两 =0. 3125 斤。斤两法的口诀最早见于南宋杨辉《乘除通变本末》(1274) 与元朱世杰《算学启蒙》(1299) 中。1959 年 6 月 25 日国务院颁布斤两改为十进制后，无需再用此法。（郭书春）

金箔 加工成箔状的金。河北藁城台西商代中期墓葬中出土有金箔，推测是漆器的装饰。殷墟出土的金箔，厚 0.01 毫米。春秋末到战国时期，黄金在中国使用比较普遍，箔金工艺相应有较大发展，仅河南淅川下寺二号楚墓就出土金箔 192 片。明宋应星《天工开物》记载了古代金箔的生产工艺：“凡造金箔，既成薄片后，包入乌金纸，竭力挥锤打成。”传统箔金工艺是先将金锭打成薄片，逐层夹入乌金纸中，每叠可达 2000 余张，外面再包以纸。然后在青石砧上捶 30 000 多次，可成金箔。厚度通常为 0.0003 毫米。捶打时，为了防止粘连，纸上要涂滑石粉。中国传统的金箔产地是南京、苏州、福建和佛山，清代还曾出口美洲。（苏荣誉）

金刚宝座塔 印度密宗的金刚宝座塔融入中国建筑元素形成的塔式。印度佛教密宗供奉金刚界五部佛（五方佛），在塔基上列中央大、四隅小的五座塔，象征须弥山五形，塔座上浮雕五方佛各自坐骑，以佛陀迦耶大塔为典型代表。随着印度佛教密宗传入中国，金刚宝座塔也传入我国，敦煌莫高窟壁画中提供了在北朝时中国建造金刚宝座式塔的例证，如图。它承袭、保留了五塔既有样式，藏传佛教大量采用此种塔形式。除藏、蒙地区外，明代华北也修建了一些这类塔，融入了不少中国化的元素，如真觉寺金刚宝座塔，与印度佛陀伽耶金刚宝座塔相比，底座明显加高，中间塔与四角塔的尺度逐渐接近。现存以北京真觉寺明代所建的为最早，同类塔在清代更多，著名的有北京碧云寺塔和西黄寺清净化城塔等。（沈玉枝）

敦煌 428 窟（北周）壁画中的金刚宝座塔
（《敦煌建筑研究》）

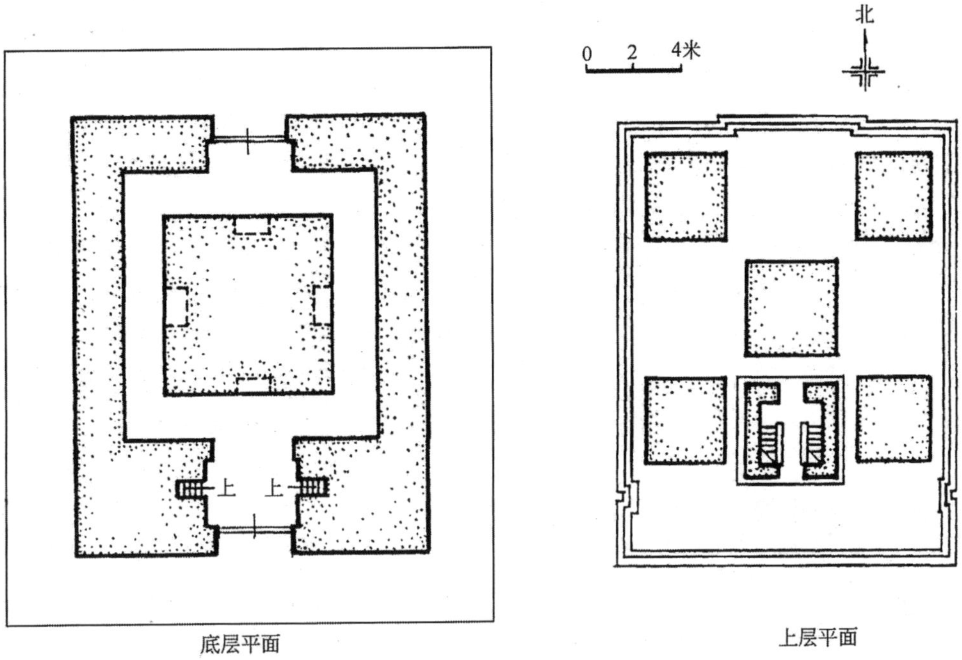

北京真觉寺金刚宝座塔平面（《中国古代建筑史》第四卷）

北京大正觉寺塔外观图（《中国塔》）

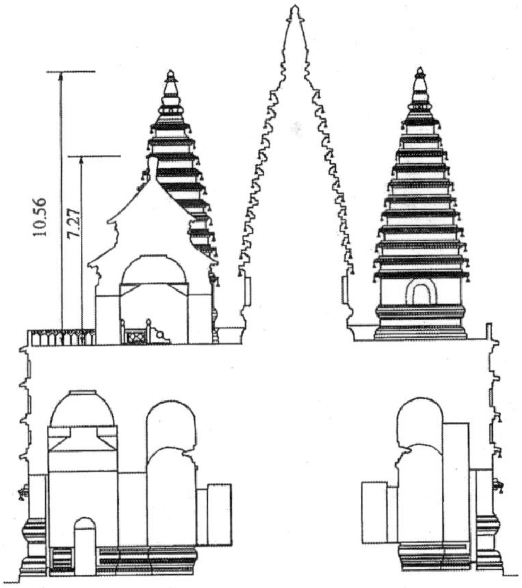

北京大正觉寺塔剖面图（《中国塔》）

金关纸 西汉古纸。1973～1974年发现于北额济纳河岸汉居延遗址的肩水金关。共计两片。其一已经揉成团，白色，尺寸约12厘米×19厘米，同出的简牍年代最晚的为西汉宣帝甘露二年（公元前52）。另一片纸色泽暗黄，含麻筋较多，质地较粗，尺寸大约11.59厘米，出土地层系汉平帝建平（公元前6）以前。金关纸的具体年代可能还需要继续研究，但作为汉代造纸的实物证据应是无疑的。（苏荣誉）

金陵机器制造局 简称"金陵制造局"或"金陵机器局"，清政府设置的较大型近代兵工厂之一。同治元年（1862），江苏巡抚李鸿章任用英国籍军人马格里（Halliday MaCat-rtney，1833～1906）在松江设立弹药厂，次年迁苏州，成立拥有少量机器设备的"苏州洋炮局"。同治四年李鸿章升任两江总督，该局乃随迁南京，改称"金陵制造局"，并予扩充。次年，李鸿章离开两江，金陵制造局仍控制在其亲信手中。光绪五年（1879）有机器厂三个，翻沙、熟铁、木作厂各两个，以及火箭局、洋药局等，能制造炮位门火、车轮盘架，子药箱具、开花炸弹、洋枪、抬枪、铜帽、大炮、水雷等。光绪十年中法战争期间，金陵制造局供给南北洋军需，给广东、云南、浙江、台湾、湖北、江西等省制造各式大炮，又新建成火药局。中法战争和中日甲午战争之后，金陵制造局得到两次扩充，机器设备改善。国民政府于1928年将其并于上海兵工厂，称"上海兵工厂金陵分厂"。（李家明）

金石 ①金银、玉石之属，即泛指矿物及岩石。《管子·水地》云："地者万物之本原，诸生之根菀也……产于金石而集于诸生……""金石"表示金属、金属矿物、金属光泽矿物、非金属矿物及一切石类。约唐麟德元年（664）成书的矿物著作——《金石簿五九数诀》记载道家炼丹所用矿物45种，描述了矿物的产地、形状、颜色、磁性、透明度、光泽、断口、鉴别方法、共生关系、用途等。南宋范成大撰《桂海虞衡志·志金石》专述矿物和岩石。明李时珍撰《本草纲目·金石部》将金石分成金、玉、石、卤4类，书中的"金石"已有金、玉、石、卤等固态"矿物"的概念。19世纪中叶至20世纪30年代用"金石"表示矿物。清同治八年（1868）美国玛高温和中国华蘅芳将美国J. D. 丹纳所著*Manual of Minerlogy*译成《金石识别》，首次明确地赋予"金石"一词以近代矿物学的内涵。1883年华蘅芳编译的中国出版的第一部矿物学名词专著亦称为《金石表》。中国古代没有"矿物"一词，卝、磺、礦、鑛等字，多指生于地中须采掘而得的材物，在某些方面具有矿物的特点。中古代有关的矿物学知识是随着采矿、冶炼、制陶等生产活动和药物研究、炼丹术的发展而逐渐积累起来。早在石器时代，人类就已利用多种矿物如石英、燧石、水晶、赤铁矿、蛋白石、玛瑙等制作工具和饰物；以后，又逐渐认识了金、银、铜、铁等矿物及矿石，从而过渡到铜器时代和铁器时代。至春秋末战国时期成书的《山海经》中列举的矿物岩石名称已多达60余种，其中磁性矿、赤铜矿、雄黄、文石等名称沿用至今。至魏晋南北朝时期，人们已使用条痕法、氧气试验法和焰色试验法来鉴定矿物。②钟声类乐器。《礼乐记》："金石丝竹，乐之器也。"③指兵器。《周礼·秋官·职金》："凡国有大故，而用金石，则掌其令。"注："作金石者，作枪雷椁之属。"（艾素珍）

金液 炼丹术语。东汉魏伯阳《周易参同契》云："金性不败朽，故为万物宝。"葛洪《抱朴子·内篇·金丹》也说："黄金入火，百炼不消；埋之，毕天不朽。"炼丹家们想方设法把黄金变成可以服食的液体，吸取它的精华，以期长生不老。他们探索出制作"金液"的各种方法。《抱朴子·内篇·金丹》记载的方法是："金液……合之用古秤黄金一斤，并用元明龙膏、太乙旬首中石、冰石、紫游女、玄水液、金化石、丹砂，封之成水。"葛洪认为："若服半两，则长生不死。万害百毒，不能伤之。可以畜妻子、居官秩，任意所欲，无所禁也。"服食"金液"虽不能长生，但古人由此摸索出一套溶解黄金的方法，是化学史上的重要成就。（王扬宗）

金银分离术 金银矿常伴生，此外还有人以其他金属掺入黄金，为了分离金银，古人炼丹家发展出几种金银分离术。一为黄矾－树脂法，见于东汉末炼丹家狐刚子所撰《出金矿图录》。此法首先对金矿沙采取一定的冶炼处理，得到含银的黄金，随后"即打成薄，用黄矾石、胡同律等分，和熔，和泥涂金薄上，炭火烧之，赤即罢。更烧，如此四五遍，即成上赤金"。此法的原理是加热黄矾会干馏出硫酸，硫酸与胡同律（一种树脂胶）反应，能产生硫黄，硫黄在高温下与金箔中的银起反应，生成黑脆的硫化银而从金箔上剥离下来，从而实现分离金银的目的。二为矾盐法，也见于《出金矿图录》的"炼锡灰坯炉法"。这是利用吹灰法冶炼金银的最早记录。矾盐法在我国沿用时间很长，明末清初方以智的《物理小识》中还有记叙。三是硫黄法，是由黄矾－树脂法发展而来的。该法省去了中间步骤，直接用硫黄在高温下参与反应，生成硫化银，从而达到分离金银的目的。宋代炼丹术著作《修炼大丹要旨》上卷提到的"分庚银法"即此法："将淡金作汁，先用些小硫擿之提起，候冷，次下前药盖面，上头用陈壁土和盐盖头，又用小锅盖之，铁线扎缚封固，通身用泥固之，大火鞴得十分好。候冷，破锅取出。其金作一块在内，银在外包了。打去外银，仍将金用前法……再用药一半，再如此鞴之，又如前去银……其金方净。"元明时期，这种简易分离法十分流行。四为矾硝法与矾硝盐法，此法实质上已接近于使用硝酸。五为硼砂法。此法兴起于明代，《天工开物·五金》记载："欲去银存金，则将其金打成薄片煎（剪）碎，每块以土泥裹涂，入坩埚中，鹏砂（即硼砂）熔化，其银即吸入土内，让金流出，以成足色。然后入铅少许，另入坩埚内勾出土内银，亦毫厘具存也。"其实质是利用硼砂与白银作用生成硼酸银，硼酸银熔后渗入土中，达到分离金银的目的。而铅与硼酸银共热，则很容易将银重新置换出来。（王扬宗）

金鱼选育 中国是金鱼的故乡。金鱼的祖先是"金鲫"，早在北宋就受到人们的注意。南宋金鱼逐渐成为中国人的观赏动物。南宋岳飞之孙岳珂《桯史》云："今中郡有豢养鱼者，能变鱼以金色，鲫为上，鲤次之。贵族多凿石为池，置之檐牖间，以供玩。问其术，秘不肯言。或云以圜市洿渠之小红虫饲鲦鱼百日皆然。初白如银，次渐黄，久则金矣。未暇验其信否也。又别有雪质黑章，的皪若漆，曰玳瑁鱼，文采尤可观。"金鲫鱼从放生池进入家池，便完全走上了家化的道路。它的生长发育和繁衍，都受到人类的巨大影响。1241年戴植《鼠璞》云，金银两种鲫鱼"鱼子多自吞吐，往往以萍草置池上，待其放子，涝起曝干，复换水复生鱼”，可见当时金鱼繁殖已在人工控制下进行。从13世纪到16世纪，金鱼由池养逐渐改为盆养。盆养金鱼方便了人们对金鱼的观察和研究。养鱼技术也在不断改进。清代张谦德《朱砂鱼谱》说：“大都好事者养硃砂鱼（金鱼）亦犹国家用材然，蓄类贵广，而选择贵精。须每年夏间市取数千头，分数十缸饲养。逐日去其不佳者，百存一二，并作二三缸蓄之。加意培养，自然奇品悉具。”从16世纪中叶到17世纪中叶不断培养出五花、双尾、双臀鳍、长鳍、凸眼、短身等新品种。到19世纪，人们已经知道进行有意识的人工选择。1848年《金鱼图谱》说:“咬子（按：即交配）时雄鱼须择佳品，与雌鱼色类大小相称。”从1848年到1925年又培育出黑龙眼、狮头、鹅头、望天眼、水泡眼、绒球、翻鳃、紫、蓝、球鳞等10个品种，近年来变异品种更多，估计达160多种。达尔文在《物种起源》中系统描述了中国关于金鱼人工选择的过程和原理。1502年，中国金鱼传入日本，1611年传入葡萄牙，1728年由于荷兰人工繁殖成功，遍及欧洲，1900年以后，美国先后由日本和中国引进金鱼品种。现在金鱼已经成为世界人民普遍喜爱的观赏动物。（汪子春）

津液　中医学术语。①人体体液的一部分，是饮食精微通过胃、脾、肺、三焦等脏腑的共同作用而化生出来的营养物质。《灵枢·五癃津液别》云：“五谷之津液，和合而为膏者，内渗于骨空，补益脑髓，而下流于阴股。”津和液通常并提，但二者性质、分布和功能等略有所不同。《灵枢·五癃津液别》云：“津液各走其道，故三焦出气，以温肌肉，充皮肤，为其津；其流而不行者为液。”其较清稀者为津，或行脉内，为血液补充水分，并作为血的组成成分；或行脉外，遍布全身，以营养各器官组织。津出于腠理则为汗，下降于膀胱即为尿。《素问·灵兰秘典论》云：“膀胱者，洲都之官，津液藏也。”《灵枢·决气》云：“腠理发渣，汗出溱溱，是为津。”其较为稠厚者为液，濡养关节、脑髓和目耳等孔窍及皮肤。《灵枢·决气》云：“谷人气满，淖泽注于骨，骨属曲伸，泄泽补益脑髓，皮肤润泽，是谓液。”②泛指一切体液及其代谢产物。《灵枢·五癃津液别》云：“其液别为五：天寒衣薄，则为溺为气；天热衣厚，则为汗；悲哀气并，则为泣；中热胃缓，则为唾。”③专指唾液。《灵枢·胀论》云：“廉泉、玉英者，津液之道也。”（张志斌）

锦　采用联合组织或复杂组织制织的重经或重纬的多彩提花丝织物。《说文》：“锦，金也。作之用功重，其价如金，故惟尊者得服之。”锦按显花方式有经锦和纬锦之分。经锦采用重经组织，以经线起花。纬锦采用重纬组织，以纬线起花。汉以前的锦均为经锦，这种锦通常以两组或两组以上的经线和同一组纬线交织，经线多为二色或三色，纬线分交织纬和夹纬，夹纬把表经和里经分隔开，靠织物正面的经浮线显花。隋唐以来，纬锦大量生产，并逐渐成为主要的织锦方式。纬锦是用两组或两组以上的纬线和同一组经线交织，经线有交织经和夹经，用织物正面的纬浮线显花。经锦和纬锦具有不同的织造效果，织造时，经锦只用一把梭子；纬锦用梭较多，但它可在不改变经线和提综程序的前提下，只改变纬线的颜色，就能织出花型相同颜色各异的图案。纬锦的出现和普遍应用是织锦技术的一大进步。锦的出现对纺织机械、织物组织甚至整体纺织技

术的发展，影响极为深远。织锦技术的高低，可反映各个时期或各个地区的纺织技术水平。（赵翰生）

浸染 多次染色法。《尔雅·释器》："一染谓之縓，再染谓之赪，三染谓之纁。"《考工记·钟氏》："三入为纁，五入为緅，七入为缁。"以上色名縓、赪、纁、緅、缁，随着入染次数的增加，色调由浅至深。入染次数与每次要求达到的色名规定明确，可知染色已有工艺标准。浸染不仅指直接染，也包括媒染、还原染等。《天工开物·彰施》："蒲萄青色。入靛缸深染。苏木水深盖。"深染即多次浸染使颜色加深，深盖即反复媒染。（朱冰）

禁 中医学术语。①通噤，指口噤不开。《素问·至真要大论》："诸禁鼓栗，如丧神守，皆属于火。"②闭结不通或活动不利。《素问·六元正纪大论》："太阳所至，为流泄禁止。""关节禁固。"③控制。《丹溪心法》："脾泄日久，大肠不禁，此脾已脱。"④禁忌。指在治疗及调养过程中需要避免的一些注意事项，如药物的配伍禁忌，指如配伍使用可能产生毒副作用或降低疗效的药物；妊娠食物及药物禁忌，指孕妇如服用或食用某些药物或食物可能对母子不利；禁针穴及禁灸穴，指在某些穴位施行针或灸治疗可能引起不良后果；治禁指有些治法不适宜施用于某种疾病，如出血病人禁大发汗、虚弱病人禁猛烈攻下等。⑤禁科。古代医学分科之一，或称祝由科。使用祝祷及符咒禳病一类的方法来治病。从唐代四科开始，宋代、元代均设有书禁或祝由科，至明代后期的十一科中被淘汰。（张志斌）

京师大学堂 中国近代最早的国立大学。光绪二十四年（1898）7月开办于北京，为戊戌变法的"新政"措施之一。光绪二十二年刑部左侍郎李端棻上疏提出设京师大学堂。光绪二十四年康有为在《请开学校折》中重申此议。军机处、总理各国事务衙门委托梁启超草拟京师大学堂章程上报，旋令孙家鼐任管学大臣。初以"广育人才，讲求实务"为宗旨，议设道学、政学、格致、农、工、商等10科。戊戌政变后，实际只办了诗、书、易、礼四堂及春秋两堂，每堂不过十余人，仍类旧式书院。1900年遭八国联军破坏而停顿。1902年复校，并将京师同文馆并入，派张百熙为管学大臣，增设预科（政科、艺科）及速成科（仕学馆、师范馆），1903年增设进士馆、译学馆及医学实业馆。同年，改管学大臣为学务大臣，统管全国学务，另设总监督，专管京师大学堂事宜，派张亨嘉为总监督，京师大学堂遂成为单纯的高等学校。宣统二年（1910）改设经、法、文、格致、农、工、商7科，1912年改称北京大学。（李家明）

京师同文馆 清末洋务派兴办的第一所新式学堂。洋务运动兴起后，急需外语人才，由恭亲王奕䜣等奏请，于1862年在北京设立，附设于总理各国事务衙门。初为培养译员的专门学校，最早仅设英文班，后相继增设法文、俄文、德文、日文班。1866年，奕䜣建议增设天文、算学课程，拟从满汉秀才、举人等有科名者中招考生徒，聘请外国人教授数学、天文等科学知识，遭到以大学士倭仁为首的保守势力的阻挠和抵制，虽开办了天算教育，但未能实现其初衷。以后又陆续增添了格物、医学等课程。到光绪二年（1876），其学生分为两种：一是由外文而兼习天文、化学、测地等学者，8年毕业。二是年岁稍长，招取30岁以下的满汉举人及五品以下京外官员等，不习外语，专习天算、化学以及其他西学课程，5年毕业。1869年，聘美国教士丁韪良为总教习，徐树琳任汉文教习，李善兰为算学教习。1896年，御史陈其璋奏请整顿同文馆，重订课程计划，前5年课程相当于中学，侧重学习外语，后3年课程为大专程度，偏重学习科学技术知识。考试制度分：月考，每月初一举行；季考，于二、五、八、十一月初一举行；岁试，每年十月定期面试；大考，每三年举行一次，由总理衙门举行。同文馆师生翻译了十余种科学著作，如总教习丁韪良的《格物入门》、《格物测算》、《西学考略》，天文教习费礼饬的《中西合历》，化学教习毕利干的《化学指南》、《化学阐原》，天文教习骆三畏的《天学发轫》等。其中一些在当时流传颇广，对传播近代科学知识有所贡献。光绪二十八年（1902），该馆并入京师大学堂。（李家明）

经具 亦叫经架，整经机具。其作用是将许多籰子上的丝，按需要的长度和幅度，平行排列地卷绕在经轴上，以便穿筘、上浆、就织。其形式可分为经耙式和轴架式两种。经耙式出现的时间较早，是古代主要的整经形式，《天工开物·乃服》“溜眼掌扇经耙图”载有经耙图示。整经时，事先排列许多丝籰于导丝用的有过眼的竹棍下，将丝头分别穿过过眼和分绞用的掌扇，而总于牵经人之手，理掳就绪，再交于另一牵经人，该人来回交叉地把丝缕挂于牵经架子上，达到需要的长度后，将丝缕取下卷在卷经用的引架上，然后穿过梳筘与经轴相系，如要浆丝，就在此时进行，如不浆丝，就直接卷在经轴上。轴架式整经出现在宋代，其整体结构在南宋楼璹《耕织图》中有详明的图示。整经时，将排列在横木下的丝引出丝绪，分别穿过横木上的过眼以及分绞用的掌扇，绕在经架上。经架的形制是两柱之间架一可转动的框架，框轴固连一手柄。一人转动手柄，一人用掌扇理通纽结的经丝，使丝均匀地绕在框架上后，再翻转在经轴上。轴架式整经一直习用到近代，它的工作原理，几乎与现代大圆框式自动整经机完全相同。（赵翰生）

经络 即经脉和络脉的统称，是人体运行气血、联络脏腑、沟通内外、贯串上下的通路，同时也有可能成为外邪侵入人体的渠道。其中纵行的干线，位置很深，常不可见，称为经脉，是经络系统中的主干，全身气血运行的主要通道，包括十二经脉、奇经八脉，以及附属于十二经脉的十二经别。从经脉分出遍布于全身的分支脉络，比较浅表，体表可见，称为络脉，具有加强表里经脉的联系、通达经脉未能经过的部位等功能。《灵枢·经脉》云：“脉道以通，血气乃行。”“何以知经脉与络脉异也？黄帝曰：经脉者常不可见也，其虚实出，以气口知之。脉之见者，皆络脉者也。”络脉又有别络、浮络、孙络之分。从十二经脉、任脉、督脉等经脉别行分出的较大络脉主干称别络；循行于人体浅表部位且常浮现的络脉称为浮络；最细小的络脉称为孙络。如外感六淫邪气，则先由皮肤从最细小的孙络逐步侵入大经脉。《素问·调经论》云：“风雨之伤也，先客于皮肤，转入于孙脉，孙脉满则传入络脉，络脉满则输于大经脉。”（张志斌）

经水 中医药术语。①比喻人身经脉之气。《素问·离合真邪论》：“天有宿度，地有经水，人有经脉。天地温和，则经水安静；天寒地冻，则经水凝泣；天暑地热，则经水沸溢，卒风暴起，则经水波涌而陇起。”②月经的别称。《金匮要略·妇人病脉证并治》：“妇人之病，因虚积冷结气，为诸经水断绝。”《诸病源候论》：“利血者，经水亦断。所以尔者，津液减耗故也。”《医学心悟》：“假如脏腑空虚，经水淋漓不断，频频数见。”（张志斌）

经纬仪 测量天体经、纬度坐标的天文仪器。天文坐标有黄道坐标、赤道坐标和地平坐标之分，相应地有黄道经纬仪、赤道经纬仪和地平经纬仪三种类型。黄道经纬仪的主要结构有子午圈、极至圈、黄道圈、黄道经圈和通轴。子午圈用支撑安放在正南北方向。子午圈内为极至圈，为通过南、北极和冬、夏至点的大圈，在两极位置用钢轴和子午圈密合连接，可以绕轴转动。至极圈中腰横置黄道圈，和至极圈合为一体。在至极圈上离南、北极各二十三度多处置黄道南北极轴孔，安有黄道经圈，内有通轴贯穿南、北黄极。用黄道经纬仪测量某星的经纬度，先要选定一颗黄道经纬度坐标已知的星作为参照星，据此调整仪器以确定黄道位置，然后就可以测出某星的经纬度。赤道经纬仪的结构和黄道经纬仪类似，其基本圈为子午圈、赤道圈、象限弧和赤经圈，观测方法也类似。地平经纬仪是把地平经仪和地平纬仪（即象限仪）合成一个仪器。基本结构有地平圈、象限环和窥管。现存于北京古观象台这三类仪器有黄道经纬仪、赤道经纬仪、地平经仪、地平纬仪（象限仪）和地平经纬仪。其中前四件仪器是清政府于康熙八年至十二年（1669～1673）命来华比利时传教士南怀仁督造的。地平经纬仪据《仪象考成》所载，是康熙五十二年（1713）纪理安所造，但是据《清会典》则系在康熙五十四年制造。又有人根据仪器的特征，认为是在法国制造的，是法王路易十四赠给康熙的礼品，由纪理安带到中国，并冒充为他本人所造。（孙小淳）

经星 中国古代把恒星叫做“经星”，和称做“纬星”的行星相对。“经”是“常”、“恒”、“不变”的意思。《春秋·谷梁传》曰：“列星曰恒星，亦曰经星。”《汉书·天文志》载：“凡天文在图籍昭昭可知者，经星常宿中外官凡百一十八名，积数七百八十三星。”把恒星称做“经星”大约从汉代开始。汉代经学流行，把《诗》、《易》、《春秋》等称为“经”，把对“经”的注释和发挥叫做“纬”。恒星的位置是固定不变的，因而可以称为“经星”；行星位置是移动的，因而可以称为“纬星”。我国古代关于恒星的起源，大致有三种说法：一是物精说。例如，《管子·内业篇》载：“凡物之精，比则为生，下生五谷，上为列星。”二是水生说。三国时吴国人杨泉在《物理论》中说：水“吐元气”，“气发而生，精华上浮，宛转随流，名之曰天河，一曰云汉，众星出焉”。三是日生说。《春秋·说题辞》说：“星之为言精也，阳之荣也，阳精为日，日分为星，故其字日生为星。”这些解释都是类比附会性质的。（孙小淳）

经幢 刻有经文的石柱，一般多为八角形，也有六角、四角的，可分为幢座、幢身、幢顶三部分，分别雕刻，逐级累建而成。幢顶上刻垂幔等图案，柱身雕刻《佛顶尊胜陀罗尼经》、《多心经》等佛经或佛像，又称“石幢”、“八楞碑”、“八佛头”、“宝幢”、“花幢”等。盛行于唐朝中期至五代辽金，后再传至朝鲜、日本。幢原为一种丝帛制成的伞盖状物，顶装摩尼宝珠，悬于长杆，供养佛前。据

《佛顶尊胜陀罗尼经》载，此经书写幢上，幢影映于人身，则可不为罪垢染污。初唐开始用石头模仿丝帛经幢，称为陀罗尼经幢。最早实例是陕西富平永昌元年（689）幢。唐代经幢多为仿木结构，在幢顶和幢座上雕出栏杆、斗栱等构件，如建于唐咸通六年（865）的浙江安国寺经幢高约7米，八角形，幢座以仰莲承托幢身，镌刻有“九山八海”及束腰浮雕蟠龙等图案，周围勾栏、腰檐、斗栱等均为石构仿木构，幢身刻《佛顶尊胜陀罗尼经》和其他佛教故事，幢顶翼角起翘，勾头滴水，出檐深远。宋代以后，经幢的造型日趋华丽，表面的镌刻内容也越来越丰富，除了经咒之外，还雕刻了各种佛陀、菩萨、金刚和世俗人物的生动形象，如宋代的河北赵县陀罗尼经幢、昆明地藏寺经幢。经幢多放置在佛寺大雄宝殿或天王殿前的院落中，全国现存有600多幢。（沈玉枝）

惊风　病名，儿科常见疾病之一。唐以前将本病归入痫证中，宋代《太平圣惠方》才定惊风之名。因其表现具有《内经》所云之“风性善行数变”及“诸暴强直，皆属于风”的病机特点，故名。明代龚瑞芝《古今医鉴》认为，惊风以搐、搦、掣、颤、反、引、窜、视八大典型症状为特征。《太平圣惠方》根据惊风起病急慢的不同，又将其分为急惊风与慢惊风两种。急惊风指发病急暴，常伴有壮热、烦渴等症者。病因病机比较复杂，据明代丁风《医方集宜》的总结：“盖因内有积热，外受风寒，心受热而积惊，肝生风而发搐，以致痰涎壅塞，口噤无知。”治疗急惊风则治标，可以重掐手法，掐人中、印堂、合谷等穴位，并以至宝丹等开窍醒神为急治。慢惊风一般发病缓慢，无热，抽搐时发时止，缓慢而无力，常出现在大病、久病之后，或因小儿脾胃虚弱、肝失濡养所致。明代王肯堂《幼科证治准绳》中也将因脾虚引起的慢惊风称为慢脾风。治疗均以补益柔肝为主，前者偏于培补元气，后者偏于调补脾胃。（张志斌）

精　①泛指构成人体和维持生命活动的基本物质。《素问·金匮真言论》：“夫精者，身之本也。”由饮食水谷化生的精微物质，又称水谷之精，或者后天之精。《灵枢·大惑》：“五脏六腑之精气，皆上注于目而为之精……精散则视歧。”②生殖之精。包括秉受于父母的先天之精与后天饮食化生的五脏六腑之精，二者相结合，藏于肾脏，到一定的年龄，则可成熟而为生殖之精，并随着年龄的衰老而衰败。《灵枢·决气》：“两神相搏，合而成形，常先身生，是谓精。”《素问·上古天真论》：“丈夫……二八肾气盛，天癸至，精气溢泻，阴阳和，故能有子。……七八肝气衰，筋不能动，天癸竭，精少，肾脏衰，形体皆极。”（张志斌）

精气　亦称正气或真气，先秦时一种重要学说。指一种精灵细微的气，是构成人体和维持生命活动的基本物质，是生命和智慧的根源。《易·系辞上》：“精气为物，游魂为变。”孔颖达疏：“云精气为物者，谓阴阳精灵之气，氤氲积聚而为万物也。”《素问·通评虚实论》：“邪气盛则实，精气夺则广。”《灵枢·刺节真邪》：“真气者，所受于天，与谷气并而充身也。”《管子·内业》进一步提出“精气”说，“精也者，气之精也”，又云：“凡人之生也，天出其精，地出其形，合此为人。”“凡物之精，此则为生。下生五谷，上为列星，流于天地之间，谓之鬼神，藏于胸中，谓之圣人。是故此气，杲乎登于天，杲乎如入于渊，淖乎如在于海，萃乎如在于屺。”意为自然界一切东西皆由精气而存在，地下五谷、天上星辰皆是由精气而产生的。精气流行在天地之间就有了鬼神（指精气流行变化）。精气深藏在人们的胸中，就成为圣人。它的光耀像在天上，幽微像在深渊，湿润似海，峭拔如山。还有学者认为人的精神也由“气”构成。东汉王充《论衡·论死》：“人之所以生者，精气也。”清代戴震《原善·绪言下》：“知觉者，其精气之秀也。”（李家明）

景符　元初郭守敬发明的一种用以准确测定表影长度的天文测量器具。一般方法测量表影，无法解决由日光漫射而导致的“表高则影虚而淡”的困难。郭守敬的景符是一片薄铜片，中央有一小孔。铜片安装在一个架子上。铜片的一头可以斜撑起来，角度可以自由调节。把架子在圭面上前后移动，当太阳、横梁、小孔三者成一直线时，在圭面上可看到一个米粒大的太阳像，中间还有一条细而清晰的梁影。在梁影平分太阳像时，所得的是日面中心照射表端而成的影长。这样就解决了影虚不能精确测量影长的困难，大大提高了观测精度。（孙小淳）

镜　光学器具之一。与“鉴”通用。形似大盆，用以盛水或冰，巨大的或作为浴器。盛行于东周。仰韶文化时期，以陶盆盛水作镜，以观人面。青铜时代以青铜铸镜，称为铜镜，也称为鉴。《新唐书·魏徵传》：“以铜为鉴，可正衣冠。”青铜是铜、锡、铅的合金。锡在合金中起着加强硬度和增加表面光泽的作用。光亮的程度还决定抛光加工精细工艺。铜镜背面采用浮雕、透雕、错金银（即用金属丝镶嵌的特种工艺）等多花纹、神话传说和人文图案。镜有凸面镜、凹面镜、凸透镜、凹透镜、平光镜等多种。最常用和最常见的是平面镜。平面镜成像是光线反射的结果。平面镜在《墨经》中称为“临鉴”，其成像规律，书中写道：像只有一个；像的形状、颜色、远近、正倒，都同于物体；像与物有对称关系。近代常用的镜子是在玻璃背面涂上水银制成的。（李家明）

九道术　中国古代月亮运动理论，是推算近点月的一种方法。西汉时刘向首先提出九道术，其《五纪论》说：“青道二出黄道东，白道二出黄道西，黑道二出北，赤道二出南。”《汉书·天文志》说得更清楚：“日有中道，月有九行。”“月有九行者：黑道二，出黄道北；赤道二，出黄道南；白道二，出黄道西；青道二，出黄道东。立春、春分，月东从青道；立秋、秋分，西从白道；立冬、冬至，北从黑道；立夏、夏至，南从赤道。”这是将月亮的运动轨道的变化简单地分为九条行道，即黄道一、青道二、赤道二、白道二、黑道二。九道在天文学上有两种意思：一是以为和白道和黄道交点的西退有关，认为黄、白交点一月退 1°余，18 年半八行一周，每二道行 4 年半，清代学者多主此说；一是以为九道术和近点月的推算有关，月亮近地点每经过 1 个近点月，就前进 3°，由此可推得 9 年近地点就回到原处。后者比较合理。西汉末刘向提出近点月的概念。东汉时天文学在论述月行迟疾时多次提到九道术。《后汉书·律历志》记载：“永元中（公元 100 年前后），复令史官以九道法候弦望，验无有差跌。”又记载“贾逵论历”说：月近地点“一月移故所疾处（即原来的近地点）三度，九岁九道一复”。这是明说九道和月行迟疾有关。由于资料缺乏，现在无法知道九道术的具体推算方法。东汉后期，改用九道术的呼声很高，有人试图用九道术来推算实际月行位置，以期更准确地预报交食。但由于交食的理论还处于发展的初期，太阳运动的不均匀性还未被发现，九道术本身还很粗略，所以预报常有不合，因此关于九道术的争论不断。后来刘洪创月行三道术，在具体计算上比九道术有很大的改进。（孙小淳）

九归 1～9 的一位除数的除法口诀。归是一位除法，例如，元朱世杰《算学启蒙》（1299）的三归口诀“三一三十一”就是 10 除以 3 商 3 余 1。六归口诀“六一下加四”就是 10 除以 6 商 1 余 4，其中第二个“一”既是被除数，又是商数；“逢六进一”就是 6 除以 6，商 1，口诀中省略除数 6。原由筹算产生，后施用于珠算，沿用至今。杨辉《乘除通变本末》（1274）、朱世杰《算学启蒙》对此有先后总结，明代柯尚迁、程大位等稍加增删。原从二归“二一添作五”起到九归的“逢九进一十”凡 37 句，后将九归的“九归随身下，逢九进一十”改为“九一下加一，九二下加二……九八下加八，逢九进一十”，遂成 44 句。（郭书春）

九九 （1）数学术语。①又称九九表，中国古代数学乘法表诀，因始于九九八十一，与现在次序相反，故名。元朱世杰《算学启蒙》（1299）“释九数法”亦指此，但已改为自“一一如一”开始，与今次序相同。因九九为乘法之关键，故亦指乘法。其起源时代待考。《管子·轻重》、刘徽《九章算术·注序》等皆谓伏羲作九九，只是传说，但说明其源非常久远。《说苑·尊贤》、《三国志》卷二十一裴松之注引《战国策》等载齐桓公（公元前 685～前 643）求贤纳士，有以能九九之术自荐者，桓公使人戏之曰：“九九足以见乎？”其人答曰：“九九薄能耳，而君礼之，况贤于九九者乎？”足见春秋时期九九早已成为一般技能。《管子》、《荀子》等先秦典籍引有九九表的若干片断。2002 年发掘的湘西里耶秦代古井出土了完整的“九九”表。九九为计算之基本知识，与算筹相结合，大大方便了古代复杂的计算，适应了中国古代数学注重计算的需要。九九乘法口诀已成为今天小学必学数学基础知识。（邹大海）②指数学。1279 年，元李冶病革，谓其子曰：“吾平生著述，死后尽可燔去。独《测圆海镜》一书，虽九九小数，吾常精思致力焉，后世必有知者。”（郭书春）

里耶九九竹简

（2）气象术语。中国古代节令名。有冬九九和夏九九之分，是从冬至（或夏至）算起的 9 个九天，共 81 天的总称。冬至（或夏至）后第一个九天称头九（或一九），以后依次为二九、三九……九九。它表示寒冷（炎热）季节的气温由冷（热）降至严寒（升到酷热）然后转暖（凉）的情况。通常所说的“九九”是指冬九九。梁代宗懔《荆楚岁时记》中记有：“俗用冬至日数九九八十一日为寒尽。”“九九”起源于黄河流域，后传播到全国，因而有不同的内容。为了反映各地“九九”期间的自然季节的变化过程，民间流传有九九歌谚。北方为“一九二九不出手；三九四九冰上走；五九六九河边看柳；七九河开，八九燕来，九九加一九，耕牛遍地走”（元末明初·娄元礼《田家五行·气候类》）；江南为“一九、二九，相见弗出手；三九二十七，篱头吹筚篥；四九三十六，夜眠如鹭宿；五九四十五，太阳开门户；六九五十四，贫儿争意气；七九六十三，布衲担头担；八九七十二，猫儿寻阴地；九九八十一，犁耙一齐出”（元末明初·娄元礼《田家五行·气候类》）。（艾素珍）

九窍 指头部耳、目、鼻、口七窍及前、后阴，出《黄帝内经》。《素问·阴阳应象大论》：“六经为川，肠胃为海，九窍为水注之气。”马莳注曰：“头有七阳窍，下有二阴窍，人身只有此九窍耳。”（张志斌）

九数 六艺之一，周朝贵族子弟教育中数学课程的九个部分。《周礼·地官司徒》云：“保氏掌谏王恶而养国子以道，乃教之六艺：……六曰九数。”但未列举其内容。郑玄《周礼注》引郑重曰：“九数：方田、粟米、差分、少广、商功、均输、方程、赢不足、旁要。今有众差、勾股也。”但这未必是周初的九数。公元3世纪刘徽《九章算术注序》云：“周公制礼而有九数，九数之流，则《九章》是矣。往者暴秦焚书，经术散坏。自时厥后，汉北平侯张苍、大司农中丞耿寿昌皆以善算命世。苍等因旧文之遗残，各称删补。”可见，最晚在战国时代已有二郑所说的前九项，并且成为当时存在的某种形式的《九章算术》的主体。西汉张苍、耿寿昌整理《九章算术》，将“差分”改称“衰分”，“旁要”扩展为“勾股”。“九数”构成了中国传统数学的主要框架。（郭书春）

九针 中医针灸术语。①古代针具名，指镵针、员针、鍉针、锋针、铍针、员利针、毫针、长针和大针等九种针具的总称，出《黄帝内经》。《灵枢·九针》：“一曰镵针者，取法于巾针，去末寸半，卒锐之，长一寸六分，主热在头身也；二曰员针，取法于絮针，筩其身而卵其锋，长一寸门分，主治分间气；三曰鍉针，取法于黍粟之锐，长三寸半，主按脉取气，令邪出；四曰锋针，取法于絮针，备淇身，锋其末，长一寸六分，主痈热出血；五曰铍针，取法于剑锋，广二分半，长四寸，主大痈脓，两热争者也；六曰员利针，取法于氂针，微大七曰毫针，取法于毫针，长一寸六分，主寒热痛痹在络者也。八曰长针，取法于綦针，长七寸，主取深邪远痹者也；九曰大针，取法于锋针，其锋微员，长四寸，主取大气不出关节者也。”九针的形状、用途各不相同，须根据病情适当选用，方可去病。《灵枢·官针》云：“九针之宜，各有所为，长短大小，各有所施也，不得其用，病弗能移。”又曰：“病在皮肤无常处者，取以镵针于病所，肤白勿取；病在分肉间，取以员针于病所；病在经络痼痹者，取以锋针；病在脉气少当补之者，取之鍉针于井荥分输；病为大脓者，取以铍针；病痹气暴发者，取以员利针；病痹气痛而不去者，取以毫针；病在中者，取以长针；病水肿不能通关节者，取以大针。”②古代针法名。出《黄帝内经》。《素问·针解篇》曰：“虚实之要，九针最妙者，为其各有所宜也。补泻之时者，与气开阖相合也。九针之名，各不同形者，针穷其所当补泻也。”九种针法是：“一针皮，二针肉，三针脉，四针筋，五针骨，六针调阴阳，七针益精，八会除风，九针通九窍，除三百六十五节气，此之谓各有所主也。”（张志斌）

九州 地理学术语。①古代中国传说中的行政区划，具体所指说法不一。《禹贡》九州为冀、豫、雍、扬、兖、徐、梁、青、荆；《尔雅·释地》中的九州无青、梁，有幽、营；《周礼·职方》中的九州无徐、梁，有幽、并。九州为理想的行政区划，实际上并未实行过。汉代还出现过十二州的说法，如西汉的谷永（《汉书·谷永传》）、东汉的马融等，但影响不大。②战国邹衍（或称驺衍，公元前305～前240）提出的一种有关世界地理分区的猜想：“以为儒者所谓中国者，于天下乃八十一分居其一分耳。中国名曰‘赤县神州’，赤县神州内自有九州，禹之序九州是也。不得为州数。中国外，如赤县神州者九，乃所谓九州也。于是有裨海环之，人民禽兽莫能相通者，如一区中者，乃为一州。如此者九，乃有大瀛海环其外，天地之际焉。”（《史记·孟子荀卿列传附邹衍传》）《淮南子·地形训》记载了九州州名：“东南神州曰农土，正南次州曰沃土，西南戎州曰滔土，正西弇？州曰并土，正中冀州曰中土，西北台州曰肥土，正北泲州曰成土，东北薄州曰隐土，正东阳州曰申土。”为区别于神州内的九州，一般都称之为大九州。由于“大九州”说是以中国九州为基础，推衍出的一种世界地理面貌的模型，曾长期被视做荒诞不经之谈，排斥在传统思想之外。直到15世纪末16世纪初地圆说传入中国后，才得到了一些人的理解。“大九州”是中国古代较为少有的海洋开放型地球观，是一种进步的学说。然而，它是建立在我国根深蒂固的地平大地观基础上的，因此比欧洲传统的大地球形观要落后。（艾素珍）

居庸关 明万里长城最负盛名的雄关之一。设自秦朝，后又几经增修。坐落在燕山支脉军都山的一条深谷隘路中，自东南向西北曲折延伸，长约25公里，两旁山岭夹峙，南北两口之间，筑有三道重关，经明初改建后，成为保卫北京北部安全的门口。居庸关居三关之中，是三关中之主关，周长500米，用城砖与条石砌筑，高10.5米，底壁厚11.5米，顶收壁厚9.5米，南北各开一门，门外各筑瓮城。关城隘口为八达岭，地势险峻，居高临下，岭外为开阔平川。弘治十八年（1505），在岭口筑小城，墙高7.5米，厚

居庸关

4 米，两侧城墙随山势翘升，东连灰口岭，西接白关口，有“一夫当关，万夫莫敌”的天险之称。关南有口为南口镇，筑有堡城，是隘路的最后一道防线。八达岭北 2000 米处筑有一座用作前卫的“岔道城”，设南西北三门，城南与南山相连，西北的山口两侧筑有墩台，城北高地筑有一段带形墙作掩护。这些配套建筑前后呼应，使居庸关成为一处由前卫阵地、主阵地、后卫阵地组成的大纵深、多层次的防御区域，是天然险要与先进筑城技术相结合的杰作。（王兆春）

桔槔　最迟在春秋战国时期出现的提水灌溉工具。明罗颀《物原》说桔槔为商汤（约公元前 18 世纪，为一家之说）的贤臣伊尹所发明：“伊尹始作桔槔。”《庄子·天运》：“且子独不见夫桔槔者乎？引之则俯，舍之则仰。”同书《天地》篇曰：“子贡南游于楚，反于晋，过汉阴，见一丈人方将为圃畦，凿隧而入井，抱瓮而出灌，搰搰然用力其多而见功寡。子贡曰：‘有械于此，一日浸百畦，用力甚寡而见功多，夫子不欲乎？’为圃者仰而视之曰：‘奈何？’曰：‘凿木为机，后重前轻，挈水若轴，数如泆汤，其名为槔。’”即将一根横木支撑在一根柱子上，使横木一边长一边短，即成简单的桔槔。它利用的是杠杆原理，作为取水工具用于改变力的方向；但也可用于改变力的大小，只要将其长臂当做人施拉力的一端即可。《墨子·备穴》还记录了用于挖凿的“颉皋”（桔槔）。大概墨翟在桔槔长臂端装上刀具，利用桔槔吊杆的冲击力将坚土凿松。桔槔还用于古代烽火台升起火炬、抛石机、攻城用的“木幔车”助兵卒越城墙。（曾雄生　王允红）

桔槔

菊花　花卉名，原产于中国。开黄色的野菊花古时被视为一种物候植物，《夏小正》有夏历九月“荣菊”的记录。《礼记》也说“季秋之月，菊有黄华”。最初菊被人们作为药用和食用植物，后来又逐渐成为观赏植物。至唐爱菊风盛。《辇下岁时记》曰：“九月，宫掖间争插菊花，民俗尤甚。”宋代菊花生产有很大发展，刘蒙《菊谱》描述了 35 个菊花品种，并认识到菊花容易发生变异。当前，菊花之所以品种众多，都是对变异进行不断选择的结果。明代高濂《菊花谱》著录菊花 185 个品种。王象晋《群芳谱》则著录 270 多个。大约公元 4 世纪，中国菊花传入朝鲜和日本，17 世纪传入荷兰，1784 年、1795 年先后传入法国、英国，大约在 19 世纪中叶传入美洲一带，现已遍布全球。（汪子春）

距度 中国古代在以二十八宿为参考星的天文坐标系中，从每宿中选定一颗星作为精细测量天体坐标的标准，叫做这个宿的距星，下宿距星和本宿距星之间的赤经差，叫做本宿的赤道距度，简称距度。赤道距度循赤经圈往黄道上的投影所截取的黄道度数叫做黄道距度。某宿的距度就是指某宿所占天区的宽度。二十八宿的距度，在汉以前就当有测定。1977 年安徽省阜阳地区出土一件西汉初年刻有二十八宿距度的圆形漆盘，其距度和在汉时称为“古度”的距度值相同。汉代的“今度”，是指西汉后期测定的距度，大概是在太初改历前后测定的，在《淮南子·天文训》有记载。古、今距度不同，同岁差没有太大关系，因为距度是赤经差，其随岁差的变化相对于赤经的变化来说是二级小量，变化很小。距度不同是由于选择不同的距星造成的。二十八宿距度往往在历法推步中用到，历代对二十八宿距度都有测量。（孙小淳）

卷轴装 中国古书装帧形式之一，亦称卷子装。早期竹木简牍的装帧，是编简成策，而后以尾端为轴心向前卷起，装入帙内收藏。帛书出现以后，模仿简策，写好后仍是从尾向前卷起，故名卷轴装。纸书盛行后，全面效法帛书，不但仍然画有边栏界行，装帧亦是将写好的长条纸书，从尾向前卷起，形成卷子形式，亦是卷轴装。现存大量的五代以前的敦煌遗书，多是采用简单的卷轴装。而精致的卷轴装，对轴、签、缥带的用材十分讲究。《隋书·经籍志》所记隋炀帝秘阁之书，上品红琉璃轴，中品绀琉璃轴，下品漆轴。《大唐六典》说唐代内府藏书，其经库书，钿白牙轴，黄带红牙签；史库书，钿青牙轴，缥带绿牙签；子库书，雕紫檀轴，紫带碧牙签；集库书，绿牙轴，朱带白牙签。卷子装盛行于隋、唐时期。此后画卷仍多取这种卷轴装式。（苏荣誉）

绢 以生丝为经纬，采用平纹或平纹变化组织，质地较厚的丝织物。《中华古今注》载：“袍者有虞氏即有之。故国语曰袍，以朝见也。秦始皇三品以上绿袍深衣，庶人白袍，皆以绢为之。”如是，则绢织物的生产当在 4000 年以前。唐宋时期绢帛生产达到极盛。《宋史补·食货志》载：“大丰二十五年，除梁南秦二州刺史时，汉川饥俭，境内骚然，秀之善于为政，躬自俭约。先是汉川悉以绢为货。秀之限用全钱，百姓至今受其利。”又载：“凡自淮以北，万匹为市，从江以南，千斛为货，亦不患其为难也。今且听市之千钱以还者用钱，余皆用绢帛及米，其不中度者作之。如此则垦田自广，民资必繁，盗铸者罢，人死必息。”可见历史上绢帛产量之大，用途之广。古代绢织物的著名品种有魏州的贡绢、陵州的鹅溪绢、沧州的大绢、博州的平绢等。绢织物除大量用做衣料外，还广泛用于书画、裱糊、扎制灯彩之用，现今存世的一些诗词、经文、杂记，有的便是抄写在绢上的。（赵翰生）

镢和铁搭 横斫式翻土农具。主要用于小块土地以及开垦荒地时，或牛力缺乏的地区。镢又称为镬，其体为长条形，上有銎安柄，王祯《农书·镢臿门》载：“镢，斸田器也……又作镉，诛也，主以诛除物根株也。盖镢，斸器也。农家开辟土地，用以斸荒，凡田园山野之间用之者，又有阔狭大小之分，然总名曰镢。”铁搭又称铁齿耙，装柄方式与镢相同，只是铁搭体与镢体有所不同，铁搭有二齿、三齿、四齿、六齿不等，以四齿居多，故亦称四齿耙或四齿镐。战国时已出现，至宋元始称铁搭。王祯《农书 · 镢臿门》云："铁搭四齿或六齿，其齿锐而微钩，似杷非杷，劚土如搭，是名铁搭。就带圜銎，以受直柄。柄长四尺。南方农家，或乏牛犁，举此劚也，以代耕垦，取其疏利；仍就块壤，兼有耙镢之效。"（曾雄生）

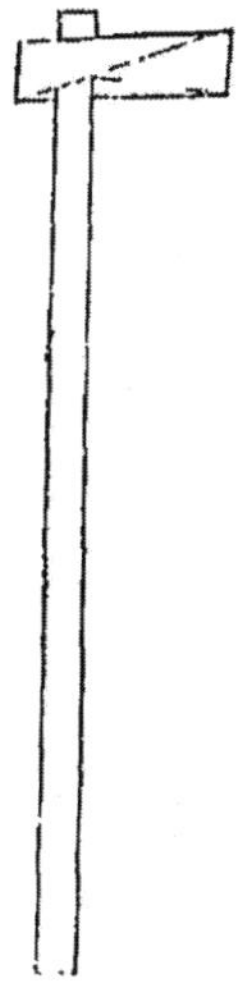

镢图

铁搭图

军器监 古代所设兵器制造机构的一种名称。北周于建德四年（575），在中央级机构中首设独立的兵器制造机构军器监。唐于武德初年（618）设军器监，下领弩坊、甲坊，分造弓弩铠甲。北宋于熙宁六年（1073）设军器监，下辖弓弩院和广备攻城作，职掌内外军器和攻守城器械的制造，其下还设有多种专业作坊；南宋于建炎三年（1129）将军器监隶工部。金于承安二年（1197）设军器监，下辖甲坊署和利器库，掌修造邦国戎器之事。元于至元五年（1268）改军器局为军器监，由四品官统领兵器制造。（王兆春）

军事技术 直接运用于军事领域的技术。主要包括武器装备及其研制、生产、运用和维护，军事工程的构筑及其设计、施工、运用和维护等基础技术及基础理论。武器装备是军事技术的核心及其发展水平的集中体现。中国古代军事技术与原始社会末期的部落战争相随而生，最初仅由石兵器（含竹、木、骨、蚌等材料制成的兵器）和原始城堡组成。随着社会生产力的发展、科学技术的进步与战争的推动而不断更新、其组成部分也逐步扩展。自夏、商、周起，战车和战船也先后成为军事技术的重要组成部分。至 10 世纪宋军将火器用于战争后，军事技术开始进入以火器与冷兵器并用为特征的时代。19 世纪后期，军事进入以火器为主体的时代，击针线膛后装枪炮的广泛使用，装备舰炮的蒸汽舰船和要塞炮台的构筑，则是这一时期军事技术不可缺少的部分。

不同的国家、民族和地区，因历史、时代、地理、物资等条件的差异，军事技术发展的水平、规模、作用和发展的特点、状况也不尽一致。所有这些，只有在战争中才能最充分地显示出来。例如，明天启六年（1621）正月，努尔哈赤率领后金军五六万人，使用牌车、厚盾、勾梯、火箭等器械进攻宁远（今辽宁兴远）。明将宁前兵备道袁崇焕激励城内一万多明军的士气，与百姓众志成城，依托坚固的城防，充分发挥 11 门新型红夷炮等各型火炮及守城器械的优势，打退了后金军的进攻，努尔哈赤因部众伤亡过重而撤军。袁崇焕取得了守城战的胜利，改变了关外明军七八年来屡战屡败的局面。明军军事技术优势的充分发挥，则是守城战取胜的一个重要原因。战争双方军事技术的优势并不是固定不变的，互相借鉴、你追我赶、交替领先的现象也经常出现。后金军在宁远之战败北后，也组织工匠大力制造红夷炮，以至在军事技术上转劣为优，化弱为强，屡败明军，最后成为入主中原的胜者。军事技术与军事领域诸方面，以及与社会政治、经济、科技诸方面，存在着相互依存和辩证发展的关系。中国古代火药与火器的发明与发展、指南针用于舟师导航、万里长城的建筑，都是中华民族对军事技术创造性贡献的象征。（王兆春）

宁远之战

君臣佐使 是中药方剂组成的基本原则，表示组成方剂的各种药物的配伍关系。《素问·至真要大论》：“主病之谓君，佐君之谓臣，应臣之谓使。”君药，为方剂中针对主要症状、起主要治疗作用的药物，按照病情需要，可是一味或若干味。臣药，是加强主药功效的药物。佐药，指协助主药治疗兼证或抑制主药烈性、毒性及副作用的药物。使药，即将各药药理作用引向患处或调和各药的药物。例如，《伤寒论》中的麻黄汤，是一个治疗外感风寒表证的方子。在此方中，麻黄祛风散寒，发汗解表，为君药；桂枝协助麻黄发汗散寒以解表，为臣药；杏仁协麻黄宣肺平喘，止咳嗽，为佐药；甘草调和诸药，为使药。（张志斌）

均 中国古代音乐声学名词。①调律之意，读 yùn，引申为动词，同“调”（tiáo）字。《礼记·月令》：仲夏之月，“钧琴、瑟、管、箫”。②通“钧”（jūn），表明音高分组，或音区高低的名词。《国语·周语下》韦昭注：“细均有钟无镈，昭其大也；大均有镈无钟，甚大无镈，鸣其细也。”“细钧”是高音区，“大钧”是低音区。③读 yùn，表示具有相同初始音的三种音阶（古音阶、新音阶和俗乐调音阶）形式的统称，如初始音为“黄钟宫”的三种音阶称为“黄钟均”，初始音为“大吕均”的三种音阶称为“大吕均”。④从低音到高音所有的音，称为“均”（yùn）。《新唐书·礼乐志》：“一宫、二商、三角、四变徵、五徵、六羽、七变宫，其声由浊至清为一均。”这时“均”的概念类似英文 gamut。（戴念祖）

均输 “九数”之一，后来发展成为西汉《九章算术》的第六章。公元 3 世纪刘徽注其“均输”曰“以御远近劳费”。它包括 4 道用均输术解决的均输问题及 24 道算术难题，后者大多数不是均输类问题。它是清以前许多中国传统数学著作的重要卷章。均输术是中国传统数学解决赋税的合理负担的算法。赋税有的缴纳谷物，有的承担徭役。各县的户口多少不等，距离有远近，谷物价格有差异，为了使每户（或人）的负担均等，遂创造此术。它用衰分术解决，只不过是列衰没有预先给出，而是由各县的条件计算出来。

例如，设 n 县共应缴谷物 A 斛，各县户数分别为 p_i，到缴纳地的距离为 q_i，每斛谷物价 r_i 钱，$i = 1,2,\cdots,n$，一车载 m 斛，人工价一里 k 钱。《九章算术》的解法是：第 i 县运一斛的费用是 $\frac{kq_i}{m} + r_i$，那么 $\frac{p_i}{\frac{kq_i}{m} + r_i}, i = 1,2,\cdots,n$ 为列衰，于是，第 i 县应缴谷物为 $A_i = A\frac{p_i}{\frac{kq_i}{m} + r_i} \div \sum_{j=1}^{n} \frac{p_j}{\frac{kq_j}{m} + r_j}$。刘徽指出，这可以使 $\frac{kq_i}{m} + r_i$ 户共出一斛，则每户的负担均为一钱，从而使负担公平合理。不言而喻，均输术为调节政府和民众、民众之间的关系发挥了有益的作用。(郭书春)

K

开方术 中国传统数学中求解一元方程的方法。求解一元一次方程称为开无隅平方，求解二次方程都叫做开平方，求解三次方程叫做开立方，求解四次方程叫做开三乘方，求解五次方程叫做开四乘方，余类推，与现今只将求二项方程 $x^n=A$ 的根（$A\geqslant 0$，$n=2,3,4,\cdots$）称为开方是不同的。因开平方、开立方是面积、体积的逆运算，故传统分类上归于少广类。《周髀算经》陈子答荣方问中求太阳到观测者的距离的方法便用到了开平方术，然而未给出具体方法。《九章算术》少广章在世界数学史上首次给出了开平方、开立方的程序。《九章算术》将其常数项称为“实”，一次项系数称为“法”，二次项系数称为“中行”。刘徽则将一次项系数称为“方”，二次项系数称为“廉”，最高次项系数称为“隅”。贾宪、秦九韶、李冶、朱世杰等更在开四次以上的方存在几个“廉”时将其分别称为上廉、一廉、二廉、……下廉。其筹式自上而下由低次幂开始布列。《九章算术》的开方法与现今基本一致，但是带有从除法脱胎出来的痕迹。它求每一位得数时都要先“借一算”表示最高次项系数，而其最后一步则是“以法除实”，故称为“开方除之”，完成某一位得数的计算后，都要取消“借算”，计算出求下一位得数的法、中行后再“借一算”。刘徽注用几何方法证明了开平方、开立方法的正确性。刘徽、《孙子算经》、祖冲之、贾宪、刘益、秦九韶、李冶、朱世杰等都对开方术作了不同程度的改进。祖冲之首次引入负系数方程，惜已失传。贾宪汲取刘徽、《孙子算经》的改进，并推广为开高次方，总结为立成释锁法，与现今完全一致。其成就是贾宪三角。贾宪进而创造增乘开方法，刘益又引入负系数方程。秦九韶以增乘开方法为主导提出正负开方术，是求高次方程正根的一般方法。秦九韶、李冶、朱世杰等还对开方过程中出现的特殊情况提出了处理意见。（郭书春）

铠甲 古代军队将士在作战中披着在身上的防护装具。原始社会多用藤和皮革制作。先秦时期主要用皮革制作，称“甲”、“介”、“函”等。战国后出现了铁制铠甲，改称“铠”，皮制的仍称“甲”。唐宋以后都称“甲”，或称“铠”，或“铠甲”连称。西汉至南北朝都使用铁制铠甲，有玄甲即扎甲、鱼鳞甲、两当铠、锁子甲、筒袖甲、明光铠、黑光铠、环锁铠，以及战马披着的马铠。隋唐时期，铠甲已按规定的形制构造，制造成标准化的制式铠甲，《唐六典》记有 13 种：明光甲、光要甲、细鳞甲、山文甲、乌锤甲、锁子甲、白布甲、皂绢甲、布背甲、步兵甲、皮甲、木甲、马甲。前 6 种用铁甲片缀缀而成，其他 7 种分别用布、绢、皮等材料制作。宋代的制式铠甲有《武经总要·器图》记载的步人甲等 5 套铠甲和 1 套马甲。明代的制式铠甲甚多,《武备志·军资乘·器械》记有赤藤甲、唐猊铠、钢丝连环甲、纸甲、绵甲 5 种；《明会典》

记载要远多于《武备志》。清代的制式铠甲在《清会典》中记载甚多，但在对外战争中已无实际意义了。（王兆春）

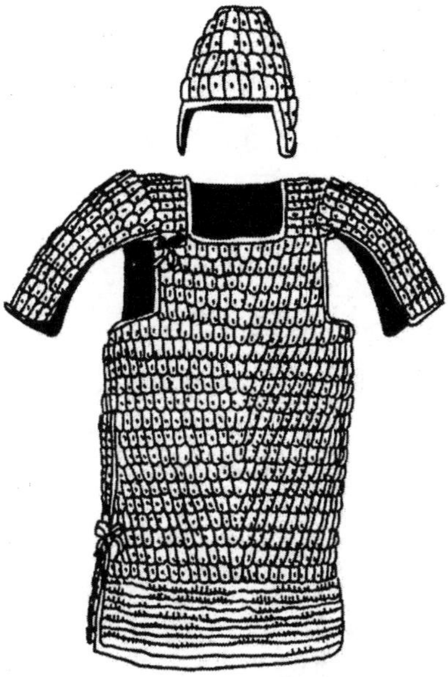

西汉铁制鱼鳞甲和铁胄

坎儿井 干旱、半干旱地区开发和利用地下潜流进行自流灌溉的一种地下暗渠与井结合的水利工程。在我国主要分布在新疆。我国坎儿井历史悠久，但是古籍记载不多。有关其起源目前尚无定论，主要有三种说法：①起源于汉代（公元前140年左右）陕西洛河龙首渠的“井渠”，后来传至西域，主要史料根据是《史记·河渠书》；②为新疆当地各族人民所创造；③起源于波斯（今伊朗），后来随着伊斯兰教的传播而传到新疆。后两种说法尚无确凿的史料和文物为佐证。坎儿井一般顺地面坡度布置，其构造包括竖井和暗渠两部分。竖井为开挖暗渠时定位、出土、通风以及挖成后检查、维修之用。暗渠是坎儿井的主体工程。其首段为引取地下水的部分，其余为输水部分。此外，还包括龙口、明渠和涝坝等附属工程。暗渠的出水口称龙口，龙口以下的渠道为明渠，明渠末端的小池塘称涝坝。按含水层的不同岩性，坎儿井可分为戈壁坎井和黄土坎井两类；如按引水的不同形式，则可分为单头坎和多头坎两类。坎儿井有许多独特的优越性：不用提水工具；施工设备和技术简单；水质多优良，水流稳定；能减少蒸发损失和防止风沙侵袭；用水和配水极为便利。新疆的坎儿井，历史上主要分布在天山南北坡和昆仑山北坡的十几个县。今天主要集中在天山南坡最干旱缺水的哈密和吐鲁番盆地的鄯善、吐鲁番和托克逊等地。（艾素珍）

康乾测绘 康熙、乾隆年间进行的以经纬度测量为基础的全国地图的测绘工作，是世界上最早的大规模三角测量。清康熙二十年（1689）《中俄尼布楚条约》签订之后，康熙甚感中国地图以及测绘方法的不足、西洋测绘技术的先进，遂拟用新法测绘整个版图。经过充分的准备，康熙四十七年四月，大规模的测量活动正式开始，先从长城至辽东，再扩展到松花江和黑龙江流域，然后又分别对内外蒙古、西北、华东、华中、华南、西南各省和西藏等地进行测绘。至康熙五十六年一月一日，野外测量全部结束，然后在北京编绘《皇舆全览图》，于康熙五十七年进呈。参加这一测绘的主要是西方传教士如白晋、雷孝思、杜德美等人，但是其中的西藏部分是由在钦天监学习数学测量的楚儿沁藏布兰木占巴和胜住于康熙四十八至五十七年独立完成的。康熙年间，因新疆准噶尔叛乱，测量仅止于哈密。乾隆平定准噶尔叛乱之后，开始对哈密以西的广大地区进行测绘。乾隆二十一年（1756）二月，命何国宗负责测绘北疆，于同年十月完成。乾隆二十四年五月，又命明安图测绘南疆，最西到达今中亚细亚的安集延和塔什干等地，翌年三四月间完成。乾隆二十六年六月，由刘统勋、何国宗完成《皇舆西域图志》初稿。乾隆二十五年以后，在《康熙皇舆全览图》的基础上加以补充修订，完成《乾隆内府舆图》。此图由法国传教士蒋友仁（M. Benoist，1715～1774）制成铜版图，因共 13 排故名《乾隆十三排图》（1775）。康熙、乾隆年间这一世界上最早的大规模的经纬度测量工作，共测经纬度点 721 个（不包括西藏），地图采用梯形投影法，比例尺约为 1∶1 400 000，规模、精度等居当时世界前列。此外，它还有三方面的重要意义：首次发现子午线上 1°和长短因纬度高低而异，从而获得地球为椭圆体的重要论据；康熙为统一尺度，钦定“天上一度即地下二百里”（《大清圣祖仁皇帝实录》卷二四六），此为世界上最先以地球经度线制定长度标准；楚儿沁藏布兰木占巴和胜住在其测绘的西藏地图上最早明确地标出世界最高峰珠穆朗玛峰。（艾素珍）

靠田　即烤田，又称为熇田、戽田，水稻田间管理的一项重要措施。始见于北魏贾思勰《齐民要术》，其中云水稻在薅草之后，要“决去水，曝根令坚”。陈旉《农书·薅耘之宜篇》对烤田的原理作了解释：“夫以干燥之泥，骤得雨，即苏碎，不三五日，稻苗蔚然，殊胜于用粪也。”南宋人高斯得在《宁国府劝农文》中首次提到“靠田”：“浙人治田比蜀中尤精，土膏既发，地力有余，深耕熟犁，壤细如面，故其种入土，坚致而不疏，苗既茂矣，大暑之时，决去其水，使日暴之，固其根，名曰靠田。”元代王祯《农书》称之为“熇田”，《农桑衣食撮要》称之为“戽田”。陈旉《农书》云：“所耘之田，随于中间及四旁为深大之沟，俾水竭涸，泥坼裂而极干，然后作起沟缺，次第灌溉。”这是一种在田中开挖水沟进行烤田的方法，比之开沟排水烤田有明显的优越性。首先，前者在排水的过程中可能使田中的肥分跑掉一些，而后者却没有这种损失。其次，排水只适合于地势比较高的地方，而宋元时期随着圩田、湖田、围田、涂田等的开发利用，一些低洼之地也种植了水稻，这些地方不适合用排水的方法烤田。（曾雄生）

科学　是关于自然、社会、思维的知识体系的名称。原是英文 science 一词的日文译名，出现于明治维新之初，在 1895 年前，中国通常译为“格致”。康有为的《日本书目志》（1898）始引入“科学”。20 世纪初，“科学”的使用逐渐增多，出现了《汇报科学杂志》、《科学一斑》等刊物，“科学书局”、“科学仪器馆”等书店和公司。辛亥革命以后，“科学”取代了过去广泛使用的“格致（物）学”。日本和中国初用之意是分科之学，与现在使用的“科学”指各学科领域的综合整体有所区别。（李家明）

科学救国　流行于清末民初的一种社会思潮。甲午战争失败后，中国面临亡国之祸，朝野人士提出了种种救国之策。严复于 1896 年在《救亡抉论》一文中提出“西学格致救亡”，即“科学救国”。辛亥革命之后，有些人认为政治革命已经成功，发展科学为当务之急，“科学救国”开始流行。此说与此前的“师夷之长技以制夷”和“五四”新文化运动中宣传的“赛先生”前后相接，促进了中国科学的发展。“科学救国”与“实业救国”、“教育救国”几乎同时兴起，相互联系和补充，并行不悖。（李家明）

克虏伯后装线膛钢炮 上海江南制造总局炮厂仿制的克虏伯系列火炮。原为德意志火炮专家克虏伯于19世纪中叶创制的一种系列火炮。至19世纪末，已具有钢材质量好、制造技术先进、采用车轮式炮架、便于机动、发射无烟火药炮弹，炮闩闭气性能好、射速快、毁杀威力大等优越性。光绪二十三年（1897），炮厂开始仿制，其中有口径分别为150毫米、120毫米、75毫米、57毫米、47毫米5种规格，它们的管长为0.92～5米，重248～9922.5磅，弹重3～80磅，射程3000～8000米。装备清军各部及沿海、沿江要塞炮台使用后，提高了清军的战斗力，改善了沿海、沿江各要塞的防御态势。（王兆春）

仿克虏伯钢制后装炮

客星 中国古代对天空中新出现的星的统称。明代《观象现占》解释说："客星，非常之星。其出也，无恒时；其居也，无定所。忽见忽没，或行或止，不可推算，寓于星辰之间如客，故谓之客星。"古书中记载的客星，主要是彗星、新星和超新星以及其他天象。古代占星书中把客星分为五类，各有名号，如《开元占经》引《黄帝占》说："客星者，周伯、老子、王蓬絮、国皇、温星，凡五星皆客星也。"区分五种客星的标准是："客星出，大而色黄，煌煌然"，称做周伯星；"客星出，明大，色白，淳淳然"，称做老子星；"客星出，状如粉絮，拂拂然"，称做王蓬絮星；"客星出而大，其色黄白，望之上有芒角"，称做国皇星；"客星出，色白而大，状如风动摇"，称做温星。此类客星张衡在《灵宪》中就曾提及："老子四星及周伯、王蓬絮、芮各一，错乎五纬之间。其见无期，其行无度。"此外，古代占星术中还把客星分成两大类：一类称为瑞星，它的出现预兆吉祥；另一类称为妖星，它的出现预兆凶祸，如兵、乱、水、旱、饥馑等。瑞星有许多种，如周伯、含誉、格泽等。妖星也有几十种，其中常见的有彗、孛等。带尾巴的星称为彗；光芒四出的则称为孛。这些客星也包括一部分极光、流星等其他天象。对古代客星记录的分析表明，其中不少是新星及超新星。我国古代文献中最早的"客星"天象记录在《汉书·天文志》中："元光元年（公元前134）五月，客星见于房。"自汉以后，对天空中出现的"客星"的观测和记录一直不断。到17世纪末，在我国历史上可靠的"客星"记录约有60多项。著名的客星有东汉中平二年（185）出现在南门星官的客星和北宋至和元年（1054）五月出现在天关星官的"客星"。据研究它们都是爆发的超新星。（孙小淳）

缂丝 一种以生丝做经线、以各色熟丝做纬线，平纹制织，纬线显花的丝织物，古时亦称刻丝、克丝。缂丝的起源可以追溯到汉代，当时"公侯九卿之下"的达官贵人祭祀天地和参加重要典礼所穿礼服有的就是用它制成的。晋以后，缂丝织作技术有了较大进步，织品日臻精细，出现了一些以佛像、人物和各种物体作为纹样主题的织物，同时它在织物中的地位也大大提高，不仅皇帝的衮服逐渐改为缂丝，在其他需要以织物来显示尊贵的场合也一律用缂丝充任。例如，南北朝和唐代的内府，在整理其收藏的王羲之、王献之书法时，对于上品，均用缂丝装裱，较次的用锦装裱。宋元以来，缂丝在织作技术方面达到了完全成熟的程度，并发展为兼作专供欣赏的纯艺术品。缂丝的风格特点与它用生丝做经、各色熟丝做纬和“通经断纬”的织法有关。所谓“通经断纬”，即仅在需显色部位片段织纬，而不是织通纬，因而织物纬丝间可不相连，可见如刀刻效果的缝隙，“承空视之，有雕镂之像”，因名之刻丝。织纬用小梭、拨子等工具，采用抢、结、环和长短梭的技法，将各色彩纬按经纱上所描花纹轮廓或颜色分块与经纱交织。宋、元、明、清四代出现了不少能熟练摹缂名人书画的缂丝工匠，其中著名的有南宋的朱克柔、沈子番、吴煦，明代的朱良栋、吴圻等，他们传世的缂丝作品，“精巧疑鬼工，品价高一时”，不但能与所仿名人书画一争长短，有的艺术水平和价值甚至远远超过了原作。宋徽宗赵佶有诗赞之：“鹊踏花枝出素纨，曾闻人说刻丝难，要知应是宣和物，莫作寻常黹绣看。”刻丝之难主要在配色，特别是缂织书画作品时，因要求与原作无异，有时需一梭一换线，所用色丝不能有任何色差，对染色技术要求很高。（赵翰生）

空心敌台　明总兵官戚继光所部在修建和扩建蓟镇段长城时创建的一种守备工事。隆庆二年（1568），戚继光在周密考察后提出了筑台规制；建台时必须因地制宜，在山平、墙低、坡小、势冲之处，建台的密度要大，每30～50步建筑一台；在高坡、陵墙的冲要之地，密度可疏，每100～300步建筑一台；台须骑长城城墙而建，“务处台于墙之突，收台于墙之曲，突者多敌而战，曲者退步而守”（《戚少保集·筑台规》），使所建之台可攻可守。每座敌台高10～13米，台基正方或长方形，周长40～60米，内沿与城墙平行，外沿突出墙外4～4.5米；中间有2～3层，开箭窗2～5个，平面分单室、双室、回字形、川字形、田字形、日字形等间；墙用砖石砌筑，室顶和门窗用砖石发券；门框为预制后安装；上下有软梯、石级梯、砖级梯；台顶建女墙，四周垛口环抱，楼橹雄峙正中，开一门两窗。其中取名为“望京楼的敌台”，建于海拔981米的山顶上，登台瞭望，北京远影或晚间灯火依稀可见，故有其名。至隆庆五年，共建成敌台1400多座。每台编百总1名，士兵30～50名，每5台编把总1名，10台编千总1名；每台装备佛郎机炮8门及附件8套、快枪和神枪各8支及附件8套、火药400斤、药碗8个、石炮50具、火箭500支；相邻两台可形成交叉火力，互为救援，各台互相联络一气，固守无隙。蓟镇长城城墙虽延伸曲折600多公里，各烽堠台和敌台，也只有6个小时便可全部闻警备战。空心敌台是戚继光及其部众，对古代城墙城池建筑技术的重大创造。（王兆春）

空心敌台

快利步枪 上海江南制造总局制造的一种后装线膛击针五连发钢枪。光绪十六年（1890），该局以英制连发枪为样品，枪管与黎意枪管相似而较轻，机簧与毛瑟机簧类同而灵巧，其弹仓一次可装填5发枪弹，口径11毫米、长141厘米、枪重4公斤、弹重26.5克，装填无烟火药2.1克，射程可达2700米（似夸大）。经过打靶试验，在距靶标270米时，可击穿7毫米厚的钢板，并洞穿13.2厘米厚的木板。如果改用黑色火药枪弹，仅能击穿7毫米厚的钢板。这是我国最早仿制的五连发枪。光绪十七年（1891），江南总局枪厂又制造出一种改进型的五连发新快利枪。采用快利枪的枪管和直柄式枪机，操作灵便，命中精度高。射速每分钟22～25发，初速每秒489米，能洞穿180米处5毫米厚的钢板，并击入钢板后的松木5厘米，其性能与欧洲一些国家军队使用的五连发枪相似。（王兆春）

丱人 中国古代矿冶管理机构。丱为矿字的古体，郑玄注释《周礼》：“丱之言矿也。金玉未成器曰矿。”“丱人”一词始见于《周礼·地官》：“掌金玉锡石之地，而为之厉禁以守之。若以时取之，则物其地图而授之，巡其禁令。”（苏荣誉）

盝顶 中国古建筑的一种屋顶形式。屋顶平面方形，四条垂脊相交于顶正中，上覆宝瓶，与四角攒尖顶相似，不同之处是屋顶四面斜坡和四条垂脊由上而下不呈向内的凹弧，而是上半部为向外的凸弧、下半部为向内的凹弧，颇似头盔，故名。（沈玉枝）

窥几 元初郭守敬发明的一种天文观测器具，用来仿照测量日影的方法测定行星、月亮等光线较弱的天体在中天时的“影长”。郭守敬的窥几是一张长方形的桌子，长6尺，宽2尺，高4尺。桌面中央开有一条长4尺、宽2寸的狭缝，狭缝两边刻有尺寸。观测时把窥几顺着南北方向放在圭面上，人蹲在桌子下面观测。桌面狭缝中衔有两根界尺，叫窥限。当星、月到达子午线时调整北面那根界尺，使它的南端和星、月及高表横梁的上边缘在同一直线上；又调整南面那根窥限，使它的北头和星、月及横梁的下边缘在同一方向上。把这两条窥限的位置相平均，就得到星、月的“影长”，由此可以推算出星、月中天时的地平高度。有人认为，郭守敬设计这种仪器，目的可能是测定星、月的视差，从而推算出星、月离开地球的距离。（孙小淳）

L

喇嘛庙 藏传佛教喇嘛教教徒进行宗教活动的场所。喇嘛教是8世纪中叶高僧莲花生在密宗的基础上，融合吐蕃原有巫教并吸收印度婆罗门教的某些神秘法术而创造的，教中高僧称喇嘛。13世纪中叶开始流传于蒙古地区。元朝统治者以喇嘛教作为国教，营建众多庙宇，如西藏萨迦寺、日喀则夏鲁寺、北京妙应寺等著名的喇嘛寺即为当时所建。清政府大力提倡喇嘛教，在避暑山庄周围建有11座喇嘛庙。全国各地也大建喇嘛庙，著名的有噶丹寺、色拉寺、蛰蚌寺、扎什伦布寺、拉卜楞寺、五当庙、塔尔寺等。西藏喇嘛庙具有多功能的中心作用，集政治、经济、文化、教育于一体，因此是由许多具有不同功能的建筑构成的一组建筑群。它主要由七部分组成：错钦，为寺庙的最高管理机构，兼全寺集会的场所；扎仓，分设显乘扎仓、密乘扎仓、送学扎仓、丁科扎仓，是一所综合性学院，各扎仓都是大型经堂建筑，一般方形平面，面积较大；康村是僧人宿舍；拉康是供奉佛像的佛殿，一般面积不大，平面呈方形，其高度不一，取决于所供奉佛像的大小，四层或五层，通常位于寺庙的中间位置，四周有封闭的院墙和转经廊，或在经堂后部并与之相通，进深窄而空间高，内置佛像；拉让是活佛住所，由生活用房、经堂和佛殿组成独立的院落；辩经台，为喇嘛或活佛升级辩论考试的场所，由建在低矮平台上供主考人落座的敞厅和周围广场组成；灵塔、喇嘛塔，瓶形、单层，绝大多数为砖石结构，外面刷白，还有一些铜壳镏金或镶砌琉璃。喇嘛庙有两种建筑风格。一是藏式，主要在藏族区，总平面自由灵活，大片建筑随地形错落，逶迤连成一片。高大的经堂、佛殿突出在低矮的僧房之上，中间又点缀以佛塔。建筑皆做平顶，施女儿墙，外墙为承重墙，墙身较厚，砌出较大的收分，墙上开上窄下宽的藏式窗，窗洞很小，外刷黑色梯形窗套。二是汉藏混合式，主要分布在蒙古和内地，以藏式建筑为主，做出局部汉式建筑的大屋顶，或在正门处建汉式建筑，两种建筑形式融为一体。建筑色彩按教义规定，经堂白色、佛堂红色，白墙上用黑色窗框、棕色饰带，红墙则用白色、棕色饰带，女儿墙表面和饰带点缀鎏金装饰。（沈玉枝）

喇嘛塔 于中统元年（1260）由尼泊尔工艺家阿尼哥首传西藏，后传入元大都。他在中国建造三座塔：一座在西藏，一座在山西五台山，一座在北京。其与古印度的“窣堵坡”较接近，塔基很高，塔身单层，呈几何状覆钵体，显得雄伟丰硕，塔刹长颈，塔刹圆盘多用铜铸。所用材料多数为石块且表面涂灰刷浆，通体皆白。如妙应寺白塔总高51米，砖石结构，白色体躯，塔基是用大城砖垒起，呈T形的高台，高出地面2米，面积为1422平方米，座上的塔身是硕大的白垩色的覆钵体，形状如同葫芦；上半部为圆锥形的长脖子，有13节，称“十三天”，顶上花纹铜盘的周围悬挂36个小铜钟。铜盘上竖八层铜

质塔刹，高5米，重4吨，分为刹座、相轮、宝盖和刹顶几个部分。(沈玉枝)

蜡版印刷 在蜡上刻字代替雕版进行印刷的技术。发明于宋代，简便迅速。宋何薳《春渚纪闻》卷二记载，绍圣元年(1094)，京城开封人为急于传报新科状元名单，等不及雕刻木板，就用刻蜡代替。元明未见其记载。清康熙朝已使用蜡版印刷，仅见于西方文献。1735年法国耶稣会士杜赫德（Jean-Baptiste du Halde，1674～1743）编著的《中华帝国地理历史全志》记述了中国的蜡版印刷术，18世纪末和19世纪还有欧洲人提及。蜡版主要用来印刷报纸，北京、广州一带较为常用。其印刷过程大体是：取蜂蜡和松香混合，涂在小片木板上，使其冷却变硬；在蜡上刻阳文反字；用木销将小片木板拼合在一起；将烟墨与菜油混合，经研磨制成印刷油墨；将纸裁成长条，以备印刷之用；用蜡版印刷；印完后将版面文字抹平，供再次使用。蜡版印刷着墨常不均匀，各列之间不平行，字字之间常参差不齐，与活字印刷品相比，其质量差。(韩琦)

蜡缬 蜡防染色工艺，又名蜡染。与夹缬、绞缬合称为染色三缬。以蜡刀蘸取蜡液施绘于平铺的白色织物，蜡液渗入织物并凝固后入靛蓝染液染色，染后用沸水去蜡，花纹部正反两面由于蜡液的防染作用未上色，便染得蓝地白花织物，反面色泽稍浅；如再以他色染料点染或绘制，便得到彩色蜡染。所用蜡剂为树蜡或蜜蜡。蜡刀形式根据不同花纹设计，约几十至上百种。蜡染起源于何时无考，唐时，蜡染已用于制作大型屏风，著名的有中国输日本并为正仓院收藏之“树木象羊蜡缬”屏风。宋时“蜡染”一词已见于文献，《宋史》四九三卷：“南宁特产名马、朱砂……蜜蜡，蜡染布。”近年贵州出土一件宋时七彩蜡染裙，可知当时蜡染已不限于单一的蓝色。近代蜡染工艺以西南少数民族地区最为发达，清乾隆《贵州通志·苗蛮》：“永丰州之罗斛册亨等处……妇人首蒙青花布手巾。”此青花布即应为蜡染布。民国初年编《关岭县志访册·苗夷》也有布依族妇女“长裙细褶，或青花布为之”的记载。以蜡防染时，遇有蜡膜折裂，染液循裂缝上染，形成冰裂状花纹，后成为蜡染工艺品特有的艺术风格。(朱冰)

兰州制造局 洋务派于19世纪70年代开办的机器局。原为左宗棠经营的西安机器局。当时，西北一切军需，特别是新式军火，均依靠上海的外国洋行代为购买；而军装，则由湖北省接济。左宗棠深感缓急难济，同治五年（1867）一到西安便筹建一个小型的西安机器局，从江南制造局和金陵制造局调募一批熟练工人，购买机器，制造洋枪、铜帽和开花炮弹等军火。1872年，西北战争重心移到甘肃后，左宗棠便拆迁西安机器局的设备，移到兰州设立机器局，调集浙江、广东、福建等地工人，由提督赖长主持，一切经费则在甘肃关内外办理军需款项内拨支。兰州制造局生产能力有限，只能制造铜引、铜帽、大小开花弹，仿造普鲁士式螺丝枪及后膛七响枪，改造原有的劈山炮和炮架。随着西北战争的结束，兰州制造局于1883年停办。(李家明)

劳 中医学术语。①病名，虚劳的简称。《金匮要略·血痹虚劳病脉并治》云：“夫男子平人，脉大为劳，极虚亦为劳。”劳亦做“痨”。《医林绳墨》曰：“痨者，劳也：劳损血气而为病也。”古代所说的劳病，或虚劳，包括气血、脏腑等正气损伤所致的虚弱症和某些传染病，如肺结核病大致属劳病范畴。后世也有将具有传染性的此类劳病专门称之为“劳瘵”（《济生方》）或“传尸劳”（《三因极一病证方论》）等，以与一般虚损相区别。②病因之一，指各种劳累过度，也称为“劳倦”。泛指体力劳累过度、七情内伤而劳神过度、房事不节等。《素问·举痛论》：“劳则气耗。”劳而致病，大多为虚证，如“劳汗”（《素问·生气通天论》）、“劳嗽”（《肘后备急方》）、“劳淋”（《诸病源候论》）、“劳热”（《丹溪心法》）、“劳痢”（《证治要诀》）等，均是由过劳引起的病证，均有气血耗损、病程缠绵难愈的特点。（张志斌）

雷电　自然界中的一种物理现象。中国古代人们对它就有认识，殷商甲骨文、西周金文有“雷”，金文中有“电”。古时，人们把雷和电联系起来，并以阴阳理论解释。《淮南子·地形训》载：“阴阳相薄为雷，激扬为光。”唐孔颖达《左传·疏》曰：“电是雷光。”宋陆佃《埤雅》曰：“雷与电同气，雷从回，电从申，阴阳以薄而成雷，以申洩而为电；或曰雷出天气，电出地气，故电从坤。”又曰：“盖阴阳暴格分争，激射有火生焉，其光为电，其声为雷。”亦有人认为：“雷电者，阳气也，有声名曰雷，无声名曰电。”中国古代对电只有阴阳的认识，而无正负的认识。（李家明）

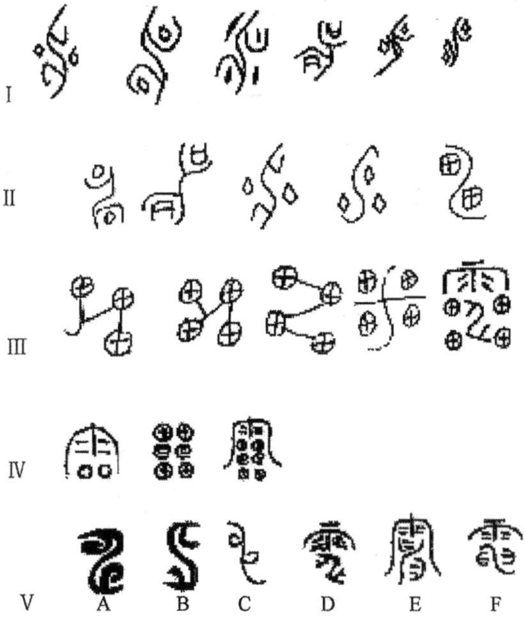

古文“雷”、“电”二字种种写法

注：第Ⅰ、Ⅱ行为甲骨文“雷”；第Ⅲ行为金文“雷”；第Ⅳ行为许慎《说文解字》书写古文“雷”；第Ⅴ行A、B、C、D为金文“电”，E为《说文解字》书写古文“电”，F为篆体。

耒耜　中国最早的整地耕具，通过手推足蹴进行直插间歇式翻土。传说神农氏“斫木为耜，揉木为耒”。耒系在尖头木棒的下部加一横木构成，以便用力起土；耜则是在耒的基础上，加上扁平刃板（耜冠）而成的铲形农具。耜依制造的材料不同，又有石耜、木耜和骨耜之分。在中国原始时代的耒耜遗物中，最有名的当属河姆渡遗址出土的骨耜。耒耜是犁的前身，它的使用一直延续到铁农具使用的初期，故后来有人仍称犁为耒或耒耜。（曾雄生）

河姆渡骨耜

类中风　病名，简称类中。①指风从内生的中风病。见于《医经溯洄集·中风辨》。因不是外中风邪，故也有称“非风”者。此病多由肾阴不足，心火炽盛，肝阳偏亢，肝风内动，或气虚血虚，或为湿痰壅盛，化热生风所致。《临证指南医案·中风》华云岫按："肝为风脏，因精血衰耗，水不涵木，木少滋荣，故肝阳偏亢，内风时起。"《类证治裁·中风》："迄乎河间主火，谓心火暴盛，肾水虚衰；东垣主气，谓猝中乃本气自病；丹溪主痰，谓湿生痰，痰生热，热生风，……皆辨明类中之由，与真中症异。"从以上论述可看出，这一"类中风"概念，实际上是中风病因从外风向内风发展过程中的一个过渡性概念。②指类似中风的八种病证。《医宗必读》分为火中、虚中、湿中、寒中、暑中、气中、食中、恶中等。这些病证的临床表现与中风有类似之处，但实际上不是中风。（张志斌）

冷兵器 古代军队在作战中利用人力或简单机械力对敌产生杀伤和破坏作用的器械和装置。最早的冷兵器系由石、骨、蚌、竹、木等材料，仿照动物的角、爪、鸟喙等形状制成，统称石兵器，如石制的镞、刀、戈、矛等。它们由生产工具演变而来，与战争相随而生。随着对青铜和钢铁冶炼技术的掌握，人们又先后创制了青铜兵器和钢铁兵器，用于各种样式的作战中。其制品有弓、弩、箭、刀、剑、戈、矛、戟、钺、斧、盾牌、甲胄等。河南省汲县山彪镇于1935年出土了一件铜鉴，其上铸有水战图像，显示了战国早期水战中士兵所使用的四类冷兵器：射远兵器弓箭；格斗兵器长柄矛戟，柄长为3.3～3.5米；卫体兵器短柄青铜剑；披着在身上的防护装具水战甲胄；旗帜树立于船头；金鼓设在船尾。它们基本上反映了上述各类冷兵器的用途。随着北宋初期火药兵器的使用，冷兵器在战争中的地位和作用相对下降。冷兵器在中国一直使用到19世纪中叶。作为一类兵器，钢铁制造的冷兵器至今尚不能完全去除，如枪刺、匕首、军刀还保留在军中。（王兆春）

战国图鉴上的水战刻纹

犁 中国古代的主要耕作农具，由耒耜发展而来。耒耜是手推足蹴的直插间歇式的翻土农具，而犁则是由人力或畜力等作为牵引，将间歇翻土改为连续式翻土，它的出现极大地提高了翻土的效率。传说后稷之孙叔均始教牛耕，也有学者将长江下游地区出土的新石器时代的"犁形器"和"耘田器"，以及《越绝书》中以"铧"譬喻越人的记载，作为使用长江中下游地区越人使用犁的证据，并进而推断江浙地区的越族人可能是最早使用犁铧的民族之一。不过大多数学者仍然主张牛耕出现于春秋（公元前5～前4世纪）。早期的犁铧一般呈"V"字形，只能破土划沟，不能翻土作垄。汉代铁犁有了很大进步：一是出现了犁壁，使其有翻土作垄的功能；二是具备了框形犁的雏形，犁的构件除铁制的犁铧以外，还有木制的犁底、犁箭、犁辕、犁梢和犁衡等部分，使其具有摆动性。文献中记载的汉代最有名的犁当属赵过在推广代田法时使用的"耦犁"。耦犁在使用时有二牛三人的，即由二牛抬扛，一人前牵牛，一人按犁辕，一人扶犁，也有两牛一人的。魏晋时则发展出一牛一人的耕法，不过这也不是耦犁。耦犁是中国古代耕犁结构和牛耕技术上的一次重大革新，它的出现促进了牛的普及，因此历史上又有赵过发明牛耕的说法。不过，魏晋以前的犁都存有许多缺点：一是犁底长，不适合深耕；二是犁辕长且直，回转不便。据北魏贾思勰《齐民要术》记载，魏晋时期山东一带出现了一种回转柔便，适合于山涧之间使用的“蔚犁”。蔚犁的形制如何，史无记载。不过可以肯定它是中国犁由长辕直辕犁到短辕曲辕犁的一个过渡。真正的曲辕犁是江东犁，唐代出现在江东（长江下游地区）的一种耕田农具。此后的耕犁基本上采用江东犁的形制。（曾雄生）

李善兰恒等式 清数学家李善兰研究垛积时创造的恒等式。李善兰在《垛积比类》（1867）中给出了三角自乘垛表，它既能表示垛的层数，又能反映垛的构成，并由此求其垛积。据该表，三角自乘垛的构成为 $(C_p^{n+p-1})^2 = \sum_{k=0}^{p}(C_k^p)^2 C_{2p}^{n+2p-k-1}$，$p=1, 2, 3$ 分别是李善兰给出的子垛、丑垛、寅垛，李善兰指出“卯之垛、辰之垛以下理皆如是”。1939 年数学家章用（1911～1939）始用现代符号写出此式，并告匈牙利数学家杜澜（P. Turan）。杜澜和华罗庚等都研究并证明过它。（郭书春）

力 《墨经》上：“力，刑之所奋也。”刑古通形，这里指物体。“奋”其本意是大鸟从田野飞起，引申为动，《列子·说符》：“力盛者奋。”进而引申为运动的变化，即由静止状态变为运动状态，或者由等速直线运动状态变为加速直线运动状态或曲线运动状态。《墨经·经说上》：“力，重之谓，下与重，奋也。”意为物体具有重量，正是由于受重力。这是一种常见的力。“下”指物体的自由下落，其速度变化的方向也就是重力的方向，这正是物在“力”的作用下而“奋”（运动）的一个最好的例证。后一句，孙诒让《墨子闲诂》标点为：“力，重之谓，下、与，重奋也。”“与，疑当作举。”“下”者，引物令下。盖凡物莫不有宙。重即下落之因，而其下落者力使之也。“举”者举物向上，谓之奋。举物向上，亦必加以适当之力方可。像由静到动，动而越速，由下上升等都可以用“奋”字。所以上述记载即是说力是使物体由静到动、动而愈速或由下而上的原因。两千年之后，意大利科学家伽利略提出了力的科学概念，认为物体运动有匀速和加速之分，并把力和物体获得的加速度联系起来。（李家明）

历 中国古代天文学的主要内容之一。相当于我们今天所说的“历法”，其基本要素是年、月、日等时日的安排。此外还包括对日、月、五星运动的描述，有朔、晦、弦、望、节气、卦候、闰月的推求，每日昼夜时刻与晷影长度的推算，日、月食的预报，昏、旦中星观测，日、月、五星在恒星间的位置的计算等，大约相当于现代天文年历所包含的内容。《尚书·尧典》称：“乃命羲、和，钦若昊天，历象日月星辰，敬授民时……期三百有六旬有六日，以闰月定四时成岁。”这虽然不足以为信史，但说明“观象授时”的历法活动是中国古代帝王统治的首要任务之一。夏、商、周三代已经有相当成体系的历法。春秋战国时期，历法进一步成熟，形成所谓“四分历”体系。汉武帝时的改历活动，涉及大量的天文观测和计算，制成的《太初历》，是以后历代历法的范式。从汉代到明、清，中国古代历法经历了多次改历，官方正式颁布的历法就有 80 余部，历法推算越来越精密，历理越来越严密，涉及的天文观测内容也越来越丰富。中国古代历法史是中国古代天文学史的主线。（孙小淳）

历数 在中国古代有二义：一是“历法”之数，指天文历法中岁、月、日、时的安排，气、朔、弦、望的确定，日、月、星、辰位置的推算等内容及其所使用的数学方法，《汉书·艺文志》历数类就是历法著作，《许商算术》等数学著作亦列于此。一是“天命”之数，是指王朝天子受天命而统治的“气数”。这二者在古人看来是相互联系的，古代帝王颁布历法，是受天命而治的象征。如果历法定得恰当，人民按时节正常劳动生活，表明帝王统治符合天命，统治能得以维持，叫做“气数”未尽；反之，如果历法不正，日月星辰运行失次，表明帝王统治不和谐，有危机，或者叫“气数”已尽。《尚书》中记录尧对舜说：“咨尔舜，天之历数在尔躬。”此即指“天命”之数，是说只要躬身力行，勤俭治国，统治就能得以维持。不过这种“天命”之历数还是体现在天文历法之历数上，所以《尚书·尧典》记述帝尧的功绩说：“乃命羲和。钦若昊天，历象日月星辰，敬授民时，岁三百有六旬有六日，以闰月定四时成岁，允厘百官，众功皆美。”《汉书·律历志》从历史的角度把历法之历数和社会治乱的关系说得很清楚：“历数之起上矣。传述颛顼命南正重司天，火正黎司地，其后三苗乱德，二官皆废，而闰余乖次，孟陬殄灭，摄提失方。”是说天文历法是社会治乱的直接反映。刘歆在《洪范五纪论》中称“五纪”为一曰岁，二曰月，三曰日，四曰星辰，五曰历数。《星历考原》解释说：“岁、月、日、星纪于辰，合岁、月、日、星辰而为历数。以调四时之气，以正晦朔之期，以定晨昏之节，推步以稽其运行，观候以窥其躔舍，所以成岁功而齐七政者，莫大于此，故以历数终也。”（孙小淳）

历物十事 又名“合同异”说，战国惠施提出的十个名辩命题，见之于《庄子·天下》篇。历物指普遍地考察分析事物的本质和规律。十事是：①“至大无外，谓之大一。至小无内，谓之小一”，是说“至大”如果“无外”，没有边限，可谓之“大一”；“至小”如果无可入内，难以分割，可谓之“小一”。“至大”与“至小”，“大一”与“小一”提出了无限的概念。②“无厚不可积也，其大千里”，意谓没有厚度者没有体积，但可无限延续伸展，相当于今日几何学中平面的概念。③“天与地卑，山与泽平”，意在强调高低的相对性及其相互转化的可能性。④“日方中方睨，物方生方死”，意谓太阳刚升至当空时即开始西斜，万物诞生时即开始走向死亡，说明事物是在连续变化着的，而且是可以相互转化的。⑤“大同而与小同异，此之谓小同异。万物毕同毕异，此之谓大同异”，意谓万物之间有大同有小同，大同与小同之间又有差别，这是小同异；万物皆有其同，皆有其异，这就叫大同异。万物从其相同的一面看是同一的；从其相异的一面去看又各不相同。因此，大同异反映出的事物间的同异关系，以及大同与小同之间的差别都有相对性。⑥“南方无穷而有穷”，意谓南方没有尽头，但南方又是有穷的，提出了无限与有限的相对关系。⑦“今日适越而昔来”，意在强调时间流动不居，因而今与昔是相对的，去与来也是相对的，但显然把这种相对性无限夸大了。⑧“连环可解也”，是说连环看起来不可解，但事物有成必有毁，不可解的连环终有可解之时。⑨“我知天下之中央，燕之北、越之南是也”，燕国在北，越国在南，按常识天下之中央应在燕之南，越之北。这里的说法相反，是说空间方位的相对性。⑩“泛爱万物，天地一体”，从特定的角度来看，天地万物都是一样的，不应有大小、贵贱、厚薄、亲疏之分。这是惠施“合同异”思想的总结。惠施从许多观察体验中提出的这十个富有哲理的命题，反映了客观世界对立的相对性和矛盾的统一性，揭示了对立转化的普遍性和运动的绝对性，在自然观上具有朴素的辩证观点，对于中国古代科学思想的建立具有积极的推动作用。（李家明）

历注 中国古代历法的民用历书中，除了年、月、日的安排以外的阴阳、五行、占星、择日、气候、农时等内容。历注除一部分如物候、二十四节气、农时等对指导农业生产有科学的价值以外，绝大部分内容属于占卜迷信之类，这些内容在日常生活和宗教礼仪活动中常常被参考。早期的历法就有历注的内容。在西汉的历法中就有一种叫做“建除”的历注。从此以后，建除一直是历注中最重要的项目，在中国的传统文化中绵延传承了2000多年。随着占卜术数和各种形式的星命术的滋盛，历注的项目越来越多。历注的目的都是为了决定某种活动在某日进行是否适宜，其主要项目有：①建除。是以“建、除、满、平、定、执、破、危、收、成、开、闭”等十二直按日名地支十二辰值日，然后以十二直的吉凶来看相应日子的吉凶。其吉凶似乎是以这十二直的字面意义来附会的。建除是中国古历中最主要的历注，一直延续到清《时宪历》。②从干支五行派生的历注。中国古代把年、月、日的天干地支和五行相配，根据五行之气的强弱及相生相克关系，引申出名目繁多的历注项目，如八专、十方墓、天赦日、庚申、犯土、社、伏、五墓日、三邻亡、天一天上等。这些历注大凡为各种各样的阴阳术数家所使用。③和占星有关的历注。在占星术上，日月五星的位置都可以入占。此类历注有九星术、六曜术、七曜术等。九星术虽然看上去和星有关系，实际和星辰已经完全脱离，只是九宫算而已。六曜术、七曜术都是随佛教传入中国的占星术在历注中的反映。④和“式占”有关的历注。中国古代主要的式盘占有六壬、太一、奇门遁甲三种。这类式占本质上是阴阳、五行、八卦、干支等相互配合，产生出各种吉凶祸福的“格”，在式占中被认为是“星神”、“星将”。式占中的“格”也会进入历注。总之，中国古历的历注非常复杂，相互矛盾，并无一定的格局。阴阳术数都是各取所需，为他们的宗教、迷信活动服务的。（孙小淳）

立成释锁法 立成是唐宋历算学家为计算人员设计的将一些常数列成的算表，释锁是宋元时期开方的代名词，形象地将开方比喻为打开一把锁，因此，立成释锁法就是借助于算表进行开方的方法。三国魏刘徽在用几何方法证明《九章算术》的开方术、开立方术的正确性时，求某一位得数的最后一步不再像《九章算术》那样以法除实，而是从实中减去方的平方或立方。《孙子算经》则在求出每位得数后不再取消借算，而将其与方、廉一道退位，以求减根方程。北宋贾宪则以《九章算术》的开方法为基础，汲取刘徽、《孙子算经》的改进，总结出此法，与现今的方法基本一致。其立成称为“开方作法本源”，今称贾宪三角，比如，开平方就使用贾宪三角的第三行，开立方就使用第四行。贾宪三角有七层，表明贾宪已将传统的开方法推广到任意高次方的运算。（郭书春）

立织机 织造时经纱平面垂直于地面的织机。现存有关立织机的最早记载见于敦煌契约文书，其年代约在唐末五代间，其中有不少立机织品的名目和数量。从其中“立机”、“好立机”、“斜褐”、“立机绁”等名目以及敦煌莫高窟五代壁画中出现的立机图像来看，当时新疆地区已普遍使用立织机制织一些粗纺棉、毛织品和毯类织品。宋元时期，立织机传入山西，成为当地常见机型之一。元代薛景石《梓人遗制》中对立织机零件图、总体装配图、零件尺寸、制作方法和安装部位等都有详细记载。其机架为直立式，上端顶部架有经轴，经纱从上向下展开，通过分经木。吊综杆安置在机架上方两侧，由吊综线连接于综框，由下综绳连接于长短踏板。织造时，织工双脚踏动踏板，牵动吊综杆上下摆动，形成交换梭口，然后用梭引进纬线，用筘打纬。由于立织机的经轴位于机架上方，更换不便；打纬做上下运动，较难掌握纬线的均匀度；不能加装多片综织造，只能制织一些平纹织物，不能制织花色织物。至明清时期，立织机逐渐被淘汰。（赵翰生）

利国驿冶铸遗址 汉至宋代采铁、冶铁遗址。1960 年发现于徐州利国驿。采铁区发现采铁竖井 2 处，井深约 10 米，直径约 1.5 米，井口堆积着大量铁矿石。冶铁区发现有汉代炼铁炉，炉缸呈椭圆形，面积约 3 平方米，炼炉残高 0.78 米。在炼炉周围发现有大量炼渣、耐火材料、铁器及汉代瓦片。唐宋时期的炼铁遗址中发现了 3 座炼铁炉和大量的铁矿石、炼渣及三彩瓷片。（苏荣誉）

疠 中医学术语。①病因。可通厉，也称疠气、杂气、异气、戾气、疫气等，指具有强烈传染性的致病邪气。《素问·六元正纪大论》：“厉大至，民善暴死。”《瘟疫论》中认为疠气为具有传染性的一类病邪中为病最重者。“疫气者，亦杂气中之一，但有甚于他气，故为病颇重，因名之疠气。”②病名。指一类具有较强传染性的疾病，也称“疫疠”。东汉《论衡》：“温气疫疠，千户灭门。”隋代《诸病源候论》：“病无长少，率皆相似，如有鬼厉之气，故云疫疠病。”又指麻风病，《素问·风论》：“疠者，有荣气热胕，其气不清，故使其鼻柱坏而色败，皮肤疡溃。”（张志斌）

痢疾 指以腹部疼痛、下黏液及脓血样大便、大便次数增加而每次便量不多、伴有里急后重等为特征的病症。此病在古代名称很多，《黄帝内经》称“肠澼”，汉代《伤寒论》称“下利”、“热利”，晋时《肘后备急方》称“下痢”，隋代《诸病源候论》称“痢病”，唐代《千金要方》称“滞下”，宋代《济生方》称“痢疾”，后世多以此相称。常因外受六淫及疫毒之气，内伤七情劳倦，或饮食不慎、积滞肠中，传导失司所致，常分虚实两大类。古代医家对此病认识积累了许多经验：据病因分，有风痢、痧痢、暑痢、湿热痢、寒痢、热痢、毒痢、疫痢、气痢等；据大便性状分，有赤痢、白痢、血痢、赤白痢、脓血痢、五色痢等；据病情表现分，有噤口痢、休息痢、奇恒痢、久痢、虚痢等。总的治疗方法是：实证用清热化湿，凉血解毒，消积导滞；虚证用补中益气，温阳固涩；邪实正虚者，宜扶正与驱邪结合为用。三者均可兼用行血调气法。（张志斌）

礰礋和碌碡 古代使用的碎土农具，

用石或木制成的圆辊状。它们和耙具有相同之功效。其中有齿的叫礰礋，无齿的名碌碡。在两端中间各装上一个短轴或顶尖，嵌入外部长方框两旁的圆洞或凹槽之内，用牲畜牵拉在田中滚动，即可将土碾碎压实。北方也用于脱粒。碌碡在北魏贾思勰《齐民要术》中被称为陆轴。唐代分为碌碡和礰礋。《耒耜经》：“爬而后有礰礋焉，有碌碡焉。自爬至礰礋皆有齿。碌碡，觚棱而已，咸以木为之，坚而重者良。”王祯《农书·耒耜门》对碌碡有详细记载：“北方多以石，南人用木，盖水陆异用，亦各从其宜也。其制长可三尺，大小不等，或木或石，刊木括之，中受簨轴，以利旋转。又有不觚棱，混而圆者，谓‘混轴’。俱用畜力挽行，以人牵之，碾打田畴上，块垡易为破烂，及碾捍场圃间，麦禾即脱稃穗……礰礋与碌碡之制同，但外有列齿，独用于水田，破块滓、溷泥涂也。”（曾雄生）

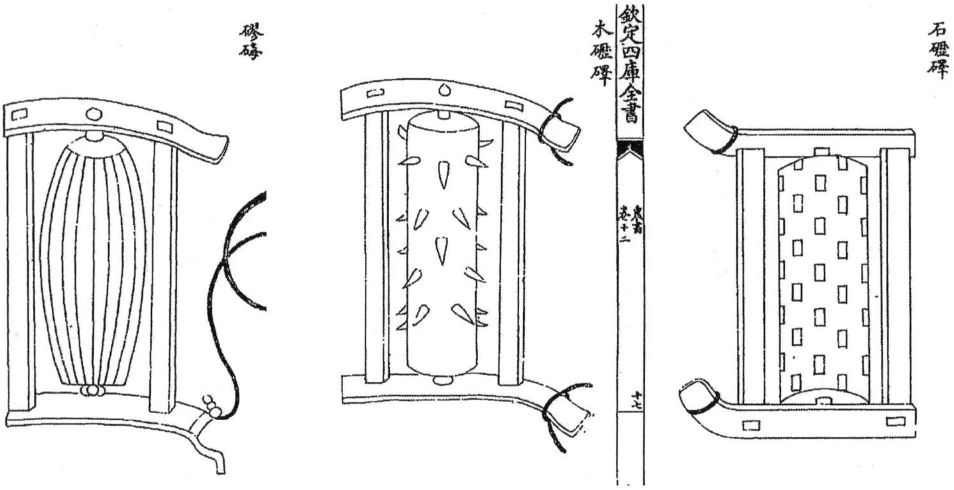

礰礋和碌碡

连枝同体术　中国传统数学中的开方术语。①南宋秦九韶《数书九章》中指求本身是或可以化成形如 $\alpha^2x^2-\beta^2=0$ 的开方式的正根的程序。直接开方，求出 $\alpha x=\beta$，则 $x=\dfrac{\beta}{\alpha}$。它源于《九章算术》的开方术。②元李冶、朱世杰提出的一种处理特殊开方式的开方程序的巧妙方法，其根虽然是有理数，但直接开方却无法得到其分数部分。遂采取“连枝同体术”处理之。其法是：求出开方不尽的开方式 $a_0x^n+a_1x^{n-1}+a_2x^{n-2}+\cdots+a_{n-1}x+a_n=0$ 的根的整数部分 a 之后，设余式为 $b_0x_1{}^n+b_1x_1{}^{n-1}+b_2x_1{}^{n-2}+\cdots+b_{n-1}x_1+b_n=0$，便以 $b_0{}^{n-i}$ 分别乘余式的 $i-1$ 次项系数，$i=1, 2, \cdots, n+1$，则余式变成 $y^n+b_1y^{n-1}+b_2b_0y^{n-2}+\cdots+b_{n-1}b_0^{n-2}y+b_nb_0^{n-1}=0$。这相当于对余式进行变换 $y=b_0x_1$，对余式施行增乘开方法，得到 y 的值，因此 $x_1=\dfrac{y}{b_0}$，于是有 $x=a+\dfrac{y}{b_0}$。（郭书春）

莲子验盐卤　液体浓度测量。据宋姚宽《西溪丛语》记载，利用莲子可以检验盐卤的浓度。倘若十粒莲子，能由盐卤中浮出三四粒，就是浓盐卤；十中浮五，便是最浓的盐卤。莲子最好是垂直浮起。如果浮起的莲子为三粒，那么这盐卤就是稀薄不良的；如果全部莲子都沉在卤底，那么这种盐卤即使经过蒸发，也不容易得到食盐。宋人用较重的莲子作为基准法测量盐卤的浓度。后人又采用莲子作了几种实验。元陈椿《熬波图》记载了一种密度计，用几粒莲子与小竹筒配合使用，是一种携带方便的测量液体密度的装置，其原理与现代的浮子式比重计相近，四粒莲子相当于比重不同的色球。明陆容《菽园杂记》还记载了一种仅用单粒莲子来测定液体比重的装置，它的原理与现代的浮笔式液体密度计相仿。在闽中，常用鸡蛋和桃仁作这种实验。（王允红）

镰　中国古代长期使用的收割工具。在采集经济和原始农业的初期，人们先是用双手来摘取野生谷物，之后逐渐使用石片、蚌壳等锐利器物来割取谷物穗茎，并逐渐把这些石片、蚌壳加工成有固定形状的石刀和蚌刀。这便是最早的收获农具。山西朔县峙峪旧石器时代晚期遗址中就曾出土了距今近3万年的打制小石刀。之后出现了石镰和蚌镰，身呈长条形，刃部加工成锯齿状，增加了收割的功效。在河北省武安市磁山遗址、河南省新郑县裴李岗遗址都出土了制作精致、形式多样的石镰，距今约8000年。夏商西周时期出现了青铜收获农具，如铚、艾等。《诗经·周颂·臣工》：“命我众人，庤乃钱镈，奄观铚艾。”铚就是青铜刀，艾就是青铜镰。江西省新干县大洋洲商代墓葬中出土一批铜镰，是目前已知的最古老者。战国时期出现了铁铚和铁镰。河北省平山县、兴隆县，河南省新郑县等地都有陶镰范出土，可见当时铁镰的使用量已相当大。西汉以后，铚被淘汰，铁镰成为最主要的收获农具，直至20世纪依然如此。（曾雄生）

练漂　纤维前处理工艺。练指纤维脱胶，漂指漂洗，古代统称练。练的目的是将纤维表面及内部的胶质等溶化或降解，因纤维种类和用途的不同而有不同的工艺，如蚕丝和麻、葛及中古之后棉纤维的练漂均有不同的名称及工艺内容。蚕丝是蛋白纤维，含有丝胶、色素等，在进行漂白和染色之前，要将丝胶除去，这道工序称为练，古称湅。《周礼·天官·染人》：“春暴练。夏纁玄。”明确地将练作为染色之前的准备工序，并根据不同的季节安排染事。《考工记·冬官》比较完整地记录了湅丝和湅帛的工艺：“㡆氏湅丝。以涚水沤其丝。七日。去地尺暴之。昼暴诸日，夜宿诸井。七日七夜，是谓水湅。”“㡆氏湅帛。以楝为灰。渥淳其帛，实诸泽器。淫之以蜃。清其灰而盝之。而挥之。而沃之。而盝之。而涂之。而宿之。明日沃而盝之。昼暴诸日，夜宿诸井。七日七夜，是谓水湅。”湅丝和湅帛的工艺都采用碱性溶液沤泡、热胀冷缩、反复日晒水洗等方法脱胶和去除色素。湅丝使用的是“涚水”，是经过加温的灰水；湅帛使用的是楝木灰汁。后世湅丝帛亦有用猪胰酶或乌梅者，《天工开物·熟练》：“凡帛织就是生丝，煮练方熟。练用稻稾灰入水煮。以猪胰脂陈宿一晚。入汤浣之，宝色烨然。或用乌梅者，宝色略减。”麻和葛的纤维属于韧皮纤维，含较多胶质、果蜡等，需经脱胶才能变得光滑柔软，适宜纺织。秦以前，练麻采用沤泡脱胶，称“沤”。《诗经·陈风》：“东门之池，可以沤纻”，“东门之池，可以沤麻”，“东门之池，可以沤菅”。在阳光、微生物、池水的共同作用下，麻纤维表面的胶质分解溶化，纤维呈松散状，易于绩接。钱山漾新石器遗址发现的苎麻布就是经过脱胶的。葛纤维比较坚硬，一般采取煮练法脱胶，古称“濩”。《诗经·周南·葛覃》：“葛之覃兮，施于中谷，维叶莫莫，是刈是濩。为絺为绤，服之无斁。”麻纤维的脱胶称“灰治”，精练程度高的麻衣可以像霜雪那样洁白，《诗经·曹风·蜉蝣》：“蜉蝣掘阅，麻衣如雪。”漂是以清水浣洗纤维或布帛。《考工记》所记漂洗丝和帛的场所是井，工艺过程均为七日七夜。麻和葛则是在流动水中漂洗，《孟子·滕文公章句上》：“江汉以濯之，秋阳以暴之。皓皓乎不可尚矣！”麻布需在秋阳之下暴晒，江汉水中漂洗，才能皓如霜雪。（朱冰）

炼丹术 为达到长生不老等目的而炼制丹药的方术。《汉书·刘向传》记载，淮南王刘安（公元前 179 ~ 前 122）在其《枕中鸿宝苑秘书》中记录战国时邹衍（约公元前 3 世纪）有“重追延命方”，《战国策》记载有方士向荆王献“不死之药”，司马迁《史记》也记载了秦始皇为求“仙药”而派方士徐福率童男女几千人入海求“仙人”之事。大抵炼丹术在先秦已有萌芽。到西汉武帝刘彻（公元前 156 ~ 前 87）时因听方士李少君的建议，而在宫中设立丹灶炼丹，自此炼丹术大兴。道教兴起后，炼丹成为道教徒的重要方术之一。历代皇帝中热衷于炼丹者不乏其人，同时也出现了著名的炼丹家和著名的炼丹著作。中国古代炼丹家主要从事炼制长生药、人造金银等事。炼丹术的发展极大地丰富了古人的化学知识。火药是炼丹家发明的，在冶金、陶瓷、玻璃、酿造等方面炼丹家也有贡献。丹药在中国医药学上亦多有应用，但同时也带来了不小的副作用。炼丹术在唐宋得到很大的发展，在元代衰落，但在明代由于皇帝的热衷追求长生而重获复兴，清代炼丹术继续发展，直到清末近代化学传入后炼丹术才迅速衰落。关于中国炼丹术与欧洲、阿拉伯炼丹术的关系，目前学术界还没有形成定论。不过，其间有不少相似之处。例如，中国炼丹家追求长生的灵丹妙药，阿拉伯炼金术士也追求所谓“哲人石”；硫和汞是中国炼丹家的重要物质，而公元 9 ~ 10 世纪阿拉伯炼金术士则提出了硫 - 汞理论；中国炼丹术中常用的硝石在阿拉伯、埃及被称为“中国雪”，在波斯则叫“中国盐”，等等。凡此都表明中国炼丹术和阿拉伯炼金术之间存在着交流和联系。炼丹家对物质的变化进行了大量的实验和尝试，积累了大量的经验知识，炼丹术是近代化学的重要渊源之一。（王扬宗）

两鉴相鉴 指平面镜组的成像。唐陆德明在《庄子·天下》注释中写道：“形智往来相为逆旅也。鉴以鉴影，而鉴以有影，两鉴相鉴，则重影无穷。”南唐谭峭在《化书》中写道：“镜镜相照，影影相传。不变冠剑之状，不夺黼黻之色。是形也，与影无殊；是影也，与形无异。乃知形之非实，影之非虚，无实无虚，可以道俱。”即平面镜组成像是彼此往复的，形成无数像，镜中不仅有实物的像，还有像的像，故影无穷。如图（a）将两平面镜 A 与 B 平行对立，于其间置一物 P，距 A 与 B 分别为 a 及 b。根据平面镜成像作图则可得两组数目无穷之像如下：

P 因 A 镜反射所成之像为 A_1，
A_1 因 B 镜反射所成之像为 A_2，
A_2 因 A 镜反射所成之像为 A_3，
……

P 因 B 镜反射所成之像为 B_1，
B_1 因 A 镜反射所成之像为 B_2，
B_2 因 B 镜反射所成之像为 B_3，
……

显然有

$MA_1 = MP = a \qquad NB_1 = NP = b$

$NA_2 = NA_1 = 2a + b \quad MB_2 = MB_1 = a + 2b$

$MA_3 = MA_2 = 3a + 2b \quad NB_3 = NB_2 = 2a + 3b$

$NA_4 = NA_3 = 4a + 3b \quad MB_4 = MB_3 = 3a + 4b$

……

但由于反射减低光强之故，可见之像仅为每组中最前之数个。从上式还可得

$$A_1A_3 = A_2A_4 = A_3A_4 = \cdots = 2(a + b),$$

$$B_1B_3 = B_2B_4 = B_3B_4 = \cdots = 2(a + b),$$

意即在每一镜后，任一组内相邻两像间的距离臂为一定，其值为两平行镜间距离的两倍。

对平面镜组成像的应用，汉刘安《淮南万毕术》云："高悬大镜，坐见四邻。"潜望镜就是平面镜组合的实例和应用，见图（b）。（李家明）

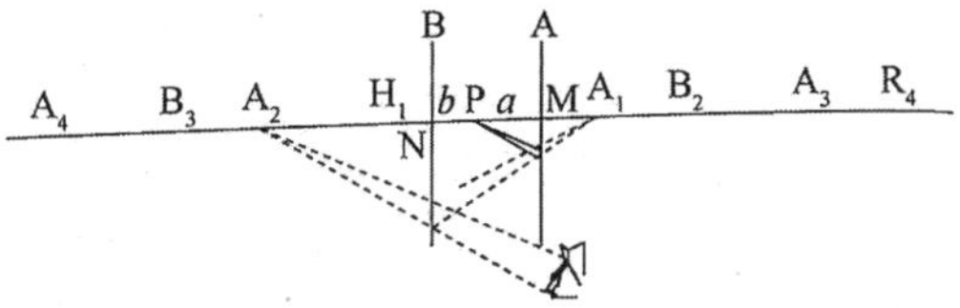

(a)

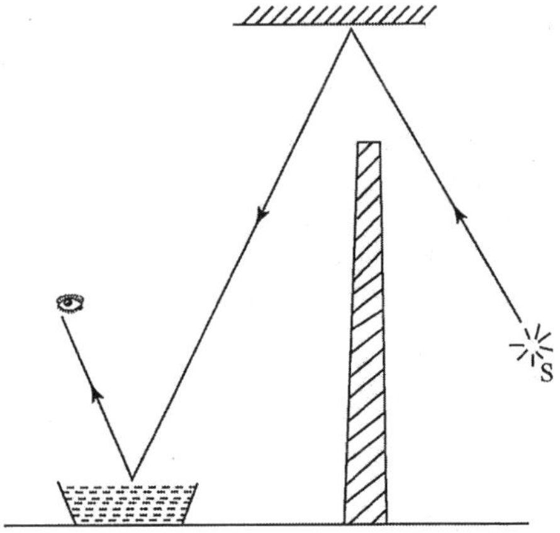

(b)

两鉴相鉴

量天尺　元、明以来出现的和天文有关的测量工具。许多种天文测量工具或仪器在史书中被称为"量天尺"，主要有以下几种。①土圭。明《空同子》说："郭守敬量天尺亦树嵩洛间。"这就是指登封观象台下的长石圭。圭面据《元史》应有"丈、尺、寸、分"的均匀刻度线，也就是一般含义的"尺"，与当时官府制造浑仪的尺，采用相同的长度标准。后来人们把各种圭表中带有尺寸刻度的圭叫做"量天尺"。明《五杂俎》记载："京师城东偏，有观象台……台下小室，有量天尺。铸铜人捧尺，北面。室穴其顶，以候日中，测量影之长短。"这是指铜圭。现存南京紫金山天文台明代圭表上有量天尺刻线，据研究，明量天尺一尺约 24.345 厘米。②两种黄道坐标对照表。明清以来，用五星算命的术士编有一种工具书，刊载若干年的日月五星位置，也附有"量天尺"。例如，清代《七政台历》一书的封里就印有："钦定七政四余原本，重订七政台历万年书，附刻量天尺三管，清照斋自订。"此类"量天尺"，其实就是两种黄道坐标的对照表。一种坐标是按十二宫，每宫 30 度，另一种坐标是按二十八宿的距星起算的宿度。某行星的视位置，既要用十二宫宫度，也要用二十八宿宿度，以推算吉凶。③一种地平式日晷。明清术士中使用的"量天尺"，又可指一种地平式日晷。这种尺随太阳方向旋转挪动，所谓"对日"，以使表影保持在尺的中线上，"影正中墨"。由于太阳的高度随地理纬度不同而不同，所以刻度要按地方确定。使用这种量天尺，可以简便地测知时间。民间多用木制。④纪限仪。明末西洋传教士利玛窦带到中国的天文仪器中，据载有量天尺。《澳门纪略》记载："今之所谓西法也，自利玛窦由澳门转入八

闽，至金陵。出其浑天仪、量天尺、勾股、举重、算法。”这“量天尺”有人认为是纪限仪。（孙小淳）

〇 中国金元之后表示零的符号，后来演变为汉字。中国古代没有笔算，筹算中用空位表示零，实际上是一种没有笔画的符号。宋元数学著作中多有细草，细草中的数字是借用筹算数字加一个表零的符号“〇”而成的。符号〇是中国人独创的。原来，中国古籍的抄写中有用□表示脱文的习惯，为书写方便、快捷，逐渐变成了“〇”形。《金史》大明历中有“四百〇三”等数字。可见，当时“〇”已经变成了一个中国字。（郭书春）

伶 先秦乐官或乐师名称。《国语·周语》载，周景王二十三年（公元前522），“王将铸无射（钟），问律于伶州鸠”。“州鸠”为周景王乐师。《吕代春秋·仲夏季·古乐》：“昔黄帝令伶伦作律。”“伦”为传说黄帝时乐官。但是，称“伶人”者为乐工或低级乐官。《国语·周语》：“伶人告和。”韦昭注：“伶，乐人也。”另一说，“伶”本作“泠”。《广韵》：“泠，又姓。”则以为“周朝官中泠氏掌乐”。后称“伶”为戏曲艺人。如《清代伶官传》。（戴念祖）

灵渠 又名秦凿渠、零渠、陡河、兴安运河，为中国沟通长江水系和珠江水系的古运河，唐汉后称灵渠，在今广西壮族自治区兴安县境内。秦统一六国后，向岭南用兵，秦始皇二十八年（公元前219），派监郡史禄凿渠运粮。据《淮南子·人间训》记载：史禄征调民工数十万，利用兴安河谷地带便利的引水条件，开凿了一条60余里的运河，沟通了湘江和漓江。经历代的不断增修改进，技术逐步完善。灵渠渠首处用拦河坝壅高湘江水位，将其一股（今称南渠）通过穿越分水岭的人工渠道引入漓江上源支流，并对天然河道进行扩挖和整治后，入漓江；将另一股开渠于湘江岸再入湘江。用拦河大小天平、铧嘴、湘江故道和泄水天平，综合地实现了分水、引水和泄洪等功能。唐宝历元年（825），李渤更立斗门18座（唐·鲢威《灵渠记》），利用其调节渠道水面比与航深，使船只能在水位差很大的湘漓二江渠道中通航，是世界上最早采用渠化通航技术的运河。历代多次维修，保证灵渠航运长期不衰，对广东、广西的政治、经济、文化有重大影响。粤汉铁路（1931）和湘桂铁路（1941）通车后，其航运逐渐停止。（艾素珍）

灵台 天文观测基地，即今之天文台。古代天文、占星不分，天文台又是供奉星神、占星卜兆的场所，故名。其历代名称有所不同。相传在夏朝已有专门观测星象的场所，叫做清台，商朝叫做神台，周朝叫做灵台。春秋时代，有些诸侯设立的天文台叫做观台。此外，历史上还有瞻星台、瞻象台、司天台、观星台、观象台、候台、云台、天台、渐台等名称，从这些名称都可以看出其作为天象观测基地的性质。《诗经·大雅·灵台》中有关于灵台的最早记载：“经始灵台、经之营之。庶民攻之，不日成之。”大约是歌颂周公兴建灵台的业绩。汉代郑玄注云：“天子有灵台者，所以观寝象察气之妖祥也。”《周礼》记冯相氏、保章氏之职，其工作“职责就是天文和方法”，可见周有灵台是可信的。由于圭表测景是周初天文观测的主要内容，所以周灵台可能就是周公测景台。西汉汉武帝太初前后（公元前104年前后），在长安城郊筑有清台，天文学家在台上观测，检验各家历法疏密。西汉灵台据记载高十五纫，台上有浑仪、相风鸟和铜表等仪器。这些仪器不仅用来观测天文，还用于观测风向等气象。古代是把云气作为天象来对待的。历史上各个王朝都建有天文台。北宋在汴京建立过四个天文台，有司天监的岳台、翰林天文院的候台、测验浑仪漏刻所和合台，四个台上都有浑仪等天文仪器。元朝在周公测景台旧址建立了观象台。明、清时期在南京和北京先后建立了观星台和观象台。（孙小淳）

玲珑仪 元初郭守敬创制的一种天文仪器。齐履谦《知太史院郭公行状》记郭守敬造有13件仪器，其中之一就是玲珑仪。杨桓的《玲珑仪铭》描述了它的特征："制诸法象，各有攸施。萃于用者，玲珑其仪。十万余目，经纬均布。与天同体，协规应矩。偏体虚明，中外宣露。玄象森罗，莫计其数。宿离有次，去极有度。人由中窥，目即而喻。"可见玲珑仪的结构是一个大球体，上面刻了经线、纬线，组成了十万余个网格（周天三百六十余度，假使一度一线，则经纬相乘，即得十万余目）；球体上凿了很多代表星星的小孔，所以才"偏体虚明，中外宣露"；球面上按天体位置凿有星官；这个仪器是由人钻到球体里面去看的。苏颂、韩公廉曾制造过一个仪象合一的仪器，其器"大如人体。人居其中，有如笼象，因星凿窍，如星以备，激旋轮之势，中星昏晓，应时皆见于窍中"。玲珑仪很可能类似于假天仪。（孙小淳）

凌家滩原始聚落 凌家滩遗址在今安徽省含山县太湖山南麓、裕溪河中段北岸的一个自然村内，总面积160万平方米，发掘面积1775平方米。遗址以三个台阶为界线划分成三处功能不同的区域，四周以一条大型围壕环绕。从裕溪河北岸起，沿岗坡向上，分三个大台阶，临河的第一个台阶发现大量陶片，是普通部落成员的居住地区。第二个台阶为3000平方米的红陶土块广场，广场中间有一红陶土块砌成的水井，是氏族聚落会盟、祭祀、操演的场所，是本部落或部落联盟的政治、军事、文化中心。第三个台阶是以祭坛为中心的大型墓葬区，墓葬区中央有一处约1米高的祭坛，陪葬品有玉器、石器和陶器等。凌家滩有巨石遗存，在遗址东面的裕溪河岸边有两块，正方形，边长约1.3米；西面圩区有三块巨石露出水面，呈"一"字形排列，在北面有一块埋在地里，这些巨石原高度有的达五六米，有的达八九米。凌家滩的地表底下和裕溪河的河床底下还埋藏着许多巨石，这些巨石均来自距凌家滩5公里的太湖山。其用途推测可能与观察天文、太阳运转有关联。（沈玉枝）

凌山 又称雪山、雪海、冰岭，冰雪积结的冰川地形。汉唐宋以前对冰川的认识主要来自赴西域取经的僧人和学者。汉代，人们对葱岭地区的冰川已有一些认识。东晋法显首次较为详细地描述了葱岭地区高山冰川的地形特征，并称此地人为"雪山人"（《法显传》）。唐杜环在《经行记》中将今图拉苏至什波雷克大坂一段的冰川谷称为"雪海"，山岭称为"勃达岭"，同时记述了冰川地区发育的冰下河道"中有细道，道傍往往有水孔"。唐玄奘在《大唐西域记》（646）中将葱岭称为"凌山"，将喜马拉雅山称为"雪山"。唐代慧立在《大慈恩寺三藏法师传》（688）中记述了今汗腾格山、哈雷克套山间的"冰凌区"（今称木扎特冰川槽谷区）的冰裂隙和冰崖地形，以及气候特征，并提出其成因为“冰雪所积，积而为凌，春夏不解，凝洹汗漫”。元以后，西北交通发达，对冰川的记载范围和认识深度都有较大的进步。雪山已成为高山冰川的代名词。元李志常述《长春真人西游记》卷上记载了天山等地的冰川，元代耶律楚材的《西游记》记述了阿尔泰山上的积雪地形。清徐松的《新疆赋》（见《西域三种》）、沙克都林札布的《勘界日记》（见王树枬《新疆山脉图志》卷二引）、椿园的《回疆风土记》、秋坪的《冰岭纪程》记述了冰川表面形态、冰裂隙、地下河和冰蘑菇地形等。徐松在《西域水道记》卷二较为全面地记载这一地区的多种冰川地形，并将木素尔岭上的冰川分为三种。（艾素珍）

棂星门　棂星原作灵星，即天田星。汉高祖规定祭天先祭灵星。到宋仁宗天圣六年（1028），筑郊台外垣，设置灵星门。后移至孔庙，以尊天尊孔为本意。后来人们认为汉代祭祀灵星，是为了祈求丰年，与孔庙无关，又改灵星为棂星。“棂”是窗格子的意思，似有寒窗苦读之幸运星之意，有文运，保佑读书人考取功名或给读书人带来好运。以此名门，表示天下文人学士集学于此。祭祀天地、先皇、宗庙和孔子的祭坛、宗庙、文庙、王陵都设置棂星门。最简单的棂星门是二柱一门，两根柱子做成华表样，由宋代木制乌头门演变而来。最早是木制，后改为石制。曲阜孔庙棂星门四柱三门，南京夫子庙棂星门六柱五楹，门柱成华表式，云纹望柱，旁饰“穿云板”，柱脚前后饰抱鼓回纹石。门柱用石额坊嵌接，中镌“棂星门”。棂星门的另一种形式是棂星门式石牌坊。柱间有栅栏门，用于天坛、地坛、神祇坛、社稷坛、十三陵等地方。（沈玉枝）

绫　一种斜纹地起斜纹花的丝织物。绫的出现时间现尚无定论，估计在秦汉前。因为绫是在绮的基础上发展而来的，故初期的绫常和绮混称。从织物组织来分析，绫与绮相似的是两者表面都有斜纹花，质地都较轻薄；不同的是绮为经线显花，绫为纬线显花，绫比绮的花、色变化多；再则绮织物表面显类似缎织物的纹路，而绫的织物表面则多显山形斜纹或正反斜纹。《尔雅·释名·释彩帛》云：“绫，凌也，其文望之如冰凌之理也。”冰凌的纹理与山形斜纹相似，富有光泽，以它来形容绫织物的风格特点极为贴切。汉代的绫非常精美，价格昂贵，著名的散花绫“匹值万钱”，可与刺绣媲美。三国魏人马钧改革简化了绫织机，不仅使绫的产量大幅度提高，还为绫的纹样向较复杂的动物和人物纹发展提供了技术基础。隋唐时期，绫织物盛极一时，据记载，当时除官营染织署中设有专门生产绫织物的“绫作”，生产供各级官员穿着的不同颜色、不同纹样、不同规格的绫织物官服外，各州还大量生产一些具有地方特色的绫产品，如名重一时的浙江名产“缭绫”，便有玄鹅、天马、掬豹、盘绦等花样，白居易《缭绫》诗盛赞它：“中有文章又奇绝，地铺白烟花簇雪。”唐绫之精美，在丝绸之路沿途出土的实物和日本正仓院收藏的丝织物珍品中可窥一斑。宋代绫织物的需求进一步扩大，朝廷为满足朝服、赐赠之用，在很多地方都设立了大小规模不等的绫织造作坊，使用的绫织机难以计数，绫的名目在前代的基础上也增加了许多，使用也不再局限于服装，开始大量用于书画、经卷的装裱。明清时期，绫的生产逐渐萎缩，有的花纹品种被云锦、蜀

锦、宋锦等锦类织物所取代。(赵翰生)

溜索桥 又名溜壳桥、溜筒桥。索桥的最早形制。结构分单索、双索两种。溜索方法分平溜、陡溜两种。平溜多为单索，其行走方式是：以木为半筒，渡者以绳系筒，缚腰及臀于桥索，以腋挟筒令滑，两手力挽而渡。陡溜多为双索，其方式为：设溜索两根，两端各置低昂，一来一往，以索溜之甚速，可渡牛马。最早者为《后汉书》中所称“跨涉悬度”，唐有独孤及《笮桥赞》对溜索桥的文学描述。(沈玉枝)

刘焯律 律学名词。隋代名儒刘焯(544～610)创立的一种律制。《隋书·律历志》载：“其黄钟管六十三为实，以次每律减三分，以七为法，约之，得黄钟长九寸，太簇长八寸一分四厘，林钟长六寸，应钟长四寸二分八厘七分之四。”可见刘焯是以管定律，其管律按 $3n/7$ 递减，因而打破了三分损益的律学传统，构成等差数列的一组律管，企图达到旋宫目的。但结果相反，其不仅不能旋宫，且十二律音高也被弄混了。刘焯律的失败给后人提供了等差数列在乐律学上不能旋宫的例证，也为明代朱载堉探讨十二平均律提供了一个数学方法的教训。(戴念祖)

刘徽原理 刘徽为了证明阳马、鳖臑体积公式并解决多面体体积问题而提出的一个重要原理。魏景元四年(263)刘徽在《九章算术》商功章阳马术注中说：“邪解堑堵，其一为阳马，一为鳖臑。阳马居二，鳖臑居一，不易之率也。”设阳马、鳖臑的体积分别为 V_y，V_b，则在一个堑堵中，恒有 $V_y : V_b = 2:1$。它是刘徽的多面体体积理论的基础。原来对《九章算术》提出的阳马体积公式 $V_y = \frac{1}{3}abh$ 与鳖臑体积公式 $V_b = \frac{1}{6}abh$，其中，a、b、h 分别是它们的宽、长、高，《九章算术》的编纂时代是取 $a = b = h = 1$ 尺的情形用棋验法推导的。刘徽认识到，在 $a \neq b \neq h$ 的情况下，“鳖臑殊形，阳马异体。然阳马异体，则不可纯合，不纯合，则难为之矣”，无法应用棋验法，因而提出了这个原理。显然，只要证明了它，由于已知堑堵体积公式 $V_q = \frac{1}{2}abh$，则由今有术或衰分术便可证明阳马、鳖臑的体积公式。刘徽采用无穷小分割方法证明之。他用三个互相垂直的平面平分由阳马、鳖臑组成的堑堵，如图(a)所示，阳马分成1个立方体Ⅰ，2个小堑堵Ⅱ、Ⅲ和2个小阳马Ⅳ、Ⅴ，如图(b)所示；鳖臑分成2个小堑堵Ⅱ′、Ⅲ′，2个小鳖臑Ⅳ′、Ⅴ′，如图(c)所示。它们可以拼合成4个全等的小长方体Ⅰ，Ⅱ－Ⅱ′，Ⅲ－Ⅲ′，Ⅳ－Ⅳ′－Ⅴ－Ⅴ′。显然，在前3个小长方体即原堑堵的$\frac{3}{4}$中，有 $V_y : V_b = 2:1$；在第4个小长方体中，尚未知，然而构成它的2个小堑堵与原堑堵完全相似，可以重复刚才的分割，“则四分之三又可知也”。如此继续下去，“半之弥少，其余弥细，至细曰微，微则无形。由是言之，安取余哉”？在整个堑堵中证明了刘徽原理。刘徽进而指出：“不有鳖臑，无以审阳马之数。不有阳马，无以知锥亭之类，功实之主也。”这个结论与现代数学的体积理论完全一致。刘徽将多面体分割成有限个长方体、堑堵、阳马、鳖臑，求其体积之和，解决其他多面体的体积问题，从而将多面体体积理论建立在无穷小分割基础之上。现代数学大师高斯、希尔伯特等在19世纪才

考虑了同类的问题。(郭书春)

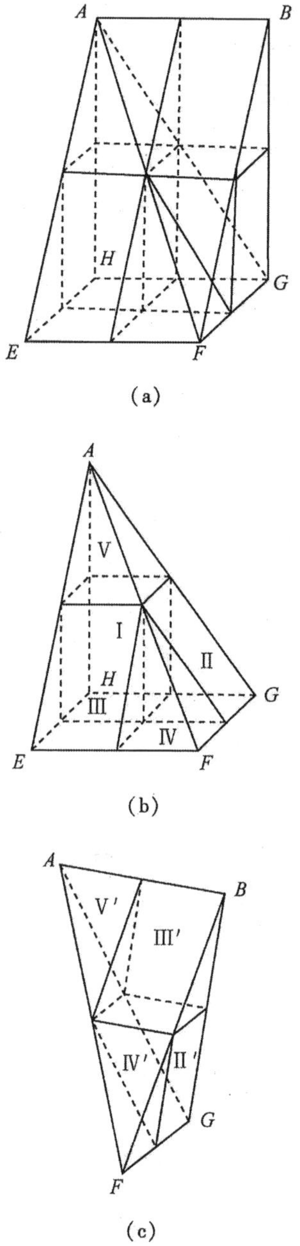

刘徽原理的证明

流沙 又称沙漠、沙幕、沙河，沙质荒漠。始见于《禹贡》：“西被于流沙。”沙常因随风吹而流动转移，故名（唐·李吉甫《元和郡县志》卷四十）。《后汉书·陈龟传》称为“沙漠”：“战夫身膏沙漠。”《汉书·陈汤传》称为“沙幕”：“匈奴不敢南乡沙幕。”《北周书·高昌传》称为“沙碛”：“自敦煌向其国，多沙碛。”《法显传》称为“沙河”。先秦已对流沙有所认识，《禹贡》记载了今称为巴丹吉林沙漠：“导弱水（今额济纳河）至于合黎，余波入于流沙。”《山海经·西次三经》记载了塔里木盆地的沙漠地形：“（观水）西流于流沙。”汉代对今新疆塔里木盆地罗布泊风蚀沟坑和风垅相杂的崎岖地形有较多的描述，并命名为白龙堆（今称雅丹地形）。晋代认识到流沙地形多呈新月形的沙丘（《晋太康地记》），并提出沙丘有鸣沙现象（《辛氏三秦记》）。（艾素珍）

“流盈变谦”说 清初孙兰提出的一种较为完善的流水地形发育理论，见其所著《柳庭舆地隅说》卷上（1693）。中国在先秦时期，已知流水对地形有影响，老子云：“天下柔弱莫过于水，而攻坚强者，莫之能胜。”（《道德经》）《汉书·沟洫志》已记载流水的搬运作用，“恒言一石水六斗泥”。宋沈括在《梦溪笔谈》卷二十四中已比较系统地论述了流水的侵蚀作用，同时提出了河流的搬运和淤积作用。明徐霞客在《徐霞客游记》卷六中从理论上对河流的下切和侧蚀作用进行了阐述。孙兰在总结前人的认识的基础上，结合他本人野外观察的经验，提出“流盈变谦”说。“流盈变谦”源自《周易·系辞》“地道变盈则流谦”，意即地形的高低是在不断变化的。孙兰把侵蚀与堆积看做地形发育过程中统一的两个方面，它们时急时缓，不断地改变着地形。他认为，在以流水为中心的地形演变中，可能有“因时而变”（即渐变因素）、“因变而变”（即突变因素）和“因人而变”（即人为因素）

三种形式："变盈流谦，其变之说亦有可异者。""因时而变者，如大雨时行、山川洗涤、洪流下注、山石崩从，久久不穷，则高下易位；因人而变者，如凿山通道、排河入淮、壅水溉田、起险设障，久久相因，地道顿异；因变而变者，如土壅山崩、地震川竭，忽然异形，山川改观。"孙兰将流水地形的变化作为一个开放系统，指出各种因素的影响和控制作用，从而深刻地揭示了流水地形的发育规律。（艾素珍）

留头乘 亦称"穿心乘"。元代创造的三位以上乘数的一种乘法方式，因将乘数首位留至最后再与被乘数相乘而得名。它起于筹算，后施用于珠算，初见于元朱世杰的《算学启蒙》（1299）。其法先从乘数左起第二位起至末位，依次向右乘被乘数，再以乘数首位乘；先乘被乘数的个位，再乘其十位、百位等数，将所得各积相加即得。例如，$563\times874=492\ 062$，计算的顺序是：$3\times70=210$，$3\times4=12$，$3\times800=2400$；$60\times70=4200$，$60\times4=240$，$60\times800=48\ 000$；$500\times70=35\ 000$，$500\times4=2000$，最后 $500\times800=400\ 000$，将它们相加，即得。（郭书春）

鎏金 在器物表面涂镀金、银或者锡的工艺，统称鎏金。中国的鎏金工艺起源于何时，尚不确知。所谓安阳殷墟出土的镀锡铜盔和甘肃灵台白草坡西周墓葬出土的镀锡铜器，均无充分证据。《诗经·小戎》有"阴靷鋈续"，其中"鋈"被释为用锡镀青铜器，但迄今还是罕见先秦时期的镀锡器物。曾有人认为云南晋宁石寨山滇墓出土有镀锡铜斧，尚属猜测。鎏金工艺在中国可能出现于春秋末年，鎏金、银就是用金、银汞齐实现的，所谓汞齐就是用汞溶解金、银等金属所形成的混合物。据报道，河南信阳楚墓出土有鎏金铜削。如属确实，则是最早的鎏金实物。战国时期的鎏金实例亦不多：河南辉县固围村出土的玉璜，两端都经鎏金处理；洛阳中州路出土的车马饰，不仅鎏金而且鎏银，成为中国最早的鎏银实物。秦汉以后，鎏金工艺渐趋普及，代表作有河北满城西汉中山靖王刘胜夫妇墓葬出土的长信宫灯和错金博山炉。随着佛教传入，鎏金工艺被大量用于装饰佛像。及至清代，大量的宫廷陈设和用具都经鎏金处理。鎏金工艺的第一步是制作金泥，即把薄金片剪碎，置入砂罐内加热至灼红，约 400℃，然后按金与汞 1∶7 的比例加入汞，使金溶解，再倒入冷水中，如泥状，故称"金泥"。第二步是将欲鎏金的器物用乌梅水或李干水处理干净后，用金棍蘸金泥和盐、矾的混合物在器物表面涂抹均匀，然后用炭火烘烤，使汞蒸发。这一工序可反复操作，直至金层达到所需厚度。最后，捶打器物表面使金层与器物结合紧密，还要用乌梅水清洗表面，再用玉石或玛瑙压光。（苏荣誉）

六经 （1）中医学术语。①经脉名称，为太阳经、阳明经、少阳经、太阴经、厥阴经、少阴经的合称，出于《黄帝内经》。根据经脉在人体中走行的路径不同，又有手六经和足六经。手六经为手太阳三焦经、手阳明大肠经、手少阳小肠经、手太阴肺经、手厥阴心包经、手少阴心经；足六经为足太阳膀胱经、足阳明胃经、足少阳胆经、足太阴脾经、足厥阴肝经、足少阴肾经。②外感热病辨证的方法之一，出于《伤寒论》。六经之名称仍为太阳、少阳、阳明、太阴、少阴、厥阴，但并非指具体的经脉，而是用以概括外感热病六大类不同阶段或不同类型的综合征候，用以说明疾病的深浅部位、传变关系及病理特点。例如，三阳病病位或表或里。太阳病在表，以恶寒、脉浮、头项强痛为特征；少阳病在半表半里，以寒热往来、口苦咽干、脉弦为特征；阳明病在里，以或壮热烦渴或胃热便结、脉洪大或数实为特征；三阴病病位均在里；太阴病以腹满而吐、食不下、自利、时腹痛为特征；少阴病以脉微细，但欲寐为特征；厥阴病以消渴、气上冲心心中疼热、饥而不食为特征。六经证之间是互相联系的，可以有两经或三经病证合并出现，也可互相转变。(张志斌)

（2）六部儒家经典。指《诗经》、《尚书》、《周礼》、《乐经》、《易经》和《春秋》，含有大量先民认识自然界的知识。(郭书春)

六齐　先秦典籍《考工记》中记载的六种青铜合金成分："金有六齐：六分其金而锡居一，谓之钟鼎之齐；五分其金而锡居一，谓之斧斤之齐；四分其金而锡居一，谓之戈戟之齐；三分其金而锡居一，谓之大刃之齐；五分其金而锡居二，谓之削杀矢之齐；金锡半，谓之鉴隧之齐。"这是世界上第一张青铜合金配比表。从字面上看，表明先秦时期已经认识到，不同的器物因用途不同，性能要求不同，其合金成分相应不同。总体的趋向是随着含锡量的增加而提高器物的硬度，但对综合机械强度未予考虑，所以与先秦青铜器的实际合金成分出入很大。因此，对其科学价值的评价分歧较大。(苏荣誉)

六气　（1）指自然变化的六种现象。诸说不一：一如《左传·昭公元年》引秦医和云"六气，曰阴、阳、风、雨、晦、明也"，并指出人的疾病与六气的变化有关。二如《庄子·逍遥游》："若夫乘天地之正，而御六气之辩。"陆德明释文引李颐曰："平旦为朝霞，日中为正阳，日入为飞泉，夜半为沆瀣，天玄，地黄为六气。"三如《素问·六元正纪大论》："夫六气正纪，有化，有变，有胜，有复，有用，有病……夫气之所至也，厥阴所至为和平，少阴所至为暄，太阴所至为埃溽，少阴所至为炎暑，阳明所至为清劲，太阳所至为寒雾。"

（2）医学术语。①在中医学中指自然界风、寒、暑、湿、燥、火六种气候，《素问·五运行大论》："燥以干之，暑以蒸之，风以动之，涩以润之，寒以坚之，火以温之。"若气候反常，成为外感病致病因素时，则称为六淫。②佛家用以治病的六种气息，《翻译名义集》卷六《珊若娑》："用六种气治病者，即是观能治病何等六种气，一吹，二呼，三嘻，四呵，五嘘，六呬，此六种息，皆于唇口之中，想心方便，转侧而作，绵微而用。"(李家明)

六十律　律学名词，是汉代京房（公元前 77 ~ 前 37）提出的一种律制。按三分损益法，仲吕不能生黄钟，因而不能在传统十二律范围内解决返宫和旋宫问题。有鉴于此，京房按三分损益法，从仲吕继续推算，乃至六十律。其中，仲吕前十二律仍用传统律名，仲吕上生"执始"律起，皆新创律名。"执始"律比黄钟高一个古代音差，其第五十四律"色育"只比黄钟高 3.61 音分，这一音差称为京房音差，听觉已难分辨此二律之差，可以说已返宫。但是，京房为满足灾变卦卜说而演算到六十律，照其说法，"夫十二律之变至于六十，犹八卦之变至于六十四也"(《后汉书·律历志》)。虽京房六十律不能实用，但在理论上却有重要的启发意

义，只有理论上的演繁极至才能引起人们探讨律学简便返宫的新途径。(戴念祖)

六一泥 又名“神泥”、“固济神胶药泥”，是炼丹过程中用于封闭容器的物质。一般由七种成分组合而成，取“天一生水，地六成之”之说。据《黄帝九鼎神丹经》记载，六一泥的成分是矾石、戎盐、卤碱、礜石、东海左顾牡蛎、赤石脂、滑石等七物。先将前四物烧 20 日，再取后三物“合捣万杵”，再调以百日苦酒，到各种成分调和如泥状就可以封固。其厚度为三分，最多达五分。封固之后，必须置于日中暴晒，至干燥方可使用。在内丹学说中，六一泥象征闭固神室，不使泄漏精气。(王扬宗)

六淫 风、寒、暑、湿、燥、火六种外来病邪的合称。此六者，本为自然间之固有气候，称为六气；若太过、不及或不应时，影响到人体的调节适应能力，则成为致病的邪气，此时称为六淫。因六淫均从人体之外侵入人体之内，故又称为外邪，它们是外感病的主要病因。宋代陈言《三因极一病证方论》云：“然六淫，天之常气，冒之则先自经络流入，内合于脏腑，为外所因也。”六淫所行季节不同，各自所致疾病特点不同。风为春季主气，而四季常有，为百病之长，常与其他病邪合并为病。《素问·风论篇》：“风者善行而数变，腠理开则洒然寒，闭则热而闷。”寒为冬季主气。致病易伤阳气而阻滞气血活动，常为痛证的原因之一。《素问·痹论》曰：“痛者，寒气多也，有寒故痛也。”暑为夏季主气。致病多致高热，大汗而耗气伤津。《灵枢·岁露论》：“暑则皮肤缓而腠理开。”湿为夏初之主气。致病多见头痛身重困倦，且易影响脾胃消化功能。《素问·生专通天论》：“因于湿，首如裹。”《血证论》：“若湿气太甚，则谷也不化。”燥为秋季主气，致病多伤津液而见口鼻干燥。《素问·阴阳应象大论》：“燥胜则干。”火与暑同性，但无明显的季节性，非时之热大多属火。《素问·至真要大论》：“少阳司天，其化以火。”《素问·气交变大论》：“岁火太过，炎暑乃行。”“岁金不及，为火乃行。”(张志斌)

六宗 求圆内接正六边形、四边形、三边形、十边形、五边形、十五边形的边长，亦即求 30°，45°，60°，18°，36°，12°的正弦值。邓玉函在《大测》中所述三角函数造表法有此名。《大测》云：“有前六宗率为资，有后三要法为具，即可作大测全表。”就是说，以“六宗”为材料，以“三要法”为工具，即可造出三角函数表。(郭书春)

龙卷风 又称扶摇羊角、黑风羊角、回旋羊角、回风、龙斗、黑龙、黄龙、龙，是一种强烈的小范围旋风，是一种严重的灾害性天气现象。因发生地域不同分成陆龙卷和海龙卷两类。《庄子·齐物论》最早记载龙卷风，称“扶摇羊角而上”。南北朝时期对龙卷风的灾害有记载（《魏书·灵征志》）。唐代对其气旋性质有认识：“回风，旋风也。”（唐·李淳风《观象玩占》卷四十四）南宋吴自牧《梦粱录》卷十二首次记载了海龙卷：“蛇龙、乌猪等洋，神物多于此中行雨，上略起朵云，便见龙现全身，目光如电，爪角宛然，独不风尾耳。顷刻大雨如注，风浪掀天，可畏尤甚。”南宋叶梦得的《避暑录话》卷上记载了龙卷风发生的时节，还记述了其漏斗现象，称之为龙挂。元杨瑀

《山居新话》记述至正戊子（1348）十二月望嘉兴城五黑龙同时出现且其中四龙吸水的奇异现象。明清时期，对其产生的天气条件、发生形成过程等都已有正确的认识（明·郎瑛《七修类稿》卷四十四，清·《台湾采访册》）。（艾素珍）

龙首渠 古代以龙首命名的渠道有两条。①今洛惠渠的前身，是开发洛河水利的首创工程，也是中国第一条地下井渠。大约在汉武帝元狩、元鼎年间（公元前120～前111），庄熊罴上书建议开挖一条引洛水的渠道灌溉临晋（今陕西大荔）至重泉（今蒲城县东南）以东大荔平原1万多顷盐碱地（《史记·河渠书》）。武帝采纳了这一建议，征调民工万余人，历时十余年始成。渠自征县（今澄城县）西南引洛水东南流，至临晋（今大荔县）西仍入洛水。至商颜山（今铁镰山）时，因黄土覆盖的山体土质疏松，渠道多次崩塌，于是改用凿井开渠法，最深达40余丈，东至山岭长十余里，开创隧洞竖井施工法。相传开凿时掘到龙骨，故名龙首渠。北周保定二年（526），在临晋重加开浚以利灌溉（《周书·武帝纪》）。唐代，姜师度“于朝邑、河西二县界”（《旧唐书·姜师度传》），重建水利工程，引洛河和黄河灌溉。此后引洛灌溉相延不断，至新中国成立以后发展成为洛惠渠，灌溉面积增加至60万余亩。②隋长安城东北隅主要的供水渠道。隋开皇三年（583），为营建大兴城解决东城及内苑用水而修建。渠自城东马头空（今马登空村）引浐水北流，至永乐坡附近分为二渠：东渠从通化门附近绕城东北角入禁苑；西渠西南流至通化门入城，西流入皇城，再北流入宫城，汇为山水池和东海。唐代扩建宫苑，此渠多有引伸。其后历经疏浚，明、清时主要发展西渠而水道及引水口均有变化。其东渠及城内渠道，已日渐堙废。今城外故道尚有若干遗迹存在。（艾素珍）

龙兴寺铜佛 现存中国古代最大的铜造像，位于河北正定龙兴寺大悲阁。龙兴寺建于隋开皇年间（581～600），原有金铜佛像一座，后被周世宗毁以铸钱。宋开宝四年（971）重新铸造了现存的这尊千手千眼铜佛。据碑文记载，铸造佛像时曾掘地基“至于黄泉”，用礓砾、土石、石炭和土分层打结，“海子”（底座）深6尺、长40尺、宽40尺，海子内栽7根熟铁柱，每根铁柱由7条“铁笋合就”，上面用铁条固定。海子内浇注生铁。佛像分七度铸造、铸接而成：第一度先铸莲花台座，第二度铸至脚膝，第三度至脐轮，第四度至胸臆，第五度至腋，第六度至肩膊，第七度至头顶。铜表面涂漆，局部贴金。（苏荣誉）

楼船 古代一种大型战船。《武经总要·战船》记载：船上一般建楼三重，如水上高城；舷侧列女墙战格，楼壁开有弩窗、矛穴；四周护有毡革，以防矢石；楼顶安有拍杆，用以打击敌船；船上备有炮车、檑石，可击砸敌船；所备铁汁，可炙灼敌军；船面四周备有宽道，可行车走马。《越绝书》卷八：越国从会稽迁都琅玡时，“使楼船卒二千八百人，松柏以为椽”。《史记·主父偃传》中记载，秦始皇“命尉佗、屠睢将楼船之士以攻越”。《史记·平准书》：汉武帝建楼船高数十丈，以攻南粤。晋将王濬于晋武帝太康元年（280）率大队楼船攻金陵，灭了东吴。宋太祖于乾德初年（963）造楼船数百艘，于汴京（今河南开封）凿大池训练水军。元至正二十三年（1363）七月，陈友谅曾

率水军驾数百艘楼船，在鄱阳湖同朱元璋水军船队进行决战。明王朝建立后，仍为主要战船之一。（王兆春）

楼船

楼阁 中国古代多层木构建筑。相传黄帝曾建五城十二楼，黄帝坐在“扈楼”上，得到凤鸟衔来的文书（《春秋纬》），《竹书纪年》载黄帝所居之处有高大的阁，曰“阿阁”，《吴地记》载公元前5世纪吴王夫差修建馆娃阁，《三黄辅图》载秦二世在咸阳建“云阁”欲与南山齐，汉武帝“于宫西跨城池作飞阁通建章宫”。楼与阁在早期是有区别的，楼是数层房屋上下相叠在一起，阁是指下部架空的建筑，源于高架的阁道，江苏铜山汉画像石中的阁可为代表。楼和阁到宋代已无区别，通称为楼阁。同一形式有时称为楼，有时又称为阁，如黄鹤楼与滕王阁等。在台上建屋有时也可称为楼，不论这些建筑是单层还是多层，如城楼、角楼等。楼阁的形象资料最早见于汉代明器和画像砖，楼有两种。一为楼，首层以上每层由平座、屋身、屋檐组成，平座、屋檐由斗栱悬挑，屋身由梁柱门窗组成，层数为3～5层。二为井干楼，张衡《两京赋》：“井干叠而百层。”《汉书·郊祀志》载：井干楼可高达“五十丈，辇道相属”。唐宋以后楼阁建筑使用的领域日渐广泛，从功能上可分为宗教楼阁、文化楼阁、军事性楼阁、游赏性楼阁、居住性楼阁。宗教楼阁内常供奉高大佛像，是寺院的中心建筑，如独乐寺观音阁、承德普宁寺清建大乘阁等。某些大组群的配殿也常是楼阁，以其高直的体形与大殿的横平体形取得对比。文化楼阁以楼阁作储藏图书、经卷之用。例如，汉代未央宫石渠阁和天禄阁，位于未央宫北端，左右相对，收藏从秦朝收缴的各种图书典籍，是一所皇家图书馆。汉代五经博士在此校订儒家经典，辩论经义。著名的大学者，如刘向、扬雄都曾来此著书立说。另如，明代浙江宁波天一阁，储存《四库全书》的清代皇家藏书楼，如文渊阁、文津阁、文澜阁、文溯阁等。军事性楼阁，如城楼、箭楼、敌楼等。游赏性楼阁取其高耸，可登临远眺，观赏风景，同时也可成景，如被称为江南三大名楼的岳阳楼、滕王阁、黄鹤楼和北京颐和园的佛香阁等。大部分楼阁都不止具有一种功能。一般宗教性、军事性的楼阁平面较为简单，多体量高大、宏伟壮观，如耸立在高高城墙上的城门楼、城市中心的钟鼓楼等。游赏性楼阁平面轮廓较为复杂，在正方、长方、多边形的基础上，每面又可向前凸出，屋顶随体形高低错落、互相穿插，出现了十字脊、丁字脊和若干个大小不同屋顶的组合。（沈玉枝）

楼阁式塔 印度埋葬佛舍利的窣堵波与中国楼阁结合形成的塔式，其前身是与佛教并无关系的“佛图”。“佛图”，或称“浮图”、“浮屠”、“窣堵波”，梵文 Stūpa 的音译，意即埋葬尸骨的坟墓，故又意译做“方坟”、“圆冢”、“灵庙”。直到释迦牟尼佛涅槃，“佛图”被赋予了特殊的意义——埋葬佛舍利的专用建筑物，即中文的“舍利塔”。印度半圆式佛图，是一座

江苏睢宁双沟画像石中汉代楼阁雕刻（《中国古代建筑史》）

半球状的坟堆，上面以方箱形的祭坛和层层伞盖组成坟顶，与我国当时高大的木构楼阁相比，实在是形象黯淡，不足以供奉佛舍利。因此，东汉东永平十年（67）修建的第一个佛塔——洛阳白马寺浮图，采取了与我国传统的楼阁相结合的方式，把印度佛图的圆盘式的相轮抬高到顶上，变成了高大的“刹”，白马寺塔“犹依天竺旧状而重构之”（《魏书·释老志》），东汉末笮融在徐州所建浮屠祠的塔“上累金盘，下为重楼”（《后汉书·陶谦传》），中国的重楼成了塔的主体。金盘又称相轮，即窣堵波的层层伞盖。早期楼阁式塔的重要作品之一是《洛阳伽蓝记》所记永宁寺：“中有九层浮图一所，架木为之，举高九十丈，有刹复高十丈，合去地一千尺。”敦煌壁画和云冈石刻中有几百座塔，楼阁式木塔是当时佛塔的主流。楼阁式塔是木构，塔身早期多为四方形，后来又出现六角形、八角形、十二角形。在早期佛寺中，塔常置于寺院中心，是寺中的主要建筑，供信徒旋绕礼拜。唐以后，以佛殿为主体的佛寺布局渐占优势，塔多数置于殿后或在中轴线以外。楼阁式塔历久不衰，繁衍出众多支系，有仿木楼阁式塔、密檐式塔和花塔三种。由于木塔不易保存，建塔材料转向砖石，唐代始有以砖砌筑的仿照木结构砌出梁、柱、栱的楼阁式砖塔，现存的重要实例有西安慈恩寺塔、兴教寺玄奘塔、香积寺塔等和吉林长白县灵光塔。砖石结构的楼阁式塔与木构塔一样，内部有楼层可登，登眺楼层与外观楼层相等或更多（塔内有暗层），砖石构制的塔上常常有很多仿木构造，如楼阁式塔每层塔身上的门、窗、柱子及塔檐上的檩枋、椽子、飞头等。宋辽金之际仿木楼阁式塔又发展为实心塔。密檐式塔的各层檐是对重楼各檐的模仿，只是上部塔檐层层相叠，层檐都用砖叠砌出，没有出挑斗栱，几乎看不出楼层，只有第一层塔身特别高大，雕饰着门窗、柱子、斗栱，以及佛龛、佛像。北魏建造的今河南登封嵩山南麓山坳中的嵩岳塔寺则是中国现存最早的密檐砖塔，嵩岳寺塔平面呈十二角形，内部八角，共15层，高40多米，是一座

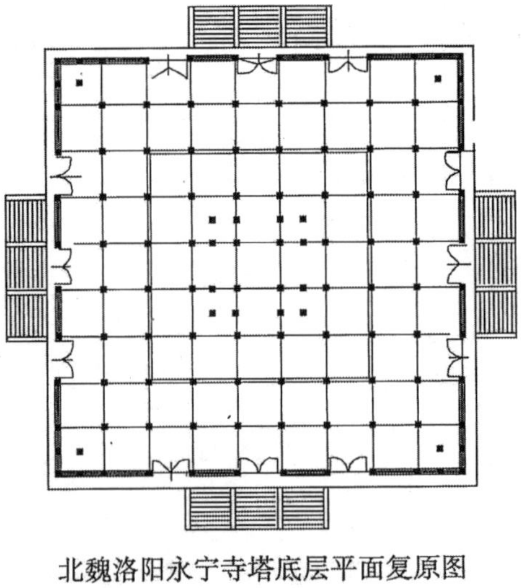

北魏洛阳永宁寺塔底层平面复原图

（《中国古代建筑史》第二卷）

内部为楼阁式，外部为密檐式的砖塔。唐、五代建筑密檐式塔很多，典型的有今西安荐福寺塔、南京西霞寺舍利塔和云南大理崇圣寺千寻塔。楼阁式塔发展到宋、辽、金，又演变成花塔，主要特征是在塔身上半部装饰各种繁复的花饰，有巨大的莲瓣、密布的佛龛，或者各种佛、菩萨、天王、力士及一些动物形象的雕塑，看去好像一个巨大的花束，故名。塔的地下层有一部分独特的构造——地宫，里面主要是一个石函及一些随葬物，石函中有层层函匣相套，内中一层安放舍利，如陕西扶风法门寺地宫埋藏着 1000 多年的释迦牟尼真身舍利。（沈玉枝）

北魏洛阳永宁寺塔立面复原图
（《中国古代建筑史》第二卷）

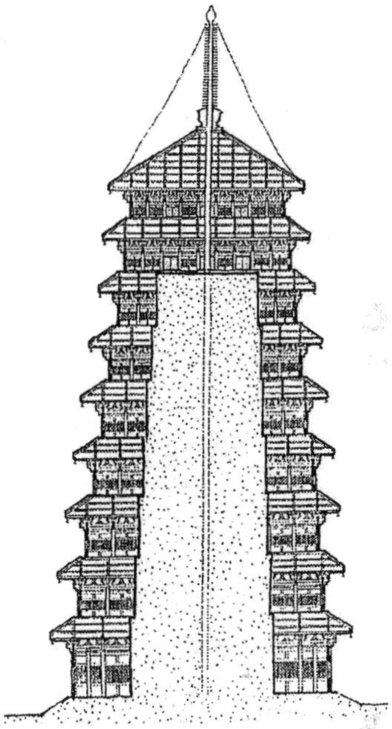

北魏洛阳永宁寺塔剖面复原图
（《中国古代建筑史》第二卷）

嵩岳寺塔

耧车　西汉赵过发明的一种畜力条播器，又称耧犁，有三脚和两脚之分。原始人用一尖头木棒在地上打眼，进行点播，此尖头木棒是最早的播种农具，也是最早的整地农具耒。专门的播种农具就是西汉赵过发明的耧车。崔寔《政论》云“武帝以赵过为搜粟都尉，教民耕殖。其法：三犁共一牛，一人将之，下种挽耧，皆取备焉。日种一顷。至今三辅犹赖其利”。这里所说的“三犁共一牛”，即后来的三脚耧。耧车由耧斗、耧脚等构成，耧脚直通耧斗，斗贮种子。使用时，前面由畜力牵引，后由一人控制，种子顺着耧脚播种到地中。使用耧车能够一次完成开沟、下种、覆土等作业，宋代又创造出了下粪耧种，简称粪耧，使其又增加了施肥的功能。耧种的发明与改进，提高了播种的效率，同时还能保证行距一致，深度一致，疏密一致，便于出苗后的通风透光和田间管理，也为机械化收割准备了条件。（曾雄生）

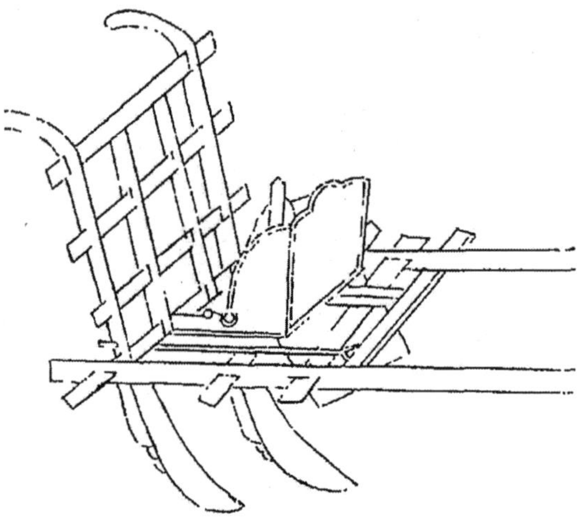

耧车图

漏壶 古代计时工具。最初的漏壶大约就是一把水壶，壶底或壶边有小孔以漏水。观察壶里水流失的多少就可以知道时间。为了较精确地计量时间，用一根箭放在壶里，箭竿上刻着刻度，水退到哪一刻度，就知道是几刻。最早的漏壶，在上部有一个提梁，因此称为挈壶。《周礼·夏官·司马》里有“挈壶氏”，是掌漏壶以定时刻的官吏。《史记·司马穰苴列传》记载司马穰苴“立表下漏”，说明当时（约公元前6世纪）已经利用立表定日中以校正漏刻，漏壶的起源必定要早得多。传说人们在黄帝时代就发明了漏刻。唐《初学记》引梁代的《漏刻经》说：“漏刻之作盖肇于轩辕之日，宣乎夏商之代。”漏壶有多种类型。根据水流方式分为泄水型漏壶和受水型漏壶两类。前者水流出壶，箭随水面下沉，所以又叫做沉箭漏；后者水流入壶，箭随水面上升，所以又叫浮箭漏。这两种类型统称箭漏。还有一种是以滴水的重量来计量时间的，叫做称漏。此外，还有以沙代水的漏壶，叫做沙漏。我国现发现的最早的漏壶是西汉时代的，都是铜制的单只泄水型漏壶。泄水型漏壶由于水流速度受水面高度影响，计时很不准确。后来人们将受水型漏壶改进，即增加补给壶以保持给受水壶注水的漏壶中的水面高度的稳定性，使受水壶中水面上升的速度均匀。这样就产生了二级漏壶。东汉张衡已使用二级漏壶。如果在补给壶上再增加补给壶，就可以增加下层补给壶中水面高度的稳定性，从而使注水漏壶中的水面高度更加稳定。同样的道理，每加一级补给壶可以使下层的水流更加稳定，从而计时更加精确。这样就产生了多级漏壶。晋代出现了三级漏壶。唐初吕才设计了四级漏壶。不断增加补给壶固然可以提高漏刻的精确度，但漏壶级数总不能无休止地增加。北宋燕肃发明了新方法。他在中间一级壶的上方开一孔，使上面来的过量水自动从这个分水孔溢出，让水位保持恒定。燕肃创制的漏壶叫莲花漏，北宋时曾风行各地。秤漏的最早制造者是公元5世纪的北魏道士李兰，盛行于唐、宋。它的构造是一杆吊着的秤，受水壶挂在秤钩上，以受水壶里受水的重量计量时间。按李兰的规定，流水一升，重增一斤，时经一刻。也可以把秤杆上的重量刻度改成时间刻度，从而直接读出时刻数。沙漏的最早记载见于元代，造沙漏是为了避免水因气温变化而影响计时精度。其原理是通过流沙推动齿轮组，使指针在时刻盘上指示时间。明初詹希元创制五轮沙漏，后来周述学改进为六轮沙漏。但是流

沙容易阻塞，使用并不普遍。（孙小淳）

漏刻 中国古代一种等时性的计时系统。“漏”指漏壶，“刻”指日以下的时间单位，刻在漏壶的箭上。“孔壶为漏，浮箭为刻”，故名。古代分一昼夜为100刻，在东汉时代已成为定制。汉代同时使用十二辰记时法与百刻制，由于100不能被12整除，两者难以配合。汉建平二年（公元前5）和王莽始建国三年（11）都把昼夜百刻改为120刻，但通行未久即废。南北朝梁武帝天监六年（507）曾改昼夜为96刻，大同十年（544）又改为108刻，也都只通行了几十年。到陈文帝天嘉四年（563），朱史造漏又恢复了百刻制。唐宋以来仍使用百刻制，直到清初，才改为96刻制。由于白昼和夜晚的时间长度在一年中的不同季节是不同的，我国古代还把漏刻分为昼漏和夜漏两种，即明确地把一天分为昼长多少刻和夜长多少刻，一般以太阳出没为标准。规定冬至昼漏为40刻，夜漏60刻；夏至昼漏60刻，夜漏40刻；春秋分则昼夜漏各50刻。冬、夏二至相距约一百八十二三天，而它们的昼夜漏刻相差20刻。东汉以前，是按冬至前后每九日加减夜漏一刻来调整昼夜漏刻。事实上一年中各日昼长的变化并不相等，误差可以达到二三刻。于是，在后汉四分历中，改用实测数字来规定。永元十四年（102），待诏太史霍融等提出改革，按太阳去极度每改变二度四分昼漏增减一刻。由于昼长和太阳去极度两者不是简单的线性关系，所以这种规定仍不能很好地符合实际。而他们所实行的却是根据二十四节气日的实际测定的数据。以后历代也是如此，以实测为基础，利用经验公式推算每日的昼夜长短。（孙小淳）

卢沟桥 又作“芦沟桥”，又名“广利桥”。位于北京西南三十里，跨卢沟河（又名永定河），建于金大定二十九年（1189）至明昌三年（1192），元明清均有修葺。为11孔厚墩联拱石桥，拱为圆弧形，矢跨比约为1∶3.5。各拱不等跨，在11.40～13.45米之间。桥面净宽7.5米，最外边总宽9.3米，拱券石厚0.95米。券石用框式横联法砌筑，拱石与拱石之间有腰铁联系。桥墩前尖后方呈船形，迎水面砌分水尖，尖顶置三角形铁柱以迎击冰块，保护桥墩，人称“斩龙剑”。桥全长212.2米，加两端引桥计266.5米。以其“石狮子数不清”而闻名世界。全桥栏杆望柱头上等处有雕刻的石狮多达485个，形态各异，神态生动。（沈玉枝）

泸定桥 位于四川省打箭炉厅东南（今泸定县城西），跨大渡河。始建于清康熙四十年（1701），成于四十五年。为单孔大跨度铁索桥，净宽2.8米，水平跨度100米，铁链跨长101米。由十三根铁链组成，九底四栏，每链平均长128米，直径25毫米，九根底链间距33厘米，上铺横直两层木板。此桥系链原用巨木，现系链方法是：在桥两端的石砌桥台里，开有宽2米、长5米、深6米的落井4个，近井底部埋有铁地龙桩（西桥台8根，东桥台7根），另有20厘米粗的铁桩锚一根，横于地龙桩下，以系铁链，十分牢固。（沈玉枝）

炉 炼丹设备之一，是用金属或土做的炉子。丹炉因炼丹方法的不同而名称、式样各异。宋人吴悮在其《丹房须知》中介绍的“未济炉”和“既济炉”就是两种炼丹炉。“未济”源自六十四卦中的未济卦，未济卦乃“上离（火）下坎（水）

卦”，取其意，未济炉就是一种“火在上，水在下”的炼丹炉。《稚川真人校证术》及《丹房须知》中都绘制了未济炉图。未济炉内鼎器的上部是药鼎，用来装朱砂和炭屑，药鼎外部围火锻炼，下部是贮水的鼎，水鼎的外部一般是灰土。水鼎上有一根横向贯通的管子，可以用来供给冷水，并导出蒸汽。用未济炉炼丹时，加热药鼎，使药鼎中的朱砂分解，生成的水银流入下面水鼎的水中。未济炉炼丹大约兴起自唐代中期，持续使用到元末明初。既济炉是一种“水在上，火在下”的炼丹炉。因为六十四卦中的既济卦乃“上坎（水）下离（火）”。这种使用既济炉进行下火上凝的炼丹方式，源于东汉末年，由于要不断地开釜扫取凝结于鼎内壁的水银，颇不方便，产率也不高。唐代中叶之后，这种升炼水银的方式已经居于次要位置。（王扬宗）

橹 又称为艣、艪等，船舶推进工具之一。传说鲁班看到鱼摇尾前进，便削木为橹。长沙出土的西汉船的模型中已有橹，说明它在西汉已普遍使用。东汉刘熙《释名》云：“在旁曰橹。橹，膂也。用膂力然后舟行也。”“在旁”说明橹最初是安装在船的两舷上的，后来也有装在尾部的。橹是由橹板、橹柄以及将二者连接起来的“二壮”构成的。橹柄的顶端以橹索系于甲板的铁环上。在橹的中间部位钉一硬木块，称为橹垫，亦称橹脐。在甲板上设置一橹支纽作为支点。将橹脐置于橹支纽上，就构成一个球面运动系统：橹相对于橹支纽具有三向约束却有三个旋转自由度。用手摇动橹，水中的橹板左右摆动，因其前后面发生水压力的差异而产生推进力，推动船舶前进，亦可控制船舶的航向。橹比桨有显著的优越性，它以连续做功代替桨的间歇推进，既省力又高效。它出现后，无论是在内河还是沿海，都被广泛应用。它是船舶推进工具的具有突破性的发明，是中国对世界造船技术的重大贡献之一。现代广泛应用的螺旋桨推进器，其作用原理与橹是一致的。（郭书春）

辘轳 古代利用滑轮来提取井水的工具。又称“鹿卢”、“磨鹿”或“椟栌”。其主要部件是一根圆短木，上绕绳索，有支架和曲柄，圆木可绕固定轴转动。秦李斯《苍颉篇》、《唐韵》、《集韵》、《物原》、元王祯《农书》等史籍均有记载。使用滑轮提水或其他物品可能产生于商末周初。《武经总要》载：“太公对周武王以飞桥、辘轳、越沟堑，飞江天。”战国至汉，辘轳被用于将棺木沉入地室。在四川出土的汉代画像砖上的盐井图中有用滑轮提取井盐的画面，各地汉墓也经常出土附有滑轮井架的陶水井模型。但滑轮只能改变用力方向，并未节省人力。汉代创造的辘轳，是采用摇转辘轳绞动绳索以提升水桶的办法，从而节省动力，提高功效。山东汉墓的画像石中已有辘轳提水场面。北魏贾思勰《齐民要术》：“井别作桔槔、辘轳。井深用辘轳，井浅用桔槔。”魏明帝（227～239）建造凌云台时，是用辘轳将他的坐笼升至空中。晋成帝咸康二年（336），有一巨钟掉落河中，打捞者将钟“系于竹恒，用牛百头，鹿栌引入乃出”。《唐语林》载，唐明皇开元二十四年（736），御楼设绳技（表演走绳索），“技者先引长绳，两端属地，埋鹿卢以系之。鹿卢内数丈，以柱引起，绳之直弦”。当辘轳用于提水时，绕在其上的绳子的两端均可系吊水桶，或以两股绳逆顺交转于轳筒，达到辘轳总是做有用功之目的。王祯《农书·灌溉门》：“辘轳，缠绠械也。……井上立架置轴，贯以长毂，其顶嵌以曲木，人乃用手掉转，缠绠于毂，引取汲器。或用双绠而逆顺交转达所悬之器，虚者下，盈者上，更相上下，次第不缀，见功甚速。凡汲于井上，取其俯仰则桔槔，取其圆转则辘轳，皆汲水械也。然桔槔绠短而汲浅，独辘轳深浅俱适其宜也。”刘禹锡（772～842）在《机汲记》中描述了古代人联合应用辘轳与架空索道将低洼地的水引上山坡的情形。唐宋以后，辘轳使用更为普遍。农村许多地方至今仍在使用辘轳。（曾雄生　王允红）

辘轳

吕公车　明初创制的五层攻城战车。高与城等，车座下安8轮，底层由士兵踩动车轮驱车进抵城下，二层和三层士兵持械穿凿城墙，四层士兵手持兵器进行攻城作战，五层士兵可直扑城墙顶部，攻入城内。元至正十九年（1359）九月，朱元璋部将常遇春在进攻衢州（今浙江衢县）时，曾经使用吕公车、仙人桥、长木梯、懒龙爪等攻城器械，攻入城内。（王兆春）

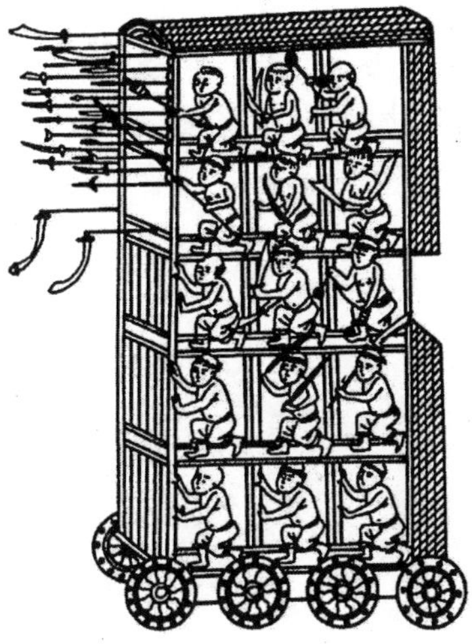

吕公车

旅顺海岸要塞　清廷在旅顺建筑的一座海岸要塞和北洋海军基地。光绪六年至二十年（1880～1894）建成。旅顺位于辽东半岛南端，东临黄海，西濒渤海，南隔渤海海峡与威海卫要塞相望，两塞如同两钳控扼渤海咽喉，为京畿门户。由海口、海岸和侧后各炮台群，以及船厂、船坞、拦水坝、引河工程、机器厂、电报局、库房、小铁路、碎石马路、码头等工程组成。海口、海岸各炮台群建于口门东西两侧：东侧自黄金山至老蛎咀后炮台群5处；西侧自老虎尾至城头山炮台群5处；还有若干处拱卫炮台群。以上共装备克虏伯系列口径为80～240毫米的海岸炮及其他火炮共63门。侧后各陆路炮台群，建筑在群山之间的金州至旅顺大道的东西两侧，配置克虏伯等各型火炮近80门。海口海岸各炮台群的海岸炮，互相间形成交叉火力，扼控海口航道，保卫旅顺要塞的安全。旅顺侧后各炮台群相邻两炮台之间，形成交叉火力，依次绵延，扼控金旅大道的各条通路，保卫旅顺要塞侧后的安全。除炮台群外，要塞区还建筑了最为重要的舰船维修基地“船坞”。坞长约136米，宽约41米，深约11.5米，石阶、铁梯、滑道具全。坞外东南北三面加砌石坝，全长约1355米，建成后，改变了过去将舰船送往日本、中国香港维修的状况。（王兆春）

旅顺军港

律 泛指乐音的音高，如“黄钟律”、“大吕律”。但“律”字含义颇广，大致指产生乐音的有关法则或规律，有生律法或律制之意，如“三分损益律”、自然律、十二平均律等。表示与尺度相关的音高标准。历代律尺长短不同，作为宫调中的起始音“黄钟律”的音高就随之变化。表示音高标准器，尤指律管，朱载堉《律吕精义·内篇》卷八：“管即律、律即管，一物而二名也。”表示律音，所谓“高一律”或“低一律”是也，在十二平均律中就是高半音或低半音。狭义的律，即律吕中的“六律”。（戴念祖）

律吕 从乐律学概念上看包含两种意义：①十二律的别称，六律、六吕的合称。“律吕”一词最早见于《国语·周语下》伶州鸠论律，言及“律吕不易”。六律是狭义的律，仅指按音高顺序排列的十二律中奇数的六个律，故又称“阳律”。六吕指偶数的六个律，又称“六同”、“阴吕”。《国语》以偶数位于“六律”之间，而称其为“六间”。②泛指音律、声律、乐律，《汉书·律历志上》：“登降运行，列为十二，而律吕和矣。”（戴念祖）

律数 律学名词。始见于《史记·律书》，它是振动体长度的比例数，用于律学计算。作这种计算的还有“律寸”，又称“律长”，它是振动体长度数值。《后汉书·律历志》列出京房计算60律的律数和律长。律数通用于弦律和管律。在三分损益律计算之中，以 $3^{11}=177\ 147$ 作为起始音的分母，会给计算带来许多方便，这个数值即黄钟律数。律寸或律长一般指律管长度。由于弦律必须以黄钟律标准音定弦“缓急”（即张力大小），所以，“黄钟律寸”通常也适用于弦。（戴念祖）

律学 声学名词。以数学确定音阶和音高规律的一门学问。中国传统律学的最大特点是将度量衡与乐律紧密结合在一起。因为历代度量衡的变化，作为起始音“黄钟宫音”的绝对音高也随之流变。所以，探讨度量衡的变化和寻求一种不变的“律尺”就成为律学的内容之一。实际的律学内容指绝对音高与标准音高问题，生律法和律制问题，十二律体系和多于十二律的正律、变律关系问题（包括数学计算方法），宫调、音阶和调式以及记谱法等。（戴念祖）

律准 律学名词。又称弦准或简称“准”，是古代弦线式的定律器，在声学上也称弦线式音高标准器。《国语·周语》记述了先秦律准，称为“律”或“均”：“律，所以立均出度也。古之神瞽考中声而量之以制，度律均钟，百官轨仪。”孙吴时韦昭在注《国语》“均”（yun）字时写道：“均者，均钟木，长七尺，有弦系之，以均钟者，度钟大小清浊也。汉大予乐官有之。”这“均钟木”在《隋书·律历志》和明方以智《物理小识》中称为“均钟器”。据文物考证，曾侯乙墓出土的五弦器就是这种均钟木。曾侯乙编钟的准确律音及其律制产生全靠它的功能。汉代乐律家京房发现“竹声不可以度调”，他又创制了十三弦的“准”，“以为六十律清浊之节”（《后汉书·律历志》）。据《隋书·音乐志》载，梁武帝萧衍制造的律准称为“通”。他制造了四具“通”，每通施三弦。除分别命名外，对各具弦长、弦线密度都作了严格规定。为了修正由于天气变化而影响“通”的弦线张力，梁武帝又制了十二支笛，“用笛以写通声”，即以笛声校准“通”的弦声。音乐史和声学史上称梁武帝的音高标准器为“四通十二笛”。事实上，作为音高标准器并不需要四通十二笛，而只需含黄钟弦的一通，有一黄钟笛即可。后来，仿京房作律准的还有北魏中书侍郎高闾、乐律家陈仲儒、五代时期乐律家王朴等人。明朱载堉在创建十二平均律之时，制造了为平均律律制使用的律准，也称为“均准”，其状类似琴瑟，又非琴非瑟，其准面版上施十二弦，列十二徽。十二徽位即平均律十二律音所在。朱载堉制“均准”是为了证明十二平均律的合理性。除了用它调音外，他的“均准”还可用以演奏。从演奏意义上说，这是世界上最早的一具十二平均律弦乐器。（戴念祖）

曾侯乙均钟木

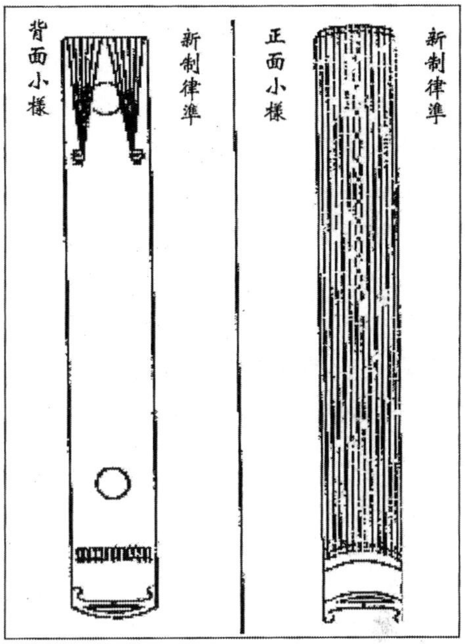

朱载堉的均准

率 中国古代指数量之间的一定关系，是中国传统数学中一个非常重要的概念。先秦已普遍使用。《墨子》：“城下楼卒，率一步一人……城大小以此率之。”《算数书》提出“石率术”。《周髀算经》云：“率八十寸而得径一寸。”《九章算术》则借助率提出了若干数学方法，尤以粟米之法、今有术、经率术、其率术与反其率术、盈不足术，以及勾股数组的通解公式等最为重要。三国魏刘徽在《九章算术》方田章经分术注中给出了率的明确定义：“凡数相与者谓之率。”分数的分子与分母、圆的周长与直径等，以至线性方程组的行都是率关系。比率是最直观，也是应用最多的一种率关系，但是，率是比比率更宽泛的一个数学概念，例如，在方程术注中刘徽说“令每行为率”，便不是比率。现代数学中没有与之对应的术语。刘徽还提出，它具有“细则俱细，粗则俱粗，两数相抱”的性质，因而具有“约以聚之，乘以散之，齐同以通之”这三种等量变换，从而借助于齐同原理成为“算之纲纪”。刘徽认为“凡九数以为篇名，可以广施诸率”。他用率的理论论证了《九章算术》与他本人提出的大部分方法和大约200余个题目。刘徽又提出相与率的概念：“等除法、实，相与率也。”也就是呈相与率的一组数或量中没有公因子。《九章算术》及其刘徽注在运算中基本上使用相与率。中国古代没有素数或互素的概念，相与率在某种意义上起着互素的作用。(郭书春)

绿松石 一种以天蓝色为主的半宝石（semiprecious stone）。绿松石之名，至清早期的文献中方始见。《清会典图考》：“皇帝朝珠杂饰：惟……月坛用绿松石。”至于绿松石名称的含义，据章鸿钊《石雅》说：“此或形似松球，色近松绿，故以为名。”在清代以前的有关文献中，仅元代陶宗仪《辍耕录》（1366年刊）卷七记载的“甸子”可以认为是确指绿松石。《辍耕录》：“你舍卜的，即回回甸子，文理细。”你舍卜的（Nishapur）位于今伊朗北部边境，为古波斯绿松石产地之一。《辍耕录》：“乞里马尼，即河西甸子，文理粗。”乞里马尼（Kirman）亦为古波斯绿松石产地之一，河西甸子之名也许说明中亚的绿松石已循丝绸之路输入河西。《辍耕录》：“荆州石，即襄阳甸子，色变。”据考证，襄阳甸子的产地，处于今湖北、陕西、河南三省的交界地区。考古发掘资料表明，我国从新石器晚期到南北朝时代的墓葬中，有多处发现绿松石装饰品。战国以后，中原地区及黄河下游的汉族祖先，似乎不以绿松石为可贵。至于我国满、蒙、回、藏及西南各少数民族，则自古以来，特别爱好绿松石，迄今犹然。清代朝珠多饰以绿松石，或许系沿袭满族之俗尚。(艾素珍)

轮船 以机器作为动力推进的船舶，因早期是用蒸汽机推进装在船舷两侧的大型蹼轮，其明显可见，故名。亦称火轮船、轮舟、车轮船、火轮、汽船等，1807年由美国人富尔顿（R. Fulton）发明。1840年第一次鸦片战争后，中国学者开始研究轮船，还有人开始仿制。丁拱辰撰《演炮图说辑要》，郑复光撰《火轮船图说》，是中国关于火轮船设计制造的最早专著。1861年，曾国藩命徐寿、华蘅芳等创建安庆内军械所，并制造轮船。1862年他们制造了蒸汽机，1863年制造成小火轮船，并于次年1月在长江试航成功。1866年徐寿、华蘅芳等制造的“黄鹄”号轮船在南京下关试航成功。这是中国自行设计制造的第一艘大型轮船，在中国造船史上具有划时代的意义。1865年，李鸿章创立江南机器制造总局。曾国藩于次年任两江总督，徐寿和其子徐建寅，以及华蘅芳等随从到总局任委员，制造轮船，1868年造成中国第一艘兵轮，曾氏命名为“湉吉”号。同治八年（1869）江南机器制造总局又陆续建造了“操江”号螺轮蒸汽船，船长180尺，马力425匹，排水量640吨，其船体、蒸汽机、螺旋桨及船上机器设备皆为该厂自行设计制造。后来陆续制造了“测海”、“威靖”、“海安”、“驭远”等木壳暗轮兵轮，以及铁甲暗轮“金瓯”号、钢壳暗轮“保民”号，造船技术有极大进步。1866年左宗棠创立福建船政，专门制造轮船，到1894年共造33艘，取得了更大的成绩。(郭书春)

罗 一种质地轻薄，经纱相互绞缠后呈网状孔的丝织物。罗织物的组织结构较为奇特，它不靠互相平行的经纱，通过经纬交织来形成组织，而是靠互不平行的地经和绞经，有规律地扭绞后与纬线交织在一起，形成网纹状组织和外观，而且从织物表面看也没有纵横的条纹。古代的罗织物按组织结构可分为通体扭绞和不通体扭绞两大类。前者多半用 4 根经线为一组织造，其中 2 根地经，2 根绞经，按 1∶1排列，织造时按 1，3 与 2，4；5，7 与 6，8；……方式配对，两两互绞，每行都有纱孔；后者是用 2 根经线为一组织造，1 根绞经，1 根地经，织造时先织几梭平纹，再起绞 1 次，纱孔分段出现。商代罗织物残片的出土，证明它始于 3000 年前。秦汉以来，罗织物日臻精美，成为独树一帜的名贵织物。长沙马王堆汉墓出土的绫纹花罗，制织方法极为复杂，反映了汉代罗织物织造技术的水平。唐代的罗织物多为花罗，著名的贡品罗有单丝罗、瓜子罗、孔雀罗、宝花罗等。新疆吐鲁番阿斯塔那墓出土的白地绿花罗，制织得极为精致，是唐代花罗中的精品。宋代罗织物更是盛极一时，需求量大增，仅润州（镇江）官方设置的“织罗务”，每年生产的贡罗就有 10 万匹以上。明清时期，由于通体扭绞的罗织造时不用筘，工艺复杂，产量较低，逐渐消失，不通体扭绞的罗却因制织方法简便，产量高，售价便宜，而大为流行。（赵翰生）

罗布淖尔纸　汉代古纸。1933 年黄文弼在新疆罗布淖尔汉代燧烽遗址中发现。麻质，白色，方形，四周残缺，长约 10 厘米，宽约 4 厘米。同时出土的有汉宣帝黄龙元年（公元前 49）木简，故判定罗布淖尔纸系西汉时遗物。今已不存。（苏荣誉）

罗织机　制织纱罗织物的织机。由于罗织物是靠互不平行的经纱相互有规律地绞转后与纬纱交织在一起形成的，所以它与其他织机最大的区别就是它的开口机构。制织二经、三经素罗或花罗时，可在一般通用带筘织机上加挂绞综来织造，即用一片绞综、一片或两片地综。制织四经素罗或花罗时，则需要专用的罗织机。有关这种织机形制的详细记载，仅见于薛景石《梓人遗制》一书，根据所载零件图、总体装配图、零件尺寸、制作方法和安装部位分析，它是由机架、分经木、吊综杆、综片、卷轴、经轴、踏杆等机件组成的。这种织机没有竹筘，也没有梭子，用斫刀投纾间打纬，斫刀长约 50 厘米，背部有三直槽，其内装纾子，旁有小孔，用以引纬。织造素罗时，用 2 片地综、2 片绞综，以 2 根地经、2 根绞经为一组，4 根纬纱为一循环。织造花罗时，地纹部分与素织相似，花纹部分另加绞综，其片数，视花纹需要而定。（赵翰生）

骡　骡系驴、马两种远缘动物杂交所产的后代。它保留了驴和马的一些外形特征，似驴非驴，似马非马。与之相类的还有駃騠。《史记·匈奴列传》等书载，先秦时代，北方游牧民族便利用马驴杂交产生杂种后代骡和駃騠，并开始输入内地。秦汉统一以后，随着内地与西北边疆少数民族地区联系的日益加强，原产于西北地区的驴骡大量引进到中原地区，促进了内地驴骡业的发展和对驴马杂种优势的认识的提高。东汉许慎《说文解字》说：“骡，驴父马母也；駃騠，马父驴母也。”马和驴的杂交最初是在自然状态下进行的。明谢肇淛《五杂俎》云：“骡之为畜，不见于三代，至汉时始有之。匈奴北地，马驴游牝，自相交合而生。今北方以为常畜，其价反倍于马矣。俗言‘骡骨无髓，故不能交合生子'。"（引自《格致镜原》卷八十三）北魏贾思勰《齐民要术》对于驴马的杂交有如下的叙述："骡，驴覆马生骡，则准常。以马覆驴，所生骡者（实即駃騠），形容壮大，弥复胜马。然必选七八岁草驴，骨目正大者；母长则受驹，父大则子壮。草骡不产，产无不死。"也就是说，公驴配母马所生的骡，杂种优势不太明显，而公马配母驴所生的駃騠则优势明显，而要做到这一点，则必须对草驴（即母驴）有所选择，要求齿龄七八岁，而且是骨盆大的，然后所生后代才具有优势。这说明当时，不仅认识到了马驴杂交具有优势，而且注意到杂交优势与母体效应的关系。马驴杂交的成功是远缘杂交育种的一项了不起的成就。（曾雄生）

洛阳桥 又名万安桥。位于福建泉州晋江、惠安两县交界处的洛阳江入海处。始建于宋皇祐五年（1053），嘉祐四年（1059）完工。石梁石墩桥。据载，长 360 丈，宽 1.5 丈，有 47 孔，每孔有石梁 7 根。首创筏形基础以造桥墩，桥墩以条石垒砌，种植牡蛎以固桥基。后历经重修与重建，现存桥是乾隆二十六年（1761）重修者。桥长 834 米，船形桥墩 46 座，桥面宽 7 米，栏杆高 1 米（桥面、栏杆于 1932 年改建为钢筋混凝土结构）。（沈玉枝）

M

麻　(1) 病证名。①即麻疹，又名疹子、麻子等。元滑寿《麻疹全书》(又名《麻证全书》或《麻证新书》) 称之为麻疹。中医学认为此病具有传染性，《麻疹拾遗》："多为天行疠气传染。"因其多见于婴幼儿，故又有称其为胎毒者。麻疹以发热而体表皮疹状，如麻粒为特征，故名。四季皆有发病，但以冬春季最易流行。对于麻疹的临床表现，古代医家有很多细致而准确的描述。宋代钱乙《小儿药证直诀》："初起候，面燥腮赤，目胞亦赤，呵欠顿闷，乍凉乍热，咳嗽喷嚏，手足梢冷，夜卧惊悸，多睡，并疮疹者，此天行之病。"滑寿《麻疹全书》："舌上白珠累累如粟，甚则上腭，牙龈，满口遍生。"这是对于麻疹口腔黏膜斑的最早描述。明代龚信《古今医鉴》："凡发热一日，遍身出痘，稠密如蚕种，根虽红润，然顶白平软不碍指。"清代谢玉琼《麻科活人全书》："认麻须看两耳根下，颈项连耳之间，以及脊背以下至腰间，必有三、五红点，此即麻之报标。"麻疹为出疹性疾病，中医临床以宣透清解为主，初期注意使疹出顺利十分重要，不可骤然退热。中期疹向外透，治应解毒，仍宜顺势宣透，使其完全出齐至脚底。末期当养阴而清解余毒，使其逐渐收没。《幼科证治准绳》："疹子只怕不能得出，若出尽则毒解，故治疹子者，发热之时当察时令寒暄，以药发之。"《古今医鉴》："麻证始终可表，宜照发热门内，煎败毒散表之，表退肌肤之热，则麻自没矣。"②症状名，即麻木，又称"麻痹"，指肢体肌肤局限性知觉障碍的表现。理论上可对麻与木作进一步的区分，"麻"指自觉肌肉内有如虫行，按之不止；"木"指皮肤无痛痒感觉，按之不知。但临床上更为常见的是将麻木通称为麻。

(2) 农作物名，即大麻。(张志斌)

麻纸　以麻为原料所抄造的纸。通常所用的麻有苎麻和大麻等。目前发现的汉代古纸，几乎都是麻纸，灞桥纸即是其一。根据传统造纸工艺调查，其抄造工序大致如下：浸麻—切麻—碾料—洗涤—化灰水—灰碾—灰沤—蒸煮—洗涤—细碾—洗涤—打槽—抄纸—压纸—晒纸—牵纸。(苏荣誉)

马镫　晋代创制的一种骑马时踏脚装置。悬挂于马鞍两边的皮带上。迄今能够见到最早的马镫形象材料，是湖南省长沙市西晋永宁二年 (302) 墓出土的陶骑俑，其马鞍前鞍桥左侧悬垂一个短镫革的小三角形镫，为骑士迅速上马时蹬踏之用，骑上坐稳后便不再使用。河南省安阳市孝民屯晋墓中，已经发现了晋代的马镫实物，约为公元4世纪中叶的制品。该墓中安放有铜质鎏金的马具一套，经考古部门复原研究，这套马具包括勒、辔、带有高鞍桥的马鞍、鞍带、呈网络状并饰有銮铃的鞧带，以及木芯包镶鎏金铜片的一件马镫，其作用与永宁二年晋墓中陶俑所备的马镫相同。辽宁省北票县的北燕冯素弗墓

(415) 中，出土的成双木芯包镶鎏金铜片马镫，说明当时的马具已日趋完备。马镫的使用，使士兵能较快地掌握骑术，便于奔驰和长途行军，提高了骑兵的作战能力，使十六国至南北朝时期重甲骑兵得到了较大的发展，并成为军中的主要兵种。马镫作为一种重要的马具，一直使用到清末。

西晋时出现的马镫，到东晋十六国时，已传至以吉林省集安县为中心的高句丽族聚居地区，后又传到朝鲜半岛的新罗、百济等国，接着又传到了日本。至迟在公元8世纪，源于中国的马镫，已从东亚诸国传入欧洲。(王兆春)

西晋末东晋初的马镫

马铃薯 又名洋芋、阳芋、羊芋、山芋，北方称为土豆、山药蛋，闽广称为荷兰薯、爪哇薯。原产美洲，17世纪中叶被引进中国。早期的栽培技术大抵沿用西方成法，后来结合中国本国实际，创造出了多种形式的轮作复种制，在栽培管理方面也不断有所创新和发展。(曾雄生)

马骑灯 又称走马灯、燃气灯。是利用燃烧加热的空气形成对流推动纸轮的影灯。中国古代的一种玩物。《石湖居士诗集》云“转影骑纵横”，并自制“马骑灯”。南宋姜夔《白石道人诗集》记：“纷纷铁马小回旋，幻出曹公大战车。”宋周密编辑的《武林旧事》载：“罗帛灯之类尤多，或为白色，或细眼闲以红白，号万眼罗者，此者最奇。此外有五色蜡纸菩提叶。若沙戏影灯、马骑人物，旋转如飞。”此为现代燃气涡轮机的萌芽。(李家明)

马王堆一号汉墓纺织品 1972年发掘的西汉长沙国诸侯轪侯妻墓，出土了素纱禅衣、纹绮、纹罗、织锦、刺绣、组带等丝织品及麻织物等共100余件精美纺织品，代表了西汉楚文化染织工艺的最高水平，其染缬工艺包括染色、印花、涂染、画绘等。这些纺织品染织工艺高超，其中一些堪称绝世精品。素纱禅衣是方孔平纹织纱衣，整件身长128厘米，仅重49克，轻薄透明，细如蝉翼，经纬密度均为62根/厘米，原料纤度为11.2旦。这样的精细度表明当时生丝质量很好，缫丝纺绩、练漂精度和织造技术已经达到相当高的水平。纹绮是平纹地起斜纹花的织物。马王堆出土的绮有对鸟绮、几何耳杯纹绮、耳杯菱形纹绮等，均以一组经丝与纬丝交织，在平纹地上以经线起花，为三上一下斜纹组织。其中，对鸟纹绮的纹样很有特点。它以战国织锦中常见的大菱形框架为纹样骨架，框架内纹样分为三组：一组为变形双鹤，尾部装饰卷云纹；一组为小朵如意云头状花卉；一组为相互勾连的大型花卉。几何框架内嵌双线勾勒连续云雷纹。纹样整体效果刚健而不失生动活泼，花纹组织循环大，应为提花机织造。马王堆出土罗均为纹罗，为先织后染，色彩有朱罗、皂罗、烟罗。皂色菱纹罗的纹样为多个细小的耳杯形菱纹相互套叠组成一个大的菱形纹，分为粗细两排，粗花纹线条挺秀，细花纹工整精细，既成对比又相互调和。这件菱纹罗的一个组织循环经丝数

332 根，纬丝数 204 根，经丝中地经和绞经各占一半，为四经绞罗，织造工艺非常复杂，经研究分析，需用提花束综装置和绞经装置配合织造，二人协同操作，一人提综投纡，一人挽花。以马王堆织锦为代表的西汉锦，特别是凸花锦和起绒锦，织造复杂，图案精美，为世界古代史上仅见。起绒锦以多色经丝和单色纬丝交织，织物表面图案部位呈现具有立体感的十多种小几何形的环状绒圈。该墓出土织物印染工艺精湛，使用的色谱有朱红、深红、浅红、金棕、深蓝、藏青、米黄、浅蓝、绿、墨、皂、烟等；使用的颜料据分析有朱砂、铅粉、绢云母、金粉、银粉等；染料有靛蓝、茜草、栀子等；使用的媒染剂有铝盐等；染色方法有线染、匹染、涂染、浸染、套染、媒染，此外还有手工画绘。金银印花纱采用了三套色版套色印制。印制工序是：用第一块纹版印出银白色呈“个”字形分格纹定位；用第二块纹版在分格纹的龟背形骨架上印制白色兽面形细线主纹；用第三块纹版在主面纹上印制金色叠山形小圆点，起点缀作用。印花敷彩纱的整体单元纹样由四个外廓呈菱形的小型单元组成，为变形藤本植物造型。它的工序是：以印版印出藤灰色底纹定位；用朱红色绘出红色花须；用重墨点出花蕊；用灰黑色绘出浪形花叶，用银灰色勾绘叶和蓓蕾纹点，用棕灰色叶和蓓蕾包片；最后用白粉勾绘加点。这件作品的工艺与古代文献中“画缋相需”、“画缋之事后素功”的记载吻合。在很小的单元纹样面积内，安排了如此丰富和变化多端的纹饰，施彩鲜艳协调，层次分明，线条清晰流畅，特别是花纹下端朱红色花须的安排，飘逸鲜活，使得整个画面显得很有生气。（朱冰）

麦钐、麦绰、麦笼 宋元时期创制的一种提高收麦效率的组合农具。王祯《农书·粹麦门》：“麦钐，芟麦刃也……如镰长而颇直，比钹薄而稍轻，所用斫而劁之，故曰钐。用如钹也，亦曰钹。其刃务在刚利，上下嵌系绰柄之首，以芟麦也。比之刈获，功过累倍。”钐是装在麦绰柄上使用的，而麦绰则为“抄麦器也。篾竹编之，一如箕形，稍深且大。旁有木柄，长可三尺，上置钐刃，下横短拐，以右手执之。复于钐旁以绳牵短轴……左手握而掣之，以两手齐运，芟麦人绰，覆之笼

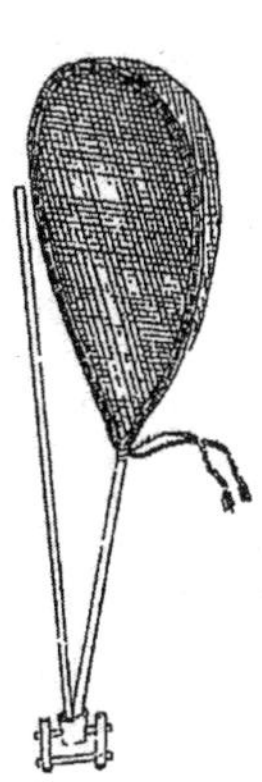

麦钐

麦绰

麦笼

也”。麦笼盛芟麦器也，“判竹编之，底平口绰，广可六尺，深可二尺，载以木座，座带四碢，用转而行。芟麦者腰系钩绳牵之，且行且曳，就借使刀前向绰麦，乃复笼内”。麦钐、麦绰、麦笼“三物而一事”，大大提高了劳动生产率，尤其适用于地多人少地区的麦田收割，至今在一些麦区仍在使用。（曾雄生）

脉象　脉动应指的形象，也就是切脉诊病的依据，即根据脉动应指的频率、节律、充盈程度，通畅情况、动势和缓度、波动的幅度等，来判断人体脏腑功能是否正常，如异常则对疾病做出某种判断。①平脉，即正常人的脉象，也称为“平人”。《素问·平人气象论》：“人一呼脉再动，一吸脉亦再动，呼吸定息，脉五动，闰以太息，命曰平人，平人者不病也。”同时还认为，正常脉象必须有胃气，“人以水谷为本，人绝水谷则死，脉无胃气亦死。”所谓有胃气之脉者，《灵枢·终始》曰：“邪气来也紧而疾，谷气来也徐而和。”明代张景岳指出：“大都脉来时，宜无太过，无不及，自有一种雍容和缓之状，便是有胃气之脉。”②病脉，人在疾病情况下出现的脉象，也就是异常脉象。历代脉学著作，总结出了许多异常脉象。晋王叔和《脉经》提出24种脉象，为浮、芤、洪、滑、数、促、弦、紧、沉、伏、革、实、微、涩、细、软、弱、虚、散、缓、迟、结、代、动，并指出：“浮脉，举之有余，按之不足。芤脉，浮大而软，按之中央空，两边实。洪脉，极大在指下。数脉，去来促急。促脉，来去数，时一止复来……”宋代施发《察病指南》绘制了33种脉象图，不仅比王氏《脉经》增加了长、短、弹石、雀啄、屋漏等9种脉，而且形象地绘制成图。例如，浮脉，以脉管内有物飘浮于上来表示；沉脉，则以脉管内有物沉降于底来表示；滑脉，绘成脉管内有一串圆珠排列的图形，意会“如盘走珠”，如此等等。至于元代滑寿《诊家枢要》，则整理为30种脉象，明代李时珍《濒湖脉学》又定为27种，李士材《诊家正眼》再增加一种，为28种，即在王氏24种基础上，去其软脉，增加长、短、牢、疾、濡5种。后世多沿用李士材28种脉象。（张志斌）

毛瑟枪　江南机器制造总局枪厂和汉阳枪炮厂等制造的后装线膛击针式步枪。原由德国枪械研制者毛瑟于1871年创制，后又经过1884年、1888年、1898年、1904年多次改进。1871年型毛瑟枪长124厘米，口径11毫米，重4.6公斤，弹重25克，初速每秒440米，采用直动式枪机自动装卸枪弹，每分钟射弹6～7发，19世纪70年代传入中国。1884年型毛瑟枪安装了一个容弹8发的管形弹仓，可连射8弹，19世纪80年代被清军采用。1888年型毛瑟枪改用回转式枪机，可连发5弹，射程2000米。自1888年起，被上海、福建、四川、汉阳等厂仿制。光绪二十一年至宣统二年（1895～1910）汉阳枪炮厂共制造毛瑟枪136 100支，大部分装备新军。上海厂于1901年成功仿制1898年型毛瑟枪，改用5连发无烟火药枪弹，射程2000米。上海厂于1906年成功仿制1904年型毛瑟枪，改为6.8毫米小口径连发枪，射程2000米。（王兆春）

1898年型毛瑟枪

矛 古代军队在作战中用于直刺、扎挑和投掷的长柄格斗兵器。又称“釟”、“鍦”、“鋋”，由矛头和长柄构成。由原始社会的石矛演进而来。夏代开始使用青铜矛，商周的青铜矛已是军队使用的重要格斗兵器，铜矛头由中空装柄的“骹”（或称“筩”）与锋刃构成。商朝有阔叶矛，战国有窄叶矛。1983 年在湖北江陵出土了吴王夫差（公元前 495 ~ 前 473 年在位）青铜矛，矛头长 29.5 厘米，最宽处 5.5 厘米。刃部横截面呈中空菱形。战国晚期开始使用铁矛。西汉时期出现了骑兵专用的矛——矟，亦称槊。矟头较矛头大而宽，有两刃。《释名 · 释兵》云：“矛长丈八曰矟。”唐以后矛已演变为长枪，到清朝后期才被淘汰。（王兆春）

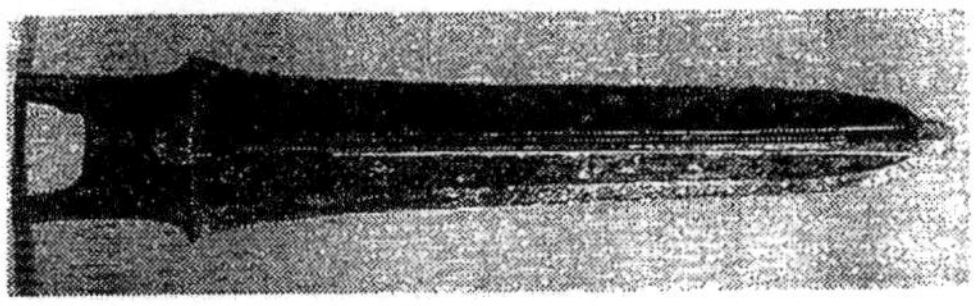

吴王夫差矛

矛端生火 系尖端放电现象。《汉书 · 西域传》载，车师后王姑句的兵士观察到“姑句家矛端生火”。东晋干宝《搜神记》也记有夜间“戟锋皆有火光，遥望如悬烛”。史书多有此记载。“隋炀帝大业十三年（617），兵器夜有火光”（《太原县志 · 祥异》）。明洪武十一年（1378）六月丁卯夜，“宁夏卫风雨，兜鍪旗架皆有光”，万历二十一年（1543），“山东督抚令旗及刀枪头皆火，火出，且有声”（《明史 · 五行志》）。矛是古代长柄兵器，长 3 ~ 5 米，尖端刃锋利。当带电云层较低，高高竖起的金属尖端，因静电感应引起放电现象，且产生火光和声音。古代高大的建筑物点缀金属尖端，雷雨时通过尖端缓慢地释放电，避免骤然的爆发击毁建筑物。（李家明）

媒染 以金属盐为媒染剂的染色工艺。媒染剂古称“矾”，《淮南子 · 俶真训》：“今以涅染缁，则黑于涅。”东汉高诱注：“涅，矾石也。”染黑需用涅矾，即硫酸亚铁，且得色黑于涅。《天工开物 · 彰施》：“矾现五色之形。”使用矾为发色剂，才能显色，“投矾化之，以之染物，则固结肤膜之间”。矾所含金属离子与染液形成的发色基团络合于植物或动物纤维内部，因此才能“固结”，得到较好的染色牢度。秦以前使用的媒染染料有茜草、紫草、荩草、皂斗、栀子、麻栎（橡实）等。茜草又名茹藘，以铝盐媒染可得浅红色。《诗经 · 郑风》：“东门之墠，茹藘在阪。”《史记 · 货殖列传》：“千亩栀茜，此其人与千户侯等。”紫草，又名紫莂，根部富含紫草宁，盛产于齐，以椿木灰及明矾媒染可得到鲜艳的紫红色，是春秋时齐国的流行色。《韩非子》：“齐桓公好服紫，一国尽服紫。当是时也，五素不得一紫。”荩草以绿矾即铜盐媒染得绿色，因而荩草名绿。皂斗含单宁，以涅即黑矾媒染得黑色。《尔雅 · 释木》三国陆机疏：“其子为皂，或言皂斗，其壳为汁，可以染皂。”《天工开物 · 彰施》记载的矾石品种有白矾、青矾、红矾、黄矾等。此外，乌梅及胰酶也作为媒染剂。媒染的工艺方法有先媒、后媒、同浴媒。先媒是先用媒染剂将织物处理过再染，同浴媒是将染料与媒染剂同时放入染浴，《天工开物 · 诸色质料》说：“用苏木煎水，入明矾、棓子。”后媒是先染后媒，《蜀都赋》说：“贝锦斐成，濯色江波。”蜀锦织成后，一定要在锦江水中濯洗，才能“其色鲜明”，并强调“他水则不好”。可能锦江水中含有的某种金属离子可以帮助蜀锦发色。此外，对媒染剂的施加时机和用量的掌握与色谱关系也要有丰富的经验，《天工开物·诸色质料》："象牙色。芦木煎水薄染，入莲子壳，青矾水薄盖。"《多能鄙事·染小红法》："乌梅水……应徐徐加入，不可一次全加。"这是因为媒染剂与染料的反应有一定比例，一次加入过多，媒染剂呈过饱和状态，会造成色光黯淡。（朱冰）

煤　又称石涅、石墨、石炭、黑丹、焦石、乌金石、燃石、石缁等。煤的文字记载，始见于《山海经》，称石涅。汉魏时，因其可为墨，故多称石墨。晋陆云《陆士龙集·与兄平原书》中有："一日，上三台，曹公藏石墨数十万片，云烧此消复可用，然烟中人。"大约在魏晋之际，石墨改称石炭。南朝雷次宗《豫章记》中有"（建城）县有葛乡，有石炭二顷，可燃以爨"（《续汉书·郡国志》引），可见此时石炭之名已通行，并普遍用煤作为炊事燃料。明中叶陆深（1477～1544）《燕闲录》中已明确指出："石炭即煤也，东北人谓之楂，南人谓之煤，山西人谓之石炭。"明宋应星《天工开物·燔石》将煤分成明煤、碎煤和末煤三种。煤的发现，可以上溯至新石器时代末期，当时主要将煤玉（又名煤精）雕琢成装饰品。在汉以前，煤主要用来做饰物、写字和画眉。以煤做燃料，大概始于西汉。魏晋时，可知正在燃烧着的煤块，扑灭后还可再次燃烧，而且煤气能伤人。以煤做冶铁燃料的记载，始见北魏郦道元《水经注·河水》引释氏《西域记》："屈茨（即龟兹，位于今新疆库车）北二百里，有山。夜则火光，昼日但烟，人取此山石炭，冶此山铁，恒充三十六国用。"至迟在汉朝，开始开采比较具有规模的煤矿。据明宋应星《天工开物》卷十一记载，宋朝有比较完整的采煤技术措施。清孙廷铨（1616～1674）《颜山杂记》卷四"石炭"条详细记载了寻找煤矿的方法。（艾素珍）

美田之法　北魏贾思勰在《齐民要术》中提出的使用绿肥作物提高土壤肥力的方法。其法："凡美田之法，绿豆为上，小豆、胡麻次之；悉皆五六月中穊种，七月八月犁掩杀之，为春谷田，则亩收十石，其美与蚕矢熟粪同。"即以谷等农作物与绿豆、小豆、胡麻等绿肥作物实行轮作复种，以培肥地力和提高产量。此法一直为后人所用。（曾雄生）

密率　准确或比较准确的值。西汉《九章算术》将其周、径带有分数的环田的面积计算方法称为"密率术"。三国刘徽《九章算术注》为求弧田的面积，对弧田的弧"割之又割，使至极细"，求出它们的弦和矢，"但举弦、矢相乘之数，则必近密率矣"。《隋书·律历志》云，南朝祖冲之求圆周率，"密率：圆径一百一十三，圆周三百五十五。约率：圆径七，周二十二"。唐李淳风等《九章算术注释》则将圆径七、周二十二称为密率。此后数学著作大都沿用此说。明朱载堉以"密率"命名他所创建的一种新律制，其《律吕精义·内篇》卷一云："旧法往而不返者，盖由三分损益，算术不精之所致也。是故新法不用三分损益，别造密率。"（郭书春）

幂　数学术语。①指面积。原作"冥"，王莽铜斛斛铭作"冥"。《九章算术》方田章方田术刘徽注云："凡广从相乘谓之幂。"自此，"幂"成为中国传统数学表示面积的术语。刘徽又提出圆幂、圆锥见幂等概念，分别表示圆面积和圆锥表面积。刘徽《九章算术注》中还有“立幂”，在开立方术注中表示立体体积，而在商功章注中表示直立的面积。②明末利玛窦、徐光启合译欧几里得的《几何原本》亦使用幂概念，注云：“自乘之数曰幂。”始以幂表示指数。明末至清末阐释中国传统数学的著作中，“幂”仍表示面积，而在翻译与阐释西算的著作中则表示指数。1935 年《数学名词》确定以此表示指数，此后“幂”不再表示面积。（郭书春）

蜜蜂 经济昆虫之一。春秋时期就已开始利用蜂蜜，汉代出现了人工养蜂，晋代皇甫谧《高士传》说：东汉延熹年间（158～167）姜岐“隐居，以畜养蜂、豕为事，教授者满天下，营业者百三余人”。早期的养蜂主要是依靠收养野生蜂，唐代则已过渡到采集和收养并重的阶段。唐人有“随蜂收野蜜”（许浑）、“养蜜近梨花”（刘禹锡）、“凿石养蜂休买蜜”（贾岛）的诗句。宋代养蜂业得到发展，人们对蜜蜂和蜂蜜的认识也日益提高，王禹偁《小畜集》“记蜂”篇（1000）记录了寺僧关于蜜蜂的描述：蜂王“其色青苍，差大于常蜂耳”，“窠之始营，必造一台，其大如栗，俗谓之王台。王居其上，且生子其中，或三或五，不常其数。王之子尽复为王矣，岁分其族而去。山甿患蜂之分也，以棘刺关于王台，则王之子尽死而蜂不拆矣”，“蜂之分也，或团如罂，或辅如扇，拥其王而去。王之所在，蜂不敢螫。失其王，则溃乱不可响迩。凡取其蜜不可多，多则蜂饥而不蕃。又不可少，少则蜂堕而不作”。对蜜蜂的习性、组织、蜂王、分窠、蜜蜡等都已有详细记载。北宋苏颂《图经本草》中则有关于蜂蜜的分类，诸如黄连蜜、梨花蜜、桧花蜜、何首乌蜜等。古农书中记载养蜂始于唐末五代韩鄂《四时纂要》，书中“六月”有“开蜜”一条。《农桑辑要》中新添“蜜蜂”条，记载收取野蜂的方法，但已有人工繁殖技术，方法是：“春月蜂成，有数个蜂王，当审多少，壮与不壮，若可分为两窝，止留蜂王两个，其余摘去；如不壮，除旧蜂王外，其余蜂王，尽行摘去。”元代在割蜜防蜂螫的同时，还采用了冬季添食技术：“以草鸡，或一鸡，或二者，退毛，不用肚肠，悬挂窝内，其蜂自然食之，又力倍常。至来春二月间，开其封视之，止存鸡骨而已。”这种方法可以提高蜂的产量，而且也易于掌握。元末明初，刘基记载了以养蜂致富的灵丘丈人及其养蜂方法，其中“刳木以为蜂之宫”一语，表明当时已有了木制的蜂箱。清代郝懿行的《蜂衙小记》则是一养蜂专著，对蜜蜂生物学特性、养蜂技术、养蜂经验等多有记载。（曾雄生　汪子春）

棉花 又称棉。中国古代引进的重要的纤维作物，使用其种子上被覆的纤维。除去棉籽的棉纤维称皮棉或原棉。公元2～4世纪，新疆、海南岛、云南等边疆地区已种植棉花，称为“吉贝”、“古贝”、“白叠”等。据考证这些名称分别来自梵语、马来语或古突厥语。也有学者认为，吉贝和白叠分别代表亚洲棉（中棉）和非洲棉（草棉）。在现今中国所种棉花中，还有陆地棉，亦称“美棉”，是 19 世纪末 20 世纪初引进来的。大约在公元 6～11 世纪，为了同蚕茧的“绵”字相区别，演变出“棉”字。现今能看到的出现“棉”字最早的文献是唐杜佑的《通典》。

宋代以后，棉花从边缘地区自南向北，由东到西，向长江和黄河流域发展。

据宋代《文昌杂录》等记载，两广、福建有棉花种植。长江流域由于多年生棉花不能越冬，所以直至12世纪中后期，引入或在华南培育出一年生棉花后，才逐渐推广种植。宋末元初胡三省《资治通鉴注》指出“木棉，江南多有之”。元代王祯《农书》云：“木棉产自海南，诸种艺制作之法，骎骎北来。江淮川蜀，既获其利。至南北混一之后，商贩于此。”元政府曾于至元二十六年（1289）“置浙东、江东、江西、湖广、福建木棉提举司。责民岁输木棉十万匹”，明清时期这些地区仍是棉花的主产区。在北方，13世纪末14世纪初，陕西开始植棉。明清时期，黄河中下游地区的植棉有很大发展，种棉最多的是河南，其次为山东，山西则主要在晋西南部种植，陕西植棉较少，直到19世纪后期，才有所发展。种棉“比之蚕桑，无采养之劳，有必收之效；埒之枲苎，免绩缉之功，得御寒之益，可谓不麻而布，不茧而絮”，以至于“地无南北皆宜之，人无贫富皆赖之”，并逐渐取代了丝、麻的地位。

最早记载棉花栽培技术的农书是唐末五代韩鄂《四时纂要》，以后在元《农桑辑要》、王祯《农书》和《农桑衣食撮要》，明代王象晋《群芳谱》、徐光启《农政全书》，清代《豳风广义》等书中都有棉花栽培技术的记载，清代还出现了方观承的《棉花图》、褚华《木棉谱》和《植棉纂要》等植棉专著。《四时纂要·三月》有“种木绵法”条，讲到播种期、种子处理、棉田整地、施肥覆盖、中耕以及防止棉桃脱落等方面，棉花栽培技术已很全面。学者怀疑“种木绵法”条是后人掺入的。《资治通鉴注》说，木棉“以春二、三月之晦下子，种之即生。既生，须一月三薅其旁。失时不薅，则为草所荒秽，辄萎死”。这里仅涉及播种期和中耕除草。有关北方棉花栽培技术的记载最早、最全面、最具体的当属《农桑辑要》，包括选地、整地、浇水、浸种、拌种、播种、锄治、灌溉、整枝（摘去顶心）等方面。而对南方棉作技术的总结当属明末徐光启的《农政全书》。他将其要点归纳为“精拣核，早下种，深根短干，稀科肥壅”。“精拣核”就是要求精选种子，介绍了水选方法。“早下种”就是提早播种。“深根短干”就是要求棉花扎根深入，枝干短而有力。“稀科肥壅”，即稀植和施肥。徐光启还总结了稻棉、麦棉轮作的经验。

南宋黄升墓出土棉毯。至元代，棉织大兴，棉纺织技术改革家黄道婆将海南崖州棉纺织技术及先进机械推广到松江一带，松江一带逐渐成为江南棉织中心。棉布的服用性能优良，逐渐取代麻布成为大众衣被原料。清中期朝廷大力推广植棉和织棉，方观承著《棉花图》，乾隆帝特旨将该书图文勒石以流传后世。该石刻现存于北京颐和园。（曾雄生　赵翰生）

灭火器材　古代军队在守城战中用于灭火的器材。有三种。一为水袋。用马牛等家畜皮制成储水袋，袋中储满水，大袋可储三四石水，每个城门或战棚处预备两三个。若攻城敌军纵火焚烧城楼和战棚时，即派三五名体强力壮的士兵，用十尺多长的大竹竿，缚上水袋，向着火处喷出袋中之水，将火浇灭。二为水囊。用众多猪牛脬制成盛水袋，盛满水后备用。当敌军在城下纵火时，守城士兵即将水囊抛入火中，囊破水出，将火浇灭。三为唧筒。将一根长竹筒的下部开一个孔穴，并在一根长竹竿的头部裹上棉絮，插入筒中，成为一个简易的吸水筒。当敌纵火攻城时，

即将唧筒放入水源，唧水灭火。（王兆春）

名家　战国时期的重要学派之一，以论辩名（名称、概念）、实（事实、实在）为主要学术活动。《汉书·艺文志》列其为九流之一。春秋末年，社会急剧变革，原有的名物制度发生了重大变化，出现了许多名实不符的情况，从而促使人们深入研究名实关系问题，当时人则称之为“辩者”、“察士”或“刑名家”。春秋晚期郑人邓析是其创始者，代表人物为惠施和公孙龙。辩者之间见解又各不相同，以公孙龙为代表的“离坚白”派着重分析感觉和概念，区别个别和一般、具体和抽象，有“白马非马”、“牛羊足五，鸡三足”（《公孙龙子·通变论》）等命题。以惠施为代表的“合异同”派认为一切差别和对立都是相对的，有“天与地卑”、“山与泽平”等所谓“历物十事”。《庄子·天下》云：“辩者之徒，饰人之心，易人之意，能胜人之口，不能服人之心。”荀子批评说：“有牛马非马也，此惑于用名以乱实者也。”（《荀子·正名》）王先谦《集解》：“有牛，未详所出。马非马是公孙龙白马非马之说也。”司马谈说：“名家苛察缴绕，使人不得反其意，专决于名而失人情，故曰‘使人俭而善失真’。若夫控名责实，参伍不失，此不可不察也。”（《史记·太史公自序》）代表作有《邓析子》、《尹文子》、《公孙龙子》、《成公生》、《惠子》、《黄公》和《毛公》，计七家36篇。《公孙龙子》今残存6篇，其余各书皆佚（今本《邓析子》、《尹文子》均系伪作）。（李家明）

明算科　中国古代科举中的一科。唐岁举常选，每年仲冬考试取士，明算为其中一科而居其末。初以吏部掌其事，开元二十四年（736）后移礼部。考试分两组：一组为《九章算术》三帖，《海岛术》、《孙子术》、《五曹术》、《张丘建术》、《夏侯阳术》、《周髀术》、《五经算术》等经各一贴；另一组为《缀术》六帖、《缉古》四帖（或《缀术》七贴、《缉古术》三贴）。后一组李俨疑为天宝以后的制度。明算科考试要求明白造术之理，诸经十通八，《数术记遗》、《三等数》十得九，方为第。及第者送吏部铨叙，授以从九品下官阶。五代后唐科举亦曾有明算一科，未知其详。北宋、清代国子监曾有算学，并有考试，然皆未闻科举有明算一科。明算一科之设既是魏晋以后中国古代数学发展的反映，也体现了中国数学在实际中的作用，但它本身对中国古代数学的提高作用不大。（邹大海）

鸣榔　古代声响捕鱼法，也写作鸣根。“榔”原指船后近舵处横木。捕鱼时，众船围环，同时敲击榔木，“或击木片，长尺许，虚其前后，以足蹴之，低昂成声，鱼惊窜水草中，然后罩取。亦鸣榔之义”（清施润章《矩斋杂记》）。以声响捕鱼起于汉代。《淮南子·齐俗训》：“击舟水中，鸟闻之而高翔，鱼闻之而渊藏。”唐代盛鸣榔捕鱼，以至于诗人陆龟蒙（？～881）、皮日休（？～883）等人都写有《鸣根》诗。由于这种捕捞法易使鱼种灭绝，20世纪以来已被禁止使用。（王允红）

螟蛉有子辩　有关化生的争论。《诗经》和《尔雅》都云：“螟蛉有子，蜾蠃负之。”螟蛉是鳞翅目昆虫，蜾蠃是细腰蜂，意为螟蛉虫的幼虫被细腰蜂拐走了。汉代扬雄《法言》云：“螟蛉之子殪，而逢蜾蠃，祝之曰‘类我！类我’！久则肖之矣。”于是螟蛉之子就变成了蜾蠃。这种错误的说法，得到郑玄《诗经笺》、许慎《说文解字》、陆机《毛诗草木鸟兽虫鱼疏》、郭璞《尔雅注》、张华《博物志》、陆佃《埤雅》、苏颂《图经本草》等的支持。但也有人反对此说。公元6世纪初陶弘景根据自己的观察和实验，发现细腰蜂有许多种类，其中有一种色黑、腰很细，含泥作窠，并产下如粟米大的卵，它们捕取青蜘蛛十余只放在窠内，作为子代长大时的食粮，最后将窠封起来；另一种在芦竹内作窠，也捕取青虫作为子代食粮。陶弘景指出：细腰蜂有雌雄，有自己的子代，所谓“取青虫教祝，使变为己子”的说法是错误的。唐代段成式发现，蜾蠃为其子准备的食物不限于青虫，也有小蜘蛛。稍后，寇宗奭观察到蜂卵是产在被俘动物的躯体上的。宋人彭乘发现蜾蠃将螟蛉虫加以刺杀的现象。明代皇甫汸观察到在窠内的螟蛉虫并没有死，但是不能活动。李时珍在《本草纲目》中总结说：“今通考诸说，并视验其卵，及蜂之双双往来，必是雌雄。当以陶氏、寇氏之说为正，李氏、苏氏之说为误。”明代王夫之在《诗经稗疏》中还记载其亲自观察到的现象进行验证，说蜾蠃负螟蛉与蜜蜂采花酿蜜喂养子代相同，细腰蜂贮螟蛉给自己的子代食用，而且计食尽时正好子代能飞，同时对那些错误解释提出了批评。这一场争论长达两千年，最终得出了正确的结论。（汪子春）

螟螣蟊贼 中国古代对植物害虫的分类。这一分类主要是针对害虫对于植物的为害部位而言的，其中食心曰螟，食叶曰螣，食根曰蟊，食节曰贼。语出《诗经·小雅·大田》：“去其螟螣、及其蟊贼，无害我田稺，田祖有神，秉畀炎火。”后世也以此统称农业害虫。（曾雄生）

命门 人体解剖术语。①即生命的门户之意，为先天之精蕴藏所在，人体阳气的来源，生命的根本，与生长发育及生殖机能有密切关系。约成书于西汉的《难经·三十六难》云：“命门者，诸神精之所合，原气之所系也，故男子以藏精，女子以系胞。”命门的具体器官有两种说法。一指右肾。《难经·三十六难》：“肾两者，非皆肾也，其左者为肾，右者为命门。”一指两肾，明代《医学正传》认为，其具体体现于两肾间之动气。②经穴名。出自《针灸甲乙经》。位于腰部第二、三腰椎棘突之间，属督脉，别名累属、精宫。主治腰脊强痛、遗精、阳痿、久泻、脱肛、下肢萎痹、妇女月经不调、痛经、带下、小儿惊厥等。另作石门穴的别名，属任脉，位于脐下二寸。③眼睛的别称。见于《灵枢·根结》：“太阳根于至阴，结于命门。命门者，目也。”因为足太阴膀胱经止于睛明穴，故也有人认为命门为睛明穴的别称。（张志斌）

磨转蚁行 指一个转动物体上各质点绕转动中心转动快慢的物理问题。明王廷相（1474～1544）在其《雅述》中用磨盘上两个质点的转动对此作了解释。他首先观察了磨盘上的两个蚂蚁，一个靠近磨盘转动的中心（脐），一在磨盘边缘。它们随磨转一周而同时到达它们原来的所在地。继而，王廷相将日常观察运用到广漠的宇宙天体之中，说明各天体距枢极虽有高低远近不同，但它们在天球上运行一周也必定同时到达原来位置。这是由于角速度相同的缘故，并且一个转动物体上各质点的角速度与其所在位置的半径无关。北极星是一个不动的枢极，七曜绕着枢极转动，此运动被称为“躔”。日躔与枢极距离的长短决定了春夏秋冬的变化。然而，无论日躔如何，每一天的时间长度总是“百刻”，因此，才有日躔虽远近不同而冬夏皆百刻、蚁在磨上的位置不同而磨转一周时必回复原位的结论。王廷相的思想中还暗含了角速度与线速度不同的观念，他以日影移动的快慢衡量日绕枢旋转线速度的大小。(王允红)

末端效应　开口管乐器产生的音高降低现象。如果9寸弦长在一定张力下发宫音，那么9寸开口管的发音比弦要低一些，约略低半度，为此要对开口管作管口校正，以便管律弦律同高。汉京房提出“竹声不可以度调”，就是指律管未经管口校正而不能作为定律器使用。晋代荀勖对复杂的笛作了较好的管品校正，而真正发现并提出末端效应的是明代朱载堉。他提出弦律与管律同长不同音高，“今若不信，以竹或笔管制黄钟之律一样两枚，截其一枚分作两段，全律、半律各令一人吹之，声必不相合矣，此昭然可验也。又制大吕之律一样两枚，同径与黄钟同，截其一枚分作两段，全律、半律各令人一吹之，则亦不相合，而大吕半律乃与黄钟全律相合，略差不远。是知所谓半律皆下全律一律矣”(《律吕精义·内篇卷上》)。

朱栽堉创用异径管律方法校正管的发音，被清徐寿以实验证明，9寸长的开口管不与4.5寸长的径管八度和谐，而与4/9寸长的同径管八度相和。徐的验证，得到当时声学界的极大注意和很高的评价。(戴念祖)

莫角山遗址　位于余杭大观山果园内，是莫角山聚落群的中心城址。它的四周分布有40余座良渚文化小型聚落遗址，是一座大型的在自然土岗上夯筑的古城，东西长1500～1700米，南北长1800～1900米，周围环绕宽40～60米，残高4米多的城墙，略呈圆角长方形平面。在巨大的人工堆筑的土台上有三个更高的称为大莫角山、小莫角山和乌龟山的土台。在遗址的四角部位各堆筑一处良渚文化墓地(贵族墓地)，东北角为雉山垄，东南角为钟家(发现过玉琮、玉璧)，西南为双池头(发现玉璧等玉石器)，西北角是反山墓地。莫角山遗址的东北4公里为瑶山良渚文化祭坛及贵族墓地，西北2公里为瓶窑汇观山良渚文化祭坛及贵族墓地。良渚文化莫角山遗址是整个良渚文化时期的政治、经济、宗教和文化的中心——相当于后来的“皇城”，故有“5000年前的紫禁城”之美誉。长江下游良渚文化的统治中心及其外围区，是余杭良渚、安溪、长命、瓶窑四乡镇约四五十平方公里范围内的良渚遗址群，总共50余处，遗址面积从数千至30万平方米，可分4级。其中在大观山果园(又称莫角山)的大型高土台上，发现多片夯土基址、成排大柱洞、

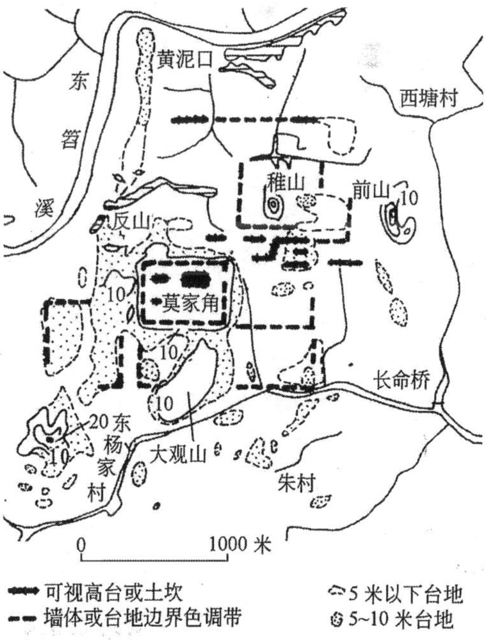

莫角山一带聚落结构示意图
(《考古》2002年第2期)

大方木、土坯等遗迹遗物，从遗址规模、大型建筑规格等迹象看，当属显贵集团占有的统治中枢所在地。反山墓地是建造在人工堆筑土墩上的贵族专用墓地，尤以存在棺椁中的葬具和多品种、成批量、精美优质的玉器表现出显赫和重要。在瑶山、汇观山，选择小山丘顶上修建方形顶面内外三重土色的祭坛，专埋葬贵族死者。（沈玉枝）

墨海书馆 清道光二十三年（1843）由英国伦敦布道会在上海设立的翻译出版机构。馆主麦都思（Malter Henry Medhust，1796～1857）曾在南洋设立印刷所，1843年他将印刷机构从南洋迁至上海。后由伟烈亚力主其事。除印刷教会读物之外，还编译、出版科学书籍。例如，伟烈亚力与李善兰等合译的《几何原本》后九卷、《重学》、《谈天》、《代微积拾级》、《代数学》、《植物学》等，张福僖、艾约瑟翻译的《光论》，伟烈亚力与王韬等翻译的《西国天学源流》、《重学浅说》等，都是鸦片战争之后第一批传入中国的近代科学书籍，在中国近代科学发展进程中具有重要地位。该馆还发行由伟烈亚力编辑的月刊《六合丛谈》（1857年初创刊，共出版15期），自然科学在其中占有较大比重。初沿用中国传统的木质雕版，后拥有上海第一架滚筒印刷机器。该馆用牛旋转机轴进行印刷，时人吟咏道：“车翻墨海转轮圆，百种奇编宇内传，忙杀老牛浑未解，不耕禾陇耕书田。”（李家明）

墨家 战国时期学派之一。战国初年由墨翟创立。墨翟（约公元前468～前376，或约公元前475～前390）被尊称为墨子，出身贫贱，精手工技艺，尤善制车，以“三寸之木而任五十之重”，改桔槔为挖凿机械，以滑轮提重，创制斜面引重车等器具。善守御，据载曾与公输般角攻守之技，止楚攻宋。初学儒者之业，受孔子之术；后创立墨学，有弟子百八十人，史称墨家。代表人物还有禽滑厘、田鸠、孟胜、田襄子、腹䵍等。与儒家对立、并称“儒墨显学”，主张“兼爱”、“非攻”、“尚贤”、“尚同”、“天志”、“明鬼”、“节用”、“节葬”、“非乐”、“非命”十事。信奉墨子学说的人称为“墨者”，有“摩顶放踵、利天下为之”的精神，其弟子皆“赴火蹈刃、死不旋踵”，主张“兴天下之利，除天下之害”。墨家有严密的组织和严格的纪律，所有墨者都要服从巨子（首领）指挥，其成员多为农与工肆之人，俭朴耐苦，富于生活经验，善于总结科学经验和实验。为先秦时期自然科学知识最为丰富的学派。墨子死后，墨家分为三派。《韩非子·显学》载“有相里氏之墨，有夫氏之墨，有邓陵氏之墨”。后来分为两支，一支放弃了墨子学说中的“天志”、“明鬼”等宗教迷信观念，对自然科学作了有价值的探索，对名实关系、感觉与思维的关系作了唯物主义的分析，其代表作是《墨子》中的《墨经》，在光学、力学、几何学和逻辑学等方面多有创建；另一支成为秦汉社会的游侠。汉武帝罢黜百家，独尊儒术，墨家学说成为“绝学”，直到清乾嘉学派兴起，才得重新被重视与研究。《墨子》一书，反映了墨翟及其学派的科学、逻辑学和哲学等方面的思想，是研究墨家学说的重要著作。（李家明）

耱和耖 平整土地的工具，北方称为耱，东汉刘熙《释名》称之为檀，又称为摩、劳、耢或盖，至今尚在北方农村使用；南方称为耖。耱是从耰发展而来的，用畜力拖动的磨碎土块的农具，最迟在汉代已经出现。《氾胜之书》云："春地气通，可耕坚硌地……辄平摩其块。""复耕，平摩之。"平摩的工具就是耱。山东滕县黄家岭汉墓画像石上有耱的形象，用一根圆形粗木棍，中间安一长木辕，用牛拖动。魏晋南北朝，耱推广到西部地区，如甘肃嘉峪关魏晋墓就出土许多耱地画像砖。《齐民要术 · 耕地》记载"春耕寻手劳"，"耕而不劳，不如作暴"。耱在宋元时期的黄河流域更为普及，并且有用条木编制而不再只是一根圆木棍。王祯《农书 · 耒耜门》云："劳，无齿耙也，但耙梃之间用条木编之以摩田也，耕者随耕随劳，又看干湿何如，但务使田平而土润，与耙颇异。耙有渠疏之义，劳有盖摩之功也。……今亦名劳曰摩，又名盖。凡已耕耙欲受种之地，非劳不可。"耖为水田整地农具，用于耙后平整田面，耖细泥土、拌匀肥料等。1980 年广西倒水出土的耙田模型，使用一字型耙，排行较长的六齿，齿疏而锐，可能是装在横木上的，在横木上再安装扶手把，实际上就是耖。果真如此，则耖在魏晋南北朝时期就已出现。最早提到耖的是南宋楼璹的《耕织图》耖图及诗："巡行遍畦畛，扶耖均泥滓。"《农书 · 耒耜门》云："耖，疏通田泥器也。高可三尺许，广可四尺，上有横柄，下有列齿。其齿比耙齿倍长且密。人以两手按之，前用畜力挽行，一耖用一人一牛。有作'连耖'二人二牛，特用于大田，见功又速。耕耙而后用此，泥壤始熟矣。"明清时期更为普及，并传到台湾高山族地区。王祯《农书》载，与耱、耖等功用相同的农具还有平板、刮板和田荡等。（曾雄生）

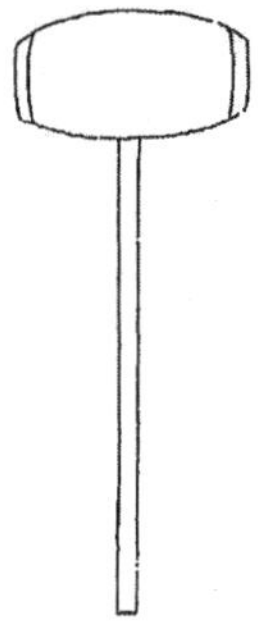

耰

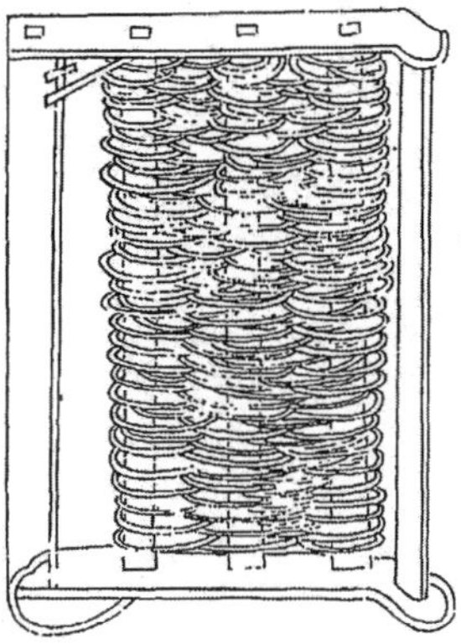

劳

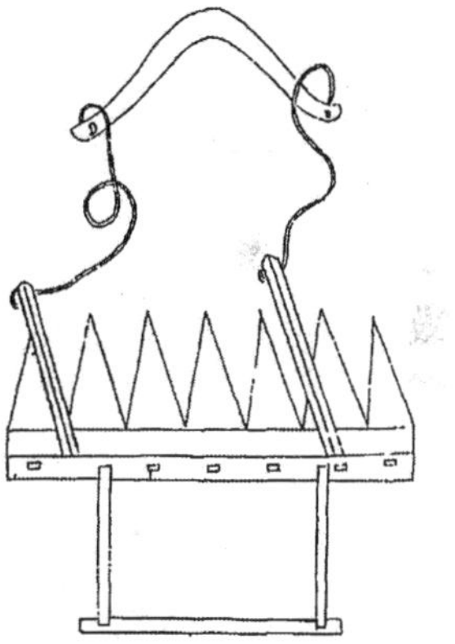

耖

牟合方盖与球体积　前者为魏景元四年（263）刘徽设计而为祖冲之父子所使用的解决球体积的模型，是内切于正方体的两个正交圆柱的共同部分，形如两个上下对称的正方形伞（如图），故名。刘徽发现《九章算术》开立圆术所使用的球体积公式是错误的，并设计了牟合方盖，指出："合盖者，方率也，丸（即球）居其中，即圆率也。"此即 $V_m : V_q = 4 : \pi$，（V_m、V_q 分别是牟合方盖与球的体积）从而指出了解决球体积的正确途径。显然，只要求出牟合方盖的体积，则球体积便迎刃而解。刘徽未能求出牟合方盖的体积，表示"以俟能言者"，表现出一位伟大学者的高风亮节和宽广胸怀。刘徽所期待的能言者就是祖暅之（5 世纪）。他按照刘徽的方法分割半径为 r 的球与其外切正方体，考虑其 1/8，见图（a）。牟合方盖的部分称为内棋，见图（b)，它与正方体之间的三部分称为外三棋，见图（c)，（d)，（e)。祖暅之用勾股定理证明了外三棋任意处的截面积与长、宽、高均为 r 的倒阳马，见图（f)。同高处的截面积相等，由祖暅之原理证明了外三棋的体积与这个倒阳马相等，即$\frac{1}{3}r^3$。因此，内棋的体积为 $r^3-\frac{1}{3}r^3=\frac{2}{3}r^3$，那么牟合方盖的体积 $V_m=8\times\frac{2}{3}r^3=\frac{2}{3}d^3$，于是球体积 $V_q=\frac{\pi}{4}V_m=\frac{\pi}{4}\times\frac{2}{3}d^3=\frac{\pi}{6}d^3$。如取周三径一，则 $V=\frac{1}{2}d^3$。（郭书春）

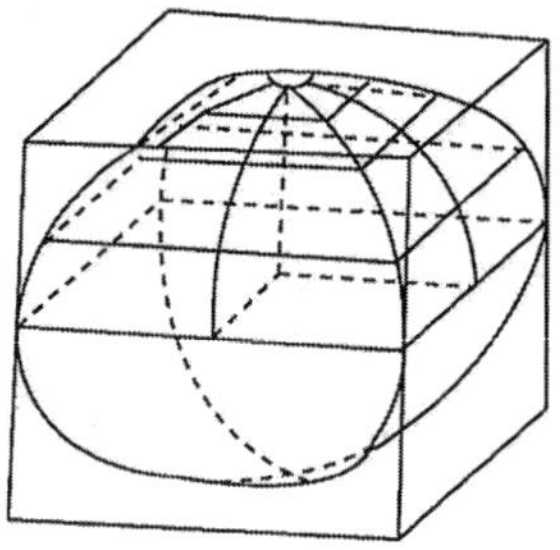

牟合方盖

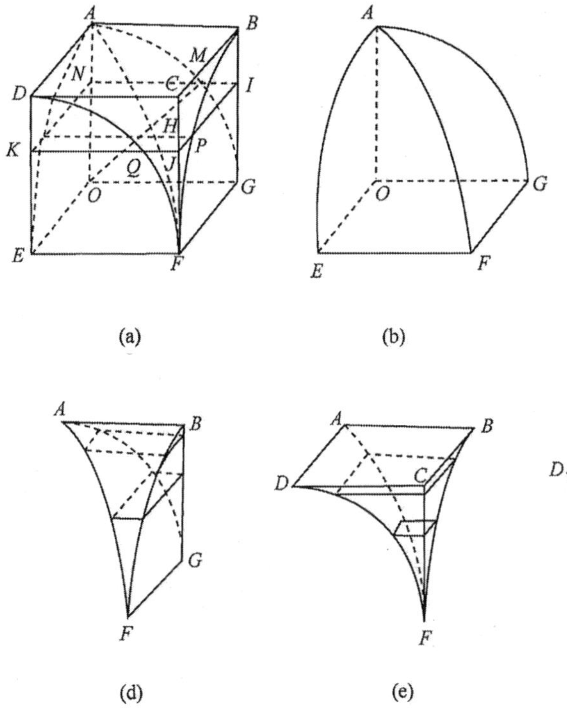

球体积的证明

木板水印 用水墨及颜料在木刻版上刷印的雕版印刷工艺。因其主要用以复制书法、绘画等作品，又称“木刻水印”。自雕版印刷发明于唐，印刷几乎完全使用水墨，文图皆黑色。元至元六年（1340）出现朱墨双色套印的《金刚经注》。明正德（1506～1521）以后朱墨套印被推广，并有靛青印本及蓝、朱、墨三色和蓝、黄、朱、墨四色，甚至朱、墨、黛、紫、黄五色色套印本。清代中叶出现六色印本，目的是突出书眉所加的批语和行间的圈点，每种颜色代表一家批注或评点。图刻的彩色套印，最初是在一块版上涂几种颜色，如花上涂红色，枝干涂棕色、黄色等，然后覆纸刷印。后来发展为几种颜色分版套印。明代末期更进一步出现饾版印刷方法。大幅中国书画的复制及年画印制，大量采用木版水印。四大著名木版年画产地［苏州桃花坞、河北杨柳青（今属天津）、山东潍县（今潍坊）、四川绵竹］皆始于明代后期，盛于清代雍正、乾隆、嘉庆、道光年间。印刷有三道工序：首先根据原作进行设计分版，在透明纸上勾墨线轮廓，在雁皮纸上精确描绘刻稿；然后反贴在刨平的梨木板或其他纹理细致的木板上，运用不同刀具和刀法，刻出线条版、枯笔版或平版；最后选配原作所用的材料和颜料，将水墨和色彩刷掸到已经刻好的木板上，再根据需要，套印到宣纸、连史纸、绵麻纸或画绢上。（苏荣誉）

木兰陂　著名御咸蓄淡灌溉工程，是保留完整的古代大型砌石建筑之一，位于福建莆田西南7里木兰陂山下的木兰溪中。北宋治平四年（1064），女子钱四娘主持创建，后为洪水冲毁，钱氏以身殉职。之后不久，林从世又在下游重建，又被海潮冲毁。熙宁八年（1075），李宏和冯智日在前两次坝址的中间选择溪流宽缓的木兰山下第三次修建，元丰六年（1083）完工。陂长35丈，高2丈5尺，上置闸门32孔，开渠数十里，灌溪南南洋田号称万顷（宋·郑樵《重修木兰陂记》）。元延祐二年（1315）于陂北开万金斗门，开渠灌溪北边的北洋田，南北分水为南七北三。县北7里自唐建中时（780～783）筑有延寿陂，灌北洋田4万亩，至元代二陂沟通为一。明清两代多次大修，闸孔减为28个。清道光七年（1827），灌溉南北洋田20余万亩。现在仍可蓄水3000多万立方米，灌溉一年三熟田20余万亩。（艾素珍）

木牛流马　古代的适应于崎岖山路的运输工具。相传为三国蜀相诸葛亮所创制，晋陈寿《三国志·蜀书·诸葛亮传》云："亮性长于巧思，损益连弩，木牛流马，皆出其意。"《事物纪原》认为木牛、流马是两种运输工具，其卷八云："木牛即今小车之有前辕者；流马即今独推者是，而民间谓之江州车子。"近人刘仙洲认为即木制的独轮车，如此，则诸葛亮只是独轮车之改进者。《诸葛亮集》有《作木牛流马法》，蜀国曾大量制造用于战争，近年有许多"复原"品。（郭书春）

木鸢　古代制造的空中飞行器物，竹蜻蜓、木雕飞车也属这一类。《墨子·鲁问》载，战国时期巧匠鲁班曾造木鸢："公输子削竹术为鹊，成而飞之，三日不下。"《韩非子》载墨翟造木鸢："墨子为木鸢，三年而成。"木鸢是一种木制的像鸟一样的飞行器，通过某种方法被射入空中，可飞行一段时间。东汉张衡曾做过木雕。晋代张隐《文士传》曰："张衡作木雕，假以羽翮，腹中施机，能飞数里。"张衡本人的著作《应闲》也述及此事，表明他的木雕有三个可转动的轮子，有可使它飞行的机关，有翅，且翅可张可垂，张即飞起，垂即落下。《庄子·逍遥游》中描述的鲲鹏有巨大的翅膀，其飞行条件还要有空气及其涡流。晋代葛洪在《抱朴子·内篇》卷十五中记述了一种被称为“飞车”的飞行器，即后来称为“竹蜻蜓”的玩具。其主要部件是一个加工成斜面或弯曲面的薄竹片，竹片中央榫接一根直立轴，弯曲面类似向下吹风的风扇。将一根绳带（或牛革）以类似木工用的弓钻方式绞扭在立轴上，拉动绳带，竹片急速旋转，旋转的竹片借其弯曲面造成的气流而上升。竹片可以在空中借惯性而继续旋转，继续上升一段时间。竹蜻蜓传到欧洲后，被称为“中国陀螺”，并引起了早期航空实验家们的注意，成为直升旋翼和飞机螺旋桨之祖。（王允红）

牧百兽　指野生动物的畜养。《周礼·地官司徒·囿人》云：“囿人，掌囿游之兽禁，牧百兽。祭祀、丧纪、宾客，共其生兽、死兽之物。”说明中国古代早就有畜养野生动物的措施。郑玄注“牧百兽”云：“备养众物也，今掖庭有鸟兽，自熊、虎、孔雀至于狐狸、凫、鹤备也。”可见古代的苑囿颇类今之动物园，不过当时所养动物除供观赏外，还供祭礼、纪丧之用。（汪子春）

苜蓿　古代长期种植的重要饲料作物，汉代从大宛国引进。其名系大宛国语buksuk的音译，主要用于养马。汉唐时，养马业比较发达，苜蓿种植较为普遍。元时苜蓿被用于救荒，政府规定“各社布种苜蓿以防饥年”。苜蓿主要分布在北方，明代《群芳谱》云：“以三晋为盛，秦、汉、鲁次之，燕、赵又次之，江南人不识也。”清代河南汲县等地的农家每家种苜蓿两三亩。苜蓿属豆科作物，具有固氮能力，古人已认识到可用以改良土壤，种于盐碱地上，四五年之后，犁去其根，改种其他作物，或与其他作物轮作、混作，可提高土壤肥力。《群芳谱》中记载了一种使苜蓿长期繁殖的方法，每一亩今年半去其根，至第三年去另一半，如此更换，可得长生，不烦更种。（曾雄生）

N

内境图　五代烟萝子所绘之人体解剖图。《道藏》收录的南宋石泰及其门人所编《修真十书·杂著捷径》中收录有烟萝子所绘图六幅，其中“内境左侧之图”、“内境右侧之图”、“内境正面之图”、“内境背面之图”等四幅是人体内脏解剖不同侧面之观察图。在左、右侧图上所绘脊柱为24节（不包括骶椎），这与实际解剖是相符的。脊椎内侧，标有“髓道”，即现在解剖学上所说的“椎管”。由“髓道”这个名词就可以知道，它是脊髓的通道。在侧面图上还绘有黑色的横膈膜，但肝、胆的位置都被错误地画在横膈膜之上。正面图绘有表示食管、气管的两孔，有肺四叶，心在肺叶下，胃在心下。贲门在胃左，幽门在胃左下。肝在左上，其下为胆。下腹部绘有小肠、大肠、魄门（肛门）、膀胱。背面图所绘之肾都与实际解剖相符。烟萝子《内境图》几乎为后世解剖图的蓝本。（汪子春）

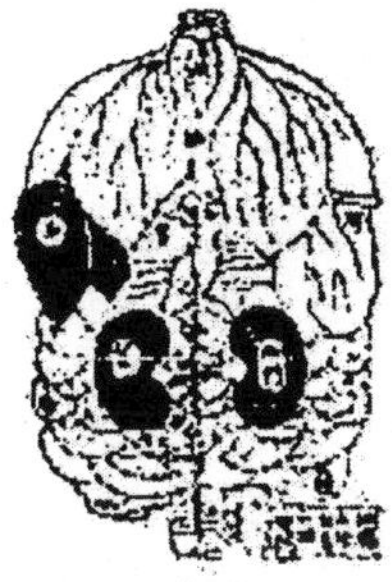
内境背面之图

内境正面之图

内境右侧之图

五代烟萝子《内境图》

内伤　中医学术语。①病因之一类。泛指内损脏气的致病因素，如饮食失调、劳倦过度、房事不节、七情过极或失调等等。由这些病因导致的疾病，就称为内伤病。《素问·疏五过论》曰“虽不中邪，病从内生”，“皆伤精气，精气竭绝，形体毁沮”，“虽不中邪，精神内伤，身必亡败”，“五脏空虚，血气离守”等，均属此例。内伤常与外感病相对应，前者大多为正气内损而脏腑功能失调的虚证；后者大多为邪气外侵而气血壅塞的实证。故治疗内伤病，大多需用补法，当然也不能排除少数需用泻法的实证。《医学心悟》云：“内伤者，气病、血病、伤食，以及喜怒忧思悲恐惊是也。……外感之邪，自外而入，宜泻不宜补；内伤之邪，自内而出，宜补不宜泻。然而，泻之中有补，补之中有泻，此皆治法之权衡也。”②病名。指创伤损及肢体深部组织，以及脏腑、气血的病患，见《外台秘要》卷二十九引许仁则等，又名内损。例如，《许仁则方》描述损坠伤：“病有两种，一者外损，一者内伤。”外损大多指只伤手足肢节，骨肉疼痛；内伤则包括“高处坠下，伤五脏，轻唾血，重则吐血”（引《千金方》）；“卒从高处坠下，瘀血胀心，面青，短气欲死”（引《肘后方》）；“坠伤内损，吐血不止，欲死，面目黑如漆”（引《广济方》）等。后世则将内伤进一步分成伤气、伤血、伤脏腑及脑骨伤等多种不同类型。（张志斌）

内治 指服药以治疗体内发生的各种病证的方法，出于《黄帝内经》。《素问·至真要大论》：“内者内治，外者外治。”具体的治疗方法很多，篇中提出了辛甘发散、酸苦涌泄、咸味涌泄、淡味涌泄、寒者热之、热者寒之、坚者除之、劳者温之、结者散之、留者攻之、燥者濡之、急者缓之、散者收之、损者温之、惊者平之等。至清代《医学心悟》，则总结为汗、吐、下、和、温、清、消、补八大类方法；《医方集解》则又分出补养、发表、涌吐、攻里、和解、理气理血、祛风、祛寒、清暑、利湿、润燥、泻火、除痰、消导、收涩、杀虫、明目等20余种方法。其又可分成正治与反治。正治指一般和常规的治疗方法，即针对疾病的性质、病机，从相对的方面进行治疗，如寒证用热药，热证用寒药，实证用攻法，虚证补法等。因药性与病性相逆，又称为“逆治”。《素问·至真要大论》：“逆者正治。”《医门法律》：“逆从者，以寒治热，以热治寒，是逆其病而治之。”“逆者正治，辨之无难，从者反治，辨之最难。盖寒有真寒假寒，热有真热假热。真寒真热，以正治之即愈；假寒假热，以正治之则死矣。”反治指违反一般常规的治疗方法。当疾病出现假象，或大寒证、大热证，对正治法发生格拒时所采用的治法。因治法与疾病的假象相从，故亦称“从治”。《素问·至真要大论》：“从者反治。”热因热用（治真寒假热证而用热药）、寒因寒用（治真热假寒证用寒药）等均属于反治法。《医门法律》：“以寒治寒，以热治热，是从其病而治之。”（张志斌）

南京都城 明初都城。元至正二十六年（1366）八月至明洪武十九年（1386）十二月建成。京城内包皇城和宫城，周长37 140米，垛口13 616个，战棚200座，开13门；墙体以大条石为基，深厚5米不见其底。基墙上用优质黏土烧制的大城砖叠砌。砌砖所用的黏剂，其承压力、渗透力和拉力，都与现代的水泥沙浆不相上下。在地质较松软和铺设地下管道之处，还采用多种技术措施，分散墙体对地面的压力，以免城墙塌陷。城墙的排水和进入城内的控水设施，都在筑城时一并构筑。城墙高16～23米，厚4.3～26.4米。卢龙山（今狮子山）、鸡笼山（今北极阁）、覆舟山（今小九华山）、龙广山（今富贵山）尽围圈其中，墙体因山顺势，据险而筑，凭高俯瞰，城墙所围，乃是一个不规则的多角不等边形，成为东傍钟山（今紫金山）、西据石头山（今清凉山）、南凭秦淮河、北控后湖（今玄武湖）的世界第一巨城。洪武二十三年四月，90公里的外郭建成，把京城附近的幕府山、钟山、聚宝山（今雨花台）等险要之地尽围其中，西北依山带江，东南阻山控野，有16门可供出入，成为都城的第一道坚固防线；外郭圈地500多平方公里。内设大小二校场，屯兵207 800人，便于机动作战。京城是南京的第二道坚固防线：依山之处，易守难攻，士兵高居岗垄之脊，俯击攻城之敌。凭水之地，可阻隔进攻之寇。城门是南京都城最坚固的城防工事，聚宝门（今中华门）可称其最，东西宽128米，南北深129米，墙高21.5米，主墙和瓮墙高21.45米，门南有128米宽的外秦淮为天然护城河，门内以28米宽的内秦淮为堑，城门内共建三道内瓮城、四通城门、两道礓礤（古代登城慢坡）与一条坡道、27个藏兵洞，可屯兵数千，每道瓮城门上都建有城楼，城门外向两侧延伸时，每隔150米建一座敌台，这种城门建筑群实为依墙而建的多种永备工事的结合体，战时厚集兵力兵器，构成坚固的防御阵地，如图。皇城和宫城则在两道防线的保护中心。综合采用各种先进技术建筑的南京都城，配以厚足的兵力兵器，确能形成一个踞可守、进可攻的坚固城市防御体系，达到了城墙城池建筑技术的高峰，显示了中华民族的聪明才智。（王兆春）

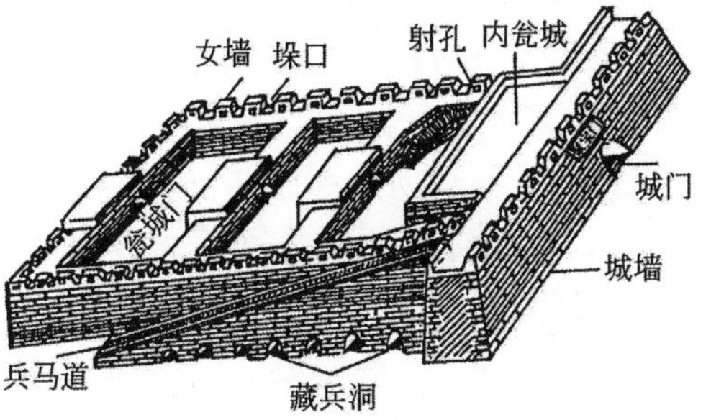

聚宝门藏兵洞

硇砂　又名“北庭砂”、“赤砂”、“黄砂”、“狄盐”、“气砂”、“白硇砂”等，一种白色结晶矿物，主要成分为NH_4Cl。另有一种盐硇砂（或称紫硇砂），主要成分为NaCl。前者是炼丹中常用之物，亦入药。历代记载颇多。例如，唐《新修本草》记载：“硇砂柔金银，可为焊药。形如朴消，光净者良。驴马药亦用之。”北宋苏颂《图经本草》：“硇砂出西戎，今西凉夏国及河东、陕西近边州郡亦有之。然西戎来者颗粒光明，大者有如拳，重三五两，入药最紧。边界出者，又挟砂石，用之须飞澄去土石后，亦无力，彼人谓之气硇。此药近出唐世而方书著……”李时珍《本草纲目》卷十一记载：“硇砂亦消石之类，乃卤液所结，出于青海，附盐而成质，人采取淋炼而成，状如盐块，以白净者为良。其性至透，用黝罐盛悬火上，则常干，或加干姜同收亦良，若近冷及得湿即化为水，或渗失也。”（王扬宗）

年　历法计时单位。我国古代有多种关于“年”的名称，《尔雅·释天》称：“夏曰岁，殷曰祀，周曰年。”古代以五谷成熟为年，“年”表示农业生产的一个周期，表示四季循环往复的一个周期，一般相当于回归年。中国古代历法传统是一年之中包含整数个朔望月。由于12个朔望月和一个回归年的长度最接近，所以一年通常只有12个朔望月。但是12个朔望月还是比回归年短，所以过几年就要置闰，即在一年中安排13个月。这样就可使年的长度平均起来与回归年长度相同。《尚书·尧典》：“期三百有六旬有六日，以闰月定四时，成岁。”所以，中国古代年的形式是太阴年（即一年有12或13个朔望月），但实质是太阳年（即回归年），两者是通过置闰调和的。古人最初是根据物候确定年，后来通过天文观测，主要是用圭表测影的方法确定回归年。表影最长时为冬至，连续两个冬至的间隔即为回归年。所以，在我国古代历法推算中，年都是以冬至为起算点的。后来采用各种天文观测方法，但在根本上还是先要确定冬至点的位置或时刻，再确定回归年。天文学上还有近点年、恒星年和交点年。我国古代由于不知道地球的公转，所以一直没有用过近点年。恒星年和回归年的差异，是由岁差引起的；岁差导致冬至点沿黄道西移，所以太阳沿黄道一圈后回到现冬至点并不等于回到了原来冬至点所在星空位置，而是差一点，只有当太阳走到原来冬至点位置时才算是一恒星年。东晋时虞喜发现了岁差，实际上是发现了恒星年，只是中国古代没有“恒星年”这个名称。交点年是太阳沿黄道从白道的升交点运行再回升交点的时间间隔。我国古代在对日、月食的长期观测中，发现交食的发生有一定的周期，即所谓交食周期。我国古代陈焯以前的历法以若干个朔望月有若干个交点年（朔望合数、会数等）的形式与名称给出交食周期；陈焯以后的历法以若干个交点月（交数）有若干个交点年（交率、交差等）的形式与名称给出交食周期。这两种形式实际上都给出了交点年长度。历法上有纪年问题，是指回归年的安排。殷商和西周时代大约都是依王在位的年数纪年，即采用帝王纪年法。大约是在春秋战国时代发明了一种以岁星所在星空位置为依据的纪年法，叫做岁星纪年。汉代，岁星纪年法发展成本质上是以十二支纪年的太岁纪年法，到后来就成了一直沿用至今的干支纪年法。与此同时，帝王纪年的传统在我国古代一直保持下来。（孙小淳）

农本　即以农为本，中国古代重农思想的重要组成部分。起源于三代，形成于春秋战国时期，以后又有所发展。主要的代表人物有管子、商鞅、荀卿、李悝、贾谊、晁错等。内容包括三个方面。①农为衣食之本。《尚书》云：“弃，黎民阻饥，汝后稷播时百谷。”贾谊说：“一夫不耕，或受之饥；一女不织，或受之寒。”②农为立身之本。《管子》曰：“仓廪实而知礼节，衣食足而知荣辱。”《孝经·庶人章》：“子曰：因天之时，就地之利，谨身节用，以养父母，此庶人之孝也。”③农为立国之本，为富国强兵之本。荀卿曰：“田野县鄙者，财之本也。”在此基础上强调重本抑末、重农抑商，以为治国之本。最典型的表述见于《管子·治国》。其曰：“民事农则田垦，田垦则粟多，粟多则国富，国富者兵强，兵强者战胜，战胜者地广，是以先王知众民、强兵、广地、富国之必生于粟也，故禁末作止奇巧而利农事。”而最简洁的表述莫过于三国吴陆凯《谏孙皓二十事》引先帝所说的“国以民为本，民以食为天”（《三国志·吴志》卷十六）。农本学说在中国历史上具有重要的地位，其对中国传统农学，乃至社会经济的发展都产生了巨大的影响。（曾雄生）

农家　战国时兴起的诸子百家之一。《汉书·艺文志》说：“农家者流，盖出自农稷之官。播百谷，劝耕桑，以足衣食，故八政一曰食，二曰货。孔子曰‘所重民食’，此其所长也。及鄙者为之，以为无所事圣王，欲使君臣并耕，誖上下之序。”其学说包括两个方面：一方面是关于社会政治的主张；另一方面是关于农业科学技术的知识。后来笼统地将与农业有关的著述统称为“农家”。（曾雄生）

农田水利约束　又称《农田利害条约》，宋代颁布的一部鼓励和规范大兴农田水利建设的行政法则，是王安石变法的内容之一。北宋以前，有关开发水利资源的规定仅记载在主管官吏职责中，而且极不完善。王安石拟制定一部开发水利资源的法规，于是派遣刘彝等8名官员到全国各地调查农田水利状况，命令各地设置专门调查、规划农田水利工程的官员，制定本条约，于熙宁二年（1069）十一月由制置三司条例司正式颁布。它是中国现存最早的较为完整的开发水利资源的法规，以保存在《宋会要辑稿·食货》者较为详细。主要内容有：号召全国大办水利，献计献策；提出不同规模水利工程的处置措施，使各级官吏无法推卸兴办水利的责任；在经济上给群众兴办水利以支持。在实行过程中，条约有所补充。熙宁四年补充规定，对兴修农田水利有功的官员，按灌溉面积1000顷以上、500顷以上和100顷以上三等分别予以奖励。熙宁五年又补充兴修水利占用民田，应以官田补偿的办法，以及对无力承办兴工者，出官钱资助的办法等。条约颁布后，全国掀起兴修农田水利的高潮，熙宁三年至九年（1070～1076）全国各地共兴建水利工程10 793处，灌溉民田361 170顷，官地1915顷（《宋会要辑稿·食货》），其数量之大，地区之广，在我国古代史上都是罕见的。（艾素珍）

奴拉赛采铜冶铜遗址 约当春秋战国时期的采铜遗址，1957年发现于新疆尼勒克奴拉赛。位于阿吾拉勒山西段，近傍巩乃斯河和喀什河。有露天采场2处，地下采场3处。露天采场沿山脊开拓，与矿体走向吻合。其中一个采场长约90米，深达50米。为了减少剥离量，采用陡坡开采，沟帮坡面角近90°。坑采是在露采坑底部进行平巷开拓后，再进一步掘进，形成的若干高大矿房。遗址中发现的采掘工具有石锤和石斧等，还发现了木支护、陶片、矿石和铜锭等大量遗物。木支护经C^{14}测定，年代为2650±170年。遗址近旁有炼渣堆积和生活居住遗址。所采铜矿为硫化铜矿。（苏荣誉）

弩 古代军队在作战时使用的安有弹性的张弦机构弩臂和韧性的弩机弓，是由弓直接发展而来的一种射远兵器。由弩臂和安于其上的弓组成。因使用弩机控制弦的回弹，故能延时发射。由于它是把张弦安箭和纵弦射箭分解为两个单独进行的动作，可以避免在张弦的同时进行瞄准，既方便了射手，又提高了命中精度，增加了射程。原始社会使用木弩，其机件大多用竹、木、骨制成。东周时开始使用铜弩机，创设了瞄准装置望山。除用臂力张弦的擘张弩外，还创造了用手和足的合力张弦的蹶张弩。自战国开始，历代军队使用的弩都已按规定的形制构造，制成标准化的制式弩。战国时各国的军队大多使用4种制式弩：夹弩和庾弩是轻便快速弩，射程较远，主要用于攻城战和守城战；庾弩和大弩都是强弩，射速较慢，射程较近，但穿透力和杀伤力大，主要用于车战和野战。当时还创造了多箭连发的连弩。《墨子·备高临》记有守城用的“连弩之车”，由10人张发10尺长的箭。明茅元仪《武备志·军资乘》载有神臂床子连城弩和两头带有铁钩、用脚踏发、射程达三四百步（1步合5明尺，约1.555米）的双飞弩。秦汉时期的军队都注重强弓劲弩，在擘张弩和蹶张弩的基础上，发明了用两腿和腰部合力张弦的腰引弩，并在望山上加刻分度，提高了弩的发射力和命中率。唐朝的军队使用木单弩、大木单弩、竹竿弩、大竹竿弩、伏远弩5种制式化强弩，以及擘张弩和角弓弩2种制式化轻弩，还有各种车弩和床弩。车弩是车载式强弩。床弩又称为床子弩，在东汉时已经使用。它是在弩床上安装一张或几张弓，以绞动其后部轮轴张弓射箭的远射强弩。宋朝的军队使用黑漆弩、黄桦弩、白桦弩、雌黄桦弩、木弩5种制式弩，以及得到长足发展的床弩。明朝的军队使用腰开弩、蹶张弩、神臂弩、苗人木弩、苗人竹弩、宣湖射虎弩6种制式弩。清朝的军队使用如意弩、射虎弩等几种制式弩，但作为战斗兵器，轻型弩和重型床弩在明代后

期开始逐渐被火绳枪炮所取代。（王兆春）

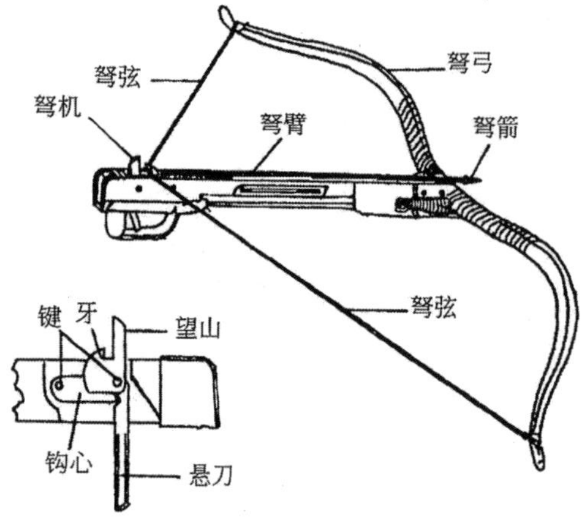

弩的构造图

怒潮 通常称涛、潮，指喇叭形河口出现的奇特的潮汐现象。西汉枚乘《七发》最早记载了怒潮现象，称为“涛”。从此“涛”作为怒潮的同义词流传。“怒潮”一词大约来自“潮怒胜于常时”（南宋·吴自牧《梦粱录》卷四）。中国古代有多处河口发生怒潮，其中最著名的是广陵涛和钱塘潮。广陵涛发生在长江扬州附近，亦有人认为在今浙江萧山的钱塘江，景色十分壮观。它盛于汉至六朝，西汉枚乘在《七发》中首次生动地描述了广陵涛：“将以八月之望，与诸侯远方兄弟，并往观涛乎广陵曲江……”（梁·萧统《昭明文选》卷三十四）。据唐代李绅（780～846）《入扬州郭》（《全唐诗》卷四八二）记载，广陵涛大约在唐大历年间（766～779）消失。钱塘潮在钱塘江入海处，东晋时已有钱塘观潮的风俗，东晋顾恺之《观涛赋》（见《全上古三代秦汉三国六朝文·全晋文》）生动地描述了钱塘江怒潮，至唐代成为中国唯一的观潮胜地。有关怒潮的成因，早期曾盛行伍子胥（？～公元前484）冤魂驱水为涛说，至东汉王充始批驳此说，指出由于地形“殆小浅狭”，才“水激沸起，故腾为涛”（《论衡·书虚篇》）。清代周春《海潮说》指出钱塘江潮分头潮和二潮，头潮为江潮，二潮为海潮。（艾素珍）

疟 病名，又称疟疾。指以间歇性寒战、高热、出汗为特征而具有一定传染性的一种疾病。古人已观察到此病多发于夏秋季节及山林多蚊地带。《素问·疟论》：“夏伤于暑，秋必病疟。”“疟之始发也，先起于毫毛伸欠，乃作寒栗鼓颔，腰脊俱痛，寒去则内外皆热，头痛如破，渴欲冷饮。”汉代《金匮要略》称其疟病，并已认识到此病若经久不愈，可“结为癥瘕，名曰疟母”。晋代《肘后方》提出用常山及青蒿来治疗此病。宋《太平圣惠方》卷七十四称之为疟疾。（张志斌）

P

耙 又作杷，古代使用的碎土农具。商周时期使用一种碎土农具耰，是用木头做成的榔头，其功用是将翻耕或播种后的土块敲碎。秦汉以后，碎土农具主要是耙，有人力和畜力两类。人力耙出现于战国到秦汉时期，依材料有竹木和铁齿之分，竹齿耙主要用于打场，“推引聚禾谷”；铁齿耙，又名铁搭，主要用于翻土和碎土。畜力耙是从铁齿耙发展而来，主要用于耕后碎土和平整地面。1972年甘肃嘉峪关出土的魏晋墓壁画中，即有畜力拉耙的形象，由此推断畜力拉耙的开始使用不会晚于三国时代。畜力耙又有一字耙、人字耙和方耙之分。人字耙，又称为“铁齿䥥楱”，最早记载见于北魏贾思勰《齐民要术》。方耙，又称为爬，最早见于唐陆龟蒙的《耒耜经》，其形制在元王祯《农书》中有明确记载。方耙面积较大，人立其上不易陷溺于泥中，同时结构牢固，能够经受较大的阻力，比较适合在水田操作，故一直沿用至今。畜力耙的出现标志着北方旱地抗旱保墒耕作技术体系的形成，同时也为南方水田耕作技术体系的形成奠定了基础。（曾雄生）

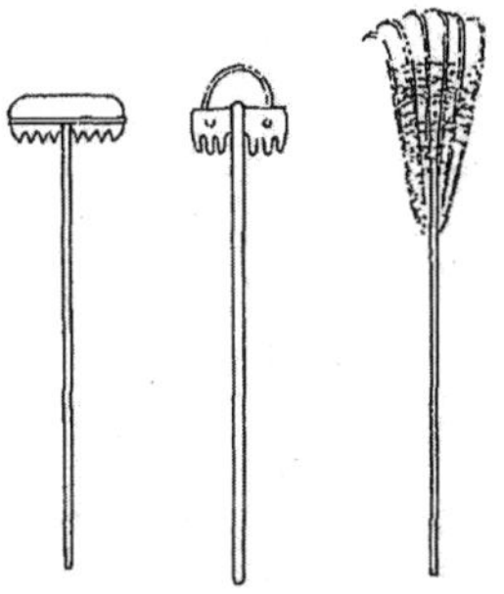

竹耙　耘耙　耙

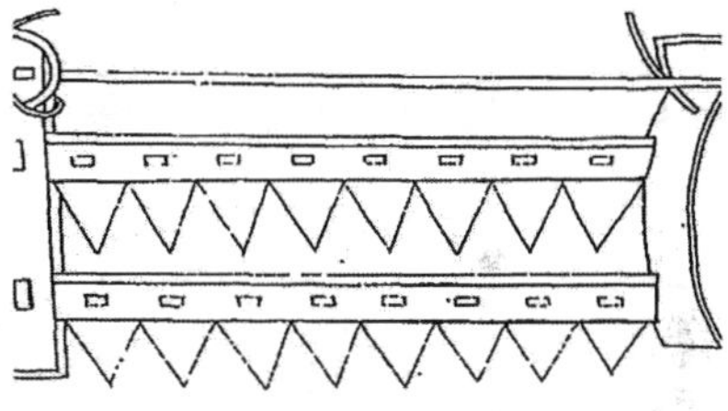

方耙

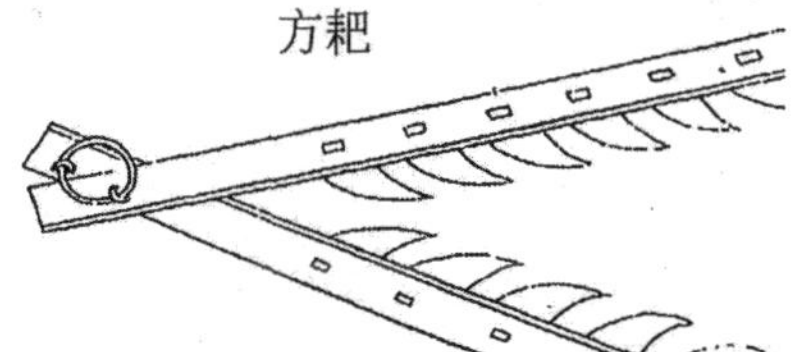

人字耙

排水 疏导积水、排除渍涝的水利措施，为先秦时期北方开发时首先开始的水利建设，后来不断发展完善，成为湖区和滨江地区等渍涝频发地区的主要水利形式。远古时期，人类已通过沼泽排水获取土地（《山海经·大荒北经》）。大禹治水主要也是疏导积水、排除渍涝。春秋时期的沟洫已有多级排水沟渠系统。（《考工记·匠人》）记载了排水工程的设计原则：排水沟的纵向坡降要大于自然坡降；排水沟的断面随集水量的增加而逐渐扩大。晋代以“畎”专指田间排水渠系统（西晋司马彪《庄子·让王》注）。为了废无用之坡，排去无用之水，增加耕地，西晋杜预在淮泗流域领导一次以排水为主要内容的大规模农田水利建设（《晋书·食货志》）。北魏熙平（516～518）时，崔楷基于幽州（今海河流域下游地区）大面积渍涝治理实践，提出包含多级排水渠、堤防、堰闸建筑的排水渠系的概念（《魏书·崔楷传》）。据《新唐书·地理志》记载，唐前期在今河北沧州、东光、景县以至山东德州等有多处排水河道工程。明万历时，邱浚针对黄河夺淮以来淮河下游排水不畅，提出区域性改善河湖排水功能，利用地形建立排水为主的兼有蓄水、防洪功能的排水工程系统。（艾素珍）

潘季驯治河　明嘉靖至万历年间潘季驯主持的治理黄河、运河的活动。明代前期，黄河下游十分紊乱，主流迁徙不定，灾害严重。嘉靖至万历年间潘季驯于1565年7月至1566年11月、1569年8月至1571年12月、1578年2月至1680年、1588年至1592年先后四任总理河道，主持兴建的主要工程有：挑浚匙头湾淤河80里，筑缕堤30 000余丈，归仁集堤40余里；柳浦湾堤东西70余里；筑徐、睢、邳、宿、桃、清两岸遥堤56 000余丈，砀、丰大坝各一道，徐、沛、丰、砀缕堤140余里；建崔镇、徐升、季泰、三义减水石坝4座。他在长期治河实践中，吸取前人成果，总结新的经验，逐步形成了“以河治河，以水攻沙”的治理黄河总方略，核心在治沙，基本措施是筑堤固槽，以堤治河，遥堤防洪，缕堤攻沙，减水坝泄洪。从而改变了明代前期在治黄思想中占主导地位的“分流”方略和历代在治黄实践中只重治水、不重治沙的倾向。潘季驯治河的主要贡献是：把治沙提到治黄方略的高度，实现了治黄方略从分水到束水、从单纯治水到注重治沙的转变；提出并解决了黄河泥沙问题的三条措施，即束水攻沙、蓄清刷黄、淤滩固堤；系统总结、完善了堤防修守的一整套制度和措施。潘季驯的治河主张和实践，对稳定河势、减轻河患起了一定的作用。由于历史的局限性，其理论只有定性描述而无定量分析；治理活动只是在下游，因此不可能改变河床泥沙淤积的趋势；蓄清刷黄方略加剧了淮河的淤积和淮河中游，以及理下河地区的水灾。潘季驯治河的基本主张和主要实践记录在其代表作《河防一览》（1590）一书中，对后代的治黄方略与实践都有深刻的影响。（艾素珍）

旁要　先秦“九数”之一。北宋贾宪《黄帝九章算经细草》将《九章算术》的勾股容方术称为勾股旁要法。清孔继涵认为“旁要云者，不必实有是形，可自旁假设以取要之”。其内容大约包括勾股术、勾股容方、勾股容圆和一次测望问题。西汉张苍、耿寿昌等整理《九章算术》时将当时得到充分发展的解勾股形的内容补入，并将其改称为勾股，勾股遂成为“九数”之一。（郭书春）

礮　古代军队在作战中以大木为架利用杠杆原理抛射石弹与火球的兵器。亦称抛石机、砲。由春秋时的发石机演变而来。三国时，曹军在官渡之战中曾用车载抛石机“霹雳车”摧击袁军的楼橹。西晋潘岳《闲居赋》“礮石雷骇”的诗句中首用“礮”字。隋代使用日益增多，至宋代便盛极一时，并将其写做“砲”，不但抛射石弹，而且抛射火球，出现了“火砲”一词。《武经总要》载有最简易的旋风砲、单梢砲和较复杂的双梢砲、独脚旋风砲、合砲、虎蹲砲、车行砲、火砲等14种砲的图绘和文字说明。自周至宋，礮都是用人力拉动抛射杠杆即砲梢进行抛射的，少则数人，多则250人，发射2～90斤石弹。南宋咸淳十年（1273），元军在攻襄阳时，由回回人亦思马因利用动量平衡原理，创

制了重力下坠式抛石机“襄阳砲”。礮在明代被金属管形射击火器枪炮所取代。(王兆春)

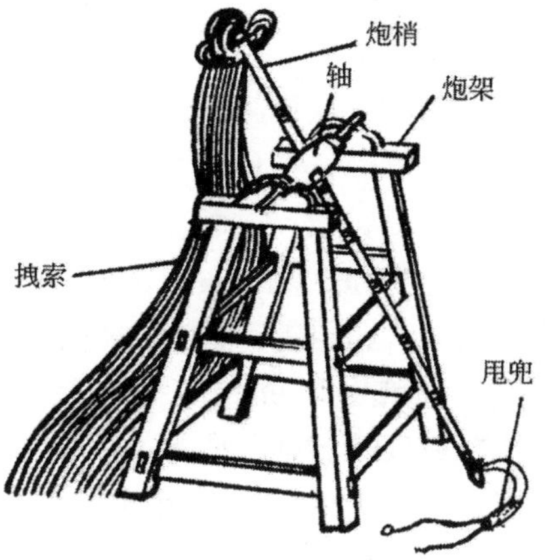

单梢炮

炮风　指冲击波。自从发明火药和使用火药武器之后，中国人还发现了冲击波现象，名“炮风”。最早见于南宋末年周密的《癸辛杂识前集·炮祸》。他在书中记下了至元庚辰年（1340）维扬（今扬州）炮库爆炸事件，“守兵百余人皆糜碎无遗，楹栋悉寸裂，或为炮风煽至十余里外”。所谓“炮风”就是火药爆炸时产生的冲击波。(王兆春)

炮台　在军事要冲构筑的火炮永备掩体。通常建在边防、海防、江防、城防的险要之地。道光二十年（1840）以前，多用旧法构筑裸露式炮台。19 世纪 60 年代后，清政府推行军事自强政策，以炮台要塞建筑技术取代城郭要塞建筑技术，选择居高临下，控扼隘口要道，视界开阔，便于射击的险要之地，构筑新型炮台，台内构筑若干个炮位，配置适当数量的大中小型火炮与枪械。例如，在倚山控海之地配置的火炮，就要使之形成山顶、山腰、山脚各层炮位相配合，远、中、近射程相兼备的火力网，有效地控制海面、海口、海岸，以歼灭来犯之敌。至光绪二十年（1894）前，清廷已在广西三关、东北的三姓、珲春、旅顺，以及大连、威海、大沽、吴淞口、江阴、镇江等沿边、沿海、沿江的许多要塞中，构筑成各种新式炮台群，装备各型火炮，形成相对完备的边防、海防、江防要塞的火力配系，具有一定的守备和反击能力。(王兆春)

旅顺老蛎嘴炮台

炮制　又称炮炙。泛指中药材在应用前或制成各种制剂之前的加工处理，包括一般的修治处理与部分药材的特殊处理。药物炮制，早在《黄帝内经》及《神农本草经》中已有记载，宋代雷敩著《雷公炮炙论》，是中国现存最早的药物炮制专书。炮制的目的在于：一是清除杂质和非药用部分，使药物纯净，才能用量准确，利于服用。例如，一般植物根和根茎当洗去泥沙，拣去杂质，才能用量准确。枇杷叶要刷毛；海藻、肉苁蓉等要漂去咸味腥味，才利于服用。二是便于制剂和储藏。例如，代赭石、磁石、牡蛎、鳖甲等，采用煅制后，便质地松脆，易于研碎，有助于煎出有效成分。有的药物储存前需进行必要的处理，如洗、蒸、晒或阴干，能使其不易霉变、腐烂，有利于保存药效。三是消除或减低药物的毒性和副作用。例如，半夏经姜汁制过、巴豆经去油取霜，可使毒性减低；常山酒炒，可减轻其引起呕吐的副作用。四是改变药物的性能，使之更适合病情需要。例如，地黄凉血，若欲用其补血，即需制成熟地黄用。炮制的方法大致有四种。修治：包括纯净处理、粉碎处理、切制处理。水制：润（也叫闷或伏）、漂、水飞等。火制：炒、炙、焙、煅、炮、煨等。水火共制：煮、蒸、淬、溣等。此外，还有发芽、发酵、制霜等。（张志斌）

胚胎发展 《管子·水地篇》云："人，水也。男女精气合而水流形。三月如（而）咀（蛆），酸主脾，咸主肺，辛主肾，苦主心；五藏已具而后生五内（肉）。脾生隔（膈），肺生骨（胃），肾生脑，肝生革（骨），心生肉，五内已具，而后发为五窍，肺发窍，五月而成，十月而生。"从现在的胚胎学看，这样理解胚胎发育显然很粗浅。但是两千多年前，《管子》就将水视为组成胚胎和促进胚胎发展的重要因素，是难能可贵的。汉代《淮南子·精神训》对胚胎作了更详细的描述。隋代巢元方《诸病源候论》曰："妊娠一月，名曰始形……四月之时，儿六脏收成；五月之时，儿四肢成……六月之时，儿口目皆成……七月之时，儿皮毛皆成；八月之时，儿口窍皆成……"显然，这是根据粗糙的观察而记述的。（汪子春）

喷水鱼洗 古代一种特制铜盆，盆边有对称两耳，盆内底铸刻鱼纹或龙纹。铸鱼纹者称鱼洗，铸龙纹者称龙洗。注水于洗内，双手摩擦洗两耳，就出现水面驻波，甚至产生喷柱现象。喷水鱼洗的创制在北宋后期，即11世纪下半叶到12世纪上半叶期间。何薳《春渚纪闻》卷九在描述了一种鱼盆喷水现象后说："至今句容（今南京、句容县一带地区）人铸铜为洗，名双鱼者，用其遗制也。"喷水鱼洗，初刻双鱼或双龙，后改为刻四鱼或四龙，以每鱼的口沟对准洗壳基频振动的四个波腹之一。（戴念祖）

喷筒 明军在作战中使用的管形喷射火器。由南宋的长竹杆火枪演变而来。其制法是在一根长数尺的竹筒中，装填火药与各种致毒物和燃烧物。作战时，先通过火线将筒内火药点着，向敌方喷射火焰或致毒剂，焚烧敌军的粮草或毒杀敌军人马，通常在攻守城战、水战、野战和劫营中使用。主要制品有水战用的飞天喷筒、守城用的满天喷筒、攻城用的毒龙神火喷筒等。飞天喷筒，《武备志》称为毒药喷筒，筒身用长1.5尺、粗2寸的竹筒制成，筒外用麻绳缠紧，尾部安有5尺长的手柄。装填时，先装灰（炭粉）多硝少的慢燃烧火药一层，次装喷射火药一层，再装填用硝石、硫黄、樟脑、松脂、雄黄、砒霜等易燃和致毒药料配制的火药饼一枚，药饼两边留有通火渠槽，并将其适当筑实，尔后依次用同法装填5枚药饼，轻放轻筑，不使破碎，否则会降低威力。在装填喷射火药与火药饼时，用药要适当，过多则爆裂竹筒，过少则发射无力。如果装药量得当，可将火药饼喷至数十丈远的敌船上，粘贴桅帆，将其烧毁。满天喷筒，筒身用两节毛竹为筒，内装火药、砒霜、班毛、缸子、硇砂、胆矾、皂角、铜绿、川椒、半夏、燕粪、烟煤、石灰、斗兰草、草乌头、水胶、大蒜等致毒和刺激性物质，外用胶布重裹。制成后绑于长枪头上，点火燃烧，喷射火焰，烧灼、毒杀攻城敌军，是一种守城利器。这两种喷筒，都是戚继光部于嘉靖年间（1522～1566）在抗倭战中使用较多的火器。（王兆春）

蓬莱水城 明代后期建成的沿海军事要塞。位于登州卫治所在地（今山东蓬莱）的西北，此地在北宋是“刀鱼寨”。洪武九年（1376），明军在此夯土筑城，建成水军基地。万历二十四年（1596），用砖石包砌墙体，扩建成一座水城，由城墙、水门、小海、炮台、敌台、平浪台、码头、灯楼、防浪坝和蓬莱阁等军事设施构成，成为一座坚固的海岸防御阵地和山东沿海驻军的指挥中心。城墙依丹崖山势而建，北部城墙长 300 米，雄踞山上，下临珠玑岩，陡壁悬崖，自成天险。山顶上的城墙，构成蓬莱阁的外墙。城墙周长 2240 米，平均高 7 米，底墙壁厚 12 米，顶墙壁厚 8 米，基部用石块砌 1.7 米高，以上用砖包砌，城顶建女墙、垛口，开望眼、射孔，城角内侧有登城梯道。南北两面开有城门。小海为城内水域，南宽北窄，约 7 万平方米，占水城面积的一半，平时操练水军，战时由此入海歼敌。水门外东西两侧各建炮台一座，比城墙高 2.5 米，距门百米，既能控制海面，又能扼守水门。西城墙上骑墙建筑了一座敌台，前面向外侧突出 5.5 米，后面向内侧突出 7.4 米，上筑女墙、垛口，控制水门两侧。平浪台筑于水门内侧南面 50 多米处，高与城等，可消减进入水门的风势，使小海内风平浪静。防浪坝又称码头尖，南北长 80 米，东西宽 15 米，一端连东炮台，一端入海 100 米，涨潮时坝顶不没水，坝体用长 2 米、宽 1 ~ 1.3 米、厚 0.8 米的石块砌筑。石块采自珠玑岩，落潮时用铁链将其缚固于木排上，待涨潮时运到坝址，等再落潮时安放到位，逐一垒筑成坝。灯楼建在丹崖山巅的东北角上，平时用于导航，战时用于瞭望。码头建于小海的东北西三面，供官兵上下战船。扩建后的水城，成为当时构筑坚固设防齐全而先进的沿海军事要塞。（王兆春）

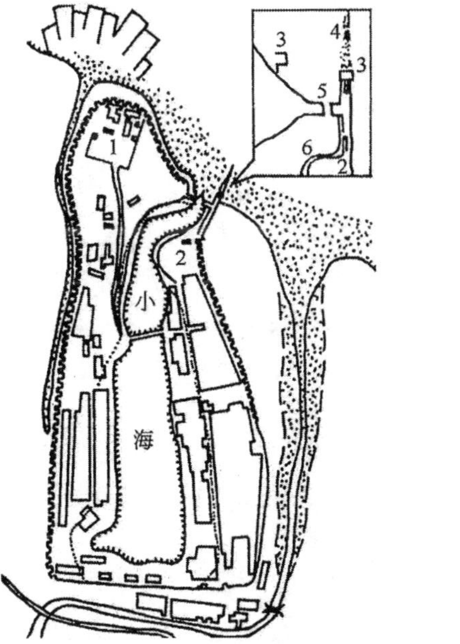

1.蓬莱阁 2.平浪台 3.炮台
4.防浪坝 5.水门 6.码头

蓬莱水城布局

皮纸 以树皮为原料所抄造的纸。常用树皮有楮皮、桑皮和藤皮等，所造的纸也就有楮皮纸、桑皮纸和藤皮纸等诸色名目。其造纸工序如下：砍伐—剥皮—沤皮脱胶—去除青皮—洗涤—浆灰水—蒸煮—漂洗—再去青皮—切碎—舂捣—洗涤—打槽—抄捞—去水—烘晒—揭纸。皮纸中以楮皮纸为早，可能发明于东汉时期，三国时的陆机、董巴，晋人裴渊，南北朝人陶弘景都记载过楮皮纸。敦煌石室中的隋开皇二十年（600）的写本《波罗蜜经》，所用即是楮皮纸。北魏贾思勰在《齐民要术》中还专门介绍种楮。大约在晋代，浙江剡溪创始了用藤皮抄造藤皮纸，即名噪一时的剡藤纸。在西晋张华的《博物志》中详所记录。现存的隋末《妙法莲花经》质地是桑皮纸。宋代温州出产的桑皮纸称为“蠲纸”，颇负盛名。有唐一代，还曾用香树皮作纸。《新唐书 · 肖仿传》、刘恂

《岭表录异》和唐段公路《北户杂录》都有广东香树皮纸闻名一时的记载，新疆和阗出土的公元8世纪藏文残卷，就是白瑞香之类的树皮所抄造的。（苏荣誉）

平衡　系物体受力后仍保持静止或原有运动性质（匀速直线运动）的状态。《墨经》通过对建筑砖石具体的实验性分析，论证了砖石的受力平衡问题，说明在建筑石墙时，所堆砌的石料下面必定要有支撑物；每块石料旁有夹持的石块；其下有垫石。最后的结论是，砖石要平衡，其受力必定方向相反，而且暗示力的数量相等。王充在《论衡》中对此也作了类似的定性叙述。此外，王充就稳定平衡与随意平衡的现象作了清楚的叙述：“圆物投之于地，东西南北无之不可，策杖叩动，才微辄停；方物集地，壹投而止，及其移徙，需人动举。”（王允红）

婆罗门天文算法　公元6～7世纪传入中国的印度数学天文知识。公元6世纪之后，印度天文学和数学进步较快，许多数学知识和著作随佛经一道传入中国。《隋书·经籍志》著录有《婆罗门天文经》21卷、《婆罗门竭伽仙人天文说》30卷、《婆罗门天文》1卷、《婆罗门算术》3卷、《婆罗门阴阳算历》1卷、《婆罗门算经》3卷。可惜这些著作已经亡佚，内容无考。入唐后，一些印度数学天文学家供职于司天监，其数学天文学继续传入。瞿昙悉达任职太史监，于开元六年（718）翻译了印度的《九执历法》，后来编入他编辑的《开元占经》第104卷，其中传入了印度数码、弧的正弦。南北朝时期翻译的佛经中有印度的大、小数名目和进位法。（郭书春）

破船舸　明朝战船研制者创造的一种筏首安装破船铳的车轮筏。木筏用5根大木平排横箍而成。每根大木长3丈多，中心凿空后将两头补平，用麻舱将两头缝隙多次厚舱，密不渗水，使大木多具浮力，木筏漂浮自如。木筏的两边又各安6个激水推进航行的车轮，筏上建置长1.5丈的船舱，舱前平头长1丈，安装3支火铳，铳管内插一支长7寸的短枪，枪头用纯钢制成，为3寸长的光锋，后安4寸长的木柄。火铳的药室内装填火药，有火线从中通至舱内。舱后尾长7尺，上设舵楼，控制木筏的航向。接近敌船时，舱内射手点燃药线，燃着铳内火药，将3支短枪射向敌船，船破水入，沉没水中。破舟铳也就成为当时的舰首炮了。（王兆春）

铺地锦　又称写算或格子算。明代由伊斯兰国家传入的一种乘法方式。其首见于明吴敬《九章算法比类大全》（1450）。先根据乘数和被乘数的位数画方格，再从各方格右上至左下作斜线，乘数（称为法数）写入格外上方，被乘数（称为实数）写入格外右方。以乘数的各位乘被乘数的各位，其积写入相交的方格，个位数写入斜线之下，十位数写入斜线之上。各数乘毕，将斜线两侧的各数相加，分别写入格外之下方和左方，进位时下方进入左格，左方进入上格，自左方上至下，然后下方左至右读数即得。例如，下图所示为306 984×260 375 = 79 930 959 000的计算方式。（郭书春）

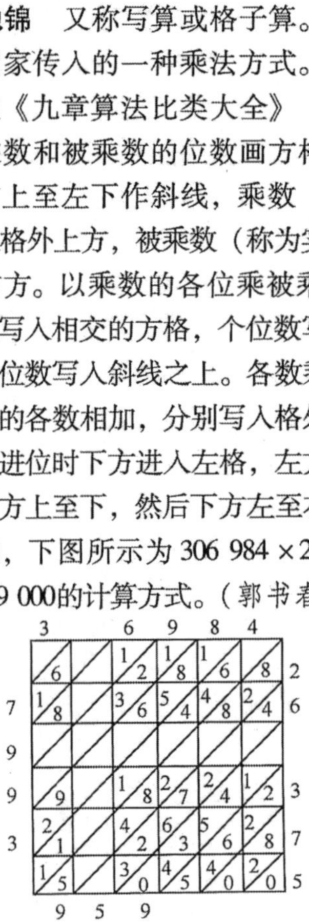

铺地锦

Q

七冲门 消化道的七个关键部位。《难经·四十四难》："唇为飞门，齿为户门，会厌为吸门，胃为贲门，太仓下口为幽门，大肠、小肠会为阑门，下极为魄门，故曰七冲门也。"这些部位均位于组成消化道的各器官的门户处，故名。（张志斌）

七情 中医学术语。①指人类的喜、怒、忧、思、悲、恐、惊等七种精神情绪表现，是人的精神意识对外界刺激的反应。中医学认为，当这些情志活动过于强烈、持久或失调，就可能引起脏腑气血功能失调而导致疾病的产生。如《素问·阴阳应象大论》中指出：怒伤肝，喜伤心，思伤脾，忧伤肺，恐伤肾。《素问·举痛论》云："怒则气上，喜则气缓，悲则气消，恐则气下……惊则气乱……思则气结。"宋代陈言《三因极一病证方论》云："七情人之常性，动之则先自脏腑郁发，外形于肢体，为内所因。"另外，某些脏腑由于病久而功能失调，也可能继发病态的情志活动。《灵枢·本神》曰："脏气虚则恐，实则怒。""心气虚则悲，实则笑不休。"精神神志异常变化可导致各种疾病。古代中医书籍对此类疾病常有特定的命名，如《医学入门》提出的七情疝、七情泻、七情痢等。②药物配伍中的单行、相须、相使、相畏、相恶、相杀、相反等七种不同药效反应。《神农本草经》云："有单行者，有相须者，有相使者，有相畏者，有相恶者，有相反者，有相杀者。凡此七情，合和时视之。"单行指药物不经配伍，单味药使用。相须、相使指配伍后药物作用增加或易于发挥疗效，因此"当用相须相使者良"。《本草经集注》解释说："共相宣发也。"相恶指药物的治疗效能相互抑制，属于配伍禁忌。《本经》告诫"勿用"。明代《本草纲目》云："相恶者，夺我之能也。"相畏、相杀指烈性或毒性药物通过配伍而使其烈性或毒性受到抑制。在早期相畏与相杀同义。《本经》云："若有毒宜制，可用相畏、相杀者，不尔勿合用。"《本草经集注》解释说："此是取其所畏，以相制耳。"金、元以后相畏指药物效能受制，其程度次于相恶。《本草纲目》云："相畏者，受彼之制也。""相杀者，制彼之毒也。"相反则指配伍后可能出现毒、副作用的药效反应，属于配伍禁忌。《本经》告诫"勿用"。《本草经集注》则明确指出："相反者，则彼我交仇，必不宜合。"（张志斌）

七声 又称为"七音"、"七律"。乐律学术语。七声音阶及其七个音级的总称。《左传·昭公二十五年》子产论乐"为九歌、八风、七音、六律，以奉五声"。《周语·周语下》：伶州鸠论乐，"以七同其数，而以律和其声，于是乎有七律"。杜佑《通典·乐三》说："自殷以前，但有五声；自周以来，加文武二声，谓之七声。"七声，除宫、商、角、徵、羽五声之外，还有变徵、变宫二声，

后二者又称为“二变”。二变所在位置的变化，就产生了古代不同的音阶形式。二变在音阶的第四、七两级。(戴念祖)

七十二候　中国古代用来指导农事活动的物候历。以五日为一候，一月六候，三候为一气。一年分二十四节气，共七十二候。每候以一物候现象相应，称“候应”。七十二候应的依次变化，反应一年中气候变化的一般情况。七十二候的完整记载始见于公元前2世纪的《逸周书·时训解》，北魏正光元年（520）起列入历法《正光历》（又称《神龟历》）。元代王祯《农书·农桑通诀》以节气与七十二候为时令指标，制作《授时指掌活法图》以指导全年农业生产。七十二候是中国最早的结合天文、气象、物候知识指导农事活动的历法，是中国古代的独特创造，对中国古代的农事活动有一定的作用。七十二候起源于黄河流域。由于中国地域辽阔，南北寒暑差异较大，同一候应，出现的时节可相差很远。(艾素珍)

七损八益　中医养生的一种理论，也是房中术的较早论述。《素问·阴阳应象大论》：“能知七损八益，则二者可调，不知用此，则早衰之节也。”历代注家对此段文字有多种不同的解释。直至长沙马王堆三号汉墓的古医书《天下至道谈》出土，一种比较适当的理解才找到。这实际上是指行房时八种健康的做法与七种不利健康的做法。书中云：“气有八益，有七孙（损），不能用八益去七孙（损），则行年而阴气自半也。”“故善用八益去七损，耳目聪明，身体轻利，阴气益强，延年益寿，居处乐长。”所谓“八益：一曰治气，二曰致沫，三曰知时，四曰畜气，五曰和沫，六曰窃气，七曰侍赢，八曰定倾。”所谓“七损：一曰闭，二曰泄，三曰竭，四曰勿，五曰烦，六曰绝，七曰费。”书中还逐一阐述了八益对于行房的具体要求。例如，“治八益：旦起起坐，直脊，开尻，翕州，印（抑）下之，曰治气……已而洒之，怒而台之，曰定倾，此谓八益”。也谈到七损的具体危害，如“七损，为之而疾痛，曰内闭，为之出汗，曰外泄……为之臻疾，曰费，此为七损”。(张志斌)

戚　先秦时使用的一种劈砍兵器。一般长10～20厘米，重250克左右，最重不超过1000克。河南偃师二里头早商遗址中曾出土过青铜戚。商代后期和西周前期使用较多，出土实物也不少，大致可分为两大类：一类戚的表面比较朴素，没有或只有简单的纹饰，可能用于实战；另一类戚的表面有装饰物，有的在“援”部装饰有动物雕像，在“内”部也透雕有花纹，可能是武舞中使用的道具。秦以后，戚便退出了战争舞台。(王兆春)

齐同原理　中国古代关于等量变换的法则，是中国传统数学的重要原理之一。源于分数加法、减法、除法时的通分。《数》、《算数书》、《周髀算经》、《九章算术》等在进行分数加减运算时，若几个分数的分母不同，无法进行加、减、除法的运算，便需要通分。公元3世纪刘徽《九章算术注》合分术注云：“凡母互乘子谓之齐，群母相乘谓之同。同者，相与通同共一母也；齐者，子与母齐，势不可失本数也。”因此，“同”就是通过各分母相乘得到一个共同的分母，“齐”就是通过分母互乘分子保持各分数值不变。刘徽将分数的分子、分母看成率关系，齐同原理自然扩展到整个率的应用中。在衰分术、均输术、盈不足术、方程术等以及各种算术问题中，刘徽使用齐同原理进行率的变换，将它们都归结为今有术。刘徽云："齐同之术要矣：错综度数，动之斯谐，其犹佩觿解结，无往而不理焉。乘以散之，约以聚之，齐同以通之，此其算之纲纪乎？"他认为，率借助于齐同原理成为"算之纲纪"。（郭书春）

其率术与反其率术 《九章算术》中求解特定条件下两种互逆不定问题之两种方法。其率术的典型问题是：设有钱数 A，共买贵、贱两物物数 B（$<A$），贵物、贱物单价相差 1，问物价及贵、贱物各买多少？答案要求整数解，亦即求

$$\begin{cases} m+n=B \\ m(a+1)+na=A \end{cases}$$

之整数解。这里 m、n 分别是所买贵、贱物数，a 为贱物单价。其解法是：$\frac{A}{B}=a+\frac{m}{B}$（$m<B$），由此得出贱物单价 a，贵物单价（$a+1$），所买贵物数 m，所买贱物数（$B-m$）。当 $A<B$ 时，转为反其率术问题，这时的条件是一单位的钱所买贵、贱物数相差 1，亦即求

$$\begin{cases} m+n=B \\ \frac{m}{a}+\frac{n}{a+1}=A \end{cases}$$

之整数解。这里 m、n 分别是所买贵、贱物数，a 为一单位钱所能买贵物数量。其解法是：$\frac{B}{A}=a+\frac{p}{A}$（$p<A$），由此得出一单位钱能买贵物 a，能买贱物（$a+1$），所买贵物数为 $m=ap$，所买贱物数为 $n=B-m$。由于是求整数解，又有特定的条件，此类问题实已转化为定解问题。（邹大海）

奇经八脉 指十二经脉之外的八条经脉，即督脉、任脉、冲脉、带脉、阴跻脉、阳跻、阴维脉、阳维脉。所谓"奇经"，是相对十二正经而言的，它们具有内不联属脏腑、外无本经腧穴（任、督二脉除外）、无表里相配等与十二正经不同的特点。奇经八脉各脉的名称及有关内容，最早散见于《黄帝内经》中，至《难经·二十七难》，则详细记载了它们的分布路线和所主的病候，认为："凡此八脉者，皆不拘于经，故曰奇经八脉。"它们错综联络于十二经脉之间，起着调节溢蓄正经脉气的作用。（张志斌）

棋局都数 北宋科学家沈括《梦溪笔谈》中研究围棋总局数目之一条。沈括说曾看到小说书讲唐代僧一行算过围棋总局数，可是没有流传下来。沈括自己考虑这个问题，知道数字非常庞大，用当时已有的数字没法表达出来。他的思路是棋盘上每一棋位可以有三种情况：放白子、黑子或空着。只有一棋位时可以有三种情况，每多一棋位即以 3 乘。沈括提出了计算棋局总数的三种具体方法。如第一种以棋盘纵横各 19 道凡 361 个棋位，故得棋局总数为 361 个 3 相乘；第二种"先计循边一行为法"，计算一行上 19 个棋位的总排列数 $c=3^{19}=1\ 162\ 261\ 467$，以此数自乘 19 次得棋局总数；第三种依次求 c^2，$c^3=c^2\cdot c$，$c^6=c^3\cdot c^3$，$c^9=c^6\cdot c^3$，$c^{18}=c^9\cdot c^9$，$c^{19}=c^{18}\cdot c$。沈括计算棋局的总数目为"大约连书万字五十二"，即 $10\ 000^{52}$。据现代电子计算机的计算，应是 $1.7409\times10^{173}\approx17.408\times(10^4)^{43}$，只需连书万字 43 次，沈括的计算出入是很大的。另外，在一些计算步骤中，他也有计算错误。这主要是数字太大的缘故，我们不必苛求。沈括在"棋局都数"一条，用到了计算排列数的乘法法则，在具体计算时运用了指数定律，这在中古时

代是很先进的成就和思想。（邹大海）

棋验法 先秦中国数学家推导多面体体积公式的主要方法之一。《数》、《算数书》、《九章算术》解决多面体体积时使用之，《九章算术》刘徽商功章注中记录之。它使用长、宽、高均1尺的正方体、堑堵、阳马，称为三品棋。以刍甍（屋脊形草垛）为例。取底面长3尺，宽2尺，上长1尺，高1尺的标准刍甍，将它分解为2个堑堵，4个阳马，构造这样一个长方体：长是刍甍底长的2倍加上长，即7尺；宽为刍甍底之宽，即2尺；高为刍甍之高，即1尺。它可分解为12个堑堵，24个阳马。因此，刍甍中的堑堵、阳马都是1个变成了6个，而它们可以重新拼合成6个刍甍。显然，1个刍甍的体积是这个长方体体积的$\frac{1}{6}$，于是推出刍甍体积$V=\frac{1}{6}(2b_1+b_2)ah$，其中$b_1$，$b_2$分别是刍甍的下长、上长。这个公式及用棋验法推导的其他多面体公式都是正确的。然而，棋验法只适应于可分解为三品棋的标准多面体，对一般尺寸的多面体则无法应用。（郭书春）

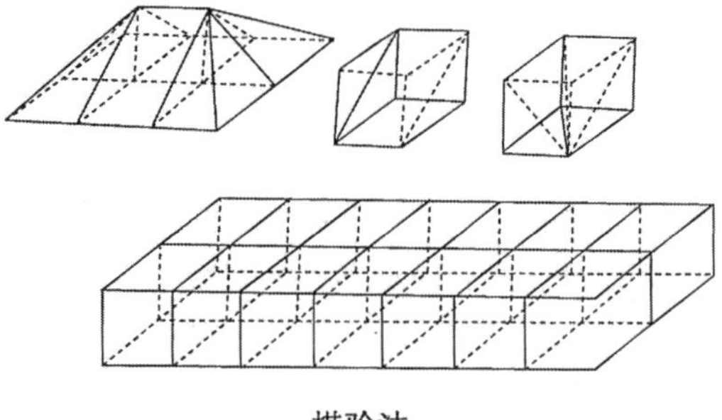

棋验法

绮 一种平纹底起斜纹花的提花织物。由出土文物可知，绮质地薄于锦而厚于绫，它的呈花组织有两种：一种是由提花经丝浮线形成斜纹组织；另一种是在所成斜纹组织的两根经斜纹浮线之间隔一根平纹经线，即在花部组织上形成一根经斜纹组织点和另一根经平纹组织点的排列分布，也可以说是斜纹和平纹的混合组织。《尔雅·释名·释彩帛》云：“绮，攲也，其文攲斜不顺经纬之纵横也。有杯文形似杯也，有长命，其彩色相间，皆横终幅，此之谓也。”可见，绮以其独特的几何纹而得名。殷墟出土的菱形文绮和回纹绮也说明早期绮的纹样确实呈杯纹、菱形纹、方纹等。秦汉以来，随着纺织技术的进步，绮的纹样有了较大发展，不再局限于一些简单的几何纹，出现了一些组织循环数较大的鸟兽花卉纹绮。从汉到宋，绮一直是丝绸中的佳品，历朝政府大多设有生产绮的专业工厂，并有将绮作为官服的规定，如《晋令》记载：“三品以下得服杯文绮，六品以下得服七采绮。”元以后，由于绮经线显花的局限，逐渐被绫织物和彩锦取代。（赵翰生）

气 （1）中国古代科学思想范畴，是构成天地万物的始基物质。气的观念起源甚早，西周末伯阳父认为：“天地之气，不失其序。”春秋时医和提出：“天有六气。六气曰阴、阳、风、雨、晦、明也。”（《左传·昭公元年》）战国时出现把气作为构成万物的原始材料的思想。《荀子·王制》：“水火有气而无生，草木有生而无知，禽兽有知而无义。人有气有生有知亦且有义，故最为天下贵也。”气在不同时期和不同学科中有不同的含义。《易·系辞上》：“精气为物。”孔颖达疏：“谓阴阳精灵之气，氤氲积聚而为万物也。”《庄子·知北游》：“人之生，气之聚也；聚则为生，散则为死。”《孟子·公孙丑上》：“气者，体之充也。”认为气是遍溢于人身之物，提出“养吾浩然之气”，以气养人之精神性情，将气的学说引入道德修养。两汉时期，气的学说吸收了自然科学的成就，有了进一步的发展，《淮南子·天文训》：“天地之袭精为阴阳，阴阳之专精为四时，四时之散精为万物；积阳之热气久者生火，火气之精者为日；积阴之寒气久者为水，水气之精者为月；日月之淫气精者为星晨。”又说：“气有涯垠，清者薄靡而为天，重浊者凝滞而为地。清妙之合专易，重浊之凝竭难，故天先成而地后定。”董仲舒认为：“天地之气，合而为一，分为阴阳，判为四时，列为五行。”（《春秋繁露·五刑相生》）同时，又给“气”赋予道德属性：“阳为德，阴为刑”（《举贤良对策》），将春夏秋冬的变化说成是“气”的喜、乐、怒、哀的表现。王充《论衡·自然》认为“天地合气，万物自生”。他还强调“气”是无意识的：“气也，恬澹无欲无为无事者也。”“气若云烟，云烟之属，安得口目？”（《论衡·自然》）北宋张载对气的学说作了重大的发挥。他认为一切都是一气聚散变化而成的，“气不能不聚而为万物”，即世界统一于“气”，“太虚无形，气之本体，其聚其散，变化之客形尔”，“知虚空即气，则有无隐显，神化性命，通一无二”；还认为气之本体不生不灭，“气之为物，散入无形，适得吾体；聚为有象，不失吾常……聚亦吾体，散亦吾体，知死之不亡者，可与言性矣”（《正蒙·太和》）；又认为气内在的矛盾，是气变化的原因，“一物两体，气也。一故神，两故化”（《正蒙·参两》）。程颐则认为气有生灭，“凡物之散，其气遂尽，无复归本原之理”（《遗书》卷十五）。南宋朱熹也认为：“未有天地之先，毕竟也只是理……有理便有气，流行发育万物。”（《朱子语类》卷一）明清之际王夫之对气本体论学说作了进一步概括：“凡虚空皆气也，聚则显，显则人谓之有；散则隐，隐则人谓之无。神化者，气之聚散不测之妙，然而有迹可见；性命者，气之健顺有常之理，主持神化而寓于神化之中，无迹可见……盖阴阳者气之二体，动静者气之二幾，体同而用异则相感而动，动而成象则静，动静之畿，聚散、出入、形不形之从来也。”（《张子正蒙注·太和篇》）近代严复曾以原子论和牛顿力学来说明“气”：“今夫气者，有质点（原子）有爱拒力之物也，其重可以称，其动可以觉。”（《名学浅说》）又曾以气来解释“以太”，《天演论·真幻》：“于最清气名伊脱者，照成光浪。”

（2）气象学名词。一指云气，大气。物体形态之一。商代甲骨文、篆文“气”的字形、就像气体由下向上流动。许慎《说文解字》说“气”就是云和形成云的气体。二指自然界现象，即大气中的冷、热、干、湿、风、云、雨、雪、霜、雾、雷电、光等各种物理状态和物理现象，统称为气象，谢道韫《登山》诗云：“气象尔何物，遂令我屡迁。”三指气候，表示天气的特征，指节令的变化，转意为人的态度。《素问·六节藏象论》：“五日谓之候，三候谓之气，六气谓之时，四时谓之岁。”于是一年有二十四气，七十二候。气候有冷暖，《三国志·吴志·朱然传》说：“然长不盈七尺，气候分明，内行修絜。”（李家明）

气禀 指人生来所禀受先天的气质。《韩非子·解老》：“是以死生气禀焉。”认为气禀是人的生命来源。《论衡·命义》：“人禀气而生，含气而长，得贵则贵，得贱则贱。”认为人的生死祸福、贵贱、寿天皆由气禀所定。宋代理学家则认为气禀形成人的气质之性，是人性善恶的来源。北宋程颐、程颢认为：“人生气禀，理有善恶……有自幼而善，有自幼而恶，是气禀自然也。”“禀得至清之气者为圣人，禀得至浊之气者为恶人。”（《遗书》卷二十二上）（李家明）

气候 主要指季节性出现的物候现象，产生于二十四节气全部名称确立之后。在中国古代，“气候”一词的意义往往与“天气”一词相混淆，如谢灵运《石壁精舍还湖作》的“昏旦变气候”。《黄帝内经素问·六节藏象论》较早分别提出“气”与“候”的定义：“五日谓之候，三候谓之气。”一年分二十四气、七十二候。各候各气都有其自然特征，合称“气候”。白居易《雪中即事答微之》诗中有：“莫道烟波一水隔，何妨气候两乡殊。”中国古代对气候的认识大致可分成四个时期：从远古至西汉为气候概念的形成时期，其标志是二十四节气、七十二候的概念出现；东汉至南北朝时期为气候知识的扩大和交流时期，人们对气候的地区多样性有更深刻的认识；隋唐至宋代为气候知识的充实时期，在诗文、笔记、史书以及农书中有许多关于气候的记述；元代至清代为气候知识的广泛应用时期，在农业、医药、手工业等方面气候知识得到极为广泛的应用，明末清初之际西方的气候学知识开始传入我国，中西气候知识始融为一体。（艾素珍）

气化 中国古代科学思想术语，指阴阳二气之变化能生万物。《大戴礼记·曾子天圆》：“阳之专气为雹，阴之专气为霰。霰雹者，一气之化也。”认为雹、霰等自然现象都是气化的产物。北宋张载则以气化来说明道，《正蒙·太和》：“由太虚，有天之名；由气化，有道之名；合虚与气，有性之名；合性与知觉，有心之名。”肯定“道”即“气化”，亦即物质变化之过程。程颐、程颢却认为，气化并不贯穿宇宙变化的全过程，“万物之始，皆气化，既形，然后以形相禅，有形化；形化长，则气化渐消”（《河南程氏遗书》卷五）。二程否认“气化”的永恒性。明代王夫之《张子正蒙注·太和篇》：“太虚即气，絪缊之本体……万物之资始者。于此言之则谓之天。气化者，气之化也。阴阳具于太虚絪缊之中，其一阴一阳，或动或静，相与摩荡……则物有物之道……太虚者，阴阳之藏，健顺之蕴存焉；气化者，一阴一阳，动静之几，品汇之节具焉。”阴阳动静的变化、事物种类和特性的形成，都是气化的结果，即有形之万物，气为本体，由气化而产生。清代戴震《孟子字义疏证·性》：“阴阳五行运行不已，天地之气化也。”（李家明）

气血 即人的肾气和血气。人在不同年龄段气血是不同的。《灵枢·天年篇》：“人（指男人）生十岁，五脏始定，血气已通，其气在下，故好走；二十岁，血气始盛，肌肤方世，故好趋；三十岁，五脏大定，肌肉坚固，血脉盛满，故好步；四十岁，五脏六腑十二经脉，皆大盛以平定，腠理始疏，荣华颓落，发颇斑白，平盛不摇，故好坐；五十岁，肝气始衰，肝叶始薄，胆汗始减，目始不明；六十岁，心气始衰苦忧悲，血气懈惰，故好卧；七十岁，脾气虚，皮肤枯；八十岁，肺气衰，魄离，故言善误；九十岁，肾气焦，四脏经脉空虚；百岁，五脏赞虚，神气皆去，形骸独居而终矣。”《素问·上古天真论》：“女子七岁，肾气盛，齿更，发长；二七而天癸至，任脉通，太冲脉盛，月事以时下，故有子；三七，肾气平均，故真牙生而长极；四七，筋骨坚，发长极，身体盛壮；五七，阳明脉衰，面始焦，发始堕；六七，三阳脉衰于上，面皆焦，发始白；七七，任脉虚，太冲脉衰少，天癸竭，地道不通，故形坏而无子也。”气血决定着人的发育、成长和衰老。（李家明）

气种说 古代对生物遗传物质的推测。战国《吕氏春秋·用民》云“夫种麦而得麦，种稷而得稷”，说明对生物性状遗传的稳定性已经有了明确的认识。中国古代学者对于亲代与子代之间性状传递的研究，最早并有突出成绩的要推东汉的王充（27～104）。《论衡》记述他和儒生们辩论是否有瑞祥神灵动物时说：“龟生龟，龙生龙。形、色、大小不异于前也，见之父，察其子孙，何谓不可知?”认为各种生物都能相当稳定地将本种类的特征传给它们的后代的特征。他还在《论衡·奇怪篇》中说：“物生自类本种。”“且夫含血之类，相与为牝牡，牝牡之会，皆见同类之物。”“天地之间，异类之物，相与交接，未之有也。”王充说的“本种”包含着“种”的概念，并且把在自然条件下能不能互相交配产生后代列为种的特性之一，这和18世纪分类学家林奈（1707～1778）的“物种”概念相似。王充认为，各种生物的性状的遗传是在生殖过程中通过种子实现的。他说，万物“因气而生，种类相产，万物在天地之间皆一实也”。还以植物为例说：“草木生于实核，出土为栽蘖稍生茎叶，成为长短巨细皆由实校。”（《论衡·初禀》）他认为生物都是有种类的。明代王延相（1474～1544）《慎言·道体篇》进一步提出遗传物质的“气种说”。他说“人化生之后，形自相禅”，指出了性状遗传的连续性；又说“人有人之种，物有物之种。如五金有五金之种，草木有草木之种，各个具足，不相凌犯，不相假借”，说明物种的稳定性和特异性；还说“万物巨细刚柔各异其才，声色臭味各殊填性，阅千古而不变者，气种之有定也”，认为气种决定了物种的稳定。他以“气种之复其本也”解释“数世之后，必有与祖同其体貌者”的现象，这已经达到遗传物质的传递和表现规律的深度。这里的“气种”已经接近现在的遗传物质。“气种说”和魏斯曼于1892年提出的“种质说”很相似，这在当时是很可贵的。清代戴震继承了这些思想，他说，“如飞潜动植，举凡品物之性，皆就其气类别之”，“其性存乎核中之白，形色臭味，无一或阙也”，试图把遗传物质落实到植物的种子上，对遗传物质决定遗传性、决定生物性状的认识十分清楚。（汪子春）

钱山漾遗址丝织品 距今4700年的浙江省余姚县新石器时代遗址，出土了丝带、绢片，是目前中国发现的最早丝织品，也是世界上出现最早、目前保存相对完好的丝织品；还出土了缫丝工具索绪帚。该绢片长2.4厘米，宽1厘米，分析判定，经纬纱均为20多个茧缫制，无捻，单根纱平均直径为167微米，丝缕平直。绢片组织为平纹，织造平整光洁，经密52.7根/厘米，纬密48根/厘米，精细度与现代电力纺接近。它是世界上出现最早、目前保存相对完好的丝织品。它的纤维练漂精度也比较高。经显微镜观察，织造绢片的丝为家蚕丝，经纬丝表面光滑均匀，丝素截面为三角形，表面的丝胶已经剥落，只有热水缫煮才能达到这样的效果。索绪帚以草茎捆扎，说明缫丝水温较高，可能使用了沸水缫丝。丝带系编织，最宽部分5.85厘米，最细部分4.44厘米，4根丝合成一根丝缕，加Z捻，再由丝缕编织成人字形纹。这些丝织品的发现证实，距今约5000年前，中国已经开始人工养蚕缫丝；已经掌握热水

缫丝并使用工具索绪帚；纤维前处理已经练漂脱胶；掌握加捻技术；从绢片的精细程度分析，已经使用机械织造。（朱冰）

乾嘉古算整理 指清乾嘉时期对汉唐宋元算经的整理。明朝传统数学落后，汉唐宋元数学著作除《周髀算经》、《数术记遗》等外大都失传，偶有存者，或在藏书家的书阁，或抄入《永乐大典》锁于深宫，数学家或读书人很难读到。1773 年，乾隆帝决定编纂《四库全书》，次年，戴震从《永乐大典》中辑录出《周髀算经》、《九章算术》、《海岛算经》、《孙子算经》、《五曹算经》、《五经算术》和赝本《夏侯阳算经》等 7 部算经，加以整理校勘（其中《周髀算经》以明刻本为底本），于 18 世纪 70 ~ 80 年代抄入《四库全书》，在这之前，按其副本用活字摆印，收入《武英殿聚珍版丛书》。1776 年又发现汲古阁影宋版《周髀算经》、《九章算经》（前五卷）、《孙子算经》、《张丘建算经》、《五曹算经》、《缉古算经》、《夏侯阳算经》、《数术记遗》等，戴震分别以汲古阁本和《永乐大典》辑录本为主，重加整理，1777 年或其后由孔继涵刻刊，是为微波榭本《算经十书》。后来，人们或从《永乐大典》辑录，或发现了秦九韶的《数书九章》、李冶的《测圆海镜》、杨辉的《详解九章算法》（约半部）和《杨辉算法》、朱世杰的《算学启蒙》和《四元玉鉴》等宋元数学著作。古算书的发现，引发了整理研究中国传统数学的热潮。其中影响较大的有李潢（？ ~1812）的《九章算术细草图说》、《海岛算经细草图说》，焦循的《加减乘除释》、《天元一释》，李锐的《方程新术草》，沈钦裴的《四元玉鉴细草》，罗士琳的《四元玉鉴细草》等。汪莱、李锐等在接受传入的西算、深入研究《数书九章》等著作的基础上，在中国首次考虑了高次方程的根与系数的关系问题。李善兰在研究传统数学的基础上提出尖锥术，在接触西方微积分思想之前，踏上了微积分的门槛。（郭书春）

乾嘉学派 清乾隆、嘉庆年间讲究训诂考据的经学流派。发端于明清之际，顾炎武（1613 ~ 1682）提倡“引古筹今”，主张经世致用，以达“明道救世”之目的；黄宗羲认为经学可以经世，治学必先穷经，学经必须同时学史，打通经史之畛域；稍后，阎若璩（1636 ~ 1704）继顾、黄等开始推倒了宋学的根基，给经学的恢复和发展开辟了道路，从“经世”转入“避世”，从“救世”转入“为考据而考据”；反对宋学的“恃胸臆造”，主张从文字音韵入手以明经达道；治学以经学为中心，衍及于史学、小学、音韵、金石乐律、典章制度、天文历法、地理等。其研究方法重视实证，长于考据，从事校勘、注释、辑佚等考据性工作。这种学术研究宗旨和研究方法，至乾隆、嘉庆时期达到高潮，故统称乾嘉学派。其又分为以惠栋为首的“吴派”，和以戴震为首的“皖派”，后者的弟子有段玉裁、王念孙、王引之等。吴派讲求“信古崇汉”，皖派则比较实事求是、治学严谨，但亦远离现实。乾嘉学派对于中国古代典籍和史料的整理研究贡献很大，不少学者通晓历算和地理，挖掘和整理校勘了许多久不行世的古典科学名著，如《九章算术》等数学典籍、《水经注》等古典地理学名著。清代中期古算复兴与乾嘉学派有较大关系。阮元等编撰的《畴人传》为历代历算学者树碑立传、折中中西之学，在对待西学的问题上显得保守，鼓吹“西学中源”说。嘉庆以后，因国内外时局变化逐渐走向衰落。（李家明）

枪 古代军队在作战时用于直刺和投掷的长杆格斗兵器。由矛演变而来，用竹、木制的长杆和尖锋构成，与矛的作用相类。《墨子·备城门》有“枪二十支”的记载。唐代军队使用的枪，已按规定的形制构造，制造成标准化的制式枪，有漆枪、木枪、白杆枪、朴头枪4种。两军对阵时以枪刺敌，安营扎寨时树枪为营，涉渡河川时捆枪为筏。宋代《武经总要·器图》记载的制式枪有：骑兵用的双钩枪、单钩枪、环子枪；步兵用的素木枪、鸦项枪、梭枪、锥枪、大宁枪；教阅用的槌枪；攻守城用的短刃枪、短椎枪、抓子枪、蒺藜枪、拐枪、拐突枪、拐刃枪等18种。锥枪的枪锋有四棱，形如麦穗，挺锐不可折。梭枪因其形似梭子而得名，是西南少数民族使用的枪。元代的制式枪有格斗用的巴尔恰枪，可刺可掷两头有锋的标枪。明代的枪仍为“白刃之首”，制式枪有四角枪、箭形枪、铁钩枪、龙刀枪、钩镰枪、燕尾枪、凤头枪、蛇枪等。铁钩枪的铁刃连钩长1尺，便于在挨牌掩护下进行砍杀；龙刀枪的旁侧有刃，可砍可杀；钩镰枪前有枪锋，旁有

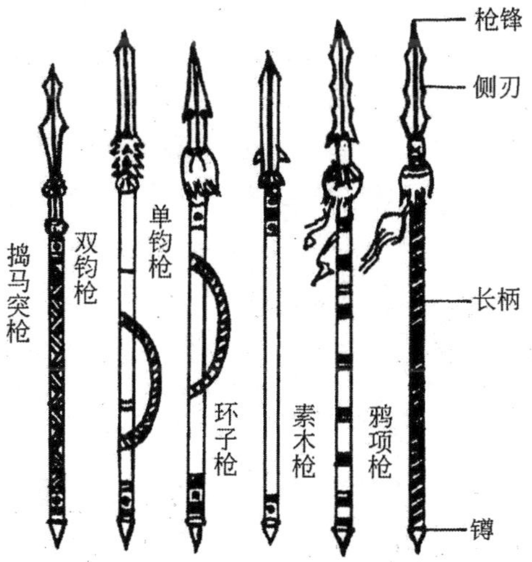

宋军使用的制式枪

倒钩，是一种刺、钩两用枪；燕尾枪的枪头是一个倒八字形的两叉尖锋，便于从旁戳刺；凤头枪的枪头如彩凤立于枪端，凤尾三锋尖翘，刺杀有力；蛇枪的枪头如蛇盘绕，蛇尾呈波浪形上翘成锋。清代的制式枪有镞形枪、笔形枪、钩形枪、矛形枪等。（王兆春）

荞麦 荞麦是中国古代重要的粮食作物和救荒作物之一。已知最早的荞麦实物出土于陕西咸阳杨家湾四号西汉墓中，距今已有2000多年。唐以前，荞麦的种植似乎并不普遍，《齐民要术·杂说》中有荞麦，但一般认为，“杂说”并非贾思勰所作，而可能出自唐人之手。也有说，《齐民要术·大小麦第十》中的“瞿麦”即荞麦。农书中关于荞麦最为确切的记载则首见于唐末五代韩鄂《四时纂要》和孙思邈《备急千金要方》。荞麦在唐代得到普及，其栽培技术也得到总结。《齐民要术·杂说》首次记载述了荞麦的耕作栽培技术，并特别强调适期收获：“凡荞麦，五月耕；经二十五日，草烂得转；并种，耕三遍。立秋前后，皆十日内种之。假如耕地三遍，即三重着子。下两重子黑，上头一重子白，皆是白汁，满似如浓，即须收刈之。但对梢相答铺之，其白者日渐尽变为黑，如此乃为得所。若待上头总黑，半已下黑子，尽总落矣。”表明时人已认识到荞麦的成熟特性及其后熟作用。《四时纂要·六月》“种荞麦”条说：“立秋在六月，即秋前十日种，立秋在七月，即秋后十日种。定秋之迟疾，宜细详之。”北宋朱弁在《曲洧旧闻》中对荞麦的形态和生态有详细描述：“荞麦，叶黄、花白、茎赤、子黑、根黄，亦具五方之色。然方结实时最畏霜。此时得雨，则于结实尤宜，且不成霜。农家呼为‘解霜雨’。”

元代对其又有新的认识。一是在播种方面提出“宜稠密撒种，则结实多，稀则结实少”。二是针对荞麦的易落粒的特性，在收获方法上作了改进，采用了推镰收割，王祯《农书》说：“恐其子粒焦落，乃用推镰获之。”《农器图谱》中还详细地介绍了推镰的构造和功用，可以看出推镰是最早的一种收割机，而荞麦则是最早使用机械收割的作物。荞麦的全生育期极短，可以在主作收获后，补种一熟荞麦，既增加复种指数，又便于与其他作物轮作换茬。这种情况在明清时期比较普遍。《天工开物》说“凡荞麦南方必刈稻，北方必刈菽稷而后种”。《马首农言》说“荞麦多在本年麦田种之”。明代《养余月令》、清代《救荒简易书》等都指出荞麦可与苜蓿混种，至“刈荞时，苜蓿生根，明年自生”。《农桑经》主张“田多者，年年与菜子夹种”。（曾雄生）

桥楼殿 位于河北井陉县苍岩山。敞肩石拱桥。苍岩山为隋炀帝女南阳公主祝发处。桥为福庆寺主体工程之一。寺建于隋，桥之创建年代不详。今桥跨度 3.2 丈，矢高约 1 丈，两边小拱跨 5.4 尺、矢高 2.7 尺，桥建于巉崖峙立之间，距涧底蹬道约 21 丈。自涧底仰望，宛如凌空飞虹，雄伟壮观。桥上楼殿，金碧辉煌，为苍岩山十六景之一。（李家明）

桥屋 建在桥上的廊、亭、楼、阁总称。多见于宋代。《宋会要》载有拆桥屋纪事。大部分伸臂木梁桥上均建桥屋，一是结构上的需要，对多孔伸臂梁桥，在墩台造桥屋可增自重，以免当活载偏于左右伸臂的一侧时，引起梁的倾覆，如甘肃兴隆山云龙桥、浙江武义熟溪桥、云南富民永定桥等；二是防腐的需要，桥上盖通长之廊，廊檐远伸，足以避雨遮雪。例如，福建泉州东关桥、浙江鄞县百梁桥、云南云县大花桥等。桥屋的艺术处理是廊、亭、阁互相结合，有起伏、虚实对比，外观甚为美丽。现存之桥屋多为清代遗物。（沈玉枝）

亲田法 明代耿荫楼在山东青州和齐州推行的一种土地投资办法。他在《国脉民天》一书中说：“亲田云者，言将地偏爱偏重，一切俱偏，如人之有所私于彼，而比别人加倍相亲厚之至也。”他还具体地以田百亩为例，“除将八十亩照常耕种外，拣出二十亩比那八十亩件件偏他些，其耕种、耙耢、上粪俱加数倍”，“明年又拣二十亩照依前法，作为亲田，是五年轮亲一遍，而百亩之田，即有磏薄，皆养成膏腴矣”。这样做便于管理，遇有灾害也便于救治，是在人力物力有限的条件下进行精耕细作的好办法。（曾雄生）

钦天监 中国古代天文机构。中国古代很早就有专门从事天文星占和历法推算的官职，如《周礼》中的“冯相氏”和“保章氏”，汉代有“太史令”，其相应的官署历代有很多名称。隋为太史监，唐改为太史局，肃宗时又改为司天台，五代亦如是。宋代有太史局、司天监等名称。辽称司天监，金称司天台。元代改称为太史院，与司天监并立，但推步测算之事皆归太史院，司天监仅余空名。明清两代均称钦天监。在官署名称改变的同时，相当于太史令的官名也作相应改变，如元朝时叫“知太史”，明清时称“监正”。（孙小淳）

秦简《数》面世 湖南大学岳麓书院 2007 年底从香港收购了一批秦简，其中约有 200 枚数学简，因其中一枚背面书

“数”字，遂定名为《数》。含有分数、比例、衰分、盈不足等算法及若干算术杂题，以及面积、体积和勾股算法，为《九章算术》的主要成就完成于先秦提供了有力的佐证。(郭书春)

秦始皇陵铜车马 秦代重要青铜制品，1980年出土于陕西临潼秦始皇陵封土西侧，共2乘，是用于秦始皇陪葬的青铜车模型，比例大约为实物的1/2。2乘车均为单辕双轮，4系驾，1御官俑。车上鞁具、挽具齐备。铜安车高106.2厘米，长317厘米。车为双轮单辕，辕长246厘米，辕的前端连接有衡，衡上有2轭，套驾4马，即为两服两骖。车舆分为前后两部分，平面呈凸字形，通长124厘米。御官俑坐于舆的前部，戴冠束带，佩剑，手执辔索；舆周立有舆箱板，前有轼，后边辟门，左右两侧及前边各有一窗，上有鱼脊形的弓橑，弓橑上覆盖着椭圆形的拱形车盖，把御官座和车舆分罩于车盖之下。车轮各有辐条30根。毂呈腰鼓形，银辖悬有飞铃，车内外均采用单线平涂和工笔重形绘制彩绘，主要纹饰为云纹、龙纹与几何形纹，御官俑的面部、手部和衣冠也有彩绘。马体通涂白色。不少部件朱书或刻写文字。安车和马由3000多个部件组成，大部分用铜合金制造，各个部件都是铸造成型，其中大件都是用锡青铜铸造，含锡6%~13%，并使用了铸接、焊接和镶嵌等技法，至今各链条仍甚灵活，窗门启开自如，牵引辕衡，还能拖动车轮转动，铸造工艺甚为精湛。铜车马造型规整，装饰华丽，力求准确地再现实物的结构与出行的宏大气势。车舆分前、后室，御官俑跽坐于前室，后室为乘主的席位。前室前、左、右三面有彩绘栏板。后室前方及左右两侧车上开有镂成菱花纹的窗，后面开门。车盖椭圆形，内侧绘花纹，外侧覆盖丝织物。四铜马造型与秦始皇兵马俑坑出土的陶马造型一致，比例匀称，膘肥体壮，昂首张口。攸勒构件齐全。两骖马头微向外转，表现出整装待发的态势。御官俑戴冠，着领缘绘有朱红菱形纹的右衽交襟长袍，腰间束带佩剑，面容圆润丰满，微含笑意；涂白，唇、颊粉红色；胡须、眉毛皆錾刻而成；双臂前伸，手中执辔，神情恭谨，生动地表现出一个具有较高地位、安于职守的驭手形象。铜车马制作技艺精湛，细部处理真实具体。例如，御官俑的手部指关节、指甲，马的口腔细部，都很逼真，富于质感。车的轮、舆、衡、轭等及众多的附件都制作得很严谨、具体，以细铜丝绞结而成的缨络，柔韧而有弹性。车、马、御官俑的彩绘均以白色为基调，施以朱红、粉红、紫、蓝、绿、黑等色。图案花纹多作二方连续或四方连续，以菱形纹为主，辅以卷云纹、圆形、三角形等纹样。彩绘与金银制作的小型构件、装饰品相互配合，形成华丽、庄重、典雅的艺术效果。据2号车一条辔绳末端刻有“安车第一”，知此车应为安车。位于2号车之前的1号车为立车，形制与2号车相似，御官俑挺立执辔。车舆前悬一弩，左车厢前角立箭箙，盛箭20余支，右车厢边有一盾箙盛1盾。(苏荣誉)

琴徽 为古琴上弹奏泛音位置的标记，又称徽或晖。共13个标记，以圆形金、玉或贝等镶嵌在琴面泛音位置上。琴徽的出现不仅表明古琴演奏艺术的高度发展，也是人们对两端固定的空弦振动特性的认识的提高。13个徽位所在与两端固定的空弦振动各分音节点完全一致，见下表和图。

徽位所在的弦长比

徽　序	13	12	11	10	9	8	7	6	5	4	3	2	1
弦长比	7/8	5/6	4/5	3/4	2/3	3/5	1/2	2/5	1/3	1/4	1/5	1/6	1/8

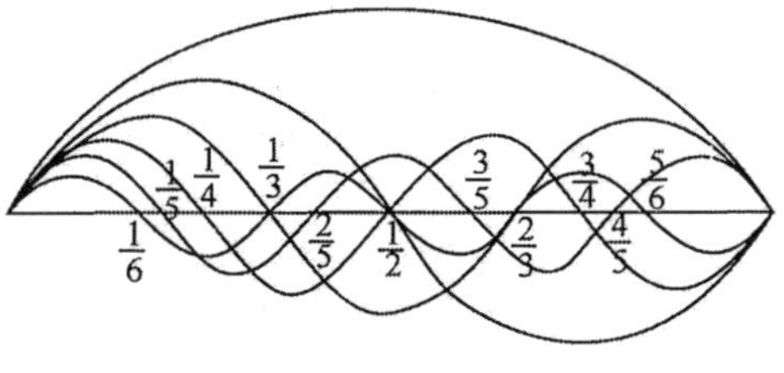

两端固定的定弦振动各分音节点

由此可见，在弦长比为 1/3、1/4 和 1/8 及其倍数的徽位上弹奏按音，就产生了三分损益律的律音；在弦长比为 1/5、1/6 及其倍数的徽位上弹奏泛音，就产生了纯律音程。所谓弹奏泛音，是左手虚触徽位、右手击弦所产生的音。由图可见，此时如虚触弦长比 3/5 的第 8 徽，则除该分音可以继续振动外，其他各种分音均被节略了。因此，琴徽体现了纯律的运用。琴律是三分损益律和纯律复合律制，在两琴徽之间分成十等分，又称“徽分”。徽位与徽分既便于演奏，又便于记写琴谱。徽位从琴头至琴尾依次为第一徽、第二徽……第十三徽。琴徽出现在秦汉之时。《淮南子·脩务训》：“今夫盲者，目不能别昼夜、分黑白，然而博琴抚弦、参弹复徽，攫援摽拂，手若蔑蒙，不失一弦。”《汉书·扬雄传》载，扬雄《解难》云：“今夫弦者，高张急徽。”此后，南朝嵇康《琴赋》云：“徽以钟山之玉。”南朝竹林七贤画像砖有嵇康弹琴图、荣启期弹琴图，琴面上琴徽清晰可见。关于琴徽位置的计算方法，琴家历来以“折纸法”获得。朱载堉《律学新说》卷一写道：“惟琴家安徽，其法四折其一、三折其一，俗工口传，莫知从来，疑必古人遗法。”此外，朱载堉还提出了数学计算徽位的方法。（戴念祖）

琴律　指古琴的律制。最早见于宋朱熹《琴律说》，实际上，它是三分损益律和纯律的复合律制。详见琴徽。（戴念祖）

琴室　一种特殊的建筑，专门用以演奏古琴。古琴声微，在具有较好传播声波特性的建筑中演奏，以求较佳的听闻效果。宋赵希鹄《洞天清录集》云：“弹琴之室，宜实不宜虚，最宜重楼下。盖上有楼板，则声不散，其下空旷清幽，则声透彻。”更有甚者，在弹琴地下埋空瓮，以共鸣混响增加琴声音响。明代屠隆在《考槃余事》中写道：“琴室。……如在平屋中，则于地下埋一大缸，缸中置一铜钟，上用板铺也可。”琴室下埋空瓮的技术又被古代歌舞厅、戏台，甚至钟鼓楼所采用。琴室是古代建筑声学的滥觞。（戴念祖）

禽类　动物分类学名词，即鸟类。《尔雅·释鸟》云：“二足而羽，谓之禽。”这是两千多年前对鸟类的定义，具有高度的概括性和准确性。在古代，鸟类还有“羽虫”、“羽物”、“羽属”、“羽兽”等名称。例如，《大戴礼记·曾子天圆》云：“羽虫之精者曰凤。”又《周礼·地官·大司徒》云：“其动物宜羽物。”明代李时珍《本草纲目》又沿用《禽经》以生境分类的原则，他说：“二足而羽曰禽。师旷《禽经》云：羽虫三百六十，毛协四时，色合五方。山禽岩栖，原鸟地处。林鸟以朝嘲，水鸟以夜哧。山禽咮短而尾修，水禽咮长而尾促。……于是集其可供庖药及毒恶当知者为禽部，凡七十

种，分为四类：曰水禽、曰原禽、曰林禽、曰山禽。”（汪子春）

青瓷 瓷器品名之一。瓷坯上施以青绿色釉在还原焰中烧制而成，因瓷土中含有氧化铁，故釉呈青色。青瓷是中国最早的瓷器，早在商代就出现了原始青瓷。今河南郑州、安阳、洛阳、巩县、偃师，河北藁城，北京，陕西西安，山东益都，安徽屯溪，江苏南京、丹徒等地的商周遗址和墓葬中，先后出土了许多原始青瓷及残片，主要器形有尊、碗、盘、瓶、瓮、罐、豆等。经测定，有的烧成温度达到了1100～1200℃，且胎质烧结，吸水性较差，已具备了瓷器的特征，但气孔较大，胎料中杂质较多，釉色不够稳定，故被学术界称为原始青瓷。青瓷历经商周秦汉千余年的发展，到东汉出现重大突破。浙江、江苏、江西、安徽、湖北、河南、甘肃等地的东汉墓葬和遗址中，都出土了东汉的青瓷器。其中，浙江上虞小仙坛窑址出土的瓷片经测定，含铁量比原始青瓷少，胎质烧结，不吸水，烧成温度达1310℃，显微镜结构与近代瓷器基本相同，胎质白度和透明度也达到较高水平，表明东汉时青瓷烧造技术已成熟。到魏晋南北朝时期，北方青瓷也得到了迅速发展。南方青瓷，一般胎质坚硬细腻，呈淡灰色，釉色晶莹纯净，常用类冰似玉来形容；北方青瓷胎体厚重，玻璃质强，流动性大，釉面有细密的开片，釉色青中泛黄，装饰造型与南方青瓷也有较大区别。隋唐以后，青瓷继续发展，唐代越窑及宋代龙泉窑、官窑、汝窑、耀州窑等，都属于青瓷系统。（王扬宗）

清后期的兵工制造 第二次鸦片战争后至辛亥革命前（1861～1911）枪炮舰船等兵器装备的制造。在第二次鸦片战争（1856～1860）失败后，一些具有改良思想的开明人士认识到中国科学技术已远远落后于西方，“凡有心知血气”之人都不应苟且偷安，要奋起寻求自强之路，他们主张“师夷长技以制夷”，主张兴办新型兵工厂，采用先进机器设备，仿造欧美枪炮舰船，改善国家武备，进行军事自强。清廷最高统治者和一些识时务的大臣们也因“御外侮，靖内患”的需要，将这种主张付诸实施。咸丰十一年（1861），两江总督曾国藩创设安庆内军械所，聘请容闳、黄冕、龚芸棠、徐寿、徐建寅、华蘅芳等掌握西方科学技术的专家，购进西洋机械设备，依西法制造火药、前装枪炮，并试制蒸汽机和蒸汽轮船，迈出了兵工产品由手工制造向机械制造过渡的第一步。同治四年（1865），曾国藩、李鸿章创办大型综合性兵工厂上海江南机器制造总局，下设机器厂、木工厂、铸铜铁厂、熟铁厂、轮船厂、锅炉厂、枪厂、炮厂、火药厂、枪子厂、炮弹厂、水雷厂、炼钢厂等分厂及工程处、翻译馆等部门，装备662台机床，361台蒸汽机，制造弹药、枪炮、兵船，翻译数百种科学技术著作，培养了若干技术专家。同治四年，李鸿章将迁入金陵（今南京）的苏州洋炮局扩建成金陵机器局，同治七年增设新型火药局，采用机器制造黑色火药、诺登飞四管炮、格林十管炮和各种枪炮弹药。同治六年，三口通商大臣崇厚创办天津机器局，制造黑色火药、枪炮弹药、水雷，以及斯涅德和林明敦步枪。光绪二十年（1890），湖广总督张之洞在汉阳创办专门制造兵器的大型综合性兵工厂，后来又扩建了设备最新的炼钢厂与无烟火药厂，生产各种钢材、黑色火药、无烟火药、枪炮弹、仿7.9毫米口径毛瑟枪、57毫米口径德式格鲁森后装炮等。江南机器制造总局、天津机器局、汉阳枪炮厂是当时三大著名兵工厂。同治五年，闽浙总督左宗棠在福州马尾山下创办中国近代第一座专门建造轮船的工厂福建船政局，制造了几十艘蒸汽轮船。清廷在最后50年中还创办了山东机器局、四川机器局、福州机器局、兰州机器局、广州机器局、吉林机器局、台湾机器局以及神机营机器局等50多个兵工厂，也都依西法和设备制造弹药、枪炮、舰船，对改善清军的装备和提高清军的战斗力起了一定的作用。（王兆春）

江南机器制造总局

清角　音律术语。①七声新音阶第四级阶名，比角音高半音。②晋荀勖笛律中三调之一，称“清角之调”。③传说黄帝时代的乐曲名。《韩非子·十过》：“昔者黄帝合鬼神于泰山之上……作为《清角》。”（戴念祖）

清末数学教育　指1860～1911年中国各种教育机构的数学教育。鸦片战争之后，先进的中国人认识到中国已经远远落后于西方，主张学习西学，而“一切西学皆从算学出”，注重数学教育遂成为他们的共识。数学从学者们研经治史的手段逐渐变成富国强兵的工具。一方面，他们力图改革沿袭近1300年的科举制度，同治九年（1870）沈葆桢等奏请“特开算学一科”，光绪十三年（1887）总理衙门通过了以算学取士的规定，但限制尚多，报考乏人。另一方面，他们开办各种新式学堂。1863年、1864年，上海、广东的同文馆先后开设算学课程，分别聘请陈旸、吴嘉善任教习。1867年京师同文馆开设算学馆，次年请李善兰任教习。京师同文馆算学馆的数学教育延续了30余年，1898年并入新创办的京师大学堂。各地还创办了军事学堂和实业学堂，算学是其重要课程，甚至请著名数学家出任教习，如1885年李鸿章设立天津武备学堂，请华蘅芳等任教习。同时，算学也成为许多书院和私塾的授课内容，邹伯奇、华蘅芳、刘彝程、崔朝庆等分别在广东学海堂、上海格致书院、上海求志书院、江阴南菁书院等教授算学课。不仅沿海各种书院、学堂普遍开设算学课，内地的陕西味经书院也在1895年开始讲授算学课。甲午海战之后，算学更加受到重视，算学教育更加普遍，在19世纪90年代甚至创设有专门的算学堂和算学团体。浙江上虞1894年创建上虞算学堂，数学家支宝枏出任山长，1896年谭嗣同创设浏阳算学社，1900年周达创建扬州知新算社。1898年，光绪帝谕将各地之“大小书院一律改为兼习中学、西学之学校”，各地大都兴办了与过去不同的更接近现今学校的学堂，算学仍是重要课程。光绪三十年（1904），清政府批准了张百熙、张之洞等重订的学堂章程，史称癸卯学制，其中包括《大学堂章程》、《高等学堂章程》、《中学堂章程》、《高等小学堂章程》、《初等学堂章程》等17件，规定了各类学堂的宗旨、修业年限、入学条件、课程设置及相互衔接关系等，是为中国第一个近代学制。次年，清政府批准袁世凯、张之洞等的奏请，废除科举。学堂章程的实施和废除科举标志着传统教育制度的终结，近代教育制度的开始，中国数学教育开始被纳入现代教育范畴。（郭书春）

清真寺　又名礼拜寺、回回堂，是伊斯兰教徒进行宗教活动的场所。公元7世纪发源于阿拉伯地区的伊斯兰教于唐代传入中国，开营造中国伊斯兰建筑之始，并沿伊斯兰教传入中国的两条途径而呈现不同的建筑风格。一是由海路从波斯湾，经印度，绕马来半岛到达广州，在广州建怀圣寺，又名光塔寺。继沿海岸而北上，经泉州建立麒麟寺，再北上至杭州建凤凰寺、东渡海峡至台湾，史称“香料之路”。沿海路传来的伊斯兰教清真寺建筑风格早期直接采用或深受中亚建筑的影响，到明代初年，则基本为中国原有木结构建筑风格所取代。二是由陆路经波斯湾、中亚、天山南北到达长安，史称“丝绸之路”。沿陆路传入的伊斯兰教在10世纪中叶传抵新疆，与当地的建筑技术和风格相结合，形成了新疆伊斯兰教清真寺建筑风格。

清真寺由礼拜殿（祈祷堂）、唤醒楼（拜克楼）、浴室、教长室、经堂、大门等几类建筑组成。早期的清真寺是一个进行祈祷用的周围有廊的露天大院，后设立礼拜殿，礼拜殿是清真寺的主要建筑，坐西朝东，有的采用阿拉伯式样，圆顶拱门，有的采用汉族传统木结构建筑形式，殿脊高突，飞檐四出，经堂是阿訇宣讲教义和宗教常识的讲坛，从明代起，清真寺一般均设讲经堂，因多设于清真寺内的南北房中，故习称南北讲堂。宣礼塔是用以召唤人们进行礼拜的，又称唤醒楼，往往很高，有一两个突出的阳台，是宣礼员所站之地。塔底层是方形的，第二层变成多边形，再上又成为圆柱体的塔身。上冠以圆顶或锥形顶。澡堂是教徒沐浴的地方，也称水房子。按照伊斯兰教教规，教徒礼拜前必须沐浴、净身，因此，澡堂是清真寺中不可缺少的建筑物。阿拉伯地区的清真寺并无沐浴室的设置。中国的清真寺则不同，一般寺内都有沐浴室，有供洗浴的吊罐和汤瓶壶。

清真寺是阿訇处理坊内事物的办公处所，教坊内如有公共事宜要办，如选聘阿訇、修寺、办学、过节等，阿訇、三掌教及管事乡老们要在寺内开会商议，学员们在寺内吃、住、学，做宗教功课，因此清真寺一般都设办公室和宿舍。

伊斯兰教传入中国给中国带来了西亚建筑风格，唐宋之际，清真寺多由大食、波斯等国的传教士和商人建造，建筑风格采用阿拉伯式，这些建筑的特点是方形平面、圆穹窿顶、四周心的拱门，泉州清净寺拱门、杭州凤凰寺后窑殿的中殿为此类建筑之典型。14世纪元明之交，唐宋以来来自阿拉伯的商人和兵士，在与中国其他民族的长期融合中，开始形成回族，信仰伊斯兰教。回族清真寺的最大特点是采取汉式建筑形式，装饰图案则由阿拉伯经文、植物纹和几何纹构成。至迟在明代初年，内地的伊斯兰教建筑从总体布局到单座建筑的形体、结构、用料，均已大量融进甚至接受当地的建筑风格，如采用院落布置，讲究纵轴对称，增加影壁、牌坊、碑亭、香炉等建筑小品。礼拜殿是主体建筑，体量最大，分前、中、后堂，布置在中轴的最后面，内部空间纵深，用传统的木构架，屋顶用2个或3个勾连搭。唤醒楼也做成汉式多层楼阁形式。在建筑内部，特别是礼拜殿内部，则采用尖拱。10世纪中叶伊斯兰教传入新疆以后，在维吾尔族人中得到普及，礼拜寺几乎每村都有。新疆清真寺结合当地原有的木柱密梁平顶和土坯拱，以及穹窿顶的结构方式，吸取中亚的某些手法，创造出布局自由灵活、装饰和色彩都很丰富的地区民族风格，如建筑布局虽为院落式，但总体无明确轴线，比较灵活。礼拜殿是横宽形，有后殿和前廊之分，多使用拱券、穹窿顶和尖塔，墙面或穹窿顶多贴蓝绿色琉璃砖。内部多用石膏花饰，木梁柱上施雕饰，密肋顶棚绘彩画，装饰题材为几何图案及卷草花纹或葡萄花卉等。（沈玉枝）

求一术 数学术语。①唐宋时期创造的一种化乘除为加减的捷算法。人们发现，当乘（除）法的乘（除）数的首位是1时，可用身外加（减）的方法以加（减）代乘（除）。赝本《夏侯阳算经》（唐中叶）中有许多关于“加一位”、“加二位”、“隔位加”、“减一位”的题目，如卷下第19问，2454×17，便用身外“七添之，退位一等”，此即2454×17＝2454×10＋2454×7。南宋杨辉《乘除通变算宝》继承发展了这些算法，进行了系统总结，提出加一位、加二位、重加、隔位加、连身加等“加术五法”，以及减一位、减二位、重减、隔位减等“减术四法”；而当乘（除）数的首位不是1时，则通过加倍、折半等方法将首位变成1，这就是“求一”。唐宋间出现了大量关于“求一”的著作，可惜大都失传。杨辉总结了“求一乘”的歌诀：“五六七八九，倍之数不走，二三需当半，遇四两折纽，倍折本从法，实即反其有（自注：倍法必折实，倍实必折法），用加以代乘，斯数足可守。”例如，238×240＝238×120×2，249×62＝249×124÷2，用“加二四”。杨辉总结的“求一除”的歌诀，其前四句与“求一乘”相同，其后四句是：“倍折本从法，为除积相就（自注：倍法必倍实，折法必折实），用减以代除，定位求如旧。”如13 272÷56＝13 272÷112×2，用“减一二”。元朝何平子《详明算法》总结的“求一”歌诀是：“求一明教置两停，二三折半四三因；五之以上二因见，去一除零要定身。”这里将首位4以3乘，而不是“两折纽”。②南宋秦九韶提出的一次同余方程组解法中求乘率的方法，是为大衍总数术的核心。一次同余方程组问题是：若A_i是两两互素的正整数，R_i也是正整数，$R_i < A_i$，求满足同余方程组$N \equiv R_i(\mathrm{mod}A_i)$，$i = 1,2,\cdots,n$的最小正整数$N$。所谓乘率，就是满足同余方程组$k_i\dfrac{\prod_{j=1}^{n}A_j}{A_i} \equiv 1(\mathrm{mod}A_i)$的一组数$k_i$，$i = 1,2,\cdots,n$。秦九韶将诸$A_i$，$\prod_{j=1}^{n}A_j$，$\dfrac{\prod_{j=1}^{n}A_j}{A_i}$分别叫做定数、衍母、衍数，分别记$\dfrac{\prod_{j=1}^{n}A_j}{A_i}$，$A_i$，$k_i$为$G,A,k$，大衍求一术就是求在$G,A$互素的情况下满足同余方程$kG \equiv 1(\mathrm{mod}A)$的$k$。秦九韶的方法大体是：他首先指出，如果$G > A$，若$G \equiv g(\mathrm{mod}A)$，$0 < g < A$，则$kg \equiv 1(\mathrm{mod}A)$与$kG \equiv 1(\mathrm{mod}A)$等价。这在现代同余方程理论中叫做传递性。因此，问题变成求满足$kg \equiv 1(\mathrm{mod}A)$的$k$。秦九韶将$g$叫做奇数。他将奇数$g$置于右上，将定数$A$置于右下，置天元一于左上，用奇数$g$与定数$A$辗转相除，得出商数依次是$q_1,q_2,\cdots,q_n$，余数依次是$r_1,r_2,\cdots,r_n$。秦九韶给出依次在左下、左上计算$c_1,c_2,\cdots,c_n$的程序，直到右上$r_n = 1$为止（此时$n$必定是偶数），则左上的$c_n = q_nc_{n-1} + c_{n-2}$便是所要求的$k$值。这里要计算到“右上奇一”而止，故称为“求一术”。清中叶之后，研究秦九韶的大衍求一术是数学家们的重要课题，取得了显著成就，他们常以“求一”为书名，如张敦仁的《求一算术》、时曰醇的

《求一术指》、黄宗宪的《求一术通解》等。显然，将大衍总数术称为大衍求一术是不妥的。（郭书春）

区种法　又作区田法，是一种抗旱高产的栽培技术方法。据汉代《氾胜之书》记载，区种有两种形式：一种是宽幅区种法；另一种是小方形区种法。二者都具有以下一些特点：一是作区深耕。“区田不耕旁地，庶尽地力。”就是说，区田在土壤耕作上的特点是深耕作区，区内深耕，不耕区外的土地，以充分挖掘区内土地的增产潜力。二是等距点播。区田所种作物的行距或区距、株距都有一定的规格，呈等距点播形式，可以保证作物有良好的通风透光条件。三是便于管理。因为区田不耕旁地，故施肥、灌溉，以及中耕除草都在区内进行，便于充分发挥人力和物力的作用，同时等距点播也便于区内操作。（曾雄生）

麴　酿酒的重要物质之一，用发霉的谷物或草等制得，其中既有使谷物糖化的霉菌，也有酵母菌。使用麴将谷物的淀粉直接发酵酿酒，是中国古人的一项独特发明。早在《尚书·商书》中就有“若作酒醴，尔惟麴蘖”的记载。《礼记·月令》记载：孟冬“乃命大酋，秫稻必齐，麴蘖必时，湛炽必洁，水泉必香，陶器必良，火齐必得，兼用六物，大酋监之，无有差贷”，指出做酒时需注意原料、容器和温度。早期也用蘖制酒。但由于蘖的发酵力弱，产生的酒很淡，故后来不用蘖做酒，但利用蘖分解淀粉为糖的功用制作饴糖。《汉书·食货志》记载：“一酿用粗米二斛，麴一斛，得成酒六斛六斗。”说明早期的麴的用量很大，可见其质量不高。南北朝时大为改进，《齐民要术》记载了“粳米酒”的酿法是：“春月酿之，燥麴一斗，用水七斗，粳米两石四斗，侵麴发如鱼眼汤，净淘米八斗……”此时麴约只有米的1/30，麴的质量提高了不少。麴的种类很多，制法也各有不同，一般多在夏季，因天热容易发霉。明末宋应星《天工开物》卷下记载有明代制麴的方法：“将麦连皮井水淘净，晒干时宜盛暑天，磨碎，即以淘麦水和作块，用楮叶包扎，悬风处，或用稻罨黄，经四十九日取用。”红麴是制麴技术上的一大发明。红麴一名丹麴，是由红米霉菌引起发酵而得到的红透的大米，不仅可用于酿酒，且是重要的食品添加剂，还可入药。其首先在今福建、广东创制，元代《居家必用事类全书》已集中记载有“造红麴法”。（王扬宗）

去极度　中国古代天文赤道坐标两个分量之一。天体的去极度指天体沿赤经圈度量离开北极的度数。去极度和现今用的赤纬互为余角。天体去极度最早的明确记载见于《周髀算经》，其中记录了角、娄、东井、牵牛的去极度数，实际上是黄道上分至点离开北极的度数。唐《开元占经》引“石氏”所记约120颗恒星的去极数值，据研究是在公元前1世纪测定的。去极度的测量，同浑仪的发明有关，是汉代浑天家的天文观测成就。（孙小淳）

甽亩法　又称“亩甽法”，是中国历史上最早的垄作法。《诗经》中有所谓“南亩”和“南东其亩”之说。亩就是垄，起垄时挖土而成的沟，叫做“甽”。战国时期，甽亩法已趋于完备。对甽亩的修整，《吕氏春秋·辩土》云：“晦欲广以平，甽欲小以深，下得阴，上得阳。然后咸生。稼欲生于尘而殖于坚。”即垄面要求达到平宽，垄沟要求狭而深，表土要求松细，下层要求坚实，为作物提供良好的生长条件。对于播种则提出了“上田弃亩，下田弃甽”的原则。其原理是根据地势的高低和土壤含水量的多少决定播种的位置。土壤高燥的，种子播在甽中，低湿的则把种子种在垄亩上。（曾雄生）

阙 中国古代门的一种建筑形式，《说文解字》释为“门观也”。《诗经·郑风》：“挑兮达兮，在城阙兮。”说明周代已有城阙。河北易县燕下都出土阙形铜饰，阙身是三层楼，楼顶上为一个亭状建筑，上为四阿顶，是最早的阙造型。城门、宫门、陵墓、住宅之门均用阙门。秦代陵墓采用阙门，秦始皇陵墓围墙为三出阙门。两汉王陵城垣大门承袭秦制亦为三出阙门，达官贵人也在墓地上营建阙门，如霍光（？～公元前68）墓前建造三出阙门。汉代宫门也采用阙门形式，《史记》载西汉“营未央宫，立东阙、北阙”。汉武帝营建建章宫“其东则凤阙，高二十余丈”。东汉许多贵族、官僚的宅邸、墓地入口开始建阙，如山东沂南东汉石墓中的石刻四合院，大门前左右对峙一对木阙。现存最早的阙实物为公元36年东汉四川梓潼李业阙（36），全国有26座遗存，分布在四川、河南、山东。阙有木阙和石阙两种，现存均为石阙。石阙有两种造型：一种为仿木结构，分布在四川，一般在阙基上刻出斗子蜀柱，阙身上雕刻人物、走兽、车马等浮雕，阙檐雕斗栱、椽子，阙顶雕出板瓦、筒瓦及脊饰；一种为非仿木结构，分布在河南、山东诸地，造型比仿木结构大大简化，如山东平邑功曹阙，由青灰石砌筑，阙身边框凸线隐起，内框有水平凸线划分四格，上面雕刻人物、车马、禽兽、铭记等，阙身上部四角各镌一朵斗栱，阙顶刻成四坡顶，河南登封少室、太室、启母阙及正阳阙的造型与该阙大同小异。阙分单檐、重檐、独立阙，重檐子母阙。独立阙与子母阙沿用至唐宋陵墓，以后不再使用。敦煌石窟从十六国晚期至唐的许多阙形龛和宫阙，明确地反映了从汉代到隋唐以后又延至明清阙的发展过程。唐代阙门安置在陵垣四门之外，同时在神道的最南端设置鹊台一对，是外陵垣的大门。宋代在神道的最南端，设置雀台一对，雀台之北设置乳台一对，是阙门的变种。西夏阙门与陵垣建在一体。明代开始，不再用阙门而改用石牌坊和石牌楼。（沈玉枝）

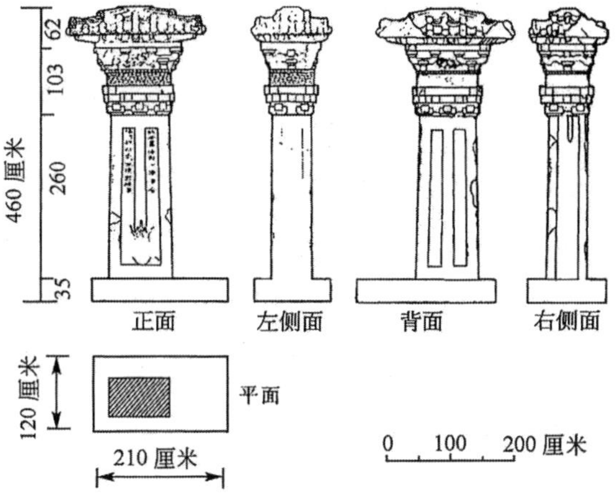

四川渠县冯焕阙（《文物》1961年2期）

群道 中国古代关于生物种群规律的认识。2000多年前，《庄子·马蹄》说，古时候“万物群生，连属其乡。禽兽成群，草木遂长。是故禽兽可系羁而游，鸟鹊之巢可攀援而窥”。《管子》说“群森安遂，鸟兽安族”，指出草木鸟兽只有群生、群居才能生存和茂盛。《荀子·劝学》云：“草木畴生，禽兽群焉，物各从其类也。”《荀子·王制》中进一步说：“群道当，则万物皆得其宜，六畜皆得其长，群生皆得其命。故养长时，则六畜育，杀生时，则草木殖。”

其把生物群居的规律称为“群道”，认为按照生物群居规律办事（“群道当”），则所有生物都能得其所宜，各种牲畜就能兴旺发展；只要养护、渔猎、采收砍伐得当、适时，那么六畜和草木就会繁衍茂盛起来。《荀子》中还进一步阐述了具体措施：“草木荣华滋硕之时，则斧斤不入山林，不夭其生，不绝其长也；鼋鼍鱼鳖鳅鳣孕别之时，罔罟毒药不入泽，不夭其生，不绝其长也；春耕、夏耘、秋收、冬藏，四者不失时，故五谷不绝，而百姓有余粮也；污池渊沼川泽，谨其时禁，故鱼鳖优多，而百姓有余用也；斩伐养长不失其时，故山林不童，而百姓有余材也。”其还将“以时禁发”、“养山林、薮泽、草木、鱼鳖”等保护生物资源、发展经济的任务，列为“虞师”（管理生物资源的官员）的重要职责。（汪子春）

R

荏　即白苏，中国古代重要的油料作物之一，原产中国。北宋苏颂《图经本草》说“白苏，南呼为苏，北呼为荏”。此外还有公蕡等别称。其油主要用于照明，或者给衣物、器物上油，或者食用。南北均有种植，然以北方为主。荏的栽培技术比较简单，汉代《氾胜之书》只说要“天旱常溉之”和“区中草生”必除之。北魏贾思勰《齐民要术》说“荏性甚易生”，故常在“园畔漫掷，使岁岁自生”，已利用其宿子自生。《三农纪》还指出“初垦荒种，可腐竹根草茇”，说明荏是一种很好的先锋作物。《救荒简易书》指出：“白荏油谷，性喜高燥，宜种沙地。”只要在“立夏断风前五日种之，则苗不为沙所打，而能早熟”，荏是一种很好的救荒作物。它“发苗不借多土”，“宜种于石地”，而且“六畜不敢食，其苗虫不敢食”。《务本新书》说：“凡种五谷，如地畔近道者，亦可另种苏子，以遮六畜伤践。”（曾雄生）

日躔　中国古代历法中太阳的行度。古代历法中有“步日躔”的内容，就是推算太阳在星空的行度，是天文历法中的重要内容。“日躔”最早见于秦汉文献，《汉书·律历志》有“躔离弦望”、“日月初躔”等语，其中“躔”就是指日躔。《吕氏春秋·十二纪》和《礼记·月令》中每月开头都讲太阳在二十八宿中的位置，如“孟春之月，日在营室”，虽不称“日躔”，却是日躔的内容。自隋代刘焯的《皇极历》开始，我国古代历法在计算太阳位置、定朔望、交食、五星位置等问题时，都考虑到了太阳视运动不均匀性的影响，为此绝大多数历法均载有太阳视运动不均匀性改正的数值表，叫做日躔表。（孙小淳）

日法　古代制定历法时选定的计算回归年或朔望月日数的分母。“法”的本义是标准，分割某物的标准在数学上变成了除数，进而引申为分数的分母。回归年和朔望月的长度都不是整数日，中国古代用分数来表示这两个数据。在唐李淳风以前，不同的历法对朔望月和回归年用不同的分母。《三统历》将朔望月的分母 81 称为日法（历中朔望月的长度为 29.4381 日），而将回归年的分母称为统法。东汉《四分历》则相反，《四分历》的回归年长度为 $365\frac{1}{4}$ 日，称 4 为日法；朔望月的长度为 $29\frac{499}{940}$ 日，称 940 为月法。但是，用日法朔望月的分母则较为普遍。李淳风以后，这些有关周期的基本天文数据都用同一个分母来表示。日法就是把一日分成若干分的总分数。不过有些历法仍对日法用不同的名称，例如，在李淳风《麟德历》中就称其为“总法”。（孙小淳）

日晷　古代的测时工具，是一种利用一根标杆投出的日影方向和长度以测定时间的仪器。“晷”字的古义就是太阳有影子。汉代以后很长的时期内把圭表测得的太阳影长称为“日晷”。大约元明以后才把测天体的方位以定时刻的仪器称为“晷”。明末以后，作为测时仪器名称的“日晷”才流行于世。

我国古代日晷起源于圭表。殷商时代就已经知道用表来观看太阳的影子以测定一日中的不同时刻。甲骨文中记录了昃、中日等时刻名称，很明显是表示日影的斜与正的。这说明利用表影方位的变化以确定一天内的时间，正是日晷的制造原理。后来把表影方位和时间的关系用坐标网的形式刻在一个平面上，这样就可从太阳的影子落在刻度面上的位置读取时刻，是为完整的日晷。日晷按晷面安置的方向可以分为地平日晷、赤道日晷、立晷（晷面平行于卯酉面）、斜晷等。晷面也可制成半球面形，晷针顶点处于球心，就是球面日晷。另外，考虑到不同地理纬度，以及节气表影方位和长度不同而制成节气日晷。

我国发现的最早的日晷是秦汉时代石板日晷，上面均匀分布有百刻制的69条刻度线，应该是赤道日晷。当然，这种带有刻度的石板当时是否作为日晷使用，尚有疑问。第一个明确可靠的日晷记载是《隋书·天文志》所载隋开皇十四年（公元594）鄜州司马袁充发明的短影平仪，是一种地平日晷。关于赤道日晷，南宋曾敏行在《独醒杂志》卷二中说到他的族人曾瞻民发明了“晷影图”，所述结构和后世赤道日晷基本相同，不过晷面是木制的，后世改用石质晷面，金属晷针。今北京故宫等处还保存有一些清代制造的石质赤道日晷。元代郭守敬创制的仰仪，兼有球面日晷的作用。节气日晷，以及其他各种形式，如立晷、斜晷等大概都是明末来华的欧洲教士传入中国的。明末天启年间（1621～1627）陆仲玉著有《日月星晷式》一书，介绍了各种类型的日晷的制作法，并涉及测星、测月的星晷和月晷。（孙小淳）

日食 又称日蚀，是太阳部分或全部被月球的影子挡住的现象。按太阳被挡的程度，有全食、偏食、环食之分。在古代最受重视的是日全食。

我国古代日食记录，最早当推《书经》。《书经·胤征》云：“乃季秋，月朔，辰弗集于房……瞽奏鼓，啬夫驰，遮人走。”据考证这次日全食发生在夏仲康元年，一般认为是世界上最早的日食记录。殷代甲骨文中也有几次日食记录，大约发生在公元前14～前12世纪。《诗经·小雅·十月之交》记载：“十月之交，朔日辛卯，日有食之。”有人考证这次日食发生在周幽王六年，即公元前776年9月6日。《春秋》中记有日食37次。据统计，从春秋至清乾隆，古籍中约有日食记录1000多次，绝大多数是日全食或日环食。我国古代至迟在公元前8世纪即《诗经》所记日食时就认识到日食发生在朔日，由此人们就会想到日食是月亮掩盖太阳的缘故。西汉刘向在《五经通义》中说：“日蚀者，月往而蔽之。”东汉王充在《论衡·说日篇》中引述更明确的说法：“或说日食者，月掩之也。日在上，月在下，障于日之形也。”

由于日食的预报需要高精度的历法，所以日食反过来被用来检验历法是否精密。三国时魏国的徐岳在历法辩论中指出：“效历之要，要在日食。”这一点为后世历家所公认。历代各家历法都要在日食预报上大下工夫，才能证明其历法是精密可靠的。古人观测日食，最早是用肉眼直接进行的。这往往只能观测日全食。后来历法推步精密，能推算出日食食分，因此要观测记录食分，观测方法必须改进。西汉时京房曾用水盆观测。宋代淳熙三年丙午朔（1176年4月11日）的日全食，当时用油盆观测，食分不到1/10时即观测到。明末徐光启用西方传入的望远镜进行日食观测。由于古人不了解日食的成因，发生日食时人们会感到恐慌，《书经》说“瞽奏鼓，啬夫驰，遮人走”，就是这种恐慌场面的描写。因此，日食在古代被认为是重大的灾异现象。统治者自命为天子，发生日食，意味着天对统治者的谴告。因此古代有特别的仪式，使太阳恢复正常的光亮，叫做“救日蚀”。例如，《左传·昭公十七年》（公元前525）载：“夏六月甲戌朔，日有食之。祝史清所用币，昭子曰：日有食之，天子不举，伐鼓于社，诸侯用币于社。伐鼓于朝，礼也。”这讲的是春秋战国时代的救日仪式。历史上绝大多数帝王，在发生日食时，都要有所自省，并遵循一定的仪式，以示敬畏天命。（孙小淳）

容横容直原理 是《九章算术》和刘徽时代已经应用，由北宋贾宪的《黄帝九章算经细草》明确给出的一个原理：“直田斜解勾股二段，其一容直，其一容方，二积相等。”其中“容方”也适用于“容横”，即横卧的长方形。如图，沿长方形 $ABCD$ 的对角线上任一点 I，作分别平行于两相邻边的直线交长方形的四边于 E、G、H、F，那么，勾股形 BCD 中容直 $IFCG$ 和勾股形 ABD 中容横 $AEIH$ 这两个长方形的面积相等。很明显，对角线 BD 均分大矩形 $ABCD$ 和两个小矩形 $HIGD$、$EBFI$ 各得二相等的三角形，于是容横 $AEIH = \triangle ABD - \triangle HID - \triangle EBI = \triangle BCD - \triangle DIG - \triangle BFI =$ 容直 $IFCG$。很多勾股和测望问题的推导都要用到它。（邹大海）

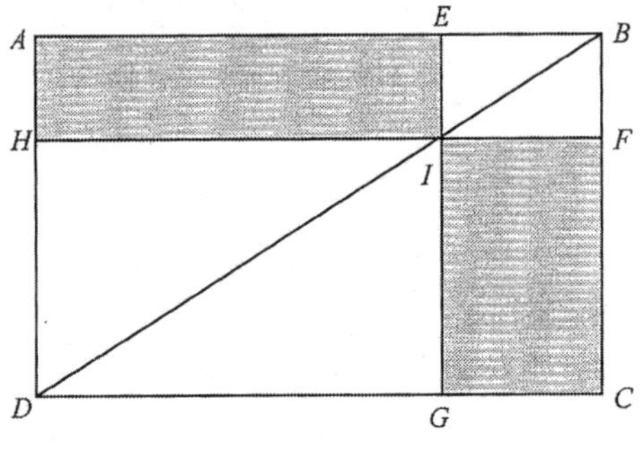

容横容直原理图

柔荑 植物花序的名称。《诗经·卫风·硕人》云“手如柔荑”，其“柔荑”是指禾本科植物白茅春生时吐出白色柔软若穗状的花序。《夏小正·二月》中有“柳稊”的记录，稊同荑，亦做蕛，指夏历二月即现今公历四月柳树生出柔荑花序。《易经》云“枯杨生稊”，与“柳荑”同义。可见，中国在两千多年前就以荑（稊）作为杨柳类花序的名称。明代王象晋《群芳谱·木谱》云：柳“春初生柔荑，粗如筯，长寸余，开黄花，鳞次荑上，甚细粹”，首次使用柔荑称呼柳树的花序，并描述了柳树柔荑的形态特征。日本植物学界在引进西方近代植物学时，将表示植物花序名称的荷兰文 katze（英文 ament、拉丁文 catkin），创译为汉字“葇荑”，即本出中国古籍中之“柔荑”。（汪子春）

儒家 孔子创立的重要学派，因与春秋时代从巫、史、祝、卜分化出来的“师儒”有渊源关系，故名。西汉司马谈《论六家之要指》列其为六家之一，《汉书·艺文志》列其为“九流”之一。其学派“游文于六艺之中，留意于仁义之际。祖述尧舜，宪章文武，宗师仲尼，以重其言”（《汉书·艺文志》）。主张“仁政”和“德治”，提倡“忠恕”和“中庸”之道，重视伦理道德教育。《韩非子·显学》说，孔子死后，“儒分为八”，有子张、子思、颜氏、孟氏、漆雕氏、仲良氏、孙氏、乐正氏等派别。子张是孔子弟子，相传这一派儒者主张“尊贤而容众，嘉善而矜不能”，“见危致命，见得思义，祭思敬，丧思哀”（《论语·子张》）。子思之儒、孟氏之儒即思孟学派。颜氏之儒指孔子得意门生颜回一派儒者，孔子赞扬颜回“好学，不迁怒，不贰过”，“其心三月不违仁”，粗食陋巷“不改其乐”（《论语·雍也》）。漆雕氏是指孔子弟子漆雕开，这一派提倡廉洁正直，“不色挠，不目逃，行曲则违于臧获，行直则怒于诸侯”（《韩非子·显学》）。仲良氏之儒，所指不详。孙氏即荀子。乐正氏或指曾参的门生乐正子春，或指孟子弟子乐正克，属思孟学派。八派之中以孟氏、孙氏两派影响最大。自战国至汉初，儒家虽为显学，但在各学派中并无特殊地位，司马谈谓：“儒者博而寡要，劳而少功。是以其事难尽从。然其序君臣父子之礼，列夫妇长幼之别，不可易也。”（《史记·太史公自序》）自汉武帝罢黜百家、独尊儒术开始，其学说成为中国封建社会的统治思想。为适应各个时期封建统治阶级的需要，演变出不同形态，汉代有以董仲舒、刘歆为代表的经学经学及谶纬之学，魏晋有以王弼、何晏为代表的儒道结合的玄学，唐代有以韩愈为代表的“道统说”，宋明有兼取佛老的程朱理学和陆王心学。还有贯穿于汉代以后整个封建社会的今文经学、古文经学。新文化运动后，儒家日渐丧失其统治思想的地位。从先秦到清代，儒学的主流是唯心主义，但也出现了荀子、王夫之、颜元、戴震等唯物主义者。儒家学说统治中国学术思想两千多年，对中国科学技术的发展影响深远，对朝鲜、日本、越南和东南亚乃至世界文化的发展也有巨大的影响。（李家明）

入宿度　中国古代天文赤道坐标两个分量之一。中国古代以北极和二十八宿的距星（即每一宿中为精确测量天体坐标而选定标准星）为基本参照点构成了赤道坐标系。北极和28个距星连接的28个赤经圈把天球分成了28个橘子瓣状天区。所谓入宿度，就是入某宿若干度。当天体处在以某宿表示的天区时，就测量这个天体和这一宿距星（在这宿表示的天区的最西侧）之间的赤经差；得多少度即该天体入这宿多少度。某宿的距度就是下一宿距星入该宿的入宿度。安徽阜阳出土的西汉早期的二十八宿圆盘上，有二十八宿的距度。有距度就意味着有入宿度，这足以表明西汉之前的战国时代应该已有了入宿度和距度之类的量，应当比去极度量的出现更早。（孙小淳）

闰周　设置闰月的周期。中国古代历法一般都是阴阳合历，即依据太阳的周年运动决定回归年，以月相的变化决定朔望月。由于12个朔望月比一回归年少约11天，需要过若干年在一年中多加一个月，即通过置闰来调整季节和月份的关系，使其不至于偏离太远。西周乃至殷商时代，就已经有置闰的做法，只是当时置闰没有一定的规律，有年中置闰，有年终置闰，置闰的周期也不固定。春秋战国时代，人们发展19个回归年与235个朔望月非常接近，于是制定了19年7闰的闰周，四分历就是按此闰周安排置闰的。但是，闰周的名称古人很少使用，古人称19年为章岁，7为章闰。后人把章岁和章闰合称为闰周。随着历法的进步，19年7闰显得粗略，人们就寻求更精密的闰周。北凉赵𢾺首次创用600年221闰的闰周。祖冲之改用391年144闰，比赵𢾺更精密。此后废止19年7闰。中国阴阳历的阳历成分是二十四节气，节气和季节的对应是固定的。二十四节气中有十二个中气，代表每个阳历月。西汉制定太初历时，规定以无中气之月置闰，这就使闰月的安排更符合代表季节的节气。此后都采用这种置闰方法。这时，新的闰周是更精密地测定回归年和朔望月长度的必然结果。闰周对于安排闰月来说就意义不大了。从唐李淳风的《麟德历》起，就不再定闰周。（孙小淳）

S

洒金 纸张加工工艺的一种，即将金、银片或金、银粉装饰于纸的工艺。制作的纸有金花纸、银花纸、洒金银纸、冷金纸等称谓。因其名贵，多为官宦使用。唐李肇《翰林志》云："凡将相告身，用金花五色绫笺。"宋米芾《书史》说："王羲之《玉润帖》，是唐人冷金纸上双钩摹。"唐代的洒金纸也曾出土于新疆等地。宋元明清在唐的基础上发展出了更多名色的洒金纸。（苏荣誉）

塞门刀车 古代军队在守城战中用于守城的活动城门车。车座用坚实的大木制作，下安两轮，车座的两侧有厢板，车前设有高大如城门的挡板，板面有5根横档，中安4排24把尖锐的枪锋。当敌军攻破城门时，士兵即推此车将城门堵塞，阻止敌军冲入。同时，守门士兵进行抗击，打退敌人的进攻。与此作用相同的有明代创制的塞门架器车。车辕长6尺，轮高2尺，横阔2.5尺，上置高3尺的车厢，前柱高5尺。前厢板架设四层锋刃兵器，并装备3支火铳。敌攻破城门时，即用此车堵塞破坏之处，并发弹射敌，是一种火铳与冷兵器相结合的活动城门车。其作用与塞门刀车同。（王兆春）

塞门刀车

三百六十律 律学名词，南朝刘宋太史钱乐之（生卒年不详）、萧梁博士沈重（500～583）沿京房六十律路线，将十二律推演到极致的律制。《隋书·律历志》云："宋元嘉中，太史钱乐之因京房南事之余，引而伸之，更为三百律，终于安运，长四寸四分有奇。总合归为三百六十律。"《隋志》又详细记论述了沈重三百六十律的律部、律名。其第三百六三十律"安运"与黄钟之差为1.83音分，而其第三百一十三律"亿兆"与黄钟之差为1.78音分。这音差今称"钱－沈音差"。三百六十律的演算及其成果，导致隋唐时期祖孝孙的十二律的出现。（戴念祖）

三部九候 古代中医学中诊脉的方法，主要有全身遍诊法和寸口诊脉法。①全身遍诊法。《素问·三部九候论篇》云："人有三部，部有三候，以决死生，以处百病，以调虚实，而除邪疾。"人体分为三部：上部头、中部上肢、下部下肢。每部又各有天、地、人三候，共成三部九候。上部天，两额之动脉，候头角之气；上部地，两额之动脉，候口齿之气；上部人，耳前之动脉，候耳目之气。中部天，手太阴肺经动脉（寸口），候肺；中部地，手阳明大肠经动脉（合谷），候胸中；中部人，手少阴心经动脉（神门），候心。下部天，足厥阴肝经动脉（五里或太冲），候肝；下部地，足少阴肾经动脉（太溪），候肾；足太阴脾经动脉（箕门），候脾胃之气。在这些部位诊脉，如果哪部的脉出现独大、独小、独迟、独数等等异常情况，即表示该经的脏气有寒热虚实的病变，如各部之脉相互不谐调，也是人体有病的表现。此法后世沿用不多。②寸口诊脉法。出于《难经·十八难》，其云："脉有三部九候，各何所主之？然，三部者，寸、关、尺也。九候者，浮、中、沉也。"三部是指寸口脉从远端向近端（即从腕横纹往上）依次分成寸、关、尺三部分；九候是指各部以按脉指力的轻、中、重程度依次可分为浮、中、沉三候，共九候。此法对后世影响极大，至今中医临床诊脉仍使用寸口诊脉法。（张志斌）

三分损益法 中国古代乐律学的生律方法之一。《国语·周语下》载，周景王二十三年（公元前522），周景王问律于伶州鸠，伶州鸠在罗列十二律名称之后，又说："律，所以立均出度也。古之神瞽考中声而量之以制，度律均钟，百官轨仪。纪之以三，平之以六，成以十二。"这段记载表明十二律名与音高标准器"均"（也称"均钟木"）是同时出现的，其意思是"用三分来计算，用六律来平准，完成于十二律"。它以弦长作为乐律计算的基础，将弦长均分为三份，去其一份，即"三分损一"；将弦长均分三份，再加一份，即"三分益一"。"三分损一"与"三分益一"合称为"三分损益"。由三分损益法形成的律制，称为三分损益律。从弦长为1的某一起始音出发，如此继续相生下去，可以如《管子·地员》记载的先求下方四度音（即从 $1\times4/3$ 开始），而得最初五律或五声音阶，也可以如《吕氏春秋·季夏纪·音律》先求上方五度音（即从 $1\times2/3$ 开始），一直算得十二律，再从十二律中选取七律构成七声音阶。还可以如汉代京房等算到六十律，甚至三百六十律。三分损益法，以三为除数，或者说，总是将弦分为三等份，因此古代又把它称为"三分法"，由它产生的律制也称为"三分律"。三分损益法在按音高顺序排列十二律时，每相生一次，也就是从出发律至所生的律，连同首尾二律算在一起共八律，故又为"隔八相生"法。隔八相生法，实得五度音程。因此，又称为"五度相生法"。也有人称三分损益法为"管子法"。因为《管子·地员篇》对此有最早的文字记载，或有人认为这就是春秋时期管仲发明的。在西方，称五度相生法为"毕达哥拉斯（Pythagoras）法"或"毕达哥拉斯律制"。（戴念祖）

三焦 中医学术语。①六腑之一。又称外腑、孤腑，分上焦、中焦、下焦三部，有主持诸气、疏通水道的作用。《灵枢·营卫生会》："上焦出于胃上口，并咽以上，贯膈而布胸中，走腋，循太阴之分而行……中焦亦并胃中，出上焦之后，此所受气者，泌糟粕，蒸津液，化其精微，上注于肺脉，乃化而为血，以奉生身……下焦者，别回肠，注于膀胱而渗入焉。故水谷者，常并居于胃中，成糟粕而俱下于大肠，而成下焦，渗而俱下……上焦如雾，中焦如沤，下焦如渎，此之谓也。"可见上焦包括了心肺敷布气血的功能，中焦包括了脾胃运化水谷的功能，下焦包括了膀胱及大肠的排泄功能。《素问·灵兰秘典论》云："三焦者，决渎之官，水道出焉。"《难经·三十一难》云："三焦者，水谷之道路也，气之所终始也。"手少阳三焦经脉，与心包络手厥阴经脉相表里。②温病学中的一种辨证纲领。以上、中、下三焦来区分温热病病变部位的深浅及病情转变的过程，并以此作为治疗的依据。《温病条辨》云：“凡温病者，始于上焦，在手太阴。”“肺病逆传，则为心包；上焦不治，则传中焦，胃与脾也；中焦不治，则传下焦，肝与肾也。始于上焦，终于下焦。”温病初期一般属上焦肺，心包病变，肺经病有发热恶寒、头痛、汗出而咳等症；心包病有神昏谵语，或舌謇肢厥、舌质红绛等症。中期一般属中焦脾胃病变，胃经病有发热不恶寒、汗出、口渴、脉大等症；脾病有发热不扬、身体痛重、胸闷呕恶、苔腻脉缓等症。末期一般属下焦肝肾病变，肾病有身热面赤、手足心热、心烦不寐、唇裂舌燥症；肝病有热深厥深、心中憺憺大动、手足蠕动、抽搐等症。（张志斌）

三角　明末传入的西方三角学知识。中国传统数学著作中几乎不讨论三角形中边与角的关系。唐代僧一行制定《大衍历》时，实际上给出了某些角度的正切，但在明末以前，三角学始终未得到发展。明崇祯四年（1631）修《崇祯历书》，其《大测》云：“大测者，测三角形法也。”其《测量全义》第一卷为直线三角形，第七卷为曲线三角形。此后，中国学者开始了三角学研究。清梅文鼎撰《平三角举要》、《弧三角举要》。直线三角形、平三角即平面三角形，曲线三角形、弧三角即球面三角形。（严敦杰）

三角垛　中国传统数学著作的重要垛积。首见于南宋杨辉《详解九章算法》。元朱世杰系统研究了三角垛问题，提出了一系列公式：茭草垛 $S_n = \sum_{r=1}^{n} r = \frac{1}{2!}n(n+1)$，三角垛（或落一形垛）$S_n = \sum_{r=1}^{n}\frac{1}{2!}r(r+1) = \frac{1}{3!}n(n+1)(n+2)$，撒星形垛（或三角落一形垛）$S_n = \sum_{r=1}^{n}\frac{1}{3!}r(r+1)(r+2) = \frac{1}{4!}n(n+1)(n+2)(n+3)$，三角撒星形垛（或撒星更落一形垛）$S_n = \sum_{r=1}^{n}\frac{1}{4!}r(r+1)(r+2)(r+3) = \frac{1}{5!}n(n+1)(n+2)(n+3)(n+4)$，三角撒星更落一形垛 $S_n = \sum_{r=1}^{n}\frac{1}{5!}r(r+1)(r+2)(r+3)(r+4) = \frac{1}{6!}n(n+1)(n+2)(n+3)(n+4)(n+5)$。显然，上述各级数依次是贾宪三角的第 2，3，4，5，6 条斜线上的数字，而其和恰恰是第 3，4，5，6，7 条斜线上的第 n 个数字。这正是朱世杰用两组平行线将贾宪三角各个数联结起来的原因。可见，朱世杰已经掌握了三角垛的一般公式：

$$S_n = \sum_{r=1}^{n}\frac{1}{p!}r(r+1)(r+2)\cdots(r+p-1) = \frac{1}{(p+1)!}n(n+1)(n+2)\cdots(n+p)$$

。（郭书春）

三率法　比例算法，即 rule of three 的中文译名。印度公元 5~6 世纪的数学家阿耶波多（Aryabhata，476~约 550）在其文集 *Aryabhatiya* 的第二篇论数学（499）中提出三率法，他说：“在三率法中，phala 以 iccha 乘，以 pramana 除，所得的商是与 iccha 对应的果实。”公元 7 世纪婆罗门笈多在其文集 *Brahma Sphuta Siddhanta*（628）的第 12 章论算术中更进一步说：“在三率法中，有 pramana，phala，iccha 三个项，第一项与第三项必须是同类的。

第二项、第三项相乘，以第一项除得结果。”其中 phala 是果实，相当于“所有数”，iccha 是要求，相当于“所求率”，pramana 是尺度，相当于“所有率”。显然它与《九章算术》的今有术相类似，它的提出很可能受到中国数学的影响。后来这种方法传入西方。明末利玛窦、李之藻根据丁先生（C. Clavius，又译克拉维斯）的《实用算术》编译的《同文算指通编》卷一中在中国首次介绍了这种方法，被称为“三率准测法”。（郭书春）

三品　（1）药物分类的方法，即分上药、中药、下药三品。始见于《神农本草经》：“上药一百二十种为君，主养命，以应天，无毒，多服，久服不伤人，欲轻身益气，不老延年者，本上经；中药一百二十种为臣，主养性，以应人，无毒，有毒，斟酌其宜，欲遏病，补虚羸者，本中经；下药一百二十五种为佐、使，主治病，以应地，多毒，不可久服，欲除寒热邪气，破积聚，愈疾者，本下经。三品合三百六十五种，法三百六十五度，一度应一日，以成一岁。”其上品药，是没有毒性，且具有强身益寿作用，故可以多服、久服的药物；中品药，是有毒或无毒，具有补虚治病作用的药物；下品药，指具有毒性，主要用于驱逐各种病邪、破除积聚，而不可久服的药物。需要指出的是，具体到各种药物的分类，有毒无毒反映的是古人的认识。随着时间的推移及科学技术的进步，对药物有无毒性需进一步分析、验证、确定。根据《神农本草经》各种佚文的具体药物来看，上品药中明显也有毒性药。（张志斌）

（2）数学术语。中国传统数学中解决体积问题的三种基本立体模型，称为三品棋，即长、宽、高皆为 1 尺的正方体、堑堵、阳马。三国魏刘徽《九章算术注》云：“说算者乃立棋三品，以效高深之积。”是说，在棋验法中需将求积的标准型多面体分割成三品棋，以推导该多面体的体积公式，当起源于《算数书》和《九章算术》的编纂时代。（郭书春）

三斜求积　秦九韶创造的已知三角形的三边求其面积的方法。设三角形三边小斜 a，大斜 b，中斜 c，秦九韶在《数书九章》中提出了三斜求积术：“以小斜幂并大斜幂，减中斜幂，余半之，自乘于上。以小斜幂乘大斜幂，减上，余，四约之，为实。一为从隅，开平方得积。”此即 $S=\sqrt{\frac{1}{4}[a^2b^2-(\frac{a^2+b^2-c^2}{2})^2]}$，将根号下多项式分解因式，便成为 $\frac{1}{2}(a+b+c)\frac{1}{2}(a+b-c)\frac{1}{2}(c+a-b)\frac{1}{2}(b+c-a)$。可见，它与古希腊海伦公式是等价的。（郭书春）

三要法　正弦与余弦以及倍角、半角的三角函数关系式。正弦与余弦的关系式：$\sin^2A+\cos^2A=1$。倍角公式：$\sin 2A=2\sin A\cos A$。半角公式：$\sin\frac{A}{2}=\frac{1}{2}\sqrt{\sin^2A+(1-\cos A)^2}$，或 $\sin\frac{A}{2}=\sqrt{\frac{1}{2}(1-\cos A)}$。邓玉函在《大测》中所述三角函数造表法有此名。《大测》云：“有前六宗率为资，有后三要法为具，即可作大测全表。”就是说，以“六宗”为材料，以“三要法”为工具，即可造出三角函数表。（郭书春）

三因　中医学中内因、外因、不内外因三种病因的总称。最早提出三因学说的是东汉张仲景。《金匮要略·脏腑经络先后病脉证》曰：“千般疢难，不越三条：一者，经络受邪，入脏腑，为内所因也；二者，四肢九窍，血脉相传，壅塞不通，为外皮肤所中也；三者，房室、金刃、虫兽所伤。”但张氏所述内容不够详明。宋代陈言《三因极一病证方论》云：“然六淫天之常气，冒之则先自经络流入，内合于脏腑，为外所因；七情人之常性，动之则先自脏腑郁发，外形于肢体，为内所因；其如饮食饥饱，叫呼伤气，尽神度量，疲极筋力，阴阳违逆，乃至虎狼毒虫，金疮踒折，疰忤附着，畏压溺等，有背常理，为不内外因。”外因指六淫，即风、寒、暑、湿、燥、火等六种自然气候的异常变化，或过热过冷或非其时而有其气，或时至而其气未至等侵犯人体，均能导致人体内部阴阳平衡失调、脏腑功能受损，而成为致病的因素。至于杂气、疠气、疫疠之气、戾气等不同名称的病邪，可能导致温疫病者，也是或从皮毛或从口鼻，由外而内，所以也属于外邪的范畴。内因指七情，即喜、怒、忧、思、悲、恐、惊等七种人类主要的精神情绪活动过于强烈、持久或失调，导致气机紊乱、脏腑损伤，而成为致病的因素。不内外因指饮食失调、过度疲劳、性生活失度、虫兽及各种外防等，均能引起体内气血失调、脏腑功能紊乱，而成为致病因素。三因的提法，对后世中医病因学有很大的影响。（张志斌）

三垣　本是指三个星官，即紫微垣、太微垣、天市垣。作为星官，三垣都是石氏星官，在唐《开元占经》辑录的石氏星官中就有这三垣的名称，只是太微没有“垣”字。在《史记·天官书》中已经有和这三垣相当的星官，但其星名和星数有所不同。《天官书》称紫微垣为紫宫，是指北极周围的星官，和后来的紫微垣出入不大；说太微是“三光之廷，匡卫十二星”，星数和后来的十颗略有不同，但所指天区也是一样的；关于天市，则说房宿“东北曲十二星曰旗，旗中四星曰天市”，这和后来的天市垣有较大不同。在占星术上，三垣都有独特的重要性。它们把三个星空区域像用城墙一样包围起来，形成三个帝廷。包在三垣之中的星官有不少因此获得到了和宫廷中的帝王将相、后妃幸臣等有关的名称。天市垣中因“天市”之名还引申出许多用店肆命名的星官。三垣因其包括较大的星空区域，在《步天歌》中和二十八宿一起被作为一种星空划分体系，有三垣二十八宿之称。（孙小淳）

三正　指三种不同岁首的历法。“正”是指正月。三正是夏正、殷正、周正。《左传》说：“火出，于夏为三月，于商为四月，于周为五月。”大火星黄昏周天时，夏历为三月，商历为四月，周历为五月。这表示三种历法的正月是在不同的时节。《史记·历书》说：“夏正以正月，殷正以十二月，周正以十一月。”这是以夏历为标准的。这两种说法实质是一致的。《左传》、《史记》都认为夏朝用夏正、商朝用殷正、周朝用周正，古人也大都沿用此说。《史记·历书》更认为：“盖三王之正若循环，穷则反本。”意思是说，三种历法是轮流交替行用的。这种说法是汉代的一种历史循环论“三统说”的一个组成部分。到近代，中国的王韬、朱文鑫，日本的新城新藏等人根据对《春秋》历法的研究认为，三正交替之说，只是春秋战国时宣传改变历法的托词，未必真有其事。钱宝琮更认为，所谓夏、殷、周三种历法，实际是春秋时代夏、殷、周三个民族地区的历法，而不是三个王朝的历法。（孙小淳）

桑基鱼塘 明清时期在长江三角洲和珠江三角洲出现的一种土地综合利用方式，而以后者最具有代表性。其办法是将低洼地挖深变成水塘，挖出的泥堆放在水塘的四周为地基。六分为基，四分为塘，基上种桑（或果树等），塘中养鱼，桑叶用来喂蚕（羊或猪等），蚕（羊或猪）屎用以饲鱼，而鱼塘中的塘泥又取上来作桑树的肥料。通过这样的循环利用，取得了“两利俱全，十倍禾稼”的经济效益。这不仅可以充分利用水面养鱼增加收入，同时消除了内涝的威胁，有利用于水稻灌溉，适应了当地地势低洼、雨水充沛、河道密布、水域资源丰富的特点。（曾雄生）

桑黍相生 中国古代关于植物间相互关系的探索。汉代《氾胜之书》载：“种桑法……每亩以黍、椹子各三升合种之，黍、桑当俱生。”北魏贾思勰《齐民要术》谈到瓜和大豆混种，其法是：在播种瓜子时，同时在旁边种上三个大豆种。待瓜生叶数片时，掐去豆树地面上的茎叶部分而保留豆根。“瓜性弱，苗不独生，故须大豆为之起土。”“勿拔之，拔之则土虚燥也。”可见当时已认识到豆类有肥沃土壤、帮助别的植物生长的作用。贾思勰《齐民要术·竹木篇》还谈到槐（豆科）与麻夹植，可以互利。麻靠槐养，槐靠麻扶，当年麻熟刈去，留槐，将麻地锄松播麻子再种，如此连种三年，麻得其膏泽，槐亦借此而成为挺直的苗木。元代《农桑要旨》说：“桑间可种田禾，农家有云：桑发黍，黍发桑。”这说明古人对桑、黍相生关系已有认识。清代汪灏《广群芳谱》中说：“茶园不宜间以恶木，唯桂、梅、辛夷、玉兰、玫瑰、苍松、翠竹与之间植，足以蔽覆稽雪，掩映秋阳。其下可植芳兰、幽菊清芬之物，最忌菜畦相逼，不免渗漉，滓厥清真。”这是利用植物相生现象建立的相当完整的人工植物群落。关于植物间的相克关系，两千多年前的《吕氏春秋》有“桂枝之下无杂木”的记载。《神农本草经》亦曰“树得桂而枯”，说明古人已认识到桂树有妨害其他树木生长的现象，并由此形成一种特别的生态景观。这就是晋代《广志》上所描写的“桂生合浦而生高山之巅，冬夏常青，其类自为林间无杂树”。据宋代《杨文公谈苑》上说，五代南唐时，徐锴为清除房前杂草，“令人以桂屑布砖缝中，宿草尽”。沈括对此作了科学的解释：“盖桂味辛螫故也。然桂之杀草木，自是真性，不为辛螫也。”他还结合《雷公炮炙论》所说的“以桂为丁。以钉木中，其木即死”现象，进一步指出：“一丁至微，未必能螫大木，自其性相制耳。”沈括正确指出桂树之所以能克制其他植物的生长发育，是由于它能分泌一种对其他草木有杀伤作用的辛味气体。植物通过排出体外的代谢物改变周围的微生态环境，从而导致植物间的相生或相克，实际上就是现代生物学上所说的植物生化他感作用。（汪子春）

桑树 中国古代重要的经济林木之一，主要用于养蚕。中国是世界蚕业的起源地。最初大约采集野生桑叶喂蚕，后来随着蚕业的发展而过渡到人工种桑。《诗经》所载各种植物中以桑最多，超过主要粮食作物黍稷。当时既有大面积的桑林、桑田，亦广泛在宅旁和园圃中种桑，遍及黄河中下游地区。这是宋以前中国最主要的蚕桑产地和栽桑技术的中心。宋以后，南方蚕业赶上并超过北方，栽桑技术亦逐步改进。南方的蚕农选育了多种优良的桑树品种，桑苗的繁殖和栽培管理等技术，包括施肥、中耕、除草、修剪、整枝等，都达到较高的水平。

南北朝以前，齐鲁是蚕桑业很发达的地方，其各种桑树称为鲁桑。《齐民要术》说："黄鲁桑不耐久，谚曰：'鲁桑百，丰绵帛。'言其桑好，功省用多。"黄鲁桑是鲁桑中一个丰产、叶质优良的品种。从宋代起蚕桑业重心移到杭嘉湖一带，出现了众多的桑树优良品种，统称为湖桑。它是在鲁桑的基础上发展起来的，故清包世臣《齐民四术·郡县农政》说："桑有两种，鲁桑，一名湖桑，叶厚大而疏，多津液，少椹，饲蚕，蚕大，得丝多。荆桑，一名鸡桑，又名黑桑、叶尖而有瓣，小而密，先结子，后生叶；饲蚕，蚕小，得丝少。"

古代常用种子繁殖。《氾胜之书》记载了一种桑黍混播的方法："桑生正与黍高平，因以利镰摩地刈之，曝令燥，后有风调放火烧之。"古人认为，如此处理，明春桑苗萌发可较繁茂。陈旉《农书》说：育苗先整治苗圃，"预择肥壤土，锄而又粪，粪毕复锄，如此三四转，踏令小紧。平整了，乃于地面匀薄布细沙，约厚寸许，然后于沙上匀布椹子，令疏密得所"。又说，播种用的种子，"择美桑种椹，每一枚剪去两头，两头者不用……唯取中间一截"。后来也用无性繁殖，主要包括扦插、压条和嫁接。《务本新书》说，如果有较多桑树供截取插穗，则用扦插法繁殖。宋元以后浙江嘉湖一带常用嫁接以繁殖桑苗。陈旉《农书》最先谈及此。《农桑辑要》论述嫁接的效果时说，把鲁桑接在荆桑上能改变接本的品质，这是因为两种桑树"功相附丽，二气交通，通则变，变则化"，使砧木的不良品质，"潜消于冥冥之中"。宋元时代就已创造了多种嫁接法，如插接、劈接、搭接、靥接和皮接等。靥接今称片芽接，皮接俗称抱娘接，搭接现在一般称为合接，劈接实际上就是通常说的嵌接。《农政全书》强调嫁接时要"皮肉相向"、"皮对皮"、"骨对骨"，"更紧要处在'缝对缝'"。古书中的这些记述，表明古人已基本上明白嫁接的奥秘，掌握了嫁接成败的关键。

桑园施肥除人粪尿、饼肥、厩肥等外，在太湖地区用得最多的是塘河泥。据《沈氏农书》所说，施用塘河泥的桑地，具有"土坚而又松，雨过便干"的特点，非常适合桑园的要求，因为"桑性喜燥，易于茂旺"。塘河泥主要用做冬肥，而人粪尿则主要用做春肥和夏肥。夏肥又称为"谢桑"，在剪桑完毕后立即下肥，同时把杂草翻入土中，使杂草转而成为桑树的肥料分。桑园还要中耕除草，还有垦，即用铁搭深翻。《沈氏农书》说：桑园一年垦两次，一次在夏伐后，称"垦蚕罢地"；另一次在冬至前，即"垦过冬"。

桑树还需修剪整枝。《士农必用》说："科斫为蚕事之先务。""科斫"就是修剪。《齐民要术》提出："剥桑：十二月为上时，正月次之，二月为下。率桑多者宜苦斫，桑少者宜省剥。秋所欲苦，而避日中，冬春省剥，竟日得作。"陈旉《农书》则说："大率斫桑要得浆液未行，不犯霜雪寒雨，斫之乃佳。若浆液已行而斫之，即渗溜损，最不宜也。"《沈氏农书》提出修整桑树要截去的有魄磊及老油瓶嘴。魄磊即死拳，老油瓶嘴即留在树上较久的残桩。此外尚要截除多留的嫩条，树干下发出的小枝条、细弱的枝条，以及被枝叶遮蔽、不易受到日光照射的枝条。科斫的结果便出现了各种树型。古代树型以乔木桑和高干桑为主，宋元时期出现了一种地桑。明代起太湖地区中干桑逐渐流行，后来出现低干桑。明后期其桑树有拳式的也有无拳式的。（曾雄生）

缫车 古代从蚕茧抽丝的工具，通用的有手摇缫车和脚踏缫车两种。手摇缫车出现在秦汉以后，到唐代时得到普遍应用。脚踏缫车则出现在宋代，元初时取代手摇缫车成为主要缫丝机具。它们的主体结构大体相同，均系机架、钱眼、锁星、鱼鼓、丝钩、丝框等机件组成，区别在于脚踏缫车在手摇缫车的曲柄处加装了连杆和踏板，由脚踏传动。机架是承受丝框和其他部分的一个四柱形立体框架。钱眼、锁星系缫车的集绪部分。钱眼的作用是合并丝线，其形实为一孔眼，位于茧锅上方的木板中央，因最初多以大钱镶嵌孔眼而得名。锁星是导丝滑轮，并有消除丝线上类节的作用，其制是在4寸长的芦管中枢以圆木，添梯、鼓、丝钩、丝框系缫车的卷绕部分，添梯是使丝分层卷绕在丝框上的横动导丝杆，以一个2尺5寸长的片竹为之。鼓的作用相当于今之偏心盘，实形为一木制鼓状物。丝钩的作用是导丝，位于添梯上。丝框的作用是卷绕长丝，其制为一有辐撑的四边形长木框，为便于脱丝，四长木中有一木可灵活拆卸。缫车的具体使用方法是：缫丝前，将茧锅里捞出的丝头，先穿过集绪的“钱眼”，再绕过导丝滑轮“锁星”，再通过横动导丝杆“添梯”上的导丝钩，绕在丝框上。缫时，手摇缫车需一手摇动丝框上的手柄，一手添绪索绪；脚踏缫车则是用脚踏动踏板做上下往复运动，通过连杆使丝框作回转运动，利用丝框的回转惯性，使其连续回转，进而带动整台缫车运动。（赵翰生）

埽工 中国特有的一种用于护岸、堵口、筑堤等的水工建筑，主要使用在黄河和北方其他多沙河流上。埽工正式得名在北宋初年。埽是用梢芟、薪柴、竹木等物料，夹以土石，卷制捆扎而成的水工建筑构件。每一个构件称埽捆，简称埽。将若干个埽捆连接修筑成护岸、堵口等工程就称埽工。埽工技术起源较早，先秦时期已有类似埽工的工程——“茨防”，慎到（公元前395～前315）《慎子》中说“治水者茨防决塞”。在宋代，埽工技术比较成熟，使用也比较普遍，宋天禧年间（1017～1021），埽工建筑已遍布黄河两岸，凡是险工地段均修有大埽。元、明、清三代，埽工都是堵口和护岸采用的主要手段之一。埽工形式，在清中叶以前多为卷埽，清中叶以后改为厢埽。埽工的种类，至清代已经非常丰富，以所处地位分有旱、面、肚、套、门帘等埽。按在防洪工程中的不同作用，大致有10种：①磨盘埽，为半圆形的石厢埽，用于弯道正溜、回溜交注之处，常常作为一段险工中的主埽；②月牙埽，形似月牙，常用在险工的首部和尾部，用以抵抗正溜或回溜；③鱼鳞埽，形似鱼鳞，头窄易于藏头，尾宽便于挑溜外移；④雁翅埽，头尖尾宽似雁翅，段段相连以抵御水溜；⑤扇面埽，外宽内窄形似扇面，形制比磨盘埽稍小，一般用于保护挑流建筑的顶冲部位；⑥耳子埽，位于主埽两旁形制比较小的埽，形似主埽的两耳，主要用于防止回溜淘刷，对堤岸及主埽两侧起保护作用；⑦凤尾埽，又名挂柳，即将砍伐的柳树，树梢倒置河中，树干固定岸上，用以防冲护堤；⑧萝卜埽，上口大、下口小的埽，用于堵口合龙，又称合龙占；⑨接口埽，堵口后，在两点接合部用于堵漏的埽；⑩门帘埽，堵口合龙后，在合龙占前所作的一段长埽以掩盖口门透水。埽工技术是中国古代水工技术的一大创造。埽工就地取材，制作较快，便于急用；梢草等料有弹性，容易缓溜、留淤，在临时性的创险及堵口截流中很有成效。但是，埽工体轻易浮，且易腐烂，需要经常修理更换，常年费用多；此外埽工桩绳操作运用复杂，必须由熟练工人施工。清乾隆后期，已开始在埽前抛碎石护根。埽工是中国古代重要的水工构件，直到近代引进混凝土材料，它才逐渐被砌石坝工所代替。但埽工技术在小型防洪、引水工程及施工围堰工程中仍有应用。（艾素珍）

沙船 古代优秀木船船型之一，发源于长江口一带的方头方梢平底的浅吃水船型。可在浅滩航行，故名。《宋史·兵志》载，南宋建炎初（1127），李纲请于江淮设水军，其战舰有平底之名，似为沙船之祖式。《大元海运记》载有平底海船，盖为沙船之原型。其多桅多帆，甲板宽敞，吃水浅，驾驭轻快便捷，且可调戗使斗风。逆风行船必须走“之”字形航迹。因吃水浅，抗横漂能力有限，遂创造披水板，放在下风一侧，插入水中，以阻遏横向漂移。船体采用大梁拱结构，甲板能迅速排浪，船舱采用水密隔仓结构。其多航行于黄海、渤海航线，为海上漕运的主要用船，明清时期亦用作水军战船，利于短兵接战。（郭书春）

沙田 在原来沙洲的基础上开发出来的田地。元代王祯《农书》曰：“沙田，南方江淮间沙淤之田也。或滨大江或峙中洲，四围芦苇骈密，以护堤岸，其地常润泽，可保丰熟，普为塍埂，可种稻秫，间为聚落，可艺桑麻，或中贯潮沟，旱则频溉；或傍绕大港，涝则泄水，所以无水旱之忧，故胜他田也。”宋元时期，是否应对沙田征税一直是许多朝廷命官议论的焦点，而问题的关键就在于沙田易受潮水冲刷而极不稳定，沙田面积无法计算，按亩征税操作起来有困难。南宋秦九韶《数书九章》“田域类”有三问涉及沙田面积计算，由此也可见南宋时期沙田在当时土地开发利用中的地位。（曾雄生）

纱 丝织物类名。根据其本身组织特点可分为两类：一是表面有均匀分布的方孔、经纬密度很小的平纹薄形丝织物；二是和罗同属于纱罗组织，由全部或部分经纱互相扭绞而成的密度较小的织物。纱织物的生产在我国有悠久的历史，早在《周礼·天官·内司服》中就已有“素沙”的记载。“沙”即“纱”。纱类织物薄而疏，透气性好，秦汉以后，纱是做夏服和衬衣非常流行的品种。《中华古今注》有“纱衫盖三代之衬衣”之说。不过，南北朝以前都是表面无花纹的素纱，后来花纱才逐渐增多，宋以后日益繁盛。花纱中在平纹地组织上起绞花组织者称实地纱，在绞经地组织上起平纹花组织者称亮地纱。各地都有一些纱织物名产，如浙江的轻容纱、方目纱、绯纱，江苏的银条纱、暗花纱，湖北的绉纱、潮州的潮纱，广东的粤纱，南海的龙纱。这些纱各有特点，如轻容纱被陆游形容为“举之若无，裁以为衣，真若烟霞”。粤纱以不沾尘、不褪色、绉折易直而赢得“粤纱甲天下”之誉，龙纱、潮纱则分别以白净如霜和柔软如绡而名声远播。长沙马王堆一号汉墓出土的用极细长丝制织的平纹素纱禅衣，仅重49克，薄如蝉翼，织作之精细，令人惊叹，是古代纱类织物中难得的珍品。历史上福建地区还出产一种经薯莨整理而形成的特

殊风格的香云纱。（赵翰生）

砂田 用砂石所铺之田。主要分布在甘肃陇中地区。此地降雨量少，蒸发量大，无霜期短，气温偏低，温差很大，水源不足，而地下水含碱成分高，对作物生长十分不利。砂田便是针对这种特殊的地理环境而采取的土地利用方式，先将土地深耕，施足底肥，耙平、墩实，然后在土面上铺上厚达 6～12 厘米不等的砂石，通过砂石的增温、保墒、保土和压碱等综合性能，来取到增产的效果，这是明清时期改造低产田的一项重大发明。（曾雄生）

山东机器局 清末兵工企业。同治六年（1867）山东巡抚丁宝桢要求建立新式兵工厂，光绪元年（1875），李鸿章推荐江南制造局的技术人员徐建寅协助丁宝桢筹建机器局，择址在济南城外泺口。光绪二年，机器局派徐建寅去上海，通过英国蒲恩公司（洋行）购买制造洋火药和马氏呢洋枪的机器，同时修建火药厂、机器房、生铁厂、熟铁厂、画图房、物料库及工匠住房等，又以济南附近的章邱、长山等地的煤矿作为燃料基地。光绪三年机器局正式投入生产。由于技术力量薄弱，经费亦捉襟见肘，加上制造技术上还存在重大问题，枪支虽曾仿制，并未真正大规模地投入生产。1876 年秋，丁宝桢升任四川总督后，看到四川防营所用洋枪、子弹均购自上海洋商，费用巨大，乃决定四川省每年向山东筹拨银两，而由山东调拨军火相抵补，既使山东机器局经费“可无虑短绌”，又使四川获得远较洋商供应的廉价的军火，“彼此两利”。光绪四年后，规模收缩，其制造仅限于火药、铜帽、铅丸三项。甲午战争前夕，机器局曾增加生产。甲午战争后，山东当局又将机器局略加扩充，动用 12 万两建造炮厂、枪子厂、翻砂厂、熟铁厂、飙钢厂和火药厂等，制造枪弹和火药。（李家明）

山海关 万里长城东端的重要关城，又称榆关或渝关。元朝称迁民镇。明洪武十四年（1381），大将军徐达在此置关修城，控制险要，更名为山海关，是蓟镇段长城最东的关城。城墙周长 4363.5 米，东面以长城之一段为墙，长 1378 米，与南西北三面新筑之墙围成关城，三面城墙长分别为 1087.5 米、1290 米、636 米。城墙内用土夯筑，外用砖包砌，高 14 米、顶收壁厚 7 米，底墙壁厚各不相等。四面各开一门，上建双层城楼，开设箭窗。四门都筑有瓮城，现仅存东门一座瓮城，上书著名的“天下第一关”，东南隅和东北隅建有角楼，关城之中有徐达设关时所建的钟鼓楼，周围有烟墩和边堡。万历、崇祯年间，在山海关外东西两面建罗城；南面 4 里外有南翼城（又名南新城、南营子），北面有北翼城（又名北新城、北营子），城东 10 里外的欢喜岭上有周长 614 米的威远城；关城至渤海边筑有宁海城和老龙头；关城与周围各城一起，构成纵深梯次的坚固防御区域。老龙头在关城南约 4 里，是蓟镇段长城东部起点，上建入海石城，高约 10 米，伸入海中 21 米多，是蓟镇总兵戚继光于万历七年（1579），为防御北方骑兵沿浅海滩涂南绕至关内而建筑的一项杰出工程。经勘察，老龙头水下有一巨石堆积区，内有 300 多块重 2～3 吨的巨石，有天然礁石，也有人工投入的块石，块石上面凿有马蹄凹槽，槽内浇注过铁液，似为互相嵌接石块时浇注。使各单块巨石互相嵌接成长 50 米、宽 10 米的整体石础，上筑墙垣和澄海楼，直峙海

浒。这种筑城方式，既反映了当时设计者的聪明才智和宏大气魄，又显示了当时高超的工程技术水平。（王兆春）

山海关

山脉 是沿一定方向有规律分布的若干相邻山岭的总称，见于唐代周繇的《题东林寺虎捁泉》："爪抬山脉断，掌托石心坳。"又称为"地脉"，见于《史记·蒙恬传》："起临洮，属之辽东，城堑万余里，此其中不能无绝地脉哉。"又称为"地络"，见于《后汉书·陈嚣传》："分裂郡国，断截地络。"山脉系列（现代称山系）是指沿一定方向延伸，有规律分布的若干相邻山脉的总称。战国时期成书的《禹贡》和《山海经》中已有山脉系列的概念。《禹贡·导山》将中国的山脉分成四重（汉代马融、王肃、郑玄称之为"三条四列"），即黄河北岸的岍山至碣石山；黄河南岸的西倾山至陪尾山；汉水流域的嶓冢山至大别山；长江北岸的岷山至敷浅原（庐山）。《山海经·五藏山经》将山脉分布归为东、西、南、北、中五大系列，每个大系列又有若干分支系列。唐代僧一行首先明确提出中国的山脉分布系列学说——山河两戒说，将中国山脉分成南北两大系列。唐末五代时，杨筠松《撼龙经》将亚洲的山脉分成东、北、西、南四派，其中南龙入中国。宋明之际，盛行昆仑三龙说：北龙夹河之北，南龙抱江之南，中龙介乎其间。其说以明王士性《五岳游草》卷十一中最为完整和系统，它几乎囊括中国所有的重要山脉。至清代，发展为葱岭二干说，其说以魏源为代表。中国古代划分山脉系列根据的是重要水系的分水线，即两山之间必有水，两水之间必有山，这与现代地理学以地质构造和时代划分山系的概念是不同的。（艾素珍）

伤寒 病名。①泛指外感热性病。《素问·热论》云："今夫热病者，皆伤寒之类也。"汉代《伤寒论》是讨论各种外感热性病的著作，且以"伤寒"命名，即取其外感热性病总称之意。《难经·五十八难》云："伤寒有五，有中风，有伤寒，有湿温，有热病，有温病，其所苦各不同。"前者即广义之伤寒。②专指感受寒邪的太阳表证。《伤寒论·辨太阳病脉证并治》："太阳病，或已发热，或未发热，必恶寒，体痛，呕逆，脉阴阳俱紧者，名曰伤寒。"唐《备急千金要方》："夫伤寒病者，起自风寒，入于腠理，与精气分争，荣卫否隔，周行不通。病一日至二日，气在孔窍，皮肤之间，故病者头痛，恶寒，腰背强重。此邪在表，发汗则愈。"③指冬季感受寒邪所致的病证，亦名正伤寒。《伤寒论·伤寒例》："冬时严寒，触冒之者，乃名伤寒耳。"又："从霜降以后，至春分之前，凡有触冒露雾，中寒即病者，谓之伤寒。"（张志斌）

商高答周公问 中国上古数学的重要事件。商高又称殷高，是殷商的大夫，生平不详，殷末周初著名数学家。据《周髀算经》载，周公姬旦（公元前 11 世纪）听说商高"善数"，遂向商高请教数学："夫天不可阶而升，地不可得尺寸而度，请问数安从出？"商高答曰："数之法出于圆方，圆出于方，方出于矩。矩出于九九八十一。……此数之所生也。”商高还提出勾股圆方图，以及用矩测望高深广远的方法，周公因而发出“大哉言数”的感叹。（郭书春）

商功　“九数”之一，后来发展成为《九章算术》的第五章。三国魏刘徽注其“商功”曰“以御功程积实”。其本意是解决土方工程的工作量分配中的数学问题，然而这必须首先给出各种多面体和圆体的体积公式，后者的意义远比前者大，从而成为更重要的内容。它也是清以前许多中国传统数学著作中的重要卷章。（郭书春）

上便　航海术语，又称合更。古代测量航速的方法。约出现于三国时期的吴国。据清《台湾志略》记载，其法：“以一人取木片，赴船首投海中，即从船首疾行至船尾，木片与人行齐为准。或人行先木片至，则为不上更。或木片先人行至，则为过更。计所差之尺寸，酌更数之多寡，便知所行远近。”即若上更，则人行速度即为船速；若不上更或过更，则视所差尺寸进行修正。（金秋鹏）

上海格致书院　1874 年英国驻上海领事麦华陀（Sir Walter Henry Medhurst，1823～1885）倡议在上海建一间科学书刊阅览室，不久成立了由麦华陀、傅兰雅、伟烈亚力、徐寿等中西人士组成的董事会，决定建成一所包括工业技术学校、藏书室和展览厅的机构，定名为“格致书院”（The Shanghai Polytechnic Institution and Reading Room）。傅兰雅、徐寿等负责筹建工作，由傅兰雅向英国募集科学仪器和工业产品等。主要捐款来自于北洋大臣李鸿章、南洋大臣李宗羲和上海道等。1876 年书院落成，实际管理者为徐寿。院内设博物房、格致房和储书房，陈列西方科学仪器和中文科技书籍等，并曾招生。但由于经费困难，书院原拟建的大铁房博物馆未能实现，教学计划也未落实。徐寿去世后，董事会聘请王韬出任山长。自 1886 年春季开始，书院设计四季考课，请沿海各关道命题考试，名列前茅者给以奖金。1889 年又增加由南北洋大臣出题的春秋两季特课。课卷以西学和时务为主，优秀考卷汇为《格致书院课艺》刊行，风行一时，影响颇广。1895 年，傅兰雅在书院讲授算学。1897 年王韬去世后，赵元益继任山长。1902 年赵病故后，由徐玉琛继任。（李家明）

上海广方言馆　清同治二年（1863），江苏巡抚李鸿章奏请清政府批准，仿北京同文馆例，在上海设立学习外国语言文字学馆，名为上海广方言馆，又称上海同文馆。招收 14 岁下文童入馆，学习外国语言文字及数学等。分英文、法文两个班，后又设日文、俄文班。3 年毕业，择优备送通商衙门任翻译兼理洋务，有的保送京师同文馆深造。同治九年（1870）并入江南制造局，校址由城内移至制造局内。课程有算学、代数、几何、对数、重学（力学）、天文、地理、绘图、地矿和冶炼、机器制造、航海理法、水陆攻战、外国语言文字与风俗国政等。光绪二十四年（1898）增设工艺学堂（内设机器、化学两个馆）。光绪三十一年，两江总督周馥奏准将上海广方言馆与江南制造局附设工艺学堂合并，改为上海工业学堂，同年十月，由陆军部定名为兵工学堂。（李家明）

上元积年 古代历法中从上元到编年年份的年数，简称积年。古代历法推算，需要规定一个起算点，叫做历元。历元通常取一个理想的时刻，它是所谓“甲子、夜半、朔旦、冬至”，即历元所在是甲子日的夜半，而且又是朔望月的开始，又是交冬至节气。古人追求更为理想的历元，于是更往上推，求出一个“日月合璧，五星联珠”的时刻，即日月位置相合、五大行星会聚在天空同一位置的时刻。这个理想的历元称为上元。上元实际上是所有考虑到的天文周期（回归年、朔望月、交点月、近点月等）的共同起算点。确立了上元和积年，就可以根据各项天文周期来推朔置闰，计算节气、日月交食、五星会合等，整个历法可以方便地得到安排。由于上元积年协调了所有的天象周期，因而隐含了对各种天文周期的认识，反映了其数据精度，所以说上元积年的演算史体现了中国历法史的一个演化特点。刘歆在《三统历》中始推算上元积年。《汉书·律历志》中所记《三统历》以前的古四分历即黄帝、颛顼、夏、殷、周、鲁等古六历的上元积年大约为刘歆所推。《三统历》以 19 年为 1 章，81 章为一统，三统为一元。经过一统即 1539 年，朔旦、冬至又在同一天的夜半，但未回到甲子日；经三统即 4617 年才能回到原来的甲子日，这时年的干支仍不能复原；又以 135 个朔望月为交食周期，称为“朔望之会”。一统正好有 141 个朔望之会，所以交食也以一统为循环大周期。刘歆为了求得日月合璧、五星联珠的条件，又设 5120 个元即 23 639 040 年的大周期。这个在周期的起算点称做太极上元。太极上元到太初元年的积年为 143 127 年。自刘歆以后，开始了追求理想上元的风气，这种上元应该是推算以后每年的节气/朔望、日名干支、五星运动等的共同起点。在发现了交点月、近点月等周期之后，又把这些因素也加入进去。从数学上来讲，求上元积年是求解一次同余方程组，各个同余方程代表所考虑的各个天文周期及其余数。考虑的项目越多，同余方程的解就越繁重。如考虑所有的因素，可以列出 10 个以上的同余方程。南宋秦九韶在《数书九章》中总结历家计算上元积年的方法，提出大衍总数术，系统解决了一次同余方程组解法。但对于特别庞大复杂的天文数据，历家求解十分困难，甚至如秦九韶所说“历家虽用，用而不知”。为解决这个问题，古历法家大致有两种做法。一是仅考虑日名干支、岁名干支、回归年和朔望月四项基本要素，将上元积年确定下来，然后调整其他天文周期数值以附会上元。据最近研究，唐宋历法大多采用这一方法。二是对于一些天文周期在推算上元时干脆不予考虑。如在魏晋南北朝时代，杨伟的《景初历》上元就不包括交点月和近点月的内容，而是改为列出上元之前到过交点的时刻及到月过近志点的时刻，称之为交会差率、迟疾差率等。何承天在其《元嘉历》中则把五星周期单提出来，对每个行星单独给出近距的后元。这在天文计算上是可取的方法。理想的上元可以将历法神秘化，以附会君权神授的神秘主义统治思想，所以总是有人埋头于繁重的计算，以求理想上元。随着天文观测的精密化，求出的上无积年数字越加庞大。元魏时期的起正光历积处数突破了百万，唐代僧一行的《大衍历》达到了 9000 万，金《大明历》的上元积年数竟有 38 000 多万。本来列上元是为推算方便，但事实上至此已成为历法推算的桎梏。唐代民间天文学家曹士蔿首先冲破这个桎梏，在其《符天历》中以显庆五年（660 年）正月雨水为

历元，不再用上元。但这没有改变官方天文历法的状况。上元积年的完全取消，直到元代的《授时历》才实现。（孙小淳）

烧灼器械 古代守城时使用的烧灼敌人的器械。有燕尾炬、飞炬、行炉、铁汁神车、猛火油柜、游火铁箱、铁火床、风扇车等制品。其制法各有不同，燕尾炬用苇草扎成，下分两叉如燕尾，中灌油脂。当敌军推拥木驴攻城时，即将燕尾炬点燃，并从城上缒下，将其烧毁。行炉为唐代所创，由炉架、炼铁炉和风箱构成。敌军攻城时即将炼铁炉中熔化的铁汁浇向城下。猛火油柜是宋代创制的喷火烧灼器械，以铜柜盛猛火油（石油）为燃料，上有横置唧筒的铜管，唧筒前部装有火楼，内盛引火药。敌军进攻时，用烧红的烙锥点燃引火药，再用力抽拉唧筒，向油柜压缩空气，使猛火油经过火楼喷出时燃成烈焰，烧灼敌军。风扇车是守卫地道的鼓风纵火装置。（王兆春）

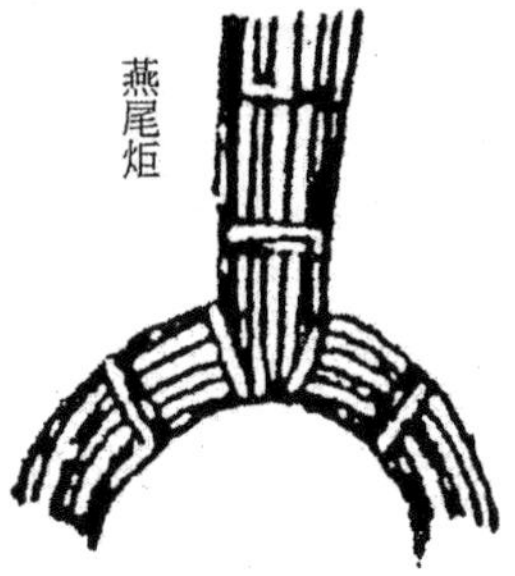

烧灼器械

芍陂 又称安丰塘、龙泉之陂、勺陂、期斯塘等，见于记载最早的大型陂塘水利工程，古代淮河流域最著名的塘堰工程，在今安徽省寿县安丰城南。芍陂名称始见于《汉书·地理志》。关于它的创建，历史文献有两种说法：一是楚庄王八年（公元前 605）孙叔敖所建；一是楚大夫子思所造，大约在楚顷襄王时（公元前 298 ~ 前 263）。它是在西至六安龙穴山、东至凤阳横石山、东南至龙池山的丘陵山区筑堤，使水在低洼汇集。东汉建初八年（83），庐江太守王景亲率吏民首次进行大规模的修浚，兴建草土混合桩坝及纵横排列的叠梁坝以控制放水水量。此后东汉刘馥兴、西晋初年刘颂、东晋末年毛修之、南朝刘宋初年殷肃等均修浚过芍陂。北魏郦道元《水经注·肥水》较为详细地记载了芍陂，其云芍陂有 5 个水门：西南 1 个水门引淠水入陂，其余 4 个水门为引水溉田的水门，其中东北、正北与肥水相通的 2 个水门可调节水量。隋开皇（581 ~ 600）中，赵轨修治芍陂，将水门改为 36 个。其后屡有兴废。至清末尚存水门 28 个。东晋伏滔《正淮》最早记载芍陂的灌溉面积，曰："龙泉之陂，良畴万顷。"后世记载以北宋为最多，达 4 万顷。芍陂周长，在唐宋时期曾达 324 里，此后主要由于豪强地主占湖为田，导致芍陂淤塞，至清末仅为 50 余里。（艾素珍）

少广术 中国古代已知长方形面积及其一边，求另一边的方法。"少广"本是先秦"九数"之一目，秦简《数》、汉简《算数书》和《九章算术》中都有少广术，后者还把少广作为其第四章章名。该章除少广术外，还有开方术（开平方）、开立方术、开圆术（已知圆面积求直径）、开立圆术（已知球体积求直径）等。刘徽注曰"以御积幂方圆"，说明该章实际处理由图形面积或体积返求长度这一类问题。该章少广术解决的典型问题是：已知一亩之田，及其广长为$(1+\frac{1}{2}+\frac{1}{3}+\cdots+\frac{1}{n})$，求其从。其解法近乎含有一个求整

数最小公倍数的方法。（邹大海）

舌象 即人体脏腑虚实、气血盛衰、津液盈亏及病邪性质、病势深浅等反映于舌质与舌苔的形态、色泽、润燥等变化的征象。医生通过观察舌象来判断疾病，称为舌诊。早在《黄帝内经》中就有关于舌诊的记载。至宋代即出现了舌诊专著《敖氏伤寒金镜录》。舌不同部位的舌象反映不同脏器的情况，舌尖候心肺，舌边候肝胆，舌中候脾胃，舌根候肾。一般来说，辨舌象包括两大部分：一是舌质；二是舌苔。《辨舌指南》："辨舌质可辨脏腑的虚实，视舌苔可察六淫之浅深。"①舌质。又称舌体，是舌的肌肉脉络组织。一般来说，观察舌质，有助于了解脏腑的虚实、胃气的存亡等，包括舌神、舌色、舌形、舌态等。舌神：正常舌质荣润红活，灵动自如，如舌质干枯无光泽，失去生气，则为恶候。舌色：正常舌质为淡红色。舌色较正常为淡，称淡白舌，主气血不足，或阳虚；如较正常为深，为红舌，主热证；舌色深红，主热盛；舌色青紫，常见于瘀血之人。舌形：正常舌形大小适中，无异常形态。如舌体瘦薄而淡，多为气血两虚，如瘦薄红绛，多为阴虚火旺；舌生芒刺，则为内热炽盛所结；如舌红而有裂纹，多为热盛伤津；舌淡而有裂纹，则多为血虚不润；如舌体肿大满口，多为邪实。舌态：正常舌体运动自如灵活。如舌强难言，多为热入心包，或动风之兆；如舌体萎软，大多为气血津液之亏耗；如伸舌歪斜，则为中风征兆。②舌苔。也称舌垢，是舌面上的一层苔状物。正常舌面上有白色薄苔，颗粒均匀，干湿适中，由胃气所生。一般来说，观察舌苔，有助于了解病邪的性质、病位的深浅、津液的存亡等。包括苔色、苔质等。苔色：如舌苔黄，多为热邪为病；舌苔白，则多为寒邪为病，或邪气在表；舌苔灰黑大多由黄白苔转变而来，或为极寒，或为极热。苔质：透过舌苔隐隐可见舌体的为薄苔，不能见到舌质的为厚苔；薄苔说明病浅，厚苔说明病深；舌苔润泽则津液存，干燥则津液伤；如舌苔颗粒粗大疏松而厚，为腐腻苔，多见于食积、痰浊或湿热为患；如舌苔剥脱，舌面光滑无苔，多为胃阴损耗，胃气大伤。（张志斌）

蛇色逐地 古代对动物保护色的认识。晏子《春秋外编》（可能为公元1世纪人伪托）记载："尺蠖食黄则黄，食苍则苍。"这是有关动物保护色的最早记载。唐代段成式说得更为概括："凡禽兽必藏若形影，同于物类也。是以蛇色逐地，茅兔必赤，鹰色随树。"（唐段成式《酉阳杂俎》卷二十）这是说，动物靠着自己体色与周围环境的一致而将自己的形体隐藏起来，不被其他动物发现，以便于进攻捕食或躲避天敌。（汪子春）

伸臂木梁桥 用木料横直相间、层层挑出以承托梁身的桥。计有三种形式。一是单向伸臂式，两岸木梁一端压重，另一端层层向河心叠涩挑出，再在伸臂端架上简支木梁。最初者见《水经注》所载吐谷浑之"河厉"和黄河、洮水相交处的乞佛之"飞桥"，现存较著名的有兰州兴隆山云龙桥、兰州握桥。二是双向伸臂式，即木伸臂在河中墩顶向两岸（或两边）平衡地伸出。较著名的有浙江武义熟溪桥。三是斜撑伸臂梁式，结构特点是木伸臂梁斜伸向上，既起悬挑作用，又起撑架作用，著名的有甘肃文县阴平桥。伸臂木梁桥遍布于西藏、青海、四川、甘肃、宁夏、云南、贵州、广西、湖南、浙江等木材较丰

富之地。由于伸臂梁桥均为木制，为保护其不受自然的侵袭，上多盖有桥屋。除木伸臂梁桥外，亦有一些石伸臂梁桥。（沈玉枝）

神　（1）人体生命活动的总称，也指生命活动所表现出来的征象。人体的生命活动是以秉受于父母的人体先天之精及来源于水谷营养精微的后天之精为基础的，神正是体内气血搏动的表露。《灵枢·本神》："两精相搏谓之神。"《灵枢·平人绝谷》："故神者，水谷之精气。"《素问·八正神明论》："气血者，人之神，不可不谨养。"所以望神，可以判断人体精气的盛衰。凡人之脏精充足、精力充沛、精神饱满，则神气旺盛，谓之得神；人之脏精将败、精疲力竭、则神气涣散，谓之失神。《素问·移精变气论》："得神者昌，失神者亡。"

（2）指思维意识活动。《素问·灵兰秘典论》："心者，君主之官，神明出焉。"《灵枢·本神》："心藏神。"即是心有主持思维活动的意思。

（3）指医术精良的医生。《灵枢·邪气脏腑病形》："见其色，知其病，命曰明；按其脉，知其病，命曰神；问其病，知其处，命曰工……知一则为工，知二则为神，知三则为神且明矣。"（张志斌）

声学　声学是物理学的重要组成部分。始见于沈括（1031～1095）《梦溪笔谈·乐律二》。在述及物质材料的传声和音调的千变万化时文中说："此乃声学至要妙处也。"《梦溪笔谈》弘治本、稗海本、津逮本、学津本、汲古阁本、玉海堂本等均作"声学"；崇祯本始误为"声乐"，爱庐本从之。近年发现元刊《梦溪笔谈》亦为"声学"。可见，"声学"一词确实为沈括所创始。（戴念祖）

声音　一般指乐音。《荀子·乐论》："故人不能无乐；乐则必发于声音，形于动静。"引申为音乐。《礼记·乐记》："声音之道，以政通矣。"古代声与音有细致区别。汉许慎《说文解字》："宫、商、角、徵、羽，声也；丝、竹、金、石、匏、土、革、木，音也。"郑玄注《史记·乐书》说："宫、商、角、徵、羽，杂比曰音，单出曰声。"这就是说，仅仅发出宫、商、角等时为"声"，而以乐器演奏有清浊变化，"交错成文"则成"音"，即音乐。更具物理意义的是宋陈旸《乐书·声乐通论》中所说："凡物动而有声，声变而成音。"（戴念祖）

笙　吹奏乐器，《世本》"随作笙。"《礼记·明堂位》："女娲氏之笙簧。"《诗经·小雅·鹿鸣》："吹笙鼓簧。"可见笙之起源久远，甲骨文中有"龢"字，即"和"，也就是小笙。这字表明它是演奏和声的复音乐器。曾侯乙笙为目前所知最早的出土实物，它有14管，竹制簧片，残存点笙白色物，笙斗为匏制。与笙形制相同而大者，管也多至36支，称为竽。长沙马王堆一号汉墓出土明器竽一件，22管；在马王堆三号汉墓还出土竽簧。黄铜簧片是较晚时候出现的。笙在历代广为流传。有方、圆、大小不同类型，簧管数也不等，普遍流行十三、十四簧，演奏时由两到三管组成和声。西方人称它为口吹管风琴（mouth organ）。

中国古代自有笙以来，就解决了在笙管内装自由簧的方法。图为曾侯乙笙中匏制笙斗及其装簧片示意图。竹制簧片长方形，装于四边稍为高厚的方框之中。方框中央平面挖一空槽，簧片一端固定于空槽一端，空槽其余三边与簧片间留有发丝般缝隙，当簧片受气流冲击时可以作往复自由振动。这种簧就叫自由簧。当中国自由簧于18世纪传到欧洲时，曾引起欧洲一场簧管乐器的革命。欧洲的管风琴是在元代中期（1260~1263）通过阿拉伯传入中国的，其时称为“兴隆笙”。据《元史·礼乐志》载，兴隆笙传到中国时“有声无律”，经玉宸乐院“分定清浊、增改”之后才能演奏，其中一定包括了将西方管风琴的死簧（不能自由振动的簧片）改成自由簧。（戴念祖）

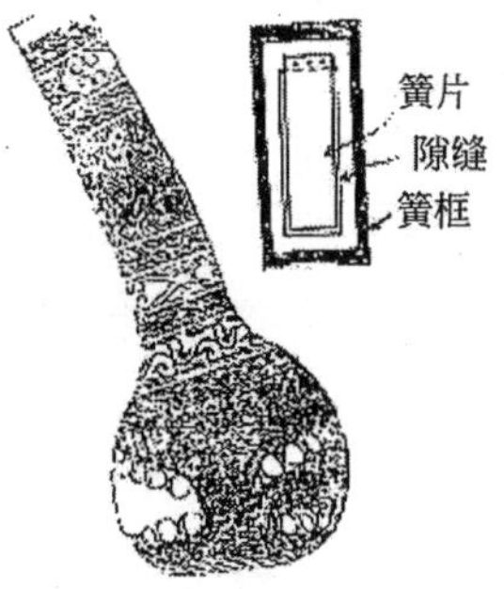

曾侯乙笙的笙斗及其簧片安装法示意图

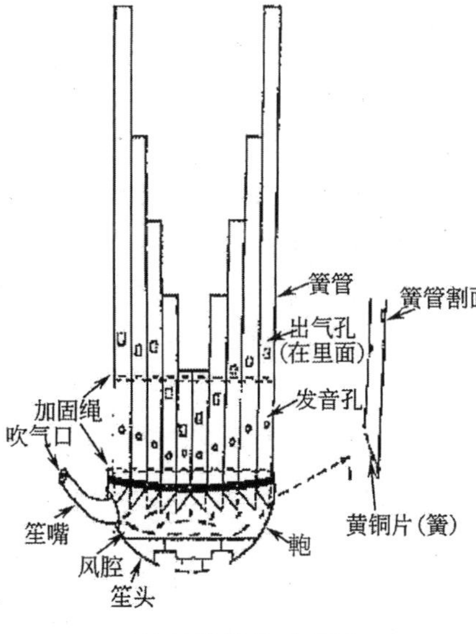

笙及其簧片示意图

尸体解剖　中国古代的人体解剖研究。先秦的文献中已经有关于人体解剖研究的记载。《灵枢经·经水》云：“夫八尺之士，皮肉在此，外可度量切循而得之，其死可解剖而视之。其脏之坚脆、腑之大小、谷之多少，脉之长短；血之清浊、气之多少，十二经之多血少气，与其少血多气，与其皆多血气，与其皆少血气，皆有大数。”此表明中国在两千多年前已进行人体解剖研究。其“解剖”一词，一直沿用到现在，还传到日本。《灵枢经·肠胃》保存了当时所作的内脏解剖观察测量记录：“谷所从出入浅深远近长短之度：唇至齿长九分，口广二寸半。齿以后至会厌，深三寸半，大容五合。舌重十两，长七寸、广二寸半。咽门重十两，广一寸半，至胃长一尺六寸。胃纡曲屈，伸之，长二尺六寸，大一尺五寸，径五寸，大容三斗五升。小肠后附脊，左环回周迭积，其注于回肠者，外附于脐上，回运环十六曲，大二寸半，径八分分之少半，长三丈二尺。回肠当脐，左环回周叶积而下，回运环反十六曲。大四寸、径一寸寸之少半，长二丈一尺。广肠传脊，以受回肠，左环叶脊，上下辟，大八寸，径二寸寸之大半，长二尺八寸。肠胃所入于出，长六丈四寸四分，回曲环反，三十二曲也。”可见其不仅记录了消化器官的长短、宽度、容积，还记录了相对位置和分布情况，显然是经过多次实际解剖观察，并精细测量取得平均数值的结果。这些记录与近代解剖学的记录基本上是一致的。例如，其食道与肠的长度比值是1:36，而近代解剖学家斯巴德辞（Spalteholz）《人体解剖图》所提供的比值为1:37，两者几乎相等。可见，古代内脏解剖测量工作做得相当精细。（汪子春）

失蜡法　中国古代金属铸造方法之一。用蜡制作模型，然后在蜡模外敷耐火材料，形成整体铸型。加热将蜡化去形成空腔即是铸型，可供浇注熔融的金属，金属冷却后得到成型铸件。在古代多用于铸造具有复杂形制的铸件。已知最早的失蜡铸件，是河南淅川出土的约公元前5世纪初的春秋晚期铜盏部件和铜禁。湖北随县出土的约公元前5世纪的战国初期的曾侯乙尊、盘透空附饰，空间结构繁复齐整，失蜡铸作精致。战国以后，失蜡法的应用范围逐渐扩大，除青铜礼器外，还用于铸造印玺、乐钟、佛像以及少数民族地区的贮贝器、饰件等。元代设失蜡提举司，专管失蜡铸造。失蜡法在长期应用过程中，发展出多种工艺类型。由文献档案和实地调查得知，模料为蜂蜡、石蜡和松香，用植物油调制，经反复拉拔得到良好的塑性。造型时用澄泥浆、纸浆泥或马粪、麻刀泥分层涂挂。中、小型铸件在窑中化蜡、焙烧、趁热浇注。大型铸件，用地坑造型，模料由蜡和牛油配制，造型材料用石灰三合土和炭末泥，所用蜡料和铜料的比为1∶10。大量史实表明，失蜡法在中国延续不断，至近代仍广泛流传于我国广大地区。（苏荣誉）

师夷制夷 即“师夷之长技以制夷”，由清代魏源（1794～1857）于道光二十二年（1842）在《海国图志》中提出。他认为：“夷之长技有三：一战舰，二火器，三养兵练兵之法。”“师夷长技”是指学习西方先进的科学技术、坚船利炮等先进武器，要“尽收外国之羽翼为中国之羽翼，尽传外国之长技为中国之长技”，开晚清学习西方之先声。魏源的“师夷”后来不断扩大，从物质和经济方面到政治和思想以及其他方面，主张在广东建造船厂、火器局，聘请外国技师传授技术；编练精练水师，请西洋人教练驾驶、演炮、作战之法。魏源认为：“师夷”不仅要抵御强敌，保卫国家，还必须整治内部，即“以治内为治外”（《魏源集》上册），“以内修为外攘”（《圣武记叙》）。因此，“师夷”为“制夷”，要“制夷”先必“治内”，“欲平海上之倭患，先平人心之积患”（《海国图志叙》）。师夷以制夷，必须惩治腐败，革职痈官，提高人员素质。“治内”才能“师夷”，“师夷”才能“制夷”。（李家明）

施工导流 水工建筑大都临水，在修建过程中，为求得施工方便和保证施工质量，需要采用工程措施以将江河湖泊之水与建筑施工场地隔离，通常的做法是修建临时性的挡水围堰。三国时，魏国图谋攻取荆州（治所在今湖北荆州江陵），曾设计用布袋装沙填塞襄江（《三国志·吴志·步骘传》）。中国古代最大的拦河围堰是梁天监十五年（516）在淮河上修建的浮山堰，长9里，下宽140丈（约336米），上宽45丈（约108米），高20丈（约48米）。由于未经过严格的专业施工，蓄水后仅4个月，大坝即垮坝失事（《南史·康绚传》）。导流方式分河床外导流和河床内导流两种。至迟在唐宋时期水利施工导流已见于记载。唐太和七年（833），王元暐修建它山堰时，就先在北山下开古港做导流明渠，继而“作坝，截溪水令干，然后用工”（宋·魏岘《四明它山水利备览》卷上）。清代对于施工导流围堰技术的记载已较为详细。嘉庆年间河道总督徐端撰《安澜纪要》卷上强调：“修建石工，应于工外临水一边先筑土坝一道，将坝内之水车干，以便施工。务需酌定水势涨落深浅，以定坝身高低……如少卑薄，设遇风暴，以致撞掣，前工尽弃。”《文昌桥志》对导流围堰作用做了准确的概括：“水修则暗口摸索，定有疏虞；干修则彻底澄清，能期巩固。”古代施工导流围堰一般多为土堰，但也有其他就近取材的形式：双重木柜竹笼导流围堰，例如，清嘉庆八年（1803），江西临川文昌桥在大修时，就设有以装石竹笼叠砌而成的内层墙体和以内塞稻草包土的木柜排列而成的外层围堰；杩槎导流围堰，杩槎用当地的竹、木、卵石、泥土等料修筑，分为支架和拦水两部分。这种围堰有就地取材、施工期短、用途广泛、拆除方便等优点，在古代都江堰灌区常用；草土围堰，以麦草、稻草和土料为主要材料。早在战国后期，慎到使用“茨防决塞”。草土围堰可以在流水中施工，有散草法、捆草法和埽捆法等。它具有就地取材，施工方便、拆除容易、适应河床变形、防渗性能好等优点，缺点是沉陷量较大，草料易腐朽，因此使用时间较短。此外，施工导流技术在其他一些情况下亦可变通使用：元至正十一年（1351）利用沉船法构筑导流堰以堵塞黄河白茅决口；疏通运河和开引河亦需借助围堰技术，以实现干河施工；北宋嘉祐年间曾发明利用施工围堰以开辟取土场的施工方法（宋·沈括《梦溪笔谈》卷十三）。（艾素珍）

施胶　纸张加工工艺的一种，即在原纸表面敷上一层胶质物，以填充纸的空隙，使纸面更加细腻匀整，同时提高了纸的强度，如将胶质物掺入纸浆，将改善纤维在浆液中的悬浮性，抄造的纸还具有抗水性。早期的施胶剂多是淀粉，经淀粉处理的纸再经研光，书写时不致走墨、晕染。这一工艺大约发明于魏晋时期。据鉴定，后秦白雀元年（384）的衣物券，表面施有淀粉，并经研光，为所知最早的施胶纸。（苏荣誉）

十八般兵器　中国民间对古代多种冷兵器的泛称。由“十八般武艺”一语演变而来。最初并非确指某十八种兵器，后来也有人列举出十八种兵器的名称，所指各有不同。通常的一种说法是刀、枪、剑、戟、斧、钺、钩、叉、镋、棍、槊、棒、鞭、锏、锤、挝、拐子、流星。其中除刀、枪、剑、戟、斧等与世界其他国家和地区的兵器有相似之处，大多为中国所独创的精品，具有显著的民族特色。不过“十八般兵器”远不能包括中国古代创造的品类繁多的冷兵器，说中国古代冷兵器有千差万别是不为过分的。（王兆春）

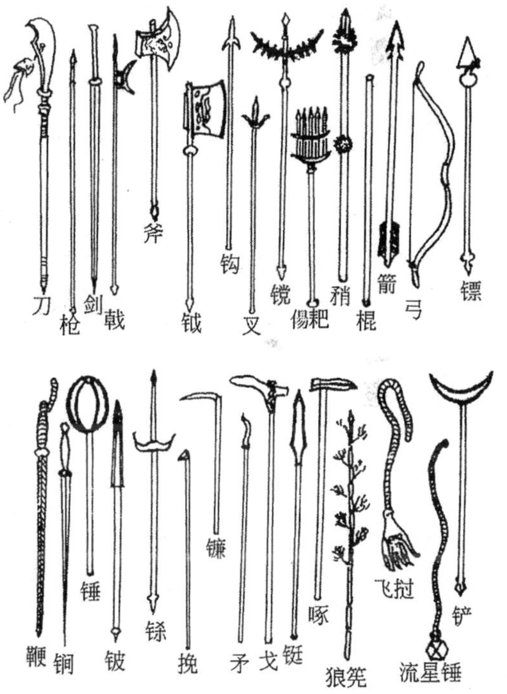

十八般兵器

十八反　中药配伍禁忌的一类，指18种具有相反配伍的药物。《神农本草经》告诫相反药“勿用”。历代对药物配伍十分重视。南朝梁《本草经集注》指出：“相反者，则彼我交仇，必不宜合。”说明相反药是指两种或两种以上药物同用会产生副作用的药效反应，因此属于中药的配伍禁忌。《神农本草经》于每种药物项下，各附记有该药的配伍宜忌一种。原书已佚，据唐代《蜀本草》云，《神农本草经》共载有相反药 18 种。后世本草学著作根据不断发展的药物认识对所提出的相反药物续有补充，例如，明代《本草纲目》提出了 36 种相反药。然而不管文献中列举相反药物的种类、数目怎样增加、变化，大多数古代药学文献中仍沿用“十八反”的名称。而十八反的具体内容，则在不同文献中有多种不同的说法。流传最为广泛、药物相对集中的是金代《儒门事亲》提出的“十八反”歌：“本草明言十八反，半蒌贝蔹芨攻乌，藻戟遂芫俱战草，诸参辛芍叛藜芦。”其中甘草反大戟、芫花、甘遂、海藻；乌头反贝母、半夏、瓜蒌、白蔹、白芨，藜芦反细辛、芍药。以上这些药物比较肯定，但对“诸参”包括哪些参又有不同的认识。一般认为包括人参、丹参、沙参、苦参、玄参，因此常说的十八反包括 19 种药物。（张志斌）

十八律　律学名词。宋蔡元定（1135～1198）建立的一种律制，亦称蔡元定十八律，见《宋史·乐志》和蔡元定《律吕新书》。依三分损益法取十二律外，又从仲吕再生六个变律，构成十八律，实为汉代京房六十律中的前十八律。将六个变律插入十二正律之中，使十八律内相邻两律的音程仅取 90 与 24 音分两种形式。在实际旋宫中，又规定变律不为宫。因而，24 音分就可以灵活地调整七声音阶中各音级，使全音程为 204 音分、半音程为 90 音分的两种音级形式。这样十二均的音阶形式统一为黄钟均一种，旋宫问题在表面上获得解决。由于变律不能为宫，十八律实际上仍是十二律体系，旋宫问题仍未解决，也就是如同三分损益律一样，不能做到循环往复的旋宫可能。（戴念祖）

十产　产妇分娩的十种情况。据南宋陈自明《妇人大全良方》，北宋杨子建提出十产：正产、伤产、催产、冻产、热产、横产、倒产、偏产、碍产、坐产。①正产，指正常分娩。杨氏云：“正者，盖妇人怀胎十月满足，阴阳气足。忽然腰腹作阵疼痛，相次胎气顿陷，至脐腹疼痛极甚，乃到腰间重痛，谷道挺进，继之浆破血下，儿子遂生，此名正产。”②伤产，指产时产妇用力过早，或助产人员助产过早，或用催产药不当，造成伤害的情况：杨氏认为，这样的助产，“非独无益，而又害之，故曰伤产”。③催产，指适当的催产办法。杨氏指出只有两种情况可用催产药催产：其一为“妇人欲产，浆破血下，脐腹作阵疼痛，其痛极甚，腰重，谷道挺进，已见是正产之候，但儿未生，即可服药以催之”；其二为“忽有经及数日，产母困苦，已分明见得是正产之候，但儿子难生，亦可服药以助产母之正气，令儿速下”。④冻产，指冬月天寒之季分娩时应特别注意在产房中多生炭火取暖，产妇下部棉衣不宜脱去，以保暖。⑤热产，指夏月天暑分娩时必须温凉得所，产房中人不宜过多。⑥横产，指胎儿手臂先露，或臀部先露。杨氏提出了助产手法：“当令产母安然仰卧，令看生之人推而入去。凡推儿之法，先推其儿身，令直上，渐渐通手以中指摩其肩，推其上而正之，渐引指攀其耳而正之。……候其身正，门路皆顺，煎催生药一盏，令产母吃了，方可令产母用力，令儿下生。”⑦倒产，指胎儿足先露。助产手法：“当令产母于床上仰卧，令看生之人推其足，人去分毫，不得令产母用力，亦不得惊恐，候儿自顺。若经久不生，却令看生之人轻轻用手内人门中，推其足，令就一畔直上，令儿头一畔渐渐顺下，直待儿子身转，门路正当，然后煎催生药，令产母服一盏后，方始用力一送，令儿生下。”⑧偏产，指胎儿头部偏拄一畔（相当于额先露）或儿头偏拄谷道（相当于持续性枕后位），不能生下。杨氏提出前者用内倒转手法，后者用外倒转手法助产。⑨碍产，指胎儿脐带攀肩，也必须助产人员手入产门，将脐带攀下，候儿身正顺，再令产母用力生下。在论述以上内倒转手法时，杨氏均反复说明：“若看生之人非精良妙手，不可依用此法。恐恣其愚，以伤人命。”这说明他已认识到此类手法具有一定的危险性。⑩坐产，指产妇所取的生产体位。此外，陈自明又增加了盘肠产，即产时子宫脱出，虽共十一种产式，但仍称为“十产”。（张志斌）

十二辰　中国古代一种星空划分制度，以十二支命名。它的分法和十二次一样，但方向相反，即以玄枵为子，然后由东向西，星纪是丑，析木是寅，依次类推。这种划分法和太岁纪年有关。太岁纪年则可能是从岁星纪年发展而来的。岁星纪年用十二次，太岁纪年用十二辰。岁星纪年有其不便之处，就是岁星在星空背景的移动速度其实是不均匀的，而且有时会发生逆行，用岁星的实际位置纪年就不理想。因此，人们设想了一个理想的天体，这个天体的运行方向和岁星相反，从东向西，也是 12 年一周天，但速度均匀，把这个天体叫做岁阴、太阴或太岁。岁星右转，太岁左行。太岁和岁星保持一定的对应关系，例如，岁星在星纪，太岁在寅；岁星在玄枵，太岁在卯等等，于是可以用太岁所在辰来纪年。这种纪年方法在《史记·天官书》和《淮南子·天文训》中都有记述。如《天官书》称：“摄提格岁，岁阴左行在寅、岁星右转居丑，正月与斗牵牛晨出东方，名曰监德；单于岁，岁阴在卯，星居子，以二月与婺女虚危晨出，曰降入；……”奇怪的是这里不用子、丑、寅、卯等十二支名来作年名，而是对每个年名使用一个奇怪名称，对应如下：寅——摄提格；卯——单阏；辰——执徐；巳——大荒落；午——敦牂；未——协洽；申——涒滩；酉——作噩；戌——淹茂；亥——大渊献；子——困敦；丑——赤奋若。这些名称很像是外来语的音译，所以有人认为十二支、十二辰，甚至是十二次可能是从古巴比伦的黄道十二宫而来。这一说很可能是正确的，但在目前尚缺乏令人信服的证据。（孙小淳）

十二次　中国古代星空划分体系之一。我国古代以为岁星（木星）12 年在星空移动一周天，因而把周天沿黄道从西向东分为 12 等分，称为十二次，用于表示岁星每年所在位置。十二次依次为星纪、玄枵、娵訾、降娄、大梁、实沈、鹑首、鹑火、鹑尾、寿星、大火、析木。这些名称大抵都与相应天区的星象有关。星纪表示冬至点所在，是我国古代计量天体位置的起始点；玄枵相当于二十八宿的“虚”，引申有空虚之意，故名；娵訾或称豕韦，是从所在二十八宿的分野而来；降娄和二十八宿之奎、娄对应，取其同音；大梁、实沈的名称，都是从二十八宿的分野而来；鹑首、鹑火、鹑尾是一只鸟的形状，和四象之南方朱鸟对应；寿星相当于二十八宿之角、亢，处于秋分点附近；我国古代把秋分时在南方地平线上看见老人星为人寿年丰的吉兆，寿星之名可能与此有关；大火本是星名，即心宿，是我国古代重要的观象授时之星象；唯析木意义不明。十二次的名称，最早散见于战国时代的《左传》、《国语》中，用来记述岁星的位置。所以一般认为，十二次起源于战国时代。时人对于五星运动特别注意，岁星运动的规律肯定已经掌握，出现十二次划分也是情理所在。但是，关于十二次的起源还没有定论。有人根据《国语》中所记周景王时占星家伶州鸠所说“武王伐殷，岁在鹑火”推定十二次起源于西周初年（约公元前1057）。又有人认为十二次系从十二辰转变而来，而且系两汉之交时刘歆所制定。这一说法和史学界一种认为刘歆为说明其岁星超辰和分野理论而篡改《左传》、《国语》的说法有关，由于证据不足，并未得到公认。但是，十二次的名称，并不见于其他先秦文献，也不见于《淮南子》、《史记·天官书》等西汉天文著作，直到后汉班固《汉书·律历志》，才把二十八宿配合十二次来记载，这说明，虽然十二次的概念在战国时已出现，但其名称之系统确定，恐怕还是和刘歆有关。（孙小淳）

十二经脉　亦称十二正经。据《黄帝内经》，具体指手太阴肺经、手阳明大肠经、足阳明胃经、足太阴脾经、手少阴心经、太阳小肠经、足阳明膀胱经、足少阴肾经、手厥阴心包络经、手少阳三焦经、足少阳胆经、足厥阴肝经等人体十二经脉的合称。《灵枢·经脉》认为，手三阴经均从胸腹走手，手三阳经均从手走头，足三阴经均从足走胸腹，足三阳经从头走足。手足三阳经会于头面部手，阳明在前，少阳在侧，太阳在后。四肢部阳经在外侧，阴经在内侧；太阴、阳明在前，少阴、太阳在后，厥阴、少阳在中。胸腹部分布着手足三阴经脉及足阳明经，腰背部为足太阳所过，侧胸腹为足少阳所过。十二经脉是人体运行气血的主要通道，每一经脉都与体内同名脏腑直接联系，阴经属脏络腑，阳经属腑络脏，通过穴位与人体表面联系，由此将人体组成一个有机的整体，人体生理病理及治疗等均与十二经脉功能有关。《灵枢·经脉》又云：“脉道以通，血气乃行……经脉者，所以能决死生，处百病，调虚实，不可不通。”《灵枢·海论》云：“夫十二经脉者，内属于腑脏，外络于肢节。”《灵枢·经别》云：“夫十二经脉者，人之所以生，病之所以成，人之所以治，病之所以起，学之所始，工之所止也。”十二经脉经气循行有一定的规律，其起止流注顺序如下：手太阴肺经起于中焦，出于手食指拇指侧指端；手阳明大肠经起于手食指拇指侧指，挟于鼻部；足阳明胃经起于鼻部，出于大足趾端；足太阴脾经起于大足趾端，注入心中；手少阴心经起于心中，出于小指端；手太阳小肠经起于手小指端，止于目内眦；足阳明膀胱经起于目内眦，至中足小趾外侧；足少阴肾经起于足小趾之下，注入胸中；手厥阴心包络经起于胸中，出于无名指端；手少阳三焦经无名指端，至目外眦；足少阳胆经起于目外眦，出于大足趾端；足厥阴肝经起于大足趾丛毛际，上入腹中。因此，十二经脉经气首尾相连，周而复始。（张志斌）

十二律　乐律学名词。从起始音黄钟律起算，按照一定的生律法，在一个八度内连续产生十一律，使每相邻两律间的音程为半音或约略半音。这样，包括起始的黄钟律在内称为十二律。从音乐文物的研究中发现，西周初期已有十二律。西周编钟一些铭文，已有“妥宾”（蕤宾）、无炅（无射）等律名。文献始见于《国语·周语下》：周景王二十三年（公元前522）伶州鸠论乐，传统十二律名称由低到高分别为黄钟、大吕、太簇、夹钟、姑洗、仲吕、蕤宾、林钟（函钟）、夷则、南吕、无射、应钟。其中，按顺序排的奇数各律称为“律”，偶数各律称为“吕”，合称为“律吕”。不同生律法产生的十二律，其音程不相同。（戴念祖）

十晖 古代占星术所观察的天象，指日面附近的各种云气。根据云气的颜色、形态及其与日面构成的形态分为十种类型，故名。《周礼》说，眡祲氏掌十晖之法，以观妖祥，辨吉凶。《晋书·天文志》描述道：“一曰祲，谓阴阳五色之气，浸淫相侵。或曰，抱珥背璚之属，如虹而短是也。二曰象，谓云气成形，象如赤鸟，夹日以飞之类是也。三曰鑴，日傍气，刺日，形如童子所佩之鑴。四曰监，谓云气临在日上也。五曰闇，谓日月蚀，或曰脱光也。六曰瞢，谓瞢瞢不光明也。七曰弥，谓虹弥天而贯日也。八曰序，谓气若山而在日上。或曰，冠珥背璚，重叠次序，在于日傍也。九曰隮，谓晕气也。或曰，虹也，《诗》所谓‘朝隮于西’者也。十曰想，谓云气五色有形想也。”中国古代对日旁云气有非常仔细的观察，十晖也泛指各种形态的日旁云气。日旁云气，在占星术上大多用来预测判断两军对阵时的敌我形势。（孙小淳）

十剂 药物或方剂功用的类别。始见于唐代，指药物功用。陈藏器的《本草拾遗》曰：“诸药有宣、通、补、泄、轻、重、涩、滑、燥、湿，此十种者，是药之大倖。”自注云：“宣可去壅，即姜，橘之属是也；通可去滞，即通草，防已之属是也；补可去弱，即人参，羊肉之属是也；泄可去闭，即葶苈，大黄之属是也；轻可去实，即麻黄、葛根之属是也；重可去怯，即磁石，铁粉之属是也；涩可去脱，即牡蛎，龙骨之属是也；滑可去著，即冬葵，榆皮之属是也；燥可去湿，即桑白皮，赤小豆之属是也；湿可去枯，即紫石英，白石英之属是也。”宋代《圣济经》始将其各称为“剂”，但据吴禔注称：“病有不同，剂亦随异。以无方之剂，足以应无穷之病者，凡以制而用之，各有宜焉。”可见仍然指的是药物功用的类别。此后各代的药物学论著中，常取此意，如金代《素问病机气宜保命集》、明代《本草纲目》中解释十剂，均以单味药为例。在陈氏中药十剂的影响下，金代《伤寒明理论》中始明确提出区别方剂类别的“十剂”之说：“制方之体，宣、通、补、泄、轻、重、涩、滑、燥、湿，十剂是也。”此后论十剂，则多有取此意者，如金代《儒门事亲》论十剂，则均以方剂举例。（张志斌）

十进位值制记数法 又称为十进地位制记数法，中国古代创造的记数制度。即以十为进位基数的位值制记数法。甲骨文数字采取十进制，并且有了位值制的萌芽。什么时候形成完整的位值制，已不可考，但算筹数字已是位值制，同一个数字符号，比如‖，放在个位上是2，放在十位上是20，放在百位上是200……只不过为了防止错乱，算筹数字采用纵横制。中国的小数也采用十进位值制。（郭书春）

十进小数 中国古代表示数量之奇零部分的方法。在数学史上，小数的使用比分数晚得多，各个民族几乎概莫能外。中国是世界上最先使用分子不为 1 的分数的国家，也是最先使用小数的国家。公元 263 年刘徽在开方不尽时用十进分数（微数）表示无理根的近似值，开十进小数之先河。古代用厘、毫、丝、秒、忽表示分以下的奇零部分。赝本《夏侯阳算经》常常以某个单位度量列出一个数值，不再列出它以下的单位，如将绢 1525 匹 3 丈 7 尺 5 寸化为 1525 匹 9375，实际上是十进小数 1525. 9375 匹。“匹”起着度量单位与小数点的双重作用。秦九韶、李冶都将 1863. 2 寸表示成 $186\underset{\text{寸}}{3}2$，与今天的记法更为接近。杨辉、朱世杰还先后总结了民间的斤两化零歌，即将1 ~ 15两化成以斤为单位的十进小数的歌诀。中亚的阿尔·卡西在 13 世纪才掌握十进分数，欧洲在 1585 年斯台汶才有了十进小数的概念，记法还远不如唐宋时期的中国。例如，小数 1525. 9375 被记成 $152\,\overset{⓪}{5}\overset{①}{9}\overset{②}{3}\overset{③}{7}\overset{④}{5}$或 1525⓪9①3②7③5④。（郭书春）

十九畏 中药配伍禁忌的一类，指 19 种（十对）不宜于相互配伍使用的药物，即硫黄与朴硝、水银与砒霜、狼毒与密陀僧、巴豆与牵牛、丁香与郁金、牙硝与三棱、川乌与犀角、草乌与犀角、人参与五灵脂、官桂与石脂。见于明代《医经小学》“十九畏歌”。其歌曰：“硫黄原是火中精，朴硝一见便相争。水银莫与砒霜见，狼毒最怕密陀僧。巴豆性烈为最上，偏与牵牛不顺情。丁香莫与郁金见，牙硝难合荆三稜。川乌草乌不顺犀，人参最怕五灵脂。官桂善参调冷气，若逢石脂便相欺。大凡修合看顺逆，炮爁炙煿莫相依。”此说在明清时期比较盛行，这是古人的用药经验，是否完全符合药理机制与临床实际，尚有待于进一步研究。（张志斌）

十三科 我国古代医学分科的名称。据《周礼》，医学最早分为四科，即疾医、疡医、食医、兽医。唐代医学也分四科，为医科、针科、按摩科、咒禁科。宋代医学初分为九科，嘉祐年间（1056 ~ 1063）的九科为大方脉科、风科、小方脉科、产科、眼科、疮肿科、口齿兼咽喉科、金镞兼书禁科、疡肿兼折伤科。元丰年间（1078 ~ 1085）改制之后，去掉疡肿兼折伤科，将疮肿科改为疮肿兼折伤科，并增加针灸科，仍为九科。元代医学改为十三科，大致为大方脉科、风科、小方脉科、杂医科、产科、眼科、口齿科、咽喉科、正骨科、金疮肿科、针灸科、祝由科、禁科；明代十三科大致为大方脉科、小方脉科、妇人科、疮疡科、针灸科、口齿科、眼科、咽喉科、伤寒科、接骨科、金镞科、按摩科、祝由科。明代后期（1571），将前期的十三科改作十一科，即大方脉科、小方脉科、妇人科、外科、针灸科、口齿科、眼科、咽喉科、伤寒科、正骨科、痘疹科。（张志斌）

十四律 清康熙帝制作的一种律制，又称康熙十四律。事见《律吕正义》。康熙帝将三分损益用于管律，又不加管口校正，因此黄钟不与半黄钟相应，而与清太簇相应。于是，他在三分损益十二律外加上二个“清”律，共得十四律，构成一个八度。这十四律组成的七声音阶。据杨荫浏《中国音乐史纲》的推想，其全音和半音变得十分混乱，全无规律可循。十四律是一个失败的管律。（戴念祖）

十问 中医问诊的十项重点内容，见于明代张介宾《景岳全书·传忠录》“十问歌”。其歌曰：“一问寒热二问汗，三问头身四问便，五问饮食六问胸，七聋八渴俱当辨，九因色脉察阴阳，十从气味章神见。”此后的医家也有类似的“十问歌”，内容基本相同，或略有改动。例如，清代陈修园《医学实在易》中云：“一问寒热二问汗，三问头身四问便，五问饮食六问胸，七聋八渴俱当辨，九问旧病十问因。”十问歌大致概括了中医收集病史材料时问诊所应涉及的重点内容，可作为初习医者的临床参考。（张志斌）

十月历 中国古代的一种太阳历，以一年为10个月，每月36日，年终5日为节日。彝族至今还保存有“十月历”，以二属相轮回纪日，一个月36天，一年10个月，另加5~6日为“过年日”。一年五季分别以土、铜、水、木、火代表，一季2个月，月分公母，即阴阳。10个月分成：一月土公，二月土母；三月铜公，四月铜母；五月水公，六月水母；七月木公，八月木母；九月火公，十月火母。十月历以观测太阳运动定冬夏，以北斗柄指向定寒暑。太阳运动到最南点时为冬至，到最北点时为夏至。冬季黄昏斗柄正下指时为大寒，夏季黄昏斗柄正上指时为大暑。彝族十月历在我国古代文献中可以得到印证。《管子·幼官图》中记一年有30个节气，每个节气固定为12天。30个节气为360日，最后的5~6天为过年日，不计在内。《管子·幼官图》的这个系统应当是和十月历相配合的系统，说明古代曾有过十月历。近有学者提出《夏小正》是十月历系统，目前尚无定论；又有学者提出阴阳、五行、八卦的起源都与十月历有关，都是基于术数解释学上的论证，不能算是定论。十月历因只和季节相配，是纯粹的太阳历。但这种历法可以说是广义上的历法，和古代历注选择中任何一种值日法类似，如建除、二十八宿、三十六禽值日等。我国古代似乎没有实际颁布使用过十月历。（孙小淳）

石碉群 聚居大小金川地区的少数民族为抵御外来势力的进攻而构筑的众多石碉。通常在一个地区，由几十至几百座石碉组成群，如林而立，形式多样：有的石碉与地窖相结合，有的石碉与碉卡相结合，有的建成城寨式，有的利用天然山险而筑，它们异彩纷呈，各有特色。每座石碉都建在山险隘口，用当地石块垒砌而成，大小高低不一，每一石碉群中，都有一座高大的主碉，高26~35米，最高者50~53米，四壁开望孔和射眼，有的顶部还开有洞口，碉内可储粮草和饮水，碉外周围挖掘深沟和护墙；各石碉交错建筑，互为犄角，互相策应。石碉群所在的山梁狭窄之处还修筑了石卡，设置发石机，抛击巨石和发射枪弹，击砸和射击来攻之敌。乾隆十二年（1747）和三十七年正月，清军在进攻大小金川时，遇到许多困难：大部队必须分散；骑兵遇山险阻隔，必须下马；火炮笨重，难以搬运上山；弓箭射之，纷纷折落坠地；碉外有深沟刺钉，士兵难以逼近，挖掘地道，又被深沟阻隔。清军每攻一碉，伤亡数十乃至上百人。为平定大小金川，清军在两次作战中，政治上利用矛盾，各个击破；在作战中，或强攻硬取，或长围久困，或以碉逼碉，或以卡逼卡，或因险用险，或用冲天炮轰毁石碉等技术和战术，突破或攻占各种石碉群，以伤亡3万多人、耗银7000多万两的代价，才平定了大小金川。石碉群是少数民族因地制宜建筑的永备工程，由来已久，在军事工程技术史上有一定的价值。（王兆春）

大金川勒乌围石碉群

石拱桥 中国古桥中占有数目最多的一种。由三边、五边至七边的折边石梁桥演化而来。拱券形状有半圆、马蹄、全圆、圆弧、锅底、蛋圆、椭圆折边和抛物线数种。马蹄拱是明显大于半圆的拱，拱心夹角200°左右；全圆拱是将圆筒下半埋入河床，作基础，上半做桥拱；圆弧拱取圆周上小于半圆的弧段，拱中角小于180°；锅底券即尖形拱，为二心圆拱；在尖拱的尖部加一段小圆弧即蛋形拱；椭圆拱是三心圆拱；抛物线拱是多心圆拱。拱券的排列有并列和横联两种基本方法，并列拱券由许多独立拱券栉比并列而成，亦即数个拱券联成筒拱，横联是诸拱券在横向交错砌筑，直接筑出筒拱，后者应用最多。中国的石拱桥技术成就主要表现为敞肩圆弧拱、厚墩厚拱和薄墩薄拱石拱桥等。有关石拱桥最早的记载是《水经注》记载的建于西晋太康三年（282）的洛阳七里涧上之旅人桥，为单孔石拱桥。（沈玉枝）

石窟寺 佛寺的一种，开凿山崖建造的寺庙，故名。首见于印度，随着佛教传入中国。中国最早凿建石窟寺的是今新疆地区，大约始于东汉，十六国和南北朝时经由甘肃到达中原，东达山东，南至浙江，北抵辽宁，后来至云南、四川。元明以后凿窟之风逐渐停息。较早者有可孜尔石窟寺、库木土拉石窟寺、伯孜克里克石窟寺、吐峪沟石窟寺等，其开凿时间不晚于西晋。敦煌石窟建于前秦建元二年（366），麦积山石窟寺建于后秦（384～417）。南北朝时，凿崖建寺之风遍及全国，除上述诸窟继续营建外，又开凿大量石窟，著名的有云冈石窟、龙门石窟、天龙山石窟、响堂山石窟等。石窟寺的型制有三种。一是供养佛像的“支提窟”，中心柱式，窟平面呈长方形，分前后室，前室后壁凿大龛，置佛像，供信徒礼拜，左右有甬道，与后室相通。支提窟源于印度，是一种僧侣们修行时住的石窟，其中央是方形或长方形的讲堂，左右两侧和正面开凿有很多小型方室，约一丈见方，每室只能容纳一僧住在里面坐禅苦修。为了能在苦修过程中随时拜佛，佛塔被移入僧侣们修行的禅窟中，在石窟的中堂后壁上刻出小型佛塔。印度称这种刻有佛塔和其他雕刻的石窟为“支提”，意译为“庙”或“塔庙”，里面的塔称之为“支提”式塔。中国的僧侣一开始没有在石窟中苦修的传统，石窟很小，没有集会讲经的讲堂，而是在洞窟的前面或旁边另建寺院，作为僧侣居住和集会的地方，原来窟内后部的塔也发展为塔柱或中心柱。二是供僧徒讲学和修身养性的“毗诃罗窟”，大体是围绕一个较大的方形窟室，在室左、右、后壁开凿一些小的支洞，僧徒在小洞中坐禅、居住，与印度的石窟形制相同。三是佛殿式，平面方形，窟内后部正中塑巨大佛像，以云冈石窟北魏时期凿建的昙曜五窟最为典型，迄唐宋更为盛行。随着希腊造像艺术传入南亚次大陆，佛教徒开始兴造佛像，由礼拜塔转到礼拜佛像，由礼拜象征物转为礼拜具体的佛，于是，随着佛寺供奉佛殿的勃兴，石窟寺也开始做

成佛殿式。(沈玉枝)

石门隧道 东汉永平四年(公元61年,一说西汉初年刘邦时)扩建褒斜道时在其南端七盘山下开通的隧道。世界上人工修建的用来通行车辆的最早隧道。《石门颂》云:“至于永平,其有四年,诏书开斜,凿通石门。”大体南北走向,与褒谷谷道平行,而与褒斜栈道在同一水平线上,长15~16.5米,宽4.1~4.2米,高约3.6米。隧道内未见斧凿痕迹,传说用火烧水激法开成,是技术上的进步。(郭书春)

石蜜 食糖的古称,是梵文śarkarā的意译。《汉书·南中八郡志》记载:“交趾有甘蔗,围数寸,长丈余,颇似竹,断而食之,甚甘。榨取汁,曝数时成饴,入口消释,彼人谓之石蜜。”《齐民要术》引东汉杨孚《异物志》也有类似记载。唐代,印度先进的甘蔗制糖技术传入我国。《新唐书》卷221载:“摩揭它,一曰摩伽陀,本中印度属国……贞观二十一年(647)始遣使者自通于天子。……太宗遣使取熬糖法,即诏扬州上诸蔗。榨汁如其剂,色味愈西域远甚。”《新修本草》(659)“石蜜”条新增的内容说:“石蜜……云用沙糖、水、牛乳、米粉和煎,乃得成块。西戎来者佳。近江左亦有,殆胜蜀者。云用牛乳和沙糖煎之,并作饼,坚重。”这种石蜜就是传自印度而在江左(今江苏、浙江一带)推广的。(王扬宗)

石棉布 用石棉纤维纺织而成的布。由于石棉布具有不燃性,在火中烧过之后可以去除污垢,所以中国古代称其为火浣布。中国利用石棉纺织的历史较早,汉代以前就已出现相关的记载,《列子·汤问》:“周穆王大征西戎,西戎献锟之剑,火浣之布。……火浣之布,浣之必投于火。布则火色,垢则布色。出火而振之,皓然疑雪。”(赵翰生)

石炮 明军在守城战中使用的一种石制爆炸性火器。自嘉靖(1522~1566)以后,多为驻守长城沿线的部队所使用。大小随所取的石料而定,一般呈椭球形,中间凿有一个装填火药的空穴,内安一根苇管,管中插一根火线,而后将其压实,封固待用。石炮多用于守城,当敌军攻至城下时,守城士兵将火线点着,把石炮推下城去,在敌群中爆炸。石炮可以就近取材,造价低廉,还可作为地雷使用。山海关城楼上陈列有当年明军使用的许多石炮。(王兆春)

石染 以矿物颜料为织物施色。中国古代称植物染料为“染草”,后人遂以植物染料染色称“草染”,则以矿物颜料着色称“石染”。在进入农耕社会以前,以矿物颜料为着色剂是各史前文明的共同特点。中国是世界上使用矿物颜料最早的国家,在距今18 000年的周口店山顶洞人遗址中曾发现赤铁矿粉末及其研磨痕迹。夏商周三代,中国使用的矿物颜料种类已有赭石、丹砂、胡粉、蜃灰、石黄、石绿、石涅等。现已发现的西周染色丝帛,其上涂染的赤色及黄色颜料分别为朱砂和石黄。《考工记》中将某些矿物颜料的着色工艺及标准作为“礼”的内容加以规定。《周礼·秋官》:“职金。掌凡金玉锡石丹青之戒令。”明末宋应星《天工开物》以“丹青”卷记矿物颜料,所记品种有朱、胡粉、黄丹、淀花、紫粉、大青、铜绿、代赭石、石黄等。矿物颜料与织物没有亲和力,中国古代采用黏性谷物作为浆料与研磨成颗粒状的粉末混合后施加固着在织物上。长沙马王堆一号汉墓出土金银印花纱和印花敷彩纱采用了多种矿物颜料套色印花与植物染料点染绘制相结合的施色工艺。(朱冰)

石油 又称石漆、石脂水、黑脂、石脑油、猛火油、雄黄油等，指自然界产出的油状可燃液体矿物。我国是世界上发现石油最早的国家之一，石油的文字记载，较早见于《汉书·地理志》：“高奴（今延安一带），有洧水（今清涧河），可𪸩。”晋张华《博物志》称其为“石漆”，并云“燃之极明，不可食”（西晋·司马彪《续汉书·郡国志》，南朝梁刘昭注补），唐代称其为石脂水（唐·李吉甫《元和郡县志》；段成式《酉阳杂俎》卷十），石油之名首见于北宋李昉（925～996）等编撰的《太平广记》。北宋沈括（1031～1095）曾对石油的产状、性质作实地考察，并采集油样，进行试验，还断言“石油至多，生于地中无穷”（《梦溪笔谈》卷二十四）。据不完全统计，古籍所载石油产地，广及陕西、甘肃、新疆、四川、广东、台湾等十多个省和自治区。我国还是世界上应用石油最早的国家之一，至少在2000年以前我国西北地区已用石油照明，石油还用来润滑、防腐、制墨以及“杀虫治疮”（明·李时珍《本草纲目》卷九），我国古代的军事家使用石油作为火攻的燃料。至迟在元代，西北地区已有专为开采石油而开凿的油井。(艾素珍)

时 古代天文学上“时”有两个含义：一是指季节；二是指日以下的时间划分单位。①季节。《尚书·尧典》：“敬授人时。”又说：“期三百有六旬有六日，以闰月定四时，成岁。”这里的“时”都是指季节，或者叫时节。我国古代通常把一年分为春、夏、秋、冬四季，称做四时。②日以下的时间划分，有不等时法和等时法。上古时代，人们“日出而作，日入而息”，就相当于把一天分为两部分，这是天然的不等时法。在甲骨文中可以看到，一天中的不同时刻有专门名称，如旦、大采、大食、中日、昃、小食、小采、暮、夕等。《淮南子·天文训》中有把白天分成15段的记载，叫做晨明、朏明、旦明、蚤食、晏食、隅中、正中、小还、铺时、大还、高舂、下舂、悬车、黄昏、定昏。这也是不等时分法。西周时有一种十时制。《左传》昭公五年（公元前537）说：“日之数，十。故有十时，亦当十位。”《隋书·天文志》针对古代十时制说：“昼：有朝、有禺、有中、有晡、有夕。夜：有甲、乙、丙、丁、戊。”这种十时制是不均匀的，其夜间部分后来一直留传下来，演变成所谓的“五更”报时制度。等时划分法大约在漏壶发明后才出现。西周时代，为计量时间，把一天分为12个等长的时段，用子、丑、寅、卯、辰、巳、午、未、申、酉、戌、亥十二支来表示。十二时制度后来一直为后世所采用。宋代以后又规定把每个时辰平分成初、正两个部分。这就相当于现今的二十四小时制度。“小时”之称也由此而来。古代计时还有一种把一天均匀地分为百刻的漏刻制度。(孙小淳)

识别杂记 元李冶《测圆海镜》卷一针对圆城图式提出的692条各勾股形边长及其与所切圆的直径间的关系，是为《测圆海镜》全书的理论基础，亦为中国传统数学勾股容圆知识的全面总结。内分诸杂名目、五和五较、诸弦、大小差、诸差、诸率互见、四位相套及拾遗凡8项，除8

条外都是正确的，故每条都可以看做一条定理或公式。其中，“诸杂名目”的10条由勾、股、弦求所切圆径的公式，即洞渊九容与李冶所补充的一个公式，是为《测圆海镜》的基本公式。(郭书春)

实如法而一　中国古代除法运算的术语。实是除法中的被除数，也指开方式(一元方程)和方程(线性方程组)的常数项。法是除法中的除数，也指开方式中一次幂的系数。除法中，先算出法，再算出实，通过“实如法而一”实施除法。“如”，相等，意即实中有与法相等者就商一，自然，实中有几个法便商几。首见之于秦简《数》、汉简《算数书》与《九章算术》。在《九章算术》中，它通常用来表示抽象性的术文，如“合分术曰：母互乘子，并以为实；母相乘为法。实如法而一”。还有一种“实如法得一钱(或其他单位)”的提法，通常表示抽象性比较差的术文或演算细草。《九章算术》衰分章衰分术所属的第2道例题：“术曰：置牛四、马二、羊一，各自为列衰，副并为法；以五斗乘未并者各自为实；实如法得一斗。”《算数书》中则没有这种分野。开方运算是从除法运算脱胎出来的，其被开方数也称为实，《九章算术》的开方术求每一位得数的最后一步都是以法除实，故称为“开方除之”。方程消元后，一行中只剩下法与实，亦通过“实如法而一”求得解。(郭书春)

实业　对工商企业的通称。19世纪中叶人们提出学习西方先进的企业和军事工业技术，“师夷长技以制夷”，允许商民投资建立西方新式工业。康有为提出“成大工厂以兴实业”。光绪二十八年(1902)张謇云：“实业者，西人赅农工商之名。”以后“振兴实业”、“实业救国”的口号乃日趋普遍。1919年孙中山制定了发展资本主义工业的《实业计划》，在实业建设的规模及其认识上都超过了前人。(李家明)

实业救国　晚清兴起的通过兴办实业以振兴中国的一种社会思潮。鸦片战争之后，中国被迫与列强签订了一系列不平等条约，沦为半殖民地国家，国破民穷，国人逐步认识到列强的强大富有是由于其工矿业的发达。同治、光绪年间出现了“自强求富”、兴办“洋务事业”的政治势力，创办近代民用企业以“求富”，办近代军事工业以“自强”。19世纪60年代之后，兴办了一些工矿企业、交通运输、通信纺织和军工企业。为办好这些实业，还兴办各类新型学堂，造就兴办实业的各类人才，出版了一批西方科技书籍。甲午战争失败之后，民族危机日益加剧，“制夷”的目标转变为“救国”。20世纪初，这种思想十分流行，时称“实业救国”。(李家明)

实业学堂　清末职业学校。为培养各方面职业人才，清政府于光绪二十九年(1903)据张百熙(1847～1907)、荣庆(1855～1912)、张之洞(1837～1909)《奏定实业学堂通则》(癸卯学制的组成部分)统筹划一的各类实业学堂。分初、中、高三等：初等实业学堂相当于小学程度，分农业、商业、商船三类；中等实业学堂相当于中学程度，有农业、工业、商业、商船四类；高等实业学堂相当于大学程度，分类与中等同。1913年改为实业学校。(李家明)

食用菌　中国主要的蔬菜种类之一。先秦文献已有以食用菌作为食品的记载，

《齐民要术·素食》记有食用菌（一名地鸡）的烹调方法，唐末五代韩鄂《四时纂要》首次提到构菌的栽培方法：用烂构木及叶埋于地中，常浇以米泔水，经二三日即可长出构菌；或于畦中施烂粪，取六七尺的构木段，截断捶碎，均匀地撒于畦中，覆土，常浇水保持湿润。见有小菌长出，用耙背推碎；再长出小菌，再推碎。如此反复3次，即可长出大菌。王祯《农书》中记有香菇的栽培法：选择适宜的树种，如构树等，伐倒，用斧斫成坎，用土覆压。等树腐朽后，取香菇锉碎，均匀地撒入坎中，用蒿叶及土覆盖。经常浇以米泔水。隔一段时间用棒敲打树干，称为“惊蕈”，不久即可长出香菇。清代在广东及江西常栽培喜温性真菌——草菇，系以稻草为培养料栽培的。在湖南的一些地方则用苎麻及粗皮为培养料栽培，当地称为“麻菇”。南宋陈仁玉所著《菌谱》则是中国最早的食用菌专著。（曾雄生）

食治　又称食疗。指根据食物不同的性味，针对病情的不同需要，作用于不同的脏腑器官，而起调理和治疗的作用。因食物毒副作用极小，且性气平和，口感良好，既十分容易为病人接受，也十分容易为病家掌握，供日常使用，所以是一种非常受欢迎的可以常用久用的治疗方法。《备急千金要方》专有“食治门”，搜集自《黄帝内经》至唐代以前用食物治疗疾病的记载，为著名的食治专辑之一，其中以活鲤鱼为主药的治疗妊娠水肿的食疗名方“千金鲤鱼汤”，至今仍被中医临床采用。唐代孟诜《食疗本草》、陈士良《食性本草》及元代忽思慧《饮膳正要》可以说是比较早期的食治名著。（张志斌）

史前城堡　发源于原始聚落群的中心聚落。诞生于公元前3500年左右，当时中国处于邦国林立的社会状态，是各个方国和部落酋长国的政治中心。其表现，一是以城堡为中心，周围按一定距离环绕布置一群受其控制的中型原始聚落或城堡，其周围又有一群小聚落等距离布局在外围，城堡在整个聚落群中处于等级结构的顶点。二是有些城堡只是一个聚落的一部分，在其周围有与城堡同期或早于城堡的文化遗存，证明城堡是在聚落的基础上发

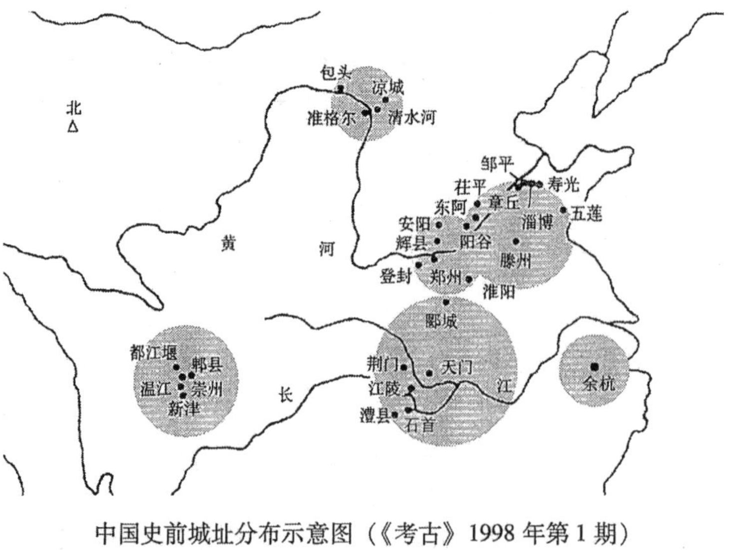

中国史前城址分布示意图（《考古》1998年第1期）

展而来的。史前城堡的功能构成与原始聚落有不同之处，与原始聚落的居住、手工作坊和墓葬三大主要功能相比，城内增加了规格等级高于城内一般居民住宅的建筑，它们应该是方国或部落酋长国统治者执政的原始“宫殿区”。与原始聚落以广场和公共建筑为中心、周围环绕其他建筑的总体布局不同，城堡以规格高于其他居住建筑的居于夯土台基之上的原始宫殿建筑为中心，城内布置有一般居住区和手工作坊区，以厚重的城墙和壕沟环绕，城内有比较完善的道路系统和排水系统，墓葬布置在城之内外。（沈玉枝）

驶风技术　风帆发明以后，如何利用风力使船舶沿着既定目标航行，成为人们探讨的问题，这就是驶风技术。汉代就已相当熟练。《太平御览》卷771引《南州异物志》云：“其四帆不正向前，皆使邪移相聚，以取风吹。风后者激而相射，亦并得风力，若急则随意增减之。邪张相取风气，而无高危之虑，故行不避迅风激波，所以能疾。”这里谈到利用侧向风力，并根据风向和风力大小随时调节帆的位置、帆角以及帆的面积。汉代应用了船尾舵。为了克服侧向风对船产生的横漂力还需调整舵的角度，随时调节帆角与舵角，使帆与舵恰当地平衡，以保持船舶的既定航向，这就是所谓“看风使舵”。后来，这种技术被称为调戗，又作调枪。明茅元仪《武备志》云：“沙船能调戗使斗风。”这是遇到顶风时不断改变航向，使船行“之”字形航线，将顶风变为侧风，并变换帆与舵的方向，使船航向既定目标。（郭书春）

势　（1）物理学名词。中国古代用于归纳物质及其运动所具有的能量的概念。春秋时齐国孙武《孙子兵法》卷五《势篇》写道：“激水之疾，至一漂石者，势也。”“势如扩张，节如发机。”“故善战人之势，如转圆石于千仞之山者，势也。”在卷末《遗说》中说：“力虽甚劲者，非节量短近而适其宜，则不能害物。鲁缟之脆也，强弩之末不能穿；毫末之轻也，冲风之衰不能起。”这里“势”字亦暗含能量的概念。它包括了如“激水之疾”的动能。如“张弓发机”的弹性势能、如“转圆石于千仞之山”的势能，《汉书·韩安国传》、《淮南子》中《兵略训》、《说山训》等典籍中也多有和《孙子》所说的势相同的思想。元代王祯在《农书·农器图谱集之二十四》中述及水碓时对于水的势能及其利用说：“及在统水岸傍，俱可设置，须度水势高下为之。”（王允红）

（2）传统数学术语，表示状态、态势之意，它表示数量或形体关系的某种态势。《九章算术》合分术刘徽注云：“同者，相与通同共一母也；齐者，子与母齐，势不可失本数也。”是说通过齐同可使分数值保持不变。勾股章勾股容方术刘徽注曰：“方在勾中，则方之两廉各自成小勾股，而其相与之势不失本率也。”是说相似勾股形的对应边成比例。设勾股所容之正方形分别与勾、股、弦形成的小勾股形的勾、股、弦为 a_1，b_1，c_1；a_2，b_2，c_2，则 a_1：b_1：$c_1=a_2$：b_2：$c_2=a$：b：c。商功章阳马术刘徽注曰：“悉割阳马，凡为六鳖臑。观其割分，则体势互通，盖易了也。”是说将正方体分割成三阳马，再将阳马一分为二，成为六鳖臑，它们两两对称、三三全等。《九章算术》开立圆术李淳风等注释引祖暅之开立圆术曰：“夫叠棋成立积，缘幂势既同，则积不容异。”此即如果两组立体，其截面积有相等的态势，即任意等高处的截面积相等，则其体

积不能不相等。这就是祖暅之原理。（郭书春）

守城器械 古代军队在守城战中使用的器械。按用途可分为六大类：侦听类，有地听；抵御类，有钓桥、皮帘、木立牌、竹立牌、插版、塞门刀车、木女头、护城遮箭架；撞击砸打类，有撞车、铁撞木、狼牙柏、檑；烧灼类，有燕尾炬、飞炬、行炉、铁汁神车、猛火油柜、游火铁箱、铁火床、万胜神毒火屏风车、风扇车；攻击类，有守城枪、钩杆、绞车；灭火器材类，有水袋、水囊、唧筒等。这些守城器械须配套使用，才能发挥综合的守城作用。（王兆春）

兽类 动物分类学名词，指哺乳类动物。《尔雅·释鸟》曰："四足而毛，谓之兽。"这一定义具有一定的科学性和准确性。后来，人们将家养哺乳动物称为"畜"。明李时珍在《本草纲目·兽部》中引用《尔雅》的定义后说："圈养者，谓畜。"他创用术语"兽类"，概括兽类"凡八十六种，分为五类：曰畜，曰兽、曰鼠、曰寓、曰怪"。李时珍沿用了《尔雅》对兽类的定义，但在对兽部进行再分类时认为兽类只是整个兽部中的一类，主要指野生的躯体较大的哺乳动物。寓类、鼠类以及畜类等名词，都直接源于《尔雅·释兽》。兽类、怪类二名词，则为李时珍所创用。（汪子春）

兽医 中医的组成部分之一，起源很早。传说黄帝时期（公元前26～前25世纪）有马师皇善治马病，并掌握了兽医针刺技术。专职兽医的出现见于《周礼·天官》："兽医掌疗兽病，疗兽疡。凡疗兽病，灌而行之，以节之，以动其气，观其所发而养之。凡疗兽疡，灌而劀之，以发其恶，然仍药之、养之、食之。凡兽之有病者，有疡者，使疗之。死则计其数，以进退之。"西周时期有畜牧兽医造父，后世有托名作《造父八十一难经》。春秋时期则有孙阳（号伯乐）和王良。战国时期有专门诊治马病的"马医"。内科病用水煎剂灌服，外科病用涂敷药或腐蚀引赤药以去其坏死组织。药物分草、木、虫、石、谷五类，并分为以五毒攻病、五味调病、五气节病、五谷养病等治则。秦汉时期有专职的"牛医"。秦汉制定了畜牧兽医法规"厩苑律"或"厩律"。东汉末的《神农本草经》是中国最早的一部人畜通用的药学专著，其中有些药指明用于家畜。在《居延汉简》、《流沙坠简》以及《武威汉简》中有医治马牛病的处方。东晋名医葛洪《肘后备急方》有治六畜诸病方，对马驴役畜的十几种病提出了疗法，其中有治马羯、骨胀等的灸熨术。北魏贾思勰《齐民要术》有畜牧专卷，并附一些供牧人等采用的应急疗法、疗方48种，应用于26种疾病，如用掏结术治粪结、用削蹄和热烧法治漏蹄、用无血的去势法为羊去势、用犍牛法给猪去势以防感染破伤风症，以及关于家畜大群饲养时怎样防治疫病的发生和进行隔离措施，反映出当时的兽医技术水平已相当高。隋唐在太仆寺设中医兽医博士。唐李石采集当时的重要兽医著作，编纂成《司牧安骥集》4卷，对兽医学的理论及诊疗技术有着比较全面的系统论述。唐宋采用监牧制度，在1007年设置"牧养上下监，以养疗京城诸坊病马"，在1036年规定"凡收养病马……取病浅者送上监，深者送下监，分十槽医疗之"。这是中国兽医院的开端。1103年规定病死马尸体送"皮剥所"，是类似尸验的剖检机构。《文献通考》载：

“群牧司有药蜜片……掌受糖蜜药物，以供马医之用。”这是中国官办最早的兽医专用药房。宋代出现了大量兽医著作。《司牧安骥集》在元代扩充成8卷。北宋王愈撰的《蕃牧纂验方》被收入该书成为第八卷，其总结的四季调适法开创以药物预防家畜季节性多发病的先例。收入书中的还有金人于1193年写的《黄帝八十一问》，该书被明代名兽医喻本元称为“圣贤书”，它把脾寒证分为11种证型，发展了中兽医的症候辨证学。元代管勾卞宝著《痊骥通玄论》6卷，现存3卷。其中，《痊骥通玄三十九论》中三十三论是阐释治疗马粪结症的起卧入手歌，对结症的诊断治疗有明显的发展和提高。《点痛论》总结出诊断马肢蹄病的跛行诊断法，系创新的总结。《痊骡通玄四十六说》进一步阐释发展了五脏论等中兽医基础理论，为传统中兽医学的发展和提高作出了贡献。明对兽医学的发展给予较大的重视，中兽医理论有所提高，出现许多兽医著作。喻本元、喻本亨兄弟二人合著的《元亨疗马集》、《元亨疗牛集》于1608年刊刻，书中的理论体系和临床实践紧密结合，以指导临床实践，成为自明至20世纪40年代马病治疗学的经典著作。杨时乔《马书》提出“八要图论”，后喻氏兄弟改为“评讲八证论”。“八证”和“八要”一脉相承，包含寒、热、虚、实、表、里、邪、正等八证，后来阴、阳取代了正、邪，发展为“八纲辨证”。兽医外科学在明代仍以针刀巧治12种病为主，对各种家畜家禽的雄性去势，对母畜摘除卵巢术，特别是猪的大挑花、小挑花（大小母猪摘除卵巢术）已普遍施行。清代牛病学得到了较大发展。1667年杨潮、朱钰重刻《元亨疗马集》，编成《马牛驼经全集》，1785年郭怀西著《新刻注释马牛驼经大全集》。1800年《养耕集》问世，对牛体针灸术有进一步的补充和发展。其后大量方书相继出现。《活兽慈舟》以黄牛、水牛病为核心，且选编了马病篇、猪病篇、羊病篇、狗病篇、猫病篇。（曾雄生）

蔬菜 中国最主要的食物来源之一。古人云，谷不熟曰饥，菜不熟曰馑。距今6000年前，中国已开始蔬菜栽培。蔬菜种类很多，据清吴其濬《植物名实图考》（1848）记载，当时的蔬菜已达176种之多，现在经常食用的在100种左右，其中原产和引进的各约占一半。蔬菜的主要种类随时代而变化。《诗经》中有瓜、瓠、韭、葵、葑（蔓菁）、荷、芹、薇等十多种。北魏贾思勰《齐民要术》载，黄河流域栽培有瓜（甜瓜）、冬瓜、越瓜、胡瓜、茄子、瓠、芋、葵、蔓菁、菘、芦菔、蒜、葱、韭、芥、芸薹、胡荽乃至苜蓿等31种，其中现在仍在栽种的有21种，其中，白菜、萝卜和芥菜又是当家菜。白菜古称菘，原产于南方，北方在唐宋以后盛行，并分化出各种类型。萝卜古称葖或芦菔、莱菔。最早记载见于《尔雅》。至宋代已南北通有。芥菜是中国特产的蔬菜之一，有利用根、茎、叶的许多变种。蔬菜栽培是农业的重要内容，很早就从大田生产中分化出来，实行园艺化栽培，因此，它具有较大田生产更为精细的土壤选择、耕作、种子处理、肥水管理、病虫害防治技术，并且创造了保护地栽培、软化栽培等多种形式。保护地蔬菜栽培至迟始于西汉，当时太官园种冬生葱韭菜茹，覆以屋庑，昼夜燃蕴火，待温气乃生。唐代宫廷也曾利用温泉进行蔬菜促成栽培。元代利用阳畦生产韭菜，以为尝新。软化栽培技术最早见于战国，当时就已有被称为“黄卷”的豆芽菜了。宋代以后，黄化栽培发

展成一套完整的技术，所产豆芽菜称为“鹅黄豆生”，所生韭菜称为“韭黄”，丰富了淡季蔬菜的种类。（曾雄生）

熟溪桥 位于浙江武义东南熟溪上。建于南宋开禧三年（1207）。伸臂式木梁桥。后屡坏屡修。全长135.7米，宽4.8米，九孔石墩，墩全系舟形。桥上建有廊屋49间，重檐歇山顶，浮雕精美，气势宏伟。（李家明）

黍 中国古代主要的粮食作物之一，又称黄米、糜子、夏小米，有糯质和非糯质之别，糯质黍多作以醇酒，非糯质黍，称为穄，以食用为主。原产中国北方，是古代黄河流域重要的粮食作物之一。现已出土的黍的遗存以山西万荣荆村和甘肃秦安大地湾遗址最早，距今已有六七千年。在农业的早期阶段，耕作技术较低，黍以其生育期短、耐瘠、耐旱、与杂草的竞争力强等优点而受到重视。黍和禾（粟）的分布地区相同，生长习性、栽培要求也相似，所以古农书中多以种禾法概之。唯于种植安排上有所不同，因其独特的与杂草竞争的能力，故北魏贾思勰《齐民要术》等把它作为新开荒地的先锋作物。（曾雄生）

蜀道 从长安到蜀地（今四川省）的交通要道。自古沿褒水、斜水有川陕间的褒斜道。春秋战国时期，对其作了较大规模的修缮，南自褒斜谷南口褒（今陕西省褒城县）向北经留坝，越分水岭，到褒斜谷北口斜（今眉县西南），全长470里。汉武帝元狩年间（公元前122～前117）、东汉永平四年至九年（61～66）先后进行了扩建。褒斜道许多地方为栈道。永平四年（一说刘邦时）开凿的褒斜道南端的石门，是世界上人工开凿的最早用来通行车辆的隧道。另，蜀人将嘉陵江在四川昭化、广元附近和山脉裂隙形成的隘路连接起来，辟出一条出成都，穿剑门，进入嘉陵谷地的道路。战国中期，秦惠王伐蜀，将其开凿成可以通行车马的栈道。《战国策·秦策》云：“栈道千里，通于蜀汉。”称为石牛道、金牛道。诸葛亮相蜀，凿石架空作阁道，称为剑阁道。明清时期，改称南栈道。由此往南出剑阁，至成都。由此往北分两路，一趋汉中，接褒斜道；一趋阳平关接陈仓道。陈仓道又称为嘉陵道、青泥道、故道。（郭书春）

蜀锦 古代蜀地（今四川成都周围一带）所产特色织锦。史载蜀地产锦是战国以前，汉代名闻全国，扬雄《蜀都赋》记载了当时蜀锦生产的盛况。三国时诸葛亮为发展经济并筹集军费，广兴蜀锦，设立“锦官”，专管蜀锦生产，使蜀锦产量大增，并远销各地。隋唐时期，蜀锦的织造技艺达到了新的高度，其时无论是花色品种还是图案色彩都有新的发展，并以写实、生动的花鸟图案为主的装饰题材和装饰图案，形成绚丽而生动的时代风格，如以红花染料所染之色称“真红”，为蜀锦一时特色。两宋以后，由于蜀锦工匠几次大量外流以及江南丝织业的兴起，蜀锦声望有所下降。蜀锦以织物质地厚重，织纹精细匀实，图案取材广泛，纹样古雅，色彩绚烂，浓淡合宜，对比强烈，极具地方特色著称。其纹样多用龙、凤、福、禄、寿、喜、竹、梅、兰、菊等，色彩除了传统的大红外，还用水红、翠绿、杏黄、青、蓝等较为柔和的色调做底色，以对比强烈的色彩做花色。著名传统品种有锦面用白色和其他色彩的经线组成，白经由细渐粗、色经由粗渐细，互相对称，宛如雨丝，再配以各种图案的雨丝锦；有在单底色上织出彩色方格，再配以各色图案的方方锦；有根据落花流水荡起的涟漪而设计的浣花锦等多种。（赵翰生）

蜀绣 以四川成都为中心的代表性刺绣产品。历史悠久，晋代常璩《华阳国志》载，当时蜀中刺绣已很闻名，与蜀锦齐名，被誉为蜀中之宝。其后，蜀绣深受地方环境、风俗习惯、文化方面的影响，逐步形成构图疏朗、花清地白、颇具古朴之风的特色。明清时期，其在传统技艺的基础上吸收了顾绣和苏绣的长处，发展成闻名全国的商品绣品种。蜀绣面料大多采用绸、缎、绢、纱、绉等织物。绣法以套针为主，同时结合采用斜滚针、旋流针、参针、编织针等针法。花纹多取材于花草鸟鱼，如平沙落雁、黄莺翠柳、玉猫千秋、芙蓉鲤鱼等。绣品除少量供欣赏外，多为衣裙、花边、被面、枕套、幔帐、鞋帽等物。（赵翰生）

术 （1）算学术语，又称为法，即今之数学公式或解法程序。如方田术、开方术、勾股术、增乘开方法、正负开方术、大衍总数术等，是为中国古算经之主体部分。算经中的术有不同的层次，如《九章算术》之术可分为三个层次，大多数术是一类数学问题的解法，具有极强的抽象性、普适性，具有“言约而用博”的特点；小部分是一种问题的解法，还有一些是某些应用问题的演算细草。（郭书春）

（2）天文学术语。《续汉书·律历志中》提到“九道术”。《晋书·律历志中》载，刘洪“又为月行迟疾交会及黄道去极度、五星术、理实粹密，信可长行”，韩翊“所增减，致亦留思，然十术新立，犹未就悉，至于日蚀，有不尽效”。清乾隆以来，为避高宗弘历讳，古书中的历法名均被改为术，如《四分术》、《三统术》、《乾象术》等。（薄树人）

（3）指技术、技艺。《礼记·乡饮酒》：“古之学术道者，将以得身也。”郑玄注：“术，犹艺也。”《后汉书·伏湛传》：“诏无忌与议郎黄景校定中书‘五经’、诸子百家、艺术。”李贤注：“艺谓书、数、射、御，术，谓医、方、卜、筮。”（薄树人）

束水攻沙 治理黄河方略“筑堤束水，以水攻沙”的简称。它是在概括明代之前关于水流本身的挟沙规律和堤防对水流的能动作用的认识成果和实践经验的基础上产生的。西汉末年大司马史张戎首先指出黄河泥沙的危害性，首创利用水力刷沙的思想，“水性就下，行疾，则自刮除，成空而稍深。河水重浊，号为一石水而六斗泥”（《汉书·沟洫志》）。为明代束水攻沙理论的形成奠定了基础。明隆庆末万历初（1572～1574）河臣万恭（1515～1592）提出：“若能顺其势之成趋，而堤以束之，河安得败？”（万恭《治水筌蹄》卷上）首先对束水攻沙的思想进行明确阐述，并运用于治河实践。明末治河名家潘季驯（1521～1595）是“束水攻沙”方略的提倡者和大力实践者。明隆庆三年（1569）八月，他在再次出任总理河道时，提出治河的根本之计在于“筑近堤以束河流，筑遥堤以防溃决”（潘季驯《总理河漕奏疏·议筑长堤疏》），初步产生了利用双重堤防实现束水攻沙的设想。万历四年（1576），三任总理河道的潘季驯，在给朝廷的奏疏《两河经略疏》中系统提出了“束水攻沙”、“蓄清刷黄”的治河理论及其具体的工程措施，并在不到两年的时间里，成功地对黄河、运河和淮河进行了大规模整治。这一治理黄河的总方略，核心在于强调治沙，基本工程措施是筑堤固槽、以堤治河、遥堤防洪、缕堤攻沙、减水坝泄洪。它不仅改变了明代前期在治黄思想中占主导地位的“分流”方略，而且改变了历代在治黄实践中只重治水、不重治沙的片面倾向，对明代之后的治黄工作产生了深远影响。历史上“束水攻沙”实施的结果没有从根本上改变河道泥沙的淤积趋势，甚至加速了“悬河”的抬高。“束水攻沙”的代表作有万恭的《治水筌蹄》（1574）和潘季驯的《河防一览》（1590）。（艾素珍）

数术 又称术数。古代关于天文、历法、算学、占卜的学问。“术”指方术，“数”是气数，是以种种方术观察自然界的现象，推测个人和国家的气数和命运的学问。《墨子·节用上》：“此不令为政者，所以寡人之道，数术而起与?”《汉书·艺文志》数术类列天文、历谱、五行、蓍龟、杂占、形法六种，并云：“数术者，皆明堂羲和史卜之职也。”又云“太史令尹咸校数术”，并将《许商算术》、《杜忠算术》等数学著作列入数术类。《古文苑》东汉崔瑗《河间张平子碑》：“数术穷天地，制造侔造化。”可见，数术实际上含有两种内容：一是天文、历法、数学，一是星占、卜筮、六壬、奇门遁甲、命相、拆字、起课、堪舆等数字神秘主义和迷信的东西。南宋秦九韶《数书九章·序》云：“今数术之书尚三十余家。天象、历度谓之缀术，太乙、壬、甲谓之三式，皆曰内算，言其秘也。《九章》所载，即周官九数，系于方圆者为叀术，皆曰外算，对内而言也。其用相通，不可歧二。”而李冶《益古演段自序》说“术数虽居六艺之末，而施之人事则最为切务”，则单指算学，即今之数学。（郭书春）

数学 通常称为算术，是中国古代最为发达的基础科学学科之一。约公元前5世纪，陈子说：“算数之术，是用智矣。”（《周髀算经》卷上）汉唐数学著作大多名之曰“某某算术”，如《九章算术》、《孙子算术》等。唐初后，为了表示尊崇数学，才改称“某某算经”。宋元开始使用“数学”，南宋荣棨《黄帝九章序》（1148）说对《九章算术》，“凡善数学者人人服膺而重之”，莫若《四元玉鉴前序》（1303）中说“燕山松庭朱先生以数学名家周游湖海二十余年矣”，其含义与现今的数学相同。不过，它有时与“数术”同义，还含有“象数学”的内容。南宋秦九韶《数书九章·序》云“尝从隐君子受数学”，当指“数术”。此后，算学、数学并用。1939年6月，中国数学名词审查委员会确定使用“数学”而废止“算学”。从公元前3世纪至14世纪初，长达一千六七百年，中国传统数学虽有高潮、低潮，却一直走在世界的前列。中国传统数学可以分成远古至春秋的萌芽、战国秦汉框架的确立、三国至唐初理论的奠基、唐中叶至元中叶的高潮、元中叶至明代的衰落、明末至清末中西数学的会通几个阶段。（郭书春）

腧穴 泛指人体脏腑经络气血输注出入体表的部位，故针灸、按摩施治以此为依据。又称“气穴”、“孔穴”、“骨穴”、“穴位”、“穴道”等。腧，有转输之意；穴，有空隙之意。腧穴通过经络与脏腑密切相关，它能反应各脏腑的生理或病理变化，通过针灸、按摩等刺激，能够调动人体内在的抗病能力，调节机体的虚实状态，以达到防治疾病的目的。《灵枢·九针十二原》："欲得而验之，按其处，应在中而痛解，乃其输也。"《针灸甲乙经》："凡刺之道，必中气穴。"腧穴有以下几种：经穴，是属于十四经系统内的腧穴，《内经》曰有 365 个。经外奇穴，约有 200 多个，是经气输注之处，在临症上有独特的疗效。阿是穴，又称不定穴、不应穴、应痛穴等，是在患部或其附匠施行针灸的穴位。由于它没有固定位置，《内经》曰"以痛为腧"。(张志斌)

水部式　唐代水部制定和颁布的水利管理制度，经过多次修订，是全国性的综合水利法规。1899 年，在敦煌沙山千佛洞中发现了一部大约修订于开元二十五年(737)的写本残卷，共分 29 段，2600 余字，涉及灌溉、水力利用、航运、城市水道、渔业、交通等多方面，为该法规的唯一现存本。内容包括：农田水利管理，水磨、水碾的设置及用水量的规定；航运船闸、桥梁、津渡的管理和维修及其所用水手、工匠、夫役和物料的来源和分配；渔业管理；城市水道管理等。其中，灌溉管理特别是关中灌溉的管理，条文最为详尽。例如，规定郑白渠等大型渠系的配水工程均应设置闸门；闸门尺寸要由官府核定；关键的配水工程订有分水比例；干渠上不许修堰壅水，支渠上只许临时筑堰；灌区内各级渠道控制的农田面积要事先统计清楚；灌溉用水实行轮灌，并按规定时间启闭闸门等。对于灌区的机构和人员配备，其中规定：渠道上设渠长；闸门上设斗门长；渠长和斗门长负责按计划配水；大型灌区的工作由政府派员督导和随时检查；有关州县选派男丁和工匠轮番看守关键配水设施。发生事故应及时修理，维修工程量大者，县可向州申请支持。此外，还将灌区管理的好坏作为有关官吏考核晋升的重要依据。它是我国现在仅存的一部全国性的综合水利法规，此后至清末再未出现全国性的综合水利法规。(艾素珍)

水车　又叫翻车，发明于东汉末年。它在灌溉农具发展史上占有非常重要的地位。《后汉书·张让传》："又使掖廷令毕岚铸铜人……又作翻车渴乌，施于桥西，用洒南北郊路，以省百姓洒道之费。"这种用于浇洒郊路的翻车经三国时人马钧的改进始用于农业。《三国志·魏书·方技传·杜夔传注》："时有扶风马钧，巧思绝世。傅玄序之曰……居京都，城内有地，可以为园，患无水以灌之，乃作翻车，令童儿转之，面灌水自覆。更入更出，其巧百倍于常。"马钧改进的翻车是用手摇的，后世称为拔车。自唐以后，又出现了功效更高的脚踏翻车和牛转翻车。其中又以脚踏翻车为多。唐代还发明了另一种灌溉工具立井水车。《太平广记》引《启颜录》："邓玄挺入寺行香，见水车，以木桶相连，汲于井中。"这种"以木桶相连"的水车是用来提取井水的，故又称为井车。宋元时期发明了利用流水为动力的水转翻车和以风为动力的风力水车。(曾雄生)

水尺　直接观读江河、湖泊、水库、灌溉水位的固定设施。中国使用水尺的历史悠久，是古代水文科学方面的重要实践。中国古代的水尺主要有四种：①石人，以设置在水中的石人的脚、肩等高度测量水位，是中国古代最早使用的水尺。秦代在都江堰渠首设立三石人，"立三水中，与江神要：水竭不至脚，盛不没肩"(晋·常璩《华阳国志》卷三)。②水则，以立于水中的标尺观测水位，标尺多为等距离刻画，宋代江浙一带普遍应用。它分木、石两种，其中以条石即水则碑较为流行。北宋宣和二年（1120），朝廷规定在太湖流域设立水则碑，其中最著名的是吴江水则碑（明·沈啓《吴江水考》卷二）。它由左右两碑组成，左碑记录历年最高水位，右碑记录一年中各月、各旬的最高水位。③洪枯水位刻痕，在河岸或河中的岩石上刻画较大或较枯水位的痕迹，并注明发生的时间。这类水位观测记录在中国各地使用十分普遍，而且历史悠久。据宋晁公武《丰年石题记》记载，汉光武帝（25～27）时已有枯水题刻。始于唐广德元年（763）之前的四川涪陵白鹤梁石鱼题刻是枯水水位标志，现存163段，以宋代为主，题刻多作鱼形，故有“涪陵石鱼”之称。我国的洪水题刻最早见于郦道元《水经注·伊水》：“（伊）阙左壁有石铭云：黄初四年（223）六月二十四日辛巳大水出，举高四丈五尺，齐此已下。”此为黄河支流伊河龙门左岸石壁上记载的一次洪水记录。（艾素珍）

水稻 中国最主要的粮食作物之一。明宋应星估计，在当时的粮食供应中，水稻占7/10。长江流域及其以南地区是稻作的起源地，已发现江西万年仙人洞遗址、吊桶环遗址，湖南澧县的彭头山遗址、道县的玉蟾崖遗址，浙江余姚的河姆渡遗址、桐乡罗家角遗址、肖山跨湖桥遗址、浦江上山遗址，江苏吴县的草鞋山遗址和河南舞阳的贾湖遗址等100余处的新石器时代的稻作遗存，年代从1万到四五千年前不等，而且还有推前的趋势。然而水稻却长期被排除在“五谷”之外，其原因主要是文化中心与水稻生产中心分离之故，而水稻生产中心又多采用原始的“火耕水耨”。这种稻作技术巧妙地运用了水稻不怕水淹的特性。唐宋以后随着经济重心的南移，火耕水耨便被精耕细作所代替。水田精耕细作技术主要包括以耕、耙、耖为主体的水田整地技术，以育秧移栽为主体的播种技术和以耘田、烤田为主的田间管理技术。适应稻田面积较小的特点，唐代创造了江东犁。为使田面平整，水平深浅一致，宋代创造了特有的农具“耖”。它标志着南方水田整地技术的形成。水稻移栽技术始见于汉代文献。《四民月令》五月条说：“是月也，可别稻及蓝，尽至后二十日止。”“别稻”就是水稻移栽。唐宋以后普遍采用了移栽技术。宋代出现的秧马是专门的拔秧农具。培育壮秧技术也在南宋陈旉《农书》中得到初步的总结，书中指出：“欲根苗壮好，在夫种之以时、择地得宜、用粪得理，三者皆得，又从而勤勤顾省修治，俾无旱干水潦虫兽之害，则尽善矣。”强调只有掌握好播种适时、选地得宜、施肥合理、管理精细、防止灾害这几个关键，才能育出好秧。插秧技术至少在元代已经定型。其法是“芒种前后插之，拔秧时轻手拔出，就水洗根去泥，约八、九十根作一小束，却于犁熟水田内插栽，每四、五根为一丛，约离五、六寸插一丛，脚不宜频挪，舒手只插六丛，挪一遍；再插六丛，再挪一遍；逐旋插去，务要窠行整直”，一直沿用至今。田间管理主要包括施肥、灌溉、耘田和烤田几项。长期以来，人们偏重于基肥。明清时期，人们使用接力即追肥的方法。明代《吴兴掌故集》云：“下粪不可太早，太早而后力不接，交秋多缩而不秀。初种时必以河泥作底，其力虽慢而长，伏暑时稍下灰或菜饼，其力亦慢而不迅速，立秋后交处暑，始下大肥壅，则其力倍而穗长矣。”《沈氏农书》总结出“看苗色施肥”的经验：追肥“须在处暑后苗做胎时，在苗色正黄之时。如苗色不黄，断不可下接力。到底不黄，到底不可下也”。此法在20

世纪50年代发展为“三黄三黑”说。稻田灌溉最早见于《诗经》：“滮池北流，浸彼稻田。”汉代已采取措施对进入稻田的水的水温进行调节。《氾胜之书》：“始种稻欲温，温者缺其塍，令水道相直，夏至后大热，令水道错。”这在后世还有使用。宋朝人们对于水稻的需水量进行了计算。吴怿《种艺必用》云：“稻苗，立秋前一株每夜溉水三合，立秋后至一斗二升。”明宋应星《天工开物》云：“凡苗自函活以至颖栗，早者食水三斗，晚者食水五斗，失水即枯。将刈之时少水一升，谷数虽存，米粒缩小，入碾臼中亦多断碎。”古人认为稻“尤畏秋旱”，《沈氏农书》指出：“自立秋后断断不可缺水，水少即车，直至斫稻为止。俗云：稻如莺色红，全得水来供。”这既可抗旱，又能防霜。耘田和烤田在北魏就已出现。宋代进一步发展，适应耘田的需要，又发明了耘爪。元代出现了足耘，还创造了一种用耘荡耘田的方法，提高了效率，减轻了劳动强度。至此，中国传统的水稻耘田方法已经完备，一直沿用至今。人们还通过不断地选种和育种来提高作物的产量。北宋真宗大中祥符四年（1011），原产占城国（今越南中南部）的占城稻由福建引种到江淮两浙。它产量高、粒小、无芒、早熟、耐旱、不择地而生，尤其是适合于高仰之地种植，对梯田的开发和粮食产量的提高产生了重大影响。还有一种黄穋稻，北魏时期或已存在，唐宋以后受到重视。它具有早熟、耐涝的特性，能够在稻田水位超出实际需要的情况下正常生长结实，对于低地的开发作出了很大的贡献。经过世代的努力，水稻品种不断增加。《广志》中记有水稻品种13个，北魏贾思勰《齐民要术》中有24个，《禾谱》46个，《稻品》35个，《授时通考》3000多个。（曾雄生）

耖田图

水法　炼丹方法之一。可能是晋代以前的《三十六水法》中记载有古代炼丹家溶解34种矿物和2种非矿物的54个配方。葛洪《抱朴子·内篇·金丹》中也记载有不少类似的丹方。水法大约有“化”（溶解，有时也指熔化）、“淋”（用水溶解出固体物的一部分）、“封”（密封物质）、“煮”、“熬”、“养”（长时间低温加热）、“酿”、“点”、“浇”、“渍”和过滤、再结晶等。炼丹家在水法实践中摸索出一些溶解、反应矿石和金属等物质的方法。例如，《抱朴子·内篇·金丹》中有“金液方”称把黄金连同药物封在华池中静置百日，就会慢慢溶解而“成水”，唐代梅彪《石药尔雅》记载“玄明龙膏”（水银，或醋与覆盆子）也可以消化黄金，《黄帝九鼎神丹经诀》中记载有制取硫酸钾的方法。水法炼丹还有一个重要发现，即金属的置换作用，是胆铜法的渊源之一。（王扬宗）

水工　（1）中国古代的水利工程技术工作者。《史记·河渠书》：“乃使水工郑国间说秦，令凿泾水自中山西邸为渠。”南宋裴骃《集解》：“郑国能治水，故曰水工。”水工的设置起源甚早，据《考工记》记载，司空所辖“匠人”职责之一就是负责修建排灌沟渠等水利工程；《周礼·地官》中的“稻人”专门负责低洼多水地区水利工程的修建和管理。据《管子·度地》记载，先秦已经专设有“水官”，“令习水者”为吏佐，称都匠水工匠，负责河道堤防的巡查、修治。这类人员在秦汉之后通称“水工”，后代水工成为对水利工作人员的一般称呼。对水利专业技术工人，则按工种进行区分，如明代运河上有堤夫、浅夫、闸夫、溜夫、坝夫等，测量工人则有锥手、步弓、水平、画匠等。在古代，水利工程技术人员主持建成了一些技术复杂的大型工程，例如，秦王政元年（公元前246）韩国的水工郑国在关中主持兴建了郑国渠，汉代水工齐人徐伯主持开凿关中漕渠。

（2）船工，水手。唐张籍《贾客乐》中有：“水工持楫防暗滩，直过山边及前侣。”（《乐府诗集》卷四十八）（艾素珍）

水库　经过人工修筑，下不渗漏的积水池，与现代的水库概念不完全相同。先秦时期称“陂”、“潴”，秦汉以后称“陂”、“塘”和“堰”，宋代称用于航运的水库为“水柜”。中国水库工程的起源，可以上溯到传说中的大禹治水时期，大禹“陂障九泽”（《史记·夏本纪》）。西周以后，对水库工程已有明确记载。《礼记·稻人·遂人》中说：“稻人掌稼下地，以潴蓄水。”春秋时期，已出现芍陂这样规模宏大的水库工程。明万历四十年（1612），徐光启和意大利传教士熊三拔合作引进西方水利技术，编译《泰西水法》卷三已有“水库”这一名词，并提出修筑方法9条。中国古代水库工程大体可以分成4类。①灌溉工程水库。按其建库地区特点，又可分成：平原水库，如春秋时期的芍陂、西汉的鸿隙陂；丘陵水库，如汉代的马仁陂；沿海地区水库，如唐代的它山堰、宋代的木兰陂。灌溉工程水库的建设多因地制宜，而且一般都由挡水建筑、水闸、溢洪设施组成，个别还有排砂设施。②航运工程水库。出现较晚，西汉长安附近的昆明池为其早期代表。迄宋代，这类水库已较为完善，出现了专有名词“水柜”。它的工程结构除了具有灌溉工程水库的一般特点外，还都十分重视保证水库的水源。③军事工程水库。起源较早，春秋时期已用拦河蓄水的水攻战术。中国河流众多，城镇多依水而建，这为使用水攻创造了条件，所以军事工程水库屡兴不断。这类水库均没有水闸，多数未设溢洪道，此外是使用寿命短。④防洪治河工程水库。这类水库虽然起源远古，但真正流传于世的为明代的洪泽湖水库。它的水库枢纽工程配套比较齐全，与近代人工水库已无二致。（艾素珍）

水雷　明朝后期创制的布设于水中的击穿式和爆炸式火器。由雷壳、装药和引爆装置构成。雷壳大多用铁制造，引爆方式有拉发和定时等。主要制品有混江龙、水底雷、既济既雷、水底龙王炮。水雷通常作为水中障碍器材使用，布设于水上通道，以及守备水域或敌必经之水路，用以迟滞、障碍敌军战船的航行，或将其击沉。（王兆春）

混江龙

水利　水之利用。战国末期成书的《吕氏春秋·孝行览·慎人》云：“（舜）以其徒属掘地财，取水利，编蒲苇，结罘网，手足胼胝不居，然后免于冻馁之患。”先秦时的水利泛指水产捕鱼之利。至汉朝，“水利”的含义始较完备。司马迁《史记·河渠书》是第一部中国水利史专篇，首次明确赋予“水利”以修治河渠堤坝，以使民得农田灌溉之利的含义，并为后世所遵循和发展。水利的主要内容包括防洪治河、农田水利、航运工程、城市水利、水能利用和水利机具等。在中国，大规模的除害兴利的治水活动至少有4000年的历史，因此建立了符合自身江河特点、水土资源条件的水利工程体系，形成和完善了水利科学和技术。中国传统水利发展大致经历了三个时期：第一时期自大禹治水至秦汉时期，表现为防洪治河工程的起源与发展、多种类型的大型灌区的兴建、运河和水运的开创，以及水利科学基础理论形成；第二时期为三国至唐宋时期，表现为农田水利的发展与经济重心的逐步南移、内河航运网的建设、传统防洪工程技术的成熟，以及水利科学理论的进步；第三时期为元明清时期，表现为京杭大运河的创建与衰落，黄河系统堤防的建设与确保漕运前提下黄河防洪的困境，农田水利的普及与发展，水利科学技术的总结性著作大批涌现。中国传统水利科学技术的弱点表现为理论概括不够、定量分析不多和实验观测少。这些弱点造成中国传统水利技术虽然在唐宋时期已发展至极高水平，但此后的元明清时期却停滞不前。（艾素珍）

水利职官　又称水官，掌管河渠、湖泊和水运的官员。中国古代水利职官的设置较早，《周礼》中冬官为水官，春秋战国时水官之属有川师、川衡、水虞、泽虞等，都是职掌水资源和水产的水官。《管子·度地》云：“除五害之说，以水为始。水官，令习水者为吏。”水官主要分为三类：①中央政府中常设的主管水利的官职。司空是中国古代中央政府中最早的负责水利以及官府手工业等工作的最高行政长官，《尚书》记载“禹作司空”，“平水土”，先秦各诸侯国亦各设司空一类职官负责治理水沟洫，但是司空尚不是水利的专管官吏。秦汉始设专门管理水利工作的机构，设都水长和都水丞管理全国的水资源和水利工作。汉设河堤谒者主管治河等事宜。隋唐以后设水部和都水监配合进行水利行政和水利技术的管理。汉至隋代及宋代总领全国河渠、水运政令的主事官皆称都水使者，唐、明、清代称郎中。宋设外都水使者负责汴河堤防工程，金设都巡河官主管河防诸埽，元设总治河防使主持治黄和永定河河防，明设总理河漕，清设河道总督主持治河和漕运。②地方管水的官吏，如晋代的都水行事、平水、劝农均，南北朝时期的水曹等。③派驻地方或河道的、执行专门使命的水官，为临时性的水官，如河堤使、河堤使者、河堤都尉等官称。（艾素珍）

水密隔舱　船体部位名，即用隔舱板分隔船舱所形成的各自独立的舱区。隔舱板均用厚实木料制成，与船壳紧密钉连。因各舱区相互隔绝，故航行中遇个别舱区破损漏水，不会涉及其他舱区，提高了船舶的抗沉性和安全性，亦便于修补。同时增加了船体横向强度，并取代肋骨，简化了造船工艺，亦便于货物装卸和管理。此种结构至迟在唐代已问世，是造船技术的一大创新。此种技术18世纪始被欧洲引用，后渐为各国造船界采用。（金秋鹏）

水膜生面 即表面张力，是液体表面现象。液体面上的分子受液体内部分子吸引而使液面趋向收缩，所表现出的液体表面相邻两部分间的相互牵引力，即表面张力，水膜生面是其一种现象。古人曾用这种现象检验油漆或桐油的好坏。液体的表面张力引起液体的许多表面现象，如球形液滴、毛细管现象、肥皂泡现象、表面薄膜等。程大昌在《演繁露》中曾描述了雨露的圆球形状；焦勖、汤若望（Schall von Bell，Johann Adam，1592～1666，德耶稣会士）在《火攻挈要》中记录了明代人们用纯净液体的球形液滴这一表面现象作为捉制硝水纯度的标准；方以智《物理小识》还记载了明熹宗朱由校玩过肥皂泡。《游宦纪闻》论述了用纯净液体表面张力大，能在篾圈上形成薄膜，而有杂质的液体表面张力小，不能在篾圈上形成薄膜的道理。液体表面张力还表现为“浮针”、“水膜生面”、“单分子膜”等现象，古代典籍中都有记载。明代揭暄还发现了弯曲液面或称弯月面的现象。（王允红）

水排 古代以水为动力的冶铸鼓风机械。在我国最迟出现于汉代。《后汉书》记载杜诗曾“造作水排，铸为农器，用力少而见功多，百姓便之”。三国时魏人韩暨在官营冶铁业中推广水排，并作了改进，引用河流来推动水排，效果显著。其结构如王祯《农书》所载：“其制当选湍流之侧，架木立轴，作二卧轮，用水激转下轮，则上轮所周絃索，通激轮前旋鼓掉枝（按即曲柄）一例随转。其掉枝所贯行桄因而推挽卧轴左右攀耳以及排前直木，则排随来去，搧冶甚速，过于人力。”（苏荣誉）

水饰 以水力驱动，能作歌舞、杂技表演的机械，也称“水转百戏”，简称“百戏”。南朝刘宋裴松之注《三国志·魏书·杜夔传》，述及三国时以造指南车闻名的马钧曾造百戏。“以大木雕构，使其形若轮，平地施之，潜以水发。设为女乐舞像，至令木人击鼓吹笙，作山岳，使木人跳丸掷剑，缘絙倒立，出入自走，百官行署，舂磨斗鸡，变巧百端。”隋炀帝大业年间（605～617）工匠黄衮、黄亘兄弟制造了极为壮观的水饰，通过控制机械随曲水而行，且行且表演“七十二势”，即七十二种形态动作，内含各种历史故事的精彩场面。其后，隋炀帝命学士杜宝撰《水饰图经》十五卷。（戴祖念）

水体 江河湖海的总称。中国古代水体名称繁多，大致可以分成五类：①根据水体形态分成河流、湖泊、沼泽和泉等，再依据水体大小等细分，如将河流从小到大分成溪、谷、沟、浍、渎（《尔雅·释水》）。②根据水体运动状态分类和命名，如瀑布（《庄子·达生》称悬水，《水经注》始称瀑布）、逆河（今称感潮河段，《禹贡》已记载，《水经注·渐江水》科学地解释其现象）、地下河（通常称伏流，亦称潜流，《山经》记载，《水经注》和《徐霞客游记》有详细的记载）、河曲（《尔雅·释水》）、潮汐塘（《水经注·漓水》）等。③根据水体的成因分，突出地表现为将人工开凿和修建的灌溉渠道、运河、水库以及井等，与天然形成的水体（江河湖沼和泉源）加以区别，给予不同的称谓。甲骨文中已有“井”、“泉”两字的记载，据考证，在此前人们已能区分这种同属地下水出露而成因不同的井泉。古代一般以“陂”、“堰”和“陂塘”来称谓人工湖或水库，以区别于天然湖沼。为航运和灌溉而开凿的水道，被抽象为“渠”和“沟洫”等概念。④根据水质的物理和化学性质进行分类与命名。如《管子·水地》明确提出水质的地区差异和分类，稍后的《吕氏春秋》则据水质将水体分成甘、辛、辣、苦和咸等数种。明代李时珍《本草纲目·水部》根据温泉中矿物质的不同分成硫黄泉、朱砂泉、礬石泉、雄黄泉以及砒石泉等。⑤其他一些分类法。如根据水的季节变化，“水冬干而夏流”为“干河”（《山海经·山经·教山》）。（艾素珍）

水纹纸 古代加工纸的一种，又称砑花纸、花帘纸。迎光可以看到除帘纹之外的纹路和图案。其做法有二：或在纸帘上编出突起的图案，抄捞纸时，图案处较薄，形成水纹；或者用雕有图案的模子压印原纸，形成图案。对原纸施胶后，用花纹模板紧压纸面，使之形成隐性纹理（水纹）。唐李肇《国史补》中列举的“鱼子笺”就是一种砑花水纹纸，明杨慎在《丹铅总录》中也云“唐世有龘纸，一名衍波笺，盖只外纸文如水文也”。故宫博物院藏的五代李建中的《同年帖》可能是世界上现存最早的水纹纸。北宋苏易简《文房四谱》简要记载了四川制造鱼子笺的工艺。现存宋代的水纹纸实物是故宫博物院藏的米芾的《韩马帖》。（苏荣誉）

水系 流域内具有同一归宿的水体所构成的水网系统。组成水系的水体有河流、湖泊、水库、沼泽等。河流是水系的主体，最早描述水系的著作是《山海经》和《禹贡》。成书于春秋时代的《山海经》记载358条河流和湖泊，说明各级河流的发源地、流向和汇注，已粗略地勾画出中国北自黄河和海河流域，南至长江中下游的水系分布状况。成书于战国时代的《禹贡》分别记述弱水、黑水（位于今甘肃张掖一带）、黄河、漾水（汉水上源）、长江、沇水（西济水，自河南武陟注入黄河）、淮水、渭水、洛水等河流的经行。秦初，已有反映水系分布的模型：“以水银为百川江河大海，机相灌输，上具天文，下具地理。”（《史记·秦始皇本纪》）西汉司马迁的《史记·河渠书》和东汉班固的《汉书·沟洫志》都已总结和记述了全国主要的人工灌渠、运河与天然水系的沟通情况。《史记·大宛列传》记载西域的一些水系；《汉书·地理志》对全国主要江河湖沼的发源地、流向、归宿及河流的长度均有记述。汉末三国时期，出现了中国第一部描述水系分布的著作——《水经》，它一改前人按政区为纲记述水系的方法，而以大河流为纲，记述的137条河流，不仅说明发源地、流向和归宿，而且较详细地记载经行之地、主支流的空间分布和次序，较完整地反映所论的河流水系。北魏时期，郦道元所著《水经注》40卷，所记载河流达1200余条，而且还描述水系的演变及其鉴定方法、水系区域和泥沙等特征。至清代，齐召南著《水道提纲》28卷，依照大小河流之间、河湖之间以及它们与海洋的相互关系描述诸水，使水系记载更全面和准确。（艾素珍）

水运仪象台 北宋元祐年间苏颂、韩公廉等制造的大型综合性天文仪器，集浑仪、浑象、计时、报时等仪器于一身，用漏刻的水力转动，故名。水运仪象的制作始于东汉的张衡。《晋书·天文志》载：“至顺帝时，张衡又制浑象，具内外规、南北极、黄赤道，列二十四气、二十八宿中外星官及日月五纬，以漏水转之于殿上室内。星中、出、没，与天相应。”之后南朝宋钱乐之、隋朝耿询、唐朝僧一行和梁令瓒等都制造过水运仪象。其中僧一行和梁令瓒的创制，已包含了自动报时系统和擒纵装置的祖先。苏颂水运仪象台台高约12米，宽约7米，分为3层。上层放置浑仪和圭表，用以测天；中层放置浑象，用以演示天象；下层放置报时系统和动力机构。报时系统为5层木阁，可以通过摇铃、打钟、敲鼓、击钲或木人演示等形式，报告时、刻、更等。动力机构以漏刻的水为原动力，驱动枢轮转动，并由一组相当于近代机械钟表中的擒纵器的杠杆装置，安置枢轮作等间歇的匀速运动，相当于机械自动化A～D转换。苏颂还为该仪象台撰有《新仪象法要》一书，此书详细描述了这座仪象台，附有多幅机械工程图，还附有全天星图。（孙小淳）

水闸　又称水门、闸、碶，是设置在水工建筑各种水道孔口上用以控制水流的设备。水闸起源于何时，尚无确切定论，但至迟出现于西汉，《汉书·循吏传》有召信臣“行视郡中水泉，开通沟渎，起水门提阏凡数十处，以广溉灌，岁岁增加，多至三万顷”的记载。汉以后，水闸技术进一步普及和提高。迄唐，水闸建筑已经非常普遍，技术日臻成熟，仅郑白渠上就建有工作闸门176座。至宋代，水闸技术已基本定型，并出现工作闸门和检修闸门的区别。闸门的门叶早期大都采用木制，以后发展为生铁铸造。中国古代水闸种类较多：按用途分，有进水闸、节制闸、分水闸、退水闸、排砂闸、防潮闸；按结构分，有迭梁闸、平板闸、陡门闸、草土堰。中国古代水闸一般具有如下特点：结构比较简单，建造比较方便；可以灵活调节水量；操作比较容易；水闸跨度一般较小；启闭速度慢。我国古代所建水闸不少至今保存完好，其中最著名的是三江应宿闸和庆丰闸。三江应宿闸位于两山对峙、石脉中连的浙江绍兴县城东北的三江峡口，建于明嘉靖十六年（1537），总长108米，分28个闸孔，是中国古代规模最大且保留完好的水闸之一。庆丰闸是京杭大运河通惠河段闸坝之一，位于今北京市先农坛东，始建于元至元三十年（1293），至今保存完好，包括闸基、闸墙和闸门三部分，是元、明、清三代运河水闸的典型模式。（艾素珍）

朔实　中国古代历法常数，用来表示朔望月长度。朔实的数值本身并不等同于朔望月长度值，而是除以另一历法常数日法才得到朔望长度值，也就是说，朔望月长度是由“朔实、日法”这一对历法常数来表示的。例如，金《大明历》定朔实15 445，日法5230，相应的朔望月长度为29.530 592 7日。古代历法中用以表示朔望月长度的两个常数除“朔实”和“日法”外还有：月法、日法；蔀日、蔀月；通法、日法；通数、日法；纪日、纪月；周天分、日法；周天、日法；恒朔日、推法；揲法、通法；章月、统法；朔实、枢法；朔实、元法；朔率、统率；朔实、策法；朔实、日周，等等。虽然名称繁多，但本质都是一样的。古代历法还常用另一种方法表示回归年长度，即把朔望月长度值的整数部分29日除去，只用一常数表示不足1日的余数，叫做朔余。朔余除以相当于日法的常数即为朔望月非整日余数。古历中相当于朔余的名称还有会日小余、朔策小余等。我国古代对朔望月的认识很早，殷代历法中，月有大小之分，基本上是大小月相间，说明早就认识到朔望月长度约为29.5日。古四分历和东汉四分历都是定回归年为365.14日，用19年7闰的闰周，所以朔望月长度为$29\frac{499}{970}$日。

在以后的历法发展史中，主要是用改进回归年长度和闰周的办法确定越来越准确的朔望月长度，东汉以后，差不多所有历法定的朔望月长度和现代理论值相差不超过1秒。（孙小淳）

朔望 古代天文历法术语，表示月相。按现代定义，朔是指从地球中心来看，月面中心和日面中心在同一黄道经度上，这时的月亮是看不见的；望是指从地球中心来看，月面中心和日面中心的黄道经度正好相差半个周天，也即月、日正好隔着地球遥遥相对，这时月亮看起来最圆。“朔”的基本意义是“初”或“开始”。古代最早把新月出现作为一个月的开始，叫做“朏”。“朔”的概念大概是在西周时代发明的。《诗经·小雅·十月之交》称：“十月之交，朔月辛卯，日有食之。”“朔月”，即一个月中的朔日。这首诗作于公元前七八世纪。在周代，告朔是一种典礼，国君每月告朔于庙，并有祭，叫做朝享。从发明朔的概念以后，我国古代历法一直把“朔”作为一个月的开始。“望”的概念大约也出现在周代。西周金文中有表示月相的术语“既望”。《书经·召诰》：“惟二月既望。”“望”是指月圆之时，月和日遥相对望的意思。《尔雅·释天》：“望，月满之名也。月大十六日，月小十五日，日在东，月在西，遥相望也。”“朔”作为月首，在历法推算上非常重要。东汉以前，人们认为月亮运行的速度是均匀的，因此以朔望月的周期来推算朔，算出的朔后来被称做定朔。东汉时发现了月亮运动的不均匀性，此后人们就用表示月行不均匀的改正项“月离表”对平朔进行校正，以求出真正的朔，称为“定朔”。首次载有这种修正算法的历法，是刘洪创制的《乾象历》。北齐时张子信发现了太阳运动的不均匀性。隋代刘焯的《皇极历》，又把太阳运动不均匀的因素考虑到“定朔”的计算中去。（孙小淳）

丝籰 从“工”字形绕丝器演变而来的络丝工具。汉代《方言》中叫做“榬”；《说文》中叫“籰”，“收丝者也。或作𧤴，从角、从间”。王祯《农书》称为“籰”，“必窍贯以轴，乃适于用，为理丝之先具也”。其结构是：2根或4根小棍由短辐交互连成小框架，中贯以轴。其用法是：先将丝头结于框上，手握轴柄，手指推拨小框架使之转动，进而使丝线绕于框上。丝籰虽是一种简单的工具，但它的出现大大加快了牵经络纬的速度。（赵翰生）

司母戊鼎 现存先秦时期最重的单件青铜器。通高133厘米、长166厘米、宽79厘米，重875公斤。1939年出土于河南安阳殷墟武官村，铸造年代当在商代晚期。此鼎系由泥范铸造，铸型由鼎腹部泥范、顶部泥范、芯和底座及浇口范组成；腹部泥范的纹饰部分可能是嵌入活块泥范完成的。铸造时，青铜熔炼应当是采用多个竖炉同时进行，用多个流槽将熔炼的青铜溶液导入多个浇口，连续熔炼浇注成形。（苏荣誉）

司南 指南针的雏形，又称指南器。战国末年的《韩非子·有度》：“故先王立司南，以端朝夕。”“端朝夕”即正四方的意思。《鬼谷子·谋篇》曰：“郑子取玉，心载司南，为其不惑也。”东汉王充《论衡》云：“司南之杓，投之于地，其柢指南。”“杓”即勺子；“地”即中央刻有二十四方位的光滑地盘（即罗盘）；“柢”是勺的长柄。近人王振铎据此并参照出土实物，复原了古代司南，借天然磁石，制成勺形指南器，并以青铜制成地盘，勺置地盘中央会自动转动，直至与地磁坊的南北极一致为止。地盘四周刻有八干（甲、乙、丙、丁、庚、辛、壬、癸）和十二支（子、丑、寅、卯、辰、巳、午、未、申、酉、戌、亥），加上四维（乾、坤、巽、艮），共二十四向的方盘。汉代司南是和占卜联系起来的，占卜士用它来推测“凶”“吉”，成为宣传迷信的工具。

指南鱼是司南到指南针的过渡形式，北宋曾公亮《武经总要》卷十五记：“若遇天景曀霾，夜色暝黑，又不能辨方向，则当纵老马前，令识道路，或指南车或指南鱼，以辨方向。指南车法世不传，鱼法以薄铁叶剪裁，长二寸阔五分，首尾锐如鱼形，置炭火中烧兑，候通赤，以铁钤钤鱼首出火，以尾正对子位，蘸水盆中，没尾数分则止，以密器收之，用时置水碗于无风处，平放鱼在水面令浮，其首常南向午也。”这种磁化所得磁性较弱，时间长了磁性又退了，指南鱼的实用价值受到了限制。由于司南的出现、指南鱼的发明，指南针的发明就成为必然。（李家明）

四不等田 中国古代关于四边皆不相等的四边形的面积问题的知识。北周甄鸾《五曹算经》田曹章在中国数学史上首次给出四不等田的求积法：“术曰：并东西……半之……；又并南北……半之……二位相乘……”设四不等田的面积和四边分别为 S,a,b,c,d，则 $S=\frac{a+c}{2}\cdot\frac{b+d}{2}$。南宋杨辉《田亩比类乘除捷法》（1274）批评其错误：“田围四面不等者，必有斜步。然斜步岂可作正步相并?”杨辉给出了有一直角的四不等田的正确求积法。南宋秦九韶《数书九章》给出三斜求积公式，实际上解决了四不等田的求积问题。然而，明朝的吴敬《九章算法比类大全》（1450）等著作仍沿袭《五曹算经》的错误。（郭书春）

四分历 中国古代历法之一种，以1年为365 $\frac{1}{4}$日，故名。秦汉以前的历法，如战国时期各国使用的“古六历”，都是四分历。秦初使用颛顼历，也是四分历。汉武帝时改历，在此基础上形成的《太初历》和《三统历》都采用81日分，从而偏离了四分历的传统。但在东汉时，由于《太初历》与实际天象偏差越来越大，所以又有人提出“四分历”，这就是所谓的“后汉四分历”。汉以后天文观测越来越精确，回归年长度也越定越准，四分历不再使用。但不管怎样，四分历在中国天文学上的影响是极其深刻的，中国古代把周天划分为365 $\frac{1}{4}$度，显然是受四分历的影响。这种周天划分法成为中国古代天文学的一大特征。（孙小淳）

四根法 关于平面三角学的一些基本方法与定理。邓玉函《大测》中介绍造表法有此名，主要是：正弦定理 $\frac{a}{\sin A}=\frac{b}{\sin B}=\frac{c}{\sin C}$；正切定理 $\tan\frac{A-B}{2}=\frac{a-b}{a+b}\tan\frac{A+B}{2}$。其中，$a,b,c$ 是三角形的三边，而 A,B,C 分别是三边所对应的角。（郭书春）

四海说 中国古代早期的一种世界地理观念，认为中国四面为海水所环绕，世界似乎是一个海洋的世界。它的产生较早，流传较广。《尚书·大禹谟》中已有“四海”一词，《五藏山经》中明确讲到东西南北四海，《荀子·王制》较早地系统概括了四海说。四海说中的“东海”泛指东方的大海，包括今天的黄海，甚至渤海；“西海”泛指西方的大海，指西方沙漠中的瀚海或阿拉伯海、红海及地中海的泛称；“南海”泛指南方的大海，包括今天的东海和南海。“北海”泛指北方的大海，包括今天的贝尔加湖、巴尔喀什湖和黑海。（艾素珍）

四气五味　即药性与药味。《神农本草经》曰：“药有酸、咸、甘、苦、辛五味，又有寒、热、温、凉四气。”四气，也称“四性”，约在清代又增加平性药，但习惯上仍称为四气。《神农本草经》：“疗寒以热药，疗热以寒药。”而热与温、寒与凉，则是同一类性质，唯程度不同而已。平性则是指药性比较平和，没有明显的寒热温凉偏向。一般而言，温热药具有温阳散寒的作用，寒凉药具有清热养阴的作用，故如疾病的性质属阴寒者，宜用温热药；疾病性质属阳热者，宜用寒凉药。五味一般指药物滋味。药味不同，其功能也不同。例如，《素问·阴阳应象大论》：“五味阴阳之用何如？岐伯曰：辛甘发散为阳，酸苦涌泄为阴，咸味涌泄为阴，淡味渗泄为阳。”后世的本草学著作将五味的功效说得更为清楚。《本草从新》：“辛者、能散、能润、能行。”“甘者，能补、能和、能缓。”“酸者，能涩、能收。”“咸者，能下、能软坚。”“淡者，能利窍、能渗泄。”《金匮要略·心典》：“苦者，能泻、能燥、能坚。”当然，“五味”只是一种习惯说法，事实上，无论《内经》还是《神农本草经》所言的药物滋味都有六种，前者为酸、苦、甘、辛、咸、淡，后者为酸、咸、甘、苦、辛、涩。而后世对药味的认识不断增加，但习惯上仍称为“五味”。（张志斌）

四始　《史记·天官书》张守节正义：“谓正月旦，岁之始、时之始、日之始、月之始，故云四始。”“言以四时（按，当作‘始’）之日候岁吉凶也。”这是指把正月元旦日的旦时刻作为四始之时，在此时刻候一岁之吉凶。此说本是对《史记·天官书》的误解，但因其说单纯，故在后世反多遵行之。一说谓正月旦（岁）、冬至日、腊明日、立春日为四始。（李家明）

四维　（1）人体解剖术语。①四肢。《素问·生气通天论》：“因于气，为肿，四维相代，阳气乃竭。”明代张景岳注：“四维，四支也。”高士宗注：“四维相代者，四支行动不能，彼此借力而相代也。”②筋、骨、血、肉四者。唐代王冰注《素问·生气通天论》：“筋骨血肉，互相代负，故云四维相代。”

（2）东南、东北、西南、西北四隅。《素问·气交变大论》：“水不及，四维有湍润埃云之化，则不时有和风生发之应。”《淮南子·天文训》：“帝张四维，运之以斗……日冬至，日出东南维，入西南维……夏至，出东北维，入西北维。”

（3）四季中各季的最后一个月，即辰（三）、戌（六）、丑（九）、未（十二）月。《素问·至真要大论》：“谨按四维，斥候皆归。”（张志斌）

四象　（1）天文学术语。又称四兽、四神、四陆等，中国古代一种星空划分体系。古人以北极区域为中央，把周围划为东、南、西、北四个区域，以四种动物形象命名，故名。四种动物名称及其和二十八宿的对应关系，在秦汉以来的文献一般确定如下：东方苍龙，配以二十八宿之东方七宿角、亢、氐、房、心、尾、箕；西方白虎，配以西方七宿奎、娄、胃、昴、毕、觜、参；南方朱雀，配以南方七宿井、鬼、柳、星、张、翼、轸；北方玄武，配以北方七宿斗、牛、女、虚、危、室、壁。其中玄武就是灵龟，有蛇缠于其身，在西汉四神纹瓦当上，就有龟蛇相缠的玄武形象。张衡《灵宪》称："苍龙连蜷于左，白虎猛居于右，朱雀奋翼于前，灵龟圈首于后。"四象的四种动物，起初和上面所指的四种动物有所不同，它们和星宿的对应关系也不像上面所说的那样系统完整。例如，《考工记》称："龙旗九斿以象大火，鸟旗七斿以象鹑火，熊旗六斿以象伐，龟蛇四斿以象营室。"这里的四象中有熊而没有虎，而且分别对应的是单个星官。据《史记·天官书》，东方苍龙、南方朱雀和星宿的配合与通行说法基本一致，但西方白虎只是指参宿，北方玄武只是指虚、危二宿。这种情况说明四象及其与二十八宿相配的定形是在西汉以后。而四象的起源比较早。20 世纪 80 年代在河南濮阳西水坡一座距今 6000 多年的新石器时代的古墓中发现了龙、虎、北斗星象图，可见龙、虎这二象在远古时代就已经有了，而且已经和星象配合。在湖北随县曾侯乙墓（约公元前 443）出土的一只漆箱盖上，有一圈二十八宿文字和一个表示北斗星座的斗字，另外也有龙、虎形象。这说明人们早就把四象和二十八相配，只是起初配法上有一些差异。四象的起源可能与图腾有关。古代部落各以某种动物为图腾，加以崇拜，并以此为部落的象征。由于各部落祭祀不同的星官，所以各部落的图腾遂和他们祭祀的星官相联系。四象可能就是从主要的图腾演变而来，并逐步被用做星象的划分体系的。

（2）易学术语，是其宇宙发生理论中的一个环节。《易·系辞上》："易有太极，是生两仪，两仪生四象，四象生八卦。"王弼注："四象谓金、木、水、火。"宋儒又谓指太阳、太阴、少阳、少阴。亦指春、夏、秋、冬四时。但也有其他解释者。（薄树人）

四元术　中国古代建立多元高次方程组的方法与解法。人们将天元术与方程术结合起来，创造了二元术、三元术与四元术，即二元、三元与四元高次方程组的解法。祖颐《四元玉鉴后序》（1303）在叙述了天元术的历史后说："平阳李德载因撰《两仪群英集臻》兼有地元，霍山邢先生颂不高弟刘大鉴润夫撰《乾坤括囊》，末仅有人元二问。吾友燕山朱汉卿先生演数有年，探三才之赜，索《九章》之隐，按天、地、人、物立成四元。"上述有关二元术、三元术的著作均亡佚。四元术以天、地、人、物为未知数，常数项居中，旁边记一"太"字，四元依次居于常数项的下、左、右、上，其幂次由它们与"太"字的距离决定，距离愈远，幂次愈高，相邻两元幂次之积记入相应行列的交叉处，不相邻之元的幂次记入夹缝中。若以 x,y,z,u 分别记天、地、人、物，则四元术（只列出 2 次）表示为

u^2y^2	u^2y	u^2	u^2z	u^2z^2
uy^2	uy	u	uz	uz^2
y^2	y	太	z	z^2
y^2x	yx	x	xz	xz^2
y^2x^2	yx^2	x^2	x^2z	x^2z^2

四元高次方程组需列出 4 个这样的式子。四元术的核心是四元消法，即将四元四式消成三元三式，再消成二元二式，最后消成一元高次方程，用增乘开方法求解。朱世杰的消元方法巧妙但文字简括，具体方法从清中叶以来即有各种不同的看法。在欧洲，1779 年别朱（E. Bézout，1730～1783）才研究了多元高次方程组的消法。（郭书春）

四诊 望、闻、问、切四种诊断方法的合称，是中医诊察疾病最基本的方法。《难经·三十六难》："望而知之者，谓之神；闻而知之者，谓之圣；问而知之者，谓之工；切而知之者，谓之巧。"后世常将此四者相合而简称为"四诊"。望指医生运用视觉来观察病人的神色、动态、体表各部、舌象及尿便痰等分泌物，小儿还包括望指纹，从而获取相关的疾病资料。《难经·三十六难》："望而知之者，望见其五色以知其病。"望诊中以望神色及望舌为重点。望舌象，包括望舌体与舌苔，又专门称为舌诊，是望诊中最为重要的内容。望诊必须注意光线自然而充足，以免引起误诊。闻包括听声音与嗅气味两方面。前者指医生凭听觉来了解病人的语言、呼吸、咳嗽、呻吟等声音的变化；后者指医生凭嗅觉来分辨病人的口气、体气及排泄物的气味。《难经·三十六难》："闻而知之者，闻其五音以别其病。"虽然古代中医诊断学著作往往只强调前者，事实上，在许多疾病的论述或医案则常常涉及后者的内容，例如，《金匮要略》中论肺痈之症状就提到"时出浊唾腥臭"。问指医生主动向病人提问，通过病人的回答获取相关的病史资料，其内容一般包括起病原因、发病与治疗的经过、最初与现在自觉症状、饮食起居的变化、过去的病史等。问诊一贯是中医诊断学十分重要的内容。《素问·三部九候论》："必审问其所始病，与今之所方病。"《素问·疏五过论》："凡欲诊病者，必问饮食居处。"《难经·三十六难》："问而知之者，问其所欲五味，以知病起所在也。"至明代《景岳全书》中提出"十问"，则将问诊论述得比较具体而全面。切包括脉诊与按诊两方面。前者指医生运用指端的感觉测察病人脉象的变化；后者指医生运用手的感觉对病人的某些部位进行触摸按压，以检查胸腹肿块、体表皮肤的温度、疼痛或肿胀等情况。切诊，尤其是脉诊，是中医诊病中极其重要的方法。《难经·三十六难》："切脉而知之者，诊其寸口，视其虚实，以知其病在何脏腑也。"中医学认为，临床诊断必须四诊合参，缺一不可。《医宗金鉴·四诊心法要诀》曰："四诊要诀，实该望、闻、问、切之道……望以目察，闻以耳占，问以言审，切以指参。明斯诊道，识病根源，能合色脉，可以万全。"（张志斌）

泗水桥 又名南大桥。位于山东省兖州城南五里，跨泗水。明万历三十七年（1609）鲁宪王所建。长70余丈，宽2丈有余，厚墩联拱石桥，15洞。清康熙、乾隆年间曾部分冲决，皆重建。旧桥现仅存中间七孔，为半圆形拱，跨度7～8米，券石厚50厘米，墩宽3米，迎水面设分水尖，斜长2.2米。两端接有民国添建的敞肩半圆形拱，北三孔，南五孔，又接敞肩圆弧双曲拱，北五孔，南三孔，全桥计23孔。（沈玉枝）

淞沪铁路 中国最早修筑的铁路之一。自上海至吴淞，全长14.5公里。光绪元年（1875）英商怡和洋行的吴淞道路公司从英国运来车道材料和机车，购买土地，建筑路基，开挖沟渠，建成窄轨距铁路。光绪三年清政府赎回拆毁，光绪二十三年，清政府再筑标准轨距吴淞铁路，次年完成。（孙剑）

菘 即白菜，中国古代叶菜之一。春秋战国已有栽培，但宋以前主要种植于江南，且多不结球，南北朝时已是"最为常食"的大众蔬菜。唐代出现了白菘、紫菘和牛肚菘等品种。其后复有增加，其中最著名的当属今日植物分类学上的南方油白菜。唐宋时期，菘由南向北发展，植株由小变大，并发展出结球白菜，即大白菜。结球白菜随宋廷南迁，又回到江南，在临安称为黄芽菜，又称黄芽白。同时，结球白菜在金元时期，在今北京及周边地区得到迅速发展，并在明清时期，成为北方某些地方的当家菜。到 18 世纪中叶，华北生产的结球白菜已经由京杭大运河销往江浙一带，随后山东的产品也经由海路运销上海，甚至远销广州，并经由海路传到东亚、东南亚、澳洲，以及欧美等地。（曾雄生）

宋锦 一种用彩纬显花的纬锦，产于以苏州、杭州为中心的江南一带。由于其花纹图案主要继承唐和唐以前的传统纹样，故又被称为“仿古宋锦”，相传是宋高宗南渡后，为满足当时宫廷服装和书画装饰的需要而生产的，南宋末年已有 40 多个品种，而明清时期则以苏州生产最盛。宋锦色彩丰富，层次分明，不用强烈的对比色，而是以几种层次相近的颜色作渲晕，它的地纹色大多运用米黄、蓝灰、泥金、湖色等，主花的花蕊或图案的特征，用比较温和而鲜艳的特用色彩，花朵的包边或分隔两类色彩的小花纹则用协调而中和的间色。各种颜色的巧妙配合，形成宋锦庄严美观、晕渲相宜、繁而不乱、典雅和谐、古色古香的风格。品种主要分大锦、小锦、合锦三类。大锦花型大、类型多，用于华丽服装材料和装裱名贵书画；小锦花型小、质地薄，适宜于裱装小件物品或制作锦盒；合锦的花纹多为和合型对称连续的横条图案，花样精巧，风格别致，可供衣着和裱装之用。（赵翰生）

溲种法 是以雪汁或骨汁、蚕矢、羊矢等，以及附子等三类材料，经过一定的加工，用以进行种子处理的一种方法。《氾胜之书》载有两种配方和做法，所用原料和处理方法稍有不同，原理则相同，这就是在种子外面包上一层以蚕矢、羊矢为主要材料的一层粪壳，类似于现代的“种子肥料衣”的方法。书中认为使用溲种法可以起到防虫、防旱、增产的效果。今人模拟试验表明，溲种法具有早苗、全苗、壮苗的效应，包衣体有较强的保水力，加以早苗、壮苗的作用，间接产生了抗旱效应，同时也具有一定的增产作用。（曾雄生）

苏绣 以苏州为中心的代表性刺绣，是在顾绣基础上发展起来的。苏绣风格可概括为构图紧密，图案秀丽，色调典雅，形象传神，绣面厚密，微微突起，有浮雕感，富装饰性。苏绣针法灵活，用针平匀烫贴，有套针、抢针、打子、拉梭子、盘金等多种针法，以套针为主。苏绣表现物象多用留水路的方法，即将物形分成由深到浅或由浅到深的若干色阶，色阶之间留出一条空线。绣制时要求绣线套结不露生硬痕迹，常用几种深浅不同的同一颜色的色线或邻近色的色线相配，套绣出晕染自如的色彩效果。现有人将苏绣特点归结为平、光、齐、匀、和、顺、细、密 8 个字。苏绣制品按使用要求不同，大体上分为两大类：一类是实用品，它又分为服饰品、床上用品、佩饰品几类，服饰品有云肩、袖边、衣裙、鞋帽等；床上用品有被面、枕套、帐幔、靠垫等；佩饰品有荷包、扇袋、香囊、镜袋等。另一类是欣赏品，有挂轴、屏风、台屏等，此类绣品纹样多以名人书画为稿本，做工精细，不计工本，且多出于名门闺媛之手，故又称为

"闺阁绣"。(赵翰生)

苏州天文图 江苏苏州市南门西北部旧"苏州府学"中"文庙"门口南宋遗留大石碑上的星图，南宋王致远在淳祐七年（1247）所刻。据王致远说，"天文图"的底本得之于四川，是南宋嘉王赵扩（即宁宗）的老师黄裳于绍熙元年（1190）前后所画。恒星观测在中国由来已久。《尚书》记载，尧帝命人观星以确定季节。古人把天上的星星分群命名，叫做星官；把它们的位置以图画的形式记录下来，便是星图，是为中国古代天文学成就的重要组成部分。中国文明绵延数千年而不衰，留下了许多形式各异、内容独特、日益精确的星图。其中，宋代苏州的石刻"天文图"堪称世界珍品。与古希腊以神话中的人物、动物命名星官的做法不同，中国古代以人间社会的事物命名星官。另外，设有沿黄道、赤道带分布的二十八宿，起着天文观测坐标参照点的作用，是中国星官体系的重要特点之一。两汉时有石、甘、巫咸三家星官体系，到三国时由吴国的太史令陈卓把它们综合起来，形成了三垣、二十八宿共 283 个星官，计 1464 颗星的星官体系。这就是中国传统的全天星官体系。目前发现的早期星图，以汉唐及其以后的墓室中的彩绘或石刻星象图居多，都是示意性的或星官位置不太准确的星图，例如，在西安发现的西汉墓室顶部的彩绘星图，画有二十八宿示意星图以及与之相配的图像。再如，在唐代的敦煌卷子中发现有一套绘在纸上的星图，绘有全部传统星官，是极有价值的古星图，但因是抄本，星官位置不太准确，只是画出星官之间大概的相对位置而已。与这些早期星图相比，苏州"天文图"星官完整，位置准确，可以说是一幅科学的全天星图。苏州石刻"天文图"碑石总高 216 厘米，宽 108 厘米，碑额题"天文图"三字。碑石上部是一幅圆形全天星图，星图外圈直径约 91 厘米。星图形式与中国古代的盖图一致，以天球北极为圆心，画有三个同心圆，分别表示内规、赤道和外规。内规直径约 20 厘米，相当于北纬 35°的"恒显圈"。外规即外圈，相当于"恒隐圈"。也就是说，天文图是一幅可见星空的全天星图。图上还有以北极为中心的二十八辐射状的线，从"恒显圈"通向外圈，为二十八宿的宿度线，用以标记恒星的赤经坐标。星图外圈刻有与二十八宿相配合的十二辰、十二次及州国十二分野。图上刻有黄道、银河的界线，按三垣二十八宿的体系刻有全部传统星官，共刻画恒星约 1436 颗，比起传统的数目，遗漏并不多。星图下面有文字说明，标题也为"天文图"三字。正文共 41 行，连中间双行注文，共 2140 字，概略叙述当时的天文知识，内容包括太极、天体、地体、南北极、赤道、日、月、黄道、白道、经星、七政、天汉、十二辰、十二次和十二分野等，可以说是一部关于天文、宇宙及其与人文的关系的极为精炼的知识教科书。苏州"天文图"具有极重要的科学价值。图上恒星的位置据研究是根据北宋元丰年间（1078～1085）的实测，位置相当准确。北宋天文仪器的制造技术与观测精度都比以前有很大的提高。天文图上恒星的坐标位置，保存了我国北宋时代的恒星位置实测资料。星图上有一些特殊的星点，可能是新星或超新星的记录。如"天关"附近的星点，有人认为可能是 1054 年超新星的记录。此说固然需要进一步论证，但也说明了"天文图"的科学价值。(孙小淳)

俗乐音阶 七声音阶形式之一。其特点是第四、五级之音程为一个全音，第六、七级之音程为一个半音（参见“古音阶”）。是汉以来“相和歌”和清商乐中最普遍使用的一种音阶形式。宋蔡元定《燕乐》（《宋史·乐志》）说它是俗乐的七声。杨荫浏《中国音乐史纲》称其为“俗乐音阶”或“清商音阶”。近年一些音乐论著称它为“燕乐音阶”。（戴念祖）

速度 物体运动快慢的表述。东汉王充在《论衡》中比较详细地讨论了这个问题。首先是对物体运动的快慢的观察，他说：“天行已疾，去人高远，视之若迟，盖望远物者，动若不动，行若不行，何以验之？乘船江海之中，顺风而驱，近岸则行疾，远岸则行迟，船行一实也，或疾或迟，远近之视，使之然也。”这表明王充已经注意到由于视差，物体真实运动与视运动的快慢有很大差别，应该排除主观因素，努力去研究物体运动的实际快慢。其次是对物体运动的快慢的量度，他说：“日昼行千里，夜行千里。麒麟昼日亦行千里。然则行舒疾与麒麟之步相似类也。”王充把日和麒麟运动的快慢用每昼夜经过的路程来描述。当日和麒麟每昼夜的路程相等时，就说它们“舒疾”相同。这可谓“速率”概念的萌芽。王充还说明了月和天的运动快慢也是可量度的，可用类似机械运动——晨凫、陶钧和弩矢的运动来比拟的。再次是物体运动的快慢与物体本身重量的关系。王充用两对物体运动的比较说明一个道理：在同样外力条件下，重量小的物体，运动起来容易；重量大的物体，运动起来困难。王充这一论述已接近近代力学概念。（王允红）

粟 又称谷或谷子，植株称禾，原产中国，是中国北方原始农业中最早驯化的谷类作物之一。粟的野生种莠，遍布全国，新石器时代已驯化为粟。陕西、山西、河南、河北、山东等省多处发现有新石器时代的粟作遗存。其中最早的是河北武安磁山遗址，距今已有7000余年。商代甲骨文中的禾字是粟植株的象形描述，粟字是禾结实时带籽实的象形描述，苗字是田中禾植株幼苗的形象。后来禾成为禾谷类作物的总称，粟是一切谷物籽实的总称，苗则成为泛指一切作物的幼苗，足见粟的地位之重要。从新石器时代一直到唐前期，粟在粮食中一直占据主导地位。粟具有高度的抗旱能力，适合于北方半干旱地区种植，同时人们不断改进技术，以提高产量。选择良种是最早用以提高产量的办法。《诗经》云“诞降嘉种”，嘉种就是良种。北魏贾思勰《齐民要术》指出贮藏的谷种首先要晒干，防止水分太高，因发热而损失发芽力。其次要严格防止混杂，要年年选择纯正的穗子单独留种、悬藏，来春单独脱粒，播种在种子田里。种子田收获的种子贮藏在窖里，窖口掩盖的秸秆，必须是同一种品种的秸秆。这种严密的防杂措施，保证了品种的纯净。长期的实践培育出了众多的品种。《齐民要术》引西晋《广志》有粟的品种12个。该书又补充北魏时的粟品种86个。内有芒、耐风、兔雀暴的24个；“中租大谷”的38个；早熟、耐旱、兔雀暴的14个；晚熟、耐水的10个，反映了粟品种资源的丰富。人们还注意通过精耕细作提高产量。《庄子·长梧封人》云：“深其耕而熟耰之，其禾繁以滋，予终年厌飧。”《群芳谱》说：“种谷地欲肥，耕欲细欲深，秋耕更佳。”《氾胜之书》记有溲种法，《齐民要术》记有“美田之法”，都是精耕细作之法。在施基肥方面，《农言著实》

指出："明年在某地种谷，今年就在某地上粪。先将打过之粪再翻一遍；粪细而无大块，不惟不压麦，兼之能多上地。"人们重视播种时机，《氾胜之书》说："种禾无期，因地为时。三月榆荚时雨，高地强土可种禾。"《齐民要术》认为："田宜种晚，薄田宜种早，良田非独宜晚，早亦无害。薄地宜早，晚必不成实也。"又说："凡种谷，雨后为佳。遇小雨，宜接湿种……春若遇旱，秋耕之地，得仰垄待雨。春耕者，不中也。"指出春耕地不可以种下待雨。一般情况下要适当早种，因为"早田杂草少而易治，早谷皮薄米实，而收获多"。清代《知本提纲》说："播种必先识时，得时则禾益，失时则禾损。"因为"粟得其时，长稠大穗，圆粒薄糠；粟失其时，深芒小茎，多秕"。古人还注意不同品种的不同播种期，还要看土壤的墒情。清代《马首农言》说："谷雨种山坡，立夏种河湾。"《致富纪实》（1896）说："高地正、二月种，六、七月熟。中地三、四月种，七、八月熟。低地五、六、七月种，九、十月熟。"元代在播种后或苗初出时用砘镇压以保墒。田间管理方面主要有：一间苗。《知本提纲》提出："播种务欲其稠，立苗又欲其疏。"因为"播种稠，则无隙地而下往耘籽之功：立苗疏，则地力均而尽坚状之利"，还提出"留强去弱"的间苗原则。《农蚕经·剜谷节》更提出"留苗视地肥饶，要分朗不可太密，不可点罨"，"视谷之善岐不善岐，以为疏密"的原则。二中耕。《齐民要术》说"苗生如马耳，则镞锄"，又说"锄者非止除草，乃地熟而实多，糠薄米息，锄得十遍便得八米"。《知本提纲》说："锄频则浮根去；气旺则中根深。下达吸乎地阴，上接济于天阳。……故锄不厌频，中根自深，方能吸阴济阳，气旺而有收矣。"古人还重视中耕与培土相结合。王祯《农书》说锄谷"第三次曰壅禾"，壅便是培土。《农蚕经》说：谷子锄至三遍，其根四布，不宜深锄，"惟当浅锄，拥土护根，乃为得法"。《马首农言》主张："苗低浅锄之；苗高深锄之二遍，亦以上壅根。"可见中耕的传统经验，要在第二、三次中耕时结合进行培土。三灌溉。粟虽然是旱作谷物，但是进行适当的灌溉还是必要的。清代《齐民四术》中说"其不能兴水种稻者，须多开池塘蓄水，以溉旱谷"。《知本提纲》说："禾苗生成，固赖粪壤肥沃，以厚其土力，而其长养之际，尤必藉润水泽，方能发育而滋荣。则灌溉之要又不可不急矣。"古人在谷子的收获方面也积累了丰富的经验。《氾胜之书》说："获不可不速，当以急疾为务，芒张叶黄，捷获无疑。"《齐民要术》说"收获如盗寇之至"，都主张要抓紧时机迅速收获，以免延误时日而为风雨所损。《农蚕经》说，谷子"倘有三五分熟，勿降大雨，雨止便速割，一、二日割完。若稍迟则倒伏或变黑，一粒全无矣，万勿迟疑，戒之戒之"。《知本提纲》主张："故凡诸谷必当七、八成熟，秸秆未至大黄之时，即为收获，则元气自不散。若待迟熟，秸干枯。生气已泄，子复脱落，渐次缩小，食必不美。"又说"如粟谷早收，则耐煮，味美而不粘碗。若经草枯始收，则无味，粘碗而不耐煮"，强调粟谷要早收。（曾雄生）

粟米 中国古代数学门类之一。为先秦"九数"之一，后发展为公元前1世纪《九章算术》之第二章，并成为中国传统数学著作的主要篇目之一。《九章算术》粟米章首列"粟米之法"，为各种粮食的交换比率。刘徽注粟米章云"以御交质变易”，用比例算法处理物物交换问题，今有术为其根本方法。该章还涉及其率术与反其率术，是用以求一定条件下不定方程之定解的方法。（邹大海）

算 ①指算筹，《九章算术·少广》开方术：“置积为实，借一算，步之，超一等。”此“一算”即一枚算筹。②计算，运算。《九章算术·方田》合分术刘徽注：“乘以散之，约以聚之，齐同以通之，此其算之纲纪乎？”“算”在此处指数学运算。③指算学，数学。《九章算术·商功》方亭术刘徽注：“盖说算者乃立棋三品，以效高深之积。”“说算者”指数学的研究者或工作者。（郭书春）

算筹 ①又称为算、筹、策、算子等，是直到宋元中国人使用的主要计算工具。以算筹为工具记数、列算式并进行各种运算的方法称为筹算。中国传统数学的主要成就皆借助于算筹取得。算筹产生于何时，无可靠记载。《老子》说：“善数不用筹策。”这说明最晚在春秋末期，人们就已经普遍使用它了。它通常用竹，也有用木、骨、石、玉、象牙等制成的。《汉书·律历志》云“其算法用竹，径一分，长六寸”，分别合今天的 0.23 厘米与 13.8 厘米。1954 年湖南长沙左家公山战国楚墓首次出土实物。陕西千阳、旬阳等地出土的汉代算筹（如图）证实了《汉

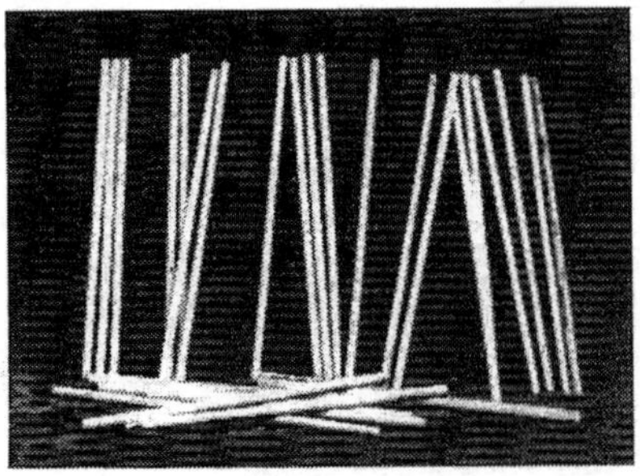

西汉旬阳象牙算筹

志》的记载。为避免滚动与布算面积过大，后来算筹逐渐变短，截面由圆变方。石家庄出土的东汉算筹截面已变为方形，长度缩短为 8.9 厘米。现存文献中，《孙子算经》最先表述了算筹记数制度：“凡算之法，先识其位。一从十横，百立千僵，千十相望，万百相当。”《夏侯阳算经》又补充道：“满六以上，五在上方，六不积算，五不单张。”这就是说，算筹数字有纵横两式如图。

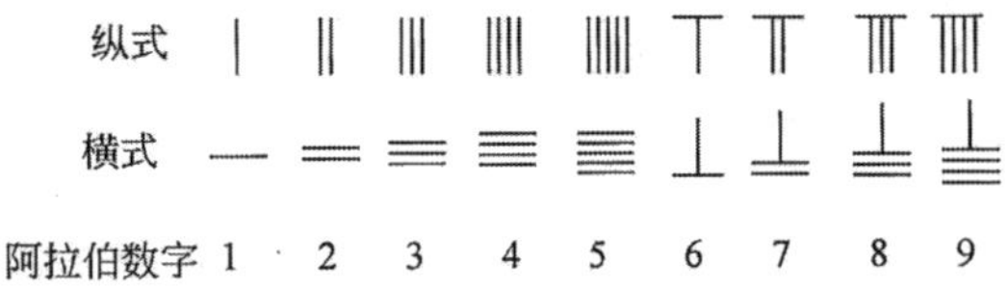

算筹数字

个、百、万……用纵式，十、千、十万……用横式。因此，用这 18 个符号，及用空位表示 0，可以表示任何一个自然数，如 1997 便可表示成𝍠𝍨𝍱𝍦；也可以表示分数、小数、开方式（一元方程）和方程（线性方程组），甚至可以表示负数。刘徽说：“正算赤，负算黑，否则以邪正为异。”算筹记数完全采用十进位值制，比古巴比伦的 60 进位值制方便，比古希腊、罗马的十进非位值制先进，是当时世界上最简便的计算工具、最先进的记数制度。用算筹计算，便是筹算。中国传统数学的辉煌成就，大都是借助于算筹和筹算取得的。也许是巧合，中国传统数学的衰落大体与筹算退出历史舞台同步。②1617 年初英国数学家耐普尔（J. Napier，1550～1617）所发明的一种算筹计算法。算筹用竹或木制成，正反面刻有 1～9 及其 2～9 倍的数字，竖排，使用斜格。明末 1628 年传入中国，清数学家方中通（1633～1698）《数度衍》（1661）增加了零筹、平方筹和立方筹。清数学家梅文鼎（1633～

1721）在《筹算》（1678）中将耐普尔算筹的斜格改为半圆格或直格，将竖排改为横排，如图。这些改进更符合中国传统，也更加方便。（郭书春）

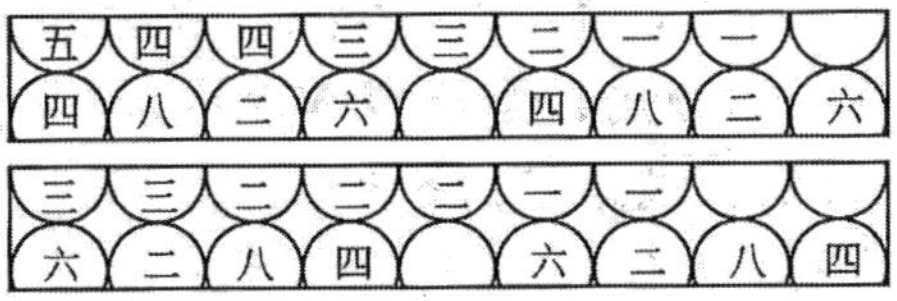

梅文鼎改进的耐普尔算筹

算术 即中国传统的数学。陈子在谈到数学的作用时说“此皆算术之所及”。他又说：“算数之术，是用智矣。”（《周髀算经》卷上）算术实际上是“算数之术”的简称。汉唐数学著作的书名大多冠以“算术”，如《九章算术》、《孙子算术》。古代的术语“算术”相当于英文的mathematics，与今天之“算术”仅指arithmetic是不同的。它包含今天数学教科书中的算术、代数、几何、三角等方面的内容。后来，算术又称为算学、算法、数学。（郭书春）

算学 ①隋唐以后对数学的称谓。隋唐设算学馆，有算学博士，宋有“算学”条例，元朱世杰著《算学启蒙》（1299），元莫若《四元玉鉴前序》（1303）云“当今尊崇算学”。宋元起又称为“数学”，此后算学、数学一直并用，直到20世纪30年代。1939年中国数学名词审查委员会决定用“数学”而废止“算学”。算学遂专指中国传统数学。②中国古代培养数学人才的学校，又称为算学馆。设于京师。隋隶国子寺，唐、宋隶国子监，元明未设，清隶国子监，后在同文馆亦设算学。隋、唐、宋的算学教材主要是10部算经，即《算经十书》。（郭书春）

算学博士 中国古代官方负责数学教育或咨询的最高学术官员。北魏太武帝时（424～451）殷绍曾为算生博士，未闻其详。隋唐时设算学（馆），算学博士为最高级别教官。宋初置算学博士，元丰七年（1084）始立算学于国子监，且其后废置无常。元明情况不详。清有算学馆，有教习，似不称博士。又《大清会典》载，汉人学生毕业，若为举人出身而被荐“以博士用”。算学博士除授课外，亦编注教材，例如，《算经十书》即经过唐太史令李淳风、算学博士梁述等整理和注释成为算学馆教材。（邹大海）

算学馆 隋、唐、宋时期国立数学教育机构，又称算学或算馆。北魏太武帝时（424～451）殷绍曾为算生博士，未知其时是否有国家数学教育机构。隋于国子寺置算学，有博士2人，助教2人，学生80人。至唐屡有兴废。贞观二年（628）始置算学，隶国子学。显庆元年（656）置算学馆，与国子、太学等并列为国子监六馆之一，显庆三年又废去，博士以下人员并入太史局。龙朔二年（662）复置。唐算学馆教员有博士2人，助教1人；学生为八品以下文武官员之子及庶人通其学者，定员初为30人，永泰（765～766）以后西京馆为10人，东京馆2人。教材为《周髀》、《九章算术》、《海岛算经》、《孙子算经》、《夏侯阳算经》、《张丘建算经》、《缀术》、《五曹算经》、《五经算术》、《缉古算经》等十部算经，亦兼习《数术记遗》与《三等数》。学员分两组，学制七年。其一组：《孙子》、《五曹》共学一年，《九章》、《海岛》共学三年，《张丘建》、《夏侯阳》各学一年，《周髀》、《五经算术》共学一年。另一组：《缀术》学四年，《缉古》学三年。学生参加一年一度的明算科考试，及第者送吏部铨叙，授以从九品下官阶。五代时后唐科举曾有明算一科，未知有国立算学馆否。宋初置算学博士，元丰七年（1084）始立算学于国子监，元祐元年（1086）又废去。崇宁（1102 ~ 1106）、大观（1107 ~ 1111）、宣和（1119 ~ 1126）年间又各有废置。南宋以后废止。宋代算学科学生除十部算经外，还兼习天文、历法等内容。隋唐算学馆之设置是魏晋以来中国数学高度发展的反映，但算学馆本身对数学发展的作用并不大。明代官学倡习数学，太学亦曾讲肄算法，不过恐仅属兼习而未成专门。清算学馆多有变化。康熙五十二年（1913）初设算学馆；雍正三年（1725）奏准于畅春园之蒙养斋设立算学馆，选聘精通数学之大臣职掌其事，特命皇子亲王董之，选八旗世家子弟为生学习算学。乾隆四年（1739）奏准算学馆由国子监管辖。《大清会典》载其制：管理大臣 1 名，以满洲人充任，教习 2 名，为汉人，学生满人 12 名，蒙古人、汉军及汉人各 6 名。学习内容：线、面、体三部各限一年通晓，七政共限二年。内中当已含西学，与天文有关。每季小试，岁终大试，会同钦天监考试，五年期满。期满合格者，满人、蒙人及汉军学员以充补各旗天文生，汉人若有举人出身而见用，以博士用。清代算学馆延及中叶，其对数学研究贡献无多。（邹大海）

岁差 冬至点在星空沿黄道逐年西退的现象，由东晋时虞喜（约 330）首先发现。他通过比较古今冬至日昏中星观测结果，认识到经过一个回归年，太阳只是回到了冬至点，而并没有回到前一年冬至日太阳所在的星空位置，原因是冬至点已经西退，所以太阳在星空并没有走完一周天，而是“每岁渐差”。回归年即为岁，于是虞喜说“天自为天，岁自为岁”，天、岁之差即为岁差。中国古代历法一般以冬至为回归年岁首，岁差引起的冬至点西退现象，在汉代就已经被觉察。汉太初改历前用古四分历，冬至点在牵牛初。刘歆《三统历》则指出，冬至点“进退于牵牛之前四度五分”，实际上是说冬至点已退到了斗宿。东汉贾逵最先明确指出冬至点位置改变的事实，他根据汉时石氏学派的观测成果，说冬至点已退至斗 20 度。但是，汉代并没有总结出冬至点“每岁渐差”的规律。虞喜定岁差值为 50 年差一度。祖冲之首先在其《大明历》中引进了岁差计算，之后随着太阳位置测量越精密，岁差值越准确。隋代刘焯《皇极历》中定岁差值为 75 年差一度。宋《统天历》和元《授时历》都定岁差值为 66 年 8 个月差一度。岁差的发现，促进了古代历法计算和天文观测的发展。于历法计算表现为不断修改回归年长度和周天度；于观测则表现为对恒星位置精益求精的测量。唐、宋、元时期进行过多次大规模恒星观测，其目的之一就是考虑岁差因素，重新测量二十八宿距度，从而改进历法推步。中国古代对历法的认识，基本上侧重于历法计算方面，对岁差引起的天体坐标的变化认识不够充分，原因是中国古代赤道坐标系，计量的是天体相对于二十八宿距星的赤经差，而不是计量天体相对于春分点的赤经。前者因岁差引起的变化比后者小一个数量级，实际观测中不易发觉。至于岁差引起的赤纬（中国古代用去极度）的变化，中国古代似乎一直没有认识清楚。西方在依进谷发现岁差时（约公元前 130），对岁差引起的天体坐标位置变化，因有其天球模型，解释得非常明确。明末清初，西方天文学之岁差理论值传入中国

之后，我国学者对岁差引起的天体坐标的变化才有了清楚的认识。（孙小淳）

岁实 中国古代历法常数，用来表示回归年长度。岁实的数值本身并不等同于回归年长度值，而是除以另一历法常数日法才得到回归年长度值，也就是说，回归年长度是由“岁实、日法”这一对历法常数来表示的。例如，金《大明历》定岁实1 910 224，日法5230，相应的回归年长度为365.243 594 6日。古代历法中用以表示回归年长度的两个常数，除“岁实”和“日法”外还有：周天、统法；周天、日法；周天、纪法；纪日、纪法；周天分、蔀法；周天、度法；岁分、纪法；岁数、气日法；岁分、度法；期实、推法；策实、通法；章岁、统法；岁实、统法；岁率、通法；岁周、枢法；岁周、元法；岁周、日法；岁周、统法；岁分、日法；岁实、日周；岁周、日周，等等。虽然名称繁多，但本质都是一样的。岁实其实最早是在边冈的《崇玄历》（893）中才出现的名称。古代历法还常用另一种方法表示回归年长度，即把回归年长度值的整数部分365日除去，只用一常数表示不足1日的余数，叫做斗分。斗分除以相当于日法的常数即为回归年非整日余数。古历中相当于斗分的名称还有岁余、岁分等。我国古代对回归年的认识是很早的，《尚书·尧典》称：“期三百有六旬有六日，以闰月定四时成岁。”这时认为回归年长度为366日，显然是把365日以外的余数部分算做1日。古四分历和东汉四分历都定回归年为365 $\frac{1}{4}$日。在以后漫长的历法发展史中，回归年长度测定越来越准确，授时历定为365.242 5日，和现行公历采用的回归年长度一致。明代刑云路定回归年长度为363.2421900日，和理论值只差2.3秒。（孙小淳）

岁星超辰 汉刘歆提出的调整历法中使用的岁星所在次的方法。岁星即木星。木星约12年运行一周天，于是中国古代就把周天分为十二分，称为十二次，木星年过一次，因此就可用木星所在次来纪年，叫做岁星纪年。但是，由于岁星实际约11.86年运行一周，过80多年，岁星实际位置将超过理想计算位置一次，岁星纪年法用久之后，就与实际天象不符，于是就有必要调整历法中使用的岁星所在次。西汉末刘歆提出的方案是，岁星每144年超一次，这样就可以解释春秋战国时史书中的岁星位次。（孙小淳）

岁星纪年 以木星所在星次纪年的方法。中国古代很早就认识到木星约12年运行一周天。人们把周天分为十二分，称为十二次，木星每年行经一次，就用木星所在星次来纪年。因此，木星被称为岁星。其起源年代还不清楚，但在春秋、战国之交很盛行，因为当时诸侯割据，各国都用本国年号纪年，岁星纪年可以避免混乱和便于人们交往。《左传》、《国语》中所载“岁在星纪”、“岁析木”等大量记录，即用岁星纪年法。此外，天上又有十二辰的划分，用子、丑、寅、卯、辰、巳、午、未、申、酉、戌、亥十二地支名之。它的计量方向和岁星运行的方向相反，即自东向西。由于十二地支的顺序为当时人们所熟知，因此，人们又设想有个天体，它的运行速度也是12年一周天，但运行方向是循十二辰的方向。这个假象的天体被称为太岁。当岁星和太岁的初始位置关系规定后，就可以从任何一年岁星的位置推出太岁所在的辰，因而就能以十二辰的顺序来纪年。当时又对太岁所在的子、丑、寅、卯、辰、巳、午、未、申、酉、戌、亥 12 个年给以相应的专名，依次是困敦、赤奋若、摄提格、单阏、执徐、大荒落、敦牂、协洽、涒滩、作噩、淹茂、大渊献，如《吕氏春秋》有：“维秦八年，岁在涒滩。”这是指申年。有了地支关系，再配上天干，就与干支顺序相连。在岁星纪年中，对甲、乙、丙、丁、戊、己、庚、辛、壬、癸 10 个年也给以专名，依次为阏逢、旃蒙、柔兆、强圉、著雍、屠维、上章、重光、玄黓、昭阳。这样，甲寅年可写为“阏逢摄提格”，余类推。这些岁名在不同的古书中有不同的写法。上面所列的是《尔雅·释天》所载的通用写法。岁星实际约 11．86 年运行一周。过 80 多年，岁星实际位置将超过理想计算位置一次。岁星纪年法用久之后，就与实际天象不符。于是，必须改革历法，调整岁星和太岁的位置。因此，当时各种历法的岁星纪年法是有出入的。汉太初以后，岁星纪年法与后世的干支纪年法相连接，从太初上溯至秦统一中国时，岁星纪年比干支纪年落后一辰，上溯至战国时期则落后二辰。西汉末刘歆提出岁星每 144 年超一次的算法，但实际上未在纪年法中应用。东汉改用《四分历》时，废止了岁星纪年法，沿用干支纪年法。（孙小淳）

损益术　中国古代建立“方程”即线性方程组的一种方法。“损益”即增减。当所给的方程问题的数量关系不是规范的“各列有数，总言其实”时，便首先需要应用损益术列出方程。西汉《九章算术》方程章第二问术云：“损之曰益，益之曰损。”这是说，在等式的一端减去某一量，等价于在另一端加上该量；同样，在等式的一端加上某一量，等价于在另一端减去该量。公元 3 世纪刘徽的《九章算术注》称之为“互其算”，即现今代数运算中的变号移项。《九章算术》既有常数项的损益，也有未知数项的损益，还有未知数项的合并同类项。例如，第 11 问的题设“二马、一牛价过一万如半马之价。一马、二牛价不满一万，如半牛之价”，便需“损益之”，将两式中的“半马”、“半牛”变号移到另一端，分别与马、牛合并，同时将“一万”亦变号移到另一端，刘徽说：“此一马半与一牛价直一万也，二牛半与一马亦直一万也。”（郭书春　邹大海）

T

它山堰　唐太和年间（827～835）鄮县（今浙江鄞县南）县令王元玮在甬江支流鄞江上主持修建的御咸蓄淡引水灌溉枢纽工程，位于浙江宁波市西南，是中国最早使用大块石砌拦河滚水坝的水利工程。这是一座拦河溢流坝，下挡咸潮、上蓄淡水，“引四明之水，灌七乡之田”（宋·魏岘《四明它山水利备览》）。坝上下各36级，顶长42丈，用80块条石板砌筑而成，坝体中空，作大木梁为支架。为防止洪水入城，在南塘河南岸建乌金碶（现名上水碣，距堰7公里）、积渎碶（现名下水碣，距堰9公里）、行春碶（现名石碣，距堰18公里）等三侧向溢流堰，下游通江。宋代在宁波城东北建三座泄水闸，由此形成由坝、渠、闸等组成的完整的灌排系统。宋以后泥沙淤积严重，南宋淳祐二年（1242）郡守陈恺在坝上游建三孔回沙闸，以减少入渠泥沙。元、明之后，因上游淤积，过堰洪流逐渐减少。至今坝身基本保持完好。（艾素珍）

胎教　古人对孕期妇女提出的有关起居、饮食等方面的注意事项，以达到保证孕妇身体健康、保证胎儿健康成长、预防坠胎及小产、难产等孕期疾病的目的。如宋《妇人大全良方》专门列有一卷“胎教门”，论述妊娠生理及妇女妊娠期生活起居的各种注意事项。又专指对孕期妇女生活起居言行方面的礼仪要求。古人认为，胎儿在母体中能够受到孕妇的言行及思想情绪的感化，所以，孕妇的言谈举止必须谨受礼仪，心情应保持恬静舒畅，以保证给胎儿以良好的影响。唐《备急千金要方·养胎》：“旧说凡受胎三月，逐物变化，禀质未定。故妊娠三月，欲得观犀象猛兽、珠玉宝物，欲得见贤人君子、盛德大师，观礼乐、钟鼓俎豆、军旅陈设，烧名香，口诵诗书、古今箴诫。居处简静，割不正不食，席不正不坐，弹琴瑟，调心神，和情性，节嗜欲，庶事清净，生子皆良。长寿忠孝，仁义聪惠，无疾。斯盖文王胎教者也。”（张志斌）

胎气　中医药术语。①妊娠期间养胎之气，通称为胎气，是胎儿在母体内所赖以成长的精气。《妇人大全良方》：“一受孕之后，不可食之物，切宜忌食。非唯有感动胎气之戒，然于物理，亦有厌忌者。”②病名，一指妊娠水肿。《妇人大全良方》卷十五：“治妊娠面目浮虚，四肢肿如水气，名曰胎气。”一指妊娠痢疾，《坤元是宝》：“胎前痢疾，产后即止，名曰胎气。”一指妊娠腹痛，《邯郸遗稿》：“妊娠腹痛者，名痛胎，俗名胎气。”（张志斌）

台风　又称飓风、惧风、黑风、风潮，指发生在中国近海和沿海地区的一种风暴潮。《尚书·周书·金滕》最早较详细描述了一次台风：“周公居冬二年……秋，大熟，未获。天大雷电以风，禾尽偃，大木斯拔，邦有大恐。”这时尚未将其与其他风暴相区别。晋沈怀远《南越志》首次将台风与其他风暴相区别，并记述了台风的风向变化、发生时间、破坏性等，而且将其命名为飓风。唐代已有灾害性台风的年频率统计，“或二三年一风，或一年两三风”（唐·刘恂《岭表录异》卷上）。元末明初时，台风又称风潮（娄元礼《田家五行》）。至清代始有“飑”，即台风的名称，而飓风则指寒潮大风或非台风性大风，康熙《台湾府志》卷七首次详细描述台风的特点，并全面总结台风与飓风的区别。中国古代有关台风预报的记载较为丰富，主要有：以断虹（霓）或赤云等光象预报台风的到来，并将这些现象称为飓母，“南海秋夏，间或云物惨然，则其晕如虹，长六七尺。比候则飓风必发，故呼为飓母。忽见有震雷，则飓风不能作矣。舟人常以为候，豫为备之”。（唐·刘恂《岭表录异》卷上）。以雷作台风的预兆，清时有“六月雷响止九台，七月雷响九台来”（《舟师绳墨·舵工事宜》）的谚语。以异常风向预测台风，即“占台风者，每视风向反常为戒，如夏月应南而反北，秋冬与春应北而反南，旋必成台”（清·郁永河《采硫日记》卷上）。以移浪（无风的涌浪）的出现预报风暴，如南宋吴自牧《梦粱录》卷十二“见巨涛拍岸，则知此日当起南风”。以海洋动物习性异常预报风暴，如“乌鲟弄波，大飓难当”（《东西洋考》、《海道经》）。（艾素珍）

太常寺　古代朝廷中职掌礼乐的最高行政机构，秦称“奉常”，汉代改称“太常”。《隋书·百官志》：“太常，掌陵庙群祀、礼乐仪制、天文术数、衣冠之属。”太常寺的主管官为太常卿，其下属中与乐律关系密切的有：太常博士，协律都尉（或校尉），太乐署的令、丞。汉以后还有鼓吹署（或部）、清商署（或部）的令、丞等。兼及乐与乐律计算的官员，视地位高低分别为协律都尉、协律中郎将、协律郎、钟律令、钟律郎等。各朝代太常寺所主管的乐、律部类不全同，其下属各署、局、部的分合也不全一样。元朝时，设太常礼仪院，在其礼部仪凤司下设“云和署”，“掌管乐工调音律”等事。一般地，太常卿为三至五品官不等，其下属各署丞为五至六品，其他如协律都尉在六至九品之间。协律都尉，协律郎等官是专“掌律吕以和阴阳之声”。古代中国的乐律学与声学发展在很大程度上归之于这种政体的保证和它所起的作用。（戴念祖）

太初　又称“泰初”、“大初”。古代谓天地未分时混沌的元气，其含义与“太一”、“太极”相近。《庄子·列御寇》云：“迷惑于宇宙，形累不知太初。”《庄子·天地》云：“泰初有无，无有无名。一之所起，有一而未形。”唐成玄英认为：“元气始萌，谓之太初，言其气广大，能为万物之始本，故名太初。”（《庄子疏·天地》）《易纬·乾凿度》：“太初者，气之始也；太始者，形之始也；太素者，质之始也。”《白虎通义·天地》谓“始起先有太初，然后有太始，形兆既成，名曰太素”，认为“太初”、“太始”与“太素”是不同的演化阶段。孔颖达则将“太初”与“太一”、“太极”连用：“太极谓天地未分之前，元气混而为一，即是太初、太一也。”（《周易正义》卷七）宋以后，“太初”一词逐渐为“太极”、“无极”等范畴所取代。（李家明）

太极　指原始混沌之气（元气），始见于《周易·系辞上》：“是故易有太极，是生两仪，两仪生四象，四象生八卦，八卦定吉凶，吉凶生大业。”汉代易学以混沌未分的元气来解释太极。魏晋玄学家以老庄学说解《易》，以虚无本体为“太极”。北宋理学家刘牧说：“太极者，一气也，天地未分之前，元气混而为一，一气所制，是曰两仪。”认为“太极”是“一”，是宇宙的本源，是绝对的精神，“太极”之发（活动）便是“神”。就人来说“神统于心”，故“心为太极”；就天地来说，“人之神则天地之神”，故“道为太极”（《钩隐图》卷上）。宋代周敦颐提出：“无极而太极。太极动而生阳，动极而静，静而生阴……阴阳，太极也，太极本无极。”（《太极图》）周敦颐承袭道家以无为本的思想，其“太极”乃指虚无。南宋朱熹以“太极”即为理，认为“太极只是一个理字”（《朱子语类》卷一），“总天地万物之理，便是太极”，“圣人谓之太极者，所以夫指天地万物之根”（《朱子语类》卷九十四）。朱熹认为太极为世界的本源。气运动而分阴阳，由阴阳而生四时，因而出现天、地、风、雷、水、火、山、泽八种自然现家，推衍为宇宙万事万物。北宋张载则以气解释“太极”，他说：“一物而两体，其太极之谓与！阴阳天道，象之成也。”（《正蒙·大易》）南宋叶适云：“夫极非有物，而所以建是极者，则有物也”（《进卷·皇极》），否定有离开具体事物而存在的“太极”。他还批评道学家“太极生万物”的观点，说明在有形之“物”的前提下，才能有无形的太极，坚持了以物为本的思想。（李家明）

太史令　掌管编史、制历的官名。我国商末、周初就设置太史寮，其长官为太史。西周、春秋时太史掌起草文书，记载史事，编写史书，兼管国家典籍、天文历法、祭祀等，为朝廷大臣。秦汉设太史令，职位渐低，但仍有编写史书、兼管天文历法之职责，例如，西汉武帝时的太史令司马迁不但著有著名的《史记》，而且参与太初改历。《史记》中也有《天官书》、《历书》等天文、历法篇目。东汉以来，太史令主要掌天时、星历。《后汉书·百官志》载太史令的职责是：“凡岁将终，奏新年历；凡国祭祀、丧娶之事，掌奏良日及时节禁忌；凡国有瑞应、炎异，掌记之。”这就是说，太史令有历法制定和天文观测两方面的工作。其注引《汉官仪》说：“太史待诏三十七人，其六人治历，三人卜，三人庐宅，四人日时，三人《易》筮，二人典禳，九人籍氏、许氏、典昌氏各三人，嘉法、请雨、解事各二人，医一人。”“灵台待诏四十一人，其十四人候星，二人候日，三人候风，十二人候气，三人晷景，七人候钟律，一人舍人。”这些是太史令下属官员的具体分工。太史令的官署名称历代不同。隋为太史监，唐改为太史局，肃宗时又改为司天台，五代亦同。宋代有太史局、司天监等名称，辽称司天监，金称司天台。元代改称为太史院，与司天监并立，但推步测算之事皆归太史院，司天监仅余空名。明清两代均称钦天监。在官署名称改变的同时，相当于太史令的官名也作相应改变，如元朝时叫“知太史”，明清时称“监正”。（孙小淳）

太素　构成宇宙万物始基的最初物质形态。《礼记·仲尼燕居》注：“素，犹质也。”《白虎通义·天地》篇：“始起先有太初，后有太始，形兆既成，名曰太素。”《易纬·乾凿度》：“太素者，质之始也。”（李家明）

太虚　中国古代科学思想术语，指广大的太空。《庄子·知北游》："不过乎昆仑，不游乎太虚。"《内经素问·五运行大论》："地为人之下，太虚之中者。"认为大地漂浮在太空之中。《内经素问·天元纪大论》："太虚廖廓，肇基化元，万物资始，五运终天。"认为太虚是万物的本始。帛书《道原》："恒无之初，迥同大（太）虚。"北宋张载把太虚看成气的一种无形和清虚的状态，"太虚无形，气之本体"（《正蒙·太和》），万物和人都是由气变化而成，太虚亦为万物和人的本体，"太虚者天之实也，万物取足于太虚；人亦出于太虚，太虚者心之实也"（《张子语录》）。另外，由于天空清虚无形，天也可称为太虚，"由太虚，有天之名"（《正蒙·太和》）。明王夫之认为，"太虚即气，絪缊之本体"（《张子正蒙注·太和篇》），为宇宙的实体。（李家明）

太一　又称"大一"。①万物产生前最初的混一。"太"是至高至极；"一"是绝对唯一。认为事物的发展有三个阶段：最初是"太一"，或太极，这是混沌的元气，或者说是原始的统一，其中的对立是潜伏着的。后来是一分为二。这是太一"分而为天地，转而为阴阳"，"天"与"人"的对立就在这个阶段，如荀子的"天人相分"和"制天命而用之"的思想。最后是合二而一。对立得到解决，阴阳调和，或天与人重新处于一种和谐的关系之中。②"道"的别名。《庄子·天下》谓老子之学（道）"主之以太一"。《吕氏春秋·大乐》："道也者，至精也，不可为形，不可为名，强为之（名），谓之太一"，并认为"太一出两仪，两仪出阴阳"，"万物所出，造于太一，化于阴阳"。《淮南子·诠言训》："洞同天地浑沌为朴，未造而成物，谓之太一。"③"元气"的别名。三国魏王肃注《孔子家语·礼运》："太一者，元气也。"《礼记·礼运》曰："礼必本于大一，分而为天。"孔颖达疏："必本于大一者，谓天地未分，混沌之元气也。极大曰太，未分曰一。其气既极大而未分，故曰大一也。""大一"即"太一"，认为太一是天地分时的混沌元气。（李家明）

太医署　古代医疗和医学教育的机构。始建于南北朝至隋唐臻于完备。太医署以医疗为主，教学次之。唐时，属太常寺，在校师生多达300人。由太医令、丞等负责管理，分设医、针、按摩和咒禁四科。医科又分为体疗、疮肿、少小、耳目口齿、角法等科。学生进入太医署后，先共同学习《脉诀》、《本草》、《明堂》、《素问》等基础课，然后分科学习各自的专业。学制分为三年、五年、七年。每年分别由医学博士主持月考；太医署令、丞主持季考；太常丞主持年终总考，视学生成绩的优劣，决定予以升、留、退。教师的职称分别为医学博士、医学助教、医师、医工等。太医署是我国医学史上最早的医学校，宋代改为太医局，仍为教学与医疗兼顾的机构，金、元、明、清代改为太医院，则纯属医疗保健机构。（张志斌）

太易　指宇宙形成过程中"未见气之前"的阶段。《列子·天端》篇："夫有形者，生于无形，则天地安从生？故曰：有太易，有太初，有太始，有太素。太易者，未见气也。""视之不见，听之不闻，循之不得，故曰易也。"意为天地未生成前，经历太易、太初、太始、太素等阶段，而太易则是没有气的阶段。（李家明）

痰饮 中医学术语。①病邪名。因体内肺、脾、肾三脏功能失调，水液输化障碍而化生的稀稠不等的黏性液体状物质，可以进一步导致疾病的产生。《诸病源候论·痰饮诸病候》：“痰饮者，由气脉闭塞，津液不通，水饮气停在府，积而成痰。”痰、饮二者略有不同。《赤水玄珠》卷六：“痰饮，胶固稠黏者痰也；清而稀薄者饮也，痰饮为病，所感不同。”《诸病源候论·痰饮诸病候》：“脉偏弦为痰，浮而滑为饮。”②病名。指由痰饮在体内积蓄所引起的病证。出《金匮要略·痰饮咳嗽病脉证并治》，为多种痰证饮证之总称。《诸病源候论·痰饮诸病候》：“胸胁胀满，水谷不消，结在腹内，两肋水入肠胃，动作有声，体重多唾，短气好眠，胸背痛，甚则上气咳逆，倚息短气，不能卧，其形如肿是也。”《景岳全书·痰饮》：“痰之与饮，虽曰同类，而实有不同也。盖饮为水液之属，凡呕吐清水及胸腹膨满，吞酸嗳腐，渥渥有声等证，……是即所谓饮也。若痰有不同于饮者，饮清沏而痰稠浊。”具体来说，痰证有风痰、湿痰、燥痰、寒痰、热痰等；饮证有支饮、痰饮、悬饮、溢饮等。又为饮证之一，专指因饮邪停留肠胃所致的病证。《金匮要略·痰饮咳嗽病脉证并治》：“其人素盛今瘦，水走肠间，沥沥有声，谓之痰饮。”治宜温阳化饮，方用苓桂术甘汤、肾气丸等。（张志斌）

堂祠 供奉宗族祖先神主，进行祭祀的场所，是一座集祭祖与宗族聚会议事、生丧嫁娶时拜祖于一体的综合性公共建筑。两汉开始建造墓祠，魏晋至隋唐时曾一度禁止建私祠，但仍有些家族建祠祭祀祖先。宋代允许官员立家祠，南宋理学家朱熹《家礼》问世以后，臣民的祭祖建筑被称为祠堂，等级规定很严格，有资格修建堂祠的人物寥寥无几。元代大量出现诸祖供于一祠的宗族祠堂。明世宗嘉靖皇帝允许民间广建祠堂，祠堂由此大量出现。清代民间修建祠堂的风气有增无减。安徽、福建、广东、山东等地都相继建造了不少祠堂。祠堂是家族的象征，分为宗祠、支祠、家祠和统宗祠。宗祠是供奉祭祀同族始祖的场所，支祠是同族中供奉和祭祀各支祖先的场所；家祠也称家堂，是同族中各家各户供奉和祭祀各自直系祖先的场所；统宗祠则是几县、十几县甚至几十县同族中人集资修建的供奉和祭祀本族始祖的场所。战国到汉代，民间祭祖采用墓前祭祀。山东长清孝堂山石祠建于汉代，是现存最早的墓祠，也是中国现存最早的地面建筑物，是一座单独的建筑，长方形平面，正面中央立八角形石柱，将正面分为两间。北齐到唐代的家庙均有严格的等级规定，依官位的大小从五开间到三开间不等。宋代祠堂有朱熹《家礼》载“祠堂三间图”，展示的祠堂以三开间的寝堂为中心，寝堂最里一架安置祖宗牌位，堂前二阶，四周围绕墙垣，前面围墙辟外门，堂的左侧设置一座东西向的配房，放置遗物书籍、祭器并作为神厨。明代祠堂承袭此制，明代中期，祠堂的寝堂前增加了一座享堂，如黔县万村韩氏祠堂，前后两进院，祠堂外门两侧建耳房，屋门与享堂之间庭院周围以回廊围绕，享堂后是寝堂，两者以天井相隔，寝堂最北一架是神龛。到清代，戏台也成为祠堂的构成元素，一些祠堂将戏台建于大门的背后，与大门融为一体，大门门道就是戏台的底层，外观是一座楼阁式建筑。（沈聿之）

堂花术 一种使花木提前开花的促成栽培法。唐代即出现，称为“浴堂花”，白居易《和春深二十首》云“惯看温室树，饱识浴堂花”。宋代则称为“堂花法”、“唐花法”或“催花法”。沈立《海棠记》记载了利用嫁接促使海棠提前开花的方法。吴怿《种艺必用》中有催花法：“用马粪浸水，前一日浇之，三四日方开者，次日尽开。”这种花木促成栽培慢慢演变成一种专门的技术，即“堂花”。最早提到堂花的是周密的《齐东野语》，详细记载了杭州东西马塍的艺花方法：“凡花之早放者，名曰堂花。其法以纸饰密室，凿地作坎，缏竹置花其上，以牛溲、硫黄尽培溉之法，然后置沸汤于坎中，少候汤气熏蒸则扇之以微风，盎然胜春融淑之气，经宿则花放矣。若牡丹、梅、桃之类，无不然。独桂花反是，盖桂花必凉而后放，法当置之石洞岩窦间，暑气不到处，鼓以凉风，养以清气，竟日乃开。余向留东西马塍甚久，亲闻老圃之言如此。”《种艺必用》中还说，含苞欲放的花卉，可“用马粪浸水浇之，当三、四日开者，次日尽开”。（曾雄生）

桃花鱼 即今之桃花水母。清《荆州府物产考》中说：“桃花鱼，出彝陵（今湖北宜昌）。非鱼也，生于水，故名之曰鱼；生于桃花开时，故名之曰桃花鱼。形如榆英，大小不一。蠕蠕然旋游于水中，动则一敛一舒，若人攒指收放之状，不知避人，取贮盂水中亦然。离水取视，不过如涎，一捻绵软，无复形体。亦非虫类。维一溪有之，溪在松隐庵后，距城三里许。”1780年熊文稷《桃花鱼记》中记述桃花鱼说：“余始见犹疑为逐杨花落者，睇视之，觉花蕊蠕蠕然动，且浮沉于勺水中而悠然自适。……是鱼形五出，色近淡墨，蕊其足也，生于社日前后，桃花开时，始逐队而出，入夏日即化去。土人以形似桃花故名。”桃花鱼属腔肠动物门淡水水母亚目笠水母科，于1880年被英国学者苏拜尔在伦敦中区种植园的一只清水桶中首次发现，并被命名为苏尔拜淡水水母。其后的1907年，日本人川井正方在中国湖北宜昌采到水母标本若干，到1937年正式定名为宜昌桃花水母。据古籍记载，桃花鱼在中国除湖北宜昌外，在四川、浙江、福建等地也都时有发现。（汪子春）

套版印刷 用几块雕版以不同的颜色印刷的方法。元至元六年（1340）中兴路资福寺刻的无闻和尚《金刚经注》是用朱墨两色套印的，为目前所知最早的套版印刷。明万历（1573～1620）以后，版画技术达到高峰。将各种颜色各刻一块木板，印刷时依次逐色套印，便成为鲜艳夺目的彩色木刻画。因先要雕成一块块小板，堆砌拼凑，明人称之为“饾板”或“饾版”。印刷时分成几部，称为“摘套”。一幅图画往往要刻三四十块板子，先后重印六七十次，以至一朵花、一片叶也要分出颜色深浅，阴阳向背。如此复制出来的画体现了中国画的本色和精神，是印刷史上的一大飞跃。最突出的代表作有江宁吴发祥刻的《萝轩变古笺谱》，其山水花草动物图用饾板、拱花法套印。安徽胡正言能书会画，擅长彩色套印。其名著《十竹斋笺谱》、《画谱》内的各种花卉动物色彩逼真，栩栩如生。明代的饾板印刷，清人也有模仿。1701年刻的《芥子园画传》仿《十竹斋画谱》而作，最为流行。16～17世纪浙江湖州套印书籍大盛，由凌、闵两家兄弟及子侄辈主其事，而闵家套印尤多。多为朱墨两色，也有三五色的，以使读者醒目，更便利初学者诵读。康熙、乾隆朝的殿板书中，也有四色、五色套印

本。（韩琦）

套染 多种染料先后施染于同一织物从而创造新的色谱之工艺。《天工开物·彰施》载：“鹅黄色。黄蘗煎水染，靛水盖上。天青色，入靛缸浅染，苏木水盖。玄色。靛水染深青，芦木杨梅皮等分煎水盖。”长沙马王堆出土染色绢，经薄层法分析，为靛蓝三种染料套染。（朱冰）

藤花落城遗址 连云港藤花落龙山时代城址是中国现在发现的第一座有内外两重城垣的城址。外城平面呈圆角长方形，由城墙、城壕、城门等组成，城周1520米，墙基宽21～25米，残高1.2米，面积约15万平方米，内城平面近圆角方形，位于外城内的南部，由城垣、城外道路、城门、哨所组成，城周806米，面积4万平方米，用堆筑和板筑相结合的技术夯筑而成。内城发现35座各式房址，其中一座“回”字形大房址有110平方米，可能是一个与宗教、祭祀、集会有关的场所。城内有排水水沟、宽3～4米的道路、石埠码头、奠基坑等遗迹200多处，出土石斧、石锛、石刀和陶鼎、钵、盆、盘、杯、纺轮以及动植物标本、玉器等。（沈玉枝）

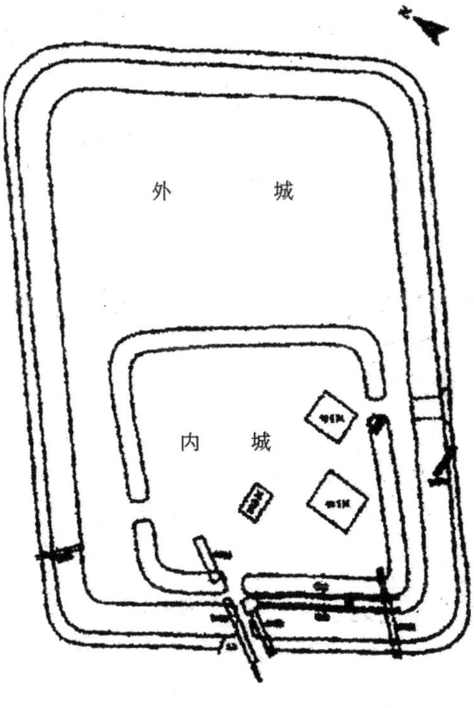

江苏连云港藤花落龙山文化城址平面图

（《中国文物报》2000年6月25日）

藤索桥 索桥的一种。以藤萝做成缆绳系于江、河、谷两岸为桥，为索桥最早使用的材料。除单索、双索、三索外，尚有结构特殊的多索藤网吊桥。例如，西藏洛榆地区旁固村旁横跨雅鲁藏布江上的藤网桥，以20个藤圈将两岸47根藤索撑成圆桶形，桥面用细藤编制，人行其上，甚为安全。（沈玉枝）

梯田 在山区，丘陵区坡地上，筑坝平土，修成许多上下相接、高低不等、形状不规则，像阶梯一样的半月形田块。是开山造田的一种形式。或曰《诗经》中的“阪田”即最早之梯田。唐《蛮书》记载，云南的山田“绕田皆用源泉，水旱无损”，就是梯田。其名始见于宋代，范成大《骖鸾录》记载他游历袁州（今江西宜春）时看到，“岭阪上皆禾田，层层而上至顶，名曰梯田”。至今山区仍然有大量梯田存在。（曾雄生）

天 （1）与地相对的自然之天，是自然的、无意志的、物质性的天空。《老子·五章》云“天地不仁”，《庄子·天地》云“无为为之之谓天”，《荀子·天论》提出“天行有常”，并说：“列星随旋，日月递照，四时代御，阴阳大化，风雨博施……皆知其所以成，莫知其无形，夫之是天。”东汉王充《论衡·物势》认为“天道无为”，《论衡·祀义》又说“夫天者，体也，与地同”，天是固体的物质存在。唐刘禹锡《天论》提出天与人各有所能，各有所不能：“天之能，人固不能也；人之能，天亦有所不能。”觉察到了人之社会特性和“天”之自然界特点的区分。在宋明理学中，天是宇宙的本原，没有作为有意志的主宰之天的意义。天被看做是自然的，是人的心性的根性、道德的依据。

（2）指超自然的天，殷周时指上帝，最高的人格神，有意志，能创造万物，并主宰一切。“丕显文王，受无有（佑）大命”（《大盂鼎》，“天命玄鸟，降而生商”（《诗经·玄鸟》）。西汉董仲舒将儒学宗教化，讲“人副天数”，认为人与天同类，可以互为感应。“人之（为）人本于天，天亦人之曾祖父也。”（《春秋繁露·为人者天》）春秋时主宰之天的观念受到怀疑，范蠡说：“天道盈而不溢，盛而不骄，劳而不矜其功。”（《国语·越语下》）孔子所说的天，有时指主宰之天，也有时指自然之天，“天何言哉？四时行焉，百物生焉，天何言哉？”（《论语·阳货》）墨子提出“天志”，“吾所以知天之爱民之厚者有矣”（《墨子·天志中》）。（李家明）

天道　①中国古代自然观之一。春秋时老子提出“人法地，地法天，天法道，道法自然”的思想（《老子·二十五章》）。之后，庄子明确提出“天道运而无所积，故万物成”（《庄子·天道》），即自然规律的运行是没有停顿的，所以万物得自然生成。范蠡也认为“天道盈而不溢，盛而不骄，劳而不矜其功”，“天道皇皇，日月以为常”（《国语·越语下》）。荀子《天论》曰：“天有常道矣，地有常数矣。”荀子称天道为天行，认为“天行有常”，而人应“制天命而用之”。《吕氏春秋·圜道》以盖天说释天道：“天道圜，地道方”，“精气一上一下，圜周复杂，无所稽留，故曰天道圜”。王充《论衡·乱龙》认为：“彗星出，天道自然，非人事也。”明清之际王夫之比较全面地论述了天道与人道的联系与区别：“人之道，天之道也；天之道，人不可以之为道者也。”（《续春秋左氏传博议》卷下）人的活动法则也遵循自然规律，但人不能以天道作人道，只能辅助自然，治理自然。清代戴震认为：“天道，五行阴阳而已矣，分而有之以成链。”（《原善》）②天命观。《国语·周语中》：“先王之言有之曰，天道赏善而罚谣。”因此古时人对天非常敬畏，把自己的命运与天联系在一起。《史记·伯夷列传》云“或曰天道无亲，常与善人”，指天道公正无偏。在古代常以天象的变化过程推测人事吉凶祸福，如伪《古文尚书·汤诰》：“天道福善祸淫，降灾于夏，以彰厥罪。”东汉王充反对天能以灾害谴告人类的观点，认为：“夫天道，自然也，无为。如谴告人，是有为，非自然也。”（《论衡·谴告》）③天象、天气。《国语·周下》：“吾非瞽史，焉知天道？”《后汉书·律历志中》：“以新一功上考春秋中有日朔二十四事，失不中者二十三事，天道参差不齐。”又云：“古之时分羲和以职天道，以正四时。”（李家明）

天地人三才说　（1）中国古代关于天、地、人三者在自然界中的位置和相互关系的学说。天地人为万物之本，汉代董仲舒（公元前179～前104）曰：“天地人，万物之本也。天生之，地养之，人成之。天生之以孝悌，地养之以衣食，人成之以礼乐。三者相为手足，合以成体，不可一无也。”（《春秋繁露·立元神》）三国阮籍（210~263）云："天地生于自然，万物生于天地。自然者无外，故天地名焉；天地者有内，故万物生焉。……人生天地之中，体自然之形。"天下万物人为尊。老子说："故道大，天大，地大，人亦大。域中有四大，而人其一焉。人法地，地法天，天法道，道法自然。"（《老子·二十五章》）人与天地等同，而非与物同等，居于物之上。《礼运》云："人者，其天地之德，阴阳之交，鬼神之会，五行之秀气也。""人为天地间物类中之有德者，故可谓天地之德。"又云："人者，天地之心也，五行之端也。"人为天地间物类中之有知有觉者，故可谓天地之心；人为五行所成之物类之最高峰，故可谓五行之端。荀子曰："水火有气而无生，草木有生而无知，禽兽有知而无义，人有气有生有知亦且有义，故最为天下贵也。"（《荀子·王制》）《春秋繁露·天地阴阳》云："天地阴阳木火土金水九，与人而十者，天之数毕也。……起于天至于人而毕，毕之外谓之物，物者投所贵之端而不在其中，以此见人之超然万物之上而最为天下贵也。人下长万物，上参天地，故其治乱之故，动静顺逆之气，乃损益阴阳之化，而摇荡四海之内。"都是说人最为天下贵，无人则万物无以成，故人实超然万物之上，而成万物之灵。（李家明）

（2）中国传统农学思想之一，着重论述农业生产中天、地、人诸因素的作用和它们的变化与关系。"三才"观念最迟产生于春秋时期。《易经·系辞下》："有天道焉，有人道焉，有地道焉。兼三材而两之，故六。六者非它也，三材之道也。"战国时期，"三才"已成为"天时"、"地利"、"人和"比较具体的概念，是当时较流行的哲学思想之一，常被人们作为指导思想运用于经济、政治和军事活动，同时，也开始用来解释和指导农业生产。此后，随着农业生产实践和生产力的水平的提高，人们对"天、地、人"三因素在农业生产中的作用的认识不断向纵深发展。《吕氏春秋·审时》："夫稼，为之者人也，生之者地也，养之者天也。"天，主要指气候条件。人们很难改变它，只能了解、顺应、利用之，不失时机地进行耕作、播种、管理和收获。"审时"篇中对作物生长依赖于天时的关系作了较细致的阐述。所谓"地"，包括水、土、植被等条件，中心是土壤。《吕氏春秋·任地》认为"地可使肥，又可使瘠"。人们可以通过耕作、施肥等措施来改变土壤的结构和肥力状况，把不利的土地环境改造为有利于农业生产的土地环境；同时，也可以部分地克服了天时中的不利因素，如通过对土地的精耕细作和合理利用，防止或缓解旱涝的危害等。《吕氏春秋》"上农"等四篇阐释"天、地、人"三大因素的关系，把"人"的因素放在了首位。西汉《淮南子·主术训》云："上因天时，下尽地财，中用人力，是以群生遂长，五谷蕃殖。"晁错说："粟米布帛，生于地，长于时，聚于力"，明确地提出"人力"，反映了对人的重视。《齐民要术·种谷》强调："顺天时，量地利，则用力少而成功多。任情返道，劳而无获。"在尊重和掌握客观规律的基础上发挥人的作用，成为书中的基本思想。陈旉《农书》提出"在耕稼，盗天地之时利"，王祯《农书》提出了"用天之时，因地之宜，存乎其人"。清代杨屾在《知本提纲》中说："天畀以时，地产以利，人如乘时力取，自然丰亨可致。"这些都反映出历代农学家和思想家在农业生产中对于"三才"理论的倡导及其对"三才"中人力作用的重视。明末清初的思想家兼农学家陆世仪对农业中的“三才说”有过很好的总结，其曰：“天时、地利、人和，不特用兵为然，凡事皆有之，即农田一事关系尤重。水旱，天时也；肥瘠，地利也；修治垦辟，人和也。三者之中，亦以人和为重，地利次之，天时又次之。……所以必贵于人和也。”（《思辨录辑要》卷十一“修齐类”）自春秋战国以来，人们对天时采取的顺应态度始终没有多大变化，而对待土地的态度却积极得多。春秋战国时已有人力可以改变土壤肥力的看法，陈旉提出的对土地的两点看法更为杰出，他认为土壤虽有多种多样，好坏不一，但只要治理得合适，都能够长好庄稼；另外则说，土壤可以经常保持“新壮”，邱濬说：“土性虽有宜不宜，人力亦有至不至。人力之至，亦或可以胜天，况地乎！”在这种思想指导下，中国古代农业生产实践中创造出了许多用土、改土、养土和因地制宜地利用各种土地的办法。“三才”说对中国农业精耕细作优良传统的形成与发展有着深刻的影响。（曾雄生）

天官　（1）指人的感觉器官。《荀子·天论》：“耳、目、鼻、口、形态，各有接而不相能也，夫是之谓天官。”

（2）天象。《史记·太史公自序》：“太史公学天官于唐都。”《史记》有《天官书》。后各史称《天文志》。（李家明）

天癸　中医学术语。肾中精气充盈到一定程度时产生的具有促进人体生殖器官成熟并维持生殖功能的物质。出于《黄帝内经》。《素问·上古天真论》：“女子七岁，肾气盛，齿更发长。二七而天癸至，任脉通，太冲脉盛，月事以时下，故有子。……七七，任脉虚，太冲脉衰少，天癸竭，地道不通，故形坏而无子。丈夫八岁，肾气实，发长齿更。二八肾气盛，天癸至，精气溢泻，阴阳和，故能有子：……七八肝气衰，筋不能动，天癸竭，精少，肾脏衰，形体皆极。”马莳注：“天癸者，阴精也，盖男女之精皆主肾水，故皆可称为天癸也。”说明天癸男女皆有，其来源于肾精，受后天水谷精微的滋养而逐渐充盈，对人体的生长发育及生殖机能起着决定性的作用。后来又引申出其他二义。一为月经的代名词，《妇人大全良方》将月经过期称为“天癸过期”；二为元阴的别称。元阴即肾阴，指肾之阴液精气，是人体生长发育生殖等功能活动的物质基础，起到滋润濡养的作用。《景岳全书·传忠录》：“元阴者，即无形之水，以长以立，天癸是也。”（张志斌）

天津电报总局　清末最早的官督商办企业。光绪六年（1880），李鸿章以电报便利通讯，有利防务，奏请敷设天津上海电线。此为中国最早开办的电报业务。总局设于天津，盛宣怀（1844～1916）为总办。后在紫竹林、大沽、济宁、清江浦、镇江、苏州、上海等处设有分局，线路从天津循运河、越长江、经镇江而达上海，全长2500公里。1882年5月改为官督商办，募集商股80万元，又敷设通往苏、浙、闽、粤等省线路。1884年总局迁移上海，称上海电报局。在各地所设电局分为分局、子局、子店、报房四个等级。与此同时，各地督抚也陆续自建官线。1884年李鸿章兴建津沽北塘至山海关和山海关到旅顺一线。又另设北洋电报局，下有分局、栈房、报房等14处，每月经费1400余两也由北洋海防经费供给。此外，两粤、陕甘、云贵、东三省等处均设有省属官电局。电报总局是洋务派经营的较有成绩的新式企业，创办以后，营业范围逐步扩大。光绪二十八年袁世凯继任直隶总督后，见电报局有利可图，奏准清廷收归国有，并自兼电报局总办，派吴重熹为会办，于是电报总局为政府机关，隶属邮传部，称电政局，兼办电话事业。1911 年初，并将各省官办电报收归中央政府。从此，电报事业遂由政府的电政部门直接管辖。（李家明）

天津机器制造局 简称“天津机器局”，清政府经营的近代军用企业。同治六年（1867）由三口通商大臣崇厚（1826～1893）在天津创办，初名“天津军火机器局”。由英商兼充丹麦领事密妥士（J. A. T. Meadows）筹办，主要技师均为英人。雇佣工人 1400～2500 人，规模仅次于江南制造局，开办经费共 20 余万两。同治九年天津教案后，由直隶总督李鸿章接办，始称“天津机器制造局”，增添设备，不断扩充，并从军饷中拨费欵补助。该局分东、西两局，东局以制造火药、枪炮、子弹和水雷为主；西局则以制造军需器具、物资和开花子弹为主。此外，东局还附设有水师、水雷、电报学堂。1893 年又建成一个炼钢厂。1895 年改称“北洋机器制造局”。1900 年遭八国联军焚毁。（李家明）

天津水师学堂 清末设在天津的海军学校，为光绪六年（1880）直隶总督李鸿章奏设。仿英国海军教习章程制订条例和计划，派严复为总教习，聘用英国军官教练。招收 14 岁以上 17 岁以下青年入学，1888 年有学生 120 人。分设驾驶、管轮两科，驾驶科专习管驾轮船，管轮科专习管理轮机。学习英国语言、地舆图说、算学、几何、代数、三角、驾驶、测量、推算、重学、化学、格致等课程，并习汉文，训演外国水师操法。学习期限 5 年，4 年在学堂学习各种课程，1 年上练船实习。毕业后分往北洋海军任职，或选赴外国留学。所需经费由北洋海防经费内开支。（李家明）

天理 （1）中国古代宇宙观之一。一是指天然合理。《庄子·养生主》：“依乎天理，批大郤，导大窾。”二是指自然规律。《庄子·天运》：“顺之以天理。”《荀子·天论》：“天行有常。”“列星随旋，日月递照，四时代御，阴阳大化，风雨博施，万物各得其和以生，各得其养以成，不见其事而见其功……夫是之谓天。”《韩非子·大体》：“不逆天理。”宋程颐提出“天者理也”（《遗书》卷十一），认为天就是理。程颐、程颢又把“天理”说为宇宙“万物的本体”，“万物皆只是一个天理”。天下万物可以理照，有物必有则，一物须有一理。“天理具备，元无少欠。不为尧存，不为桀亡。”（《遗书》卷二上）“得天理之正，极人伦之至，尧舜之道也。”（《程氏文集》卷一）朱熹认为：“合天地万物而言，只是一个理。”（《朱子语类》卷一）

（2）星名。《隋书·天文志上》：“魁中四星（即北斗七星中前四颗星），为贵人之牢，曰天理也。”（李家明）

天年 先天赋予的寿命岁数，也称为“天寿”。《黄帝内经》认为人的天年为百岁。如果人能注意养生，则可能享尽天年，而如果保养不当，则不能享此天年。《素问·上古天真论》：“上古之人，其知道者，法于阴阳，和于数术，食饮有节，起居有常，不妄作劳，故能形与神俱，而尽终其天年，度百岁乃去。今时之人不然也，以酒为浆，以妄为常，醉以入房，以欲竭其精，以耗散其真，不知持满，不时御神，务快其心，逆于生乐，起居无节，故半百而衰也。”《素问·上古天真论》：“此其天寿过度，气脉常通而肾气有余也。”（张志斌）

天气 气象术语。①指一天之中各时刻内六气的不同程度的配合和变化。六气一说为“阴、阳、风、雨、晦、明”（南宋·王应麟《六经天文编》引春秋医和说），一说为“寒、暑、燥、湿、风、火”（《黄帝内经素问》）。早在殷代甲骨文中已有关于风、云、雨、雪、虹、霞、龙卷风、雷暴等的文字记录，并常卜问未来10天的天气。周代在天象观测机构中设有观测“云物”以判断未来天气变化的项目。汉代董仲舒著《雨雹对》，以阴阳二气相互作用来说明风、云、雨、雪、雾、电、雹等天气现象的产生。中国气象观测仪器的制作亦很早，至西汉多种相风器和观测湿度的仪器均已盛行于世。唐代的李淳风在《乙巳占》中将风力分成10级。②天空中的云气。始见于《黄帝内经素问》：“地气上为云，天气下为雨；雨出地气，云出天气。”（艾素珍）

天然穴洞 人类最早的天然居住场所。早期古人类遗存大部分发现于此，著名的有距今240万～200万年的安徽繁昌人字洞、第四纪的贵州盘县大洞、距今80万～60万年的湖北郧县梅铺龙骨洞穴、距今70万～60万年的北京龙骨山周口店岩洞、距今60万～26万年的牛山洞穴、距今24万年的贵州黔西观音洞、距今20万年的福建万寿岩船帆洞、距今19.5万年的湖北宜昌长阳龙骨洞、距今1.8万年的贵州普定穿洞等，均是古人类遗址。主要分布在安徽、福建，重庆、云南、贵州，湖北、湖南，北京、河北，辽宁，海南、江西、广东。早期人类生存必须具有优越的地质、地理条件和生态环境。选择这些岩洞居住的条件是：洞口近水，在湖滨、河道附近；距水位有一定高度，以防水涨流入洞内；洞口避风，多面向南方；洞内平坦、封闭、干燥。例如，周口店的古人们选择的山洞，山洞背后是高山，山洞的前面是缓缓流过的河流小溪。他们从山上捕获小动物，采集果实；从水中捕捞鱼虾，汲取生活用水，日常生活所需食物基本无忧。古代人类选择居住的天然穴洞一般均为喀斯特溶洞，喀斯特溶洞是石灰岩受水的溶蚀作用的结果。其形成后具有稳定的结构和不断扩大的空间，成为古人类的天然蔽所。天然穴洞是一个多功能的空间，涵盖了古人类生活的全部内容，一般情况下，接近洞口处用做生活区，烧烤烹调、饮食睡眠、聚会议事、打制和锤制石器均在此处进行。穴洞深处一种用做墓葬和祭祖，在两区之间再选择合适的地方用做储藏区；一种不安置墓葬，只放置猎物。前者如位于广东封开县渔涝镇狮子岩西南山麓的黄岩洞遗址，是一座屹立于岩溶谷地之中的三叠纪石灰岩孤峰，洞穴前为坡地，背后山岳连绵，峰丛起伏。洞口向西南，相对高度15米，洞内分上下二层，洞厅的西、南各有支洞。洞厅左侧有一座新石器晚期墓葬距今11 930±200年，见图。再如北京周口店山顶洞由上室、下室和下窨组成，上室是生活区、下室是一处公共墓地，下窨是储藏室。后者数量较多，黔西观音洞、福建船帆洞、湖北龙骨洞等洞内均无墓藏。（沈玉枝）

天人感应 系天人关系中一种观念。殷周有“天人之际”说，《易经》有“天人合一”说。人们认为自然灾害和统治者

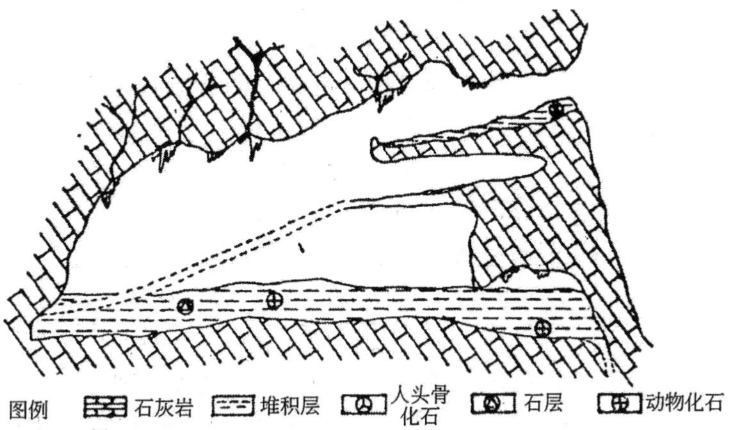

黄岩洞结构示意图（《纪念黄岩洞遗址发现三十周年论文集》）

的错误有因果联系，“国家将兴，必有祯祥；国家将亡，必有妖孽”（《中庸》二十四章），同时提出某些宗教仪式能感动上天，促使它改变未来的安排。西汉董仲舒在《春秋繁露》中由此提出“天人感应”的理论，认为天能干预人事，人的行为也能感应上天。“天有喜怒之气，哀乐之心，与人相副，以类合之，天人一也。”（《春秋繁露·阴义》）又认为：“国家之失乃始萌芽，而天出灾害以谴告之；谴告之而不知变，乃见怪异以惊骇之；惊骇之尚不知畏恐，其殃咎乃至。”（《春秋繁露·必仁且知》）董仲舒借助主观类比，从“人副天数”、“天人同类”、“同类相动”推出“天人感应”，使天人关系学说系统化、理论化，成为封建神学体系的基础，也成为帝王统治的法宝。至东汉逐渐变成谶纬神学，后世流行的“六壬”、“占星”、“看风水”多与“天人感应”有渊源。唐代柳宗元起而反对，提出“天人不相预”。天人感应本有某些合理之处，但若和君权、谶纬神学联系在一起，便成为谬误。（李家明）

天人合一　古代自然观。古代思想家认为天和人、天道与人道、自然与人为是相通的、相统一的，讲求天分与人的统一，即所谓天人合一。但各家诠释不一，形成了不同的学说。《易·乾卦·文言》：“‘天人’者与天地合其德，与日月合其明，与四时合其序，与鬼神合其吉凶，先天而天弗违，后天而奉天时。”把天人合一看做人生的理想境界。《孟子·尽心上》：“尽其心者，知其性也；知其性，则知天矣。”认为人与天相通，人的善性是天赋的，善性便能认识天，通过养性等途径，达到“上下与天地同流”。庄子曰“天地与我并生，而万物与我为一”（《庄子·齐物论》），是说天与人是合一的、统一的，认为：“圣人未始有天，未始有人，未始有始，未始有物，与世偕行而不替。”（《庄子·则阳》）西汉董仲舒进一步提出：“天人之际，合而为一。”（《春秋繁露·深察名号》）“以类合之，天人一也。”（《春秋繁露·阴阳义》）北宋张载说：“儒者则因明致诚，因诚致明，故天人合一。”（《正蒙·乾称》）程颐、程颢认为：“天人本无二，不必言合”（《遗书·卷六》），“天、地、人只一道也”，“在天为命，在人为性，论其所主为心。其实只是一个道”（《遗书》卷十八）。明清之际王夫之说：“惟其理本一原，故人心即天；而尽心知性，则存顺没宁，死而全归于太虚之本体，不以客感杂滞遗化造以疵类。圣学所以天人合一，而非异端之所可溷也。”（《张子正蒙注·太和篇》）综观各家之说，他们都力图追索天与人的相通之处，以求天人之协调、统一，达到天人合一。人与自然的和谐与一致是中国古代科学思想的特色。（李家明）

天人相类 西汉董仲舒提出的天之构成及其所体现的秩序、伦理及自然属性等，与人的结构及人的性情、德性等相类似的思想。他认为“天人之际，合而为一”（《春秋繁露·深察名号》），又云：“人之身，首而员，像天容也。发，象星辰也。耳目戾戾，像日月也。鼻口呼吸，像风气也。胸中达知，像神明也。腹胞实虚，像百物也……颈以上者，精神尊严明，天类之状也。颈而下者，丰厚卑辱，土壤之比也。足布而方，地形之也。……天地之符，阴阳之副，常设于身，身犹天也。”“数与之相参，故命与之相连也。天以终岁之数成人之身，故小节三百六十六，副日数也。大节十二分，副月数也。内有五脏，副五行数也。外有四肢，副四时数也。乍视乍瞑，副昼夜也。乍刚乍柔，副冬夏也。乍哀乍乐，副阴阳也。心有计虑，副度数也。行有伦理，副天地也……于其可数也，副数；不可数者，副类；皆当同而副天，一也。”（《春秋繁露·人副天数》）“为人者天也。……天亦人之曾祖父也。此人之所以乃上类天也。人之形体，化天数而成；人之血气，化天志而仁，人之德行，化天理而义；人之好恶，化天之暖清；人之真怒，化天之寒暑；人之受命，化天之四时；人生有喜怒哀乐之答，春秋冬夏之类也。……天之副在乎人，人之情性，有由天者矣。”（《春秋繁露·为人者天》）“天亦有喜怒之气，哀乐之心，与人相副。以类合之，天人一也。”（《春秋繁露·阴阳义》）总之，人超于众物，而与天地相类，是董仲舒天人关系论之宗旨。（李家明）

天人之分 中国古代关于天人关系的一种思想，由荀子首先提出。他说：“天行有常，不为尧存，不为桀亡。应之以治则吉，应之以乱则凶。强本而节用，则天不能贫；养备而动时，则天不能病；修道而不贰，则天不能祸。……本荒而用侈，则天不能使之富；养略而动罕，则天不能全；倍道而妄行，则天不能使之吉。……故明于天人之分，则可谓至人矣。”荀子又说：“不为而成，不求而得，夫是之谓天职。如是者虽深，其人不加虑焉；虽大，不加能焉；虽精，不加察焉。夫是之谓不与天争职。天有其时，地有其财，人有其治。夫是之谓能参。”天人各有职任，人应尽力完成自己的职任，不必考虑天职。荀子也不否认天与人有统一的关系，他说：“形具而神生，好恶喜怒哀乐臧焉，夫是之谓天情，耳目鼻口形能各有接而不相能也，夫是之谓天官，心居中虚以治五官，夫是之谓天君。”（《天论篇》）人的情绪、感官、心知，都是自然而然的，都是天所生成的，所以称为天情、天官、天君。人中有天，由于人是天所生成的。荀子主张天人之分，在于指出自然界的变化与社会的治乱并无必然联系，但仍然承认人是自然界的一部分。唐代刘禹锡提出天人相胜，深化了天人之分说。他说：“大凡入形器者，皆有能有不能。天，有形之大者也；人，动物之尤者也。天之能，人固不能也；人之能，天亦有所不能也。故余曰：天与人交相胜耳。”天与人各有其特殊的功能，一方面，天胜于人；另一方面，人胜于天。他又道："天之道在生植，其用在强弱。人之道在法制，其用在是非。……壮而武健，老而耗眊，气雄相君，力雄相长，天之能也。……义制强讦，礼分长幼，佑贤尚功，建极闲邪，人之能也。"即天的功能是生成万物，人的功能是建立制度。在天，力强的胜过力弱的；在人，确立行为的准则，有德有功的受到尊重，自然界只有强弱之分，无是非可言；在人类社会，建立了是非的标准，与自然界不同。他又进一步说："天之所能者，生万物也；人之所能者，治万物也。……天恒执其所能以临乎下，非有预乎治乱云尔，人恒执其所能以仰乎天，非有预乎寒暑云尔。"（《天论上》）天人各有一定的功能。（李家明）

天数　（1）指男女人体生长发育的界限。《素问·上古天真论》曰："女子七岁，肾气盛，齿更发长。二七而天癸至，任脉通，太冲脉盛，月事以时下，故有子。三七，肾气平均，故真牙生而长极。四七，筋骨坚，发长极，身体盛壮。五七，阳明脉衰，面始焦，发始堕。六七，三阳脉衰于上，面皆焦，发始白。七七，任脉虚，太冲脉衰少，天癸竭，地道不通，故形坏而无子也。丈夫八岁，肾气实，发齿更。二八，肾气盛，天癸至，精气益泻，阴阳和，故能有子。三八，肾气平均，筋骨劲强，故真牙生而长极。四八，筋骨隆盛，肌肉满壮。五八，肾气衰，发堕齿槁。六八气衰竭于上，面焦，发鬓颁白。七八，肝气衰，筋不能动，天癸竭，精少，肾脏衰，形体皆极。……今五脏皆衰，筋骨解堕，天癸尽矣。故发鬓白，身体重，行步不正，而无子耳。"这说明两千多年前，人们对男女生长发育做过调查研究，指出了男女生长发育的差异和不同的生育力的年龄界限。（汪子春）

（2）《周易》指10以内的五个奇数。《系辞》云："天数五，地数五，五位相得而各有合。"郑玄注认为"天数五"是1，3，5，7，9五个奇数，"地数五"是2，4，6，8，10五个偶数，五位指五行的方位。以1，6配水，位于北方；以2，7配火，位于南方；以3，8配木，位于东方；以4，9配金，位于西方；以5，10配土，位于中央，遂成"天地生成之数"。（郭书春）

天体　中国古代关于天地宇宙结构的学说的统称，即天空的形体，和现代天文学以日、月、星等天文观测对象为天体不同。古代最流行的天体学说是盖天说、浑天说、宣夜说。《晋书·天文志》"天体"一节，在介绍以上三种宇宙学说的同时，又介绍了虞喜的安天论、虞耸的穹天论和姚信的昕天论。安天论以为："天高穷于无穷，地深测于不测。天确乎在上，有常安之形；地魄焉在下，有居静之体。当相覆冒，方则俱方，员（圆）则俱员，无方员不同之义也。其光曜布列，各自运行，犹江海之有潮汐，万品之有行藏也。"穹天论认为："天形穹隆如鸡子，幕其际，周接四海之表，浮于元气之上。譬如覆奁以抑水，而不没者，气冲其中之故也。日绕辰极，没西而还东，不出入地中。天之有极，犹盖之有斗也。天北下于地三十度，极之倾在地卯酉之北亦三十度，人在卯酉之南十余万里，故斗极之下不为地中，当对天地卯酉之位耳。日行黄道绕极。极北去黄道百一十五度，南去黄道六十七度，二至所舍以为长短也。"可见穹天论糅合浑天说与盖天说，试图解决浑天说中日月星辰要运行到地之下，盖天说中天没有支撑如何不掉下来的矛盾。昕天论认为："人为灵虫，形最似天。今人颐前侈临胸，而项不能覆背。近取诸身，故知天之体南低于地，北则偏高。"接着以极之高低、日运行地下时间之长短来解释四寒热和昼夜长短。以上三家天体论都不及盖天说、浑天说完备，李淳风认为都不是什么高明的学说，不过是"好奇徇异之说，非极数谈天者也"。（孙小淳）

天体仪 演示天象的仪器。明末清初以来制造的中国传统意义上的浑象，由于受西方天文学知识的影响，采用了欧洲天文学度量制和仪器结构。明末，徐光启领导崇祯改历时就在西方传教士的指导下制造过木结构的天体仪。现存于北京古观象台的天体仪是清政府于康熙八年至十二年（1669～1673）命来华比利时传教士南怀仁督造的。南怀仁天体仪用一个直径6尺的大铜球来代表天球，球面上布列着大小不同的铜钉，代表天上的星星。用钢轴贯穿球的中心，它的方向即为天轴的方向，其两端就是天球的北极和南极。球可以绕这个轴转动，转动一周就代表天球的周日运动。球的中腰刻着赤道，和钢轴相垂直，还刻有黄道，距离赤道23度31分30秒。黄道和赤道都分为360度，每度又分为60分。黄道还分为十二宫，每宫30度。球上刻有黄道经度线，其会聚的地方就是黄极。赤道南北还刻有纬圈。在铜球的外面还有子午圈和地平圈，子午圈上刻有去极度数。在南、北两极位置凿有半圆孔，用来支撑天球的轴。北极圆孔外面装有时盘，直径2尺，固定在子午圈上。时盘上面装有游表，可以自转，用来指示日度；又可随着天球旋转，用来指示时刻。地平圈上刻有地平经度、十二时、三十二方位。天体仪有齿轮传动装置，可以调节北极高度。天体仪除可以演示天象外，还可用于黄道坐标、赤道坐标、地平坐标三者相互换算和求时刻。（孙小淳）

天文 即天象，包括日、月、星、辰等天体在宇宙间分布运行等天象以及根据天象以占人事的占星术，也包括风、云、雨、露、霜、雪、雾、雹等现象。天文与历法，是中国古代天文学的主要内容。《易》曰："观乎天文，以察时变；观乎人文，以化天下。"此有二义：一是历法，相当于观测天象以确定时节，即"观象授时"；二是引申为通过观察天象以明察人间时势，"天文"与"人文"对应，是指占星术。《汉书·艺文志》列举"天文二十一家"后说："天文者，序二十八宿，步五星日月，以纪吉凶之象，对王所以参政也。"这是对"天文"内容的明确说明。历代"正史"中多有《天文志》，记录的内容包括全天星官、二十八宿、日月食、五星运行及彗星、流星、客星、极光、云气等各种天象，并经常附有预测性的或解释性的占辞。"天文志"有时也包括关于天体结构的论说和对天象性质的说明，还包括对观测仪器的介绍等，不局限于占星术。作为占星术的"天文"由来已久，但周代以前的情况不能详知。《周礼·春官宗伯》记："保章氏掌天星以志星辰日月之变动，以观天下之迁，辨其吉凶。"保章氏就是掌天文的官职，与掌历法的"冯相氏"对应。春秋战国时代，天文占星盛行，各国都有天文占星家为其服务，如齐有甘德，魏有石申夫，都是当时最有名的占星家。他们采用的星官体系后来成为中国传统星官体系的主要组成部分。由于天文涉及"天命"、国家大事等，历代统治者对它抱有既爱之又恨之的矛盾心理，一方面希望通过天文来证明自己是"君权神授"，另一方面又害怕别人用天文肇事，危及统治权威。所以，统治者对天文常常采取垄断其学问的政策，唐宋以来官方经常发布禁止民间私习天文的禁令，但帝王统治者却往往笃信天文，要求专门的司职官员定期汇报天象及其占星意义，这实际上促进了天文观测的发展。（孙小淳）

天元　（1）天文学术语。①历法名。周历建子，以今农历十一月为正月，后世以周历得天之道，谓之天元。《时令》曰："诸生荡，安形体，天以为正，周以为春……周以天元，殷以地元，夏以人元。"（李家明）②指岁时运行之理。《史记·历书》："王者易姓受命，必慎始初，改正朔，易服色，推本天元，顺承厥意。"司马贞索隐："言王者易姓而兴，必当推本天之元气行运所在，以定正朔，以承天意，故云承顺厥意。"（李家明）

（2）中国传统数学术语。金元时期的天元术中将未知数称为天元（郭书春）

天元术　金元数学家创造的设未知数列方程的方法。祖颐在《四元玉鉴后序》（1303）中谈到了它早期的发展情况："平阳蒋周撰《益古》，博陆李文一撰《照胆》，鹿泉石信道撰《钤经》，平水刘汝谐撰《如积释锁》，绛人元裕细草之，后人始知有天元也。"可惜这些著作都亡佚。现存使用天元术的最早著作是李冶的《测圆海镜》（1248）、《益古演段》（1259）和沙克什的《河防通议·算法门》。天元术是"立天元一"为未知数，再根据问题的条件列出两个等价的天元多项式，"如积相消"，得出一个开方式，即一个一元高次方程。天元多项式的表示法是在一次项旁记"元"或在常数项旁记"太"，其他幂次由其与"元"或"太"的相对位置决定。从此，高次方程造术有了规范的程序。天元术先是采用高次幂在上、低次幂在下的方式，如多项式 $x^4-332x^3+27\,556x^2$ 在《测圆海镜》中表示成（用阿拉伯数字代替算筹数字）

1
－332
27556
0 元

后来，李冶在《益古演段》（1259）中将其颠倒过来。此后的数学著作均与后者相同。（郭书春）

田忌赛马　战国时期的对策论问题。《史记·孙子吴起列传》云，齐将田忌与齐王与诸公子赛马，各有上、中、下三等马。孙膑发现各等中的马相差无几，如果同一场用同等的马比赛，没有取胜的把握，便谓田忌：请重下赌注，我"能令君胜"。田忌听从孙膑的计策，遂与齐王及诸公子赌千金。临赛前，孙膑谓田忌曰："今以君之下驷与彼上驷，取君上驷与彼中驷，取君中驷与彼下驷。"三场赛毕，田忌一负二胜，最终得到了齐王的千金。（郭书春）

甜菜　又名莙菜、莙荙、军达。中国主要的蔬菜和糖料作物之一。原产于地中海一带，大约在魏晋南北朝时从阿拉伯传入中国。《瓮牖闲评》云"军达出大食国"。最初引进中国的为叶用甜菜，《玉篇》训其为"菜"。南宋蒲寿宬《田园秋兴》有"新栽莙荙恰逢雨"的诗句。《农桑辑要》中才述及其栽培方法："作畦下种，亦如萝卜法。春二月种之，夏四月移栽。园枯则食。如欲出子，留食不尽者，地冻时出于暖处收藏，来年春透可栽收种。"明代则有冬夏之分："冬莙菜，八月播子九月种三月收。夏菾菜，二月播子四月移种。”叶用甜菜的用途广泛，元代王祯说其做蔬、羹、菜干，“无不可也”，是蔬菜淡季时一个重要的替代品种。它还可用以“救饥”，被明徐光启称为“恒蔬”。糖用甜菜是在1906年才引进的。我国的甜菜主产区在东北、西北和华北。（曾雄生）

调经　指中医妇产科月经病的一条治疗法则。宋陈自明《妇人大全良方》卷一为“调经门”，其自注曰：“凡医妇人，先须调经，故以为初。”调经的一般规律是：先病而后经不调者，当先治病，病愈则经自调；若因经不调而后生病者，必先调经，经调则病自愈。具体的调经方法很多。如月经过多，有健脾补气调经、清热凉血调经；月经推迟，有理气活血调经、益气养血调经等。（张志斌）

挑结花本　即根据纹样设计图的规律性，把经丝编成很多组，并结集成一股股综绳，挑结而成。它分挑花、倒花和拼花3个工艺过程。挑花是先用专门备好的较粗的经线，同绘有纹样设计图方布上的经线，一根挨一根地续接，再用另备的较粗的纬线，按方布上花纹所占位置和尺寸，一根挨一根地置换方布原来的纬线。凡须起花之处，均沉于经线之下，让经线形成经浮。通常挑经的线称为脚子线，挑纬的线称为耳子线。脚子线的根数和单位纹样内经线根数相同，长度则随纹样配色和纹样长度而变化，一般是纹样长度的10倍左右，配色较多的还需适当加放长度。耳子线的根数是根据纬密乘单位纹样长度再乘配色数，也就是单位纹样内纬向有几个颜色，耳子线便有几根，它的长度一般为6尺多。倒花是在花纹对称循环时采用的省工方法。它是根据已挑成的局部花本，复制出对称相同花本，如挑制对合、四合纹样时，只需先挑制出一个单位花纹，再复制出另外一个或几个花纹。拼花是将倒出的几个对称单位花纹拼合成一个完整的花本。拼花时要注意脚子线和耳子线的排列顺序必须完全相同，如出现差错，提花后即造成错花次品。（赵翰生）

铁官　中国古代管理铁业的官署。战国时期商鞅变法后开始在秦设置铁官，实行冶铁业官营。司马迁的祖先曾为秦铁官，秦印中有“右冶铁官”印，睡虎地秦墓竹简中亦载有“左采铁”、“右采铁”等官职。汉初，开关梁山泽之禁，允许私人采矿冶铁作器，政府收税，其生产和销售大都操在少数富商豪强手中，蜀卓氏、程郑、宛孔氏、鲁邴氏等就是其中的代表。这些铁商生产规模巨大，一家役使的劳动者可达千人以上。西汉时有的诸侯王国如齐、吴、赵等，亦曾自行经营铁业。此外，邓通曾将文帝赐予的铜铁矿山，转包给大铁商卓王孙，这是铁业经营的又一种形式。汉武帝即位以后，连续发动了多次对边境各族的战争，消耗了大量财富。为了解除财政危机，抑制商人势力，稳定农业生产，汉武帝采取了一系列的经济、财政措施，其中重要的一项，就是把豪商大贾视为利薮的盐铁业收归官营。元狩（公元前122～前117）中，御史大夫张汤秉承武帝意旨，“笼天下盐铁”，首先把过去由帝室财政机关少府经管的盐铁收入划归国家财政机关大农经管。汉武帝又根据大农令郑当时的推荐，任用齐地大盐商东郭咸阳、南阳大铁商孔仅为大农丞，领盐铁事；内廷侍中、洛阳贾人子出身的桑弘羊也参与其事。元狩四年（公元前119），孔仅和东郭咸阳巡行各地，设置盐铁官署，使用各地盐铁富商为吏经管，盐铁官营遂正式施行。元封元年（公元前110），桑弘羊任治粟都尉，代孔仅行大农事，派大农部丞数十人分部主郡国，其任务包括整顿和扩充盐铁官营事业，使之得到了进一步的发展。铁的官营在中央由大司农属下的斡官、铁市主管，在产地设铁官主采矿鼓铸，设有长、丞。《汉书·地理志》载各地铁官有49处，分布于40个郡国。三辅地位重要，各设级别很高的铁官长、丞，其他不产铁的地方设小铁官主铸旧铁及经营铁的官卖，各地铁官都隶属大司农。民私铸铁要遭重刑，工具及产品没收入官。官营铁业规模巨大，资金雄厚，材料充足，设备齐全，有统一的制造规格，驱使徒、卒及专门的技术工匠进行采矿、冶炼、铸造，制作农具、工具、用器、兵器，因此生产较私营的“家人合会”的小作坊有所改进和提高。已发现的汉代冶铁遗址中，规模巨大的不在少数，如巩县遗址有炼炉18座，熔炉、锻炉各1座，附近还有开采矿石的竖井和矿石加工场、配料地。西汉中期以来，冶铁有说使用煤做燃料，以石灰石为熔剂，炼铁炉和化铁炉都很高大。炼铁炉迅速发展了鼓风竖炉结构，容积可达10～50立方米，既能制作大型铁器，又能成批浇铸规格统一、质量优良的各种小型铸件。同时，生铁柔化技术也达到成熟阶段。优质韧性铸铁农具得以广泛使用，从而使铁农具在农业生产中的作用越来越大。铁的官营虽然在增加国家财政收入、抑制商人势力、改进与推广先进技术方面起了积极作用，但亦不免带有封建官营事业共有的弊病。汉昭帝始元六年（公元前81）盐铁之议时，贤良文学曾对盐铁官营大加攻击，但事关财政收入，除罢关内铁官外，铁官营并未废止。元帝初元五年（公元前44），铁官废罢，但永光三年（公元前41）又因财政困难而恢复。王莽行五均六筦，铁是其中之一，地皇二年（22）废除。东汉建国，由太尉属下的金曹主盐铁事，郡县出铁多的地方，虽设铁官，由郡的金曹掌管，主鼓铸和收税，但除少数地区如耒阳外，已不禁私家冶铁。（苏荣誉）

铁火砲 南宋时期火器研制者创造的铁壳爆炸性火器。有三种。①震天雷，形如铁罐，口小腹大，内装爆炸性火药较多，从中通火捻于罐外；使用时，由士兵点着火捻，引燃罐中火药，产生猛烈燃烧与爆炸，能熔透铁丝编制的铠甲，使人与牛皮皆“迸碎无迹”。南宗绍光五年（1232），金军在坚守开封时，曾用震天雷炸毁蒙军用于攻城的活动式掩体“牛皮洞子”，取得了守城战的胜利。②形铁火砲，口小腹大，壳厚2寸，内装爆炸性火药较多，用法同前。南宋嘉定十四年（1221），金军用其进攻宋朝的蕲州（今湖北蕲春），赵诚之（一作李诚之），率领宋军坚守，终因寡不敌众，城被攻破。③球形铁火砲，制法和用法同前。元至元十年（1274）和十二年，元军用此砲同南宋军作战。日本史籍《太平记》记载，元军的铁砲（用抛石机）抛射出球形弹丸，沿山坡而下，状如车轮，声震如霹雳，光闪如雷电，一次可射二三个火弹。（王兆春）

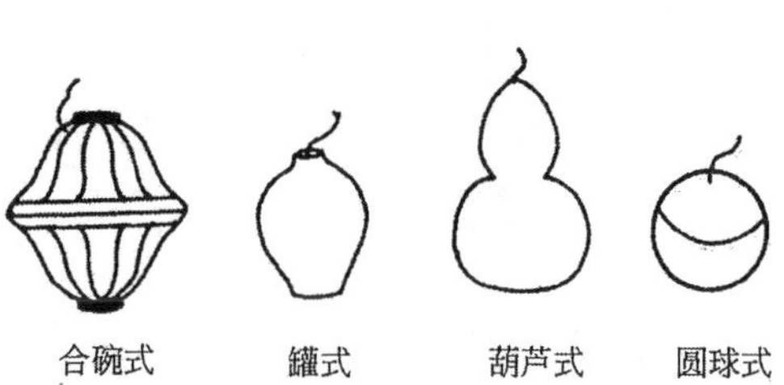

铁火砲

铁生沟冶铸遗址 西汉重要冶铁、铸铁地，地处今河南巩义市南嵩山脚下，面积2万平方米。1958～1959年考古发掘2000平方米，发现矿石处理场1处，多种式样的炼铁炉16座，熔铁炉、锻铁炉、炒铁炉和退火炉各1座，藏铁坑17处。出土有大量的残耐火砖、残风管泥范及锤、镢、锸、锄、铲、犁铧等铁器160余件。由矿石处理场发现的遗物可以推知，当时对铁矿石进行过粉碎和筛选，将粒度合适且均匀的铁矿入炉冶炼。炼铁炉有竖炉，系由长方弧形耐火砖砌筑，炉缸截面有长方形和圆形两种。圆形截面的炉缸直径为1米左右。经对所出土的铁器进行分析，知生铁含碳量多为3.8%～4.0%，含硅较低。出土铁器除白口铁外，还发现了32件铁器经过柔化处理，形成灰口铁和麻口铁。尤为难能可贵的是，发现了球化甚好的球墨铸铁。在分析检测的铁器中，经柔化处理和炒炼而成的制品占60%以上。出土的部分铁铧和铁铲上有“河三”铭文，推知此地原是汉代河南郡铁官所属的第三冶铸作坊。（苏荣誉）

铁索桥　索桥的一种。以铁索悬于江、河、谷两岸为桥。由藤索桥、竹索桥发展而来。出现年代尚无定论，有说西汉樊哙曾在陕西褒城马道驿的寒溪上建铁索桥“樊河桥”，未见史载。但至迟唐中期已建造。现存者多建于明清，著名的有泸定桥、伏龙桥等。清中期以铁眼杆作吊索的铁索桥也在云南、四川两地开始启用。以铁眼杆作吊索，能减少铁索桥之中间垂度，使铁索桥走向新的阶段。（沈玉枝）

亭　本义是边境的岗亭，引申为中国传统数学术语，有方亭、圆亭。方亭在《算学启蒙》、《四元玉鉴》中称为方台，即上下两底是互相平行的正四棱台。《九章算术》提出其求积公式：“术曰：上下方相乘，又各自乘，并之，以高乘之，三而一。”设方亭之上、下方，高，体积分别为a_1，a_2，h，V，此即$V=\frac{1}{3}(a_1^2+a_2^2+a_1a_2)h$。《九章算术》用棋验法推导此公式。刘徽又将方亭分解为1个长方体、4个堑堵、4个阳马，求其体积之和，得出另一等价的体积公式：$V=\frac{1}{3}(a_2-a_1)^2h+a_1a_2h$。圆亭在《算学启蒙》、《四元玉鉴》中称为圆台，《九章算术》给出其求积公式：“术曰：上下周相乘，又各自乘，并之，以高乘之，三十六而一。”设圆亭之上、下周，高，体积分别为L_1，L_2，h，V，此即$V=\frac{1}{3}(L_1^2+L_2^2+L_1L_2)h$。刘徽又利用截面积原理，提出$V=\frac{\pi}{12}(d_1^2+d_2^2+d_1d_2)h$，其中，$d_1$，$d_2$分别是圆亭上、下底的直径。（郭书春）

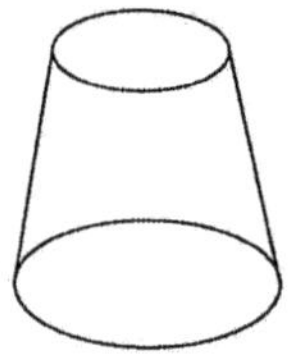

圆亭

通几　明清之际学者方以智指研究事物变化的深微根源的学问，即哲学。与“质测”相对。语出《易·系辞上》：“唯深也，故能通天下之志；惟几也，故能成天下之务。”方以智《物理小识·自序》云：“寂感之蕴（指天地阴阳动静的奥妙），深究其所自来，是曰通几”，即“所以为物之至理也。”（《通雅·文章薪火》）并认为“质测即藏通几者也”，质测中包含着“通几”；通几又“护质测之穷”（《愚者智禅师语录·示中履》），两者“不相坏”。又认为当时“西学”“详于质测，而拙于言通几”（《物理小识·

自序》)。(李家明)

通济桥 以此为名的桥有二。①位于浙江金华通远门外西南一里，跨金华江。旧为浮桥。元大德四年（1300）至元统二年（1334）建为联拓石梁桥，桥墩十二，高 4.1 丈，上游作分水尖。桥长 78 丈，桥屋 64 间。明代凡六毁六建。清康熙二年（1663）重建。九年再修，十四年尽毁，改建浮桥。乾隆十五年（1750）重建石墩木梁，上覆桥屋如旧制。嘉庆十四年（1809）改建为石拱桥，13 孔，两侧石栏，全长 98 丈，宽 2.6 尺。高 4.8 丈。今桥实测长 254.5 米。②位于浙江余姚。宋时为石墩木伸臂梁桥。元至顺三年（1332）改建石拱桥，驼峰三孔，构造雄伟，为全浙罕见，号称“浙东第一桥”。(李家明)

同律度量衡 《尚书 · 虞书 · 舜典》曰：“岁二月，东巡守，至于岱宗……协时月正日，同律度量衡。”其意是，上古时代的舜帝于二月到东方巡视守土的诸侯或部落首领。到泰山除祭祀山川外，又定季节、月份，修正时日，使各地遵循同一历法；又对乐律的音高和度量衡作了统一工作，颁布了统一的法令。自汉代起，“同律度量衡”词义突变，汉代刘歆、班固所修《汉书 · 律历志》将它解释为以律“同”度量衡，从而提出度量衡起源于律的观点，并设想了以黄钟管长为标准器进行排黍、容黍和衡黍之重的方法，从而确定度量衡的标准。《宋史 · 律历志》言：“先言律而后及度、量、衡，是度起于律，信矣。”显然，从词义上作出这种解释实属牵强附会。可能，自汉时起社会生产力发展与科技进步促使更多的人去探讨一种与生产、交换均有关联的不变的度量衡标准，于是，这些人便在古训中找到“同律度量衡”一词，作为其以律管作为标准器的依据。事实上，究竟“律起于度量衡”还是“度量衡起于律”的问题在中国历史上一直有争论。(戴念祖)

同式形 相似多边形在清初的中文译名。《数理精蕴 · 几何原本八》云：“有众多边形，其边数同相当，各角俱等，而相当界之比例又同，则谓之同式形也。”(郭书春)

铜版印刷术 清代传入的西方印刷技术。铜版印刷在 16 世纪前后盛行于欧洲，主要用来印制铜版画。18 世纪初意大利传教士马国贤（M. Ripa，1682～1745）应康熙请求，使用铜版印刷印制《皇舆全览图》和《热河三十六景图》。雍正元年（1723），意大利耶稣会士利白明（F. B. Moggi，1684～1761）镌刻了《黄道总星图》。乾隆帝也请传教士制作了战图和圆明园西洋建筑图，又命法国耶稣会士蒋友仁镌刻了铜版舆图 104 幅，即著名的乾隆十三排地图，今存北京故宫博物院。19 世纪初，铜版印刷术再次传入中国。(韩琦)

铜岭矿冶遗址 商周采铜冶铜遗址，是迄今中国发现的年代最早的铜矿冶遗址。1988 年发现于江西瑞昌铜岭。地处幕阜山东北角，紧傍长江。矿体分布在合连山西坡和铁山两地，赋存于白云质灰岩与泥质粉砂岩的接触带内。铜矿经风化淋失成次生富集矿。这里已经发掘了 108 口古矿井，18 条巷道和 7 处采坑及多处生活和冶炼遗址，发现了铜、石、竹、木、陶质工具和生活用具 400 余件。古代开采的重点是矿体厚、品位高、剥离比小的区域，先露采再坑采。露采的境界封闭圈为海拔+80 米，直径约 25 米。封闭圈以上是山坡露天开采，以下则形成较小的露采坑，深约 8 米。坑底残留着大量褐铁矿转石。露天开采的帮坡角不一，其一约 45°，另一为 25°。坑采采用竖井和竖井－平巷联合开采。商代的竖井较小，其截面为矩形，尺寸大体一致，为 70 厘米 ×90 厘米；西周时期的竖井较大，截面尺寸可达 160 厘米 ×260 厘米；竖井位置多在白云质灰岩上盘孔雀石富集的部位。竖井的支护比较简单，相间排列的由 4 根圆木组成的矩形木框，撑住沿井壁密排的木棍，构成了井桶的护壁。联合开采的形式较多，有坑槽与竖井联合开拓，往往在露采坑底部进行；而竖井－斜井－平巷联合开拓，则是顺着矿体走向，先开掘竖井，于竖井底开掘阶梯性斜井，然后再平巷开拓。平巷的支护也由相间排列的木框完成。木框也用四根木头构成，或者靠树木的枝杈搭界，或者靠榫卯结合。木框之间的间距为 60～80 厘米不等。根据 C^{14} 年代测算和同出土的陶器判断，该遗址可上溯到商代中期，下限到汉代。（苏荣誉）

铜四羊尊 商代典型青铜礼器，据传 1938 年出土于湖南宁乡月山铺，体作方形，肩部四角饰有羊首，羊角曲卷，故常常称其为四羊方尊。该尊以云雷纹为地，通体饰蕉叶、饕餮、鳞、夔、鸟等多种纹饰，造型凝重独特，装饰华美，堪称商代青铜器的代表。以前多臆测此尊系失蜡法铸造成形，后经科学考察，判定是由泥范分铸铸接而成：四角的羊首和龙首分别先铸成形，尊体铸型由 25 块泥范和 2 块泥芯组成，在浇注时与羊首和龙首铸接。（苏荣誉）

筒车 唐代发明的利用水流推动转轮来提水灌溉的装置。唐陈廷章《水轮赋》对筒车有生动具体的描述：水轮是把木制的轮子架设在流水之上，利用水流冲击的力量使木轮转动，这样就可以引水上升，进行灌溉。它实际上可能和王祯《农书》中所记载的水转筒车相同，说明唐代筒车已用于农田灌溉。杜甫诗也有“连筒灌小园”之句，据李寔的解释，“川中水车如纱车，以细竹为之，车骨之末，缚以竹筒，旋转时低则留水，高则泻水”。这也就是筒车。宋元时期，适应不同的农田灌溉的需要，筒车又有所发展，出现了卫（驴）转筒车、高转筒车、水转高车等不同形制。（曾雄生）

筒车

鍮石 简称“鍮”，矿石名。美国学者劳弗（B. Laufer）在《中国伊兰篇》中认为“鍮”字是从波斯语 tutiya 音转而来的。为一种黄色有光泽的矿石，即黄铜矿或自然铜。《太平御览》卷813引三国魏人钟会《刍荛论》：“莠生似禾，鍮石像金。”前秦方士王嘉（？～390）的《拾遗记》记载，后赵国君石虎筑浴室以鍮石为堤岸。唐慧琳《一切经音义》：“鍮石似金而非金也。”汉唐以来鍮石经由丝绸之路从波斯、印度等地相继输入中国，一方面以之制成的工艺品为时所尚，鍮石袍带还成了唐朝官员表示等级身份的标志之一，《旧唐书·舆服志》载“八品、九品服用青，饰以鍮石”。这类鍮石大概是具有黄金光泽的矿石，如黄铜矿（$CuFeS_2$）和黄铁矿（FeS_2）等。另一方面，鍮石也为炼丹家所用，如唐人所辑《黄帝九鼎神丹经诀》卷十九有“杀鍮铜毒法”。五代宋初的丹家兼医家日华子在《日华子点庚法》中最早记载了鍮铜的炼制方法：“百炼赤铜一斤，太原炉甘石一斤，细研。水飞过石一两，搅匀，铁合内固济阴干。用木炭八斤，风炉内自辰时下火，煅二日夜足，冷取出，再入气炉内煅，急扇三时辰，取出打开，去泥，水洗其物，颗颗如鸡冠色。”宋代出现冶炼鍮铜的记载。宋方士崔昉《大丹药诀本草》记有“用铜一斤，炉甘石一斤，炼之即成鍮石一斤半”。炉甘石的主要成分是碳酸锌，这里的鍮石就是黄铜。元代托名苏轼所撰《格物粗谈》也有“赤铜人炉，炉甘石炼为黄铜，其色如金”的记载。（苏荣誉　王扬宗）

透光镜　古镜的一种，又称魔镜。用合金制成。当日光投射到镜面而反射出的光投到壁上时，背面的图案、文字似“透”过来，映在壁上，故称“透光镜”。北周庾信（515～581）《镜赋》曰：“镜乃照胆照心，难逢难值。镂五色之盘龙，刻千年之古字；山鸡看而独舞，海鸟见而孤鸣；临水则池中月出，照日则壁上菱生。”战国时期已能成功制造。上海博物馆藏有一面西汉透光镜，背面有图案、铭文，正面可以照人。隋唐之际王度《古镜记》云：“承日照之，则背上文画，墨入影内，丝毫无失。”宋沈括《梦溪笔谈》云：“世有透光鉴，鉴背有铭文，凡二十字，字极古，莫能读。以鉴承日光，则背文及二十字皆透屋壁上，了了分明。”历代学者不断探究“透光镜”的制作机理，沈括曰：“人有原其理，以铸时薄处先冷，唯背文上差厚后冷而铜缩多，文虽在背，而鉴面隐然有迹，所以于光中现。予视之，理诚如是。”20世纪七八十年代，中外一些学者继续探索。中国学者认为，西汉“透光镜”透光是由于镜面曲率的微小差异造成的。（李家明）

突火枪　南宋时期创制的一种竹制管形射击火器。由寿春府（今安徽寿县）的火器研制者创制于南宋开庆元年（1259）。突火枪已具备管形射击火器的三个基本要素：一是身管，二是火药，三是弹丸（子窠）。由于突火枪以巨竹为筒，所以可在其中装填火药和子窠；由于筒中装填了火药，所以火药筒中燃烧后产生的气体推力，能将子窠沿着枪的轴线方向射出，产生击杀作用。突火枪是南宋火器研制者的一大创造，它不但在南宋末期的作战中产生了良好的效果，而且成为元代创制金属管形射击火器——火铳的先导。突火枪的

突火枪

创制，受到后世各国火器史研究者的重视，公认它是世界上最早自发运用射击原理的管形射击火器，堪称世界枪炮的鼻祖。（王兆春）

涂布 纸张加工工艺之一，即将白色矿物粉末经胶黏剂或淀粉糊调和后，刷涂在纸张表面，经砑光后，使纸的白度、平滑度和紧密度有所增加，纸张吸墨性好而透光度减少。通常用的白粉有白垩、石膏、滑石粉、石灰和瓷土等。这一工艺至迟发明于南北朝时期。新疆出土的前凉建兴三十六年纸和东晋写本《三国志·孙权传》都经过了涂布处理。前秦建元二十年（384）的文书，正面也曾涂布白粉。如果将蜡涂布于纸上，便得到蜡质涂布纸，古称“硬黄”或“黄硬”。唐张彦远《历代名画记》卷三提到书画装潢时纸中加蜡。宋赵希鹄《洞天清录集》提及唐代硬黄纸防蛀抗水。北京图书馆藏的敦煌石室写经中，有开元六年（718）二月六日道士马处幽和马抱一所写的道经《无上密要》卷52，所用即是硬黄纸。唐代还有白蜡纸，故宫博物院藏的旧题吴彩鸾写的唐写本《刊谬补缺切韵卷》，所用即是双面白蜡纸。宋元盛行的黄、白蜡笺，就是在唐代涂布蜡纸的基础上发展起来的。（苏荣誉）

涂田 在海涂上开垦的一种农田。元王祯《农书》曰：“大抵水种皆须涂泥。然濒海之地，复有此等田法。其潮水所泛，沙泥积于岛屿，或垫溺盘曲。其顷亩不等，上有咸草丛生，候有潮来，渐惹涂泥。”早期对于海涂的利用大约采用类似于圩田的方式，即筑堤，称为“捍海塘”或“捍海堰”。唐朝浙江盐官“有捍海塘堤，长百二十四里”，表明当时已开始大规模对海涂进行利用，并已开发出了大量的涂田。（曾雄生）

土化之法 用粪肥改良土壤的方法。《周礼·地官·草人》：“掌土化之法，以物地，相其宜而为之种。”即依据土壤质地，因地制宜，施用不同的畜粪。一说为用各种不同的兽骨骨汁或粪便进行种子处理，然后再播种到相应的土地上去。（曾雄生）

土壤 古人将自然土壤称为土，将农业土壤称为壤。《周礼·地官·司徒》：“以土宜之法，辨十有二土之名物，以相民宅，而知其利害，以阜人民，以蕃鸟兽，以毓草木，以任土事；辨十有二壤之物，而知其种，以教稼穑、树艺。”郑玄注：“壤亦土也，变言耳。以万物自生焉，则言土；土，吐也。以人所耕稼而树艺焉，则言壤。壤，和缓之貌。”经过耕作的壤，其体积大于原来的土，故《九章算术》称土和壤的比例是“穿地四为壤五”，魏刘徽注曰“壤为息土”。（曾雄生）

土宜之法 一种因地制宜的土地利用方法。《周礼·地官·司徒》：“以土宜之法，辨十有二土之名物，以相民宅，而知其利害，以阜人民，以蕃鸟兽，以毓草木，以任土事；辨十有二壤之物，而知其种，以教稼穑、树艺。”根据土地的性质，即称为“土”的自然土壤和称为“壤”的农业土壤，协调其与人、动物、植物和作物的关系。（曾雄生）

推镰 宋元时期创造的一种收割机械。王祯《农书·铚艾门》：“推镰，敛禾刃也……形如偃月，用木柄，长可七尺。首作两股短叉，架以横木，约二尺许，两端各穿小轮圆转，中嵌镰，刃前向，仍左右加以斜杖，谓之蛾眉杖，以聚所劖之物。凡用则执柄就地推去，禾茎既断，上以蛾眉杖约之，乃回手左擁成缚，以离旧地，另作一行。子既不损，又速于刃刈数倍。”推镰主要是针对荞麦的易落粒性而发明的，但它同时起到了减轻劳动强度的效果。它的发明是收获农具方面的一个突破。(曾雄生)

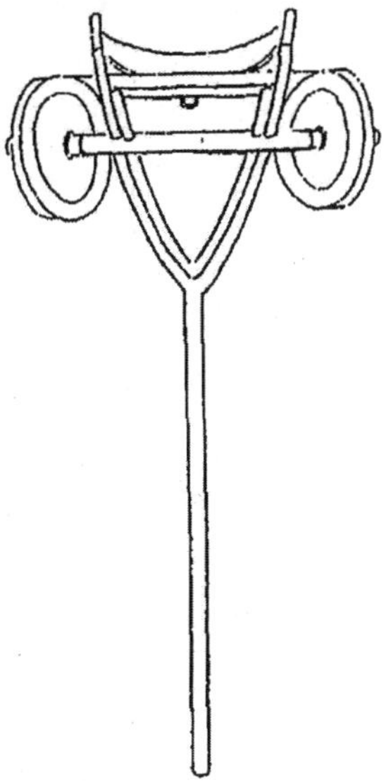

推镰

陀螺　器械名。在外力的作用下，其自身沿中心轴旋转，而同时整体又沿一锥面运动的器物。处于回转运动的陀螺显倾斜状态，其重力的一个分量使它的中心轴线倾斜，但回转效应又使它的中心轴线向垂直方向偏转。5000～7000年前，浙江河姆渡文化中已有陶制、本制陀螺。明刘侗、于奕正所著《帝京景物略·春场》云：“空钟者，刳木中空，旁口，荡以沥青，卓地如仰钟，而柄其上之平。别一绳绕其柄，别一竹尺有孔，度其绳而抵格空钟，绳勒右却，竹勒左却。一勒，空钟轰而疾转，大者声钟，小者蛣蜣飞声，一钟声歇时乃已。”“陀螺者，木制如小空钟，中实而无柄，绕以鞭之绳而无竹尺。卓于地，急掣其鞭，一掣，陀螺则转，无声也，视其缓而鞭之，转转无复往。转之疾，正如卓立地上，顶光旋旋，影不动也。”因其有独特有趣的回转运动，而被当成一种玩具，并发展成多种形状的不同陀螺，陀螺的运动包括自转、进动和章动，《帝京景物略》中极确切地表述了陀螺的回转运动。近代的回转器（即陀螺仪，gyros-cope），其中央回转轮的运动就是陀螺的运动，它在工业技术中应用广泛，只要将陀螺安置在常平支架中，便成了近代回转器（仪）。(王允红)

橐籥　中国早期鼓风器和风管。商代二里岗时期能铸造近百公斤的大鼎，有可能在青铜冶炼和熔炼中使用了鼓风装置。《墨子》云“橐以牛皮、炉有两瓴，以桥鼓百十”，是东周时期冶铸鼓风的写照，其中桥应是用来驱动鼓风器的杠杆机构。山东滕县宏道院东汉画像石上刻绘了一种颇具特色的鼓风装置。横置的橐由若干悬杆吊挂，橐端有把手、进风口，另一端设出风口和风管，并由构架固定，使橐只能循着悬杆摆动方向运动。随着冶金技术的发展，炉身增高，炉容增大，鼓风器也相应加大和增多，至迟在汉代，还使用畜力和水力鼓风。(苏荣誉)

W

瓦房庄冶铁遗址 汉代重要冶铁遗址，1959年发现于河南省南阳瓦房庄汉宛城内，是一处冶铁和铸造、锻造铁器的大型作坊。遗址面积约12万平方米，使用年代大约从西汉中晚期至东汉晚期。遗址内发现熔炉炉基5座、锻炉9座和烘范窑残迹。炉基附近有水井2座、火烧槽4座，还有3个灰坑内发现了大量使用过的铸造铁器的泥范残块，此外，在炉周围发现了大量的铁渣、渣坑、耐火砖、陶风管残段、泥范、木炭、梯形铁板等冶铁遗物和铁材。遗址出土的器物和铸、锻铁器遗迹，表明这里铸造的铁器的类别有砧、锤、铧冠、铧、镬、锄、臿、斧、锛、齿轮、六角承、鼎、釜、炉、灯等，锻制铁器类别有矛、剑、镞、镰、凿、削、钩、各种车马器饰。遗址中还发现数座炉，报道谓之炒钢炉，证据不充分，也有可能是退火炉。（苏荣誉）

外丹 道教方术之一。是道教炼丹术的主要两大派别之一，相对于“内丹”而言。外丹企图以矿物为主要原料，炼制成服食后可长生不死甚至羽化成仙的药物。同时，方士还炼制药金、药银，为服食之用。炼制药金、药银的方术称为“炼金术”。外丹与炼金合称“金丹术”。金丹术主要是指外丹术。外丹术由来甚古，相传黄帝时即有金丹。《史记》载黄帝曾铸鼎于荆山而炼制丹砂，并炼出“黄金”。汉武帝大力支持方士炼丹，深信金丹可延年益寿，使人不死。淮南王刘安招致众多宾客炼丹，并撰著炼丹秘笈《枕中鸿宝苑秘书》。东汉末魏伯阳的《周易参同契》是一部外丹经典，被后世称为“万古丹经王”。道教兴起后，炼丹成为道教徒的重要方术之一，外丹与符箓是道教的两大方术体系。从汉末魏伯阳、狐刚子到魏晋南北朝的陶弘景，都热衷于外丹。唐代至五代皇帝多信服食外丹可以长生，支持一些道士炼丹。五代以后，由于外丹服食存在中毒死亡等巨大的风险，内丹大兴，而外丹的修炼理论发生了较大的变化。金丹家引入《周易》的卦爻符号，以干、坤为鼎炉的符号，以坎、离为药物的符号，以六十四卦阴阳进退作为“火候”掌握的依凭，以木、火、土、金、水“五行”相生相克作为药物质地转换的向导。其炼制活动有一套完整的规仪和操作程序。（王扬宗）

外感 病因分类之一。指感受六淫、疫疠之气等外邪，与内伤相对，为疾病的两大类病因之一。病邪或先侵犯人体皮毛肌肤，或从口鼻吸入，均为自外而入，故称之为外感。因外感而病，称之为外感病。初起均有恶寒发热、鼻塞咳嗽等症状。外感病的治疗，以驱邪外出为主。程钟龄《医学心悟》：“人身之病，不离乎内伤，外感。而内伤，外感中，只一十九字尽之矣。如风寒暑湿燥火，外感也；喜怒忧思悲恐惊与夫阳虚阴虚伤食，内伤也。”“外感之邪，自外而入，宜泻不宜补。”（张志斌）

外治 泛指除口服药物之处，施于体表或从体外进行的治疗方法。《素问·至真要大论》："内者内治，外者外治。"中医学中的外治法有悠久的历史，方法也很多，长沙马王堆汉墓出土的医书与《黄帝内经》中已有针灸、角法、温熨、外敷、膏贴、药浴、外洗、药摩、熏法、坐药、腹水穿刺等。汉《伤寒杂病论》中还有润导、浸足、灌耳、人工呼吸等多种外治法。因针灸、推拿按摩、角法（拔罐）三者均逐渐形成独立的专科，故后世一般言外治可能不包括此三者。主要的外治方法为熨、熏、坐药、导法、药捻等。熨法是用一定的材料加热来熨烫身体的某个部位，以达到温经散寒、活血化瘀、行气止痛等目的。在中医外科学出现很早，据《史记·扁鹊仓公列传》记载，战国名医扁鹊抢救虢太子时便作"五分之熨"，然而不知所用材料。马王堆汉墓出土的帛书《五十二病方》中，温熨使用的材料有土、石块、盐、酒、醋及药物。在《灵枢·寿夭刚柔》中则明确提出："刺大人者，以药熨之。"药熨往往采用药末或药汤，前者加热以布包温熨，后者加热适寒温以布或棉絮浸泡温熨。熏法是用一定的材料加热或燃烧，借助气、烟中的药力和热力的作用，促使腠理疏通、气血流畅，达到消肿止痛、祛风止痒、活血化瘀等目的，见于《五十二病方》。常用的熏法有热气熏与烟熏两种。①热气熏法。将药液煎沸，或置于小口容器中，或以布帘围蒙，或以其他方法使患处对着蒸腾的热气而熏之。使用热气熏法，往往同时合并使用药洗，即药液煎沸倾出，先以热气熏之，待药液冷却后，用以清洗患处，二者合称为熏洗法。②烟熏法。即利用药物不完全燃烧所产生的烟熏患处。如药拈子熏法，即根据不同疾病，选择不同药物，将药物研成细末，以棉纸裹药搓捻，或用油浸，晾干备用，用时点燃以烟熏。坐药是用药末拌和油脂、蜜及枣泥等黏稠物质，制成丸子、锭子或片状，或用帛布包裹药末，塞入阴道或肛门，用以治疗该部位的疾患，如白带、阴痒、阴疮以及痔疮等。马王堆汉墓出土的医书《杂疗方》中称阴道坐药为"约"，汉《金匮要略》中之蛇床子散被则称为"阴中坐药"。导法是指通过肛门用药以通导大便的方法，与导便同义。一般采用易于溶解而润滑的药物制成锭状，塞入肛门内，待其在直肠内溶解，或把具有润滑作用的液体药物灌入肛门，使干燥的粪便易于排出。汉《伤寒论》："津液内竭，虽硬不可攻之，当须自欲大便，宜蜜煎导而通之。若苦瓜根及大猪胆汁，皆可为导。"药捻是指将药与纸同用，置入疮口、窦道、脓腔内部的一种治疗方法。在各种不同的医学著作中，其名称有所不同，例如，宋《太平圣惠方》称纸纴子，宋《卫济宝书》称捻子，明代《疡科准绳》称纸撚子，另外还有纸捻、药钉、纸钉等多种叫法。一般应选用富于韧性而不易酥烂，且吸水性强的纸搓成捻子，浸泡药液或沾染药粉，也有不搓捻子而以纸内裹去腐药用的。药捻的长短大小视疮口、窦道及脓腔而定。其作用有四：将药粉送达深处，发挥各种药物的作用或腐蚀死肌，或解毒消脓，或活血生肌等；作引流用，使脓液能顺着捻子引流出来；防止因疮口粘连而造成假性愈合；可借以探测脓腔、窦道的深浅、曲折及其方向。（张志斌）

宛田术 中国传统数学计算一种中间隆起的形体表面积之方法。宛田又称窊形、丘田等，或谓球冠形，或谓优球冠形。《九章算术》方田章有其近似面积公式："以径乘周，四而一。"即 $S=\frac{1}{4}dl$，其中 S、d、l 分别为宛田之表面积、沿表面的直径、下底周长。刘徽曾责其疏漏。然而后来《孙子算经》、《五曹算经》、《算学启蒙》、《四元玉鉴》等仍用《九章》之旧。（邹大海）

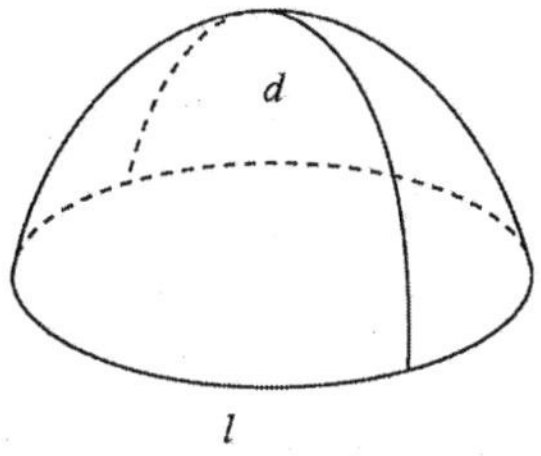

宛田

王景治河　东汉时王景主持的一次大规模治理黄河、汴河的工程。王莽始建国三年（11），黄河在魏郡（治所在今河北临漳西南邺镇东）决口之后一直未加治理，河势日趋恶化，民不聊生。据《后汉书·王景传》，东汉永平十二年（69），明帝召见"能理水"的王景，询问治水方略。王景全面分析了河汴情形，应对精明，明帝大为欣赏。加之曾配合王吴成功地疏浚仪渠，遂委派其主持治河。同年夏，王景发兵夫数十万，以王吴为助手，实施治汴工程。先修筑从荥阳（今郑州西）到千乘海口（今山东利津境内）的千里黄河堤防，后对汴渠进行裁弯取直、疏浚浅滩、加固险段等工程，最后重新规划修筑汴渠的引水口，"十里立一水门，令更相洄注，无复溃漏之患"。历时一年，至次年夏四月，耗资百亿的治河工程顺利完成。王景治河，使河、汴分流，收到防洪、航运和稳定河道等多项效益。永平十三年，明帝东巡，对王景治水成就深为赞赏，拜为河堤谒者。这一治河工程之大、成功之快，且在汛期施工，均为治河史上所罕见。史传王景治河千年无患。（艾素珍）

王朴律　五代枢密使王朴（906 或 915～959）于显德六年（959）提出一种律制：以律准定律，也就是以弦线定律音，以弦线的倍、正、半关系作为定律的基本出发点，在三分损益律的基础上适当地调整其中十一律的律数。这样，王朴律既能旋宫，又达到平均律效果。其中与平均律最大差值者为无射律，音分差为 14，王朴律的影响波及宋、元、明各代。（戴念祖）

望楼　古代军队在攻城战中用于瞭望敌情的木屋式侦察车。由车座、望楼杆和方形木屋构成。车座长 15 尺，用粗壮的方木制成长方形木框，下安四轮，轮高 3.5 尺。车座中安有坚牢的横轴，中间树立一根用高过城墙的鹿颊木制成的大望杆，高 45 尺，底径 1.2 尺，上径 0.8 尺，如大船上的桅樯。望杆上部安一个方形木屋，外蒙生牛皮，四面开望眼，供士兵从中瞭望。望杆下施转轴，两旁有叉手木，便于士兵上下。望杆用 6 条粗麻绳，分上中下三层绑在杆上，拉到地面，上层两条各长 70 尺，中层两条各长 50 尺，下层两条各长 40 尺，成正六菱形张开，用带环的铁橛钉入地下，使望楼能承受各向风力，保持杆身和望楼的平衡和安全。此外，人们还使用巢车、望杆车侦察敌情。前者是鸟巢式侦察车，由安有 8 个车轮的车座、竖立于两侧中央的木柱、连接两木柱的横轴、悬于横轴中央用辘轳系其顶部的鸟巢形木屋等组成，木屋可用辘轳升降，以便于轮换值班士兵。后者是明朝创制的望斗式侦察车。（王兆春）

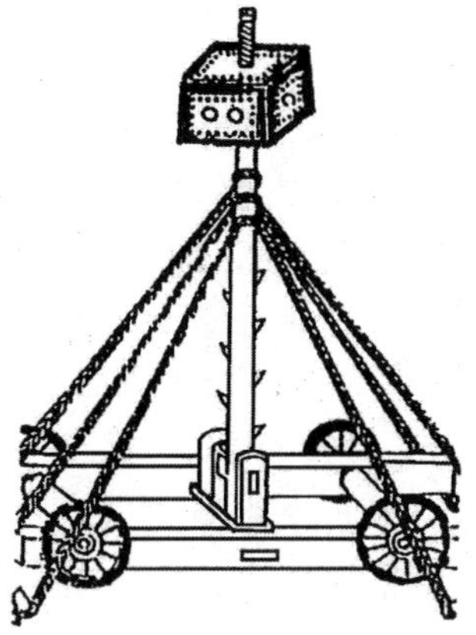

望楼

望气 又名望云气、候气、望氛等，古代占星术的一种。《左传·僖公五年》：“春，王正月。辛亥朔，日南至。公既视朔，遂登观台以望，而书。礼也。凡分、至、启、闭必书云物。”唐代孔颖达疏：“诸侯有观台，所以望气祥也。公……登观台之上，以瞻望云及物之气色。”又《左传·昭公二十年》：“春，王二月。己丑，日南至。梓慎望氛。”晋代杜预注：“氛，气也。”据《史记·天官书》，望气所观察的客体有不同的气：“自华以南。气下黑上赤”；大队人群运动所扬起的尘埃色彩：“徒气白，土功气黄。车气乍高乍下，往往而聚。骑气卑而布”；云的颜色和形状：“稍云精白者，其将悍，其士怯。……阵云如立垣；轴云抟，两端兑，……诸此云见，以五色合占”；海市蜃楼现象：“海旁蜄气象楼台，广野气成宫阙然”；日旁的大气光学现象：“两军相当，日晕；……抱为和，背不和。……白虹屈短，上下兑，有者下大流血”。另外还有今之北极光（如“御玄”）及雷、电、霞、虹、霹雳等气象现象。对云的观测的发展，出现了预报风、雨等气象突变的内容。（李家明）

微分 数学术语。①中国传统数学中指面积、体积的奇零部分。当开方不尽时，刘徽《九章算术注》提出“求其微数”，以微数为分；在求圆周率近似值$\frac{3927}{1250}$时，刘徽云：“得三千七十二觚之幂，而裁其微分”；在证明刘徽原理时，刘徽分割由阳马和鳖臑拼合成的堑堵，“至细曰微，微则无形”；等等。这都是将面积、体积的细微称为微分，而将面积、体积的微分的积累称为积分，与现代数学微积分概念本质上是一致的。②清末李善兰与伟烈亚力翻译《代微积拾级》时，汲取传统数学的“微分”思想，创造的翻译微积分学的基本概念 differential 的术语，表示 $dy = f'(x)dx$，并以“微”之偏旁“彳”作为其符号，以“天”（源于天元术）为自变量，“彳天”即为 dx。20 世纪后改成与西方一致的符号，然而术语“微分”被中、日等国数学界沿用至今。（郭书春）

微数 公元 3 世纪刘徽创造的以十进分数逼近无理根的方法。《九章算术》少广章开方术在开方不尽时提出“以面命之”，是以方根命名一个分数，实际上却无法求出其近似值。后来人们“以借算加定法”而命名一个分数，刘徽认为“虽粗相近，不可用也”，并指出：“令不加借算而命分，则常微少；其加借算而命分，则又微多。”设 $\sqrt{A}$ 的整数部分为 a，定法为 $2a$，则 $a+\frac{A-a^2}{2a+1}<\sqrt{A}<a+\frac{A-a^2}{2a}$。刘徽进而提出“不以面命之”，继续开方，“求其微数。微数无名者以为分子，其一退以十为母，其再退以百为母。退之弥下，其分弥细，则朱幂虽有所弃之路，不是言之也”，便得出无理根的十进分数近似值。它开十进小数之先河，也是求圆周

率精确近似值的计算技术基础。（郭书春）

圩垸 又称围基，在低洼农田为排除积涝而兼有灌溉、通航的水利工程形式，主要分布在长江中下游滨江及洞庭湖、鄱阳湖、太湖流域和珠江三角洲等滨江滨湖低地。在长江下游称为“圩”，又称做“围”、“围田”，在长江中游称为“垸”，统称“圩垸”。“圩”原指中部低凹、四围高卯的地形，也是湖区常见的地形，此指防水护田的土堤；“垸”是围绕田地、房屋的堤岸。

早在春秋末期，长江下游太湖地区的人们就已开始筑圩围田。唐代以前文献所记载的具备堤防、节制闸门和渠道系统的圩较少。在唐代，浙西地区（今太湖流域）已有大规模的圩垸工程，广德元年（763）所筑嘉禾大圩，“田二十七屯，广轮曲折，千有余里”，“（圩）与湖连，上则有途，中亦有船。旱则溉之，水则泄焉”（唐·李翰《苏州嘉兴屯田纪绩颂并序》）。南宋王朝更加鼓励圩（围）田，以满足人口急剧增加对粮食的需求，以至权贵掠夺湖区土地，扩大圩区。南宋秦九韶《数书九章》卷六“围田先计”一题记载了当时围田的规划、工程规模和形制。北宋范仲淹《答手招条陈十事》记载了一个比较典型的圩垸工程：“每一圩方数十里如大城，中有河渠，外有门闸，旱则开闸引江水之利，潦则闭闸拒江水之害。”宋元文献中“圩”和“围”常通用，元王祯《农书》载：“围田，筑土作围以绕田也。盖江淮之间，地多薮泽，或濒水，不时淹没，妨于耕种，其有力之家，度视地形，筑土作堤，环而不断，内容顷亩千百，皆为稼地。”“复有圩田，谓叠为圩岸，捍护外水，与此相类。”又云：“柜田，筑土护田，似围而小，四面俱置瀽穴，如柜形制，顺置田段，便于耕莳。”但工程形式稍有区别：圩田分布于长江下游滨江地区，水位落差相对较大，故圩堤高度较高；围田主要分布在太湖流域下游，筑于低洼的塘浦地区，围堤高度较矮。南宋之后，围湖造田又进入一个新的高潮，大规模的圩田在长江下游及太湖流域地区星罗棋布。

湖泊周边低洼地带的大规模圩田，改变了湖区原有的自然环境。由于失于统领全局的规划，圩区水利从原来以渍涝为主演变成经常交替发生的水旱灾害。自北宋开始，关于圩区水利的批判和有关规划思想的讨论就已开始，并在南宋以至明清均出现过激烈争论。南宋李结提出湖区治水应与围区堤防规划设计一并考虑的规划意图（《宋会要辑稿·食货八》）。明万历时耿桔在《常熟县水利全书》中提出江南圩区联并小圩，建立圩区分区分级和内外协调的工程体系，从而既可以有效保护圩区安全，又充分利用河渠通航和引水灌溉。（艾素珍　曾雄生）

痿 病名。出《素问·痿论》。亦称痿躄，指四肢痿软无力，不能任事，尤指下肢痿废，不胜行走及站立，甚至肌肉痿缩的一种病证。《儒门事亲》：“辟者，足不能伸而行也。”《证治准绳·杂病》：“痿者，手足痿软而无力，百节缓纵而不收也。”关于痿证的成因，《素问·痿论》谓由五脏之热所致，以皮、肉、脉、筋、骨分属五脏立论，并强调肺热叶焦，发为痿躄。其又认为阳明经脉虚，血气少，不能润养筋脉以及劳累过度、居处潮湿，也可导致本病发生。汉张仲景《伤寒论》中提出伤寒病中不适当的汗、吐、下后可以成痿；《金匮要略》中提出饮食不当、酸伤筋、成伤骨亦可以致痿。元代朱震亨认为肾水不能胜心火，火上烁肺及湿热、湿痰、瘀血均可以致痿。后世又有夏痿、暑痿、食积痿、血虚痿、气虚痿、肝肾下虚痿、痢后痿等多种提法。痿证的治疗，因病因的种种不同，而有多种治法，总以清热润燥、清热燥湿、滋阴养血、补益肝肾、健脾益气、化痰、行瘀、消导等为主，也可结合针灸、推拿等治疗方法。（张志斌）

温病　病名，见《素问·六元正纪大论》，简称“温”。①多种外感急性热病的总称，后世泛称“温热病”。《素问·评热病论》云：“有病温者，汗出辄复热，而脉躁疾不为汗衰，狂言不能食。”温病一般具有起病较急、发热较甚、传变较快、容易化燥伤津等特点。包括传染性与非传染性两大类。根据发病季节、四时之气、流行特点等不同，又可分为风温、温热、冬温、暑温、秋温、春温、伏气温病、秋燥等不同种类。②伤寒病五种病证之一。《难经·五十八难》：“伤寒有五，有中风、有伤寒，有湿温、有热病，有温病。”③指春季发生的热性病。《素问·热论》：“凡病伤寒而成温者，先夏至日者为病温，后夏至日者为病暑。”④温疫，即瘟疫，专指温病中具有传染性之一类。《素问·本病论》：“发病温疫早发，咽嗌乃干，四肢满，肢节皆病。”明代吴又可《瘟疫论》中认为瘟疫为感受疫疠之气所致，病由口鼻而入，治疗应以驱邪为重。（张志斌）

温县招贤村铸造遗址　汉代重要铸造遗址，1974年发现于河南温县招贤村汉河内郡温县故城外，面积约1万平方米。遗址北部有东汉前期的烘范窑一座。窑内整齐放置叠铸泥范500余套，以车马器泥范为主，有革带扣、车軎、马衔、连接链、各种轴承等36种器形。铸范系用金属模盒翻制成范块或范片，然后将形状相同的若干范片叠合成套，通过一个浇口和一个直浇道浇注器物。每个铸件通过和直浇道相接的内浇道导入熔融的金属。这是典型的叠铸工艺，具有高效，可大批量生产的优势。该烘范窑出土的铸型多由6～10层范片叠合，每层范片具有2～6件铸件的型腔，一次可以铸造最多的铸件是革带扣，系14层范片叠合，每层6件，一次可铸得84件。（苏荣誉）

文昌桥　位于江西临川市东门外，跨汝水。宋乾道元年（1165）始作浮桥。联舟为梁，东西百丈，合54艘。嘉泰中始建石梁，覆屋其上，屡遭火焚。明嘉靖间券石为洞，以易架木。后60年又毁。万历三十八年（1610）重修，去柱与板，改以石砌，缩水门之一而增高，上不建阁。清代多次重修。（李家明）

倭铅　金属“锌”之近古名称。《天工开物》云：“凡倭铅，古书本无之，乃近世所立名色。其质用炉甘石熬炼而成。繁产山西太行山一带，而荆、衡为次之。”该书还记载了用炉甘石炼制锌的方法，称：“每炉甘石十斤，装加载一泥罐内，封裹泥固，以渐砑干，勿使见火拆裂。然后，逐层用煤炭饼垫盛，其底铺薪，发火煅红，罐中炉甘石熔化成团。冷定，毁罐取出。每十耗去其二，即倭铅也。此物无铜收伏，入火即成烟飞去。以其似铅而性猛，故名之曰‘倭’云。”实际上，在其炼制过程中还要加木炭作为还原剂。据近年考证，锌之古名为“窝铅”，而非“倭铅”，“倭铅”为锌、铅混称，系从铅名中转借而来，其本意并非指锌。中国传统

炼锌技术约起于明末万历年间，是从传统的炉甘石点化黄铜工艺发展而来的，与印度炼锌工艺不同。（王扬宗）

无梁殿 以砖砌筑的筒拱结构建筑，在拱顶之上加盖瓦屋顶。诞生于明朝，是西亚的拱券技术与汉式木构建筑屋顶相结合的产物。明初的无梁殿外墙面平整简洁，明中叶开始每一开间砌出半圆壁柱，上筑仿木额枋、砖雕及其他木构建筑的细部装饰。无梁殿平面多为长方形，拱身顺面阔布置，侧壁开窗，拱结构有单拱和大拱两侧附小拱两种。中国现存的无梁殿有南京灵谷寺、宝华山隆昌寺、苏州开元寺、五台山显通寺、太原永祚寺、北京皇史宬、天坛斋宫、颐和园智慧海等十余座。无梁殿第一次抛弃了木材料，但其外形仍保留木构建筑形式。（沈玉枝）

无名异 亦称“土子”、“干子”、“炉先生”等，是一种软锰矿石，主要成分为二氧化锰（MnO_2），入药。较早的记载见于《日华子本草》等。宋初《开宝本草》称：“无名异出大食国，生于石上，状如黑石炭，蕃人以油炼如黳石……主金疮折伤内损，止痛，生肌肉。”炼丹中不常用。西方近代化学传入后，有人因其“無无異”三字叠加再加“金”旁为“锰”的译名。（王扬宗）

五倍子蚜 在盐肤木叶上生成五倍子虫瘿的蚜虫。五倍子是染色、制革的原料，又是药物。五倍子蚜的生活史很复杂，不易为人所知。宋代人知道五倍子虫瘿生在盐肤木上，但不知里面有虫。明代李时珍《本草纲目》才作了比较详细的描述：“此木（即盐肤木）牛丛林处者，五六月有小虫如蚁，食其汁，老则遗种，结小球于叶间……起初甚小，渐渐长坚，其大如拳，或小如菱，形状圆长不等。初时青绿，久则红黄，缀于枝叶，宛若结成，其壳坚肥，其中空虚，有细虫如蠛蠓。山人霜降前采取，蒸杀货之。否则虫必穿坏。”李时珍还认识到寄生不同其虫毬（虫瘿）也不一样的情况。但他没有完全弄清五倍子蚜的生活史。（汪子春）

五兵 周代对军队一个基本战斗单位装备的五件组合兵器的简称。有“车之五兵”和“步之五兵”之分。车之五兵是指西周和春秋时期战车兵以一乘战车为单位装备的五件组合兵器，通常包括戈、殳、戟、夷矛、酋矛，平时插在车舆上，战时供甲士使用，具有长短结合、攻防兼备的特点，能满足车上甲士对兵器的需要。步之五兵是指东周时期步兵以一个战斗单位装备的五件组合兵器，最初是指弓矢、殳、矛、戈、戟，战国以后，或指矛、戟、钺、盾、弓矢，或指弓、戟、矛、剑、盾，或以“五兵”泛指各种兵器。（王兆春）

五道岭矿冶遗址 金代早期采铁、冶铁遗址。1952 年发现于黑龙江阿城五道岭。有十余个古露天开采的采坑，最深达 40 米，由山上向山下旋转开凿掘进，呈阶梯形。遗址有选矿区，有冶铁遗迹 50 余处。冶铁遗迹大多发现有炼炉、炼铁渣、矿渣、木炭和铁块。其中一座炼铁炉炉壁厚达 1 米，内层用花岗石砌筑，厚约 40 厘米，外层用黏土夯筑，厚约 60 厘米；炉膛高约 163 厘米，炉门向南，炉内有木炭遗存。遗址内出土的铜钱，最早是宋真宗“咸平通宝”，最迟为宋徽宗“政和元宝”。（苏荣誉）

五方人群　中国古代关于生活于不同地域的人群有明显的体质差异的认识。据《周礼·地官·司徒》记载："以土宜之法，辨十有二土之名物，以相民宅而知其利害以阜人民，以蕃鸟兽，以毓草木，以任土事。"已经认识到生物与地理环境的适应关系。《周礼·地官·司徒》还对生活或居住于不同地理环境中的动植物种类和人类体质差异，作了具体的描述："一曰山林，其动物宜毛物，其植物宜皁物，其民毛而方；二曰川泽，其动物宜鳞物，其植物宜膏物，其民黑而津；三曰丘陵，其动物宜羽物，其植物宜核物，其民专而长；四曰坟衍，其动物宜介物，其植物宜荚物，其民晳而瘠；五曰原隰，其动物宜赢物，其植物宜丛物，其民丰肉而卑。"这里指出，生活于山林地区的人，一般体壮多毛；生活于川泽地区的人，体黑而润泽；生活于丘陵地区的人，体圆而高大；生活于坟衍地区的人，体瘦而白；生活于原湿地区的人，身体矮小，肌肉丰厚。《灵枢·阴阳二十五人》更详细而具体地描述了古代生活于各地区不同类型的人群的体质特征：生活于东方地区的人皮肤苍色，头小面长，两肩广阔，背部挺直，身材小巧，手足灵活，非常劳心，而体力不强；生活于南方的人皮肤赤色，脊背宽广，面瘦，头小，肩背髀腹各部发育均匀，手足不大，步履稳重；生活于中央地区的人肤色黄，面圆头大，肩背健壮，腹部宽大，下肢强壮结实，手足不大，肌肉丰满，步履稳重，着地无声；生活于西方的人肤色白，面方，头小，肩背小，腹小，手足小，足跟坚实厚壮；生活于北方的人肤色黑，面部凹陷，头大，颐部是棱形，两肩狭小，腹部宽大，背长。《灵枢》还指出，东方人和南方人，一般都能适应春天和夏天的气候，而对秋、冬气候适应力较差，容易受冷的刺激而生病；与此相反，西方人和北方人，通常能适应秋、冬气候，但不大适应春、夏的气候，他们往往容易受热的刺激而得病。这些论述表明，两千多年前，中国人就已经将人体的体质特征与各地的环境条件紧密联系在一起加以考虑，反映了当时人的一种人类生态学观念。（汪子春）

五谷　粮食作物的统称。此说出现于春秋战国时期，《论语·微子》："四体不勤，五谷不分。"但解释却有不同，一说是黍、稷、麦、菽、稻；一说是黍、稷、麦、菽、麻。这两种说法的主要区别在于稻麻的有无，之所以出现分歧，是因为当时的作物不止5种，而各地的作物种类又存在差异，"百谷"、"六谷"和"九谷"说的存在就是一个明证。以九谷为例，《周礼》九谷指黍、稷、秫、稻、麻、大小豆、大小麦，或谓无秫、大麦，而有粱、苽，汉《氾胜之书》指稻、米、黍、麻、秫、小麦、大麦、小豆、大豆，西晋崔豹《古今注》下《草木》则指黍、稷、稻、粱、三豆、二麦。"五谷"说之盛行，受到五行思想的影响。因此，五谷实际上就是几种主要的粮食作物，几种粮食作物所处的地位却因时因地而异。五谷中的粟、黍等作物，由于具有耐旱、耐瘠薄、生长期短等特性，因而在北方旱地原始栽培情况下占有特别重要的地位。春秋战国时期，菽"保岁易为"的特征被人发现，也与粟一道成为人们不可缺少的粮食。同时，人们发现宿麦（冬麦）能利用晚秋和早春种植，并能起到解决青黄不接问题的作用，加上这时发明了石圆磨，麦子的食用从粒食发展到面食，适口性大大提高，使麦子受到重视，从而发展成为主要的粮食作物，并与粟相提并论。《春秋》它谷不书，至于禾麦不成则书之。可见，圣人在五谷之中最重视麦与禾。西汉时期的农学家赵过和氾胜之等都曾致力于在关中地区推广小麦种植。汉代关中人口的增加与麦作的发展有着密切的关系。宋代南方人口已超过北方，有人估计是6∶4，此后南方人口密度一直大于北方，这与水稻生产分不开。水稻适合在雨量充沛的南方地区种植，但最初并不受重视，甚至被排除在五谷之外，却后来居上。唐宋以后，水稻的地位日益提高，明代宋应星估计，当时在粮食供应中水稻已居绝对优势，大、小麦、黍、稷等之总和只占3/10，大豆和大麻已退出粮食作物的范畴，只作为蔬菜来种植。同时，一些作物又加入进来，明代末年，玉米、甘薯、马铃薯相继传入中国，并成为后来中国的主要粮食作物。（曾雄生）

五家共井　中国数学史上著名的不定问题。本是《九章算术》方程章的一个题目："今有五家共井，甲二绠不足，如乙一绠；乙三绠不足，以丙一绠；丙四绠不足，以丁一绠；丁五绠不足，以戊一绠；戊六绠不足，以甲一绠。如各得所不足一绠，皆逮。问：井深、绠长各几何？"《九章算术》以方程术求解，设 x,y,z,u,v,w 分别为甲、乙、丙、丁、戊绠长及井深，6个未知数，依题意只可列出5行方程：

$$2x+y=w$$
$$3y+z=w$$
$$4z+u=w$$
$$5u+v=w$$
$$6v+x=w$$

通过消元，得到

$$721x=265w$$
$$721y=191w$$
$$721z=148w$$
$$721u=129w$$
$$721v=76w$$

《九章算术》遂以265，191，148，129，76，721分别为甲、乙、丙、丁、戊绠长及井深。刘徽认为《九章算术》的答案是"举率以言之"，原题应该有无数组解，《九章算术》只是给出了最小的一组正整数解。这是中国数学史上第一次明确提出不定方程问题。上述消元的结果实际上给出了 $x:y:z:u:v:w=265:191:148:129:76:721$。显然，只要 $w=721n$，$n=1,2,3,\cdots$，都会给出满足此题的 x,y,z,u,v,w 的值。（郭书春）

五轮　中医眼科在眼部外观可见部分划分的五个部位，即肉轮、血轮、气轮、风轮和水轮，见于《秘传眼科龙木论》。五轮与五脏的生理病理有一定的联系。肉轮指上下眼睑，属脾，脾主肌肉，与胃相表里，故肉轮疾患多与脾胃有关；血轮指两眦血络，属心，心主血，与小肠相表里，故血轮疾患多与心及小肠有关；气轮指白睛，属肺，肺主气，与大肠相表里，故气轮疾患多与肺及大肠有关；风轮指黑睛，属肝，肝为风木之脏，与胆相表里，故风轮疾患多与肝胆有关；水轮指瞳孔，属肾，肾主水，与膀胱相表里，故水轮疾患与肾及膀胱有关。历代中医眼科用五轮学说说明眼的组织结构，及其生理病理与人体内脏的相互关系，成为一套独特的理论。清代《审视瑶函》曰："夫目之有轮，各应乎脏。脏有所病，必现于轮，势必然也。肝有病则发于风轮，肺有病则发于气轮，心有病则发于血轮，肾有病则发于水轮，脾有病则发于肉轮。"（张志斌）

五色说　中国上古色彩观之核心。最早见于《尚书·益稷》:“以五彩彰施于五色，作服，汝明。”五色的具体色谱是以青、赤、黄、白、黑五种色彩为所有色彩的基础，并以此衍生出更宽广的色谱。它以蓝、红、黄三原色为有色序的基础，以白和黑作为无色序的两端，符合色彩构成的科学规律。《考工记》:“画缋之事杂五色。东方谓之青。南方谓之赤。西方谓之白。北方谓之黑。天谓之玄。地谓之黄。”并认识到其他色彩如绿、红、碧、紫、骍黄均由此衍生而来。春秋时已经将色彩的运用纳入宗法范围，成为礼的内容，作为区别等级尊卑的重要标志，将青赤黄白黑作为“五方正色”，绿红碧紫骍黄作为“五方间色”，规定上衣须用正色，下裳须用间色，衣表须用正色，衣里须用间色，间不可犯正，否则即被视为有违礼法的僭越行为。《诗经·邶风》:“绿兮衣兮，绿衣黄里”，“绿兮衣兮，绿衣黄裳”，就是对僭上的嘲讽。春秋时，齐桓公好服紫，于是一国尽服紫，“当是时也，五素不得一紫”，这种情况遭到了孔子的批评，《论语·阳货》中说:“恶紫之夺朱。”色谱的标准也作为“礼”的内容，《礼记·月令·季夏》:“是月也，命妇官染采，黻黼文章，必以法故，无或差忒。”即上用和官用织物不允许出现色彩偏差。至秦汉，据史游《急就篇》，所记之色名已经达到20余个。明《天工开物》载色名23种，《天水冰山录》载色名34种。清《雪宧绣谱》记色彩经调配后可达700余种。清敦敏《瓶湖懋斋记盛》载，清中叶时尚有江宁织造之《织造色谱》一书传世。清曹雪芹著《废艺斋集稿》论述了色彩和纹样的关系:“织锦之纹样，固鲜艳绚丽，一则依纹样之变化多端，再则乃依色彩之辅翼，二者缺一不可。”《集稿》第八卷《岫里湖中琐艺》讲“乌金翅”画法的残文论述了色与光的关系。还大胆地提出了“敷彩之要，光居其首”的主张。(朱冰)

五声 又称五音，系宫、商、角、徵、羽五个音级的统称，含有音阶的概念。在同一个五声音阶中，分别以各音作为主音时，则构成不同的调式，并根据主音的级名命名它们，如主音在宫，为宫调式；主音在商，为商调式，等。《左传·昭公二十五年》:子产论乐，“为九歌、八风、七音、六律，以奉五声”，说明在不同的音乐和音阶形式中，五声音阶都是极为重要的。(戴念祖)

五星 中国古代认识的五大行星，即木星、火星、金星、水星、土星。古人很早就观察到了这五颗行星，但是，以五行名称命名行星的做法似乎是在战国以来阴阳五行说发展以后才出现的。在《史记·天官书》中，五星的名称是岁星、荧惑、太白、辰星、填星，已与五行相配。古人常用岁星、荧惑等不带五行色彩的名称指五星，今人却通用以五行名之。木星在星空约12年运行一周天，古人以其所在位置记年，故有岁星之称，其别名有摄提、重华、应星、纪星等。荧惑的别名有赤星、罚星、执法等。太白的别名有殷星、太正、营星、观星、宫星、明星等，晨出东方时称“启明”，暮现西方时称“长庚”。辰星别名有句星、鼎星、小霜、音黄等。填星又名地侯。这些别名在星占书中很多，大概是占星各家附会不同意义所致。张衡《灵宪》把五星分为两类:“摄提(岁星)、荧惑、地侯(填星)见晨，附于日也。太白、辰星昏见，附于月也。”这和现代天文学外地行星、内地行星的划分一致，只是解释不同。(孙小淳)

五行说 以水、火、木、金、土五种物质说明世界万物的生成和变化的学说。《尚书·甘誓》云“有扈威侮五行，怠弃三正”，是关于其现存最早的文献记载。《国语·郑语》：“先王以土与金木水火相杂，以成百物。”以此说明世界的统一性。《尚书·洪范》说明了“五行”的性质和作用：“五行，一曰水，二曰火，三曰木，四曰金，五曰土。水曰润下，火曰炎上，木曰曲直，金曰从革，土爰稼穑。润下作咸，炎上作苦，曲直作酸，从革作辛，稼穑作甘。”对五行作用的描述后来又有变化。北宋王安石强调五行变化不息，谓其“成变化而行鬼神，往来乎天地间而不穷”(《洪范传》)。明方以智则以五气释五行，谓：“水为润气，火为燥气，木为生气，金为杀气……土为冲和之气，是曰五行。”(《物理小识·天类》）战国秦汉间盛行五行相生相克说。相生是“木生火、火生土、土生金、金生水、水生木”（《汉书·律历志》)，相克是“木克土、金克木、火克金、水克火、土克水”（《吕氏春秋·应同篇》)。汉董仲舒认为宇宙包括五行在内，“天地、阴阳、木火土金水、与人而十天之数毕也”（《春秋繁露·天地阴阳》)，并认为“天地人之合而为一，分为阴阳，判为四时，列为五行”。特别是他的“中央者土，君官也”（《五行相生》）的判断，以生养万物的土德配君主，在理论与实践上解决了五行相生相克的次序、与阴阳之气的相互协调，以及为中央集权提供根据等问题。五行学说对我国古代天文历法、医学等有重大影响，但其中也夹杂若干神秘、唯心和迷信的成分。比如，在医学中，以阴阳五行去指导医学实践，以五行配五脏——肝属木、心属火、脾属土、肺属金、肾属水，并用五行相生相克的理论说明五脏之间相互依存、相互制约的关系，与阴阳学说贯通，用以认识疾病、治疗疾病。《素问·阴阳应囊大论》：“怒伤肝，悲胜怒；风伤筋，燥胜风；酸伤筋，辛胜酸；喜伤心，恐胜喜；热伤气，寒胜热；苦伤气，成胜苦。”《素问·五运行大论》：“气有余，则制己所胜，而侮所不胜；其不及者，则己所不胜，侮而乘之，己所胜，轻而侮之。”根据这些原则，化生出许多中医学的具体认识，如病理方面，根据木克土的原则，临床上常可见到“肝气犯脾”，因此在治疗上，“见肝之病，知肝犯脾，当先实脾”(《金匮要略》)。(李家明)

五运六气 中医学基础理论之一，出于《黄帝内经素问》中“五运行大论”、“六微旨大论”等有关运气学说的七篇大论，简称“运气说”；宋代太医局曾将此作为医生的考试项目之一。运气学说以天人相应的观点为基础，认为一年四时气候因素的变化具有一定的规律性，而这种规律性直接对人体产生影响，并导致疾病的发生，也使其随之而呈现一定的规律性。五运指木、火、土、金、水五行的运行，六气则指厥阴风木、少阴君火、少阳相火、太阴湿土、阳明燥金、太阳寒水六气的流转。其演绎方法是据甲、乙、丙、丁、戊、己、庚、辛、壬、癸十天干以定运，以子、丑、寅、卯、辰、巳、午、未、申、酉、戌、亥十二地支以定气，从天干推算五运、从地支推算六气、用以判断该年气候变化与疾病的发生。五运是以十天干的甲己配土运，乙庚配金运，丙辛配水运，丁壬配木运，戊癸配火运。前干属阳，后干属阴。如年干逢甲，便是阳土运年；年干逢己，便是阴土运年。阳年主太过，阴年主不及，依法推算，便知本年年运之太过、不及。六气是以十二地支的巳亥配为厥阴风木，子午配为少阴君火，寅申配为少阳相火，丑未配为太阴湿土，卯酉配为阳明燥金，辰戌配为太阳寒水，称为“六气”。如年支逢已逢亥，则为风本司天，相火在泉；逢子逢午，则为君火司天，燥金在泉；逢寅逢申，则为相火司天，风木在泉；逢丑逢未，则为湿土司天，寒水在泉；逢卯逢酉，则为燥金司天，君火在泉；逢辰逢戌，则为寒水司天，湿土在泉。（张志斌）

坞壁　防卫用的小堡。又称坞堡，“坞”意为小障蔽物。具有堡垒性质的坞堡在汉初出现，始为军队驻防使用，如汉武帝时期在西北边陲地区营造的障寨亭隧等关寨建筑。东汉和魏晋时期，中原的封建庄园经济迅速发展，庄园主不仅拥有大量的土地和牛羊等生产资料，还组建自己的封建武装，修建防御工事——坞壁。魏晋南北朝时期，“坞壁”在地域上分布广泛，南到广东、浙江，北到兰州。唐代中央集权趋于完善，世族门阀势力逐步削弱，坞壁在中国大部分地区逐渐被村落取代。两晋至唐宋时期，社会动荡使黄河流域中原汉人被迫五次南迁，落户于赣、闽、粤三地山区，被称为客家族。在中原坞壁建筑衰退的时候，不断南迁的客家先民将中原坞壁建筑形式带到这些区域，利用当地的建筑材料，将其建成外防敌兽侵扰，内为聚族而居的土楼，并一直保留到明清。坞堡建筑形象有汉到南北朝墓葬出土的明器和壁画，及赣闽粤山区保存的明清土楼。汉魏坞壁平地建屋，围墙环绕，前后开门，坞内建望楼，四隅建角楼。广州汉墓出土的坞堡明器，正方形平面，四周是厚重的围墙，四角筑警楼，南墙正中开随墙门，门上建门楼，北墙正中与南墙门对应置门楼，堡内前后两栋建筑，前为堂，后为楼，堂三开间，两次间辟门，明间和山墙开窗。后楼为二层，一层是开敞的堂，堂侧有楼梯通往二层。楼右侧又有一楼。四角警楼，与前后门楼同高，高出堡内其他建筑，警楼下部凸出墙面，局部有通气口，上部朝堡外两面开小窗，可眺望或放箭。甘肃武威汉墓出土的坞堡明器，正方形院落，四角建两层警楼，南墙正中为门楼，与警楼同高，各楼之间以栈道相连，堡中建五层阁楼一座。河北安平县汉墓壁画中所画的坞壁，是一群庞大的建筑群，大门两重，围墙两重，堡内数个不规则的庭院组合在一起，回廊连接，最后的庭院中建有一座高出其他房屋数倍的望楼，是坞壁的另一种形式。明清时候的坞壁，在不同的地区俗称不同，江西称“土围子”，福建称“土楼”，粤北称“四角楼”、“围”，粤东称“围龙屋”、“四角

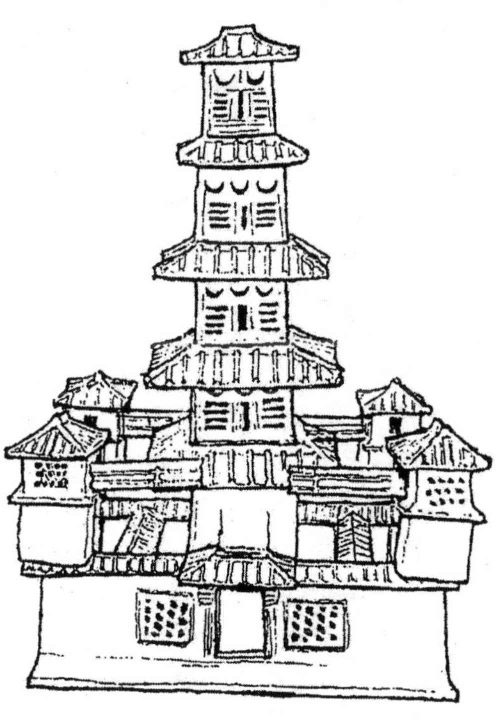

武威雷台东汉墓出土坞壁明器

楼”、“围楼”，深、港一带称“围”、“世居”等。福建永定客家土楼有圆楼、方楼，用土夯筑而成。圆楼一般高3～4层，最大者占地1万多平方米，土楼外围是厚厚的夯土墙，房间沿土墙呈环状布置，外环高4层，底层是厨房和杂物间，二层谷物间，三层以上住人，在圆形的庭院内，有两环平房，外环为牲畜栏舍、储藏室等附属用房，内环是居室和厨房，庭院中间是圆形合院建筑，设祖堂和学堂。（沈玉枝）

庑殿顶 古建筑的一种屋顶形式。四面坡的曲檐屋顶，又名四阿顶，因有一条正脊和四条戗脊又称五脊顶，清代重要殿宇均用此种形式，又称庑殿顶。早期的庑殿顶在甲骨文、周铜器、汉画像砖石、明器及北朝石窟雕刻中均有形象记录，实物以现存的东汉墓阙与唐佛光寺东大殿为早。它是中国古代建筑最高级的屋顶形式。（沈玉枝）

武库 战国时期各诸侯国设置的兵器制造机构。下分三级：监造者在中央一级为相邦、邦司寇、大攻尹等；郡一级为令、司寇等，均为中央或地方的最高或次高级行政长官，主持兵器的检查和验收之事。主造者有工师、冶尹等，是主办单位的中小官吏或工头。造者为直接制造兵器的工匠、刑徒和兵卒。所造兵器都“物勒工名”，以便考核，若有偷工减料者，必追究其罪过。（王兆春）

物不知数 世界数学史上第一个同余方程组问题。同余是数论中的一个重要概念，对正整数 m，如果二整数 a,b，使 $a-b$ 被 m 整除，就称 a,b 对模 m 同余，记做 $a\equiv b\ (\mathrm{mod}\ m)$。中国民间历来流传着“秦王暗点兵”、“韩信点兵”、“鬼谷算”、“隔墙算”、“剪管术”等数字游戏，实际上都是一种方法，即同余方程组解法。它起源于什么时候，已不可考。不过，世界数学史上最早的题目出现在约公元400年成书的《孙子算经》卷下中：“今有物不知其数，三三数之剩二，五五数之剩三，七七数之剩二。问：物几何?”就是求满足同余式组 $N\equiv 2\ (\mathrm{mod}3)\equiv 3\ (\mathrm{mod}5)\equiv 2\ (\mathrm{mod}7)$ 的最小正整数 N。《孙子算经》的解法是 $N=2\times 70+3\times 21+2\times 15-2\times 105=23$。其根据是：$70=2\times 5\times 7\equiv 1(\mathrm{mod}3)$，$21=1\times 3\times 7\equiv 1(\mathrm{mod}5)$，$15=1\times 3\times 5=1(\mathrm{mod}7)$。其中，2，1，1就是秦九韶大衍总数术中的乘率。可见，《孙子算经》的作者在一定程度上掌握了剩余定理。（郭书春）

物固相累 古代关于生物相互间关系的认识。两千多年前，《庄子》记载了著名的“螳螂捕蝉，黄雀在后”故事，庄子感慨说：“物固相累，两类相召也!”发现了人捕鸟、鸟吃螳螂、螳螂吃蝉等动物间的复杂关系，实际上是一条包括人在内的食物链，在食物链中，生物是互为利害的。云南江川李家山滇文化墓群中出土的一副战国青铜臂甲上刻有17只动物，可以分为两组：第一组13只动物，其中有两只老虎，一只咬着野猪，另一只扑向双鹿；一只猿正攀树逃避，反映了老虎、野猪和鹿构成的食物链。第二组有两只雄鸡，一只正啄着一只蜥蜴，而蜥蜴旁边的蛾和甲虫，则显然是蜥蜴的食物；另一只鸡则被一只野狸咬住，表现了野狸吃鸡、鸡吃蜥蜴、蜥蜴吃小虫（蛾和甲虫）的关系。《淮南子·说林训》有“螣蛇游雾，而殆于蝍蛆”的记载。《关尹子·三极》说：“蝍蛆食蛇，蛇食蛙，蛙食蝍蛆，互相食也。”《埤雅》中也有蝍蛆、蛇、蟾蜍“三物相制”的记述。李时珍在《本草纲目》中分析了蛇的生态特点，不仅列举了蛇所食的一系列动物和植物，而且指出有一系列动物是以蛇为食物的。他说：“鹤步则蛇出，鸡鸣则蛇结。鹳、鹤、鹰、鹃、鹜，皆鸟之食蛇者也；虎、猴、麂、麝、牛，皆兽之食蛇者也。蛇所食之虫，则蛙、鼠、燕、雀、蝙蝠、鸟鹊；所食之草，则芹、茄、石南、茱萸、蛇栗等。”这说明古代人对蛇及其与周围环境的错综复杂关系，有相当清楚的观察和了解。（汪子春）

物候 又称物候现象，是自然环境中动植物生命活动的季节性现象和在一年中特定时间出现的某些气象、水文等现象。中国最早的物候记载，见于公元前1000年以前的《诗经·豳风·七月》：“四月秀葽，五月鸣蜩。”“八月剥枣，十月获稻。”其后，《夏小正》、《吕氏春秋·十二纪》、《淮南子·时训解》和《礼记·月令》等，都有按月记载全年的物候历，而《逸周书》更创七十二候。西汉农学著作《氾胜之书》有以物候为指标来确定耕种时期的记载。南宋吕祖谦记载淳熙七年（1180）和八年（1181）金华的物候（现存《东莱吕太史论文集》卷十五），有腊梅、桃、李、梅、杏、紫荆、海棠、兰、竹等24种植物开花结果的日期，春莺初到和秋虫初鸣的时间，是世界上最早的实际观测的物候记录。明代，李时珍的《本草纲目》中有着极为丰富的植物物候资料，并有鸟类物候的翔实记载。19世纪中叶，太平天国颁发的《天历·萌芽历》就是以物候指导农时的月历。（艾素珍）

物化 指事物发展变化。《庄子·则阳》：“日与物化者，一不化者也。”西晋郭象注：“日与物化，故常无我，常无我，故常不化也。”认为能时时顺应万物变化的人，便能守一不化。（李家明）

物理 解释自然界各种物体的形状以及各种事物运动发展变化的现象和道理。《淮南子·览冥训》：“耳目之察，不足以分物理。”《晋书·明帝纪》：“帝聪明有机断，尤精物理。”明末清初方以智对风、雨、雷、候、光、声等现象作出阐述，著有《物理小识》。清末以后，受日本译名的影响，以“物理学”翻译physics，简称“物理”。（李家明）

物食啄长 古代对鸟类适应性的认识。《庄子·骈拇》曰：“凫胫虽短，续之则忧，鹤胫虽长，断之则悲。”大约成书于宋代的《禽经》谈到“搏则利嘴”、“物食啄长”、“谷食短啄”，认识到动物体的形态构造与习性的适应关系。“搏”指靠搏击其他动物为食的鸟，往往有与之相适应的尖锐的嘴。“物食”指在水中“食物之生者”的水鸟，往往具有较长且直的嘴，以便在水中捕食能活动的动物，如鱼类。“谷食”指靠啄食植物种子的鸟类，往往嘴短，并呈圆锥形，便于啄食谷物。清《康熙几暇格物篇》曰：“啄木（鸟）之舌，其根通于后，其尖逾引逾伸，长出于咮寸余。树中虫蠹虽潜藏穴隙，皆伸其舌钩取之。又有一种舌头鸟，其颈甚长，其舌亦如啄木，每为鹰鹞击擒，辄伸其舌以刺，鹰鹞负痛力一少纵，则逸而逃矣。”正确地指出了啄木鸟舌的形态结构与其取食及防卫天敌方式之间密切的适应关系。（汪子春）

X

西湖桥 位于福建福州西湖中。始建于晋太康三年（282）。系五孔厚墩连拱石桥，拱以中间者居大，依次向两侧递减，桥面随拱券高低而伸展，中间凸起，呈飞虹状。桥面和栏杆系近世改建。（沈玉枝）

西算的第二次传入 清末传教士教授并与中国人合作翻译西方数学著作而传入的数学知识。1723 年雍正将除在钦天监供职的少数人之外的传教士悉数赶入澳门，西算的传入基本中断。1842 年，鸦片战争失败。1850 年后，西方数学教科书不断传入中国。1852 年，李善兰应聘到墨海书馆，与传教士伟烈亚力合作翻译了《几何原本》后 9 卷，以及《代数学》13 卷、《代微积拾级》18 卷、《谈天》18 卷（1859 年出版）等著作，为高等数学知识传入中国之始；同时，李善兰还与英国传教士艾约瑟（Joseph Edkins，1823 ~ 1905）合作翻译了《重学》20 卷，《圆锥曲线说》3 卷。19 世纪 70 ~ 90 年代翻译的西方数学著作更多。1868 年，江南制造局设翻译馆，华蘅芳与傅兰雅于 1872 年、1874 年先后合作翻译了英人华里司（William Wallice，1768 ~ 1843）著的《代数术》25 卷、《微积溯源》8 卷，1877 年翻译了英人海麻士（John Hymers，1803 ~ 1877）著的《三角数理》12 卷，1880 年翻译了英人棣么甘（A. De Morgan）著的《决疑数学》等，后者是中国翻译的第一部概率论著作。1885 年美国长老会传教士狄考文（C. W. Mateer，1836 ~ 1908）与邹立文合作编译了美人罗密士（E. Loomis，1811 ~ 1889）著的数学教科书《形学备旨》10 卷，1891 ~ 1892 年又先后编译了《代数备旨》、《笔算数学》。1893~1894 年传教士潘慎文（A. P. Parker）与谢洪赉先后合作选译了罗密士著的《代形合参》3 卷、《八线备旨》4 卷。当时，各地设立许多新法学堂，迫切需要初等数学教科书，翻译西方数学著作甚多，《代数备旨》、《形学备旨》、《八线备旨》、《笔算数学》等都重印 10 余次甚至 30 余次。这些工作为将中国数学纳入世界统一的数学中做出了贡献。（郭书春）

西算的第一次传入 明末清初传教士教授并与中国人合作翻译西方数学著作而传入的数学知识。明万历十年（1582）意大利耶稣会传教士利玛窦（Matteo Ricci，1552 ~ 1610）来华。1605 ~ 1607 年，他口译、徐光启笔授，合作翻译了古希腊欧几里得（Euclid，公元前 330 ~ 前 275）《几何原本》（*Elements*）的克拉维斯（C. Clavius，1537 ~ 1612）注本的前六卷，为中国翻译西方数学著作之始。利玛窦又与徐光启合译了《测量法义》，与李之藻（1565 ~ 1630）编译了介绍欧洲笔算的《同文算指》。1629 年，明政府根据徐光启的建议，设立新法历局，聘请通晓数学、天文的传教士，翻译西方数学、天文著作，制造天文仪器。至 1634 年，罗雅谷、邓玉函、汤若望翻译书籍 137 卷，总名《崇祯历书》，其中含有介绍三角函数的《大测》2 卷，《割圆八线表》6 卷（邓玉函译），介绍三角函数、球面三角和圆锥曲线知识的《测量全义》10 卷（罗雅谷译）；《崇祯历书》还介绍了比例规、耐普尔筹算。清顺治中，薛凤祚（？～1680）根据波兰传教士穆尼阁（J. Nicolas Smogolenski，1611～1656）所传授的知识编成《历学会通》（1664），其中数学著作主要有《比例对数表》1 卷、《比例四线新表》1 卷与《三角算法》1 卷（1653），介绍常用对数，正弦、余弦、正切、余切的对数，以及平面三角法、球面三角法。康熙帝爱好数学，请法国传教士张诚（J. F. Gerbillon，1654～1707）、白晋（J. Bouvet，1656～1730）等教授数学。他们将法人巴蒂斯（P. Pardies）的《几何原本》（*Elemens de Géometrie*）译成满文和汉文作为讲义，比利时耶稣会士安多（Antoine Thomas，1644～1709）编译了《算法纂要总纲》，根据是他的拉丁文著作《数学概要》（*Synopsis Mathematica*），此外还有《算法原本》、《借根方算法节要》等编译著作，1721 年编成御制《数理精蕴》53 卷，是明末清初传入的西算知识的总结。（郭书春）

西渭桥 亦名便门桥。位于陕西西安西北 50 里。汉武帝建元三年（公元前 138）建，为木梁桥，以通茂陵之道。唐名咸阳桥。后世夏秋以舟渡，或称长安古渡。冬春成桥。（李家明）

西学 又称“新学”，与“中学”相对，泛指西方学术文化，包括西方的神学、科学技术、风土人情等。术语“西学”出自明末来华意大利耶稣会士高一志（Alphonse Vagnoni，1566～1640）所著《西学修身》、《西学齐家》及艾儒略所著《西学凡》。明崇祯十六年（1643）方以智在《物理小识·自序》中以“西学”一词概括西方的数学、天文、地理等自然科学知识。近代沿用此名，但含义有变化，洋务派指西方练兵方法和工业制造技术；改良派认为包括自然科学知识和技术及资产阶级政治学说和制度、进化论、天赋人权论、自由、平等、博爱等，为维新造舆论；资产阶级民主革命派还从中吸取反封建的思想。（李家明）

西学东渐 西方科学在中国的传播，从明末到清末延续了 300 余年，大致可以划分为两个阶段。从天主教传教士来华传教的明末到清代中叶，是第一阶段。传入的知识以天文学、数学、地理学为主，兼及少量的物理学、医药学、生物学等知识。其中，在中国产生较大影响的是天文学和数学。西方天文学的传入，彻底改变了中国历法的计算方法，逐步改进了观测手段，在科学和文化领域产生了广泛的影响。西方数学的传入，促进了清代数学研究的兴起和汉唐宋元古算书的重新发现及释读，促成了清代数学的繁荣。尽管中国科学出现了较大的进步和发展，却并没有跟上西方科学的步伐。17～18 世纪西方科学革命的主要成果，并没有为中国科学界所了解。19 世纪中叶，随着西方列强对中国的入侵，西方科学再一次进入中国，开始了一个新的阶段，持续到 20 世纪初。起初主要是传教士的灌输。洋务运动兴起以后，清政府力争其主动地位，先是建成了几个机器制造局、船政局，后来陆续开办了一些新式学堂，并向欧美派遣了少量的留学生，组织翻译了一些科技书籍。但在这些事业中，在华西人（包括传教士）仍然发挥着重要作用，甚至是关键性的作用。此期西学东渐的规模有所扩大，但在科技人才的培养上作为不多，成效有限。由于缺乏专门科技人才和外语人才，明末利玛窦翻译《几何原本》时采用外国人口译、中国人笔述的译述方法，一直沿用到19世纪末。如果把清末的西学东渐与日本引入近代科学的历史相比，更是相形见绌。20世纪初，随着中国废除科举、推行新的教育制度，中国的科学和教育逐步融于世界统一的潮流，已非“西学东渐”所能概括的了。（李家明）

西学中源说 清初开始流行的一种社会思潮。明末清初传入的西方数学天文学大多是中国所没有的，许多读书人认为这使泱泱天朝大国无光，便制造西学源于中土的神话。康熙晚年根据传教士的传授，撰《三角形推算法论》。梅文鼎称“御制三角形论言西学实源中法”，“伏读圣制《三角形论》，谓古人历法流传西土，彼土之人习而加精焉尔”，并曲解《史记·历书》的“幽、厉之后，周室微……故畴人子弟分散，或在诸夏，或在夷狄”，将“夷狄”说成西方。欧洲的代数学即“阿尔热巴拉”源于欧洲之东的阿拉伯地区，康熙从传教士处得知“阿尔热巴拉”即“东来法”，便口谕数学家梅瑴成等。梅瑴成发现宋元之天元术与西方的借根方颇相似，更为西学中源说提供了证据。梅瑴成等编纂的《数理精蕴·周髀经解》在叙述了汤若望、南怀仁等传教士“治理历法，间明算学”之后说：“然询其所自，皆云本中土所流传。”将西学中源说从代数学扩展到整个数学、天文学。嘉庆三年（1798），阮元《重刻测圆海镜细草序》称梅瑴成“亲受圣祖仁皇帝指示算法，始习西人所译借根方，即古立天元一之术流入彼中者”。西学中源说由于康熙的倡导及一批文人的宣传，影响极大。它使许多读书人在中国数学、天文学已经落后的情况下，仍然夜郎自大，盲目推崇中法，一定程度上阻碍了西方先进的数学、天文学知识的引进。但另一方面，它在某种程度上提高了民族自豪感，推动了乾嘉时期宋元数学的复兴。同时，既然西学是中法之流绪，学习西学不再被视为数典忘祖，减少了学习西学的阻力。因此，西学中源说在清代的作用具有双重性。晚清此说再度流行，至光绪末年，这一思潮逐渐消亡。（郭书春）

西域仪象 指元初至元四年（1267）西域天文学家札马鲁丁从阿拉伯地区带来或按阿拉伯天文仪器式样制造，进献给元世祖忽必烈的天文仪器。其共有7件，《元史》载其名称，均为阿拉伯文音译，伴以汉文意译，并对仪器的结构有简要介绍。第一件，“咱秃哈剌吉，汉言混天仪也”。该仪有两个转动轴：一是出地平36°的赤道轴；二是距赤道轴24°的黄道轴。仪器有一个地平环、一个子午双环和一个与赤经圈相当的四游双环。这些和我国传统的浑仪结构一致。但是，该仪还有黄经圈和黄道圈，所以该仪是古希腊托勒密式的使用黄道坐标的浑仪，可以称之为黄道浑仪。第二件，“咱秃朔八台，汉言测验周天星曜之器也”。德国学者哈特纳（Hartner）意译为“双股仪”，也是托勒密式的仪器，用以测天体天顶距。第三、第四件是一组，“鲁哈麻亦渺凹，汉言春秋分晷影堂”，“鲁哈麻亦木思塔余，汉言冬夏至晷影堂也”。这两件仪器分别置于东西向和南北向的密室里，屋脊上沿东西向和南北向分别开一道缝，日光通过缝隙射到仪器上，以定春秋分和冬夏至。第五件，“苦来亦撒麻，汉言浑天图也”。这是一个天球仪，上标全天星象，有地平环、赤道环、子午环等。第六件，“苦来亦阿儿子，汉言地理志也”。这是最早传入我国的地球仪，木质，七分为水，绿色；三分为陆地，白色。上面又画江河湖海，还有小方格状的经纬度网。第七件，“兀速都儿剌不，汉言定昼夜时刻之器也”，是一件阿拉伯星盘。（孙小淳）

习算纲目 南宋杨辉提出的一份数学教学计划，见之于《乘除通变本末》卷上之首。它包括从九九表、乘除开始到《九章算术》各种方法的学习要点、学习方法、时间安排等方面的内容，由浅入深，循序渐进，着重培养学生的计算能力，尤其重视乘、除、开方等基本方法的学习。整个教学时间大约 9 个月，从成九九表开始，到《九章算术》中各种数学方法的完备的数学计划，是数学史上不可多得的文献。（郭书春）

弦律 律学名词。①泛指以弦线表现律音的概念。它包括用以弦线上的三分损益律、琴律和平均律（详见“三分损益律”、“琴律”和“平均律”）。②特指以弦振动原理为基础的定律法，相对于以空气柱振动原理为基础的管律而言之。弦律所用的定律器为“弦准”或“律准”，并可以直接以律数作为弦长比值，而不需要像管律那样作管口校正。但是，在弦律实践中，常需辅以律管。因为弦的张力会发生改变，易受天气影响，因此，以弦准定律时，常以黄钟律管确定其音高。黄钟弦律一经确定，其他各律的音高就可以调定。（戴念祖）

线装 古书装帧形式之一。中国线装书籍，大约出现在唐末、五代，盛行于明中期以后。南宋后包背装流行后，其易散落的弊病日益突出。明中期以后，线装书开始盛行。线装书在折页方面，与包背装完全相同，即正折，版心外向。所不同者，包背装是以整张书皮粘裹书背；线装则是采用两张与书页大小相同的书皮，书册上面一张，下面一张，与书背戳齐，然后打眼订线。线装书既便于翻阅，又不易散破。散破了也便于重装，恢复原貌。故多流传至今。（苏荣誉）

相风鸟 古代风向器名。又称相风铜鸟或铜凤凰、相风旌或相风旗等。用鸟的形状，制成这样的器具，在风力作用下，其尖嘴指风向，用转动轴安插于高处，便可指示风向。起源于殷商时期。甲骨文中有“俔”字。《淮南子·齐谷训》云：“若俔之见风也，无须臾之间定矣。”说的就是相风羽。其实，在风竿上系长羽，也就成了最简单的风向器。《淮南子·叙目》云：“统之候风。”统与俔均为候风之羽。约公元 3 世纪成书的《三辅黄图》卷五《台榭》引郭缘生《述征记》记录了汉武帝太初元年（公元前 104）在长安建章宫上装上铜凤凰以候风的情形。汉代张衡在制造浑仪之时也造了相风铜鸟，其《西京赋》中对此有记述。汉代画像砖中亦有不少相风鸟的绘画。傅玄（217 ~ 278）《相风赋》中也有记载。相风鸟在晋代极为盛行。欧阳询《艺文类聚》卷六十八《仪饰部·相风》载：“晋令曰：车驾出入，相风前引。”唐代李淳风（602 ~ 670）《观象玩占》对相风鸟记述十分详尽，其中的一种口内含花、风来花转的相风鸟，已显示出近代才有的螺旋桨式风速器的萌芽。（王允红）

相畜术 家畜的外形鉴定技术。传说“伯益始相畜”，伯益是原始社会末期舜禹时人，当时相畜术有可能出现，到春秋时期则出现了著名的相畜名家伯乐和宁戚。伯乐本名孙阳，以善相马著称，而宁戚以相牛著称。战国以后相畜名家辈出，如九方皋（一作堙）、百里奚、徐无鬼、寒风、秦才、管青、黄直、陈君夫、留长孺、荥阳褚氏都有各自擅长的绝活。相传伯乐和宁戚分别著有《相马经》和《相牛经》，最早见于史籍的相畜著作有《汉书·艺文志》所载的《相六畜》38 卷。以后隋唐以前又出现了《伯乐相马经》、《宁戚相牛经》、《徐成相马经》、《高堂隆相牛经》、《相狗经》、《相鹰经》等，但多已失传。1973 年湖南长沙马王堆汉墓出土《相马经》帛书一种，保存了早期相马术的一些资料。作为相马术的重要成果，汉代出现了相当于现代畜种标准模型的铜马式，即铜制的良马标准模型。后世有关相畜术的记载多见于北魏贾思勰《齐民要术》、《司牧安骥集》等农牧书中。中国古代相畜术主要应用于牛、马、猪、羊、狗和猫，特别是对牛、马的相法较为全面。相畜时，首先是关于毛色和年龄的鉴定，其次是关于外形各部位的鉴定。鉴定时，既视动物体为一个整体，各个部位之间存在有机的相互关联，同时各个部位之中又有特殊和一般、主要和次要的差异，如《相马经》指出："马头为王欲得方，目为丞相欲得光，脊为将军欲得强，腹胁为城廓欲得张，四下为令欲得长。"同时还要注意所相马的血统。故《司牧安骥集》说："三十二相眼为先，次观头面要方圆，相马不看先代本，一似愚人信口传。"相畜术对于家畜优良品种的选育具有重要作用。（曾雄生）

湘绣　以湖南长沙为中心的代表性刺绣。湘绣最先为地方民间刺绣，后在此基础上吸收了苏绣和粤绣的优点而逐步发展起来，至道光末年，在针法和艺术上臻于成熟。徐崇之在《沪渎羁居记》中写道："长沙光绪末年，湘绣盛行，超越苏绣，已不沿顾绣之名。法在改蓝本、染色丝，非复故步矣。""改蓝本"是指以中国画为基础的绣稿取代过去的以传统图案为基础的绣稿；"染色丝"是指尽可能多地选用不同颜色的绣线。湘绣的配色特点是以深浅灰及黑白为主，素雅如水墨画。主要针法是掺针，这是一种针脚可便于不同色阶的绣线互相掺和，可以表现物象的立体形态和渐变色彩效果的针法。所用绣丝非常讲究，多选用劈丝很细、用皂荚仁液蒸煮处理过的不易起绒的丝线绣制，故湘绣有"羊毛细绣"之俗称。（赵翰生）

镶嵌　古代装饰工艺的一种。既用于金属器物，也施于漆木器。早在石器时代，玉石和贝壳就被镶嵌在陶器上作装饰之用。山东泰安大汶口文化墓地出土的骨指环和骨雕筒上就镶嵌有绿松石。在青铜时代，镶嵌工艺迅即用于装饰铜器。河南偃师二里头遗址夏文化已经发现镶嵌绿松石铜牌饰 5 块，其中一块铜牌，长 170 毫米、厚 5 毫米，周边镶嵌 61 块长方形绿松石，中间有绿松石镶嵌出两圈十字形图案，每圈由 13 个"十"组成，表现出高超的镶嵌工艺。自商以降，玉、玛瑙、宝石乃至料器都用于镶嵌器物，而以春秋晚期至战国时期为盛。镶嵌工艺的第一步是在器物表面铸造或加工出沟槽或坑，再将所镶嵌的物质加工出一定形状，然后用黏胶将镶嵌物与器物粘合成一体。（苏荣誉）

蠁虫　昆虫名，一种寄生蝇，古人在养蚕时发现其寄生现象。两千多年前《尔雅》就提到𧑌。晋代郭璞《尔雅注》说“𧑌”又叫“蛹虫”。宋代陆佃《埤雅》说：“𧑌，旧说蝇于蚕身乳子，既茧化而成蛆，俗呼𧑌子，入土为蝇。”原来蚕蛆蝇在蚕的幼虫体上产卵，待蚕幼虫成熟蛹化，蚕蛆蝇卵便孵化为蚕蛆蝇的幼虫，幼虫咬穿蚕茧钻入土中，不多久便羽化成蝇。明代谭贞默在《谭于雕虫》中也说，他“亲验之果然。盖非初蚕所有，乃二蚕茧中所出，初蚕茧所出皆蛾，二蚕茧所出，十三为蛾，十七为蛆，凡蝇乳子于蚕背者皆成蛆，乃食蛾而出也”。这证明前人的发现是正确的，同时他还指出，寄生蝇对家蚕的寄生多发生于二蚕，二蚕往往七成被寄生。清代赵敬如对多化性蚕蝇及其习性作了详细描述：“又有一种大麻蝇，虽不食蚕，为害最甚，此麻蝇与寻常麻蝇不同，身翅白色。遍体具毛，两翅阔张，颇形凶恶之状。其性颇灵，其飞甚疾。每至飞摇不定，不轻栖止，见影即飞，甚不易捉获。其来时在蚕略栖即下一白卵，形细如虮，二日，下卵之处变黑色，其蛆已入蚕身，在皮内丝处，专食蚕肉。六日蛆老，口有两黑牙，钳手微痛。蚕因不伤丝料，仍可作茧，蛆老借两黑牙啮茧而出，成小孔，即蛀茧也。蛀茧丝不堪缫。蛆出一日，成红壳之蛹，十二三日，破壳而出仍为白色大麻蝇。”（汪子春）

《尔雅音图》中的𧑌图

象耕鸟耘　原始农业早期的一种农耕方式。中国历史上有象为舜耕田、鸟为禹耘田的传说。据今人考证，“象耕鸟耘”的传说是由“象田”和“鸟田”发展而来的，而“象田”、“鸟田”乃动物践踏觅食之后为人所直接用于种植的农田，这种农田为原始农业提供了现成的土地，对此的利用构成了不同于山地刀耕火种的沼泽和三角洲低地的原始农业形态，并且这种形态对稻作农业产生了很大的影响，牛踏田及其与耜耕相结合，犁耕的出现可认为导源于象田、鸟田等。（曾雄生）

象数相倚　是明清之际王夫之提出的指事物形象与其数量具有互相依赖关系的思想。其《尚书引义·洪范一》曰：“天下无数外之象，无象外之数……是故象数相倚，象生数，数亦生象。”认为自然界中任何事物形象都有其数量，因而两者相互依赖。把握各种有形之物的数量关系，这是“象”生“数”，“象生数者，天使之有是体，而人得纪之也”。依据数量关系来制作各种器物，这是“数”生“象”，“数生象者，人备乎其数，而体乃以成也”。他还指出：“因已然而观自然，则存乎象；期必然以符自然，则存乎数。”（《周易外传·说卦传》）顺着已成的秩序去观察自然，须依靠事物的形象；根据必然规律来制作器物，使之符合自然，就要依据于数量关系。他进一步指出：“象数相因，天人异用”（《尚书引义 · 洪范一》），人能根据“象”、“数”之间相互生成的关系，从自然界中概括出范畴和类的概念，用类的观点观察自然，并掌握各类事物之间的数量关系，依据数量的必然性来改造自然。（李家明）

象数学 又称数学，数术之一派。《左传 · 僖公十五年》：“韩简侍曰：‘龟，象也；筮，数也。物生而后有象，象而后有滋，滋而后有数。’”杜预注：“言龟以象示，筮以数告，象数相因而生。”《周易》卦爻中，凡言天、日、山、泽之类为象，言初、上、九、六之类为数。《周易 · 系辞上》：“参伍以变，错综其数，通其变遂成天下之文，极其数遂定天下之象。”说卦象由三五之数交错变化而成，渲染卦、象、数的神秘关系及作用。西汉孟喜、京房等运用天文、历法、乐律、数学、医药知识，以八卦与阴阳之数预言灾异。至北宋，理学家邵雍融合汉代之象数学和道家思想，其象数学称为“先天学”。（郭书春）

象限仪 又叫地平纬仪，用来测量天体的地平高度或天顶距，是明末清初西方传入的天文仪器的一种。其主要结构是在垂直平面内的四分之一圆弧（即象限环）及窥衡。中国古代把周天分为四象，所谓“象限”就是指四分之一圆周。“象限仪”之名称可能由此而来。现存于北京古观象台的象限仪是清政府于康熙八年至十二年（1669～1673）命来华比利时传教士南怀仁督造的。象限环上刻有90°象限度，为两种数字刻度：一种从上端起算，表示天体的天顶距；另一种从下起算，表示天体的地平高度。环弧的两端都有长6尺的半径，连于圆心。仪的背面正中是竖轴，和仪的竖半径平行。仪可以绕轴转动。观测天体时，先转动仪器，使天体位于仪平面内，再移动窥衡照准天体，即可在象限环上读取天体的地平高度或天顶距。元初郭守敬创制的简仪中的立运仪，其功用和象限仪完全一致。只是，立运仪之圆环是一个全圆，实际从地平到天顶只有一个象限，所以象限仪比立运仪更为简便。（孙小淳）

消 （1）中医病名。指一类以多饮、多食、多尿而肌肉消瘦的病证。《素问 · 阴阳别论》：“二阳结，谓之消。”二阳指阳明，阳明热盛伤阴，其症消谷善饥，饮食不荣肌肉而消瘦，故称消。后世又将消分为三大类，称为三消，也作三痟。三消的名称及主要症状在不同的古医著中也略有不同，如宋《太平圣惠方》称之为痟渴、痟中、痟肾；金《素问 · 病机气宜保命集》称之为上消、中消、下消；明《景岳全书》称之为上消或消渴或膈消，中消或消中，下消或肾消；清《医述》称之为消渴、中消、消肾等。名称虽不相同，但大致凡言上消或消渴，即指以大渴引饮为主症、病以心肺火炽为主者，也称心消或膈消；中消或消中指以善饥多食与体形消瘦为主症、病以脾胃燥热为主者，也称消脾；下消指以多尿及小便混浊为主症、病以肾衰为主者，也称消肾或肾消。《太平圣惠方》云：“一则饮水多而小便少者，痟渴也；二则吃食多而饮水少，小便少而黄赤者，痟中也；三则饮水随饮随下，小便味甘而白浊，腰腿消瘦者，痟肾也。”《景岳全书 · 杂证谟》云：“三消之病，三焦受病也。上消者，渴证也。大渴引饮，随饮随渴以上焦之津液枯涸，古云其病在肺，而不知心脾阳明之火皆能熏炙而然；故又谓膈消也。中消者，中焦病也，多食善饥，不为肌肉而日加削瘦，其病在脾胃，又谓之消中也。下消者，下焦病也，小便黄赤为淋为浊，如膏如脂，面黑耳焦，日渐消瘦，其病在肾，故又名肾消也。”（张志斌）

（2）数学术语。消减，消夺。不同符号的数相加，便会使绝对值消减。三国魏刘徽《九章算术注》正负术注曰：“而其并减之势不得广通，故使赤黑相消夺之。”其方程新术曰：“其当相并而行中正负杂者，同名相从，异名相消，余以为法。”又，天元术中列出了两个等价的天元式，“相消，得开方式”，即一元方程，称为“如积相消”。四元术即多元高次方程组解法消去未知数的方法。元代朱世杰《四元玉鉴·假令四草》云“互隐通分，相消”，“剔而消之”。（郭书春）

硝石 又名“消石”。其主要成分为碳酸钾盐。晋以前的《三十六水法》记载的36种、59方“水法”中，有32方利用了硝石，自此硝备受炼丹家重视，“化石”、“化金银”和“化金石为水”是其主要特性。但早期人们常将硝石和朴硝相混淆。陶弘景指出：“其色理与朴硝大同小异……强热之，紫青烟起，乃成灰，不停沸如朴硝，云是真消石也。”（《本草经集注》）这是焰色试钾硝法，但不受重视。唐代的《新修本草》还是混淆了朴硝（主要成分是硫酸钠盐）和硝石，认为硝石是朴硝的精制品。但炼丹家通过实验，逐步分别出朴硝和硝石，他们注意到朴硝在空气中会慢慢风化为白色粉末；它们的产地也不同，朴硝多出于盐池、盐井的卤水中，而硝石则多在寒冷季节从棕色土壤中析出。宋初《开宝本草》已能准确区分诸硝，称“消石……即地霜也。所在山泽冬月地上有霜，扫取以水井淋汁，后乃煎炼而成。盖以能化诸石故名消石，非与朴消、芒消同类”。李时珍《本草纲目》对诸硝也有正确的辨析。硝石的提纯对火药发展十分重要。明代托名刘基著的《火龙经》记载有“提硝法”，明末赵世明的《神器谱》（1598）和茅元仪的《武备志》（1621）总结了明代的硝石提纯方法，与近代硝酸钾提纯法已十分接近。（王扬宗）

小麦 中国重要的粮食作物之一。起源于外高加索及其附近地区。传入中国的时间较早，新疆孔雀河流域新石器时代遗址出土的炭化小麦距今4000年以上。甘肃民乐、云南剑川和安徽亳县等地也发现了3000～4000年前的炭化小麦。小麦的栽培主要分布于黄淮流域，汉代由于面食的发明，麦作在北方发展最为迅速，南方地区并不普遍。汉末以后，北方人民大量南迁，刺激了南方小麦生产的发展，并形成了稻麦二熟制，以两宋之交最为引人注目。南宋庄季裕《鸡肋编》说：绍兴初（1131）种麦“获其利倍于种稻”，“竟种春稼，极目不减淮北”。明代小麦栽培遍及全国，在粮食生产中的地位仅次于水稻，但主要产地仍在北方，《天工开物》中说“燕、秦、豫、齐、鲁诸道，烝民粒食，小麦居半”，而在南方仅有“二十分而一”。麦作技术首先在北方发展起来，汉代是其重要时期，而技术核心是保墒抗旱。《氾胜之书》对其进行了总结。对整地，提出“凡麦田常以五月耕，六月再耕，七勿耕，谨摩平以待时种。五月耕，一当三；六月耕，一当再；若七月耕，五不当一”。对种子的处理，提出“以酢浆并蚕矢”于半夜“薄渍麦种”、天明播种的方法，认为“酢浆令麦耐旱，蚕矢令麦忍寒”。这也是使用种肥的开始。书中强调冬麦要适时播种，“夏至后七十日可种宿麦。早种则虫而有节，晚种则穗小而少实”。其后的《四民月令》认为播种时间要根据土壤肥力的不同而有所差别，提出“凡种大小麦，白露节种薄田，秋分种中田，后十日种美田”。对播种密度和覆土镇压，《氾胜之书》提出“凡区种麦，令相去二寸一行，一沟容五十二株，一亩凡四万五千五百五十株，麦上土令厚二寸”。“凡种一亩，覆土厚二寸，以足践之，令种土相亲，麦生根成。”中耕培土有五锄：一锄“麦生黄色，伤于太稠，稠者锄而稀之”；二锄“秋锄以棘柴耧之以壅麦根”；三锄“至春冻解，棘柴曳之突绝其干叶”；四锄“须麦生，复锄之”；五锄“到榆荚时，注雨止，候土白背，复锄”。灌溉方面，则有秋灌和积雪。“秋旱，则以桑落时浇之。”种子收储，提出株选和防虫的措施：“取麦种，候熟可获，择穗大强者斩，束立场中之高燥处，曝使极燥，无令有白鱼，有辄扬治之。取干艾杂藏之，麦一石，艾一把。藏以瓦器、竹器。顺时种之，则收常倍。”汉代以后的栽培技术进一步深化清光绪中叶山东桓台出现“九麦法”的麦种处理法。《桓台县志》载，冬至时将麦种浸冷水中，旋取出晾干，以后每九日浸一次，如前法。至次年春初冻解，即行播种，至芒种节前能如期成熟。晚种而早熟，可以调剂农时，减轻因水患而延误小麦播种期所导致的损失。这些都标志着北方小麦栽培技术的成熟。宋元以后南方麦作技术得以发展，主要表现在整地、育苗移栽和中耕理沟几方面，核心是排水防涝。为了实现稻麦复种，宋代采取早稻收获后耕治晒曝的办法，元代以后采用了开沟作垄的办法。中耕理沟是古代南方稻田种小麦的重要措施，因收稻种麦在时间上有矛盾，遂发明了养秧移栽。明末《沈氏农书》总结道：“八月初先下麦种，候冬垦田移种，每棵十五六根”，加以追肥和管理，可使“秆壮麦粗，借获厚收”。清初《补农书》还指出：“中秋前于高地，获稻毕，移秧于田，使备秋气。虽遇霖雨妨场功，过小雪以种无伤也”，以解决晚稻收后种麦季节较迟的矛盾。南方由于实行稻麦轮作，主要通过施肥来提高肥力。陈旉《农书》提出整地时要“屡加粪锄转”，出苗后“宜屡耘而屡粪”。《农政全书》说：“腊月宜用灰粪盖之。”《沈氏农书》也说：“麦沈下浇一次，春天浇一次。”《齐民四术》说：“小麦粪于冬，大麦粪于春社，故有大麦粪芒，小麦粪桩之谚。”以上使用的是基肥和追肥。《补农书》则提到了种肥的使用：“吾乡有壅豆饼屑者，更有力。……法与麦子同撮。”古代还有因麦地土壤性质不同而施用不同肥料的经验。王祯《农书》指出“江南水地多冷，故用火粪，种麦种蔬尤佳”，火粪就是烧制的土杂肥。（曾雄生）

小数进法　中国古代基本度量单位以下数量之记法。先秦已有毫、厘等单位，《礼记·经解》：“《易》曰：‘君子慎始。差若毫厘，谬以千里。’此之谓也。”但仍常以分数表示寸以下的数。《汉书·律历志》言度，只说到“分”，于此以下无单位。西汉末刘歆制造王莽铜斛，其铭文中有“九厘五毫”之句。魏刘徽在开方不尽时提出“求微数”，并在计算圆周率时计算出圆内接正 48 边形的边心距为“九寸九分一厘四毫四秒四忽五分忽之四”。《隋书·律历志》引《孙子算经》云：“蚕所生，吐丝为忽。十忽为一秒，十秒为一毫，十毫为一厘，十厘为一分。”唐宋之后，改“秒”为“丝”。元朱世杰《算学启蒙》总结了小数进法，云：“小数之类：一、分、厘、毫、丝、忽、微、纤、沙。万万尘曰沙，万万埃曰尘，万万渺曰埃，万万漠曰渺，万万模糊曰漠，万万逡巡曰模糊，万万须臾曰逡巡，万万瞬息曰须臾，万万弹指曰瞬息，万万刹那曰弹指，万万六德曰刹那，万万虚曰六德，万万空曰虚，万万清曰空，万万净曰清，千万净，百万净，十万净，万净，千净，百净，十净，一净。”从“沙”到“一”皆为十进，而从“净”到“沙”皆为“万万进”。“净”为10^{-128}。这样小的数，是没有实际意义的，正如明程大位所说，它们“虽有此名而无实，公私亦不用”。明吴敬《九章算法比类大全》（1450）、王文素《算学宝鉴》（1524）、程大位《算法统宗》（1592）等的小数名及进位制度与朱世杰相同。（邹大海）

小罅光景　光学现象之一，即小孔成像。《墨经·经下》云：“景到，在午有端与景长，说在端。”《经说下》：“景，光之人，照若射。下者之人也高，高者之人也下。足蔽下光，故成景于上；首蔽上光，故成景于下。在远近有端与于光。故景库内也。”意为影倒在交点，而影大小系于光线的长短；因交点极小；光线照到人身似箭一样直，人下的光线射到高处，高处光线射到下面；人足下的光成影手上，同样人首的上光也成影于下；远近的交点与光有关，故在影屏上的像是明亮的。宋沈括《梦溪笔谈》云：“若鸢飞空中，其影随鸢而移，或中间为窗隙所束，则影分鸢相违，鸢东则影西，鸢西则影东。又如窗隙中楼塔之影，中间为窗所束，亦皆倒垂，与阳燧一也。”即飞鸟经过小孔成的影子，其运动的方向与鸟飞的方向相反。元赵友钦《革象新书·小罅光景》中叙述了有关小孔成像的实验。其结果是，孔的大小与物距的相对远近有关：“今喻为大罅者，盖阱于板较远，远则虽大犹小。”像的亮度又与像距的大小相关，因此，“窍于楼板较近，近则虽小犹大。方尖窍内可以尽容烛光之形也”。拉动吊圆板之绳索，即改变物距与像距，“仰观楼板之景”，“大（窍）则总是一阱之景，似千烛之分；小（窍）则不睹一阱之全，碎砌千烛之景。是故小景随光之形，大景随空之象，断乎无可疑者”，即大孔成像（光亮）和大孔形状同，小孔成像与光源相同。清郑复光《费隐与知录》第七十七条“隙无定形，漏日恒圆”曰：“凡光皆平壁，皆见光体所发之光而不见光之体形。故中隔井版，则见版景；使版有方孔，则版景中现孔方光。若引版渐远于壁，则孔之光渐模糊；再远则方孔变为圆光而极清；若再远则仍是圆形，共光渐大而淡矣。”即小孔成像时，若屏与孔相距很近，屏上成正像；若较远，像变成模糊，再远则出现倒像。小孔成像实验论明：光通过小孔，虽小孔不很圆，而它的像是圆形的。日食的时候像和日会的分数相同。孔径大小不等，但像的大小相等，但亮度不同，宽者浓，窄者淡。以屏置于所射之中，像投于屏上，其像小而亮度加大。（李家明）

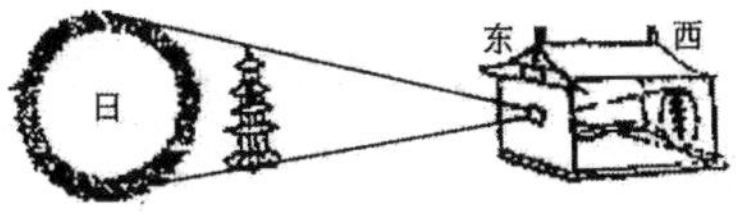

清代郑复光绘“塔影倒”

校正医书局　宋代官方校订和刊刻医药书籍的机构。宋嘉祐二年（1057），在印刷术的发明和推广等条件下，政府正式下令设校正医书局，集中了一批著名的医家，由医官掌禹锡、高保衡、林亿、孙奇、孙兆等负责，对历代重要的医籍进行了系统的搜集、整理、考证、校勘，并在此基础上予以刊刻发行，于熙宁年间（1068～1077）完成了《素问》、《伤寒论》、《金匮要略》、《金匮玉函经》、《针灸甲乙经》、《脉经》、《诸病源候论》、《备急千金要方》、《千金翼方》、《外台秘要》等10部宋以前极具代表性的古典医籍名著的系统校正与印行。其为统一医书、校正错讹做了不少工作，对宋以前重要医籍的保存和流传，乃至医学的发展和普及都具有重要作用。（张志斌）

歇山顶　中国古建筑的一种屋顶形式，屋顶上半部为两面坡，下半部为四面坡，是悬山顶与庑殿顶上下相交而成。因屋顶有一条正脊、四条垂脊、四条戗脊又名九脊顶，清称歇山顶。在汉代出土的明器、北朝石窟寺壁画和石刻中有形象反映，实物以唐南禅寺大殿为早，出现晚于庑殿顶，等级仅次于庑殿顶。（沈玉枝）

斜栱　宋辽时期普遍使用的一种斗栱形式，有60°和45°两种。60°斜栱的构造方法是在栌斗上左右斜出与泥道栱成60°的华栱两条，两条斜华栱上的瓜子栱做成一条共用一个散斗的鸳鸯交手栱，斜华栱最外跳上的令栱或各自独立或做成鸳鸯交手栱，斜栱后尾与前面出跳对称布置或较前面多出若干跳以承托室内平綦。45°斜栱的构造方法是由正出的一条华栱和左右斜出的与泥道栱成45°的斜华栱组成，构造方式有两式：一式为斜华栱，不是从栌斗上出跳而是在正出的华栱上的第一跳瓜子栱的散斗上出跳，后尾顶在柱头枋上，里不出跳，最外跳无令栱，以散斗承托撩檐枋，正出的华栱最外跳置令栱，里跳承托攀间和下平槫；另一式为栌斗上同时出跳三条45°相交的华栱，三条华栱共享一条通长的瓜子栱，令栱除正心华栱上的一条之外，两条斜华栱上各有长度为一半的半条令栱，此式多被佛塔上的仿木斗栱采用。斜栱起源于抹角栱。抹角栱是转角铺作的一条与角华栱成90°的栱，其源远流长，最初的抹角栱是角华栱上的令栱，早在战国已出现，位在一个方形案座的支柱上，案座四角用龙头挑出，上承抹角栱，承托几案四面边框，为抹角栱的雏形。汉代出现用于建筑上的抹角栱，河南灵宝出土的一栋东汉陶楼，转角铺作以一条45°斜出的龙头形华栱承托一朵一斗三升之抹角栱，形象与战国时的抹角栱相似。隋唐建筑未发现采用抹角栱的实例，日本此时期的法隆寺，在玉虫厨子转角铺作下昂之顶端，有一个小尺寸的抹角栱；在金堂二层转角铺作角梁的顶端，有一个45°的云形组物，亦为抹角栱，这些当为唐代抹角栱流风所致。辽代中期，斜栱因抹角栱从建筑转角移至补间而形成。抹角栱的原始功能是承挑建筑转角两侧屋檐的抹角梁，由角华栱或相当于角华栱的挑梁承托，到唐代，随着伸臂梁式斗栱的成熟，建筑翼角由角梁承挑，两侧屋檐由转角铺作正出的华栱及其令栱承挑，因此45°的抹角栱失去直接承挑屋檐的结构功能，仅留作装饰。唐、辽时期的建筑出檐深远，仅靠转角铺作正出的华栱承挑翼角略显力量单薄，到辽代，抹角栱从角华栱令栱的位置上后退置于角柱上，成为斜出之华栱，与转角铺作正出华栱共同承挑翼部屋檐。辽初期的抹角栱如独乐寺山门、阁院寺文殊殿，继承传统的单层抹角栱，只从最外第二跳上出抹角栱，抹角栱的中轴线穿越栌斗，后逐渐由单层向多层演变，抹角栱直接从栌斗上层层跳出，角华栱、抹角栱和正出的华栱按各自的角度同时从栌斗上出跳，三者相对独立。斜栱与抹角栱构造相同，只在建筑上所处的位置不同，斜栱在补间，抹角栱在转角。辽代早期建筑不采用斜栱只采用抹角栱，如独乐寺山门、观音阁、阁院寺文殊殿、开善寺大殿等，辽中期开始普遍采用。斜栱发展到金，组合趋于繁杂，如善化寺三圣殿次间补间铺作外跳每跳交互斗上均出45°斜栱，正面观之计6条斜华栱，金末淡出。斜栱的使用减少了屋檐的下塌变形，唐、辽建筑开间较大，仅用柱头铺作承挑屋檐，每开间中部的屋檐容易下塌，形成屋檐水平凹凸变形，解决该构造薄弱点的方法或是增大撩檐枋的断面以增加其抗弯强度，或是减小其跨度。增大撩檐枋的断面尺寸意味着增大撩檐枋的自重，必会引起承挑撩檐枋的斗栱及其构件的一系列尺寸变化，而斜栱正出和斜出的三条华栱承挑撩檐枋的支撑点相对普通斗栱多出两点，一朵斜栱相当于两朵斗栱的支撑，在开间尺寸不变的条件下，大大减小了撩檐枋的跨度，减小了屋檐塌陷变形；其次，斜栱具有很好的装饰效果，斜栱的造型如一束怒放的花束，点缀在建筑立面最醒目的位置——建筑的当心间、次间的正中，犹如画龙点睛。中国古代建筑显著的特征之一是构件的使用功能与装饰功能完美地统一和谐，如垂脊端部的仙人走兽是脊上钉头经过装饰后的变形，彩画是装饰兼有保护木质梁板枋的染料，月梁是为防止梁枋受弯下垂而卷刹成上凸的造型，斗栱是极限地展示承挑屋檐伸臂梁的优美造型。斜栱较一般斗栱更具装饰性，故辽金建筑将其安置在辟门窗的开间的补间铺作上，如华严寺大雄宝殿当心间、次次间辟门，次间为墙，前二者的补间铺作采用斜栱，位于这两者之间补间铺作则为一般斗栱，足证斜栱的装饰效能。（沈玉枝）

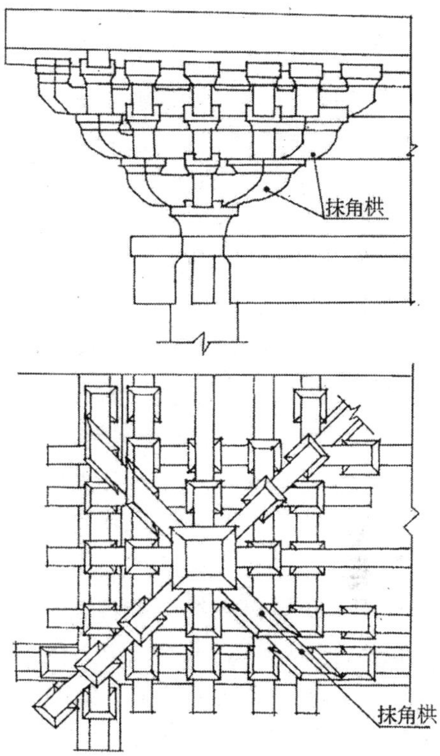

薄伽教藏殿转角铺作多层抹角栱

斜织机　古代普遍应用的一种带有脚踏提综装置的纺织机。据史书记载，战国时期诸侯间馈赠的布帛数量比春秋时高百倍。又据出土的刻有斜织机的汉画像石等实物史料，斜织机的出现至少可追溯到战国，至汉代，黄河流域和长江流域的广大地区已普遍使用。汉以后有关斜织机的图文资料渐多，根据一些学者的研究，斜织机基本结构如下：斜织机的机身分为机座和机架两部分，机座前端设有坐板，后端斜接着长方形机架。机架经面与机座成50°～60°的倾角，故名斜织机。倾斜设置经面，使坐在板上的织工可及时发现并解决织造时经面上所出现的各种问题，如经纱张力是否合适，是否有断纱。机架的前后两边装有卷布轴和经轴，两轴端都装有轴牙，可随时控制放经量和卷布量的平衡，以保证织造时的经纱张力，并可不因放经、卷布而耽误工时。机架左右两边立柱分别装有一个提综用的前大后小形似"马头"的木块，马头前端系着综框，中后端则装有两横杆，中间的作为中轴和"压交"之用，后边的作为"分交"之用。机上竹筘的作用是用来控制经密、布幅和打纬，其安装有两种方式：一是将竹筘连接在一个较重摆杆上，借助摆杆的重量打纬；二是将竹筘用绳子吊挂在两根弯竹杆下，借助弯杆的弹力打纬。筘座下的脚踏杆，可以是一根，也可以是两根，用绳子与综框和马头相连。织工操作时，利用杠杆原理，以脚提沉综框开口后投纬。单踏杆是靠一块踏板上下反复提沉经面，双踏杆则是交换提沉经面。斜织机采用的脚踏板提综开口是织机发展史上的一项重大发明，它将织工的双手从提综动作解脱出来，以专门从事投纬和打纬，大大提高了生产率。斜织机的出现使平纹织品的生产率比之腰机提高了 20 ~ 60 倍，织工每小时可织出 0.3 ~ 1 米长的布匹。(赵翰生)

榭 中国古代建于水边的观景建筑。战国时建于高台之上的敞屋被称为榭。"榭"从"射"，本有军事建筑的意义，后来也有观赏的作用。秦汉时期的文献中多有"高台榭、美宫室"，"层台累榭"的记载。汉以后，随着高台建筑的消失，建于高台的榭就移到了花间水际，成为园林中供人休息的游观建筑。水榭多从驳岸突出，以立柱架于水上，建筑多为单层，平面或方形或长方形，结构轻巧，四面开敞，以取得宽广的视野。临水的一面，常设座凳栏杆和弓形靠背，称为美人靠或飞来椅，供人凭栏而坐。(沈玉枝)

新法密率 乐律学上律制之一。明朱载堉以此命名他所创建的一种新律制。"新法"是对"旧法"即三分损益法而言的。"密率"是一组等比数列的公比数即 $\sqrt[12]{2}$。这种律制实际上就是今日的十二平均律，或称为十二等程律（twelv-tone equal temperament）。朱载堉在《律历融通》(1581）序言中已采用了关键性计算方法，可知"新法密率"的创建年代在 1581 年之前。朱载堉在《律吕精义 · 内篇 · 不用三分损益》中写道："盖十二律黄钟为始，应钟为终，终而复始，循环无端……是故各律皆以黄钟正数十寸乘之，为实，皆以应钟倍数十寸零五分九厘四毫六丝三忽零九纤四三五九二九五二六四五六一八二五为法，除之，即得其次律也。安有往而不返之理哉。旧法往而不返者，盖由三分损益，算术不精之所致也。是故新法不用三分损益，别造密率。"在这一叙述中，朱载堉只举黄钟与倍应钟之律效，前者是起始律，后者的律数为 1.059 463 094 359 295 264 561 825 = $\sqrt[12]{2}$，任一律的律数除以 $\sqrt[12]{2}$，即得其下之高一律。朱载堉称此数值为"密率"。所有十二律在给定了起始律黄钟之律数后，即可以依此而分别求得。因此，朱载堉在《律学新说 · 密率律度相求》中指出："创立新法，置一尺为实，以密率除之，凡十二遍。"朱载堉在《算学新说》中提出了另一种计算新法密率的数学方法。在这里，他创造了不用公比数而以一般公式计算由四项构成的等比数列的方法，也就是说，在由四项构成的等比数列中，已知首项和末项，如何求解第二、三项。朱载堉是世界上最早以一般公式解决此类数学问题的人。他创建新法密率，即十二平均律比法国解决同类问题的数学家、哲学家默森（Marin Mersenne，1588 ~ 1648）早 55 年，比荷兰数学家和工程师斯台汶（Simon Stevin，1548 ~

1620）早约20年。（戴念祖）

新疆丝路东汉墓纺织品 新疆民丰北大沙漠、民丰尼雅、和阗赛依瓦克、楼兰东高台墓地等东汉丝路墓葬出土织锦、刺绣、毛织品等多件精美纺织品。其中，织锦及刺绣为中原风格，毛织品则均为西亚风格。织锦为东汉纺织技术水平的代表作，毛织品反映了当时东西方文化交流的盛况。织锦作品全为经锦，且均为二重经锦，经密一般为40～60根/厘米，纬密一般为26～28根/厘米。作品多以小型通贯全幅之云气纹为骨架，骨架间隙处穿插辟邪、獬豸、角兽、虎、豹等走兽纹样，并横向穿插排列各种吉祥寓意铭文。以铭文入织锦是东汉织锦的特色之一，较著名的铭文锦有“延年益寿大宜子孙”锦、“韩仁绣文衣右子孙无极”锦、“万世如意”锦、“永昌”锦、“长乐明光”锦、“望四海贵富寿为国庆”锦、“续世”锦等。东汉锦的用色较沉稳，多以青色、绛色、深黄等色为地，绛红、靛蓝、黄等色织花，为丰富织物色彩，采用分区换色方法变换地组织色彩。刺绣作品为镜袋，浅色丝绢地上绣出黄、紫、湖蓝等树叶纹。毛织作品为坐垫，中央部位织一正方形黑色地框，方框外缘为黄色，内以绛红色织菱形格，格内填橘红及黄色组合果子及果叶，框外织钴蓝色弓形骨架树叶纹，浅黄色线条叶脉。风格较粗犷，花型较大。另一件毛织品在蓝色地组织上织人首马身，花型巨大，人身着披风，手捧乐器吹奏，周围环以花朵。人首马身纹样为古代西亚民族常用纹样，反映了东汉时期中国与西域国家文化与技术的交流。（朱冰）

新律 律学名词。南朝刘宋何承天（370～447）创立的律制。《宋书·律历志》称其为“新律”。何承天致力于古人提出的“十二律旋相为宫”的理想，又看出三分损益律仲吕不能返生黄钟的矛盾，因而采取新的途径确定乐律。按三分损益法，从黄钟9寸生律，仲吕再生变黄钟为8.8788寸。他将黄钟与变黄钟的长度差数0.1212寸平均分为12份，并将平均值0.0101寸累加到三分损益十二律上，而原有误差的变黄钟就成为9寸而返宫。虽然这种按弦长分配差数到十二律的方法，不是真正的平均律，但其效果已接近平均律。新律与平均律最大音差仅为无射一值，差值为15.1音分，约为一个古代音差的64%。一般人的耳朵已不能辨别这两种律制的区别。何承天新律是以数学解决旋宫问题而走向平均律的一大成就。（戴念祖）

新音阶 七声音阶形式之一。晋荀勖称其为“下徵调”音阶。其特点是除五声外，其第四、五两个音级（和一徵）的音程为一个全音（参见“古音阶”条）。第四级音名为“清角”，单音名为“和”。在湖北随县出土战国初年曾侯乙钟铭中称“清角”为“和”或“羽曾”。近年音乐考古证明，新石器晚期陶埙中已有“清角”音出现；春秋期间编钟乐律已有完整七声新音阶。曾侯乙钟铭中标明了七声新音阶的各级名称：宫、商、角、和（羽曾，同清角音高）、徵、羽、徵角（变宫）。自20世纪30年代起一些音乐著作称其为新音阶，以便对应于古音阶、旧音阶之说。根据《隋书·音乐志》郑译、苏夔的说法：“清乐黄钟宫以小吕（即仲吕）为变徵。”故又有人定其名为“清乐音阶”。（戴念祖）

信风 又称舶䑢风、东南长风、黄雀长风、潮信，指夏季梅雨后的东南季风。

“舶艀风”意即远洋航船乘此风可迅速到达江浙沿海，始见于东汉崔寔《农家谚》（清·顾禄《清嘉录》卷五《黄梅天》引），宋以后方大量使用。汉唐之际，多称“信风”（汉应劭《风俗通》、晋法显《佛国记》、唐李肇《唐国史补》），晋代称“黄雀长风”（晋·周处《风土记》，见《太平御览》卷970），清查慎行《敬业堂诗集·舶艀风歌》对其来历、发生时间、特点、作用等作了详细的描述。利用季风航海在中国出现很早，唐宋元三代极为发达。由于季风与航海活动密切相关，祈求顺风的祈风活动在中国古代出现并迅速发展。（艾素珍）

信水 又称水汛，指对应季节、气候推移转化，定时定点发生涨落的河水动态。《宋史·河渠志》所谓“水信有常，率以为准”。中国古代对水流按汛期涨落规律的认识起源甚早。《庄子·秋水》记有秋水时至，百川灌河；《孟子·离娄下》已有秋汛的概念；《汉书·沟洫志》和《韩诗外传》均记有桃汛。至北宋，对黄河全年12个月的水情涨落，均有专名和描述。《河防通议》云：正月、立春之后，东风解冻，称解凌水；二月、三月，以桃花为候，冰融水积，川流盛涨，称桃花水；四月，麦苗抽穗由青变黄，称麦黄水；五月，瓜蔓生长延伸，称瓜蔓水；六月盛夏，深山穷谷的冰冻消释方尽，流冲山石，水带矾腥，汇集入河，称矾山水；七月、八月，芦荻开花，称荻苗水；九月，重阳节候，称登高水；十月，水落复归河漕，称复漕水；十一月、十二月，断凌杂流，乘寒复结，称蹙凌水。《宋史·河渠志》等书记载略同。《宋史·河渠志》又记载：“自立春之后，东风解冻，（黄）河边人候水，初至凡一寸，则夏秋当至一尺，颇为信验，故谓之信水。”成为预测黄河水位的专名。至明清时期，“信水”一词已被“水汛”一词所取代，各月水名亦被集中概括为桃、伏、秋、凌四汛，相沿至今。（艾素珍）

兴隆铁范 战国时期燕国铸造铁器作坊的铁范遗存。1953年发现于河北兴隆古洞沟。出土铁范48副87件，包括铸造铁䦆、铁锄、铁镰、铁凿及铁质车具的铁范和铁芯，计190余公斤。经分析，其材质为白口铸铁。这是世界上发现最早的铸铁铁范，表明战国时期燕国已经大批量连续生产铸铁农具和工具。（苏荣誉）

星官 又称星座，即天空中划分出的星群。古人观察星星，为了便于记忆，把它们划分成群，以明亮的恒星为主体，联结附近其他星星，组成各种各样的图形，就是星座，又附会人间社会的官职给予命名，故名。可见星官之名同中国古代占星术认为星座和与人间社会的官职相对应的天人对应思想有关。所谓“天官”，就是天上的官职。《史记》司马贞索隐说：“官者，星官也。星座有尊卑，若人之官曹列位，故曰天官。”张衡的《灵宪》中也说：“众星列布，体生于地，精成于天，列居错峙，各有所属。在野象物，在朝象官，在人象事。”中国古代占星术主要为君国政治服务，所以从“在朝象官”就可理解中国古代为什么通常把星座称为星官。有的星官起源很早。殷商甲骨文中就提到过一些星名，如鸟、火等。《尚书·尧典》、《夏小正》、《诗经》、《左传》、《国语》、《月令》等先秦文献中提到许多星名，约有38个。其中二十八宿是中国星官中的特殊体系，这些文献已全部记录。我国第一部系统描述全天星座的著作是司马迁的《史记·天官书》，其中记有星官约92个，星星400多颗。汉代流传有多家星官体系，主要有甘、石、巫三家。据唐《开元占经》，石氏星官基本上包括星空比较明亮的恒星，这些星官及其命名当是比较古老的，在星空也比较容易指认。《史记·天官书》中的星官基本上是石氏的体系。甘氏星官中的一些星名很明显是战国以后才可能产生的，往往是比较暗的星星，在星空中几乎指认不出来，可见是出于占星术的构建。巫咸体系一般认为更晚，在东汉以后。中国传统星官体系，由三国时吴国太史令陈卓汇总，三家星官得以确立，共有星官283个，星星1464颗。这个体系一直流传下来，几乎没有变化。只是到了明末，西方天文学传入后，人们把当时西方已经命名的南极附近12星座分解成中国式的23个星官纳入中国的星官体系。星官的名称反映当时人类的文化背景。中国早期星名大都采用和人们生活密切关联的事物，如北斗、弧矢、老人、织女等，后来多采用和政治、宗教、经济、军事、皇家机构等相关的事物。这表明，中国星官体系是封建帝国社会的缩影。例如，紫微垣被认为是帝宫所在，里面有帝、太子、后妃、尚书、大理、柱下史、御女等星官，充分显示了中国古代天人对应思想的深刻影响。这和西方星座的命名体系大不相同。西方星名大都以动物和神话人物命名。最后需要指出，中国星官基本上是指相连起来的若干颗星，而现代星座则是指各个特定的星空区域。（孙小淳）

星图 绘有恒星位置的图，是观测恒星的记录和查找恒星的主要工具。但古代星图，尤其是刻在墓室、建筑物上的，往往具有宗教、占星术的意义。古代星图按其描绘方式，可以分为示意式与写实式两大类型。示意式星图通常使用星座的象征图画和星名文字的结构组合来反映人们所认识的星空。写实式星图是按星空所见星星的实际位置和相对位置来描绘星空。现今发现的我国最早的星图，当推20世纪80年代河南濮阳西水坡一座新石器时代的古墓中的龙、虎、北斗星象图，据C^{14}鉴定约在公元前4000年。第二幅古星图当推湖北随县曾侯乙墓出土的画在一只漆箱盖上的二十八宿星图，星图上有一圈二十八宿文字和一个表示北斗星座的斗字，另外也有龙、虎形象。1987年在西安交通大学一处工地上挖出的西汉晚期古墓主室穹顶上画的二十八宿星图是第三幅古星图。这幅星图有星点和联线形成的二十八宿，星点数量和相对方位与当时的知识相合。二十八宿背景上勾画各种图像，有龙、凤、虎、蛇四象和表示二十八宿星象意义的图像。汉以后古墓中发现的星象图很多，大多数是把星象和神话传说结合的示意式星象图，如东汉画像石上有龙像图、虎像图、北斗帝车图、织女图、牛女参斗图等。图上一般都有星点及其联线而成的星座，但位置大多不准确。大约到西汉后期，出现了对星官和恒星位置的精确性要求较高的科学写实式星图。《周髀算经》中提到盖图，钱宝琮认为是和盖天说的七衡图相似的圆形全天星图。东汉时贾逵引典星待诏姚崇等人说“星图有规法”，说明当时的星图制作已很科学。中国古代星官，到三国时由吴国太史令陈卓汇总了甘、石、巫三家星图定纪。陈卓当时绘有星图，可惜无存。魏晋南北朝时期，出现了很多星图资料，据《隋书·经籍志》记录，有《天文横图》、《天文集占图》、《天文五行图》、《天文十二次图》、《天官宿野图》、《杂星图》、《三垣二十八宿二百八十三官图》、《二十八宿分野图》等多种星图资料。从名称看主要用于各种形式的占星术。另外还记有《摩登伽经说星图》，说明当时和佛教有关的星图传入了中国。高文洪的《天文横图》是星图画法的一个进步。在盖图式的全天星图上，赤道附近的星空由于投影关系变形太大，和实际星空不符，采用横图就避免了这种失真。隋唐时期，随着天文观测的进步，星图的绘制不断进步。传世的星图最著名的是发现于敦煌卷子中的两种星图，称为敦煌星图甲本和乙本。甲本星图共 13 幅，图上共有星官 278 个，星星 1332 颗。前 12 幅按十二次排列，是横图画法，反映赤道南北一定范围的星空。第 13 幅专画北极附近星空，是圆图画法。这种横图和圆图结合描绘全天星图的做法又是星图画法的一个进步。乙本是一种圆形星图，只有一幅，画的是北极圈内的紫微垣等星官，上有星官 32 个，星星 137 颗。宋元时期著名的星图有苏颂星图、苏州石刻星图、宣化辽墓星图等。苏颂星图就是苏颂《新仪象法要》所附星图，共两套 5 张。苏州石刻星图是我国古代最有名的一幅星图。图刻在一块高 216 厘米、宽 108 厘米的大石碑上。图上星官名数准确，位置也很精确，是反映宋代较高天文观测水平的星图。宣化辽墓星图因其上有西方黄道十二宫的图像而为人们重视。元代没有星图流传下来。明清两代星图很多。这一时期，西方星图的绘制方法传入了中国，明末徐光启等组织绘制的《崇祯历书》中的系统的星图是在中西恒星对照观测的基础上完成的。其中，《赤道南北两总星图》是做成“屏障八幅”的大型星图。另外，还有一些特殊用途的星图，如明代用于航海的《过洋牵星图》，用于恒星中天观测以推知时间、节气的中星图等。（孙小淳）

形而上与形而下　中国思想史术语。“形而上”指无形或未成形质；“形而下”指有形或已成形质。《易·系辞上》：“形而上者谓之道，形而下者谓之器。”唐代孔颖达云：“道是无体之名，形是有质之称；凡有从无而生，形由道而立。是先道而后形，是道在形之上，形在道之下。故自形外已上者谓之道也，自形内而下者谓之器也。”（《周易正义·系辞上》疏）北宋张载谓：“形而上者是无形体者，故形而上者谓之道也；形而下者是有形体者，故形而下者谓之器。”（《横渠易说·系辞上》）程颐谓：“阴阳者是道也；阴阳，气也。气是形而下者，道是形而上者。”（《遗书》卷十五）南宋朱熹谓：“理也者，形而上之道也，生物之本也；气也者，形而下之器也，生物之具也。”（《朱文公文集·答黄道夫》）认为形而上是“道”，是主宰阴阳二气之“理”，形而下是“器”，是阴阳之“气”。明清之际王夫之则认为：“形而上者非无形之谓，既有形矣，有形而后有形而上。”“器而后有形，形而后有上。”（《周易外传》卷五）强调没有脱离形而下而存在的形而上。清代戴震在《孟子字义疏证·天道》曰：“形，谓已成形质，形而上犹曰形以前，形而下犹曰形以后，阴阳之未成形质，是谓形而上者也。”（李家明）

雄黄雌黄　含砷的硫化物，常常共生在一个矿点上。“雄黄生山之阳，是丹之雄，所以名雄黄也。”雌黄“生山之阴，故曰雌黄”（《证类本草》）。雌黄的化学成分为 As_2S_3，雄黄又称信石、砒石，其化学成分为 As_2S_2。雌黄常呈柠檬黄色，条痕鲜黄色，金刚光泽至油脂光泽，透明，晶体形态常呈短柱状、板状或片状。雌黄还可以用来制成颜料或做褪色剂，是提取砷和硫的重要矿物。因此，在中国炼丹术中，雄黄和雌黄都是常用的物质。雄黄入药，民间用它做雄黄酒，在端午节时饮用，亦用做染料。葛洪《抱朴子·内篇·仙药》记载了六种处理雄黄的方法，最后一法是用硝石、玄胴肠（猪大肠）和松脂“三物炼之”。据研究，由此可以得到单质砷。因雄黄和硝石（KNO_3）同炼，可得到三氧化二砷（As_2O_3），再先后用含碳的猪大肠和松脂炼两次，可被还原为纯净的单质砷。这是世界上最早的制备单质砷的方法，比 13 世纪日耳曼的炼金家大阿尔伯图斯制取砷的方法要早得多。唐代孙思邈也分离出过单质砷，他的《太清丹经要诀》中记载有“伏雄雌二黄用锡法”：“雄黄十两，末之。锡三两。铛中合熔，出之，入皮袋中揉使碎。入坩埚中火之。其坩埚中安药了，以盖合之，密固，入风炉吹之，令埚同火色。寒之，开，其色如金。”（王扬宗）

髹漆　指生漆或以生漆涂物的工艺。漆树原产中国，生漆是漆树的漆液，是中国的特产，其主要成分是漆酚。生漆在常温下干燥成膜，是一个氧化聚合的过程。在该过程中，生漆需要不断与空气接触吸氧。生漆的干燥依赖于漆酶的催化作用，而漆酶只有在温度为 20～30℃，相对湿度 80～90℃的特定条件下才起作用。这一特点和条件，早在先秦时已为中国人所掌握。现知较早的漆器是浙江余姚河姆渡遗址出土的一个已涂抹过生漆的木碗，由此可知中国漆器肇端于新石器晚期。到战国时期，漆器成为官营手工业的重要组成部分，工艺已十分高超。汉代漆器制造分工十分精细，有多个工种。古代油与漆并用，起先是用荏油，到宋代桐油取代荏油。中国漆器，除黑色或深色不用油之外，其余鲜艳或浅淡色的漆器都用油。此外，漆工常用颜料调配各色。据明代漆工黄成的《髹饰录》记载，常用的颜料有银朱、丹砂、绛矾、赭石、雄黄、雌黄、靛华、漆绿、石青、石绿、铅粉、烟煤等。桐油等渗入生漆，起到了改变生漆性能的作用。桐油等物的干燥机理与生漆不同，依赖于催干剂的作用，而各色颜料恰好起到了这个作用。隋唐以后，油与瓷器有所发展，漆器相对衰落，但直到清代，漆器仍是重要的手工业部门。（王扬宗）

畜牧　中国是家养动物的主要起源地之一，畜牧生产萌芽于 1 万年前。距今 9100 年的广西桂林甑皮岩遗存第一文化层出土的猪骨，是迄今中国境内最早的家畜遗存。距今 8000 年的河北武安磁山遗址中有家养的猪、狗、鸡，还可能有黄牛。从野生动物到家养动物需要经过一个拘系圈养的过程，传说商的祖先曾“立皂（食槽）牢（牛舍）”，在甲骨文中就有刍、牧、牢、厩、庠等反映畜养方式的文字。为了驯化野生动物，还采取了公畜去势的方法，甲骨文中有反映马、猪去势的文字，而《周礼》中则有“攻驹”、“攻特”的记载。古代家养的动物很多，最常见的是猪、狗、牛、羊、鸡和马等，称为“六畜”。新石器时代，传统的“六畜”已基本齐备。西周时期，畜牧业已相当发达，还出现了管理畜牧生产的专门机构。春秋战国时期，畜牧兽医技术有了较大发展，出现了一大批相畜专家。秦时建立太仆寺掌管国马，西汉仍袭之，在西北边郡设立国营牧场——牧师苑，养马数 10 万匹。秦时制定畜牧法规《厩苑律》。汉代曾多次从国外引进良种以改良国内的马匹。由大宛、乌孙引进的良马称为汗血马、天马、西极马。汉代还出现了养羊行家卜式。据《史记·平准书》和《汉书·卜式传》的记载，卜式不仅爱家爱国，还具有一套先进的养羊法："以时起居，恶者辄去，毋令败群。"事实证明，他的经验是成功的。唐代是中国古代畜牧生产、畜牧科技发展的鼎盛期。唐初接收隋留下的繁育马3000匹于赤岸泽，约经50年的努力，至麟德年间（664~665）监牧马已发展至74万匹，并有在太仆寺系统内工作的兽医600人，其中兽医博士4人、教育生徒百人的常设教育体系。此时还以西北地区为基地，设立48监以养马，并择优建立了马籍，使良马繁育工作有了科学依据。唐朝尤其重视改良畜种、选种育种，经常从漠北、西域和中亚引进良种马，交由陇右国营牧场牧养，这些马都起了种马的作用。史称，唐马"既杂胡种，马乃益壮"，出现"相马不看先代本，亦似盲人信步行"的谚语。"先代本"是血缘系谱，较居延汉简中的牛籍只记载个体特征和齿岁要详细得多。《唐律疏议》和《唐六典》中对各地监牧场的组群规模、仔畜繁殖成活率、成畜损亡率、劳动定额、草料定额、成绩考核和奖惩都有详细的规定，并严格执行。唐朝为保护监牧牲畜的过冬，曾有计划地种植饲草制干草作补饲用。宋初，养马最多时达百万匹，以后国营养马业明显衰落，由于马匹不能满足需要，故从少数民族地区大量引进，茶马贸易由此发展起来。辽、金、西夏畜牧业相当发达，统治者对畜牧业很重视。《司牧安骥集》就是因为有金的附庸伪齐刘豫征集刊刻，才得以流传下来的。元在全国设群牧所14个，周回万里，均是牧地。明代先在南京成立太仆寺，后来在北京又立了北太仆寺和4个行太仆寺。明下令应天（南京）、太平、镇江、庐州、凤阳、扬州、滁州等6府2州的农民养马，并以马代赋，官督民牧，在西北及各边要省区设立监、苑、卫所，划定草场范围，发展军队养马，在西北各少数民族地区实行茶马互市，设立茶马司以管其事。苑马寺曾多次翻刻《司牧安骥集》和《痊骤通玄论》等古兽医书，并编纂《类方马经》、《马书》、《牛书》等，民间兽医喻本元、喻本亨兄弟合著了《元亨疗马集》、《元亨疗牛集》。相牛治牛病的书也大批出现。明清时代，在养猪、养羊方面也有较大的发展，培育出一批优良猪、羊、鸡品种。猪种和鸡种曾运至国外，对世界猪、鸡品种培育和发展产生了良好的影响。（曾雄生）

宣夜说 中国古代的一种宇宙学说。《晋书·天文志》引汉秘书郎郗萌记先师相传云："天了无质，仰而瞻之，高远无极，眼精绝，故苍苍然也。譬之旁望远道之黄山而皆青，俯察千仞之深谷而窈黑，夫青非真色，而黑非有体也。日月众星，自然浮生虚空之中，其行其止皆须气焉。是以七曜或逝或往，或顺或逆，伏见无常，进退不同，由乎无所根系，故各异也。故辰极常居其所，而北斗不与众星西没也。摄提、填星皆东行，日行一度，月行十三度，迟疾任情，其无所系著可知矣。若缀附天体，不得尔也。"可见宣夜说认为，所谓"天"并没有一个固体的"天穹"，只不过是无边无涯的气体，日月星辰就在气体中飘浮游动。宣夜说是中国古代一种朴素的无限宇宙观念。宣夜说可以上溯至战国时代的《庄子》。《庄子·逍遥游》："天之苍苍其正邪？其远而无所至极邪？"用提问的方式表述了自己对宇宙无限的猜测。宋和尹文一派提出了朴素的元气学说，把宇宙万事万物的本原归结为"气"。它可以上为日、月、星、辰，下为山、川、草、木。名家的惠施又提出了“至大无外，谓之大一；至小无内，谓之小一”的朴素的无限大和无限小的思想，为宣夜说的宇宙无限观念奠定了基础。宣夜说进一步发展，认为日月星辰也是由气组成的，只不过是发光的气，如《列子·天瑞篇》所说：“日月星宿亦积气中之有光耀者。”三国杨泉又进一步说：“夫天，元气也，皓然而已，无他物焉。”他认为银河也是气，并从中生出恒星来。他说：“气发而升，精华上浮，宛转随流，名之曰天河，一曰云汉，众星出焉。”（《物理论》）在思辨性的自然哲学中，这种猜测是十分精辟独到的。作为一个宇宙结构体系，宣夜说没有提出自己独立的对于天体坐标及其运动的量度方法，它的数据借自浑天说。这是宣夜说在一千多年内不能得到广泛发展的重要原因。（孙小淳）

宣纸　中国高级的毛笔书画用纸，文房四宝之一。唐宋以来，皖南山区宣州、歙州均生产高级纸张，有多种被列为贡品，因以宣城为集散地，被统称宣纸。宣纸最初用楮树皮做原料，后发现青檀皮纤维长度适当，质地更胜楮皮，遂改用青檀皮。而楮树皮和桑树皮也能造出好纸，质地和青檀皮宣纸接近，称“仿宣”或“普宣”。青檀树为泾县一带特有树种，开始生产宣纸时以100%青檀树皮做原料。后因青檀资源匮乏，便配以沙田稻草，按不同配比，制成品种不同的宣纸。宣纸的抄造过程甚为复杂，包括水浸、石灰腌料、堆料发酵、蒸煮、摊晒、日光漂白、洗料、选料、切料、打浆、抄纸、烘干、整理等工序。为防虫蛀，或配以药。宣纸主洁白柔韧，白度可达90度，呈青白或亮白，久藏不泛色，稳定性在百年以上；纤维较长互相攀援不易撕破，且不易被虫蛀，有“寿千年”之誉。宣纸有生宣和熟宣之分，前者湮墨性能良好，适用于写意画，陈纸湮墨性能优于新纸；后者上墨不渗化，适于作工笔画。元明两代，宣纸生产有进一步发展。花格的白鹿笺、蜡砑五色笺、松花笺、月白笺、罗纹笺等均为书画家所推重。明代宣德年间（1426～1435）的露皇宣，又称“丈六宣”，长5037毫米、宽1932毫米，净重675克，纸质细密坚韧，需14个抄纸工同时在一个纸槽操作，尤为珍品。宣纸业盛于清代乾隆、嘉庆、道光年间（1736～1850）。（苏荣誉）

玄奘西游天竺　唐代高僧玄奘只身赴天竺（今印度）取经求法的旅行活动。唐贞观二年（627）从长安（今西安）启程，出玉门关，经河西走廊，年底到高昌（今新疆吐鲁番东南）。次年，沿天山南麓西进，越葱岭，过大清池（今伊塞克湖）、秦叶水（今托克马西南）、咀逻私（江布尔）等城，折南而下，经阿富汗北部，东行今克什米尔和印度西北部、尼泊尔南部，于贞观五年抵当时印度佛教中心那烂陀寺。在该寺从戒贤法师学经，苦读五年，学业超群，声誉天竺。此后外出巡游，访各地名师，遍及印度半岛的东部和西部。贞观十六年谢绝挽留，毅然返国，经今巴基斯坦、阿富汗北部、帕米尔高原和雪山，于贞观十八年抵于阗（今新疆和田）。次年回到长安。玄奘只身西游天竺17年，跋山涉水，行程5万里，游历110个国家和地区，历尽艰险，携回经典657部，成为名闻世界的旅行家。由其口授、弟子辩机笔录的旅行记《大唐西域记》（12卷，公元646年完成），是中国古代杰出的旅行著作。（艾素珍）

旋宫转调 律学名词。旋宫指调高的转换，转调是指调式的转换。这二者合称为旋宫转调。《礼记 · 礼运》：“五声六律十二管，旋相为宫”，指十二律轮流作宫音，以构成不同调高的五声或七声音阶。“旋相为宫”就是旋宫。《周礼 · 春官 · 大司乐》列举“圜钟（夹钟）为宫”、“函钟（林钟）为宫”和“黄钟为宫”的三种调高转换。唐武则天《乐书要录》卷七云：“若穷论声意，亦当旋相为商，旋相为角。”这是指除十二律轮流作宫调式主音外，还可以轮流作为商调式、角调式等的主音，亦就是转调。或者说，在同均（参见“均”条）三宫中，也可以说，在具有相同音高的初始音（即宫音）之三种音阶中，调高虽然不变，但调式的主音位置可以变动，因而产生同宫异调的变化，叫做转调。五声、七声和十二律都可以轮流搭配作主音，而产生六十调或八十四调。六十调最早记载见《淮南子 · 天文训》：“一律而生五音，十二律而为六十调。”八十四调的最早记载见之于《北史 · 万宝常传》，万宝常“论八音旋相为宫法，改弦移柱之变，为八十四调”。（戴念祖）

璇玑玉衡 古天文术语。出自《尚书 · 舜典》，原文是“在璇玑玉衡，以齐七政”。由于记载简略，含义难以理解，从汉代起就有两种不同看法：一主星象说，一主仪器说。司马迁主张璇玑玉衡就是北斗七星，《史记 · 天官书》说：“北斗七星，所谓璇玑玉衡，以齐七政。”纬书《春秋纬 · 运斗枢》更把北斗七星的名称与璇玑玉衡联系起来，以北斗第一星为天枢，第二星为天璇，第三星为天玑，第四星为天权，第五星为玉衡，第六星为开阳，第七星为摇光。《晋书 · 天文志》也以北斗七星为璇玑玉衡，并进一步说北斗“魁四星为璇玑，杓三星为玉衡”。此外，又有北辰（北极）说，如伏胜在《尚书》大传中说：“璇者，还也，玑者，几也，微也，其变几微而行动者大，谓之璇玑，是故璇玑谓之北极。”《说苑》则说：“璇玑谓北辰，勾陈枢星也。”《周髀算经》称北辰皆曰璇玑。《星经》又有不同说法：“璇玑者北极星也，玉衡者谓北斗九星也。”也有许多人主张仪器说。孔安国说，璇玑玉衡为“天之正器，可运转”，郑玄说，“运动为玑，持正为衡，以玉为之，视其行度”，都是指仪器。更有人主张璇玑玉衡就是浑仪，马融说：“上天之体不可得知，测天之事见于经者，惟玑衡一事。玑衡者，即今之浑仪也。”三国时王蕃说：“浑仪羲和氏旧器，历代相传谓之玑衡。”《晋书 · 天文志》则兼容两说。北宋的苏颂认为璇玑玉衡是浑仪中的四游仪。以上两说，仪器说比较可信。璇玑就是浑仪圈轴，玉衡就是用玉做的窥管。浑仪在舜帝时代就有，虽不足信，但《尚书》成书实际上很晚，“璇玑玉衡，以齐七政”是较晚的文字。至于天上星官名称，应该是根据已经存在的事物的命名，所以北斗七星中的璇玑玉衡等星名，当在浑仪发明之后才出现。（孙小淳）

血脉周流不息 古人对气血在人体内作循环运行的认识。《左传 · 僖公十四年》有“阴血周作，张（胀）脉偾兴”的记载。《内经》对此更有详细的论述，“脉者，血之府也”，并根据血管分布深浅不同、粗细大小等特征，把血管分为经脉、络脉和孙脉。《灵枢经 · 脉度》说：“经络相贯如环无端”，“气血离脏也，卒然如弓弩之发，如水之下岸”，不可遏止，因此“经脉流行不止，环周不休”；还说

“气血之不得无行也，如水之流，如日月之行不休，如环之无端，周而复始”。可见，中国古代虽没有在精确解剖研究基础上建立血液循环理论，但已经意识到，由不同形态和功能组成的血管（即经脉）运输营养物质（气血）以营养身体各器官、组织，这些营养物（气血）在血管中是不停地循环运动的。（汪子春）

Y

阉割术 亦称“去势术”。严格说来，阉割只是去势的一种，因为有些去势并不需要动刀阉割，如无血去势术。贾思勰《齐民要术》云，剩羊法是在小羊生下十余天时，用布裹着睾丸掐断精索，即所谓“无血去势术”。最早接受去势的大约是马，《周礼》关于“攻驹”和“攻特”的记载即是指给马做去势手术。给马去势的方法主要有两种，明代喻本元、喻本亨在其所著的《元亨疗马集》中分别称之为火骟法和水骟法，都是在阉割的基础上进行的。火骟法是采用烙铁，一次烙掉两个精索，再使用烙铁，烧烙精索的断端以止血。水骟法则是按压精索，前后反复捻搓，一方面压迫止血，一方面使精索从最细处自行断裂。据说，火骟法始于黄帝时的董仲元，到了楚汉分争时，因营中军马多患热证，大将韩信，便将火骟法改为水骟法，使去势技术又向前迈进了一步。阉割术除用于马之外，也用于其他的家畜家禽，剩羊就是一例。晋朝葛洪《肘后备急方》中除骟马、羯羊之外，还有宦牛、阉猪、镦鸡、净猫等记载，到了明代李时珍的《本草纲目》中，各种经过去势处理的家畜都有了专门的名称，如牛称为犍、狗称为猗等。一般说来，去势主要针对雄性家畜而言，而在民间流行的阉猪，又称镦猪，还包括小母猪卵巢（俗称为“桃花”）摘除。这种阉割术，手术简便，安全可靠，久已闻名于世，而据有关专家的研究，这种技术最早也见于商代甲骨文中，至今已有3000多年的历史。（曾雄生）

沿革地理 记述并考证历史时期疆域和政区等的沿革与变革的学问，是中国传统舆地之学的重要组成部分，现代历史地理学的前身。“沿革”一词首见于《三辅黄图》的“三辅沿革”篇。中国沿革地理的起源早，成果丰硕。它是在中国特定的学术文化背景中发展起来的，前后大约经历了三个发展阶段：两汉魏晋时代为萌芽阶段。中国沿革地理在依附历史记载或借助经学研究条件下产生、发展起来。汉代司马迁《史记·河渠书》和班固《汉书·地理志》开创了历史著作中记载沿革地理的先河，并为后代所继承。汉晋时代经学家对古代山川地理与地名的考订，开拓了中国沿革地理的另一条发展道路。至西晋，已出现专门的沿革地理著作，如杜预《春秋左传集解》、裴秀《禹贡地域图》和京相璠《春秋土地名》，标志着沿革地理作为一门学问已具雏形。南北朝至元明时代为发展阶段。沿革地理一方面继续依附于史学与经学积累和发展，正史中列地理志、河渠志等已成传统，经学著作中以程大昌、毛晃、傅寅三家对《禹贡》的考证成绩最著；另一方面，随着南北朝后大批舆地专著的问世，沿革地理又作为舆地之学的组成部分大量出现，地理志中大多都记载沿革地理，内容较正史地理志更为详细，地理著作如《水经注》等在这方面的记述和考辨也极为丰富；同时，专门的沿革地理著作也日趋成熟，在规模和数量上不断扩大，标志着沿革地理体系的形成，中国第一部系统地沿革地理专著

《通鉴地理通释》（南宋王应麟，1280）和中国现存最早的一部历史地图集宋代《历代地理指掌图》等都已问世。清代至中华民国初年为兴盛阶段。沿革地理研究随着注重名物训诂考据的乾嘉学派的发展而愈加昌盛，出现校勘、注释、整理、补作、辑佚古代地理著作的高潮，正史地理志大多作了校正和注释，诸史中没有地理志的俱被补作，在校勘、注释方面以《禹贡》、《山海经》和《水经注》等书用功最大、成绩最显著。同时，以顾祖禹的《读史方舆纪要》和杨守敬的《历代舆地图》为代表的博大翔实的沿革地理巨著先后问世，使沿革地理成为中国舆地之学的最主要部分。（艾素珍）

盐 即食盐。史载黄帝、神农时，中国先民已能煮海为盐。《周礼》记载天官冢宰下属设有“盐人”，“掌盐之政令，以供百事之盐”。盐的生产有多种方法，《神农本草经》中对盐已有相当全面的描述。北宋沈括《梦溪笔谈》详细记载了当时全国各地食盐的分布和供应。《史记·货殖列传》：“山东食海盐，山西食盐卤。”表明当时所生产的食盐，主要有海盐和池盐两种。盐的赋存状态主要可分为海盐、石盐（岩盐）、池盐和井盐四种类型。北宋沈括《梦溪笔谈》卷十一较为详细地描述了此前四种食盐在全国范围内供应地区的分布情况。《明史·食货四》概括地记载了各地盐产的情况：“盐所产不同：解州之盐，风水所结；宁夏之盐，刮地得之；淮浙之盐，熬波；川滇之盐，汲井；闽粤之盐，汲卤；淮南之盐，煎；淮北之盐，晒；山东之盐，有煎有晒。此其大者也。”①海盐，又称“海卤”，为最易采用的食盐。中国以海水生产食盐的历史悠久。相传炎帝时夙沙氏就教民煮海水为盐。约在明永乐年间，开始废锅灶，建盐田，改煎煮为日晒，使海盐生产进入一个新的时期。在明代，全国食盐总产量中，海盐占80%（明·宋应星《天工开物·作咸》）。②石盐（halite rock 或 salt）作为一种矿物，在我国古籍中有比较详细的描述。北宋苏颂撰《本草图经》确切地记述了石盐的名称、晶形、产状和物理性质等：“光明盐，味咸……生盐州（今甘肃华池北）五原盐池。凿取之，大者如升，皆正方、光彻，一名石盐。”石盐结晶常呈玻璃光泽，无色透明，或呈白色，故又有“光明盐”、“水晶盐”、“玉华盐”和“白盐”等名称。石盐也有呈黄、红、蓝、紫等色，但较为少见，这些盐多产于我国西北边远地区，故总称“戎盐”。石盐规则连生体——晶群：“累累相缀，如棋之积。”（北魏·郦道元《水经注》卷二）其结晶有时呈阶梯状，“中央隆起，盐如张伞”（唐·段成式《酉阳杂俎》），故又有“伞子盐”之名。③池盐，以池水提炼制成的盐。《汉书·地理志》“河东郡安邑”条下注：“盐池在西南。”山西、陕西、甘肃等地皆产池盐，其历史最悠久、最著名者为山西之解州盐池（北魏·郦道元《水经注》卷六）。元马端临《文献通考·盐铁》详细地记载历代池盐产销及设官情况。④井盐，从井中采取卤水，再经人工熬制的盐，其井称盐井。据传盐井的开发始于战国末年的蜀守李冰，“识齐（卤）水脉，穿广都（今四川双流程）盐井，诸陂池，蜀于是盛有养生之饶焉”（晋·常璩《华阳国志·蜀志》）。中国古代在山东、河北、甘肃和四川等地均有盐井分布，但以四川境内的盐井分布最广、数量最多、凿井技术最发达，这是由于四川盆地内含卤地层有12层。“有富世（今四川富顺）盐井，井深二百五十尺”（《旧唐书·地理志》）。（艾素珍　王扬宗）

羡除术 《九章算术》提出的求一种复杂楔形体体积的方法。三国魏刘徽注云："羡除，实隧道也。"羡，音 yan。它有三广及深、袤（长），实际上是两侧面为勾股形，其余三面为等腰梯形（或其一为长方形）之楔形体，见"锥亭之类"条图 j。《九章算术》给出其体积公式是："术曰：并三广，以深乘之，又以袤乘之，六而一。"此即体积 $V=\frac{1}{6}(a_1+a_2+a_3)lh$，其中，$a_1,a_2,a_3,l,h$ 分别是羡除的上广、下广、末广、袤、深。唐初王孝通在《缉古算经》中解决了更为复杂的隧道求积问题。刘徽先记载了用棋验法证明两广相等的几种羡除的体积公式的方法，又创造了将羡除分割为堑堵及几个鳖臑，求其体积之和证明之的方法。这些鳖臑虽仍是四面体，却与《九章算术》所给出的鳖臑形状不同，刘徽创造了将这些鳖臑从体积为已知的方锥（或底面为长方形的椭方锥）中分离出来的方法，有时借助于截面积原理，证明它们的体积公式与《九章算术》所给鳖臑的体积公式相同。（郭书春）

演段 算学术语。宋元时代推导方程的出入相补方法，亦称为条段法。"演段"即"演算之片段"。李冶认为北宋蒋周的《益古集》，其水平"真可与刘（徽）李（淳风）相颉颃"，但"恨其责匿而不尽发"，遂"再为移补条段，细翻图式，使粗知百十者，便得入室啖其文"。他一面用天元术列出方程，一面又以条段法予以几何解释。杨辉《田亩比类乘除捷法序》（1275）云："为田亩算法者，盖万物之体，变段终归于田势，诸题用术变折皆归于乘除。中山刘先生作《议古根源》，序曰：'入则诸门，出则直田。'盖此义也，撰成直田演段百问。信知田体变化无穷，引用带从开方正负损益之法，前古所未闻也。"《田亩比类乘除捷法》卷下"直田演段"谓刘益"立演段百问，盖欲演算之片段也。知片段则能穷根源。根源既知而于心无懵昧矣"。元朱世杰《四元玉鉴》卷首载"四元（勾、股、弦、黄方）自乘演段之图"、"五和（勾股形中勾、股、弦诸元素及其和差的五种和：勾股和、勾弦和、股弦和、弦和和即弦与勾股和之和、弦较和即弦与勾股差之和）自乘演段之图"、"五较（勾股形中勾、股、弦诸元素及其和差的五种差：勾股较、勾弦较、股弦较、弦较较即弦与勾股较之差、弦和较即弦与勾股和之差）自乘演段之图"。（郭书春）

验燥湿器 测定大气中湿度的仪器，即湿度计。西汉时，已知利用木炭重量的变化测定大气湿度。它有些类似近代的天平式湿度计："悬羽与炭"（《淮南子·说林训》），"燥故炭轻，湿故炭重"（《淮南子·天文训》）。古代还使用这种仪器在冬至和夏至日测定大气中的湿度，以预测这个季节的天气概况（《史记·天官书》）。这种湿度计在中国流传最广、使用时间最长。唐代王起（760～847）曾作《悬土炭赋》称赞其作用。10 世纪，宋僧赞宁曾利用这种湿度计预报晴雨。古代还曾利用琴弦对湿度的感应预报晴、雨。东汉王充《论衡·变动篇》有"天且雨，琴弦缓"。元末明初娄元礼《田家五行》也云：琴弦"忽自宽……主阴雨"。约清康熙九年（1670），比利时传教士南怀仁首先制成鹿肠衣湿度计，将西方的湿度计传入中国（《新制灵台仪象志·验气说》）。大约与此同时，中国人黄履庄（1656～？）制成"验燥湿器"："内有针，能左右旋。燥则右旋，毫发不爽。并可预证阴晴。"（清·

张潮《虞初新志》，1683）它与近代的毛发湿度计十分类似。（艾素珍）

秧马 亦称秧凳。宋代发明的一种水稻移栽拔秧时乘坐的辅助农具。因拔秧时拔秧人骑于其上在秧田中滑行，故名。秧马最早见于湖北武昌地区，最早记载并提倡推广它的是北宋诗人苏轼。绍圣元年（1094），苏轼被贬惠州，途经江西泰和，见曾安止所著《禾谱》后大为欣赏，但又觉得美中不足，因为书中不载农具，于是写了一首《秧马歌》附于书末。序中写道："予昔游武昌，见农夫皆骑秧马，以榆枣为腹，欲其滑；以楸梧为背，欲其轻；腹如小舟，昂其首尾；背如覆瓦，以便两髀雀跃于泥中。系束藁其首以缚秧。日行千畦，较之伛偻而作者，劳佚相绝矣。"可见这是一种可以减轻劳动强度的农具。以后苏轼又将秧马推广到岭南、江浙等地，成为历史上一件很有影响的农具。（曾雄生）

秧马

扬州知新算社 清末江苏扬州数学学术团体，为中国最早的现代数学团体。其为周达（1879~1949）等人于光绪二十六年（1900）创立，其宗旨为"研究学理，联络声气，切磋讨论，以辅斯学之进化"。两年后进行改良，"始有会课之举。月课一次，藉以甄采海内畴人名作"。每月例会三次，主张吸收外国先进数学，以提高中国数学水平。力主以西方各国"专门学校算学科之阶级为准"，将数学分为高等数学、中等数学、初等数学。准此，将研究之学理分为四科：普通研究科（初等数学）、高等研究科（大学数学专业课程）、特别研究科（数学专门化课题）、应用研究科（应用数学），并有一小型数学资料室。该社于 1902 年、1904 年两次派周达等赴日考察数学教育与数学研究，还先后出版了《知新算社课艺初集》、《日本调查算学记》、《方程式之理论》、《知新算社答问》等著作。（郭书春）

阳道 月行于黄道以东以南的轨道，《汉书·天文志》载："月有九行者：黑道二，出黄道北；赤道二，出黄道南；白道二，出黄道西；青道二，出黄道东。……青赤出阳道，白黑出阴道。若月失节度而妄行，出阳道则旱风，出阴道则阴雨。"唐代瞿昙悉达《开元占经·天体浑宗》："月行二十七日有奇而周天，其行半出黄道外，半入黄道内，在内谓之阴道，在外谓之阳道，诽形必下明矣。"（李家明）

阳历 根据太阳的周年运动而制定的历法，其基本要素是回归年。中国古代历法大都是阴阳历。阳历可以不管朔望月的安排，只在一个回归年中按某种人为的规则划分季节、月份。中国古历中的四时、八节、二十四节气、七十二候等就是阳历性质的时日安排。中国古代也出现过月份同朔望月没有关系的阳历，比如“十月历”，北宋沈括提出的“十二气历”，太平天国使用的“天历”。辛亥革命后（1912）行用的公历是采自西方的格里高利历，是阳历。不过在历日安排上还保留二十四节气这个中国特色的阳历体系。（孙小淳）

阳马 中国传统数学的重要多面体，为直角四棱锥，见“锥亭之类”条图 g。《九章算术》到刘徽之前解决体积问题的三品棋之一。《九章算术》提出其体积公式为“广袤相乘，以高乘之，三而一”。此即 $V_y = \frac{1}{3}abh$，其中，V_y，a，b，h 分别是它的体积与广、袤、高。刘徽在阳马术注中提出刘徽原理，并用无穷小分割和极限思想证明之，从而一并完成了对其与鳖臑体积公式的证明。刘徽将多面体分割成有限个长方体、堑堵、阳马和鳖臑，求其体积之和，从而解决多面体问题。（郭书春）

阳燧 光学器具之一，即凹面镜，又称鉴㡾、金鉴、阳符、火镜等。阳燧最早见于《考工记》，它的应用记载见于《淮南子·天文训》：“阳燧见日，而然为火。”高诱注：“阳燧，金也。取金杯无缘者，熟摩令热；日中时，以当日下，以艾承之，则燃得火也。”崔豹《古今注·杂注》：“阳燧，以铜为之，形如镜。照物则影倒，向日则火生，以艾炷之则得火。”《淮南子·说林训》又云：“若以燧取火，疏之则弗得，数之则弗中，正在疏散数之间。”意即阳燧对日聚焦取火，火媒离镜面不宜太远，亦不宜太近，远近适当，即焦点上。到了东汉，阳燧取火方面的知识有了新的发展，王充《论衡·率性篇》云：“以刀剑之钩月，摩拭朗白，仰以向日，亦得火焉。夫钩月非阳燧也，所以耐取火者，摩拭之所致也。”即刀剑之钩等呈凹面球形，对光有良好的反射能力，亦可以对日取火。许慎在注《淮南子》“阳燧取火”时云：“日高三四丈，持以向日，燥艾承之寸余，有顷焦，吹之则得火。”即是说，在上午九十点钟时，光线不太强，凹面镜也不大，亦能取火。可见当时球凹面镜性能之好，磨镜技术之高。宋沈括《梦溪笔谈》曰：“阳燧面洼，向日照之，光皆于四，离镜一二寸，大如麻菽，着物则火发，此则腰鼓最细处也。”沈括正确表述了凹面镜反射光线的情况，并描述了焦点（麻菽）和焦距。

凹面镜可以反射成像，《墨经》记述

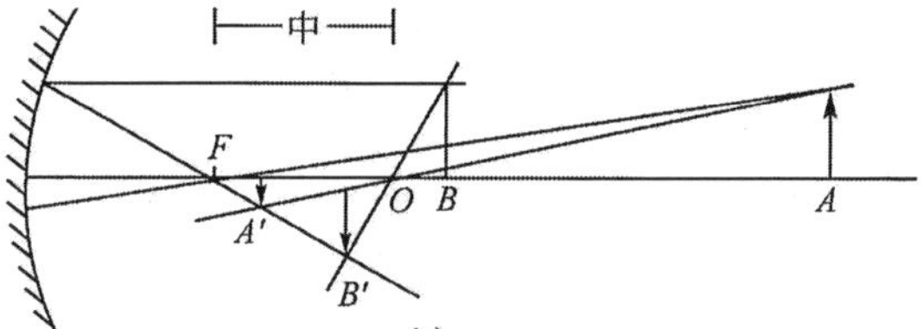

(a)

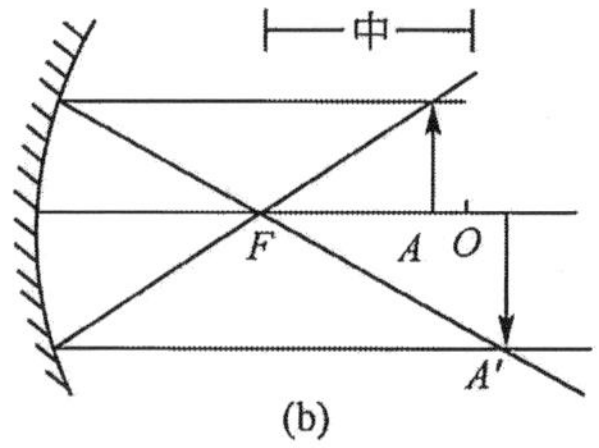

(b)

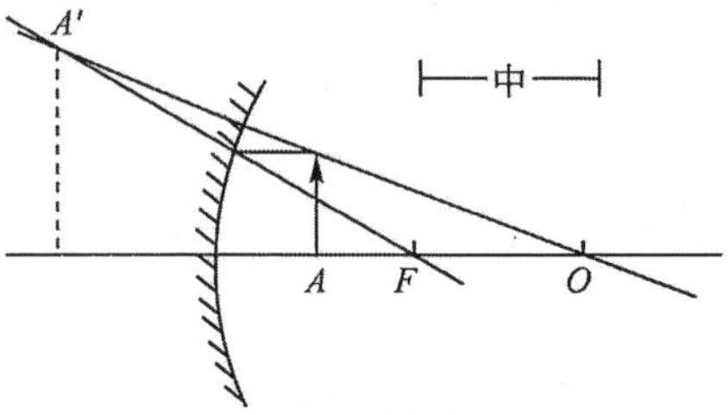

(c)

凹面镜成像光路图

了其规律。《墨经·经下》："鉴低，景一小而易，一大而正，说在中之外、内。"《经说下》："鉴，中之内：鉴者近中，则所鉴大，景亦大；远中，则所鉴小，景亦小——而必正，起于中缘正而长其直也。中之外：鉴者——近中，则所鉴大，景亦大；远中，则所鉴小，景亦小——而必易，合于中缘正而长其直也。"此是说凹面镜成像的三种情形：设 F 为焦点，O 为球心，OF 称为中。物 AB 在球心之外，则成像分别在 A'，B'像比物小而倒立，是实像；物在球心 O 与焦点之间，则成像 A'在球心 O 之外，像比物大而倒立，亦是实像；物 A 在焦点以内，则成像为 A'，像比物大而正立，是虚像。（李家明）

洋　水域术语。①在南宋以前，洋表示"水之众多处"（南宋·赵德麟《侯鲭录》卷三）。②表示小海区的地理名称。大约起源于宋中期。北宋徐兢《宣和奉使高丽图经》是较早记载以"洋"作为小海区的著作。元明之后，以"洋"字作为小海区的命名趋于兴盛，《郑和航海图》和《顺风相送》中都以洋作为小海区的名称。③表示地球表面被水覆盖的广大海区，源于传教士对西方地理知识的编译。1853 年，英国传教士慕维廉的中文著作《地理全志》中有"太平洋"、"大西洋"和"印度洋"等大洋。（艾素珍）

仰仪　中国元代天文学家郭守敬创制的一种天文仪器。它的形状好像一口平放的锅，直径一丈二尺（元代天文尺）。锅口上边刻着时辰和方位，相当于地平圈，上面还有水槽，用以校正水平。在锅口的南部放置东西向和南北向的杆子各一根。南北向杆子延伸到半球的中心，顶端装置一小方板，称为璇玑板，板可以南北向和东西向转动。板的中央开一小孔，小孔的位置正好在半球的中心。在仰仪的内半球面上刻着赤道地平坐标网。不过，这个坐标网与天球的坐标网东西相反，以南极替代北极。转动璇玑板，使它正对太阳，太阳光通过小孔在球面上成像，从坐标网上立刻可以读出太阳去极度数和时角，由此可知当地的真太阳时和季节。仰仪基本是一种球面日晷。不过，仰仪的功能比球面日晷广泛，它能测定日食发生的时刻，还可以估计日食的方位角、食分多少和日食发生情况的全过程。它还能观测月球的位置和月食情况。这架仪器利用针孔成像的原理，避免人眼对强烈的太阳光作直接观测。仰仪流传到朝鲜和日本后，被取消了璇玑板，改成尖顶的晷针，从而成为纯粹的日晷，被称为仰釜日晷。（孙小淳）

养蚕　中国古代最主要的经济昆虫之一。蚕的经济价值在于蚕丝，是主要的纺织原料之一。中国是最早利用蚕丝的国家。古史中有伏牺"化蚕"，嫘祖"教民养蚕"的传说，又说黄帝元妃西陵氏为"先蚕"，即最早养蚕的人。新石器时代的考古表明，公元前 2750 年，今浙江吴兴钱山漾地区的先民已利用蚕丝织成绢片、丝带和丝线。公元前 13 世纪，桑、蚕、丝、帛等名称已见于甲骨卜辞。蚕丝和大麻、苎麻，以及后来的棉花一道为中国人主要的衣着原料，蚕桑也就成为中国农业结构的重要组成部分。商周时期，蚕已在室内饲养。战国时期（前 475 ~ 前 221），养蚕已有专用蚕室，蚕病的防治受到重视，并采用了浴蚕种技术，公元 3 世纪后期，出现了小蚕恒温饲养，说明当时对于蚕的生长与温度之间的关系已有一定的认识，但直到元代，《士农必用》中才对蚕生长的各阶段所需温度有详细说明。晋代对于蚕的微粒子病和软化病已有所认识，时称“黑瘦”和“伪蚕”。公元6世纪30年代，据北魏贾思勰《齐民要术》记载，人们还从种茧的选择和盐腌贮藏方面来防治蚕病。宋元时期，对于蚕病的防治更进一步，贮茧方法除盐渍之外，复又出现日晒和笼蒸。与此同时，作为防治蚕病的主要手段的浴蚕方法也得以改进，早期浴蚕主要在川中进行，宋代出现了朱砂温水浴法，元代出现了天浴，利用低温选优汰劣。陈旉《农书》中探讨了蚕生僵病与湿热风冷的关系，《农桑辑要》则总结了蚕病与叶质的关系。明代出现了天露、石灰水、盐水浴种等方法，并采用了杂交方法培育嘉种，以提高蚕的防病能力，还出现了淘汰病蚕防止蔓延的方法。中国的养蚕技术长期处于世界领先地位，并对世界蚕业发展作出了巨大的贡献。公元前11世纪，养蚕技术随箕子传入朝鲜，随后又传到了日本。秦汉以后，中国的养蚕技术通过举世闻名的丝绸之路传入中亚、南亚及西亚地区。公元6世纪中叶，君士坦丁堡国王通过印度僧侣从中国私运蚕种至该国，是为西方有蚕业之始。（曾雄生）

养生　指研究增强体质、预防疾病，以达到延年益寿目的的理论与方法。《灵枢·本神》云：“智者之养生也，必顺四时而适寒暑，和喜怒而安居处，节阴阳而调刚柔。如是，则僻邪不至，长生久视。”《抱朴子·内篇·微旨》云：“凡养生者，欲令多闻而体要，博见而善择，修偏一事，不足赖矣。”养生内容广泛，方法很多，而调饮食、慎起居、适寒温、和喜怒是最具代表性的养生观点。养生包括养形、养性、养神。①养形，指保养身体，使之健壮不衰。一般采用导引（适当的体操或运动）、气功来进行锻炼。《庄子·刻意》：“吹呴呼吸，吐故纳新，熊经鸟伸，为寿而已矣。此导引之士，养形之人，彭祖寿考者之所好也。”②养性，指精神、性情的调摄和修养。中医养生一贯重视养性，认为高雅的性情、豁达的心态对于健康是极为有利的。《淮南子·俶真训》：“静漠恬淡，所以养性。”③养神，指调节意识思维活动以保养精神，达到健康长寿的目的。古代养生家认为清心寡欲、安于环境、稳定情绪、保养精神，不使外越耗散，对于养生是极为重要的。《素问·上古天真论》：“恬惔虚无，真气从之，精神内守，病安从来？”（张志斌）

养鱼　鱼是中国人的主要食物之一。一般认为，人工养鱼最早见于殷墟卜辞中之“在圃鱼”。其次便是《诗经·大雅》中的“王在灵沼，于牣鱼跃”。春秋战国时期，养鱼业进一步发展，《孟子》云“有馈生鱼于子产，子产使校人畜之池”，而当时越国大夫范蠡以养鱼致富。后世流传的《养鱼经》便是借托范蠡所作，这是中国，也是世界上最早的一篇养鱼著作。但原作已经遗失，保留在北魏贾思勰《齐民要术》中的不足500字，对于鲤鱼养殖的概念及方法的记述，十分完整详明。早期养鱼以鲤鱼为主，关键技术便是鱼苗的获取。最初是把和有鱼卵的泥土移入湖池内，让其自然孵化，称为“种鱼”。皮日休的《种鱼》诗云：“移土湖岸边，一半和鱼子。池中得春雨，点点活如蚁。一月便翠鳞，终年必赤尾。借问两绶人，谁知种鱼利。”唐后期段公路《北户录》记载，岭南已出现专门培养鱼苗出售的鱼贩，他们通过水草来收集鱼卵，至第二年春天，草浸于池塘间，孵化出鱼苗，在市场上出售，号为“鱼种”。唐朝因“鲤”与皇帝姓同音而尊鲤，制定鱼符制度，称鲤鱼为“赤鲟公”，并且规定禁止食鲤、捕鲤、卖鲤。这一规定也使得对其他鱼类的养殖发展起来，并使草、鲢、鳙、青成为中国淡水养殖的四大家鱼。据南宋周密《癸辛杂识》的记载，当时鱼苗捞捕、运输、蓄养、贩卖已经趋向专业化，技术也日趋精湛。宋代还出现了用于观赏的金鱼。明清时期，养鱼业与农桑、畜牧结合，发展出桑基鱼塘、果基鱼塘或畜基鱼塘等综合经营的生态农业模式。在养鱼技术方面也体现了这种综合利用的趋势。江南地区特别是太湖、珠江一带，草鱼及鲢鱼混养是混合养殖的基本形式。“青鱼饲之以螺蛳，草鱼饲之以草，鲢独受肥，间饲以粪。盖一池中畜青鱼、草鱼七分，则鲢鱼二分、鲫鱼、鳊鱼一分，未有不长养者。”（乾隆《湖洲府志》引用《湖录》）明清时期还开始有了海水鱼类的养殖。广东、福建、台湾沿海地区利用沿海港湾河口、海岸低洼地筑堤建闸蓄水养殖，借潮水涨落带入海中的鱼苗、虾苗，进行粗放养殖。（曾雄生）

养真珠　真珠，即珍珠。中国历史上所采集的珍珠，历来都是天然育成。宋代创造了一种人工育珠技术，时称养珠法。宋庞元英撰《文昌杂录》卷一载：“礼部侍郎谢公言：有一养珠法，以今所作假珠，择光莹圆润者，取稍大蚌蛤，以清水浸之，伺其口开，急以珠投之，频换清水，夜置月中，蚌蛤采月华玩，此经两秋，即成真珠矣。”这是中国人工育珠的一个发端。（曾雄生）

窑洞　在黄土崖或黄土层上挖穴而成的建筑。窑洞式住宅主要分布在中国中西部的河南、山西、陕西、甘肃、青海等地区。在这些地区，黄土层深达一二百米，其土质极难渗水、直立性很强，气候干燥少雨、冬季寒冷、木材较少，因而利用黄土壁立不倒的特性，水平挖掘出拱形窑洞，成为该地区具有特性的居住建筑。窑洞分为崖窑、地窑和箍窑三种，根据砌筑的材料又有砖窑、石窑或土坯窑三种。地窑是在平地掘出方形或矩形地坑，形成地院，再在地坑各壁横向掘窑，在坑院的一角挖一个斜洞通到地面，作为门洞，在坑院中还要挖一个较深的渗井，囤积雨水。多用在缺少天然崖壁的地段。人在平地，只能看见地院树梢，不见房屋。箍窑为以砖或土坯在平地仿窑洞形状箍砌的洞形房屋，为单层，也可建成为楼，若上层也是箍窑即称“窑上窑”；若上层是木结构房屋则称“窑上房”。崖窑即沿直立土崖横向挖掘的土洞，每洞宽 3 ~ 4 米，深 5 ~ 9 米，直壁高度 2 米余至 3 米余，窑顶掘成半圆或长圆的筒拱。并列各窑由窑间隧洞相通，上下窑之间内部掘出阶道相连。（沈玉枝）

叶公神铳　明朝后期制造的一种车载炮。又称将军炮。《武备志·军资乘·叶公神铳·车炮》记载，此炮用净铁打造，分天、地、玄三种规格。天字型重 280 斤、长 3.5 尺；地字型重 200 斤、长 3.2 尺；玄字型重 160 斤、长 3.1 尺。每门炮需用一辆三轮炮车载运，前面两轮高 2.5 尺，后面一轮高 1.3 尺，炮口呈昂扬之势，便于发射。山海关城楼上陈列有一门铁制大将军炮，炮身长 1430 毫米，口径 100 毫米，口外径 160 毫米，炮身锈蚀，未发现铭文。日本火器史研究者有马成甫在《火炮的起源及其流传》中，刊载了明万历二十年（1592）制造的 3 门大将军炮，炮身长分别为 1430 毫米、1420 毫米、1362 毫米，口径分别为 113 毫米、119 毫米、121 毫米，分别刻有“天字壹佰叁拾伍号”、“天字陆拾玖号”、“天字二十五号”等编号。从炮身铭文可知，它们是当时“监造通判孙兴贤”监造，由“兵部委官千总杭州陈云鸿”组织设计人员和工匠制成。这种车载炮的威力大，多用于守备险关要隘。王鸣鹤《登坛必究·神铳议》：大将军炮在发射后能使敌人“迅雷不及掩耳，其威莫测，而其机最神”。书中还转引当时工部尚书叶梦熊的话：“塞上火器之大者莫过于大将军”，能登高涉远，山地平原皆宜，若沿边安置千万架，人人能放，则可所向无敌，见者莫不胆寒。（王兆春）

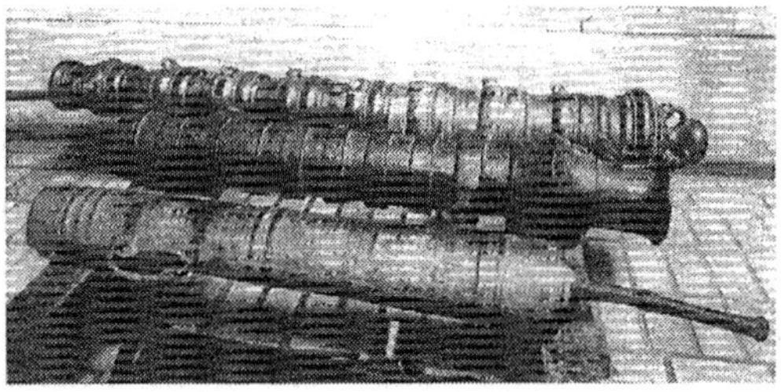

大将军炮

一行主持四海测量 唐代僧一行（张遂）领导的一次大规模的全国性大地测量活动。开元十二年（724），僧一行为编制更加完善的历法，组织发起全国范围的大地测量工作。据《唐会要》和《新唐书·天文志》记载，这次测量的地域范围十分广阔，到达唐代疆域的南北两端，在铁勒（今俄罗斯贝加尔湖附近）、蔚州横野馆（今河北蔚县）、太原府（今太原）、滑州白马（今河南滑县）、汴州浚仪太岳台（今河南开封）、洛阳、阳城、许州扶沟（今河南扶沟）、蔡州上蔡县武津馆（今河南上蔡）、襄州（今湖北襄阳）、郎州武陵县（今湖南常德）、安南都护府（今越南北部）和林邑国（今越南中部）等 13 个地点，进行了北极出地高度、冬夏至和春秋分晷影长度，以及冬夏至昼夜漏刻长度等的实测工作，取得了一批较好的观测成果。其中以天文学家南宫说具体负责的白马、浚仪、扶沟和上蔡 4 处的测量最为重要。由僧一行等人精心选定的这 4 点大致在同一经线上。他们在测量了上述各项外，又以测绳丈量了 4 处彼此间水平的距离，从而得出南北大约相距 200 余里，夏至晷影相差 1 寸的结论，彻底推翻流传已久的“日影一寸，地差千里”说。通过观测，僧一行发现各地里差与北极出地高度差之间存在着稳定的线性比例关系：“大率三百五十一里八十步，而差一度。”（《新唐书·天文志一》）即创立了子午线 1° 长度（131.11 公里）的概念。这一测量精度不是很高（比现代测定值多约 20 公里），却是世界上第一次对子午线 1°长度进行的实测工作。（艾素珍）

医案 医生诊治疾病的记录，又称“病案”。其内容包括主要及次要症状、起病及治病的经过、望闻问切的检查结果、诊断的依据、立法、处方及有关病人身份的一般资料，如姓名、性别、年龄、职业等。《史记》记载，西汉名医淳于意的“诊籍”就是 25 个淳氏医案，是我国现存最早的病案材料。后世也有本人或其子徒将个人临床经验记录下来，整理而成个人医案集的，如《叶天士临证指南医案》等；也有专门选择古今名家医案汇集成册的，如明代《名医类案》、清代《续名医类案》。但也例外的情况，有的著作以医案命名，其内容却是其他各种著作，如明代《薛氏医案》。（张志斌）

欹器 灌溉工具。欹，原为倾斜之意。欹器之名源于该器自由放置时显倾斜状。有人认为欹器是水罐的发展。《荀子·宥坐篇》中曰："孔子观于鲁桓公之庙，有欹器焉。孔子问于守庙者曰：'此为何器?'守庙者曰：'此盖为宥坐之器。'孔子曰：'吾闻宥坐之器者，虚则欹，中则正，满则覆。'孔子顾谓弟子曰：'注水焉!'弟子挹水而注之。"果如所言。春秋末期，欹器作为宥坐之器在宫廷中盛行，是做人处事的象征。随着欹器在历代的不断出现，后来人们把符合重心变化而引起或倾或直的设计，都称为欹器。当欹器空时，器身倾斜；当注人一半水时，由于重心下降到器身下半部位，或在支点以下，器身会自动正立；当注满水时，由于重心上升，器即倾覆。欹器在历代多有创制，并在有关典籍中均有记载。《隋书·天文志》载耿询（？~618）做与计时器漏壶有关的古欹器，隋代临孝恭还著有《欹器图》三卷，刘晖著《鲁史欹器图》一卷。唐代马待封、李皋等人造过欹器，宋代燕肃也曾造过欹器。（王允红）

仪象 中国古代测量和演示天体运动的仪器。古代把测量天体球面坐标的仪器叫做仪，把演示天体在天球面上作视运动的仪器叫做象。仪和象都是浑天家使用的仪器。浑天家使用的仪器有浑仪和浑象。汉太初年间，落下闳、鲜于妄人、耿寿昌等造圆仪以测量星度，这个圆仪当是浑仪或其雏形，也是在史书中最早称为"仪"的仪器。西汉末年，扬雄在其《法言》中说："或问浑天。曰：落下闳营之，鲜于妄人度之，耿寿昌象之。""耿寿昌象之"可以理解成耿寿昌使用浑象对天体运行进行了演示。可见西汉时浑天家的仪象已经齐备。东汉时，贾逵认为应该沿黄道度量日月五星的位置，因此在浑仪上加上了黄道，制造了黄道铜仪。张衡又制浑象，在球面上标示内外规、南北极、黄赤道、二十四节气、二十八宿中外星官及日月五星，在密室中以漏水转动球面，以演示天体出没。汉以后浑仪多有制造，其结构、功能也有创新和改进。唐代的浑仪结构复杂，增设黄道环和白道环，黄道环可以根据岁差调整位置，测量更加精密。著名的浑仪有李淳风的浑天黄道仪和僧一行、梁令瓒的黄道游仪。宋代的浑仪在窥管、安装上也有不少改进，而且意识到多重环遮蔽天区太多的弊端，开始有简化浑仪的倾向。因此，宋代的浑仪多取消了不适用的白道环。元初郭守敬对浑仪进行了彻底的简化，发明了简仪，包括赤道经纬仪和地平经纬仪（即立运仪），另外还发明了仰仪和候极仪。这些仪器，因其用途都主要为测量天体球面坐标，故都称为"仪"。宋代苏颂、韩公廉制造了一架浑象，球面上按星辰位置凿有小孔，人钻到球里面去观看，可以看见点点光亮，犹如星辰。这种浑象实际上是一种假天仪。郭守敬另造有玲珑仪，可能也是这种演示仪器。宋代苏颂、韩公廉还制造了合观测仪器与演示仪器为一体的水运仪象台，是为中国古代仪象制作水平的高峰。（孙小淳）

以舟称象 计量方式。系利用浮（船）所排开水的重量等于浮体的重量的原理来称出大象的重量，是古代"以舟量物"方法的一个典型事例。至东汉末年，人们已清楚地知道浮体所排开的水的重量等于浮体的重量。曹冲提出了“以舟称象”的方法。《三国志·邓哀王冲传》载：“时孙权曾致巨象，太祖欲知其斤重，访之群下，咸莫能出其理。冲曰：‘象置大船之上，而刻其水痕所致，称物以载之，则校可知矣。’”即先牵象至舟中，刻下舟的排水线，然后称物至舟中，直至该物使舟也沉没至同一排水线，此物重之和即象重。（王允红）

异乘同除 一类使用比例算法求解的算术应用题。《九章算术》衰分章后半章的问题都是今有物 m，价值 n；今有钱（或物）A，问：物（或钱）几何。显然这是非衰分问题。刘徽和李淳风认为这是可以应用今有术解决的问题，m、n 分别为所求率、所有率，A 为所有数。《九章算术》没有应用今有术，而是以今有物乘今有钱数作为实，价值 n 作为法求解。因为其程序是以与钱数不同类的“物”乘，以与“钱数”同类的“价值”除，故被称为“异乘同除”。明代编纂《永乐大典》，将《九章算术》及其他著作中的同类问题以此为名编成第 16343 卷。（郭书春）

异径管律 管律之一种。明朱载堉制作了一套含三个八度的 36 支律管，它们的发音是准确的十二平均律。该律管为铜制或竹制开口管，管长遵从十二平均律的各律弦长数值，管径依$\sqrt[24]{2}$而递次缩小，管吹口端均开有“纵横皆广一分七厘六毫”的豁口。36 支律管中，定倍黄钟管长度为 2 尺，内径 5 分。经过复原实践和理论计算，证明这 36 支律管中每相邻两管的音程均为 100 音分。朱载堉的这套管律称为“异径管律”。事载其著《律学新说》和《律吕精义·内篇》之中。长期以来，朱载堉律管以公比数$\sqrt[24]{2}$缩小其内径是否正确，是否发准确的平均律音，有不少人存有怀疑。主要是那些复原理论在计算中没有考虑朱载堉律管中的豁口。（戴念祖）

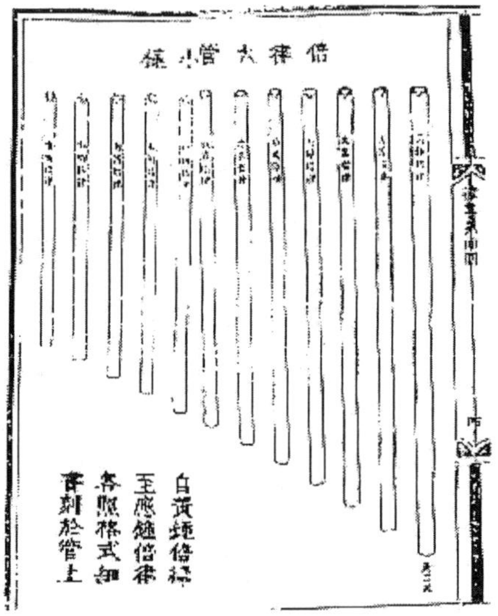

朱载堉制异径管律

译书公会 清代戊戌变法期间维新派创办的翻译出版机构。光绪二十三年（1897）成立于上海，由董康、赵元益主持。其章程谓“以采译泰西切用书籍为宗旨”。该会向伦敦、巴黎购买关于政治、教育、律例、天文、舆地、光化电气、矿务、商务、农学、军制等方面书籍，次第译出，对日本所译西学书籍尤加注意。每周将译成之书目先在《译书公会报》上刊布，然后精印发行。又摘译英国《泰晤士报》、《律例报》、法国《勒当报》、《国政报》、德国《东方报》之菁英，译附书籍之后，以供国内士子了解世界大势和西学新知，备留心时务者浏览。还广译蚕桑各书，并刊简明善本，绘图列说，将之遍飨农村，以发展中国的蚕桑事业。（李家明）

益疾里 每天日益增加的行进里，出

《九章算术》盈不足章良驽二马问。问云：“良马初日行一百九十三里，日增一十三里”，其术称“日增”里数为“益疾里数”。同样，问云“驽马初日行九十七里，日减半里”，刘徽注称“日减”里数为“减迟里数”。显然，益疾里和减迟里含有加速度概念的萌芽。蒲莞共生问“蒲生日自半，莞生日自倍”，二鼠穿垣问“大鼠日自倍，小鼠日自半”，也是益疾减迟问题。（郭书春）

阴道　月行于黄道以西以北的轨道。《汉书·天文志》：“月有九行者：黑道二，出黄道北；赤道二，出黄道南；白道二，出黄道西；青道二，出黄道东。……青赤出阳道，白黑出阴道。若月失节度而妄行，出阳道则旱风，出阴道则阴雨。”桓宽《盐铁论·论菑》：“月者阴，阴道冥。”唐代瞿昙悉达《开元占经·天体浑宗》：“月行二十七日有奇而周天，其行半出黄道外，半入黄道内，在内谓之阴道，在外谓之阳道。”（李家明）

阴历　又叫太阴历，就是以月相变化为基本周期而制定的历法。中国古代历法多为阴阳合历，其月份安排是以大、小月相间，大月 30 天，小月 29 天，以求与朔望月长度（约29.5306日）逼近。一年一般有 12 个月，如此一个阴历年比回归年少约 11 天，不能与回归年保持同步。于是每隔几年要加入第 13 个月，叫做闰月，以使阴历年大致与阳历年保持同步。这种方法叫做置闰。中国古代早就发明 19 年 7 闰的置闰法，后来不断有所改进。（孙小淳）

阴燧　又名阴鉴。《淮南子·天文训》高诱注：“方诸，阴燧，大蛤也。熟摩令热，月盛时以向月，下则水生，以铜盘受之，下水数滴。”《旧唐书·礼仪志三》：“阴鉴形如方镜，以取明水。”似承露盘一类器物，在夜间月下取水，供祭祀用。（戴念祖）

阴阳　中国古代以阴阳概念解释自然界两种对立的基本因素或属性，及其相互转化的学说。《易传》提出“一阴一阳之谓道”，把阴阳交替看做宇宙的根本规律。《易·系辞上》：“阴阳不测谓之神。”孔颖达疏：“天下万物，皆由阴阳，或生或成，本其所由之理，不可测量谓之神也。”西周末始以阴阳解释自然变化，凡天地、日月、昼夜、男女以至脏腑、气血皆为阴阳。《老子》所谓“万物负阴而抱阳”，肯定阴阳的矛盾势力为事物本身所固有。阴阳二者可以相互转化。《素问·阴阳应象大论》：“阴阳者，万物之能始也。”又说：“阴阳相差，而变由生也。”《国语·越语》云：“阳至而阴，阴至而阳。”人们以阴阳解释四时之变、月之圆缺、日月之食，甚至地震的动因。伯阳父认为：“阳伏而不能出，阴迫而不能蒸，于是有地震。”（《国语·周语上》）（郭书春）

阴阳家　战国时提倡阴阳五行说的学派，被列为先秦至汉初九流十家之一。凡奉阴阳、四时、八位、十二度、二十四时等数度之说和五德终始的五行之说，以及天文、占候、星卜、占星、相宅、选日、遁甲六壬之属者，均称阴阳家，俗称阴阳先生。战国时代表人物有邹衍、邹奭等。《汉书·艺文志·诸子略》：“阴阳家者流，盖出于羲和之官，敬顺昊天，历象日月星辰，敬授民时，此其所长也。”认为阴阳家最早出于古代传说中唐尧时执掌天文、历数和机祥的官吏。阴阳和五行两说，本来具有一定的科学因素，阴阳家则把科学和巫术相结合，以天象来预测社会历史的演变与人事的吉凶祸福。他们认为人类社会的发展也受木、火、土、金、水五种势力的支配，提出“五德转移”、“五德终始”说，用以论证社会历史的变革和王朝的更替，形成了唯心和迷信的糟粕。《史记·太史公序》批评说：“尝观阴阳之术，大祥而众忌讳，使人拘而多畏。”（李家明）

阴阳五行说 以“术数”为基础而发展起来的阴阳说和五行说合流的学说，始于春秋战国时的燕齐方士。《管子》称阴阳为“天地之大理”，又说：“东方曰星，其时曰春，其气曰风”，“南方曰日，其时曰夏，其气曰阳”，“中央曰土，土德实辅四时出入”；“西方曰辰，其时曰秋，其气曰阴”，“北方曰月，其时曰冬，其气曰寒”，将阴阳和“五行”、“五方”、“四时”相配合，解释季节更迭和天象变化。《吕氏春秋》则用阴阳五行说的基本观点讲音律和历数，进而推测天体运行、万物生长和历史的演变，既有科学的成分，也有附会的臆测。西汉董仲舒“始推阴阳，为儒者宗”，用儒家思想阐发阴阳五行说，认为“天地之气，合而为一，分为阴阳，判为四时，列为五行”（《春秋繁露·五行相生》），以阴阳五行解释天地起源和万物生成。其又说：“天道之大者在阴阳，阳为德，阴为刑，刑主杀而德主生”（《举贤良对策一》），称“五行者乃孝子忠臣之行”，赋予阴阳、五行道德的属性，进而提出“人副天数”：“天地阴阳木火土金水九，与人而十者，天之数毕也。”（《春秋繁露·天地阴阳》）以天道运行、四时次序附会社会秩序，构制“天人感应”的神学目的论体系，开汉代谶纬神学之先河。阴阳五行说对后世的宇宙观的产生发展有很大影响。北宋李觏提出：“天降阳，地出阴，阴阳合而生五行。”北宋周敦颐创“太极”说，称“五行一阴阳”，“阴阳一太极”，“太极本无极”，确立了以太极阴阳为主要观念的宇宙论，为朱熹哲学体系提供了基本思维格局。王安石用阴阳二气的运行说明五行“皆各有耦”，“往来于天地之间而不穷”。清代戴震肯定“阴阳五行，道之实体”，说：“举阴阳则赅五行，阴阳各具五行也；举五行即赅阴阳，五行各有阴阳也”（《孟子字义疏证·天道》），对阴阳五行说作了合理的阐述。（李家明）

阴阳学说 将阴阳的哲学思想与医学理论结合所形成的中医基础理论之一，其贯穿于解释人体的结构、生理、病理、诊断、治疗等整个医学领域中。①阴阳是普遍存在的基本规律，是万事万物的纲纪，是一切生物生长、发展、变化的根源，治病的根本。《素问·阴阳应象大论篇》云：“阴阳者，天地之道也，万物之纲纪，变化之父母，生杀之本始，神明之府也。治病必求于本。”从人体来说，功能属阳，物质属阴。病邪来说，风火之邪属阳，寒湿之邪属阴；从药物来说，辛甘发散为阳，酸苦涌泄为阴。②事物的阴阳属性是相对的，阴阳之任何一方又可以再分阴阳，具有无限可分性。例如，人体以上下分，则上半身属阳，下半身属阴；以前后分，则前面属阳，后面属阴；以表里分，则体表属阳，内脏属阴；以脏腑分，则六腑属阳，五脏属阴。《灵枢·寿夭刚柔》云：“人身内有阴阳，外亦有阴阳。在内者，五脏为阴，六腑为阳；在外者，筋骨为阴，皮肤为阳。”《灵枢·阴阳系日月》云：“腰以上为天，腰以下为地。故天为阳，地为阴。”“且夫阴阳者，有名而无形，故数之可十，离之可百，散之可千，推之可万。此之谓也。”③阴阳是对立的，又是互存的，二者既互相对立，又各以对方作为自身存在的条件。《素问·阴阳应象大论》云：“阴在内，阳之使也；阳在外，阴之守也。”“清阳出上窍，浊阴出下窍，清阳发腠理，浊阴走五脏；清阳实四肢，浊阴归六腑。”“阳胜则热，阴胜则寒。”《素问·生气通天论》云：“阳强不能密，阴气乃绝。阴平阳秘，精神乃治。阴阳离决，精气乃绝。”④阴阳二者总在互为消长，互相转化，维持动态的平衡。《灵枢·论疾诊尺》：“四时之变，寒暑之胜，重阴必阳，重阳必阴。故阴主寒，阳主热；故寒甚则热，热甚则寒。故曰寒生热，热生寒。此阴阳之变也。”（张志斌）

音律 “音”、“声”、“乐”与“律”字组合成的名词，如“音律”、“声律”和“乐律”，其词意一般相通，各名词内涵与外延亦无严格界限。狭义上，这些词与律学内容相关，如《吕氏春秋·季夏纪》有“音律”篇；《史记·乐书》云：“协比声律。”广义上，指与乐律学相关的内容。在某些典籍中，特指音韵或音乐。南朝萧梁刘勰《文心雕龙》有“声律”篇，释慧皎《高僧传》云：“始有陈思文曹植深爱声律，属意经音。”（戴念祖）

引漳十二渠 又称西门渠，中国北方最早的大型渠系引水灌溉工程。位于今河南省安阳市北、河北省临漳县南，当时属魏国邺县（治所在今临漳西南40里的邺镇），灌区在河南岸。始建于战国前期。创建人尚无定论，《史记·滑稽列传》等古籍记载为魏文侯时的邺令西门豹（生于公元前5世纪前期，卒于前4世纪初期），《吕氏春秋·乐成》记载为魏襄王时（约在西门豹后100年）邺令史起。后人多调和两说，认为西门豹溉其前，史起灌其后。渠首在邺西18里，有拦河低溢流堰12道，堰上游南岸各开一引水口，设闸门控制，共为12渠，是中国最早的多首制灌溉工程。有堰河段约12里。灌区面积近10万亩。因漳水含沙多，可以落淤肥田，汉代亩产达6石4斗，邺地因此富庶起来。东汉末年，曹操以邺地为根据地，在十二堰的基础上大修渠堰，称天井堰。至东魏天平时（534～537），这些渠道被高隆之所凿天平渠（又称万金渠）所取代。（艾素珍）

应声 古代用以表述共振现象。宋代沈括《梦溪笔谈·补笔谈·乐律》曰：“琴瑟弦皆有应声。”并将发生共振的弦线称为“应弦”，能激起共振的弦音称为“正声”。先秦时，如《周易·乾·文言》将共振现象称为“同声相应”；《吕氏春秋·有始览·应同》称其为“声比则应”。从古代人描述的具体共振现象看，“同”多指固有频率相等的两个物体的共振；“比”多指固有频率成整数比或简单分数比的两个物体的共振。但许多典籍对此并不作严格区分，常有混用或泛指共振的现象。沈括以纸人跳跃的演示实验确定弦线的共振，这种实验比西方早约六个世纪。（戴念祖）

应县木塔 即佛宫寺释迦塔，位于山西应县县城西门内。始建于辽兴宗重熙年间（1032～1055），完成于道宗清宁二年（1056），是为兴宗耶律宗真的皇后萧氏建造的。辽王朝统治者一贯有为皇帝及后宫建塔造寺的习惯，如大同的华严寺、巴林左旗古庆州城内的白塔，均为帝王所建。萧氏本姓陈，其父陈六是圣宗法天皇后之兄，被赐名萧存穆，陈家权势在圣宗、兴宗两代显赫一时，萧氏被封为皇帝后宫后，在她的出生地（应县）大兴土木，破土动工修建了释迦塔，迄今900余年。释迦塔是八角形楼阁式塔，外观五层，实为九层，第二层以上各层平座在内部构成暗层，塔高67.3米，底层塔径30.27米，塔每层从下至上由平座、立柱、斗栱、屋檐组成，各层屋檐、各层向外挑出的平座、回廊以及攒尖的塔顶和造型优美而富有向上感的铁刹，使整座塔呈现雄壮华美的形象。塔坐落在双层多边形的石砌台基上，台高4米，塔采用内外两槽双层套筒式结构，由立柱层、斗栱层、暗层相叠而成，上下柱以叉柱法相连。立柱层在各柱脚间用地袱、各柱头间用阑额和普拍枋相连，这些水平构件将各柱横向连成刚性极好的整体；内外槽之间用梁枋连接，内外柱上皆用斗栱，斗栱向内外出跳的数目相同，斗栱间用乳栿和搭牵连接，暗层采用柱枋和斜撑，组成复式梁的木结构层，在塔的结构上起着圈梁的作用。塔上的斗栱形式各异，共计60余种，补间斗栱多用45°或60°斜栱，是辽代斗栱的小小集成。因为木塔采用的是在现代建筑结构中也颇具抗震性能的双层套筒式结构形式，因此，它曾经历过元顺帝年间（1333～1370）历时7日的大地震而毫无损坏，标志着中国木结构建筑技术的较高水平。木塔铁刹以双层八角形莲花座乘托体形小小的覆钵，上为五重天，再上为刹杆和圆圈，刹杆与攒尖顶各角的角梁之间连以铁链8条，铁刹的高度、造型与全塔的轮廓极为和谐。释迦塔的立面经过精心设计，第一层柱高与二、三、四各层的平座、立柱、斗栱、屋檐四部分的总高相等，构成有规则的韵律；各层屋檐依照总轮廓所需要的长度和坡度，以华栱和下昂进行调整，创造了优美的外轮廓；最下层环绕付阶，与上层屋檐相互呼应，使塔显得稳定苍健。木塔内的塑像和壁画，也是辽代的珍品。在释迦塔内槽的八角形空间内，每层（明层）皆放置塑像，第一层为高大的释迦，端坐于八角形须弥座上，佛像面容肃穆，神态端庄，顶上藻井饰以行龙，给人以天高莫测之感。内槽壁面上画着6尊如来佛像，色彩鲜艳，比例合适，如来佛像头顶两侧各有一飞天，活泼丰满，神采奕奕；第二层释迦坐像两侧有胁侍菩萨像各一，再前为普贤、文殊二菩萨端坐在须弥座上，眉清目秀，典雅优美，须弥座的束腰雕成爬着的象、狮；第三层为相背而坐的东、西、南、北佛，第四层佛像群中间端坐释迦佛，东南是普贤骑象，西南是文殊骑狮，东侧站立释迦佛的徒弟阿难，诸像各具神态，坐骑威武雄壮，第五层又为释迦本尊像，周围8尊菩萨分布在八角形台基的各边上，相背而立。佛教经典中有“若人旋佛及旋佛塔所生之处得福无量”之句，教徒对绕佛礼拜极为重视，释迦塔各层佛像皆置于内槽中间八角形佛台上，内外柱间的槽成为围绕佛像的回廊，为教徒绕佛礼拜提供了很好的场所，是将佛塔结构与佛塔功能融为一体的典范。（沈玉枝）

盈不足术 即今之盈亏类问题的求解方法。其典型的问题是：几人共买物，人各出钱A，则盈a；人各出钱B，则不足b，求人数及物价。秦简《数》与公元前186年汉墓出土的《算数书》已用到盈不足术。盈不足系先秦“九数”之一目，《九章算术》之第七章。该章给出了盈不足术：“置所出率，盈、不足各居其下。令维乘所出率，并以为实。并盈、不足为法。实如法而一。有分者通之。盈、不足相与同其买物者，置所出率，以少减多，余，以约法实。实为物价，法为人数。”由此可知：

$$物价 = \frac{Ab + Ba}{|A - B|} \quad ①$$

$$人数 = \frac{a + b}{|A - B|} \quad ②$$

该章还给出了共买物问题的另一解法，其求人数如②式，其求物价之法为

$$物价 = 人数 \times A - a = 人数 \times B + b。$$

该章又给出了两盈、两不足术，可用现代公式表示如下：

$$物价 = \frac{|Ab - Ba|}{|A - B|}$$

$$人数 = \frac{|a - b|}{|A - B|}$$

对盈适足和不足适足的情形，该章亦给出解法，为上述公式之特例。公元3世纪刘徽以齐同原理论证了这些方法的正确性。

《九章算术》盈不足章还用上述方法解决一般算术问题。通过任意假设二数为答案，代入原题验算，必然出现上述三种情形之一，然后根据不同的情况用相应的方法求解。此法可以求出线性问题之精确解，但对非线性问题只能求得近似解，现今求非线性问题的弦位法，实际上就是盈不足术。盈不足方法后来传入阿拉伯地区和欧洲，阿拉伯人称之为“契丹算法”，又称为双设法（rule of false），成为他们解决问题的重要方法。（邹大海）

营卫气血 中医学术语。①人体生命活动所必需的四种精微物质，它们是生命活动的动力基础。营、卫、气、血均通过脾胃运化功能从饮食水谷中吸收转化而来，而又运行于全身。卫是卫气的简称，卫气行于脉外，具有卫外功能。营是营气的简称，营气行于脉内，具有润养的功能。《灵枢·营卫生会》云：“其清者为营，浊者为卫，营在脉中，卫在脉外。”气泛指人体之气。血指由饮食精微所化生而循行于脉管中的血液。《灵枢·决气》云：“上焦开发，宣五谷味，熏肌充身泽毛，若雾露之溉，是为气。”“中焦受气取汁，变化而赤，是谓血。”②温病的辨证纲领之一。温病学说借卫、气、营、血的阴阳表里相对关系，以它们作为四个范畴来概括温病传变过程中由浅入深的四个阶段，即卫分证、气分证、营分证、血分证，各有其证候特点，也当相应采取不同的治法。清代叶天士《温热论》云：“温邪上受，首先犯肺，逆传心包。肺主气属卫，心主血属营。辨营卫气血虽与伤寒同，若论治法，则与伤寒大异也。”病变按卫、气、营、血的顺序逐步发展为顺传，卫分证直接发展为营分证、血分证则为逆传，若两分的证候同时出现者则为同病。《温热论》云：“大凡看法，卫之后方言气，营之后方言血。在卫汗之可也；到气才可清气；入营犹可透热转气，如犀角、元参、羚羊等物；入血就恐耗血、动血、直须凉血、散血，如生地、丹皮，阿胶、赤芍等物。”（张志斌）

痈疽 病名。指气血为毒邪所阻滞，发于肌肉筋骨间的化脓性疮肿。《灵枢·玉版》：“阴气不足，阳气有余，营气不行，乃发为痈疽。”痈、疽二者，稍有不同。《灵枢·痈疽》：“营卫稽留于经脉之中，则血泣而不行，不行则卫气从之而不通，壅遏而不得行，故热。大热不止，热胜则肉腐，肉腐则为脓……故命曰痈。”“热气淳盛，下陷肌肤，筋髓枯，内连五脏，气血竭，当其痈下，筋骨良肉皆无余，故命曰疽。”痈，可据发病的部位不同而分为内痈与外痈。前者指发生于身体内部者，如肺痈、肠痈；后者指发生于体

表者，如乳痈。疽可据疮形不同而分为有头疽与无头疽。宋代以前言疽仅指无头疽，后渐见有头疽之描述，例如，《卫济宝书》云：“疽初起如麻豆子大，痒痛抓破如小疮，后渐结瘢痕作癀，以次皮破，窍穴渐如蜂房。”（张志斌）

永嘉八蚕 指中国古代利用低温催青中断昆虫滞育的连续养蚕法。刘宋郑辑之《永嘉郡记》载：“永嘉有八辈蚕：蚖珍蚕，三月绩；柘蚕，四月初绩；蚖蚕，四月末绩；爱珍，五月绩；爱蚕，六月末绩；寒珍，七月末绩；四出蚕，九月初绩；寒蚕，十月绩。凡蚕再熟者，前辈皆谓之‘珍’。养‘珍’者少养之。‘爱蚕’者，故蚖蚕种也：蚖珍三月既绩，出蛾取卵，七八日便剖卵蚕生，多养之，是为蚖蚕。欲作‘爱’者，取蚖珍之卵，藏内罂中（随器大小，亦可十纸），盖覆器口，安硎泉冷水中，使冷气折其出势。得三七日，然后剖生，少养之，谓为‘爱珍’，亦呼‘爱子’。绩成茧，出蛾，生卵。卵七日又剖成蚕，多养之，此则‘爱蚕’也。藏卵时……当令水高下，与种卵相齐，若外水高，则卵死不复出；若外水下卵，则冷气少，不能折其出势。不能折其出势，则不得三七日。不得三七日，虽出‘不成’也。‘不成’者谓徒绩成茧。出蛾生卵，七日不复剖生。至明年方生耳。”这段记述表明，当时中国温州一带的蚕农，已经知道，以适当的温度就可以打破二化性蚕的“滞育”状态。这是世界上第一次人为地利用低温的影响来中断蚕的“滞育”。永嘉蚕农就是用这种方法使二化性蚕接连中断“滞育”，从而可在一年中连续孵化四代，实现了一年养多批蚕。这是一个了不起的发明。（汪子春）

永乐大钟 中国古代重大青铜铸件，铸造于明永乐年间（1403～1424）。钟声洪亮悠长。该钟原在北京德胜门铸钟厂铸成，后移入城内汉经厂，明万历年间（1573～1620）移置西郊万寿寺，清雍正十一年（1733）移往觉生寺（今俗称大钟寺）。铜钟通高 6.75 米，钟肩外径 2.4 米，口沿外径 3.3 米。钟壁厚度不等：最薄处在钟腰部，厚 94 毫米；最厚处在钟唇部，厚 185 毫米。重约 46 吨。钟体内外遍铸经文，共 227 000 字。钟声和谐洪亮。此钟是用泥范分段铸作的，蒲牢（钟纽）先铸成形；钟身分七段，用泥范从唇部开始分七次浇注，逐层与泥芯套合，至钟顶部，则将先铸就的蒲牢嵌入泥范中，浇铸后成为一体。经分析，其合金成分为铜 80.54%、锡 16.40%、铅 1.12%。（苏荣誉）

用矩之道 用矩进行测望的方法。矩即用两条直尺组成的直角折尺，中国古代画方的工具，也是主要的测望工具。《周髀算经》商高答周公问中谈到测望目的物高、深、广、远的用矩之道：“平矩以正绳，偃矩以望高，覆矩以测深，卧矩已知远。”将矩的一条直尺平放，则另一条必然与铅垂线平行如图（a）；同样，将一条直尺竖直，则另一条必然是水平的，从而可以校正竖直的或水平的线。同时，如果已知某物 PQ 到测望点 A 的距离 AQ，欲知其高 PQ，可将矩的一条直尺 AC 平放，另一条直尺 CB 直立，从平放直尺一端 A 望某物的高处 P 点，量得视线在直立直尺上截得的距离 CB，则可利用相似勾股形对应边成比例的原理，求得 PQ。如图（b）同样，将另一条直尺下垂，可测得目的物的深如图（c）；将矩平卧，可测得测望点到目的物的距离或两目的物的

距离。（郭书春）

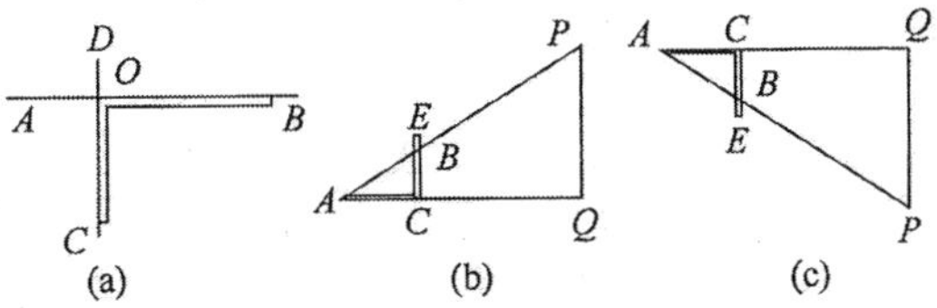

用矩之道

邮驿　即驿馆。邮是为传递文书的人供应食宿和车马的场所。春秋时已设置。《孟子·公孙丑上》云：“孔子曰：‘德之流行，速于置邮而传命。’”又作邮传。《南齐书·竟陵王子良传》：“凡此辈使人……胁遏津埭，恐喝邮传。”驿即驿站，是供应传递文书的人或来往官员暂住、换马的处所。又指驿马。《吕氏春秋·士节》云：“齐君闻之，大骇，乘驿而自追晏子。”可见驿的起源不晚于战国。后来邮传常引申为传送文书，《宋史·王全斌传》云：“邮传不通者月余。”步递曰邮，马递曰驿。还设有邮亭供休息。《墨子·杂守》云：“筑邮亭者圜之。”历代各地设有传舍，供给传送公文者及来往官员食宿；汉唐主要交通要道上隔30里置一驿，唐代凡1639驿；唐还在水路上设水驿。宋代每10里或20里设邮铺。元代的驿传称为站赤，规模极大。明代各地都设有驿站，有马驿、水驿和递运所；又置急递铺传送公文。驿站都备有差役、骡马、车船。清代废递运所，仍置驿站、铺递，但改差役为雇役。清末举办邮局后废止。（郭书春）

油菜　白菜类型和芥菜类型两种油料作物的总称。白菜型油菜又分为南方油白菜和北方小油菜两种。南方油白菜由白菜演化而来。白菜原产于江淮及其以南地区，始为菜蔬，南宋时发展为掐苔为蔬、收子榨油的蔬油兼用的优良菜类。北方小油菜起源于地中海沿岸，或中国西北地区，称为芸苔、胡菜或寒菜。唐《本草拾遗》始见有用北方小油菜的种子榨油的记载。芥菜型油菜由芥菜演化而来。历史上油菜多采用直播，在栽培管理方面，古人主要抓住了以下几个主要方面：一是防旱保墒，主要是指北方。北魏贾思勰《齐民要术》云：“旱则畦种水浇”；二是抗寒防冻。油菜是越冬作物，入冬前（十一月）需锄地、壅根。明《神隐书》指出：若“此月培壅，来年菜不茂”；三是掐苔摘心和锄草施肥。《便民图纂》说，苔可供作蔬，摘心“则四面丛生”、“花实益繁”和“结子繁衍”，“削草净，浇不厌频，则茂盛”；四是适时收获。油菜炸荚，落粒性强，古农谚提到“黄八成，收十成”。（曾雄生）

油用亚麻　又称胡麻、鸦麻、壁虱。《氾胜之书》之后，胡麻多见，但指的是芝麻还是油用亚麻，往往不易判定。北宋已出现“亚麻”之名。苏颂《图经本草》载，亚麻子出兖州威胜军，甘温无毒，苗青花白，八月上旬采用，“又名鸦麻，治大风疾”。油用亚麻的抗旱耐寒力较强，适应性广，对生产条件要求不甚严格，一般以肥沃的新辟土地并适当稀植为宜。历史上，北方（如山西）、西南（如云南）等地均有种植。其生育期短，在北方一般仲春后播种，入秋收获。（曾雄生）

有不可去　中国古代物质不灭思想。《墨经》云：“可无也，有之而不可去，说在尝然。”即原来没有的就是没有，已经有的也不可消灭，因为它是已经有过的。其《经说》又说：“可无也已给，则当然不可无也。”即已经存在的当然存在下去，不能消灭。“偏去，莫加少，说在故。”即是说，一个物体损去了一部分，对剩余的那一部分说是损了，但就整个物体来说，只不过是地点和形态发变化，而它的总量没有变化。此即是自然界一条重要定律——物质守恒定律。《管子》一书中也记载了物质不灭思想，“天地莫之能损也”。晋《列子》一书进一步说，“物损于彼者盈于此”，“成于此者亏”。其意是：在变化过程中，这里物质多了，那里必然少了；这里少了，那里必然多了。这是从数量上说明物质守恒。宋张载认为：气是“散亦吾体，聚亦吾体”（《正蒙·太和》第一），即气虽有聚散，“而其本体不为之损益”（明王夫之《张子正蒙注·太和》），也就是自然原始的物质本源，它只有聚散，而没有生和灭。无论是聚是散，气还是气。物质的元气是永恒的。王夫之还举例对张载的思想作了阐述，比如，“车薪之火，一列而尽，而为焰，为烟，为烬，木者仍归木，水者仍归水，土者仍归土，特希微而人不尔”；又如，“一甑之炊，显热之气，蓬蓬勃勃，必有所归，若盒盖严密，则郁而不散”；再如，“汞见火则飞，不知何往，而归于地”。（王允红）

有生论　中国古代有关生物系统的论述。《荀子·王制》：“水火有气而无生，草木有生而无知；禽兽有知而无义；人有气、有生、有知亦且有义，故为天下贵也。”这里指出了区别生物与非生物、动物与植物、人和动物的要素，并由这些要素构成的层次建立了一个从无生命的水火到有生命的植物、动物和人的变化系统及其等级差异。水火只有气，而无生命；植物（草木）有气、有生命，但无知觉；动物（禽兽）有气、有生命、有知觉，但无理性，而人不仅有气、有生命、有知觉，而且有理性。这与亚里士多德建立的系统非常相似。亚里士多德认为：植物只含有植物灵魂（psyche threptike），动物含植物灵魂和动物灵魂（psyche aisthetike），人除植物灵魂、动物灵魂外，还含有理性灵魂（psyche dianostike）。（汪子春）

幼童留学　清末洋务派实施的公费留学方式，开创了中国教育史上留学的先例。容闳在美国大学毕业后回国，于1867年向曾国藩建议派学生赴美留学。1872年，曾国藩与李鸿章联名上奏派幼童留美。清政府同意派120人，分四批，由陈兰彬和容闳任正、副监督，先后赴美。后因留学生与监督吴嘉善冲突以及美国政府不同意部分幼童入军校深造，清政府决定撤回，许多人半途而废回国。这批留学生人数虽不多，但毕竟还是培养出一批科技人才，著名者有铁路工程师詹天佑等。（李家明）

釉　一种涂在陶器和瓷器的表面，起到保护作用、增强其性能并使之呈现不同色泽光彩，且可增加陶瓷的机械强度和绝缘性能的物质。通常用石英、硼砂、长石、黏土等混合研碎加水制成。据考古资料，釉约出现于商代，距今约3500年，最早多是一种高温钙釉。汉至唐代发展出青釉、白釉和黑釉瓷器，日臻成熟。唐宋以后发展出许多新的工艺，例如，釉上彩，是在烧好的素器上彩绘，再经低温烘烧而成，因彩色附于釉面上故名，最早见于宋代；釉下彩，是在生坯上彩绘，后施釉高温烧成，彩纹在釉下，故永不脱落，最早见于唐代；青花，为釉下彩品种之一，以氧化钴为色剂，在坯胎上作画，罩以透明釉，经1280～1320℃高温烧成，蓝白相映，为明清两代最常见的瓷器；釉里红，以氧化铜为色剂在胎上彩绘，施釉后高温烧造出白底红花，始于元代景德镇；斗彩，在坯体上以青花勾绘花纹轮廓线，施釉烧成陶瓷后于轮廓线内填以多种色彩，再经低温度炉火二次烧成，画面呈现釉下青花与釉上色彩竞相媲美，故名斗彩，始于明成化年间。盛行于唐代的三彩陶器以黄、褐、绿为基本釉色，是一种低温釉陶器。唐三彩是在色釉中加入不同的金属氧化物，经过焙烧，形成浅黄、赭黄、浅绿、深绿、天蓝、褐红、茄紫等多种色彩，但多以黄、褐、绿三色为主，故名三彩。唐三彩主要用于随葬，作为冥器，其胎质松脆，防水性能差，实用性远不如当时流行的青瓷和白瓷，但艺术性较高。（王扬宗）

竽律 管律之一。汉墓出土竹简“遣策”中有“竽律”之名。长沙马王堆一号汉墓出土一套竹制明器律管，共 12 支，最长者 17.65 厘米，最短者 10.10 厘米，管身墨书十二律之名（见图）。有人认为，该明器是古代用以确定竽的音高的定律器。《韩非子·解老》：“竽也者，五声之长也。故竽先则钟瑟皆随，竽唱则诸乐皆

竽

长沙马王堆一号汉墓出土的鼓瑟吹竽木俑

和。”这说明，先秦以来，竽在器乐合奏中需要准确的音高，需用律管调音。由于竽是簧管乐器，除点簧调音外，尚需顾及异管谐和，因此需特别的竽律调音（参见“管律”条）。（戴念祖）

渔具 各种鱼类捕捞工具的总称。渔具的出现远早于农具，以后得到发展，种类也随之增多，唐陆龟蒙首次将渔具分成网罟、筌、梁、稽等十多类。明代《鱼书》分为网类、缝类、杂具、渔筏等若干类。近代则按其结构、功能、操作方法等，将渔具分为网渔具、钓渔具、箔筌渔具和杂渔具四大部，计 15 大类。网渔具是最常用的一种捕捞工具，在捕捞活动中占有重要地位。传说，包羲氏曾“作结绳而为网署，以佃以渔”（《易·系辞》）。新石器时代网渔具即已广泛使用，在辽宁新乐、河南庙底沟、陕西半坡以及浙、闽、粤等地原始文化遗存中就出土有大量的网坠和陶器上绘饰的渔网形图案。《诗经·小雅》云：“南有嘉鱼，烝然汕汕。”汕汕，即樔，古又称为撩罟，即今日抄网。抄网是比较原始的囊袋状有把式的小型网具之一，主要用于内陆淡水，作业规模小。先秦及后世还有一种渔具，称为“罾”，其“形如仰伞盖，四维而举之”，系敷网类渔具。南宋周密《齐东野语》在记载海洋捕捞马鲛鱼时，提到渔者“帘而

取之”。帘即刺网，今闽广仍有此叫法。该“帘为疏目，广袤数十寻，两舟引张之，缒以铁，下垂水底”，横向垂直布设于鱼类通道上，阻隔或包围鱼群，使之刺入网目或被缠于网衣上而受擒。清初屈大均《广东新语》提到索罛、围罛，即围网。索罛眼疏，专捕大鱼；围罛眼密，以取小鱼。这种网具最适于捕捞密集或合群游弋的中上层鱼类。除上述几类之外，古代属于网渔具的还有拖网类、建网类、掩网类等。钓渔具也是历史悠久、使用广泛的捕鱼工具。陕西半坡、山东大汶口、黑龙江新开流、广西南宁、湖北宜昌等地新石器时期遗址就出土有相当数量的鱼钩，其形制有内逆刺、外逆刺、无逆刺和卡钓等，其质地有骨或牙、贝等，制作精致。铜质鱼钩也已在早商时期的文化遗存中（河南省偃师县）发现；春秋战国时期，随着冶铁业的进步和铁制技术的提高，铁质鱼钩得到了更为广泛的使用。中国古代钓渔具的形式主要有手钓类、竿钓类、纲钓类几种。手钓类出现最早。竿钓在《诗经》中已出现，《国风·卫风》上说：“籊籊竹竿，以钓于淇。”对于其构造，晋人已说到钓车，唐人又说到钓筒这两个重要部件：钓筒，一般截竹而成，作标漂用，俗称浮子，使鱼钩在水域中保持一定的深度；陆龟蒙《渔具诗·钓筒》云：“短短截筠光，悠悠卧江色。”钓车，即绕线的轮子，利用轮子转动以调节、控制钓线伸缩和钓钩上下。到宋代，竿钓渔具已具备了竿、纶、浮、沉、钩、饵六个部件，在结构上已趋于完备。纲钓类即绳钓。以长绳作纲，纲上每隔适当距离系一支线，支线上系以鱼钩，钩上着饵（或空钩），使鱼吞饵（或触钩）遭捕。纲钓法至迟在清代中叶前已出现，赵学敏《本草纲目拾遗》（1765）中已记述其在海洋钓捕带鱼的情况。箔筌渔具用竹竿或篾片、藤条、芦秆或树木枝条等所制成，广泛分布于南北各地，其形式和功能也多种多样。有的起源也很早，如笱在原始社会文化遗址中已有发现，罩、罶、槮等在先秦汉代文献中时有记载。箔筌渔具按其结构特点和使用方法大致分为栅箔类、笼箅类两种。栅箔类是以竹木及其制品编织成栅帘状插在水域中拦捕鱼类的一种渔具。栅箔始自鱼梁。鱼梁也是以拦截方式捕鱼的，但鱼梁主要以土或石筑成，工程难度大、耗费多且效果不佳。唐时称栅箔类渔具为簖、沪或簖。笼箅类是以竹篾藤条等编织成的小型陷阱、潜藏处所或作盛贮水产品的渔具，作捕捞用的笱、罶、篓、笭箵等通常设置在江河缓流处，湖、海近岸浅水场所或杂草边缘，使鱼虾入内。根据捕捞对象的特性，有的在笼内放置芳香物、重膻味的饵料；有的以彩色、阴影等引诱；也有的将鱼笼编成细长状，口成喇叭形，口颈部装有逆须，放在河流鱼虾通道上进行拦截，导其就范，入后不复出。杂渔具则是除上述种类之外的许多结构各异、功用不一的渔具，如猎捕刺射用的、抓耙水底用的和窝诱用的渔具等。（曾雄生）

宇宙　时间和空间的统一体，即时空。《淮南子·齐俗训》称：“往古来今谓之宙，四方上下谓之宇。”这是把时间叫做“宙”，空间叫做“宇”。这种作为时空的宇宙概念在春秋战国时期就已经出现。《墨经·经说上》说：“宇，冢东南西北；久，合古今旦莫。”又说：“宇，弥异所也。”“久，弥异时也。”是为宇宙的非常明确而科学的定义。《庄子·天下》说宇宙“至大无外，谓之大一；至小无内，谓之小一”。宇宙是大到没有外围、小到没有内核的。宇宙是超乎盖天说和浑天说所讨论的天地结构和岁时变化之上的更为广袤的时空，是无限的时空概念。《管子·宙合》里说：“天地，万物之橐也，宙合有橐天地。”即宇宙包含天地。盖天说和浑天说对于它们所讨论的天地框架之外，是否还有空间存在，是否可以认识，都犹豫其辞。盖天说的代表作《周髀算经》说：“过此而往者，未之或知。或知者，或疑其可知，或疑其难知。”浑天家张衡在《灵宪》里说：“未知或知者，宇宙之谓也。宇之表无极，宙之端无穷。”明确说宇宙是无限的时间和空间。与浑天说同时发展的宣夜说，其宇宙观也是无限的。我国古代还认为时间和空间是相互统一的。对此《墨经》中有精辟的论述：“宇或徙，说在长宇久。”“或”即“域”。《经说》的解释是：“长宇，徙而有处，宇南宇北，在旦有在莫：宇徙久。”这是说，事物的运动必定经历一定的空间和时间，由此时此地到彼时彼地，如由南到北，由旦到暮，时间的流逝和空间的变迁是紧密地结合在一起的。时间和空间统一于物质运动之中。汉代扬雄在《太玄·玄摛》里又从另一个角度来说时空的统一性：“阖天谓之宇，辟宇谓之宙。”这是说，天地混沌未分叫做宇，天地开辟有了古今区别叫做宙。也就是说，空间（宇）的变化即时间（宙）。另外，我国古代还认识到宇宙是有限和无限的统一。《墨经·经说下》说：“久，有穷，无穷。”这是说时间是有限和无限的统一。（孙小淳）

玉　美石。《诗经·小雅·鹤鸣》曰：“它山之石，可以攻玉。”现代矿物学认为玉是一个通用名词，包括多种具有坚韧、致密结构，白色到暗绿色的矿物，主要有软玉和硬玉两种。“上古之玉”名称繁多，但从出土古玉和传世玉器看，我国自古迄今所通称的玉，绝大多数为软玉以及类似软玉的鲍文玉和糟化石。中国古代，常把玉的某些物理特征来比拟“君子”的美德，《说文解字》云：“玉，石之美，有五德。”其中“润泽以温”是指玉的光泽滋润而柔和；“䚡理自外，可以知中”是说玉的纹理表里一致，在阳光下可以照见内部；“不桡而折”是说玉非常坚韧不能弯曲，只能折断；“锐廉而不技”是指玉的断口或玉制刀、铲等虽有棱角或刃口，但又不很锋利；“其声舒间扬，尃以远舒”是描写玉的声音。中国古代还用火烧的方法来检验玉质的优劣。《淮南子·俶真训》云：“钟山之玉，炊以炉炭，三日三夜，而色泽不变。”中国古代产玉极丰，但对于玉的产地，除新疆玉矿有较详细的记载外，其他产地记载甚少。据考证，新疆玉矿主要有叶尔羌玉矿、密尔岱山矿和田玉矿和准噶尔玉矿等。据《穆天子传》卷二记载，大约在公元前1000年，新疆的玉石已大量流入中国内地。（艾素珍）

玉米　明清以来重要的粮食和饲料作物。一般认为原产于美洲，16世纪中叶传入中国，但也有少数人认为，在哥伦布发现美洲以前，中国就已有玉米栽培。玉米种植初期，往往被视为消遣作物，多在田头屋角或菜园中“偶种一二，以娱孩稚”。后来才发现玉米具有高产、耐饥、适应性强等特点，适合山区人民的要求，所以首先在山区广泛种植，成为山民的主粮。最早介绍玉米栽培技术的农书为清人张宗法的《三农纪》：玉米“植宜山土，三月点种，每科须三尺许，种二三粒，苗出六七寸，耨其草，去其苗弱者，留壮者一株”。19世纪以后由于土地与人口的矛盾日益尖锐，玉米栽培逐步向精耕细作集约经营的方向发展，耕作制度日趋复杂多样，清冯绣的《区田试种实验图说》就详细介绍了玉米与麦、谷子、绿豆等间套轮作，达到一年三熟的栽培技艺。清郭云陞的《救荒简易书》则总结了河北、河南、山东等省可以一年两熟的经验，并主张：沙地包谷在立夏断风前五日种之，则苗不为风沙所打而能早熟；易遭水患的洼地宜种快包谷，争取伏前成熟可免雨季水涝之害；腊月或正月、二月种快包谷，麦收后即可成熟以免虫害等。清《多稼集》主张要选择健壮果穗，去其首尾，采中部子粒做种，并认为玉米品种久种会引起退化，应位及时更新换种，还指出从北方引种“性能耐寒，移栽稍暖之地更可茂盛”。通过长期选育，育成了多种类型的农家品种。（曾雄生）

玉泉寺铁塔 中国古代大型铁铸件，位于湖北当阳玉泉寺山门外。据塔身铭文，该塔建于宋嘉祐六年（1061），耗铁76 600斤。塔高17.9米。底座和13层塔身为宋代铸造。现存的铜塔刹是清道光十五年（1835）后加的。铁塔系八角形仿木结构，外为铁壳，内砌砖墙，塔心中空。座基周长9.6米，每层的周长随塔高递减，第13层减至4.3米。底座与塔身均铸造有花纹和各式佛像。底座八角原铸有8尊铸铁金刚，现存6尊。铸铁金刚以铁柱贯穿，与上层铸件相连接。铁塔由44块铸件组成：底座四块，第1层分塔身、塔檐两块，第2～13层各为平座、塔身、塔檐三块，顶部有莲花盆和塔刹两件，据分析该塔系麻口铁铸件。化学成分为碳3.66%、硅 0.05%、锰 0.05%、硫0.022%、磷0.29%。（苏荣誉）

芋 古称蹲鸱，是一种古老的作物，有人认为其栽培甚至早于谷物。而在谷物被广泛栽培之后，它主要用于救荒。《史记·货殖列传》：“汶山之下沃野，下有蹲鸱，至死不饥。”北魏贾思勰《齐民要术》指出“芋可以救饥馑，度凶年”。王祯《农书》则说：“蝗之所至，凡草木叶靡有遗者，独不食芋”，故“宜广种此”。明《农政全书》则说：“秋月禾苗未收”，此时芋可收，是“续乏之大用”。现在主要用作蔬菜。芋的栽培方法最早见于汉《氾胜之书》。是书载有“种芋法”和芋的“区种法”，指出：“欲深劚其旁以缓其土，旱则浇之，有草锄之，不厌其多，治芋如此，其收常倍。”《氾胜之书》后，历代综合性农书也多提到芋的栽培。明黄省曾还著有《芋经》（一名《种芋法》）一卷，其中“艺法”一节谈到当时的种芋方法。（曾雄生）

尉迟寺聚落遗址 大汶口文化晚期聚落遗址，在安徽省蒙城县，距今5000年，总面积约10万平方米，揭露面积7000多平方米。尉迟寺遗址周围分布着十余处中、小型聚落，与尉迟寺遗址一起形成了一个规模宏大的聚落群，尉迟寺遗址是这些聚落的核心聚落。聚落以一个大型广场为中心，总面积为1300平方米，呈圆形布局，在广场东部出土有鸟形“神器”。在广场中心，有一处直径约4米的圆形火烧痕迹，原红烧土面已变成灰褐色，应是氏族成员在广场开会或进行祭祀等活动所留下的。广场后面是聚落主体房屋，平面布局为竖向一排房屋与横向三排平行房屋垂直相交，呈“丰”字形结构，每排总长约65米，每间房前有小广场，但面积小，铺垫薄，其功能应为个体家庭成员日常生活的活动空间。房子多呈东南－西北向，门道多向西南。而东北－西南向的房子，门道多向东南或西北。有些方向与之不同的房子，门都朝着中心广场方向。每一组房基址都是分别由大间和小间组成的，大间房址20平方米左右，设有一门或两门，房内有独立的灶址和成组的生活器具以及数量不等的生产工具，如鼎、罐、壶、盆、杯、尊、器盖等，生产工具有锛、凿、镰、铲以及陶拍、纺轮等。由此可见，居住在大间里的人们属于一个稳定的生产单位和消费单位，构成了一个一夫一妻制的家庭。小间一般在10平方米左右，设一门。每间房子正中偏后处，设置一个1米见方的方形土台，高出居住面2厘米，台面光滑平整，与居住面烧成一个整体，小间房址作储藏之用。土台有与后墙相连的，有与后墙分开的。与后墙分开的土台四角分别立4根木柱，直通房顶，与后墙相连的土台，只在前面两角立有木柱。在土台的四周，有的还完整地保留着一段隔墙，门道一般宽60公分左右，在门内侧下设木门槛，两侧立木门框。房子多为浅穴式建筑。凡是作为居住使用的房间，出土器物的数量都比较多，种类也比较齐全，一般都拥有生活用具。聚落周围有一大型椭圆形壕沟环绕，起蓄水、排水和防御的作用，由人工挖治而成。围壕南北长240米，东西宽220米，壕沟跨度25～30米，平均深度为4.5米。聚落遗址出土有集中的成人墓葬，以及灰坑、祭祀坑、兽坑。(沈玉枝)

元气　(1)指天地未分之前的混沌之气，是自然界一切物质的基础。西汉《淮南子》称：“太始生虚，虚生宇宙，宇宙生元气，元气生涯垠，清阳者薄靡而为天，重浊者凝聚而为地。”河上公《老子章句》以“元气”为宇宙本始。东汉王充认为元气“是与云烟云雾相似的原始的物质元素”，“天禀元气，人受元精”(《论衡·超奇篇》)，认为天是气，将其称为“天气”；人也是气，称为“人气”，由于人禀受了元气中最为精微细致的部分，即“精气”。它产生天地，而又非宇宙之根本。他又说“万物之生，皆禀元气”，“元气未分，浑沌为一”。何休《春秋公羊解诂》：“元者，气也，无形以起，有形以分，造起天地，天地之始也。”《鹖冠子·泰录》谓：“天地成于元气。”三国时期嵇康、杨泉继承了两汉元气的思想，认为：“元气陶铄，众生禀焉。”(《嵇康集·明胆论》)“夫天，元气也，皓然而已，无他物焉”，“星者，元气之英”，“气发而升，精华上浮，宛转随流，名之曰天河，一曰云汉，众是出焉”(杨泉《物理论》)。嵇、杨元气论认为：元气是构成万物的物质基础，自然界的万物是由元气变化产生的；元气之外，再没有什么本体了。唐代柳宗元《天说》曰：“彼上而玄者，世谓之天；下而黄者，世谓之地。浑然而中处者，世谓之元气。”即天、地、气是统一的物质。《天对》：“曶黑晰眇，往来屯屯，庞昧革化，惟元气存，而何为焉?”即昼夜不停地交替着，万物从蒙昧状态发生变化，都是“元气”在自然而然地起作用。阴、阳、天的结合是受“元气”支配的。“元气”缓慢地吹动时，造成炎热的天气，迅疾地吹动时，造成寒冷的天气，冷热交替而发生。

(2)人的生命之原，指人体维持组织、器官生理功能的基本物质与活动能力。元气的盛衰表示一个人的体质状况。元气在胚胎时期已经形成，藏于肾中，与命门有密切联系。《难经·三十六难》：“命门者……原气之所系也。”《旧唐书·柳公权传》：“公度善摄生……或祈其术，曰：‘吾初无术，但未尝以元气佐喜怒，

气海常温耳'。"（李家明）

原始聚落 是以氏族部落或部落联邦为单元的聚族而居的一种居住方式，诞生于8000年前左右。5000年前左右是原始聚落发展的盛期，形成一个以大型聚落为中心，四周放射状约等距环绕着若干中型原始聚落，中型聚落四周同样地环绕着若干小型聚落，呈现三层或四层结构的聚落群。约5500年前，中心聚落开始嬗变为城堡。构成原始聚落的三大要素是居住的房子、制造工具的手工作坊和安葬死人的墓地。居住建筑依据居住者所处母系氏族或父系氏族的不同时态而呈现出单间建筑、套间建筑和连排建筑，手工作坊和墓葬一般与居住区三者鼎足布置，周围以壕沟环绕，形成原始聚落的典型模式。（沈玉枝）

圆 中国古代数学讨论的最重要的平面曲边形。数学著作中常称为圆田。《墨经·经上》给出了圆的准确而抽象的定义："圜，一中同长也。""圜"同"圆"。这是说圆有一中心，其周边上各点到圆心的距离都具有相等的长度。这与现代几何学的定义是一致的。画圆的工具是规。《墨经·经说上》云："圆，规写支也。"说明了用规作圆的方法。圆的周长与直径之比是个常数，古称周率与圆率，今称圆周率。秦简《数》与《九章算术》都提出了圆面积公式。《九章算术》提出了4个圆面积公式："术曰：半周半径相乘得积步。" "又术曰：周、径相乘，四而一。""又术曰：径自相乘，三之，四而一。""又术曰：周自相乘，十二而一。"此即 $S=\frac{1}{2}Lr, S=\frac{1}{4}Ld, S=\frac{3}{4}d^2, S=\frac{1}{12}L^2$，其中 S,L,r,d 分别是圆面积、周长、半径和直径。前两个公式是正确的，在计算圆面积时，其准确度只依赖于圆周长和直径之比。秦简《数》有其中第1，2，4式。《算数书》也使用了这些公式。公元3世纪刘徽运用极限思想和无穷小分割方法证明了第一个公式。后两个公式在理论上是正确的，只是使用周三径一之率，因而是不准确的。刘徽和公元7世纪李淳风等分别以徽率 $\pi=\frac{157}{50}$ 和 $\pi=\frac{22}{7}$ 修正了这两个公式。（郭书春　邹大海）

圆率与周率 又称为圆周率，即圆的周长与其直径之比。先秦《墨经》云："大圆之圆与小圆之圆同。"认识到圆的周长与直径之比是一个常数。秦简《数》、《算数书》、《周髀算经》、《九章算术》在实际上都使用周三径一。刘徽在用极限思想和无穷小分割方法完成了《九章算术》的圆面积公式的证明之后指出，该公式中的周、径"谓至然之数，非周三径一之率也"，因此需要求这个至然之数，即圆周率的精确近似值。刘徽在中国首创了求圆周率的精确近似值的正确程序。他从直径 $d=2$ 尺的圆开始割圆，利用勾股定理，求出正 $6\cdot 2^n$ 边形的边心距 $r-r_n$，余径 r_n，以及边长，$n=1, 2, 3$，算出 $S_4=313\frac{584}{625}$ 寸^2，$S_5=314\frac{64}{625}$ 寸^2，$S_5-S_4=\frac{105}{625}$ 寸^2，$S_4+2(S_5-S_4)=314\frac{169}{625}$ 寸^2，因此，确定314寸^2 为圆面积近似值。将其代入圆面积公式：314 寸^2 = 10 寸 × $\frac{1}{2}L$，于是 $L=$ 6尺2寸8分 $\frac{8}{10}$ 寸。将其与直径20寸相约，得到 $\frac{L}{d}=\frac{157}{50}$，相当于 $\pi=3.14$。许多著述认为刘徽在求出 314 寸^2 后，是利用圆面积公式 $S = \pi r^2$ 求出 $\pi = 3.14$，这是错误的。刘徽又进而求出 $\frac{L}{d} = \frac{3927}{1250}$，相当于 $\pi = 3.1416$。刘徽的方法奠定了中国的圆周率计算长期领先世界的基础。南朝刘宋祖冲之进一步将圆周率值精确到 8 位有效数字，相当于求出 $3.141\,592\,6 < \pi < 3.141\,592\,7$。普遍认为，祖冲之是用刘徽的程序求得此值的。祖冲之进一步确定 $\pi = \frac{355}{113}$ 为密率，这是分母小于16 604的一切分数中最接近 π 的真值的分数。元初赵友钦从圆内接正四边形开始割圆，证明了祖冲之所求的值是准确的。祖冲之的成就在世界上领先约千年。1427 年阿尔·卡西的值超过了 8 位有效数字，16 世纪末德国奥托（V. Otto，1550 ~ 1605）、荷兰安托尼兹（A. Anthonis，1527 ~ 1607）先后提出了 $\pi = \frac{355}{113}$。（郭书春）

圆者常转 物体的运动形式之一。《孙子·势篇》道："方则止，圆则行。"《淮南子·主术训》云："圆者环复转运，终始无端。"《淮南子·原道训》道："圆者常转。"是述圆物的转动。《君文子·大道上》云："圆者之转，非能转而转，不得不转也；方者之止，非能止而止，不得不止也。因圆之自转，使得不止；因方之自止，使不得转。"这是对圆物和方物运动的描述和解释。《墨经·经下》："正而不可擔，说在抟。" 《墨经·经说下》："正丸（九），无所处而不中县，抟也。""正"，即指物体在平面上的位置状态，即是球形物体在平面上任何地方、任何时候都是"正"的，无所谓斜和偏，但它却是不安定的，随处、随时都在转动，"丸"字表示球形物体。刘徽《九章算术注》中称球体为"丸"。"县"即"悬"，指绳挂重物或铅垂线。《考工记·与人》以"立者中县"描述物体位置直立不偏的状态，球形物体和平面接触点与球心的连线总是处在铅直线上。墨家准确地描述了圆形物体的转动及其原因，解释了随遇平衡的物理机制。（王允红）

圆锥曲线 用一平面截割圆锥所得的曲线，故名。又称二次曲线。中国传统数学著作中所讨论的圆锥曲线仅限于圆。《淮南子》中谈到过椭圆，但未讨论其性质和数量关系，至于抛物线和双曲线，中国传统数学中从未涉及。明末传教士罗雅谷翻译《测量全义》，始将圆锥曲线知识传入中国，当时将圆锥体译成圆角体，其卷六云："截圆角体法有五：从其轴平分直截之，所截两平面为三角形，一也；横截之，与地平行，截面为平圆形，二也；斜截之，与边平行，截面为圭窦形，三也；直截之，与轴平行，截面为陶丘形，四也；无平行，任斜截之，截面为椭圆形，五也。"圭窦形今称为抛物线，陶丘形今称为双曲线。这里给出了得到各种圆锥曲线的基本方法。清末李善兰与英国传教士艾约瑟合译《圆锥曲线说》，阐述了椭圆、抛物线、双曲线的定义和性质。（郭书春）

圜道 地球上的水连续不断地变换地理位置和物理形态的运动过程，现代称水分循环或水文循环，简称水循环。"圜道"一词见于《吕氏春秋·圜道》。《庄子·天运》已提出天上的云和地下的雨是相互转换的，且"不能自止"。东汉王充在《论衡·儒增篇》中论述了大陆内部的水汽小循环："山气为云，上不及天，下而为雨。""夫云雨出于丘山，降散则为雨矣。初出为云，云繁为雨，犹甚而泥露濡污衣服，若雨之状，肥云与俱，云载行雨也。”“天将雨，山先出云，云积为雨。”《吕氏春秋·季春纪·圜道》首次揭示了地处太平洋西岸的中国水循环的途径和规律：“云气西行，云云然，冬夏不辍；水泉东流，日夜不休。上不竭，下不满，小为大，重为轻，圜道也。”即水汽从海洋不断吹向大陆，在大陆上空回旋，凝降为雨；地上、地下的水流向海洋，日夜不息，海洋也常注不满，涓滴汇合成河海，海水又蒸发为浮云，形成水的大循环。书中还将这种小（水源）变大（海洋），重（水）变轻（云）的水分往复运动，称做圜道。南朝时期的何承天说明了水循环的动因：“百川发源，皆自山出，由高趣下，归于注海。日为阳精，光耀炎炽，一夜入海，所经燋竭。百川归注，足以补复，无中生有旱不为减，浸不为溢。”（《宋书·天文志一》）明末清初的《白猿经》中的《日火下降 暘气上升图》形象地图解了水循环的过程。（艾素珍）

乐律学 中国古代音乐艺术和音乐理论的总称。它包括“乐学”和“律学”两部分。前者从音乐艺术的实践出发，包含今音乐学的主要内容；后者从发声体振动规律出发，运用数学手段，寻求组成乐音的各种音高规律及其相互之间的关系，属声学的一个门类。先秦时已有律学专篇，如《吕氏春秋·音律》。司马迁总结先秦乐律学，在《史记》八书中分列《乐书》与《律书》，相当于乐学与律学。从班固作《汉书》起，历代正史中有“乐律志”或“律历志”。后者是将乐学、律学、历法、度量衡包容在一起的中国传统的史志篇。明朱载堉著《乐律全书》，又在其属下列《乐学新说》、《律学新说》二书，分别探讨了传统乐律学的全部内容。（戴念祖）

月 历法计时单位，在我国古代通常是指朔望月，即月相变化的一个周期。朔望月的长度约29.5306天，古代历法中一般以大、小月相间的办法安排月份，大月30天，小月29天，平均起来一月的长度为29.5天，接近朔望月长度。月亮的相位变化很容易引起人们的注意，故人们对朔望月的认识相当早。殷代历法中的月就是朔望月。西周金文中有初吉、生霸、死霸、既望等表示月相的术语，对朔望月的认识非常明确。最先大约从新月初见作为一个月的开始，这一天叫做朏。西周发明了朔的概念，以后历法就一贯以朔作为每个月的起首。确定了每个月的朔日和天数，就能排出一年的历谱。历谱里最早以数字次序记月份，甲骨文和金文中都是如此，后世也一直是这样。春秋战国时代有以十二支记月的方法，但只是作为一种辅助性记法。我国古代历法是阴阳合历，一年一般有12个朔望月，以置闰月的办法调整与回归年的关系。与记月问题直接有关的两个问题是：一年中的第一个月安排在什么季节；闰月怎样安排。于是产生了“三正”和“置闰”。古代还有恒星月、近点月、交点月等概念。恒星月是指月球接连两次和某一恒星具有同一黄经所需的时间，即月球绕地球公转的真正周期，长度为27.321 661日。《三统历》称之为“经天月”，其给出的长度值相当于27.305 708日。后世历法多以“周天”和“月周”两数表示恒星月。近点月是指月球接连两次通过它的轨道上的近地点所需的时间。东汉时李梵、苏统等发现月亮运动有迟疾变化，并指出“疾处”即近地点每月移动3°多时，实际上发明了近点月的概念。我国古代历法常以“周日分”表示近点月。东汉刘洪在《乾象历》中给出的近点月值相当于27.553 36日。交点月是指月球接连两次通过白道和黄道升交点（或降交点）所需的时间。交点月概念的发明同对交食周期的认识有关。《乾象历》明确了黄白交点西退有定量数值，给出了一个交食周期内交点月个数、朔望月个数和交点年个数之间的数量关系，由此可算出交点月长度。祖冲之在《大明历》中首次明确给交点月长度值，他给出“会周”和“通法”两值，两者相除即为交点月长度，其值相当于27.212 23日。我国古代历法偶有纯阳历，此时的“月”就与月亮运动及月相无关。据研究我国早期曾有过所谓的“十月历”，每月36日。（孙小淳）

月离　古代历法中月亮的行度。它最早可能是指满月在星空中的位置。《诗经·小雅·渐渐之石》云：“月离于毕，俾滂沱矣。”“离”即“丽”，明丽。这是说，当满月出现在毕宿时，是多雨的季节。“月离”在秦汉文献中成为表示月亮运行位置的历法术语，《汉书·律历志》有“躔离弦望”之语，其中离就是月离。东汉时发现了月行不均匀性，历法中把关于月亮运动不均匀性改正的数值表叫做月离表，它首见于东汉刘洪的《乾象历》，此后历代大多数历法均列具此表，用于交食、定朔望等历法问题的计算，成为我国古代历法的重要内容之一。（孙小淳）

月食　又称月蚀，指满月时月面被地球的影子挡去全部或部分的现象。我国最早的月食记录是殷墟的五片甲骨文。这些月食大约发生在公元前13～前12世纪。《诗经·小雅》十月篇有：“十月之交，朔日辛卯，日有食之，亦孔之丑。……彼月而食，则维其常；此日而食，于何不臧。”据考证，这里记录的是发生在周幽王六年（公元前776）十月辛卯日的日食及九月望日的月食。由于月食比较平常，又没有日食那种令人敬畏的景观，在古代没有像日食那样受人重视。但是我国史书上还是有数量众多的月食记录。有人统计，史载月食有2000次以上，其中有400多次为月全食。月食记录主要包括起、讫时刻和月亮位置，例如，《宋书·天文志》记载，刘宋元嘉十三年十二月十六日（公元437年1月9日）：“月食加时在酉，到亥初始食，到一更三唱食既，在鬼四度。”关于月食发生的时间，《易·丰卦》说“月盈则食”，说明至迟到公元前8世纪，人们已经认识到月食发生在满月了。关于月食成因，《淮南子·说山训》说：“月望，日夺其光，阴不可乘阳也。”这是用阴阳理论解释月食。东汉张衡对月食进行了科学解释。《灵宪》说：“月光生于日之所照……当日之冲，光常不合者，蔽于地也，是谓暗虚……月过则食。”所谓“暗虚”，就是地球背太阳方向投射出的影子。和日食一样，月食观测也是检验历法计算的重要手段。例如，东汉初年从《太初历》改行《四分历》，就是从月食观测发现《太初历》后而引起的。（孙小淳）

月周　古代历法常数，本质上是表示恒星月长度的一个参数，常表示为若干回归年中的恒星月数。在《三统历》中，月周等于章月（235）加闰法（19），其值为254。也就是说235朔望月即1章（19年）中有254个恒星月，由此可算出恒星月长度为27.32日。后汉《四分历》定月周为1016，是1蔀即4章（76年）中的恒星月数。因蔀日为27 759日，故可算出恒星月长度也为27.32日。由于求恒星月的目的是要求任何时刻月所在位置，因此我国古代关于恒星月的概念是与月亮一日平行度的概念相联系的。《淮南子·天文训》记载："日行一度，月行十三度又十九分之七。"这是从当时认定的19年7闰的闰周推算而来的，实际上已经求得了月周。此后从东汉刘洪《乾象历》起，大多数历法均给出月周一值，而恒星月长度等于周天分除以月周。这对于未考虑岁差影响的历法是适用的。当考虑到岁差影响时，则需要把天周（相当于恒星年）和岁周（相当于回归年）区分开来，以天周和月周来求恒星月。这时，直接用月亮一日平行度推月所在比用月周推月所在更为方便。于是，在宋《崇天历》以后，不少历法明确给出月平行度的数据，而不用月周。以恒星年长度除月平行度，即为恒星月长度。(孙小淳)

钺　古代的一种劈砍兵器。出现于新石器时代，种类甚多。盛行于商和西周，多为铜制。商代中期已出现用陨铁为刃的青铜钺。至战国时，钺已逐渐少见。秦以后已经与斧混同，而且多用于仪仗。商周时期的青铜钺除用做兵器外，还作为统帅

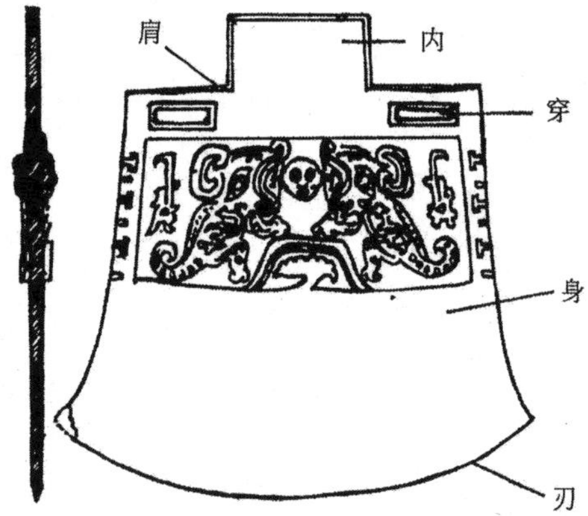

妇好钺及其各部名称

权威的象征，安阳殷墟出土的2件"妇好"钺就是商王武丁（前1254～前1195在位）的配偶妇好使用的，长37.3～39.5厘米，重8.5～9公斤，饰以双虎噬人头纹，在统兵出征时，借以显示其权威。(王兆春)

粤绣　广东地区的代表性刺绣，于明中后期形成。粤绣的特点有：用线种类繁多，除用丝线、绒线外，还有用其他动物毛作线的；用色明快，对比强烈，喜用金线作花纹轮廓线；装饰花纹繁缛丰满，富于热闹欢快气氛，常以民间喜爱的百鸟朝凤、孔雀开屏、三羊开泰、杏林春雀、松鹤猿鹿、公鸡牡丹、金狮银兔、龙飞凤舞为题材；绣面绒丝紧密，留有水路，在几大绣品中针脚最为齐整；主要针法为擞和针、套针和施毛针；绣工多为男工，为其他地区所罕见。粤绣品类极多，实用品有被面、枕套、鞋帽巾、台帷、绣服等；欣赏品有条幅、挂屏、台屏等。清代粤绣曾大量出口，仅光绪二十六年（1900），经广州海关出口的粤绣品价值就达白银496750两。(赵翰生)

云　大气中大量小水滴和小冰晶的集合体。中国古代很早就开始观测云，鲁僖公五年（公元前655）冬至，鲁僖公登"观台"观察云形和云气，并命日官"凡分、至、启、闭，必书云物"（《左传·僖公五年》）。春秋时，《管子·侈靡篇》论述了云与降水的关系："云平而雨为甚，无委云则速已。"公元前3世纪的《吕氏春秋·应同篇》有云的分类，将其分为山云、水云、旱云和雨云四种。《汉书·天文志》则将云分成阵云（高耸壁立的积雨云）、杼云（平展的层状云）、杓云和钩云4种。唐天宝元年（742）的《占云书

图》（敦煌石室）绘有云气图。清初，无名氏编绘的《三光图》（又称《白猿献三光图》）共附云图132幅，系统地描述了云与天气的关系，是中国现知最早的云图图集。（艾素珍）

云锦　南京生产的特色织锦，始于元代，成熟于明代，发展于清代。云锦最初只在南京官办织造局中生产，其产品也仅用于宫廷的服饰或赏赐，并没有“云锦”这个名称。其在晚清成为商品，行业中以其用料考究、花纹绚丽多彩、云纹变化多端、色彩灿若云霞等特点，称其为“云锦”或“南京云锦”。它大量采用金线勾边或金银线装饰花纹，以白色相间或色晕过渡，以纬管小梭挖花妆彩的又称“妆花”。云锦结构严谨、风格庄重、色彩丰富多变，而且纹样变化概括性很强。纹样多用表示尊贵或祥瑞的禽兽、花卉、草虫作为主体，各式模仿自然界奇妙云势变化的云纹作陪衬。云纹有行云、流云、片云、团云、朵云、回合云、和合云、如意云等多种变化纹。正是这些模仿自然界奇妙的云势变化，又经过艺术加工的云纹，使云锦图案达到了繁而不乱、疏而不凋、层次分明、突出主题的艺术效果。云锦有妆花、库锦、库缎三大类著名传统产品。（赵翰生）

云梯　古代军队在攻城战中用于攀登城墙的攻城器械。《墨子·公输》记载：鲁国的巧匠公输般曾于春秋末年，为楚王造云梯进攻宋国。随着攻城战的增多，云梯的种类越来越多。唐杜佑《通典·兵典》记载，唐代的云梯由主梯和上城梯两节构成。主梯以一定的倾角固定于安有6轮的梯盘上，便于机动。上城梯又称飞云梯，可以活动，其顶端装有一对辘轳，可沿城墙壁上下滑动，并能随城墙高低而调整高度，加快了架梯攀登的速度。宋代的云梯有较大的发展，有小型单梯和大型车梯。单梯狭小，仅容单兵鱼贯攀援而上，既要仰着身与持械同守城敌军作战，又要顾视攀登梯阶，稍有不慎，便会落地受伤。大型车梯为双梯折叠式，称折叠梯，“以大木为床，下施六轮，上立二梯，各长丈余，中施转轴，四面以生牛皮屏蔽，内以士兵推进，及城则起飞梯于云梯上”，士兵即可攀梯登城。此外还有“飞梯，长二三丈，首贯双轮，欲蚁附则以轮著城推进”。有“竹飞梯，用独杆大竹，两旁施脚涩以登”。有“蹑头飞梯……为两层，上层用独杆竹，中施转轴以起梯，杆首贯双轮，取其附城易起”。云梯的这些改进，既增加了云梯车在运动中的稳定性，又简化了架梯手续。（王兆春）

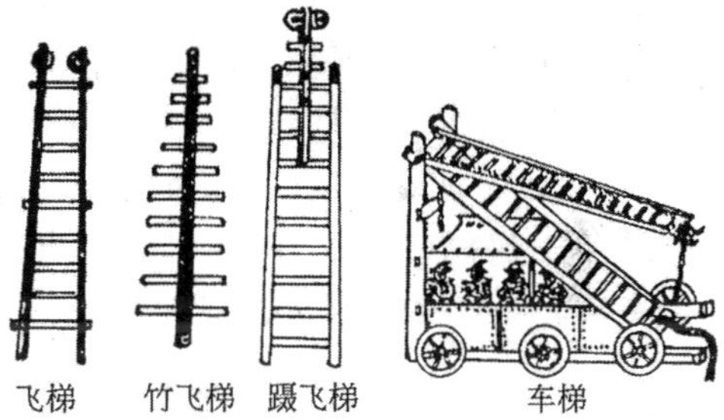

云梯

耘器　各种中耕农具的总称，主要有钱、镈、耨、耰锄、耧锄、镫锄、铲、耘荡、耘爪等。其中，耘荡、耘爪等主要用于南方水田中耕，其他主要用于旱地中耕。钱、镈是中国最早的专用金属中耕除草农具，最早出现于《诗经》时代，《诗经·臣工》云：“命我众人，庤乃钱镈，奄观铚艾。”钱的柄较短，是一种单手执握除草松土的小铲。王祯《农书·钱镈门》说：“钱特铲之别名耳”，“柄长二尺，刃广二寸，以划地除草，此古之铲也”。春秋战国时期，钱已成为货币的名称，另取名曰铫。镈亦写作鏄。《释名》：“鏄，迫也，迫地去草也。”又说：“镈，亦锄类。”即除草用的青铜锄头。镈在春秋战国时被称为耨。《吕氏春秋·任地》：“耨柄尺，此其度也，其博六寸，所以间稼也。”可见镈是一种单手执握蹲行田间除草的小锄。《说文解字》：“鉏，立耨所用也。”耨在汉代改称为鉏（即锄），只是柄加长，并且站立使用，与“蹲行甽亩之中”不同，减轻了劳动强度，提高了除草工效。魏晋南北朝时期还使用畜力牵引耙耢等工具进行中耕。唐代以后，水田农业发展迅速，出现了耘爪、耘荡等适于水田的中耕除草农具。耘爪是用竹管斜削成长约寸许的指套套在手指上进行耘田，以保护手指，因一边削尖，形似指甲，故名。王祯认为耘爪就是古代的“鸟耘”，唐代陆龟蒙有《象耕鸟耘辨》一篇，说明耘爪可能始于唐代。耘荡始于元代江浙地区，后又称为耥。王祯《农书·钱镈门》说：“耘荡，江浙之间新制也。形如木屐，而实长尺余，阔约三寸，底列短钉二十余枚，簨其上，以贯竹柄。柄长五尺余。耕田之际，农人执之推荡禾垄间草泥，使之溷溺，则田可精熟，既胜耙锄，又代手足（水田有手耘足耘），况所耘田数，日复兼倍。”这一创造，大大减轻了农民耘禾的劳动强度，又提高了工效，至今仍在江浙农村使用。元代还出现了一种畜力牵引适于旱地中耕，且同时具有开沟、播种、覆土及施肥等多功能的耧锄。金元之际的农书《种莳直说》载：“爰有一器，出自海壖，号曰耧锄。耧梓一如下种耧，但独脚无耧斗耳。于独脚下端，从后向上，斜凿一窍，两辕中央近后，旧安耧斗处，横桄中，亦凿一窍。锄制，柄项弯曲，一如芸苗锄。但其柄纯以铁为之，粗细上下若一。锄刃尖圆，如杏叶样。用时，将锄刃横冒于耧脚下端。撮苗后，用一驴带笼觜挽之。初用一人牵，惯熟不用人，止一人轻扶。入土二三寸，其深痛过锄三倍，所办之田，日不啻二十亩。今燕赵多用之，名曰劐子。”耧锄是一种形似耧车但没有耧斗的畜力中耕农具。它的特点是不但除草、松土速度快，而且锄刃在土中穿进，不将泥土翻成沟，从而减少水分蒸发，故耐旱，如加上一个翻土部件（叫擗土），就能开沟培土，分拥谷根，因此自宋元以来，一直在北方农村沿用至今。除独脚外，后来还发展出二脚、三脚型。（曾雄生）

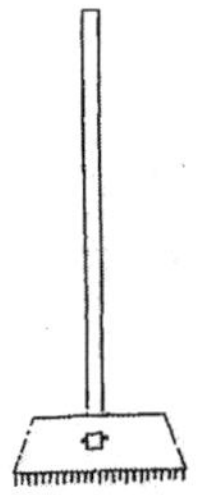

耘荡

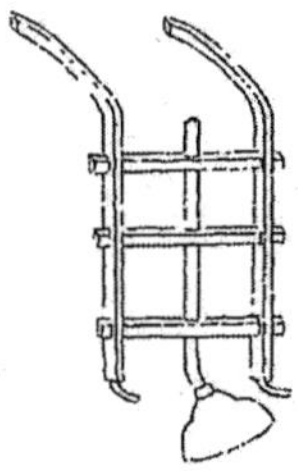

耧锄

耘田 是传统水稻田间管理的主要技术环节。北魏贾思勰《齐民要术》已有记载，宋代得到进一步的发展。陈旉《农书·薅耘之宜篇》云：“耘田之法，必先审度形势，自下及上，旋干旋耘。先于最上处收畜水，勿令走失。然后自下旋放令干而旋耘。”“不问草的有无，必遍手排摝，务令稻根之旁，液液然而后已。”这是一种匍匐田间、用双手耘田的方法。元代，人们从古代鸟耘的传说中得到启发，发明了耘爪，用竹管做成手掌形状，套在手指上，以避免手指直接与田土接触，减少损伤。宋代已出现手足并用的耘田方法，元代出现了足耘，据王祯《农书》说：“足耘，为木杖如拐子，两手倚以用力，以趾塌拔泥上草秽，壅之苗根之下，则泥沃而苗兴。”元代还创造了一种用耘荡耘田的方法。耘荡系一种用木板下钉有铁钉，上安有竹柄的工具，“耘田之际，农人执之，推荡禾垄间草泥，使之溷溺，则田可精熟，既胜耙锄，又代手足。所耘之田，日复兼倍”。它提高了工作效率，还大大减轻了劳动强度。至此，中国传统的水稻耘田方法已经完备。（曾雄生）

陨石 从宇宙空间降落到地面并保持其原始特征的固态物质。中国古代有较多的关于陨石的记录。《竹书纪年》卷上记载了陨落在今山西夏县附近的铁陨石雨：“夏禹八年（公元前2133）夏六月，雨金于夏邑。”这是世界上最早的关于陨石和陨石雨的记载。《春秋左传》卷六有中国古代关于陨石成坑的最早记录：鲁僖公十六年春壬正月戊申朔（公元前645年12月24日）5颗陨石降落在今河南商丘县北形成陨石坑。唐代刘恂所著《岭表录异》首次记载出现在雷州半岛的玻璃陨石，书中称为“雷公墨”。宋沈括《梦溪笔谈》卷二十《神奇》详细记载了治平元年（1064）常州陨石降落过程以及落地后的变化情况。（艾素珍）

运动与静止 是自然界最普遍的现象，物质的基本属性之一。《墨经》对“运动”和“静止”所下的定义为“动，或（域）徙也”。“徙”即迁徙，它是地域即位置的变化；“止，或（域）久也”，意即物体在某一位置上处有一段时间，这就是静止状态。除了墨家以外，历代许多哲学想家都提出过关于运动和静止的辩证关系的命题。战国时期，惠施曾讲道：“日方中方睨，物方生方死。”桓团、公孙龙曾提出：“镞矢之疾，而有不行不止之时”，“飞鸟之影未尝动也”。这些命题都表明了事物运动的基本法则，即又动又不动的辩证关系。明王夫之《思问录·内篇》云：“太极动而生阳，动之动也；静而生阴，动之静也。废然无静而动，阴恶从生哉？一动一静，阖辟之谓也。由阖而辟，由辟而阖，皆动也。”就动与静的辩证关系、物质与运动守恒的观念，提出了精辟的见解，并且认为运动是绝对的，而静止是相对的。（王允红）

Z

杂家 战国末至汉初兼收诸子思想的学派，《汉书·艺文志》将其列为九流之一。认为诸子学说各有长短，企图汇合各家之长，成为一个统一体系。这反映出文化融汇趋势，但未能提出独创的观点，没有形成完整体系。以秦相吕不韦、西汉淮南王刘安为主要代表。吕不韦广招门客，使各著所闻，斟酌百家学说，集论成书，“以为备天地万物古今之事，号曰《吕氏春秋》”。此书以道德为标的，以无为为纲纪，儒、道色彩较浓。刘安的宾客合编《淮南子》，取道家“贵生”之义、墨家“薄葬”之说、法家“察今”之旨以及儒家教育、音乐思想，而以道家为宗，托“黄老”以统一百家。班固谓，杂家“兼儒、墨，合名、法，知国体之有此，见王治之无不贯，此其所长也。及荡者为之，则漫羡而无所归心”（《汉书·艺文志》）。（李家明）

杂气 病邪名称，指具有强烈传染性、能引起疫疠或某些痈脓疮毒的一类病邪。又称疫气、疠气、戾气、异气等。明末吴又可《温疫论》云：“戾气者，非寒、非暑、非暖、非凉，亦非四时交错之气，乃天地别有一种戾气。”“温疫之为病，非风、非寒、非暑、非湿，乃天地间别有一种异气所感。”“四时之气，往来可觉，至于山岚瘴气，岭南毒雾，咸得地之浊气，犹或可察，而唯天地之杂气，种种不一。”“疫气者，亦杂气中之一，但有甚于他气，故为病颇重，因名之疠气。”书中还认为，此气“无形可求，无象可见，况复无声无臭”。“此气之来，无论老少强弱，触之即病”。“邪气从口鼻而入。”（张志斌）

杂式兵器 系指古代鞭、锏、锤、骨朵、挝、钩、飞钩、爪钩、钩镶、钩镰、钩拒、镋、叉、狼筅、钹、鋋、啄、棍棒、殳、铁链夹棒、拍杆等非制式装备兵器。鞭由竹鞭演变而来，五代时用做兵器，宋代更多，《武经总要·器图》载有铁鞭和连珠双铁鞭。锏是一种四棱短柄形打击兵器，锏身无节无锋，因形似竹筒而得名。福建省曾发现一件铁锏，为“靖康元年（1126）李纲制”，长 90 厘米，是迄今所见最早者。锤又常称为鎚、槌、椎、金瓜等，是头部呈球形的打击兵器，新石器时代有石锤，后来先后用青铜、钢铁制造。骨朵本名胍肫，是宋代使用的由带刺的球形头部和长柄构成的一种击砸兵器。钩是曲刃短柄格斗兵器，最早出现在春秋末期的吴国。飞钩又名铁鸱脚，是守城战中使用的钩杀器械，有 4 个弯钩，钩锋长利，形似铁锚，以铁链环系。爪钩是北宋使用的形如禽爪的多钩兵器。钩镶是以盾和钩复合而成的攻守兼备的兵器，可钩可推，其中部的小盾牌可抵御敌刃。钩镰是专用于水战的兵器，其刃微弯如钩而锋利，柄用轻而长的竹竿。钩拒是公输般为楚国舟师创制的水战兵器，其杆长而轻，刃弯而利，退者钩之，进者拒之。镋是宋代创制的头部有叉锋的长柄格斗兵器，形似钢叉而多齿。浙江淳安出土的铁制三齿镋长 66 厘米，横刃阔 28 厘米，系北宋方腊军队所用。叉是用于直刺、挑扎和投掷的长柄多锋兵器。狼筅是明代创制的以多节长竹为杆的刺杀架挡式兵器。铍又称铚或锬，由铍头和长柄组成，铍头似折肩的扁茎短剑，秦以前用青铜制造，后用铁制，但使用逐渐减少。铩是秦汉时期流行的直刺式格斗兵器，刃部窄长似剑。啄是啄击式格斗兵器，由锋刺与柄构成。棍棒又称杖、梃、棓、棍、棒等，是打击兵器，自上古一直用到清代，是使用最早、年代最长和范围最广的冷兵器，有各种形状，如宋代的白棒、杵棒、狼牙棒、钩棒、诃藜棒等，明代的大棒等。殳又作杸、祋，是先秦使用的撞击式长柄格斗兵器，长约1.2丈，以竹木为杆，杆端安有青铜制的殳头，称为首，分无尖锋首和有尖锋首两类，汉代后逐渐被淘汰。铁链夹棒是宋代西北游牧民族骑兵使用的拍打兵器，形似农用连枷。拍杆是安在巨型战船上的拍击战具。（王兆春）

脏腑　即人体内脏。《素问·阴阳应象大论》云：“列别脏腑。”五脏六腑，是人体中最主要的内脏器官。五脏为心、肝、脾、肺、肾；六腑为胃、胆、大肠、小肠、心包，三焦。一般来说，五脏是胸腹腔内之组织充实致密并能储存、分泌或制造精气的脏器；六腑是中空成腔状而具有出纳、传输、传化水谷等功能的脏器。《素问·五脏别论》云：“所谓五脏者，藏精气而不泻也，故满而不能实；六腑者，所以化水谷而行津液者也。”《灵枢·本脏》云：“五脏者，所以藏精气神血气魂魄者也；六腑者，传化物而不藏，故实而不能满也。”（张志斌）

脏象　中医学术语。指人体脏腑机能活动表现的征象。主要内容包括五脏六腑、奇恒之腑以及五官九窍、皮肉筋骨等组织器官和气、血、精、津液等功能及其相互关系。《素问·六节脏象论》云：“脏象何如？心者，生之本，神之变也，其华在面，其充在血脉……肺者，气之本，魄之变也，其华在毛，其充在皮……肾者主蛰，封藏之本，精之处也，其华在发，其充在骨……肝者，罢极之本，魂之居也，其华在爪，其充在筋。”“脾、胃、大肠、小肠、三焦、膀胱者，仓廪之本，营之居也，名曰器，能化糟粕，转味而入出者也，其华在唇四白，其充在肌。”可见，五脏是脏象活动的中心，精神意识分属于五脏，加上六腑及奇恒之腑的配合，构成了一个统一的整体。（张志斌）

造船务　五代末在开封之南设置的大型战船建造机构，兼可供水军习战场所。建隆元年（960）前已经建成。又有习战池、教船池、讲武池、金明池等名称。全池“周围约九里三十步，引蔡水注之”，是周世宗练习水军之地。《宋史·太祖本纪一》记载，宋太祖赵匡胤曾于建宋之初，多次亲临造船务，观看造船情形。四年后，又从厢军中挑选善于造船的工匠，充实扩大造船务，为水军建造大型楼船等战船。熙宁年间（1068～1077），宦官黄怀信献计，“于金明池北凿大澳，可容龙船，其下置柱，以大木梁其上，乃决水入澳，引船当梁上，即车出澳中水，船乃笐于空中，完补讫，复以水浮船，撤去梁柱，以大屋蒙之，遂为藏船之所，永无暴露之患”（《梦溪笔谈·补笔谈》）。这同现在于船坞内修造船只的方式相似，比英国于1495年在朴次茅斯建造的西方第一个船坞要早400多年，是当时世界上最先进的造船坞。（王兆春）

造纸术　中国古代四大发明之一。造纸术的发明与古代纺织技术有着密切的关系。造纸技术中的关键——制浆技术，就是在沤麻、煮麻的脱胶技术和练丝工艺的基础上发展而来的。丝绸纺织业是首先在我国发展起来的，因此，不难理解造纸技术因何为中国人首先发明。《后汉书·宦者列传》记载，东汉宦官蔡伦创造了“树肤、麻头、鱼网以为之”的新工艺，元兴元年（105）“奏上之，帝善其能”，世称蔡侯纸。最近四五十年来的考古发现证实，早在西汉初年就已有纸。如 1957 年在陕西西安市郊灞桥出土的古纸，经分析，其时代不晚于公元 118 年；1986 年甘肃天水放马滩出土的古纸碎片，其上绘有地图，纸质极佳，被认为是迄今发现的年代最早的西汉古纸，其年代大约为西汉初年。但蔡伦仍然是造纸技术史上的重要人物，他担任尚方令期间，领导尚方制造了一批质量优良的纸张。中国古纸就其原料来分，主要有麻纸（以大麻或苎麻纤维为原料）、树皮纸（主要是楮树皮）和竹纸等。初期以麻纸为主，后来则以树皮纸和竹纸为主，也有以竹、树皮或麻掺和造纸的，还有用稻草、麦秸等原料造纸的。闻名于世的宣纸是以安徽宣州特有的青檀树皮为原料制造的。造纸工艺流程，包括原料预处理、浸沤制浆、舂捣打浆、抄造和焙干等步骤。明代宋应星等人对此进行过较详细的记载。这一工序，历经两千余年，在引进西方近代的机器制纸技术之前，一直没有发生太大的变化。我国古代纸的加工技术也非常丰富，主要有染色、施胶、涂布等。我国是造纸术的发源地。世界各地的造纸技术都是直接或间接地从中国传去的。（王扬宗）

噪声　声学名词。“噪”古文通“操”。萧梁朝顾野王《玉篇》集其前人对噪声见解，云：“谀，郑玄曰：‘谀，讙也，方言諻音也’；《说文》：‘扰也’；《广雅》：‘鸣也’；《声类》：‘群呼烦扰耳也’。”宋代《重修玉篇》在众多解释中只留下“谀，群呼烦扰也”一释，可见，古人对噪声的解释是正确的，那种乱喊乱叫、刺耳的声音，令人心烦的声音，就是噪声。（戴念祖）

曾侯乙编钟　战国时期大型乐器。1978 年出土于湖北省随县擂鼓墩曾侯乙墓中室。包括铜木结构钟架一副、钟 65 件和演奏工具 8 件。钟架由立柱、横梁和挂钩等 51 件组成，呈曲尺形排列，双面三层。下层由三个带座人形铜柱托着横梁，长的横梁中间还有一圆形铜柱支撑。同样的人形铜柱和圆形铜柱立于下层横梁上支撑中层横梁，上层是三个各自独立的小钟架，两个立于长的中层横梁上，另一个立于短的中层横梁上，均系圆形木柱支撑木质横梁。长的钟架通长 7.48 米，通高 2.65 米，短边钟架长 3.35 米，高 2.73 米。青铜钟分镈钟、甬钟和钮钟三种，编为八组悬挂在钟架上。上层三组 19 件，都是钮钟，中层三组 33 件，全是甬钟，下层两组 13 件，除 1 件镈钟外，皆大型甬钟。镈钟呈椭圆形截面，铣边无棱，口平齐，满饰蟠龙纹，通高 92.5 厘米，重 134.8 公斤。其铭文言“楚王章乍（作）曾侯乙宗彝”。甬钟结构大同小异，都是合瓦形截面，铣边有棱，平舞，舞正中有长甬，下层大钟为柱状甬，其余的甬则顶细下粗，甬下部有干、旋；钟体上窄下侈，口部上收成弧形；36 个长枚整齐排列在钲的两侧，甬、舞、篆、鼓部位饰蟠龙纹，钲部和鼓部（以至侧鼓部）铸有铭文。最大的甬钟通高 152 厘米，重 203 公斤，最小的甬钟通高 49 厘米，重 14.5 公斤。钮钟都是合瓦形截面，铣边有棱，平舞，有长方形钮，其中的两组饰以绹纹，另一组素面。钟面经过磨砺，均铸有铭文，有的铭文错金。钟的内壁和口沿也经磨砺。最大的钮钟通高 39.9 厘米，重 11.4 公斤，最小的钮钟通高 20.2 厘米，重 2.4 公斤。经研究，这套编钟是用泥范铸造成形的。钮钟的铸型比较简单，用两块对开的泥范和一块泥芯组成。甬钟多是分铸铸接成形的，甬部先铸成形，在浇注钟体时与之铸接。钟体主体采用对开分型，再嵌入活块花纹泥范，与钟腔泥芯组成铸型。成分分析表明，曾侯乙编钟系由高锡低铅青铜合金铸造成形，铜含量为 78%～85%，锡含量为 12%～15%，铅含量在 2% 之内。(苏荣誉)

曾侯乙编钟乐律　曾侯乙编钟乐律铭文。1978 年，在湖北随县出土多达 65 件的编钟（其中一件为镈钟）系列，墓主人为战国初年曾侯乙，故称为曾侯乙编钟。编钟铸造于楚惠王五十六年（公元前 433）或之前几年。整套编钟有铭文 2800 字，其中律名 29 个，阶名（包括同阶异名）37 个。实测音响与其铭文均相符合，音域从 A_1 至 C^4，达五个八度以上，以始洗（C）为宫，在约占三个八度音程的中部区域，12 个半音俱全，可以旋宫转调，并演奏五声、六声或七声的乐曲。在 37 个阶名中，除宫、商、徵、羽四个阶名外，其他如角、变徵、变宫等的意义与传统看法完全不同。“角”即“宫角”，是宫上方纯律大三度。“变徵”等四个变音，是指“徵”等四个音级的降音，但又不与其相邻音级的升音相等，如变徵^{b}G 并不等于$^{\#}$F，变羽^{b}A 不等于$^{\#}$G。在正声组中，有四个“曾”音，即宫曾，商曾、徵曾、羽曾。它们是其前一个字表示的音级之上方增五度，也就是其前一个字表示的音级之下方纯律大三度。还有四个“角音”：徵角、羽角、宫角、商角；四角（颤）音：徵（颤）、羽（颤）、宫（颤）、商（颤）。它们是同音高而不同音名。都是其前一个字表示的音级之上方纯律大三度。正因为如此，人们将曾侯乙钟的乐律结构称为“颤-曾”关系，也就是“上－下”纯律大三度关系。曾侯乙编钟的音阶是以“徵、羽、宫、商”以及它们的“颤－曾”关系而形成的。“徵、羽、宫、商”四音级由三分损益弦律确定（曾侯乙钟的十二半音音阶生成法）。“颤—曾”关系即是纯律音级，由古琴泛音确定。曾侯乙编钟的律制是三分损益律和纯律的复合律制，也即是先秦钟律的代表作。(戴念祖)

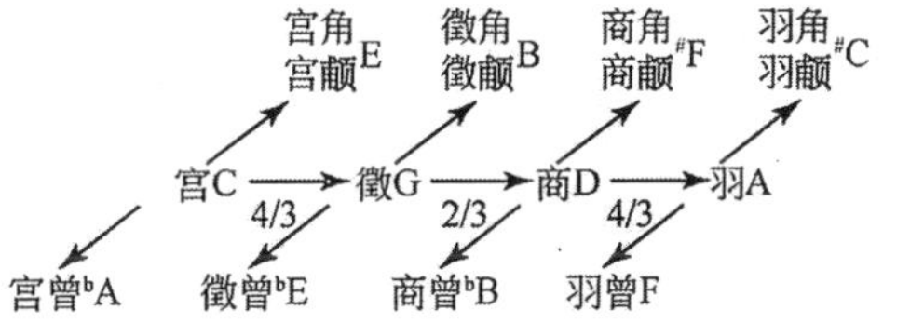

曾侯乙钟的十二律半音音阶

三种音阶比较

阶名	c	d	e	f	g	a	b	c^1
三分损益律（五度律）	1	$\frac{9}{8}$	$\frac{81}{64}$	$\frac{4}{3}$	$\frac{3}{2}$	$\frac{27}{16}$	$\frac{243}{128}$	$\frac{2}{1}$
纯律大音阶	1	$\frac{9}{8}$	$\frac{5}{4}$	$\frac{4}{3}$	$\frac{3}{2}$	$\frac{5}{3}$	$\frac{15}{8}$	$\frac{2}{1}$
纯律小音阶	1	$\frac{9}{8}$	$\frac{6}{5}$	$\frac{4}{3}$	$\frac{3}{2}$	$\frac{8}{5}$	$\frac{9}{5}$	$\frac{2}{1}$

曾侯乙钟铭中的律名

音名 / 六国律名 国别 / 传统律名	C	$^{\#}$C≈^{b}D	D	$^{\#}$D≈^{b}E	E	F	$^{\#}$F≈^{b}G	G	$^{\#}$G≈^{b}A	A	$^{\#}$A≈^{b}B	B
	姑洗	仲吕	蕤宾	林钟	夷则	南吕	无射	应钟	黄钟	大吕	太簇	夹钟
曾	姑洗 宣钟(半)		妥宾		韦音		无铎 嬴司子(半)		黄钟 应音(半)		大矣 穆音(半)	浊姑洗
周									应音(钟)		剌音	
楚	吕钟	浊坪皇	坪皇	浊文王	文王	浊新钟	新钟	浊兽钟	曾钟	浊穆钟	穆钟	
晋	六墉(半)										槃钟(半)	
齐							吕音					
申			夷则									

曾侯乙钟铭中阶名用语

以姑洗（c）为宫的音名	G	^{b}A	A	^{b}B	B	C	$^{\#}$C	D	^{b}E	E	F	$^{\#}$F
少之反组 （高二个八度组）	终反 少徵之反		壴反 少羽之反			巽反 少宫之反		少商之反		觖反 下角之反		
少声组 （高八度组）	终 徵反 少徵		壴 羽反 少羽			巽 宫反 少宫		商反 少商		觖 角反 少宫角 下角	和	
正声组 （中声组）	徵 鴋镈	变羽 宫曾	羽	商曾	变宫(^{b}C) 徵角 徵颟	宫	变商(^{b}D) 羽角 羽颟	商	徵曾 徵颟下角 ($^{\#}$D)	角 宫角 宫颟 中镈	羽曾 羽颟下角 ($^{\#}$E)	变徵(^{b}G) 商角 商颟
太声组 （低八度组）	大徵		大羽			大宫		大商		大宫角 全归		
滳声组 （低二个八度组）	滳徵 珈徵		滳羽			滳宫		滳商		滳铛 珈铛 啇		

增乘开方法　亦称“递增开方法”。北宋贾宪将求贾宪三角各廉的增乘方法即随乘随加的方法移植到开方术，创造了一种新的开方程序。它主要是在得出根的第一位得数后求减根方程时，采用自下而上随乘随加的方式达到与使用贾宪三角各行的系数异曲同工的目的，而比后者的程序更加整齐、简洁，容易掌握。《永乐大典》第16344卷抄录了贾宪的增乘开平方、增乘方（开立方）、递增三乘方（开四次方）的方法及其例题、细草，有的还有开方图。它的诞生标志着开方技术发展到一个新的阶段。这种方法经过12世纪刘益、南宋秦九韶、元李冶及朱世杰等的努力，发展成为完备的求高次方程正根的方法。后来在阿拉伯地区，19世纪初在欧洲也产生了同类的方法，被称为鲁菲尼－霍纳法。目前，中学数学教科书中的综合除法

的程序与此类似。（郭书春）

轧车 元时称搅车，把棉花中的纤维与籽核分离的机具。去除棉花籽核的过程在工艺上称做轧棉，古代亦称之为赶或擀。最初，去除棉籽没有任何工具可以利用，都是用手剥。直到宋代才出现"以铁筋碾去其子"或"以铁杖赶尽黑子"的方法。元中叶出现搅车，其最初的形制和用法是：四木作柱，上立二小柱，高约尺五，上以方木管之。立柱各通一轴，轴端俱作掉拐，轴末柱窍不透。二人掉轴，一人喂上棉英。二轴相轧，则子落于内，棉出于外。利用两根反向的轴作机械转动来轧棉，比用铁杖赶搓去籽，既节省力气，又提高了工效，故王祯《农书》云："凡木棉虽多，今用此法，即去子得棉，不致积滞。"搅车的出现，使已具备纺车、织机的棉纺织手工机具得以配套，解决了阻碍棉纺织发展的瓶颈问题。但元代搅车需3人同时操作，而一般农户家庭又不太容易同时抽出3个人手来进行轧花，所以不久便被一种单人操作的轧车取代。宋应星《天工开物》中刊有一种长凳状轧车图。据此图看，操作者骑坐在长凳上，左手转动曲柄令上轴转动，右足踏动踏板，使下轴与上轴反向旋转，右手添喂棉英。（赵翰生）

鳣 鱼类名称，即今之中华鲟（*Acipenser sinensis*），是中国古代重要的食用鱼类。《诗经·卫风·硕人》云："鳣鲔发发。"晋代郭璞《尔雅注》云："鳣，大鱼，似鱏而短，鼻口在颔下，体有斜行甲，无鳞，肉黄，大者二三丈，今江东呼为黄鱼。"三国陆机《毛诗草木鸟兽虫鱼疏》说："鳣出江海，三月中从河下头来，形似龙，锐头，口在颔下，背上腹下皆有甲，纵广四、五尺。今于盟津东口石碛上钩取之，大者千余斤。"准确地记述了中华鲟每年春季由海入江、溯河回游的习性。明代李时珍《本草纲目》描述了中华鲟的生活环境和取食习性："鳣出江、淮、黄河辽海深处，其出也，以三月逆水而生。其居也，在矶石湍流之间。其食也，张口接物听其自入，食而不饮，蟹鱼多误入之。……其行也，在水底，去地数寸。"（汪子春）

占 通过观察某种自然的或人为的现象以卜问或解释人世间的事务。《说文解字》云：占，"视兆问也"。以天象为观察对象的占卜就是占星术。中国古代占星术体系十分庞大，所有天象都可以入占。根据天象的类型有多种占，如日占、月占、五星占等。中国古代十分重视占星，对所有天象有非常仔细的观察，因而留下了十分宝贵的天象记录。（孙小淳）

占候 视天象变化预测吉凶。《史记》卷127《日者列传·集解》："古人占候卜筮，通谓之日者。"《后汉书·郎顗传》云："能望气，占候吉凶。"据记载中国古代的占候术有以下几种。①十辉之法。据《周礼·春官》记载，"眡祲氏掌十辉，以观妖祥，辨吉凶"。辉即晕，十辉系指日晕的不同色彩和形态。②占云。《周礼·春官》："保章氏……以五云之物，辨吉凶。"南朝梁元帝《职贡图序》中有"占云望日"之语。③候风，亦称风角。《反后汉书·郎顗传》李贤注云："风角，为候四方四隅之风，以占吉凶。"殷墟卜辞有以"四方风"占卜年岁收成的记载。自西汉元帝时的翼奉之后，"风角之书，将近百卷"（唐·李淳风《乙巳占》卷

十)。(艾素珍)

战船 古代军队在水战中乘坐的武装船舶。公元前1046年一月(《夏商周断代工程》定)周武王伐纣时,以“吕尚为将,以四十七船济于河”(《太平御览》卷768引《太公六韬》),是为用一般木船运兵之始。楚康王元年(公元前559),楚国首造战船、建水师(《文献通考》卷149)。《左传》载,鲁襄公二十四年(公元前549),“楚子以舟师伐吴”;鲁召公十七年(公元前525),“吴伐楚……获吴王乘舟艅艎”。这里的“舟师”就是水军;“艅艎”又作“余皇”,是中国古代文献中最早出现的战船名称。公元前6世纪末,吴越两国争雄,设“船宫”建造战船,伍子胥以战船大翼、中翼、小翼、突冒、桥舡比附战车,训练吴国水师。秦国为同楚国作战,造太白、白云、云飞、仓隼、小儿、先登、飞鸟等各型战船。西汉于元狩三年(公元前120),凿方圆40里的昆明池(今西安南),造十多丈高的楼船。东汉建武十八年(42),伏波将军马援率部众分乘2000艘战船同交阯军作战。三国时各方争相逐鹿中原,造蒙冲等大舰,东吴的楼船可载三千水军。两晋南北朝的农民起义军孙恩也拥有战船千余艘。隋朝大将杨素造高五层、运兵八百多的五牙船,唐代的车轮船也已开始航行水上。宋承唐制,将楼船、蒙冲、走舸、游艇、海运船、海鹘船等著名战船集纳于《武经总要》中;指南针开始用于舟师导航;在造船务首创船坞造船的记录。成吉思汗及其后代的战船建造业也与时俱进。明初尤以所造长44丈、高18丈的宝船之伟而登上世界战船之巅峰。郑和以高超技术绘制航海图,率官兵2.7万人,分乘208艘舰船,远航至红海,七下西洋之伟业为后人称颂。车轮舸以装备火器而超越前代;以戚继光为代表的抗倭名将群体,将广东船及福船等各型战船编为混合船队,既逐敌于海上,又歼寇于内河。清代前期战船业迟滞曲折,没有战略海军,海防洞开。及至后期,才有福建船政局与江南造船厂所造之蒸汽舰船,曾与日本的舰船建造业争亚洲之高下。光绪十三年(1887)“平远”号钢甲巡洋舰的下水,体现了晚清自力更生建造战船已经达到一定水平。(王兆春)

沙船

栈道 又称栈阁、阁道或桥阁、桥道、桥阁道。①一种为克服今川、陕、甘、滇地区的山区谷深崖陡而修建的傍崖架空的桥道。《战国策·秦策》:“栈道千里,通于蜀汉。”说明栈道创于战国中期。秦惠王(公元前337~前310)伐蜀,开凿了一条可以通行车马的栈道,即金牛道,后世称为南栈道。汉李翕《析里桥郙阁颂》:“缘崖凿石,架稳定柱,临深长渊,三百余丈,接木相连,号称万柱。”郦道元《水经注·褒水》引诸葛亮云褒斜道“其阁梁一头入山腹，其一头立柱于水中”。唐司马贞《史记索隐》引北魏崔浩云：“险绝之处，傍凿山岩而施板梁为阁。”这些都是说，在悬崖峭壁的适当位置上凿出石洞，穿以横梁，而在梁下相应的岩石上（常在河底）凿几个竖洞，插立木柱以支撑横梁；然后在横梁上铺以木板。两梁一间，间间相连，便成为人马车辆可以通行的栈道。横梁的长度即栈道的宽度，常在6米左右，足供两辆大车相向或并行。栈道耗费木材极多。后来为了坚固和节省木材，出现了以石为梁的石质栈道。栈道是中国古代道路修造技术的重大创造。②即复道，宫殿楼阁间架空的互相连通的阁道。《淮南子·本经训》云：“延楼栈道。”汉高诱注曰：“延楼，高楼也；栈道，飞阁复道相通。”（郭书春）

栈桥　栈道上遇水而建的桥梁。木梁柱桥，即木柱上架木梁上铺木板。最早为汉李翕《析里桥郙阁颂》记汉建宁三年（170）所建析里桥阁，其结构为“缘崖凿石、架稳定柱，临深长渊，二百余丈，接木相连，号曰万柱”。现存有陕西省石门附近褒斜石门南栈桥和连云栈南段栈桥。（沈聿之）

张家山汉简《算数书》出土　1983年底、1984年初在湖北江陵（今荆州）张家山247号汉墓中出土了一批数学竹简，约190支完好。文物界根据第6枚背面的3字将其命名为《算数书》。其存69个小标题，100余条术文或解法，80余道题目，约2/3的篇幅是抽象性术文及其例题，绝大多数是在秦或先秦时期完成的。内有世界上最早的分数四则运算法则、比例算法、盈不足术、面积、体积问题的算法以及若干算术杂题，内容有重复，有的不能自洽，可见是由几部著作撮编而成的。然而，它已经具备中国传统数学著作的某些特点，并为中国传统数学的第一个高潮出现在春秋战国时期提供了有力的佐证。（郭书春）

张骞通西域　西汉初年由张骞率领的赴西域的探险活动，是中国历史上首次有明确、可靠记载的大规模地理探险旅行活动。西汉建元二年（公元前139），张骞受汉武帝的派遣，肩负着联合大月氏（今阿姆河中上游一带）、同西汉共同夹击匈奴的政治使命，带领甘父等百余人，由长安（今西安）西行，至今河西走廊时被匈奴截获，转送单于王庭（约今呼和浩特一带），妻以胡女，受困10年。元光六年（公元前129）逃离匈奴，经大宛（今吉尔吉斯斯坦共和国）、康居（今巴尔喀什湖与咸海之间），抵达大月氏。因大月氏不愿与西汉共同抗击匈奴，元朔二年（公元前127）东归，越葱岭，沿南山（今昆仑山脉）北麓东行，至仿若羌一带再次被匈奴俘获。翌年再次逃脱，并与匈奴妻发及甘父回到长安。元狩元年（公元前122），张骞又奉命寻找从中国南方通往身毒（今印度）的道路，因中途受阻返回。元狩四年，奉命第二次出使西域，经敦煌、鄯善、焉耆、龟兹、温宿到达乌孙（今伊犁河和伊塞克湖一带）；又遣副使分赴大宛、康居、大月氏、大夏（今阿富汗北部）、安息（今伊朗高原及两河流域）、身毒等，开辟了通往西域的道路——丝绸之路。这一探险活动开阔了国人的地理视野，中国最早的边疆和域外地理专篇《史记·大宛列传》主要是根据张骞的报告写成的。张骞开辟的丝绸之路促进了东西方的交流，对人类文明产生了深远的影响。（艾素珍）

彰施 古代以某些工艺手段为织物施色的统称。语见《尚书·益稷》:“予欲观古人之象,日月星辰山龙华虫作会,宗彝藻火粉米黻黼絺绣,以五彩彰施于五色,作服,汝明。”彰施的目的是“作服”,而彰施的手段有“作会”和“絺绣”。作会,历来注家一般均解释为手工画绘,将纹样画在织物上;絺绣,则解为将纹样刺绣于织物上。作服时,则需遵循衣绘而裳绣的原则。《周礼·冬官》郑注:“衣在上阳,故画之;裳在下阴,故刺之。”《尚书·益稷》中“予欲观”之句,是帝舜训示臣子,帝王行“观象”礼仪时穿着的衮服制式,应为上衣以画绘手段表现日月星辰山龙华虫6种纹样;下裳以絺绣手段表现宗彝藻火粉米黻黼6种纹样。后世彰施的意义则衍化为织物染色工艺的代称,宋应星《天工开物·彰施第三》:“世间丝麻裘褐,皆具素质,而使殊颜异色,得以尚焉。”(朱冰)

丈量步车 古代测量长度的工具。创制时间无考,明程大位对其进行改进,制“新制丈量步车”,载《算法统宗》卷三,如图。主要构件为以竹篾环绕一木制十字,可以转动、收放,似纺车。篾上逐寸写字,标以寸、尺、步,长达30~40步。篾上涂以明油,可以清洗。下有墨匣。可见其原理与现在的卷尺相同,结构精巧实用。(郭书春)

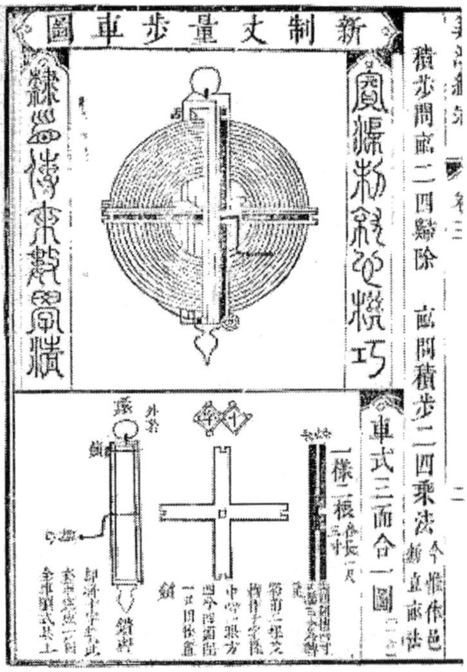

丈量步车(《算法统宗》康熙本)

障碍器材 古代军队在作战中用于阻止、迟滞敌军行动和杀伤敌军人马的器材。在野战和守城中都有使用。制品有尖头木桩、拒马枪、挡蹄、地涩、铁蒺藜、蒺藜革等。尖头木桩是埋植于城墙外二三米地面上的木制尖刺形障碍器材,露出地面约半米,多至五六行,有时还在护城河底插植竹签。拒马枪是在大圆木上安植铁枪,呈人字形立于城门、巷口和要道上,阻碍敌骑行动。其他几种则是布设于敌军必经的要道上,以为扎刺敌军士兵和战马之足。(王兆春)

鹿角木

招差术 即现今的内插法,亦即“有限差分法”。中国古代用于历法计算和垛积计算。隋刘焯编制《皇极历》时(600)已用到二次差。郭守敬、王恂等元朝历算学家在制定《授时历》时曾用招差术推算日、月的按日经行度数。朱世杰将他在高阶等差级数求和方面的知识用于解决高次招差法问题。他在《四元玉鉴》“如象招数”门计算招兵数目求得上差 Δ、二差 Δ^2、三差 Δ^3，下差 Δ^4 后，指出：“求兵者：今招为上积，又今招减一为茭草底子积，为二积，又今招减二为三角底子积，为三积，又今招减三为三角落一积，为下积。以各差乘各积，四位并之，即招兵数也。”因此，求招兵数 $f(n)$ 就是使用了招差公式：

$$f(n)=n\Delta+\frac{1}{2!}n(n-1)\Delta^2+\frac{1}{3!}n(n-1)(n-2)\Delta^3+\frac{1}{4!}n(n-1)(n-2)(n-3)\Delta^4$$

这一公式与现代通用的公式完全一致。欧洲同样的公式是牛顿在 1676 年创造的。(郭书春)

针灸 针刺与艾灸的合称，是中医临床的重要治疗手段。针刺是用特制的针具(最早是骨制，后来发展为铜、银、铁等金属制)刺激人体穴位，运用操作手法，发挥疏通经络、祛除病邪、调和气血等作用；艾灸是用艾绒搓成团或条，点燃后温灼人体穴位皮表，达到温通经脉、扶阳散寒、调补正气等目的。其方法虽异，但都是通过刺激经络穴位达到防治疾病的目的，临床上常配合使用，效果更佳。针刺起源于砭石，艾灸萌芽于火燎，由于冶金术的发明和对植物学认识的发展，逐渐过渡到金属制针与燃艾为灸。针灸历史十分悠久。《素问·异法方宜论》云：“北方者，天地所闭藏之域也，其地高陵居，风寒冰冽，其民乐野处而乳食，藏寒生满病，其治宜焫，故灸焫者，亦从北方来。南方者，天地所长养，阳之所盛处也，其地下，水土弱，雾露之所聚也，其民嗜酸而食胕，故其民皆致理而赤色，其病挛痹，其治宜微针，故九针者，亦从南方来。”马王堆汉墓出土的医书中记载了很多灸疗方法。《黄帝内经》中对针灸的应用已基本形成系统的理论。晋代皇甫谧的《针灸甲乙经》是中国现存最早的针灸专著，在国内外流传很广。隋唐时期，针灸学有了很大的发展，唐代太医署中设立了针灸专科，内有针博士、针助教、针工，专门从事针灸专业。孙思邈著《备急千金要方》并绘有彩色针灸图。北宋王惟一撰《铜人腧穴针灸图经》，详考经穴，并创铸针灸铜人，教授针灸。元明清时，针灸著作日益增多，尤其是杨继洲的《针灸大成》是集明以前针灸文献之大成的著作，至今仍是学习和研究针灸学术的重要参考文献。进行针刺治疗，一般均要求有适当的针感，即患者对针刺所产生的酸、麻、重、胀或触电样等感觉反应，古代医著中大多称为“得气”，此时，医生往往也感到持针之下的沉紧感，是刺中穴位的标志。《灵枢·终始》云：“坚拒勿出，谨守勿内，是谓得气。”《灵枢·九针十二原》云：“刺之要，气至而有效。”但针感的出现及其强弱，则与患者的体质、病种、针刺的部位及刺激量的大小有关。针刺得气后，将针留置于穴位内至预定时间再予出针，是为留针。《素问·针解篇》云：“刺实须其虚者，留针阴气隆至，乃去针也。”针刺有时会产生晕厥现象，称为晕针。《针灸大全·金针赋净》云：“其或晕针者，神气虚也。”当针刺时，患者感觉头晕、恶心、目眩、心悸，继而面色苍白，冷汗出，四肢厥逆，血压降低，脉搏散弱，甚至突然意识丧失者，即为晕针。此多因患者体质虚弱、精神紧张、饥饿疲劳，或针刺体不当、针体较粗、刺激过重、针感太强等而发生。艾灸有时采用在艾炷与穴位皮肤之间衬隔物品的灸法，称为隔物灸，又称间接灸。隔物灸所用的衬隔物品种类很多，其名称通常随这些物品而定，例如，《备急千金要方》中有隔盐灸、隔蒜灸等。后世还有隔饼灸，采用不同的药物制成药饼，充当衬隔物。因此，隔物灸不仅有避免艾火直接灼伤皮肤的作用，而且因为所用的衬隔物不同，还兼有各种药物的治疗作用。（张志斌）

针灸铜人 用于针灸教学的铜铸人体模型。由北宋著名针灸学家王惟一创于1026年，是王氏为了提高针灸教学的效果，在总结前人针灸经验的基础上，结合自己的体会而主持设计的。铜人中空，体表刻有经络腧穴及其名称，胸腹腔内有脏器，既是教学针灸的教具，又是考核针灸医生的模型。考试时，于铜人体内注入水银，体表涂上蜡，令受试者取穴进针。如果取穴准确，则针进而水银出；如取穴有误，则针不能入。宋代针灸铜人共铸两具，后均因战乱而遗失。此后，明清两代不断有官方或个人仿制针灸铜人。据不完全统计，全国约有各型铜人百余种。针灸铜人以其十分精巧的构思对我国针灸学的推广普及，特别是统一穴位，起到了积极的作用。（张志斌）

针路 中国古代用指南针（罗盘）定向来确定的航路。在11～12世纪，航海者就已利用指南针确定航路，北宋朱彧《萍州可谈》云：“舟师识地理，夜则观星，昼则观日，阴晦观指南针。”元、明、清时期，指南针成为导航的主要仪器。元《大元海运记》“潮候潮汛应验”部分云：“切见万里海洋，渺无涯际，阴晴风雨，出于不测，惟凭针路定向行船。”这是现存著作中首次出现“针路”之术语。《松江府志》云：“进某澳，转某门，以至开洋，避礁避浅，皆以针定。”故航线称之为针路。针路一般包括针位和航程，有时还附有导航陆标、水深与牵星数据。针位就是罗盘方位。记录针路的书则称为针经，又称为针谱、针路簿，实际上是应用指南针导航的手册，一般认为针经系由更路簿经舟师整理补充而成。（郭书春）

振动 物体的运动形式之一。首见于《考工记·凫氏》：“薄厚之所振动，清浊之所由出。”它将钟壁之薄厚、振动之缓烈与其发音之高低联系在一起。《考工记·凫氏》所述的振动属于壳振动。南唐谭峭的《化书·声气》指出了声源振动、空气振动以及声音传播之关系：“气由声也，声由气也。气动则声发，声发则气振，气振则风行，而万物变化也。”比谭峭更早，署名为武则天撰的《乐书要录·辩音声审声源》云：“形动气彻，声所由出也。”该书最早涉及“声源”，并指出声源振动与空气传播，从而听闻声音的关系。（李家明）

癥瘕 病证名。见《金匮要略·疟病脉证并治》，指腹腔内积聚结块一类的病证。癥与瘕是两类病变，有所不同。一般，肿块坚硬不移、痛有定处的为癥；肿块聚散无常、痛无定处的为瘕。《诸病源候论·癥瘕病诸侯》：“盘牢不移动者是癥也，言其形状可征验也。”“瘕，痛随气移动，言其虚假不牢。故谓之瘕也。”①八瘕。病名，是各种妇产科的腹腔肿块的古区分法，见《诸病源候论》卷三十八：“八瘕者，皆胞胎生产，月经往来，血脉精气不调之所生也。”包括黄瘕、青瘕、血瘕、燥瘕、脂瘕、狐瘕、蛇瘕、鳖瘕。②十二癥。一指12种原因不同的癥病。

《中脏经》："癥有劳、气、冷、热、虚、实、风、湿、食、药、思、忧之十二名也。"二指妇科的12种经带病证，属带下三十六疾中的一类。《备急千金要方·赤白带下崩中漏下第三》："何谓十二癥所下之物，一曰状如膏，二曰如黑血，三曰如紫汁，四曰如赤肉，五曰如脓痂，六曰如豆汁，七曰如葵羹，八曰如凝血，九曰如清血，血似水，十曰如米泔，十一曰如月浣，乍前乍后，十二曰经度不应期也。"③七癥：指七种不同癥病。《三因极一病证方论·癥瘕证治》："夫癥者，坚也，坚则难破。……然七癥八瘕之名，经论亦不详出。虽有蛟龙、鱼、鳖、肉、发、虱、米等七证，初非定名，偶因食物相感而致患耳。"《东医宝鉴·杂病篇》："癥名有七，蛟、龙、鱼、鳖、獭、狐、蛇是也，亦曰蛇、蛟、鳖、肉、发、虱、米也。"（张志斌）

正负开方术　宋元时代求一般系数的高次方程的正根的方法。《九章算术》及其刘徽注、《孙子算经》、《张丘建算经》等所讨论的方程的系数均是正数。南朝刘宋祖冲之首次解决了负系数方程。《隋书·律历志》说祖冲之"开差幂，开差立，兼以正负参之"，应该是讨论负系数方程的解法的，可惜资料已佚。现存史料中首次突破方程系数为正的限制的是12世纪的北宋刘益，他提出益积开方术和减从开方术，是关于负系数方程的求解方法，尚不是增乘开方法，而减从术比较接近于后者。南宋秦九韶在《数书九章》田域类"尖田求积"问中提出正负开方术，并注明"后篇效此"，说明是一种普遍方法。它把以增乘开方法为主导的求高次方程正根的方法发展到十分完备的程度。他的方程有的高达10次，方程的系数在有理数范围内没有任何限制。他规定常数项恒为负，实际上是求方程

$$a_0x^n + a_1x^{n-1} + a_2x^{n-2} + \cdots + a_{n-1}x + a_n = 0 \quad a_0 \neq 0,\ a_n < 0$$

的正根。增乘开方法是宋元数学家的共识。李冶、朱世杰等没有常数项为负的规定。秦九韶、李冶、朱世杰等对开方过程中出现的常数项变号或常数项的绝对值增大等情况，都提出了处理方法。李冶、朱世杰还提出"之分法"，对某些难以开方的情况，作某些变换后再开方。（郭书春）

正负术　中国古代数学中关于正负数的加减法则。中国是世界上最早使用负数的国家，公元前186年墓中出土的《算数书》中已经使用负数。《九章算术》方程章有的方程含有负系数，有的则在解方程的运算中产生了负数，因此提出"正负术"处理这类方程。公元3世纪的刘徽给出了正负数的定义："今两算得失相反，要令正负以名之"，并记载了正负数的表示方法："正算赤，负算黑。否则以邪、正为异。"《九章算术》正负术是："正负术曰：同名相除，异名相益。正无入负之，负无入正之。其异名相除，同名相益。正无入正之，负无入负之。"　"同名"、"异名"分别是说两数的同号、异号。前四句说减法法则：同号的两数相减，得数的绝对值为两数绝对值之差；异号的两数相减，得数的绝对值为两数的绝对值之和。正数没有与之对减的数时，得到负数；负数没有与之对减的数时，得到正数。后四句说加法法则：异号的两数相加，得数的绝对值为两数的绝对值之差；同号的两数相加，得数的绝对值为两数绝对值之和。正数没有与之相对的数，仍得正数；负数没有与之相对的数仍得负数。用现代数学符号表示就是：设 a、b 为两个

正数，那么，则减法为

$$(\pm a)-(\pm b)=\pm(a-b),\text{当 } a>b \text{ 时;}$$
$$(\pm a)-(\pm b)=\pm(b-a),\text{当 } a<b \text{ 时;}$$
$$0-a=-a;$$
$$0-(-a)=a$$

加法为

$$(\pm a)+(\pm b)=\pm(a+b);$$
$$(\pm a)+(\mp b)=\pm(a-b),\text{当 } a>b \text{ 时;}$$
$$0+a=a;$$
$$0+(-a)=-a.$$

方程章实际上还用到正负数的乘除法。但现所见正式提出正负数乘法法则的是元朱世杰《算学启蒙》中的“明乘除段”：“同名相乘为正，异名相乘为负。”中国古代关于正负数及其运算法则与现在的方法相同。它是中国古代数学一项领先世界的重要成就。（邹大海）

正骨　中医学术语。①指专门治疗骨、关节、软组织及内脏损伤的一门学科，也称正骨科。元代官方医学分科中设有“正骨兼金镞科”，故《世医得效得方》卷十八有“正骨兼金镞科”一篇。清代《医宗金鉴》卷十九云：“今之正骨科，即古跌打损伤之证也。”②为骨伤科重要而特殊的治法之一，也称正骨手法，指医生用手的动作治疗骨折、脱臼、软组织损伤。《仙授理伤续断秘方》提出拔伸、用力收入骨、捺正等手法。《医宗金鉴》卷八十七将其总为摸、接、端、提、按、摩、推、拿等八法。③指尺骨。见于《伤科汇纂》。（张志斌）

正律　律学名词。指三分损益法最初产生的十二律。从起始标准音黄钟律生，相生 11 次得十二律。若再生第 12 次得第十三律，这第十三律以上的各律则称为“变律”。《淮南子·天文训》最早提出“仲吕极不相生”，仲吕是第 11 次产生的最后一个正律，再生下去，仲吕不能生正黄钟，只能生“变黄钟”。汉代京房六十律中除传统十二律名外，其余均为“变律”。宋代蔡元定十八律中，超出传统十二律的均以“变”字为后缀，表示变律。按高低八度排定十二律位置时，属于“中声”的十二个律称为正律，比正律高八度或低八度的各律相应称为半律或倍律。因为半律内某音的弦长是正律相应音的 1/2，倍律内某音的弦长是正律相应音的 2 倍。明代朱载堉《律吕精义》中列有倍、正、半共 36 律的具体数据。（戴念祖）

正声　乐律学名词。①沈括以“正声”称呼能激起共振的乐音，事见《梦溪笔谈·补笔谈·乐律》。②音阶中居于核心地位的五声称为正声。正声之外者则为“变声”。《梦溪笔谈》还曰：“变宫在宫、羽之间，变徵在角、羽之间，皆非正声。”③古代以雅颂之声为“正声”。相应地，“郑卫之音”、“夷狄之音”则被诬称为“奸声”。《荀子·乐论》：“凡奸声感人而逆气应之。……正声感人而顺气应之。”④律名或阶名照高低八度组位置排列时，其中央一组（相当于中音区）称为正声，高于或低于正声组的律或音级，则称为“少声”或“太声”。“太、正、少”就构为三个八度组。曾侯乙钟铭中，虽未见正声一词，但有“太”、“少”前缀词，分别表示低八度和高八度。按高低八度解，正声又称为“中声”。《国语·周语》载伶州鸠论乐：“古之神瞽，考中声而量之以制。”“中声”就是选择中音区之意。（戴念祖）

正邪　指人体的抗病能力（即正气）与致病因素（即邪气）。这是疾病发生中的一对矛盾，二者力量的对比决定了疾病的发生、发展及预后情况。《素问·评热病论》云：“邪之所凑，其气必虚。”《素问遗篇·刺法论》云：“正气存内，邪不可干。”邪正双方的矛盾变化一般有三种情况。①正邪消长。指邪气与正气之间此消彼长的斗争过程。正邪相争，正气战胜邪气则疾病痊愈，邪气胜而正气耗竭则病重难愈。治疗的目的，其一为促使邪气的消退，其二为促进正气的增长。邪消正长，则疾病可愈。②正虚邪实。指虚证与实证同时出现的病理情况。邪气过盛或治疗不当，致正气虚竭而邪气仍盛；或原本体质虚弱，感受实邪，或疾病过程中正气损耗而病理产物在体内积蓄，出现正虚邪实的证候。《素问·通评虚实论》云：“邪气盛则实，精气夺则虚。”③扶正祛邪。中医学的临床治疗原则。扶正即使正气加强以消除病邪；祛邪指祛除病邪，使邪气消除以保存正气。二者具体治法不同，却相辅相成。一般虚证当以扶正，实证当以祛邪，正虚邪实则应扶正祛邪，攻补兼施。临床应用时，应根据正邪盛衰的情况而决定以何者为主、何者为辅，还是二者并重。（张志斌）

郑白渠　秦代郑国渠和汉代白渠的合称，秦汉关中地区的大型引泾灌溉工程，近代陕西泾惠渠的前身。据《史记·河渠书》记载，秦始皇元年（公元前246），韩国水工郑国主持修建郑国渠，十几年后完工。干渠西起云阳县（今泾阳县），引泾水向东，下游入洛水，全长300余里，灌溉面积号称4万顷。该渠横穿数条天然河流，是世界上最早的输水渡槽之一。泾水中含有大量肥沃的淤泥，改良了盐碱地，使产量提高到每亩一钟（六石四斗）。西汉太始二年（公元前95），白公赵中大夫主持在郑国渠干渠南增修新渠（《汉书·沟洫志》），引泾水东行，至栎阳（今临潼县东北）注于渭水，名白渠。干渠长200里，灌溉面积4500顷。此后灌区合称郑白渠。唐代的郑白渠包括太白渠、中白渠和南白渠三条干渠，故又称三白渠。唐初灌田10 000多顷，此后因大量建造水磨，灌溉面积减少到6200顷。渠首枢纽包括有六孔闸门的进水闸和称为“将军翣”的分水堰。因引水困难，后代曾多次将引水渠口上移。北宋大观二年（1108），改建后称丰利渠。元代亦曾改建，改称王御史渠，并订立了一整套管理制度。明代多次维修，天顺至成化年间（1465～1478）又将干渠上移，并改称广惠渠。至清乾隆二年（1737），将引泾渠口封闭，专引泉水灌溉，改称龙洞渠。至1932年，泾惠渠建成，引泾灌溉又得到恢复和发展。（艾素珍）

郑和下西洋　明初组织的7次大规模远洋航行。明朝初年，明成祖为了宣扬大明帝国的国威，与西洋诸国建立友好外交，决定派遣宦官郑和率领船队出使西洋。1405～1407年，郑和率船队第一次出使西洋，这次航行从刘家港（今江苏浏河）出发，历经占城、爪哇、苏门答腊、锡兰等地，由印度西岸折回。其后又于1407～1409年、1409～1411年、1413～1415年、1417～1419年、1421～1422（一说1424）年、1431～1433年6次出航，其中第四次航行曾到达波斯湾的忽鲁谟斯（在今伊朗），第五次更远达红海口的阿丹（今亚丁）和非洲东岸的木骨都束（今索马里）及麻林地（在今肯尼亚）。郑和下西洋，较哥伦布、达·伽马等的航行早半个世纪以上，是世界航海史上的空前壮举：一是船队规模十分庞大，郑和首次出使西洋，率大小船舶200余艘，船工士卒27 800余人，其中最大的“宝船”长44丈（约152米），宽18（约62米）丈。二是船只组织严密，配备有粮船、战船、水船等各类船只。三是人员组成完备，除掌握外交、贸易等决策权的使节和随员外，还包括各种技术人员，如掌管航向的火长、观测天象的阴阳官，此外还有医生、通事（翻译）、僧侣等。四是航海技术先进，将地文导航、天文导航和罗盘使用等有机地结合起来。郑和七次下西洋，遍访亚非30余国，加强了我国与亚非各国的友好往来，推进了贸易和航海事业的发展。其随员所著《瀛涯胜览》（马欢）、《星槎胜览》（费信）、《西洋蕃国志》（巩珍），所绘《郑和航海图》，记录了航行中的史实，扩大了人们的地理视野。（艾素珍）

郑州商城铸铜遗址　商代前期青铜铸造遗址。发现于郑州城南的南关外和城北的紫荆山两地商城内。遗址中除发现有小型房基、窖穴、水井等遗迹外，还出土了不少铸造青铜器所使用的坩埚碎块和泥范碎块，并发现有铜渣、木炭屑等，也有青铜器出土。所发现的坩埚，是在粗砂质厚胎陶缸和陶大口尊外涂草拌泥制成的。泥范有铸造镬、刀、镞、锥、簪、鼎、鬲、斝、爵、觚等铜器的范和泥芯，且以镬、刀、镞的泥范数量为最多。南关外铸铜遗址多出镬范，似以铸造铜镬为主；紫荆山铸铜遗址可能以铸造铜刀、镞为主，表明当时的铸铜工业可能存在着某种分工。（苏荣誉）

郑州西山古城　黄河中游地区发现的最早城址，位于今郑州西山，绝对年代距今5300～4800年，属仰韶文化晚期。平面近似椭圆形，北墙保存较完整，西墙和东墙残存一部分，西墙的南半部和整个南墙，均已被枯河冲毁。现存总长279米多的城墙全部埋在今地表之下，残高3米，宽5～6米。城外侧围以壕沟，城内面积约2.5万平方米，位于现存10万平方米的西山遗址西北部。城内发现大量房址，均为长方形或方形的地面式建筑。城墙里和有的房基埋置小孩、牲畜或放粮的陶罐作为奠基之物。还发现多座草草掩埋死者的乱葬坑，有单埋猪、牛或人畜同坑作为牺牲的专门祭祀坑。城垣内外侧附近两处墓地已清理出百余座土坑墓。（沈玉枝）

芝麻　中国古老的栽培物种。公元前2世纪由西汉张骞从大宛引进，故原称为胡麻，又名狗虱、胜茄、巨胜、鸿岁、方茎等。胡麻在很长时期内被作为粮食作物，做成“胡麻羹”、“胡麻饮”或“胡麻饭”食用，并与黍、稷、稻、粱、禾、菽、麦等，称为“八谷”。北魏贾思勰《齐民要术》将其列在“旱稻”之后，云：“按今世有白胡麻、八棱胡麻。白者油多，人可以为饭，惟治脱之烦也。”胡麻籽粒多油，公元3世纪开始用胡麻籽为原料榨取生油，用做照明燃料。公元6世纪时，胡麻油已用于合香泽（润发油）、治牛虱等，以后复将生油煎炼成熟油，以供食用。自此，芝麻由原来的粮食作物变为油料作物，到明代“已全入蔬饵膏馔之中”，直接食用已不多见。唐代已有芝麻之名，又有油麻之称，宋代有白油麻和乌油麻之分，宋元又称为脂麻。北魏时《齐民要术》对芝麻的栽培技术进行了总结。宋代则非常强调中耕。陈旉《农书·六种之宜篇》说：“油麻，有早晚二等。三月种早麻，才甲拆，即耘锄，令苗稀疏。一月凡三耘锄，则茂盛。七、八月可收也。”

又说：“五月中旬后种晚油麻，治如前法，九月成熟矣。不可太熟。”南宋吴怿《种艺必用》也说：“种诸豆与油麻、大麻等，若不及时去草，必为草所蠹耗，虽结实亦不多。”（曾雄生）

织金锦　一种把金线织入锦中而形成特殊光泽效果的丝织物。中国古代于丝织物中加金的方法始于何时，现尚无定论，但至迟在汉代末年已开始应用。唐宋时，加金技术趋于成熟，织金、捻金以及其他用金方法多达到 10 余种。元代是织金锦生产的极盛时期，称其为“纳石失”，艺术风格和用料从唐宋丝织物以色彩综合为主，演变为以金银线为主体。元代用金方法较多，用于织金锦的主要是片金线和捻金线。片金线是将金打成金箔，然后贴于绵纸上切成金丝，直接用于织造；捻金线又称圆金线，是将金片包在丝线外加捻而成金线。元代织金锦精品实物，除传世的以外，各地还有出土，如新疆盐湖墓葬发掘出的片金锦和捻金锦，前者金线宽仅 0.5 毫米左右，纹样为满地花类型，穿枝莲补充其中，线条流畅，绚丽辉煌；后者纹样为一修眉大眼、隆鼻小口、头带宝冠、肩至冠后有光环的菩萨像。（赵翰生）

植物垂直分布　地形对植物分布的影响，有重要的生物地理学意义；垂直分布是植物水平地带性分布在垂直方向上的反映。我国古代此方面的有关研究在理论上和生产上都有很重要的意义。《管子·地员篇》道：“山之上，命之曰县泉；其地不干，其草茹茅与蓶，其木乃樠；……山之上，命之曰复吕，其草鱼肠与莸，其木乃柳；山之上，命之曰泉英，其草蕲、白昌，其木乃杨……山之豺，其草䔢与蔷，其木乃椵……山之侧，其草葍与蒌，其木乃枢榆……”这段话表明，在山的不同高度和坡向上生长不同的草本和木本植物，揭示了山地植物的垂直分布规律，并指出了阴坡、阳坡植被的区别。夏纬瑛先生根据这段叙述，按照现代华北地区的海拔高度，顺次绘制出草木分布图，使人一目了然。（汪子春）

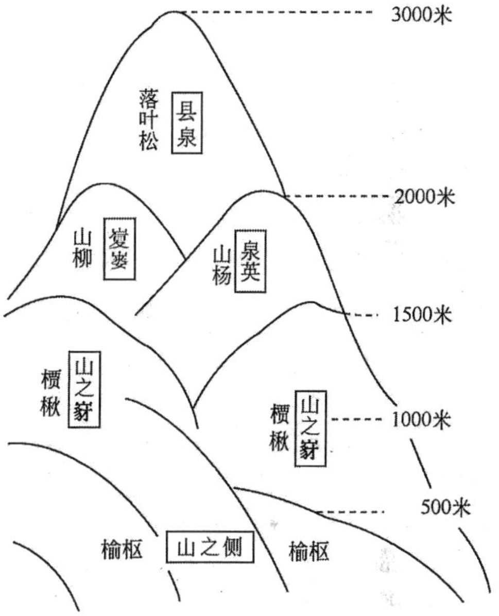

《管子·地员篇》植物垂直分布

植物分布序列　中国古代关于地势对植物分布的影响的认识。两千多年前的《管子·地员篇》云：“凡草土之道，各有谷造，或高或低，各有草物。”又说：“叶下于𧅞；𧅞下于莞；莞下于蒲；蒲下于苇；苇下于蘿；蘿下于蒌；蒌下于荓；荓下于萧；萧下于薜；薜下于萑；萑下于茅。凡彼草物，有十二衰，各有所归。”这段话表明，12 种植物，从水生到陆生、从低地势到高地势，按荷花—菱—莞—香蒲—芦草—小芦苇—蒿—扫帚菜—艾蒿—沙草—益母草—白茅的顺序依次更替，形成一个完整的生态序列，初步揭示了一个小地域中植物随地形变化分布的规律，颇似现代植物学生态学上所说的植物生态分布序列法则。（汪子春）

《管子·地员篇》地势高低与植物分布关系示意图

植物学 生物学名词。清李善兰（1811～1882）和英国来华传教士韦廉臣根据英国林德利（John Lindley，1799～1865）的有关植物学著作，于1858年合作编译出版了《植物学》。“植物”最先见之于《周礼·地官司徒》，其云：“一曰：山林，其动物宜毛物，其植物皁（Zao）物。”还将植物分为皁物（指柞、栗之类果实具壳斗的植物）、膏物（指莲、芡之类植物）、核物（指梅、李、桃等具核果的果木）、荚物（指结荚果的豆科类植物）、丛物（指禾草或莎草类植物）五类。李善兰汲取《周礼》中“植物”一词，将英语 botany 译成“植物学”，被后来中国生物学界所沿用。日本学界最初将 botany（botanak）或译为“菩多尼诃经”，或译为“植学”，19世纪60年代起亦接受李善兰的译法。（汪子春）

纸帘 从纸浆中抄捞纸的工具，又称纸模。早期的纸帘尚未发现，据传统工艺调查推知，汉代已有纸帘，结构比较简单，即是将滤水效果好的马尾或丝线编织的筛网绷紧、固定在长方形的木框上，尺寸无考。魏晋南北朝时，出现了可拆合的纸帘，即可舒卷的竹编帘子与帘床及帘床两端的挡头都能拆分。抄捞时，将纸帘平放在帘床上，两端由木挡头固定。当纸帘斜插入纸浆槽中时，纸浆流入竹帘，将纸帘提出纸槽，滤去水，竹帘上留下一层湿纸膜，将竹帘拆下，翻扣在平整的木版上，纸膜吸附在木板上，可揭取竹帘，将其重新装在木框中反复抄捞。魏晋时期的纸帘长40～50厘米，宽20～30厘米。隋唐时期，宽度变化不大，长度有达76厘米者。宋代纸帘可抄造巨幅“匹纸”，往往长达三五丈。故宫博物院藏南宋法常（1176～1239）《写生蔬果图卷》，长814.1厘米、宽47.3厘米。（苏荣誉）

纸药 又名滑水，纸药水，即纸浆悬浮剂。因为植物纤维素不溶于水，在纸槽中的悬浮度比较差。汉代可能是不断搅动纸浆，以提高悬浮度。魏晋时期发明了向纸浆中加入淀粉剂的方法，使悬浮度有所提高。大约在唐代，可能使用地衣之类植物黏液做悬浮剂。经分析，新疆和敦煌出土的唐代文书纸就使用了地衣。宋代关于使用植物黏液做悬浮剂的记载很多，主要植物有黄蜀葵和杨桃藤等。魏晋南北朝时期，已经对纸进行染色处理，基本是染黄。染黄剂是黄柏，含有大量小柏碱，可防虫蛀。贾思勰《齐民要术》中记载了这种染黄工艺。据宋米芾《书史》所言，晋王羲之《来戏帖》即是书于染黄纸上的。在宋代，还发明了将椒水掺入纸中制成椒纸的方法，也可以防虫蛀。（苏荣誉）

指南针 中国古代重大发明之一，是磁体极性的应用。它的最初的形式为司南。北宋指南针的磁性体已发展成为针状，和现代磁针的形状尤为接近。而这种磁针的磁性是通过磁石摩擦后被磁化制成的，它又称人工磁化法。关于指南针的最早记载见于北宋沈括《梦溪笔谈·杂志一》：“方家以磁石磨针锋，则能指南，然常微偏东，不全南也。水浮多薄摇，指爪及碗唇上皆可为之，运转尤速，但坚滑易坠，不若缕悬为最善。其法取新纩中独茧缕，以半芥子许蜡，缀于针腰，无风处悬之，则针常指南。其中有磨而指此者。予家指南，此者皆有之。磁石之指南，犹柏之指西，莫可原其理。”《补笔谈·药议》又载：“以磁石磨针锋，则锐处常指南，亦有指北者，恐石性亦不同。如夏至鹿角解，冬至麋角解。南北相反，理应有异，未深考耳。”从上可看出，沈括已发现磁偏角、磁极、磁石极性。

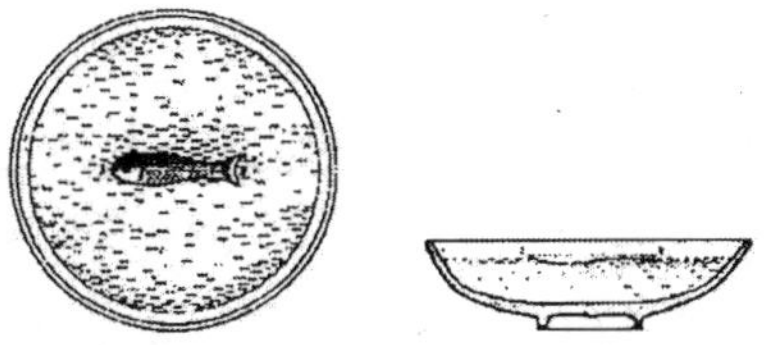

《武经总要》指南鱼（王振铎）复原图

沈括讲到以下几种装置指南针的方法：将磁针放在指甲上［图（a）］；将磁针置于碗唇上［图（b）］；将磁针横贯灯芯草浮在水面上［图（c）］；将磁针以独股茧丝用蜡少许粘于针腰，无风处悬挂［图（d）］。指南针发明之后，于公元9～12世纪被用于海上航行。指南针于12世纪末到13世纪初，经过海上航程传到阿拉伯，再由阿拉伯传入欧洲，对欧洲的经济、军事的发展发挥了在中国所没有的重大作用。（李家明）

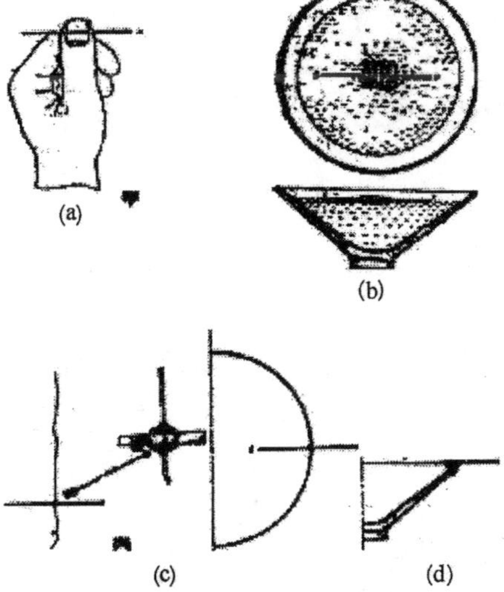

指南针的四种不同装置法

制图六体　晋裴秀首创的绘制地图的六项原则，是中国古代绘制地图的圭臬。西晋泰始四年至七年（268～271），裴秀主编完成了著名的地图集《禹贡地域图》18篇，在《禹贡地域图·序》中，他系统地总结中国传统地图的绘制方法，提出“制图六体”。其内容是：“制图之体有六焉。一曰分率，所以辨广轮之度也。二曰准望，所以正彼此之体也。三曰道里，所以定所由之数也。四曰高下，五曰方邪，六曰迂直，此三者各因地而制宜，所以校夷险之异也。有图象面无分率，则无以审远近之差；有分率而无准望，虽得之于一隅，必失之于他方；有准望而无道里，则施于山海绝隔之地，不能以相通；有道里而无高下、方邪、迂直之校，则径路之数必与远近之实相违，失准望之正矣。故此六者，参而考之。然后远近之实定于分率，彼此之实定于准望，径路之实定于道里，度数之实定于高下、方邪、迂直之算。故虽有峻山钜海之隔，绝域殊方之迥，登降诡曲之因，皆可得举而定者，准望之法既正，则曲直远近无所隐其形也。”（关于“制图六体”的文字记载应为253字，《晋书·裴秀传》缺9字，且为重大遗漏，《艺文类聚》卷六和《初学记》卷五记载齐全）“制图六体”是以当时数学高度发达的比率理论和重差术为基础，对西晋以前制图经验的理论总结，是绘制平面地图的科学理论。制图六体中的分率（比例尺）、准望（方位）和道里（距离）是现代地图学不可缺少的数学要素，高取下、方取邪（斜）、迂取直是现代测量学改正由地势起伏、倾斜角度和地表曲直不同所带的误差求得水平直线的方法。它为中国古代地图学奠定了理论基础，是中国古代绘制地图的重要原则，对于中国传统地图学的发展影响极大。（艾素珍）

治河防洪 整治河道以兴水利、防御洪水以避灾害的简称。这是中国水利事业中最古老的一项内容。从传说的大禹治水开始，中华民族在与洪水尤其是黄河洪水作斗争的漫长历史中积累了丰富的经验，形成了丰富多样的防洪思想和治河主张。概括起来，大致有8种治河防洪的主张和派别：①避洪说，起源于远古，是生产力极为低下时的产物；②挡洪说，以堤坝工程阻挡洪水的侵袭，是历代防洪思想的主流，起源于传说中的“鲧障洪水”，至明清时发展为束水攻沙，其代表人物是明代的潘季驯；③分洪说，起源于远古，大禹治水的基本措施之一就是“疏九河”，分洪主张在西汉冯逡等，北宋李垂、韩贽等，明代前期徐有贞等的治河思想中占主导地位；④滞洪说，始于西汉贾让不与水争地的思想，至宋代任伯雨、姚仲孙提出宽堤说，明代潘季驯提出双重堤防滞洪；⑤改道说，主张让河流改道以消除洪水灾患的方案，始于西汉齐人延年“开大河上领，出之胡中，东注之海”（《汉书·沟洫志》），在宋代形成了“东流”与“北流”之争；⑥用洪说，用洪治洪的主张，形成于清代，其方法是利用洪水和泥沙进行淤灌和固滩，盛行于清乾隆时期，并收到较好的成效；⑦沟洫说，明代中期周用提出的用沟洫治河防洪的主张，实际上是分洪、滞洪和用洪相结合的思想；⑧治本说，迄清代许承宣等已看到黄河防洪的根本问题要从上中游解决洪水和泥沙入手，提出了解决防洪的本质问题。（艾素珍）

治蝗 蝗虫是中国最主要的农业害虫之一。《春秋》中有周桓王十三年（公元前707）发生蝗害的记载，是为中国蝗害成灾的最早记录。战国时期，已采用深耕、掌握农时等农业措施防除蝗虫。《吕氏春秋·审时》：“得时之麻，必芒以长，疏节而色阳，小本而茎坚枲以均，后熟多荣，日夜分复生，如此者不蝗。”汉代则创造了开沟灭蝗蝻技术，“堑道作掐，榜驱内于堑掐，把蝗积聚以千斛数。”但在唐代以前，蝗灾常常被视为天灾，有些人认为治蝗会导致戾气，主张修德，结果坐视蝗灾而不救。但自姚崇采用点火诱杀和开沟扑杀相结合的办法治蝗，并取得成效之后，主动的治蝗措施开始得到伸张。宋神宗熙宁八年（1075）八月，“熙宁敕”公布，是为中国第一道治蝗法规，法规中规定了有关治蝗的奖惩条例。明清时期，养鸭除蝗在稻区得到较为广泛的运用。明末徐光启《农政全书》对历代蝗灾的发生规律及蝗虫生活史进行研究，从而提出了较为科学的治蝗办法。清代出现了许多治蝗专著，流传至今的有《捕蝗考》、《捕蝗汇编》、《治蝗全法》、《治蝗书》等。（曾雄生）

质测 明清之际方以智独创的用语。“质”指物质；“测”指实测。与“通几”相对应。其《物理小识自序》云：“物有其故，实考究之，大而会元，小而草木螽蠕，类其性情，征其好恶，推其常变，是曰质测。”认为“质测”以实际事物的通理为对象，“考测天地之家，象数、律历、音声、医药之说，皆质之通者也，皆物理也”（《通雅·文章薪火》）。（李家明）

中风 病名。①属内伤杂病的一种，出《灵枢 · 邪气藏府病形》，又名“卒中”。指猝然昏仆，不省人事，或突然口眼歪斜、半身不遂、言语蹇涩的病症。中风的病因很多，历代医家对此论述有较大的不同。据清代蒋宝素《医略十三篇》卷一云，北宋以前皆遵循《黄帝内经》的观点，以外风立论；金代刘河间认为中风非外中于风，而是由于将息失宜，心火暴甚，肾水虚衰，不能制之所致；李东垣也认为中风非外来风邪，而是由本气不足导致的；元代朱震亨则认为中风乃血虚有痰所致。清代喻昌提出：“中风之风，乃人身自有之风，平素蕴蓄，而一旦内出者也。”尤怡则认为：“中风之病，其本在肝。”此后，中医临床上常将中风称为“肝风内动”。根据症状的不同，中风可分为中络、中经、中腑、中脏。汉代张仲景《金匮要略》云：“邪在于络，肌肤不仁；邪在于经，即重不仁；邪入于腑，即不识人；邪入于脏，舌即难言，口吐涎。”中络为最轻，而中脏为最重。中风的治疗，中经络以祛风通络为主，中脏腑则以平肝息风为主。②指外感风邪的病证，是伤寒病中的一种。《伤寒论 · 辨太阳病脉证并治》云：“太阳病，发热，恶风，脉缓者，名曰中风。”治疗以祛风解表为主。（张志斌）

中国数码 宋元之后流行的数码。中国古代用算筹记数，分纵横两式，并用空位表示零。而文字叙述则用一、二、三、四、五、六、七、八、九、十、百、千、万等汉字。由于它们相当方便，近两千年来变化不大。唐宋间，人们以“×”表示5，以“+”表示10，后来又创造“○”表示0。当时北方李冶的《测圆海镜》、《益古演段》，南方秦九韶的《数书九章》和杨辉的著作等都使用了“○”。秦九韶和杨辉还以“〇̄”或“〇̇”表示5，以“×”表示4，以“乂̄”或“乂̇”表示9，如图（a）。秦、李、杨、朱著作中的记数仍然采取纵横制，但已不十分严格。随着算筹逐步退出运算和珠算的普及，纵横制已无必要。人们取纵式算筹数字的前3个，取秦、杨等所使用的横式的后7个，形成了新的一套数字。后来，表示5的“〇̇”演变成“〆”，表示9的“乂̇”演变成“攵”，如图（b），成为一直使用到近代的数码。（郭书春）

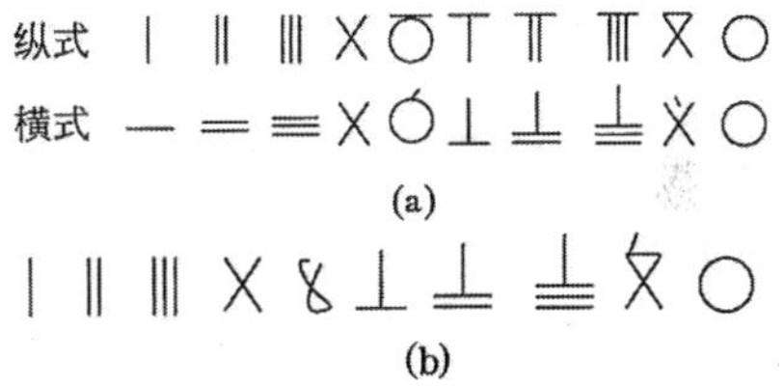

中国数码

中气 （1）中国古代历法术语。二十四节气中从冬至起，奇数的气称为中气，计有冬至、大寒、雨水、春分、谷雨、小满、夏至、大暑、处暑、秋分、霜降、小雪等十二个。将中气配属于某月，如雨水必在正月，大雪必在十二月；无中气之月，则为上月的闰月。

（2）中医学术语。一般指脾胃之气，在人体中部。《灵枢 · 口问》：“中气不足，溲便为之变，肠为之苦鸣。”中气衰弱，即引起元气虚衰的病理现象，往往可致消化不良、食少、肢柔、泛，乏力、神疲及子宫或肠脱等病。（李家明）

中声 高低适中的音，也作“衷音”。“中声”一词始见于《春秋左传 · 昭公元年》（前541）：“中声以降，五降之后，不容弹矣。”《吕氏春秋 · 仲夏纪 · 适音》：“故太钜、太小、太清、太浊，皆非适也。何谓适？衷音之适也。何谓衷：大不出钧，重不过石，大小轻重之衷也。黄钟之宫，音之本也，清浊之衷也。”正声也称为中声。（戴念祖）

中体西用　“中学为体，西学为用”的简称。清末同治、光绪年间“新政”理论的基础。咸丰十一年（1861），冯桂芬（1809～1894）在《校邠庐抗议·采西学议》中提出：“以中国之伦常名教为原本，辅以诸国富强之术。”薛福成（1838～1894）在《筹洋刍议·变法》中也称：“今诚取西人气数之学，以吾尧、舜、禹、汤、文、武、周公之道。”王韬（1828～1897）说：“器则取诸西国，道则备自当躬。”又说：“形而上者中国也，以道胜；形而下者西人也，以器胜。”（《弢园尺牍》）19世纪80～90年代此说日益明朗，倡者日多。郑观应在《盛世危言·西学》中说：“中学其体也，西学其末也；主以中学，辅以西学。”沈寿康于1895年4月在《万国公报》上发表“匡时策”明确提出“为华人计，宜以中学为体，西学为用”。次年，阁臣孙家鼐在《遵议开办京师大学堂折》中道：“今中国创立京师大学堂，自应以中学为主，西学为辅；中学为体，西学为用”，“以中学包罗西学，不能以西学凌驾中学”。光绪二十四年（1898），湖广总督张之洞在《劝学篇·设学》中又称：“新旧兼学，四书五经、中国史事、政书、地图为旧学；西政（按：包括学校、地理、度支、赋税、武备、律例、劝工、通商等，政治制度改革不包括在内）、西艺（包括算、绘、矿、医、声、光、化、电等自然科学技术）、西史为新学。旧学为体，新学为用。”他既批评守旧派“不知通”，又批评维新派“不知本”。“不知通，则无应敌制变之术，不知本，则有菲薄名教之心。”光绪二十四年光绪帝“诏定国是”，宣谕：“中外大小臣工，自王公至于大庶，各以发愤为雄，以圣贤之学植其根本，兼博采西学之切时务者，实力讲求，以成通达济变之才。”（《光绪东华录》卷四）至此，“中体西用”思想成为光绪新政，宣示于天下。“中体西用”为洋务运动的宗旨，主张在维护封建专制的前提下，废科举，改学制，派留学生，学习西学，即把资本主义西学“用”到中国封建主义的“体”上来。这种思想虽没有从根本上改变中国的命运，但在其指导下，近代科学技术加速传入中国，建立了一批工矿企业，新式学堂也在中国开始建立，促进了中国社会的改革。（李家明）

钟鼓楼　中国古代用以司时的公共性楼阁建筑。钟和鼓是古代乐器，后用于报时之用。汉代实施晨鼓暮钟制度，汉蔡邕《独断》载：“鼓以动众，钟以止众。夜漏尽，鼓鸣即起；昼漏尽，钟鸣则息也。”唐实施晨钟暮鼓制，长安城在宫城正门承天门上设置钟鼓，作为全城的司时中心，早晚根据承天门的钟鼓声开启各坊门及宫门。元代在大都城内、宫城之北建钟楼和鼓楼。明清时候，一般在城市的中心均设置钟鼓楼，如西安城内位于大十字街的钟楼和鼓楼、北京城内位于中轴线北部终点的钟楼和鼓楼，都是都城的报时中心。至迟在唐代，佛寺中开始设置钟楼，据《宋高僧传》记载长安资圣寺灾：“佛殿、钟楼、经藏三所悉成灰烬。”从宋代开始，佛寺山门内左右两侧分别设立鼓楼和钟楼已成定式。（沈玉枝）

钟律　①泛指律学中最早的定律法。《史记·律书》：“钟律调自上古。”汉以后对此有两种解释：一说认为，钟律并无计算方法，而是“以耳齐其声”，即以人耳断定音律高低及其律制。蔡邕《月令章句》、朱载堉《律学新说》均持此说，即“古之为钟律者，以耳齐其声”；另一说认为，上古钟律有计算方法，为汉以后官府所遵从，如孙吴时韦昭注《国语·周语》言“汉大予乐管有之”。②编钟的定律法。先秦编钟的定律法诚如曾侯乙编钟所表明的，是三分损益律和纯律的复合律制。③个别典籍用以指律管。如《晋书·律历志》述及候气时，言“度晷景、候钟律”。④以钟律为名的乐官。如东汉章帝设“待诏候钟律”，魏晋南北朝时太常寺设“钟律令”。(戴念祖)

种痘　即人痘接种，是古代用于预防天花病的一种接种技术。发明之初是采用天花患者的痘痂，或痘浆制成疫苗接种于健康儿童，使之发生一次较为轻微的感染而产生免疫力。后经过改进，采用接受种痘者所出的痘痂作为疫苗的方法，甚至经过几代培养，达到很好的减毒效果，接种的安全性因此而提高。相传北宋时期已有此法的临床应用，比较确切的记载是在明代。到了明清时期，人痘接种在国内已较普遍，并形成一门专业，接种方法也不断得到改进、发展。据清代《张氏医通》记载，人痘接种方法有痘浆法、痘痂法、痘衣法，其中痘痂法又分旱苗、水苗两种，故共合四种方法。痘衣法可能是最原始的一种，非常简单易行，只要将患天花儿童所穿内衣脱下，令未病小儿穿之，即可造成一次传染接种，但成功率较低；痘浆法，是将患儿痘疱挑破，直取其浆接种于未病小儿，传染即烈，且对患儿有损害，所以也渐渐被淘汰；旱苗法，是用患儿的痘痂研极细，用管子吹入未病儿鼻中；水苗法，则以新棉摊成薄片，将痘痂细末加水调湿，裹于其中，再塞入未病儿鼻中。据《医宗金鉴》称：“四者而较之，水苗为上，旱苗次之，痘衣多不应验，痘浆太涉残忍。”至清代晚期，人痘接种改进，从用“时苗”到“熟苗”。《种痘方》指出：“若其出天花之痂，谓之时苗。”《种痘心法》进一步指出：“若时苗连种七次，精加选炼，即为熟苗。”这样的熟苗，实际上进行了七代的减毒，安全性大大增强。虽然人痘接种，尤其是最初未经改进的方法，具有一定的危险性，但在牛痘接种法发明之前，它对天花的预防作用却是毋庸置疑的。康熙皇帝《庭训格言》中称：“国初人多畏出痘，至朕得种痘方，诸子女及尔等子女皆以种痘得无恙。今边外四十九旗及喀尔喀诸藩，俱命种痘，凡所种皆得善愈。”人痘接种法在中国盛行的同时，也传到国外，朝鲜、日本、土耳其、俄国、英国、美国等均先后接受并使用过这种预防方法。牛痘接种法的发明者、英国医生爱德华·贞纳，早年就是一位在乡间种人痘的医生，正是在种人痘的过程中，他发现挤奶女工因患过牛痘而可免种人痘，由此而受到启发完成了用牛痘来代替人痘的试验。所以，人痘接种法可以说是免疫学的起始之源。(张志斌)

重力　物理学名词。战国时期的《墨经》对包括重力在内的各种力作了记述：“力，刑之所以奋也。”还进一步指出：“力，重之谓，下、举，重奋也。”意即物体的重量也是一种力的表现，物体下坠、上举都是基于重的作用，也就是用力的例子。在墨家看来，力和重是相当的，举起重物就是力的体现，说明了重力的概念。古代一直把重量单位和“钧”、“石”等作为力的量度单位，说明重力当时是众所公认的。其后，东汉王充在《论衡·效力篇》中也论及重力，当力相当于或大于物重时，该力就能把物举起；相反，力就不能举起重物。（王允红）

重心 物理学名词。物体的全部重量可集中在一点上，这一点即为重心。从仰韶文化时期半坡人制造的提水罐戽斗到周庙欹器以及历代各种形态的欹器，在日常用器、装饰用品、玩具、建筑技术及杂技一类的舞台艺术中，古人充分地利用了重心与平衡的经验原理。墨家和王充等人对此作过阐述："下轻上重，其覆必易。""论衡"就是有关重心的古代理论。古代的磬是匀质而形状不规则的石质乐器，它有特殊的悬挂方法，就是悬挂孔在其重心或附近位置，这样既可悬吊平衡，便于敲击，又不影响磬的音质。《淮南子·说山训》就重心与平衡的经验法则写道："月望，日夺其光，阴不可以乘阳也。日出星不见，不能与之争光也。故末不可以强本也，指不可以大于臂。下轻上重，其覆必易。"这段文字从光学问题转述到力学上指出本末不可倒置，大小不可更位，然后得出了关于重心与平衡的普适性原理："下轻上重，其覆必易。"（王允红）

周公测景台 古天文台遗址，位于河南省登封县城东南 15 公里的告城镇，即古代的阳城，相传是西周周公测影之地。《周礼·地官·司徒》载："以土圭之法，测土深，正日景，以示地中……日至之景，尺有五寸，谓之地中。"东汉郑玄注认为"地中"即在阳城。《后汉书·天文志》亦称："夏至日影尺有五寸，其测景必于阳城无疑。"北魏郦道元《水经注》称："颍水经阳城故城南，亦周公以土圭测日景处。"唐代周公测景处古迹犹存。仪凤四年（679）姚玄于阳城测景台依古法测景。开元十一年（723），南宫说在台前数丈以外立石表为志，上刻"周公测景台"五字。历代有许多天文学家都曾到这里进行天文观测，元初郭守敬在此建有观星台，世称登封观星台，上有四丈高表和量天尺（即石圭）等。（孙小淳）

周日分 中国古代历法常数，据以计算近点月长度（或其余数）分子。刘洪《乾象历》中第一次明确给出了近点月长度的计算方法和数值，定周日分值为 3303，除以周日法 5969，得近点月长度余数为 0.553 559 0 日，即近点月长度为 27.553 559 0日。以后历法中有多种名称，如周日日余、通周、周日余、周余、历余、转终分等。近点月即月亮连续两次经过近地点的时间间隔。古代无近点月之名，但古人对月亮运动时快时慢的现象早在西汉时就已有所觉察，由于当时沿赤道度量月亮位置，人们多以赤道与黄道之间有一夹角的原因解释这一现象，从而限制了对月亮运动不均匀性问题的认识。东汉初年发明了黄道仪，沿黄道度量月亮位置，发现月亮运动确实不均匀，并且发现运动之"疾处"是变化的。《后汉书·律历志》记述贾逵论历说："（李）梵、（苏）统以史官候注考校，月行当有迟疾……率一月移故所疾处三度，九岁九道一复。"就是说月亮近地点每月移动 3°，由此实际上就可以算得近点月的长度值。在历代历法中，不少历法给出相当准确的近点月长度，如刘焯《皇极历》中的近点月长度和现代理论值只差 0.8 秒。（孙小淳）

帚化 造纸工序之一，指机械力将纤维束细化的过程。经过蒸煮的造纸原料，许多纤维束尚未充分分散，分散的纤维束多数的羟基不能暴露出来，抄造的纸质地疏松，多孔，表面粗糙，解决这些问题的手段就是帚化工序。古代采用杵臼、碓和碾进行打浆，促使帚化，增加纤维的柔软性和可塑性，使纤维表面产生绒毛，增加纤维的比表面，使羟基成分暴露，便于形成氢键。汉代的帚化工具可能是杵臼和踏碓。（苏荣誉）

胄 古代军队将士在作战中用于护头的装具，又有兜鍪、头鍪、盔等名称。由于它常与铠甲配套使用，所以“甲胄”一词便成为防护装具的通称。战国晚期开始使用铁胄，称“兜鍪”。宋代以后称胄为“盔”。明军使用6种头盔：唐猊盔、一块铁、四明盔、六叶盔、皮穿柳叶盔、藤鍪牟等。清军使用的头盔有13种：马兵绣蟒铁盔、步兵绣蟒铁盔、马兵刻丝补铁盔、步兵刻丝补头盔、铜虎头盔、铁虎头盔、铁梁棉盔、棉盔、铁碗盔、有盔尾护耳铁碗盔、有盔檐絮羊毛铁碗盔、皮高盔、皮碗盔等。（王兆春）

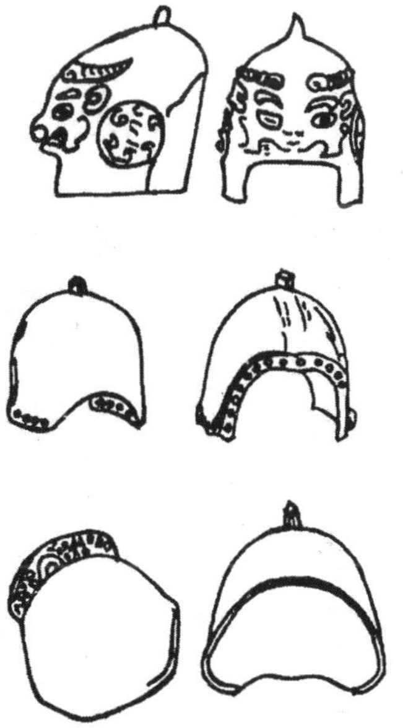

胄

珠算 运用珠算盘进行加、减、乘、除、开方等计算的方法。以算珠进行运算的算盘称为珠算盘，是中国传统计算工具之一。其雏形首见之于东汉徐岳《数术记遗》的珠算：“珠算：控带四时，经纬三才。”北周甄鸾注曰：“刻板为三分，其上下二分以停游珠，中间一分以定算位。位各五珠，上一珠与下四珠色别。其上别色之珠当五；其下四珠，珠各当一。”都是使用游珠，不穿档，且无口诀，无疑与宋元之后流行的算盘不同，实际上未必如筹算方便。有人认为，出土过北宋算珠，《清明上河图》中赵家药铺柜台上有一珠算盘。也有人认为，所谓北宋算珠的出土土层有问题，赵家药铺柜台上是一钱板，而非算盘。实际上，珠算盘是随着乘除捷算法的发展而产生的。宋、元时人们创造了乘除捷算法，促进了筹算向珠算的演变，筹算口诀亦变成珠算口诀，便于记诵，算法简捷，运算迅速。到南宋，珠算产生的算法条件已经完全成熟了。南宋刘胜年所绘《茗园赌市图》、元至大三年（1310）所绘《乾坤一担图》中都有珠算盘图，算珠、算档都清晰可见，可知它在当时已经流行。现存算盘图式始见于明《魁本对相四言》（1371），尚与算子（算筹）并列。其形长方，周为木框，内穿档，档中横以梁。梁上二珠或一珠，每珠作数五；梁下五珠或四珠，每珠作数一。定位后利用口诀拨珠计算。其口诀易诵，简单易学，运算简捷，且便于携带。明中叶以前的数学著作大都珠算、筹算并用。大约在明中叶以后，珠算完全取代了算筹，完成了计算工具的改革。明程大位的《算法统宗》（1592）对珠算的发展和普及发挥了极大的作用，惠及朝鲜、日本和东南亚，至今在人们生产、生活中发挥着有益的作用。（郭书春）

载有珠算盘的南宋茗园赌市图

竹拱桥 用数根弯成拱形的细长竹竿组成的桥。以南方产竹区最盛行。因竹易损，未有较早的竹拱桥保留下来，且一般为临时性简易桥。（沈聿之）

竹索桥 索桥的一种。以竹索悬挂于两岸当桥者。竹索古写作“筰”，亦通作“笮”。是继藤索桥之后出现的桥。公元前3世纪已有竹索桥，秦取西蜀，李冰造七桥，其一便是笮桥。自《汉书》后的众多古籍图书中，称笮者，均指藤桥或竹索桥。以四川都江堰市西的古珠浦桥（安澜桥）最为著名。（沈聿之）

竹筒探鱼 声音的利用。以去节长竹筒，伸入海底，聆听竹筒出海端，可探察海中鱼群活动或其方位。这与水内传声在竹筒空腔内产生混响有关。据载，当鱼汛来临之时，鱼声如雷，“渔人每以竹筒探深水底，闻其声，乃下网截流之”（明·田汝成《西湖游览志余》卷二十四）。明李时珍《本草纲目》、王士性《广志绎》等均有记述。这种探听鱼群的方法，至晚起于明代，并一直被沿海地区渔民袭用至今。（戴念祖）

竹纸 以竹子为原料抄造的纸。大概起源于唐代。唐李肇《国史补》卷下记载了韶州（今广东韶关）产竹纸。唐段公路《北户杂录》也曾提及广东罗州（今罗定）出竹纸。根据北宋苏易简《文房四谱》纸谱的记载，北宋时期竹纸的质量较差。到南宋时期，竹纸质量有了质的改进，可以与柘纸、皮纸媲美。但纤维束较皮纸多。宋米芾《珊瑚帖》即是书于竹纸上的。南宋乾道七年（1171）刻印的《史记集解索引》系用竹纸刷印。著名的建本多用竹纸印刷。（苏荣誉）

逐月养胎 古人据脏腑经络理论对胚胎发育的认识，由南北朝时期北齐医家徐之才提出，在古代有较大的影响。隋代巢元方《诸病源候论》、唐代孙思邈《备急千金要方》与宋代陈自明《妇人大全良方》均收有这一理论。例如，妊娠一月始胚，由足厥阴肝经主养；妊娠二月始膏，由足少阳胆经主养；妊娠三月始胎，由手厥阴心包经主养；妊娠四月以成其血脉，由手少阳三焦经主养；妊娠五月以成其气，由足太阴脾经主养；妊娠六月以成其筋，由足阳明胃经主养；妊娠七月以成其骨，由手太阴肺经主养；妊娠八月以成肤革、九窍，由手阳明大肠经主养；妊娠九月以成皮毛、六腑、百节，由足少阴肾经主养；妊娠十月，胎儿五脏六腑、关节及神气都已齐备，俟时而生。妊娠期的调养，包括饮食、起居、胎教，应注意胎儿发育状况及当月主养之脉，治疗用药要注意不能损伤当月养胎之经，针灸取穴则应避开当月养胎之经。（张志斌）

苎麻　中国古代重要的纤维作物之一。其茎直立高可达七尺，叶子互生，呈卵圆形状，叶底遍生白绒毛，夏秋间开淡绿色小花，雌雄同株，喜生长于比较温暖和雨量充沛的山坡、阴湿地、山沟等处，主要分布于南方各地和黄河流域中下游地区。苎麻茎皮纤维细长坚韧，平滑而有光泽，拉力、耐热力、吸湿性、散热性以及上染牢度均佳。苎麻纤维织成的布具有质轻、凉爽、挺括、不粘身、透气性好等特点，是深受人们欢迎的夏季衣着用料。其原产于中国西南地区。新石器时代长江中下游一些地方就已有种植。考古出土年代最早的是浙江河姆渡出土的完整的苎麻叶和苎麻绳，以及钱山漾新石器时代遗址出土的苎麻布和细麻绳，距今已有4700余年。商周时期，苎麻已进入北方，《诗经》中有“东门之池，可以沤苎”，但主要产区在南方，王祯《农书》说“南人不解刈麻（大麻），北人不知治苎”。元官修农书《农桑辑要》中“新添”有“栽种苎麻法”，代表了当时苎麻栽培技术的最高水平。后来王祯《农书》“农器图谱”中还专为苎麻设立一门，备载治苎纺织工具。苎麻栽培有有性繁殖和无性繁殖两种方式。《农政全书》说无性繁殖“易成速效”，不过对于“远致为难”的“无根处”，“即宜用种子之法”（有性繁殖）。元代《农桑辑要》旨在扩大苎麻种植，故对种子繁殖讲得较多。种苎从苗床整地开始，其要求和北魏贾思勰《齐民要术》中的大麻种植方法大体相同。最大的不同在于苗床管理，为防止幼苗遭干旱、大雨冲散，《农桑辑要》提出了搭棚覆盖的方法。种子繁殖的苎麻在正式移栽前要经过一次假植，再在“来年春首移栽”。移栽时宜，以“地气动为上时，芽动为中时，苗长为下时”。《农桑辑要》中也提到了分根、分枝和压条等多种繁殖方法。在苎田管理方面，古人主要抓了中耕、施肥、灌溉和保护麻兜越冬几个方面。其中，防冻，使苎麻安全越冬是关键环节。多年生苎麻喜暖畏寒，冬季必须保护。《农桑辑要》指出：“至十月，即将割过根茬，用牛、马粪厚盖一尺，不致冻死。”古人认识到苎麻的适时收割很重要，明代《菽园杂记》指出：“若过时而生旁枝，则苎皮不长。生花则老，而皮粘于骨不可剥。”古人主要依据苎麻自身生长情况，如根旁小芽高度、根部颜色和麻皮色泽等来确定收割的时间。《种苎麻法》和《抚郡农产考略》等说：“视麻之皮转灰黑至梢，则可剥。尽半月内须剥尽。”这一方法依据皮色，比前两种更易掌握。（曾雄生　赵翰生）

桩工　对各种类型桩基础的施工。最迟在汉代，重要的水工建筑施工中已经注意基础处理。汉光和五年（182），京兆尹樊陵在阳陵（在今陕西泾阳县东南）主持修建樊惠渠时已采用桩柱作基础修建堰闸（汉·蔡邕《京兆樊惠渠颂》）。唐以后，一般的堰、坝、闸、水门和重要河堤工程都普遍使用了桩工。宋元时期，桩基工程已有一定的规范。明清时期，已形成较完备的桩基施工规范和技术要求，与近代桩基已很接近。中国古代使用的桩基按其分布和结构特性大致分排椿、梅花椿、马牙椿和混合椿4种，其中梅花椿是古代最常用的一种。基桩使用的材料多是柏木。施工方法包括挖基坑，打基桩，锯平椿头，土石回填，麻灰（油灰）捻过或糯米石灰汁沟缝5道工序。中国古代桩基工程的主要特点是：简便易行；就地取材；桩基型式多种多样；由于打桩机具比较简陋，桩基的直径多不大，深度多不太深；布桩完全凭经验，缺乏定量计算。（艾素珍）

撞车 古代军队在守城战中使用的一种撞击式战车。车座用巨木和厚板制成，下安四轮，车框中央竖立两根阔厚的木柱，木柱两端用一根转轴相连，轴上缠一根粗绳，绳下系一根大撞木，撞木头部安一个较大的尖锐铁头。当敌军将云梯、对楼等高层和攀登器械抵近城墙时，守城士兵即晃动大撞木，以尖锐的铁头将其撞毁。（王兆春）

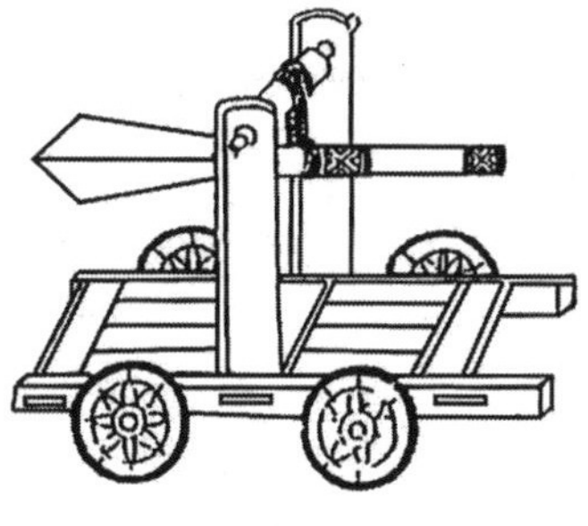

撞车

撞归起一 元代创造的归除中的一种运算方法。起于筹算，用于珠算。被除数与除数首位相同，而商数与除数首位之下各数乘积大于被除数首位之下的数值，须用此法。元末丁巨《丁巨算法》、贾亨《算法全能集》的“撞归起一”筹算口诀与现今的珠算口诀基本相同。比如30 ÷ 34，口诀为“见三无除作九三”，商为0.9，尚余3。除数4乘0.9为3.6，减余数3，不足减，须用起一法，口诀为“起一下还三”，得商数为0.8，余数6；除数4乘0.8为3.2，从余数6中减去，余数2.8。（郭书春）

撞击式燧发枪 清朝前期制造的一种燧发枪。枪身全长1185毫米，管长880毫米，口径17毫米。枪机的龙头衔有火石，前竖火镰，火镰兼有火门盖的作用。发射时，先扳起龙头，压簧被制动锁控制，与扳机相属。扣动扳机后，龙头下旋，火石与火镰猛烈撞击，击出火星，溅燃火门内烘药并引燃枪膛中火药，将弹丸射出。由于清廷的保守落后和重弓马骑射而轻火器且国力日益空虚，这种枪并未装备清军使用。（王兆春）

撞击式燧发枪

锥亭之类 即多面体。秦简《数》、《算数书》、《九章算术》提出了方垛壔（长方体，见图b，c）、堑（以及城、垣、堤、沟、渠，其上下两底为平行的矩形，两端为直立的等腰梯形，两侧为矩形，见图a）、方锥（见图e）、方亭（正四棱台，今称方台，见图d）、堑堵（沿相对两棱部分长方体得到的楔形体，见图f）、阳马[直角四棱锥见图（g）]、鳖臑（四面均为勾股形的四面体，见图h）、刍甍（屋脊形的多面体，其下底为矩形，无上底，两侧为等腰梯形，两端为等腰三角形，见图j）、刍童（曲池、盘池、冥谷，其上下两底为平行的矩形，两侧、两端分别为全等的等腰梯形，见图k）、羡除（两侧为勾股形，其余三面为等腰梯形之楔形体，

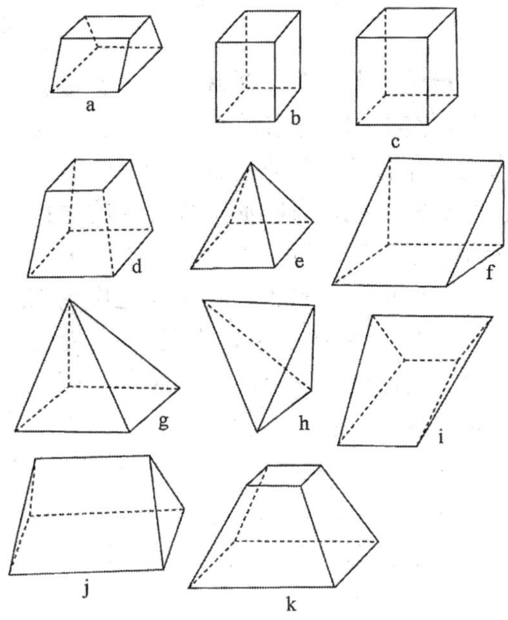

锥亭之类

见图 i）等若干多面体体积公式。根据对刘徽《九章算术注》的分析，这些公式在其建立时是以棋验法推导的。刘徽则在用无穷小分割方法证明了刘徽原理，进而证明了阳马、鳖臑体积公式之后，将多面体分解为有限个长方体、堑堵、阳马、鳖臑，求其体积之和，严格证明了它们的体积公式，故刘徽说："不有鳖臑，无以审阳马之数。不有阳马，无以知锥亭之类，功实之主也。"将鳖臑置于多面体体积的关键地位并用无穷小分割方法解决之，与现代数学的体积理论完全一致。以刍童为例，《九章算术》云："倍上袤，下袤从之；亦倍下袤，上袤从之；各以其广乘之。并，以高若深乘之，皆六而一。"《算数书》也给出了同样的公式，即 $V=\frac{1}{6}[(2b_1+b_2)a_1+(2b_2+b_1)a_2]h$，其中，$V,a_1,b_1,a_2,b_2,h$ 分别是刍童的体积、上底的宽、长，下底的宽、长和高。刘徽记载了《九章算术》用棋验法推导上数公式的方法。刘徽又将刍童分解为 1 个长方体、6 个堑堵、4 个阳马，求其体积之和，便给出了与上述公式等价的新的体积公式：$V=[\frac{1}{3}(a_2-a_1)(b_2-b_1)+\frac{1}{2}(a_2b_1+a_1b_2)]h$；刘徽还给出了它的另一体积公式：$V=\frac{1}{3}[\frac{1}{2}(a_1b_2+a_2b_1)+(a_1b_1+a_2b_2)]h$。（郭书春）

缀术　南朝祖冲之父子的《缀术》因隋唐学官"莫能究其深奥"而失传。其具体含义不清，有学者认为是祖冲之父子学习《九章算术》的心得，补缀于《九章算术》之后，因以名之，可为一说。南宋秦九韶《数书九章·序》云"天象、历度谓之缀术"，并有"缀术推星"问，可见秦九韶认为"缀术"是关于天象历度的计算问题。日本江户时代"和算"的某些著作以"缀术"名之，其与祖冲之《缀术》的关系，待考。中国 19 世纪数学家将用算式表示幂级数展开式的方法称为缀术，清徐有壬、吴嘉善著《割圆八线缀术》，左潜（？～1874）著《缀术释戴》，都讨论幂级数展开式问题。（郭书春）

卓筒井　中国古代深井。井盐开采滥觞于先秦，直至唐代，盐井井口都是敞口的。大约于北宋庆历和皇祐年间（1041～1054）在今四川五通桥盐区和自贡盐区出现了小口径深井，谓之"卓筒井"。"卓筒"意为直如竹筒，卓筒井即小口径深井。据苏轼《东坡志林》卷四记载，开凿卓筒井时，用圆刃铁凿往复凿钻，凿出的井口如碗大，深数十丈，用巨竹去节，套接成为井壁。再用较细的竹子制成水桶，提取卤水，一桶可提数斗。四川各盐区的卓筒井，有盐井、火井和水火井三种，以盐井为主。盐井又有岩盐井和卤水井之分。前者在钻到盐层后，注水浸卤，然后汲出；后者直接汲卤煮盐。火井引出天然气，作为煮盐的燃料，水火井则兼采卤水和天然气。卓筒井最初深数十丈，明末井深开掘深达二三百丈，至清末，井深已达到 320 丈，表明在这段时间内，凿井技术出现了重大突破。由于钻井技术的提高和多种处理井中事故的工具的发明，井深有可能超过千米。（苏荣誉）

辎重车 古代一种有帷蔽可乘坐人员、载物的军用车。又称辎、辎车。《孙子·火攻》云：“凡火攻有五：……三曰火辎。”杜牧注曰：“器械财货及军士衣装在车中上道未止曰辎。”《释名·释车》云：“辎车，载辎重卧息其中之车也。”军用器械、粮草、营帐、服装等统称辎重。《史记·淮阴侯列传》云：“从间路绝其辎重。”明朝工部统一制造的辎重车有两种：一是火药车。车座下安两轮，上建一个封闭式车厢，厢前有两扇门，开启时可装御火药。车厢各部密闭封合，使火药不被风雨侵蚀，以保证火药运输时的安全。二是厢形辎重车。车底座为大平板，其上四周建有厢板，厢板上有顶盖，用马牵引，是一种密闭式辎重车。（王兆春）

紫胶虫 一种蚁状昆虫，能分泌紫胶，故名。紫胶在中国古书上又被称为紫铆、紫梗或赤胶。晋代张勃《吴录》说；“九真移风县有土赤色如胶，人视土知其有蚁，因垦发以木插枝其上，则蚁缘而上，生漆凝结，如螳螂螵蛸子之状。人折漆以染絮物，其色正赤，谓之蚁漆、赤胶。”明朝徐霞客通过考察，第一次指出云南亦是紫胶产地，记述了紫胶虫寄生植物紫梗树的形态。紫胶在我国古代作药用，也用做染料。（汪子春）

自鸣 共振的一种现象。汉代董仲舒《春秋繁露·同类相动》云：“五音比而自鸣，非有神，其数然也。”又云：“琴瑟报弹其宫，他宫自鸣而应之。此物之以类相动者也。其动以声而无形，人不见其动之形，则谓之自鸣也。又相动无形则谓之自然。其实非自然也，有使之然者矣。”可见，自鸣的物理意义与“应声”同，都是指能发出声音的共振现象。“自鸣”一词自汉代董仲舒创造以来，直至今日还在被近代科学采用。董仲舒对“自鸣”的定义及其解释都是正确的。（戴念祖）

宗气 中医学术语，出于《灵枢·邪客》。黄帝问于伯高：“夫邪气之客人也，或令人目不瞑不卧出者，何气使然？”伯高曰：“五谷入于胃也，其糟粕津液宗气，分为三隧。故宗气积于胸中，出于喉咙，以贯心脉，而行呼吸焉。”是说食物进入胃消化以后，分为糟粕、津液、宗气。其宗气积聚在胸中，出于喉咙，贯通心脉，推动肺的呼吸。它所化生的营气，“泌其津液，注之于脉，化以为血，以荣四末，内注五脏六腑，以应刻数焉”，即它能分泌津液，灌注于脉中，变化为血，在外则营养四肢，在内而灌注脏腑，循脉流行，与昼夜刻数相应。其“卫气者，出于悍气之慓疾，而先行于四末分肉皮肤之间，而不休者也。昼日行于阳，夜行于阴，常从足少阴之分间，行于五脏六腑，今厥气客于五脏六腑，则卫气独卫其外，行于阳，不得入于阴。行于阳，则阳气盛。阳气盛，则阳气跻陷，不得入手阴，阴虚，故目不瞑”。卫气是一种比较滑利剽悍的水谷之气，首先运行在四肢的末端，分肉、皮肤之间，而无休止。白天行于阳分之属，夜间行于阴分之属，常以足少阴肾经为起点，循环于五脏六腑。有厥逆之气留于五脏六腑时，则卫气仅能捍卫体表，行于阳分而不能入于阴分。仅止行于阳分，就造成阳气偏盛。阳气偏盛，则阳跷脉气充塞，卫气不得通过而入阴分，导致阴虚，所以人就不能闭目入睡。宗气之盛衰，与人体的气血运行、肢体活动及呼吸声音的强弱有关。营气具有化生血液和营养周身的作用，营气的盛衰与人体的营养状态有关。卫气的功能正常，则使肌肉滑润，皮肤柔和润泽，腠理致密。卫气的盛衰与人体的抵抗能力有关。（李家明）

纵横图 又称幻方、魔方或九宫图，是选用一些整数按某种特定的方式排列形成的具有某些特性的图案。最规整的纵横图是把 $1\sim n^2$ 这 n^2 个整数，排列成 n 行 n 列的方阵，使其每行、每列及每条对角线上的数字之和都等于 $\frac{1}{2}n(n+1)$ 。中国是其发祥地。九宫图是最早的纵横图，它是由 $1\sim9$ 排列成的三行三列的三阶纵横图，如图。早期文献如《大戴礼记 · 明堂》云：“二九四，七五三，六一八。”《易纬 · 乾凿度》云“太乙取其数以行九宫，四正四维皆合于十五”等，都描述了九宫图的数学特性。甄鸾注《数术记遗》“九宫算”说：“九宫者，即二、四为肩，六、八为足，左三、右七，戴九、履一，五居中央。”以形象的语言描述了九宫图中各数的具体位置。宋代以后，纵横图的研究形成了一个高潮。杨辉《续古摘奇算法》除三阶纵横图外，还研究了四至十阶纵横图和多种变形图，有的每行每列和对角线上数字之和并不都相等，纵横图的形状也多样化。此后，南宋丁易东《大易索隐》、明王文素《古今算学宝鉴》、程大位《算法统宗》、清方中通《数度衍》、张潮《心斋杂俎》、保其寿《增补算法浑圆图》等各有研究，形式复杂，形状多样，且不限于平面。纵横图后来传到国外。现代组合数学讨论各种纵横图，中国古代数学家功不可没。（邹大海）

4	9	2
3	5	7
8	1	6

纵横图

祖率 祖冲之在刘徽割圆术的基础上计算出的圆周率精确值。《隋书 · 律历志》云，对圆周率，“南徐州从事史祖冲之更开密法：以圆径一亿为一丈，圆周盈数三丈一尺四寸一分五厘九毫二秒七忽，朒数三丈一尺四寸一分五厘九毫二秒六忽，正数在盈朒二限之间。密率：圆径一百一十三，圆周三百五十五。约率：圆径七，周二十二”。前者相当于 $3.141\,592\,6<\pi<3.141\,592\,7$。密率为 $\frac{355}{113}$，是分母小于16 604的一切分数中最接近圆周率真值的分数。西方直至16世纪末，德国奥托、荷兰安托尼兹才求出这个值。日本学者三上义夫建议将其称为祖率。（郭书春）

祖孝孙十二律 律学名词。祖孝孙（生活于公元6～7世纪），幽州范阳（今河北保定）人，为范阳祖家后裔，通晓算术，据《旧唐书 · 礼乐志》载，祖孝孙在验算以简演繁的三百六十律之后，果断地化繁为简，定黄钟与清黄钟为准确倍半关系，又从三百六十律中选出恰当十一律，以便旋宫转调。祖孝孙十二律既非三分损益十二律，又不是真正的平均律，而是非常接近平均律效果的律制，与平均律的最大差值仅为 1.48 音分。从京房到祖孝孙，律数经过以简演繁又化繁为简的发展过程，中国的三分损益律走向了平均律，在乐律学上取得了重要成果。（戴念祖）

祖暅之原理 又称祖暅原理，即截面积原理。中国传统数学解决体积问题的重要原理之一。其起源甚早。《九章算术》中许多方体与圆体都是成对出现，说明是通过比较其底面积由前者推导后者的。公元 3 世纪刘徽在《九章算术》商功章圆亭术注中说“从方亭求圆亭之积，亦犹方幂中求圆幂”，同时他认识到，不仅要比较底面积，而且必须比较任意等高处的截面积。他在商功章羡除术注中提出“上连无成不方，故方锥与阳马同实”，即为此意，见图。基于这一认识，他发现《九章算术》少广章开立圆术所使用的球体积公式是错误的。这都说明刘徽对截面积原理已有理性的认识。据《九章算术》少广章开立圆术李淳风等注释载，公元 5 世纪，祖冲之、祖暅之父子在求球体积时指出“幂势既同，则积不容异”，即形状不同的两组立体，只要它们在任意等高处的截面积相等，则它们的体积不能不相等，并借助于此，彻底解决了球体积问题。在西方，该原理由意大利数学家卡瓦列里（Bonaventura. Cavalieri，1598~1647）首先发现，故名“卡瓦列里原理”。（郭书春）

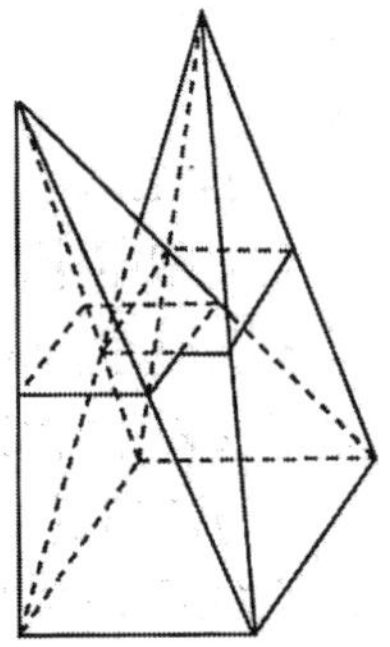

同底等高之方锥与阳马同实

遵化铁冶 明代官营铁冶规模最大，投产时间最长的铁厂，位于北直隶蓟州遵化县（今属河北）西 80 里。隶工部，先后设工部主事和郎中主管厂务。永乐迁都后，铁的需求量增加，遵化铁冶得到长足发展。宣德（1426 ~ 1435）时工部造军器，即命取遵化铁 20 万斤。正统年间（1436 ~ 1449）“略足供工部之用”。自成化十九年（1483）起，岁运北京 30 万斤。正德四年（1509 年），炼钢铁共计 70 余万斤。嘉靖八年（1529）以后，每年炼生熟铁 40 余万斤。其铁炉深一丈二尺，日出铁四次，产品除生熟铁，还有钢铁。冶铁厂所用劳力包括征召的民夫民匠和蓟州六卫所属军夫军匠以及少量囚犯。永乐年间，各类夫匠达 2560 余人。弘治以后，夫匠显著减少，嘉靖七年，夫匠减至 1500 名，其中轮班匠 410 名。各类匠夫待遇和参加劳动时间不等。军夫军匠全年劳动，月支口粮六斗，行粮三斗，外加少量衣着；轮班匠按季轮流备办柴炭铁砂；民夫民匠系未完全脱离生产的农民，则于当年十月上工，次年四月放工，劳动期间月支口粮三斗，放工期间停付。铁厂所需柴炭，原由蓟州等州县山场供给；嘉靖五年后，采柴山场租给民间，改征收银两，买炭使用。万历元年（1573），开始大量裁减夫匠。民夫民匠改征价银。九年正式宣布封闭遵化山场，并裁革官员，额设民夫民匠价银和柴炭山场地租银，均征收解部，买铁支用。官营铁冶业至此基本结束。（苏荣誉）

左家公山毛笔 战国文具，出土于长沙左家公山楚战国 15 号墓。杆长 18.5 厘米，毫长 2.5 厘米。笔毫由上好兔箭毫制作，具体工艺是将毫围在杆的一端，用细丝线缠住，外加髹漆。中国新石器时代彩陶的花纹已用毛笔绘制。商代的甲骨文中已有“”（聿）字，即古笔字。现存毛笔以此为最早。（苏荣誉）

总　跋

凡是听到编著《中国科学技术史》计划的人士，都称道这是一个宏大的学术工程和文化工程。确实，要完成一部30卷本、2000余万字的学术专著，不论是在科学史界，还是在科学界都是一件大事。经过同仁们10年的艰辛努力，现在这一宏大的工程终于完成，本书得以与大家见面了。此时此刻，我们在兴奋、激动之余，脑海中思绪万千，感到有很多话要说，又不知从何说起。

可以说，这一宏大的工程凝聚着几代人的关切和期望，经历过曲折的历程。早在1956年，中国自然科学史研究委员会曾专门召开会议，讨论有关的编写问题，但由于三年困难、“四清”、“文革”，这个计划尚未实施就夭折了。1975年，邓小平同志主持国务院工作时，中国自然科学史研究室演变为自然科学史研究所，并恢复工作，这个打算又被提到议事日程，专门为此开会讨论。而年底的“反右倾翻案风”，又使设想落空。打倒“四人帮”后，自然科学史研究所再次提出编著《中国科学技术史丛书》的计划，被列入中国科学院哲学社会科学部的重点项目，作了一些安排和分工，也编写和出版了几部著作，如《中国科学技术史稿》、《中国天文学史》、《中国古代地理学史》、《中国古代生物学史》、《中国古代建筑技术史》、《中国古桥技术史》、《中国纺织科学技术史(古代部分)》等，但因没有统一的组织协调，《丛书》计划半途而废。1978年，中国社会科学院成立，自然科学史研究所划归中国科学院，仍一如既往为实现这一工程而努力。80年代初期，在《中国科学技术史稿》完成之后，自然科学史研究所科学技术通史研究室就曾制订编著断代体多卷本《中国科学技术史》的计划，并被列入中国科学院重点课题，但由于种种原因而未能实施。1987年，科学技术通史研究室又一次提出了编著系列性《中国科学技术史丛书》(现定名《中国科学技术史》)的设想和计划。经广泛征询，反复论证，多方协商，周详筹备，1991年终于在中国科学院、院基础局、院计划局、院出版委领导的支持下，列为中国科学院重点项目，落实了经费，使这一工程得以全面实施。我们的老院长、副委员长卢嘉锡慨然出任本书总主编，自始至终关心这一工程的实施。

我们不会忘记，这一工程在筹备和实施过程中，一直得到科学界和科学史界前辈们的鼓励和支持。他们在百忙之中，或致书，或出席论证会，或出任顾问，提出了许多宝贵的意见和建议。特别是他们关心科学事业，热爱科学事业的精神，更是一种无形的力量，激励着我们克服重重困难，为完成肩负的重任而奋斗。

我们不会忘记，作为这一工程的发起和组织单位的自然科学史研究所，历届领导都予以高度重视和大力支持。他们把这一工程作为研究所的第一大事，在人力、物力、时间等方面都给予必要的保证，对实施过程进行督促，帮助解决所遇到的问题。所图书馆、办公室、科研处、行政处以及全所的同仁，也都给予热情的支持和帮助。

这样一个宏大的工程，单靠一个单位的力量是不可能完成的。在实施过程中，我们得到了北京大学、中国人民解放军军事科学院、中国科学院上海硅酸盐研究所、中国水利水电科学研究院、铁道部大桥管理局、北京科技大学、复旦大学、东南大学、大连海事大学、武汉交通科技大学、中国社会科学院考古研究所、温州大学等单位的大力支持，他们为本单位参加编撰人员提供了种种方便，保证了编著任务的完成。

为了保证这一宏大工程得以顺利进行，中国科学院基础局还指派了李满园、刘佩华二位同志，与自然科学史研究所领导（陈美东、王渝生先后参加）及科研处负责人（周嘉华参加）组成协调小组，负责协调、监督工作。他们花了大量心血，提出了很多建议和意见，协助解决了不少困难，为本工程的完成做出了重要贡献。

在本工程进行的关键时刻，我们遇到经费方面的严重困难。对此，国家自然科学基金委员会给予了大力资助，促成了本工程的顺利完成。

要完成这样一个宏大的工程，离不开出版社的通力合作。科学出版社在克服经费困难的同时，组织精干的专门编辑班子，以最好的纸张，最好的质量出版本书。编辑们不辞辛劳，对书稿进行认真地编辑加工，并提出了很多很好的修改意见。因此，本书能够以高水平的编辑，高质量的印刷，精美的装帧，奉献给读者。

我们还要提到的是，这一宏大工程，从设想的提出，意见的征询，可行性的论证，规划的制订，组织分工，到规划的实施，中国科学院自然科学史研究所科技通史研究室的全体同仁，特别是杜石然先生，做了大量的工作，作出了巨大的贡献。参加本书编撰和组织工作的全体人员，在长达10年的时间内，同心协力，兢兢业业，无私奉献，付出了大量的心血和精力。他们的敬业精神和道德学风，是值得赞扬和敬佩的。

在此，我们谨对关心、支持、参与本书编撰的人士表示衷心的感谢，对已离我们而去的顾问和编写人员表达我们深切的哀思。

要将本书编写成一部高水平的学术著作，是参与编撰人员的共识，为此还形成了共同的质量要求：

1. 学术性。要求有史有论，史论结合，同时把本学科的内史和外史结合起来。通过史论结合，内外史结合，尽可能地总结中国科学技术发展的经验和教训，尽可能把中国有关的科技成就和科技事件，放在世界范围内进行考察，通过中外对比，阐明中国历史上科学技术在世界上的地位和作用。整部著作都要求言之有据，言之成理，经得起时间的考验。

2. 可读性。要求尽量地做到深入浅出，力争文字生动流畅。

3. 总结性。要求容纳古今中外的研究成果，特别是吸收国内外最新的研究成果，以及最新的考古文物发现，使本书充分地反映国内外现有的研究水平，对近百年来有关中国科学技术史的研究作一次总结。

4. 准确性。要求所征引的史料和史实准确有据，所得的结论真实可信。

5. 系统性。要求每卷既有自己的系统，整部著作又形成一个统一的系统。

在编写过程中，大家都是朝着这一方向努力的。当然，要圆满地完成这些要求，难度很大，在目前的条件下也难以完全做到。至于做得如何，那只有请广大读者来评定了。编写这样一部大型著作，缺陷和错讹在所难免，我们殷切地期待着各界人士能够给予批评指正，并提出宝贵意见。

《中国科学技术史》编委会

1997年7月